MATEMATICA PRACTICA

MATEMATICA PRACTICA

Luis Postigo

Aritmética - Geometría - Algebra y Trigonometría
Geometría analítica - Análisis matemático
Matemática moderna - Ejercicios prácticos

EDITORIAL RAMON SOPENA, S.A.

© EDITORIAL RAMON SOPENA, S.A.
MCMXCVI
C/ Córcega, 60 - 08029 BARCELONA
Tel.: 93 322 00 35
Fax. 93 322 37 03
e-mail: edsopena@teleline.es
Depósito Legal: B-18.128-2001
Impreso en EDIM, S.C.C.L.
Printed in Spain

ISBN 84-303-1112-2

INTRODUCCION

CON cuántas razones acumuladas a través de los siglos las matemáticas se han levantado con el cetro de las ciencias. No es de ayer su predominio y hegemonía. Nacieron en los albores de las civilizaciones y acaso antes, cuando el hombre sintió la necesidad de contar, de agrupar o de recordar. Fueron entonces una ciencia embrionaria que se desarrolló asombrosamente en el siglo de oro de la civilización helénica. De entonces acá no ha hecho más que ascender en la consideración tanto de las gentes como de los sabios. Y ahí está. No ha quedado vieja ni trasnochada. Más vigente, más actual, más «moderna» que nunca.

Pero las matemáticas tienen un doble campo: el de la especulación científica, el de los teoremas y las tesis matemáticas, y el otro que le da su cotidianidad y su practicidad. Matemáticas prácticas son aquellas que nos enseñan a resolver las cuestiones diarias de nuestro quehacer. Desde la suma, al problema algebraico; desde la resistencia de un material a las curvas de un arco; desde la superficie a los volúmenes más intrincados; desde las distancias más ordinarias a los pesos más inconcebibles. Las matemáticas son nuestras, son actuales, son útiles. En la oficina, en el taller, en casa, en la calle, en el trabajo, en los ratos de ocio.

Este tratado de matemáticas lleva consigo el sello peculiar y hermoso de la practicidad: para ayuda de todos en cualquier momento, para solucionar cuestiones de otra manera inconcebibles, para desarrollar la mente por los caminos del raciocinio, la lógica y la deducción.

Este tratado de matemáticas pretende ser completo en la escala general de la divulgación y ayuda a cualquier estudiante en la ardua tarea de comprender las matemáticas. Hemos dejado para otro volumen de esta misma colección la especulación y la historia matemática, donde tiene su cabida la anécdota y el juego, la curiosidad y el truco. Este tratado comprende las especialidades o apartados siguientes: *Aritmética, Geometría, Álgebra, Trigonometría, Geometría analítica, Análisis matemático, Matemáticas modernas* y una serie de *Ejercicios prácticos* (cerca de 500 problemas) acompañados de la respuesta para orientación del curioso que se adentre en el planteamiento y dude del resultado final obtenido.

El acierto con que el autor ha sabido combinar en lo posible la sencillez de la exposición con la dificultad científica, siguiendo paso a paso las demostraciones y los teoremas, le da al libro un alto valor pedagógico tanto a nivel de alumno como de profesor, e incluso a nivel de autodidactas y curiosos.

Presentando las demostraciones con toda claridad que el rigorismo científico permite, y valiéndose de numerosos ejemplos prácticos para facilitar el estudio y comprensión de la materia, el autor ha conseguido exponer ésta de modo que su conocimiento pueda realizarse sin gran esfuerzo por parte del estudioso, cumpliendo así los más altos fines de la obra pedagógica, consistentes, ante todo, en hacer la doctrina fácilmente asimilable a la mente del lector.

No hemos pretendido otra cosa que proporcionar el máximo material con las máximas ventajas de sencillez y claridad.

Seguros de la eficacia y utilidad de los métodos del autor así como del alcance de esta materia tan imprescindible en la vida intelectual, profesional y doméstica de nuestro entorno actual, deseamos al lector un máximo aprovechamiento de las enseñanzas de este libro porque de su utilidad no cabe la menor duda.

EDITORIAL RAMÓN SOPENA

Aritmética

$$\frac{a}{b} = \frac{c}{d}$$

1. **Definición de Aritmética.** — *La Aritmética es la ciencia que tiene por objeto exponer, calcular y estudiar las propiedades de los números y de las cantidades consideradas como tales.*

2. **Cantidad.** — *Es todo lo que es subsceptible de aumento o disminución y también toda magnitud que puede ser medida exacta o aproximadamente.*

Así, la población de un país, la extensión de un campo, un rebaño, la capacidad de un depósito, el capital de un Banco, etc., son cantidades.

Las cantidades se dividen : 1.º, en *continua y discontinua. Cantidad continua* es aquella cuyas partes no pueden separarse, como la altura de un muro, el peso de un cuerpo, la longitud de un camino, etc. *Cantidad discontinua* es la que está formada por la agregación de partes continuas, que pueden existir independientemente, como, por ejemplo, un rebaño, un grupo de hombres, un montón de trigo, etc. — 2.º, en *homogéneas* y *heterogéneas.* Las primeras son las de igual naturaleza y pueden substituirse total o parcialmente las unas por las otras, como los pesos de diferentes cuerpos. Las cantidades heterogéneas son aquellas en las cuales no puede llevarse a cabo dicha substitución; así, son heterogéneas la altura de un hombre y su propio peso; el volumen de un depósito de vino y el grado alcohólico de éste, etc.

3. **Medición de la cantidad.** — *Medir una cantidad es compararla con otra conocida y de su misma especie,* que se llama *unidad.* De quí se deduce la definición de la unidad.

4. **Unidad.** — *Es una magnitud con la cual se compara la cantidad y que sirve para medir ésta.* Así, pues, una cantidad resulta de la agregación de varias unidades.

Así, una oveja es la unidad de un rebaño de ovejas; el metro es la unidad de longitud usual, y el conjunto de varios metros constituye una magnitud o distancia, esto es, una cantidad.

5. **Número.** — *Es lo que resulta de comparar o medir la cantidad con la unidad.* El número es, pues, *un conjunto de unidades y a veces la unidad misma.*

Cuando decimos que la longitud de una pieza de tela es de *veinte* metros, veinte es un número.

Una misma cantidad puede estar representada por diversos números, según sea la unidad elegida para medirla. Así, el día (magnitud) tiene 24 *horas*, ó 1.440 *minutos*.

El número es por naturaleza abstracto, esto es, no expresa la especie de la unidad.

El número recibe el nombre de concreto cuando se expresa al mismo tiempo la especie de la unidad.

6. Clases de números. — De la comparación de la cantidad con su unidad pueden resultar tres clases de números: *enteros, fraccionarios o quebrados y mixtos.*

Número entero es el que expresa que la cantidad contiene a la unidad un número exacto de veces, como diez árboles, cuarenta hombres.

Número fraccionario o quebrado es el que expresa que la cantidad es menor que la unidad, pero que contiene exactamente partes iguales de la unidad, como, por ejemplo, media hora, tres cuartos de kilo.

Número mixto es el que expresa que la cantidad contiene a la unidad un cierto número de veces y, además, una o varias partes de la unidad, como, por ejemplo, *dos* metros y *medio.*

7. Cantidades conmensurables e inconmensurables. — *Cantidades conmensurables son aquellas que contienen un número exacto de veces a la unidad o a sus partes alícuotas;* tales son los números enteros y fraccionarios. El número que las expresa es un *número conmensurable.*

Cantidades inconmensurables son las continuas que no contienen exactamente ni a la unidad ni a ninguna de las partes iguales en que ésta puede ser dividida; el número que las expresa se llama también *inconmensurable.* Así, la longitud de la circunferencia no contiene exactamente a su diámetro ni a ninguna de las partes iguales en que éste puede dividirse, y el número que expresa la relación entre aquella longitud y la del diámetro es también un número inconmensurable.

8. Números complejos e incomplejos. — *Número complejo es el que consta de varias partes que se refieren respectivamente a unidades de diversas especies, pero de un mismo género,* como, por ejemplo, *tres quintales, dos kilos, veinticinco gramos.*

Número incomplejo es el que consta de unidades de un mismo género y especie, como, por ejemplo, *quince horas, seis arrobas.*

9. Igualdad y desigualdad de los números. — En la serie de los números cada uno de ellos es distinto, en valor, a todos los demás. En el caso de que dos números tengan el mismo valor se dice que son *iguales,* y al modo gráfico de representar en la escritura esta condición se le llama *igualdad.* Para expresar la igualdad de ambos se interpone entre los mismos el signo = , que se lee *igual a.* Así: $4+2=6$. La parte escrita delante del signo igual se denomina *el primer miembro de la igualdad,* y la que le sigue es *el segundo miembro de la igualdad.*

Para indicar que dos números no son iguales, se utiliza el signo $\neq$, que se lee *no igual;* así $5\neq18$, se lee: *cinco no igual a dieciocho.* En este caso uno de los números será forzosamente mayor que el otro, y para expresar abreviadamente esta condición se emplea el signo $>$, en cuya abertura se coloca el número mayor, y en el vértice el menor. Así, para indicar que 9 es mayor que 6, se escribe $9>6$, y se lee: *nueve mayor que seis.* Como se ve el signo $>$ se lee *mayor que;* el signo inverso $<$ se lee *menor que.* Así, para indicar que 6 es menor que 9, se escribirá $6<9$, que se lee: *seis menor que nueve.*

Las expresiones 9>6, 6<9 y todas las análogas a ellas expresan la *desigualdad* entre los números que en ellas aparecen.

La expresión que precede al signo de desigualdad se denomina *primer miembro de la desigualdad*, y a la que sigue *segundo miembro de la desigualdad*.

Dos desigualdades, tales como 11>3 y 7>2, se dice que son del *mismo sentido*, mientras que 11>3 y 2<7 son de *sentido contrario*.

Los símbolos $\geq$ y $\leq$ se leen *mayor o igual que* y *menor o igual* que, respectivamente.

CAPÍTULO PRIMERO

NÚMEROS ENTEROS

10. **Numeración**. — La serie de los números es ilimitada, pues dado un número cualquiera por grande que él sea siempre es posible obtener otro mayor por adición de una unidad. Como su expresión y diferenciación por nombres particulares para cada uno de ellos sería imposible, pues no se podrían retener en la memoria, se han ideado procedimientos científicos para expresarlos.

El procedimiento científico para nombrar y escribir los números recibe el nombre de sistema de numeración. Todos los sistemas de numeraciones se fundan: 1.º todo número entero es descomponible en unidades de diferentes órdenes; 2.º la unidad de un orden cualquiera contiene siempre un número constante de unidades del orden inmediatamente inferior. Este número constante se llama *base* del sistema de numeración.

El sistema de numeración adoptado en los países civilizados es el *decimal* o *décuplo*, esto es, cuya base es diez; también se le llama *arábigo*, por haberlo introducido los árabes.

11. **Numeración hablada.** — Llamada también *oral* o *verbal*, es la que trata de la expresión de los números mediante palabras empleadas solas o combinadas. La unidad entera se llama *uno*, la cual es la *unidad simple* o de *primer orden:* la reunión de uno y uno se llama *dos*; el resultado de añadir una unidad a dos, se expresa con la palabra *tres*, y así sucesivamente *cuatro, cinco, seis, siete, ocho, nueve* y *diez*. El conjunto de diez unidades del primer orden forma una unidad de segundo orden o *decena*, pudiéndose contar con decenas del mismo modo que por unidades. El conjunto de dos decenas se llama *veinte*; el de tres, *treinta*; el de cuatro, *cuarenta*, y así sucesivamente *cincuenta, sesenta, setenta, ochenta, noventa* y *ciento* (conjunto de diez decenas o de cien unidades).

Los números compuestos de decenas y unidades se expresan citando primero aquéllas y a continuación éstas; pero los primeros números de esta clase escapan a esta regla y tienen nombres especiales y así se dice *once* (en vez de diez y uno), *doce* (en lugar de diez y dos), *trece, catorce* y *quince*; a partir de quince se aplica la regla y decimos *dieciséis, diecisiete, dieciocho, diecinueve* y *veinte*, y luego *veintiuno, veintidós*, etc.; *treinta y uno, treinta y dos, cuarenta y cuatro*, etc., etc.

Diez decenas constituyen **la unidad de tercer** orden, inmediatamente superior a la decena, esto es, una *centena;* las centenas se cuentan así : *doscientos, trescientos, cuatrocientos, quinientos* (y no cinco cientos), *seiscientos, setecientos* (y no siete cientos), *ochocientos* y *novecientos* (y no nueve cientos).

La reunión de diez centenas constituyen una unidad del orden inmediato superior a las centenas, esto es, la unidad de cuarto orden, denominada *millar;* la reunión de diez millares, *decena de millar*, y la de diez decenas de millar, la *centena de millar* o cien mil unidades. El millar y la centena de millar y las intermedias, constituyen la segunda categoría de unidades o unidades de segundo orden.

Un millar de millares o diez centenas de millar se denomina *millón*, el cual tiene a su vez unidades, decenas, centenas, millares y centenas de millar.

Un millón de millones se llama *billón;* el millón de billones, *trillón*, y así sucesivamente, *cuatrillón, quintillón, sextillón, septillón*, etc.

12. Numeración escrita. —Los pueblos antiguos emplearon signos muy diversos para representar los números; hoy día se emplean casi universalmente para ello los signos *arábigos*, así llamados por haberlos introducido en Europa los árabes. He aquí los signos empleados para representar las nueve primeras cifras :

1	2	3	4	5	6	7	8	9
uno	dos	tres	cuatro	cinco	seis	siete	ocho	nueve

Estas cifras se llaman *significativas* porque representan un valor. Pero además existe la cifra 0, que se lee *cero*, llamada no *significativa*, que sirve para indicar la carencia de unidades de cualquier orden. Con estos diez signos o cifras se puede escribir cualquier número. Debe tenerse en cuenta al escribir éste, que toda cifra colocada a la izquierda de otra representa unidades del orden inmediato superior; así, 2 representa dos unidades, pero colocado, por ejemplo, delante de un cinco, 25, el dos representa *decenas;* en el número 783, el 7 representa *siete centenas*, el 8 répresenta *ocho decenas*, y el 3 representa *tres unidades*.

De aquí se deduce que toda cifra tiene dos valores: uno *absoluto*, el que le corresponde por su figura, y otro *relativo*, el que le corresponde por el lugar que ocupa. Así, en el ejemplo numérico antes propuesto, el valor absoluto de 8 es ocho, pero el relativo es *ocho decenas*, esto es, *ochenta unidades*.

Para escribir un número se hace de izquierda a derecha, comenzando por las unidades del orden superior enunciado, siguiendo la inmediata de orden inferior; si faltase alguna unidad de un orden, en su lugar correspondiente se coloca un cero. Así : el número cuarenta y siete mil ochocientos veintisiete se escribe :

$$47827$$

y el número setenta mil doscientos cinco, de este modo :

$$70205$$

13. Lectura de los números. —*Para leer un número se le divide en períodos de a seis cifras, comenzando por la derecha; cada período constará de unidades, decenas, centenas, unidades de millar, decenas de millar y centenas de millar; el primer período de seis cifras representará unidades, el segundo, millones, el tercero, billones*, etc., comenzando siempre a contar los grupos de derecha a izquierda.

Así el número :

$$715_2 241.683_1 135.841$$

se lee : setecientos quince billones, doscientos cuarenta y un mil seiscientos ochenta y tres millones, ciento treinta y cinco mil ochocientos cuarenta y uno.

14. Numeración romana. — Esta numeración se emplea aún hoy para representar fechas, en la numeración de los capítulos de un libro, en las indicaciones horarias de los relojes, etc., por lo que conviene conocerla, dada su sencillez.

Los signos empleados son siete letras del alfabeto, cuyos valores numéricos correspondientes son los siguientes:

I	V	X	L	C	D	M
uno	cinco	diez	cincuenta	cien	quinientos	mil

Con las dos primeras se escriben las unidades, con las otras las decenas; con la C y la D las centenas y con la M los millares.

Las reglas que siguen la escritura de los números romanos son; 1.ª, una misma letra no puede repetirse más que tres veces seguidas (se exceptúa la cifra IIII utilizada como señal horaria en los relojes); 2.ª, que una letra escrita delante de otra de valor mayor quita a ésta el valor de aquélla (así IX equivale a 9; XL vale 40; CD vale 400; 3.ª, que una rayita horizontal colocada encima de una letra multiplica por mil su valor.

EJEMPLOS:

Mil novecientos cuarenta y tres: MCMXLIII

Ocho mil quinientos treinta y cuatro: $\overline{\text{VIII}}$DXXXIV

Treinta millones setenta mil treinta y uno: $\overline{\overline{\text{XXX}}}.\overline{\text{LXXXXXI}}$

CAPÍTULO II

OPERACIONES DE CÁLCULO ARITMÉTICO

15. Las *operaciones de cálculo aritmético* u *operaciones aritméticas,* son los modos distintos de obtener o formar un número por medio de otros dados.

Las operaciones aritméticas de cálculo son seis: *adición, substracción, multiplicación, división, potenciación* y *radicación.*

Las cuatro primeras se llaman *fundamentales.*

1.º SUMA O ADICIÓN

16. Definición. — *La adición es una operación directa o de composición que tiene por objeto reunir en uno solo los valores de varios números.*

Los números cuyos valores se han de reunir se llaman *sumandos,* y el resultado *suma.* Se indica la operación con el signo +, el cual se coloca entre los sumandos y se lee *más.*

Ejemplo: 7+5 se lee: *siete más cinco*.

En la adición se distinguen dos casos: 1.º, sumar números dígitos o de una sola cifra; 2.º, sumar números polidígitos o de más de una cifra.

17. Suma de números dígitos. — Para ello se añade a uno de los sumandos sucesivamente las unidades del otro. Ejemplo: Para efectuar la suma 7+4 se dice: 7+1 son ocho; 8+1 son nueve; 9+1 son diez, y 10+1 son once; luego 7+4=11.

Para facilitar la operación, que llevada así es larga y engorrosa, es preferible saber de memoria la *tabla de sumar*, aquí expuesta, y cuyo manejo es muy sencillo.

0	1	2	3	4	5	6	7	8	9
1	2	3	4	5	6	7	8	9	10
2	3	4	5	6	7	8	9	10	11
3	4	5	6	7	8	9	10	11	12
4	5	6	7	8	9	10	11	12	13
5	6	7	8	9	10	11	12	13	14
6	7	8	9	10	11	12	13	14	15
7	8	9	10	11	12	13	14	15	16
8	9	10	11	12	13	14	15	16	17
9	10	11	12	13	14	15	16	17	18

Para hallar la suma de dos números, por ejemplo, 6 y 8, se busca uno de los sumandos en la primera fila y el otro sumando en la primera columna, y en la casilla en la cual se cruzan la columna y fila escogidas se encuentra su suma, que en este caso es 14.

18. Adición de números polidígitos. — *Para sumar números de varias cifras se escriben los sumandos unos debajo de otros de modo que las unidades del mismo orden se correspondan en la misma columna; se suman luego las unidades, decenas, etc.* Si la suma de las unidades de un determinado orden contiene alguna unidad del orden inmediato superior, se escribe en el resultado únicamente las unidades del orden correspondiente, y se agregan las del orden superior a las de la misma clase.

Así para sumar 2485, 37117, 11894, 36987, se dispone la operación como se indica al margen. La suma de las unidades es igual a 23 unidades, es decir, a 2 decenas y 3 unidades; se escriben éstas en el resultado, y se agregan las 2 decenas a la columna de las decenas, las cuales 2 decenas si se quiere se escriben encima del bloque formado por los sumandos del modo que se indica; lo mismo se procede con las unidades de órdenes superiores.

```
1 2 2 2
  2 4 8 5
3 7 1 1 7
1 1 8 9 4
3 6 9 8 7
─────────
8 8 4 8 3
```

19. Propiedades de la suma. — 1.ª *El orden de los sumandos no altera la suma.* Esta se llama *propiedad conmutativa* de la suma, pues descomponiéndose aquéllos en unidades y agrupando éstas en cualquier orden no se altera el resultado:

$$4+3=3+4=7$$

$$\underbrace{1+1+1}_{3}+\underbrace{1+1+1+1}_{4}=7$$

2.ª *Toda alteración de valor que experimenten los sumandos los experimenta la suma.*

3.ª *No se altera el valor de la suma de varios sumandos reemplazando dos o más de ellos por su suma.* Esta propiedad denominada *asociativa*, es consecuencia de la definición de la suma de varios números.

EJEMPLO:

$$5+3+2+4+7=5+3+(2+4)+7$$

Inversamente, *no se altera el valor de una suma de varios números descomponiendo uno de ellos en otra suma y substituyéndolo por la reunión de sumandos a cuya suma equivale.*

Es decir:

$$2+8+7=2+(5+3)+7$$

20. Adición de sumas indicadas. — *Llámanse sumas indicadas las que se expresan escritas entre paréntesis.* Para sumar varias sumas indicadas se escriben las unas a continuación de otras dentro de paréntesis y enlazadas con el el signo +. *Para hallar la suma total se escriben los sumandos unos a continuación de los otros.*

EJEMPLO: Hallar la suma de las sumas indicadas (5+3), (6+2), (7+4+9), (8+5); esta suma será:

$$(5+3)+(6+2)+(7+4+9)+(8+5)=5+3+6+2+7+4+9+8+5=49$$

21. Prueba de la adición. — Prueba de una operación es otra operación que se hace con los mismos elementos del cálculo con el fin de cerciorarse de que el resultado de la primera operación es exacto. La prueba de la adición es otra adición, pero realizando la suma de abajo hacia arriba si antes se hizo de arriba hacia abajo.

2.º RESTA O SUBSTRACCIÓN

22. Definición y signo de la substracción. — Es la operación inversa de la adición y tiene por objeto, *dada la suma de dos sumandos y uno de los sumandos, hallar el otro sumando.*

La suma dada recibe el nombre de *minuendo*, el sumando conocido el de *substraendo;* el sumando que se busca o resultado de la operación se llama *diferencia, resta o exceso.* El signo de la operación es una rayita horizontal –, que se lee *menos,* y que se coloca entre el minuendo y el substraendo. Ejemplo: la diferencia $9-4$ se lee: *nueve menos cuatro.*

23. Casos de la substracción. — Hay reglas especiales para efectuar la operación y que varían según los tres distintos casos que se exponen a continuación:

1.er caso. Que el substraendo y el resto tengan una sola cifra; en este caso se busca mentalmente el número que sumado con el substraendo dé el minuendo; si se quiere utilizar la tabla de sumar, se busca el substraendo en fila o columna encabezada con él, fila o columna en la cual se hallará el minuendo; en la columna o fila correspondiente se hallará el resto: Ejemplo: se desea hallar la diferencia entre 15 y 17; se busca, por ejemplo, la fila encabezada con el 7, y en la misma, y hacia la derecha se busca y encuentra el minuendo 15; ahora se remonta la columna correspondiente al 15 y el número que la encabeza, 8, es el resto. Si por el contrario buscamos el substraendo 7 en la columna encabezada con este número y descendemos a lo largo de la misma columna encontramos el minuendo 15; siguiendo ahora la fila correspondiente a éste hacia la izquierda encontraremos que el número 8 la encabeza; pues bien, 8 es el resto.

2.º caso. Que el substraendo tenga una sola cifra y el resto varias; se resta el substraendo de la cifra de las unidades del minuendo, y si la cifra de las unidades de éste es menor que el substraendo se aumenta la cifra de las unidades de aquél con una unidad del orden de las decenas del mismo número y se efectúa entonces la substracción.

EJEMPLO:

$$37 - 5 = (30 + 7) - 5 = 30 + (7 - 5) = 30 + 2 = 32$$
$$54 - 7 = (50 + 4) - 7 = (40 + 10 + 4) - 7 = 40 + (14 - 7) = 40 + 7 = 47$$

Las operaciones se expresan así en el primer caso: de 5 a 7 van 2 unidades que con las tres decenas forman 32.

En el segundo de este modo: de 7 a 14 van 7 y *llevo una;* de una a cinco van cuatro decenas, que con el 7 forman cuarenta y siete unidades.

3.er caso. Que el substraendo tenga más de una cifra; se restan sucesivamente las unidades de los sucesivos órdenes del substraendo de las correspondientes del minuendo comenzando por la menor; si alguna de las unidades del minuendo tiene valor inferior que la correspondiente del substraendo se le agregará una unidad del orden inmediatamente superior, procediendo como se ha dicho en el caso anterior.

Generalmente se dispone el minuendo sobre el substraendo de modo que se correspondan las unidades del mismo orden, se traza debajo una recta y se procede a la substracción, colocando las cifras del resto debajo de la recta y en la columna que les corresponda.

EJEMPLO: Efectuar la substracción: 37845 - 12473.

Se dispone la operación así:

$$
\begin{array}{r}
37845 \\
- 12473 \\
\hline
25372
\end{array}
$$

De 3 a 5 van 2; de 7 al 14 van 7 *y llevo una* (es decir, se debe descontar una de las unidades del orden inmediatamente siguiente del minuendo, o bien se agrega una unidad a la cifra siguiente del substraendo, pues el mismo resultado se obtiene restando 4 de 7 que 5 de 8); $4 + 1 = 5$, de 5 a 8 van 3, etc.

24. Prueba de la substracción. — Se ha dicho que en la substracción nos dan la suma (el minuendo), y uno de los dos sumandos (el substraendo); el otro es el resto. Se comprende que sumados el resto y el substraendo han de dar la suma o minuendo, y en esto consiste la prueba de la substracción. Así, pues, *para probar si una substracción o resta es exacta, se suman el resto y el substraendo; la suma debe ser igual al minuendo.*

25. Variaciones que experimenta ·la diferencia cuando varían el minuendo, el substraendo o ambos a la vez. — 1.º Si permaneciendo fijo el substraendo, el minuendo *aumenta* o *disminuye de valor*, la diferencia *aumenta* o *disminuye* una cantidad igual a la del minuendo.

2.º Si permaneciendo invariable el minuendo el substraendo *aumenta* o *disminuye*, la diferencia *disminuye* o *aumenta* una cantidad igual a la del substraendo. Así, pues, las variaciones de la diferencia son directas con las del minuendo, inversas o contrarias a las del substraendo.

3.º Si el minuendo *aumenta* o *disminuye* y simultáneamente *aumenta* o *disminuye* el substraendo *el mismo valor*, la diferencia no varía :

$$12 - 5 = 7 \qquad (12+4) - (5+4) = 16 - 9 = 7$$
$$(12 - 3) - (5 - 3) = 9 - 2 = 7$$

4.º Si el minuendo *aumenta* o *disminuye* y simultáneamente *disminuye* o *aumenta* el substraendo, la diferencia aumentará en el primer caso en el valor de la suma de las variaciones de ambos, y disminuirá en la suma de ellos en el segundo.

Ejemplos :

a) $18 - 10 = 8$ $\qquad (18+5) - (10-3) = 23 - 7 = 16$

y 16 es igual a 8 (la antigua diferencia) más 8 que es la suma de las variaciones 5 y 3 del minuendo y substraendo respectivamente.

b) $18 - 10 = 8$ $\qquad (18 - 5) - (10 + 3) = 13 - 13 = 0$

ejemplo en el cual se ve que la diferencia 8, ha disminuido en este caso en **8** unidades, esto es, en la suma de las variaciones del minuendo y substraendo.

En general, *las variaciones de la diferencia son las mismas que experimenta el minuendo y contrarias a las que sufre el substraendo.*

26. Substracción de números y sumas o diferencias indicadas. — 1.º *Para restar de un número una suma indicada se restan del primero sucesivamente todos los sumandos que constituyen el substraendo.*

Ejemplo :

$$17 - (3 + 2 + 5) = 17 - 3 - 2 - 5 = 14 - 2 - 5 = 12 - 5 = 7$$

2.º *Para restar de una suma indicada un número, se resta éste de uno cualquiera de los sumandos que constituyen el minuendo.*

Ejemplo :

$$(9 + 7) - 4 = 9 + (7 - 4) = 9 + 3 = 12$$

3.º *Para restar de un número una diferencia indicada cuyo valor es inferior al del minuendo, se efectúa la diferencia indicada y el resultado se resta del número, o bien se resta del número el minuendo de la diferencia y al resultado se le suma el valor del substraendo de la diferencia.*

EJEMPLO:

$$9 - (7 - 4) = 9 - 3 = 6$$

o bien

$$9 - (7 - 4) = 9 - 7 + 4 = 6$$

Pero si el substraendo es mayor que el minuendo, surge un concepto nuevo del número: el de *número negativo.*

27. Números negativos. — Con frecuencia un mismo número se aplica a dos magnitudes de caracteres opuestos; así por ejemplo la distancia de 7 metros de longitud puede ser recorrida sobre una recta en un sentido o en el opuesto; y sobre una recta vertical, hacia arriba o hacia abajo a partir del nivel del suelo. El tiempo pasado difiere del tiempo venidero, contados ambos de un momento o suceso importante.

Para diferenciar entre sí estos números y magnitudes, se consideran los unos como *positivos* y los contrarios como *negativos* y a éstos se les antepone el signo – (menos). Así – 7 metros quiere decir que esta distancia se ha tomado hacia la izquierda respecto a un punto que consideramos como punto origen de distancia, y +7 metros que la distancia se ha tomado sobre la misma recta y hacia la derecha.

En concepto puramente aritmético, surge el número negativo cuando en una resta o substracción el substraendo sea mayor que el minuendo; entonces se resta el minuendo del substraendo y a la diferencia se le antepone el signo menos. La diferencia obtenida constituye un número *negativo.*

EJEMPLO: al pretender restar 8 de 3 dispondremos la operación así:

$$(3 - 8) = - (8 - 3) = 5$$

y $-(8 - 3)$ es la verdadera diferencia, pues sumada con el substraendo 8 nos da el minuendo:

$$8 - (8 - 3) = 8 - 8 + 3 = 3$$

3.º PRODUCTO O MULTIPLICACIÓN

28. Definiciones, signos y elementos de la multiplicación. — Se define esta operación diciendo que *consiste en repetir un número, llamado* multiplicando, *tantas veces como sumando como unidades tiene otro llamado* multiplicador.

Los signos de la multiplicación son una cruz en aspa $\times$ o un punto $\cdot$ puestos entre los factores, que se leen *multiplicado por.* El número que resulta de la operación recibe el nombre de *producto.* La definición razonable de la multiplicación es la siguiente: *dados dos números, multiplicando y multiplicador, hallar un tercero, llamado producto, que sea en valor respecto al multiplicando como el multiplicador es respecto a la unidad.* Así, multiplicar 8 por 5, es buscar un número que sea respecto a 8 lo que 5 es respecto a la unidad; como 5 es cinco veces mayor de 1, el producto debe ser cinco veces mayor que 8, y este número es 40.

Cuando se trata de multiplicar un número por una suma de dos o más sumandos se representa la operación: $5 \times (4+7)$, encerrando la suma entre paréntesis.

29. De la definición se deduce que la multiplicación es una *suma reiterada:*
$$8 \times 4 = 8+8+8+8$$

La operación es engorrosa cuando el multiplicador es un número algo grande, por cuya razón se emplean otros métodos para multiplicar rápidamente.

30. Casos de la multiplicación. — Son tres: 1.º, que el multiplicando y el multiplicador sean dígitos, esto es, tengan una sola cifra; 2.º, que el multiplicador sea dígito y el multiplicando no; 3.º, que el multiplicando y el multiplicador tengan varias cifras.

1.º *El multiplicando y el multiplicador son dígitos.* Para hallar el producto conviene saber la tabla de multiplicar o de Pitágoras que aquí damos, la cual se obtiene, como se ve, escribiendo en una fila los números dígitos; debajo de ellos la suma de estos números consigo mismo, debajo la suma de la segunda fila con la primera, debajo de ella la suma de la tercera fila con la primera y así sucesivamente.

1	2	3	4	5	6	7	8	9
2	4	6	8	10	12	14	16	18
3	6	9	12	15	18	21	24	27
4	8	12	16	20	24	28	32	36
5	10	15	20	25	30	35	40	45
6	12	18	24	30	36	42	48	54
7	14	21	28	35	42	49	56	63
8	16	24	32	40	48	56	64	72
9	18	27	36	45	54	63	72	81

Para hallar con ella el producto de dos números dígitos se toma uno de ellos en la fila y el otro en la columna encabezada con dichos números en la casilla en que se cruzan la fila y la columna elegidas, se hallará el producto; así, vemos que el producto de 7 por 9 es 63.

2.º *Multiplicación de un número polidígito por un dígito.* — *Se multiplica el multiplicador por las sucesivas unidades de diferentes órdenes del multiplicando, agregando a cada producto parcial las unidades del mismo orden que se obtengan al multiplicar las de orden inferior.* Se comienza a multiplicar por las unidades, y la operación se dispone así:

$$7485 \times 6 = 44910$$

o bien

$$\begin{array}{r} 7485 \\ \times 6 \\ \hline 44910 \end{array}$$

Al multiplicar 6 por 5, que es igual a 30, se obtienen cero unidades y 3 decenas; estas últimas se agregan al número de decenas que resultan de multiplicar 8 decenas por 6, que son 48 decenas, las cuales con las tres que llevamos o teníamos suman 51 decenas, es decir, 1 decena, que se escribe y 50 decenas=5 centenas, que llevaremos o sumaremos a las 24 centenas que resultan de multiplicar 4 centenas por 6, y que da un total de 29 centenas, de las cuales escribimos sólo 9 y llevaremos y sumaremos las 20 restantes que equivalen a 2 millares, al producto de las 7 unidades de millar por 6, que son 42 unidades de millar, las cuales con las 2 unidades de millares suman en total 44 unidades de millar.

3.º *Multiplicación de dos números polidígitos.* — *Para multiplicar dos números polidígitos se escribe el multiplicando y debajo el multiplicador y se multiplica la primera cifra de la derecha del multiplicador por todas las del multiplicando, siguiendo la regla indicada en el número anterior: luego la segunda cifra del multiplicador por todas las del multiplicando, colocando el producto obtenido debajo del anterior de modo que se correspondan en columnas las unidades del mismo orden y así sucesivamente.* Se deduce, pues, que los productos parciales deberán correrse un lugar hacia la izquierda y que si en el multiplicador hay algún cero, el producto parcial por la cifra de orden inmediato superior se correrá otro lugar más hacia la izquierda.

La operación se dispone así:

$$
\begin{array}{r}
36875 \\
\times 2046 \\
\hline
221250 \\
147500 \\
73750 \\
\hline
75446250
\end{array}
$$

El producto parcial del multiplicando por 4, la segunda cifra del multiplicador, se ha corrido un lugar hacia la izquierda; el producto de la cifra 2 de las unidades de millar del multiplicador por el multiplicando se ha corrido dos lugares hacia la izquierda porque la cifra que le sigue en el multiplicador es cero.

31. Productos de un número por cero y por la unidad. — El producto de un número por cero es siempre cero; así 0×4 es cero, pues hemos de tomar el cero como sumando cuatro veces:

$$0 \times 4 = 0 + 0 + 0 + 0 = 0$$

El producto de un número por la unidad es siempre el mismo número:

$$1 \times 4 = 1 + 1 + 1 + 1 = 4$$

32. Producto de un número por la unidad seguida de ceros. — *Para multiplicar un número por la unidad seguida de ceros se escriben a la derecha del número tantos ceros como lleve el multiplicador.*

Pues según la definición de la multiplicación, multiplicar un número, por ejemplo, por 100, hay que hacerlo cien veces mayor, o sea haciendo de él centenas, lo cual se consigue poniendo a su derecha dos ceros. Ejemplos:

$$
\begin{array}{r}
3475 \times 100 = 347500 \\
253 \times 10000 = 2530000
\end{array}
$$

33. Propiedad y prueba de la multiplicación. — De la definición de la multiplicación se deduce que si se toma el multiplicando como multiplicador y éste como aquél, el producto debe ser siempre el mismo, es decir que: *el orden de los factores no altera el producto*. Basta el ejemplo siguiente:

$$5 \times 4 = 5+5+5+5 = 20$$
$$4 \times 5 = 4+4+4+4+4 = 20$$

o bien

$$\left. \begin{array}{rcl} 1+1+1+1+1 & = & 5 \\ 1+1+1+1+1 & = & 5 \\ 1+1+1+1+1 & = & 5 \\ 1+1+1+1+1 & = & 5 \end{array} \right\} 5 \times 4$$

$$\underbrace{4+4+4+4+4 \;=\; 20}_{4 \times 5}$$

Esta propiedad se llama *propiedad conmutativa* de la multiplicación.

PRUEBA DE LA MULTIPLICACIÓN. — De lo dicho antes se deduce que para comprobar si una multiplicación es exacta, bastará repetir la operación invirtiendo los factores, es decir, tomando el multiplicador antiguo como multiplicando y el multiplicando como multiplicador en la nueva operación.

34. **Producto de un número por una suma o diferencia indicada.** — *Para multiplicar un número por una suma indicada se multiplica el número por cada uno de los sumandos que constituye la suma.*

Así:

$$5(3+2) = 5 \cdot 3 + 5 \cdot 2$$

pues según la definición de multiplicación:

$$5(3+2) = (3+2)+(3+2)+(3+2)+(3+2)+(3+2) =$$
$$3+2+3+2+3+2+3+2+3+2 =$$
$$(3+3+3+3+3)+(2+2+2+2+2) = 5 \cdot 3 + 5 \cdot 2$$

Para multiplicar un número por una diferencia indicada se multiplica el número por el minuendo y al resultado se le resta el producto del número por el susbtraendo:

$$3(5-2) = 3 \cdot 5 - 3 \cdot 2,$$

pues

$$3(5-2) = (5-2)+(5-2)+(5-2) = 5+5+5-2-2-2 = 3 \cdot 5 - (2+2+2) = 3 \cdot 5 - 3 \cdot 2$$

35. **Producto de dos sumas o dos diferencias indicadas.** — *Para multiplicar dos sumas indicadas se multiplica cada uno de los términos de la primera por todos los que componen la segunda.*

EJEMPLOS:

1.º Multiplicar $(3+2) \times (4+5)$.

Este producto equivale a multiplicar la suma $4+5$ por 3 y agregarle al producto el que resulta de multiplicar $4+5$ por 2, es decir:

$$(3+2) \times (4+5) = 3 \times (4+5) + 2 \times (4+5) = 3 \cdot 4 + 3 \cdot 5 + 2 \cdot 4 + 2 \cdot 5.$$

Variante del ejemplo y regla anteriores es el ejemplo siguiente:

$$(3+2) \times (6-2)$$

o sea, el producto de una suma y una diferencia indicadas. Este caso se interpreta así: al producto de $3+2$ por 6 se le debe restar el producto de $3+2$ por 2; según esto tendremos

$$(3+2)\times(6-2)=(3+2)\cdot 6-(3+2)\cdot 2=3\cdot 6+2\cdot 6-(2\cdot 3+2\cdot 2)$$

2.º Multiplicar

$$(7-2)\times(5-3)=(7-2)\cdot 5-(7-2)\cdot 3=7\cdot 5-2\cdot 5-(7\cdot 3-2\cdot 3)$$

es decir, que: *para multiplicar una suma por una diferencia o bien dos diferencias indicadas, se multiplica la suma o diferencia indicadas por el minuendo y al producto se le resta el producto del substraendo por la suma o diferencia indicada.*

36. Producto de la suma de dos números por su diferencia. — *El producto de la suma de dos números por su diferencia es igual a la diferencia de los productos de estos mismos números:*

EJEMPLO:

$$(7+4)\cdot(7-4)=(7+4)\cdot 7-(7+4)\cdot 4=7\cdot 7+4\cdot 7-7\cdot 4-4\cdot 4=7\cdot 7-4\cdot 4$$

pues el $7\cdot 4$ entra una vez como sumando y otra como substraendo, y su suma es cero.

37. Producto de varios factores. — *Para multiplicar varios factores entre sí, se multiplican los dos primeros, el producto que resulta por el factor siguiente, y así sucesivamente.*

EJEMPLO:

$$3\cdot 4\cdot 5\cdot 2=(3\cdot 4)\cdot 5\cdot 2=(3\cdot 4\cdot 5)\cdot 2=12\cdot 5\cdot 2=60\cdot 2=120.$$

38. Producto de varios factores por un número. — *Para multiplicar un producto de varios factores por un número basta multiplicar uno cualquiera de los factores por dicho número.*

EJEMPLO:

$$(3\cdot 5\cdot 2)\cdot 7=(3\cdot 7)\cdot 5\cdot 2=3\cdot(5\cdot 7)\cdot 2=3\cdot 5\cdot(2\cdot 7).$$

De aquí se deduce que *para multiplicar un número por un dígito seguido de ceros, basta multiplicar el dígito por el multiplicando y agregar al producto tantos ceros como seguían al dígito,* pues todo número terminado en ceros se puede descomponer en dos factores.

EJEMPLO:

$$37\times 500=37(5\cdot 100)=(37\cdot 5)\cdot 100=185\cdot 100=18500.$$

39. Propiedad asociativa. — *El valor de un producto de varios factores no varía, si se substituyen dos o más de ellos por su producto efectuado.*

Así:

$$5\cdot 3\cdot 2\cdot 7=5\cdot(3\cdot 2)\cdot 7=5\cdot 6\cdot 7.$$

40. Variaciones que experimenta el producto al variar los factores. — Cuando uno de los factores aumenta o disminuye en un valor determinado, el producto aumenta o disminuye respectivamente en el valor del producto del otro factor por el aumento o disminución del primero.

Ejemplo: Si en el producto 5×7 el factor 7 aumenta su valor en tres unidades, el aumento que experimentará el producto será igual a 5×3=15 pues 5×7=35; pero 5·(7+3)=5·7+5·3=35+15.

Si los dos factores aumentan o disminuyen simultáneamente en un valor determinado, el producto es aumentado o disminuido en el producto de los aumentos o disminuciones, o disminuido en dicho producto si uno aumenta y otro disminuye, y además vendrá el producto aumentado o disminuido (según que los factores hayan sufrido aumento o disminución) en el producto de cada aumento o disminución por el otro factor.

Ejemplos:

$$(7+3)\cdot(5+1)=5\cdot7+5\cdot3+1\cdot7+1\cdot3$$
$$(7+3)\cdot(5-1)=5\cdot7+5\cdot3-1\cdot7-1\cdot3$$
$$(7-3)\cdot(5-1)=5\cdot7-5\cdot3-1\cdot7+1\cdot3$$

4.º División

41. Definición y signos de la división. — *La división es una operación inversa de la multiplicación que tiene por objeto, dado el producto de dos factores y uno de ellos hallar el otro.*

El producto se llama *dividendo*, el factor conocido *divisor*, y el factor que se busca *cociente*.

El cociente de dos números es, pues, el número por el cual se debe multiplicar el divisor para obtener un producto igual al dividendo.

Se expresa la división por dos puntos colocados entre el dividendo y el divisor, que se leen *dividido por*, o bien mediante una rayita horizontal encima de la cual se escribe el dividendo y debajo de ella el divisor. Así el cociente de 56 por 7 se escribe:

$$56\div7 \quad \text{o bien} \quad \frac{56}{7}$$

que se lee: *56 dividido o partido por 7.*

42. División exacta e inexacta. — *Se dice que una división es exacta cuando el dividendo es igual al producto del divisor por el cociente,* como, por ejemplo: 45:9=5, pues 45=9·5.

Una división es inexacta cuando entre el producto del divisor por el cociente y el dividendo existe una diferencia, llamada resto, es decir, cuando el dividendo no contiene al divisor un número entero de veces. Así, el número 58 no contiene un número entero de veces a 8, sino que lo contiene 7 veces y queda un resto de dos unidades, pues 58=7×8+2. Se dice entonces que 58 no es *divisible* ni por 8 ni por 7, o también que no es *múltiplo* de 8 ni de 7.

Representando con D el dividendo, con d el divisor, con c el cociente y con r el resto de una división, se puede escribir así:

en la *división exacta:* $D = d \times c$
en la *división inexacta:* $D = d \times c + r.$

El resto es siempre necesariamente menor que el divisor.

43. Número múltiplo de otro. — *Se dice que un número N es múltiplo de otro a, cuando el primero contiene al segundo un número entero de veces, esto es, cuando el producto de a por un número entero es igual a N.*

Cuando el dividendo de una división es múltiplo del divisor, se dice que la división es *exacta;* en el caso contrario, *inexacta.* En esta última precisa considerar el llamado *cociente entero.*

Los múltiplos de un número se obtienen multiplicando éste por la serie natural de los números.

44. Cociente entero. — *Llámase así, en una división inexacta, al mayor de los números naturales que multiplicado por el divisor puede restarse del dividendo.* Así, en el ejemplo propuesto en el párrafo 42, el cociente entero de $58:7$ es 8, pero no es el cociente exacto; como el producto $8\times7<58$, el cociente obtenido, 8, se denomina *cociente entero por defecto;* la diferencia $58-56=2$ entre el dividendo 58 y el producto 56 del divisor 7 por el cociente entero por defecto, 8, se llama *resto aditivo* de la división inexacta.

Si en lugar de tomar como cociente 8 tomásemos 9, éste sería el *cociente entero por exceso,* pues el producto de $7\times9=63$ es mayor que 58. La diferencia $63-58=5$ se llama *resto substractivo.*

45. Suma de restos de un división inexacta. — Si representamos con D el dividendo de una división inexacta, con d el divisor, con c el cociente entero por defecto, con r el resto aditivo, y con r' el resto substractivo, $c+1$ será el cociente entero por exceso. Podremos escribir, según lo dicho :

$$D=d\cdot c+r \qquad \text{de donde} \qquad r=D-d\cdot c$$

$$D=d\,(c+1)-r' \qquad \text{de donde} \qquad r'=d\,(c+1)-D=d\cdot c+d-D$$

y sumando ordenadamente los valores de r y r':

de donde se deduce que : $\qquad\qquad r+r'=d \qquad\qquad (1).$

En toda división inexacta la suma de los restos aditivo y substractivo es igual al divisor.

De la igualdad (1) se deduce que *cada uno de los restos de la división inexacta es menor que el divisor.*

46. Reglas para efectuar la división. — Aunque el cociente de dos números puede hallarse restando el divisor del dividendo sucesivamente hasta hallar un resto menor que el divisor o un resto cero, este procedimiento es engorroso cuando el dividendo es un número muy grande, por lo que, para simplificar la operación, se aplican reglas especiales, las cuales varían según los casos siguientes : 1.º que el divisor y el cociente tengan una sola cifra; 2.º que el cociente tenga una sola cifra y el divisor varias; 3.º que el cociente tenga varias cifras.

1.ᵉʳ *caso. Que el divisor y el cociente tengan una sola cifra.* El cociente se halla mentalmente buscando cuál es el número que multiplicado por el divisor da el dividendo. Es preciso para ello saber de memoria la tabla de multiplicar; si no se recuerda, búsquese el dividendo en una fila o columna encabezada con el divisor, y el número que encabeza la columna o fila correspondiente al dividendo es el cociente. Así, deseamos saber cuál es el cociente de dividir 42 por 7; en la fila o columna encabezada por 7 se encontrará hacia la derecha o hacia abajo el número 42; pues bien, en la columna o fila correspondiente a este número, y encabezándolas, hallamos el número 6, que es el cociente.

2.º caso. El cociente tiene una sola cifra, pero el divisor varias. Sea, por ejemplo, hallar el cociente de la división de 9684 por 3952. El cociente tendrá una sola cifra, pues el producto de 3952 por 10, o sea, 39520 es mayor que el dividendo. La operación se dispone así:

$$\begin{array}{c|c} 9684 & 3952 \\ 7904 & 2 \\ \hline 1780 & \end{array}$$

y se opera así: *se divide, si es posible, la primera cifra de la izquierda del dividendo por la primera del divisor, y obtendremos la cifra del cociente. Si la cifra primera del dividendo es menor que la primera cifra del divisor, la división será imposible, y en este caso se tomarán las dos primeras cifras del dividendo. El cociente hallado se multiplica entonces por todo el divisor, y el producto se resta de todo el dividendo; si la substracción es posible y el resto, si lo hay, es menor que el divisor, la cifra hallada para el cociente es buena. En el caso de que la substracción no pueda realizarse, por ser el producto del cociente por el divisor mayor que el dividendo, se rebaja la cifra del cociente de unidad en unidad hasta que dicha substracción sea posible.* En el ejemplo propuesto diremos: 9 dividido por 3 da por cociente 3, y se multiplica la cifra 3 por 3952; pero el producto, igual a 11856, no se puede restar de 9684, luego rebajaremos la cifra del cociente en una unidad. El producto de la nueva cifra del cociente, 2 por 3952, da 7904, que puede restarse del dividendo.

3.er caso. El cociente tiene varias cifras. — Se dispone la operación del mismo modo que en el caso anterior y se sigue una marcha análoga, que exponemos a continuación con el fin de indicar de un modo claro *el tanteo* de las cifras verdaderas del cociente

Sea por ejemplo dividir 5483672 por 6918. Ante todo: ¿cuántas cifras tendrá el cociente? Multiplicando sucesivamente el divisor propuesto por 10, 100, 1000... obtendremos los productos 69180, 691800, 6918000; vemos que este último es el primero de los productos obtenidos que es mayor que el dividendo y resulta de multiplicar el divisor propuesto por la unidad seguida de *tres* ceros; luego el cociente tendrá *tres* cifras. La operación se dispone así:

$$\begin{array}{c|c} 5483672 & 6918 \\ 48426 & 792 \\ \hline 64107 & \\ 62262 & \\ \hline 18452 & \\ 13836 & \\ \hline 4616 & \end{array}$$

Vamos a tantear la primera cifra del cociente y diremos: 54 dividido por 6 es 9; mentalmente multiplicaremos el cociente hallado 9 por el divisor, comenzando por las cifras de la izquierda, y restando del dividendo así: nueve por seis igual a 54, que restado del grupo de las dos primeras cifras del dividendo da resto cero; luego multiplicaremos, siempre mentalmente, el 9 por la segunda cifra del divisor y restaremos el producto de la tercera cifra del dividendo: $9 \times 9 = 81$, pero 81 no se puede restar de 8, tercera cifra del dividendo, luego la cifra 9 es demasiado elevada para cociente y debemos rebajarla en una unidad. Tomemos, pues, 8 como cifra del cociente y recomencemos la operación diciendo, siempre mentalmente: 8 por 6 es 48 que restado de 54 da un resto 6, el cual se antepone a la cifra siguiente del dividendo, 8 y forma con ella 68, de la cual se trata de restar el producto que se obtiene de la cifra tanteada del cociente, que es 8, por la segunda cifra 9 del divisor; este producto, que es 72, no se puede restar de 68, luego la cifra 8 buscada para cociente es *grande*, y se debe rebajar en una unidad y reducirla a 7. Tanteemos ésta siguiendo la misma marcha y diremos: 7 por 6 es 42, que restado de 54 da un resto de 12; la cifra 7 es *buena*, pues el resto es mayor que 10.

Calculada y hallada la cifra primera del cociente se multiplica por todo el divisor y el producto 48426 se escribe debajo del dividendo y se resta de éste; a la derecha del resto obtenido 6410 se escribe la cifra siguiente 7 del dividendo (operación que se llama *bajar el* 7) y se busca el cociente entre el nuevo dividendo, así formado, 64107 y el divisor, tanteando por el procedimiento indicado la segunda cifra del divisor, y el producto, 13836, se resta del último dividendo, 18452; el resto obtenido, 62262 se resta del segundo dividendo 64107; se *baja* la cifra siguiente del dividendo, que es 2, se escribe a la derecha del segundo resto obtenido, 1845, y el número así formado, 18452, será el tercer dividendo, el cual se divide por el divisor y obtendremos la tercera y última cifra del cociente, 2, la cual se multiplica por todo el divisor, y el producto, 13836, se resta del último dividendo, 18452; el resto obtenido, 4616, es menor que el divisor, y no habiendo en el dividendo más cifras para bajar se da por terminada la operación; el cociente entero por defecto es 792, y el resto aditivo es 4616.

En la práctica no se escriben los productos parciales de cada cifra del cociente por todo el divisor, sino que se efectúan mentalmente esta multiplicación y la substracción siguiente, escribiendo únicamente el resultado de esta última. Los restos así obtenidos, después de añadirles la cifra del orden inmediatamente inferior, esto es la cifra bajada del dividendo, reciben el nombre de *dividendos parciales*. Conforme a lo que se acaba de decir, la operación anterior se escribe del modo siguiente:

	5483672	6918
2.º dividendo parcial . .	64107	792 cociente
2.ᵉʳ dividendo parcial . .	18452	
Resto	4616	

De todo lo dicho dedúcese la siguiente

REGLA: *Para dividir dos números de varias cifras, cuando el cociente es polidígito, se separan de la izquierda del dividendo tantas cifras como tenga el divisor, o una más si el número formado por estas cifras fuese menor que el divisor; el dividendo parcial así obtenido se divide por el divisor y así se obtiene la primera cifra del cociente; se multiplica esta cifra por el divisor y el producto se resta del primer dividendo parcial. A la derecha del resto obtenido se escribe la cifra siguiente del dividendo, y el segundo dividendo parcial así obtenido se divide por el divisor y el cociente hallado será la segunda cifra del cociente, con la que se procede como se ha dicho para la primera. La operación se continúa hasta que no haya ya más cifras en el dividendo.*

Observación.— Cuando algún dividendo parcial resulte menor que el divisor se pone un cero en el cociente y se escribe a la derecha del dividendo parcial la cifra siguiente del dividendo, y se continúa la operación, como se ve en el ejemplo siguiente:

$$\begin{array}{r|l} 8642380 & 2876 \\ 14380 & \overline{3005} \\ 0000 & \end{array}$$

47. División de un número por la unidad seguida de ceros. — *Para dividir un número por la unidad seguida de ceros, se separan de la derecha del número mediante una coma tantas cifras como ceros siguen a la unidad. El cociente es el número formado por las cifras que quedan delante de la coma y el resto es el número que queda detrás de ella.*

En efecto, la división de 785234 por 1000 da 785 como cociente y 234 como resto, pues, como

$$785234 = 785000 + 234 < 785000 + 1000$$

resulta $\qquad 785234 = 785 \times 1000 + 234 \quad y \quad 234 < 1000$

condiciones necesarias y suficientes para que dividiendo 785234 por 1000 dé 785 como cociente y 234 como resto.

48. Pruebas de la división. — Siendo la división una operación en la que nos dan el producto (dividendo) y uno de los factores (divisor), la prueba consistirá en multiplicar el cociente, que es el factor que se busca, por el divisor; si la operación está bien hecha el producto debe ser igual al dividendo, si la división es exacta. Si la división es inexacta el dividendo resultará de sumar el resto al producto del divisor por el cociente. Otra prueba consiste en dividir el dividendo por el cociente; si la división es exacta el cociente que resulta ha de ser igual al divisor.

49. División de una suma, de una diferencia indicada por un número cuando los términos de una y otra son múltiplos del divisor. — *Para dividir una suma indicada por un número se divide cada uno de los sumandos de la suma por dicho número y se suman los resultados.*

EJEMPLO:

$$(8 + 12 + 28) : 4 = 8 : 4 + 12 : 4 + 28 : 4 = 2 + 3 + 7 = 12$$

De modo análogo se procede para dividir una diferencia indicada por un número, pero en este caso se restan los resultados:

$$(24 - 15) : 3 = 24 : 3 - 15 : 3 = 8 - 5 = 3$$

50. División de un producto por un número. — *Para dividir un producto de varios factores por un número basta dividir uno cualquiera de los factores por dicho número.*

EJEMPLO:

$$(7 \cdot 6 \cdot 14 \cdot 12) : 4 = 7 \cdot 6 \cdot 14 \cdot (12 : 4) = 7 \cdot 6 \cdot 14 \cdot 3$$

Un caso particular es la *división de un producto de varios factores por uno de sus factores; basta en este caso suprimirlo.*

Ejemplo:

$$(4\cdot 7\cdot 8):7=4\cdot 8,$$

pues
$$(4\cdot 7\cdot 8):7=4\cdot (7:7)\cdot 8=4\cdot 1\cdot 8=4\cdot 8.$$

51. Variaciones del cociente y el resto de una división al alterarse el dividendo y divisor de la misma. — Cabe distinguir varios casos:

1.º Si se multiplica o divide el dividendo de una división *exacta* por un número sin que se altere el divisor, el cociente queda multiplicado o dividido por el mismo número.

Ejemplo:

$$12:3=4$$

$$(12\cdot 5):3=60:3=20=4\cdot 5.$$

2.º Si se multiplica o divide el divisor de una división *exacta* por un número sin que se altere el dividendo, el cociente queda dividido o multiplicado por el mismo número.

Ejemplos:

$$24:4=6 \qquad 24:(4\cdot 3)=24\cdot 12=2=6:3$$

$$42:6=7 \qquad 42:(6:3)=42:2=21=7\cdot 3.$$

3.º Si se multiplican o dividen por un mismo número el dividendo y el divisor de una división *exacta*, el cociente no se altera.

Ejemplos:

$$24:6=4$$

y multiplicando por 2 el dividendo y el divisor:

$$(24\cdot 2):(6\cdot 2)=48:12=4.$$

Si dividimos por 2 ambos términos, tendremos:

$$(24:2):(6:2)=12:3=4.$$

De todo lo expuesto resulta que en la división exacta el cociente experimenta las mismas variaciones que el dividendo y contrarias a las del divisor.

Veamos lo que ocurre en las divisiones *inexactas*.

1.º Si se multiplica o divide el dividendo de una división *inexacta* por un número, sin variar el divisor, el cociente queda respectivamente multiplicado o dividido por dicho número y el residuo o resto sufre la misma variación. Pero si por efecto de la multiplicación el residuo resultase mayor que el divisor, el cociente y el resto sufrirán la variación correspondiente.

Ejemplo:

Si en la división $43:8$, que da como cociente 5 y como resto 3, $48=8\cdot 5+3$, se multiplica el dividendo por 2, el cociente será $10=5\cdot 2$ y el residuo es $6=3\cdot 2$ de modo que:

$$86=8\cdot 10+6,$$

pero si se multiplicase el dividendo por 7 el residuo se transforma en $21=7\cdot3$, y como 21 es mayor que el divisor 8, el cual cabe 2 veces en el resto nuevo con un resto igual a 5, el cociente será $5\cdot7+2=37$ y el residuo será 5, pues

$$(43\cdot7)=8\ (5\cdot7+2)+5=8\cdot37+5.$$

2.º Si se multiplica o divide el divisor de una división *inexacta* por un número sin variar el dividendo, el cociente queda respectivamente dividido o multiplicado por dicho número sin que varíe el resto, salvo que ocurra lo mismo que se indicó en el caso anterior. Así, si en la división $51:8$ queda 6 de cociente y 3 como residuo, se multiplica el divisor por 2, el cociente queda dividido por 2 sin alterarse el resto.

$$51=16\cdot3+3,$$

pero si el divisor 8 se divide por 4, tendremos que el cociente será 25 en lugar de $24=6\cdot4$, pues el divisor 2 cabe una vez en el resto y el residuo será 1: esto es, $51=2\times25+1$.

3.º Si se multiplican el dividendo y el divisor de una división *inexacta* por un mismo número, el cociente no varía pero el resto queda multiplicado o dividido por dicho número. En efecto representemos con D, d, c y r el dividendo, divisor, cociente y resto de una división inexacta. Sabemos que:

$$D=d\cdot c+r \qquad \text{siempre que} \qquad r<d,$$

y multiplicando por un número cualquiera m los dos miembros de la igualdad anterior tendremos:

$$D\cdot m=d\cdot c\cdot m+r\,m=d\cdot m\cdot c+r\,m,$$

pero como $r<d$ también $r\cdot m<d\cdot m$ y la relación anterior quiere decir que dividiendo $D\cdot m$ por $d\cdot m$ se obtiene c como cociente y $r\,m$ como resto.

52. Divisor de un número.—*Se dice que un número es divisor de otro cuando está contenido en éste un número exacto de veces. Así 3 es un divisor de 6, 9, 12, 18 y 24, porque está contenido en ellos 2, 3, 4 y 6 veces respectivamente.*

53. Número de cifras del cociente de dos números.—Viene determinado por el número de ceros que se han de colocar a la derecha del divisor para obtener un número mayor que el dividendo. Así, el cociente de 385426 por 45 tendrá *cuatro* cifras, porque $450000>385426$.

5.º POTENCIACIÓN

54. Definición y símbolo de la misma.—*Potenciación o elevación a potencias es la operación que tiene por objeto determinar la potencia de un número.*

Potencia de un número es el producto de varios factores iguales a este número, el cual se llama *base* o *dignando* de la potencia. Así:

$$5\times5\times5\times5=625$$

es la *cuarta* potencia de 5.

Grado de una potencia, es el número ordinal de factores que la constituyen:

en $2^3=2\cdot2\cdot2=8$, la base es 2; el exponente es 3; la potencia es de tercer grado y su valor es 8.

La potencia de segundo grado se llama *cuadrado*, y la de tercer grado se llama *cubo*. Así, $5^2=25$ se lee *cinco elevado al cuadrado* igual a 25, o bien veinticinco es el *cuadrado* de 5.

La potencia de un número se indica mediante un numerito más pequeño colocado en la parte superior y derecha de la base; este numerito se llama *exponente*. Así:

$$5^4=5\cdot5\cdot5\cdot5.$$

55. Potencias de 0 y de 1. — Las potencias de cualquier grado de cero y de 1 son cero y 1 respectivamente, pues por ejemplo,

$$0^3=0\cdot0\cdot0=0 \quad y \quad 1^3=1\cdot1\cdot1=1.$$

56. Potencias de exponente 0 y 1. — La potencia de grado *cero* de un número carece de sentido y se considera siempre igual a 1 cualquiera que sea la base, como se demuestra más adelante. La potencia de grado igual a la unidad de cualquier número es siempre igual al mismo número. Así, pues:

$$2^0=1: \quad 425^0=1: \quad 5^1=5; \quad 1300^1=1300$$

57. De la definición de potencia y de las propiedades de la multiplicación se deducen las siguientes

Consecuencias. 1.ª *Elevando los dos miembros de una igualdad a una misma potencia, se obtiene otra igualdad.* En efecto:

$$6=2\cdot3 \quad 6^2=(2\cdot3)^2=(2\cdot3)\,(2\cdot3), \quad o\ sea \quad 36=2\cdot3\cdot2\cdot3=6\cdot6=36.$$

2.ª *Elevando los dos miembros de una desigualdad a una misma potencia se obtiene otra desigualdad del mismo sentido.* Así:

$$5>2 \quad 5^2>2^2 \quad pues \quad 25>4.$$

3.ª *Las potencias sucesivas de un número neutral distinto de cero y de 1, crecen al aumentar el exponente,* es decir:

$$5^1<5^2<5^3<5^4...$$

58. Cuadrados y cubos de los números dígitos. — Conviene saber de memoria los valores de los cuadrados y cubos de los diez primeros números, razón por la cual los damos a continuación:

Cuadrados	*Cubos*
$1^2=1\cdot1=1$	$1^3=1\cdot1\cdot1=1$
$2^2=2\cdot2=4$	$2^3=2^2\cdot2=8$
$3^2=3\cdot3=9$	$3^3=3^2\cdot3=27$
$4^2=4\cdot4=16$	$4^3=4^2\cdot4=64$
$5^2=5\cdot5=25$	$5^3=5^2\cdot5=125$
$6^2=6\cdot6=36$	$6^3=6^2\cdot6=216$
$7^2=7\cdot7=49$	$7^3=7^2\cdot7=343$
$8^2=8\cdot8=64$	$8^3=8^2\cdot8=512$
$9^2=9\cdot9=81$	$9^3=9^2\cdot9=729$
$10^2=10\cdot10=100$	$10^3=10^2\cdot10=1000$

59. Cuadrados y cubos perfectos. — *Se dice que un número es cuadrado o cubo perfecto cuando puede ser obtenido elevando al cuadrado o al cubo un número natural.*

Así, 81 y 36 son cuadrados perfectos, pues $81 = 9^2$ y $36 = 6^2$; 512 y 125 son cubos perfectos, pues $512 = 8^3$ y $125 = 5^3$.

60. Potencia de cualquier grado de un número entero. — *Para hallar la potencia de un número entero bastará tomarlo como factor tantas veces como unidades tenga el exponente.* Así:

$$23^3 = 23 \cdot 23 \cdot 23 = 12167$$

61. Potencias de la unidad seguida de ceros. — *La potencia de grado entero de la unidad seguida de ceros es la unidad seguida de tantos ceros como resulten del producto del exponente por el número de ceros de la base.*

EJEMPLO:

$$100^3 = 100 \cdot 100 \cdot 100 = 1.000.000.$$

Si la base termina en ceros, pero no es la unidad seguida de ceros, se halla la potencia del grado que sea de la parte significativa, y a continuación se ponen tantos ceros como resulte de multiplicar el exponente por el número de ceros que tiene la base propuesta.

EJEMPLO:

$$3500^3 = (35 \cdot 100)^3 = 35^3 \times 100^3 = 42.875.000.000$$

62. Producto de potencias de la misma base. — *Equivale a otra potencia de la misma base y cuyo exponente sea igual a la suma de los exponentes de los factores.*

EJEMPLO:

$$a^3 \times a^2 \times a^4 = (a \cdot a \cdot a)(a \cdot a)(a \cdot a \cdot a) = a \cdot a \cdot a \cdot a \cdot a \cdot a \cdot a \cdot a \cdot a = a^9 = a^{3+2+4}$$

y en general: $\qquad\qquad a^m \cdot a^n = a^{m+n}.$

63. Cociente de dos potencias de la misma base y potencia de grado cero de un número. — *Es igual a otra potencia de la misma base y cuyo exponente es la diferencia de los exponentes del dividendo y del divisor.*

En efecto: el cociente $a^5 : a^3$ es a^2 pues el producto de este cociente por el divisor a^3 da a^5:

$$a^5 : a^3 = a^{5-3} = a^2.$$

Se deduce como caso particular el siguiente:

$$a^5 : a^5 = a^{5-5} = a^0,$$

pero por ser el dividendo y divisor iguales, resulta

$$a^5 : a^5 = 1$$

y comparando las dos igualdades resulta:

$$a^0 = 1,$$

esto es, *la potencia de grado cero de cualquier número entero es igual a la unidad,* lo cual confirma lo dicho en el número 56.

64. Potencia de una potencia. — *Es otra potencia de la misma base cuyo exponente es igual al producto de los exponentes.* En efecto:

$$(a^3)^4 = a^3 \cdot a^3 \cdot a^3 \cdot a^3 = a^{3+3+3+3} = a^{3 \cdot 4}$$

y en general: $$(a^m)^n = a^{m \cdot n}.$$

65. Potencia de un producto. — *Para elevar un producto a una potencia se eleva a esta potencia cada uno de los factores del producto.*

Sea el producto $a \times b \times c$, del cual queremos hallar la tercera potencia. Recordando la definición de potencia y lo expuesto anteriormente tendremos:

$$(a \times b \times c)^3 = (a \cdot b \cdot c)\ (a \cdot b \cdot c)\ (a \cdot b \cdot c) = a \cdot b \cdot c \cdot a \cdot b \cdot c \cdot a \cdot b \cdot c =$$
$$(a \cdot a \cdot a)\ (b \cdot b \cdot b)\ (c \cdot c \cdot c) = a^3 \cdot b^3 \cdot c^3$$

y en general $$(a\ b\ c)^n = a^n b^n c^n$$

66. Cuadrado de la suma de dos números. — *Es igual a la suma de los cuadrados de estos dos números más el doble producto de dichos números.*

Hallar el cuadrado de la suma $a+b$:

$$(a+b)^2 = (a+b)\ (a+b) = a \cdot a + a\ b + b\ a + b\ b = a^2 + 2 \cdot a\ b + b^2,$$

esto es: *el cuadrado de la suma de dos números es igual al cuadrado del primero, más el duplo del primero por el segundo, más el cuadrado del segundo.*

67. Cuadrado de la diferencia de dos números. — *Es igual al cuadrado del primero, menos el duplo del primero por el segundo, más el cuadrado del segundo.*

En efecto, sea la diferencia $a-b$:

$$(a-b)^2 = (a-b)\ (a-b) = (a \cdot a + b\ b) - (a\ b + a\ b) =$$
$$(a^2 + b^2) - 2\ a\ b = a^2 - 2\ a\ b + b^2.$$

68. Cubo de la suma y de la diferencia de dos números. — *El cubo de la suma de dos sumandos es igual al cubo del primero, más el triplo del cuadrado del primero por el segundo, más el triplo del primero por el cuadrado del segundo, más el cubo del segundo.*

En efecto:

$$(a^2 + 2\ a\ b + b^2)\ a + (a^2 + 2\ a\ b + b^2)\ b =$$
$$(a+b)^3 = (a+b)^2\ (a+b) = (a^2 + 2\ a\ b + b^2)\ (a+b) =$$
$$a^3 + 2\ a^2\ b + a\ b^2 + a^2\ b + 2\ a\ b^2 + b^3$$

pero $$2\ a^2\ b + a^2\ b = 3\ a^2\ b \quad \text{y} \quad a\ b^2 + 2\ a\ b^2 = 3\ a\ b^2$$

y substituyendo tendremos:

$$(a+b)^3 = a^3 + 3\ a^2\ b + 3\ a\ b^2 + b^3.$$

El cubo de la diferencia de dos números es igual al cubo del primero, menos el triplo del cuadrado del primero por el segundo, más el triplo del primero por el cuadrado del segundo, menos el cubo del segundo.

En efecto:

$$(a-b)^3 = (a-b)^2\,(a-b) = (a^2-2\,a\,b+b^2)\,(a-b) =$$
$$(a^2-2\,a\,b^2)\,a - (a^2\,2\,a\,b+b^2)\,b =$$
$$a^3-2\,a^2\,b+a\,b^2-a^2\,b+2\,a\,b^2-b^3 =$$
$$a^3-3\,a^2\,b+3\,a\,b^2-b^3.$$

6.º Radicación

69. Definición, símbolo y clasificación. Signo y nomenclatura. — *Radicación o extracción de raíces* es la operación inversa de la potenciación, *y tiene por objeto determinar la raíz de un número.*

Raíz de un número es otro número cuya potencia del mismo grado que la raíz reproduce el número propuesto, llamado *radicando* o *cantidad subradical.*

Hemos visto anteriormente lo que se entiende por potenciación o elevación o potencia. Tomemos una, tal como.

$$5^3 = 125$$

en esta operación se supone conocida la *base* o dignando, **5**, y el exponente, **3**, y se busca la potencia, 125. En la radicación suponemos, por el contrario, conocida la potencia, 125, que es el número que nos dan, y el grado de la raíz, 3, y buscamos la base, 5. La operación se representa así:

$$\sqrt[3]{125} = 5$$

en el cual el **3**, en este caso, se llama *índice de la raíz* e indica el *grado* de la potencia a que debe elevarse la *raíz* 5, para reproducir el número dado 125, número que aquí recibe, como se ha dicho, el nombre de *radicando* o *cantidad subradical.* El signo o modo simbólico de representar la operación es $\sqrt{}$

Las raíces se nombran o clasifican por su grado (cuadradas, cúbicas, cuartas, quintas...), el cual viene representado por el índice o número colocado en la abertura del ángulo del símbolo de radicación. Cuando se trata de las raíces cuadradas se suprime el índice 2. Así:

$$\sqrt{16} \quad \text{se lee } \textit{raíz cuadrada de 16.}$$

$$\sqrt[3]{27} \quad \text{se lee } \textit{raíz cúbica de 27.}$$

$$\sqrt[4]{64} \quad \text{se lee } \textit{raíz cuarta de 64.}$$

$$\sqrt[5]{690} \quad \text{se lee } \textit{raíz quinta de 690.}$$

y así sucesivamente.

Resumiendo: *la raíz cuadrada de un número es otro número que elevado al cuadrado reproduce el número dado:*

$$\sqrt{16} \quad \text{es 4} \quad \text{pues} \quad 4^2 = 16.$$

La raíz cúbica de un número es otro número que elevado al cubo reproduce el primero:

$$\sqrt[3]{27} \text{ es } 3, \quad \text{pues} \quad 3^3 = 3 \cdot 3 \cdot 3 = 27$$

y así sucesivamente.

70. Raíces de cualquier grado de 0 y de 1. — Se deduce de la definición de raíz que las raíces de cualquier grado de cero es igual a cero, y las de la unidad son todas iguales a la unidad misma.

$$\sqrt[4]{1} = 1 \quad \text{pues} \quad 1^4 = 1.$$

Además la raíz del primer grado de cualquier número es siempre igual al mismo número o cantidad subradical:

$$\sqrt[1]{5} = 5 \quad \text{pues} \quad 5^1 = 5.$$

71. Raíz exacta e inexacta. — *Raíz exacta de un grado cualquiera de un entero, es otro número entero que elevado a una potencia de igual grado que el de la raíz da el número propuesto.*

Así la raíz cúbica exacta de 64 es 4, pues $4^3 = 4 \cdot 4 \cdot 4 = 64$.

En el caso contrario se dice que el número propuesto no tiene raíz exacta del grado pedido.

Así, por ejemplo: 75 no tiene raíz cúbica exacta y entera, pues

$$5^3 > 75 > 4^3$$

o lo que es lo mismo $\qquad 125 > 75 > 64 \quad$ y $\quad 75 = 4^3 + 11.$

La diferencia entre 75 y 64 se llama *resto*, y 4 será la *raíz cúbica por defecto* del número 75. Por lo contrario, 5 es la raíz cúbica de 75 *por exceso*, y la diferencia entre $125 = 5^3$ y 75, que es 50, recibe el nombre de *resto negativo*, es decir:

$$75 = 5^3 - 50.$$

Obsérvese que la suma de los dos restos positivo y negativo, es igual a la diferencia de las potencias de las dos raíces por exceso y por defecto:

$$125 - 64 = 61; \quad 50 + 11 = 61.$$

72. Regla para obtener la raíz cuadrada de un número. — Expondremos aquí directamente las reglas para obtenerla en los diferentes casos. Estos son: 1.º, que el radicando sea inferior a 100; 2.º, que sea mayor que 100.

1.º En el primer caso hallaremos la raíz de número recordando la tabla de los cuadrados de 100 primeros números o la de multiplicar.

Así, por ejemplo, la raíz cuadrada de 56 es mayor que 7 y menor que 8, pues 56 está comprendido entre $49 = 7^2$ y $64 = 8^2$:

$$8 > \sqrt{56} > 7$$

2.º Cuando el número propuesto es mayor que 100, es decir, tiene tres o más cifras, se aplica la siguiente

REGLA: *Se comienza por dividir el número propuesto en grupos de dos cifras comenzando por la derecha, y se extrae la raíz cuadrada del primer grupo de la izquierda (el cual puede estar formado por una o dos cifras), y así se obtiene la primera cifra de la raíz. Se eleva ésta al cuadrado y se resta del primer grupo de la izquierda. A la derecha del primer resto obtenido se escribe el grupo siguiente del radicando, se separa con una coma la última cifra de su derecha, y el grupo que queda a la izquierda se divide por el duplo de la raíz hallada; el cociente calculado se escribe a la derecha del duplo de la raíz y el número así formado se multiplica por el mismo cociente calculado; si el producto se puede restar de todo el primer resto, la cifra calculada como cociente es buena y será la segunda de la raíz, escribiéndose a la derecha de la primera. A la derecha del segundo resto obtenido se escribe el grupo siguiente del radicando, se separa con una coma la primera cifra de la derecha y el grupo que queda a la izquierda se divide por el duplo de la raíz hallada, prosiguiendo como se ha dicho antes hasta bajar el último grupo del radicando.*

EJEMPLO: Hallar la raíz cuadrada de 3479856.

La operación se dispone así:

$$
\begin{array}{lr|l}
 & \sqrt{\ 3'4\ 7'9\ 8'5\ 6} & 1865 \\
\text{Primer resto} \ldots\ldots & 2\,4{,}7 & \\
 & 2\,2\,4 & 28 \times 8 = 224 \\
\hline
\text{Segundo resto} \ldots & 2\,3\,9{,}8 & \\
 & 2\,1\,9\,6 & 366 \times 6 = 2196 \\
\hline
\text{Tercer resto} \ldots\ldots & 2\,0\,2\,5{,}6 & \\
 & 1\,8\,6\,2\,5 & 3725 \times 5 = 18625 \\
\hline
\text{Resto final} \ldots\ldots & 1\,6\,3\,1 & \\
\end{array}
$$

He aquí como hemos operado: dividido el número propuesto en grupos de a dos cifras diremos: la raíz cuadrada de 3 es 1, que elevada al cuadrado se restará de 3; resto = 2. A la derecha de este resto se escribe el grupo siguiente, 47, se separa la cifra 7, y el número que queda a la izquierda, 24, se divide por 2, duplo de la raíz hallada. El cociente no puede ser mayor que 10, luego tanteando el 9, según la regla expuesta antes, veremos que es grande y se tomará 8 como cifra del cociente, la cual se escribe a la derecha del 2, duplo de la raíz, y el número 28 formado se multiplica por el mismo cociente 8, y da 224, número que restaremos de 247; a la derecha del resto 23 obtenido, escribimos el grupo siguiente, 98, se separa el 8 y el número 239 se divide por 36, duplo de la raíz hallada; el cociente bueno tanteado es 6, el cual se escribe a la derecha de 36 y el número así formado, 366, se multiplica por el cociente 6, y el producto 2196 se resta de 2398 y se obtiene así el tercer resto, continuando de la misma manera hasta obtener el resto 1631.

Así, pues:

$$3479856 = 1865^2 + 1631.$$

Generalmente se efectúan las multiplicaciones y substracciones mentalmente, suprímense los substraendos y se escriben únicamente las diferencias; teniendo en cuenta esto, la operación anterior aparece así:

$$\sqrt{3'4\ 7'9\ 8'5\ 6}\ \Big|\ 1865$$

2 4,7	28
2 3 9,8	366
2 0 2 5,6	3725
1 6 3 1	

OBSERVACIONES: 1.ª Cuando al efectuar la división de los dividendos parciales (que son los restos sucesivos) por el duplo de la raíz hallada, el cociente sea cero, se escribe cero en la raíz y se baja a la derecha del dividendo parcial el grupo siguiente del radicando, como se ve en el ejemplo siguiente:

$$\sqrt{9'0\ 1'8\ 4'0\ 4}\ \Big|\ 3003$$

1 8 4 0 4	6003
3 9 5	

2.ª Cuando la cantidad subradical es un cuadrado perfecto terminado en ceros, basta hallar sólo la raíz cuadrada de la parte formada por las cifras significativas y a la derecha de la raíz se escriben luego la mitad de los ceros suprimidos.

EJEMPLO:

$$\sqrt{640000}=\sqrt{64\times10000}=\sqrt{64}\times\sqrt{10000}=8\times100=800.$$

73. Aproximación de la raíz cuadrada de los números que no la tienen exacta. — Se puede aproximar cuanto se quiera colocando a la derecha del número propuesto tantos grupos de dos ceros cuantos sean las unidades decimales que deba aproximarse la raíz.

Supongamos que queremos hallar la raíz del número 3475892 con tres cifras decimales. Dispondremos el radicando así: 3475892000000 y procederemos a la extracción de la raíz como se ha visto en el número anterior, ya que hemos tomado el mismo ejemplo, pero después de obtenida la raíz 1864 y el último resto 1396, colocaremos una coma a la derecha de la primera y el primer grupo de dos ceros a la derecha del resto 1396, y continuaremos la operación hasta bajar el último grupo de éstos:

$$\sqrt{3'4\ 7'5\ 8'9\ 2'0\ 0'0\ 0'0\ 0'0\ 0}\ \Big|\ 1864,374$$

2 4,7	28
2 3 5,8	366
1 6 2 9,2	3724
1 3 9 6 0,0	37283
2 7 7 5 1 0,0	372867
1 6 5 0 3 1 0,0	3728744
1 5 8 8 1 2 4	

74. Valor del resto de una raíz cuadrada inexacta de un entero. — *Es menor que el duplo de la raíz más uno.*

En efecto: sea N el número entero, y a su raíz cuadrada entera. Como el número N está comprendido entre a^2 y $(a+1)^2$, el residuo de su raíz cuadrada es igual, según vimos en (71), a $N-a^2$, luego se verificará evidentemente:

$$N-a^2<(a+1)^2-a^2,$$

pero $$(a+1)^2=a^2+2\,a+1$$

y substituyendo este valor en la desigualdad anterior:

$$N-a^2<a^2+2\,a+1-a^2,$$

de donde $$N-a^2<2\,a+1$$

y representando el residuo $N-a^2$ por r, tendremos finalmente

$$r<2\,a+1.$$

75. Regla para extraer la raíz cúbica de un número entero. — Si el número es menor que 1000 basta conocer los cubos de los diez primeros números, expuestos en el párrafo 58. Así:

$$512=8 \quad \text{pues} \quad 8^3=512.$$

Si el radicando es mayor que 1000 se sigue la siguiente

REGLA. *Se divide el número en períodos de tres cifras, empezando por la derecha; se extrae la raíz cúbica del primer grupo de la izquierda y ésta será la primera cifra de la raíz que buscamos, la cual se eleva al cubo y se resta del primer grupo o período; a la derecha del resto se coloca el período siguiente, se separan con una coma las dos primeras cifras de la derecha, y el número que queda a la izquierda de la coma se divide por el triplo del cuadrado de la raíz hallada, y del divisor parcial se restan; 1.º, el producto del divisor por el cociente (que se coloca debajo del grupo de la izquierda del dividendo); 2.º, el producto del triplo de la raíz hallada por el cuadrado del cociente hallado (que se coloca debajo del anterior, corriéndolo un lugar hacia la derecha), 3.º, el cubo del cociente hallado (que se corre otro lugar hacia la derecha). La cifra del cociente es la segunda cifra de la raíz. A la derecha del segundo resto obtenido se baja el período siguiente del radicando, se separan las dos primeras cifras de la derecha y se opera como se hizo anteriormente.*

EJEMPLO: Extraer la raíz cúbica de 385719.

```
Cubo de la raíz 7 . . . . . . . . . . . . 7³=343= .   √ 3 8 5'7 1 9 | 72
                                                        - 3 4 3     |
                                                        ─────────   ───────────
                                                          4 2 7,1 9 | 147=7²×3
Triplo del cuadrado de 7 por el cociente 2 . . . . 3×7²×2 . 2 9 4   | 2
Triplo de la raíz 7 por el cuadrado del cociente 2  3×7×2² .    8 4 |
Cubo del cociente 2. . . . . . . . . . . . . . . .         8        |
                                                        ─────────
                                                          1 2 4 7 1 |
```

Prueba: $72^3+12471=373248+12471=385719.$

OBSERVACIONES : La raíz cúbica de un número que sea cubo perfecto seguido de un número de ceros múltiplo de tres, es igual a la raíz cúbica del cubo perfecto seguido de la tercera parte de los ceros que seguían al radicando.

$$\sqrt[3]{27000} = \sqrt[3]{27} \times \sqrt[3]{1000} = 3 \cdot 10 = 30.$$

76. Valor del resto de la raíz cúbica inexacta. — *Es siempre menor que el triplo del cuadrado de la raíz hallada más el triplo de esta raíz más uno.*

En efecto : representemos el radicando por N, su raíz cúbica por defecto por a y el resto por r. El radicando N está comprendido entre a^3 y $(a+1)^3$, luego :

$$N - a^3 < (a+1)^3 - a^3$$

y desarrollando $(a+1)^3$ tendremos :

$$(a+1)^3 = a^3 + 3\,a^2 + 3\,a + 1$$

y substituyendo este valor en la desigualdad :

$$N - a^3 < a^3 + 3\,a^2 + 3\,a + 1 - a^3$$

y simplificando y recordando que $N + a^3$ es el valor del resto r, tendremos :

$$r < 3\,a^2 + 3\,a + 1$$

conforme con el enunciado.

77. Prueba de la raíz. — Consiste en elevar la raíz obtenida a una potencia de exponente igual al índice de la raíz; debe obtenerse la cantidad subradical si la raíz es exacta. Si ésta fuese inexacta, se agrega a la potencia obtenida el resto, y si la operación está bien hecha debe obtenerse la cantidad subradical.

78. Raíz de un producto. — *La raíz de un producto es igual al producto de las raíces del mismo grado de los factores.*

$$\sqrt{4 \cdot 9} = \sqrt{4} \cdot \sqrt{9} = 2 \cdot 3.$$

79. Raíz de un cociente. — *La raíz de un cociente es igual al cociente de las raíces del mismo grado del dividendo y divisor.*

$$\sqrt{25 : 16} = \sqrt{25} : \sqrt{16} = 5 : 4.$$

Más adelante, en el Álgebra, expondremos la generalización de estas dos últimas cuestiones.

CAPÍTULO III

DIVISIBILIDAD

80. Divisor de un número. — Según dejamos ya indicado (52), el divisor de un número es cualquier otro número que, empleado como divisor, origina un cociente exacto. Así, 4 es un divisor de 32, porque $32 : 4 = 8$; el número 32 que contiene exactamente a 4 ochos veces, se dice que es *divisible* por 4. También se dice que 4 es un factor o un *submúltiplo* de 32. De 32 decimos también que es un *múltiplo* de 4, pues resulta de multiplicar 4 por un número entero. A veces el múltiplo de un número se indica por un punto colocado encima de él. Así, $32=4$ se lee 32 igual a un múltiplo de 4.

En muchos casos los números enteros poseen caracteres especiales que permiten reconocer si son o no divisibles por otros sin necesidad de hacer la división.

Teoría de la divisibilidad es la que expone los caracteres que manifiestan si un número entero es divisible por otro.

Esta teoría se funda en el principio siguiente:

El resto que resulta de dividir por un entero una suma de dos sumandos, uno de los cuales es múltiplo del entero, es el mismo que resulta de dividir el otro sumando por dicho entero.

Sea s la suma de dos sumandos p y q, y supongamos que p sea un múltiplo de un entero e, es decir, que $p:e$ sea un entero m. Es evidente que $p=me$. Ahora, si dividimos q por e obtendremos un cociente n y un resto r, el cual en algún caso puede ser igual a cero, y por consiguiente se tendrá la igualdad:

$$q=n\,e+r. \qquad \text{Ahora bien, si en la suma} \qquad s=p+q$$

substituimos p y q por sus valores, tendremos:

$$s=m\,e+n\,e+r=(m+n)e+r \quad (1)$$

y como $r<e$ por ser el residuo de la división de q por e, la igualdad (1) demuestra que el cociente de s por e es $m+n$ y el residuo de la misma división es r.

Ejercicio: Compruébese el razonamiento anterior suponiendo:

$$s=16,\ p=9,\ q=7 \text{ y } e=3.$$

81. Divisibilidad por 10. — *La condición necesaria y suficiente para que un número sea divisible por 10 es que termine en cero.*

Representemos respectivamente por u, d, c, m... las cifras de las unidades, decenas, centenas, millares, etc., de un entero cualquiera; este número se puede expresar así:

$$...m\,c\,d\,u;$$

descomponiéndolo en decenas y unidades,

$$...m\,c\,d\,u=...m\,c\,d+u$$

y como todo número entero de decenas es un múltiplo de 10, lo será... $m\,c\,d$, y para que lo sea el número... $m\,c\,d\,u$, es preciso que también lo sea la cifra u de las unidades, para lo cual es necesario que dicha cifra sea un cero. Así, pues, por ejemplo, el número 38470 es múltiplo de 10. El número 53635 no es divisible por 10, pues $53635=53630+5$ y $u-5$ no es divisible por 10.

Se deduce, pues, que: *para que un número sea divisible por 10^n es preciso que termine en n ceros.*

Ejemplos:

$$2500 \text{ es divisible por } \quad 100=10^2$$
$$36000 \text{ es divisible por } \quad 1000=10^3$$
$$5700000 \text{ es divisible por } 100000=10^5$$

82. Números pares. — *Llamamos números pares a todos los números enteros cuyo cociente por 2 es otro número entero.* Tales son: 2, 4, 6, 8, 10, 12...; a los números enteros restantes se les llama números *impares* y son: 1, 3, 5, 7, 9, 11, 13, 15... Los números pares *son todos múltiplos de 2,* y tienen por expresión general $2n$, en la cual n es un número entero cualquiera. Los números impares *no son múltiplos de 2,* y tienen por expresión general $2n+1$, siendo n un entero cualquiera.

83. Condiciones de divisibilidad de un entero por 2, 3, 5, 7 y 11. — Sin detenernos a explicar en cada caso la razón del porqué de la divisibilidad por estos números, vamos a exponer brevemente los caracteres de divisibilidad.

84. Divisibilidad por 2, y por 2^n. — *Un número es divisible por 2 cuando termina en cero o en cifra par.* Así, 16, 30, 1246... son divisibles por 2.

Un número es divisible por 2^n cuando termina en n ceros o cuando sus n últimas cifras forman un número múltiplo de 2^n.

Así, un número es divisible por $2^2=4$, cuando sus dos últimas cifras son ceros o forman un múltiplo de 4, como, por ejemplo: 3700, 1316, 1712, etc.

85. Divisibilidad por 3. — *Un número es divisible por 3 cuando la suma de los valores absolutos de sus cifras es 3 o un múltiplo de 3.*

Así, 4275 es divisible por 3, pues $4+2+7+5=18$, y 18 es un múltiplo de 3; $4275:3=1425$.

86. Divisibilidad por 5 y 5^n. — *Un número es divisible por 5^n cuando termina en n ceros o sus n últimas cifras forman un múltiplo de 5^n.* Así, pues un número es divisible por 5 cuando termina en cero o en cinco.

Es divisible por $5^2=25$ cuando termina en dos ceros, o en 25, 50 ó 75. Es divisible por $5^3=125$ cuando termina en tres ceros, o sus tres últimas cifras forman un múltiplo de 125, es decir, 125, 250, 375, 500, 625, 750, 875.

$$
\begin{array}{r}
37823 \\
-6 \\
\hline
3776 \\
-12 \\
\hline
365 \\
-10 \\
\hline
26
\end{array}
$$

87. Divisibilidad por 7. — *Un número es divisible por 7 cuando restando sucesivamente de sus decenas el duplo de sus unidades se obtiene como residuo cero o un múltiplo de 7.*

Así, el número 294 es divisible por 7 porque $29-8=21$ que es múltiplo de 7. Para averiguar si el número 37823 es divisible por 7 se dispone la operación como se indica al margen:

y como 26 no es múltiplo de 7, el número 37823 no es divisible por 7.

88. Divisibilidad por 11. — *Un número es divisible por 11 cuando la diferencia entre la suma de los valores absolutos de sus cifras de lugar impar y la de las cifras de lugar par es cero, 11 o un múltiplo de 11.*

Así el número 580767 es divisible por 11, porque

$$(7+7+8)-(6+0+5)=22-11=11.$$

También un número es divisible por 11 si la suma de los grupos que se obtienen dividiéndolo en secciones de dos cifras, comenzando por la derecha, es un múltiplo de 11. Así, en el número 580767 resulta:

$$580767; \quad 67+7+58=132; \quad 32+1=33=\textit{múltiplo de 11}$$

42

89. Divisibilidad por 6, 9, 12, 14, 15, etc. — *Un número es divisible por otro igual al producto de dos o más factores cuyos caracteres de divisibilidad se conozcan, cuando reúna a su vez los caracteres de divisibilidad por cada uno de estos factores.* Así, un número es divisible por 6 cuando lo sea a la vez por 2 y por 3, pues $6 = 2 \cdot 3$; lo será por $12 = 3 \cdot 4$, cuando lo sea por 3 y 4 a la vez; lo será por 14 cuando lo sea por 2 y por 7, pues $14 = 2 \cdot 7$; lo será por 15 cuando lo sea por 3 y por 5.

Un número es divisible por 9 cuando la suma de los valores absolutos de sus cifras sea 9 o un múltiplo de 9. Así, 81, 27 y 36 son divisibles por 9 porque las sumas de $8+1$, $2+7$ y $3+6$ dan 9; también lo es el número 18756, pues $1+8+7+5+6 = 27$ que es un múltiplo de 9, y en efecto, $18756 : 9 = 2084$.

1.º Números primos

90. Números primos o simples. — *Llámanse así los que no tienen más divisor que él mismo y la unidad.* Así, los números 2, 3, 5, 7 y 11 son primos.

Números compuestos *son los que tienen algún otro divisor, además de ellos mismos y la unidad.* Así, 6, 14 y 24, son números compuestos, pues 6 es divisible por 2, por 3, por 1 y por 6; 14 es divisible por 2, por 7, por 1 y por 14; y 24 lo es por 2, por 3, por 1, por 6, por 8, por 12 y por sí mismo.

91. Números primos entre sí. — Se dice que dos números son primos *entre sí cuando sólo tienen como divisor común la unidad;* así, 7 y 15, son primos entre sí, pues el único número que divide a ambos es 1; no son primos, por ejemplo, 6 y 14, pues tienen como divisor común a 2, a más de la unidad.

Números primos dos a dos, son los números que, tomados dos a dos, de todas las maneras posibles, forman parejas de números primos entre sí. Ejemplo, 7, 12 y 25 son primos entre sí dos a dos, pues lo son las parejas 7-12, 7-25, 12-25.

Los números primos son siempre primos entre sí; también lo son los números primos entre sí dos a dos, pero los números primos entre sí no siempre son primos entre sí dos a dos; así los números 7, 8 y 12 son primos entre sí, pero no lo son entre sí dos a dos.

92. Tabla de números primos. — La serie de los números primos es ilimitada; pero para construir una tabla de números primos hasta un límite deseado, se escriben los números impares hasta el límite previsto, empezando por 1 y 2 (el dos también se escribe, pues aunque sea par, es también primo), y se tachan primero de tres en tres a partir del nueve (3^2), de cinco en cinco a partir del veinticinco (5^2), de siete en siete a partir del cuarenta y nueve (7^2), y así sucesivamente. De este modo obtendremos la serie de los números primos, por ejemplo, menores de 100, los cuales aparecen en negrita en la tabla siguiente:

1	**2**	**3**	**5**	**7**	9	**11**	**13**	15	**17**	**19**	21	**23**
25	27	29	**31**	33	35	**37**	39	**41**	**43**	45	**47**	49
51	**53**	55	57	**59**	**61**	63	65	**67**	69	**71**	**73**	75
77	**79**	81	**83**	85	87	**89**	91	93	95	**97**	99	

93. Reglas para reconocer si un número dado es primo. — Los números terminados en cero, cifra par o cinco no son primos.

Para reconocer si un número es primo se le divide sucesivamente por todos los números primos a partir de 3; si se llega a un cociente entero igual o menor que el divisor primo empleado sin haber obtenido un resto cero, el número propuesto es primo.

Supongamos que se desea saber si el número 857 es primo. Este número no es divisible por 3, pues la suma de los valores absolutos de sus cifras ($8+5+7=20$) no es un múltiplo de 3; tampoco es divisible por 5, ni por 7 ($85-14=71$), ni por 11 ($8+7-5=10$). Dividiéndolo por los números primos siguientes, 13, 17, 19, 23 y 29, se obtienen sucesivamente los cocientes enteros 65, 50, 45, 37 y 29, y como este último es igual al divisor 29 que lo engendró sin que la división sea exacta, se puede afirmar que el número 857 es primo.

Más práctica es la regla siguiente: *se divide el número propuesto por todos los números primos menores que su raíz cuadrada, y si no se obtiene en estas divisiones un cociente exacto, el número es primo.* Así, en el ejemplo propuesto, $\sqrt{857}=29$, luego bastará dividir sucesivamente el número 857 por todos los números primos menores que 29. La regla es práctica cuando el número dado es muy grande.

94. Descomposición de un número compuesto en sus factores primos. — *Todo número compuesto, esto es, que no es primo, es un producto de factores primos.* Así, los números 12, 24, 86 y 294, por ejemplo, son productos de factores primos:

$$12=3\cdot2\cdot2; \qquad\qquad 24=6\cdot4=2\cdot3\cdot2\cdot2;$$
$$86=2\cdot43; \qquad 294=2\cdot147=2\cdot3\cdot49=2\cdot3\cdot7\cdot7.$$

Así, pues, *todo número compuesto se puede descomponer en sus factores primos, para lo cual se le divide sucesivamente por la serie de los números primos.*

La forma práctica de llevar a cabo la operación es la siguiente: a la derecha del número se traza una raya vertical, y junto a ella y frente al número se escribe el menor número primo por el cual sea divisible el número propuesto; el cociente se escribe debajo del número y se le divide, si es posible, por el mismo divisor primo; si esto no es posible se le divide por el siguiente número primo y así sucesivamente.

EJEMPLO:

Descomponer en factores primos los números 1261260 y 294.

Explicaremos cómo lo hemos hecho para el segundo:

El número 294 es par, luego divisible por 2; el cociente $294:2$ es 147, el cual se escribe debajo de 294. Este cociente no es divisible por 2, pues no es par, pero sí lo es por 3; ($1+4+7=12=4\cdot3$), luego lo dividiremos por 3 que es el número primo que sigue a 2. El nuevo cociente, 49, se escribe debajo de 147; el número 49 no es divisible por 5, pero sí por 7, y el cociente de esta división es 7, que se escribe debajo del 49, y que es primo, luego divisible por 7, número que se escribe en la columna de los factores primos, y el cociente 1 se coloca en la de los cocientes. Así, descompuesto el número 294 en los factores primos, tendremos:

1261260	2			
630630	2	294	2
315315	3	147	3
105105	3	49	7
35035	5	7	7
7007	7	1	
1001	7		
143	11		
13	13		
1			

$$294=2\cdot3\cdot7\cdot7=2\cdot3\cdot7^2; \quad 1261260=2\cdot2\cdot3\cdot3\cdot5\cdot7\cdot7\cdot11\cdot13=2^2\cdot3^2\cdot5\cdot7^2\cdot11\cdot13$$

95. Divisores de un número compuesto. — Los divisores de un número compuesto no son únicamente sus factores primos, sino todos los números que resulten del producto de todas las combinaciones posibles que pueden hacerse con dichos factores primos. Un ejemplo sencillo ayudará a comprender esta idea. Sea el número 24; sus factores primos son:

$$24 = 6 \cdot 4 = 2 \cdot 3 \cdot 2 \cdot 2 = 3 \cdot 2^3.$$

Pues bien, sus divisores no solamente son 2 y 3, sino también: $2 \cdot 2 = 4$, $2 \cdot 3 = 6$, $2 \cdot 3 \cdot 2 = 12$, $2 \cdot 2 \cdot 2 = 8$, y $3 \cdot 2 \cdot 2 \cdot 2 = 24$ esto es, todos los productos que resultan de las combinaciones posibles entre sus factores primos, 2, 3, 2 y 2.

96. Teorema. — *Un número entero sólo puede descomponerse en un sistema de números primos.*

En efecto: supongamos que el número N admite dos sistemas de factores primos: $a \cdot b \cdot c \cdot d$... y $A \cdot B \cdot C \cdot D$..., siendo tales factores primos cualesquiera, pudiendo ser algunos de los del primer sistema iguales a algunos de los del segundo. Tendremos, pues:

$$N = a \cdot b \cdot c \cdot d... \quad \text{y} \quad N = A \cdot B \cdot C \cdot D...$$

luego

$$a \cdot b \cdot c \cdot d... = A \cdot B \cdot C \cdot D...$$

Como a es un divisor del primer miembro también dividirá por lo menos a uno de los factores del segundo miembro, por ejemplo a A; suprimiendo, pues, los factores a y A tendremos la nueva igualdad:

$$b \cdot c \cdot d... = B \cdot C \cdot D...$$

Repitiendo el raciocinio anterior, demostraríamos que b y B deben ser iguales, y de modo análogo obtendríamos la serie de igualdades:

$$c \cdot d... = C \cdot D...; \quad c = C, \quad d = D.$$

Por consiguiente los dos sistemas de factores primos $a \cdot b \cdot c \cdot d$... y $A \cdot B \cdot C \cdot D$... son iguales, como se quería demostrar.

97. *Si un número primo* a *es divisor de un producto de varios factores* b c d e, *será divisor por lo menos de uno de estos factores.*

Si a no es divisor de b será primo con él, y por lo tanto dividirá al factor $c\,d\,e$, del producto $b \cdot c\,d\,e$; por la misma razón, si a no es divisor de c tendrá que serlo necesariamente del factor $d\,e$; luego debe ser forzosamente divisor de d o de e, según lo enunciado.

98. *Si un número primo divide a una potencia de un número, es divisor de la base de la potencia.* En efecto: si el número primo a divide a b^n dividirá forzosamente al producto $b \cdot b \cdot b...b$, y en virtud del principio anterior, dividirá forzosamente a b, que es la base de la potencia.

Las potencias de los números primos entre sí, son también números primos entre sí. En efecto: todo factor primo de las potencias a^n y b^m son factores primos de a y b; y como a y b sólo tienen como divisor *común* la unidad, a^n y b^m tendrán la misma propiedad.

2.º Máximo común divisor

99. Divisor de un número. — *Se dice que un número es divisor de otro cuando lo divide exactamente, es decir, cuando el cociente del segundo por el primero es un número entero.* Así : 6 es divisor de 48, pues $48:6=8$.

100. Divisores comunes de varios números. — Varios números tienen un *divisor común* cuando todos ellos son divisibles por dicho número. Por ejemplo, 2, 3 y 6 son divisores comunes de 12, 18 y 24.

Como ya se ha dicho, 1 es divisor de todos los números, y 2 lo es de todos los números pares.

101. Máximo común divisor. — *Se llama máximo común divisor de varios números al mayor de los divisores comunes de dichos números.*

Así, por ejemplo : veamos los divisores de los números 12, 18 y 24 propuestos en el número anterior :

$$
\begin{array}{lllllll}
12\ldots & 2, & 3, & 4, & 6, & 12 \\
18\ldots & 2, & 3, & 6, & 9, & 18 \\
24\ldots & 2, & 3, & 4, & 6, & 8, & 12, \quad 24
\end{array}
$$

Los divisores comunes de ellos son 2, 3 y 6; pues bien, el mayor de ellos, **6**, es el *máxmo común divisor* de 12, 18 y 24.

El máximo común divisor de varios números se representa abreviadamente por las iniciales **m. c. d.**

102. Propiedades del m. c. d. — 1.ª *Si se dividen varios números por su m. c. d. los cocientes son primos entre sí.*

Así, en el ejemplo anterior, los cocientes que resultan de dividir 12, 18 y 24 por m. c. d. 6, son respectivamente 2, 3, 4, primos entre sí.

2.ª *El m. c. d. de los números primos entre sí es 1.*

3.ª *Todo divisor común de varios números lo es también del m. c. d. de ellos.*

En el ejemplo ya citado, los divisores comunes 2 y 3 de los números 12, 18 y 24 son divisores de su máximo común divisor 6.

De esta propiedad se deduce una regla para hallar el m. c. d. de varios números seguidos de cero : *se suprime de ellos un números igual de ceros, se halla el m. c. d. de los números que queden y se añade al* m. c. d. *hallado tantos ceros como se suprimieron en los números propuestos.* Así, por ejemplo, para hallar el m. c. d. de 1200, 1800 y 2400 suprimiremos dos ceros en cada uno de ellos, hallaremos el m. c. d. de 12, 18 y '24, que es 6, y a la derecha de éste colocaremos dos ceros; así resulta que el m. c. d. de los números propuestos es 600.

4.ª *Dados varios números, si uno de ellos los divide a todos, éste es el m. c. d. de ellos.* Así, el m. c. d. de 48, 24 y 12 es 12, pues este número divide a los tres propuestos :

Se deduce, pues, *que si un número entero es divisible por otro, el divisor es el m. c. d. de ambos.*

5.ª *Si se multiplican o dividen varios números por otro cualquiera, el m. c. d. de ellos quedará respectivamente multiplicado o dividido por dicho número.*

Así hemos visto que el m. c. d. de 12, 18 y 24 es 6; también dijimos más arriba que el m. c. d. de 1200, 1800 y 2400 era 600, lo cual prueba el enunciado de la proposición.

103. *Si la división de dos enteros es inexacta, el m. c. d. del divisor y del resto es igual al m. c. d. del dividendo y del divisor.*

En efecto: veamos un ejemplo numérico, y tomemos los números 30 y 12, cuyo cociente entero es 2 y el residuo es 6. Pues bien: el m. c. d. de 12 (divisor) y 6 (residuo) es 6, el cual es a su vez el m. c. d. de 30 y 12.

104. Determinación del m. c. d. de varios números. — Se pueden seguir varios procedimientos: 1.°, por descomposición de los mismos en sus factores primos; 2.°, por divisiones sucesivas.

1.° *Se descomponen los números en sus factores primos y el m. c. d. será el número que resulta de multiplicar los factores primos comunes afectados del menor exponente.*

Ejemplo: Hallar el m. c. d. de los números 318, 420 y 570.

Descompongámoslos en factores primos:

318	2		420	2		570	2
159	3		210	2		285	3
53	53		105	3		95	5
1			35	5		19	19
			7	7		1	
			1				

$$318 = 2 \cdot 3 \cdot 53$$
$$420 = 2^2 \cdot 3 \cdot 5 \cdot 7 \qquad \left\} \quad \textbf{m. c. d.} = 2 \cdot 3 = 6 \right.$$
$$570 = 2 \cdot 3 \cdot 5 \cdot 19$$

Los únicos factores primos comunes son 2 y 3, luego su producto 6 es el m. c. d. de los números propuestos.

2.° Como en toda división inexacta el *m. c. d.* del dividendo y divisor es igual al del divisor y del resto, *se puede hallar el m. c. d. de dos números dividiendo el mayor por el menor, éste por el resto y continuando la operación hasta encontrar un resto cero. El último divisor empleado, esto es, el último resto, es el m. c. d. buscado.*

Así, para hallar el m. c. d. de los números 2436 y 1842 procederemos y dispondremos la operación de la forma siguiente:

	1	3	9	1	9
2436	1842	594	60	54	6
594	60	54	6	0	

Los cocientes sucesivos se colocan encima de su divisor correspondientes. El último divisor, esto es, el último resto es 6, luego 6 es el m. c. d. de 2436 y 1842.

Para hallar el m. c. d. *de varios números por este procedimiento se halla primero el de dos de ellos, luego el* m. c. d. *entre el hallado y el número siguiente, y así sucesivamente.*

Pueden utilizarse otros procedimientos para hallar el *m. c. d.* de varios números, pero los más prácticos son los dos expuestos.

3.º Mínimo común múltiplo

105. Múltiplos comunes de varios números. — Sabemos que un número es *múltiplo* de otro cuando lo contiene un número exacto de veces, y que para hallar los múltiplos de un número dado bastará multiplicarlo por la serie de los números enteros.

Así, 27 es un múltiplo de 3, pues contiene a éste nueve veces exactas; el número 3 tiene infinitos múltiplos, que son los números que resultan de multiplicar 3 por la serie 1, 2, 3...

Se entiende por *múltiplo común de varios números el número que es divisible por todos ellos.* Así 60 es el múltiplo común de 2, 3, 4, 6, 10, 12, 15, 20, 30 y 60, pues es divisible por todos éstos. Todos los múltiplos de 60 lo serán a su vez de los números indicados.

Dos o más números pueden tener varios múltiplos comunes; así, los primeros múltiplos comunes de 2 y 6 son los que se indican a continuación con tipo cursivo.

2...   2   4   6   8   10   *12*   14   16   *18*   20   22   *24*   26...

6...   *6*   *12*   *18*   *24*...

106. Mínimo común múltiplo. — La serie de los múltiplos comunes de los números es ilimitada; pues bien, llámase *mínimo común múltiplo de dos o más números al menor de los múltiplos comunes a dichos números.*

Según esta definición, el mínimo común múltiplo de 2 y 6, en el ejemplo del número anterior, es 6, pues es el múltiplo más pequeño común a ambos números.

El mínimo común múltiplo de varios números se representa abreviadamente con las letras siguientes: *m. c. m.*

107. Condición para que un número sea múltiplo de otro. — *Para que un entero sea múltiplo de otro es necesario y suficiente que contenga todos los factores simples o primos de este otro elevados a un exponente igual o mayor que los contenidos en éste.*

Así, hemos dicho y sabemos que 60 y 36 son múltiplos respectivamente de 15 y de 6, y en efecto, 60 y 36 contienen todos los factores primos de 15 y 6 con exponentes iguales o mayores al que tienen formado los números 15 y 6 respectivamente como se ve a continuación:

$$15 = 3 \cdot 5 \qquad 60 = (3 \cdot 5) \cdot 4$$

$$6 = 2 \cdot 3 \qquad 36 = 6 \cdot 6 = (2 \cdot 3) \cdot (2 \cdot 3) = 2^2 \cdot 3^2$$

108. Propiedades del m. c. m. — 1.ª *El m. c. m. de varios números primos entre sí dos a dos, es igual a su producto. Así, el m. c. m. de 2, 3 y 5 es* $30 = 2 \cdot 3 \cdot 5$.

2.ª *Los cocientes del m. c. m. de varios números por estos números, son primos entre sí*. Así, 60 es el m. c. m. de 12 y 15; pues bien, los cocientes $60:12=5$ y $60:15=4$ son primos entre sí.

3.ª *Todo divisor común de varios números lo es también de su m. c. m.*

Un ejemplo numérico nos prueba esta propiedad: 60 es el m. c. m. de 12 y 15 según hemos visto, números que tienen como divisor común 3; pues bien, 3 es también divisor de 60, y en efecto, $60:3=20$.

Así, puesto que 24 es múltiplo de 6, 12 y 24, el m. c. m. de ellos es 24.

4.ª *Si se multiplican varios números por otros cualquiera, su m. c. m. queda también multiplicado por este número.*

5.ª *Si se dividen varios números por un divisor común a ellos, su m. c. m. queda también dividido por dicho número.*

109. Determinación del m. c. m. — Pueden seguirse para ello dos métodos: 1.º, por descomposición de los números en sus factores primos; 2.º, utilizando el *m. c. d.* de los mismos.

1.º *Para hallar el m. c. m. de dos o más números se descomponen éstos en sus factores primos, y luego se forma un producto con los factores primos comunes y no comunes afectados del mayor exponente.*

EJEMPLO: Hallar el *m. c. m.* de los números 1020, 440 y 840.

Los descompondremos en sus factores primos.

1020	2		440	2		840	2
510	2		220	2		420	2
255	3		110	2		210	2
85	5		55	5		105	3
17	17		11	11		35	5
1			1			7	7
						1	

$$\left.\begin{array}{l} 1020=2^2\cdot3\cdot5\cdot17 \\ 440=2^3\cdot5\cdot11 \\ 840=2^3\cdot3\cdot5\cdot7 \end{array}\right\} \quad m.\ c.\ m.=2^3\cdot3\cdot5\cdot7\cdot11\cdot17=157.080.$$

2.º *El m. c. m. de dos números se obtiene dividiendo el producto de ellos por su m. c. d.*

Así el m. c. m. de los números 48 y 60, cuyo m. c. d. es 12, será:

$$\frac{48\cdot60}{12}=\frac{2880}{12}=240.$$

Para hallar el m. c. m. de varios números por este método se halla el m. c. m. de dos de ellos, luego el m. c. m. entre el hallado y el tercero, y así sucesivamente hasta el último m. c. m., que será el que se busca.

CAPÍTULO IV

NÚMEROS FRACCIONARIOS

110. Unidad y número fraccionario. — Si dividimos la unidad en un número cualquiera de partes iguales, cada una de estas partes recibe el nombre de *unidad fraccionaria*. El conjunto de varias de estas partes recibe el nombre de *número fraccionario, número quebrado o fracción.*

111. Términos de un quebrado o fracción. — De las definiciones anteriores se comprende que para representar un número quebrado es preciso emplear dos números: uno se llama *denominador* y expresa el número de partes iguales en que se ha dividido la unidad; el otro se llama *numerador,* e indica cuantas partes de aquellas en las cuales se ha dividido la unidad se han tomado.

El numerador y denominador juntos constituyen los *términos del quebrado.*

Así, en la figura 1, la regla AB, representa un todo, la cual se ha dividido en 7 partes iguales; cada una de éstas es, pues, igual a la séptima parte de la longitud AB.

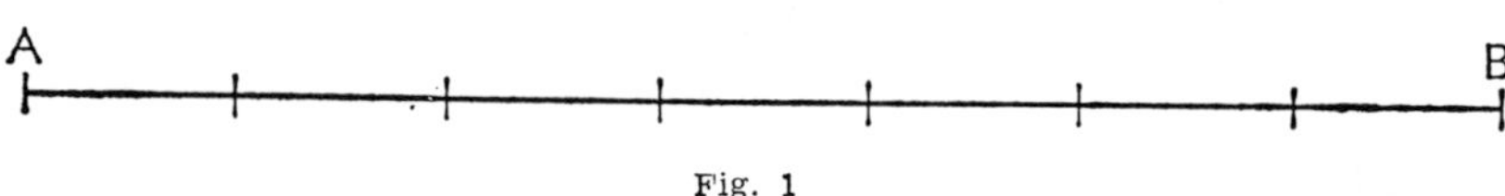

Fig. 1

Para escribir un quebrado, se traza una raya horizontal y se coloca encima el numerador y debajo el denominador; así el quebrado $\dfrac{3}{8}$ significa, que la unidad se ha dividido en ocho partes y de ellas se han tomado sólo tres. Para leer un quebrado, se enuncia primero el numerador y a continuación el denominador por medio .del partitivo que le corresponda, terminado con la partícula *avo;* así, los quebrados $\dfrac{3}{16}$, $\dfrac{5}{27}$ se leen respectivamente *tres dieciséis avos, cinco veintisiete avos.* Cuando los denominadores son 2, 3, 4, 5, 6, 7, 8, 9 y 10 se leen, respectivamente, *medios, tercios, cuartos... décimos.*

Ejemplos:

$\dfrac{3}{5}$, $\dfrac{8}{9}$, $\dfrac{6}{10}$, se leen, respectivamente: *tres quintos, ocho novenos, seis décimos.*

112. Clases de quebrados. — Los quebrados se dividen en *quebrados ordinarios o comunes o fracciones ordinarias* y *quebrados o fracciones decimales.* Los primeros tienen por denominador un número cualquiera distinto de diez; los se-

50

gundos son números fraccionarios cuyo denominador es precisamente diez o una potencia de diez.

113. Propiedades de los quebrados. — 1.ª *Todo quebrado es una suma de unidades fraccionarias cuyo número de sumandos está expresado por el numerador.*

Así, podemos escribir:

$$\frac{4}{7}=\frac{1}{7}+\frac{1}{7}+\frac{1}{7}+\frac{1}{7}$$

2.ª *Todo quebrado cuyo numerador es igual al denominador, equivale a la unidad,* pues contiene un número de unidades fraccionarias igual al que contiene la unidad entera.

3.ª *Todo quebrado cuyo numerador es menor que el denominador, es menor que la unidad,* puesto que contiene menor número de unidades fraccionarias que el que contiene la unidad entera.

4.ª *Todo quebrado cuyo numerador es mayor que el denominador, es mayor que la unidad,* pues contiene mayor número de unidades fraccionarias iguales que la unidad entera.

5.ª *De dos quebrados de igual denominador es mayor el que tenga mayor numerador,* pues éste contiene mayor número de unidades fraccionarias. Así, en

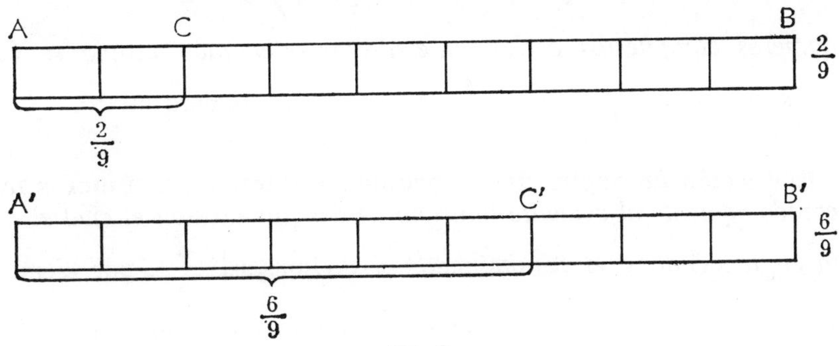

Fig. 2

la figura 2 se ve que el primer quebrado, $\dfrac{2}{9}$, representado por la longitud AC, es menor que el quebrado $\dfrac{6}{9}$ representado por la longitud A′C′.

6.ª *De dos quebrados que tengan el mismo numerador, el mayor es el que tenga menor denominador.* Así, la figura 3 representa la misma unidad entera dividida en cinco y ocho partes respectivamente.

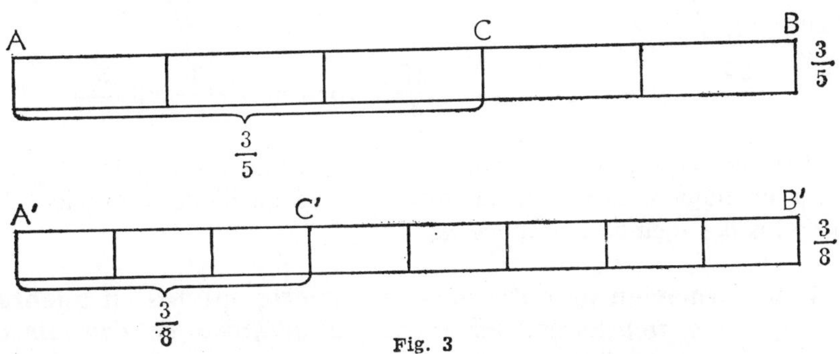

Fig. 3

La magnitud $\dfrac{3}{5}$, representada por AC, es mayor que la magnitud $\dfrac{3}{8}$ representada por A'C'.

114. Quebrados propios e impropios. Números mixtos. —*Llámanse quebrados propios aquellos cuyo denominador es mayor que su numerador; en el caso contrario se denominan impropios.* Así, $\dfrac{3}{5}$ y $\dfrac{3}{8}$ son quebrados propios, en tanto que $\dfrac{4}{3}$ y $\dfrac{7}{2}$ son quebrados impropios.

Como todo quebrado que tenga iguales su numerador y denominador, tal como $\dfrac{5}{5}$ equivale a la unidad, se deduce que un quebrado impropio tal como $\dfrac{7}{4}$ debe estar comprendido entre dos enteros consecutivos: debe constar de un número entero y un quebrado propio, como se ve a continuación:

$$\frac{7}{4}=\frac{1}{4}+\frac{1}{4}+\frac{1}{4}+\frac{1}{4}+\frac{1}{4}+\frac{1}{4}+\frac{1}{4}=\left(\frac{1}{4}+\frac{1}{4}+\frac{1}{4}+\frac{1}{4}\right)$$
$$+\frac{1}{4}+\frac{1}{4}+\frac{1}{4}=\frac{4}{4}\left(\frac{1}{4}+\frac{1}{4}+\frac{1}{4}\right)=1+\frac{3}{4}$$

Los números compuestos de un entero y un quebrado propio se denominan números mixtos. Así, $5\dfrac{2}{3}$ *(cinco dos tercios) es un número mixto.*

115. Reducción de quebrados impropios a enteros o a números mixtos. — *Todo quebrado equivale al cociente indicado de dos números en el cual el numerador representa el dividendo y el denominador el divisor;* así $\dfrac{3}{5}$, por ejemplo, representa 3 unidades del orden $\dfrac{1}{5}$, y como $\dfrac{1}{5}$ representa la unidad dividida por 5, evidentemente $\dfrac{3}{5}$ representa 3 unidades divididas por 5. Sentado esto, podemos dar la regla siguiente: *para convertir un quebrado impropio en un número entero o mixto equivalente, se divide el numerador por el denominador; si el cociente es exacto, este entero será el número entero equivalente, y si no es exacto, el quebrado impropio será equivalente a un número mixto cuya parte entera sea igual al cociente entero y cuya parte fraccionaria es igual a un quebrado cuyo numerador es el resto de la división y el denominador es el del quebrado propuesto.*

Ejemplos:

$$\frac{36}{4}=36:4=9;\qquad\qquad\frac{15}{4}=15:4=3+\frac{3}{4}=3\frac{3}{4}$$

De aquí se deduce que el cociente completo de una división inexacta, se puede expresar por un número mixto en la forma que se ha dicho y explica claramente el último de los dos ejemplos propuestos.

116. Transformación de enteros o de números mixtos en quebrados impropios. —1.º *Para transformar un entero en quebrado de denominador dado* *basta poner por denominador el denominador dado y por numerador el entero multiplicado por el denominador.* Para expresar 7 en forma de quintos escribiremos así:

$$7 = \frac{7 \times 5}{5} = \frac{35}{5}$$

2.º *Para convertir un número mixto en quebrado, se multiplica el entero por el denominador, al producto se le agrega el numerador y a la suma se le pone por denominador el del quebrado dado.*

EJEMPLO:

$$4\frac{2}{5} = \frac{4 \cdot 5 + 2}{5} = \frac{22}{5}$$

El número $4\frac{2}{5}$ equivale a $4 + \frac{2}{5}$; si la unidad entera vale, en este ejemplo $\frac{5}{5}$, 4 unidades equivalen a 4 veces $\frac{5}{5}$, esto es, a $\frac{20}{5}$ y éstos sumados con los $\frac{2}{5}$ dan un total de $\frac{22}{5}$.

117. Simplificación de fracciones. — *Simplificar una fracción es convertirla en otra equivalente de términos menores.*

La simplificación de quebrados se funda en que siendo éstos cocientes indicados, no se alteran dividiendo sus dos términos por un mismo número.

Para simplificar un quebrado se dividen sus dos términos por un divisor común.

EJEMPLO:

$$\frac{16}{28} = \frac{16 : 2}{28 : 2} = \frac{8}{14} = \frac{8 : 2}{14 : 2} = \frac{4}{7}$$

Se dice que *una fracción es irreducible cuando sus dos términos no tienen ningún divisor común distinto de la unidad.* Así, la fracción obtenida en el ejemplo último, $\frac{4}{7}$, es irreductible, pues sus términos 4 y 7 son números primos entre sí.

Se dice que $\frac{4}{7}$ es la más *simple expresión* del quebrado $\frac{16}{28}$ propuesto.

Para reducir en una sola operación un quebrado a la fracción irreducible equivalente, basta dividir sus dos términos por su m. c. d.

Así, para reducir a su más simple expresión la fracción $\frac{897}{1495}$, buscaremos el *m. c. d.* del numerador y denominador, que es 299, y dividiremos numerador y denominador por este m. c. d.

$$\frac{897}{1495} = \frac{897 : 299}{1495 : 299} = \frac{3}{5}$$

118. Reducir quebrados a denominador común. — Esta operación se funda en que multiplicando o dividiendo por un mismo número los dos términos de un quebrado, éste se transforma en otro equivalente.

Luis Postigo

Para reducir varias fracciones a un común denominador, se multiplican los dos términos de cada una de ellas por el producto de los denominadores de las demás.

EJEMPLO: Reducir al mismo denominador las fracciones $\dfrac{5}{6}$, $\dfrac{7}{9}$, $\dfrac{11}{12}$.

Tendremos:

$$\frac{5}{6}=\frac{5\cdot 9\cdot 12}{6\cdot 9\cdot 12}=\frac{540}{648}$$

$$\frac{7}{9}=\frac{7\cdot 6\cdot 12}{9\cdot 6\cdot 12}=\frac{504}{648}$$

$$\frac{11}{12}=\frac{11\cdot 6\cdot 9}{12\cdot 6\cdot 9}=\frac{594}{648}$$

Este método conduce por lo común a obtener fracciones cuyos términos son números muy grandes, por cuya razón se aplica otra regla más práctica, que se enuncia a continuación.

Para reducir quebrados a común denominador, se halla el m. c. m. de los denominadores, y éste será el denominador común; como numerador de cada quebrado se coloca el antiguo multiplicado por el cociente que resulte de dividir el denominador común por el antiguo denominador del quebrado.

EJEMPLO: Reducir a común denominador los quebrados

$$\frac{7}{8}, \quad \frac{5}{12}, \quad \frac{3}{20}, \quad \frac{1}{6}.$$

Operaremos así, conforme con la regla enunciada:

$$\left.\begin{array}{l}8=2^3\\12=2^2\cdot 3\\20=2^2\cdot 5\\6=2\ \cdot 3\end{array}\right\}\ \textbf{m. c. m.}=2^3\cdot 3\cdot 5\ (denominador\ común)$$

$$2^3\cdot 3\cdot 5:8=3\cdot 5 \qquad \frac{7}{8}=\frac{7\cdot 3\cdot 5}{2^3\cdot 3\cdot 5}=\frac{105}{120}$$

$$2^3\cdot 3\cdot 5:12=2\cdot 5 \qquad \frac{5}{12}=\frac{5\cdot 2\cdot 5}{2^3\cdot 3\cdot 5}=\frac{50}{120}$$

$$2^3\cdot 3\cdot 5:20=2\cdot 3 \qquad \frac{3}{20}=\frac{3\cdot 2\cdot 3}{2^3\cdot 3\cdot 5}=\frac{18}{120}$$

$$2^3\cdot 3\cdot 5:6=2^2\cdot 5 \qquad \frac{1}{6}=\frac{1\cdot 2^2\cdot 5}{2^3\cdot 3\cdot 5}=\frac{20}{120}$$

Este procedimiento nos permite reducir los quebrados a su *mínimo denominador común*.

Cuando los denominadores de los quebrados son números primos entre sí, el m. c. m. de ellos es su producto, y la reducción a común denominador de tales quebrados se hace conforme a la primera regla dada.

119. Comparación de quebrados. — Ya hemos dejado dicho algo referente a esto en el número 113. Pero en el caso que los quebrados que se comparan tengan diferentes sus numeradores y denominadores, *para compararlos es preciso reducirlos a común denominador.*

Averigüemos, por ejemplo, cuál de los quebrados $\dfrac{7}{5}$, $\dfrac{9}{7}$ y $\dfrac{13}{11}$, es el mayor. Para ello los reduciremos primero a común denominador; éste es $5 \times 7 \times 11 = 385$, y tendremos:

$$\frac{7}{5} = \frac{539}{385}; \quad \frac{9}{7} = \frac{495}{385}; \quad \frac{11}{13} = \frac{455}{385}.$$

Ahora bien, según lo que se ha dejado dicho en (113, 5.ª),

$$\frac{539}{385} > \frac{495}{385} > \frac{455}{385}, \quad \text{resulta} \quad \frac{7}{5} > \frac{9}{7} > \frac{13}{11}.$$

120. *Todo quebrado equivalente al cociente de una división, cuyo dividendo es el numerador y cuyo divisor es el denominador del quebrado.* En efecto: el quebrado $\dfrac{3}{4}$ será igual al cociente de dividir 3 por 4 si multiplicando el quebrado $\dfrac{3}{4}$ por 4 reproduce el número 3.

Sabemos por la definición de la multiplicación que

$$\frac{3}{4} \times 4 = \frac{3}{4} + \frac{3}{4} + \frac{3}{4} + \frac{3}{4}$$

y sabemos también que

$$\frac{3}{4} = \frac{1}{4} + \frac{1}{4} + \frac{1}{4}$$

y substituyendo este valor de $\dfrac{3}{4}$ en la igualdad anterior, tendremos:

$$\frac{3}{4} \times 4 = \left(\frac{1}{4} + \frac{1}{4} + \frac{1}{4}\right) + \left(\frac{1}{4} + \frac{1}{4} + \frac{1}{4}\right) + \left(\frac{1}{4} + \frac{1}{4} + \frac{1}{4}\right) + \left(\frac{1}{4} + \frac{1}{4} + \frac{1}{4}\right)$$

o lo que es lo mismo

$$\frac{3}{4} \times 4 = \begin{Bmatrix} \dfrac{1}{4} + \dfrac{1}{4} + \dfrac{1}{4} \\[4pt] \dfrac{1}{4} + \dfrac{1}{4} + \dfrac{1}{4} \\[4pt] \dfrac{1}{4} + \dfrac{1}{4} + \dfrac{1}{4} \\[4pt] \dfrac{1}{4} + \dfrac{1}{4} + \dfrac{1}{4} \end{Bmatrix} = \frac{4}{4} + \frac{4}{4} + \frac{4}{4} = 1 + 1 + 1 = 3.$$

Por consiguiente, $\dfrac{3}{4}$ es igual al cociente de 3 por 4.

CONSECUENCIAS. 1.ª *Todo número entero puede expresarse en forma de quebrado poniéndole por denominador la unidad, pues* $\dfrac{5}{1}=5:1=5.$

2.ª *Todo número entero se puede expresar en forma de quebrado de denominador dado si al mismo tiempo se le multiplica por dicho denominador.* Así, para expresar el número 7 en forma de quebrado de denominador igual a 5 escribimos: $7=\dfrac{7\cdot 5}{5}$, pues $7=\dfrac{7}{1}=7:1$ y sabemos que el cociente no varía cuando se multiplican el dividendo y divisor por un mismo número.

121. Con los números fraccionarios pueden efectuarse las mismas operaciones que se han expuesto al hablar de los números enteros: adición, substracción, multiplicación, división, elevación a **potencia y radicación**.

1.º ADICIÓN Y SUBSTRACIÓN DE NÚMEROS FRACCIONARIOS

122. **Condición para que puedan efectuarse la adición y substracción de números quebrados.** — Supongamos varias fracciones ordinarias tales como $\dfrac{3}{5}$, $\dfrac{2}{5}$ y $\dfrac{4}{5}$; tendremos evidentemente:

$$\frac{3}{5}+\frac{2}{5}+\frac{4}{5}=\left(\frac{1}{5}+\frac{1}{5}+\frac{1}{5}\right)+\left(\frac{1}{5}+\frac{1}{5}\right)+\left(\frac{1}{5}+\frac{1}{5}+\frac{1}{5}+\frac{1}{5}\right)=$$

$$=\frac{1}{5}+\frac{1}{5}+\frac{1}{5}+\frac{1}{5}+\frac{1}{5}+\frac{1}{5}+\frac{1}{5}+\frac{1}{5}+\frac{1}{5}.$$

Como los sumandos son todos homogéneos y el sumando $\dfrac{1}{5}$ está repetido $3+2+4$ veces, tendremos que

$$\frac{3}{5}+\frac{2}{5}+\frac{4}{5}=\frac{3+2+4}{5}=\frac{9}{5}=1\frac{4}{5}.$$

De aquí se deduce que: *la condición necesaria para sumar o restar fracciones ordinarias es que todas sean homogéneas, es decir, que tengan el mismo denominador.*

En el caso de que los sumandos no cumplan esta condición, deberán reducirse a común denominador antes de ser sumados o restados.

123. **Regla para sumar o restar fracciones ordinarias.** — *Para sumar o restar quebrados ordinarios del mismo denominador se suman o restan los numeradores* (según el signo que tenga cada quebrado) *y al resultado se le pone por denominador el denominador común.*

EJEMPLOS:

$$\frac{3}{4}+\frac{5}{4}+\frac{2}{4}=\frac{3+5+2}{4}=\frac{10}{4}=2\frac{2}{4}=2\frac{1}{2}$$

$$\frac{8}{16}+\frac{7}{16}-\frac{6}{16}-\frac{3}{16}=\frac{8+7-6-3}{16}=\frac{6}{16}=\frac{3}{8}.$$

124. *Para sumar o restar fracciones ordinarias de denominadores distintos, se reducen todas las fracciones a otras equivalentes de denominador común y se procede como en el caso anterior.*

EJEMPLOS:

$$\frac{3}{7}+\frac{4}{5}+\frac{2}{3}=\frac{45}{105}+\frac{84}{105}+\frac{70}{105}=\frac{45+84+70}{105}=\frac{199}{105}=1\frac{94}{105}$$

$$\frac{8}{3}-\frac{2}{5}=\frac{40}{15}-\frac{6}{15}=\frac{40-6}{15}=\frac{34}{15}=2\frac{4}{15}$$

125. Sumar o restar números enteros o mixtos con quebrados ordinarios. — *Para sumar o restar números enteros o mixtos con fracciones ordinarias, se reducen los enteros o mixtos a quebrados y se suman como se indicó en los párrafos anteriores, o bien se suman o restan entre sí los números enteros o mixtos y luego se procede como antes.*

EJEMPLOS:

$$3+5+\frac{4}{7}+\frac{3}{4}=\frac{3}{1}+\frac{5}{1}+\frac{4}{7}+\frac{3}{4}=\frac{3\cdot28}{28}+\frac{5\cdot28}{28}+$$

$$+\frac{4\cdot4}{28}+\frac{3\cdot7}{28}=\frac{84}{28}+\frac{140}{28}+\frac{16}{28}+\frac{21}{28}=\frac{261}{28}=9\frac{9}{28}$$

o bien:

1.º $$3+5+\frac{4}{7}+\frac{3}{4}=8+\frac{4}{7}+\frac{3}{4}=\frac{8\cdot28}{28}+\frac{4\cdot4}{28}+\frac{3\cdot7}{28}=$$

$$=\frac{224}{28}+\frac{16}{28}+\frac{21}{28}=\frac{261}{28}=9\frac{9}{28}$$

2.º $$3+4\frac{7}{5}+\frac{2}{9}=\frac{3}{1}+\frac{27}{5}+\frac{2}{9}=\frac{3\cdot45}{45}+\frac{27\cdot9}{45}+\frac{2\cdot5}{45}=$$

$$\frac{135}{45}+\frac{243}{45}+\frac{10}{45}=\frac{388}{45}=8\frac{28}{45}$$

2.º Multiplicación de fracciones ordinarias

126. La multiplicación de fracciones se funda en el siguiente

Teorema. — *El producto de un número por un quebrado es igual al producto que resulta de multiplicar por su numerador el cociente del multiplicando por el denominador del quebrado.*

Sea el multiplicando un número cualquiera M y el multiplicador el quebrado $\dfrac{n}{d}$. El producto ha de estar formado con relación al multiplicando M como el multiplicador $\dfrac{n}{d}$ lo está con relación a 1; pero $\dfrac{n}{d}$ se ha formado dividiendo la unidad en d partes iguales y sumando n de estas partes, operación que se expresa así:

$$\frac{n}{d} = 1:d + 1:d + 1:d \ldots + 1:d = (1:d)n;$$

luego se formará el producto pedido dividiendo M por d y multiplicando el cociente por n:

$$M\frac{n}{d} = M:d + M:d + \ldots + M:d = (M:d)n.$$

127. Casos de multiplicación de quebrados. — Se distinguen varios casos: 1.º, multiplicar un entero por un quebrado; 2.º, multiplicar un quebrado por un entero; 3.º, multiplicar dos o más quebrados; 4.º, multiplicar números mixtos.

1.º *Para multiplicar un entero por un quebrado se multiplica el entero por el numerador del quebrado y al producto se le pone por denominador el del quebrado.*

Ejemplo:

$$5 \times \frac{9}{8} = \frac{5 \cdot 9}{8} = \frac{45}{8} = 5\frac{5}{8}$$

2.º *Para multiplicar un quebrado por un entero se procede como en el caso anterior; pero en ambos casos, si el denominador del quebrado es divisible por el número, el producto es igual a un quebrado que tiene por numerador el numerador del quebrado y por denominador el cociente que resulta de dividir el denominador del quebrado por el número entero.*

Ejemplos:

$$\frac{3}{4} \times 5 = \frac{3 \cdot 5}{4} = \frac{15}{4} = 3\frac{3}{4} \qquad\qquad \frac{5}{8} \times 2 = \frac{5}{8:2} = \frac{5}{4} = 1\frac{1}{4}$$

3.º *Para multiplicar dos o más quebrados se multiplican los numeradores, y al producto se pone por denominador el producto de los denominadores.*

Ejemplo:

$$\frac{3}{5} \times \frac{4}{7} = \frac{3 \times 4}{5 \times 7} = \frac{12}{35}$$

1.º *Para multiplicar números mixtos entre sí o mixtos con quebrados, se reducen primero los números mixtos a fracciones ordinarias, las cuales se multiplican luego entre sí siguiendo la regla ya conocida.*

EJEMPLOS:

$$1.º \quad 3\frac{4}{5} \times 5\frac{7}{8} = \frac{19}{5} \times \frac{47}{8} = \frac{19 \cdot 47}{40} = \frac{893}{40} = 22\frac{13}{40}$$

$$2.º \quad 2\frac{7}{5} \times \frac{6}{8} = \frac{17}{5} \times \frac{6}{8} = \frac{17 \cdot 6}{40} = \frac{102}{40} = 2\frac{22}{40} = 2\frac{11}{20}$$

128. Al producto de varios quebrados es aplicable la propiedad de la invariabilidad del producto aunque se altere el orden de los factores.

3.º DIVISIÓN DE NÚMEROS FRACCIONARIOS

129. La división de números fraccionarios está fundada en el teorema siguiente: *El cociente de un número por un quebrado es igual al producto del denominador del quebrado por el cociente del dividendo por el numerador.*

Sea D el dividendo y $\dfrac{a}{b}$ el divisor; representando con c el cociente resulta:

$$D:\frac{a}{b}=c \quad \text{luego} \quad c \times \frac{a}{b}=D \quad \text{o bien} \quad (c:b)\,a=D$$

y dividiendo por a los dos miembros de la última igualdad resulta:

$$c:b=D:a$$

y multiplicando ambos miembros por b:

$$c=(D:a)\,b$$

como se quería demostrar.

Como consecuencia se deduce:

Para dividir un número por un cociente indicado se multiplica el número por el cociente invertido, pues si

$$D:\frac{a}{b}=c \quad \text{y} \quad c=(D:a)\,b,$$

como se ha deducido antes, resulta

$$D:\frac{a}{b}=(D:a)\,b=D \times \frac{b}{a}.$$

130. En la división de números quebrados se distinguen los casos siguientes: 1.º, dividir dos quebrados cualesquiera; 2.º, dividir quebrados de igual denominador; 3.º, dividir un entero por un quebrado; 4.º, dividir un quebrado por número entero; 5.º, dividir dos números mixtos.

1.º *Para dividir dos quebrados cualesquiera se multiplica el quebrado dividendo por el quebrado divisor invertido.*

EJEMPLO:

$$\frac{7}{5} : \frac{8}{3} = \frac{7}{5} \times \frac{3}{8}$$

y, en efecto, $\dfrac{7}{5} \times \dfrac{3}{8}$ es el verdadero cociente, porque multiplicado por el divisor $\dfrac{8}{3}$ no da el dividendo $\dfrac{7}{5}$:

$$\left(\frac{7}{5} \times \frac{3}{8}\right) \times \frac{8}{3} = \frac{7}{5} \times \left(\frac{3}{8} \times \frac{8}{3}\right) = \frac{7 \cdot 3 \cdot 8}{5 \cdot 8 \cdot 3} = \frac{7}{5}$$

2.º *Para dividir dos quebrados que tengan el mismo denominador se divide el numerador del primero por el numerador del quebrado divisor.*

EJEMPLO:

$$\frac{7}{5} : \frac{9}{5} = \frac{7}{5} \times \frac{5}{9} = \frac{7 \cdot 5}{5 \cdot 9} = \frac{7}{9}$$

3.º *Para dividir un número entero por un quebrado se multiplica el entero por el denominador y el producto se divide por el numerador del quebrado. Es decir, que*

$$5 : \frac{3}{7} = \frac{5 \cdot 7}{3}$$

En efecto, $5 = \dfrac{5}{1}$, y substituyendo 5 por su equivalente, en el primer miembro de la igualdad anterior, tendremos en virtud de lo dicho antes (129)

$$\frac{5}{1} : \frac{3}{7} = \frac{5}{1} \times \frac{7}{3} = \frac{5 \cdot 7}{1 \cdot 3} = \frac{5 \cdot 7}{3}$$

4.º *Para dividir un quebrado por un entero se multiplica el entero por el denominador y al producto se le pone por numerador el numerador del quebrado.*

EJEMPLO:

$$\frac{3}{5} : 7 = \frac{3}{5 \cdot 7}.$$

En efecto,

$$\frac{3}{5} : 7 = \frac{3}{5} : \frac{7}{1} = \frac{3}{5} \times \frac{1}{7} = \frac{3 \cdot 1}{5 \cdot 7} = \frac{3}{5 \cdot 7}.$$

En el caso de que el numerador del quebrado sea divisible por el entero, se divide aquél por éste, y al cociente se le pone por denominador el denominador del quebrado.

EJEMPLO:

$$\frac{12}{7} : 4 = \frac{12 : 4}{7} = \frac{3}{7}.$$

5.º *Para dividir números mixtos se reducen a quebrados y se opera como en el caso primero.*

EJEMPLO:

$$12\frac{4}{5} : 3\frac{7}{8} = \frac{64}{5} : \frac{31}{8} = \frac{64}{5} \times \frac{8}{31} = \frac{512}{155} = 3\frac{47}{155}.$$

En general, los enteros se transforman en quebrados de denominador 1, los números mixtos se reducen a quebrados, y teniendo todos los elementos forma de quebrados, se dividirán siguiendo la regla general dada para dividir números fraccionarios.

131. Fracción de fracción. — *Llámase fracción de fracción o quebrado de quebrado al número que expresa un cierto número de partes alicuotas de un quebrado, como, por ejemplo,* $\frac{3}{5}$ *de* $\frac{4}{9}$.

Para hallar el valor de una fracción de fracción, basta multiplicar entre sí los quebrados que la expresan. Así :

$$\frac{3}{5} \text{ de } \frac{4}{9} = \frac{3 \cdot \frac{4}{9}}{5} = \frac{\frac{3 \cdot 4}{9}}{5} = \frac{3 \cdot 4}{5 \cdot 9} = \frac{12}{45} = \frac{4}{15}$$

132. Fracciones inversas o números recíprocos. — *Dos fracciones son inversas cuando el numerador de una de ellas es el denominador de la otra y recíprocamente.*

Así, las fracciones $\frac{3}{5}$ y $\frac{5}{3}$ son inversas o recíprocas.

El producto de dos fracciones recíprocas es igual a la unidad:

$$\frac{3}{5} \times \frac{5}{3} = \frac{3 \cdot 5}{5 \cdot 3} = 1.$$

El número recíproco de un entero es un quebrado cuyo numerador es la unidad y cuyo denominador es el número propuesto.

Así, el recíproco de 7 es $\frac{1}{7}$; el de 4 es $\frac{1}{4}$.

4.º POTENCIACIÓN DE NÚMEROS FRACCIONARIOS

133. Aplicando a la potenciación de las fracciones los conceptos expuestos al hablar de la potenciación de los números enteros y las reglas de la multiplicación de quebrados, deduciremos las reglas para potenciar aquéllas.

Así, elevar la fracción $\frac{3}{7}$ a la tercera potencia, por ejemplo, equivale a multiplicarla por sí misma tres veces, esto es :

$$\left(\frac{3}{7}\right)^3 = \frac{3}{7} \times \frac{3}{7} \times \frac{3}{7} = \frac{3 \cdot 3 \cdot 3}{7 \cdot 7 \cdot 7} = \frac{3^3}{7^3}$$

De aquí se deduce la siguiente

REGLA. — *Para elevar un quebrado a una potencia se elevan a dicha potencia el numerador y el denominador del quebrado.*

EJEMPLO:

$$\left(\frac{2}{5}\right)^5 = \frac{2^5}{5^5} = \frac{32}{3125}$$

pues,

$$\left(\frac{2}{5}\right)^5 = \frac{2}{5} \times \frac{2}{5} \times \frac{2}{5} \times \frac{2}{5} \times = \frac{2 \cdot 2 \cdot 2 \cdot 2 \cdot 2}{5 \cdot 5 \cdot 5 \cdot 5 \cdot 5}.$$

Para elevar a una potencia cualquiera un número mixto, éste se reduce primero a quebrado y luego se procede según la regla anterior.

EJEMPLO:

$$\left(3\frac{4}{7}\right)^3 = \left(\frac{25}{7}\right)^3 = \frac{25^3}{7^3} = \frac{15625}{343} = 45\frac{190}{343}.$$

5.º RADICACIÓN DE NÚMEROS FRACCIONARIOS

134. En general, la raíz de un grado cualquiera de un quebrado es igual a otro quebrado cuyos dos términos son las raíces respectivas del numerador y denominador. Así:

$$\sqrt[3]{\frac{3}{5}} = \frac{\sqrt[3]{3}}{\sqrt[3]{5}} \text{ pues } \left(\sqrt[3]{\frac{3}{5}}\right)^3 = \frac{\left(\sqrt[3]{3}\right)^3}{\left(\sqrt[3]{5}\right)^3} = \frac{3}{5}.$$

135. **Raíz enésima de una fracción.** — *Es otra fracción que elevada a la enésima potencia reproduce la primera.*

Así raíz cuadrada de $\dfrac{25}{49}$ es $\dfrac{5}{7}$, pues $\left(\dfrac{5}{7}\right)^2 = \dfrac{25}{49}$.

En la práctica de la radicación de fracciones ordinarias pueden ocurrir los casos siguientes:

1.º Que los dos términos del quebrado sean potencias perfectas del mismo grado que la raíz.

EJEMPLO:

$$\sqrt{\frac{16}{25}} = \frac{\sqrt{16}}{\sqrt{25}} = \frac{4}{5}. \qquad \sqrt[3]{\frac{8}{27}} = \frac{\sqrt[3]{8}}{\sqrt[3]{27}} = \frac{2}{3}.$$

2.º Que sólo el denominador sea una potencia perfecta del mismo grado de la raíz.

En este caso *la raíz del quebrado está comprendida entre dos quebrados cuyo denominador es la raíz exacta del denominador del radicando, y cuyos numeradores son las raíces enteras, por defecto o por exceso, del numerador del radicando.*

EJEMPLO:

$$\sqrt{\frac{7}{25}}\begin{cases} > \sqrt{\dfrac{4}{25}} = \dfrac{2}{5} \text{ raíz por defecto, error} < \dfrac{1}{5} \\[3ex] < \sqrt{\dfrac{9}{25}} = \dfrac{3}{5} \text{ raíz por exceso, error} < \dfrac{1}{5} \end{cases}$$

3.º Que el denominador no tenga raíz exacta del grado que se busca y el numerador sí.

En este caso *se multiplican los dos términos del quebrado reducido a su más simple expresión por los factores primos necesarios para que todos los del denominador tengan sus potencias múltiples del índice de la raíz, procediendo entonces como en el caso anterior.*

EJEMPLO: Sea $\sqrt[3]{\dfrac{35}{60}}$

cuyo denominador 60 no es cubo perfecto. Simplifiquemos el quebrado y tendremos

$$\sqrt[3]{\frac{35}{60}} = \sqrt[3]{\frac{7}{12}}$$

Los factores primos de 12 son 2^2 y 3, y para que estos factores primos tengan sus exponentes múltiplos del índice de la raíz 3 tendremos que multiplicar el numerador y denominador del quebrado reducido por 2 y por 3^2. Tendremos, pues:

$$\sqrt[3]{\frac{35}{60}} = \sqrt[3]{\frac{7\cdot2\cdot3^2}{2^3\cdot3^3}} = \frac{\sqrt[3]{126}}{\sqrt[3]{2^3\cdot3^3}} = \frac{\sqrt[3]{126}}{2\cdot3}\begin{cases} < \dfrac{5}{6} \text{ por defecto} \\[2ex] < \dfrac{6}{6} = 1 \text{ por exceso} \end{cases}\begin{cases} error < \dfrac{1}{6} \end{cases}$$

CAPÍTULO V

FRACCIONES DECIMALES

136. **Definición.** — *Se da el nombre de fracciones decimales a los quebrados cuyo denominador es una potencia de diez, esto es, la unidad seguida de uno o más ceros.*

Así, $\dfrac{8}{10}$, $\dfrac{375}{1000}$, $\dfrac{42695}{1000000}$ son fracciones decimales.

137. Numeración. Unidades decimales. — Los quebrados decimales pueden expresarse verbalmente utilizando los mismos principios expuestos al hablar de la numeración de los números enteros.

La fracción decimal cuyo numerador es la unidad se denomina *unidad fraccionaria decimal,* y recibe el nombre de *décima, centésima, milésima,* etc., según que su denominador sea 10, 100, 1000, etc.

Cada unidad decimal vale diez unidades decimales del orden *inmediatamente inferior,* es decir, que *cada décima* equivale a *diez centésimas; una centésima* equivale a *diez milésimas,* y así sucesivamente.

Así como las unidades, decenas, centenas, etc., de un número se representan por la posición relativa de las cifras que las expresan, así, también, en orden descendente, la cifra de las décimas estará a la derecha de la cifra que representa las unidades y separada de ella por una *coma,* la cual es el signo de la fracción decimal; las centésimas a la derecha de las décimas, las milésimas a la derecha de las centésimas, y así sucesivamente las diezmilésimas, las cienmilésimas, las millonésimas, las diezmillonésimas, etc.

Para *leer,* pues, una fracción decimal, se lee primero la parte entera, si la hay, y a continuación la parte decimal seguida de la expresión del orden de la última cifra decimal de la derecha.

Así, el número 45,7928 se lee: 45 *enteros,* siete mil novecientos veintiocho *diezmilésimas;* el número 3,0000075 se lee: tres enteros, setenta y cinco *diezmillonésimas.*

138. Para *escribir* una fracción decimal se escribe primero la parte entera, si la hubiese, y en caso de carecer de ella se escribe un cero y luego la coma, seguida de la parte decimal, cuidando de que cada cifra ocupe el lugar que le corresponda por su denominación, llenando con ceros los lugares que hubiese vacíos.

Así para escribir el número *cuarenta y cinco milésimas* pondremos: 0,045; para escribir *mil quinientos setenta con ochenta y cinco centésimas* pondremos 1570,85.

139. Propiedades de las fracciones decimales. — Como las fracciones decimales son un caso especial de los quebrados en general, les son aplicables todas las propiedades de éstos.

1.ª *Una fracción decimal no se altera añadiéndole ceros a la derecha,* pues equivale a multiplicar los elementos del quebrado equivalente por una potencia de 10, lo cual no altera el quebrado.

EJEMPLO:

$$7,91 = \frac{791}{100} = \frac{791000}{100000} = 7,91000$$

2.ª *Una fracción decimal no se altera suprimiendo los ceros en que termine.*

Así,

$$2,493000 = 2,493$$

pues,

$$2,493000 = \frac{2493000}{1000000} = \frac{2493}{1000} = 2,493$$

3.ª *Si se corre la coma de una fracción hacia la derecha o hacia la izquierda, la fracción queda multiplicada o dividida respectivamente por la unidad seguida de tantos ceros como lugares se haya corrido la coma.*

Así:

$$0,012305 = 1,2305 : 100$$
$$237,85 = 0,23785 \times 1000$$

En el primer caso, al correr la coma hacia la derecha cada uno de los órdenes de unidades se hace 10 veces mayor, y habiéndola corrido dos lugares se habrá hecho 100 veces mayor.

Por el contrario, en el segundo ejemplo, por cada lugar que se corra la coma hacia la izquierda cada uno de los órdenes de unidades se hace 10 veces menor, y como se han corrido tres lugares se han hecho 1.000 veces menor.

140. Transformación de las fracciones decimales en números decimales. — 1.º *Para transformar una fracción decimal en número decimal se escribe el número y se separan del mismo mediante una coma, comenzando a contar por la derecha, tantas cifras como ceros sigan a la unidad en el denominador. Si el numerador no tuviera bastantes cifras se le escriben a su izquierda el número de ceros suficiente para que el número que resulte tenga una cifra más que el de ceros del denominador.*

EJEMPLOS:

$$\frac{4875}{100} = 48,75; \qquad \frac{315}{100.000} = 0,00315.$$

2.º *Para transformar un número decimal en fracción decimal se escribe como numerador el número propuesto sin la coma, y por denominador se pone la unidad seguida de tantos ceros como cifras decimales tiene el número propuesto.*

EJEMPLOS:

$$0,815 = \frac{815}{1000}; \qquad 74,3852 = \frac{743825}{10.000}; \qquad 0,000431 = \frac{431}{1.000.000}$$

141. Reducir fracciones decimales a un común denominador. — Se sigue para ello la misma regla dada para reducir al mínimo común denominador quebrados ordinarios (118), buscando para ello el m. c. m. de los denominadores, que será siempre el mayor de ellos.

EJEMPLO: Reducir al mínimo común denominador las fracciones

$$\frac{35}{100}, \quad \frac{2,7}{1000}, \quad \frac{1,4081}{1.000.000}$$

El m. c. m. de los denominadores es 1.000.000; tendremos, pues,

$$1.000.000 : 100 = 10.000; \qquad \frac{35}{100} = \frac{35 \times 10.000}{1.000.000} = \frac{350.000}{1.000.000}$$

$$1.000.000 : 1.000 = 1.000; \qquad \frac{2,7}{1.000} = \frac{2,7 \times 1.000}{1.000.000} = \frac{2.700}{1.000.000}$$

$$1.000.000 : 1.000.000 = 1; \qquad \frac{1,4081}{1.000.000} = \frac{1,4081 \times 1}{1.000.000} = \frac{1,4081}{1.000.000}$$

1.º ADICIÓN Y SUBSTRACCIÓN DE NÚMEROS Y FRACCIONES DECIMALES

142. Las reglas que se aplican para ello son análogas a las expuestas al hablar de las operaciones con números enteros y fraccionarios ordinarios.

143. **Adición de números y fracciones decimales.** —*Para sumar números decimales se colocan en columna de modo que se correspondan las unidades del mismo orden y se opera como con números enteros, colocando la coma en el lugar que le corresponda.*

EJEMPLO: Sumar 3,8754, 92,6008, 0,5 y 1,00079.

Se dispone la operación así:

$$
\begin{array}{cc}
\begin{array}{r}
3,8754 \\
92,6008 \\
0,5 \\
1,00079 \\
\hline
97,97699
\end{array}
& \text{o bien} &
\begin{array}{r}
3,87540 \\
92,60080 \\
0,50000 \\
1,00079 \\
\hline
97,97699
\end{array}
\end{array}
$$

En el segundo caso se han reducido todos los sumandos al mismo orden decimal adicionándoles los ceros necesarios para que expresen todos ellos el mismo orden decimal, que en el ejemplo tomado es el de las cienmilésimas.

Si se trata de sumar fracciones decimales se reducen primero al mínimo común denominador (141) y se suman luego como quebrados ordinarios.

EJEMPLO: Hallar la suma siguiente:

$$\frac{3,07}{100}+\frac{0,55}{10}+\frac{2,4395}{10.000}$$

El m. c. m. de los denominadores es 10.000, y éste será el mínimo común denominador; tendremos, pues,

$$10.000:100=100; \quad \frac{3,07}{100}=\frac{3,07\times100}{10.000}=\frac{307}{10.000}$$

$$10.000:10=1000; \quad \frac{0,55}{10}=\frac{0,55\times1000}{10.000}=\frac{550}{10.000}$$

$$10.000:10.000=1; \quad \frac{2,4395}{10.000}=\frac{2,4395\times1}{10.000}=\frac{2,4395}{10.000}$$

luego

$$\frac{3,07}{100}+\frac{0,55}{10}+\frac{2,4395}{10.000}=\frac{307}{10.000}+\frac{550}{10.000}+\frac{2,4395}{10.000}=\frac{859,4395}{10.000}$$

144. **Substracción de números y fracciones decimales.** —*Para restar números decimales se escribe el minuendo y debajo el substraendo de modo que se correspondan las unidades del mismo orden, se restan como enteros y se coloca la coma en el lugar que le corresponde.*

EJEMPLO: Restar los números decimales siguientes:

$$92,8754 \quad y \quad 3,68592; \qquad 36,48 \quad y \quad 51,7492$$

$$\begin{array}{r} 92,87540 \\ -\ 3,68592 \\ \hline 89,18948 \end{array} \qquad \begin{array}{r} 36,4800 \\ -51,7492 \\ \hline -15,2692 \end{array}$$

En el último ejemplo el substraendo es mayor que el minuendo, luego el resto ha de ser negativo y la operación se efectúa a la inversa, esto es, restando del substraendo el minuendo (de arriba abajo) y anteponiendo al resto el signo *menos*.

Para restar fracciones decimales se reducen primero al mínimo común denominador y luego se restan los numeradores, poniendo a la diferencia como denominador el mínimo común denominador.

EJEMPLO: Restar las fracciones: $\dfrac{873}{100}$ y $\dfrac{1618}{1000}$.

El m. c. m. de los denominadores, y, por consiguiente, el mínimo común denominador es 1.000, luego:

$$\frac{873}{100} - \frac{1618}{1000} = \frac{8730}{1000} - \frac{1618}{1000} = \frac{7112}{1000}$$

2.º MULTIPLICACIÓN Y DIVISIÓN DE NÚMEROS Y FRACCIONES DECIMALES

145. Multiplicación de números decimales. — *Se procede para ello como si fueran números enteros y de la derecha del resultado se separan con una coma tantas cifras decimales como tengan juntos el multiplicando y el multiplicador. Si no hubiera bastantes, se escriben los ceros necesarios delante del producto y se coloca la coma en el lugar que le corresponda.*

EJEMPLO: Multiplicar 23,8764 por 6,45; y 0,0345 por 0,1412.

$$\begin{array}{r} 23,8764 \\ \times\ 6,45 \\ \hline 1193820 \\ 955056 \\ 1432584 \\ \hline 154,002780 \end{array} \qquad \begin{array}{r} 0,0345 \\ \times\ 0,1412 \\ \hline 690 \\ 345 \\ 1380 \\ 345 \\ \hline 0,00487140 \end{array}$$

Si los números adoptan la forma fraccionaria se sigue la regla expuesta para la multiplicación de quebrados ordinarios:

EJEMPLO: Multiplicar las fracciones decimales del ejemplo anterior:

$$23,8764 = \frac{238764}{10000}; \quad 6,45 = \frac{645}{100}$$

$$\frac{238764}{10000} \times \frac{645}{100} = \frac{238764 \times 645}{1000000} = \frac{154002780}{1000000} = 154,002780.$$

146. Multiplicación de un decimal por la unidad seguida de ceros. — *Para ello se corre la coma del decimal tantos lugares hacia la derecha como ceros sigan a la unidad, añadiendo, en caso necesario, los ceros que convengan.*

EJEMPLOS :

$$14,35892 \times 1000 = 14358,92$$

$$2,75 \times 10000 = 27500$$

147. División de números decimales. — Para deducir la regla veamos primero un ejemplo, tal como dividir 15,048 por 0,26. La operación la podemos conducir así :

$$15,048 : 0,26 = \frac{15048}{100} : \frac{26}{100} = \frac{15048}{1000} \times \frac{100}{26} = \frac{1504800}{26000} = \frac{15048}{260}$$

y efectuando la división :

```
15048  | 260
 2048  |_______
 2280  | 57,8769
 2000  |
 1800  |
 2400  |
  060  |
```

De aquí deducimos la siguiente

REGLA. — *Para dividir dos números decimales se iguala el número de cifras decimales del dividendo y divisor, agregando ceros a la derecha del que tenga menor número de cifras decimales; se dividen luego como si fueran enteros prolongando la división hasta el límite deseado, o en el caso de que el dividendo sea menor que el divisor añadiendo ya los ceros al dividendo y poniendo en ambos casos la coma decimal antes de la cifra del cociente correspondiente al primer cero añadido.*

148. Dividir un número decimal por la unidad seguida de ceros. — *Basta correr la coma del decimal tantos lugares hacia la izquierda como ceros sigan a la unidad, añadiendo los ceros que para ello sea necesario.*

EJEMPLOS :

$$3587,85 : 100 = 35,8785$$

$$1,489 : 10000 = 0,0001489$$

149. Dividir un decimal por un entero. — *Se dividen como números enteros cuidando de poner en el cociente una coma después de la última cifra de éste correspondiente a la cifra de las unidades enteras del dividendo, o al añadir a éste el primer cero, continuando la división hasta obtener un resto cero o hasta la aproximación que se desee.*

EJEMPLOS :

```
3,453  | 1048            3548,57  | 375
3090   |_______          173 5    |_________
9940   | 0,00329          23 57   | 9,46285
 508   |                  1 070   |
                          3200    |
                           200    |
                           125    |
```

150. División de un número entero por un decimal. — *Se prescinde para ello de la coma del divisor y se multiplica el dividendo por la unidad seguida de tantos ceros como cifras decimales tenga el divisor, efectuando la división como se indica en el número anterior.*

EJEMPLO:

Dividir 38 por 0,000045. Multiplicaremos dividendo y divisor por 1000000:

$$
\begin{array}{r|l}
38000000 & 45 \\ \cline{2-2}
200 & 844444,44... \\
200 & \\
200 & \\
200 & \\
200 & \\
200 & \\
200 & \\
\end{array}
$$

151. Cociente decimal de dos números enteros. — Cuando la división de dos enteros es inexacta ocurre a veces que conviene obtener un cociente con mayor aproximación que la que tiene el cociente entero; esto se logra con el llamado *cociente decimal.* Éste se obtiene colocando a la derecha de la última cifra del cociente entero una coma, agregando a la derecha del dividendo el número de ceros necesarios para obtener el cociente con la aproximación deseada y continuar la división como se ha dicho en el número 149.

EJEMPLO: El cociente entero de 341:27 es 12, cociente en verdad no muy aproximado, pues el resto es 17. Para aproximarlo, por ejemplo, hasta que se diferencie del cociente exacto en menos de una diezmilésima, se agregan cuatro ceros decimales a la derecha del divisor después de obtener las cifras del cociente entero indicado, 12, se coloca la coma después de este cociente y se continúa la división hasta agotar el divisor, como se indica a continuación:

$$
\begin{array}{r|l}
3410000 & 27 \\ \cline{2-2}
71 & 12,6296... \\
170 & \\
80 & \\
260 & \\
170 & \\
\end{array}
$$

Resulta, pues,

$$27 \times 12 < 341 < 27 \times 12,6297.$$

Luego *12,6296 es el cociente decimal de 341:27 con un error menor que una diezmilésima.*

Si se continúa la operación, la aproximación será mayor, pero jamás se llegará a obtener un resto cero, pues como se ve vuelven a repetirse los restos obtenidos y, por consiguiente, las cifras del cociente, cuestión ésta que se estudiará más adelante.

Todas estas consideraciones se sintetizan en la siguiente

REGLA. — *Para obtener el cociente de dos números enteros, aproximado en menos de una unidad decimal determinada, se añaden al dividendo tantos ceros decimales cuantos tenga el denominador de la unidad decimal que indica la aproximación, y se divide el nuevo dividendo obtenido por el divisor hasta que el cociente entero obtenido exprese unidades decimales del mismo orden o nombre que la aproximación exigida.*

152. Aproximación de cifras decimales. — Cuando el número de cifras de una expresión decimal es muy grande conviene a veces expresarlo de un modo más sencillo tomando solamente algunas de las cifras decimales, suprimiendo las últimas. Se comete así un *error*, el cual es la *diferencia entre el valor exacto y el aproximado que se toma.*

Sabemos por la Geometría que la razón de la longitud de la circunferencia a su diámetro es 3,141592653... Pues bien, se toma con frecuencia como valor 3,141592, y el error que se comete es

$$3,141592653 - 3,141592 = 0,000000653$$

error que es menor que 0,0000001.

El valor aproximado tomado 3,141592 es *un valor aproximado por defecto* en menos de una millonésima, y el valor aproximado 3,141593 es *un valor aproximado por exceso con un error menor de una millonésima.*

De aquí la regla siguiente:

Para expresar aproximadamente una fracción decimal, con un error menor que una unidad decimal de un orden dado, por defecto, se suprimen de su derecha todas las cifras decimales que siguen a la de dicho orden. Para expresar esta misma fracción decimal, con un error menor que una unidad decimal de un orden dado, por exceso, se suprimen de su derecha todas las cifras decimales que siguen a la de dicho orden, y se añade una unidad a la última cifra decimal conservada.

153. Valor aproximado de un número decimal con error menor que media unidad de un orden dado. — Si en el número decimal ya mencionado, 3,141592653..., se toma como valor, lo cual es muy frecuente en los cálculos aproximados, el número 3,1415, el error por defecto es 0,000092653... y si se toma el valor aproximado por exceso 3,1416, el error por exceso es 0,000007347; observamos que

$$0,000007347 < 0,000092653$$

y que el error por exceso, 0,000007347, es además menor que $\dfrac{1}{2} \times 0,0001$ pues

$$0,000007347 < 0,00005$$

luego se puede afirmar que 3,1416 es el valor aproximado por exceso de 3,141592653... con *un error menor que media diezmilésima.*

De aquí la siguiente

Regla. — *Para expresar aproximadamente una fracción decimal con un error menor que media unidad de un orden dado, se suprimen de su derecha todas las cifras que siguen a la de dicho orden, añadiéndole a la cifra conservada una unidad cuando la cifra decimal que le seguía sea igual o mayor que 5.*

3.º Potenciación y radicación de fracciones decimales

154. Potenciación de fracciones decimales. — *Para potenciar una fracción decimal se elevan a la potencia indicada el numerador y denominador.*

Ejemplo:

$$\left(\frac{43}{100}\right)^3=\frac{43^3}{100^3}=\frac{79507}{1000000}=0{,}079507.$$

De aquí se deduce el modo de potenciar un número decimal.

Ejemplo: Elevar al cubo 2,07.

$$(2{,}07)^3=\left(\frac{207}{100}\right)^3=\frac{207^3}{100^3}=\frac{8869743}{1000000}=8{,}869743.$$

Regla. — *Para elevar un número decimal a una potencia, se eleva como si fuese entero y de la derecha del resultado se separan con una coma tantas cifras como exprese el producto del exponente por el número de cifras decimales que tenga la base.*

Según esto para hallar $(0{,}005)^3$ bastará elevar 5 al cubo, $5^3=125$ y separar nueve cifras decimales:

$$(0{,}005)^3=0{,}000000125.$$

155. Radicación de fracciones decimales. — Supongamos que queremos hallar la $\sqrt[3]{72{,}0845}$. Podremos escribir:

$$\sqrt[3]{72{,}0845}=\sqrt[3]{\frac{720845}{10000}}=\sqrt[3]{\frac{72084500}{1000000}}=\sqrt[3]{\frac{72084500}{100}}$$

De aquí se deduce la regla:
Para extraer la raíz de cualquier grado de una fracción decimal se colocan a la derecha del radicando tantos ceros cuantos sean necesarios para que el número de cifras decimales sea múltiplo del índice de la raíz; se extrae entonces la raíz del radicando y de la derecha de esta raíz se separan, mediante una coma, tantas cifras como indique el cociente del número de cifras decimales del radicando, después de añadirle los ceros antedichos, por el índice de la raíz.

En el ejemplo propuesto debemos separar de la raíz cúbica de 72084500 dos cifras mediante la coma, cifras que expresarán centésimas o lo que es lo mismo la raíz cúbica de 72084500 deberá dividirse por 100, lo cual lo expresamos en el caso

presente por $\dfrac{\sqrt[3]{72084500}}{100}$, que le es equivalente.

156. Raíz cuadrada de un número decimal. — *Se determina si un decimal tiene raíz cuadrada exacta calculando la raíz cuadrada del número que resulta al* *suprimir la coma en el radicando y luego, en la raíz, se separa de su derecha un número de cifras decimales igual a la mitad de las que tiene el radicando. Si éste tuviese un número impar de cifras se le añade a su derecha un cero y se procede igual.*

Ejemplos:

$$\sqrt{0,0289} = \sqrt{\frac{289}{10000}} = \frac{\sqrt{289}}{\sqrt{10000}} = \frac{17}{100} = 0,17.$$

157. Raíz cuadrada de un número decimal con un error menor que una unidad decimal de un orden dado. — No todos los números decimales tienen raíz cuadrada exacta. Para aproximarla hasta un grado de exactitud determinada se sigue la regla siguiente:

Se añaden a la derecha del radicando tantos ceros cuantos sean necesarios para que el número de sus cifras decimales sea doble de las que tiene el orden decimal señalado como límite de error; se extrae luego la raíz cuadrada y de la derecha de ésta se separan tantas cifras decimales como indique el límite de error propuesto.

Ejemplo: Extraer la raíz cuadrada de 19,41628 con error menor que 0,0001. Se añaden al radicando tres ceros para que tenga ocho cifras decimales, número doble que el de cifras decimales de 0,0001, se extrae la raíz cuadrada de 19,41628000 y de ella se separan con una coma cuatro cifras.

$\sqrt{19,41628000}$	4,4063
34,1	84.4
56280	8806.6
344400	88123.3
80031	

luego

$$\sqrt{19,41628} = 4,4063; \quad e < 0,0001.$$

CAPÍTULO VI

TRANSFORMACIÓN DE FRACCIONES ORDINARIAS EN DECIMALES Y VICEVERSA

158. Transformación de una fracción ordinaria en decimal. — Sabemos que un quebrado es el cociente indicado de dos números; se comprende, pues, que si se divide el numerador por el denominador y se continúa la división, después de hallado el cociente entero, se obtendrá un número decimal añadiendo ceros a los restos parciales.

Así, para transformar los quebrados $\dfrac{19}{8}$, $\dfrac{337}{111}$ y $\dfrac{70}{240}$ en fracciones decimales operaremos así:

19	2,375		337	111		70	220		240	
30			400	3,036036...		220	0,2916666			
60			670			40				
40			400			160				
00	8		670			160				
			4			160				

De aquí se deduce la siguiente

REGLA: *Para convertir una fracción ordinaria en decimal se divide el numerador por el denominador, y se continúa la división adicionando ceros a los restos parciales que resulten hasta que el cociente sea exacto o hasta que se repitan periódica o indefinidamente las cifras del resto y del cociente.*

159. Clasificación de las fracciones decimales que pueden engendrar los quebrados ordinarios. — Al transformar un quebrado ordinario en decimal puede ocurrir: 1.º que se llegue a un resto cero, como en el caso de $\frac{19}{8}$ propuesto, y se dice entonces que la fracción ordinaria engendra una fracción *decimal exacta;* 2.º que nunca se obtenga un resto cero, sino que se repitan constantemente, pudiendo ocurrir que se repitan todas las cifras del cociente o sólo algunas de ellas, originándose una fracción *periódica pura* si la porción que se repite, llamado *período,* empieza en las cifras de las décimas, como el cociente de $\frac{337}{111}=3{,}036036...$, cuyo período es **036**, o una fracción *periódica mixta* si la parte periódica no comienza en la cifra de las décimas como en el cociente $\frac{70}{240}=0{,}0291666...$, cuyo período es **6**, y la parte no periódica es 0291.

160. Regla para conocer la clase de decimal en que se ha de convertir un quebrado ordinario. — *Se comienza por simplificar el quebrado y se descompone el denominador en sus factores primos; si el denominador sólo tiene por factores potencias de 2 o de 5 o de ambos a la vez, la fracción decimal equivalente será exacta y el número de sus cifras igual al mayor exponente de 2 o de 5; si el denominador no tiene entre sus factores ni el 2 ni el 5, la fracción equivalente será periódica pura; finalmente, si el denominador tiene entre sus factores el 2 y el 5, o ambos además de otros diferentes la fracción equivalente será periódica mixta.*

EJEMPLOS: La fracción $\frac{7}{50}$ dará un número decimal exacto, pues su denominador $50=2 \cdot 5^2$. Lo mismo la fracción $\frac{175}{40}$, la cual, simplificada se transforma en $\frac{35}{8}$ y $8=2^3$; y en efecto $\frac{7}{50}=0{,}14$ y $\frac{35}{8}=4{,}375$.

La fracción $\frac{160}{72}$, simplificada, se transforma en $\frac{20}{9}$, cuyo denominador sólo tiene como factor primo 3, pues $9=3^2$; dará, pues, origen a una fracción decimal *periódica pura,* y en efecto $\frac{20}{9}=2{,}222...$

Finalmente, la fracción $\dfrac{140}{72}$, cuyo denominador tiene como factores primos 3^2 y 2^3, dará origen a una fracción decimal *periódica mixta*, y en efecto, $\dfrac{140}{72} = 1{,}9444\ldots$

161. Transformación de un decimal en fracción ordinaria. — Pueden presentarse cuatro casos distintos: 1.º que la fracción decimal sea *exacta*; 2.º que sea *inexacta no periódica*; 3.º que sea *periódica pura*; 4.º que sea *periódica mixta*.

En todos los casos, a excepción del segundo, se puede determinar exactamente el quebrado ordinario equivalente, y como este quebrado puede engendrar el decimal dado efectuando la división de sus términos, tal quebrado recibe el nombre de *fracción generatriz de la decimal dada*.

162. Fracción generatriz de una decimal exacta. — *La fracción generatriz de una decimal exacta es un quebrado cuyo numerador es la fracción decimal prescindiendo de la coma y su denominador la unidad seguida de tantos ceros como cifras decimales tiene la fracción decimal.*

EJEMPLOS:

$$4{,}2424 = \frac{42424}{10000} = \frac{21212}{5000} = \frac{10606}{2500} = \frac{5303}{1250} \qquad 3{,}0191 = \frac{30191}{10000} = 3\frac{191}{10000}$$

Los quebrados $\dfrac{5303}{1250}$ y $\dfrac{191}{10000}$ son las fracciones generatrices de las fracciones exactas $4{,}2424$ y $0{,}0191$, respectivamente.

163. TEOREMA. — *Si un quebrado irreductible $\dfrac{a}{b}$ es la generatriz de una fracción decimal exacta, su denominador no contendrá factores primos distintos de 2 y 5.*

En efecto, la operación de convertir un quebrado ordinario $\dfrac{a}{b}$ en decimal equivale a multiplicar su numerador a por 10^n (siendo n un número suficientemente grande), a dividir este producto por el denominador b y a separar luego con el cociente $\dfrac{a \cdot 10^n}{b}$, n cifras decimales. Pero como se ha supuesto que el quebrado irreducible $\dfrac{a}{b}$ es la fracción generatriz de una decimal exacta, el cociente $\dfrac{a \cdot 10^n}{b}$ será necesariamente exacto, y como b es primo con a, dividirá a 10^n y sólo contendrá los factores primos de 10^n, es decir, b no podrá contener otros factores primos diferentes de 2 y 5, únicos factores primos de cualquier potencia entera de 10.

El teorema recíproco es también cierto.

164. Fracción generatriz de una decimal inexacta no periódica. — Como la fracción decimal inexacta no expresa exactamente el valor de ningún quebrado ordinario, se toma en este caso un número limitado de cifras decimales, despreciando el resto, y entonces se somete la fracción a la regla anterior. El quebrado ordinario que resulte expresará aproximadamente el valor del decimal propuesto. Sea, por ejemplo, la decimal inexacta no periódica 0,753482...; sus quebrados ordinarios aproximados son:

$$\frac{7}{10} \quad \frac{75}{100} \quad \frac{753}{1000} \quad \frac{7534}{10000}...$$

Las decimales inexactas provienen de números irracionales.

165. Fracción generatriz de una decimal pura. — Supongamos que se trata de hallar la fracción generatriz de la decimal periódica pura 7,989898..., y representamos con g la generatriz buscada. Tendremos evidentemente

$$g = 7,989898...\quad (1)$$

y multiplicando ambos miembros por 100, esto es, por la unidad seguida de tantos ceros como cifras tiene el período, se tiene

$$100\ g = 798,9898...\quad (2)$$

y restando de ésta, la igualdad anterior:

$$100\ g - g = 798,9898... - 7,9898...$$

o bien

$$99\ g = 798 - 7,$$

de donde

$$g = \frac{798 - 7}{99}$$

De aquí se deduce la siguiente

REGLA. — *Para hallar la fracción generatriz de una decimal periódica pura se corre la coma a la derecha del primer período, del número formado se resta la parte entera y a la diferencia se le pone como denominador tantos nueves como cifras tenga el período.*

166. Fracción generatriz de una decimal periódica mixta. — Sea la fracción decimal de este tipo 5,1692323... cuya generatriz g buscamos:

Multiplicando por 1000 los dos miembros de la igualdad

$$g = 5,1692323...$$

resulta

$$1000g = 5169,2323...$$

pero en virtud de lo demostrado en el párrafo anterior:

$$1000g = \frac{516923 - 5169}{99}$$

y dividiendo ambos miembros por 1000:

$$g = \frac{516923 - 5169}{99000}$$

de donde se deduce la siguiente

Regla.— *Para hallar la fracción generatriz de una decimal periódica mixta se corre la coma hacia la derecha·hasta que quede a su izquierda la parte no periódica y el primer período, se resta del número así formado otro constituido por la parte entera y la porción no periódica, y la diferencia se divide por un entero formado por tantos nueves como cifras tiene el período seguido de tantos ceros como cifras tiene la parte no periódica.*

167. Especie de la fracción decimal correspondiente a una fracción ordinaria dada. — Con lo dicho en los párrafos anteriores es fácil deducir la especie de la fracción decimal correspondiente a un quebrado cualquiera. Supongamos los quebrados $\frac{9}{12}$, $\frac{10}{15}$ y $\frac{30}{28}$; reduciéndolos a su más simple expresión se transforma en los equivalentes siguientes:

$$\frac{3}{2^2}, \quad \frac{2}{3} \quad \text{y} \quad \frac{15}{2 \cdot 7}.$$

El primero de éstos da origen a una fracción decimal exacta por lo dicho en el párrafo 160; el segundo a una periódica pura, puesto que no puede ser generatriz de una decimal exacta (160) ni de una periódica mixta (160); el tercero da lugar a una periódica mixta.

Para determinar la especie de la fracción decimal, correspondiente a un quebrado cualquiera, se reduce éste a su más simple expresión y se descompone luego el denominador del nuevo quebrado en sus factores primos; si éstos no son diferentes de 2 y 5, la fracción decimal será exacta; si no existe entre ellos ningún factor 2 ni 5, la decimal será periódica pura; si además de los factores 2 ó 5, o ambos a la vez, existen alguno o algunos factores primos distintos de 2 y de 5, la decimal será periódica mixta.

CAPÍTULO VII

NÚMEROS CONCRETOS

168. Recordemos que los *números concretos* son aquellos que expresan al mismo tiempo la especie de la unidad (5). Así, 14 kilogramos, 10 niños, 4 sillas, son números concretos cuyas unidades respectivas son el kilogramo, un niño, una silla.

Con los números concretos se hacen las mismas operaciones que con los abstractos, y como con ellos se operan en la vida ordinaria, en la industria, en el comercio y en la economía económica, vamos a exponer las diferentes cuestiones que se presentan en su cálculo.

169. Números homogéneos y heterogéneos. — Recordemos brevemente estos conceptos: *números homogéneos son los de una misma especie,* como 5 sillas y 13 sillas; *números heterogéneos son los de diferentes especies,* como 5 kilogramos y 12 segundos.

170. Números incomplejos y complejos. — *Llámanse incomplejos los números concretos cuyas unidades son todas de la misma especie,* como 18 segundos; *números complejos son los contretos cuyas unidades son de especie diferentes, pero del mismo género,* como 4 meses, 2 semanas, 3 días, 17 horas y 43 minutos.

171. Metrología. — Tiene por objeto esta rama de la Aritmética *la medición racional y sistemática de las diferentes magnitudes, empleando para ello unidades adecuadas.*

Como las magnitudes a medir son de especies muy variadas, se han formado *sistemas de unidades,* los cuales no son otra cosa que *conjuntos ordenados de unidades concretas, correspondientes a los principales géneros de cantidades.*

Las unidades concretas que figuran generalmente en estos sistemas son de los seis géneros siguientes: de *longitud,* de *superficie,* de *volumen,* de *peso,* de *tiempo* y de *dinero.*

El sistema de pesas y medidas adoptado en todas las naciones civilizadas, a excepción de las anglosajonas, es el llamado *sistema métrico decimal.*

El adoptado universalmente en las ciencias es el *sistema cegesimal* (C. G. S.), así llamado porque tiene como unidades fundamentales el *centímetro,* el *gramo-masa* y el *segundo,* como unidades de *longitud, masa y tiempo,* respectivamente. El *centímetro,* unidad de longitud, es igual a la centésima parte del metro-patrón que se conserva en la Oficina Internacional de Pesas y Magnitudes de Sèvres (París);

el *gramo-masa*, unidad de masa, es la milésima parte de la masa del kilogramo-patrón que se conserva en la mencionada Oficina; el *segundo*, unidad de tiempo equivale a $\dfrac{1}{86.400}$ parte del día solar medio.

Existen múltiplos y divisores de estas unidades.

172. Sistema métrico decimal. — Tiene como unidades fundamentales el *metro* y el *kilogramo-peso*. Se llama decimal porque cada múltiplo o divisor de la unidad fundamental lineal es diez veces mayor o menor que la unidad inmediatamente inferior o superior respectivamente.

El *metro* es aproximadamente la diezmillonésima parte del cuadrante del meridiano terrestre que pasa por París; el *metro-patrón* o metro-tipo es la distancia entre dos trazos hechos sobre una regla de platino iridiado que se conserva en la Oficina Internacional de Pesas y Medidas, y es algo menor que la diezmillonésima del cuadrante de meridiano indicado.

El *kilogramo-peso* es el peso del kilogramo-patrón que se conserva en la Oficina mencionada, y equivale al peso de un decímetro cúbico de agua destilada, a la temperatura de 4° 1 centígrado, al nivel del mar y a 45° de latitud.

173. Unidades principales del sistema métrico decimal. — Las que aquí estudiaremos son las de *longitud*, *superficie*, *agrarias*, de *volumen*, de *capacidad* y de *peso*.

La *unidad de longitud* es el *metro*.

La *unidad de superficie* es el *metro cuadrado*, o sea, un cuadrado cuyo lado mide un metro.

La *unidad agraria* (es decir, para medir extensiones de terreno) es el *área*, que equivale a un cuadrado cuyo lado mide 10 metros (1 decámetro cuadrado).

La *unidad de volumen* es el *metro cúbico*, esto es, un cubo cuya arista mide un metro.

La *unidad de capacidad* es el *litro*, o sea, un cubo cuya arista vale un decímetro o décima parte del metro.

La *unidad de peso* es el *kilogramo* ya definido arriba; pero se usa mucho también el *gramo*, milésima parte del peso del kilogramo-patrón.

174. Múltiplos y divisores. — Los múltiplos y divisores de las unidades antes definidas se forman según las reglas siguientes:

1.ª *Para formar los múltiplos de cualquiera de las unidades principales, se anteponen al nombre de la unidad de que se trate las palabras griegas* deca, hecto, kilo, miria *y* mega, *que significan respectivamente diez, ciento, mil, diez mil y un millón.*

2.ª *Para formar los divisores de cualquiera de las unidades principales, se anteponen al nombre de la unidad de que se trate sucesivamente las palabras* deci, centi, mili *y* micrón, *que significan respectivamente décima, centésima, milésima y millonésima parte.*

Los múltiplos y divisores del metro cuadrado son cuadrados cuyos lados son los múltiplos o divisores lineales del mismo nombre.

A continuación damos las distintas unidades de longitud, de superficie, de volumen y de capacidad y su relación con la unidad de cada especie.

Unidades de longitud

Nombres	Símbolos	Valor en metros
Megámetro		1000000
Miriámetro	Mm	10000
Kilómetro	Km o km	1000
Hectómetro	Hm o hm	100
Decámetro	Dm o dam	10
Metro	m	1
Decímetro	dm	0,1
Centímetro	cm	0,01
Milímetro	mm	0,001
Micrón	μ	0,000001
Milimicrón	m μ	0,000000001

Unidades de superficie y agrarias

Nombres	Símbolos	Valor en m.²
Kilómetro cuadrado	Km² o km²	1000000
Hectómetro cuadrado o *Hectárea*.	Hm² o hm² Ha o ha	10000
Decámetro cuadrado o *área*	Dm² o dam² a	100
Metro cuadrado o *centiárea* . .	m² o ca	1
Decímetro cuadrado	dm²	0,01
Centímetro cuadrado	cm²	0,0001
Milímetro cuadrado	mm²	0,000001

Unidades de volumen

Nombres	Símbolos	Valor en m.³
Kilómetro cúbico	Km³ o km³	1000000000
Hectómetro cúbico	Hm³ o hm³	1000000
Decámetro cúbico	Dm³ o dam³	1000
Metro cúbico o *esterio*	m³	1
Decímetro cúbico	dm³	0,001
Centímetro cúbico	cm³	0,000001
Milímetro cúbico	mm³	0,000000001

Unidades de capacidad

Nombres	Símbolos	Valor en dm.³ o litros
Kilolitro	Kl	1000
Hectolitro	Hl o hl	100
Decalitro	Dl o dal	10
Litro	l	1
Decilitro	dl	0,1
Centilitro	cl	0,01
Mililitro	ml	0,001

Unidades de peso

Nombres	Símbolos	Valor en gramos
Tonelada métrica	Tm	1000000
Quintal métrico	Qm	100000
Miriagramo	Mg	10000
Kilogramo	Kg	1000
Hectogramo	Hg	100
Decagramo	Dg	10
Gramo	g	1
Decigramo	dg	0,1
Centigramo	cg	0,01
Miligramo	mg	0,001

Del examen de estas tablas se deduce:

1.º *Para determinar la relación que existe entre el metro cuadrado y cualquiera de sus múltiplos o divisores, se eleva al cuadrado la relación existente entre el metro y aquel de sus múltiplos o divisores que lleva igual nombre que el múltiplo o divisor cuadrado de que se trata.*

Así, el kilómetro cuadrado tendrá $1000^2 = 1000000$ de metros cuadrados.

2.º *Para hallar la relación entre el metro cúbico y uno cualquiera de sus múltiplos o divisores se eleva al cubo la relación entre el metro y aquel de sus múltiplos o divisores que tenga la misma denominación que el múltiplo o divisor cúbico propuesto.*

Así, el kilómetro cúbico equivale a $1000^3 = 1000000000$ metros cúbicos; el centímetro cúbico equivale a $0,01^3 = 0,000001$ metros cúbicos.

OBSERVACIONES: El metro cúbico se emplea con frecuencia en la determinación de la capacidad de los buques y se denomina, en este caso, *tonelada métrica de arqueo.*

Existen dos múltiplos del kilogramo cuya nomenclatura no está sujeta a las reglas indicadas, y son el *quintal métrico* = 100 kilogramos, y la *tonelada métrica de peso* = 1000 kilogramos.

El área sólo tiene un múltiplo, la *hectárea* = 100 áreas, y un solo divisor, la *centiárea*.

175. Relaciones entre las unidades de volumen y las de capacidad. — Entre las unidades de volumen y las de capacidad existen las relaciones siguientes:

$$m^3 = kl; \qquad dm^3 = 1; \qquad cm^3 = ml.$$

176. Unidades de tiempo. — Las dos principales son el *día* y el *año*.

El día es el tiempo que tarda la Tierra en dar una vuelta alrededor de su eje.

El año es el tiempo que tarda la Tierra en dar una vuelta alrededor del Sol. Tiene 365,24222 días.

El *año común* o *civil* tiene 365 días; el *año comercial* tiene 360 días, y el *año bisiesto* tiene 366 días.

La semana tiene *7 días;* el mes comercial *30 días;* el mes común tiene *30 días* (abril, junio, septiembre y noviembre), *28 ó 29 días* (febrero), o *31 días* (todos los restantes).

Son *años bisiestos* (febrero con 29 días) los años posteriores a la reforma gregoriana del calendario (1582), que sean divisibles por 4 y los que terminando en dos ceros sean divisibles por 400.

Los *múltiplos del año* son: el *lustro,* que vale cinco años; la *década,* igual a 10 años, y el *siglo,* que equivale a 100 años.

Los divisores del día son: la *hora,* que es la veinticuatroava parte del día; el *minuto,* que es la sesentava parte de la hora; el *segundo,* que es la sesentava parte del minuto; esto es:

$$1 \text{ día} = 24 \text{ horas} = 24 \times 60 \text{ minutos} = 24 \times 60 \times 60 \text{ segundos,}$$

o lo que es lo mismo

$$1 \text{ día} = 24 \text{ horas} = 1440 \text{ minutos} = 86400 \text{ segundos.}$$

Los divisores del día se expresan abreviadamente por sus iniciales; así, 11 horas, 7 minutos y 43 segundos se escribe: $11^h\,7^m\,43^s$.

Modernamente, y sólo para determinaciones de extrema exactitud, se asignan al metro y al segundo de tiempo valores diferentes, aunque muy aproximados, a los que en un principio se les asignaron. Estas variaciones de valor no afectan a las mediciones y cálculos matemáticos corrientes y hasta de cierto límite de exactitud.

CAPÍTULO VIII

TRANSFORMACIÓN DE NÚMEROS CONCRETOS

177. Es frecuente en el cálculo matemático transformar un número concreto en otro de igual naturaleza que el propuesto. Este problema comprende tres casos distintos: *1.º Convertir un concreto incomplejo en otro incomplejo; 2.º Convertir un complejo en incomplejo,* y *3.º Convertir un incomplejo en complejo.*

Veamos por separado los distintos casos.

178. Convertir un número incomplejo en otro incomplejo equivalente. — Pueden ocurrir dos casos según que se trate de transformar el incomplejo dado en otro incomplejo de especie inferior o superior.

El fundamento de las reglas de conversión es el siguiente: sea a un incomplejo y b otro incomplejo equivalente al primero, pero cuya especie es inferior a la de a, y representemos con m el número de veces que la especie de a contiene a la de b. Si el concreto b equivale al número concreto a, el número abstracto b contendrá m veces al número de unidades de a, puesto que las unidades de b son m veces más pequeñas que las de a, luego,

$$b = m \cdot a \quad y \quad a = \frac{b}{m}$$

de aquí deducimos las reglas siguientes:

1.ª *Para convertir un número incomplejo en otro equivalente de orden inferior, se multiplica el primero por el número de veces que su unidad contiene a la de la especie inferior indicada.*

Ejemplos:

1.º Transformar el incomplejo 14 horas en minutos.
Puesto que una hora tiene 60 minutos resultará:

$$14 \text{ horas} = 14 \times 60 = 840 \text{ minutos.}$$

2.º Transformar el incomplejo 5 años en los incomplejos de sus diferentes especies inferiores.

5 *años* $= 5 \times 12 = 60$ *meses* $= 60 \times 30 = 1800$ *días de año comercial* $= 1800 \times 24 = 43200$
horas $= 43200 \times 60 = 25920000$ *minutos* $= 2592000 \times 60 = 155520000$ *segundos.*

3.º Transformar el incomplejo 6 kilómetros en incomplejos de diferentes especies inferiores.

6 Km. $= 60$ Hm. $= 600$ Dm. $= 6000$ m. $= 60000$ dm. $= 600000$ cm. $= 6000000$ **mm.**

2.ª *Para convertir un número incomplejo en otro equivalente de especie superior, se divide por el número de veces que su unidad está comprendida en la de la especie superior indicada.*

Ejemplos:

1.º Convertir el incomplejo 10500 minutos en horas.
Puesto que 60 minutos constituyen una hora, tendremos:

$$10500 \text{ minutos} = 10500 : 60 = 175 \text{ horas.}$$

2.º Transformar el incomplejo 6 horas en los incomplejos de sus diferentes especies superiores:
Tendremos,

$$6 \text{ } horas = \frac{6}{24} \text{ } días = \frac{1}{4} \text{ } días = \frac{1}{4} : 30 = \frac{1}{120} \text{ } meses = \frac{1}{120} : 12 = \frac{1}{1440} \text{ } años.$$

3.º Convertir el incomplejo 1348 dm³ o litros en incomplejos equivalentes de especies superiores :

1348 dm³ = 1,348 m³ = 0,001348 Dm³ = 0,000001348 Hm³ = 0,000000001348 Km³,

o bien,

$$1348 \ litros = 134,8 \ Dl = 13,48 \ Hl = 1,348 \ Kl.$$

179. Convertir un número complejo en incomplejo de cualquier especie. — Se siguen las reglas siguientes, según los casos :

1.ª *Para convertir un complejo en incomplejo equivalente de especie inferior, se multiplica el número de unidades de especie superior del complejo por las de especie inferior que comprenda, se añaden al producto las unidades del mismo orden del complejo si las hay y así se prosigue reduciendo a la especie inmediata hasta llegar a las de especie inferior.*

EJEMPLO :

Convertir en incomplejo de segundos el número complejo

3 años, 5 meses, 17 días, 14 horas, 25 minutos, 42 segundos.

La operación se dispone así :

<table>
<tr><td>

```
        3
   ×  12
  ─────────
       36  meses
   +   5   »
  ─────────
       41  meses
   ×  30
  ─────────
     1230  días
   +  17   »
  ─────────
     1247  días
   ×  24
  ─────────
    29928  horas
```

</td><td>

```
   29928  horas
   +  14
  ───────────────
   29942  horas
   ×  60
  ───────────────
  1796520  minutos
   +  25
  ───────────────
  1796545  minutos
   ×  60
  ───────────────
  107792700  segundos
   +  42
  ───────────────
  107792742  segundos
```

</td></tr>
</table>

2.ª *Para convertir un complejo en incomplejo equivalente de especie superior, se divide el número de unidades de especie inferior del complejo por el número de unidades de su especie que contiene las de especie superior, se añaden al cociente las unidades de la misma especie del complejo si las hay, y así se prosigue reduciendo a la especie inmediata hasta llegar a las de especie superior.*

EJEMPLO :

Convertir en incomplejo de años el complejo
4 años, 7 meses, 16 días, 11 horas, 17 minutos, 24 segundos.

La operación se dispone así:

```
24 s | 60
      ‾‾‾‾‾
      0,4 m
  +  17
  ‾‾‾‾‾‾‾‾
     17,4 m | 60
            ‾‾‾‾‾
            0,29 h
        +  11
        ‾‾‾‾‾‾‾‾
          11,29 h | 24
                  ‾‾‾‾‾‾‾
                  0,47041... d
              +  16
              ‾‾‾‾‾‾‾‾
                16,47041 d | 30
                           ‾‾‾‾‾‾‾‾
                           0,54901... m
                       +  7
                       ‾‾‾‾‾‾‾‾
                         7,54901... m | 12
                         34            ‾‾‾‾‾‾‾‾
                         109           0,629089... a
                         101        +  4
                         110        ‾‾‾‾‾‾‾‾‾‾‾‾‾‾
                           2        4,629089... años
```

OBSERVACIÓN. Cuando el complejo dado venga expresado en unidades del sistema métrico decimal, la transformación se hace rápidamente colocando los números que expresan los sucesivos órdenes de unidades, unos a continuación de otros y llenando con ceros los lugares correspondientes a las especies de unidades que no figuren en el complejo, teniendo en cuenta que cada especie de unidades de superficie viene representada por dos cifras y las de volumen lo están por tres.

Se coloca luego la coma decimal detrás de la cifra que expresa la especie de unidades en que se transforma el complejo.

EJEMPLOS:

1.º Transformar en gramos el complejo

$$5 \text{ Kg., } 7 \text{ Dg., } 3 \text{ g., } 4 \text{ dg., } 2 \text{ mg.}$$

El incomplejo equivalente será:

5073,402 gr.

2.º Convertir en metros cúbicos

$$2 \text{ Hm}^3, 8 \text{ Dm}^3, 35 \text{ dm}^3, 10 \text{ mm}^3.$$

El incomplejo equivalente es:

2,008.000,035.000,010 *m*³.

180. **Convertir un incomplejo en complejo equivalente.** — Existe un solo caso que se resuelve con la regla siguiente:

1.ª *Para transformar un número incomplejo de una de las especies inferiores en complejo equivalente, se divide el número propuesto por las unidades de su especie que contiene una de las de especie inmediata superior; el cociente obtenido, que expresará unidades del orden inmediato superior, se divide por las de su especie que contiene una de las de especie inmediata superior, y así se continúa mientras se pueda; el último cociente, junto con los restos obtenidos, formarán el complejo equivalente.*

Ejemplo:

Convertir en complejo equivalente el incomplejo 45675892 segundos.

Se dispone la operación así:

$$45675892^s = 1^a \; 5^m \; 18^d \; 15^h \; 44^m \; 52^s.$$

luego,

$$45675892^s = 1^a \; 5^m \; 18^d \; 15^h \; 44^m \; 52^s.$$

En el caso de que el incomplejo dado sea un número métrico decimal, se transforma en complejo leyendo la especie de las unidades de cada cifra por el lugar que ocupan, teniendo presente que en las unidades superficiales, las unidades de cada especie ocupan dos lugares y en las de volumen ocupan tres lugares.

Ejemplos:

4523627 cg. = 4 Mg. 5 Kg. 2 Hg. 3 Dg. 6 g. 2 dg. 7 cg.
4796832 m^2 = 4 Km^2. 79 Hm^2. 68 Dm^2. 32 m^2.
395683918547 cm^3 = 395 Dm^3. 683 m^3. 918 dm^3. 547 cm^3.

181. Transformar un incomplejo decimal de especie cualquiera en complejo equivalente. — *Se procede con su parte entera como se ha dicho en el párrafo anterior y la parte decimal se multiplica por el número de unidades de orden inferior que contiene las que aquélla representa; la parte entera del producto formará parte del complejo y con la parte decimal se procede del mismo modo, continuando de este modo hasta llegar a un resultado entero o a las unidades de especie inferior.*

Ejemplo:

Transformar en complejo el incomplejo 2485,6817 días.

Primero se opera con la parte entera:

y luego con la parte decimal así:

$$0,6817^{\text{d}}$$
$$24$$
$$\overline{27268}$$
$$13634$$
$$\overline{16,3648^{\text{d}}}$$
$$\times \ 60 \quad \text{(sólo la parte decimal)}$$
$$\overline{21,8880^{\text{m}}}$$
$$\times \ 60 \quad \text{(sólo la parte decimal)}$$
$$\overline{53,2800}$$

luego,

$$2485,6817 \text{ días} = 6^{\text{a}} \ 10^{\text{m}} \ 25^{\text{d}} \ 16^{\text{h}} \ 21^{\text{m}} \ 53^{\text{s}}.$$

CAPÍTULO IX

OPERACIONES DE NÚMEROS CONCRETOS

1.º ADICIÓN DE NÚMEROS CONCRETOS

182. Para sumar números concretos es indispensable que los sumandos *sean números homogéneos.*

En la adición de números concretos distinguiremos dos casos: 1.º sumar números homogéneos incomplejos de la misma especie, y 2.º sumar números homogéneos complejos o incomplejos de especies diferentes.

183. Adición de números incomplejos. — Puede ocurrir que sean de la misma especie o de diferentes especies.

Para sumar números incomplejos de la misma especie, se suman como si fueran abstractos y la suma será de la misma especie que los sumandos.

EJEMPLO:

¿Cuánto importa en total cuatro compras que valen 3'25 euros, 8'75 euros, 17'45 euros y 61'80 euros?

Dispondremos la operación así:

$$3'25$$
$$+ \quad 8'75$$
$$+ \quad 17'45$$
$$+ \quad 61'80$$
$$\overline{\mathbf{91'25}}$$

Si los incomplejos son de diferentes especies, se pueden seguir dos procedimientos:

1.º *Convertir todos los sumandos en incomplejos de la misma especie y sumarlos.*

2.º *Colocar los sumandos unos debajo de los otros, en columnas, de modo que se correspondan los números de la misma especie, sumar los números de las diferentes columnas, empezando por la derecha, y separar de cada suma parcial las unidades de orden inmediato superior para añadirlas a la columna siguiente.*

Ejemplo:

Un obrero ha trabajado durante tres días; en el primero 8^h 35^m, en el segundo 7^h 10^m 45^s, y en el tercero 5^h 30^m 15^s. ¿Cuánto ha trabajado en total?

Siguiendo el primer procedimiento reduciremos los tres complejos a incomplejos de segundos:

$$8^h \ 35^m \ . \ . \ . \ . \ . \ . \ = 30900 \text{ segundos.}$$
$$7^h \ 10^m \ 45^s \ . \ . \ . \ . \ . \ = 25845 \quad \text{»}$$
$$5^h \ 30^m \ 15^s \ . \ . \ . \ . \ . \ = 19815 \quad \text{»}$$
$$76560 \text{ segundos.}$$

$$
\begin{array}{r|l}
76560 & 60 \\
\hline
165 & \overline{1276^m} \; | \; 60 \\
456 & 76 \quad 21^h. \\
456 & 16^m \\
0 &
\end{array}
$$

Resultado: $76560^s = 21^h \ 16^m$.

Resolviéndolo por el segundo procedimiento tendremos:

$$
\begin{array}{r}
8^h \ 35^m \\
+ \ 7^h \ 10^m \ 45^s \\
+ \ 5^h \ 30^m \ 15^s \\
\hline
21^h \ 16^m
\end{array}
$$

La suma de los segundos da 60, esto es 1 minuto, que se agrega a la columna de los minutos, con lo cual la suma de éstos es 76 minutos, que equivalen a 1^h 16^m; la hora que resulta se adiciona a la columna de las horas y la suma de éstas resulta entonces igual a 21^h.

2.º Substracción de números concretos

184. Al igual que para la adición, la condición primordial que han de reunir dos números concretos para ser restados es que sean homogéneos.

Distínguense también aquí dos casos: 1.º restar números homogéneos incomplejos de la misma especie; 2.º restar números homogéneos complejos e inconplejos de especies diferentes.

185. **Substracción de números incomplejos de la misma especie.** — *Para restar números incomplejos de la misma especie, se restan como si fuesen abstractos y el resto será de la misma especie que los términos.*

Ejemplo:

¿Qué resta de un capital de 8.740'60 euros, del cual se han gastado en una compra 3.475'95 euros?

$$
\begin{array}{r}
8.740'60 \\
- \ 3.475'95 \\
\hline
\end{array}
$$
$$Diferencia = 5,264'65 \text{ euros.}$$

186. Substracción de números complejos o bien incomplejos de diferentes especies. —Pueden seguirse dos procedimientos: 1.º *Se convierten ambos términos en incomplejos de la misma especie y se restan luego como en el caso anterior.* 2.º *Se coloca el substraendo debajo del minuendo de modo que se correspondan en columna las unidades de la misma especie y se restan luego; si algún substraendo parcial es mayor que el correspondiente minuendo, se añade a éste una unidad del orden inmediato superior, convertida en unidades de su propia especie, y se efectúa entonces la substracción, cuidando luego de agregar una unidad al substraendo siguientte, o quitársela al minuendo siguiente.*

EJEMPLO:

Un sujeto nació el 23 de junio de 1875 a las 3^h 14^m de la tarde y murió el 25 de abril de 1908 a las 8^h 35^m de la mañana. ¿Cuánto tiempo vivió?

Dispondremos la operación así:

				15	32	
Fecha de la muerte	1908^a	3^m	24^d		8^h	35^m
Fecha del nacimiento	1875^a	5^m	22^d	15^h	14^m	
	32^a	10^m	1^d	17^h	21^m	

Como de 8 horas no se pueden restar 15 horas, se ha tomado un día, esto es, 24 horas; se le ha adicionado las 8 horas, lo que da un total de 32 horas (valor escrito encima) y de ellas se ha restado el valor del substraendo parcial, 15 horas. En la substracción parcial siguiente de los días se ha descontado un día al minuendo. De modo análogo se han restado los meses. Téngase en cuenta que se considera el día civil de 24 horas, contado a partir de las cero horas de media noche, y, por consiguiente, las 3 de la tarde corresponde a las 15 horas civiles.

3.º MULTIPLICACIÓN DE NÚMEROS CONCRETOS

187. Para la multiplicación de números concretos no es necesario que éstos sean homogéneos; con frecuencia ocurre que al efectuar la multiplicación se originen nuevas magnitudes, las cuales se miden con su unidad correspondiente. Así, por ejemplo, el producto de metros por metros lineales da metros cuadrados; el de éstos por metros lineales da metros cúbicos; el de amperios por voltios da vatios; el de metros por kilogramos da kilográmetros, y así en otros muchos casos.

Cuando no se originan nuevas unidades, el producto es de la especie del multiplicando, y el multiplicador hace las veces de número abstracto, como por ejemplo: si una bomba eleva en un segundo 7,5 litros, ¿cuánto elevará en 45 segundos?

El multiplicando es de la especie litros y el multiplicador de la especie segundos; el producto 337,5 representa litros y es, por consiguiente, homogéneo con el multiplicando. El multiplicador, en éste y en los casos análogos a él, desempeña el papel de número abstracto.

188. Multiplicación de números incomplejos. —*Se reduce el multiplicando a la especie del producto pedido y el multiplicador a la especie de la unidad, efectuando la multiplicación como si fuesen abstractos.*

EJEMPLO:

Sabiendo que un litro de aceite pesa 831 gramos, calcular cuánto pesan 12 metros cúbicos.

Doce metros cúbicos equivalen a 12.000 litros, luego, el peso P de este volumen de aceite será:

$$P = 831 \times 12.000 = 9.972.000 \text{ gramos.}$$

189. Multiplicación de un complejo por un incomplejo. — *Se reduce el multiplicando a incomplejo de la especie del producto y el multiplicador a incomplejo de la especie de la unidad. Si el multiplicando es complejo y el multiplicador es un número entero se puede efectuar la multiplicación escribiendo los productos sucesivos de cada parte del complejo por el multiplicador, pero separando de cada producto parcial las unidades de orden inmediato superior que contenga, las cuales se añaden al producto parcial siguiente.*

EJEMPLO:

Sabiendo que la Tierra tarda 23^h 56^m 4^s en dar una vuelta completa alrededor de su eje, ¿cuánto tiempo tardará en dar 148 vueltas?

El multiplicando es el complejo 23^h 56^m 4^s, y el multiplicador 148 es de la especie de la unidad. Podemos solucionar el problema reduciendo el multiplicando a incomplejo segundos y multiplicándolos por 148:

$$23^h \ 56^m \ 4^s = 86.164^s$$

Solución:

$$86.164 \times 148 = 12752272^s = 147^d \ 14^h \ 17^m \ 52^s$$

o bien siguiendo la segunda regla:

$$23^h \ 56^m \ 4^s$$
$$\times \ 148$$
$$\overline{147^d \ 14^h \ 17^m \ 52^s}$$

190. Multiplicación de dos números complejos. — *1.º Se reduce el multiplicando a incomplejo de las especies del producto y el multiplicador a incomplejo de la unidad, y luego se multiplican como en el caso anterior; o 2.º Se reduce el multiplicador a la especie de la unidad y se le multiplica sucesivamente por las diferentes especies de unidades del multiplicando complejo.*

EJEMPLO:

Un caño vierte en una alberca 3 metros cúbicos y 400 litros por día; averiguar cuánto verterá en 17 días 6 horas 20 minutos y 15 segundos.

El multiplicando es 3^{mc} 400^l = 3400 litros; el multiplicador equivale a 17,2641 días.

1.ª solución:

$$3.400 \times 17,2641 = 58.697,9400 \text{ litros} = 58 \text{ metros cúbicos } 697,94 \text{ litros}$$

2.ª solución:

$$3^{mc} \ 400^l$$
$$\times \ 17,2641$$
$$\overline{58^{mc} \ 697^l,94}$$

4.º DIVISIÓN DE NÚMEROS CONCRETOS

191. Como la división es la operación inversa de la multiplicación, pueden ocurrir tres casos distintos, que estudiamos a continuación.

192. División de concretos cuando el dividendo es heterogéneo con el divisor y con el cociente. — Para efectuar la división es preciso saber de antemano el significado del resultado numérico que obtendremos por la división. Así, sabemos que el producto del volumen de un cuerpo por la densidad del mismo da el peso del cuerpo, luego obtendremos el volumen de un cuerpo dividiendo su peso por su densidad; y como éste, se resuelven otros muchos problemas de Física.

EJEMPLO:

¿Qué densidad tiene un cuerpo que pesa 485 gramos y cuyo volumen es 83 centímetros cúbicos?

Sabemos que:

$$peso = volumen \times densidad$$

de donde

$$densidad = \frac{peso}{volumen} = \frac{485}{83} = 5,843$$

193. División de concretos cuando el dividendo y el divisor son homogéneos. — En este caso el cociente es de la especie de la unidad y para obtenerlo basta reducir el dividendo y el divisor a incomplejos de cualquiera de sus especies, pero ambos a la misma especie, y efectuar la división como si fueran abstractos.

EJEMPLO:

Un automóvil recorre con movimiento uniforme 65,430 kms. por hora. ¿Cuánto tiempo tardará en recorrer 187,310 kms?

El dividendo es 187,310 kms. = 187310 metros; el divisor es 65,430 kilómetros = 65430 metros, y el cociente será horas:

$$187310 : 65430 = 2^h, 8627.$$

194. División de concretos cuando el dividendo y el cociente son homogéneos. — *Como en este caso el dividendo es de la especie de la unidad, bastará transformar el dividendo en incomplejo de cualquier especie y el divisor en incomplejo de la especie de la unidad, efectuar la división como si fueran abstractos y el cociente será de la misma especie del dividendo.*

Si el dividendo es complejo y el divisor es un número entero se puede efectuar la división de cada una de las unidades del complejo por el divisor entero, empezando por la de orden superior y cuidando de convertir los restos en unidades del orden inmediato inferior, adicionando el resultado a las unidades del mismo orden del complejo dado.

EJEMPLO:

¿Cuánto adelanta por hora un reloj que en 14^d 20^h ha adelantado 1^h 24^m 45^s? El problema es de división, pues el adelanto por hora multiplicado por 14^d 20^h

ha de dar 1^h 24^m 45^s. Así, pues, este último valor es el dividendo, y el divisor erá 14^d 20^h, el cual reduciremos a horas, que es la especie de la unidad;

$$dividendo = 1^h\ 24^m\ 45^s = 5085^s$$
$$divisor = 14^d\ 20^h = 356^h$$

1.ª solución:

$$5085^s : 356^h = 14'28^s \text{ de adelanto por hora.}$$

2.ª solución:

$$
\begin{array}{r|l}
1^h\ 24^m\ 45^s & 356^h \\
\times\ 60 & \overline{14^s,\ 28} \\
\hline
60 & \\
+\ 24 & \\
\hline
84 & \\
\times\ 60 & \\
\hline
5040 & \\
+\ 45 & \\
\hline
5085 & \\
\end{array}
$$

195. Potenciación y radicación de concretos. — Para elevar a potencia y extraer raíces de los números concretos se procede del mismo modo que con los números abstractos.

CAPÍTULO X

RAZONES Y PROPORCIONES

196. Razón geométrica de dos números. — *Llámase razón geométrica de dos números al cociente indicado de los mismos.*

Así la razón de 5 a 7 se escribe $\dfrac{5}{7}$ o bien $5:7$. Al dividendo o numerador se le llama *antecedente*, y al divisor o denominador, *consecuente*. En la razón escrita antes, el antecedente es 5 y el consecuente es 7.

Para leer una razón geométrica se enuncia el antecedente seguido de las palabras *es a*, y a continuación el consecuente. Así la razón antes indicada se lee: *cinco es a siete.*

La razón de dos cantidades homogéneas o de dos números concretos es evidentemente un número abstracto.

Como una razón geométrica es un cociente o número quebrado, no se alterará cuando se multiplica o divide su antecedente y consecuente por un mismo número.

197. Razón inversa de otra. — *Se dice que una razón es inversa de otra si el antecedente y consecuente de la primera son respectivamente iguales al consecuente y antecedente de la segunda.* Así la razón $\dfrac{5}{7}$ es la inversa de $\dfrac{7}{5}$, $\dfrac{a}{b}$ lo es de $\dfrac{b}{a}$.

198. Proporción. — *Llámase proporción a la igualdad de dos razones.* Las dos razones $6:3$ y $8:4$ son iguales a 2, luego podemos establecer las igualdades siguientes:

$$\frac{6}{3}=\frac{8}{4}; \quad 6:3=8:4, \quad 6:3::8:4$$

que se leen: *seis es a tres como ocho es a cuatro.*

En toda proporción se llaman *antecedentes* a los antecedentes de las dos razones y *consecuentes* a los *consecuentes* de las dos razones; *extremos* de la proporción son el antecedente de la primera razón y el consecuente de la segunda, y *medios* son el consecuente de la primera razón y el antecedente de la segunda.

En el ejemplo anterior, los *antecedentes* son 6 y 8, y los *consecuentes* 3 y 4; los *extremos* son 6 y 4, y los *medios* 3 y 8. Si una proporción tiene los medios iguales se llama *continua;* así la proporción $\dfrac{4}{6}=\dfrac{6}{9}$ es continua.

199. Propiedades fundamentales de las proporciones. — Son varias:

1.ª *En toda proporción el producto de los extremos es igual al producto de los medios.*

Sea la proporción

$$\frac{a}{b}=\frac{c}{d}$$

Multiplicando sus dos miembros por *b d:*

$$\frac{a\,(b\,d)}{b}=\frac{c\,(b\,d)}{d} \quad \text{o bien} \quad \frac{a\,d\cdot b}{b}=\frac{c\,b\cdot d}{d}$$

de donde:

$$a\,d = c\,b$$

Esta propiedad, como también las siguientes, sólo se pueden aplicar con rigor a las proporciones cuyos términos son números abstractos.

2.ª *En toda proporción un extremo es igual al producto de los medios dividido por el otro extremo.*

En la proporción

$$\frac{a}{b}=\frac{c}{d}$$

se verifica

$$a\cdot d = b\cdot c$$

y dividiendo ambos miembros por *d*, resulta:

$$a=\frac{b\cdot c}{d}$$

Así, en la proporción anterior

$$\frac{6}{3}=\frac{8}{4}$$

se cumple:

$$6=\frac{8\cdot 3}{4}=\frac{24}{4}$$

3.ª *Un medio es igual al producto de los extremos partido por el otro medio.*

De la proporción

$$\frac{a}{b} = \frac{c}{d}$$

se deduce

$$a \cdot d = b \cdot c$$

y dividiendo ambos miembros por *c* tendremos

$$\frac{a \cdot d}{c} = b$$

4.ª *Una proporción no se altera multiplicando o dividiendo sus cuatro términos, o bien un antecedente y su consecuente por un mismo número.*

Si en la proporción

$$6:3 = 8:4$$

multiplicamos todos sus términos por el mismo factor 5 tendremos una nueva expresión

$$\frac{6 \cdot 5}{3 \cdot 5} = \frac{8 \cdot 5}{4 \cdot 5} \quad \text{o bien} \quad \frac{30}{15} = \frac{40}{20}$$

equivalente a la primitiva, pues la proporcionalidad entre los antecedentes y sus respectivos consecuentes no ha variado.

200. *Si un producto de dos números* a d *es igual al producto de otros dos* b c, *estos cuatro números formarán una proporción, cuyos extremos serán los factores de uno de los productos iguales y los medios los factores del otro.*

En efecto: supuesta la igualdad

$$a\,d = b\,c$$

dividiendo sus dos miembros por el producto *b d*, que contiene un factor de cada uno de los productos iguales, se tendrá:

$$\frac{a\,d}{b\,d} = \frac{b\,c}{b\,d} \quad \text{o bien} \quad \frac{a}{b} = \frac{c}{d}$$

como se quería demostrar.

De lo expuesto se deduce que una proporción se puede escribir de ocho formas distintas, permutando convenientemente sus términos; así, sea la proporción

$$a:b = c:d$$

permutando los medios se tiene:

$$a:c = b:d$$

Poniendo los extremos como medios y viceversa, en ambas proporciones,

$$b:a = d:c \qquad c:a = d:b$$

y escribiendo en orden inverso las cuatro proporciones anteriores se tiene:

$$d:c = b:a \qquad b:d = a:c$$
$$c:d = a:b \qquad d:b = c:a$$

201. Teorema. — *En toda proporción la suma o diferencia de los antecedentes es a la suma o diferencia de los consecuentes, como un antecedente cualquiera es a su consecuente.*

Sea la proporción

$$\frac{a}{b} = \frac{c}{d}$$

Sabemos que

$$a\,b = b\,c \qquad (1)$$

y añadiendo a ambos miembros de esta igualdad el producto $a\,b$, tendremos

$$a\,d + a\,b = b\,c + a\,b$$

de donde

$$a \cdot (d+b) = b \cdot (c+a)$$

y de aquí se deduce

$$(a+c):(d+b) = a:b \quad o \quad \frac{a+c}{d+b} = \frac{a}{b} \qquad (2)$$

según se quería demostrar.

De un modo análogo, de la igualdad

$$a\,d = b\,c$$

se deduce, restando de $a\,b$ sus dos miembros:

$$a\,b - a\,d = a\,b - b\,c$$

o lo que es lo mismo

$$a\,(b-d) = b\,(a-c)$$

de donde

$$(a-c):(b-d) = a:b \quad o\ bien \quad \frac{a-c}{b-d} = \frac{a}{b} \qquad (3)$$

como se quería demostrar.

202. Teorema. — *En toda proporción la razón de la suma de los antecedentes a su diferencia es igual a la razón de la suma de los consecuentes a su diferencia.*

En efecto: de las igualdades (2) y (3) del párrafo anterior, se deduce la siguiente:

$$(a+c):(b+d) = (a-c):(b-d)$$

o bien esta otra:

$$(a+c):(a-c) = (b+d):(b-d).$$

203. Cuarto proporcional a tres números dados. — *Llámase así al cuarto término de una proporción, cuyos tres primeros términos son los números dados, colocados en el mismo orden en que se dan.*

Así, x es el cuarto proporcional a a, b y c, si puede escribirse la proporción:

$$a:b = c:x$$

204. Tercero proporcional a dos números dados. — *Es el cuarto término de una proporción continua, cuyos dos primeros términos son los números dados, escritos en el mismo orden en que se dan.*

Así, x es el tercero proporcional a a y b, si se puede escribir la proporción:

$$a:b = b:x$$

205. Medio proporcional entre dos números dados. — *Es el término medio repetido de una proporción continua, cuyos extremos son los números dados.*

Así, x es el medio proporcional entre *a* y *b* si se puede formar la proporción siguiente:

$$a:x=x:b$$

En virtud de una propiedad ya estudiada podemos escribir:

$$x \cdot x = a \cdot b \quad \text{o bien} \quad x^2 = a \cdot b$$

de donde

$$x = \sqrt{a \cdot b}$$

esto es: *el medio proporcional entre dos números a y b es la raíz cuadrada del producto de dichos números.*

206. De la comparación de dos razones pueden resultar los principios siguientes:

1.º *Si dos proporciones tienen una razón común, las otras dos razones formarán una proporción.*
Si se tiene

$$a:b=c:d \quad y \quad a:b=m:n$$

las dos razones *c:d* y *m:n* serán iguales entre sí, es decir:

$$c:d=m:n.$$

2.º *Si dos proporciones tienen respectivamente iguales los antecedentes, o los consecuentes, los otros cuatro términos pueden formar una proporción.*

a) Sean las proporciones:

$$a:b=c:d \quad y \quad a:m=c:n$$

que tienen iguales los antecedentes; se las puede transformar así:

$$a:c=b:d \quad y \quad a:c=m:n$$

de donde, en virtud del principio anterior

$$b:d=m:n$$

b) Sean ahora las proporciones:

$$a:b=c:d \quad y \quad r:b=s:d$$

que tienen iguales los consecuentes; se las puede transformar así:

$$a:c=b:d \quad y \quad r:s=b:d$$

de donde $\qquad a:c=r:s$

3.º *Si dos proporciones tienen respectivamente iguales los medios o los extremos, los otros cuatro términos formarán una proporción.*
Sean las proporciones:

$$a:b=c:d \quad y \quad m:b=c:n$$

Se pueden escribir las igualdades siguientes:

$$a\,d=b\,c \quad y \quad m\,n=b\,c$$

de donde se deduce

$$a\,d=m\,n$$

y de ésta se deduce:

$$a:m=n:d$$

4.º *Si se multiplican miembro a miembro varias proporciones, los productos obtenidos formarán otra proporción.*
Sean las proporciones:

$$a:b=c:d \qquad e:f=g:h \qquad m:n=p:q$$

Como sabemos se cumplen las igualdades siguientes:

$$a\,d=b\,c; \quad e\,h=f\,g \quad y \quad m\,q=n\,p$$

Como sabemos se cumplen las igualdades siguientes:

$$(a\,e\,m)\;(d\,h\,q)=(b\,f\,n)\;(c\,g\,p)$$

de donde

$$(a\,e\,m):(b\,f\,n)=(c\,g\,p):(d\,h\,q)$$

5.º *Si se dividen término a término dos proporciones, los cocientes obtenidos formarán otra proporción.*
De las proporciones

$$a:b=c:d \quad y \quad e:f=g:h$$

se deducen las igualdades siguientes:

$$a\,d=b\,c \quad y \quad e\,h=f\,g$$

las cuales divididas ordenadamente originan esta otra:

$$\frac{a\,d}{e\,h}=\frac{b\,c}{f\,g} \quad \text{o bien} \quad \frac{a}{e}\times\frac{d}{h}=\frac{b}{f}\times\frac{c}{g}$$

de donde se deduce:

$$\frac{a}{e}:\frac{b}{f}=\frac{c}{g}:\frac{d}{h}.$$

207. Serie de razones iguales. — *Es la expresión de la igualdad de tres o más razones.*
Las series de razones se pueden descomponer en proporciones, comparando una de las razones con todas las restantes.

208. Teorema. — *En toda serie de razones iguales, la suma de varios antecedentes es a la suma de sus consecuentes respectivos, como un antecedente es a su consecuente.*
Sea la serie de razones:

$$a:b=c:d=e:f=g:h$$

en ella se verifica (201):

$$\frac{a+c}{b+d}=\frac{a}{b} \quad \text{o bien} \quad \frac{a+c}{b+d}=\frac{e}{f}$$

de donde:

$$\frac{a+c+e}{b+d+f}=\frac{e}{f} \quad \text{o} \quad \frac{a+c+e}{b+d+f}=\frac{g}{h}$$

y por consiguiente esta otra:

$$(a+c+e+g):(b+d+f+h)=g:h$$

209. Simplificación de proporciones. — La simplificación de las proporciones se funda en la propiedad 4.ª, expuesta en el número 199. Para ello se dividen los cuatro términos de la proporción por todos sus divisores comunes, y, agotados éstos, dividiendo un medio y un extremo por sus divisores comunes.

EJEMPLO:

Simplificar la proporción:

$$1050:1800=350:600$$

Se pueden dividir todos sus términos por 10 y, además, el 2.º y 4.º nuevamente por 10; resulta así:

$$105:180=35:60 \quad \text{y} \quad 105:18=35:6$$

Los términos 1.º y 3.º son divisibles por 5, y el 2.º y 4.º son divisibles por 6:

$$21:7=7:1$$

y como el 1.º y 2.º términos tienen tercio, resulta finalmente:

$$7:1=7:1$$

210. Cantidades constantes y variables. — Se entiende por *cantidades constantes* aquellas que tienen siempre el mismo valor numérico, como, por ejemplo, la masa de un cuerpo, la distancia entre dos puntos, la altura de una torre. *Cantidades variables* son aquellas que conservando su naturaleza pueden admitir infinidad de valores numéricos diferentes, como, por ejemplo, el tiempo que un móvil puede emplear en recorrer la distancia entre dos puntos, el trabajo que realiza una máquina, la velocidad de un móvil, etc.

211. Cantidades proporcionales. — Dos cantidades variables pueden ser independientes entre sí (como el precio de una tela y los años del dependiente que la vende), o bien depender la una de la otra, es decir, ligadas por una cierta relación, como el precio de una tela determinada lo está con la longitud y la anchura de la misma, y en este caso se dice que el precio de la tela es *función* de su longitud y de su anchura.

Las cantidades variables dependientes entre sí o en función unas de otras, pueden estar relacionadas de muchas maneras, pudiendo ser *directamente proporcionales, inversamente proporcionales o recíprocamente proporcionales.*

Dos cantidades variables son directamente proporcionales o están en razón directa si la razón de dos valores cualesquiera de una de ellas es igual a la razón de los valores correspondientes de la otra.

Así, si dos cantidades variables A y B, dependientes una de otra, son tales que dando a A los valores sucesivos

$$a, a', a'',\ldots$$

recibe o toma B los valores

$$b, b', b'',\ldots$$

y se verifica que

$$\frac{a}{b}=\frac{a'}{b'}=\frac{b''}{a''}=\ldots\ldots=constante$$

diremos que A y B son directamente proporcionales. La constancia de este cociente nos indica que si las cantidades variables a', a''... son el doble, triple, etc., de a, las cantidades correspondientes b', b''... han de ser también el doble, triple, etc., de b.

He aquí un ejemplo práctico de la proporcionalidad directa; el precio de una tela es proporcional a su longitud, es decir que si un metro de la misma vale n pesetas, 2, 3, 4... metros valdrán 2n, 3n, 4n... pesetas, y en todos los casos la relación entre el precio y la longitud de la tela vale n.

Dos cantidades variables son inversamente proporcionales o están en razón inversa, si la razón de dos valores cualesquiera de una de ellas es igual a la razón inversa de los valores de la otra.

Así, pues, si tenemos dos cantidades variables A y B, dependientes una de otra, y tales que dando a la variable A los valores sucesivos

$$a. a'\ a''\ldots$$

recibe B los respectivos valores

$$b, b'\ b''\ldots$$

se dice que las dos cantidades A y B son inversamente proporcionales si se verifica que el producto de estos valores correspondientes de las dos variables

$$a\,b=a'\,b'=a''\,b''\ldots\ldots=constante.$$

La constancia de este producto indica que si las cantidades variables $a'\ a''$... son el doble, triple, etc., de a, las cantidades correspondientes $b'\ b''$... han de ser mitad, tercio, etc., de b.

Ejemplos de este tipo de relación entre dos cantidades variables hallamos con frecuencia en Física; así la velocidad de un móvil que se mueve con movimiento uniforme estará en razón inversa con el tiempo empleado en recorrer una misma trayectoria o espacio, pues si la velocidad del móvil se duplica, triplica, etc., el tiempo para recorrer el camino se reduce a la mitad, tercera, cuarta... parte.

Dos cantidades son recíprocamente proporcionales, si dos valores cualesquiera de una de ellas son los extremos, y los valores correspondientes de la otra son los medios de una proporción. Así, son recíprocamente proporcionales los segmentos en que se dividen mutuamente dos cuerdas que se cortan dentro o fuera del círculo. De modo que si el círculo es de radio igual a 8 metros y dentro de él se cortan dos cuerdas iguales a 10 y 11 metros, si los segmentos en que queda dividida la primera son 6 y 4 metros, los de la otra serán 8 y 3:

$$6 \cdot 4 = 8 \cdot 3 = 24.$$

OBSERVACIÓN. — La proporcionalidad puede también existir entre las potencias o raíces de las variables, como por ejemplo: en el movimiento uniformemente acelerado los espacios recorridos por un móvil son directamente proporcionales a los cuadrados de los tiempos transcurridos desde el momento de partida (g es una cantidad constante, la aceleración de caída debida a la gravedad):

$$\left. \begin{array}{l} e = \dfrac{1}{2}\, g\, t^2 \\[2ex] e' = \dfrac{1}{2}\, g\, t'^2 \end{array} \right\} \text{ de donde } \frac{e}{e'} = \frac{t^2}{t'^2}$$

La duración t y t' de la oscilación de dos péndulos de diferentes longitudes l y l' están en razón directa con las raíces cuadradas de sus longitudes respectivas.

$$\frac{t}{t'} = \frac{\sqrt{l}}{\sqrt{l'}}$$

CAPÍTULO XI

REGLA DE TRES

212. Su concepto y definiciones. — La *regla de tres* se denomina así porque se dan *tres* cantidades ligadas entre sí por una cierta relación y se trata de encontrar una cuarta cantidad que con las tres dadas forme una proporción.

Como esta clase de problemas se presenta con mucha frecuencia en todas las ciencias, la aplicación de la regla de tres es de uso frecuente en todas ellas.

Para comprender la definición siempre abstracta de la regla de tres, veamos un ejemplo concreto de la misma.

Si 5 kilogramos de mercancía cuestan 100 euros, ¿cuánto costarán 20 kilos de la misma mercancía?

Como aquí se ve, tenemos a nuestra disposición, se nos dan, como datos, *tres* números, y se trata de hallar un cuarto número, la *solución* del problema, que con uno de aquéllos esté en la misma relación que los otros dos restantes guardan entre sí.

Se comprende en seguida que el precio de coste de los 20 kilogramos de café será mayor que el de los 5 kilogramos, ¿pero cuánto valdrá? Como los precios son directamente *proporcionales* (razonablemente sino efectivamente en casos determinados) a los pesos de las mercancías, el precio de los 20 kilogramos de café debe ser *cuatro* veces mayor que el de los 5 kilogramos, pues 20 es cuatro veces mayor que 5. Así, pues, el precio de los 20 kilogramos de la mencionada mercancía será de 400 euros, pues 400 = 4 × 100.

Veamos otro ejemplo sencillo del cual podremos deducir otra *modalidad* de la regla de tres.

Si 18 obreros tardan 30 días en arar un campo, ¿cuántos se necesitarían para arar el mismo campo en 10 días?

El sentido común nos dice que siendo el mismo trabajo que se debe realizar al *reducir* el tiempo fijado para hacerlo deberá *aumentar* el número de obreros en la mismo proporción en que se ha reducido el tiempo fijado para realizar la obra; así pues, el número de obreros y el número de días empleados en hacer la obra están en razón *inversa*.

La cuestión última se complicaría si al mismo tiempo que se reduce el plazo para terminar la obra variase el número de horas diarias de trabajo de los obreros, y más difícil aún sería su resolución si además se supiera que se altera también el área del campo que debe ser arado, pues se plantean así una serie de razones directas e inversas que deben relacionarse entre sí matemáticamente.

Si los dos primeros problemas son sencillos, los esbozados en el párrafo anterior exigen mayor esfuerzo para ser resueltos, de donde deduciremos que la regla de tres tiene una modalidad *sencilla* y otra *compleja*. A estas dos modalidades corresponden las dos definiciones siguientes:

1.ª *La regla de tres es una operación mediante la cual se busca el cuarto término de una proporción de la que se conocen los otros tres.*

2.ª *La regla de tres es un problema en el que, dados los valores correspondientes a varias cantidades directa o inversamente proporcionales, se trata de buscar una de ellas cuando se conocen todas las demás.*

213. Modalidades o clases de reglas de tres. — De las dos definiciones dadas y de los ejemplos propuestos en el párrafo anterior se deduce que la regla de tres puede ser *sencilla* o *simple* cuando sólo intervienen cuatro cantidades, y *compleja* o *compuesta* cuando en el mismo intervienen más de cuatro cantidades, directa o inversamente proporcionales, pero todas conocidas menos una.

Veamos cómo se resuelven los problemas por la aplicación de ambas modalidades de la regla.

214. Modos de resolverla. — Según hemos visto en los dos primeros ejemplos del párrafo 212, los problemas de la regla de tres simple se reducen a resolver la cuestión de hallar el valor de uno de los medios o extremos de una proporción, cuestiones expuestas ya al hablar de las proporciones en (199, 2.ª y 3.ª).

Algunos ejemplos sencillos harán comprender el modo de aplicar la regla de tres simple *directa* e *inversa*.

1.º REGLA DE TRES SIMPLE DIRECTA

EJEMPLOS:

1.º *Si 5 kilos de mercancía cuestan 100 euros, ¿cuánto costarán 20 kilos de la misma mercancía y en las mismas circunstancias?*

El problema se plantea en el papel de la forma siguiente:

$$5 \text{ kilos} \dots\dots\dots\dots 100 \text{ euros}$$
$$20 \text{ » } \dots\dots\dots\dots x \text{ »}$$

Ahora bien, como el precio y el peso de las mercancías están en razón directa, esto es, son directamente porporcionales, se puede escribir:

$$5 : 20 :: 100 : x$$

y de aquí se deduce

$$x = \frac{20 \times 100}{5} = 400 \text{ euros}$$

2.º *Un ciclista, marchando a velocidad constante, recorre 210 kilómetros en 15 horas, ¿cuánto tardará en recorrer 42 kilómetros?*

Por la Física se sabe que en el movimiento uniforme los espacios recorridos por un móvil son *directamente proporcionales* a los tiempos empleados en recorrerlos, luego el ciclista tardará en recorrer 42 kilómetros en menos tiempo que el empleado en recorrer los 210 kilómetros; el problema es, pues, de regla de tres directa, y, por consiguiente, lo plantearemos así:

$$15 \text{ horas} \ldots \ldots 210 \text{ kms}$$
$$x \quad \text{»} \ldots \ldots 42 \quad \text{»}$$

luego

$$15:x::210:42$$

de donde

$$x = \frac{15 \times 42}{210} = 3 \text{ horas.}$$

2.º   REGLA DE TRES SIMPLE INVERSA

EJEMPLOS:

1.º *Un tren que marcha a la velocidad constante de 75 kilómetros por hora tarda 5 horas en recorrer una cierta distancia D; ¿en cuánto tiempo la recorrería otro tren que marchase constantemente a la velocidad de 25 kilómetros por hora?*

Según una ley de la Mecánica, cuando los espacios recorridos por dos móviles son iguales, las velocidades de los mismos son inversamente proporcionales a los tiempos respectivos empleados en recorrerlos.

Si representamos con v y t la velocidad y tiempo empleado por el primer móvil en recorrer el espacio D, y con v' y t' la velocidad y tiempo empleados por el segundo móvil, podemos plantear la siguiente proporción, en virtud de la ley enunciada:

$$v:v'::t':t.$$

Para el ejemplo propuesto plantearemos el enunciado así:

$$75 \text{ kms} \ldots \ldots 5 \text{ horas}$$
$$25 \quad \text{»} \ldots \ldots x \quad \text{»}$$

de donde en virtud del principio enunciado

$$75:25::x:5,$$

luego

$$x = \frac{75 \times 5}{25} = 15 \text{ horas.}$$

2.º *Una guarnición de 1.500 hombres tienen víveres para 35 días, ¿para cuánto tiempo tendría si la guarnición aumentase en 500 hombres más?*

Luis Postigo

Se comprende que al aumentar el número de soldados, y en el supuesto de que no variase la ración de los mismos, los víveres almacenados durarán menos días. Es, pues, un problema de regla de tres simple inversa, que plantearemos así:

$$35 \text{ días} \quad . \ . \ . \ . \ . \ . \quad 1.500 \text{ hombres}$$
$$x \quad » \quad . \ . \ . \ . \ . \ . \quad 2.000 \quad »$$

luego

$$35 : x : : 2.000 : 1.500,$$

de donde

$$x = \frac{35 \times 1.500}{2.000} = 26 \text{ días} + \frac{1}{4} \text{—de día.}$$

REGLA. *En un problema de regla de tres, simple e inversa, el valor de la incógnita es igual al valor de la magnitud homogénea con ella multiplicado por la* razón *inversa de los otros dos datos o números.*

215. Resolución de la regla de tres simple por el método de reducción a la unidad. — En este método no se utilizan las proporciones como en los ejemplos propuestos, sino que el problema se resuelve refiriéndolo al valor de la unidad. Veamos cómo se resuelven por este medio el primero y el último de los cuatro ejemplos del párrafo anterior.

Para el primero (véase párrafo 214) razonaremos así:

Si 5 kilos de café cuestan 100 euros, un solo kilo valdrá la quinta parte, esto es, $\dfrac{100}{5}$ euros y 20 kilos del mismo café valdrán 20 veces más, es decir,

$$\frac{100}{5} \times 20 = \frac{100 \times 20}{5} = \frac{2.000}{5} = 400 \text{ euros.}$$

Para resolver el último problema del párrafo anterior, razonaremos así: si para 1.500 hombres los víveres duran 35 días, para un sólo hombre durarían 1.500 veces más, es decir, 35×1.500 días, y para 2.000 hombres los víveres durarán 2.000 veces menos, esto es,

$$\frac{35 \times 1.500}{2.000} = 26 \text{ días} \ y \ \frac{1}{4} \text{ de día.}$$

3.º REGLA DE TRES COMPUESTA

216. Ya hemos dejado definido en (212) lo que es la regla de tres compuesta o compleja. En los enunciados de los problemas de regla de tres compuesta aparecen siempre tres o más pares de cantidades homogéneas, cada dos directa o inversamente proporcionales entre sí, y todas ellas conocidas excepto una.

217. Resolución de los problemas de regla de tres compuesta. — Estos problemas se resuelven, como los de regla de tres simple, bien estableciendo una serie de proporciones oportunas (método de reiteración de la regla de tres simple), o bien por el método de reducción a la unidad, como se ve en el ejemplo siguiente.

Para hacer un muro de 180 metros de largo han trabajado 15 obreros durante 12 días a razón de 10 horas diarias; ¿cuántos días emplearán 32 obreros en hacer un muro igual de 600 metros de largo trabajando 8 horas diarias?

El problema se plantea así:

$$15 \; \textit{obreros} \quad 10 \; \textit{horas} \quad 180 \; \textit{metros} \quad 12 \; \textit{días}$$
$$32 \quad\text{»}\quad 8 \quad\text{»}\quad 600 \quad\text{»}\quad x \quad\text{»} \qquad (A)$$

Consideremos primero los obreros y llamemos x' los días que necesitarán para hacer el trabajo, en el supuesto de que las restantes magnitudes queden fijas; la proporción o regla de tres simple a plantear será inversa, y tendremos

$$12 \; \text{días} \; . \; . \; . \; . \; . \; . \; . \; . \; 15 \; \text{obreros}$$
$$x' \quad\text{»}\quad . \; . \; . \; . \; . \; . \; . \; . \; 32 \quad\text{»}$$

de donde

$$\frac{12}{x'} = \frac{32}{15} \quad\text{y}\quad x' = 12 \times \frac{15}{32} \quad (1).$$

Conocido el número x' de días, veamos ahora el número de horas que trabajan diariamente; se comprende que según sea este número se modificará el número de días, y llamemos x'' este número de días. Se comprende que cuanto mayor sea el número de horas que trabajen los obreros diariamente menor será el número de días que emplearán en hacer la obra, luego las razones serán también *inversas*, y las estableceremos así:

$$\begin{array}{cc} x' & 10 \\ x'' & 8 \end{array} \quad\text{o bien}\quad \frac{x'}{x''} = \frac{8}{10}, \quad x'' = x' \times \frac{10}{8} \quad (2).$$

Finalmente, si comparamos los días con la cantidad de trabajo que deben hacer los obreros, y representamos el número de días con x, como éstos están en razón *directa* con la cantidad de trabajo estableceremos la relación así:

$$\begin{array}{cc} 180 & x'' \\ 600 & x \end{array} \quad\text{o bien}\quad \frac{x''}{x} = \frac{180}{600}, \quad x = x'' \times \frac{600}{180} \quad (3)$$

y multiplicando miembro a miembro las igualdades (1), (2) y (3):

$$x' \times x'' \times x = 12 \times \frac{15}{32} \times x' \times \frac{10}{8} \times x'' \times \frac{600}{180}$$

y simplificando

$$x = 12 \times \frac{15}{32} \times \frac{10}{8} \times \frac{600}{180} = 23 \; \text{días} \; \frac{7}{16}.$$

De aquí deducimos lo siguiente

Regla práctica.—*Para determinar el valor desconocido en una regla de tres compuesta, se escriben en columna las cantidades variables homogéneas tal como se indican en (A); el valor de la incógnita es igual al producto del número que es homogéneo o de la misma especie que la incógnita, por las razones directas de las magnitudes que le son directamente proporcionales y por las razones inversas de las magnitudes que le son inversamente proporcionales.* Recuérdese que la razón directa tiene como antecedente o numerador la cantidad que se halla en la misma fila que la incógnita o x y la razón inversa la tiene como consecuente.

Así, en el ejemplo propuesto, el valor de x será igual a su homogéneo 12 multiplicado por la razón inversa $\dfrac{15}{32}$ (por ser inversamente proporcionales el número de obreros y el de las horas de trabajo), multiplicado por la razón inversa $\dfrac{10}{8}$ (por ser inversamente proporcionales el número de horas y el de días de trabajo), multiplicado por la razón directa $\dfrac{600}{180}$ (por ser directamente proporcionales las horas de trabajo con la cantidad de trabajo que se ha de realizar).

218. La cuestión general que resuelve la *regla de tres compuesta* se puede plantear del modo siguiente:

Sean n y x dos cantidades o números homogéneos, siendo n conocido y x desconocido o incógnita; a y a' dos números homogéneos, esto es, de la misma especie, conocidos y directamente proporcionales; b y b' otros dos números conocidos, homogéneos y directamente proporcionales a n y x; y sean finalmente, c y c' dos números conocidos, homogéneos e inversamente proporcionales a los de la especie de la incógnita. Podremos exponer estos números así:

$$a \ldots \; b \ldots \; c \ldots \; n$$
$$a' \ldots \; b' \ldots \; c' \ldots \; x$$

y establecer la igualdad siguiente:

$$\frac{x}{n} = \frac{a'}{a} \times \frac{b'}{b} \times \frac{c}{c'}$$

de la cual se deduce esta otra:

$$x = \left(\frac{a'}{a} \times \frac{b'}{b} \times \frac{c}{c} \right) n$$

o lo que es lo mismo

$$x = \frac{a'}{a} \times \frac{b'}{b} \times \frac{c}{c'} \times n$$

expresión que debe aplicarse en todos los problemas que se resuelven mediante la *regla de tres compuesta*, substituyendo las letras por los valores correspondientes dados en el enunciado del problema.

219. Método de reducción a la unidad. — Vamos a resolver el ejemplo anterior por este método; razonaremos así: 15 obreros trabajando 10 horas diarias necesitan 12 días para hacer 180 metros de pared. *Un obrero solo*, en las mismas condiciones emplearía un tiempo 15 veces mayor, esto es, 12×15 días, y 32 obreros, 32 veces menos que uno solo, es decir,

$$\frac{12 \times 15}{32} = 12 \times \frac{15}{32}$$

Si en lugar de trabajar 10 horas diarias trabajasen los obreros *una hora* solamente, necesitarían un tiempo 10 veces mayor, es decir, $12 \times \dfrac{15 \times 10}{32}$ pero como trabajan 8 horas diarias necesitarán la octava parte del producto anterior, esto es:

$$12 \times \frac{15 \times 10}{32 \times 8} = 12 \times \frac{15}{32} \times \frac{10}{8} \text{ días.}$$

Éste es el tiempo empleado para hacer 180 metros de pared; para hacer *un metro* necesitarán 180 veces menos tiempo, es decir, $12 \times \dfrac{15 \times 10}{32 \times 8 \times 180}$, y para hacer 600 metros de pared necesitarían 600 veces este último tiempo, esto es:

$$12 \times \frac{15 \times 10 \times 600}{32 \times 8 \times 180} = 12 \times \frac{15}{32} \times \frac{10}{8} \times \frac{600}{180}$$

luego:

$$x = 12 \times \frac{15}{32} \times \frac{10}{8} \times \frac{600}{180} = 23 \text{ días } \frac{7}{16}$$

CAPÍTULO XII

REGLA DE INTERÉS

220. Definición de interés. — Recibe el nombre de interés la *renta* o *beneficio* producido por un capital prestado o empleado en un negocio durante un tiempo cualquiera.

El interés se denomina *simple* cuando la ganancia no se acumula o agrega al capital para que produzca a su vez nueva ganancia o renta; es *compuesto* cuando el interés producido por un capital se acumula al mismo capital para que produzca a su vez nueva ganancia.

221. En las cuestiones de interés simple intervienen cuatro cantidades variables: el *capital* prestado o empleado, el *tiempo* (años, meses o días) durante el cual el capital rinde, *el tanto por ciento* o ganancia producida por cien unidades monetarias durante una unidad de tiempo (mes, trimestre, semestre, año), y el *interés, rédito* o *ganancia* que produce el capital prestado o invertido en el negocio. Así, prestar un capital al 6 por 100 anual significa que cada 100 euros prestados producen al fin de un año de préstamo 6 euros.

Los problemas de interés son en realidad reglas de tres compuestas, y se denomina *regla de interés a la operación que tiene por objeto determinar la ganancia producida por un capital prestado o empleado con arreglo a un tanto por ciento y en un tiempo determinado.* Pero en su sentido más amplio la regla de interés tiene por objeto determinar la relación que existe entre un capital prestado, el tiempo durante el cual está empleado, el tanto por ciento y el interés que produce.

222. Las cuestiones relativas a intereses simples se resuelven por la regla indicada en (218), y teniendo en cuenta los principios siguientes:

1.º *Los intereses son directamente proporcionales a los capitales, si los tiempos son iguales.*

2.º *Los intereses están en razón directa con los tiempos, si los capitales prestados son iguales.*

3.º *Los capitales están en razón inversa con los tiempos, si los intereses son iguales.*

223. Resolución de la regla de interés simple. — En los problemas de interés, éste se representa por *i*, el capital prestado por *c*, el tiempo por *t* y el *tanto por ciento anual* por *r*. Sentado esto, podemos plantear la siguiente regla de tres compuesta:

capitales	tiempos	intereses
100	i	r
c	t	i

Teniendo en cuenta los principios enunciados en el párrafo anterior y recordando que lo que se busca es *i* tendremos:

$$i = \frac{c.t.r}{100} \quad (1)$$

fórmula de la cual se deducen las tres siguientes:

$$c = \frac{100.i}{t.r} \quad (2); \qquad t = \frac{100.i}{c.r} \quad (3) \qquad r = \frac{100.i}{c.t} \quad (4)$$

en las cuales *t* es el tiempo en *años* y *r* es el tanto por ciento *anual*.

A veces el tiempo se expresa en meses o en días, y para pasarlo a años, en el primer caso el tiempo *t* vendrá expresado por $\dfrac{t}{12}$ y en el segundo por $\dfrac{t}{360}$ (el año comercial es igual a 360 días), y la fórmula del interés se expresará así:

$$i = \frac{c.r\frac{t}{12}}{100} = \frac{c.r.t}{1200} \quad (5) \quad y \quad i = \frac{c.r\frac{t}{360}}{100} = \frac{c.r.t}{36000}. \quad (6)$$

Ejemplos:

1.º ¿Qué interés producirá un capital de 12.000 euros prestados al 5 por ciento anual, durante 4 años?

Aplicando la fórmula (1)

$$i = \frac{c \cdot r \cdot t}{100} = \frac{1200 \cdot 5 \cdot 4}{100} = 2400 \text{ euros}$$

2.º ¿Cuál es el capital que prestado al 5 % durante 3 años y 4 meses produjo 900 euros de interés?

Emplearemos la fórmula (2) si expresamos el tiempo en años (4 meses $= \dfrac{1}{3}$ de años):

$$c = \frac{100 \cdot i}{t \cdot r} = \frac{100 \times 900}{\frac{10}{3} \times 5} = 5400 \text{ euros}$$

Si el tiempo se expresase en meses emplearíamos la fórmula

$$c = \frac{1200 \times i}{t \cdot r},$$

deducida de la fórmula (5), y tendremos (recordando que 3 años y 4 meses = 36 + 4 meses = 40 meses).

$$c = \frac{1200 \times 900}{40 \times 5} = 5400 \text{ euros}$$

3.º ¿A qué tanto por ciento deben imponerse 2.580 euros para que dé un interés de 40 euros en 124 días?

Emplearemos para el cálculo la fórmula (6), de la cual despejaremos r :

$$r = \frac{36000.i}{c.t}$$

y substituyendo :

$$r = \frac{36000.40}{2580 \times 124} = 4,5 \%$$

Las fórmulas (1), (5) y (6) nos permiten resolver todos los problemas de interés simple, para lo cual se despejará de las mismas la incógnita del problema en cada caso.

224. Descuento. —*Descuento*, en general, es una rebaja que se hace sobre una suma de dinero que quiere cobrarse antes de su vencimiento.

Cuando se presenta al cobro a un Banco o entidad comercial una letra o pagaré antes de su vencimiento, esto es, antes de la fecha en que debe cobrarse dicha letra, el Banco descuenta, quita o resta del valor de la letra una cierta cantidad, puesto que, no viniendo obligado a ello, anticipa el pago de la letra o pagaré.

En los documentos comerciales se consideran dos valores : el *nominal*, que es la cantidad inscrita en el documento, esto es, la que debiera pagarse al vencimiento del plazo, y el *efectivo* o *actual*, que es la suma pagada antes del vecimiento, esto es, la cantidad que se daría en el mercado en cambio del documento si fuese negociado actualmente.

225. Clases de descuento. —Hay dos clases de descuento : el *descuento racional* o *matemático* y el *comercial* o *abusivo*.

El *descuento racional* o *matemático* equivale al interés que produciría el valor actual del documento durante el tiempo que se anticipa el pago.

Un ejemplo aclarará este concepto: Si el tenedor de una letra o pagaré de valor nominal de 1.000 euros y efectivo o actual de 973 euros que vence el 1.º de junio la presenta al cobro el 1.º de mayo, debía recibir 973 − *d*, siendo *d* el descuento racional, esto es, los intereses que producirán estos 973 euros durante un mes al tanto por 100 usual (5 %).

Pero lo común en el comercio es descontar del valor del documento el interés simple que produciría el valor nominal del documento al tanto por ciento usual en la plaza; es decir, que para el ejemplo propuesto, el tenedor de la letra cobraría 973 − 4,166 euros, pues 4,166 euros es el interés producido por 1000 euros al 5 % durante un mes. Este descuento es el descuento *comercial* o *abusivo*.

Los problemas del descuento comercial se resuelven como los del interés, mediante la fórmula

$$i = \frac{c.r.t}{100} \quad (1)$$

en la cual *i* representa el descuento, *c* el nominal del efecto comercial, *r* el tanto por 100 y *t* el tiempo que se adelanta el pago del efecto.

Los problemas referentes al descuento racional se resuelven con la fórmula:

$$d_n = \frac{C.r.t}{1 + r.t}$$

en la que *C* representa el valor nominal del efecto comercial.

CAPÍTULO XIII

REPARTIMIENTOS PROPORCIONALES Y REGLAS DE COMPAÑÍA Y ALIGACIÓN

1.º Repartos proporcionales

226. Definición. — *La regla de repartos proporcionales tiene por objeto dividir una cantidad dada en partes proporcionales a otros números dados.*

Los repartimientos proporcionales son *simples* cuando las partes buscadas son proporcionales a números simples; son *compuestos* cuando estas partes son proporcionales a los productos de varios números.

Sea N la cantidad que debe repartirse proporcionalmente a los números *a*, *b* y *c*, y representemos con x, *y* y z la cantidad que a cada uno corresponde. Puesto que se reparte N proporcionalmente a *a*, *b* y *c* se cumplirá:

$$\frac{x}{a} = \frac{y}{b} = \frac{z}{c}$$

y en virtud del principio expuesto en (208), se tendrá:

$$\frac{x+y+z}{a+b+c} = \frac{x}{a}, \quad \frac{x+y+z}{a+b+c} = \frac{y}{b} \quad y \quad \frac{x+y+z}{a+b+c} = \frac{z}{c}$$

de donde

$$x = \frac{x+y+z}{a+b+c} \times a; \quad y = \frac{x+y+z}{a+b+c} \times b; \quad z = \frac{x+y+z}{a+b+c} \times c$$

pero

$$x+y+z = N$$

luego:

$$x = \frac{N}{a+b+c} \times a; \quad y = \frac{N}{a+b+c} \times b; \quad z = \frac{N}{a+b+c} \times c$$

Regla. *Para dividir un número N en partes proporcionales a otros dados, divídase el número N por la suma de los números a los cuales han de ser proporcionales las partes buscadas, y multiplíquese el cociente hallado por cada uno de dichos números. Los productos serán las partes que se buscan del número propuesto.*

EJEMPLO:

Divídase el número 600 proporcionalmente a los números 3, 5 y 7.
Representemos por x, y, z las tres partes:

$$x = \frac{600}{3+5+7} \times 3 = \frac{600}{15} \times 3 = 120$$

$$y = \frac{600}{3+5+7} \times 5 = \frac{600}{15} \times 5 = 200$$

$$z = \frac{600}{3+5+7} \times 7 = \frac{600}{15} \times 7 = 280.$$

227. Repartimientos inversamente proporcionales a varios números dados. — Cuando se trata de repartir un número N en partes *inversamente proporcionales* a otros números dados, se procede como en el párrafo anterior, pero substituyendo los números dados por sus inversos, esto es, por el cociente indicado de la unidad por dichos números.

EJEMPLO:

Divídase el número 10000 en tres partes inversamente proporcionales a los números 2, 3 y 6.
La serie de razones se plantea así:

$$\frac{x+y+z}{\frac{1}{2}+\frac{1}{3}+\frac{1}{6}} = \frac{x}{\frac{1}{2}} = \frac{y}{\frac{1}{3}} = \frac{z}{\frac{1}{6}}$$

o sea:

$$2x = 3y = 6z = \frac{10000}{1}$$

de donde

$$x = \frac{10000}{2} = 5000$$

$$y = \frac{10000}{3} = 3333,33$$

$$z = \frac{10000}{6} = 1666,66$$

$$\text{Suma} = \overline{10000}$$

228. Repartos proporcionales a los productos de dos o más números. — Éstos constituyen, como se ha dicho, los *repartos compuestos*. Si las partes en que se ha de repartir un número son proporcionales a dos o más series de valores, habrán de ser proporcionales a los productos de estos valores.

Supongamos que queremos repartir el número 8400 proporcionalmente primero a los números 3, 5, 7, luego a 2, 4 y 6, y finalmente a 1, 9 y 11.

En virtud del principio matemático ya explicado de que si una cantidad es proporcional a varias también lo es al producto de ellas, podemos escribir:

$$\frac{x}{3\times2\times1}=\frac{y}{5\times4\times9}=\frac{z}{7\times6\times11}=\frac{8400}{6+180+462}=\frac{8400}{648}$$

de donde se deduce

$$x=\frac{8400}{648}\times3\times2=\frac{8400}{648}\times6=112{,}50$$

$$y=\frac{8400}{648}\times5\times4\times9=\frac{8400}{648}\times180=3375$$

$$z=\frac{8400}{648}\times7\times6\times11=\frac{8400}{648}\times462=4912{,}50$$

$$\text{Suma}:\quad\overline{8400}$$

2.º REGLA DE COMPAÑÍA

229. Definición. — Tiene por objeto la *regla de compañía* dividir entre varios socios la ganancia o pérdida que resulta de su negocio.

Las ganancias y pérdidas deben repartirse, como es lógico, proporcionalmente a los capitales aportados y al tiempo durante el cual cada uno de ellos ha estado impuesto en el negocio. La cantidad a cobrar cada socio se llama *dividendo*.

Como se ve, se trata de repartimiento compuesto, y por consiguiente se resuelven estos problemas según el método explicado en el párrafo anterior.

EJEMPLO:

Dos socios tratan de repartirse 3450 euros, ganancia obtenida en su negocio. ¿Cuánto le tocará a cada uno, habiendo aportado el primero 3000 euros durante 15 meses, y el segundo 1200 euros durante 20 meses?

Según la proporcionalidad de las ganancias con los capitales y tiempo, el primer socio debe gozar del mismo beneficio que si hubiera impuesto.

$$3000 \times 15 = 45000 \text{ euros}$$

y el segundo

$$1200 \times 20 = 24000 \text{ euros.}$$

Representando con x e y lo que a cada uno de ellos le corresponde tendremos:

$$\frac{x}{45000}=\frac{y}{24000}=\frac{x+y}{45000+2400}=\frac{3450}{69000}$$

o lo que es lo mismo:

$$\frac{x}{45}=\frac{y}{24}=\frac{3450}{69}$$

de donde

$$x=\frac{3450}{69}\times45=2250 \text{ euros}$$

$$y=\frac{3450}{69}\times24=1200 \text{ euros.}$$

3.º REGLA DE ALIGACIÓN

230. Media aritmética. — Llámese media aritmética entre dos números a la semisuma de estos números. La *media aritmética* entre varios números o cantidades es el cociente de la suma de ellos por su número.

Así la *media aritmética* entre los números 14 y 26 es:

$$\frac{14+26}{2}=\frac{40}{2}=20$$

La media aritmética entre los números 5, 8, 12, 20 y 64 es:

$$\frac{5+8+12+20+64}{5}=\frac{109}{5}=21,8$$

231. Mezclas de mercancías y aleaciones matemáticas. Sus conceptos. — Se llama *mezcla* a la unión íntima de dos o más substancias capaz de formar un todo homogéneo, en proporciones cualesquiera conservando cada una de ellas su propia naturaleza. Cuando la mezcla se obtiene por la unión de dos o más metales se denomina *aleación*, y si uno de los metales es el mercurio la mezcla recibe el nombre de *amalgama*. Una porción cualquiera en forma de barra de la aleación se conoce con el nombre de *lingote*.

Precio es la relación que existe entre el valor de una cosa y su cantidad o peso; su expresión matemática es:

$$p=\frac{V}{c}$$

fórmula en la cual p representa el precio, V su valor y c su cantidad. De ella se deduce:

$$V=p\cdot c \quad (1) \quad y \quad c=\frac{V}{p}.$$

Se llama *ley* de una aleación a la relación o cociente entre el peso de metal fino o de mayor valor que contiene y el peso total del lingote. Si representamos por la l la ley del lingote, por p la cantidad de metal fino que contiene y por P el peso total del lingote, se tendrá:

$$l=\frac{p}{P}; \quad p=P\cdot l; \quad P=\frac{p}{l}.$$

232. Regla de aligación. Resolución matemática de los problemas sobre mezclas. — Los problemas de mezcla y de aleaciones son idénticos, pues lo que llamamos *precio* en los primeros equivale a *ley* en los segundos; *valor a peso de metal fino*, y *cantidad a peso total*. La Aritmética nos ayuda a resolver todos los problemas referentes a las mezclas; estos problemas son de dos tipos o clases:

1.º *Conocidas las cantidades que se han de mezclar y sus precios respectivos hallar el precio medio de la mezcla.* (Regla de *aligación directa*.)

2.º *Dados el precio medio y los precios de las cantidades que se han de mezclar, hallar el peso de éstas.* (Regla de *aligación inversa*.)

233. PRIMER CASO.—Llamando c_1, c_2... c_n las cantidades de las mercancías que se han de mezclar, y p_1, p_2... p_n a sus precios respectivos, y representando con P el precio medio de la mezcla, es evidente que el valor de la mezcla será igual a la suma de los valores mezclados y también será igual a la cantidad total de la mezcla (suma de las cantidades mezcladas) multiplicada por el precio medio; así, pues, representando con v_1, v_2... v_n los valores de las cantidades mezcladas y con v_m el valor de la mezcla, se puede escribir:

$$v_m = v_1 + v_2 + ... + v_n$$

y en virtud de la igualdad (1), tendremos substituyendo:

$$v_m = c_1\, p_1 + c_2\, p_2 + ... c_n\, p_n$$

y también
$$v_m = c_m\, P = (c_1 + c_2 + ... + c_n).\ P,$$

de donde, puesto que los primeros miembros de estas dos últimas igualdades son iguales, tendremos

$$(c_1 + c_2 + ... + c_n).\ P = c_1\, p_1 + c_2\, p_2 + ... + c_n\, p_n$$

y de aquí,
$$P = \frac{c_1\, p_1 + c_2\, p_2 + ... + c_n\, p_n}{c_1 + c_2 + ... + c_n} \qquad (2)$$

igualdad que nos dice que: *el valor medio de una mezcla es igual a la suma de las cantidades mezcladas por sus precios respectivos dividida por la suma de las cantidades.*

EJEMPLOS:

1.º Se desea fundir en un solo lingote tres metales (aleaciones) cuyos pesos respectivos son: 1,500 kilogramos; 2,000 kg., y 0,800 kg., de leyes 0,900, 0,850 y 0,750, respectivamente. ¿Cuál será la ley del nuevo lingote?
Aplicando la fórmula (2):

$$L_m = \frac{1,500 \times 0,900 + 2 \times 0,850 + 0,800 \times 0,750}{1,500 + 2 + 0,800} =$$

$$\frac{1,350 + 1,700 + 0,600}{4,300} = 0,849 \text{ por exceso.}$$

2.º Un comerciante quiere mezclar tres clases de vino cuyos precios son 2 euros el litro, 2,50 y 4 euros, pero de la primera clase quiere hechar el doble que de la segunda y de la tercera la quinta parte de la segunda. ¿Cuál será el precio medio?
Si toma un litro de vino de precio 2,50 euros, tendrá que tomar dos litros del de 2 euros y un quinto de litro del de 4 euros. Así, pues, las proporciones a mezclar son:

2	litros de vino de 2			euros	
1	litro	»	»	» 2,50	»
0,20	litros »	»	» 4		»

El precio medio P será:

$$P = \frac{2 \times 2 + 1 \times 2,50 + 0,20 \times 4}{2 + 1 + 0,20} = \frac{4 + 2,50 + 0,80}{3,20} = 2,28 \text{ euros.}$$

234. SEGUNDO CASO. — Si se conoce el precio medio y los precios de las mercancías que se han de mezclar, se determina la proporción en que éstas han de mezclarse por el método siguiente, aplicable al caso de que sean sólo dos las mercancías a mezclar. Representemos con p_1 y p_2 los precios de cada una, con c_1 y c_2 las cantidades que deben ser mezcladas, y sea P el precio medio de la mezcla que debe estar comprendido entre el mayor y el menor, y supongamos que sea $p_1 < P < p_2$. Según la igualdad (2), tendremos:

$$c_1\, p_1 + c_2\, p_2 = (c_1 + c_2)\, P = c_1\, P + c_2\, P.$$

Si en esta igualdad pasamos $c_1\, p_1$ al segundo miembro y $c_2\, P$ al primero, o lo que es lo mismo, restamos de ambos miembros $c_1\, p_1 + c_2\, P$, tendremos:

$$c_2\, p_2 - c_2\, P = c_1\, P - c_1\, p_1,$$

de donde

$$c_2\, (p_2 - P) = c_1\, (P - p_1),$$

luego

$$\frac{c_1}{c_2} = \frac{p_2 - P}{P - p_1} \quad (3).$$

Esto nos dice *que las cantidades* c_1 y c_2 que se han de tomar de dos substancias de precio o ley conocida para alcanzar un precio medio o ley media dada, son inversamente proporcionales a las diferencias entre los respectivos pesos o leyes y el precio medio o ley media dada.

EJEMPLO:

Con vinos de 60 y 40 euros el hectolitro se desea formar una mezcla cuyo precio medio sea 45 euros el hectolitro. ¿En qué proporción deben mezclarse aquéllos?

Dispondremos la operación así:

$$\begin{array}{cc} c_1 & c_2 \\ 60 & 40 \end{array} \quad P = 45 \quad \frac{c_1}{c_2} = \frac{45 - 40}{60 - 45} = \frac{5}{15} = \frac{1}{3}$$

luego por cada hectolitro de vino de 60 euros se tomarán 3 hectolitros de veino de 40 euros.

En la práctica se sigue generalmente otro procedimiento, muy sencillo, del cual damos a continuación un ejemplo.

Un droguero tiene té a 55 y a 80 céntimos la libra. ¿Cuánto debe tomar de cada calidad para poder vender la libra al precio medio de 70 céntimos sin pérdida?

Operación
$$\begin{array}{c} 55 \diagdown \\ \quad 70 \\ 80 \diagup \end{array} \begin{array}{l} \diagup\ 10\ \textit{pérdida} \\ \diagdown\ 15\ \textit{ganacia.} \end{array}$$

Para resolver el problema de un modo práctico se escriben los precios de los objetos o mercancías que se han de mezclar en una columna vertical y el precio medio un poco a la derecha y entre los dos precios, superior e inferior, se restan en forma de aspa y el resultado se coloca a la derecha del precio medio. Luego se razona así: Vendiendo a 70 céntimos la libra que cuesta 55 céntimos, se ganan 15 céntimos por libra; sobre 10 libras se ganan $15 \times 10 = 150$ céntimos; vendiendo a 70 céntimos la libra de té que valen 80 céntimos se pierden 10 céntimos por libra, luego será preciso tomar 15 libras de las de 80 céntimos para que vendidas a 70 *se pierda lo mismo que se ganaba* vendiendo 10 libras de a 55 céntimos a 70 céntimos.

pues 15 libras×10=150 céntimos. Así, pues, se mezclarán 10 libras de las de 55 céntimos y 15 libras de las de 80 céntimos.

Caso que sean varias las cantidades que se mezclan. Si el número de substancias es par, deben combinarse de dos en dos de manera que siempre tomemos una de precio inferior y otra de precio superior al precio medio fijado, con lo que se evita que una misma cantidad se tome dos veces; pero esto no será factible cuando haya mayor número de substancias de precio superior, o inferior, que de otras; en este caso, o cuando el número de substancias a mezclar sea impar, se repetirán las que sean precisas para tomar siempre pares de valores que comprendan el precio o ley de la mezcla, como se ve a continuación.

EJEMPLO. Se desea fabricar un vaso de plata cuya ley sea de 0,750 y que pese 2150 gramos. ¿Cuánta plata pura debe fundirse y cuánta se debe tomar de otros tres lingotes cuyas leyes respectivas son de 0,900, 0,850 y 0,600 milésimas?
Dispondremos así los datos:

$$
\begin{array}{llll}
1,000 & \ldots\ldots\ldots\ldots & 0,150 \ldots\ldots\ldots\ldots\ldots\ldots\ldots\ldots & =150= 3 \\
0,900 & \ldots\ldots\ldots\ldots & 0,150 \ldots\ldots\ldots\ldots\ldots\ldots\ldots\ldots & =150= 3 \\
0,850 & \ldots\ldots\ldots\ldots & 0,150 \ldots\ldots\ldots\ldots\ldots\ldots\ldots\ldots & =150= 3 \\
& 0,750 & & \\
0,600 & \ldots\ldots\ldots\ldots & 0,250 \times 0,150 + 0,100 = 0,500 \ldots & =500= \dfrac{10}{19}
\end{array}
$$

Veamos que del primero, del segundo y tercer lingote debemos tomar en la proporción de tres de cada uno, y del cuarto diez, luego habrá que repartir el peso de 2150 gramos del vaso, proporcionalmente a los números 3, 3, 3 y 10, luego tendremos que tomar:

$$
\text{De plata fina} \ldots\ldots\ldots = \frac{2.500}{19} \times 3 = 339,474 \text{ gramos}
$$

$$
\text{»} \quad \text{»} \quad \text{de ley } 0,900\ldots = \frac{2.500}{19} \times 3 = 339,474 \quad \text{»}
$$

$$
\text{»} \quad \text{»} \quad \text{»} \quad \text{» } 0,850\ldots = \frac{2.500}{19} \times 3 = 339,474 \quad \text{»}
$$

$$
\text{»} \quad \text{»} \quad \text{»} \quad \text{» } 0,600\ldots = \frac{2.500}{19} \times 10 = 1.131,578 \quad \text{»}
$$

$$
\text{Peso total del vaso:} \qquad 2.150,000 \text{ gramos}
$$

Existen otros muchos casos referentes a los problemas de mezclas, pero su exposición nos llevaría muy lejos y traspasan por otra parte los límites que se han fijado.

GEOMETRÍA

1. **Definición de la Geometría.** — La Geometría (de *ge*, tierra, y *metron*, medida) es una ciencia que, como dice su nombre, nació de la necesidad de medir los terrenos y trazar sobre ellos líneas divisorias. La ciencia que se ocupa de los punto y de las figuras engendradas por ellos conservó el nombre de *Geometría* aun después que dejó de ser la medición de los terrenos su fin principal.

2. **División de la Geometría.** — Esta ciencia se divide en varias ramas que constituyen otras tantas ciencias y cuyos nombres (*Geometría métrica, analítica, descriptiva, diferencial, proyectiva,* etc.) indican su especial finalidad. Pero en esta obra sólo se expondrá el conjunto de las ideas primordiales de la llamada *Geometría elemental*, esto es, de los principios geométricos expuestos en los *Elementos de Euclides*, maravillosa obra del gran matemático.

3. **Cuerpo o sólido geométrico.** — Una porción limitada por todas partes del espacio recibe el nombre de *cuerpo geométrico*, y los modos diversos de ser este cuerpo extenso se denominan sus *dimensiones*; éstas son tres: *longitud* o largo, *latitud* o anchura y *grueso* o espesor. La primera corresponde a la magnitud más grande, la última a la más pequeña; un libro es un ejemplo de cuerpo sólido en el cual se reconocen claramente estas tres dimensiones. Se deduce, pues, de aquí otra definición del cuerpo geométrico: *es toda extensión que tiene tres dimensiones.*

4. **Superficie.** — Se llama así *aquella extensión que limita a un cuerpo geométrico, lo separa del resto del espacio y tiene sólo dos dimensiones.*
Se dice también que superficie es la extensión que divide y separa el espacio en dos regiones. Una delgada hoja de papel que desempeñando el oficio de mampara o tabique divida totalmente una habitación en dos partes, es un ejemplo aproximado de superficie, pues ésta *sólo tiene dos dimensiones: longitud y latitud.*

5. **Línea.** — En toda superficie limitada, la extensión limitante se denomina línea.
Línea es, pues, una extensión con una sola dimensión.
La superficie, ya sea o no limitada, puede suponerse descompuesta en otras superficies más pequeñas mediante líneas, y como esta descomposición se puede realizar de infinitas maneras, se dice que *las superficies contienen infinitas líneas.*

6. **Puntos.** — Cada uno de los extremos de las líneas limitadas y de cada una de las porciones en que éstas se pueden dividir, se denomina punto. Toda línea está, pues, formada por la agregación de infinitos puntos.

El punto carece de dimensiones, y se diferencia uno de otro únicamente por la posición que ocupa en el espacio; se representa así: ×, y se designa con una letra mayúscula.

7: El punto es el elemento geométrico primordial, el más sencillo. El conjunto de posiciones que ocupa sucesivamente un punto que se mueve en el espacio, sin intervalo entre una y otra, constituye una *línea;* esto es, *la línea está engendrada por un punto que se mueve en el espacio,* y su naturaleza depende de la ley que sigue en su movimiento el punto.

Si una línea se mueve *barriendo* una porción en el espacio, *engendra una superficie,* cuya naturaleza varía según sea la naturaleza de la línea y la ley a que obedece la línea en su movimiento.

Si una superficie se mueve en el espacio de un modo continuo, sin dejar intervalo alguno entre sus infinitas posiciones, la extensión formada por las infinitas y sucesivas posiciones de aquélla constituye, en general, *un cuerpo geométrico.*

8. Clasificación de las líneas y superficies.

— Las innumerables especies de líneas se pueden reducir a cuatro: *rectas, quebradas, curvas y mixtas.*

Línea recta es la engendrada por un punto que se traslada constantemente en una misma dirección.

Toda línea recta puede ser recorrida en dos direcciones opuestas que representan los dos sentidos de ella.

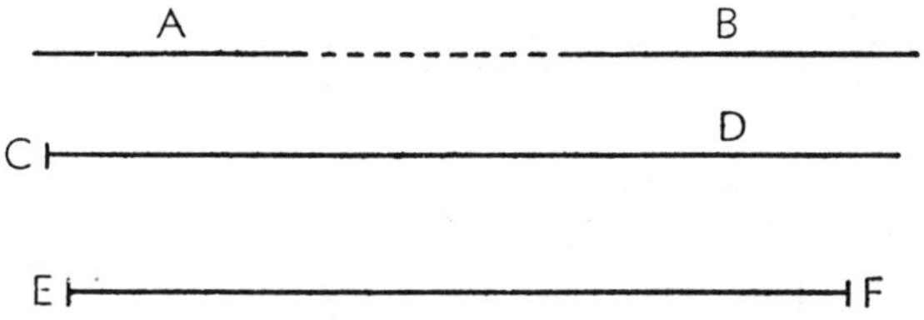

Se representa la línea recta con un trazo continuo (fig. 1); las porciones ocultas de la misma se representan por trazos o puntos; se nombra mediante dos letras, las cuales se colocan en los extremos cuando la recta es limitada, y en dos puntos cualesquiera si es ilimitada, como la A B.

Fig. 1

Se conviene en considerar a las rectas, por naturaleza, ilimitadas; cuando se supone que tienen un origen, pero son ilimitadas en el otro sentido, se denominan *semirrecta,* como la C D, cuyo origen suponemos sea el punto C; cuando una recta está limitada en ambos sentidos, se denomina *segmento rectilíneo,* como el E F en la figura citada. El orden en que se nombran las letras indica el sentido en que se supone recorrida la línea anunciada.

IGUALDAD Y SUMA DE SEGMENTOS. — *Dos segmentos son iguales o tienen la misma longitud cuando, superpuestos, coinciden.*

Para sumar dos o más segmentos se llevan uno a continuación del otro a partir de un punto tomado sobre una recta indefinida; a continuación del segundo se coloca el tercero, y así sucesivamente; la distancia entre el punto tomado como punto de partida y el extremo del último será el segmento suma de los segmentos sumandos.

Para comparar dos segmentos A B y C D se lleva

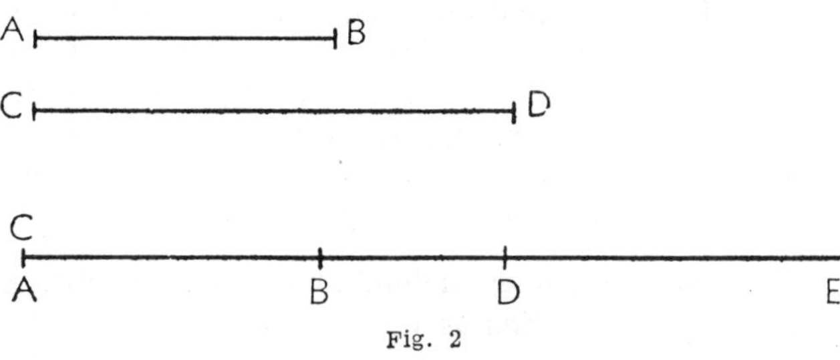

Fig. 2

el último sobre el primero (fig. 2), de modo que C coincida con A y que D caiga sobre la semirrecta A E; si el extremo D coincide con B, entonces

$$A B = C D$$

si D es exterior a A B, entonces A B<C D y el segmento C D es mayor que el A B. Si D es interior a A B el segmento C D es menor que el A B.

La propiedad característica de la línea recta es la siguiente, llamada

AXIOMA DE LA RECTA. *Por dos puntos puede pasar siempre una recta, pero una sola, o lo que es lo mismo: dos puntos determinan una recta, de donde se deduce que dos rectas que tengan dos puntos comunes coincidirán en toda su longitud y, por tanto, dos rectas diferentes sólo pueden tener un punto común.*

Línea QUEBRADA es la compuesta de varios segmentos rectilíneos, de los cuales dos consecutivos no están en línea recta (fig. 3, a).

Línea CURVA es aquella que no es recta ni está compuesta por rectas; también se dice que es aquella que no tiene tres elementos (puntos) en línea recta (fig. 3, b).

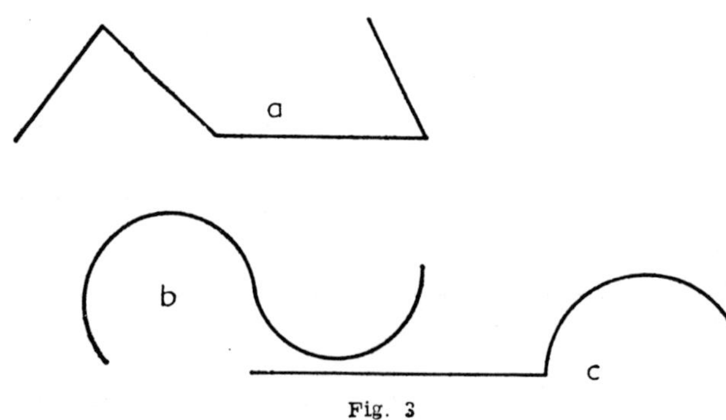

Fig. 3

Línea MIXTA es la compuesta de porciones rectas y curvas (fig. 3, c).

De igual manera se clasifican las superficies en: *planas, quebradas, curvas y mixtas.*

Superficie PLANA es aquella sobre la cual coincidiría una recta que se moviese apoyándose sobre ella en todos los sentidos. Por naturaleza, la superficie plana o plano es indefinida: si se la considera limitada en algún sentido, se denomina *semiplano.*

Superficie QUEBRADA es la compuesta de varios planos, de los cuales dos consecutivos no forman parte de un mismo plano. Por ejemplo, una tira de papel doblada repetidas veces sobre sí misma y luego desplegada.

Superficie CURVA es la que ni es plana ni está compuesta de planos. Por ejemplo, la superficie que limita una pelota.

Superficie MIXTA es la que está compuesta de superficies planas y curvas.

9. Líneas y superficies cóncavas y convexas. — Se dice que *una línea o superficie es cóncava cuando una línea recta la corta en más de un punto, y convexa cuando sólo puede ser cortada por la recta en un punto.*

10. Figuras geométricas. — Los conjuntos o sistemas de puntos, líneas y superficies, reciben el nombre de *figuras geométricas.*

Dos figuras geométricas son iguales cuando, superpuestas, coinciden perfectamente todos sus elementos en toda su extensión.

Dedúcese de aquí que los puntos son siempre iguales, como también son iguales las rectas y superficies planas ilimitadas.

11. Podemos, pues, definir ahora la Geometría como *la ciencia que estudia las propiedades de las figuras geométricas.*

La Geometría elemental estudia sólo elementalmente estas propiedades, y se divide en *Planimetría* y *Estereometría*, según que estudie las figuras que tienen todos sus puntos y elementos en un mismo plano, o en planos distintos.

12. Significado de los principales términos empleados en Geometría. —
Axioma. Es una proposición evidente por sí misma y que no necesita, pues, demostración. Ejemplo: *Dos figuras iguales a una tercera son iguales entre sí.*

Teorema. Proposición que mediante un razonamiento se hace evidente. Ejemplo: *En toda circunferencia el diámetro es la mayor de sus cuerdas.*

Se dice que un teorema es *recíproco* de otro cuando su conclusión es la hipótesis del primero y su hipótesis es la conclusión del otro, que se llama, por oposición, *directo.*

Ejemplo: Teorema directo. *En todo cuadrilátero convexo inscrito en un círculo, los ángulos opuestos son suplementarios.*

Teorema recíproco. *Todo cuadrilátero convexo en el cual los ángulos opuestos son suplementarios, es inscriptible.*

Corolario. Es una consecuencia de uno o varios teoremas.

Postulado. Proposición que sin ser evidente se admite su certeza por no ser posible demostrarla por carecer de demostración.

PLANIMETRÍA

CAPÍTULO PRIMERO

NOCIONES FUNDAMENTALES SOBRE LOS ÁNGULOS Y TRIÁNGULOS

1.º Propiedades de los ángulos

13. Ángulo rectilíneo. — *Es la porción de plano limitada por dos semirrectas que se cortan en un punto, origen común de ellas.*

Las semirrectas O A y O B que determinan el ángulo (fig. 4), se denominan *lados* del ángulo, y el punto O, común a ellos, recibe el nombre de *vértice.*

Este ángulo puede considerarse engendrado por el giro de la semirrecta O A alrededor del vértice y a partir de la posición O B, en el sentido indicado por la flecha. El plano queda dividido por las dos semirrectas en dos regiones o ángulos: el B O A, o ángulo 1, *saliente* o *convexo*, comprendido, por así decir, entre ambas semirrectas, y el A O B, o ángulo 2, *entrante* o *cóncavo.*

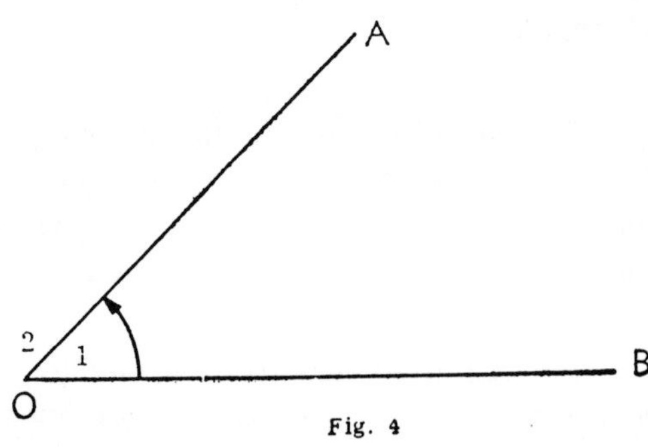

14. Los ángulos se designan con una sola letra o cifra puesta en el vértice. o bien con tres letras, colocadas una en el vértice y las otras dos en los extremos de sus lados.

Los ángulos se miden por la abertura que forman sus lados entre sí, esto es, por su *amplitud,* la cual es independiente de la longitud de los lados; éstos se consideran, en general, como ilimitados.

Se dice que *dos ángulos son iguales cuando tienen la misma amplitud;* en este caso, superpuestos de modo que coincidan sus vértices y dos de sus lados, los otros lados también coincidirán.

15. **Clasificación de los ángulos.** — Un ángulo se dice que es *llano cuando sus lados están dispuestos en direcciones opuestas sobre una misma recta,* como el A O B (fig. 5, *a*). Todos los ángulos llanos son iguales.

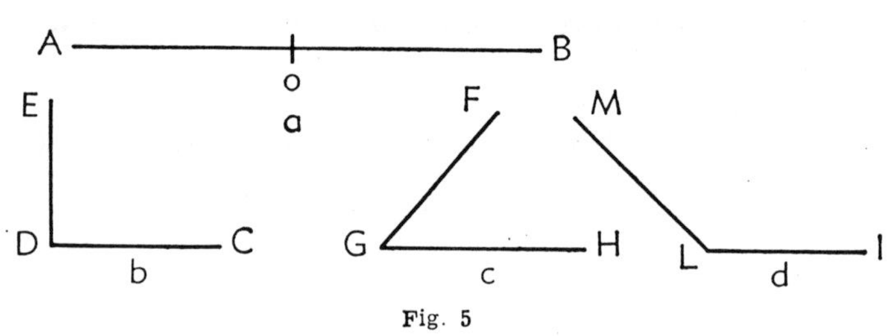

Fig. 5

Un ángulo se llama recto cuando vale la mitad de un ángulo llano, como el E D C (fig. 5, *b*); *agudo, cuando vale menos de un recto,* como el F G H (fig. 5, *c*); y *obtuso, cuando es mayor que un ángulo recto,* como el M L I (fig. 5, *d*).

16. **Suma de ángulos.** — Para sumar dos o más ángulos, A y B (fig. 6), se toma uno de ellos, por ejemplo, el A, de modo que uno de sus lados coincida con una recta indefinida, y a continuación se coloca el otro, de manera que su vértice y uno de sus lados coincidan con el vértice y lado libre del primero. El ángulo suma será la porción de plano comprendido entre la recta indefinida y el lado libre del segundo. Así, la suma de los ángulos A y B es el ángulo A O C.

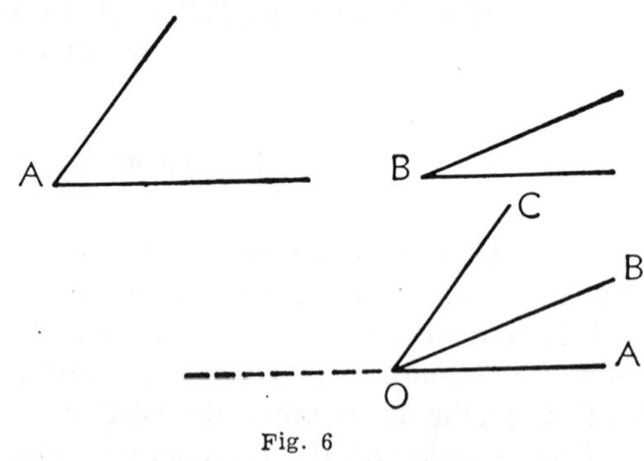

Fig. 6

17. **Ángulos complementarios y suplementarios.** — *Dos ángulos son* COMPLEMENTARIOS, *o uno es complemento del otro, cuando su suma es igual a un ángulo recto; y se denominan* SUPLEMENTARIOS, *o uno es suplemento del otro, cuando su suma es igual a un ángulo llano, esto es, a dos ángulos rectos.*

18. **Ángulos adyacentes.** — *Dos ángulos son adyacentes cuando tienen un lado común y los otros dos son prolongaciones opuestas de una misma recta* (fig. 7).

Los ángulos A O C, o ángulo 1, y C O B, o ángulo 2, que tienen el lado C O común y sus otros lados A O y O C en direcciones opuestas, son adyacentes.

La suma de dos ángulos adyacentes es igual a un ángulo llano.

Esta proposición es evidente, pues

$$A\,O\,C + C\,O\,B = A\,O\,B$$

que vale un ángulo llano.

Los ángulos adyacentes son suplementarios.

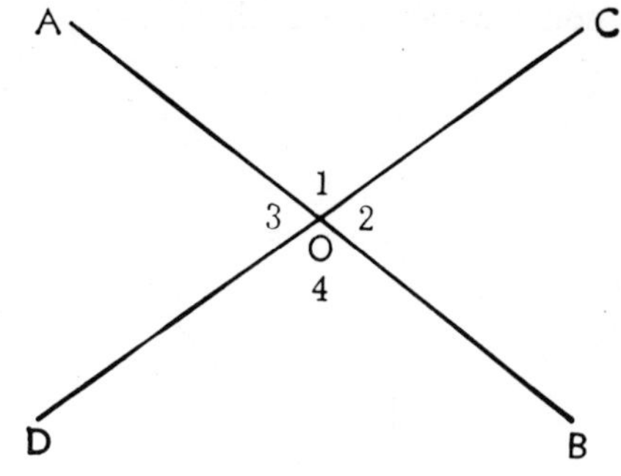

Fig. 7

19. Ángulos opuestos por el vértice. — *Son los que los lados del uno son prolongaciones opuestas de los lados del otro;* por ejemplo, los ángulos A O D y C O B (fig. 7).

Los ángulos opuestos por el vértice son iguales.

En efecto: de la observación de la figura 7 se deduce:

$$A\,O\,D + B\,O\,D = \text{un ángulo llano}$$

$$C\,O\,B + B\,O\,D = \text{un ángulo llano}$$

luego $\qquad A\,O\,D + B\,O\,D = C\,O\,B + B\,O\,D$

de donde $\qquad A\,O\,D = C\,O\,B.$

20. También se demuestra la igualdad de los ángulos opuestos por el vértice citados teniendo en cuenta que ambos, los ángulos 3 y 2, tienen un mismo suplemento, el A O C, o ángulo 1.

21. Consecuencias. — De lo expuesto en los párrafos anteriores se deducen las siguientes consecuencias:

1.ª *Los ángulos adyacentes iguales son rectos,* puesto que si su suma vale dos rectos, cada uno de ellos ha de valer un recto.

2.ª *Todos los ángulos rectos son iguales entre sí,* pues cada uno de ellos es la mitad de un llano.

3.ª *Si una recta corta a otra y forma con ella un ángulo recto, los otros tres ángulos formados por estas rectas serán también rectos.*

4.ª *Los ángulos A y B que tienen complementos C y D iguales, son también iguales.*

En efecto: representando con R el ángulo recto, tendremos:

$$A + C = R \quad y \quad B + D = R$$

y como D = C, se deduce

$$A + C = B + D \quad y \quad A = B$$

5.ª *Los ángulos A y B que tienen suplementos C y D iguales, serán también iguales.*

En efecto:

$$A + C = 2\,R \quad y \quad B + D = 2\,R$$

y como C = D

$$A + C = B + D \quad y \quad A = B.$$

22. Ángulos consecutivos. — *Son los ángulos que tienen el mismo vértice y un lado común.* Así, los ángulos A O B, B O C entre sí, y el último con C O D (fig. 8) lo son también entre ellos.

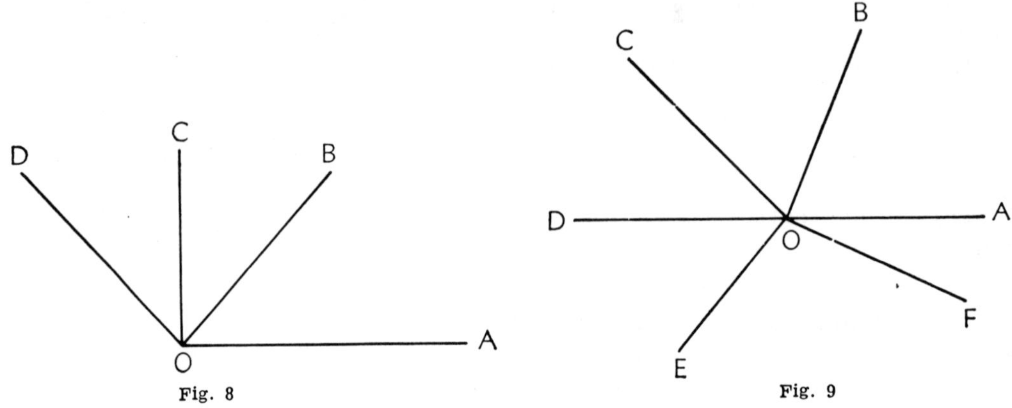

Fig. 8

Fig. 9

La suma de los ángulos consecutivos que pueden formarse alrededor de un punto en un plano es igual a dos ángulos llanos, esto es, a cuatro rectos. Así, la suma de los ángulos A O B, B O C, C O D, D O E, E O F y F O A vale cuatro ángulos rectos (figura 9).

23. Bisectriz de un ángulo. — *Es la recta que pasa por su vértice y lo divide en dos partes iguales.*

Cada ángulo tiene bisectriz y solamente una. En efecto: supongamos el ángulo A O C (fig. 10) y una recta tal como O D que pueda girar alrededor de O y desde O A hacia O C. Esta recta formará con los lados A O y O C dos nuevos ángulos, A O D y D O C, cuya suma será siempre el ángulo A O C. Ahora bien, habrá una posición y sólo una de la recta O D, tal como O B, en que los ángulos A O B y B O C sean iguales; cuando la recta O D ocupa esta posición, se dice que es *bisectriz* del ángulo A O C.

24. Bisectrices de ángulos opuestos por el vértice. — *Las bisectrices de los ángulos opuestos por el vértice son prolongaciones la una de las otras, es decir, están en una misma línea recta.*

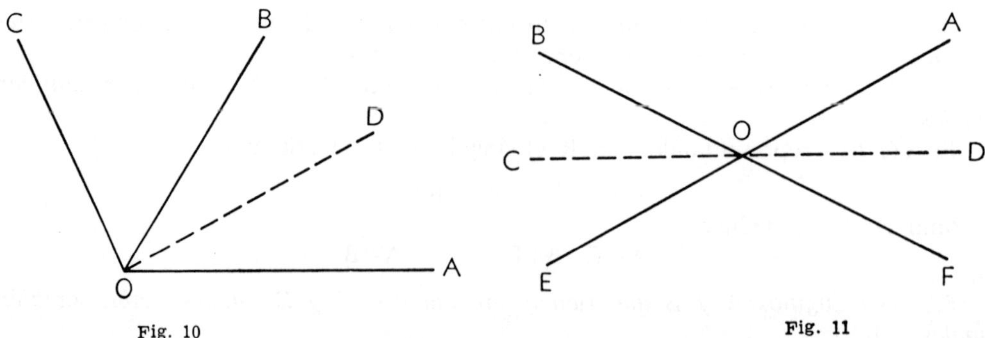

Fig. 10

Fig. 11

Sean A O F y B O E dos ángulos opuestos por el vértice (fig. 11). Por hipótesis

$$A\hat{O}B = F\hat{O}E \quad y \quad A\hat{O}F = B\hat{O}E.$$

Tracemos O D y O C bisectrices respectivamente de los ángulos A O F y B O E y demostremos que ambos forman una misma recta D O C.

Sabemos que

$$D\hat{O}A = D\hat{O}F \quad y \quad B\hat{O}C = C\hat{O}E$$

luego

$$D\hat{O}A + A\hat{O}B + B\hat{O}C = C\hat{O}E + E\hat{O}F + F\hat{O}D,$$

pero la suma de los ángulos indicados en la igualdad anterior vale dos ángulos llanos por ser la suma de todos los ángulos formados alrededor de un punto, luego la suma de los ángulos situados en el primero y segundo miembro vale un ángulo llano, lo que supone que las semirrectas C O y D O están en una misma recta y son la una prolongación de la otra.

Más adelante se exponen algunas propiedades de la bisectriz de los ángulos.

2.º PROPIEDADES FUNDAMENTALES DE LOS TRIÁNGULOS

25. Definiciones. — *Triángulo rectilíneo es la porción de plano limitado por tres rectas que se cortan a dos.*

Así, A B C (fig. 12) es un triángulo rectilíneo; los segmentos A B, B C y C A se llaman *lados* del triángulo; los ángulos que forman, *ángulos del triángulo*, y los puntos A, B, C, *vértices del triángulo*. Los tres lados y los tres ángulos de un triángulo constituyen los *elementos geométricos* del mismo. Así pues, todo triángulo tiene seis elementos: tres lados y tres ángulos.

26. Designación y clasificación de los triángulos. — Todo triángulo se designa con las tres letras dispuestas en sus vértices, precedidas de la palabra *triángulo;* así, la figura 12 representa el triángulo A B C.

Los ángulos del triángulo cuyos vértices son los extremos de un mismo lado se denominan *adyacentes* o *contiguos* a dicho lado; así, los ángulos adyacentes del lado A B en el triángulo A B C (fig. 12) son $\hat{A}$ y $\hat{B}$.

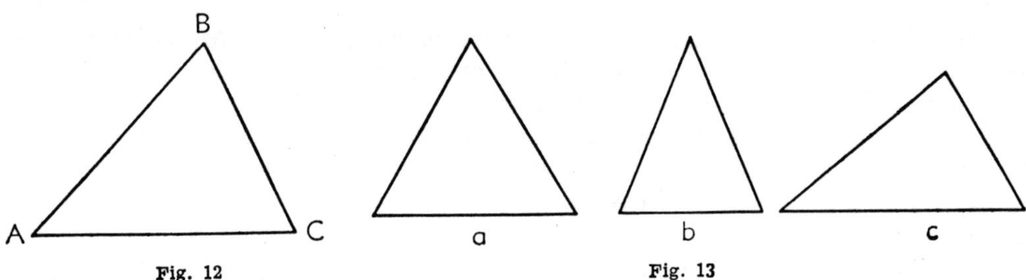

Fig. 12   Fig. 13

Con relación a sus lados, se clasifican los triángulos en:
Equilátero, si sus tres lados son iguales (fig. 13, *a*);
Isósceles, si tienen dos lados iguales (fig. 13, *b*);

En el triángulo isósceles se considera como *base* o apoyo del triángulo el lado desigual, y en los restantes triángulos puede tomarse como base un lado cualquiera.

Escaleno, si los tres lados son desiguales (fig. 13, *c*).

Por la naturaleza de sus ángulos se clasifican los triángulos en:

Triángulo rectángulo, si tiene un ángulo recto, como el B A C (fig. 14, *a*).

Triángulo obtusángulo, si tiene un ángulo obtuso, como el D E F (fig. 14, *b*);

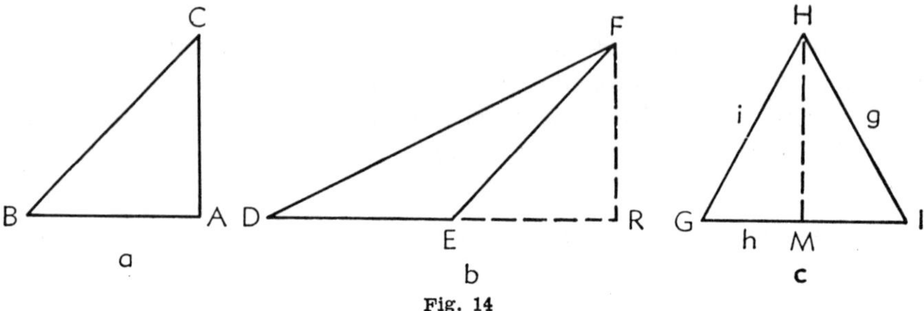
Fig. 14

Triángulo acutángulo es el que tiene sus tres ángulos agudos, como el G H I (fig. 14, *c*).

En un triángulo rectángulo, los lados que forman el ángulo recto se llaman *catetos*, y el lado opuesto a dicho ángulo, se denomina *hipotenusa*.

Base de un triángulo es el lado sobre el cual se considera que descansa el triángulo; pero se puede tomar como base del triángulo un lado cualquiera del mismo. *Altura* de un triángulo es la perpendicular trazada a la base o a su prolongación desde el vértice opuesto. Así, en el triángulo obtusángulo D E F, la altura correspondiente a la base D E es F R; y en el triángulo acutángulo G H I, la altura correspondiente a la base G I es H M.

Comúnmente se designan los lados de los triángulos con una sola letra, minúscula, igual a la del ángulo que le es opuesto. Así, en la figura 14, *c*, el lado H G se representa abreviadamente por *i* por ser el ángulo I el opuesto a dicho lado; de modo análogo y por la misma razón designamos el lado H I por *g*, y el lado G I por *h*.

3.º CASOS DE IGUALDAD DE TRIÁNGULOS

27. *Se dice que dos triángulos son iguales cuando, superpuestos, coinciden.* Para esto bastará que colocados el uno sobre el otro coincidan sus vértices, con lo cual coincidirán los lados y, en consecuencia, los ángulos que forman.

En dos triángulos iguales, los lados o ángulos respectivamente iguales se denominan *homólogos;* los ángulos homólogos son siempre opuestos a lados homólogos.

Veamos a continuación los casos de igualdad de dos triángulos.

28. **Teorema.** — *Dos triángulos son iguales cuando tienen dos lados respectivamente iguales e igual el ángulo comprendido entre estos dos lados.*

Sean los triángulos AB C y A′ B′ C′ (fig. 15), en los cuales se cumple:

$$A B = A' B'; \quad A C = A' C'; \quad \text{áng. } A = \text{áng. } A'$$

Coloquemos el triángulo A B C sobre el A′ B′ C′, de modo que el vértice A coincida con el A′ y el lado A B con su igual A′ B′. El lado A C tomará la dirección A′ C′ por ser iguales los ángulos A y A′, y el vértice C′ caerá sobre el C por ser iguales los lados A C y A′ C′. Luego los dos triángulos son iguales por coincidir sus tres vértices.

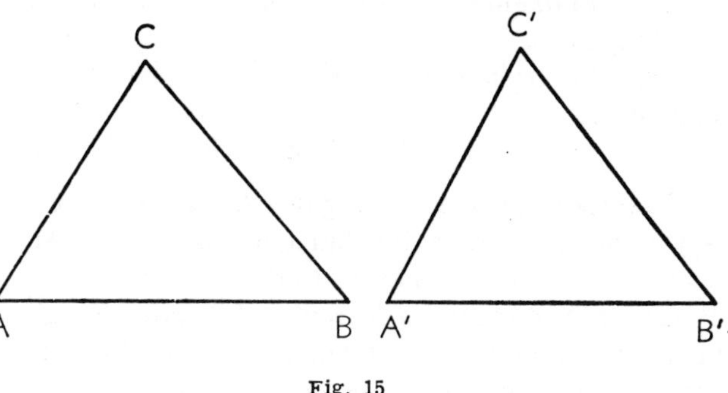

Fig. 15

29. Teorema. — *Dos triángulos A B C y A′ B′ C′ son iguales cuando tienen respectivamente iguales un lado y los ángulos adyacentes al mismo.*

Sean los triángulos A B C y A′ B′ C′ (fig. 15) en los que suponemos que tienen iguales los elementos siguientes:

$$\text{lado } A B = \text{lado } A′ B′, \quad \hat{A} = \hat{A}′, \quad \hat{B} = \hat{B}′,$$

dichos triángulos son iguales. En efecto; llevando el triángulo A′ B′ C′ sobre el A B C de modo que el vértice A′ coincida con A, el vértice B′ lo hará con B por ser A B = A′ B′; como los ángulos A′ y B′, son respectivamente iguales a A y B, los lados A′ C′ y B′ C′ tomarán respectivamente las direcciones A C y B C y el vértice C′ estará situado después de la superposición sobre las rectas A C y B C y coincidirá forzosamente con el vértice C. Habiendo coincidido los tres vértices, los dos triángulos son iguales.

30. Teorema. — *Si un triángulo tiene dos lados iguales, los ángulos opuestos a estos lados son también iguales.*

Sea el triángulo M N P (fig. 17), en el cual sentamos por hipótesis lado P M = lado P N; vamos a demostrar que los ángulos P N M y P M N opuestos a ellos son también iguales. Trazando la bisectriz P Q del ángulo P se forman los triángulos P Q M y P Q N que tienen el lado P Q común, el lado P M igual a P N por hipótesis y los ángulos M P Q y N P Q iguales; luego los dos triángulos son iguales y, por consiguiente, podemos establecer la igualdad:

$$\text{áng. } P M N = \text{áng. } P N M.$$

El teorema recíproco es también cierto, es decir, *si un triángulo tiene dos ángulos iguales, los lados opuestos a estos ángulos son también iguales.*

Sea como antes el triángulo M N P, en el cual los ángulos P M N y P N M son iguales; demostremos que sus lados, respectivamente opuestos, P N y P M, son también iguales.

Si los dos lados P M y P N no fueran iguales, uno de ellos, P M por ejemplo, sería menor que el otro P N, e igual a una parte de él tal como N R; uniendo los puntos M y R se formarán los triángulos P M N y R M N que cumplirían estas condiciones:

$$M N = M N, \quad P M = N R \quad y \quad \widehat{P M N} = \widehat{R N M},$$

luego estos triángulos serían iguales (28), lo cual es absurdo por ser R N M una parte de P M N. Por consiguiente, la hipótesis sentada de la desigualdad de P M y P N es absurda, o lo que es igual, ambos ángulos son iguales.

31. Teorema. —*Dos ángulos son iguales si tienen sus tres lados respectivamente iguales.*

Sean los triángulos A B C y M N P (fig. 16), en los que se cumplen las igualdades siguientes:

$$A B = M N, \quad B C = N P \quad y \quad A C = M P.$$

Transportemos el triángulo A B C sobre el M N P de modo que los vértices A y C del primero coincidan con los vértices M y P del segundo, lo cual es posible en virtud de la igualdad de M P y A C, y que el vértice B caiga a distinto lado que el vértice N respecto a la recta M P, por ejemplo, en P'. Uniendo los puntos N y P' mediante la recta N P', formaremos los dos triángulos N M P' y N P P', que deben ser isósceles por verificarse las igualdades:

$$M P' = A B = M N \quad y \quad P P' = C B = N P,$$

luego tendremos:

$$\widehat{M N P'} = \widehat{M P' N} \quad y \quad \widehat{P N P'} = \widehat{P P' N},$$

y sumando ordenadamente ambas igualdades:

$$\widehat{M N P} = \widehat{M P' P} \quad o \quad \widehat{M N P} = \widehat{A B C}$$

Por consiguiente, los triángulos propuestos que tienen iguales sus tres lados son iguales.

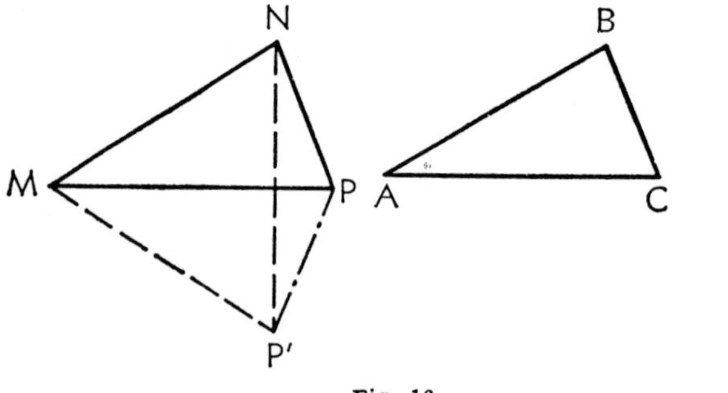

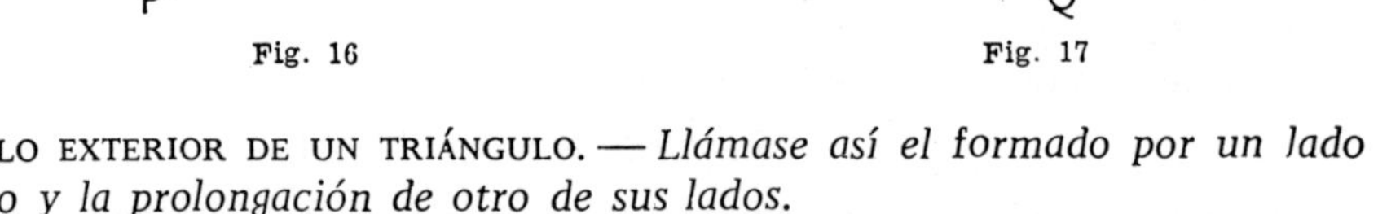

Fig. 16

Fig. 17

32. ÁNGULO EXTERIOR DE UN TRIÁNGULO. —*Llámase así el formado por un lado de un triángulo y la prolongación de otro de sus lados.*

33. Teorema. —*En todo triángulo un lado cualquiera es menor que la suma de los otros dos y mayor que su diferencia.*

Sea el triángulo A B C (fig. 18); ; en él se cumple

$$A C < A B + B C,$$

puesto que la recta A C es la distancia más corta entre los puntos A y C y menor, por consiguiente, que la quebrada A B + B C. Si de los dos miembros de la desigualdad anterior restamos B C. resulta:

$$A C - B C < A B \quad o \quad A B > A C - B C,$$

desigualdad que justifica la segunda parte de la proposición.

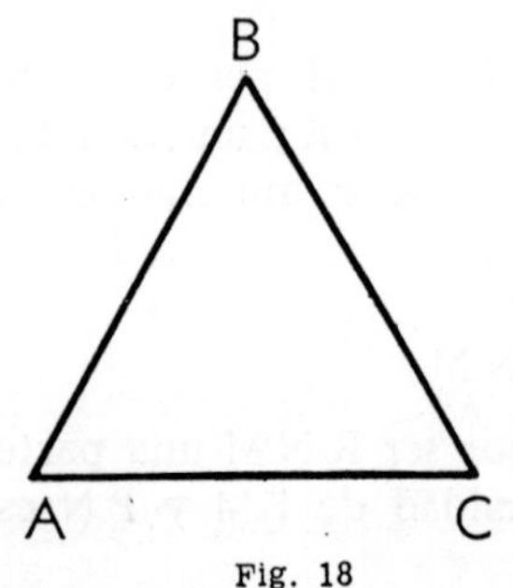

Fig. 18

126

CONSECUENCIA. — Del teorema anterior se deduce que *con tres segmentos se podrá formar un triángulo solamente en el caso de que el mayor de ellos sea menor que la suma de las otras dos.*

34. Teorema. — *El ángulo exterior de un triángulo es mayor que cada uno de los internos no adyacentes.*

Sea el triángulo M N P (fig. 19), N P Q un ángulo exterior del mismo y P M N y P N M los internos no adyacentes. Tomemos en el lado N P su punto medio O y unamos éste con el vértice M y en la prolongación de la recta M O tomemos la distancia O S = O M.

Unamos los puntos S y P y prolonguemos la recta S P hasta cortar en F a la recta N H que une el vértice N con el punto medio de M P. Los triángulos M N O y P O S son iguales, pues

$$O\,N = O\,P, \quad O\,M = O\,S \quad y \quad M\,O\,N = P\,O\,S,$$

luego los ángulos homólogos M N O y O P S serán también iguales, y como el punto S es interior del ángulo N P Q, la recta S P estará comprendida entre los lados N P y P Q del ángulo N P Q, luego

$$N\,P\,Q > N\,P\,S,$$

y como N P S y M N P son iguales, se tendrá también

$$N\,P\,Q > M\,N\,P.$$

Por análogas razones

$$M\,P\,R > N\,M\,P,$$

pero

$$N\,P\,Q = M\,P\,R,$$

luego

$$N\,P\,Q > N\,M\,P$$

como se quería demostrar.

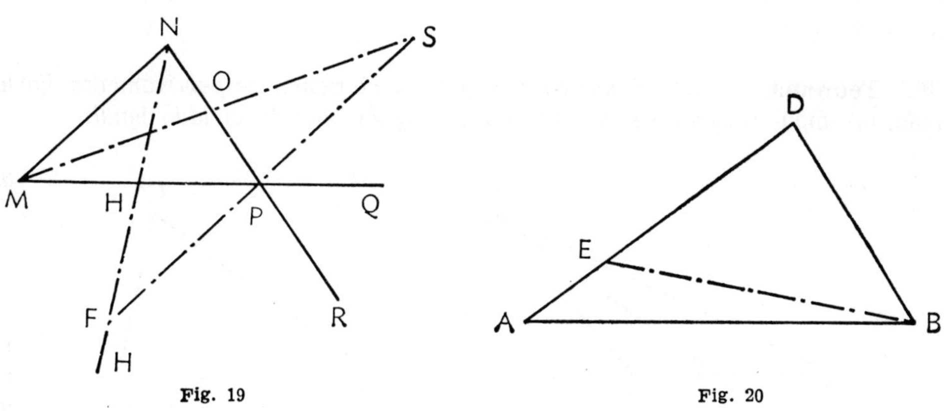

Fig. 19   Fig. 20

35. Teorema. — *Si un triángulo tiene dos lados desiguales, al mayor lado se opone mayor ángulo.*

Sea el triángulo A B D (fig. 20), en el que suponemos A D > D B; pues bien, el ángulo D B A opuesto a A D es mayor que el D A B opuesto a D B.

En efecto: tomemos sobre D A la distancia D E = D B y unamos con una recta los puntos E y B. En virtud del teorema anterior, el ángulo D E B, exterior del triángulo A E B, es mayor que el ángulo E A B:

$$\widehat{DEB} > \widehat{EAB}$$

y como $\widehat{DEB}$ y $\widehat{EBD}$ son iguales, pues el triángulo D E B es isósceles, resulta

$$\widehat{EBD} > \hat{A}$$

y como

$$\widehat{DBA} > \widehat{DBE}$$

resulta

$$\widehat{DBA} > \widehat{DAB}$$

como se quería demostrar.

El teorema recíproco es también cierto, es decir, que

Si un triángulo tiene dos ángulos desiguales, al mayor de los ángulos se opone el mayor de los lados.

Supongamos el mismo triángulo A D B y además que el ángulo D B A > D A B; pues bien, D A será mayor que D B. En efecto: si suponemos D A = D B, se tendría inmediatamente:

$$\widehat{DBA} = \widehat{DAB},$$

lo cual es contrario a la hipótesis.

Si suponemos ahora D A < D B, según el teorema predecente resultaría

$$\widehat{DBA} < \widehat{DAB},$$

lo cual es contrario a la hipótesis sentada. Luego no pudiendo ser el lado D A ni igual ni menor que el D B, tendrá que ser forzosamente mayor que éste, conforme se quería demostrar.

36. **Teorema.** — *Dos triángulos son iguales si tienen respectivamente iguales un lado, un ángulo adyacente al mismo y el ángulo opuesto al lado igual.*

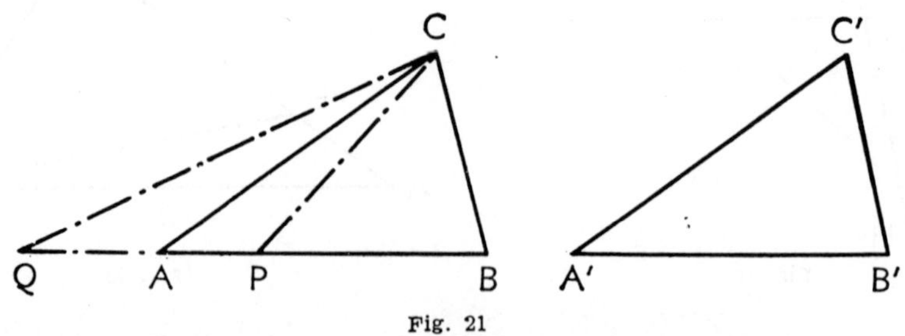

Fig. 21

Sean los triángulos A B C y A′ B′ C′ (fig. 21), en los cuales se cumple:

$$BC = B'C', \quad \hat{B} = \hat{B'} \quad y \quad \widehat{CAB} = \hat{A}$$

ambos triángulos son iguales. En efecto: coloquemos el triángulo A′ B′ C′ sobre el A B C de modo que coincidan los vértices C′ y B′, respectivamente, con los vértices C y B; por ser iguales los ángulos B y B′ el lado B′ A′ tomará la dirección B A y el vértice A′ caerá sobre la recta B Q, pero no podrá ocupar sobre esta recta otra posición distinta del vértice A, esto es, no podrá caer en los puntos P ni Q; y así debe ser, pues si A′ coincidiese con el punto P, situado entre A y B, la recta C′ A′ tomaría la posición C P y entonces el ángulo A′ sería igual al C P B, ángulo que es mayor que el C A B, lo cual sería contrario a lo supuesto; si A′ cayera sobre el punto Q, situado a la izquierda de A, resultaría que el ángulo A′ sería igual al C Q B, que es un ángulo menor que el C A B, lo cual también es contrario a la hipótesis; por consiguiente, el punto A′ debe coincidir con el vértice A, luego coincidirán los tres vértices de los triángulos A B C y A′ B′ C′. Así pues, estos triángulos serán iguales.

37. Teorema. — *Dos triángulos son iguales si tienen dos lados respectivamente iguales e igual el ángulo opuesto al mayor de estos lados.*

Sean los triángulos A B C y A′ B′ C′ (fig. 21); suponemos que se cumplen las igualdades siguientes:

$$C B = C′ B′, \quad C A = C′ A′, \quad \hat{B} = \hat{B}′ \quad y \quad C A > C B.$$

Coloquemos el triángulo A′ B′ C′ sobre el A B C, de modo que los vértices C′ y B′ coincidan respectivamente con C y B; el lado B′ A′ tomará la dirección B A por ser iguales los ángulos B y B′ y el vértice A′ caerá necesariamente sobre B Q, y forzosamente debe caer y coincidir con A. Supongamos por un momento que cae sobre el punto P, entonces el lado C′ A′ tomaría la posición C P y se tendría, evidentemente:

$$C P = C′ A′ = C A$$

y, por consiguiente,

$$\widehat{C A B} = \widehat{C P A},$$

pero el ángulo C P A es mayor que el ángulo B y se deduciría la desigualdad

$$C B > C A,$$

lo cual es contrario a la hipótesis; luego el punto A′ no puede caer sobre el punto P. Veamos como tampoco puede coincidir con ninguno de los puntos situados a la izquierda del punto A, como, por ejemplo, con el punto Q.

Si así fuese, se verificarían las igualdades siguientes:

$$C Q = C′ A′ = C A$$

y, por consiguiente,

$$\widehat{C Q B} = \widehat{C A Q},$$

pero

$$\widehat{C A Q} > \hat{B},$$

de donde se deduce

$$C B > C Q \quad o \ bien \quad C B > C A,$$

pero esta última desigualdad está en oposición con las hipótesis sentadas al principio, luego el punto A′ no puede coincidir con Q, sino que forzosamente ha de coincidir con A. Coinciden así los vértices, luego los triángulos A B C y A′ B′ C′ son iguales.

4.º   RECTAS CONCURRENTES Y RECTAS PARALELAS

38. Posición de dos rectas en un plano. — Dos rectas situadas en un mismo plano, prolongadas suficientemente, o se cortan o no se cortan jamás por mucho que se prolonguen. En el primer caso se dice que son *concurrentes;* en el segundo son *paralelas.*

Toda recta que corta a otra o a un sistema de rectas se denomina *secante.* Veamos lo que ocurre en el segundo caso.

Fijémonos, para ello, en la figura 22; las dos rectas A B y C D son dos rectas concurrentes cortadas por la recta secante M N. Se forman ocho ángulos, que representaremos abreviadamente con las ocho primeras cifras de nuestro sistema numeral; los ángulos 1, 2, 7 y 8 se llaman *externos* por estar fuera de las rectas A B y C D; de ellos, el 1 y 8 por una parte, y el 2 y 7 por otra, se llaman *alternos-externos,* pues además de externos están colocados el uno a distinto lado de la secante M N. Los ángulos 3, 4, 5 y 6 son *internos,* por estar colocados entre las rectas A B y C D; de modo análogo a lo dicho antes, los ángulos 3 y 6 por una parte, y 4 y 5 por otra, son *alternos internos.* Se llaman *ángulos correspondientes* dos ángulos, uno externo y otro interno, situados a un mismo lado de la secante, pero que no sean adyacentes;

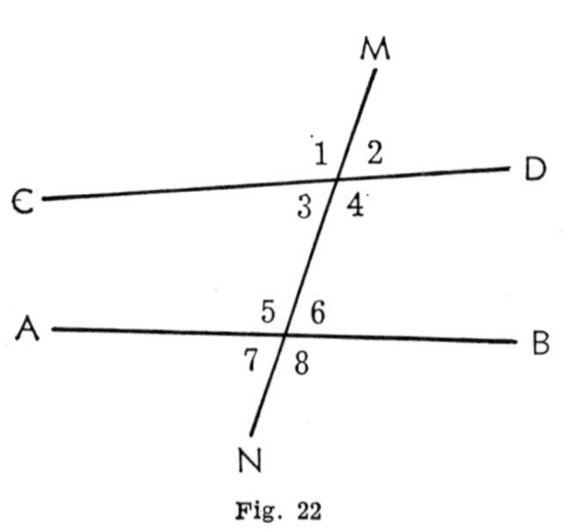

Fig. 22

así, son correspondientes los siguientes pares de ángulos: 1 y 5, 2 y 6, 3 y 7 y 4 y 8.

Solamente en el caso en que las dos rectas A B y C D sea paralelas, los ángulos internos situados a un mismo lado de la secante son suplementarios, es decir, que su suma valdrá un ángulo llano, o lo que es lo mismo, dos ángulos rectos. Esta afirmación está basada en el siguiente postulado de Euclides: *Si dos rectas situadas en un plano son cortadas por una secante y los ángulos internos del mismo lado de la secante no son suplementarios, dichas rectas tienen forzosamente un punto común,* es decir, que se encontrarán si se las prolonga suficientemente. Este postulado no ha podido ser demostrado.

Si contrariamente al caso anterior, una secante corta a dos rectas trazadas en un mismo plano y los ángulos internos del mismo lado de la primera son suplementarios, se ha de deducir que ambas rectas no tienen ningún punto común, esto es, no son concurrentes. Serán *paralelas;* luego podemos definirlas así:

RECTAS PARALELAS *son aquellas que, situadas en un mismo plano, no tienen ningún punto común y que prolongadas indefinidamente no se encuentran jamás.*

39. Postulado de Euclides. — *Por un punto situado fuera de una recta sólo puede trazarse una paralela a esta recta.*

De esta proposición y del concepto de la línea recta se deduce que dos rectas situadas en un mismo plano no pueden tener más que dos posiciones diversas: *o bien se cortan en un punto, o bien no tienen ningún punto común y son paralelas.*

CorolariOS. 1.º *Dos rectas paralelas a una tercera son paralelas entre sí.* En efecto: si no fuesen paralelas, las dos rectas se cortarían en un punto y como ambas son, por hipótesis, paralelas a una tercera recta, resulta que por el punto de intersección de las primeras tendríamos trazadas dos paralelas a la tercera, lo cual es imposible.

2.º *Si una recta corta a otra, corta a todas las paralelas a esta otra.* Efectivamente; si la primera recta no cortase a una paralela a la segunda, sería paralela o ésta y se daría el caso de que por el punto de intersección de las dos primeras se tendrían trazadas dos paralelas a una recta, lo cual es imposible.

40. **Teorema.** — *Si dos rectas pararelas A B y C D son cortadas por una secante S S'* (fig. 23), *se cumple: 1.º, que los ángulos alternos-internos son iguales; 2.º, los ángulos internos y los externos del mismo lado de la secante son suplementarios; 3.º, los ángulos alternos y los correspondientes son iguales respectivamente.*

En efecto: trazando por un punto medio O de la porción de secante comprendida entre las paralelas, el segmento M M' que forma con éstas ángulos rectos en M y M', se forman dos triángulos que tienen los ángulos en O iguales por opuestos por el vértice, los ángulos M y M' iguales por construcción y un lado igual por ser O el punto medio del segmento de secante comprendido entre las paralélas; luego ambos triángulos son iguales e iguales sus elementos homólogos, luego los ángulos 5 y 8, alternos-internos, son iguales. Ahora bien, los ángulos 6 y 7 serán también iguales por tener el mismo suplemento; luego

$$\overset{\wedge}{5}=\overset{\wedge}{8} \quad y \quad \overset{\wedge}{6}=\overset{\wedge}{7}.$$

Por la misma razón son iguales los ángulos correspondientes $\overset{\wedge}{2}$ y $\overset{\wedge}{8}$, $\overset{\wedge}{7}$ y $\overset{\wedge}{1}$. Los ángulos 1 y 3, 4 y 2 que son externos del mismo lado de la secante, son suplementarios, pues el ángulo 1 tiene por suplemento el $\overset{\wedge}{5}$, y el $\overset{\wedge}{5}$ es igual que el $\overset{\wedge}{8}$ y éste que el $\overset{\wedge}{3}$. También son suplementarios los ángulos 5 y 7, 6 y 8, internos del mismo lado de la secante, pues el ángulo 5 tiene por suplemento al $\overset{\wedge}{6}$, y éste es igual al $\overset{\wedge}{7}$, luego los ángulos 5 y 7 son suplementarios. De igual modo, puesto que los ángulos 2 y 8 son iguales por correspondientes, el $\overset{\wedge}{6}$, que es suplemento del $\overset{\wedge}{2}$, lo será igualmente del $\overset{\wedge}{8}$.

Resumiendo, podremos establecer las igualdades siguientes:

$$\overset{\wedge}{1}=\overset{\wedge}{4}, \quad \overset{\wedge}{5}=\overset{\wedge}{3}, \quad \overset{\wedge}{6}=\overset{\wedge}{4}, \quad \overset{\wedge}{1}=\overset{\wedge}{7}, \quad \overset{\wedge}{3}=\overset{\wedge}{5}, \quad \overset{\wedge}{5}+\overset{\wedge}{7}=2\ R, \quad \overset{\wedge}{1}+\overset{\wedge}{3}=2\ R.$$

$$\overset{\wedge}{2}=\overset{\wedge}{3}, \quad \overset{\wedge}{5}=\overset{\wedge}{8}, \quad \overset{\wedge}{7}=\overset{\wedge}{6}, \quad \overset{\wedge}{2}=\overset{\wedge}{8}, \quad \overset{\wedge}{4}=\overset{\wedge}{6}, \quad \overset{\wedge}{6}+\overset{\wedge}{8}=2\ R, \quad \overset{\wedge}{2}+\overset{\wedge}{4}=2\ R.$$

El teorema recíproco también es **cierto**.

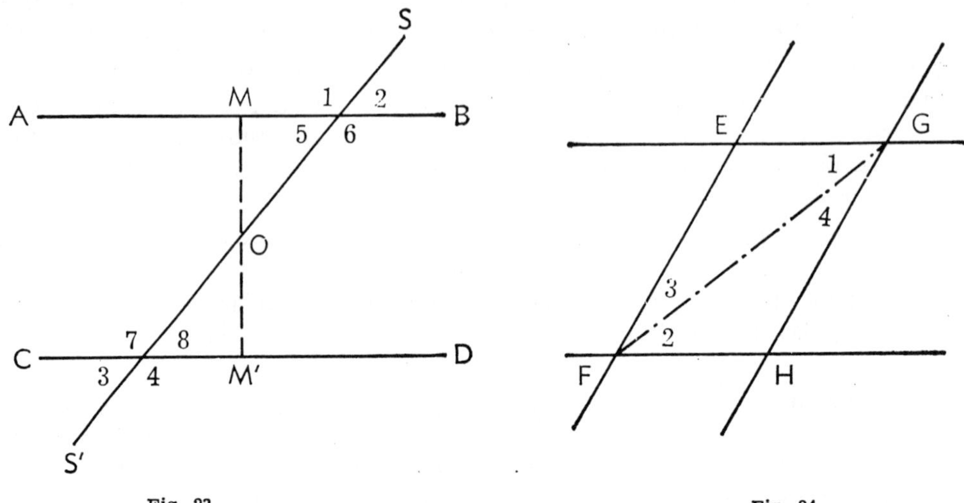

Fig. 23   Fig. 24

41. Teorema. — *Las paralelas comprendidas entre paralelas son iguales* (fig. 24).

En efecto: sean las paralelas E G y F H cortadas por las paralelas E F y G H; vamos a demostrar que los segmentos E G y F H son iguales. Unamos los puntos G y F entre sí; se han formado los triángulos E F G y H F G que tienen común el lado F G y respectivamente iguales los ángulos adyacentes a este lado; el ángulo 1 es igual al ángulo 2 por ser alternos internos entre las paralelas E G y F H cortadas por la secante F G; el ángulo 3 es igual al 4 por ser alternos-internos entre las paralelas E F y G H cortadas por la misma secante; luego ambos triángulos son iguales (29) y sus lados homólogos E F y G H serán también iguales, como se trataba de demostrar.

42. Teorema. — *Dos ángulos que tienen sus lados respectivamente paralelos serán iguales: 1.º, si los lados de uno de ellos están dirigidos en el mismo sentido que sus paralelos del otro; 2.º, si los lados de uno de ellos están dirigidos en sentido contrario a los del otro; 3.º, serán suplementarios si un lado de uno de ellos está dirigido en el mismo sentido que su paralelo y el otro lo está en sentido contrario con su paralelo.*

1.º Sean los ángulos B A E y F L H (fig. 25) que tienen sus lados paralelos y dirigidos en el mismo sentido; prolonguemos el lado L H en sentido contrario al suyo hasta cortar en el punto M

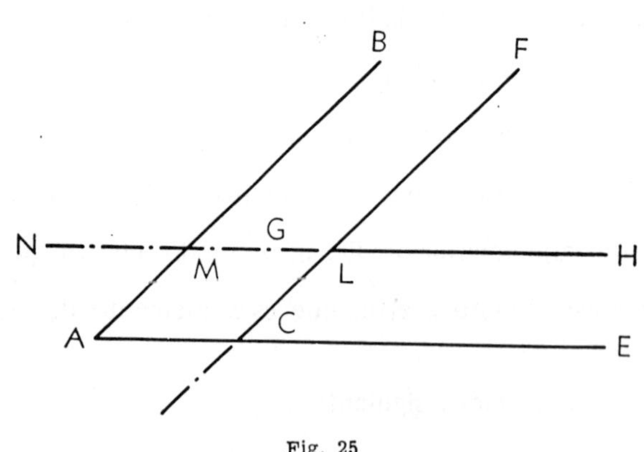

Fig. 25

al lado B A. En virtud de lo ya dicho en (40), los ángulos F L H y B M H son iguales por ser ángulos correspondientes en las paralelas B A y F L cortadas por la secante N H; luego

$$\widehat{F L H} = \widehat{B M H}$$

por razón análoga son iguales los ángulos B M H y B A E, esto es,

$$\widehat{BMH} = \widehat{BAE},$$

luego

$$\widehat{FLH} = \widehat{BAE}.$$

2.º Los ángulos F L H y M L C son iguales por ser opuestos por el vértice:

$$\widehat{FLH} = \widehat{MLC},$$

y como

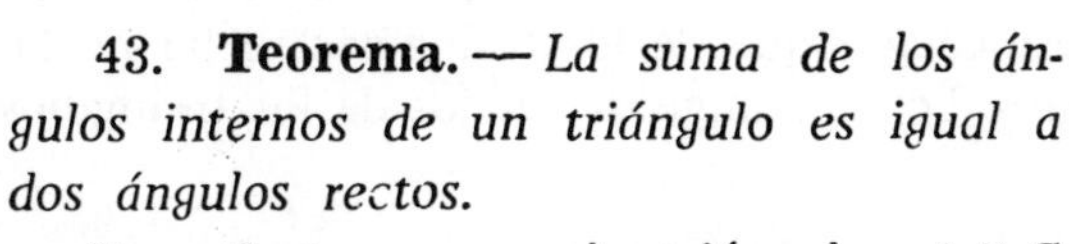

3.º Comparemos los ángulos B A E y F L N que tienen sus lados paralelos, dos de ellos, B A y F L, dirigidos en el mismo sentido; y los otros dos, A E y L N, dirigidos en sentido contrario. El ángulo F L N

el suplemento de $\widehat{FLH}$, luego también lo

será de su igual $\widehat{BAE}$, como se quería demostrar.

43. Teorema. — *La suma de los ángulos internos de un triángulo es igual a dos ángulos rectos.*

En efecto: sea el triángulo A B C (fig. 26).

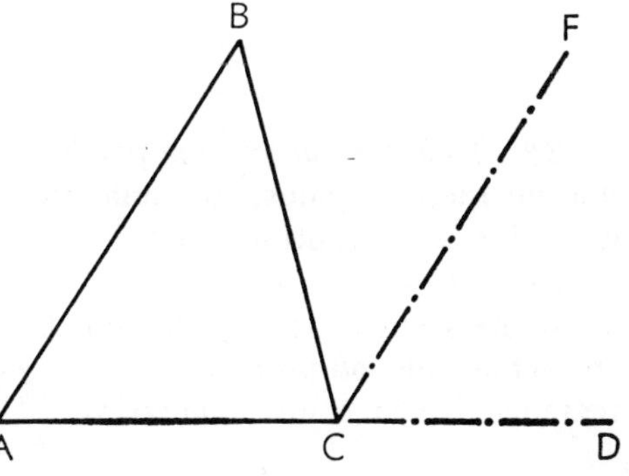

Fig. 26

Prolonguemos, por ejemplo, el lado A C, y por el vértice C tracemos la paralela C F al lado A B. Como sabemos,

$$\widehat{ACB} + \widehat{BCF} + \widehat{FCD} = 2 \text{ Rectos,}$$

pero el ángulo B C F es igual al $\widehat{ABC}$ por alternos internos entre las paralelas A B y C F cortadas por la secante B C y los ángulos B A C y F C D son también iguales por ser ángulos correspondientes entre las mismas paralelas cortadas por la secante A D:

$$\widehat{BCF} = \widehat{ABC}, \quad \widehat{FCD} = \widehat{BAC},$$

y substituyendo estos valores en la igualdad anterior, tendremos:

$$\widehat{ACB} + \widehat{ABC} + \widehat{BAC} = 2 \text{ rectos.}$$

Del teorema anterior se deducen varios

Corolarios. — 1.º *El ángulo exterior de un triángulo es igual a la suma de los dos interiores no adyacentes* .

En efecto: el ángulo externo B C D del triángulo A B C de la figura 26 vale:

$$B\,C\,D = B\,C\,F + F\,C\,D,$$

pero

$$B\,C\,F = A\,B\,C \quad y \quad F\,C\,D = B\,A\,C,$$

luego substituyendo en la igualdad anterior:

$$B\,C\,D = A\,B\,C + B\,A\,C.$$

2.º *Si dos triángulos A B C y A′ B′ C′ tienen dos ángulos respectivamente iguales, A = A′ y B = B′, sus terceros ángulos C y C′ serán también iguales.*
En efecto: de las igualdades

$$\hat{A} + \hat{B} + \hat{C} = 2 \text{ Rectos} \quad y \quad \hat{A}' + \hat{B}' + \hat{C}' = 2 \text{ Rectos}$$

y de la hipótesis $\hat{A} = \hat{A}'$ y $\hat{B} = \hat{B}'$ se deduce forzosamente

$$\hat{C} = \hat{C}'$$

3.º *Todo triángulo tiene por lo menos dos ángulos agudos.* Si tuviera dos ángulos que no fueran agudos, su suma valdría por lo menos un ángulo llano (dos rectos), lo cual está en contradicción con lo demostrado en el teorema precedente.

De aquí se deduce que un triángulo sólo puede tener un ángulo recto u obtuso y los otros dos agudos, y de aquí la clasificación que de los triángulos se ha hecho en *rectángulos, obtusángulos y acutángulos.* Los dos ángulos agudos de los triángulos rectángulos son complementarios.

44. Las condiciones de igualdad de dos triángulos quedan modificadas así para los triángulos rectángulos.
Dos triángulos rectángulos son iguales: 1.º, si tienen respectivamente iguales sus dos catetos (28); 2.º, si tienen iguales un cateto y uno de los ángulos agudos (29); 3.º, si tienen respectivamente iguales la hipotenusa y uno de los catetos (28).

5.º   PERPENDICULARES Y OBLICUAS

45. Dos rectas situadas en un plano y no paralelas entre sí se cortan forzosamente si se prolongan convenientemente.

46. *Se denominan* PERPENDICULARES *las rectas que se cortan formando uno o varios ángulos rectos; y se denominan* OBLICUAS *las rectas que se cortan formando uno o más ángulos oblicuos* (agudos u obtusos).

47. De estas definiciones se deducen las siguientes

CONSECUENCIAS: 1.ª *Dos rectas perpendiculares a una misma recta son paralelas entre sí.* Sean las rectas C D y G H perpendiculares a la recta A B en los puntos

M y N (fig. 27); ambas rectas son paralelas. En efecto: los ángulos C M N y G N M son por hipótesis rectos, y su suma vale dos ángulos rectos; pero ambos ángulos son internos entre dos rectas C D y G H cortadas por la secante A B, y además iguales, luego estas dos rectas han de ser forzosamente paralelas.

2.ª *Las rectas paralelas tienen comunes sus perpendiculares.*

3.ª *Si dos rectas son paralelas, sus perpendiculares serán también paralelas.*

4.ª *Si dos rectas se cortan, sus perpendiculares se cortan también.* En efecto: si estas perpendiculares no se cortasen, serían paralelas y sus perpendiculares respectivas, que son las dos primeras rectas de referencia, serían también paralelas en virtud del principio anterior, lo cual estaría en contradicción con lo supuesto.

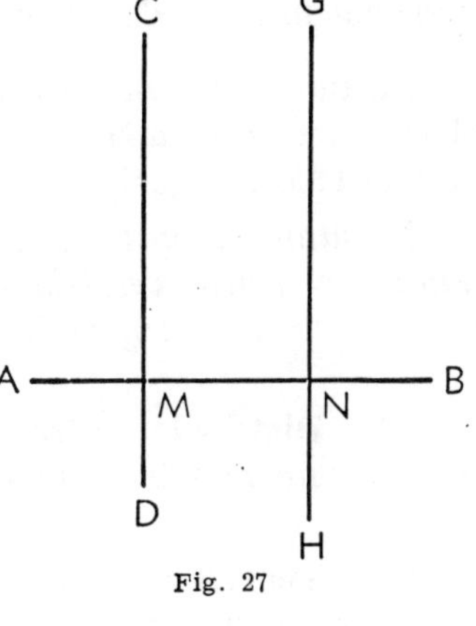

Fig. 27

48. **Teorema.** — *Desde un punto, situado en una recta o fuera de ella, sólo puede trazarse una perpendicular a esta recta.*

Observemos la figura 27; sea la recta A B y un punto M de la misma.

Por el punto M se podrá trazar siempre una recta M C que forme con la A B dos ángulos adyacentes iguales, tales como A M C y C M N, y que sea, por consiguiente, perpendicular a A B. También por el punto G, situado fuera de la misma recta A B, podrá trazarse a ésta una perpendicular G H a ella, la cual será paralela a C D. Pero por los puntos M y G no pueden pasar dos o más perpendiculares a la recta A B, pues dos perpendiculares a una misma recta no pueden tener ningún punto común, conforme sabemos; luego se deduce que por un punto de un plano sólo puede trazarse una sola perpendicular a una recta de este plano.

49. El punto en que la perpendicular o las oblicuas trazadas desde un punto exterior cortan a una recta dada, se denomina *pie* de la perpendicular o de la oblicua.

50. **Teoremas.** — *Si desde un punto exterior a una recta, se trazan a ésta una perpendicular y una oblicua:*

1.º *La oblicua formará con la recta un ángulo agudo.* 2.º *La oblicua será mayor que la perpendicular.*

En efecto: sea la recta B C, y A D y A E la perpendicular y una oblicua trazadas a la primera desde el punto exterior A (fig. 28).

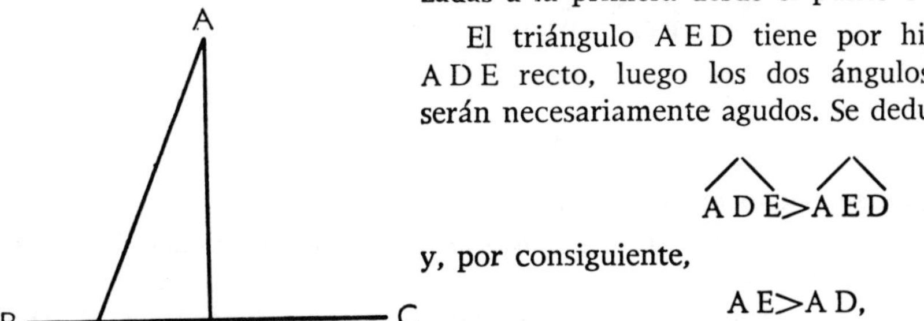

El triángulo A E D tiene por hipótesis el ángulo A D E recto, luego los dos ángulos A E D y D A E serán necesariamente agudos. Se deduce entonces:

$$\widehat{A\,D\,E} > \widehat{A\,E\,D}$$

y, por consiguiente,

$$A\,E > A\,D,$$

lo que demuestra la segunda parte del teorema.

Fig. 28

135

51. Distancia de un punto a una recta. — *Viene dada por la longitud de la perpendicular bajada desde el punto a la recta y limitada por su pie y el punto dado.*

ALTURA DE UN TRIÁNGULO *es la distancia desde uno de sus vértices al lado opuesto, el cual recibe el nombre de* base. En el triángulo isósceles se toma siempre como base el lado no igual.

La altura de un triángulo coincide con uno de sus lados si el triángulo es rectángulo; cae dentro del triángulo si son agudos los dos ángulos contiguos a la base, o caerá fuera del triángulo si es obtuso uno de los ángulos adyacentes a la base.

52. Distancia entre dos puntos. — *Se denomina distancia entre dos puntos el segmento rectilíneo limitado por estos puntos.*

53. Teorema. — *Si desde un punto P exterior a una recta A B (fig. 29) se trazan a esta recta una perpendicular P D y varias oblicuas limitadas por la recta A B: 1.º Las oblicuas cuyos pies equidistan del pie de la perpendicular son iguales. 2.º De dos oblicuas cuyos pies distan desigualmente del pie de la perpendicular, será la mayor la que se separe más del pie de la perpendicular.*

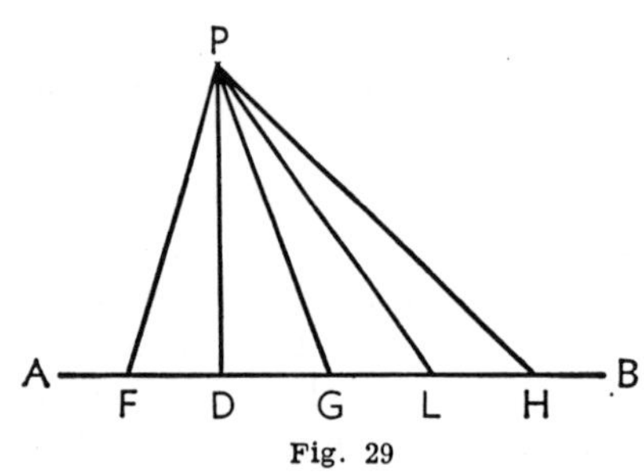

Fig. 29

1.º Supongamos, conforme con el enunciado, que las oblicuas P F y P G se aparten igualmente del pie de la perpendicular, es decir,

$$D F = D G.$$

Los dos triángulos rectángulos P D F y P D G tienen el cateto P D común, e iguales, por hipótesis, los catetos D F y D G; por consiguiente, serán iguales entre sí estos triángulos y se cumplirá, pues, la igualdad

$$P F = P G.$$

2.º Supongamos que las oblicuas P G y P L, que no distan lo mismo del pie de la perpendicular, están situadas a un mismo lado de ésta y que se verifica la desigualdad

$$D L > D G.$$

En el triángulo P G L, el ángulo P L G es agudo y el P G L es obtuso por ser suplemento del ángulo agudo P G D; luego se tiene, evidentemente:

$$\widehat{P G L} > \widehat{P L G}$$

y, por lo tanto,

$$P L > P G,$$

pues a mayor ángulo se opone mayor lado.

Si las oblicuas propuestas estuvieran a distinto lado de la perpendicular P D y se cumpliese la desigualdad D L > D F
tomaríamos entonces, sobre D L y a partir del punto D, una distancia D G = D F y trazaríamos la oblicua P G. Esta oblicua y la P F son iguales por distar ambas lo

mismo del pie de la perpendicular. Pero como P L es mayor que P G, conforme se ha demostrado antes, resultará:

$$P L > P F,$$

como se quería demostrar.

RECÍPROCO. — *Si desde un punto P exterior a una recta A B se trazan a ésta una perpendicular P D y varias oblicuas limitadas por el punto P y la recta A B, se cumple: 1.º Las oblicuas P F y P G iguales se apartan igualmente del pie de la perpendicular. 2.º De dos oblicuas desiguales, la mayor P L se aparta más del pie de la perpendicular D que la menor P F (fig. 29).*

54. Mediatriz de un segmento. — *Recibe este nombre la perpendicular levantada en el punto medio del segmento.*
en el punto medio del segmento.

55. Teorema. — *Todo punto que pertenece a la mediatriz de un segmento, equidista de los extremos de éste.*

En efecto: sea el segmento P Q, y C D la perpendicular levantada en su punto medio O (fig. 30); tomemos en ella un punto cualquiera M y unámoslo con los extremos P y Q del segmento. Se han formado los triángulos rectángulos M O P y M O Q, los cuales tienen el cateto M O común e iguales los catetos O P y O Q por ser O el punto medio de P Q; luego ambos triángulos son iguales y, por consiguiente,

$$M P = M Q$$

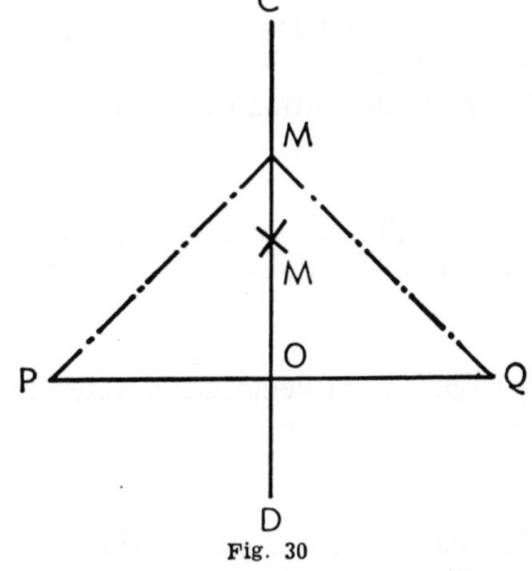

Fig. 30

como se quería demostrar.

RECÍPROCO. — *Todo punto equidistante de los extremos de un segmento está en la perpendicular trazada a él en su punto medio, esto es, pertenece a la mediatriz del segmento.*

En efecto: uniendo el punto M (fig. 30) con O, punto medio de P Q y con sus extremos P y Q, se forman los triángulos M O P y M O Q que tienen común el lado M O, iguales por hipótesis los lados M P y M Q, e iguales también O P y O Q por ser O el punto medio de P Q, luego estos triángulos serán iguales y de aquí deduciremos la igualdad

$$áng. \ M O P = áng. \ M O Q$$

y como estos ángulos son, además de iguales, adyacentes, serán necesariamente rectos; luego la recta M O es la perpendicular al segmento P Q en su punto medio O, es decir, es la mediatriz de P Q.

Según el teorema precedente y su recíproco podemos decir que

La MEDIATRIZ *de un segmento rectilíneo es el lugar geométrico de los puntos del plano que equidistan de los extremos del segmento.*

56. Teorema. — *Si dos ángulos tienen sus lados respectivamente perpendiculares: 1.º Serán iguales si ambos son agudos u obtusos. 2.º Serán suplementarios si uno de ellos es agudo y el otro es obtuso o los dos son rectos.*

1.º Sean los ángulos A C B y P M N (fig. 31) agudos y cuyos lados son respectivamente perpendiculares, y tracemos por el vértice M del segundo dos rectas M R y M S, paralelas respectivamente a los lados C B y C A del primero y del mismo sentido que los de estos lados. Según lo demostrado en (42), los ángulos A C B y S M R son iguales. Pero como las rectas M S y M R son perpendiculares respectivamente a M N y a M P, los ángulos S M R y N M P tienen el mismo complemento P M S y, por consiguiente, serán iguales, es decir,

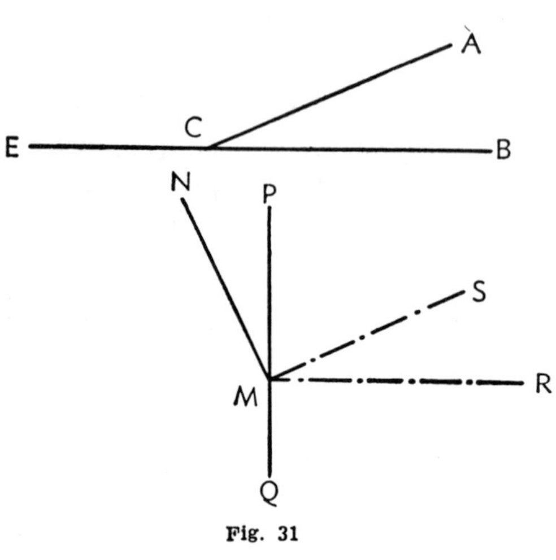

Fig. 31

$$\widehat{N M P} = \widehat{S M R}, \quad \text{pero} \quad \widehat{S M R} = \widehat{A C B},$$

luego

$$N M P = A C B.$$

Si los ángulos en cuestión fuesen obtusos, como el A C E y el N M Q, serán también iguales, pues ambos tienen el mismo suplementario, A C B el primero, igual según lo demostrado al N M P, suplemetario del segundo ángulo obtuso N M Q, luego

$$A C E = N M Q$$

2.º Si uno de los ángulos propuestos, el N M P, es agudo, y el otro, A C E, es obtuso, se tiene:

$$N M P + N M Q = 2 \text{ Rectos.}$$

y como se ha demostrado antes que los ángulos obtusos N M Q y A C E son iguales, deduciremos que

$$N M P + A C E = 2 \text{ Rectos,}$$

lo cual prueba el enunciado.

Si los ángulos cuyos lados son perpendiculares son rectos, el teorema es cierto tanto en el primero como en el segundo caso.

CAPÍTULO II

LA CIRCUNFERENCIA Y SUS PROPIEDADES

57. Origen de la circunferencia. — Si un segmento O A de longitud limitada y constante (fig. 32) gira en un plano de modo que uno de sus extremos O permanezca fijo e invariable, puede tomar en el plano infinitas posiciones sucesivas que forman con la primitiva todos los ángulos posibles entre cero y cuatro rectos. Las infinitas posiciones A, B, C, ..., que ocupará el extremo libre A del segmento en su movimiento, determinan en el plano una línea plana cuyos puntos distan todos del centro de giro una longitud constante.

58. Circunferencia. — *La circunferencia es el lugar geométrico de los puntos de un plano que equidistan de uno interior a ellos, llamado centro.*

La circunferencia es, por su generación, una línea plana, curva, cerrada, por cuya razón se la define también diciendo que *es toda curva plana y cerrada cuyos puntos equidistan de otro punto situado en el interior.*

El punto interior O del cual equidistan todos los puntos de la circunferencia se llama *centro;* segmentos iguales O A, O B, O C... que unen el centro con los diversos puntos de la circunferencia se denominan *radios;* la porción de plano comprendido dentro de la circunferencia y limitado por ésta se denomina *círculo,* y ambos, círculo y circunferencia, se designan comúnmente con la letra colocada en su centro.

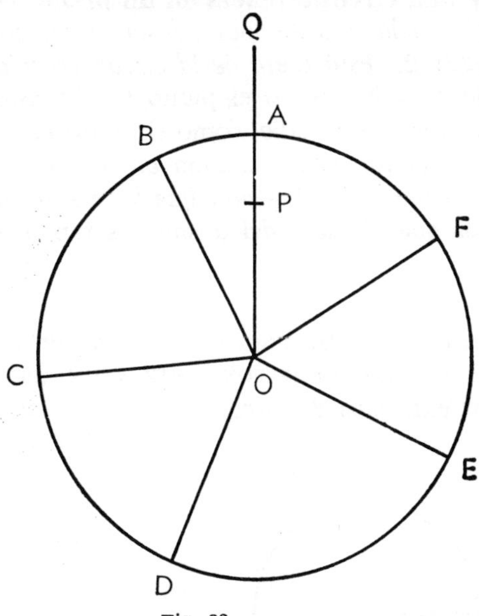

Fig. 32

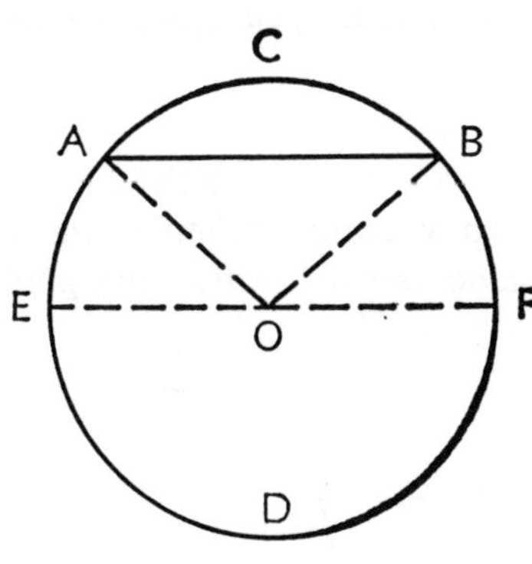

Fig. 33

59. Una porción cualquiera de la circunferencia recibe el nombre de *arco* de la circunferencia, y se designa con tres letras, una en cada extremo y otra colocada en un punto intermedio, nombrándose esta letra en medio de las letras extremas. El arco igual a la mitad de circunferencia se denomina *semi-circunferencia,* y el arco igual a la cuarta parte de la circunferencia recibe el nombre de *cuadrante.*

Denomínase *cuerda* el segmento limitado que une los extremos de un arco; se dice que la cuerda *subtiende* al arco. En una circunferencia, una cuerda A B (fig. 33) subtiende dos arcos, el A C B y el A D B, uno mayor que el otro. Cuando los arcos subtendidos por una cuerda son iguales, la cuerda pasa entonces por el centro de la circunferencia, y recibe el nombre de *diámetro.* La longitud del diámetro es igual a la suma de dos radios,

$$E F = E O + O F = 2 O E$$

y representando el primero por *d* y el radio por *r*, tendremos:

$$d = 2 r.$$

60. Teorema. — *En todo círculo, una cuerda es menor que el diámetro.*

En efecto: de la observación de la figura 33 se deduce inmediatamente:

$$A B < A O + O B, \quad \text{o lo que es lo mismo,} \quad A B < 2 r,$$

pero

$$2 r = E F = d,$$

luego

$$A B > d.$$

Se deduce inmeditamente, pues, como consecuencia, que *el diámetro es la mayor de las cuerdas de un círculo.*

Dos circunferencias se denominan *concéntricas* cuando tienen el mismo centro; si estas circunferencias tienen radios iguales, entonces coinciden exactamente. Los círculos cuyas circunferencias son conoéntricas se llaman también *concéntricos.*

61. Posiciones relativas de un punto y una circunferencia en un plano. — Son tres: 1.ª *El punto pertenece a la circunferencia y dista, por consiguiente, del centro de ella el radio, como el punto A (fig. 32). 2.ª Está fuera de la circunferencia y dista de su centro una longitud mayor que el radio, como el punto Q. 3.ª Está dentro del círculo y su distancia al centro es menor que el radio, como el punto P.*

El principio recíproco, que se enuncia: *Un punto estará situado en la circunferencia de un círculo, dentro de este círculo o fuera de él, según que su distancia al centro del círculo sea igual, menor o mayor que el radio del mismo,* es también cierto.

62. Arco correspondiente a un ángulo *es el arco trazado tomando su vértice como centro y comprendido entre sus lados.* Ángulo correspondiente a un arco *es el formado por los radios que pasan por los extremos del arco.*

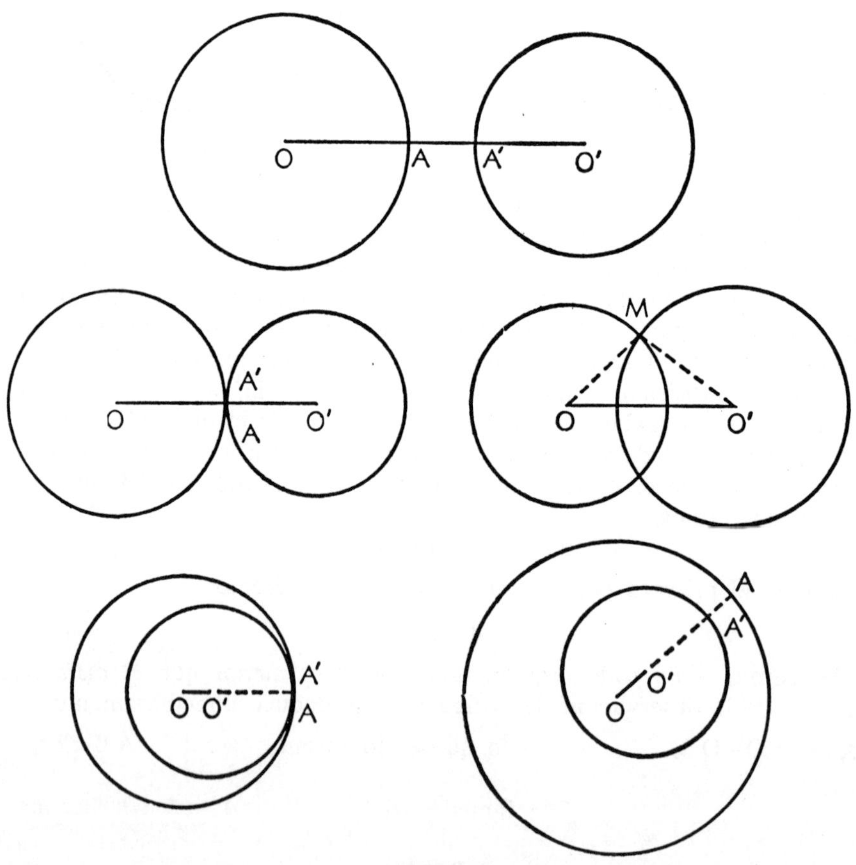

Fig. 34

Si dos ángulos son iguales, los arcos correspondientes trazados con el mismo radio son iguales; si los ángulos son desiguales y sus arcos correspondientes están trazados con el mismo radio, al mayor de los ángulos le corresponderá mayor arco.

63. Posiciones relativas de dos circunferencias situadas en un plano. — Dos circunferencias situadas en un plano pueden ocupar las cinco posiciones siguientes: 1.º, pueden ser *exteriores* si no tienen ningún punto común estando todos los puntos de una de ellas fuera del círculo limitado por la otra; 2.º, *tangentes exteriormente*, cuando tienen un solo punto común estando todos los restantes puntos de cada uno fuera del círculo limitado por la otra; 3.º, *secantes*, si tienen dos puntos comunes; 4.º, *tangentes interiormente*, si tienen un solo punto común estando todos los puntos restantes de la menor dentro del círculo limitado por la mayor; 5.º, *interiores*, si no tienen ningún punto común estando todos los puntos de la menor comprendidos dentro del círculo limitado por la mayor (fig. 34). Se comprende que si las dos circunferencias son *concéntricas*, la distancia entre sus centros es igual a cero.

El punto común de dos circunferencias tangentes se denomina *punto de contacto*.

64. Teorema. — *Si dos circunferencias están situadas en un plano: 1.º, serán exteriores, si la distancia entre sus centros es mayor que la suma de sus radios; 2.º, serán tangentes exteriormente, cuando la distancia entre sus centros sea igual a la suma de sus radios; 3.º, serán secantes, si la distancia entre sus centros es menor que la suma de sus radios y mayor que su diferencia; 4.º, serán tangentes interiormente, si la distancia entre sus centros es igual a la diferencia de los radios; 5.º, serán interiores, si la distancia entre sus centros es menor que la diferencia de sus radios.*

Examinemos, para demostrar este teorema, la figura 34, en la que designamos con O y O′ los centros de las circunferencias, y con A y A′ los puntos en los cuales la recta que une los centros O y O′ corta a las circunferencias respectivas. Demostremos brevemente los cinco casos propuestos:

1.º De la figura se deduce:

$$O\,O' = O\,A + O'\,A' + A\,A'.$$

luego, evidentemente,

$$O\,O' > O\,A + O\,A'$$

por muy pequeño que sea A A′.

2.º En este caso, es sin duda

$$O\,O' = O\,A + O'\,A'$$

De aquí dedúcese:

$$O\,O' - O\,A = O'\,A'$$

pero

$$O\,O' - O\,A = O'\,A,$$

luego

$$A\,O' = A'\,O',$$

es decir, que los puntos A y A′ coinciden en uno solo común a ambas circunferencias.

3.º Si las circunferencias son secantes, la distancia entre sus centros O O′ es menor que la suma de los radios. En efecto: uniendo los centros con el punto M, se tiene:

$$O\,O' < O\,M + M\,O',$$

pero O M y M O′ son respectivamente los radios r y r' de las circunferencias O y O′, luego:

$$O\,O' < r + r'.$$

4.º El **examen** de la figura en el caso de ser las circunferencias tangentes interiormente, nos lleva a la conclusión :

$$O\,O'+O'\,A'=O\,A, \qquad \text{de donde} \qquad O\,O'=O\,A-O'\,A',$$

pero

$$O\,O'+O'\,A'=O\,A'.$$

luego

$$O\,A'=O\,A,$$

esto es, los dos puntos A y A′ coinciden en uno solo, que es el único común que
tienen ambas circunferencias.

5.º Del examen de la figura resulta :

$$O\,A=O\,O'+O'\,A'+A'\,A,$$

luego

$$O\,A>O\,O'+O'\,A' \quad y \quad O\,O'<O\,A-O'\,A'.$$

Los recíprocos de estos teoremas son ciertos.

65. Teorema. — *Una recta sólo puede cortar a una circunferencia en dos
puntos.*

En efecto : si la cortase en más de dos puntos, trazando los radios correspondientes a estos puntos, tendríamos más de dos oblicuas iguales bajadas desde el
centro de la circunferencia, lo cual es imposible.

66. Teorema. — *En una misma circunferencia o en circunferencias iguales,
si dos arcos son iguales, las cuerdas que los subtienden son también iguales.*

En efecto: tomemos en la circunferencia O (fig.35) los arcos iguales A D B y
C H M, tracemos las cuerdas respectivas A B y C M y unamos sus extremos con el
centro. Los triángulos A O B y C O M tienen iguales los ángulos en O por ser iguales
los arcos que los miden, y como los lados O A y O B son respectivamente iguales
a O C y O M por ser radios de una misma circunferencia, dichos triángulos serán
iguales, y, por consiguiente,

$$A\,B=C\,M$$

67. Teorema. — *En una misma circunferencia o en circunferencias iguales,
si dos arcos son desiguales y menores que una circunferencia, al mayor arco corresponde mayor cuerda.*

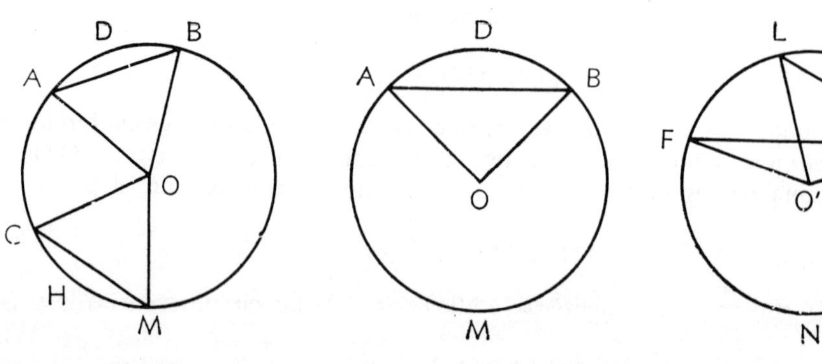

En efecto: sean las circunferencias O y O′ iguales (fig. 36); tomemos en la primera el arco A D B y en la segunda el arco F H G, mayor que el arco A D B, y tracemos las cuerdas respectivas A B y F G y los radios correspondientes a sus extremos O A, O B, O′ F y O′ G. En el arco mayor G H F y a partir del punto G, en la circunferencia O′ tomaremos un arco G H L igual al arco menor A D B, y unamos su extremo L con el centro O′. Así se habrán formado en esta circunferencia los triángulos F O′ G y L O′ G, los cuales tienen los lados O′ F y O′ G iguales a O′ L y O′ G por ser radios de una misma circunferencia, pero el ángulo F O′ G del primero es mayor que el L O′ G del segundo, por hipótesis; luego en virtud de un principio ya estudiado (35), tendremos:

$$F\,G > L\,G,$$

y, por consiguiente,

$$F\,G > A\,B.$$

Los teoremas recíprocos son también ciertos.

OBSERVACIÓN. — Si los arcos desiguales tomados, A M B y F N G, fuesen mayores que una semicircunferencia, al mayor de los arcos A M B le corresponde la cuerda menor A B de las dos cuerdas; puesto que las cuerdas A B y F G corresponden o subtienden también los arcos A D B y F H G, que son menores que una semicircunferencia.

De la desigualdad supuesta

$$\text{arco } A\,M\,B > \text{arco } F\,N\,G$$

se deduce esta otra:

$$\text{arco } A\,D\,B > \text{arco } F\,H\,G.$$

68. Consecuencia. — De los dos teoremas anteriores se deduce que:
Para que dos arcos de radios iguales sean iguales, es necesario que también sean iguales sus cuerdas respectivas.

69. Teorema. — *Todo diámetro perpendicular a una cuerda divide a ésta y a lo arcos que subtiende en dos partes iguales.*

En efecto: si en la circunferencia O (fig. 37) trazamos el diámetro E F perpendicular a la cuerda A B y unimos los extremos de ésta con el centro O y el punto E, se forman los triángulos O S A y O S B, rectángulos que tienen las hipotenusas O A y O B iguales, por ser radios de la misma circunferencia, y el cateto O S común y son, pues, iguales. Podemos, pues, escribir

$$S\,A = S\,B.$$

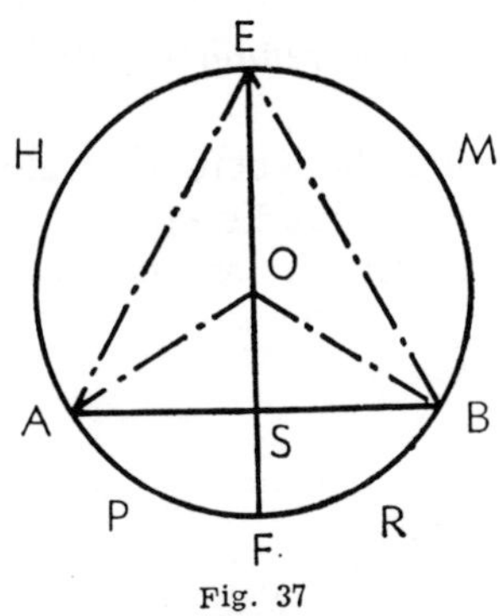

Fig. 37

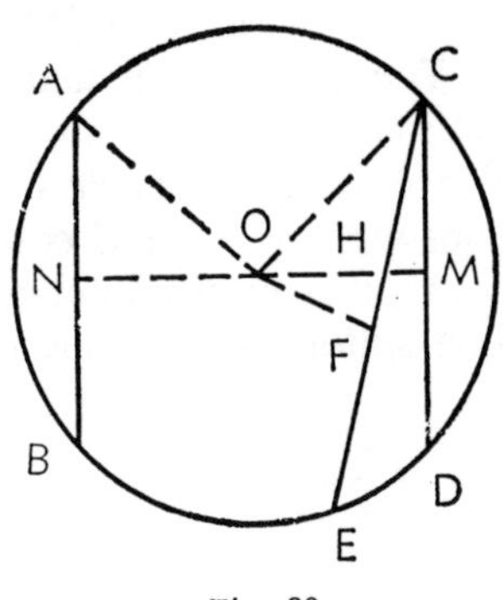

Fig. 38

Por otra parte, los triángulos A O E y B O E son también iguales por tener los lados O A y O B iguales, por ser radios de la circunferencia; el lado O E común, y los lados E A y E B iguales, por ser oblicuas que se apartan igualmente del pie de la perpendicular; luego los ángulos A O E y B O E son iguales, e iguales sus arcos.

arco A H E = arco B M E.

Luego serán también iguales los arcos suplementarios A P F y F R B:

arco A P F = arco F R B.

70.   **Teorema.** — *En un mismo círculo o en círculos iguales, las cuerdas iguales equidistan del centro; y de dos cuerdas desiguales, la mayor dista menos del centro que la menor.*

En efecto: sea el círculo O (fig. 38) y las cuerdas A B = C D; uniendo los puntos A y C con el centro y trazando las normales O N y O M a las cuerdas A B y C D respectivamente, se forman los triángulos rectángulos A N O y C M O, que tienen iguales sus hipotenusas O A y O C, por ser radios de la circunferencia, y A N y C M por lo dicho en el teorema (69); luego son iguales y, por consiguiente,

O N = O M.

Supongamos ahora las cuerdas C E y C D, tales que

C E > C D,

y veamos cómo C E dista del centro menos que C D. Trazando la normal O F a la cuerda C E, y la normal O M a la cuerda C D, esta última normal corta a la cuerda C E en el punto H, y es oblicua a ella, luego

O F < O H

y con más razón

O F < O M

como se quería demostrar.

Corolario. — *La perpendicular trazada a una cuerda en su punto medio pasará por el centro de la cuerda y por los puntos medios de los dos arcos que subtiende.*

En efecto: puesto que el centro equidista de los extremos de la cuerda, pertenece a la perpendicular a esta cuerda en su punto medio, luego esta perpendicular, según el teorema precedente, dividirá en dos partes iguales a los arcos que subtiende la cuerda.

71.   **Teorema.** — *En una circunferencia, los arcos comprendidos entre cuerdas paralelas son iguales.*

Sea la circunferencia de centro O (fig. 39) y tracemos las cuerdas paralelas F G y H L; los arcos H F y L G comprendidos entre ellas son iguales. En efecto: trazando el diámetro P Q perpendicular a ellas, divide, según sabemo, a las cuerdas y a los arcos que subtienden en dos partes iguales, luego:

arco H F P = arco L G P
arco F M P = arco G N P

y restando   arco H F   = arco L G

El teorema se hace extensivo al caso de arcos comprendidos entre una cuerda, F G, y una tangente, A B, o bien a los arcos comprendidos entre dos tangentes A B y C D paralelas.

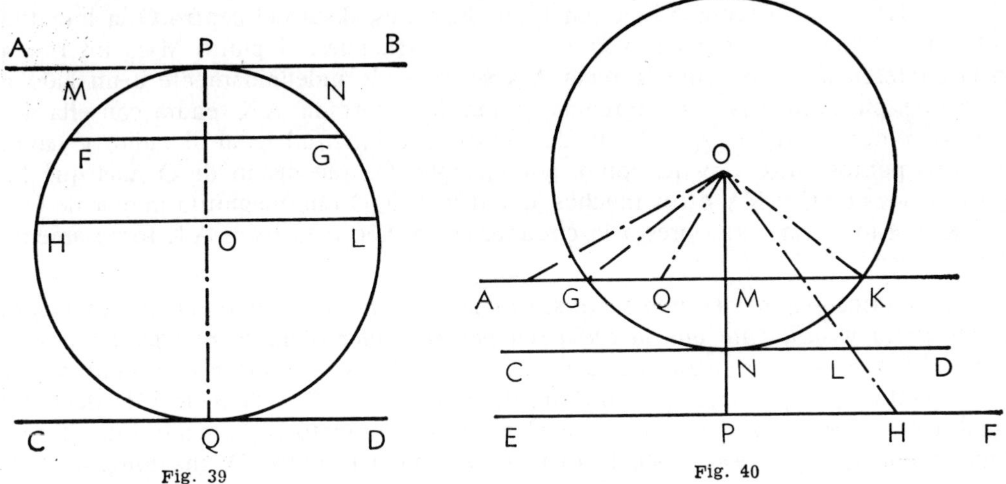

Fig. 39   Fig. 40

72. Secantes y tangentes a la circunferencia. — Como ya se ha dicho (61), una recta y una circunferencia no pueden tener nada más que dos puntos comunes. Se concibe, pues, que las posiciones relativas de una recta y una circunferencia, en un plano, sólo pueden ser las tres siguientes: 1.ª, que la recta no tenga ningún punto común con la circunferencia; 2.ª, que ambas tengan un punto común; 3.ª, que la recta tenga dos puntos comunes con la circunferencia.

RECTA EXTERIOR *a una circunferencia es la que no tiene ningún punto común con esta curva.*

TANGENTE *a una circunferencia es la recta que tiene con la circunferencia un solo punto común.*

SECANTE *a una circunferencia es la recta que corta a la circunferencia en dos puntos.*

73. Teoremas. — 1.º *Si una recta dista del centro de una circunferencia una longitud mayor que el radio r de ésta, será exterior a la circunferencia.*

2.º *Si una recta dista del centro de una circunferencia una longitud igual a su radio r, es tangente a esta circunferencia.*

3.º *Si una recta dista del centro de una circunferencia una longitud menor que su radio r, es secante de la circunferencia.*

En efecto:

1.º Sea la circunferencia de centro O (fig. 40) y una recta tal como la E F, cuya distancia O P al centro O es mayor que el radio O N de la circunferencia; uniendo el centro O con un punto cualquiera H de la recta E F, se tiene, evidentemente,

$$O\,H > O\,P > r,$$

pues O H es una oblicua, siempre mayor que la perpendicular O P. Lo mismo se puede decir de cualquier otro punto de la recta E F.

2.º Uniendo el centro O con un punto cualquiera L de de la recta C D, distinto de N, se puede afirmar también, por la razón antes expresada:

$$O\,L > O\,N.$$

3.º Tracemos la recta A K, la cual, por hipótesis, dista del centro O la longitud O M menor que el radio r de la circunferencia. Así, pues, el punto M es interior a la circunferencia, pero como la recta A K se extiende indefinidamente a un lado y a otro del punto M y la circunferencia es una línea cerrada. A K tendrá con ella dos puntos comunes, G y K, que distan del centro una longitud igual al radio, y habrá infinitos puntos entre G y K, como, por ejemplo, Q, que distan de O más que M, pero menos que G y K y otros muchos, que distan de O una magnitud mayor de O G u O R, y éstos serán exteriores a la circunferencia. Luego la recta A K forzosamente debe cortar a la circunferencia.

Corolario. — *Para que una recta sea tangente a una circunferencia en un punto, es necesario y suficiente que la recta sea perpendicular al radio que pasa por este punto.* En efecto: refiriéndonos a la figura 40, si C D es tangente a la circunferencia en el punto N, la perpendicular trazada desde el centro O a la recta C D debe ser igual a r, y, por tanto, debe pasar por el punto de contacto N, es decir, que se confundirá con O N; en este caso, la recta C D dista del centro O una longitud O N igual a r y será, por consiguiente, la tangente a la circunferencia en el punto N.

Podemos deducir de aquí la siguiente

Consecuencia. — *Por un punto de una circunferencia solamente puede trazarse una tangente a esta circunferencia,* puesto que sólo puede trazarse por un punto una perpendicular a una recta (48).

Corolario. — *Por un punto de una circunferencia siempre se puede trazar una tangente a esta circunferencia.* Bastará para ello trazar el radio correspondiente a dicho punto y levantar en su extremo una perpendicular.

74. Las tangentes trazadas a una circunferencia en los extremos de un mismo diámetro son paralelas entre sí, pues son dos perpendiculares a una misma recta.

75. **Teoremas.** — *Si se trazan las tangentes a una circunferencia en dos puntos que no son diametralmente opuestos, estas tangentes: 1.º, se cortan forzosamente en un punto; 2.º, son iguales; 3.º, la recta que une el punto de intersección de las tangentes con el centro de la circunferencia es la bisectriz del ángulo formado por aquéllas y por los radios a los puntos de tangencia.*

En efecto: sea la circunferencia de centro O (fig. 41), A y B dos puntos no diametralmente opuestos, O A y O B sus radios correspondientes, y A C y B C las tangentes respectivas.

1.º Las tangentes A C y B C se han de cortar forzosamente en un punto, pues son perpendiculares a los radios O A y O B, que se cortan entre sí (47, 4.º).

2.º Las tangentes C A y C B son iguales, pues los triángulos C A O y C B O

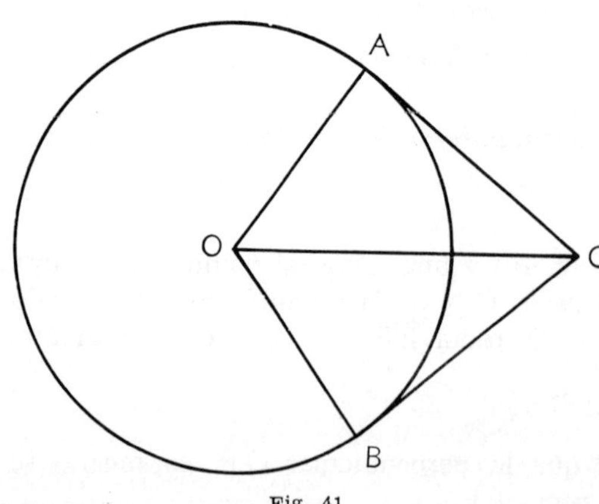

Fig. 41

son triángulos rectángulos que tienen la hipotenusa O C común, e iguales los catetos O A y O B, por ser radios de la misma circunferencia; luego

$$C A = C B$$

3.º La recta C O es bisectriz del ángulo A C B, pues de la igualdad de los triángulos C A O y C B O, antes demostrada, se deduce que los ángulos A C O y B C O son iguales, así como también los ángulos A O C y B O C, con lo cual quedan demostradas las dos últimas proposiciones.

CAPÍTULO III

PROBLEMAS FUNDAMENTALES DE LA GEOMETRÍA PLANA

76. **Problema geométrico** *es toda cuestión geométrica propuesta con el fin de proceder a su investigación.*

La proposición enunciada se denomina *enunciado;* en él existen siempre magnitudes o posiciones conocidas, que constituyen los *datos,* y otras posiciones o magnitudes desconocidas, que se denominan *incógnitas.* Llámase *resolución* de un problema geométrico el procedimiento que se sigue para conseguir el fin propuesto en el enunciado; esta resolución se discute, y el razonamiento que se sigue para demostrar que es cierta se denomina *demostración.*

En la mayoría de los problemas geométricos se obtiene la solución mediante una serie de operaciones gráficas que se denomina *construcción;* los problemas así resueltos se conocen con el nombre de *gráficos.* Modernamente, estudiadas y ampliadas las relaciones entre la Geometría y otras ciencias (el Álgebra, el Cálculo Integral e Infinitesimal, la Física, etc.), todos los problemas de ésta tienen una solución gráfica, la cual ayuda muchísimo a comprender el problema mismo, sus variantes, etc.

77. **Problema 1.º** *Determinar el punto medio de un segmento limitado.*

Sea el segmento A B; tomando como centro sucesivamente los puntos A y B, se traza un arco a uno y otro lado del mismo, de modo que se corten, para lo cual se toma un radio sensiblemente mayor que la mitad del segmento A B (fig. 42), y se determinan los puntos M y N; uniendo estos puntos por medio de la recta M N, ésta corta al segmento A B en un punto O, que es punto medio del segmento A B por pertenecer a la recta M N, la cual, por su construcción, es la mediatriz del segmento A B, puesto que los puntos M y N distan de A y B la misma magnitud, que es el radio A M = B M, o A N = B N. Luego el punto O, que pertenece a la recta M N, también equidistará de A y de B, esto es, será el punto medio de A B.

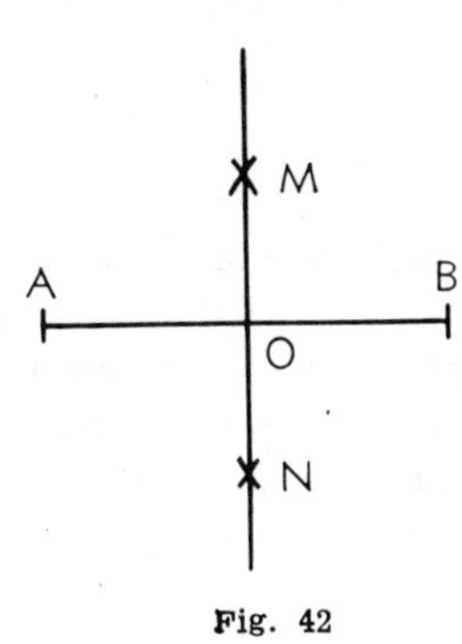

Fig. 42

78. **Problema 2.º** *Por un punto de una recta dada trazar otra que forme con la primera un ángulo igual a otro dado.*

Sea la recta dada A B, M el ángulo dado y A un punto de la primera (fig. 43). Trácese el arco P Q, correspondiente al ángulo M, con un radio cualquiera M P, y con este mismo radio y haciendo centro en el punto A trácese un arco D F que corte a la recta A B. A partir del punto de intersección D se toma una longitud D C=P Q, y se unen los puntos A y C; el ángulo C A D es igual al ángulo dado M y constituye la solución del problema, pues los triángulos P M Q y D A C son iguales, ya que por construcción

$$M P = A C, \quad M Q = A D \quad y \quad P Q = D C,$$

luego se deduce la igualdad de los ángulos en M y en A.

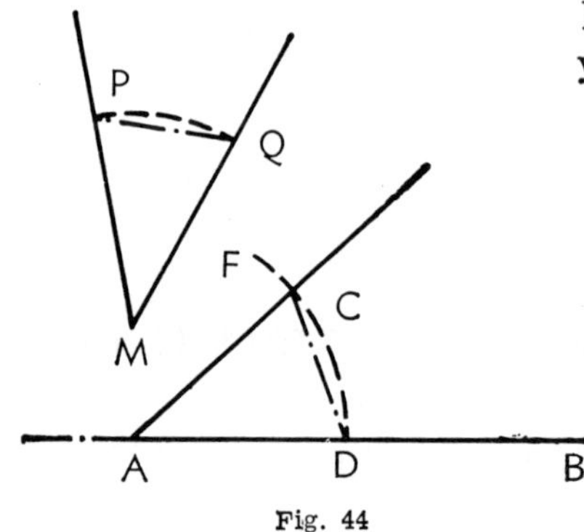

Fig. 44

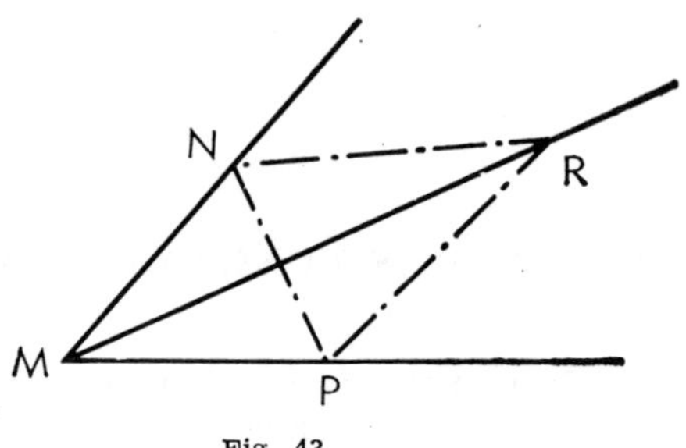

Fig. 43

79. Problema 3.° *Trazar la bisectriz de un ángulo dado.*

Sea el ángulo dado M (fig. 44); tómense sobre sus lados las distancias iguales M N y M P, únanse los puntos P y N y constrúyase la mediatriz R M del segmento N P; esta mediatriz, M R, es la bisectriz del ángulo propuesto, esto es, todos sus puntos equidistan de los dados del ángulo. Para demostrarlo unamos los puntos N y P con el punto R; los triángulos N M R y P M R tienen, según la construcción seguida, sus tres lados respectivamente iguales:

$$M N = M P, \quad N R = P R,$$

y el tercer lado, M R, es común a ambos; luego serán iguales, y se deduce de ello la igualdad de los ángulos N M R y P M R:

$$\widehat{N M R} = \widehat{P M R},$$

lo cual prueba que M R es la bisectriz del ángulo M.

80. Problema 4.° *Por un punto de una recta indefinida trazar una perpendicular a esta recta.*

Sea la recta indefinida C D y A el punto de la misma (fig. 45), por el cual se ha de trazar la perpendicular a C D. Haciendo centro en A, y con un compás, se toman las distancias iguales A M y A N; queda el problema ahora reducido a trazar la mediatriz del segmento rectilíneo M N, el cual se soluciona como se indicó en el problema 1.°.

81. Problema 5.° *Por un punto exterior a una recta trazar una paralela a ésta.*

Sea la recta A B y C el punto externo (fig. 46). Desde un punto cualquiera D de la recta A B, y con un radio igual a D C, se traza el arco C F que corte a la recta en el punto F; luego, haciendo centro en C y con radio igual que el anterior, se

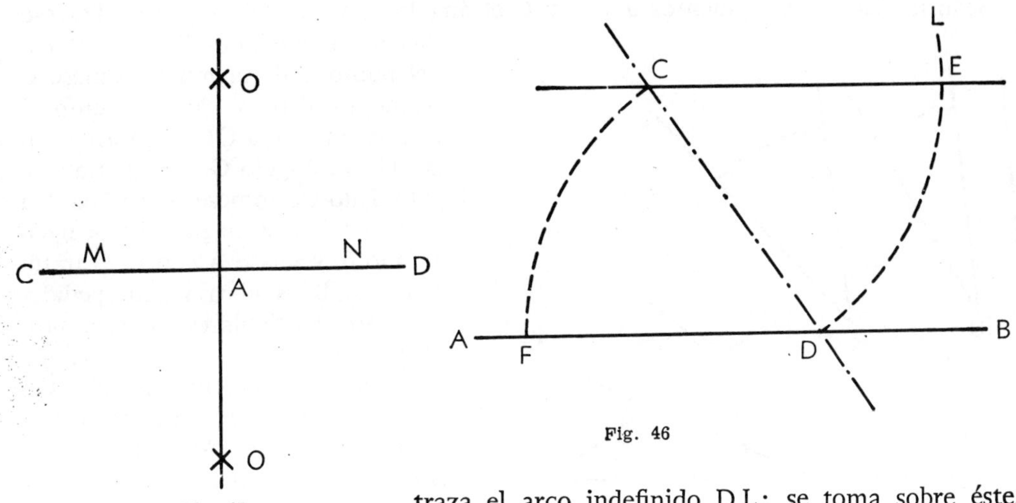

Fig. 45

Fig. 46

traza el arco indefinido D L; se toma sobre éste, y a partir del punto D, la distancia D E igual a C F, y se unen los puntos C y E. La recta C E es la paralela pedida. En efecto: uniendo los puntos C y D entre sí con una recta se forman los ángulos E C D y C D F, cuyos arcos D E y F C son iguales, luego también los ángulos serán iguales. Pero los ángulos citados son alternos-internos entre las rectas A B y C E cortadas por la secante C D, luego estas rectas son paralelas entre sí.

82. Problema 6.º *Por un punto exterior a una recta trazar una perpendicular a esta recta.*

Sea la recta C D y A el punto exterior a ella (fig. 47); haciendo centro en A trácese un arco que corte en dos puntos M y N a la recta C D, y ahora hállese la mediatriz del segmento M N, siguiendo la construcción indicada en un problema anterior; la recta A B B' será la recta pedida.

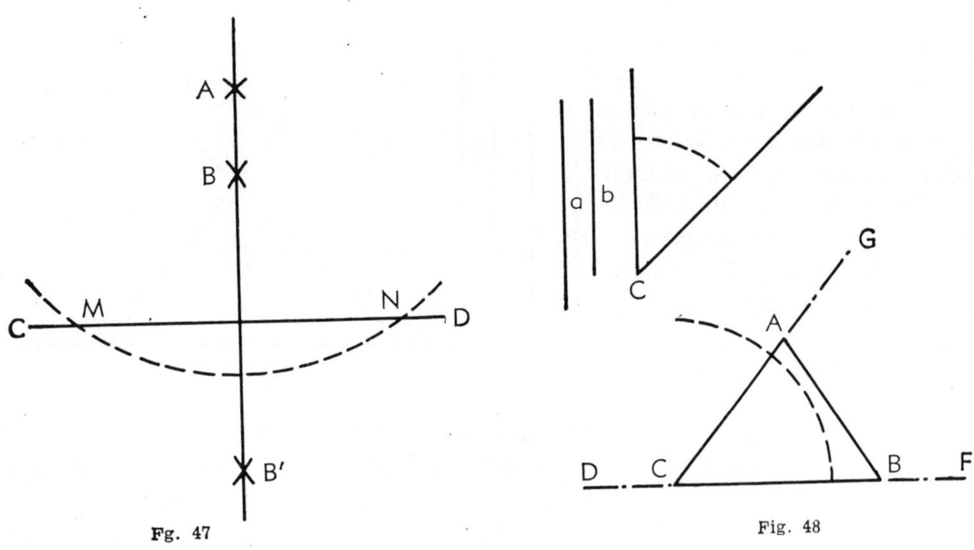

Fg. 47

Fig. 48

83. Problema 7.º *Construir un triángulo dados dos lados y el ángulo comprendido entre ellos.*

Sean los lados los segmentos *a* y *b* y *C* el ángulo comprendido (fig. 48). Trácese una recta indefinida D F, y a partir del punto C de la misma tómese el segmento C B=*a*. Por el punto C trácese una recta C G que forme con la D F un ángulo G C F igual al ángulo dado C; tómese sobre C G y a partir de C una magnitud C A igual al lado *b*, y únase A con B. El triángulo A C B es el triángulo pedido.

Casos particulares de este problema son los dos siguientes: 1.º *Construir un triángulo isósceles conocidos uno de los lados iguales y el ángulo opuesto a la base. 2.º Construir un triángulo rectángulo conocidos los dos catetos.*

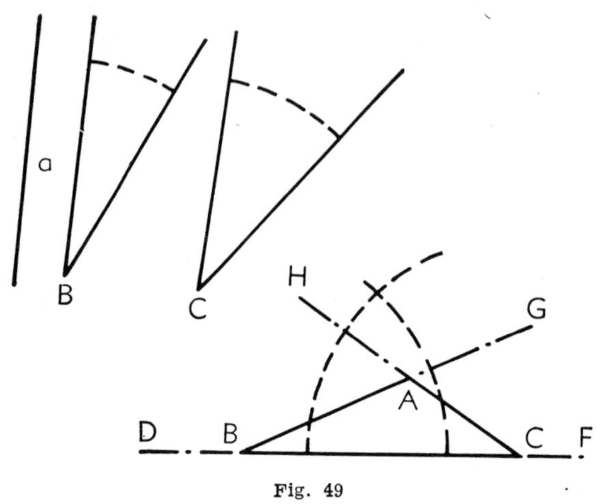

Fig. 49

84. Problema 8.º *Construir un triángulo conocidos un lado y los ángulos adyacentes al mismo.*

Sea *a* el lado y B y C los ángulos adyacente (fig. 49). Tómese una recta indefinida D F sobre ella, y a partir de uno cualquiera de sus puntos, por ejemplo, B, el segmento B C=*a*. Tomando ahora los puntos B y C como vértices, constrúyanse los ángulos G B C y H C B, respectivamente, iguales a los ángulos B y C dados; el punto A, intersección de las rectas G B y H C, será el tercer vértice del triángulo A B C, solución del problema.

85. Problema 9.º *Construir un triángulo conocidos sus tres lados a, b, y c.*

Sobre una recta indefinida D F (fig. 50) y a partir de un punto C de ella, tomaremos el segmento C B=*a* y haciendo centro en C y B y con radios respectivamente iguales a *b* y *c*, se trazan dos arcos, los cuales se cortarán siempre que se cumpla la condición C B>*b*−*c* y C B<*b*+*c*. Únase el punto A de intersección de ambos arcos con C y B y tendremos así solucionado el problema.

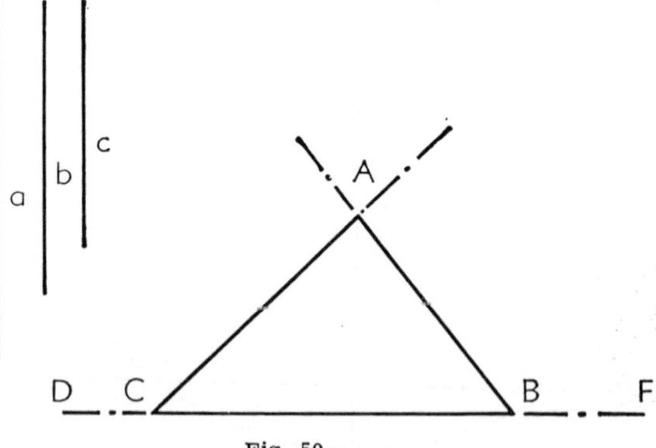

Fig. 50

86. Problema 10.º *Construir un triángulo conocidos un lado a, el ángulo opuesto al mismo A y uno de los ángulos C contiguos al mismo lado a.*

Sobre una recta ilimitada D F se toma un segmento C B=*a* (fig. 51), y en el punto C, como vértice, se construye un ángulo G C F igual al ángulo dado C. Ahora, por un punto cualquiera H de la recta G C, se traza una recta H L situada al mismo lado de la C G que la C F y que forme con la C G un ángulo C H L=$\hat{A}$, y por el punto B se traza una paralela a H L y situada al mismo lado que la H L respecto la C F. Esta paralela cortará a la C G en un punto A siempre que la suma de los ángulos G C F y M B D valga menos de dos rectos.

Como el ángulo B A C es igual al L H C y, por consiguiente, el ángulo dado A, el triángulo A B C será solución del problema.

Casos particulares de este problema son los siguientes: 1.º *Construir un triángulo rectángulo conocidos un cateto y el ángulo opuesto al mismo.* 2.º *Construir un triángulo rectángulo conociendo la hipotenusa y uno de sus ángulos agudos.*

87. **Problema 11.º** *Construir un triángulo conociendo dos lados y el ángulo opuesto a uno de ellos.*

Sean *a* y *b* los lados y A el ángulo conocido (fig. 52); sobre una recta indefinida D F y por un punto A de la misma trácese la recta A G que forme con la A F un ángulo G A F igual al ángulo dado A; tómese sobre A G, y a partir del punto A, la longitud A C=*b* y descríbase desde C como centro, y con un radio igual a *a*, un arco indefinido. Si este arco tiene un punto común con la recta D F, tal como el B, el triángulo C A B que se forma uniendo C con B será, evidentemente, una solución del problema.

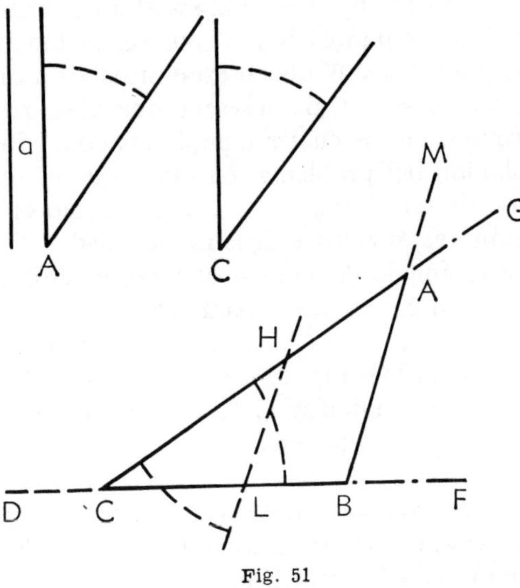

Fig. 51

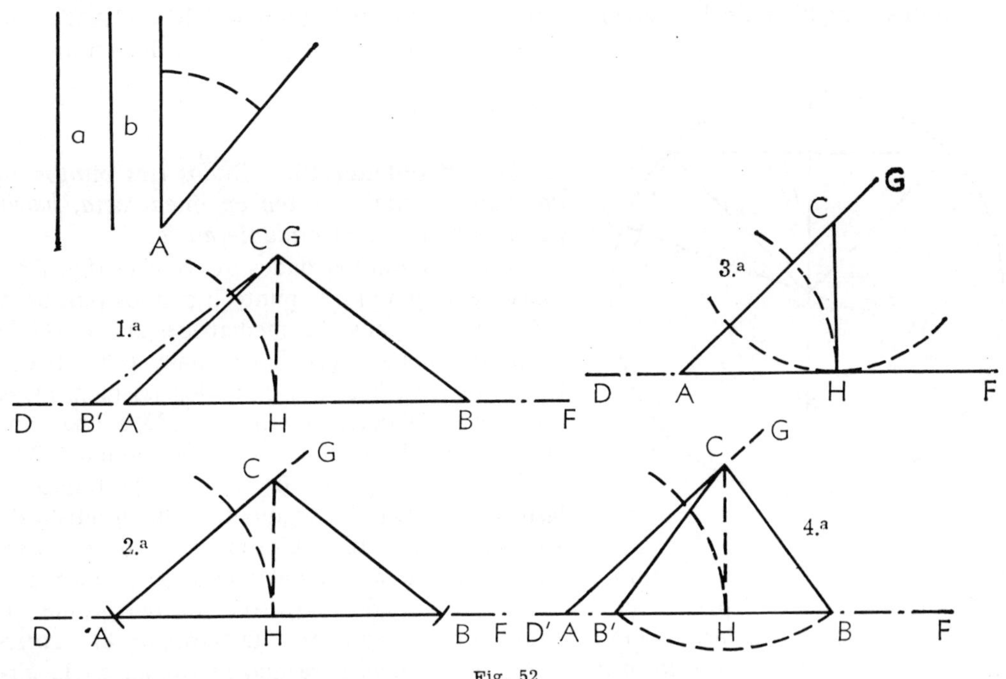

Fig. 52

Discusión. Pueden ocurrir tres casos: 1.º que a sea mayor que b; 2.º que a sea igual a b; y 3.º que a sea menor que b.

Caso 1.º (fig. 1.ª). Si $a>b$, el arco descrito haciendo centro en C cortará a la recta D F en los puntos B y B′ por ser la longitud a mayor que la distancia C H, y como los puntos B y B′ deben estar situados a distinto lado del punto A por ser las oblicuas iguales C B y C B′ mayores que C A, resultarán dos triángulos C A B y C A B′, el primero de los cuales cumple las condiciones del enunciado y será, por consiguiente, solución del problema, en tanto que el segundo, C A B′, sólo cumplirá aquéllas en el caso de ser el ángulo A recto; y como en este caso los dos triángulos C A B y C A B′ serán rectángulos e iguales, se puede afirmar que siempre que a sea mayor que b, sea el ángulo A recto u oblicuo, el problema tendrá una solución.

Caso 2.º Si $a=b$, para que el problema sea posible es indispensable que el ángulo A sea agudo. Si se cumple esta condición, el arco descrito con centro en C cortará a la recta D F (fig. 2.ª) en dos puntos. A y B, situados a distancias iguales del pie H de la perpendicular C H a la recta D F, y el triángulo isósceles C A B será la única solución del problema.

Caso 3.º Si $a<b$, para que el problema sea posible es preciso primeramente que a no sea menor que C H, distancia del punto C a la recta D F, pues si fuese menor que ella, el arco trazado con el radio a desde C como centro no tendría ningún punto común con la recta D F.

En segundo lugar es necesario que el ángulo A sea agudo, pues si no lo fuera, tampoco lo sería el ángulo B y el triángulo sería imposible.

Supuesto que se cumplen ambas condiciones, puede ocurrir que el lado a, siendo menor que b, sea igual a C H o mayor que C H. Si $a=$C H (fig. 3.ª), el arco trazado con centro en C y de radio a sería tangente a D F en el punto H, y el triángulo rectángulo C A H sería la única solución del problema. Si $a>$C H (fig. 4.ª), el arco cuyo centro es C y de radio a cortará al lado D F en los puntos B y B′ situados a distintos lados de H, pero a un mismo lado del vértice A, por ser $a<b$, y, por consiguiente, los puntos B y B′ serán los terceros vértices de los triángulos C A B y C A B′, que satisfacen todas las condiciones del enunciado y serán, pues, las dos soluciones del problema propuesto.

88. Problema 12.º *Dados tres puntos en un plano y que no estén en línea recta, hacer pasar por ellos una circunferencia.*

Sean los puntos dados A, B y C (fig. 53); únase, por ejemplo, el punto B con los puntos A y C y constrúyanse las mediatrices D E y F G de los segmentos A B y B C, las cuales pasarán por los puntos medios M y N de los mismos. Estas mediatrices se cortan en un punto O, el cual, por pertenecer a la mediatriz G F del segmento B C, equidista de los puntos B y C, y por pertenecer a la mediatriz D E del segmento A B, equidista de los puntos A y B. Equidista, pues, de los tres puntos dados, y tomándolo como centro y con un radio igual a O A, se trazará una circunferencia, la cual pasará por los tres puntos dados y es solución del problema.

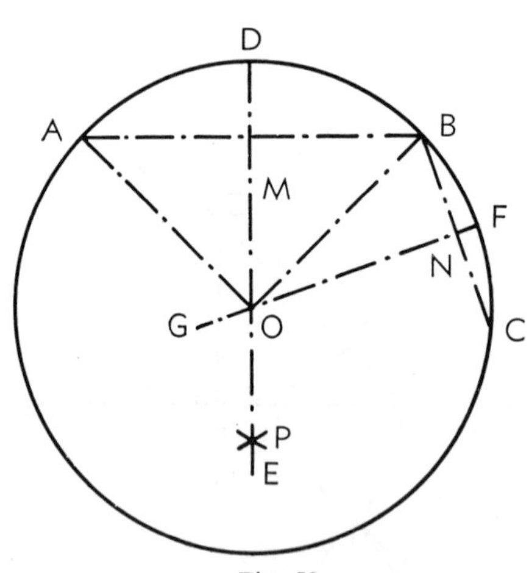

Fig. 53

Como caso particular podemos establecer el siguiente: *Determinar el centro de una circunferencia o de un arco de circunferencia.* Para ello se toman en la circunferencia o arco propuesto tres puntos cualesquiera, se une uno de ellos con los otros dos y se trazan las mediatrices de los segmentos rectilíneos así determinados; el punto de intersección de aquéllas' será el centro buscado.

OBSERVACIÓN. — Una vez determinado el centro O de un arco A D B, es fácil *dividir este arco en dos parte iguales.* Para ello se unen sus extremos A y B y se construye la mediatriz M P del segmento A B; la recta P O M será la bisectriz del ángulo A O B y pasará por el punto medio D del arco A D B (fig. 53).

89. **Problema 13.º** *Trazar la bisectriz de un ángulo cuyo vértice cae fuera de los límites del dibujo.*

Sean B C y D E los lados del ángulo (fig. 54); por un punto cualquiera D de uno

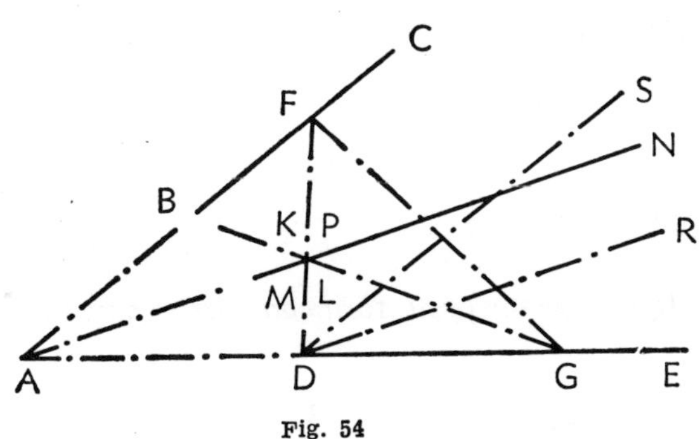

Fig. 54

de los lados D E del ángulo propuesto se traza la recta D S paralela al otro lado B C y dirigida en el mismo sentido que él; por un punto cualquiera F del lado B C trácese una recta F G que corte al otro lado D E; búsquense luego las bisectrices F L, G K y D R de los ángulos B F G, D G F y S D E, y por el punto de intersección de las dos primeras trácese una paralela M N a la tercera D R, y se tendrá la solución única del problema.

90. **Lugar geométrico** *en el plano es el conjunto de puntos de un plano que gozan de una propiedad geométrica común.*

Todo lugar geométrico reúne, pues, dos condiciones:

a) Que todos sus puntos gozan de una determinada propiedad.
b) Que cualquier punto exterior al lugar carece de ella.

Así, la mediatriz de un segmento es el lugar geométrico de los puntos del plano que contiene a ella y al segmento y que equidistan de los extremos de este último. La circunferencia se puede definir *como el lugar geométrico de los puntos de un plano que dista de uno interior una distancia igual al radio de la curva.*

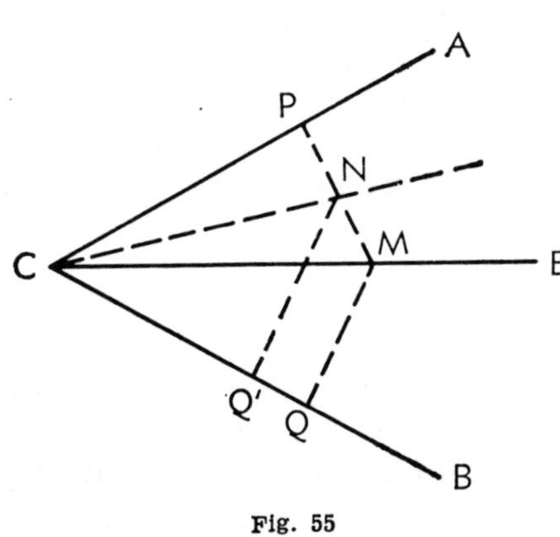

Fig. 55

91. **Teorema.** — *La bisectriz de un ángulo es el lugar geométrico de los puntos que equidistan de sus lados.*

Sea el ángulo A C B (fig. 55) y C E su bisectriz; tomemos en ella un punto cualquiera tal como M. Tracemos desde el punto M las perpendiculares M P y M Q respectivamente a los lados C A y C B; los triángulos rectángulos M P C y M Q C tienen común la hipotenusa C M, e iguales por hipótesis los ángulos P C M y M C Q, y, serán iguales entre sí, luego M P = M Q.

El teorema recíproco, que todo punto del

ángulo A C B que equidiste de los lados C A y C B pertenece forzosamente a la bisectriz es fácil de demostrar.

Todo punto exterior a la bisectriz de un ángulo no equidista de sus lados.

En efecto: tomemos el punto N (fig. 55) fuera de la bisectriz del ángulo A C M, y tracemos las normales N P y N Q' a los lados C A y C B respectivamente, y la recta C N. Los triángulos N P C y N Q' C son rectángulos que tienen la misma hipotenusa, C N, pero el ángulo P C N es menor que el N C Q' y, por consiguiente, el cateto N P será menor que el N Q', luego el punto N no equidista de los lados C A y C Q' del ángulo A C B. No pertenece pues a su bisectriz C M ni participa de las propiedades de los puntos de ésta.

CAPÍTULO IV

FIGURAS GEOMÉTRICAS

I. POLÍGONOS

92. Figura rectilínea. — *Es toda figura geométrica formada por segmentos rectilíneos.*

A este grupo pertenecen las líneas quebradas, las cuales gozan de algunas propiedades importantes que se exponen a continuación.

93. Teorema. — *Todo segmento rectilíneo es menor que la quebrada, que tiene los mismos extremos que él.*

En efecto: vamos a demostrar que el segmento A B (fig. 56) es menor que la quebrada A C D E F B, con la cual tiene comunes los extremos A y B. Unamos el punto B con los puntos C, D y E; se han formado varios triángulos, y por una propiedad bien conocida de los mismos podemos escribir esta serie de desigualdades:

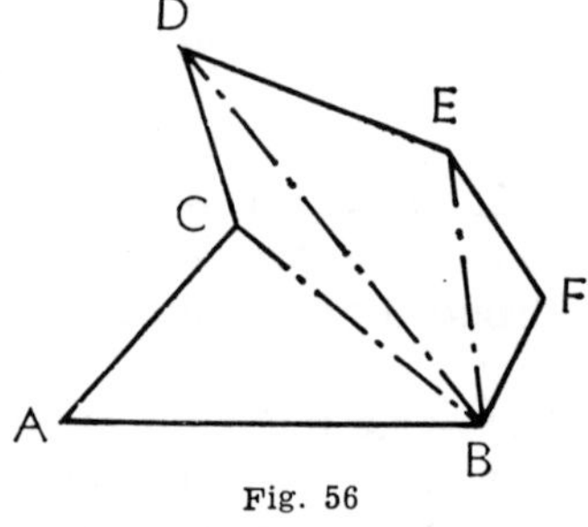

Fig. 56

$$A\ B < A\ C + C\ B$$
$$C\ B < C\ D + D\ B$$
$$D\ B < D\ E + E\ B$$
$$E\ B < E\ F + F\ B$$

que sumadas ordenadamente

$$A B + C B + D B + E B < A C + C B + C D + D B + D E + E B + E F + F B$$

y simplificando, nos dan:

$$A B < A C + C D + D E + E F + F B$$

como se quería demostrar.

Como una línea curva se puede considerar como una línea quebrada de infinito número de elementos rectilíneos, podemos sentar el principio siguiente:

Todo segmento rectilíneo es menor que cualquier otra línea que tiene los mismos extremos que él.

De este principio se deduce la siguiente propiedad de la recta, la cual se utiliza frecuentemente para definirla:

La recta es la distancia más corta entre dos puntos cualesquiera de un plano.

94. Las líneas quebradas que se cierran sobre sí mismas se denominan *líneas poligonales.*

95. **Polígono** *es la porción de plano limitado por un línea poligonal cerrada formada por tres o más rectas.* Los puntos en que se cortan cada dos rectas conse-cutivas de las que forman el polígono se denominan *vértices* del polígono; las rectas que limitan a éste se llaman *lados* del polí-gono, y los ángulos que éstos forman entre sí, *ángulos* del polígono. Así, en los dos polígonos representados en la figura 57, los puntos A, B, C, D, E son los vértices; A B, B C, C D, D E y E A, los lados, y los ángulos A B C, B C D, D E A son ángulos del polígono.

Un polígono se designa por lo común por las letras de sus vértices.

Contorno de un polígono es la línea po-ligonal que lo limita.

Diagonal de un polígono es toda recta que une dos vértices no consecutivos del mismo. Desde un mismo vértice se pueden trazar $n-3$ diagonales, representando con n el número de lados del polígono.

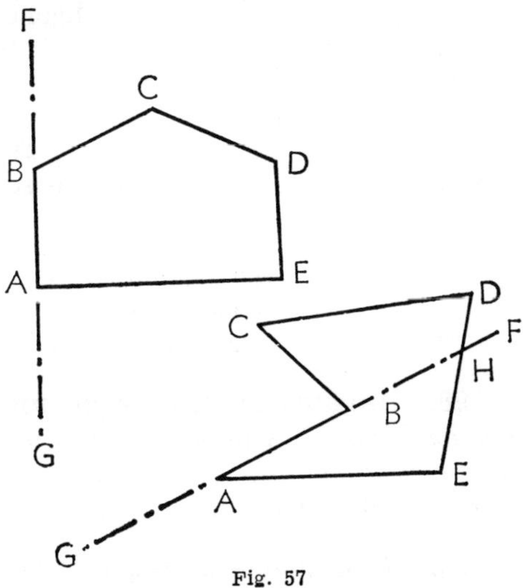

Fig. 57

Los polígonos se clasifican por el número de lados que los forman; así, se llama *triángulo* cuando tiene tres lados; *cuadrilátero*, si tiene cuatro lados; *pentágono*, si tiene cinco; *hexágono*, si tiene seis; *heptágono*, si tiene siete; *octágono*, si tiene ocho; *decágono*, si tiene diez; *dodecágono*, si tiene doce, y *pentadecágono*, si tiene quince. Cuando tienen más lados, se nombran con el número de lados que poseen.

Se dice que un polígono es *convexo* cuando prolongado uno de sus lados, todo el plano limitado del polígono queda a un mismo lado del lado prolongado, como se ve en la figura citada; en este caso, una línea recta sólo puede cortar al contorno del polígono en dos puntos. Por el contrario, un polígono es *cóncavo* cuando tiene algún ángulo entrante, puede ser cortado su contorno en más de dos puntos por una recta y la prolongación de alguno de sus lados divide al plano del polígono en dos partes, como puede verse en la misma figura. Sólo estudiaremos aquí los polígonos convexos, y a ellos exclusivamente se refiere toda la teoría que se expone sobre estas figuras geométricas.

96. **Diagonales de un polígono.** — Ya se a dicho que el número de diagonales que pueden trazarse desde un vértice de un polígono es igual a $n-3$, siendo n el número de lados del mismo. Ahora bien, multiplicando esta diferencia por n, número también de vértices, y dividiendo por 2 el producto, pues cada diagonal corresponde a dos vértices distintos, tendremos que el número total de diagonales de un polí-gono es

$$\frac{(n-3)\,n}{2}$$

97. **Teorema.** — *La suma de los ángulos de un polígono es igual a tantas veces dos rectos como lados menos dos tenga el polígono.*

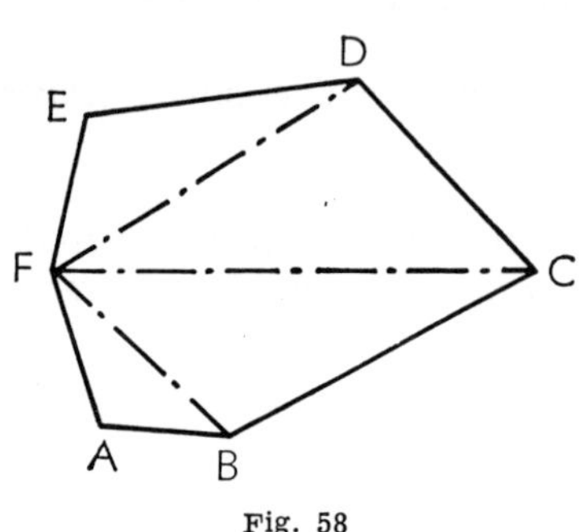

Fig. 58

En efecto: sea el polígono A B C D E F (fig. 58) y tracemos por el vértice F todas las diagonales posibles; queda así dividido el polígono en $n-2$ triángulos, esto es, en tantos como lados tiene el polígono menos dos, representando n el número de lados del polígono; y como la suma de los ángulos de todos estos triángulos es igual a la de los ángulos del polígono, podemos pues, sentar la igualdad siguiente:

$$S = 2\,R\,(n-2).$$

Si en esta fórmula damos a n los valores sucesivos 4, 5, 6 y 10..., se obtendrán las sumas de los ángulos de los polígonos siguientes:

$$
\begin{aligned}
\text{Cuadrilátero} & \quad \ldots \quad S = 2\,R\,(\ 4 - 2) = \ 4\,R \\
\text{Pentágono} & \quad \ldots \quad S = 2\,R\,(\ 5 - 2) = \ 6\,R \\
\text{Hexágono} & \quad \ldots \quad S = 2\,R\,(\ 6 - 2) = \ 8\,R \\
\text{Decágono} & \quad \ldots \quad S = 2\,R\,(10 - 2) = 16\,R
\end{aligned}
$$

98. **Ángulos exteriores de un polígono.** — *Se denominan así los formados por los lados y las prolongaciones de los lados consecutivos*, verificadas todas en el mismo sentido. Así, los ángulos exteriores del polígono A B C D E representado en la figura 59, son los ángulos N A B, F B C, Q C D, R D E y M E A.

99. **Teorema.** — *La suma de los ángulos exteriores de un polígono convexo es igual a cuatro rectos.*

En efecto: sea el polígono convexo A B C D E (fig. 59); prolongando todos los lados en el mismo sentido se habrán formado sus ángulos exteriores. Como se ve en la figura, se ha formado en cada vértice un ángulo llano compuesto del ángulo exterior más el interior adyacente; el número de los ángulos llanos es igual al de vértices n del polígono, y la suma de ellos vale

$$S_1 = 2\,R \times n,$$

y si de esta igualdad restamos la que da el valor de la suma de los ángulos internos, obtendremos la suma de los ángulos exteriores:

$$S_1 - S = 2\,R\,n - 2\,R\,(n-2) = 2\,R\,n - 2\,R\,n + 4\,R$$

y simplificando,

$$S_e = 4\,R.$$

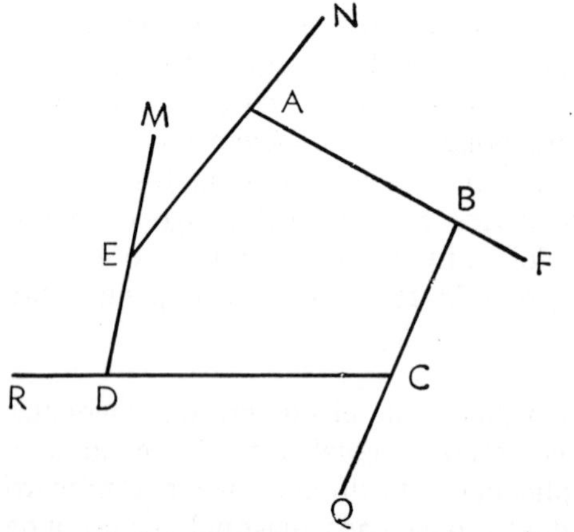

Fig. 59

100. **Polígono equilátero y equiángulo. Polígono regular.** — *Un polígono es equilátero cuando tiene todos sus lados iguales: llámase equiángulo cuando todos sus ángulos son iguales.*

Los polígonos que son a la vez equiláteros y equiángulos se llaman *polígonos regulares*.

Con ayuda de la fórmula hallada' anteriormente

$$S = 2\,R\,(n-2)$$

se puede determinar con facilidad cuánto vale el ángulo del polígono regular siempre que se conozca el número *n* de lados del mismo. En efecto: representando con A este ángulo, su valor será, evidentemente, igual a la enésima parte de la suma de los ángulos internos.

$$A = \frac{2\,R\,(n-2)}{n} = \frac{2\,R\,n - 4\,R}{n} = 2\,R - \frac{4\,R}{n}.$$

Si en las dos fórmulas precedentes se supone a *n* sucesivamente igual a 3, 4, 5, 6 y 10, se obtendrán los valores de los ángulos interiores de los polígonos regulares siguientes:

$$\text{Triángulo} \quad\ldots\ldots\quad A = 2\,R - \frac{4\,R}{3} = \frac{2\,R}{3}\,;\quad E = \frac{4\,R}{3}$$

$$\text{Cuadrilátero} \quad\ldots\quad A = 2\,R - \frac{4\,R}{4} = R\,;\qquad E = R$$

$$\text{Pentágono} \qquad\quad A = 2\,R - \frac{4\,R}{5} = \frac{6\,R}{5}\,;\quad E = \frac{4\,R}{5}$$

$$\text{Hexágono} \quad\ldots\ldots\quad A = 2\,R - \frac{4\,R}{6} = \frac{4\,R}{3}\,;\quad E = \frac{2\,R}{3}$$

$$\text{Decágono} \quad\ldots\ldots\quad A = 2\,R - \frac{4\,R}{10} = \frac{8\,R}{5}\,;\quad E = \frac{2\,R}{5}$$

101. Teorema. — *Las bisectrices de todos los ángulos de un polígono regular concurren en un mismo punto.*

En efecto: sea el pentágono regular A B C D E (fig. 60); las bisectrices O A y O B de los ángulos consecutivos A y B deben cortarse en un punto O por ser menor de dos rectos la suma de los ángulos O B A y O A B. Trazando la recta O C, que une el punto O con el vértice C inmediato a B, se forma el triángulo C O B igual al A O B, pues tienen el lado O B común, y A B = B C y los ángulos O B A y O B C iguales; de esto se deduce que O C B = O A B, y como los ángulos E A B y B C D son iguales y el O A B es, por hipótesis, la mitad del E A B, el O C B será también la mitad del B C D, es decir, que la recta O C es la bisectriz del ángulo B C D.

De igual manera se demostrará que las bisectrices de los demás ángulos del polígono concurren en O.

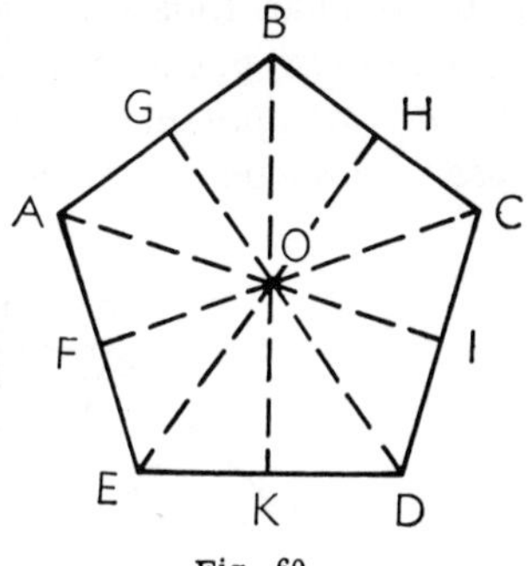

Fig. 60

102. El punto en que concurren todas las bisectrices de los ángulos de un polígono regular se denomina *centro* del polígono; las rectas que unen el centro con los vértices son los *radios* del polígono. Las rectas O F, O K, O G..., que unen el centro O con el punto medio de cada lado, se llaman *apotemas* del polígono, y los ángulos formados por cada dos radios consecutivos se denominan *ángulos en el centro* del polígono regular.

De lo expuesto se deducen las siguientes

CONSECUENCIAS. 1.ª *Todos los radios de un polígono regular son iguales*, pues son lados de triángulos isósceles iguales.

2.ª *En un polígono regular todas las apotemas son iguales, y dividen en dos partes iguales a los lados del polígono, a los cuales cortan perpendicularmente.* En efecto: de la igualdad de los triángulos A O B, B O C... se deduce que sus alturas, que son las apotemas, serán también iguales; por otra parte, de la igualdad de los dos triángulos rectángulos en que quedan divididos los triángulos A O B, B O C... al trazar las apotemas, igualdad fácil de demostrar, se deduce:

$$A\,G = G\,B, \qquad B\,H = H\,C, \qquad C\,I = I\,D...$$

3.ª *Todos los ángulos en el centro de un polígono regular son iguales entre sí, e iguales a* $\dfrac{4\,R}{n}$, siendo *n* el número de lados del polígono.

La medida del ángulo del centro de un polígono regular coincide con la de su ángulo exterior.

103. Se dice que una línea quebrada es *regular* cuando las rectas limitadas que la forman son iguales, e iguales entre sí los ángulos que forman cada dos rectas. Esta línea tiene *centro, radios, apotemas* y *ángulos en el centro*, cuyas definiciones son idénticas a las de estos elementos geométricos en los polígonos regulares; a igual que en éstos, *las bisectrices de todos los ángulos de una línea quebrada regular concurren en un mismo punto.*

104. **Sector poligonal regular.** — *Llámase así a la porción de plano comprendida entre una línea quebrada regular y los radios extremos de la misma.* Así, la figura plana O A B C D (fig. 61) es un sector poligonal regular. La línea quebrada A B C D se denomina *base* del sector, y los radios y apotemas de la línea quebrada se denominan *radios y apotemas* del sector. A igual que en el caso de los polígonos regulares, se puede afirmar que: *en todo sector poligonal regular los radios son iguales; las apotemas son iguales y dividen en dos partes iguales a los lados de la base, a los cuales cortan perpendicularmente.*

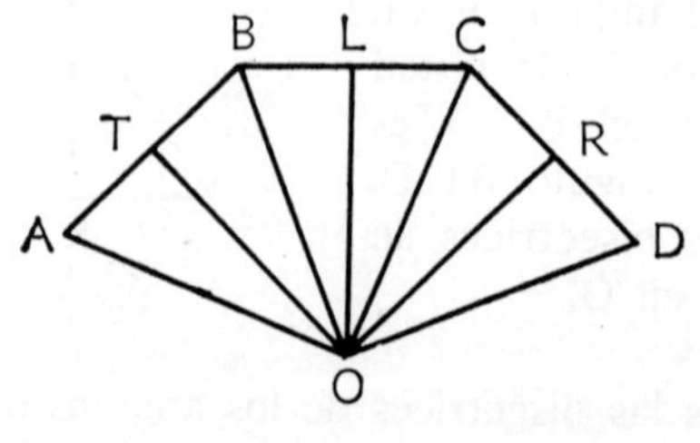

Fig. 61

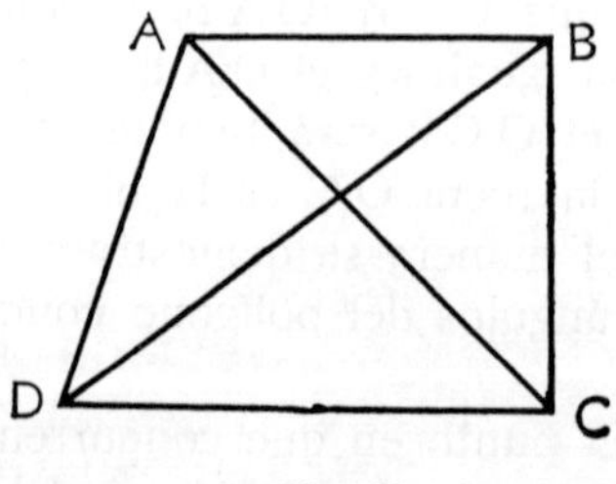

Fig. 62

1.º PROPIEDADES DE LOS CUADRILÁTEROS

105. Cuadrilátero. — *Llámase así al polígono que tiene cuatro lados.* Estos lados se oponen dos a dos (fig. 62); así, en el cuadrilátero A B C D, los lados A B y B C son opuestos respectivamente a C D y D A; cada uno de los vértices A o B se opone a otro vértice, C o D. Por consiguiente, solamente podrán existir en un cuadrilátero dos diagonales.

Como la suma de los ángulos internos de un cuadrilátero vale cuatro restos, según vimos en (99), se deberá admitir que *si dos ángulos del cuadrilátero son suplementarios, los otros dos lo serán también entre ellos, y que si dos ángulos A y D del cuadrilátero son respectivamente iguales a C y B, los dos primeros ángulos y, por consiguiente, los dos últimos, son suplementarios entre sí.*

Los cuadriláteros se clasifican en *paralelogramos, rectángulos, cuadrados, trapecios y rombos,* según las disposiciones y magnitudes relativas de sus lados y de sus ángulos.

106. Paralelogramo.—*Es el cuadrilátero que tiene sus lados opuestos paralelos.*
Así, el cuadrilátero F G C H (fig. 63) es un paralelogramo, en el cual se denominan *bases* dos cualesquiera de los lados opuestos F G y C H, y *altura* a la distancia M N entre ambos. Las diagonales F H y G C del paralelogramo se cortan en un punto O, que es el punto medio de cada una de ellas.

107. Teoremas. — 1.º *Las diagonales de un paralelogramo dividen a éste en dos triángulos iguales.* 2.º *Las diagonales de un paralelogramo se cortan mutuamente en partes iguales.* 3.º *El punto de intersección de las diagonales de un paralelogramo es el centro de simetría del polígono.*

En efecto:

1.º Fijémonos en el paralelogramo C F G H, representado en la figura 63, y tracemos la diagonal F H. Ésta divide al paralelogramo en dos triángulos, F C H y F G H, los cuales tienen común el lado F H y los ángulos C F H y C H F, respectivamente, iguales al F H G y G F H por alternos-internos entre los lados paralelos F C y G H cortados por la secante F H, luego son iguales. De modo análogo podríamos demostrar la igualdad de los triángulos C H G y G F C, formados al trazar la diagonal C G.

2.º Las diagonales se dividen mutuamente en partes iguales; basta para ello fijarse en que los triángulos G O H y C O H son iguales, puesto que

$$G H = C F \quad y \quad G H F = C F H$$

y como los ángulos G O H y F O C son también iguales por opuestos por el vértice, los triángulos G H O y F C O tendrán un lado igual y respectivamente iguales un ángulo adyacente y otro opuesto al lado igual; por lo tanto, serán iguales y podemos escribir:

$$O G = O C \quad y \quad O F = O H.$$

3.º   Tracemos por el punto O una recta tal como P Q, que termine en los puntos P y Q del contorno del paralelogramo.

Los dos triángulos P O G y Q O C tienen los lados O G y O C iguales, el ángulo P O G igual al O C Q por alternos entre paralelas, y los ángulos P O G y Q O C iguales, por ser opuestos por el vértice; luego ambos triángulos serán iguales y se podrá escribir:

$$O\,P = O\,Q,$$

lo que demuestra que el punto O es el centro de simetría del polígono.

Corolarios de estos teoremas son las proposiciones siguientes:

1.ª   *Los lados opuestos de un paralelogramo son iguales.*

2.ª   *Los ángulos opuestos de un paralelogramo son iguales.*

108.   Consecuencia. — De los principios demostrados se deduce *que un cuadrilátero será paralelogramo: 1.º, si sus lados opuestos son iguales y paralelos; 2.º, si sus diagonales se cortan mutuamente en partes iguales.*

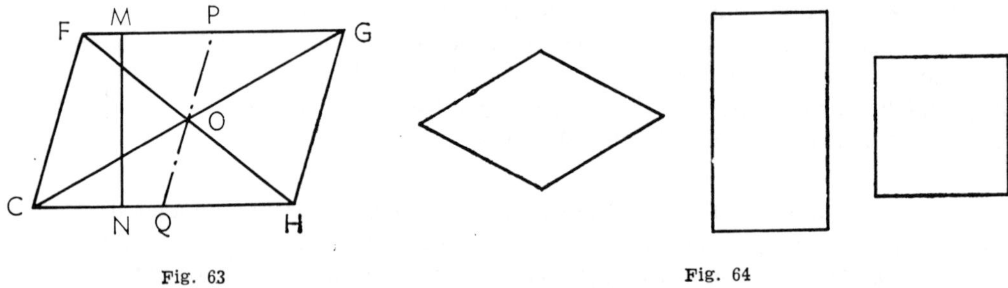

Fig. 63   Fig. 64

109.   Rombo, rectángulo y cuadrado. — El paralelogramo equilátero se llama *rombo;* el paralelogramo equiángulo se llama *rectángulo*, porque forzosamente sus cuatro ángulos son rectos. El paralelogramo regular, esto es, cuyos cuatro lados son iguales, e iguales también sus ángulos, se llama *cuadrado*. Estos tres cuadriláteros están representados, por el orden mencionado, en la figura 64.

Es fácil de demostrar que las diagonales del rombo son perpendiculares entre sí y además bisectrices de los ángulos opuestos, así como también que las diagonales de un rectángulo son iguales.

Las diagonales del cuadrado son iguales, perpendiculares entre sí y bisectrices de los ángulos opuestos, pues el cuadrado es a la vez rombo y rectángulo.

110.   Trapecio. — *Llámase así al cuadrilátero que tiene dos lados paralelos y los otros dos no* (fig. 65).

El cuadrilátero A B C D es un trapecio; los lados paralelos A B y C D se llaman *bases* del trapecio; la distancia M N entre ellos se denomina *altura* del trapecio;

la recta O y O', paralela a las bases y que une los puntos medios O y O' de los lados no paralelos, se denomina *paralela media*.

111. Teorema. — *En todo trapecio, la paralela media es en longitud igual a la semisuma de las longitudes de las bases y divide en dos partes iguales a la altura del trapecio.*

En efecto: si trazamos la recta H I paralela a A C, se forman los triángulos rectángulos H M P y P N I, que tienen iguales las hipotenusas P H y P I por ser respectivamente iguales a O A y O B, e iguales los ángulos M P H y N P I, luego serán iguales, y, por consiguiente:

$$P M = P N$$

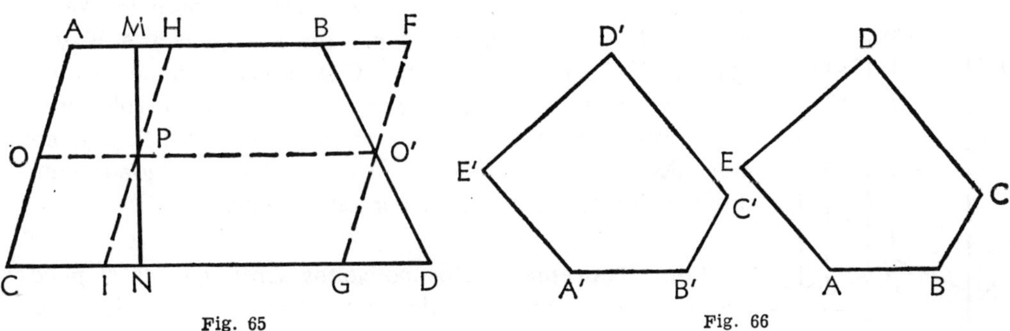

Fig. 65　　　　Fig. 66

Ahora bien, como los cuadriláteros A F O' O y O O' G C son paralelogramos, resulta:

$$OO' = AF = AB + BF \quad y \quad OO' = CG = CD - GD$$

y sumando miembro a miembro estas dos igualdades:

$$2 OO' = AB + CD + BF - GD,$$

pero como B F es igual a G D por ser lados homólogos de los triángulos B O' F y G O' D, iguales, resulta:

$$2 OO' = AB + CD,$$

de donde

$$OO' = \frac{AB + CD}{2}$$

como se quería demostrar.

2.º IGUALDAD DE POLÍGONOS

112. Igualdad de polígonos. — Se dice que *dos polígonos son iguales cuando, superpuestos, coinciden exactamente.*

Los ángulos y lados que coinciden por superposición en dos polígonos iguales, reciben el nombre de *homólogos*.

113. Teorema. — *Dos polígonos serán iguales si tienen respectivamente iguales todos sus lados, e iguales los ángulos comprendidos entre lados respectivamente iguales.*

En efecto: sean los polígonos A B C D E y A′B′C′D′E′ (fig. 66), entre los cuales se cumplen las igualdades siguientes:

$$AB = A'B', \quad BC = B'C', \quad CD = C'D', \quad DE = D'E' \quad EA = E'A'$$

$$\hat{A} = \hat{A'}, \quad \hat{B} = \hat{B'}, \quad \hat{C} = \hat{C'}, \quad \hat{D} = \hat{D'}, \quad y \quad \hat{E} = \hat{E'}$$

Coloquemos el polígono A B C D E sobre el A′ B′ C′ D′ E′, de modo que coincidan los vértices A y B del primero con los vértices A′ y B′ del segundo, lo cual es posible, pues A B = A′ B′. Los lados A E y B C tomarán las direcciones A′ E′ y B′ C′ por ser iguales los ángulos A y B a A′ y B′, respectivamente, y los vértices E y C caerán sobre los vértices E′ y C′ del segundo polígono por ser A E igual a A′ E′ y B C igual a B′ C′; los lados E D y C D tomarán respectivamente las direcciones E′ D′ y C′ D′ por ser iguales los ángulos E y C respectivamente a E′ y C′; y así sucesivamente. Luego coincidiendo todos los vértices y lados, ambos polígonos coincidirán exactamente y serán, por tanto, iguales .

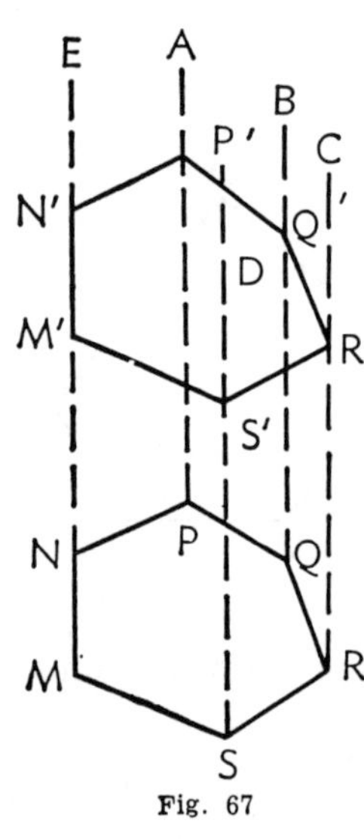

Fig. 67

114. Teorema. — *Dos polígonos serán iguales si pueden descomponerse en triángulos respectivamente iguales y dispuestos de la misma manera por medio de las diagonales trazadas desde uno de los vértices a todos los restantes no consecutivos.*

115. Construcción de polígonos. — Entre los muchos problemas referentes a esta cuestión sólo expondremos algunos, sencillos.

1.º *Construir un polígono igual a otro dado.*

Sea el polígono dado M N P Q R S (fig. 67); para construir otro igual a él prolongaremos, por ejemplo, el lado M N, y por los vértices P, Q, R, S, trazaremos paralelas a M E, tales como P A, Q B, R C y S D. Tómense sobre estas rectas, y a partir de los vértices M, N, P, Q, R y S, distancias iguales entre sí M M′, N N′, P P′, Q Q′, R R′ y S S′, y trácense las rectas N′ P′, P′ Q′, Q′R′, R′ S′ y S′ M′ y el polígono M′ N′ P′ Q′ R′ S′ será el polígono pedido.

2.º *Construir un paralelogramo conociendo dos lados consecutivos y el ángulo que forman.*

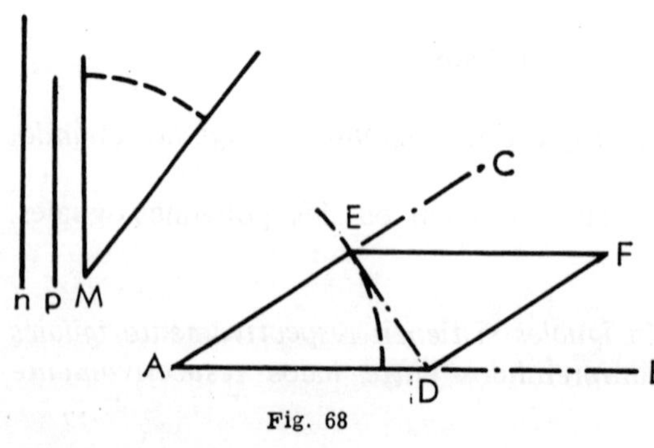

Fig. 68

Sean los elemento conocidos el ángulo M y los lados que lo forman *n* y *p* (fig. 68).

Sobre una recta A B, y tomando A como vértice, se construye el ángulo C A B = M; tómense ahora sobre las rectas A C y A D, lados de este ángulo, y a partir de A, las longitudes A E = *p* y A D = *n*, y fijemos así los puntos E y D, vértices opuestos del futuro paralelogramo. Por los puntos hallados E y D se traza una paralela al otro lado y de

162

igual longitud que él, paralelas que se cortan en un punto F, cuarto vértice del polígono, solución del problema.

3.º *Construir un paralelogramo conociendo las dos diagonales* m *y* n *y un lado* l.

Sean *m* y *n* las diagonales y *l* (fig. 69) el lado, elementos del problema. Sobre una recta indefinida A B se toma una longitud C D = *l*, y desde los puntos C y D como centro y con radios respectivamente iguales a la mitad de *m* y de *n* descríbanse dos arcos, los cuales se cortarán en un punto O, siempre que *l* sea menor que la semisuma de las diagonales y mayor que su semidiferencia. Trácense las rectas C O H y D O L y tómense respectivamente sobre ellas, y a partir de O, las distancias O G = O C y O F = O D.

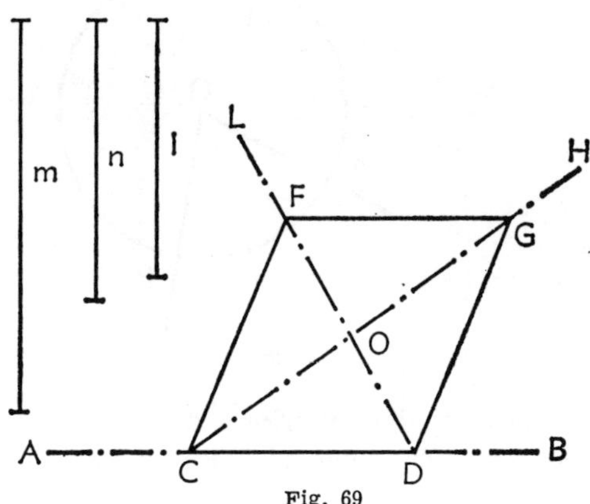
Fig. 69

Uniendo los puntos C con F, D con G y F con G obtendremos el paralelogramo C F G D que soluciona el problema, pues sus diagonales se cortan en dos partes iguales, sus diagonales son iguales a *m* y *n* y los lados opuestos C D y F G son iguales a *l*.

II. ÁNGULOS FORMADOS POR TANGENTES Y SECANTES A LA CIRCUNFERENCIA

116. Los ángulos formados por tangentes y secantes a la circunferencia se clasifican en *periféricos, interiores* y *exteriores,* según que sus vértices estén en la circunferencia, dentro del círculo o fuera de él. Los ángulos periféricos se clasifican a su vez en *inscritos,* si teniendo su vértice en la circunferencia, sus lados son dos secantes, y en *semiinscritos,* si teniendo su vértice en la circunferencia, sus lados son una tangente a ésta y una secante de la misma. En la figura 70 se representan los ángulos inscritos A B C y semiinscritos D E F.

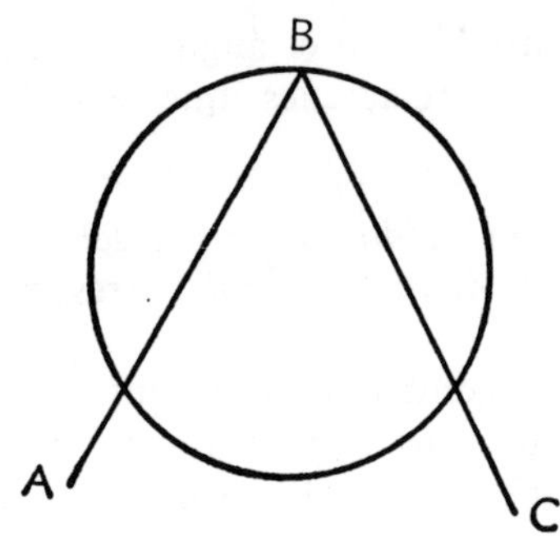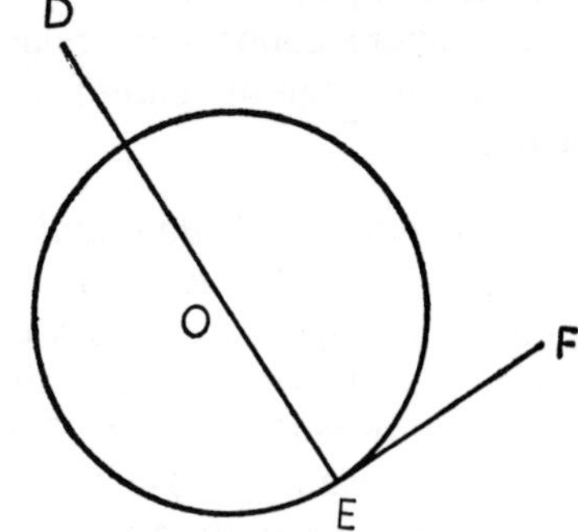
Fig. 70

Los ángulos interiores se dividen a su vez en *centrales y excéntricos;* un ángulo interior se llama *central* cuando su vértice coincide con el centro de la circunferencia y sus lados son, pues, dos radios de la misma, como el A O B (fig. 71); y *excéntrico,* cuando su centro es un punto cualquiera del círculo, distinto del centro, como el E F G (fig. 72).

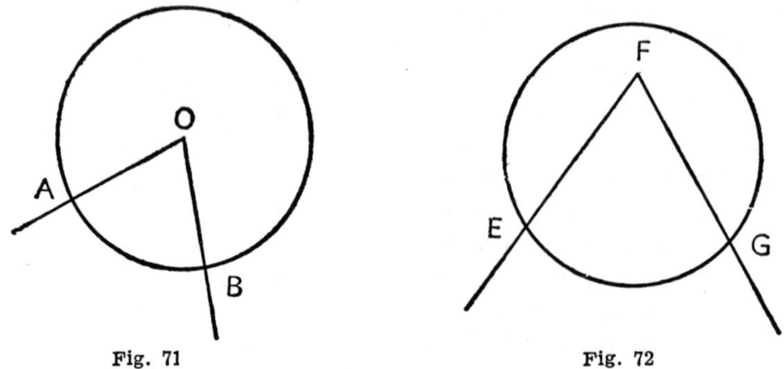

Fig. 71   Fig. 72

Los ángulos exteriores pueden estar formados por dos tangentes, como el A O B; dos secantes, como el D E F, o una tangente y una secante, como el H I L (fig. 73).

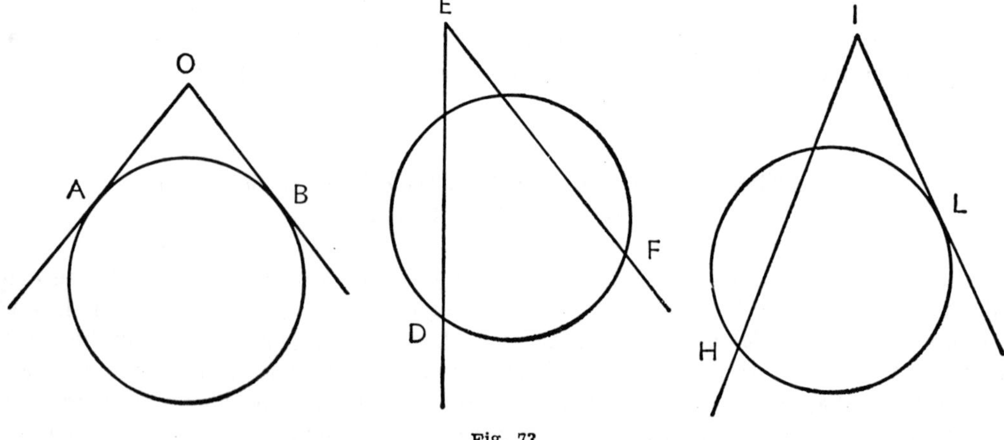

Fig. 73

Un ángulo central tiene como medida el arco comprendido entre sus lados, según se dijo en otro lugar.

Conviene ahora conocer las relaciones de magnitud entre el ángulo central y los demás tipos de ángulos enunciados anteriormente, relaciones que expondremos brevemente.

117. **Teorema.** — *Todo ángulo inscrito tiene por medida la mitad del arco comprendido entre sus lados, es decir, vale la mitad del ángulo central correspondiente.*

Se pueden distinguir tres casos diferentes:

1.º Que uno de los lados del ángulo pase por el centro de la circunferencia.

Sea la circunferencia O (fig. 74) y el ángulo inscrito A B C; trazando el radio O A se forma el triángulo B O A, isósceles, en el que los ángulos A B O y O A B son iguales. El ángulo externo A O C es un ángulo central, luego tiene por medida el arco A C comprendido entre sus lados, y es igual a la suma de los ángulos $\hat{A}$ y $\hat{B}$ no adyacentes:

$$\overset{\wedge}{AOC} = \overset{\wedge}{ABO} + \overset{\wedge}{OAB}$$

pero como

$$\overset{\frown}{ABO} = \overset{\frown}{OAB}$$

resulta

$$\overset{\frown}{AOC} = 2\,\overset{\frown}{ABO}$$

de donde

$$\overset{\frown}{ABO} = \frac{\overset{\frown}{AOC}}{2}$$

luego

$$\textit{medida del áng. } ABC = \frac{1}{2} \textit{ arco } AC.$$

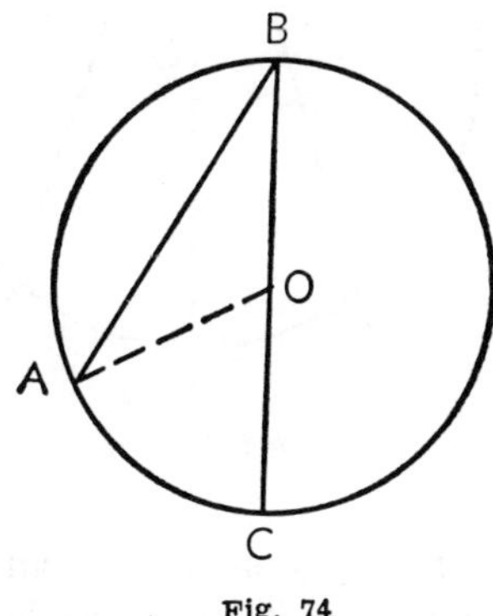

Fig. 74

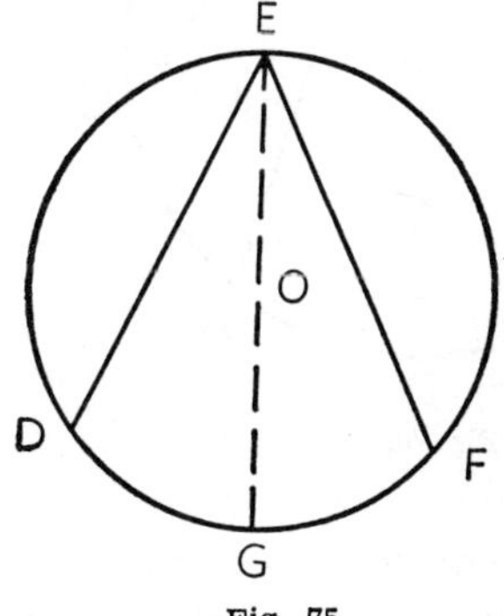

Fig. 75

2.º   Que el centro de la circunferencia esté entre los lados del ángulo. Sea el ángulo inscrito D E F (fig. 75), entre cuyos lados se halla el centro O de la circunferencia; su medida es la mitad del arco D F. En efecto: tracemos el diámetro auxiliar E G; el ángulo primitivo D E F queda así dividido en otros dos: D E G y G E F, y recordando lo demostrado en el primer caso, podemos escribir:

$$\textit{medida áng. } D E G = \frac{1}{2} \textit{ arco } D G$$

$$\textit{medida áng. } G E F = \frac{1}{2} \textit{ arco } G F$$

y sumando miembro a miembro:

$$\textit{medida áng. } D E F = \frac{1}{2} \textit{ arco } D G + \frac{1}{2} \textit{ arco } G F = \frac{1}{2} \textit{ arco } D F$$

como se quería demostrar.

3.º   Que el centro de la circunferencia esté fuera del ángulo.

Sea el ángulo inscrito A B C y O el centro de la circunferencia (fig. 76). Trazando el diámetro auxiliar B D se forman dos ángulos inscritos: D B C y D B A, uno de cuyos lados pasa por el centro. Evidentemente, se cumple la siguiente igualdad:

$$\overset{\frown}{ABC} = \overset{\frown}{DBC} - \overset{\frown}{DBA}$$

o lo que es lo mismo:

$$\textit{medida áng. } A B C = \textit{medida áng. } D B C - \textit{medida áng. } D B A$$

y recordando el primer caso estudiado, tendremos:

$$medida\ áng.\ A\,B\,C = \frac{1}{2}\ arco\ D\,C - \frac{1}{2}\ arco\ D\,A = \frac{1}{2}\ arco\ A\,C$$

como se quería demostrar.

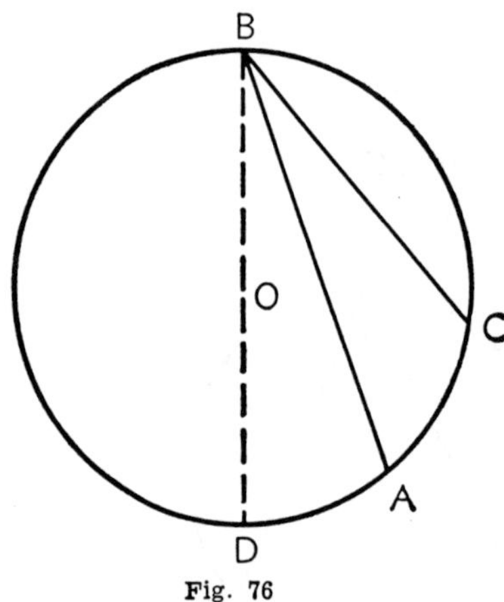

Fig. 76

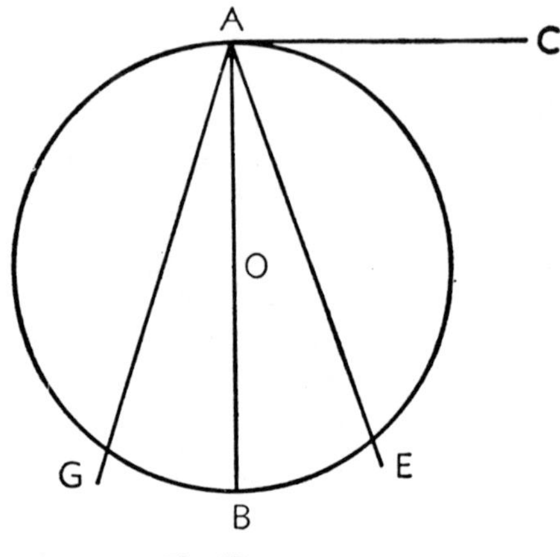

Fig. 77

118. Teorema. — *Todo ángulo semiinscrito tiene por medida la mitad del arco comprendido entre sus lados, e igual, por consiguiente, a la mitad de la medida del ángulo central correspondiente.*

Debemos también distinguir en este teorema tres casos:

1.º El centro está en uno de los lados del triángulo semiinscrito.

Sea el ángulo semiinscrito C A B (fig. 77) formado por la tangente C A y la cuerda-diámetro A B. Por ser ésta perpendicular a la tangente C A, el ángulo C A B es recto y, por consiguiente, tiene por medida la cuarta parte de la circunferencia, esto es, la mitad del arco A B, que es la medida del ángulo central A O B correspondiente.

Luego

$$medida\ áng.\ C\,A\,B = \frac{1}{2}\ arco\ A\,B.$$

2.º Que el centro O de la circunferencia esté dentro del ángulo propuesto.

Sea, en la misma figura, el ángulo semiinscrito C A G; tiene por medida la mitad del arco A B G comprendido entre sus lados. En efecto: trazando el diámetro auxiliar A B, queda dividido el ángulo primitivo en dos: uno el G A B, inscrito; el otro, el B A C, semiinscrito, cuyas medidas conocemos ya. Luego podemos escribir:

$$C\,A\,G = C\,A\,B + B\,A\,G$$

de donde:

$$medida\ áng.\ C\,A\,G = \frac{1}{2}\ arco\ A\,B + \frac{1}{2}\ arco\ B\,G = \frac{1}{2}\ arco\ A\,B\,G$$

como se quería demostrar.

3.º Que el centro O caiga fuera del ángulo.

Sea éste, en la misma figura, el C A E, y tracemos el diámetro auxiliar A B. El examen de la figura nos permite escribir:

$$CAF+EAB=CAB \quad \text{de donde} \quad CAE=CAB-EAB$$

y según lo demostrado antes, tendremos:

$$\text{medida áng. } CAE=\frac{1}{2}\text{ arco } AB-\frac{1}{2}\text{ arco } EB=\frac{1}{2}\text{ arco } AE.$$

COROLARIOS. 1.º *Los ángulos semiinscritos que comprenden entre sus lados arcos iguales, son iguales.* 2.º *Dos ángulos, uno inscrito y otro semiinscrito, que comprenden entre sus lados el mismo arco, son iguales,* pues ambos son iguales a la mitad del ángulo central.

119. **Teorema.** — *Todo ángulo interior a una circunferencia tiene por medida la semisuma de los arcos comprendidos entre sus lados y las prolongaciones de los mismos.*

En efecto: sea el ángulo A B C, interior a la circunferencia O (fig. 78); prolonguemos sus lados hasta cortar a la circunferencia en los puntos E y D, y unamos, por ejemplo, D con C; se forma así el triángulo D B C, del cual, el ángulo dado A B C es externo o exterior, e igual, pues, a la suma de los internos no adyacentes:

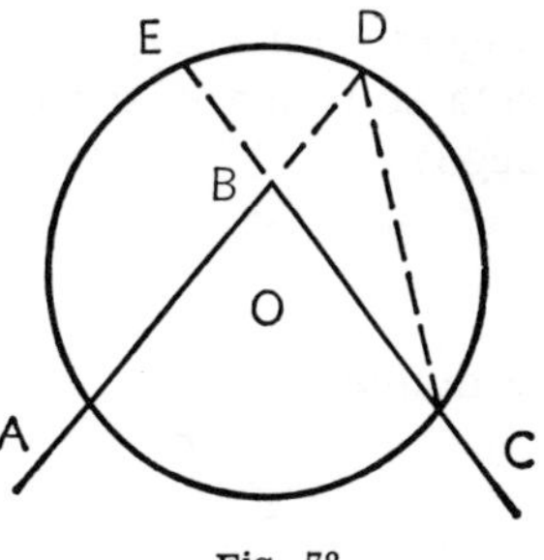
Fig. 78

$$A\overset{\frown}{B}C=B\overset{\frown}{D}C+D\overset{\frown}{C}B=A\overset{\frown}{D}C+D\overset{\frown}{C}E.$$

Pero dos ángulos A D C y D C E son ángulos inscritos que tienen por medida la mitad de los arcos comprendidos entre sus lados, luego:

$$\text{medida áng. } ABC=\frac{1}{2}\text{ arco } AC+\frac{1}{2}\text{ arco } ED=\frac{AC+ED}{2}$$

como se quería demostrar.

120. **Teorema.** — *Un ángulo exterior formado por dos secantes, o dos tangentes, o por una tangente y una secante a una circunferencia, tienen por medida a la semidiferencia de los arcos comprendidos entre sus lados.*

Como se ve, existen tres casos distintos:

1.º Sea el ángulo exterior N M R (fig. 79) formado por las secantes M N y M R; uniendo P con N se forma el triángulo N P M, del cual N P R es el ángulo exterior, inscrito. Tenemos, pues:

$$NPR=MNP+NMP=MNP+NMR$$

de donde:

$$N\overset{\frown}{M}R=N\overset{\frown}{P}R-M\overset{\frown}{N}P$$

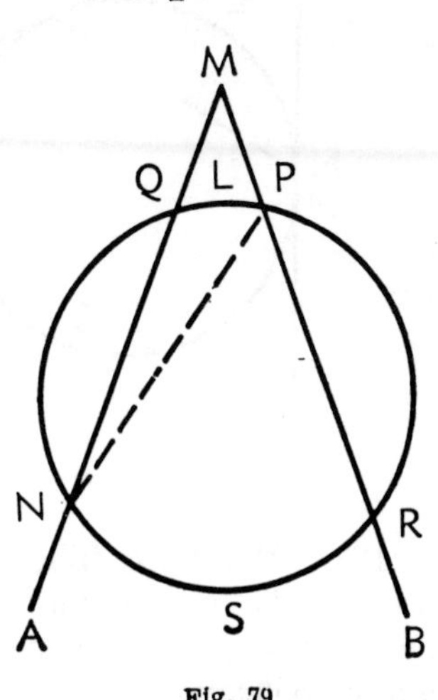
Fig. 79

luego

$$\text{medida áng. } NMR = \frac{1}{2} \, arco \; NSR - \frac{1}{2} \, arco \; PLQ = \frac{1}{2}(NSR - PLQ)$$

2.º Si el ángulo está formado por dos tangentes, tal como el A M B (fig. 80), bastará unir con una recta N P los dos puntos de tangencia N y P. Se forma así el ángulo N P B, semiinscrito y exterior al triángulo N P M, luego podremos escribir:

$$\widehat{NPB} = \widehat{NMP} + \widehat{MNP}$$

de donde:

$$\widehat{NMP} = \widehat{NPB} - \widehat{MNP}$$

y

$$\text{medida áng. } NMP = \frac{1}{2}(arco \; NSP - \frac{1}{2} \, arco \; NLP) = \frac{1}{2}(NSP - PLQ)$$

como se quería demostrar:

3.º Supongamos que el ángulo exterior esté formado por una secante y una tangente, tal como el N M B de la figura 80. Uniendo los puntos N y P con una recta se forma el triángulo N P M, del cual el ángulo semiinscrito N P B es exterior, luego:

$$\widehat{NPB} = \widehat{MNP} + \widehat{NMP}$$

de donde:

$$\widehat{NMP} = \widehat{NPB} - \widehat{MNP}$$

$$\text{medida áng. } NMP = \frac{1}{2} \, arco \; NSP - \frac{1}{2} \, arco \; PLQ = \frac{1}{2}(NSP - PLQ)$$

como se quería demostrar.

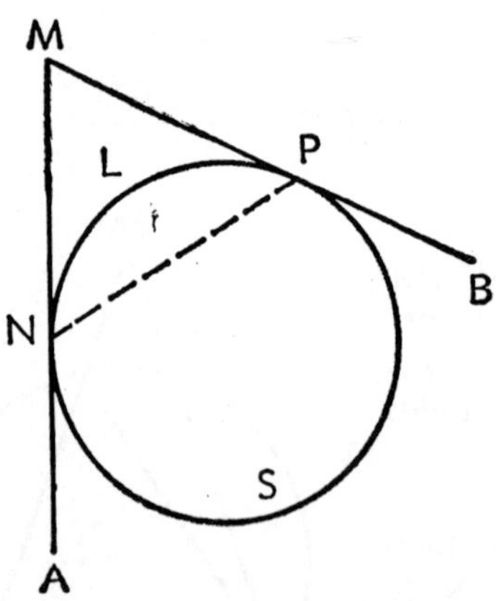

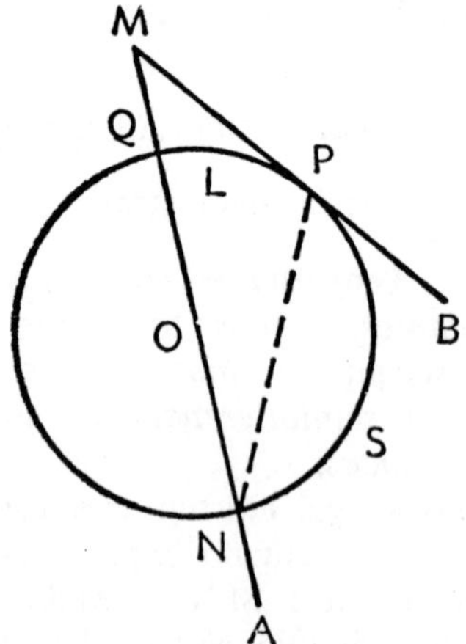

Fig. 80

121. **Polígono inscrito** *en un círculo es aquel cuyos lados son cuerdas de este círculo;* por lo tanto, todos los vértices del polígono inscrito en un círculo son puntos que pertenecen a su circunferencia. De ésta se dice que está *circunscrita al polígono.*

Polígono **circunscrito** *a un círculo es aquel cuyos lados son tangentes a la circunferencia que lo limita,* la cual se dice que está *inscrita en el polígono.*

122. Teorema. — *Todo triángulo se puede inscribir en un círculo y circunscribir a otro.*

En efecto: sea el triángulo M N Q (fig. 81) y demostremos separadamente las dos proposiciones.

1.ª Tracemos las mediatrices D E y A B de los lados M Q y N Q, las cuales se han de cortar forzosamente, y lo hacen en el punto P. Este punto equidista de los vértices M y Q, y como pertenece a la mediatriz B A del lado N Q por pertenecer a la mediatriz D E del lado M Q; equidista de los puntos N y Q; equidista, pues, de los tres vértices M, N y Q; luego P

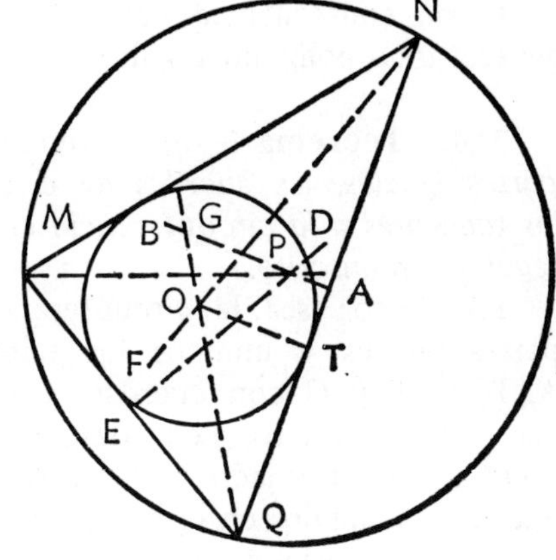

Fig. 81

será el centro de la circunferencia que pasa por estos tres vértices, cuyo radio será P M, P N o P Q, quedando así el triángulo inscrito en un círculo.

2.ª Para circunscribir el triángulo M N P a un círculo, o lo que es lo mismo, para inscribir un círculo en el triángulo dado, trácense las bisectrices Q G y N F de los ángulos M Q N y M N Q; aquéllas se cortan en un punto O, el cual, por pertenecer a ambas bisectrices, equidistará de los tres lados del triángulo, y haciendo centro en él y con un radio O T, se podrá trazar una circunferencia tangente a los tres lados del triángulo, el cual queda así circunscrito al círculo de centro O.

123. Teoremas. — 1.º *Todo rectángulo se puede inscribir en un círculo.* 2.º *Todo rombo se puede circunscribir a un círculo.*

Se pueden demostrar estos dos teoremas recordando las propiedades de las diagonales del rectángulo y del rombo (109). Sea el rectángulo E F H G (fig. 82); tracemos sus dos diagonales E H y F G las cuales, como sabemos, se cortan mutuamente en dos partes iguales; es decir:

$$O E = O H = O F = O G,$$

luego el punto O será el centro de la circunferencia que pasa por los vértices E, F, G y H, quedando así inscrito el rectángulo en cuestión en un círculo.

Fijémonos, en la misma figura 82, en el rombo A B C D, y tracemos sus diagonales A C y B D. Resultan los cuatro triángulos rectángulos A O B, B O C, C O D y D O A, los cuales tienen, respectivamente, iguales sus catetos, pues las dos diagonales del rombo son perpendiculares entre sí en sus puntos medios; luego las alturas O E, O F, O H y O G de estos triángulos serán también iguales. Por lo tanto, el punto O, que equi-

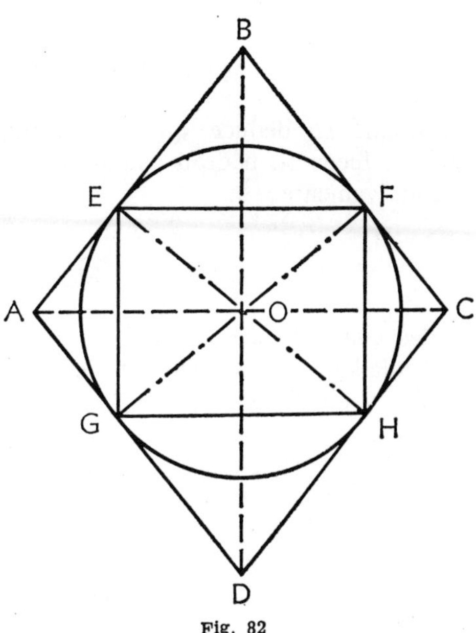

Fig. 82

dista de los lados del rombo, será el centro de la circunferencia tangente a dichos lados, es decir, que el rombo A B C D se puede circunscribir a un círculo.

Como consecuencia del teorema anterior se deduce que todo cuadrado, y en general todo polígono regular, se puede inscribir en un círculo y circunscribir a otro.

124. Teorema.—*Si se divide una circunferencia en un número cualquiera de partes iguales, las cuerdas de estos arcos forman un polígono regular inscrito, y las tangentes a la circunferencia en los puntos de división determinarán un polígono regular circunscrito.*

En efecto: sea la circunferencia de centro O (fig. 83), dividámosla en cinco partes iguales y unamos los puntos de división A, B, C, F y G con cuerdas, y el centro O con los vértices citados. Los triángulos A O B, B O C, C O F... así formados son isósceles, por tener iguales sus ángulos en el centro y los lados de ellos son radios, luego sus terceros lados son iguales, es decir:

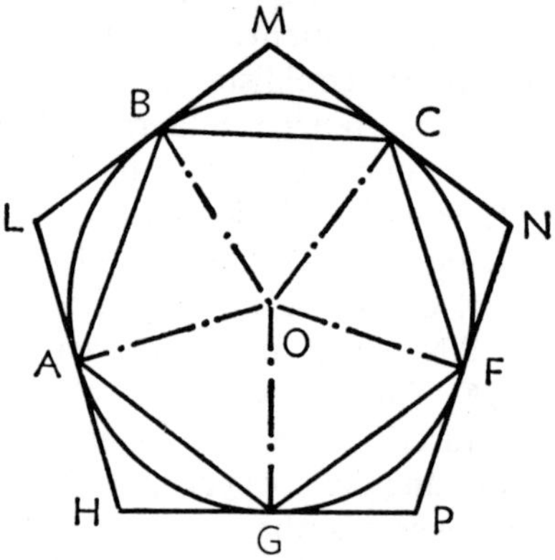

$$A\,B = B\,C = C\,F = F\,G = G\,A$$

y, por consiguiente, se deduce la igualdad de todos los ángulos de estos triángulos. Luego el polígono inscrito A B C F G tiene todos sus lados y ángulos iguales, luego será un polígono regular.

Ahora, en la misma figura, tracemos las tangentes a la circunferencia O en los puntos de división A, B, C, F y G. De la igualdad de las cuerdas

$$A\,B = B\,C = C\,F = F\,G$$

y del principio ya estudiado del valor de los ángulos semiinscritos se deduce la igualdad de los ángulos siguientes:

$$M\,B\,C = M\,C\,B = N\,C\,F = N\,F\,C = P\,F\,G = P\,G\,F = ...$$

de donde se deduce que los triángulos B M C, C N F, F P G... son isósceles e iguales, luego se podrán establecer las igualdades siguientes entre ángulos y lados, respectivamente:

$$\hat{M} = \hat{N} = \hat{P}...$$
$$M\,B = M\,C = C\,N = N\,F...$$

de las cuales se deduce que el polígono M N P H L tiene iguales todos sus ángulos y semilados; por consiguiente, sus lados son también iguales, luego es un polígono regular y circunscrito.

125. De lo expuesto se deduce que para inscribir y circunscribir polígonos regulares en un círculo se divide la circunferencia de éste en n parte iguales y se unen mediante cuerdas los puntos de división o se trazan por ellos tangentes a la circunferencia. Como es fácil dividir cada arco en 2, 4, 8..., y en general, en 2^m partes, se podrán obtener fácilmente los polígonos inscritos y circunscritos de $2n$, $4n$, $8n$... $2^m n$ lados.

Si se tiene un polígono regular de *n* lados inscrito a un círculo y se quiere obtener otro polígono regular de *n* lados circunscrito, se pueden trazar tangentes a la circunferencia por los vértices del primer polígono, o bien por los puntos medios de los arcos subtendidos por los lados del polígono inscrito, puntos que se determinan trazando los radios perpendiculares a estos lados.

III. FIGURAS CIRCULARES

126. Figuras circulares *son las figuras formadas por circunferencias o por rectas y arcos de circunferencia.*

Las principales figuras circulares son: el *sector,* el *segmento,* la *corona* y el *trapecio circulares.*

SECTOR CIRCULAR *es la porción de círculo comprendida entre un arco y los radios que pasan por sus extremos.*

SEGMENTO CIRCULAR *es la porción de círculo comprendida entre un arco y su cuerda.*

CORONA CIRCULAR *es la porción de plano comprendida entre dos circunferencias concéntricas.*

TRAPECIO CIRCULAR *es la porción de corona circular comprendida entre dos radios de la mayor de las circunferencias que limitan la corona.*

A continuación exponemos algunos problemas referentes a las figuras circulares.

1.º PROBLEMAS RELATIVOS A FIGURAS CIRCULARES

127. Problema. — *Levantar una perpendicular en el extremo de una semirrecta que no se puede prolongar por ese lado.*

Sea la semirrecta A B (fig. 84), que no puede prolongarse en el sentido A B; se trata de levantar una perpendicular en el extremo B de la misma. Para ello se toma un punto cualquiera O fuera de la semirrecta pero situado entre B y A, y haciendo centro en él y con un radio igual a la distancia O B se traza una circunferencia. Se une el punto C, en el cual la circunferencia corta a la semirrecta A B con el centro O y se prolonga la recta C O hasta que corte a la circunferencia en el punto opuesto E. La recta E B que une los puntos E y B es la perpendicular pedida. En efecto: el ángulo C B E, formado por la recta A B y la normal B E, es un ángulo inscrito cuyos lados abarcan el arco C F E que mide media circunferencia, luego tiene como medida el arco mitad, esto es, un cuadrante. Así pues, el ángulo C B E es un ángulo recto, cuyos lados, como sabemos son perpendiculares entre sí.

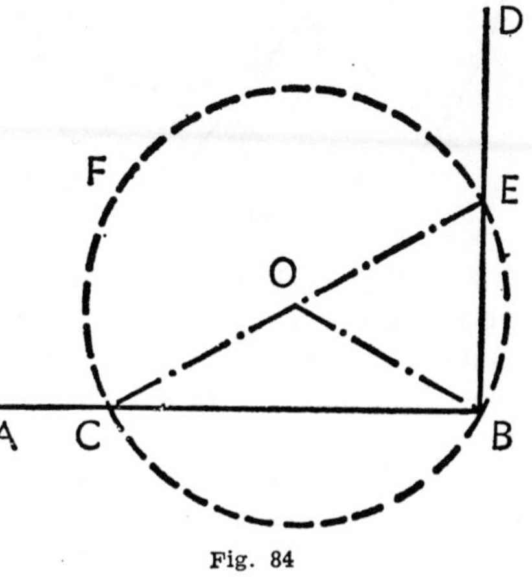

Fig. 84

128. Problema. — *Construir un triángulo conociendo un lado y las alturas correspondientes a los otros dos lados.*

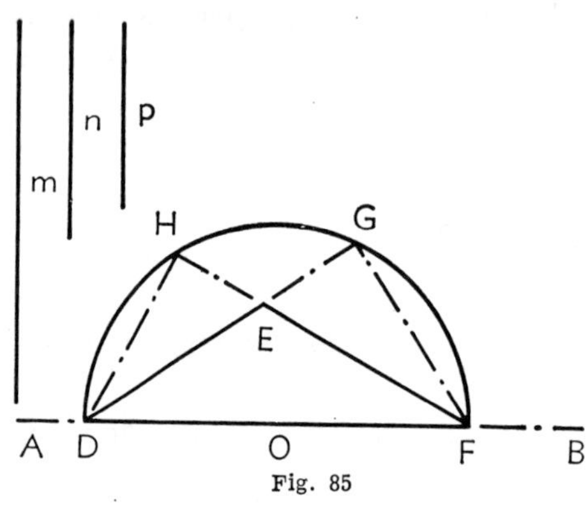
Fig. 85

Sea *m* el lado conocido (fig. 85) *n* y *p* las alturas de los otros dos lados. Sobre una recta indefinida A B se toma una distancia D F igual a *m* y sobre esta longitud, como diámetro, se traza una semicircunferencia O. Haciendo ahora centro en los puntos D y F, con radios respectivamente iguales a *n* y *p* se trazan dos pequeños arcos, que cortarán a la semicircunferencia en los puntos G y H, respectivamente, siempre que el segmento *m* sea mayor que los segmentos *n* y *p*.

Trácense las rectas D G y F H, y el punto E de intersección de ambas será el tercer vértice del triángulo. En efecto: por la construcción se ve que los ángulos inscritos D G F y F H D son rectángulos y, por consiguiente, las rectas F G y D H serán las alturas del triángulo D E F correspondientes a los lados D E y F E; el tercer lado del triángulo D E F, el D F es justamente igual a *m*, luego se cumplen las condiciones del enunciado, y el triángulo D E F es la única solución del problema.

129. Observación. — La resolución del problema anterior está condicionada, esto es, no siempre es posible, sino sólo en aquellos casos en que los lados guarden entre sí determinadas relaciones en magnitud.

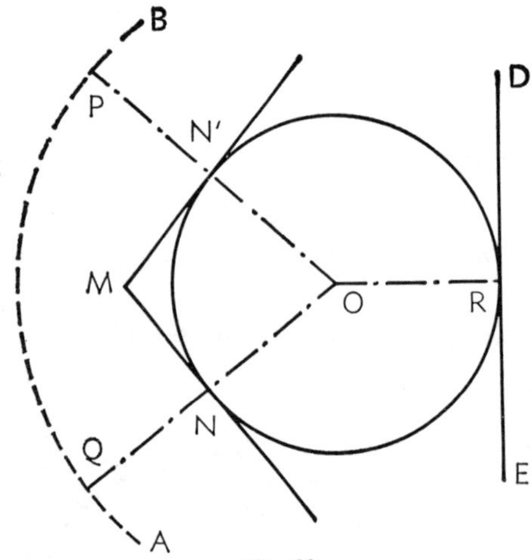
Fig. 86

130. Problema. — *Por un punto dado del plano de una circunferencia trazar una tangente a ésta.*

Pueden presentarse dos casos: 1.º, que el punto dado pertenezca a la circunferencia; 2.º, que éste fuera de la circunferencia. Veamos cómo se solucionan ambos casos.

1.º Sea la circunferencia O (fig. 86) y R el punto de la misma; se une el centro con este punto y se traza la perpendicular D E al radio O R en el punto R, esta perpendicular es la única solución.

2.º Supongamos, en la misma figura, la circunferencia de centro O y M el punto dado. Con centro en O y radio igual a 2 O R se traza el arco indefinido A B, y luego, haciendo centro en M y con radio igual a M O, se trazan dos pequeños arcos, los cuales cortarán al arco A B en los puntos P y Q, puntos que luego se unen con O. Las rectas O P y O Q cortan a la circunferenia O en los puntos N y N', los cuales determinan con el M las tangentes M N y M N' a la circunferencia y que son las soluciones del problema.

131. Problema. — *Describir un arco capaz de un ángulo dado y cuyos extremos sean dos puntos dados.*

Sea M el ángulo dado (fig. 87), N y P sus extremos; unamos N con P mediante la recta N P, y por su extremo P trácese otra, tal como la P Q, que forme con la N P un ángulo N P Q=M̂. Trácese la C P perpendicular a P Q y la A B perpendicular a N P en su punto medio, y haciendo centro en el punto O (intersección de C P y A B), y con un radio igual a O P, se traza una circunferencia.

Si en esta circunferencia se toma un punto R

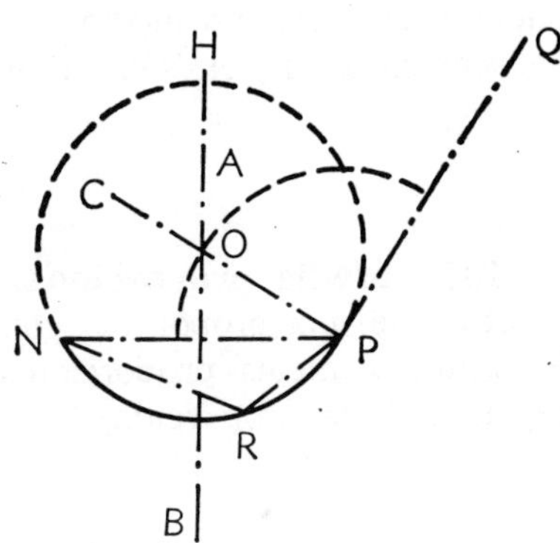

Fig. 87

situado entre N y P, y se une con éstos, se forma un ángulo, N R P, inscrito, que comprende entre sus lados el arco N H P, que es arco que comprende también el N̂ P̂ Q, semiinscrito; luego ambos ángulos son iguales, y como el N̂ P̂ Q es igual al ángulo dado M, también lo será el N̂ R̂ P; por consiguiente, también el arco N R P será capaz del ángulo dado, y construirá, por consiguiente, otra solución del problema.

IV. SEMEJANZA DE LAS FIGURAS PLANAS

1.º RECTAS PROPORCIONALES

132. Valor numérico de una magnitud geométrica. — *Es el cociente que resulta de compararla con otra de su mismo género tomada como unidad.* Así, el valor numérico de un segmento es el número n que resulta de compararlo con el metro, o con el centímetro, o con otra unidad lineal cualquiera previamente elegida.

Se dice que dos segmentos rectilíneos son directamente proporcionales a otros dos cuando la razón de los valores numéricos de los dos primeros es igual a la razón de los valores numéricos de los otros dos.

Dos segmentos rectilíneos son inversamente proporcionales a otros dos si la razón de los valores numéricos de los dos primeros es inversa de la razón de los valores numéricos de los otros dos.

133. Cuarta proporcional a tres segmentos dados es el cuarto término de una proporción que tiene por primer término al primero de los segmentos dados y por términos medios a los otros dos. Así, la cuarta proporcional a tres segmentos cuyos valores numéricos son m, n y p, será el cuarto término de la proporción

$$\frac{m}{n}=\frac{p}{x} \qquad \text{o} \qquad \frac{m}{p}=\frac{n}{x}.$$

134. Tercera proporcional a dos segmentos dados es el cuarto término de una proporción continua que tiene por término primero al primero de los segmentos dados y por término medio repetido al segundo. Así pues, la tercera proporcional a los segmentos m y n es el cuarto término de la proporción continua siguiente:

$$\frac{m}{n}=\frac{n}{x}.$$

135. Media proporcional entre dos segmentos dados es el término medio repetido de una proporción continua cuyos extremos son los segmentos dados. Por lo tanto, la media proporcional entre los segmentos m y n es el término medio repetido de la proporción:

$$\frac{m}{x}=\frac{x}{n} \quad \text{o bien} \quad \frac{n}{x}=\frac{x}{m}.$$

Se dice que *un segmento está dividido en media y extrema razón* cuando está dividido en dos partes desiguales, de modo que la mayor de estas partes es media proporcional entre el segmento y la parte menor. Así, si el segmento dado es m y se divide en dos partes, x y $m-x$, tales que se verifique la proporción:

$$\frac{m}{x}=\frac{x}{m-x},$$

se dice que el segmento m está dividido en media y extrema razón.

Dos magnitudes geométricas son directamente proporcionales cuando la razón de dos valores cualesquiera de una de las magnitudes es constantemente igual a la razón de los valores correspondientes de la otra. Así pues, si representamos por A, B, C... los valores numéricos de una de las magnitudes geométricas proporcionales, y por a, b, c... los valores correspondientes de la otra, se podrá establecer la serie siguiente de razones:

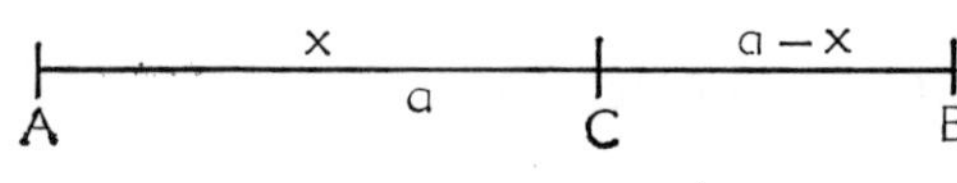

$$\frac{A}{a}=\frac{B}{b}=\frac{C}{c}=\ldots$$

Como ejemplo y práctica véase cómo se determina la **media y extrema razón** entre dos segmentos a y x (fig. 88). (Sección aúrea.)

Sea el segmento A B$=a$, en el que se ha tomado un segmento $x=$A C, menor que A. El segmento C B será igual a $a-x$; tendremos

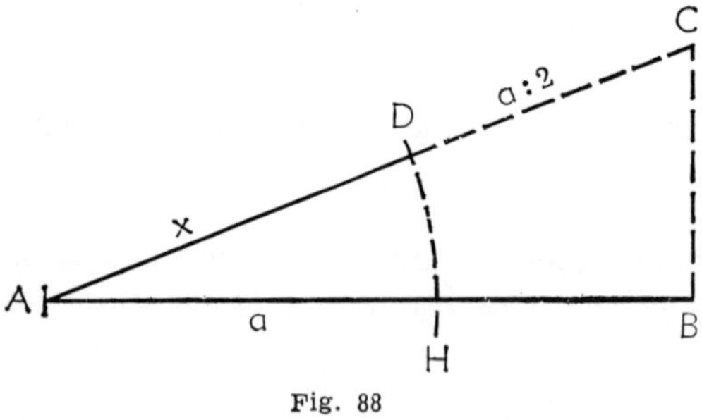

Fig. 88

$$\frac{a}{x}=\frac{x}{a-x} \quad (1)$$

de donde

$$x^2=a\,(a-x)$$

o bien

$$x^2=a^2-ax,$$

y de aquí

$$x^2+ax-a^2=0$$

174

ecuación de 2º grado, en la que

$$x=\frac{-a\pm\sqrt{a^2+4\,a^2}}{2}=\frac{-a+\sqrt{5\,a^2}}{2}=\frac{-a+a\sqrt{5}}{2}$$

esto es:

$$x=\frac{a\,(\sqrt{5}-1)}{2}$$

que nos da el valor de x.

Pero también se puede determinar el valor del segmento x por método geométrico. En efecto, si en la igualdad

$$x^2=a^2-ax \qquad o \qquad x^2+ax=a^2$$

sumamos a ambos miembros $\left(\dfrac{a}{2}\right)^2$, se obtiene:

$$x^2+ax+\left(\frac{a}{2}\right)^2=a^2+\left(\frac{a}{2}\right)^2$$

igualdad cuyo primer miembro es un cuadrado perfecto; luego podemos escribir

$$\left(x+\frac{a}{2}\right)^2=a^2+\left(\frac{a}{2}\right)^2$$

fórmula, esta última, de forma igual a las del teorema de Pitágoras. Los tres términos x, a y $\dfrac{a}{2}$ son pues los lados de un triángulo rectángulo, en el que a y $\dfrac{a}{2}$ son los catetos, conocidos aquí. Se trata pues de construir este triángulo. Tomaremos para ello el segmento $a=$A B, cateto base, en su extremo B levantaremos una perpendicular $BC=\dfrac{a}{2}$ y uniendo A con C obtendremos la hipotenusa, igual a $x+\dfrac{a}{2}$; tomando a partir de C el segmento $CD=\dfrac{a}{2}$, queda determinado el valor de x, A D, que abatiéndolo sobre A B nos dará A H$=x$.

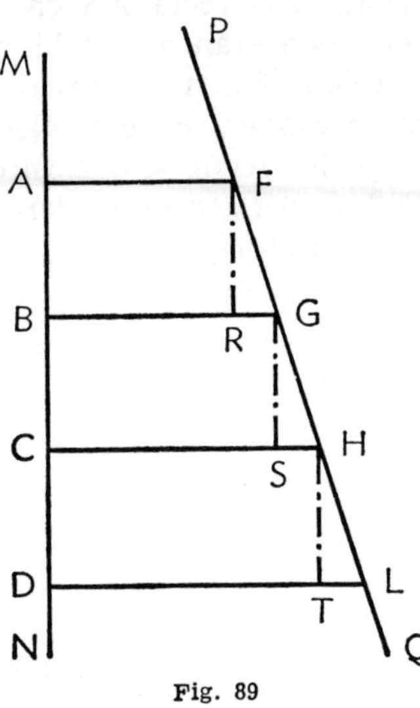

Fig. 89

136. **Teorema.** — *Si dos rectas cualesquiera son cortadas por una serie de rectas paralelas de tal modo que las partes de una de las rectas comprendidas entre las paralelas sean iguales, las partes determinadas por las paralelas sobre la otra recta serán también iguales.*

En efecto: sean las dos rectas M N y P Q (fig. 89) cortadas por las paralelas A F, B G, C H y D L..., y supongamos que se cumple A B=B C=C D=...; debemos demostrar que también se verifica la serie de igualdades:

$$F\,G=G\,H=H\,L=\ldots$$

Puede ocurrir que las rectas M N y P Q sean paralelas o no lo sean. En el primer caso se cumple la última serie de igualdades, pues sabemos que los segmentos de rectas paralelas comprendidos entre paralelas son iguales, según se dejó dicho en (41). Si las rectas no son paralelas, tracemos por los puntos F, G, H... las paralelas F R, G S y H T a M N. En virtud de lo que acabamos de decir, podemos escribir:

$$A B = F R, \quad B C = G S, \quad C D = H T...,$$

y, por consiguiente, $\quad\quad\quad\quad F R = G S = H T...$

Además, los triángulos F R G, G S H, H T L... tienen iguales los ángulos R F G, S G H, T H L... por correspondientes entre paralelas y los ángulos F G R, G H S, H L T... por el mismo motivo, luego aquellos triángulos son iguales y por consiguiente

$$F G = G H = H L = ...,$$

como se quería demostrar.

137. **Teorema.** — *Si los lados de un ángulo son cortados por dos rectas paralelas, se cumple que las distancias del vértice a los puntos de intersección de las paralelas con ambos lados son proporcionales entre sí y con las porciones de las paralelas comprendidas entre los lados del ángulo.*

Sea el ángulo B A C (fig. 90), cuyos lados están cortados por las rectas paralelas I J y L K, respectivamente, en los puntos S, T, M y P. Si los segmentos A S y A T son conmensurables, es decir, tienen una medida común o comprenden un número exacto de veces a un segmento *r*, representemos con *n* y *m* las veces que esta unidad *r* está contenida en A S y A M, respectivamente; se verificará la proporción:

$$\frac{A S}{A M} = \frac{n}{m} \quad (1).$$

Supuesto esto, si dividimos la recta A S en *n* veces *r*, de las cuales corresponderán *m* a A M, y por los puntos de división D, E, F... trazamos rectas paralelas a L K, el segmento A T quedará también dividido en *n* partes iguales, según se demostró en el teorema anterior, de las cuales corresponderán *m* a A P, y se podrá escribir la proporción:

$$\frac{A T}{A P} = \frac{n}{m},$$

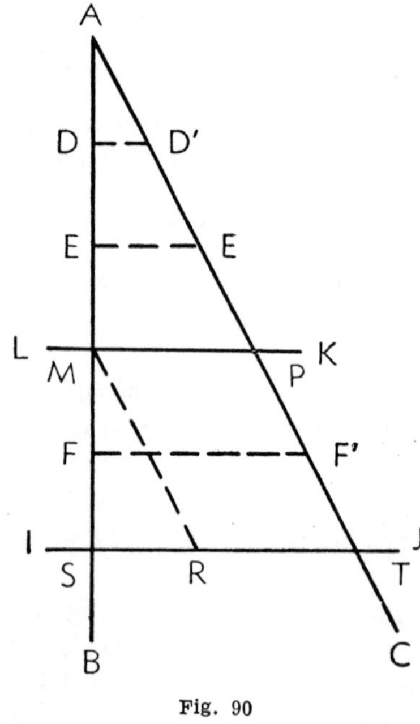

Fig. 90

la cual, comparada con la **proporción** (1), permite escribir:

$$\frac{A S}{A M} = \frac{A T}{A P}$$

que prueba el teorema.

El teorema también se cumple aun cuando A S y A M no tengan ninguna medida común, es decir, sean inconmensurables.

Para demostrar la segunda parte del teorema tracemos por el punto M la recta M R, paralela a A C, y que corte a la I J. Aplicando el teorema anterior a los lados S A y S J del ángulo A S J, tendremos la proposición:

$$\frac{A S}{A M}=\frac{S T}{S R} \qquad o \qquad \frac{A S}{A S - M S}=\frac{S T}{S T - S R}$$

o más sencillamente:

$$\frac{A S}{A M}=\frac{S T}{R T}$$

y reemplazando R T por su igual M P, tendremos:

$$\frac{A S}{A M}=\frac{S T}{M P}$$

como se quería demostrar.

138. Teorema. — *Si una recta corta a los lados de un triángulo de modo que determine sobre sus lados segmentos proporcionales, contados a partir del vértice, dicha recta es paralela al tercer lado del triángulo.*

Sea el triángulo A C B (fig. 91), y tracemos por el punto F del lado C A la recta F H paralela a A B. Como sabemos por el teorema precedente,

$$\frac{C A}{C F}=\frac{C B}{C H}.$$

Ahora bien; supongamos otra recta, tal como la F H′ que corta a los lados C A y C B determinando entre los segmentos en que tales lados quedan cortados, a partir del vértice C, la siguiente proporción:

$$\frac{C A}{C F}=\frac{C B}{C H'}$$

forzosamente la recta F H′ deberá ser paralela a A B, pues de la igualdad de los primeros miembros de estas proporciones se deduce

$$C H'=C H,$$

es decir, que la recta F H′ coincidirá necesariamente con la F H, que es por construcción paralela a A B.

Teorema recíproco. — *Toda recta que corta a dos lados de un triángulo y es paralela al tercer lado, divide a aquéllos en partes proporcionales.*

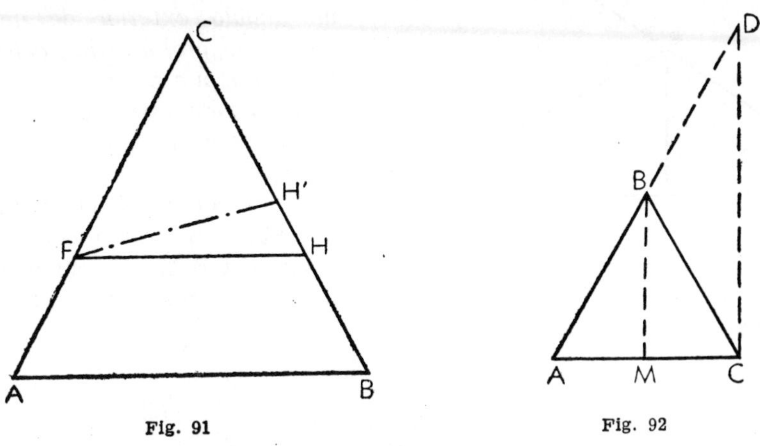

Fig. 91

Fig. 92

177

139. Teorema. — *La bisectriz de un ángulo interno de un triángulo divide al lado opuesto en partes proporcionales a los lados que forman el ángulo.*

En efecto : sea el triángulo A B C y B M la bisectriz del ángulo interior B (fig. 92). Queremos demostrar que

$$\frac{A\,M}{C\,M} = \frac{B\,A}{B\,C} \quad (1)$$

Para ello tracemos por el vértice C la recta C D paralela a la bisectriz B M y prolonguemos A B hasta que corte en D a esta paralela. Tenemos aquí dos rectas concurrentes A C y A D cortadas por las paralelas M B y C D, luego, según sabemos (137), podemos escribir la proporción siguiente :

$$\frac{A\,M}{M\,C} = \frac{A\,B}{B\,D}.$$

la cual difiere de la (1) en el consecuente de la segunda razón. Pero en la figura se cumplen las siguientes igualdades :

$$\text{áng. B D C} = \text{áng. A B M}$$
$$\text{áng. A B M} = \text{áng. C B M}$$
$$\text{áng. B C D} = \text{áng. M B C}$$

luego el triángulo C B D es isósceles, y, por consiguiente, B D = B C.

Luego en la última proporción podemos substituir B D por B C y tendremos :

$$\frac{M\,A}{M\,C} = \frac{B\,A}{B\,C},$$

según se quería demostrar.

El teorema recíproco es también cierto.

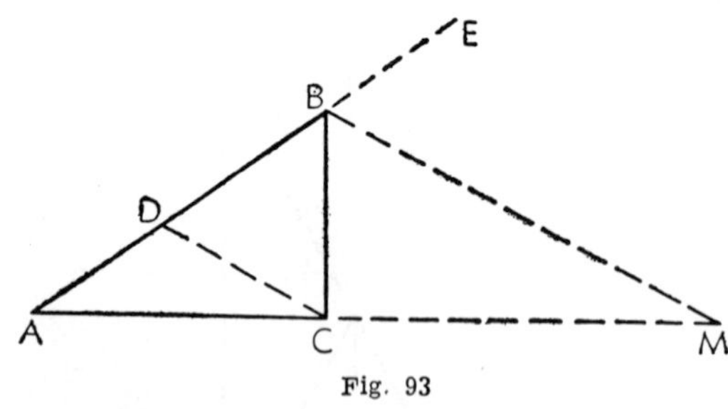

Fig. 93

140. Teorema. — *La bisectriz de un ángulo exterior de un triángulo corta a la prolongación del lado opuesto en un punto cuyas distancias a los extremos de este lado son proporcionales a los otros lados que forman el triángulo.*

En efecto : sea el triángulo A B C (fig. 93) y B M la bisectriz del ángulo exterior E B C; prolonguemos el lado A C hasta que corte en M a la bisectriz dicha, y tracemos la C D paralela a ella. Decimos que

$$\frac{M\,A}{M\,C} = \frac{B\,A}{B\,C}$$

Tenemos aquí que las paralelas C D y M B cortan a los lados del ángulo B A C, luego, en virtud de un teorema ya estudiado, podemos establecer la proporción siguiente:

$$\frac{MA}{MC} = \frac{BA}{BD}.$$

Pero, a semejanza del teorema anterior, se cumplen aquí las igualdades siguientes:

áng. E B M=*áng.* B D C   por correspondientes,

áng. C B M=*áng.* B C D   por alternos internos,

áng. C B M=*áng.* E B M   por ser B M la bisectriz de E B C,

luego el triángulo B C D es isósceles y, por consiguiente, B C=B D, luego substituyendo en la última proporción B D por B C, tendremos:

$$\frac{MA}{MC} = \frac{BA}{BC},$$

como se quería demostrar.

El teorema recíproco es cierto.

141. **Teorema.** — *Si se trazan las bisectrices externa e interna de un mismo ángulo de un triángulo, las razones de las distancias de los puntos en que estas bisectrices cortan al lado opuesto al ángulo a los extremos de este lado son iguales.*

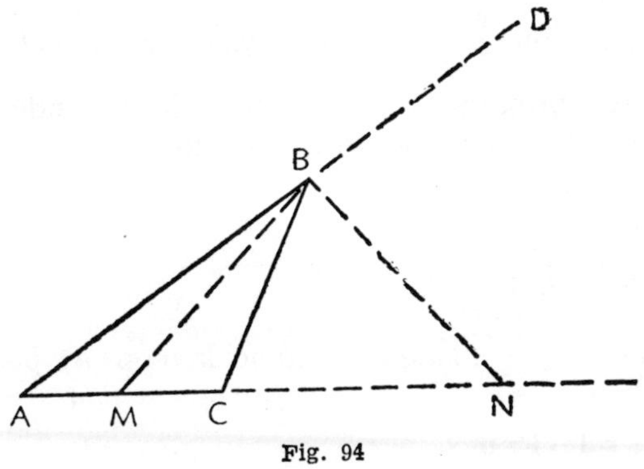

En efecto: observando la figura 94 se deduce, en virtud de los dos teoremas últimos:

$$\frac{MA}{MC} = \frac{BA}{BC} \quad y \quad \frac{NA}{NC} = \frac{BA}{BC},$$

luego

$$\frac{MA}{MC} = \frac{NA}{NC}$$

Fig. 94

y permutando los medios de esta última proporción, se tiene:

$$\frac{MA}{NA} = \frac{MC}{NC},$$

es decir, *que la razón de las distancias del punto A a los puntos M y N es igual a la razón de las distancias del punto C a los mismos puntos.*

Cuando esto último sucede, se dice que la recta A C está *dividida armónicamente* por los puntos M y N; los puntos A y C son los *puntos armónicos* conjugados de M y N, esto es que las posiciones de M N en la recta A N depende de las posiciones de A y C en esta misma recta.

2.º POSICIONES RELATIVAS DE DOS PUNTOS QUE DIVIDEN UNA RECTA EN UNA RELACIÓN DADA

142. Teorema. — *Si sobre una recta tenemos dos puntos fijos, siempre existen sobre la recta otros dos puntos, y sólo dos, cuya razón de distancias a los puntos dados en la misma e igual a una determinada relación dada.*

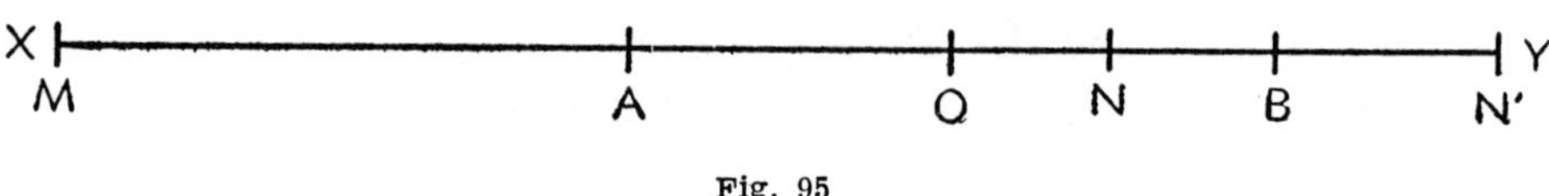

Fig. 95

En efecto: sea la recta X Y (fig. 95), A y B los puntos fijos, y M un punto de la recta situado a la izquierda del punto A; la razón de sus distancias a los puntos A y B es:

$$\frac{M\,A}{M\,B} = \frac{M\,B - A\,B}{M\,B} = \frac{M\,B}{M\,B} - \frac{A\,B}{M\,B} = 1 - \frac{A\,B}{M\,B} \qquad (1).$$

Supongamos que el punto M es móvil y que puede situarse a una distancia tan grande como se quiera del punto A; el valor M B será muy grande cuando M diste mucho de A y, por consiguiente, el substraendo $\dfrac{A\,B}{M\,B}$ de (1) será tan pequeño como se quiera y, por consiguiente, la relación $\dfrac{M\,A}{M\,B}$ tiende a valer la unidad.

Supongamos ahora que el punto M se aproxima a A; entonces M B tiende a disminuir y se aproxima al valor A B, valor que adquirirá cuando M coincida con A. El valor de la diferencia

$$1 - \frac{A\,B}{M\,B} = \frac{M\,A}{M\,B}$$

disminuirá desde 1, que tenía antes, hasta cero cuando M coincida con A, pues

$$1 - \frac{A\,B}{A\,B} = 1 - 1 = 0,$$

luego *mientras M se mueva a la izquierda del punto A, la razón de las distancias de M a A y a B,* $\dfrac{M\,A}{M\,B}$, *variará de un modo continuo entre 1 y 0.*

Supongamos ahora que el punto M sigue recorriendo la recta X Y en el sentido X Y; mientras va de A al punto medio O de A B, la distancia M A aumenta desde cero hasta A O, mientras que M B disminuye desde A B hasta O B = A O, luego la razón de las distancias del punto M a A y B, $\dfrac{M\,A}{M\,B}$ en el intervalo de A a O, pasa de $\dfrac{O}{M\,B} = 0$ hasta $\dfrac{O\,A}{O\,B} = 1$ (valor absoluto no teniendo en cuenta su naturaleza realmente negativa).

Siguiendo su movimiento el punto M en el mismo sentido y pasará a la derecha del punto O; designemos ahora con N su posición. Mientras N pase de O a B, la razón $\dfrac{N\,A}{N\,B}$ crece continuamente desde 1 hasta ∞. En efecto: el numerador $N\,A$ varía desde O A a A B, mientras que el denominador varía desde O B hasta cero.

Continuando moviéndose el punto de B hacia Y, para una posición del punto tal como N′ cualquiera a la derecha de B, tendremos que la razón

$$\frac{N'\,A}{N'\,B}=\frac{N'\,B+A\,B}{N'\,B}=\frac{N'\,B}{N'\,B}+\frac{A\,B}{N'\,B}=1+\frac{A\,B}{N'\,B}$$

a medida que N′ se aleje de B, el denominador N′ B aumenta, y cuando la distancia N′ B sea indefinidamente grande, la razón $\dfrac{A\,B}{N'\,B}$ alcanzará el valor $\dfrac{A\,B}{\infty}=0$, luego mientras N′ va de B hasta alejarse de este punto, una distancia infinitamente grande, la relación $\dfrac{N'\,A}{N'\,B}$, *decrece continuamente desde ∞ hasta 1* (realmente crece desde $-\infty$ hasta 1, si tenemos en cuenta el signo negativo).

Vemos, pues, que la razón $\dfrac{M\,A}{M\,B}$ toma dos veces todos los valores numéricos menores que 1 cuando está colocado el punto M a la izquierda del punto O, y dos veces también todos los valores mayores que 1 cuando está colocado a la derecha de este punto; *luego cualquiera que sea el valor de la relación dada, siempre habrá dos posiciones y sólo dos del punto móvil, para las cuales la relación* $\dfrac{M\,A}{M\,B}$ *tendrá el valor dado.*

143. **Teorema.** — *El lugar geométrico de los puntos cuyas distancias a otros dos fijos en una relación dada, es una circunferencia.*

En efecto: sea la recta A C y dos puntos fijos en la misma, A y C (fig. 96), y sea $\dfrac{a}{b}$ la relación de distancias de los puntos del lugar geométrico a A y C. Sabemos, en virtud del teorema anterior, que existen dos puntos, y sólo dos, en la recta A C, cuya relación de distancias a estos puntos es igual a la relación $\dfrac{a}{b}$. Suponiendo que estos puntos son M y N, tendremos:

$$\frac{M\,A}{M\,C}=\frac{a}{b}\qquad y\qquad \frac{N\,A}{N\,C}=\frac{a}{b}.$$

Supongamos ahora que B es un punto del lugar, es decir, que se tiene

$$\frac{B\,A}{B\,C}=\frac{a}{b}.$$

De la comparación de las tres proporciones anteriores se deduce y resulta:

$$(1)\qquad \frac{M\,A}{M\,C}=\frac{B\,A}{B\,C}\qquad\qquad \frac{N\,A}{N\,C}=\frac{B\,A}{B\,C}\qquad(2).$$

La relación (1) demuestra que la recta B M es la bisectriz del ángulo B (141); y la (2) que la recta B N es la bisectriz del ángulo externo C B D; pero las bisectrices de dos ángulos adyacentes son perpendiculares, luego el ángulo M B N es recto, y, por lo tanto, el punto B, que es uno cualquiera del lugar que se trata de determinar, es el vértice de un ángulo recto cuyos lados pasan constantemente por los puntos M y N, luego el punto B es uno cualquiera de los puntos de la circunferencia cuyo diámetro es M N.

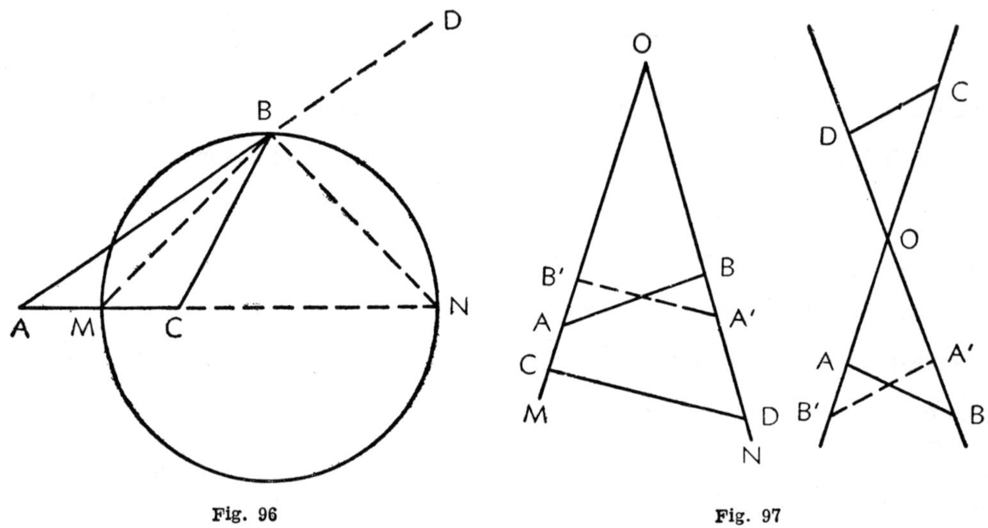

Fig. 96   Fig. 97

3.º   Líneas proporcionales en el círculo

144. Rectas antiparalelas. — *Llámanse así a dos rectas que forman ángulos iguales con distinto lado de un ángulo.*

Así, las rectas A B y C D que forman los ángulos iguales O A B y O D C (fig. 97) con los lados O M y O N del ángulo O, son antiparalelas.

145. Teorema. — *El producto de las distancias del vértice de un ángulo a los puntos de intersección de los lados con dos rectas antiparalelas, es constante.*

Supongamos el ángulo M O N y las dos rectas antiparalelas A B y C D (fig. 97); se afirma que

$$O\,C \times O\,A = O\,D \times O\,B.$$

En efecto: si se toman O A' = O A y O B' = O B y se traza la recta A' B', los triángulos O A B y O A' B' serán iguales, luego sus ángulos serán iguales:

$$O\,A\,B = O\,A'\,B',$$

y como hemos supuesto

$$O\,A\,B = O\,D\,C,$$

resulta que

$$O\,A'\,B' = O\,D\,C.$$

Pero estos dos ángulos son correspondientes, luego las rectas A' B' y C D son paralelas, y, por consiguiente,

$$\frac{O\,C}{O\,B'} = \frac{O\,D}{O\,A}$$

y substituyendo O B′ y O A′ por sus iguales O B y O A, tendremos:

$$\frac{O\,C}{O\,B}=\frac{O\,D}{O\,A},$$

de donde: $$O\,C\times O\,A=O\,D\times O\,B.$$

El teorema recíproco también es cierto.

146. Teorema. — *Si desde un punto situado en el plano de un círculo se trazan dos secantes, los productos de las distancias del punto a la intersección de cada una de las secantes con la circunferencia serán iguales (figura 98).*

Pueden ocurrir dos casos: que el punto M sea interior o exterior al círculo. En ambos casos se demuestra del mismo modo el teorema. Sea la circunferencia de centro O, y N P y R Q las dos secantes. Uniendo el punto Q con el N, y el punto R con P, se observa que los angulos N M Q y R M P son iguales por opuestos por el vértice (fig. 1.ª) o por coincidir en uno solo (fig. 2.ª), y el N Q M y el M P R son también iguales por ser ángulos inscritos que comprenden entre sus lados el mismo arco N A R; por consiguiente, los triángulos M N Q y M P R son semejantes y sus lados homólogos serán proporcionales, pudiendo escribir:

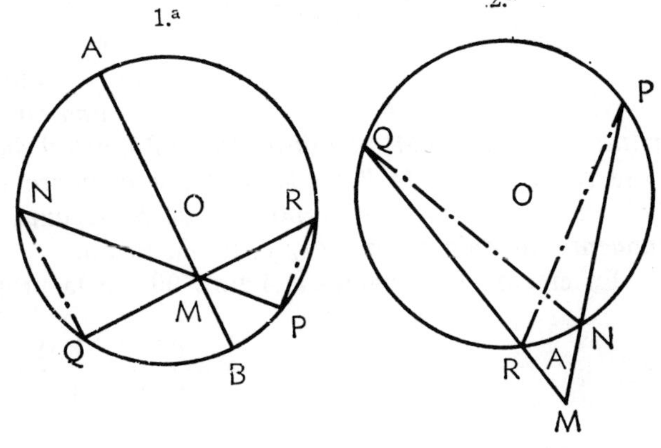

Fig. 98

$$\frac{N\,M}{M\,R}=\frac{M\,Q}{M\,P}\qquad \text{de donde}\qquad N\,M\times M\,P=M\,R\times M\,Q.$$

Corolario. — *La distancia R M de un punto R de la circunferencia a cualquiera de sus diámetros A B es media proporcional entre los segmentos M A y M B en que queda dividido el diámetro.*

Esto es cierto, puesto que como se puede escribir

$$\frac{A\,M}{M\,R}=\frac{M\,Q}{M\,B}$$

siendo M R = M Q se podrá establecer esta otra proporción:

$$\frac{A\,M}{M\,R}=\frac{M\,R}{M\,B}$$

147. Teorema. — *Si desde un punto exterior a una circunferencia se trazan a ésta una tangente y una secante (limitadas por el punto de tangencia la primera y por el segundo punto de intersección la segunda), la tangente es media proporcional entre toda la secante y su segmento externo (fig. 99).*

En efecto: sea la circunferencia de centro O y tracémosle desde el punto P, exterior a ella, la secante P N y la tangente L M; unamos el punto M con los puntos L y N; los ángulos L N M, inscrito, y P L M, semiinscrito, son iguales, pues

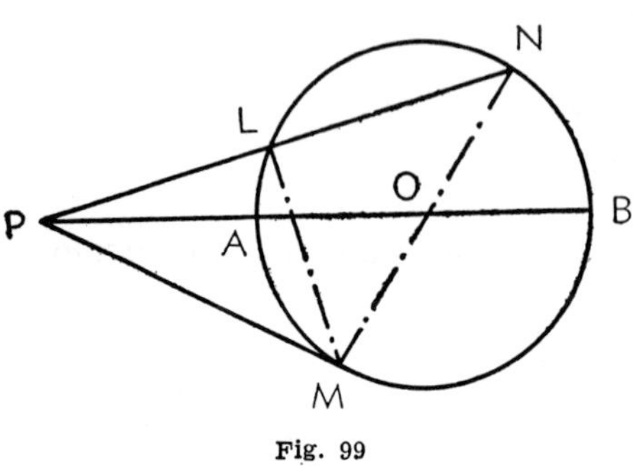

ambos abarcan entre sus lados el arco L A M, y, por consiguiente, los triángulos P M N y P M L rectángulos, son semejantes, pues tienen dos ángulos iguales, ya que el ángulo en P es común a ambos triángulos; podremos escribir:

$$\frac{P N}{P M}=\frac{P M}{P L}$$

Fig. 99

como se quería demostrar.

COROLARIO. — *Si sobre una tangente a una circunferencia O se toma, a partir del punto de contacto M, una distancia M P igual al diámetro A B de la circunferencia O, y se traza la secante P B que pase por el punto P y por el centro O de la circunferencia, el segmento externo P A de la secante es igual a la parte mayor de la tangente dividida en media y extrema razón.*

En efecto: observando la figura 99, de la proporción

$$\frac{P B}{P M}=\frac{P M}{P A}$$

se deduce inmediatamente esta otra:

$$\frac{P B - P M}{P M}=\frac{P M - P A}{P A}$$

y como

$$P B - P M = P B - B A = P A$$

resultará:

$$\frac{P A}{P M}=\frac{P M - P A}{P A} \qquad \text{o bien} \qquad \frac{P M}{P A}=\frac{P A}{P M - P A},$$

la cual prueba que la proposición es cierta.

148. **Teorema.** — *En todo triángulo inscrito en un círculo, el producto de dos lados cualesquiera es igual al producto de la altura correspondiente al tercer lado por el diámetro del círculo.*

En efecto: sea el triángulo A B C inscrito en la circunferencia de centro O (fig. 100), B D el diámetro de ésta y B M la altura del triángulo; unamos en la circunferencia los puntos C y D con una recta; los ángulos inscritos B A C y B D C son iguales por comprender entre sus lados el mismo arco B C; pero como el ángulo B C D es recto, los dos triángulos B D C y B M A serán rectángulos, y como tienen iguales sus ángulos agudos B D C y B A M, serán semejantes, luego se puede establecer entre sus lados homólogos la proposición siguiente:

$$\frac{B D}{B A}=\frac{B C}{B M} \qquad \text{de donde} \qquad B D \times B M = B A \times B C.$$

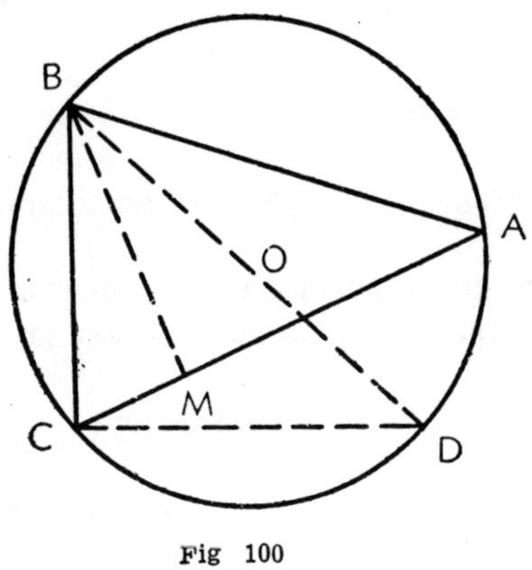

Fig 100

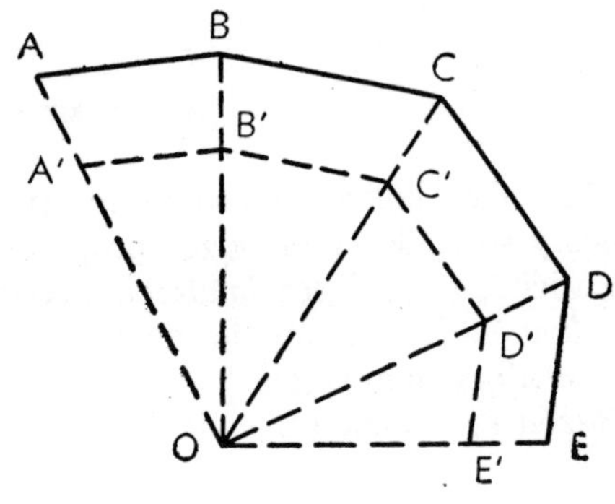

Fig. 101

4.º FIGURAS SEMEJANTES

149. Supongamos una serie de puntos A, B, C, D, E... (fig. 101) situados en un orden cualquiera en un plano, tomemos en éste un punto O y unámoslo con los puntos A, B, C, D, E... Sobre la recta O A tomemos otro punto cualquiera A', unamos A con B, y por el punto A' tracemos la recta A' B' paralela a A B. Podremos establecer la proposición:

$$\frac{O\,A}{O\,A'} = \frac{O\,B}{O\,B'}$$

Determinando de un modo análogo los puntos B' C' D' E'... con la condición de que las razones O B : O B', O C : O C', O D : O D', O E : O E'... sean iguales a la razón O A : O A', se obtendrá así un sistema de puntos B', C', D', E'... que se denominan *semejantes* al sistema propuesto.

150. *Se dice, pues, que* DOS SISTEMAS DE PUNTOS SON SEMEJANTES *cuando pueden ser colocados en un mismo plano, de tal modo que cada uno de los puntos de uno de los sistemas esté situado en la recta limitada por el punto correspondiente del otro sistema y un punto O fijo del mismo plano, y que la razón de las distancias de este punto a dos correspondientes cualesquiera de ambos sistemas sea constante.*

El punto fijo O recibe el nombre de *centro de semejanza;* las rectas O A, O B... que unen el punto O con los diversos puntos de cualquiera de los sistemas semejantes, se denominan *radios de semejanza* de este sistema; los puntos A y A', B y B'... que se corresponden en ambos sistemas, se llaman *puntos homólogos;* y la razón O A : O A' de los radios de semejanza se denomina *razón de semejanza.*

Se comprende que en dos sistemas semejantes: 1.º, *la razón de dos rectas homólogas es la razón de semejanza;* 2.º, *las figuras limitadas por líneas semejantes serán también semejantes;* 3.º, *que las figuras iguales son figuras semejantes cuya razón de semejanza es la unidad;* 4.º, *toda línea semejante a una recta es otra recta;* 5.º, *todas las circunferencias son semejantes, como también los arcos cuyos ángulos correspondientes son iguales.*

185

5.º SEMEJANZA DE POLÍGONOS

151. *Dos polígonos son semejantes* cuando tienen sus ángulos respectivamente iguales y sus lados homólogos proporcionales.

Entiéndese aquí por *lados homólogos* los lados que forman ángulos iguales. *Vértices homólogos* son los de los ángulos iguales, y *diagonales homólogas* son las que unen vértices homólogos.

Razón de semejanza es la razón de las magnitudes de lados homólogos.

152. Teorema. — *Toda paralela a un lado de un triángulo y que corte a los otros dos, forma con éstos un triángulo semejante al primero.*

Sea el triángulo A B C (fig. 102) y D E una paralela al lado B C; el triángulo formado así, A D E, es semejante al A B C. Para demostrarlo basta probar que ambos triángulos tienen sus ángulos respectivamente iguales y sus lados homólogos proporcionales. La primera condición se cumple, pues tienen común el ángulo A, y $\widehat{ADE} = \widehat{ABC}$ y $\widehat{AED} = \widehat{ACB}$ por correspondientes.

Si trazamos la recta D F paralela a A C, se forma el paralelogramo D F C E y, por consiguiente, F C = D E.

Además, en virtud del teorema (137), tendremos:

$$\frac{AD}{AB} = \frac{AE}{AC}$$

y por la misma razón:

$$\frac{AD}{AB} = \frac{CF}{CB} = \frac{DE}{BC},$$

luego

$$\frac{AD}{AB} = \frac{AE}{AC} = \frac{DE}{BC}$$

como se quería demostrar.

153. Casos de semejanza de dos triángulos. — Vamos a estudiar los diversos casos de semejanza de triángulos.

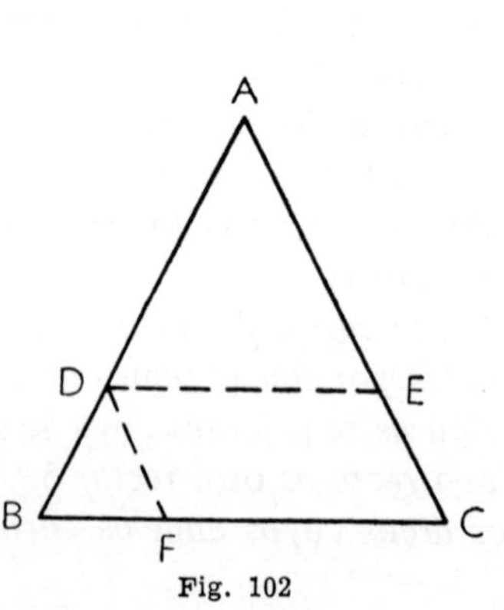

Fig. 102

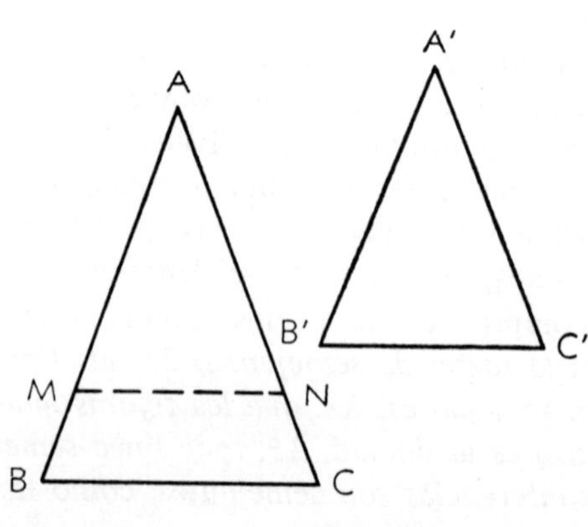

Fig. 103

154. Caso 1.º — *Dos triángulos son semejantes si tienen dos lados proporcionales e igual el ángulo comprendido (fig.103).*

Sean los triángulos A B C y A′ B′ C′ y suponemos que

$$A B : A′ B′ = A C : A′ C′ \quad y \quad \hat{A} = \hat{A}′.$$

Decimos que ambos triángulos son semejantes. En efecto: tómese sobre el lado A B una distancia A M = A′ B′ y trácese por el punto M la recta M N paralela a B C. Tendremos, en virtud de (137),

$$\frac{A B}{A M} = \frac{A C}{A N}$$

y comparando esta proporción con la de la hipótesis, resulta que hay en ellos tres términos comunes, puesto que A M = A′ B′ por construcción. De este modo sabemos que

$$A′ C′ = A N.$$

Por lo tanto, los triángulos A M N y A′ B′ C′ que tienen dos lados respectivamente iguales,

$$A M = A′ B′ \quad A N = A′ C′$$

e igual el ángulo comprendido entre estos lados A = A′ serán iguales, y como el triángulo A M N es semejante al A B C (152), el A′ B′ C′ será también semejante a A B C, como se quería demostrar.

CorolarioS. 1.º *Dos triángulos isósceles serán semejantes si tienen iguales el ángulo opuesto a la base.*

2.º *Dos triángulos rectángulos serán semejantes si sus catetos son respectivamente proporcionales.*

155. Caso 2.º — *Dos triángulos cualesquiera son semejantes si tienen dos ángulos respectivamente iguales.*

Supongamos los triángulos A B C y A′ B′ C′ (fig. 103), en los que se verifica

$$\hat{A} = \hat{A}′ \quad y \quad \hat{B} = \hat{B}′.$$

decimos que ambos triángulos son semejantes. Tracemos como antes en el triángulo A B C, y por el punto M la recta M N paralela a B C, de modo que A N = A′ C′.

Los triángulos A M N y A′ B′ C′ tienen un lado igual, A N = A′ C′, e iguales los ángulos A y A′ por hipótesis, y A M N = B′ por ser ambos iguales al ángulo B, el A M N por correspondientes y el B′ por hipótesis. Luego los triángulos A M N y A′ B′ C′ son iguales; y como el primero de ellos es semejante al A B C, el A′ B′ C′ también lo será.

CorolarioS. 1.º *Dos triángulos cuyos lados sean respectivamente paralelos o perpendiculares son semejantes, pues los ángulos formados por los lados respectivamente paralelos o perpendiculares son iguales o suplementarios.*

2.º *Dos triángulos isósceles son semejantes si tienen igual uno cualquiera de los ángulos contiguos a la base.*

3.º *Dos triángulos rectángulos son semejantes si tienen un ángulo agudo igual.*

156. Caso 3.º — *Dos triángulos son semejantes si tienen sus tres lados proporcionales.*

Sean los triángulos A B C y A′ B′ C′ (fig. 103), y supongamos que se cumplen entre sus lados las siguientes relaciones:

$$\frac{A\,B}{A'\,B'}=\frac{A\,C}{A'\,C'}=\frac{B\,C}{B'\,C'}$$

Tomemos sobre el lado A B del triángulo A B C una distancia A M = A′ B′, y por el punto M tracemos la recta M N paralela al lado B C. Podremos escribir:

$$\frac{A\,B}{A\,M}=\frac{A\,C}{A\,N}=\frac{B\,C}{M\,N}$$

y como estas razones tienen los mismos antecedentes que las anteriores, y por hipótesis A M = A′ B′, las igualdades

$$A'\,C'=A\,N\qquad y\qquad B'\,C'=M\,N$$

serán ciertas, luego los triángulos A M N y A′ B′ C′ son iguales, y como el primero es semejante al A B C, el segundo también lo será, como se quería demostrar.

De este teorema se deduce que *todos los triángulos equiláteros son semejantes.*

157. Caso 4.º — *Dos triángulos son semejantes si tienen dos lados proporcionales e igual el ángulo opuesto al mayor de estos lados.*

Sean los triángulos A B C y A′ B′ C′ (fig. 103), y admitimos, por hipótesis, que

$$\frac{A\,B}{A'\,B'}=\frac{B\,C}{B'\,C'}\qquad y\qquad \hat{C}=\hat{C'};$$

suponiendo A B > B C y A′ B′ > B′ C′.

Tómese sobre el lado A B del triángulo A B C, A M = A′ B′, y trácese por el punto M la recta M N, paralela al lado B C; podremos escribir:

$$\frac{A\,B}{A\,M}=\frac{B\,C}{M\,N}.$$

Comparando esta proporción con la que resulta de la hipótesis, se deduce

$$M\,N=B'\,C',$$

y como los ángulos A N M y A C B son iguales por correspondientes y C = C′ por hipótesis, se deduce que los ángulos A N M y C′ son iguales:

$$\widehat{A\,N\,M}=C'.$$

Luego los triángulos A M N y A′ B′ C′, que tienen dos lados respectivamente iguales, A M = A′ B′ y M N = B′ C′ e igual el ángulo opuesto al mayor de estos lados

A N M = C′, serán iguales; pero como el triángulo A M N es semejante al A B C, resulta que el A′ B′ C′ también lo será.

De lo expuesto se deduce que *dos triángulos rectángulos son semejantes si tienen un cateto y la hipotenusa proporcionales.*

6.º PUNTO DE CONCURSO DE LAS MEDIANAS DE UN TRIÁNGULO

158. Mediana de un triángulo *es la recta que une un vértice del mismo con el punto medio del lado opuesto.*

159. Teorema. — *Las tres medianas de un triángulo se encuentran en un mismo punto situado a los dos tercios de cada una, contando a partir desde los vértices.*

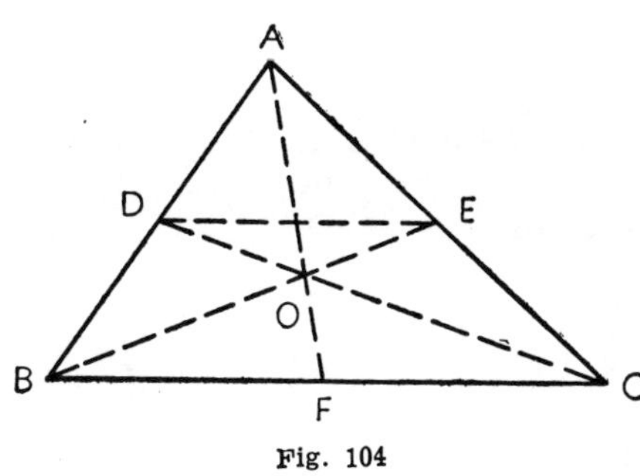

Fig. 104

Sea el triángulo A B C (fig. 104) y dos medianas B E y C D. Uniendo los puntos D y E, la recta D E es paralela a B C e igual a la mitad de B C, luego

$$\frac{AD}{AB} = \frac{AE}{AC} = \frac{1}{2}.$$

Además, los triángulos A D E y A B C son semejantes (154), luego

$$\frac{DE}{BC} = \frac{1}{2}.$$

Los triángulos D O E y B O C son semejantes por tener sus tres ángulos iguales (opuestos por el vértice o alternos internos), luego

$$\frac{OD}{OC} = \frac{OE}{OB} = \frac{DE}{BC} = \frac{1}{2}.$$

Si O D es la mitad de O C, será la tercera parte de D C; de igual manera O E es la mitad de O B, luego será la tercera parte de B E, es decir, que el punto O, común a ambas medianas, dista de los vértices B y C los dos tercios de la longitud total de las medianas del triángulo.

De modo análogo se podría demostrar que la mediana A F pasa también por el punto O.

7.º CONDICIÓN GENERAL DE SEMEJANZA DE DOS POLÍGONOS

160. Teorema. — *Dos polígonos son semejantes cuando pueden descomponerse en un mismo número de triángulos semejantes e igualmente dispuestos.*

Sean dos polígonos A B C D E y A′ B′ C′ D′ E′ (fig. 105), que se componen de dos series de triángulos *a*, *b*, *c*, y *a′*, *b′*, *c′*, dispuesto relativamente de igual manera y respectivamente semejantes, *a* con *a′*, *b* con *b′* y *c* con *c′*. Afirmamos que el polígono

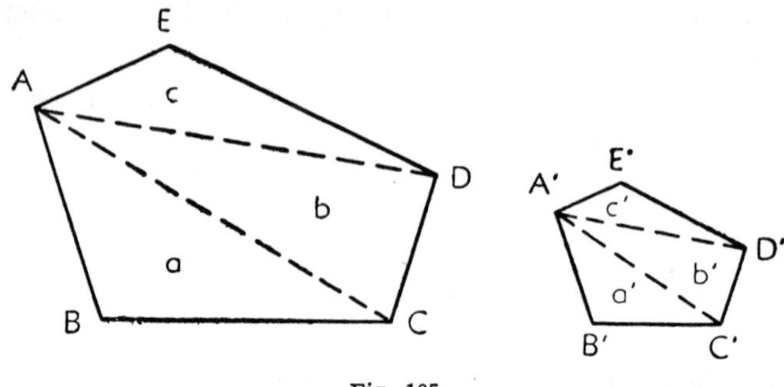

Fig. 105

A B C D E es semejante al A′ B′ C′ D′ E′, y para que el teorema quede demostrado es preciso probar que los ángulos de estos polígonos son iguales y que los lados homólogos son proporcionales.

Los ángulos de los polígonos son iguales por ser ángulos o suma de ángulos homólogos de triángulos semejantes, es decir:

$$\hat{B}=\hat{B}', \quad \hat{E}=\hat{E}', \quad \widehat{BAC}+\widehat{ACD}=\widehat{B'A'C'}+\widehat{A'C'D'}...$$

Por la semejanza de los triángulos a y a' tendremos:

$$\frac{AB}{A'B'}=\frac{BC}{B'C'}=\frac{AC}{A'C'};$$

de la semejanza de los triángulos b y b' se deduce:

$$\frac{AC}{A'C'}=\frac{CD}{C'D'}=\frac{AD}{A'D'}$$

y de la semejanza de c con c' se deduce:

$$\frac{AD}{A'D'}=\frac{DE}{D'E'}=\frac{EA}{E'A'}$$

y como todas estas series de proporciones tienen una razón común, resulta:

$$\frac{AB}{A'B'}=\frac{BC}{B'C'}=\frac{CD}{C'D'}=\frac{DE}{D'E'}=\frac{EA}{E'A'}$$

luego los lados homólogos de ambos polígonos son proporcionales.

El teorema recíproco también es cierto.

161. **Teorema.**—En dos polígonos semejantes:
1.º *La razón de dos rectas homólogas es igual a la razón de semejanza.*
2.º *La razón de los perímetros es igual a la razón de semejanza.*

1.º Sean los polígonos semejantes A B C D E y A′ B′ C′ D′ E′ (fig. 105), y su razón de semejanza, esto es, la razón de dos lados homólogos, $\dfrac{m}{n}$.

190

Trazando las diagonales A D y A′ D′, éstas son los lados homólogos de dos triángulos semejantes, luego:

$$\frac{AD}{A'D'} = \frac{AE}{A'E'} = \frac{n}{m}.$$

2.º Como los polígonos dados son semejantes, se tiene:

$$\frac{AB}{A'B'} = \frac{BC}{B'C'} = \frac{CD}{C'D'} = \frac{DE}{D'E'} = \frac{EA}{E'A'} = \frac{m}{n},$$

de donde:

$$\frac{AB+BC+CD+DE+EA}{A'B'+B'C'+C'D'+D'E'+E'A'} = \frac{AB}{A'B'} = \ldots\ldots = \frac{m}{n}$$

y representando con P y p los perímetros, tendremos:

$$\frac{P}{p} = \frac{AB}{A'B'} = \frac{m}{n}$$

como se quería demostrar.

Dos polígonos regulares de igual número de lados son semejantes porque sus ángulos son iguales y sus lados homólogos son proporcionales.

162. Teorema. — *En los polígonos regulares semejantes, los lados, los radios y las apotemas son proporcionales* (fig. 106).

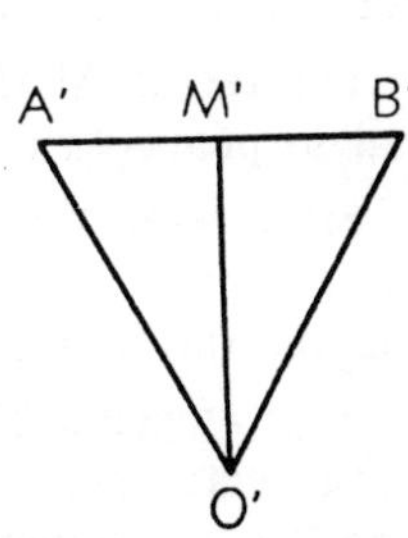

Fig. 106

Sean A B y A′ B′ los lados homólogos de dos polígonos regulares semejantes, O M y O′ M′ sus apotemas. Puesto que ambos polígonos han de tener el mismo número n de lados (160), se tiene evidentemente:

$$\widehat{AOB} = \frac{4R}{n} = \widehat{A'O'B'},$$

es decir, que los dos triángulos isósceles A O B y A′ O′ B′ serán semejantes en virtud de lo dicho en (154), luego podremos establecer las razones siguientes:

$$\frac{AB}{A'B'} = \frac{OA}{O'A'} = \frac{OM}{O'M'}$$

como se quería demostrar.

Corolarios. — **1.º** *Los polígonos regulares de igual número n de lados son semejantes*, pues la razón de sus lados homólogos es constante y todos sus ángulos valen $\dfrac{R\,4}{n}$.

2.º *Dos paralelogramos son semejantes si tienen dos lados proporcionales y el ángulo comprendido entre ellos igual.*

3.º *Dos rombos son semejantes si tenen un ángulo igual.*

4.º *Dos rectángulos son semejantes si tienen proporcionales dos lados consecutivos.*

5.º *Todos los cuadrados son semejantes,* pues tienen sus ángulos iguales y sus lados son siempre proporcionales.

8.º CONSECUENCIAS DE LA SEMEJANZA DE TRIÁNGULOS. RELACIONES MÉTRICAS ENTRE LOS ELEMENTOS DE LOS MISMOS

163. Proyección ortogonal *de un punto sobre una recta es el pie de la perpendicular bajada del punto a la recta.*

Así, la proyección ortogonal del punto M sobre la recta A B es M′, pie de la perpendicular M M′ a la recta A B (fig. 107).

PROYECCIÓN ORTOGONAL *de una recta limitada sobre otra es la porción de esta última comprendida entre las proyecciones ortogonales de los extremos de la primera sobre esta recta.* Así, en la misma figura la proyección ortogonal de la recta M N sobre la recta A B es el segmento M′ N′.

Las rectas M M′ y N N′ se llaman *rectas proyectantes,* y la recta A B sobre la cual se proyecta el segmento M N, *eje de proyección.*

Si la recta dada P Q corta al eje de proyección en un punto P, la proyección del segmento P Q es la porción P Q′ de la recta A B comprendida entre el punto P y el pie de la normal bajada del punto Q.

La proyección R′ S′ de una recta R S paralela al eje de proyección, es igual a dicha recta, por ser R S y R′ S′ los lados opuestos de un rectángulo. Si la recta dada T L es perpendicular al eje de proyección, su proyección es un punto, el L′.

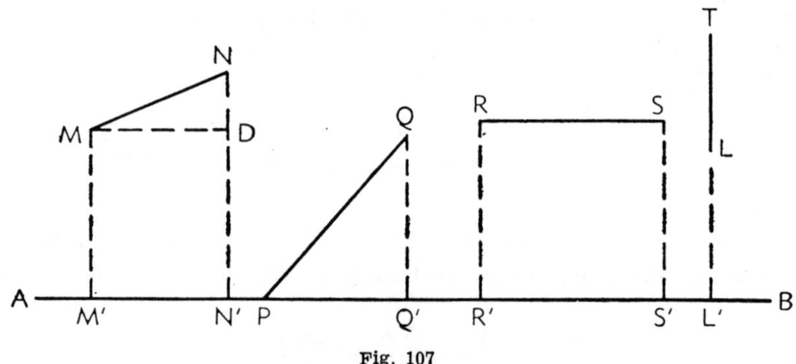

Fig. 107

Si la recta M N que se proyecta no es paralela ni perpendicular al eje de proyección, su proyección M′ N′ es una recta menor que ella; pues trazando por el punto M la recta M D paralela a A B, tendremos evidentemente:

$$M'N' = MD \quad y \quad MD < MN$$

por ser M′ N′ y M D lados opuestos del paralelogramo M M′ N′ D, y por ser M D una normal y M N una oblicua bajadas a la recta N N′ desde un mismo punto M.

164. LA PROYECCIÓN ORTOGONAL DE UNA LÍNEA QUEBRADA *sobre un eje de*
proyección es igual a la porción de éste comprendido entre los pies de las proyecciones de los extremos de la línea quebrada, teniendo en cuenta, al sumar las proyecciones de los segmentos que forman la línea quebrada, el signo de estas proyecciones.
Así, la proyección de

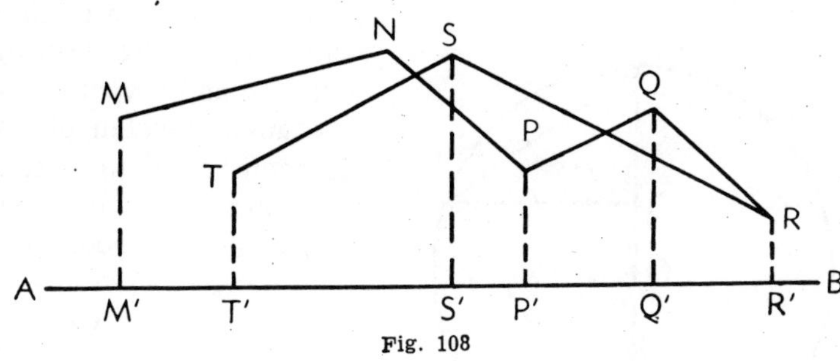

Fig. 108

la línea quebrada M N P Q R S T (fig. 108) que se vuelve sobre sí misma, sobre el eje A B, es M' T'.

165. Teorema. — *En todo triángulo rectángulo:*

1.º *Cada cateto es media proporcional entre la hipotenusa y su proyección sobre la hipotenusa.*

2.º *La altura del triángulo, considerando la hipotenusa como base, es media proporcional entre los segmentos en que queda dividida la hipotenusa.*

Sea el triángulo B A C (fig. 109), rectángulo en A, del que consideramos como base la hipotenusa B C. Trazando la altura A M correspondiente, se forman los nuevos triángulos rectángulos A M B y A M C. Demostremos los dos principios enunciados.

1.º Los triángulos rectángulos A M B y B A C son semejantes por tener los tres ángulos iguales (B=B, por común, y M=A, por rectos), así como el ángulo B, luego sus lados homólogos son proporcionales:

$$\frac{B\,C}{A\,B} = \frac{A\,B}{B\,M} \quad (1).$$

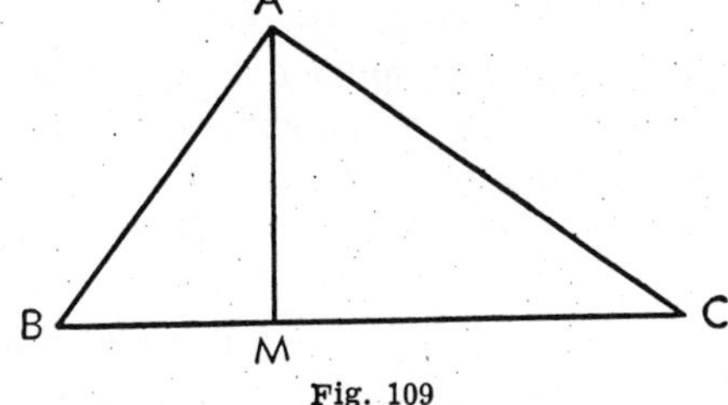

Fig. 109

También son semejantes los triángulos A M C y B A C, pues tienen el lado A C y el ángulo C común, luego podemos establecer una proporción entre sus elementos:

$$\frac{B\,C}{A\,C} = \frac{A\,C}{M\,C} \quad (2).$$

2.º Los ángulos B A M y C son iguales por tener el mismo complemento, M A C, y, por consiguiente, los triángulos rectángulos A M B y A M C son semejantes, y podremos establecer la proporción siguiente:

$$\frac{B\,M}{A\,M} = \frac{A\,M}{M\,C}$$

como se quería demostrar.

166. Teorema. — *Toda cuerda de un círculo es media proporcional entre el diámetro que pasa por uno de sus extremos y su proyección sobre este diámetro.*

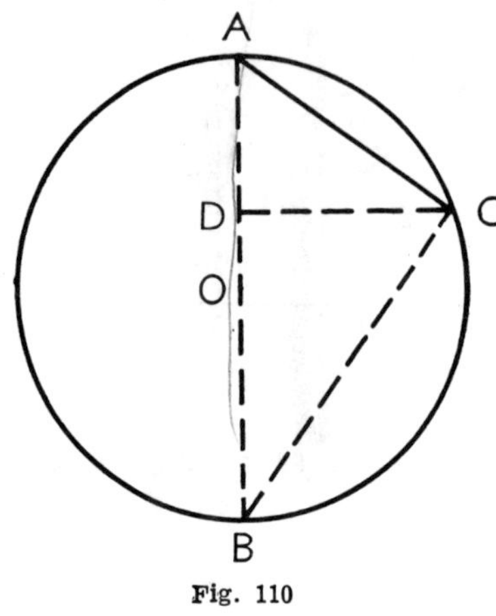

Fig. 110

En efecto: sea el círculo O, la cuerda A C y el diámetro A B (fig. 110). Uniendo los puntos C y B y proyectando la cuerda sobre el diámetro se forma el triángulo rectángulo A C B, del cual A B es la hipotenusa, A C un cateto y A D la proyección de éste sobre A B. Luego en virtud del teorema 1.º del párrafo 165 podremos escribir:

$$\frac{A\,B}{A\,C} = \frac{A\,C}{A\,D}.$$

167. Teorema. — *La perpendicular trazada desde un punto cualquiera de la circunferencia al diámetro es media proporcional entre los dos segmentos en que queda dividido el último.*

Sea el círculo de centro O de la figura anterior, A B su diámetro y C D una perpendicular al mismo desde el punto C. Uniendo este punto con los extremos del diámetro se forma el triángulo rectángulo A C B, del cual A B es la hipotenusa; en virtud del teorema 2.º del párrafo anterior, tendremos:

$$\frac{B\,D}{A\,D} = \frac{A\,D}{D\,C}$$

168. Teorema de Pitágoras. — *En todo triángulo rectángulo el cuadrado de la hipotenusa es igual a la suma de los cuadrados de los catetos.*

En efecto: si consideramos el triángulo rectángulo A B C de la figura 109, correspondiente al párrafo 165, y trazamos la altura A M, de las proporciones (1) y (2), se deducen las igualdades siguientes:

$$\overline{A\,B}^2 = B\,C \cdot B\,M \quad\quad y \quad\quad \overline{A\,C}^2 = B\,C \cdot M\,C$$

que sumadas miembro a miembro dan:

$$\overline{A\,B}^2 + \overline{A\,C}^2 = B\,C\;(B\,M + M\,C),$$

pero

$$B\,M + M\,C = B\,C$$

luego

$$\overline{A\,B}^2 + \overline{A\,C}^2 = \overline{B\,C}^2 \quad\quad (3),$$

como se quería demostrar.

Representando con a el número que expresa la medida de la hipotenusa, por b y c los que miden los catetos, tendremos:

$$a^2 = b^2 + c^2,$$

fórmula que permite hallar el valor de uno de los elementos del triángulo conociendo los otros dos. Así:

$$a = \sqrt{b^2 + c^2}; \quad\quad c = \sqrt{a^2 - b^2}.$$

169. Corolario. — *En todo triángulo rectángulo el cuadrado de un cateto es igual al cuadrado de la hipotenusa menos el cuadrado de otro cateto.*

En efecto: de la igualdad (3) se deduce:

$$\overline{AB}^2 = \overline{BC}^2 - \overline{AC}^2.$$

170. Teorema. — *En todo triángulo, el cuadrado de un lado opuesto a un ángulo agudo es igual a la suma de los cuadrados de los otros dos lados, más o menos (según que el ángulo formado por estos lados sea obtuso o agudo), el duplo del producto de uno de ellos por la proyección del otro sobre él.*

Consideremos la figura 111 y sea el triángulo A B C; tracemos su altura A M, según se ha demostrado antes (168):

$$\overline{AB}^2 = \overline{AM}^2 + \overline{MB}^2$$

y como A M es un cateto del triángulo rectángulo A M C, tendremos según (168)

$$\overline{AM}^2 = \overline{AC}^2 - \overline{CM}^2$$

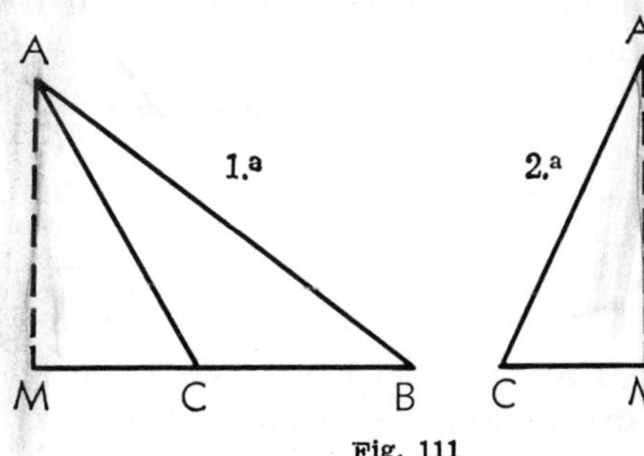

Fig. 111

y substituyendo $\overline{AM}^2$ por su valor en la igualdad anterior, tendremos:

$$\overline{AB}^2 = \overline{AC}^2 - \overline{CM}^2 + \overline{MB}^2 \qquad (1).$$

Si el ángulo C es obtuso (fig. 1.ª), M B es la suma de C B y C M, y, por consiguiente, podremos escribir:

$$\overline{MB}^2 = (CB + CM)^2 = \overline{CB}^2 + 2\,CB \times CM + \overline{CM}^2$$

y substituyendo $\overline{MB}^2$ por su valor en la igualdad anterior, tendremos:

$$\overline{AB}^2 = \overline{AC}^2 - \overline{CM}^2 + \overline{CB}^2 + \overline{CM}^2 + 2\,CB \cdot CM$$

y simplificando tendremos finalmente:

$$\overline{AB}^2 = \overline{AC}^2 + \overline{CB}^2 + 2\,CB \cdot CM \qquad (2).$$

Reemplazando A B por c, A C por b y C B por a, expresaremos la igualdad anterior del modo siguiente:

$$c^2 = b^2 + a^2 + 2\,a \cdot CM.$$

Si el ángulo C es agudo (fig. 2.ª), M B será la diferencia entre los segmentos C B y C M y $\overline{MB}^2$ será el cuadrado de la diferencia C B − C M o de C M − C B, según que C B sea mayor o menor que C M.

En general, podremos sentar la igualdad siguiente:

$$\overline{MB}^2 = \overline{CB}^2 + \overline{CM}^2 - 2\,CB \times CM$$

y substituyendo este valor en la igualdad (1), tendremos:

$$\overline{AB}^2 = \overline{AC}^2 - \overline{CM}^2 + \overline{CB}^2 + \overline{CM}^2 - 2\,CB \times CM$$

que, simplificada, se transforma en

$$\overline{AB}^2 = \overline{AC}^2 + \overline{CB}^2 - 2\,CB \times CM \qquad (3).$$

Esta igualdad se puede transformar en la siguiente, adoptando la notación indi-cada anteriormente:

$$c^2 = b^2 + a^2 - 2\,a \times CM.$$

Las igualdades (2) y (3) se pueden resumir en la siguiente:

$$\overline{AB}^2 = \overline{AC}^2 + \overline{CB}^2 \pm 2\,CB \times CM,$$

traducción algebraica del enunciado, y en la cual tomaremos el signo + cuando el ángulo C sea obtuso, y el signo − cuando C sea un ángulo agudo.

V. NÚMERO DE POLÍGONOS REGULARES ESTRELLADOS DE *M* LADOS

171. Supongamos dividida la circunferencia en *m* partes iguales; uniendo de uno en uno los puntos de división tendremos un polígono regular convexo de *m* lados. Si unimos los puntos de división de *p* en *p*, a partir de uno cualquiera de ellos, puede ocurrir que se vuelva al punto de partida después de haber recorrido la circunfe-rencia un número exacto de veces; el conjunto de todas las cuerdas trazadas forman entonces un polígono que es regular, pero no es convexo y se denomina *estrellado*.

Un ejemplo: si se divide la circunferencia en cinco partes iguales (fig. 112) y se unen los puntos de división de uno en uno se obtiene el pentágono regular convexo A B C D E. Pero si a partir del punto A unimos los puntos de dos en dos, se vuelve al punto A después de haber recorrido la circunferencia dos veces, y resulta el polígono regular estrellado A C E B D A.

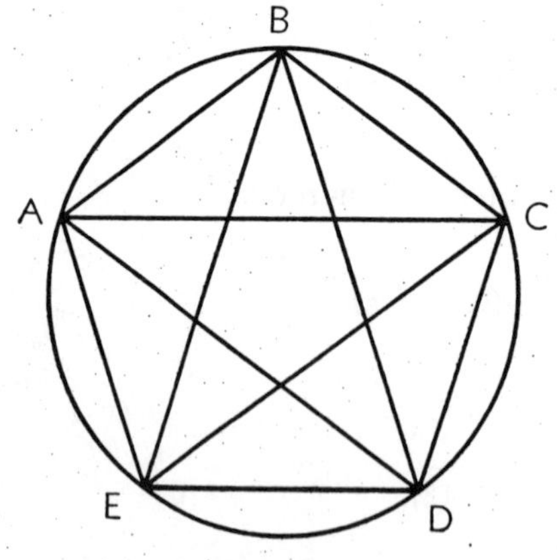

Fig. 112

En el caso propuesto no pueden resultar más polígonos estrellados, pues si unimos los puntos de división de tres en tres o de cuatro en cuatro, equivale a unirlos respectivamente de dos en dos y de uno en uno.

172. Especie de un polígono. — Se dice que un polígono regular P es de especie *l* cuando la suma de los arcos (menores que la semicircunferencia) subten-didos por sus lados es igual a *l* circunferencias.

Si el polígono es de *n* lados, cada uno de estos arcos vale

$$\frac{360° \times 1}{n} \qquad \text{ó} \qquad \frac{360°}{n} \times 1,$$

luego el polígono se podrá obtener dividiendo la circunferencia en *n* partes iguales y uniendo los puntos de división de *l* en *l*.

El número 1 que expresa la especie del polígono debe ser forzosamente primo con *n*, pues de lo contrario el polígono tendría menos de *n* lados. En efecto: si dividida la circunferencia en un número *n* de partes iguales, se recorre en un sentido determinado y se unen los puntos de división de *l* en *l*, se llegará al punto de partida cuando el número de divisiones recorridas sea igual al mínimo común múltiplo (m. c. m.) de *n* y *l*, el cual vale, según enseña la Aritmética, $\frac{nl}{d}$, siendo *d* el máximo común divisor de *n* y *l*. Se volverá, pues, al punto de partida después de recorrer $\frac{nl}{d}$ divisiones, esto es, cuando se habrán trazado $\frac{n}{d}$ lados, pues cada lado o cuerda subtiende *l* divisiones. El polígono tendrá, pues, $\frac{n}{d}$ lados, luego para que el número de lados sea *n*, es preciso que $d=1$, esto es, que *n* y *l* sean primos.

Por otra parte, la especie *l* del polígono es menor que $\frac{n}{2}$, puesto que, según hemos dicho, los arcos substendidos deben ser menores que media circunferencia. El recíproco es también cierto.

173. *Hay tantas especies de polígonos regulares de* n *lados como números primos con* n *inferiores a* $\frac{n}{2}$.

Los polígonos regulares de *primera* especie son *convexos;* los restantes son *estrellados.*

Por consiguiente, suponiendo dividida una circunferencia en *cinco* partes iguales, sólo existirá *un* pentágono regular convexo y solamente *un* pentágono regular estrellado, pues en este caso, siendo $\frac{n}{2}=2,5$, únicamente hay un número primo con cinco *(n)* menor que $5:2$, y este número es 2; luego uniendo los puntos de división de 2 en 2 obtendremos el único pentágono regular estrellado posible.

Si dividimos la circunferencia en 15 partes ($n=15$) habrá un solo pentadecágono regular convexo y tres pentadecágonos regulares estrellados, los cuales resultarán al unir los puntos de división de 2 en 2, de 4 en 4 y de 7 en 7, pues en la serie

$$\underline{1,} \quad \underline{2,} \quad 3, \quad \underline{4,} \quad 5, \quad 6, \quad \underline{7}$$

de números enteros menores que $\frac{n}{2}$ solamente los cuatro números subrayados son primos con 15.

Si $n=10$, sólo habrán dos decágonos regulares, uno de especie primera, el decágono regular convexo, y otro el de tercera especie, pues en la serie

$$1, \quad 2, \quad 3, \quad 4$$

sólo el *1* y el *3* son primos con 10.

VI. VALORES DE LOS LADOS DE LOS POLÍGONOS REGULARES INSCRITOS Y CIRCUNSCRITOS

174. Teorema. — *El lado de un cuadrado inscrito en un círculo es igual al producto del radio por* $\sqrt{2}$.

En efecto: observemos la figura 113; el lado P N del cuadrado inscrito en el círculo O forma, con los radios O P y O N, un triángulo rectángulo, puesto que el arco P S N es la cuarta parte de la circunferencia. Según lo expuesto ya en (168), tendremos:

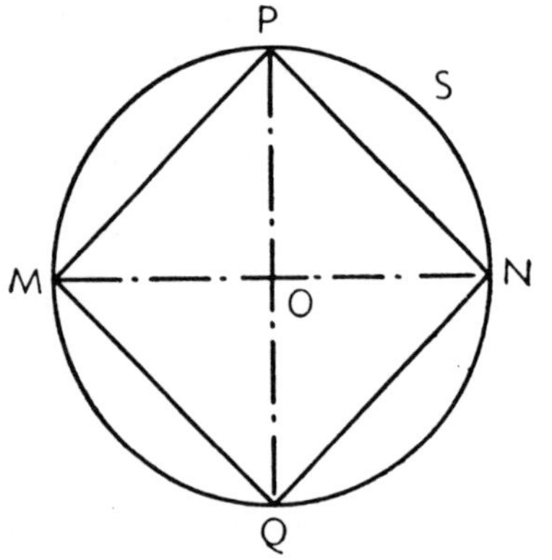

$$\overline{P N}^2 = \overline{O P}^2 + \overline{O N}^2$$

y representando con r el radio del círculo O:

$$\overline{P N}^2 = 2 r^2$$

luego

$$P N = \sqrt{2 r^2} = r \sqrt{2}.$$

Fig. 113

175. Teorema. — *El lado del hexágono regular inscrito en un círculo es igual al radio del círculo.*

Sea el círculo O (fig. 114), e inscribamos en él el hexágono regular M N P Q S T, y unamos el centro O con los puntos N y P.

El ángulo central N O P es igual, como sabemos, a $\dfrac{2\,R}{3}$, esto es, 60°; tendremos, pues:

$$\overset{\frown}{O N P} + \overset{\frown}{O P N} = 2\,R - \overset{\frown}{N O P} = 2\,R - \frac{2\,R}{3} = 180^\circ - 60^\circ = 120^\circ$$

y como los ángulos O N P y O P N son iguales,

$$N O P = O P N = \frac{2\,R}{3} = 60^\circ,$$

luego de aquí se deduce que los ángulos P O N y O N P son iguales y, por consiguiente,

$$P N = O P = r$$

De aquí se deduce que para inscribir un exágono regular en un círculo se lleva el radio del círculo como cuerda cinco veces sobre el círculo a partir de un punto cualquiera de éste y unir de uno en uno los puntos marcados.

Si se unen de dos en dos estos puntos se obtiene el triángulo equilátero inscrito

Ñ Q T. Subdividiendo cada uno de los arcos N P, P Q, Q S... en 2, 4, 8, 16...,
2^n partes iguales, y uniendo de uno en uno los puntos de división, obtendremos los polígonos regulares inscritos de 12, 24, 48... lados, y en general de $3 \cdot 2^n$ lados.

176. Teorema. — *Valor del lado del triángulo equilátero inscrito en el círculo en función del radió de éste.* Sea el triángulo equilátero N Q T inscrito en el círculo O (fig. 114). El diámetro Q M dividirá al arco N A T en dos partes iguales, y unamos T con M y con Q; la recta M T será el lado del hexágono regular inscrito, según lo dicho en el párrafo anterior. El triángulo M T Q es rectángulo, cuya hipotenusa es el diámetro M Q. Podemos, pues, escribir:

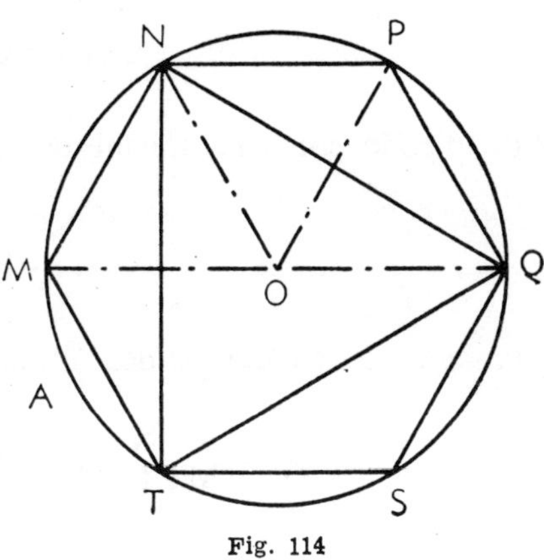

Fig. 114

$$\overline{T Q}^2 = \overline{M Q}^2 - \overline{T M}^2$$

o bien

$$\overline{T Q}^2 = 4\,r^2 - r^2 = 3\,r^2,$$

luego

$$T Q = \sqrt{3\,r^2} = r\sqrt{3}.$$

De aquí se deduce el método para inscribir en un círculo un triángulo equilátero. Trácese el círculo y uno de sus diámetros, y haciendo centro en uno de los extremos de éste y con un radio igual al radio del círculo trácese un arco que corte a este último. Uniendo los dos puntos de intersección así determinados con el otro extremo del diámetro se obtendrá el triángulo inscrito en cuestión.

177. Teorema. — *El lado del decágono regular convexo inscrito en un círculo es igual a la parte mayor del radio dividido en media y extrema razón.*

Sea el círculo O (fig. 115), e inscribamos en él el decágono regular convexo cuyo lado es M N. Únase el centro con los puntos M y N y trácese la bisectriz M F del ángulo O N M. Se verificará la proporción.

$$\frac{O M}{M N} = \frac{O F}{F N}.$$

Es preciso demostrar que M N es igual a O F.

Según se sabe, el ángulo N O M en el centro del decágono regular vale:

$$\widehat{M O N} = \frac{4\,R}{10} = \frac{2\,R}{5} = 36º \quad (1)$$

y

$$\widehat{O N M} + \widehat{O M N} = 2\,R - \frac{2\,R}{5} = \frac{8\,R}{5}$$

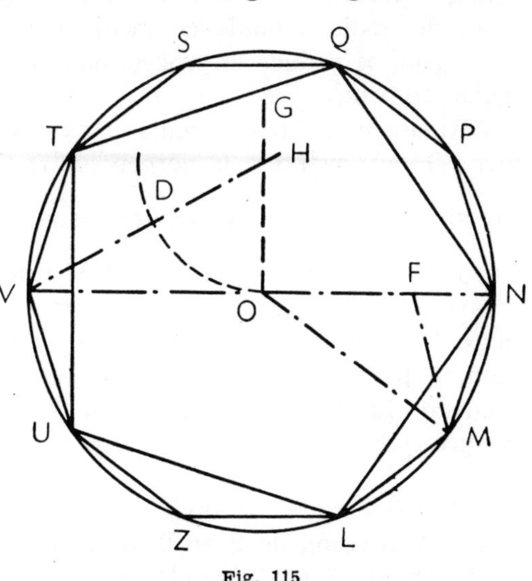

Fig. 115

pero como los ángulos O N M y O M N son iguales, tendremos:

$$\overset{\frown}{O N M} = \overset{\frown}{O M N} = \frac{4\,R}{5} = 72^{\circ} \quad (2)$$

y dividiendo por 2 los miembros de esta última igualdad:

$$\overset{\frown}{O M F} = \overset{\frown}{F M N} = \frac{2\,R}{5} = 36^{\circ} \quad (3)$$

y teniendo cn cuenta las dos últimas igualdades se puede escribir:

$$\overset{\frown}{M F N} = 2\,R - \frac{4\,R}{5} - \frac{2\,R}{5} = \frac{4\,R}{5} = 72^{\circ} \quad (4).$$

Si se comparan las igualdades (1) y (2) respectivamente con (3) y (4) se obtiene:

$$\overset{\frown}{N O M} = \overset{\frown}{O M F} \quad y \quad \overset{\frown}{O N M} = \overset{\frown}{M F N}$$

de las que se deducen:

$$M F = O F \quad y \quad M F = M N$$

y, por consiguiente:

$$O F = M N$$

por lo tanto, si se substituyen los términos O M y M N por sus iguales respectivos O N y O F en la proporción expuesta al principio, se tendrá:

$$\frac{O N}{O F} = \frac{O F}{F N},$$

la cual prueba que la magnitud O F, y, por consiguiente, su igual M N, es la parte mayor del radio dividido en media y extrema razón (véase 135).

De aquí se deduce el procedimiento para inscribir en un círculo O un decágono regular convexo.

Divídase el radio en media y extrema razón; para ello trácese un radio cualquiera O V y levántese la perpendicular O G en su extremo O; tómese ahora sobre la recta O G, y a partir de O, una distancia $O H = \dfrac{O V}{2}$; únase H con V, y haciendo centro en H y con radio igual a O H trácese un arco, el cual cortará a la recta V H en un punto D y será tangente al radio V O en el punto O. Llévese ahora el segmento V D, el mayor en que ha quedado dividido el radio en media y extrema razón, a partir del punto V y sobre la circunferencia, nueve veces consecutivas, y uniendo los puntos V, T, S... así determinados, obtendremos el decágono regular inscrito.

178. Si después de dividir la circunferencia en diez partes iguales unimos los puntos de división de 2 en 2, obtendremos el pentágono regular convexo inscrito; si se unen de 3 en 3, resultará el decágono regular estrellado de tercera especie.

Si se unen de 4 en 4, como 4 y 10 tienen como m. c. d. 2, resultará el polígono de $\dfrac{10}{2}=5$ lados, esto es, un pentágono. Dividiendo sucesivamente cada uno de los arcos MN, NP, PQ... en 2, 4, 8...' 2^n partes iguales, obtendremos los polígonos regulares inscritos de 20, 40, 80... lados, y en general de 5×2^n lados.

179. Como se sabe, el lado del pentágono regular inscrito subtiende un arco igual a los subtendidos por dos lados del decágono regular; por consiguiente, se obtendrá fácilmente el pentágono regular inscrito del modo siguiente. En el círculo de radio OV (fig. 115) se divide este radio en media y extrema razón; luego, haciendo centro en V y con radio igual a VD, lado del decágono regular, se describe un arco, el cual corta a la circunferencia en los puntos T y U; la distancia TU se lleva luego sobre la circunferencia tres veces a partir del punto T o de U y se unen los puntos de división.

180. **Teorema.** — *El lado del pentadecágono regular inscrito es la cuerda del arco igual a la diferencia entre los arcos subtendidos por los lados del hexágono y del decágono regular inscritos.*

En efecto: sea el círculo O (fig. 116), y sea MP y MN los lados, respectivamente, del decágono y del hexágono regular inscritos. Representemos por a, b y d los tres arcos MPN, MZP y PBN, y por C la circunferencia de centro O; se tendrá patentemente:

$$d=a-b=\frac{C}{6}-\frac{C}{10}=\frac{5\,C}{30}-\frac{3\,C}{30}=\frac{C}{15},$$

o sea

$$d=60^\circ-36^\circ=24^\circ=\frac{1}{15}\times360^\circ,$$

es decir, que el arco PBN es la quinceava parte de la circunferencia O, y, por lo tanto, su cuerda PN será el lado del pentadecágono regular inscrito.

Para inscribir el pentadecágono regular se traza un radio cualquiera OM y se determina el segmento mayor MD de este radio dividido en media y extrema razón. Desde M como centro se describen sucesivamente con radios respectivamente iguales a MO y MD dos arcos que cortarán a la circunferencia en los puntos N y P respectivamente.

Llévese la distancia PN sobre la circunferencia trece veces consecutivas y únanse con rectas cada dos puntos consecutivos. El polígono así obtenido será el pentadecágono regular convexo.

Subdividiendo los arcos en 2, 4, 8... partes iguales obtendremos los polígonos regulares inscritos de 30, 60, 120... lados, y en general de $5\cdot3\cdot2^n$ lados.

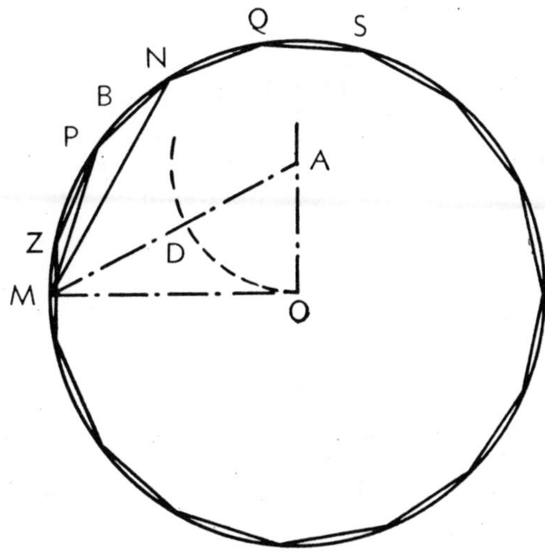

Fig. 116

Como los únicos números de la serie

$$\underline{1}, \quad \underline{2}, \quad 3, \quad \underline{4}, \quad 5, \quad 6, \quad \underline{7}$$

menores que $15:2$, primos con 15 son los subrayados, los solos pentadecágonos estrellados regulares posibles se obtendrán uniendo los puntos de división de 2 en 2, de 4 en 4 y de 7 en 7.

181. **Problema.** — *Conociendo el valor de un polígono regular inscrito en un círculo, hallar el valor del lado del polígono semejante circunscrito al mismo círculo.*

Sea el círculo O (fig. 117), M N el lado del polígono regular inscrito en el círculo y Q S el del polígono semejante circunscrito. Trazando el radio O P perpendicular a M N lo será también a Q S, pues esta última es tangente a la circunferencia en el punto medio del arco M P N. Las rectas M N y Q S son paralelas y, por consiguiente, los triángulos O M N y O Q S son semejantes y podemos escribir:

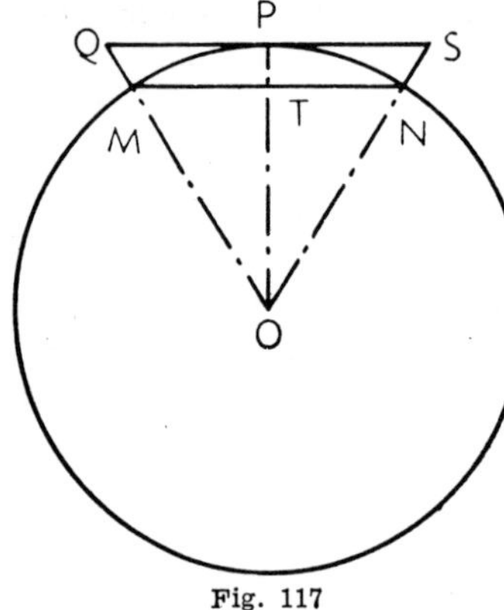

Fig. 117

$$\frac{O\,T}{M\,N} = \frac{O\,P}{Q\,S} \qquad (1).$$

En el triángulo rectángulo M T O la hipotenusa O M es el radio r del círculo O, y el cateto M T es la mitad de M N o l, luego se tendrá:

$$\overline{O\,T^2} = \overline{O\,M^2} - \overline{M\,T^2} = r^2 - \frac{l^2}{4} = \frac{1}{4}\,(4\,r^2 - l^2),$$

de donde:

$$O\,T = \frac{1}{2}\sqrt{4\,r^2 - l^2} \qquad (2).$$

Así pues, la proporción (1) se puede transformar en esta otra:

$$\frac{\dfrac{1}{2}\sqrt{4\,r^2 - l^2}}{l} = \frac{r}{L},$$

en la que L representa la magnitud Q S,

de donde:

$$L = \frac{l\,r}{\dfrac{1}{2}\sqrt{4\,r^2 - l^2}} \qquad \text{o bien} \qquad L = \frac{2\,l\,r}{\sqrt{4\,r^2 - l^2}} \qquad (3).$$

y si $r = 1$, tendremos

$$L = \frac{2\,l}{\sqrt{4 - l^2}}.$$

182. La fórmula (2) hallada en el párrafo anterior permite hallar el valor de la apotema de un polígono regular en función del lado del polígono y del radio del círculo circunscrito. Dicha fórmula nos dice:

La apotema de un polígono regular es igual a la mitad de la raíz cuadrada de la diferencia entre los cuadrados del diámetro del círculo circunscrito y del lado del polígono.

Cuando se conozca la relación que existe entre l y r, el valor de la apotema podrá expresarse indistintamente en función de l o r.

Así, por ejemplo, determinar la apotema a del hexágono regular cuyo lado es l.

Se tendrá, reemplazando r por l en la fórmula (2):

$$a = \frac{1}{2}\sqrt{4\,l^2 - l^2} = \frac{1}{2}\sqrt{3\,l^2} = \frac{1}{2}\,l\sqrt{3}.$$

183. Problema. — *Conociendo el valor l del lado MN de un polígono regular inscrito en un círculo O, hallar el valor l_1 del lado del polígono regular inscrito en el mismo círculo y que tenga doble número de lados que el primero.*

Consideremos la misma figura que en el problema anterior; MP es el lado cuyo valor es l_1. Como el mayor valor que puede tener el ángulo en el centro MOP es $\dfrac{4\,R}{6}$ o $\dfrac{2\,R}{3}$, el lado MP se opondrá siempre a un ángulo agudo en el triángulo MOP, y se podrá afirmar la igualdad

$$\overline{MP}^2 = \overline{OM}^2 + \overline{OP}^2 - 2\,OP \times OT$$

y teniendo en cuenta el valor OT hallado en el problema anterior (fórmula 2), se podrá escribir:

$$l_1^2 = r^2 + r^2 - 2\,r \times \frac{1}{2}\sqrt{4\,r^2 - l^2}$$

o bien

$$l_1^2 = 2\,r^2 - r\sqrt{4\,r^2 - l^2} = r\left(2\,r - \sqrt{4\,r^2 - l^2}\right)$$

y finalmente:

$$l_1^2 = \sqrt{r\left(2\,r - \sqrt{4\,r^2 - l^2}\right)} \qquad (4).$$

Si se conoce la relación numérica entre l y r se podrá expresar l_1 indistintamente en función de l o r.

Ejemplo: *Determinar el lado l_1 del octógono regular inscrito en un círculo de radio r.*

Reemplazando en la fórmula (4) l por su valor $r\sqrt{2}$, ya obtenido en otro lugar, se obtendrá la igualdad siguiente:

$$l_1 = \sqrt{r\left(2\,r - \sqrt{4\,r^2 - (r\sqrt{2})^2}\right)} = \sqrt{r(2\,r - \sqrt{4\,r^2 - 2\,r^2})} =$$

$$\sqrt{r(2\,r - r\sqrt{2})} = \sqrt{2\,r^2 - r^2\sqrt{2}} = r\sqrt{2 - \sqrt{2}}.$$

184. *Conociendo los perímetros* p *y* P *de dos polígonos regulares de* n *lados, inscrito el uno y circunscrito el otro en un mismo círculo, calcular los perímetros* p′ *y* P′ *de los polígonos de doble número de lados inscrito y circunscrito en el mismo círculo.*

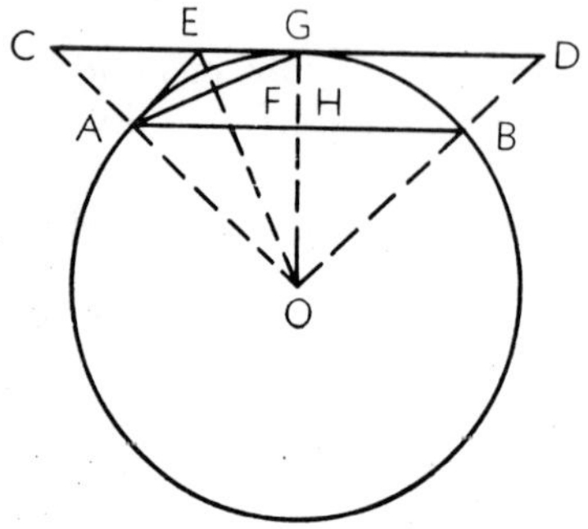

Sean (fig. 118) A B y C D los lados de los dos polígonos dados, cuyos perímetros respectivos son p y P. Tracemos por A la tangente A E y los radios O B, O A y el O G del punto G de contacto del lado C D. Por hipótesis, tenemos:

$$p = 2\,n\,A\,H \qquad\qquad P = 2\,n\,C\,G$$

$$p′ = 2\,n\,A\,G = 4\,n\,F\,G \qquad\qquad P′ = 4\,n\,E\,G$$

Fig. 118

En el triángulo C O G, por ser O E bisectriz, se cumple:

$$\frac{E\,G}{E\,C} = \frac{O\,G}{O\,C} = \frac{O\,A}{O\,C} = \frac{p}{P},$$

de donde:

$$\frac{p}{p+P} = \frac{E\,G}{E\,C+E\,G} = \frac{E\,G}{C\,G} = \frac{4\,n\,E\,G}{4\,n\,C\,G} = \frac{P′}{2\,P}$$

es decir,

$$\frac{p}{p+P} = \frac{P′}{2\,P},$$

luego

$$P′ = \frac{2\,P\,p}{P+p}.$$

Para hallar p′, observemos que los triángulos A H G y G F E son semejantes, luego:

$$\frac{A\,H}{A\,G} = \frac{G\,F}{G\,E} \quad \text{o bien} \quad \frac{2\,n\,A\,H}{2\,n\,A\,G} = \frac{4\,n\,G\,F}{4\,n\,G\,E},$$

es decir,

$$\frac{p}{p′} = \frac{p′}{P′} \quad \text{o bien} \quad p′ = \sqrt{P′\,p}$$

185. **Teorema.** — *Dado el radio* r *y la apotema* a *de un polígono regular, calcular el radio* r′ *y la apotema* a′ *del polígono regular isoperímetro* (de igual perímetro) *de doble número de lados.*

Sean (fig. 119) A B el lado del polígono dado cuyo radio es $r = O\,A$ y su apotema $a = O\,D$, que pasa por el punto medio del arco A C B; tracemos las cuerdas A C y C B; uniendo los puntos medios E y F de éstas, tendremos:

$$E\,F = \frac{1}{2}\,A\,B, \qquad\qquad \stackrel{\frown}{E\,O\,F} = \frac{\stackrel{\frown}{A\,O\,B}}{2},$$

luego E F es el lado, O E el radio y O H la apotema del polígono pedido, y por consiguiente:

$$O\,H = O\,D + D\,H = O\,D + \frac{O\,C - O\,D}{2} = \frac{O\,D + O\,C}{2},$$

es decir,
$$a' = \frac{a+r}{2}.$$

Para determinar el radio r', fijémonos en que el triángulo $O\,E\,C$ es rectángulo, luego:

$$O\,E = \sqrt{O\,C \times O\,H},$$

esto es,

$$r' = \sqrt{r \cdot a'}.$$

De la observación de la figura se deduce:
$$O\,H > O\,D \quad y \quad O\,E < O\,C, \qquad luego \qquad a' > a \quad y \quad r' < r.$$

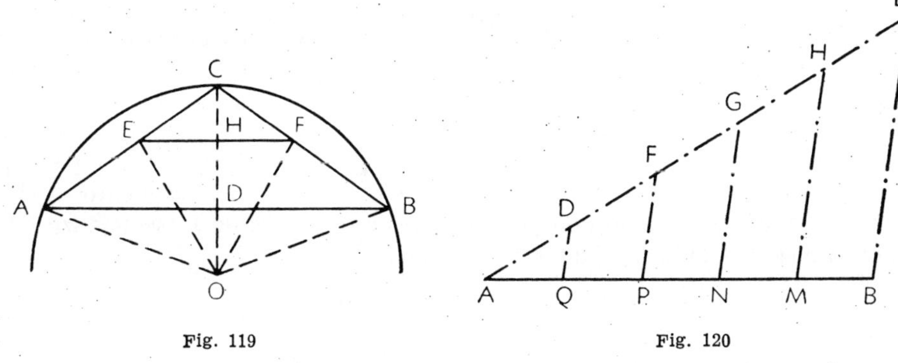

Fig. 119
Fig. 120

VII.   PROBLEMAS REFERENTES A FIGURAS PLANAS

186.   Problemas. — *Dividir un segmento dado en un número de partes iguales.*
Sea el segmento A B, que tenemos que dividir en varias partes iguales (fig. 120). Se traza por su extremo una recta ilimitada A C que forme con A B un ángulo agudo, y a partir del punto A se lleva sobre aquélla una medida arbitraria A D tantas veces cuantas sean las partes iguales en que queremos dividir A B. Únase el último punto de división L con el punto B, y por los restantes puntos de división D, F, G, H..., se trazan paralelas a L B y que corten a A B. Este último quedará dividido en el número de partes iguales que se deseen.

187.   Problema. — *Dividir un segmento A B en partes proporcionales a varios segmentos dados.*

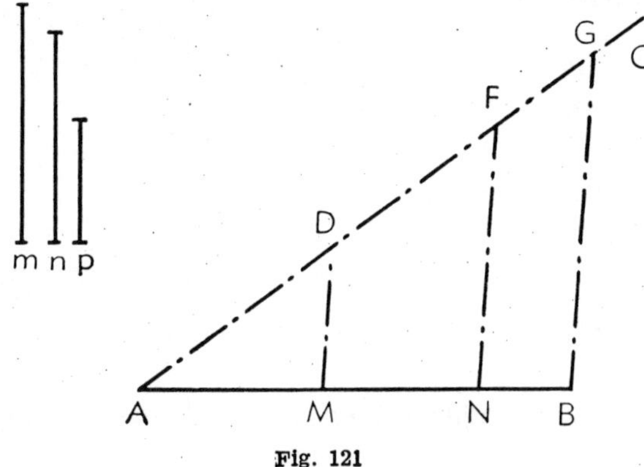

Fig. 121

Supongamos los segmentos dados m, n y p (fig. 121). Trácese por el punto A otra recta indefinida A C, que forme con ella un ángulo agudo, y sobre ella, y a partir de A, se toman sucesivamente los segmentos A D, D F y F G, respectivamente iguales a m, n y p. Únase el punto G con B y por los puntos D y F trácense la D M y F N, paralelas a G B, las cuales determinarán sobre el segmento A B los segmentos A M, M N y N B, proporcionales a m, n y p.

188. Problema. — *Hallar la cuarta proporcional a segmentos dados* m, n *y* p.

Sean los segmentos *m, n* y *p* los representados en la figura 122. Veamos los dos métodos más sencillos de resolver el problema.

MÉTODO 1.º (fig. 122, 1.ª). Construyamos primero un ángulo cualquiera B A C y trácese por el extremo A una recta indefinida A C que forme con A B un ángulo agudo; tómense sobre el lado A C, y a partir del vértice A, dos magnitudes A D y A F, respectivamente iguales a *m* y *n*, y sobre el lado A B, y a partir de A, la longitud A G=*p*. Únanse ahora los puntos D y G, y por el punto F trácese la recta F H paralela a D G; el segmento A H, así determinado, será la cuarta proporcional que se busca, pues de la semejanza de los triángulos A F H y A D G se deduce:

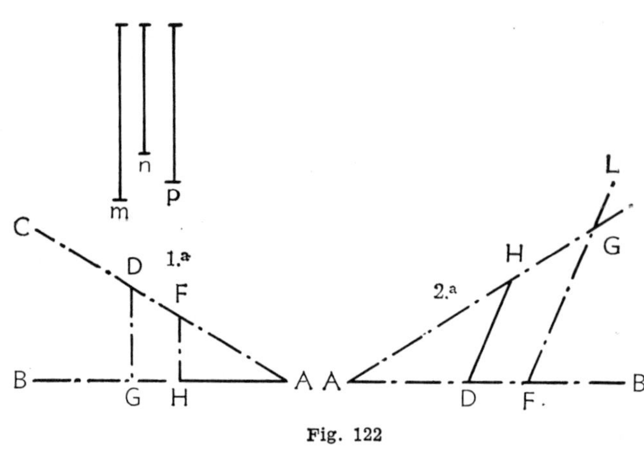

Fig. 122

$$\frac{AD}{AF}=\frac{AG}{AH} \qquad \text{o bien} \qquad \frac{m}{n}=\frac{p}{AH}.$$

MÉTODO 2.º (fig. 122, 2.ª). Tómese sobre una recta indefinida A B, y a partir del punto A, dos magnitudes A F y A D, respectivamente iguales a *m* y *n*; trácese por el punto F una recta cualquiera F L y sobre ella, y a partir de F, una distancia F G=*p*, y únase A con G. Ahora trácese por el punto D una recta paralela a F G que corte a A G en el punto H; el segmento D H, así determinado, es la cuarta proporcional entre *m, n* y *p*, pues la semejanza de los triángulos G A F y H A D permite escribir:

$$\frac{AF}{AD}=\frac{FG}{DH} \qquad \text{o bien} \qquad \frac{m}{n}=\frac{p}{DH}$$

189. Problema. — *Hallar la tercera proporcional a dos segmentos dados.*

Sean los segmentos dados *m* y *n* (fig. 123); sobre una recta indefinida A C, y a partir del punto A, se toma la magnitud A B=*m* y se levanta en el punto B una perpendicular B F a A B y en ella se toma la magnitud B G=*n*. Se une ahora A con G y en el extremo G se traza a la A G la perpendicular G D. El segmento B D es la tercera proporcional entre *m* y *n*. En efecto: podemos establecer la proporción siguiente, pues B G es la altura del triángulo rectángulo A G D:

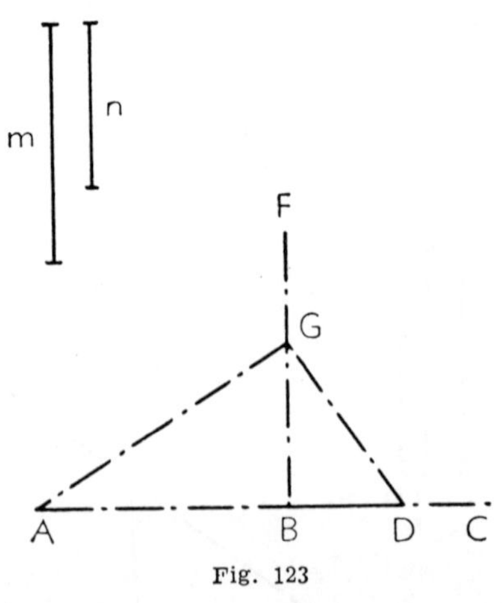

Fig. 123

$$\frac{AB}{BG}=\frac{BG}{BD} \qquad \text{o bien} \qquad \frac{m}{n}=\frac{n}{BD}$$

También puede resolverse por lo métodos indicados en el problema anterior suponiendo iguales las magnitudes *n* y *p*.

190. **Problema.** — *Hallar la media proporcional entre dos segmentos dados* m *y* n *(fig. 124).*

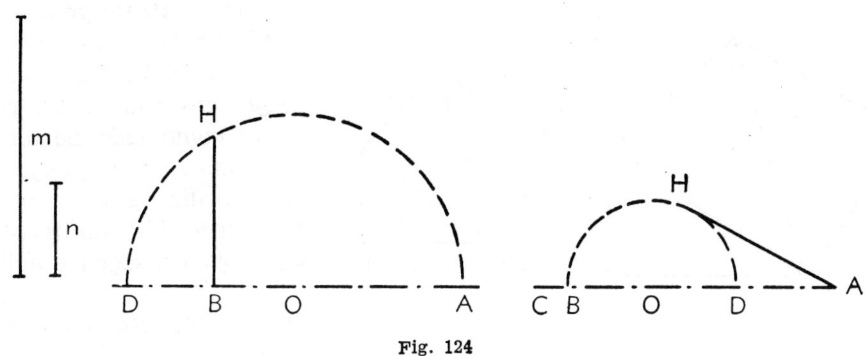

Fig. 124

MÉTODO 1.º   Sean los segmentos *m* y *n* (fig. 1.ª). Sobre una recta indefinida A D se toma una magnitud A B = *m* y a continuación la magnitud B D = *n*. Tomando el segmento A D como diámetro descríbase una semicircunferencia y trácese por el punto B la perpendicular B H a la A D y prolónguese hasta que corte a la semicircunferencia. El segmento B H es la media proporcional entre A B y B D, esto es, entre *m* y *n*, pues en virtud de un principio estudiado podemos escribir (véase párrafo 167):

$$\frac{A B}{B H} = \frac{B H}{B D} \quad \text{o bien} \quad \frac{m}{B H} = \frac{B H}{n}$$

MÉTODO 2.º (fig. 2.ª). Tómese sobre una recta ilimitada A C, y a partir del punto A, dos magnitudes A B y A D, respectivamente iguales a *m* y *n;* sobre el segmento B D, diferencia entre *m* y *n,* como diámetro, trácese una semicircunferencia y la tangente A H a esta circunferencia. La recta A H es la media proporcional entre A B y A D, esto es, entre *m* y *n*, pues sabemos que si desde un punto exterior a una circunferencia se trazan a ésta una tangente y una secante, la primera es media proporcional entre toda la secante y su segmento externo, es decir (véase párrafo

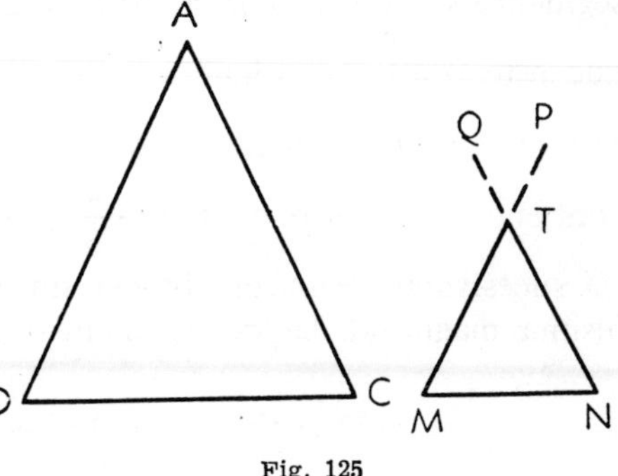

Fig. 125

$$\frac{A B}{A H} = \frac{A H}{A D} \quad \text{o bien} \quad \frac{m}{A H} = \frac{A H}{n}$$

191. **Problema.** — *Dado un triángulo* A D C, *construir otro semejante a él un segmento* M N, *considerado como lado homólogo de un lado* D C *del triángulo propuesto (fig. 125).*

Trácense por los puntos M y N las rectas M P y N Q, de modo que formen con la M N los ángulos P M N y Q N M, respectivamente iguales a los ángulos D y C del triángulo A D C. El punto T de intersección de ambas rectas será el tercer vértice del triángulo T M N, semejante al propuesto por tener iguales sus tres ángulos.

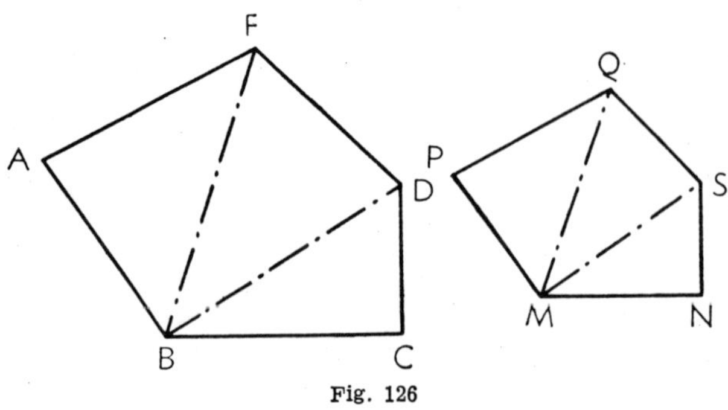

Fig. 126

192. Problema. — *Construir un polígono semejante a otro dado A B C D F sobre un segmento dado M N, considerado como lado homólogo de un lado B C del polígono propuesto (fig. 126).*

Entre los varios métodos que pueden seguirse indicamos el siguiente: divídase el polígono propuesto en triángulos, trazando para ello las diagonales B D y B F, y sobre el segmento M N constrúyase el triángulo M S N, semejante al B D C; sobre M S, como lado homólogo de B D, constrúyase el triángulo M Q S, semejante al B F D; y sobre M Q, homólogo de B F, se construye el triángulo M P Q, semejante al B A E. El polígono M N S Q P es el polígono pedido.

1.º   MEDIDA DE LAS LÍNEAS RECTAS Y CURVAS

193. *Longitud de un segmento rectilíneo es la medida de su extensión.*

Para medir un segmento rectilíneo es preciso elegir una unidad de longitud apropiada: el centímetro, el metro, etc., que se compara con el segmento dado. Para medirlo directamente se lleva sobre el segmento la unidad lineal elegida, a partir de uno de sus extremos, cuantas veces consecutivas sea posible. Si no sobra resto, el número n de veces que la unidad lineal está contenida en el segmento será la medida de éste. Si queda un resto r, se busca el número de veces p que este resto r contiene a una parte alícuota $\dfrac{1}{a}$ de la unidad elegida y menor que r; si en esta operación queda un resto r', se ve cuántas veces este nuevo resto contiene a la parte alícuota $\dfrac{1}{b}$, menor que r', de la unidad lineal escogida, y así sucesivamente hasta obtener un resto cero o despreciable a causa de su pequeñísima magnitud. La del segmento en cuestión vendrá dada por la igualdad:

$$M = a + \frac{p}{a} + \frac{q}{b} + \ldots\ldots$$

194. *Dos segmentos se llaman* **conmensurables** *cuando contienen exactamente a una misma medida de longitud.* En el caso de que ambos segmentos carezcan de una medida común, se llaman *inconmensurables.*

2.º   MEDIDA DE ARCOS Y ÁNGULOS

195. Se entiende por **medida de un arco** *la razón de este arco a la unidad lineal de medida.*

Los arcos de circunferencia se pueden medir tomando como unidad el cuadrante descrito con el mismo radio que el arco en cuestión, o bien comparándolos con una unidad diferente elegida; es decir, los arcos se miden por su *amplitud* o por su *longitud*.

Para facilitar la medición de los arcos por su amplitud se acostumbra a dividir la circunferencia en 360 partes iguales (*), que se llaman *grados;* cada grado se divide a su vez en 60 partes iguales, que se llaman *minutos;* y cada minuto en 60 partes iguales, que se llaman *segundos.* Así pues, una circunferencia tiene:

$$C = 360 \ grados = 360 \times 60 \ minutos = 360 \times 60 \times 60 \ segundos,$$

es decir,

$$C = 360 \ grados = 21.600 \ minutos = 1.296.000 \ segundos,$$

lo que simbólicamente se representa así:

$$C = 360° = 21.600' = 1.296.000''.$$

Análogamente, un arco que contenga 15 grados, 25 minutos y 18 segundos, se escribe así:

$$15° \ 25' \ 18''.$$

Habiéndose escogido el cuadrante como unidad de amplitud de los arcos, convendrá muchas veces expresar en cuadrantes o fracción decimal del mismo un arco expresado en grados, minutos y segundos.

EJEMPLO: Determinar la medida del arco de 65° 18′ 36″.

Se procede así:

$$18' = \frac{18}{60} \ de \ grado = \frac{3}{10} \ de \ grado = 0,3°$$

$$36'' = \frac{36}{3600} \ de \ grado = \frac{1}{100} \ de \ grado = 0,01°;$$

así pues,

$$65° \ 18' \ 36'' = 65,31°,$$

luego

$$M = 65,31 : 90 = 0,72566 \ de \ cuadrante.$$

196. Medida de un ángulo *es la razón de este ángulo a la unidad angular.*

Para medir un ángulo se compara su arco correspondiente con el arco correspondiente a un ángulo central unidad trazado con el mismo radio. Así, *la medida de un ángulo será la de su arco correspondiente.*

Como no es posible la comparación entre un arco de curva y la unidad lineal, como tampoco entre dos arcos de circunferencias de radios diferentes, para reducir la noción de longitud de una curva a la de longitud de una línea recta se adopta la definición siguiente:

Longitud de un arco de curva es el límite hacia el cual tiende el perímetro de una línea quebrada, inscrita en el arco, cuando sus lados tienden hacia cero, según una ley cualquiera, al crecer indefinidamente el número de estos lados.

---

* Esta división de la circunferencia se llama *sexagesimal* y desde la más remota antigüedad es la empleada en Geometría. Modernamente se ha propuesto, pero ha prosperado poco, la división *centesimal,* según la cual la circunferencia se divide en cuatro cuadrantes de 100 grados cada uno; cada grado se divide en 100 minutos y cada minuto en 100 segundos.

197. Si inscribimos en un círculo dos polígonos regulares, uno de n, el otro de $2n$ lados, el perímetro del segundo es mayor que el del primero. Si vamos inscribiendo en el círculo sucesivamente los polígonos regulares de $4n$, $8n$, $16n$... $2^m \times n$ lados, sus perímetros irán aumentando, pues van teniendo más puntos comunes con la circunferencia, y cuando n sea indefinidamente grande, el polígono tendrá un número indefinidamente grande de puntos de contacto con la circunferencia, y en el límite se confundirá con ésta. *El círculo puede considerarse en el límite como un polígono regular de infinito número de lados pequeños, y cuyo contorno es la circunferencia.*

En el límite, la apotema del polígono se hace igual al radio r del círculo en que el primero está inscrito.

Según lo dicho, se pueden aplicar al círculo todas las propiedades de los polígonos regulares, de donde se deduce que

La longitud de una circunferencia es proporcional a su radio.

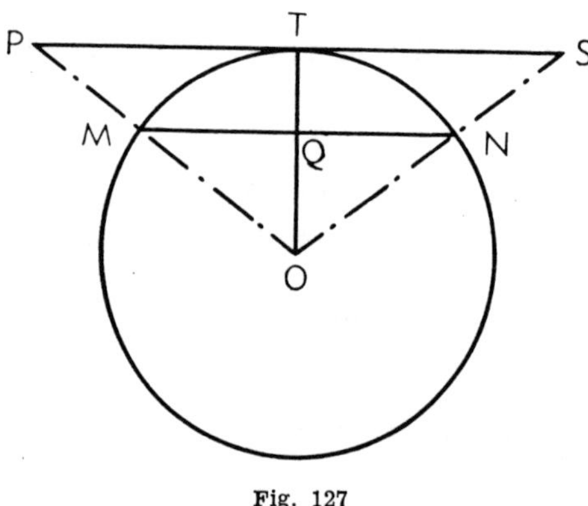

Fig. 127

198. **Teorema.** — *La circunferencia es el límite común de los perímetros p y p′ de los polígonos regulares semejantes inscritos y circunscritos cuando se va duplicando indefinidamente el número n de sus lados.*

En efecto: a medida que n crece, p crece, permaneciendo siempre menor que la longitud C de la circunferencia, y p' disminuye, pero siempre se mantiene superior a la circunferencia C. Es preciso demostrar que, en el límite, la diferencia $p' - p$ tiende a cero.

Sean (fig. 127) M N y P S los lados de los polígonos inscrito y circunscrito, del mismo número de lados; O Q y O T sus apotemas, r el radio del círculo y n el número de lados de los polígonos.

Tendremos:

$$\frac{p'}{p} = \frac{PQ}{MN} \qquad \text{o} \qquad \frac{p'-p}{p'} = \frac{QT}{OT},$$

de donde:

$$p' - p = \frac{p'}{r} \cdot QT,$$

pero

$$QT < NT < \text{arc } NT$$

y

$$\text{arc } NT = \frac{C}{2n} \qquad , \quad QT < \frac{C}{2n},$$

por consiguiente,

$$p' - p < \frac{p'}{p} \cdot \frac{C}{2n}.$$

Si n crece indefinidamente, $\dfrac{C}{2n}$ tiende hacia cero, luego el producto $\dfrac{p'}{p} \cdot \dfrac{C}{2n}$ tenderá hacia cero, y, por consiguiente, también $p' - p$. Estando, pues, C comprendido entre p' y p, será el límite común entre estos números.

De lo expuesto se deduce que en el límite

$$p = p',$$

y, por consiguiente, $\qquad\qquad$ lím. $p : p' = 1,$

es decir, *que el límite de la razón de los perímetros de dos polígonos regulares semejantes inscrito y circunscrito al mismo círculo y cuyo número de lados crece indefinidamente, es igual a la unidad.*

Siendo aplicables al círculo todas las propiedades de dos polígonos regulares, se puede afirmar la siguiente

CONSECUENCIA. *Las circunferencias son proporcionales a sus radios.* Esto es cierto en virtud de un principio ya demostrado. Así pues, de la comparación de dos circunferencias resulta la serie siguiente de igualdades:

$$\frac{C}{C'} = \frac{r}{r'} = \frac{2\,r}{2\,r'} = \frac{d}{d'} \qquad (1),$$

en la cual r y r', d y d' representan respectivamente los radios y diámetros de las circunferencias C y C'.

199. **Razón de la circunferencia al diámetro** *es el cociente de la longitud de la circunferencia al diámetro.*

Esta razón es constante, es decir, que su valor es siempre el mismo cualquiera que sea la longitud de la circunferencia. Según la consecuencia del número 198, podemos escribir:

$$\frac{C}{C'} = \frac{2\,r}{2\,r'} \qquad \text{o bien} \qquad \frac{C}{2\,r} = \frac{C'}{2\,r'} = \text{constante};$$

este valor constante de la circunferencia a su diámetro se designa con la letra griega π *(pi)*, y es igual a 3,14159265...

Así pues,

$$\frac{C}{2\,r} = \pi, \qquad \text{de donde} \qquad C = 2\,\pi\,r = 2\,r \times \pi \qquad (2),$$

luego *la longitud de una circunferencia es igual al producto de su diámetro por* π.

De la igualdad (2) resulta:

$$2\,r = \frac{C}{\pi} = \frac{1}{\pi} \times C,$$

pero

$$\frac{1}{\pi} = 0,318309...$$

luego *el diámetro es igual al producto de la longitud de la circunferencia por* $\dfrac{1}{\pi}$

esto es, igual a $C \times 0,318309...$

La longitud de la circunferencia viene dada en la misma unidad en que esté expresado el radio.

EJEMPLO: ¿Cuál es la longitud de una circunferencia cuyo radio es igual a 40 centímetros?

Aplicando la fórmula (2), tendremos,

$$C = 2 \times 40 \times 3,141592 = 251,327 \text{ cm.}$$

200. **Longitud de la circunferencia** *es el resultado de comparar la circunferencia con la unidad lineal.*

La unidad hoy empleada para medir la longitud de las circunferencias y los arcos es el *radián, esto es, el arco que, rectificado, tiene una longitud igual a la del radio con el cual ha sido trazado.*

Cualquiera que sea el radio, el radián vale 57° 17′ 40″ 805.

Ya que en toda circunferencia

$$360° \text{ equivalen } 2\pi r,$$

se deduce

$$r = \frac{360}{2\pi} = \frac{180}{\pi} = 57° \ 17' \ 40'' \ 805.$$

valor aceptado para el radián.

201. Longitud de un arco de *n* grados. — La longitud de una circunferencia es, como se ha dicho, igual a $2\pi r$, equivalente a 360°, es decir,

$$360° = 2\pi r, \qquad \text{luego} \qquad 1° = \frac{2\pi r}{360} = \frac{\pi r}{180}$$

por consiguiente, la longitud *l* de un arco de *n* grados de amplitud será

$$l = \frac{\pi r n}{180}$$

Si se toma como unidad angular de medida el radián, la longitud de la circunferencia es igual a 2π radianes, pues el arco del radián es igual al radio *r*, esto es:

$$360° = 2\pi \text{ radianes,}$$

luego

$$1° = \frac{2\pi}{360} = \frac{\pi}{180} \text{ radianes,}$$

y el arco de *n*° valdrá

$$n° = \frac{\pi n}{180} \text{ radianes.}$$

Inversamente,

$$1 \text{ radián} = \frac{360}{2\pi} = \frac{180}{\pi} \text{ grados de circunferencia.}$$

Estas fórmulas permiten pasar fácilmente de grados a radianes e inversamente, es decir, expresar la equivalencia entre la amplitud y la longitud de los arcos.

202. Cálculo de π por el método de los perímetros. — Se parte para ello de la fórmula

$$\pi = \frac{C}{2r} \qquad (1),$$

en la cual se puede asignar a *r* un valor arbitrario. Éste fue el método seguido por el célebre matemático Arquímedes.

Dando, por ejemplo, a *r* el valor $\dfrac{1}{2}$, la fórmula (1) se transforma en esta otra:

$$\pi = C,$$

luego los perímetros de los polígonos regulares convexos inscritos en la circunferencia de radio igual a $\dfrac{1}{2}$ son valores aproximados por defecto de π, y los perímetros de los polígonos regulares convexos circunscritos a este círculo serán valores aproximados de π por exceso.

Si calculamos, pues, los perímetros p_1 y P_1 de dos polígonos regulares convexos de n lados, inscrito el uno, circunscrito el otro, en la circunferencia de radio $\dfrac{1}{2}$, podremos luego calcular los perímetros p_2 y P_2 de los polígonos regulares de $2\,n$ lados, inscrito y circunscrito, mediante las fórmulas halladas en el número (184):

$$P_2 = \frac{2\,P_1\,p_1}{P_1 + p_1} \qquad y \qquad p_2 = \sqrt{P_2\,p_1}$$

Se calcularán asimismo los perímetros p_3 y P_3 de los polígonos regulares inscrito y circunscrito de $2^2 \times n$ lados, y así sucesivamente.

De este modo se obtendrán dos series de números

$$p_1,\ p_2,\ p_3 \ \ldots\ldots\ p_k$$
$$P_1,\ P_2,\ P_3 \ \ldots\ldots\ P_k$$

crecientes los de la primera y decrecientes los de la segunda, que tendrán por límite común C. esto es, π.

203. Cálculo de π por el método de los isoperímetros. — Hagamos $C = 2$ en la fórmula

$$\pi = \frac{C}{2\,r}$$

y obtendremos:

$$\pi = \frac{1}{r} \qquad \text{ó} \qquad \frac{1}{\pi} = r,$$

es decir, que $\dfrac{1}{\pi}$ es el radio de la circunferencia cuya longitud es 2.

Si construimos un polígono regular convexo cualquiera cuyo perímetro sea igual a 2, su apotema a y su radio r serán valores aproximados por defecto y por exceso, respectivamente, de $\dfrac{1}{\pi}$, esto es, del radio de la circunferencia de igual longitud.

En efecto: el perímetro de este polígono es mayor que la longitud de la circunferencia $2\,\pi\,a$ inscrita en él, y menor que la de la circunferencia $2\,\pi\,r$ circunscrita, esto es:

$$2\,\pi\,a < 2 < 2\,\pi\,r, \qquad \text{de donde} \qquad a < \frac{1}{\pi} < r.$$

Además, siendo este polígono de n lados, se podrá hacer este número n tan grande para que la diferencia $r - a$ sea tan pequeña como se quiera y, por consiguiente, r y a podrán aproximarse a $\dfrac{1}{\pi}$ tanto como se quiera.

Calculemos, pues, la apotema a_1 y el radio r_1 del cuadrado de perímetro igual a 2. Siendo cada lado igual a $\dfrac{2}{4}$, tendremos:

$$a_1 = \dfrac{1}{4} \qquad y \qquad r_1 \dfrac{\sqrt{2}}{4}.$$

Ahora podremos calcular la apotema a_2 y el radio r_2 de un octógono regular de perímetro 2 por medio de las fórmulas (185):

$$a_2 = \dfrac{a_1 + r_1}{2} \qquad r_2 = \sqrt{r_1\, a_2}.$$

Calcularemos así mismo la apotema a_3 y el radio r_3 del polígono regular de 16 lados, isoperímetro con los anteriores, y así sucesivamente, duplicando cada vez el número de lados del polígono. Obtendremos así las dos series de números

$$a_1, \ a_2, \ a_3 \ .... \ a_k$$
$$r_1, \ r_2, \ r_3 \ .... \ r_k$$

crecientes los de la primera, decrecientes los de la segunda, que tienen como límite común $\dfrac{1}{\pi}$, siendo

$$a_k < \dfrac{1}{\pi} < r_k.$$

Si tomamos a_k o r_k como valor aproximado de $\dfrac{1}{\pi}$, el error cometido será menor que $r_k - a_k$.

Estos dos procedimientos son laboriosos; por otros métodos más sencillos y rápidos se ha calculado el valor de π, el cual se ha llegado a obtener hasta con setecientas y más cifras decimales. Pero el valor

$$\pi = 3{,}1415926535...$$

es suficientemente aproximado para todos los cálculos. Es frecuente emplear sólo el valor 3,1416 para operaciones de no muy grande exactitud, con un exceso de 0,0001.

El número π es un número inconmensurable por serlo las magnitudes de la circunferencia y su diámetro entre sí.

3.º ÁREA DE LOS POLÍGONOS

204. Área *es la extensión de una porción limitada de plano.* La medida de una área es la razón de ella a otra área escogida como unidad; como tal se elige la de un cuadro cuyo lado es la unidad de longitud.

Dos figuras planas son *iguales* cuando teniendo la misma área coinciden al superponerlas; cuando dos figuras planas tienen la misma área pero no son iguales, es decir, cuando superpuestas no coinciden, se dice que son *equivalentes*.

Se llaman *dimensiones* de un rectángulo a dos lados consecutivos del mismo: uno cualquiera de éstos se toma como *base* y el otro como *altura* del rectángulo.

205. Teorema. — *La relación de las áreas de dos rectángulos de la misma base es igual a la relación de sus alturas.*

Para demostrar este teorema probaremos: 1.º Que si dos rectángulos de la misma base tienen alturas iguales, son iguales. 2.º Que si tres rectángulos de la misma base son tales que la altura del primero es la suma de las alturas de los otros dos, el área del primer rectángulo es igual a la suma de las áreas de los otros dos.

En efecto: 1.º Es evidente que dos rectángulos que tengan la misma base e iguales alturas sean iguales. 2.º Sean los rectángulos A B C D, E F G H e I M L J, cuyas bases A D, E F e I J son iguales, y cuyas alturas cumplen la condición que A B = E G + I M (fig. 128). Tomemos sobre A B la distancia A N = E G y N B = I M, por el punto N tracemos la recta N P paralela a A D; habremos descompuesto el rectángulo primitivo A B C D en otros dos: A N P D y N B C P, respectivamente iguales a E G F H y a I M L J, luego

A B C D = E G F H + I M L J.

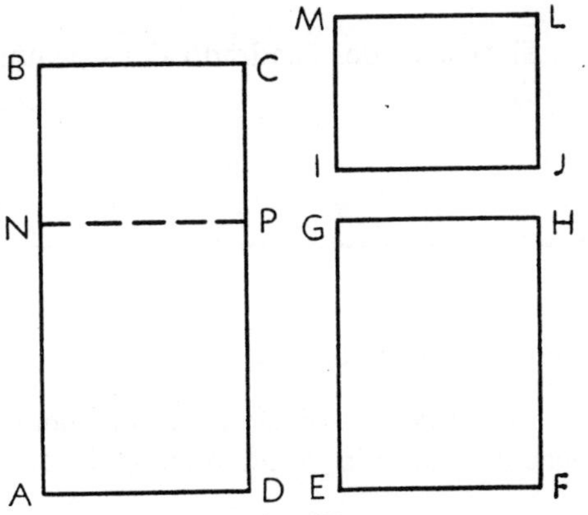

Se comprende, como consecuencia del teorema anterior, que *el área de dos rectángulos de igual altura son entre sí como sus bases*, pues cualquiera de sus dos lados o dimensiones puede tomarse como base o como altura.

Fig. 128

206. *Dos rectángulos cualesquiera son entre sí como el producto de sus bases por sus alturas.*

En efecto: sean R y R' dos rectángulos, cuyas alturas y bases respectivas son a, b, y a', b' y sea R'' un tercer rectángulo que tenga la altura a del primero y la base b' del segundo, así:

$$
\begin{array}{ccc}
R & a & b \\
R' & a' & b' \\
R'' & a & b'
\end{array}
$$

Comparando R con R'' tendremos, en virtud de lo demostrado en el teorema anterior:

$$\frac{R}{R''} = \frac{b}{b'}.$$

Comparando R' con R'' tendremos:

$$\frac{R''}{R'} = \frac{a}{a'}$$

y multiplicando ordenadamente ambas igualdades y suprimiendo el factor común R'':

$$\frac{R}{R'} = \frac{a \times b}{a' \times b'}$$

207. Área del rectágulo. — *El área de un rectángulo es igual al producto de los números que miden su base y su altura* (siendo la unidad lineal el lado del cuadrado elegido como unidad de superficie).

En efecto: sea R el rectángulo, *a* y *b* su altura y base; C el cuadrado unidad y *l* su lado.

Como el cuadrado es un rectángulo cuya base es igual a su altura, tendremos:

$$\frac{R}{C} = \frac{a \times b}{l \times l} = \frac{a}{l} \times \frac{b}{l}.$$

Si el lado del cuadrado C es la unidad lineal, entonces $l = 1$, y, por consiguiente,

$$\frac{R}{C} = a \times b,$$

y como también $C = l$, queda en definitiva

$$R = a \times b,$$

conforme al enunciado.

COROLARIO. — *El área de un cuadrado es igual a la segunda potencia de su lado,* pues el cuadrado es un rectángulo cuya base y altura son iguales.

208. Área de un paralelogramo. — *El área de un paralelogramo es igual al producto de su base por su altura.*

Sea el paralelogramo A B C D (fig. 129), cuya base es C D. Tracemos por los puntos A y B las normales a la base, A M y B S. Se han formado así los triángulos A M C y B S D, que son iguales por tener sus lados paralelos y, por consiguiente, sus ángulos agudos iguales; luego el paralelogramo A B C D es equivalente al rectángulo A B S M. Así, pues:

$$A B C D = C D \times A M = b \times a.$$

Esta fórmula es también aplicable para el rombo, si bien es más usada la del semiproducto de sus dos diagonales.

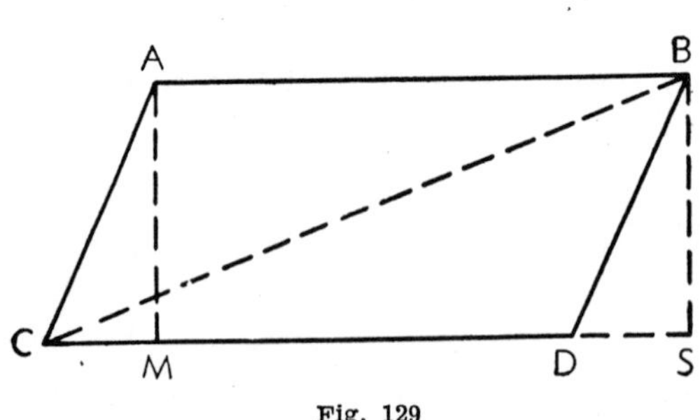

Fig. 129

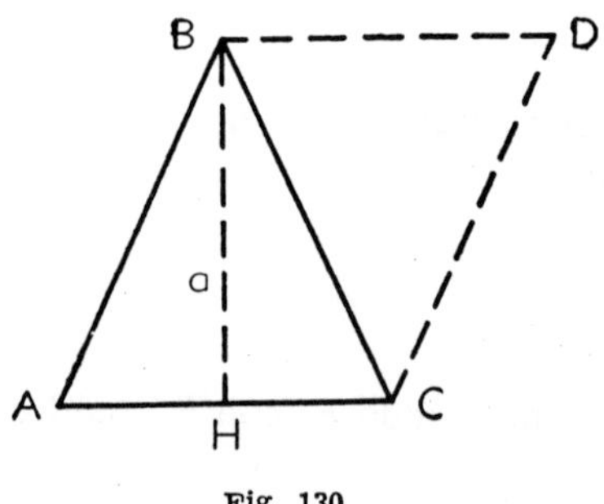

Fig. 130

209. Área del triángulo. — *El área de un triángulo es igual a la mitad del producto de su base por su altura.*

Sea el triángulo A B C (fig. 130); trazando por el vértice B la paralela B D a A C y de igual longitud que ésta, y uniendo los puntos D y C se forma el paralelogramo A B D C, en el cual los triángulos A B C y B D C son iguales por tener sus tres ángulos iguales. Por consiguiente, el área del triángulo propuesto A B C será la mitad de la del paralelogramo A B D C; tomando B H por altura y A C como base de éste, podemos escribir :

$$\text{área } A\,B\,C = \frac{1}{2}\,B\,H \times A\,C = \frac{1}{2}\,a \times b.$$

COROLARIOS. 1.º *El área de un triángulo rectángulo es igual a la mitad del producto de las longitudes de sus catetos*, pues equivale a la mitad de un rectángulo, cuyos lados son justamente los catetos del triángulo en cuestión.

2.º *El área de un triángulo equilátero es igual a la cuarta parte del producto del cuadrado de su lado l por $\sqrt{3}$.* En efecto : trazando la altura *a* del triángulo queda dividido en dos triángulos rectángulos, cada uno de los cuales tiene como hipotenusa el lado *l* del triángulo, y por base la mitad de dicho lado, luego podemos escribir :

$$a = \sqrt{l^2 - \frac{1}{2}\,l^2} = \sqrt{\frac{3\,l^2}{4}} = \frac{1}{2}\,l\,\sqrt{3}$$

y, por lo tanto, el área A del triángulo será :

$$A = \frac{1}{2}l\,\sqrt{3} \cdot \frac{1}{2}l = \frac{1}{4}l^2\,\sqrt{3}.$$

3.º *Las áreas de triángulos de igual base y altura son iguales.*

4.º *Las áreas de dos triángulos de bases iguales son entre sí como sus alturas, y si tienen iguales las alturas son entre sí como sus bases.*

210. **Área del trapecio.** —*Es igual al producto de su altura por la semisuma de sus bases.*

En efecto : sea el trapecio A B C D (fig. 131); uniendo los vértices A y C mediante la recta A C, queda dividido en dos triángulos A B C y A D C, cuya altura es la misma, B E, y tomando como bases de ellos las del trapecio, tendremos :

área A B C D = área A B C + área A D C

$$A\,B\,C = \frac{1}{2}B\,C \times B\,E = \frac{1}{2}b \times a$$

$$A\,D\,C = \frac{1}{2}A\,D \times B\,E = \frac{1}{2}b' \times a$$

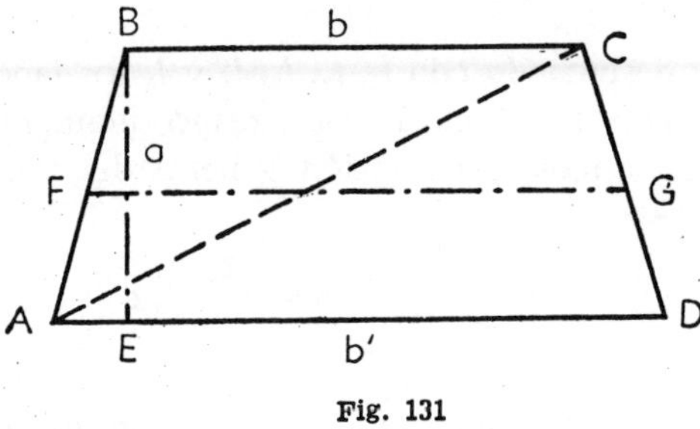

Fig. 131

y sumando ordenadamente las dos igualdades últimas :

$$A\,B\,C + A\,D\,C = \frac{1}{2}(b + b') \times a.$$

Puede expresarse el área del trapecio en función de la paralela media F G, recordando que ésta es igual a la semisuma de las bases (111)

$$F\,G=\frac{B\,C+A\,D}{2}$$

luego

$$A\,B\,C\,D=F\,G\times a.$$

211. Área del rectángulo. — *El área del rectángulo es igual al producto de dos de sus lados consecutivos,* pues el rectángulo es un paralelogramo cuyos lados son perpendiculares dos a dos.

Área del cuadrado. — *Es igual al cuadrado de su lado,* pues un cuadrado es un rectángulo de lados iguales.

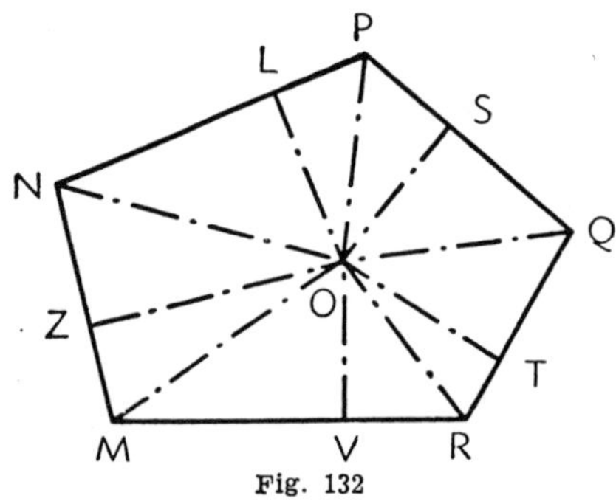
Fig. 132

212. Área de un polígono convexo cualquiera. — Se determina dividiendo el polígono en triángulos, para lo cual se trazan por uno cualquiera de sus vértices todas las diagonales posibles. Se halla el área de cada triángulo y la suma de la de todos ellos será el área del polígono dado.

Otro método consiste en unir un punto interior del polígono con los vértices del mismo y formar así tantos triángulos cuantos lados tenga el polígono, tomando cada lado como base del triángulo respectivo, y cuyas alturas serán las apotemas respectivas. Así, el área del polígono M N P Q R (fig. 132) será:

$$M\,N\,P\,Q\,R=\frac{1}{2}M\,N\times O\,Z+\frac{1}{2}P\,Q\times O\,S+\frac{1}{2}N\,P\times O\,L+$$

$$\frac{1}{2}Q\,R\times O\,T+\frac{1}{2}R\,M\times O\,V$$

y designando con l_1, l_2, l_3, l_4 y l_5 los lados M N, N P, P Q, O R y R S, respectivamente, y con a_1, a_2, a_3, a_4 y a_5, respectivamente, a las apotemas O Z, O L, O S, O T y O V, tendremos la expresión general del área A de un polígono:

$$A=\frac{1}{2}\,(l_1\,a_1+l_2\,a_2+l_3\,a_3+l_4\,a_4+\ldots+l_n\,a_n).$$

Corolarios. 1.º *El área de un polígono equilátero es igual a la mitad del producto de uno de sus lados l por la suma de las apotemas,* pues todos los lados son iguales:

$$A=\frac{1}{2}\,l\,(a_1+a_2+a_3+\ldots+a_n).$$

2.º *El área de un polígono regular convexo es igual al producto de su semi-perímetro por la apotema.* Pues siendo iguales entre sí todos los lados e iguales también entre sí todas las apotemas, la fórmula anterior se convierte en esta otra:

$$A = \frac{1}{2}(l_1 a_1 + l_1 a_1 + l_1 a_1 + \ldots + l_1 a_1) = \frac{1}{2} n l_1 a_1$$

en la cual n representa el número de lados del polígono regular, y como $n\,l_1$ es igual al perímetro p, podremos escribir:

$$A = \frac{1}{2} p \cdot a_1 = \frac{p}{2} \times a_1.$$

Como quiera que la apotema a de un polígono regular de lado l es igual a $\frac{1}{2}\sqrt{4r^2 - l^2}$, en la cual r es el radio del polígono, tendremos:

$$A = \frac{1}{2} n\,l \times \frac{1}{2}\sqrt{4r^2 - l^2} = \frac{1}{4} n\,l\sqrt{4r^2 - l^2}.$$

4.º ÁREA DE LAS FIGURAS CIRCULARES

213 **Área del círculo.** — *El área de un círculo es igual al producto de* π *por el cuadrado del radio.*

En efecto: como la circunferencia puede considerarse como un polígono regular convexo de infinito número de lados cuyo contorno es la circunferencia C y cuya apotema es el radio r, se tendrá (212, 2.º):

$$A = \frac{1}{2} C\,r.$$

Si en la igualdad anterior substituimos C por su valor $2\pi r$, tendremos:

$$A = \frac{1}{2} \cdot 2\pi r \cdot r = \pi r^2,$$

como se quería demostrar.

El área del círculo expresado en función de su diámetro d *es evidentemente:*

$$A = \frac{1}{4}\pi d^2.$$

COROLARIO. — *El radio de un círculo se obtiene extrayendo la raíz cuadrada del producto del área del círculo por el número* $\frac{1}{\pi}$.

En efecto: de la igualdad $A = \pi r^2$ resulta:

$$r^2 = A \times \frac{1}{\pi} \qquad \text{o bien} \qquad r = \sqrt{A \times \frac{1}{\pi}}.$$

214. Área de la corona circular. — *Es igual a la semisuma de las circunfe-rencias que la limitan por la diferencia de sus radios.*

Si representamos por *C* y *c* la longitud de las circunferencias que limitan la corona, y con *r* y *r′* sus radios respectivos, suponiendo $r>r'$, el área A de la corona circular en cuestión será:

$$A = \pi\, r'^2 - \pi\, r'^2 = \pi\,(r^2 = r'^2),$$

pero

$$r^2 - r'^2 = (r+r')\,(r-r'),$$

y substituyendo en la igualdad anterior:

$$A = \pi\,[(r+r')\,(r-r')] = (\pi\,r + \pi\,r')\,(r-r') = \frac{C+c}{2}(r-r').$$

215. Área de un sector poligonal regular. — *Es igual a la mitad del pro-ducto de su apotema por el perímetro de su base.*

Sea el sector poligonal regular O A B C D (fig. 133); tendremos, evidentemente:

$$O\,A\,B\,C\,D = \frac{1}{2}\,A\,B \times O\,M + \frac{1}{2}\,B\,C \times O\,N + \frac{1}{2}\,C\,D \times O\,P,$$

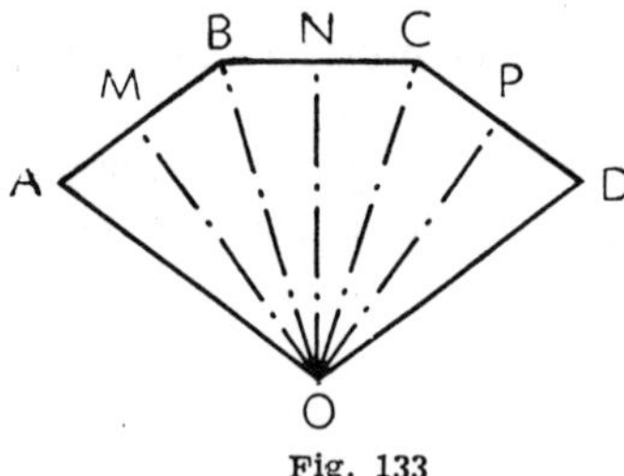

y como

$$O\,M = O\,N = O\,P,$$

tendremos:

$$O\,A\,B\,C\,D = \frac{1}{2}\,O\,M\,(A\,B + B\,C + C\,D).$$

Fig. 133

216. Área del sector circular. — *El área de un sector circular es igual a la mitad del producto de la longitud de su arco por el radio.*

Bastará recordar que el sector circular es el límite del sector poligonal regular inscrito, cuyo número de lados crece indefinidamente. Si *p* es su perímetro y *a* su apotema, su área A es (215):

$$A = \frac{1}{2}\,p \times a,$$

pero lím. *p* = longitud del arco *l*, y lím. *a* = radio *r*, luego

$$\text{Área del sector} = \frac{1}{2}\,l \times r.$$

Si el arco del sector tiene *n* grados, podremos expresar su área en función de *n*. El área del círculo es $\pi\,r^2$, el de un sector de un grado será $\dfrac{\pi\,r^2}{360°}$ y la de un sector de *n* grados $\dfrac{\pi\,r^2\,n}{360°}$, o bien

$$A = \pi\,r^2\frac{n}{360°}.$$

217. Área de un segmento circular. — *El área A de un segmento circular*
A C B *menor que un semicírculo es igual al área
del sector circular correspondiente menos el área del
triángulo, cuya base es la cuerda del segmento y
su vértice es el centro del círculo* (fig. 134).

En efecto: el segmento limitado por la cuerda
A B y al arco A C B es evidentemente igual al
sector O A C B menos el triángulo A O B, esto es:

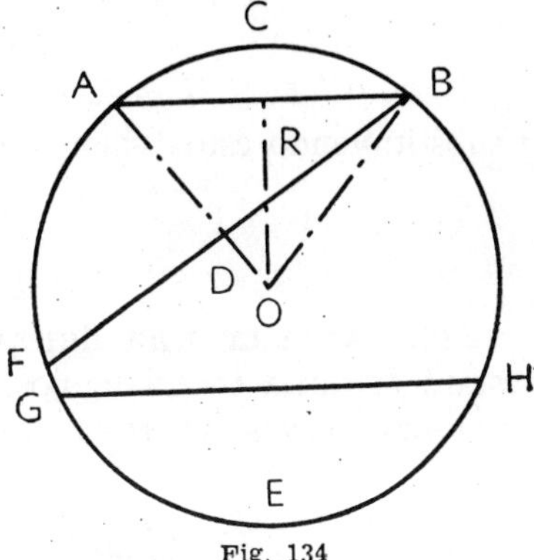

Fig. 134

$$A = \frac{1}{2}\,(\text{arco } A\,C\,B \times r - A\,B \times O\,R)$$

También puede expresearse el área con otra
fórmula sencilla; tomando el arco A F = A B y
uniendo los puntos B y F, como O A = O F, la recta
O A equidista de F y B, es decir, divide a F B en dos partes iguales. Se tendrá, pues:

$$A = \frac{1}{2}\,O\,A \times \text{arco } A\,C\,B - \frac{1}{2}\,O\,A \times D\,B = \frac{1}{2}\,O\,A\,(A\,C\,B - D\,B),$$

esto es, *el área de un segmento circular es igual al semiproducto del radio por la
diferencia entre su arco y la mitad de la cuerda del arco duplo.*

Si el segmento fuese el A E B, mayor que un semicírculo, su área A′ sería la suma
de las áreas del sector O A E B y del triángulo O A B, esto es:

$$A' = \frac{1}{2}\,O\,A\,(A\,E\,B + B\,D).$$

Si el segmento tuviera dos bases, tal como el A B G H, cuyas bases son A B y G H,
esto es, fuera una faja circular, su área sería la diferencia de las áreas de los
segmentos G C H y A C B de una sola base.

218. Área de un trapecio circular. — *Es igual a la semisuma de los arcos
que lo limitan por la diferencia de sus radios.*

Si representamos con *L* y *l* las longitudes de los arcos que limitan el trapecio,
con *r* y *r′* los radios de estos arcos y con *n* la graduación común de los mismos,
tendremos:

$$A = \frac{\pi\,r^2\,n}{360} - \frac{\pi\,r'^2\,n}{360} = \frac{\pi\,n}{360}\,(r^2 - r'^2).$$

219. Razón de las áreas de dos círculos. — *La razón de las áreas de dos
círculos cualesquiera es igual a la razón de los cuadrados de sus radios o diámetros.*

En efecto: sean *A* y *A′* las áreas de dos círculos cuyos radios son *r* y *r′* respectivamente; tendremos:

$$A = \pi\,r^2 \qquad y \qquad A' = \pi\,r'^2;$$

dividiendo ordenadamente:

$$\frac{A}{A'} = \frac{\pi\,r^2}{\pi\,r'^2} = \frac{r^2}{r'^2}.$$

Representando con *d* y *d′* los diámetros:

$$r=\frac{d}{2} \qquad y \qquad r'=\frac{d'}{2}$$

y substituyendo estos valores en la igualdad anterior:

$$\frac{d^2}{A'}=\frac{A}{d'^2}.$$

220. Área de una figura plana cualquiera. — Si un perímetro es poligonal bastará dividirla en triángulos, como se dijo ya (212); pero si este perímetro tiene porciones curvas, la resolución se logra siguiendo diferentes métodos, entre los cuales los más usados son los de Simpson y Poncelet.

Expondremos el de este último:

Determinación aproximada del área de la superficie comprendida entre un arco de curva cualquiera A B, una recta fija X X′ y las perpendiculares A A′ y B B′ bajadas a esta última desde los extremos del arco (fig. 135).

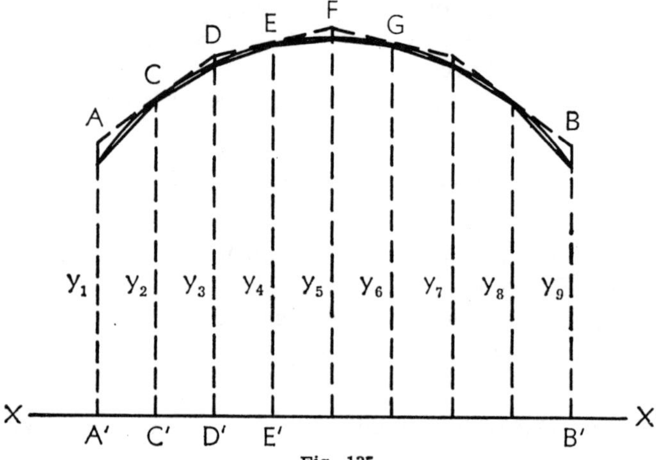

Fig. 135

Dividamos la base en un número par cualquiera de partes iguales y tracemos por los puntos de división las ordenadas y_1, y_2, y_3,...y_9; representemos con h la distancia $A'C'$ y tracemos las cuerdas A C, C E, E G,... y por los puntos C, E, G... las tangentes A D, D F, etc.

La superficie que tratamos de determinar está evidentemente comprendida entre la suma de los trapecios inscritos y la de los circunscritos; la media aritmética de estas dos sumas será el área aproximada de la superficie propuesta.

La suma de los trapecios inscritos es (210):

$$S=\frac{1}{2}h\,(y_1+y_2)+h\,(y_2+y_4)+h\,(y_4+y_6)+h\,(y_6+y_8)+$$

$$\frac{1}{2}h\,(y_8+y_9)=h\left(\frac{1}{2}y_1+\frac{1}{2}y_2+y_2+2\,y_4+2\,y_6+y_8+\frac{1}{2}y_8+\frac{1}{2}y_9.\right)$$

Sumando y restando $\frac{1}{2}y_2$ y $\frac{1}{2}y_8$ la suma anterior se transforma en esta otra:

$$S=h\left[2\,(y_2+y_4+y_6+y_8)+\frac{1}{2}(y_1+y_9)-\frac{1}{2}(y_2+y_8)\right]$$

y representando con P la suma de las ordenadas de lugar par, con E la de las extremas y con E′ la de las segundas y penúltima.

$$S=h\left(2\,P+\frac{1}{2}E-\frac{1}{2}E'\right) \qquad\qquad (1).$$

222

La suma S′ de los trapecios circunscritos es:

S′ = 2 h y_2 + 2 h y_4 + 2 h y_6 + 2 h y_8 = 2 h (y_2+y_4+y_6+y_8) = 2 h P   (2).

La media aritmética de las dos sumas (1) y (2) es la expresión A del área aproximada que se busca:

$$A = h\,P + \frac{h}{2}\left(2\,P + \frac{1}{2}\,E - \frac{1}{2}\,E'\right)$$

o bien

$$A = h\left(2\,P + \frac{1}{4}\,E - \frac{1}{4}\,E'\right)$$

que es la fórmula de Poncelet.

5.º TRANSFORMACIÓN DE FIGURAS PLANAS

221. Transformar una figura plana *es convertirla en otra de superficie equivalente a ella.* Los problemas de transformación de figuras planas no son muy numerosos.

222. Problema. — *Transformar un triángulo cualquiera: 1.º, en triángulo rectángulo; 2.º, en triángulo isósceles, y 3.º, en otro triángulo de base dada y cuyo vértice esté situado en una recta no paralela a la base propuesta.*

1.º Sea el triángulo A C D (fig. 136) y C D la base propuesta; trácese por el vértice A la paralela N P a la recta C D, y por el punto D la recta D E perpendicular a C D; el punto F de intersección de N P con D E será el tercer vértice del triángulo rectángulo C D F, equivalente al A C D por tener la misma base e igual altura que él.

2.º Por el punto G que divide en dos partes iguales a C D trácese la perpendicular G H a la C D, y por el vértice A trácese la recta N P paralela a la C D. El punto M, en el cual se cortan las rectas N P y G H, será el tercer vértice del triángulo isósceles C M D equivalente al triángulo propuesto, pues ambos tienen también la misma base y altura.

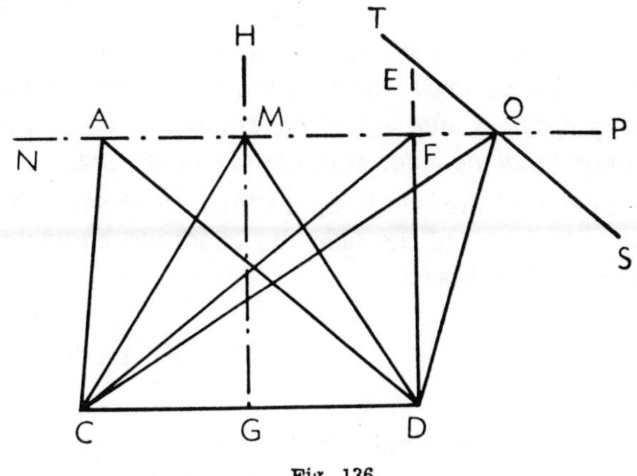

Fig. 136

3.º Trácese por el vértice A la recta N P paralela a C D, la cual cortará a una recta cualquiera T S, no paralela a C D, en un punto tal como Q. Únase ahora el punto Q con los puntos C y D y se obtiene el triángulo C Q D, equivalente al A C D por la misma razón que en los dos casos anteriores.

223. Problema. — *Transformar un polígono convexo cualquiera en otro equivalente de un lado menos.*

Sea el polígono M N P Q R (fig. 137); trácese, por ejemplo, la diagonal N Q, y por el punto P trácese la paralela P L a esta diagonal y que corte a la prolongación del lado M N en el punto S. Uniendo los puntos S y Q resulta el nuevo polígono M S Q R, que tiene un lado menos que el propuesto y es equivalente a él. En efecto: los triángulos P Q N y S Q N tienen la base Q N común y la misma altura, pues los vértices P y S están situados en la misma paralela a Q N, luego son iguales:

$$P Q N = S Q N,$$

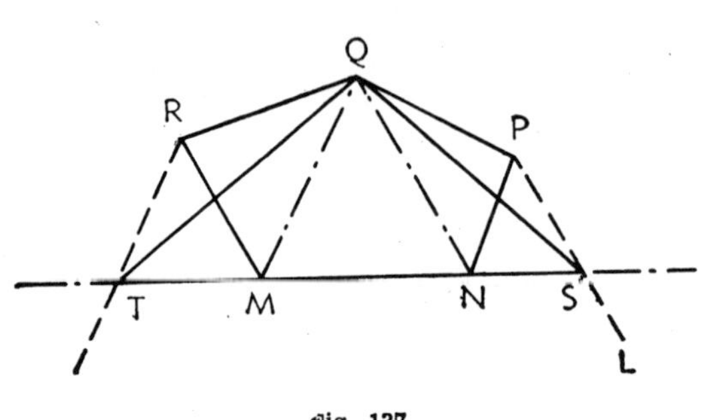

Fig. 137

y sumando a ambos miembros de esta igualdad el área del polígono M N Q R, tendremos:

$$P Q N + M N Q R = S Q N + M N Q R,$$

o bien

$$M N P Q R = S Q R M.$$

El polígono M S Q R se puede, a su vez, transformar en otro equivalente de un lado menos, uniendo, por ejemplo, los vértices M y Q y trazando por R la paralela R T a dicha diagonal, paralela que cortará a la prolongación del lado M N en el punto T, el cual, unido con el vértice Q, da el triángulo T Q S, equivalente al polígono primitivo.

224. La construcción mediante la cual se transforma una figura dada en un cuadrado equivalente, se denomina *cuadratura* de esta figura.

La cuadratura de las figuras cuya superficie viene dada por el producto de dos longitudes se logra inmediatamente *determinando la media proporcional entre las dos longitudes que expresan el área y construyendo un cuadrado sobre la media proporcional hallada, considerada como lado.*

Pues si el área de la figura viene representada por el producto $a\,b$ y se representa con x la longitud del lado del cuadrado equivalente a la figura dada, se podrá establecer la igualdad:

$$a\,b = x^2, \quad \text{de donde} \quad \frac{a}{x} = \frac{x}{b},$$

luego x lado del cuadrado, es la media proporcional entre a y b.

Veamos un ejemplo en el siguiente

225. Problema. — *Construir un cuadrado equivalente a un triángulo dado.*

Sea el triángulo A D B (fig. 138); trácese su altura D E, y sobre su prolongación E F tómese la distancia E G igual a la mitad de la base A B y haciendo centro en O, su punto medio, trácese la semicircunferencia D L G, cuyo diámetro es D G, y sobre la recta E L constrúyase el cuadrado L M N E. Éste será equivalente al triángulo A D B propuesto, porque la recta L E es media proporcional entre la altura D E y la mitad de la base A E del triángulo.

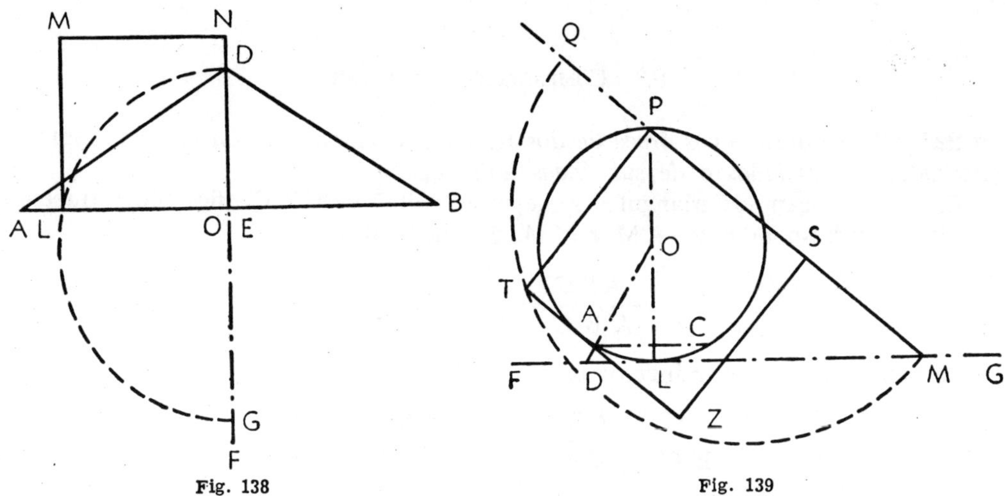

Fig. 138   Fig. 139

226. Problema. — *Construir un cuadrado equivalente a un círculo dado.*

Este problema, cuya solución ha obsesionado a tantos matemáticos, se conoce con el nombre de la *cuadratura del círculo*, y no ha sido resuelto exactamente aún mediante la regla y el compás, ni podrá ser resuelto nunca, según se deduce de principios de Álgebra superior y de Geometría analítica.

Su solución exige primero la rectificación de la circunferencia que limita al círculo, cuestión que se expone en primer lugar.

Sea el círculo O (fig. 139); tracemos la cuerda A C igual al radio, la perpendicular P L a A C en su punto medio, y la tangente F G a la circunferencia O en el punto L. Únase ahora O con A y prolónguese hasta que corte en D a la tangente F G, y a partir de D llévese el radio tres veces sobre F G; la recta M P que une el punto M, de la recta D M con P, será la longitud de la semicircunferencia.

En efecto: en el triángulo rectángulo P L M se cumple:

$$\overline{M\,P^2} = \overline{P\,L^2} + \overline{L\,M^2}$$

y representando con r el radio del círculo y observando que L M = D M − D L, se tiene:

$$\overline{M\,P^2} = 4\,r^2 + (3\,r - D\,L)^2,$$

y como D L es la mitad del lado del hexágono regular circunscrito al círculo O e igual a $\dfrac{1}{3}\,r\sqrt{3}$, se tendrá:

$$\overline{M\,P^2} = 4\,r^2 + \left(3\,r - \frac{1}{3}\,r\sqrt{3}\right)^2 = 4\,r^2 + 9\,r^2 - 2\,r^2\sqrt{3} + \frac{3}{9}\,r^2 = r^2\left(13 - 2\sqrt{3} + \frac{3}{9}\right) = \frac{r^2(120 - 18\sqrt{3})}{9}$$

de donde

$$M\,P = \frac{r\sqrt{120 - 18\sqrt{3}}}{3} = r \times 3{,}14153,$$

valor que se diferencia de $\pi\,r$ menos de 0,0001.

Como se ve, la rectificación de la circunferencia no es exacta, luego la cuadratura del círculo tampoco lo será; pero puede obtenerse una solución muy aproximada hallando la media proporcional P T entre M P y el radio $r=$ P Q, y el cuadrado P T Z S construido, tomando P T como lado, será equivalente al círculo O.

6.º COMPARACIÓN DE ÁREAS

227. Teorema. — *Las áreas de dos triángulos semejantes son entre sí como los cuadrados de sus lados o de sus líneas homólogas.*

En efecto: sean los triángulos semejantes A B C y A′ B′ C′ (fig. 140); tracemos sus alturas correspondientes A M y A′ M′. Se puede afirmar:

$$\frac{A\,B\,C}{A'\,B'\,C'} = \frac{B\,C \times A\,M}{B'\,C' \times A'\,M'}.$$

La semejanza de los triángulos propuestos permite escribir:

$$\frac{B\,C}{B'\,C'} = \frac{A\,B}{A'\,B'} \quad y \quad \frac{A\,M}{A'\,M'} = \frac{A\,B}{A'\,B'}$$

lo que nos dice que las *alturas homólogas en dos triángulos semejantes están en la misma relación que los lados.*

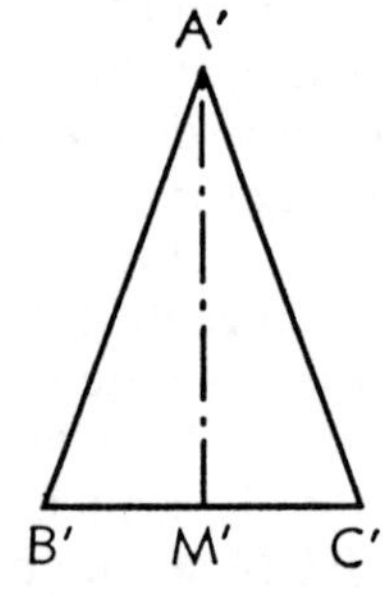

Fig. 140

Multiplicando ordenadamente las dos últimas igualdades, se obtiene:

$$\frac{B\,C \times A\,M}{B'\,C' \times A'\,M'} = \frac{\overline{A\,B^2}}{\overline{A'\,B'^2}}$$

proporción que, comparada con la primera, origina esta otra:

$$\frac{A\,B\,C}{A'\,B'\,C'} = \frac{\overline{A\,B^2}}{\overline{A'\,B'^2}} = r^2,$$

siendo r la razón de semejanza.

228. Teorema. — *La razón de las áreas de dos polígonos semejantes es igual al cuadrado de la razón de semejanza.*

Es decir, que representando con A y A′ las áreas de los polígonos y con r la razón de semejanza, se cumple la igualdad

$$A : A' = r^2$$

En efecto: descompongamos ambos polígonos en el mismo número de triángulos respectivamente semejantes y dispuestos de la misma manera, y designemos con S, S′, S″... las áreas de los triángulos que forman el primer polígono, y con s, s', s''... las áreas de los que forman el segundo polígono. En virtud del teorema anterior podremos escribir:

$$\frac{S}{s} = r^2, \quad \frac{S'}{s'} = r^2, \quad \frac{S''}{s''} = r^2, \ldots$$

de donde se deduce

$$\frac{S}{s}=\frac{S'}{s'}=\frac{S''}{s''}=\ldots=r^2$$

o bien

$$\frac{S+S'+S''+\ldots}{s+s'+s''+\ldots}=r^2,$$

pero

$$S+S'+S''+\ldots=A \quad y \quad s+s'+s''+\ldots A'$$

luego

$$A:A'=r^2.$$

229. Teorema. — *La razón de las áreas de dos triángulos que tienen un ángulo agudo igual o suplementario es igual a la razón de los productos de los lados que forman este ángulo.*

Sean los triángulos A B C y A M N (fig. 141), que tienen el ángulo en A, agudo, igual (fig. 1.ª), o bien el ángulo A del primero suplementario del ángulo M A N del segundo (fig. 2.ª).

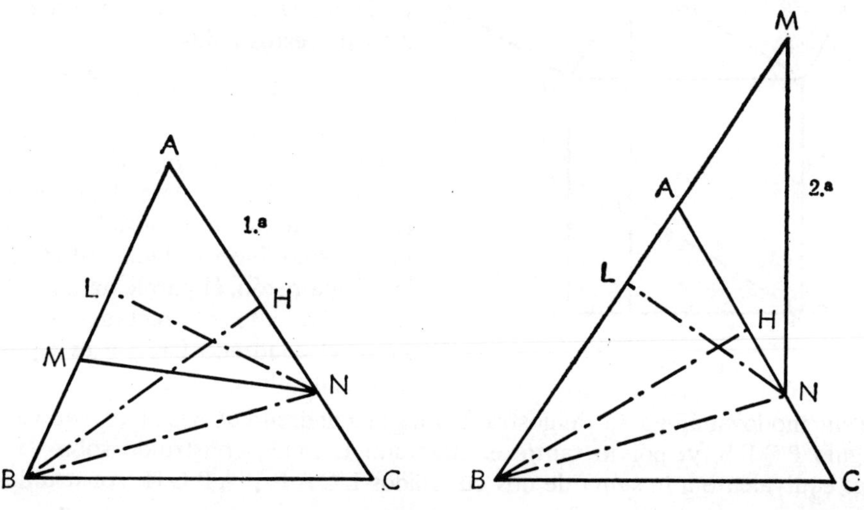

Fig. 141

Únanse los puntos B y N en ambas figuras, y por estos mismos puntos trácese las normales B H y N L a los lados A C y A B.

Los triángulos B A C y B A N tienen la misma altura B H y sus áreas serán, por consiguiente, proporcionales a sus bases respectivas A A y A N, luego tendremos:

$$\frac{área\ B\,A\,C}{área\ B\,A\,N}=\frac{A\,C}{A\,N}.$$

Por otra parte, los triángulos B A N y N M A tienen la altura N L común, y serán, por consiguiente, proporcionales a sus bases A B y A M, luego se puede escribir:

$$\frac{área\ B\,A\,N}{área\ N\,M\,A}=\frac{A\,B}{A\,M}$$

y multiplicando ordenadamente las dos proporciones precedentes y suponiendo el factor común B A N, tendremos:

$$\frac{\text{área } B\,A\,C}{\text{área } N\,M\,A} = \frac{A\,C \times A\,B}{A\,N \times A\,M}$$

Este resultado se obtiene siempre, aunque los triángulos propuestos no tengan un vértice común, pues se podrán colocar en una de las dos posiciones indicadas en la figura.

230. **Teorema.** — *El cuadrado construido sobre la hipotenusa de un triángulo es igual a la suma de los cuadrados construidos sobre sus catetos.*

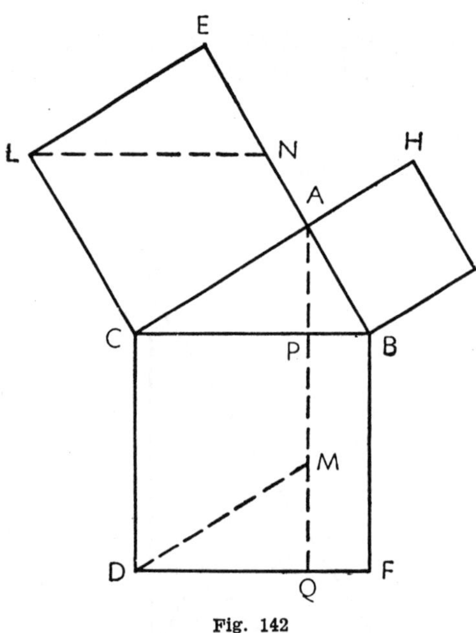

Fig. 142

En efecto: sea el triángulo rectángulo C A B (fig. 142), sobre cuyos catetos e hipotenusa hemos construido un cuadrado. Tracemos la A Q normal a C B y, por tanto, a D F, y las rectas L N paralela a C B y la D M paralela a C A. Los paralelogramos L C B N y A C D M son iguales por tener los lados L C=C A y C B=C D, e igual el ángulo comprendido por estos lados,

$$\text{áng. } L\,C\,B = \text{áng. } A\,C\,D,$$

pues cada uno de ellos se componen del ángulo A C B más un ángulo recto.

Ahora bien; el paralelogramo L C B N es equivalente al cuadrado L C A E por tener igual base e igual altura; y, por la misma razón, el paralelogramo A C D M es equivalente al rectángulo C P Q D; luego el cuadrado L C A E es equivalente al rectángulo C P Q D.

De un modo análogo se demostraría que el cuadrado A B G H es equivalente al rectángulo P Q F B, y, por lo tanto, el cuadrado B C D F, construido sobre la hipotenusa, es equivalente a la suma de dos cuadrados L C A E y A B G H, construidos sobre los catetos.

231. **Teorema.** — *Si sobre los lados de un triángulo rectángulo se construyen tres polígonos regulares, el área del polígono construido sobre la hipotenusa es igual a la suma de las áreas de los polígonos construidos sobre los catetos.*

Representemos con a la hipotenusa, con b y c los dos cateto, y con A, B y C las áreas de los tres polígonos, los cuales, por ser semejantes, complen la condición siguiente:

$$\frac{A}{a^2} = \frac{B}{b^2} = \frac{C}{c^2},$$

de donde

$$\frac{A}{a^2} = \frac{B+C}{b^2+c^2}$$

pero

$$a^2 = b^2 + c^2,$$

luego

$$A = B + C$$

Fundados en los principios expuestos están los problemas siguientes:

232. Problema. — *Construir un polígono equivalente a la suma o diferencia de otros dos semejantes entre sí y semejantes con éstos.*

1.º Contrúyase un triángulo rectángulo cuyos catetos sean los lados de los polígonos semejantes dados; el polígono construido sobre la hipotenusa será equivalente a la suma de ellos.

2.º Constrúyase un triángulo rectángulo cuya hipotenusa y un cateto sean dos lados homólogos de los polígonos dados; el polígono semejante construido sobre el otro cateto será de área equivalente a la diferencia entre ambos.

233. Problema. — *Construir un polígono semejante a otro y de doble área que el polígono dado.*

Representemos con A el área del polígono dado, con 2 A la del polígono que se busca, con *a* el lado del polígono dado y con x el del polígono que se busca, tendremos:

$$\frac{A}{2\,A} = \frac{a^2}{x^2}; \qquad x^2 = 2\,a^2,$$

luego

$$x = a \sqrt{2}$$

por consiguiente, x es el lado del cuadrado inscrito en un círculo cuyo radio es *a*.

CAPÍTULO V

LÍNEAS CURVAS

1.º GENERALIDADES

234. Líneas curvas en general. — Todas las líneas que no son rectas ni quebradas se denominan *curvas.* Cuando un punto se mueve en el espacio engendra una línea; si aquél se mueve siempre en un plano, engendra una *línea plana*, y en el caso contrario engendra una línea *alabeada* o de doble curvatura. Cada dos posiciones consecutivas del punto generador determinan una recta infinitamente pequeña, que se llama *elemento de la curva*; así pues, toda curva puede considerarse como una poligonal cuyos lados, en número infinito, son infinitamente pequeños.

En el movimiento del punto en el espacio puede ocurrir que el punto se mueva sin obedecer a ninguna ley, y entonces la forma de la curva por él descrita es indefinida, y sus propiedades desconocidas; estas curvas se denominan *gráficas.* Pero las curvas descritas por puntos cuyo movimiento en el plano sigue una ley determinada, y que constituyen un verdadero lugar geométrico de puntos, porque todos gozan de una propiedad común bien definida, se denominan *geométricas.*

235. Orden y clase de una curva. — *Se denomina orden de una curva el número de puntos en que una recta puede cortar a una curva.*

Así, la circunferencia es una curva de segundo orden.

Clase de una curva es el número de tangentes que pueden trazarse a la curva desde un punto. La circunferencia es una curva de segunda clase.

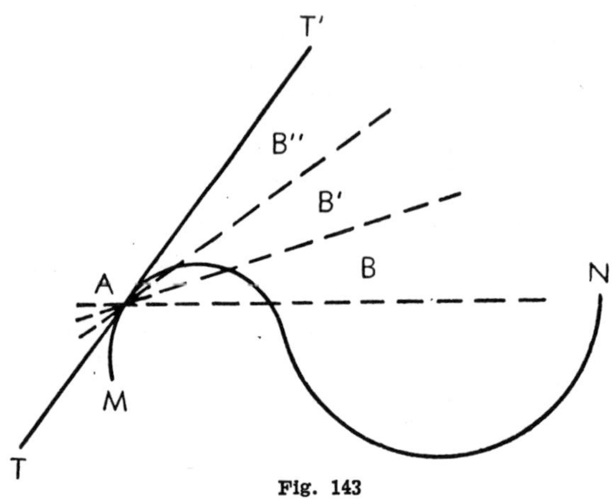

Fig. 143

236. Concepto de tangente a una curva. — Supongamos la curva M N a la cual se ha trazado la secante A B por el punto A (fig. 143); si hacemos girar esta secante alrededor del punto A tomará, sucesivamente, las posiciones A B′, A B″...,

etcétera. El punto B se va así aproximando cada vez más al punto A y, evidentemente, llegará un momento en que estos dos puntos coincidirán; entonces la secante se ha convertido en la *tangente* A T. Por esta razón se define la tangente como *el límite de las posiciones de una secante que gira alrededor de uno de los puntos de intersección hasta que se confunda con él el otro punto de próxima intersección con la curva.*

Llámase *normal* en un punto de una curva a la recta perpendicular a la tangente en este punto a la curva.

237. Concavidad y convexidad de una curva. — Una curva es *convexa* en uno de sus punto con relación a una recta cuando trazando una tangente a la curva en dicho punto queda la curva en las inmediaciones de éste en distinta región que la recta de referencia.

Cuando la recta y la curva quedan a un mismo lado de la tangente en un punto, la curva es en este punto cóncava con respecto a la recta dada. Así, la curva N M R (fig. 144) es *cóncava* en el punto N y *convexa* en el punto M con relación a la recta A B.

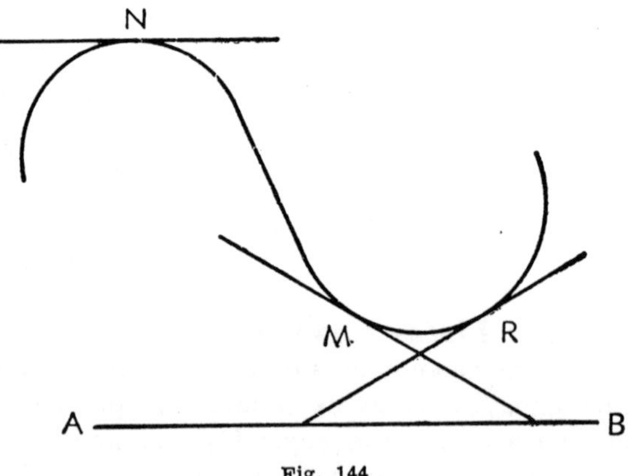

Fig. 144

238. Puntos singulares. — En algunas curvas existen algunos puntos a los cuales no son aplicables las reglas enunciadas en el párrafo anterior para apreciar la convexidad y la concavidad de las curvas. Tales puntos se llaman *singulares* y los principales son: *el punto de inflexión,* tal como el punto M (fig. 145), en el cual la curva pasa de cóncava a convexa, y en el cual la tangente T T′ deja a cada una de dichas partes de la curva a distinto lado. *Puntos de retroceso* (fig. 145), M, M′, M″, en que dos ramas de una misma curva se detienen bruscamente o se unen de manera que ambas tienen la misma tangente. *Puntos múltiples*, que son aquellos en los cuales se cortan dos o más ramas de una misma curva, habiendo en ellos tantas tangentes como ramas concurren. Así, N, N' y P son puntos múltiples,

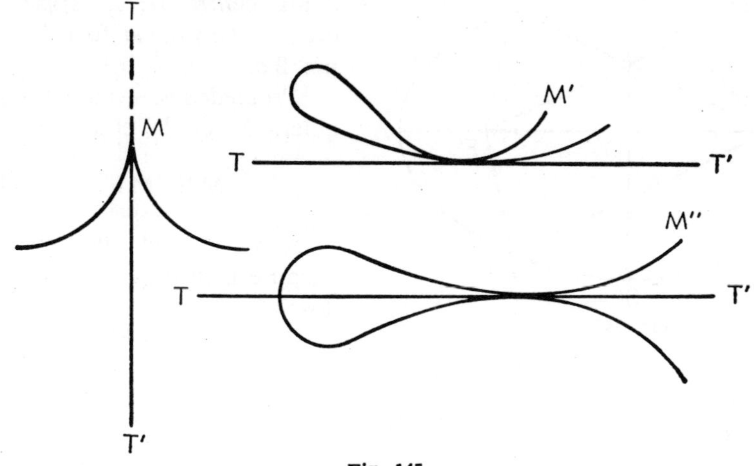

Fig. 145

N dobles y N' triples (fig. 146). *Puntos angulosos* son aquellos en los cuales las ramas de una curva se detienen bruscamente, como los puntos de retroceso, diferenciándose de ellos en que hay dos tangentes, como el punto P de la figura 146.

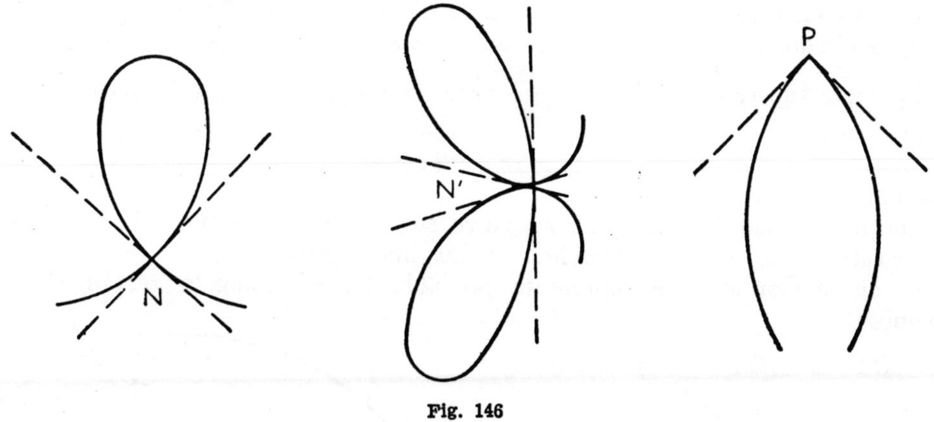

Fig. 146

2.º ELIPSE

239. *Se entiende por* **elipse** *una curva plana y cerrada, lugar geométrico de los puntos cuya suma de distancias a otros dos puntos fijos interiores es constante.*

Los puntos fijos se llaman *focos de elipse*. La figura 147 representa una elipse. Según la definición, si M, M', M''... son puntos de la elipse y F, F' los focos de la misma, se cumple la serie de igualdades:

$$M F + M F' = M' F + M' F' = M'' F + M'' F' = \ldots$$

Esta suma constante es igual a A A′ y se representa por **2 a**.

Los puntos A y A′, B y B′ se llaman *vértices de la elipse;* la recta A A′, eje *mayor,* y la B B′ *eje menor* de la elipse. El punto de intersección de los ejes se llama *centro de la elipse.* La distancia F F′ *(distancia focal)* se representa por **2 c.**

Propiedades. — Para un punto cualquiera M de la elipse se tiene

$$M F + M F' = 2 a \quad (1)$$

y como un lado de un triángulo es siempre menor que la suma de los otros dos,

$$M F + M F' > 2 c,$$

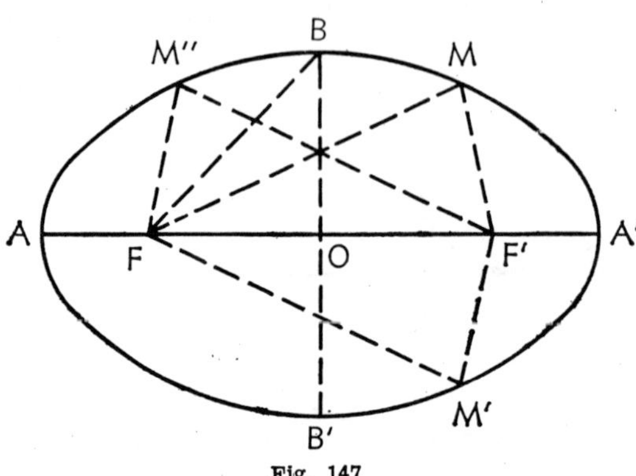

Fig. 147

luego $\quad\quad 2\,a > 2\,c \quad$ o $\quad a > c.$

La relación $\dfrac{c}{a} = e$ se llama *excentricidad,* y como

$$a > c \quad e < 1.$$

Si $e = 0$, también c será igual a cero, y entonces F F′ = 2 c = 0, luego entonces los puntos F y F′ se confunden en uno solo, M F y M F′ serán iguales y la igualdad (1) se transforma en esta otra:

$$2\,F\,M = 2\,a \quad o \quad F\,M = a$$

y la curva en este caso es una circunferencia cuyo centro es F y su radio es *a,* luego *la circunferencia es una elipse cuya excentricidad es igual a cero.*

El límite superior de la razón $\dfrac{c}{a} = e$ es la unidad cuando c se hace igual a *a;* en este caso

$$F\,F' = 2\,a$$

y la curva se reduce a una recta.

Luego variando la excentricidad entre sus dos límites 0 y 1, la forma de la elipse varía entre una circunferencia y una línea recta.

El eje menor B B′ se representa por **2 b.** En el triángulo rectángulo B O F tenemos:

$$O\,F = c, \quad O\,B = b \quad y \quad B\,F = a,$$

luego $\quad\quad\quad a^2 = c^2 + b^2,$

relación que nos permite determinar una de las cantidades *a, b, c* cuando se conocen las otras dos. Así, conociendo los ejes 2 *a* y 2 *b* podemos determinar la posición de los focos; basta, para ello, describir un arco con radio igual a *a* haciendo centro en B; este arco cortará a A A′ en F y F′.

240. **Teorema.** — *Si un punto es exterior o interior a una elipse, la suma de sus distancias a los dos focos es, respectivamente, mayor o menor que 2 a.*

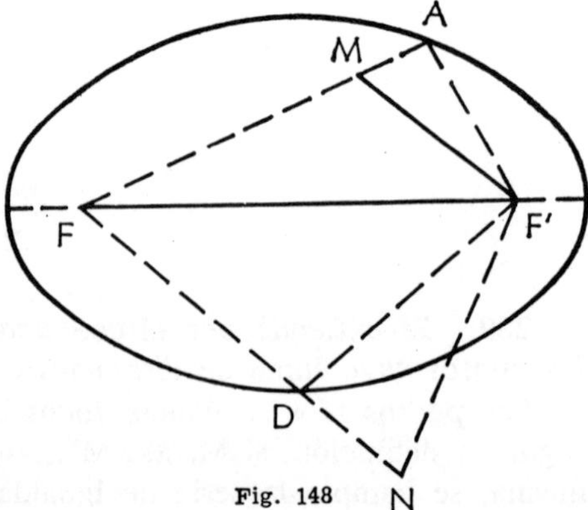

Fig. 148

1.º   Sea N un punto exterior a la elipse (fig. 148); trazando las rectas N F, N F′ y D F′ se tiene, evidentemente,

$$N F + N F' > D F + D F',$$

pero

$$D F + D F' = 2 \, a,$$

luego

$$N F + N F' > 2 \, a.$$

2.º   Sea M un punto interior a la elipse, unámoslo a los focos y prolonguemos la recta M F hasta que corte a la elipse en el punto A; tendremos:

$$A F + A F' = 2 \, a,$$

pero como

$$F M + M F' < A F + A F',$$

resulta

$$F M + M F' < 2 \, a,$$

conforme se quería demostrar.

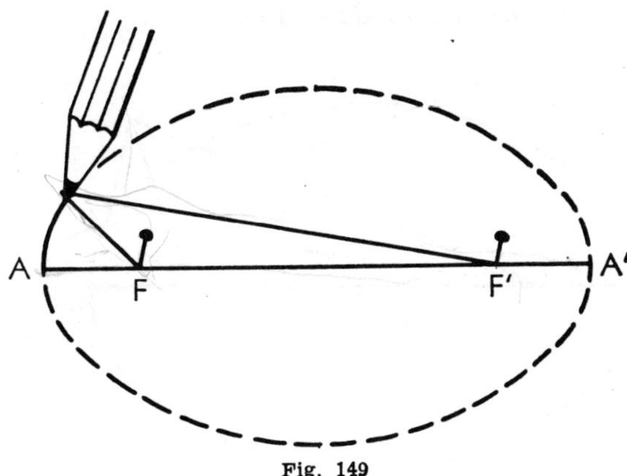

Fig. 149

241.   **Construcción de la elipse.** —La construcción de la elipse es fácil; trácese una línea recta y en ella tómese la longitud correspondiente al eje mayor marcando los extremos correspondientes de éste sobre la recta, así como los dos focos. Tómese luego un hilo de longitud igual a 2 *a*, es decir, al eje mayor (fig. 149), fíjense sus extremos en los focos F F′ y hágase deslizar la punta del lápiz sobre este hilo tirante; así aquélla describirá una elipse, pues se cumplen siempre para todos los puntos las condiciones requeridas.

Otro procedimiento es el siguiente (figura 150): fijada la posición de los focos F y F′ y la magnitud 2 *a*, únanse F y F′ con

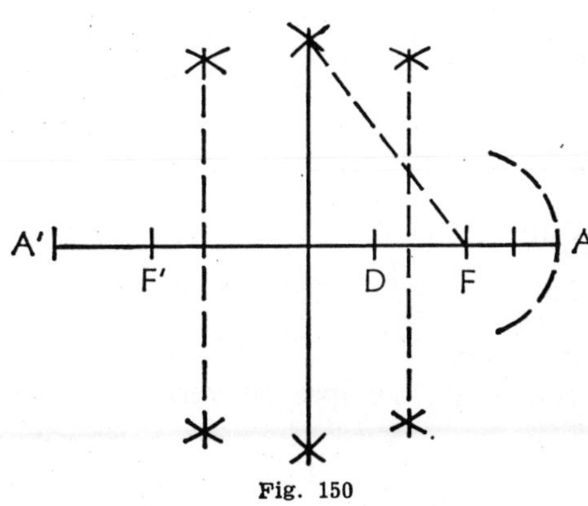

Fig. 150

una recta y determínese el punto medio O de ella. Se tiene:

$$O A = O A' = a,$$

$$F A + F' A = F A + A F' = A A' = 2 \, a,$$

$$F A' + F' A' = F' A' + F' A = A A' = 2 \, a.$$

Haciendo centro en F y en F′ y con un radio *a* descríbanse arcos de círculos, los cuales se cortarán en B y B′, que serán puntos de la curva, puesto que

$$B F + B F' = B' F + B' F' = 2 \, a.$$

Para determinar nuevos puntos, tomemos un punto cualquiera D en el eje mayor y entre los focos; con radios A D y A′ D, cuya suma es igual a 2 *a*, trácense arcos haciendo centro en F y F′, los puntos M, M′, N y N′ de intersección de estos arcos serán nuevos puntos de la elipse por cumplir la condición fundamental

$$A M + A′ M = A N + A′ N = 2\ a.$$

Tomando a continuación nuevos puntos sobre el eje mayor y entre los focos y operando del modo dicho se determinan nuevos puntos de la curva.

242. Teorema. — *La tangente a la elipse forma ángulos iguales con los radios vectores del punto de contacto.*

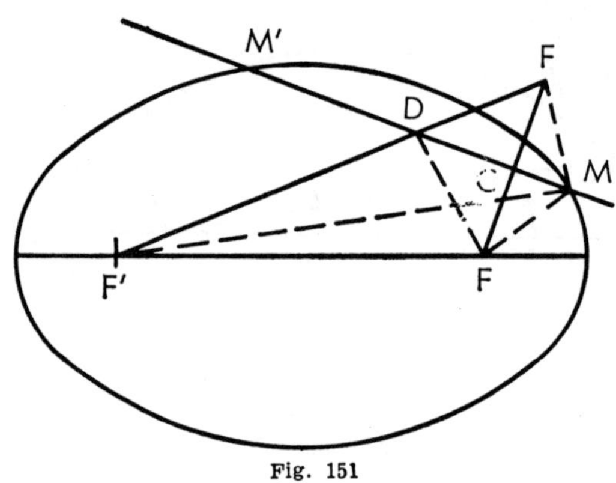

Fig. 151

Sea la elipse (fig. 151) de focos F y F′ y M M′ una secante cualquiera. Desde un foco F tracenos la perpendicular F C a M M′; tomemos $C F_1 = C F$ y tracemos las rectas $F′ F_1$, D F, M F′ y M F. Tendremos:

$$áng.\ F\,D\,M = áng.\ C\,D\,F_1$$

por construcción; los ángulos F D M y $C D F_1$ son iguales por opuestos por el vértice, luego

$$F\,D\,M = F′\,D\,M′.$$

Además, el punto D está siempre situado entre M y M′, pues

$$M F_1 = M F \qquad y \qquad D F = D F_1,$$

luego $\qquad\qquad\qquad D F_1 + D F = F′ F_1,$

pero $\qquad\qquad\qquad F′ F_1 < M F_1 + M F′$

y como $\qquad\qquad\qquad M F_1 + M F′ = 2\ a.$

resulta $\qquad\qquad\qquad D F′ + D F < 2\ a$

y, por consiguiente, el punto D es inferior a la elipse.

Cualquiera que sea la posición de la secante M M′, siempre se verificarán las propiedades demostradas, por mucho que el punto M′ se aproxime al punto M, y como en el límite, es decir, cuando ambos puntos se confundan, la secante se convierte en la tangente T T′ (fig. 152), ésta formará también:

$$áng.\ F\,M\,T′ = áng.\ F′\,M\,T.$$

243. Corolarios. — 1.º *Todos los puntos de la tangente, menos el de contacto, son exteriores a la elipse*, pues si consideramos en la figura última un punto cualquiera de la tangente, tal como el H, se

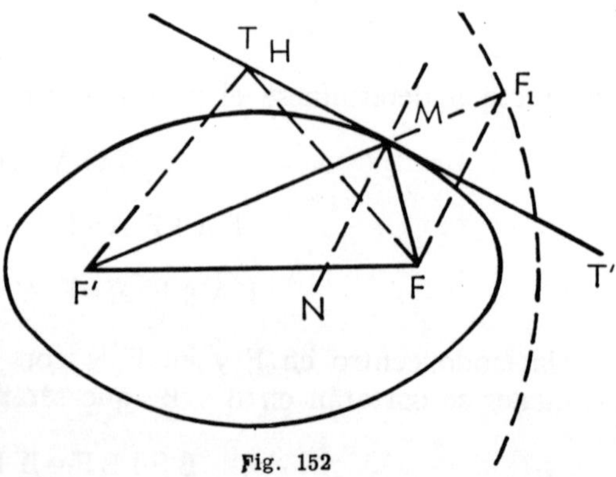

Fig. 152

cumple siempre $\quad\quad$ $H F' + H F = H F' + H F_1 > F' F_1$

y siendo $\quad\quad$ $F' F_1 = 2\,a,$

resulta $\quad\quad$ $H F' + H F > 2\,a.$

2.º *La normal a la tangente a la elipse es bisectriz del ángulo de los radios vectores del punto de contacto.*

En efecto: la recta $M N$, normal a la tangente $T T'$ en el punto de contacto, es bisectriz del ángulo $F' M F$, pues $F' M N$ y $F M N$ son complementos respectivamente de los ángulos iguales que la tangente $T T'$ forma con los radios vectores $M F$ y $M F'$ del punto M de contacto.

244. Círculos focales de una elipse. — *Son los que pueden trazarse haciendo centro en cada uno de sus focos y con un radio igual a* 2 a.

Por las propiedades ya expuestas de la tangente, resulta (fig. 152) que siendo F_1 el punto simétrico de F respecto a la tangente $T T'$, la recta $F' F_1$ pasa por el punto de contacto, y la tangente es perpendicular a $F F_1$ en su punto medio; así pues,

$$F' F_1 = M F' + M F = 2\,a,$$

por consiguiente, el punto F_1 está en la circunferencia trazada haciendo centro en F' y con un radio igual a 2 a.

Se deducen dos

Corolarios. 1.º *Todos los puntos de la elipse equidistan de un foco y del círculo focal correspondiente al otro foco,* pues

$$M F_1 = M F.$$

2.º *El lugar geométrico de los puntos equidistantes de una circunferencia y de un punto* F *interior es una elipse.*

Pues si M es un punto del lugar, se cumple:

$$M F_1 = M F,$$

luego llamando 2 a el radio $F' F_1$:

$$M F' + M F = 2\,a,$$

por consiguiente, el lugar es una elipse.

3.º Hipérbola

245. La hipérbola *es una curva plana y abierta, lugar geométrico de los puntos de un plano cuya diferencia de distancias a dos puntos fijos del mismo plano es una cantidad constante* (fig. 153).

Los puntos fijos F y F' se llaman focos, y las rectas que unen un punto cualquiera de la curva con los focos, *radios vectores.*

Si A A' es una longitud constante y F F' los focos, se tiene, para los puntos M, M', M"... de la curva:

$$M F' - M F = M' F' - M' F = M'' F' - M'' F = \ldots = A A'.$$

La diferencia constante A A′ se representa por **2** *a* y la recta A A′ se llama *eje principal* o *transverso*, en tanto que B B′, perpendicular a él en el punto medio, se llama *eje secundario* o *no transverso*. La distancia F F′ se llama *distancia focal* y se representa por **2** *c*.

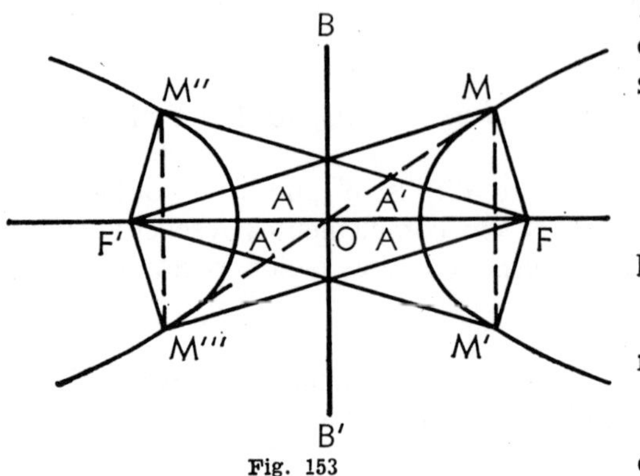

Fig. 153

Evidentemente, se cumple:

$$F\,F' > M\,F' - M\,F,$$

pero como

$$M\,F' - M\,F = 2\,a,$$

resulta

$$F\,F' > 2\,a,$$

es decir, que en todos los casos

$$2\,c > 2\,a \quad y \quad c > a.$$

Llámase *excentricidad de la hipérbola* a la razón $\dfrac{c}{a}$; se representa por *e*, pero a diferencia de la elipse, la excentricidad de la hipérbola es mayor que la unidad, esto es,

$$e = \frac{c}{a} > 1,$$

por ser $c > a$.

La excentricidad puede tomar todos los valores comprendidos entre 1 e ∞.

246. Construcción de la hipérbola. — Conociendo la posición de los dos focos F y F′ y la distancia A A′ = 2 *a*, se puede construir la curva por dos métodos.

1.º Tómese una regla R de longitud definida, pero mayor que F F′ (figura 154) y un hilo N M F cuya longitud sea igual a 2 *a*, y se fija uno de sus extremos en el punto N y otro en el foco F. Manteniendo tirante este hilo con la punta de un lápiz apoyado en el borde de la regla, se hace girar ésta alrededor del punto F′; la punta del lápiz dibuja un arco de la curva; pues siempre se cumplirá

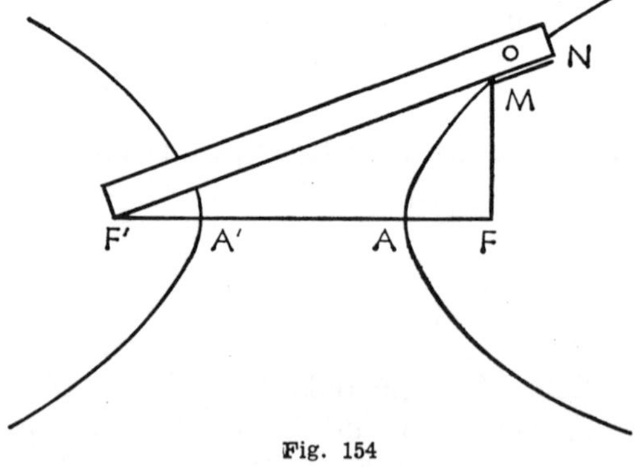

Fig. 154

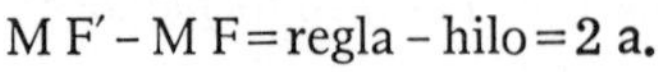
M F′ − M F = regla − hilo = 2 a.

2.º Mediante método geométrico puede también construirse la curva (fig. 155). Para ello tómese, a partir de O, el punto medio de F F′, O A = O A′ = a; sea D un punto cualquiera del eje A A′ pero fuera de la distancia F F′, y haciendo centro en F y F′ y con radios D A y D A′, cuya diferencia es 2 *a*, trácense dos arcos de círculo, los cuales se cortarán dos a dos en los puntos M, M′, N y N′, los cuales, evidentemente, pertenecerán a la hipérbola. Para otro punto C obtendremos, con radios C A y C A', otros cuatro puntos, y así sucesivamente.

247. Teorema. — *La hipérbola es simétrica respecto a dos ejes que son: el segmento A A', que une los focos F y F', y la recta B B', normal a ella en su punto medio (fig. 153).*

1.º Si M es un punto de la curva, se tiene:

$$M F' - M F = 2 a.$$

Doblando la figura por la recta F F', el punto M caerá sobre el punto M' y se tendrá evidentemente:

$$M F = M' F, \quad M F' = M' F',$$

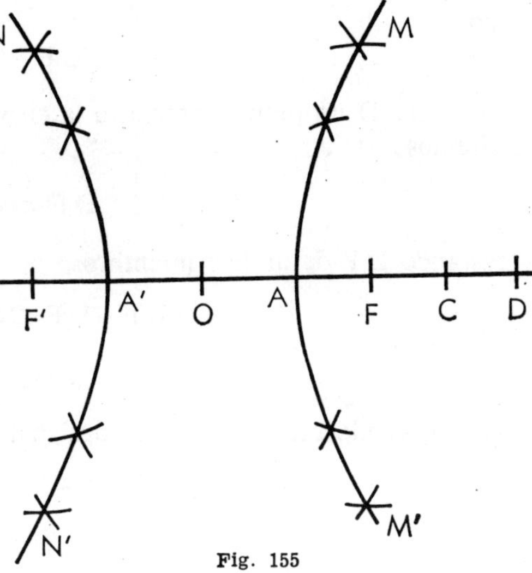

Fig. 155

luego F F' es perpendicular en el punto medio de M M' y M' es un punto de la curva pues de lo anterior se deduce:

$$M' F' - M' F = 2 a$$

y como M pertenece a la curva, la recta F F' es un eje de simetría de la curva.

2.º La recta B B' es un segundo eje de simetría, pues doblando por él la figura el punto M caerá sobre M'' y F sobre F', luego:

$$M'' F - M'' F' = 2 a$$

y, por consiguiente, M'' es simétrico de M respecto a la recta B B', y forma parte de la curva. El punto O de intersección de ambos ejes de simetría es el centro de la curva, pues

$$O M = O M''' \quad M''' F - M''' F' = 2 a,$$

es decir, que M''' simétrico respecto a O, de un punto cualquiera M de la curva, pertenece a la hipérbola.

248. Teorema. — *Para todo punto interior o exterior a la hipérbola se tiene que la diferencia de distancias a los dos focos es respectivamente mayor o menor que 2 a.*

Fijémonos en la figura 156.

1.º Unamos el punto C interior a la curva con los focos y tracemos M F. Tendremos:

$$C F < C M + M F,$$

y, por lo tanto,

$$C F' - C F > C F' - (C M + M F),$$

o bien

$$C F' - C F > C M + M F' - (C M + M F)$$

o lo que es igual

$$C F' - C F > M F' - M F,$$

pero
$$M\,F' - M\,F = 2\,a,$$
luego
$$C\,F' - C\,F > 2\,a.$$

2.º Sea D un punto exterior a la curva; tracemos los segmentos D F, D F′ y N F′, tendremos:
$$D\,F' < N\,F' + N\,D,$$

y restando D F de ambos miembros,
$$D\,F' - D\,F < N\,F' + N\,D - D\,F,$$
pero
$$N\,D = D\,F - N\,F$$

y substituyendo este valor en la desigualdad anterior:
$$D\,F' - D\,F < N\,F' + D\,F - N\,F - D\,F,$$
o sea
$$D\,F' - D\,F < N\,F' - N\,F,$$
o sea
$$D\,F' - D\,F < 2\,a.$$

luego resulta que sólo los puntos M y N situados en la curva cumplen la condición fundamental $M\,F' - M\,F = 2\,a$.

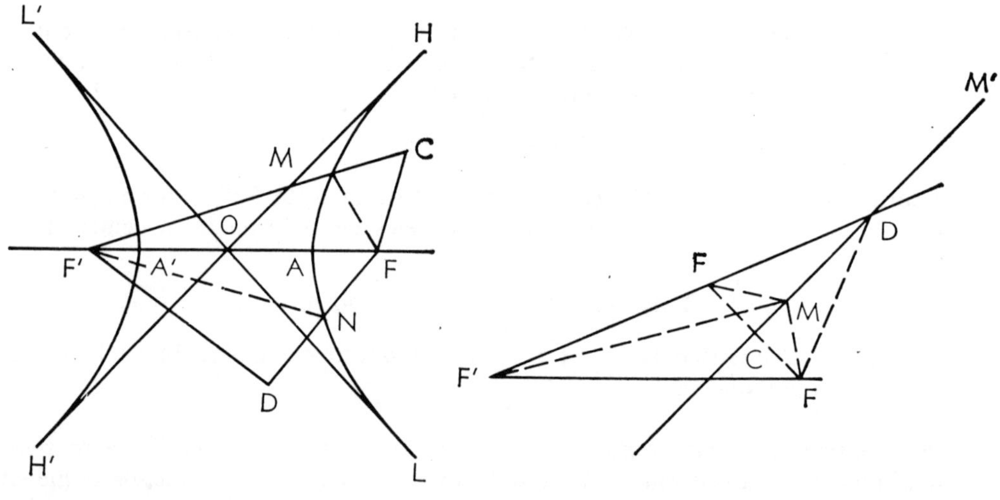

Fig. 156   Fig. 157

249. **Teorema.** — *La tangente a la hipérbola es bisectriz del ángulo formado por los radios vectores del punto de contacto.*

Sean F y F′ los focos de la hipérbola (fig. 157) y consideremos una secante cualquiera M M′; desde el foco F tracemos la perpendicular F C a M M′ y tomemos $D\,F_1 = D\,F$.

La recta $F'\,F_1$ corta a la secante en un punto D y vamos a demostrar que este punto está situado entre los puntos M y M′ en que la secante corta a la hipérbola, y que
$$\text{áng. } M\,D\,F = \text{áng. } M\,D\,F_1.$$

En efecto : siendo

$$M\,F = M\,F_1 \quad y \quad D\,F = D\,F_1,$$

tendremos :

$$D\,F' - D\,F_1 = F''F_1 \quad y \quad M\,F' - M\,F_1 = 2\,a,$$

pero

$$F'\,F_1 > F'\,M - M\,F_1,$$

luego

$$D\,F' - D\,F > 2\,a,$$

luego el punto D es interior a la hipérbola, es decir, que está situado entre M y M′.

Los ángulos F D M y F′ D M son iguales, y tanto esta condición como la anterior se cumple siempre, aunque los puntos M y M′ se aproximen entre sí indefinidamente, y como en el límite, cuando M se confunde con M′, la secante se transforma en una tangente, la tangente es bisectriz del ángulo F′ D F formado por los radios vectores.

Corolarios. — 1.º *Todos los puntos de la tangente a la hipérbola, excepto el de contacto, son exteriores a la curva.*

2.º *La normal a la tangente en un punto de la curva es bisectriz del ángulo exterior formado por los radios vectores del punto de contacto.*

250. **Asíntotas.** — Se llaman *asíntotas de la hipérbola a las tangentes cuyo punto de contacto se encuentra a una distancia infinitamente grande del vértice de la curva.* En la figura 156, las rectas L L′ y H H′ son las asíntotas de la hipérbola.

Las asíntotas de la hipérbola pasan por el centro, y los ejes son bisectrices de los ángulos que forman aquéllas.

4.º Parábola

251. **Parábola.** — *Es la curva plana y abierta, lugar geométrico de los puntos de un plano que tienen la propiedad de equidistar de un punto y de una recta fijos en el plano.*

El punto fijo F (fig. 158) se llama *foco*, y la recta fija D D′, *directriz*.

Llámese *radio vector* a la recta M F que une el foco F con un punto cualquiera M de la curva. La distancia F G del foco a la directriz D D′ se llama *parámetro* y se representa por *p*; $F\,G = p$.

Según la definición, las distancias M F y M C son iguales :

$$M\,F = M\,C.$$

Para el punto A, *vértice* de la parábola, se cumple la igualdad :

$$A\,F = A\,G = \frac{d}{2}.$$

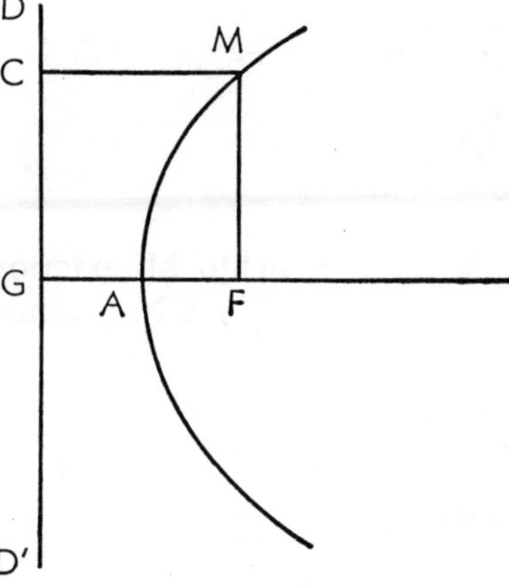

Fig. 158

252. **Trazado y construcción de la parábola.** — La parábola se puede trazar de un modo continuo dada la directriz D D′ y el foco, según representa la figura 159.

Se aplica el borde de una regla a lo largo de la directriz y una escuadra sobre el borde de aquélla, como representa la figura. Se toma un hilo de longitud igual al cateto N Q, se fija uno de sus extremos en el punto N y el otro en el foco F y con la punta de un lápiz apoyada y resbalando a lo largo del cateto N Q, se mantiene el hilo siempre tenso, en tanto que la escuadra se hace deslizar a lo largo de la directriz D D'. La punta del lápiz dibujará así una curva cuyos puntos todos cumplen la condición

$$M F = M Q.$$

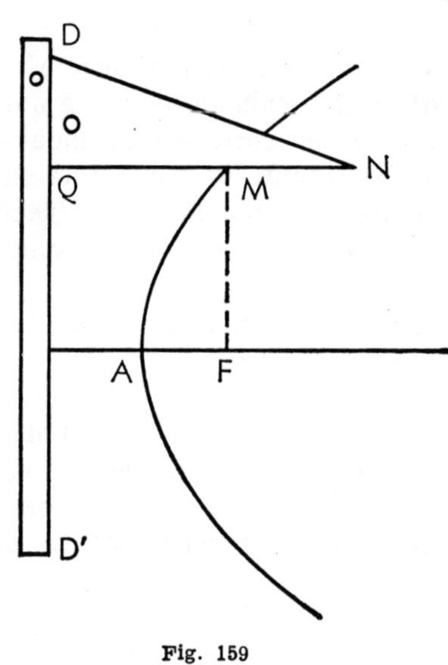

Fig. 159

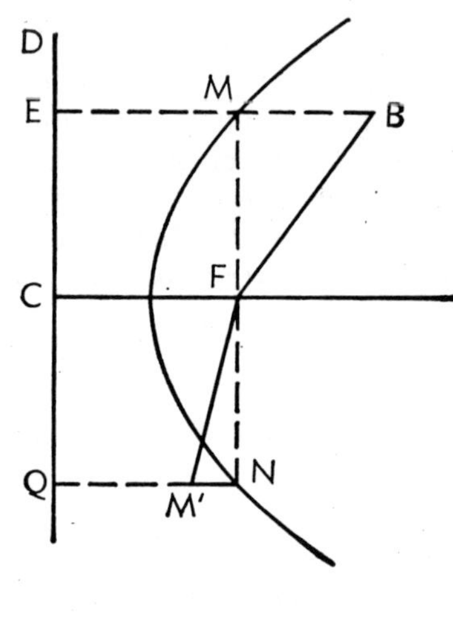

Fig. 160

253. Propiedades. — *Todo punto interior a la parábola está más cerca del foco que de la directriz; e inversamente, todo punto exterior a ella dista menos de la directriz que del foco.*

1.º Sea el punto interior B (fig. 160), tracemos la perpendicular B E a la directriz y unamos F con M; tendremos:

$$B F < B M + M F,$$

pero

$$B M + M F = B E,$$

luego

$$B F < B E.$$

2.º Sea el punto M' exterior a la curva.
Tracemos F M' y F N, y tendremos:

$$M' F > F N - N M',$$

y como

$$F N - N M' = N Q - N M' = M' Q,$$

resulta

$$M' F > M' Q,$$

como se deseaba demostrar.

De esto resulta que un punto del plano de la parábola será interior, estará sobre la curva o fuera de ella, según que su distancia al foco sea menor, igual o mayor que la distancia del mismo punto a la directriz.

254. *La parábola es simétrica respecto a la perpendicular trazada por el foco a la directriz.* Esta perpendicular es el *eje* de la parábola, en el cual se encuentra el *vértice* que es único.

La construcción geométrica se hace de la manera siguiente (figura 161):

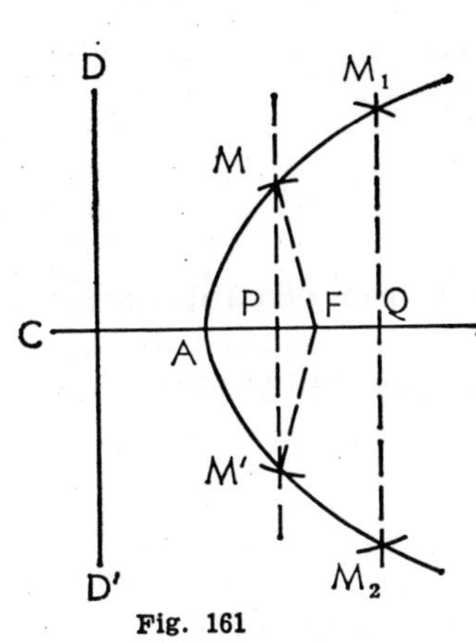

Fig. 161

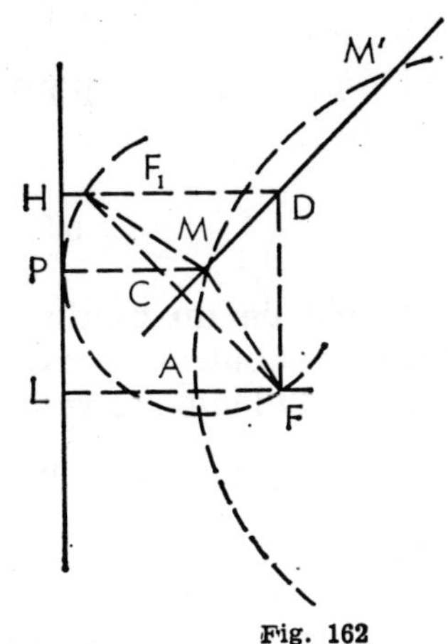

Fig. 162

Se traza la perpendicular F C a la directriz y se marca el punto medio A de F C, vértice de la curva; para hallar los puntos restantes de ésta, se traza por un punto cualquiera M la paralela M M' a la directriz, a una distancia mayor que C A, y haciendo centro en F y con un radio igual a C P se describe un arco que cortará a la paralela M M' en dos puntos, M y M', que pertenecerán a la parábola. Para hallar otros puntos, tales como M_1 y M_2, se procede de modo análogo. Evidentemente, todos los puntos hallados equidistan del foco F y de la directriz.

255. Tangente y normal a la parábola. — *La tangente a la parábola forma ángulos iguales con el radio vector del punto de contacto y la paralela trazada al al eje por este punto.*

Sea M M' (fig. 162) una secante cualquiera. Tracemos la perpendicular F C a dicha secante y tomemos $C F_1 = C F$. Trazando por F_1 la paralela $F_1 D$ al eje y las rectas M F, M P y D F, se tendrá que la circunferencia trazada con centro en M y con radio M P = M F es tangente a la directriz en el punto P y pasa por F_1, luego

$$D F_1 < D H,$$

y, por consiguiente,

$$D F < D H.$$

Luego el punto D dista menos del foco que de la directriz y es interior a la curva, es decir, que la recta $F_1 D$ corta siempre a la secante entre los puntos M y M'. Por otra parte, los ángulos F D M y $F_1 D M$ son iguales, cualquiera que sea la distancia entre M y M'; luego en el límite, cuando M y M' se confundan, la secante es tangente y se cumplirá esta propiedad.

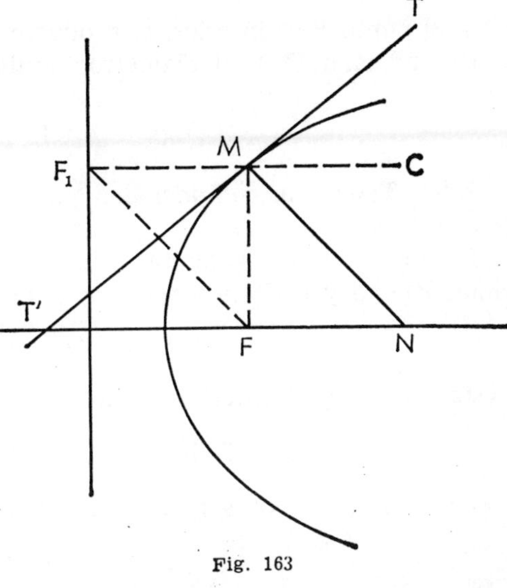

Fig. 163

256. *La normal M N a la parábola es bisectriz del ángulo formado por el radio vector del punto de contacto y la paralela M F_1 trazada por este punto* (fig. 163).

El foco equidista de los pies de la tangente y de la normal trazadas en M, es decir, que

$$F\,T = F\,N,$$

pues

$$F\,T = F\,M = M\,F_1 = F\,N.$$

5.º EJES RADICALES

257. **Potencia de un punto con relación a una circunferencia.** — Si por un punto P (fig. 164), interior o exterior a un círculo, se trazan varias secantes a la circunferencia que lo limita, se verifica (véanse párrafos 146 y 147):

$$P\,A \times P\,A' = P\,B \times P\,B' = P\,C \times P\,C' = constante.$$

Este producto recibe el nombre de *potencia* del punto P y se representa por *p*.

Si P es exterior al círculo, la potencia *p* es positiva e igual al cuadrado de la tangente trazada desde el mismo punto a la circunferencia (147).

$$p = \overline{P\,T}^2.$$

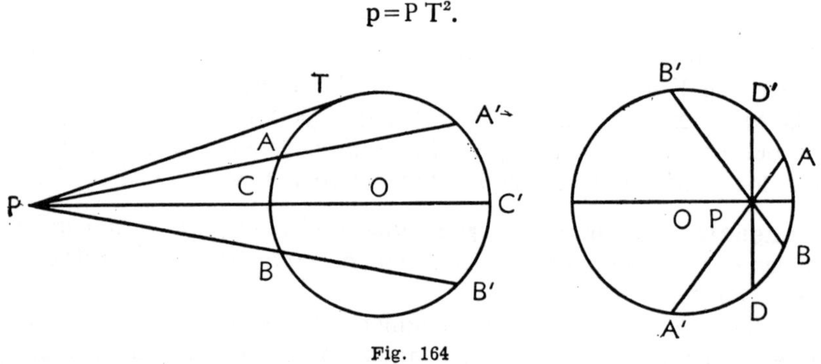

Fig. 164

Si el punto P es interior, el producto $p = P\,A \times P\,A'$ es negativo, y trazando por P la perpendicular D D' al diámetro, resulta:

$$p = -\overline{D\,P}^2.$$

258. **Teorema.** — *Todos los puntos de la circunferencia tienen su potencia igual a cero.*

En efecto: si en la figura última trazamos el diámetro que pasa por P y designamos $P\,O = d$ y $O\,C = r$, tendremos la igualdad siguiente, si P es exterior:

$$p = P\,C \times P\,C' = (d - r)\,(d + r) = d^2 - r^2$$

y esta otra, si P es interior al círculo:

$$p = -P\,C \times P\,C' = -(r - d)\,(r + d) = -(r^2 - d^2) = d^2 - r^2,$$

es decir, que en todos los casos, menos uno,

$$p = d^2 - r^2,$$

pues cuando P esté en la circunferencia es $d = r$, luego

$$p = d^2 - r^2 = 0,$$

como se quería demostrar.

259. Eje radical. — *Llámase así al lugar geométrico de los puntos del plano que tienen igual potencia respecto a dos circunferencias del mismo plano, y es perpendicular a la recta que une los centros de las circunferencias.*

Sean dos circunferencias O y O′ (fig. 165) de radio a y b, respectivamente, y M un punto de igual potencia respecto a ellas. Tracemos por M la perpendicular M N a O O′, y vamos a demostrar que M N es el eje radical. En efecto: según lo dicho en el párrafo anterior:

$$\overline{MO}^2 - a^2 = \overline{MO'}^2 - b^2,$$

o bien

$$\overline{MO}^2 - \overline{MO'}^2 = a^2 - a^2,$$

pero el segundo miembro de esta igualdad es una cantidad constante por serlo a y b; el lugar de los puntos M de igual potencia es el mismo que el de los puntos cuya diferencia de cuadrados de las distancias a O y O′ es constante, y este lugar es una perpendicular a O O′.

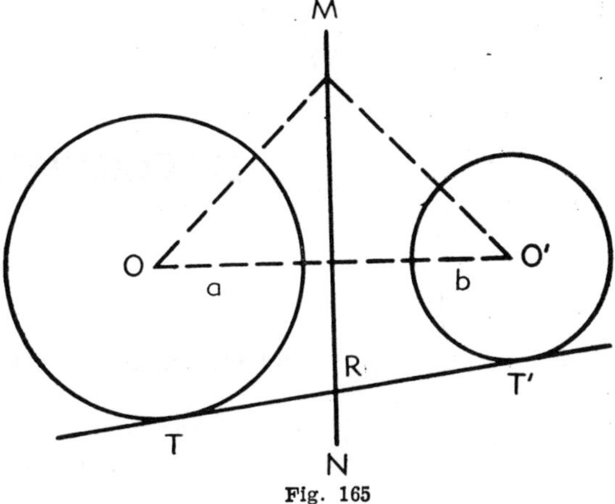
Fig. 165

Para determinar el eje radical cuando las circunferencias son exteriores, basta trazar a ambos una tangente común T y T′ y por el punto medio R una perpendicular a O O′.

Cuando las circunferencias son tangentes, el punto de contacto es para ambas de potencia cero; la tangente común será el eje radical.

Si las circunferencias son secantes, el eje radical es evidentemente la cuerda común.

260. Centro radical de tres circunferencias. — *El centro radical de tres circunferencias situadas en un plano es el punto del plano en que concurren los ejes radicales de las mismas tomadas dos a dos.*

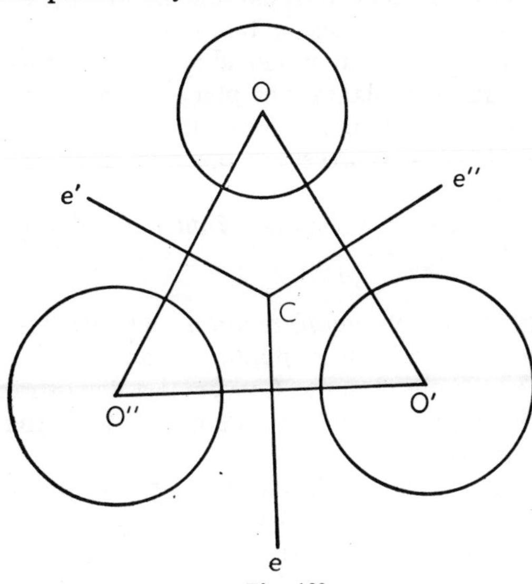
Fig. 166

Supongamos tres circunferencias O, O′ y O″ situadas en un plano, y sus ejes radicales e, $e′$ y $e″$ (fig. 166); los ejes $e′$ y $e″$ se cortarán en un punto C, que por estar en $e″$ es de igual potencia respecto a O y O′ y por estar en $e′$ es de igual potencia respecto a O y O″; por consiguiente, el punto C es de igual potencia respecto a O′ y O″ y, por tanto, es el centro radical.

ESTEREOMETRÍA

CAPÍTULO VI

NOCIONES FUNDAMENTALES

1.º Determinación del plano

261. En Estereometría se representan y designan los puntos y líneas de modo análogo a lo expuesto en la Planimetría, pero conviene advertir que las líneas no aparecen en el plano del dibujo con sus magnitudes reales ni tampoco en las verdaderas posiciones que ocupan en el espacio, sino de un modo algo convencional, pues con frecuencia forman parte de figuras que son planas. Los planos, aunque son por su naturaleza ilimitados, se representan siempre por figuras limitadas, y en general por paralelogramos. Los planos se designan o representan por una sola letra, y cuando sea necesario, para evitar confusiones, con dos o más.

Hechas estas observaciones, veamos las distintas cuestiones fundamentales de Estereometría o Geometría del espacio.

262. Teorema. — *Si dos planos tienen un punto común, tendrán una sola línea común, la cual es necesariamente una recta que pasa por el punto común.*

Sean los planos P y P′ (fig. 167) que tienen común el punto G; vamos a demostrar que tienen común una recta tal como la E F, que pasa por G, y que no pueden tener ningún otro punto común fuera de la recta dicha.

Tracemos en el plano P′ las rectas indefinidas A D y B C que pasan por el punto G; cada una de estas rectas tendrán infinitos puntos situados en las dos regiones, en las cuales divide al espacio el plano P y, por consiguiente, si unimos los puntos B y D, pertenecientes a distintas regiones del espacio, la recta B D cortará al plano P en un punto L, y como este punto pertenece también al plano P′ por pertenecer a la recta B D, ambos planos tendrán de común el punto L; por consiguiente, la recta E F, determinada por los puntos G y L pertenecientes a los planos P y P′, estará situada a la vez en estos dos planos.

Ahora bien, los planos P y P′ no pueden tener ningún punto común situado fuera de la recta E F. En efecto: supongamos que el punto H, situado fuera de dicha

recta, también fuera común a ambos planos; éstos contendrían también a la recta
H F, determinada por el punto H y el punto F de la recta E F, y, por consiguiente, a cualquiera de las infinitas rectas determinadas por un punto de la F H y de la E H. Por consiguiente, si trazásemos por el punto T del plano P una recta tal como la T J paralela a otra determinada por dos puntos de las rectas F H y E F distintos de F, la

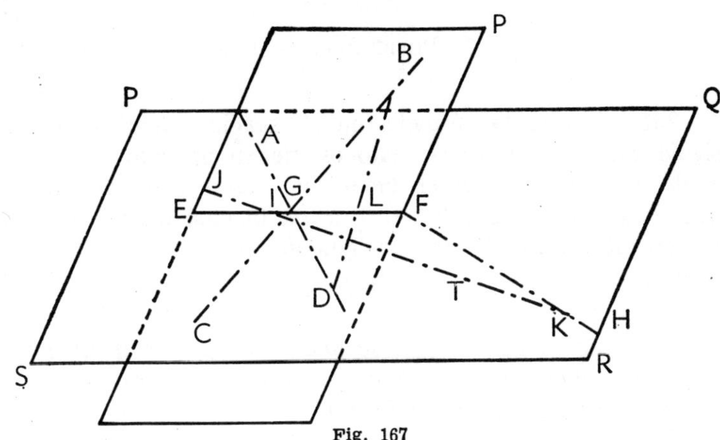

Fig. 167

recta T J cortaría a estas dos últimas respectivamente en los puntos K e I y por consiguiente, estaría situada en los planos P y P', luego también pertenecería a estos planos el punto T. Pero como según se ha dicho, el punto T pertenece a uno de los planos propuestos, al pertenecer al otro significaría que los dos planos P y P' tendrían comunes todos sus puntos y coincidirían, lo cual es contrario a la hipótesis sentada. Por consiguiente, se deduce forzosamente que los planos P y P' sólo pueden tener comunes los infinitos puntos de la recta E F y sólo ellos.

263. Teorema. — *Tres puntos que no están en línea recta determinan un plano, y sólo uno.*

En efecto: supongamos que los tres puntos son A, B y C (fig. 167); según la definición de plano dada en Planimetría, el plano engendrado por la recta que pasando constantemente por el punto A resbale sobre la recta B C determinada por los puntos B y C, contendrá forzosamente a las rectas A B y A C, que serán dos de las posiciones de la recta primera en su movimiento sobre B C sin abandonar A. Así pues, el plano engendrado pasará por los puntos A, B y C. Este plano, que llamaremos P, debe ser único, pues si hubiera otro, P', que pasara por los tres puntos indicados, ambos planos, P y P' tendrían comunes la recta B C y el punto A exterior a ella y, por consiguiente, se confundirían en uno solo, según lo demostrado en el teorema anterior. Luego los tres puntos A, B y C, que no están en línea recta, determinan un plano y sólo uno.

De este teorema se deducen los siguientes

Corolarios. 1.º *Una recta y un punto exterior a ella determinan un plano.* 2.º *Dos rectas paralelas determinan un plano.* 3.º *Un plano viene determinado por dos rectas que se cortan en un punto.* Así es, pues en los tres casos se pueden tomar tres puntos en los elementos que se dan, los cuales no estarán en línea recta y determinan, por consiguiente, un plano según lo dicho.

264. La línea común que resulta al cortarse dos planos, un plano con una superficie curva o bien dos superficies curvas, se denomina *intersección*; ésta será una línea recta cuando las dos superficies que se cortan sean planas.

2.º POSICIONES DE DOS RECTAS EN EL ESPACIO

265. Dos rectas situadas en el espacio deben ocupar una de las tres posiciones siguientes: 1.º, *se cortan*, esto es, tienen un solo punto común; 2.º, *son paralelas*, es decir, están situadas en un mismo plano, pero no pueden encontrarse por mucho que se las prolongue; 3.º, *se cruzan*, lo cual quiere decir que no están situadas en un mismo plano y, por consiguiente, no son paralelas y no tienen ningún punto común.

De aquí se deducen varias consecuencias: 1.ª, *por un punto situado fuera de una recta solamente puede trazarse una paralela a ella;* 2.ª, *por un punto exterior a una recta se pueden trazar infinitas rectas que la corten;* 3.ª, *por un punto exterior a una recta se pueden trazar infinitas rectas que se crucen con ella.*

266. Ángulo de dos rectas que se cruzan. — *Llámase así al ángulo formado por una de las rectas y la paralela a la otra por un punto cualquiera de la primera y en el mismo sentido que la segunda.*

Así, el ángulo que forman las rectas A B y C D (fig. 168) que se cruzan en el espacio, es D M N, formado por la recta C D y la recta M N paralela a A B por el punto M y en el mismo sentido que la A B. Se comprende que por cualquier otro punto de la recta C D, tal como P, puede trazarse la P Q, paralela también a la A B, pero el nuevo ángulo D P Q es igual al D M N por estar situados ambos en un mismo plano y ser correspondientes. Si la paralela a A B por el punto M de la C D se toma en dirección contraria a aquélla, tal como la M S, el ángulo D M S es suplementario del ángulo de las dos rectas que se cruzan.

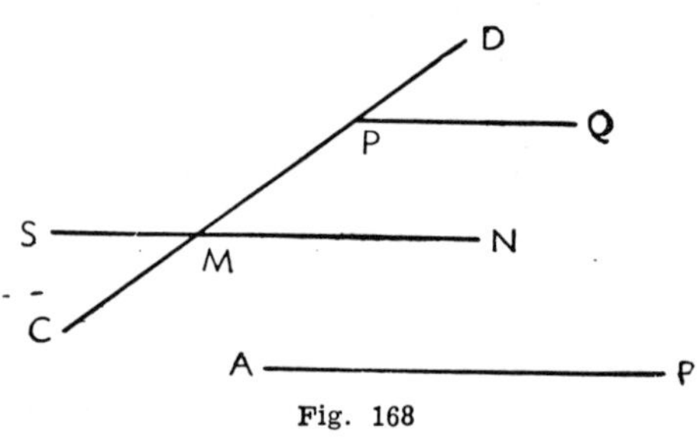

Fig. 168

Si el ángulo formado por dos rectas que se cruzan es recto, ambas rectas se denominan *perpendiculares;* en los casos restantes son *oblicuas.*

267. Perpendiculares a una recta, por un punto, en el espacio. — *Por un punto del espacio pueden trazarse infinitas perpendiculares a una recta.* Pueden ocurrir dos casos:

1.º *El punto está en la recta.* Como sabemos, por una recta pasan infinitos planos; pues bien, en cada uno de ellos puede trazarse una normal a la recta por el punto determinado en ella; estas perpendiculares serán como radios o rayos que saldrán del punto tomado.

2.º *El punto está fuera de la recta.* Por este punto exterior, que llamaremos P, puede trazarse una paralela M N a la recta dada, que designaremos por A B, y entonces el punto P queda comprendido en la paralela M N, y, por consiguiente, al igual que en el primer caso, podremos trazar al punto P infinitas perpendiculares a la recta M N, perpendiculares que también lo serán a la A B por ser paralelas a la M N.

268. Teorema.—*Si un plano tiene un solo punto común con una recta, tendrá también un solo punto común con cualquier paralela a ella.*

En efecto: sea el plano Q determinado por las paralelas A B y D E (fig. 169); este plano cortará al plano P según una recta M S, pues la intersección de dos planos es una recta; y como la M S corta en el punto M a la recta A B, cortará forzosamente en otro punto N a su paralela D E. Así pues, la recta D E y el plano P tienen un punto común, N, que es el único que pueden tener, pues si tuviesen otro cualquiera, la recta D E estaría en el plano P, ya que si una recta tiene dos puntos comunes con un plano, coincide con él. Pero la D E pertenece al plano Q, y caso de tener dos puntos comunes con el P debería coincidir con M S, lo cual es contrario a la hipótesis.

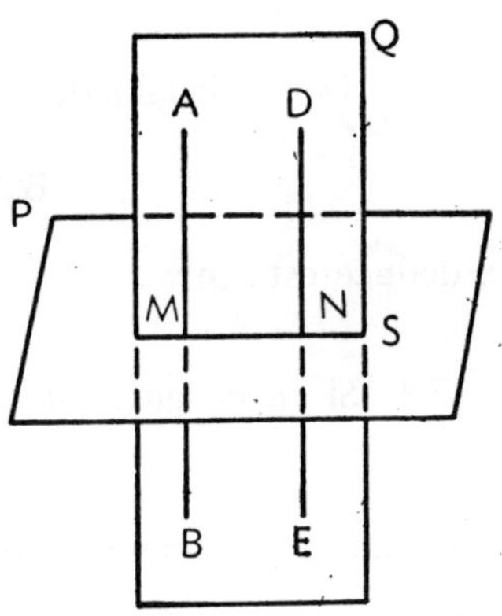

Fig. 169

269. *Dos rectas paralelas en el espacio a una tercera son paralelas entre sí.*

Se comprende que así debe ser, pues si las dos primeras rectas no fuesen paralelas, prolongadas suficientemente se encontrarían en un punto y tendríamos entonces trazadas por un punto dos paralelas a la tercera recta, lo cual es imposible.

270. Teorema.—*Si dos ángulos situados en planos diferentes tienen sus lados respectivamente paralelos (fig. 170), se cumple:*

1.º *Serán iguales si los lados A B y A E de uno están dirigidos en el mismo sentido que sus paralelos L F y L H del otro.*

2.º *Serán también iguales si los lados A B y A E del uno están dirigidos en sentido contrario que sus paralelos L C y L G del otro.*

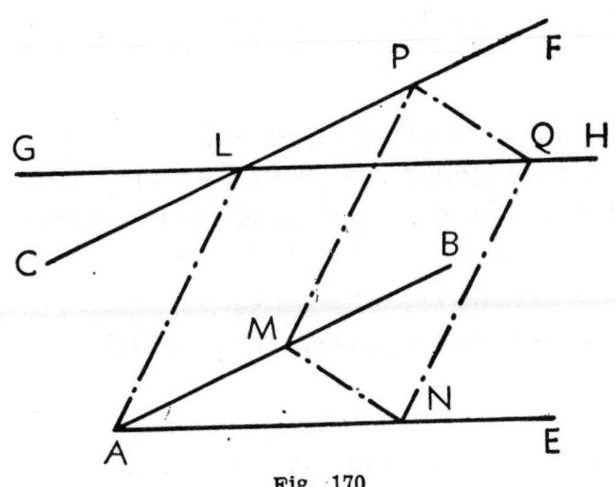

Fig. 170

3.º *Serán suplementarios si un lado A B de uno de ellos está dirigido en el mismo sentido que su paralelo L F y el otro A E en sentido contrario que su paralelo L G.*

En efecto: tomemos sobre los lados paralelos A B y L F dos puntos M y P que disten igualmente de sus vértices respectivos A y L, y tómense análogamente sobre A E y L H dos puntos N y Q que estén a igual distancia de los vértices respectivos A y L; tracemos ahora las rectas M P, N Q, M N y P Q.

1.º Por construcción o por hipótesis se cumplen las siguientes condiciones: A M = L P, y además son paralelas; luego A L = M P y paralelas; pero como A N y L Q son iguales y paralelas entre sí, también serán iguales y paralelas A L y N Q, y, por consiguiente, lo serán las rectas A L, M P, y N Q, así como también las rectas M N y P Q, que forman con las anteriores el cuadrilátero M P Q N; luego de las igualdades

$$M N = P Q, \quad A M = L P, \quad A N = L Q$$

se deduce que los triángulos A M N y L P Q son iguales y, por consiguiente, iguales sus ángulos homólogos, es decir,

$$\text{áng. B A E} = \text{áng. F L H.}$$

2.º De las igualdades

$$\text{B A E} = \text{F L H} \quad \text{y} \quad \text{G L C} = \text{F L H}$$

se deduce esta otra:

$$\text{B A E} = \text{G L C.}$$

3.º Si en la igualdad

$$\text{F L H} + \text{F L G} = 2 \ \textit{rectos}$$

se reemplaza el ángulo F H L por su igual B A E, se obtiene:

$$\text{B A E} + \text{F L G} = 2 \ \textit{rectos,}$$

con lo cual queda demostrada la tercera y última proposición.

COROLARIO. *Al igual que ocurre en el plano, si dos rectas situadas en el espacio son paralelas, toda perpendicular a una de ellas lo será a la otra,* pues los ángulos formados por la normal con cada una de las paralelas serán iguales o suplementarios, y como uno de ellos será forzosamente recto, según la hipótesis de perpendicularidad, el otro también debe serlo, luego la normal a una de las paralelas lo será también a la otra.

3.º POSICIONES DE UNA RECTA Y UN PLANO EN EL ESPACIO

271. Se comprende fácilmente que una recta y un plano en el espacio pueden ocupar tres posiciones distintas: 1.ª, *la recta tiene todos sus puntos en el plano,* esto es, coinciden con él; 2.ª, *la recta corta al plano,* o lo que es lo mismo, tiene con él un punto común; 3.ª, *la recta es paralela al plano.*

272. *Por un punto situado en un plano o fuera de él pueden trazarse infinitas rectas que corten al plano.*

273. **Teorema.** — *Si dos rectas* A *y* B *son paralelas, todo plano* P *paralelo a una de ellas* A, *o que la contenga, será paralelo a la recta* B *o la contendrá.* En efecto: la recta B no puede cortar el plano P, pues si esto ocurriera, la recta A también tendría un solo punto común con P por ser paralela a B; pero esto es imposible, pues se ha sentado la hipótesis de que el plano P era paralelo a la recta A, luego lo ha de ser también a la recta B.

COROLARIO. *Por un punto exterior a un plano pueden trazarse a éste infinitas paralelas.*

274. Teorema. — *Si por una recta* A B *paralela a un plano* Q, *se hace pasar otro plano* P *que corte al primero, la intersección* M N *de ambos planos es paralela a* A B (fig. 171).

En efecto: las dos rectas A B y M N están situadas en el misma plano P; además, estas dos rectas no pueden tener ningún punto común, pues si lo tuvieran, este punto sería también común a la recta A B y al plano Q, lo cual es imposible, pues por hipótesis la recta y el plano Q son paralelos. Luego las rectas A B y M N que están en el mismo plano P no tienen ningún punto común, es decir, son paralelas.

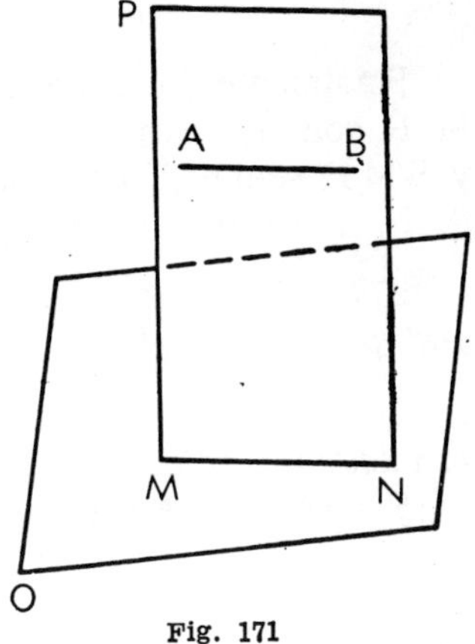

Fig. 171

275. Recta perpendicular a un plano. — *Se dice que una recta es perpendicular a un plano cuando lo es a todas las rectas contenidas en el plano.* El plano se dice que es, a su vez, *perpendicular a la recta.* Toda recta no perpendicular a un plano, pero que tiene con él un punto común, se dice que es *oblicuo* al plano.

CONSECUENCIA. *Si dos rectas* A *y* B *son paralelas, todo plano perpendicular a una de ellas,* A, *lo ha de ser a la otra,* B. En efecto: por hipótesis, A es perpendicular a P y, por consiguiente, B será perpendicular a todas las rectas contenidas en el plano P en virtud de lo dicho.

276. Teorema. — *Si una recta es perpendicular a otras dos trazadas por su pie en un plano, será también perpendicular a cualquier otra recta trazada por su pie en el mismo plano.*

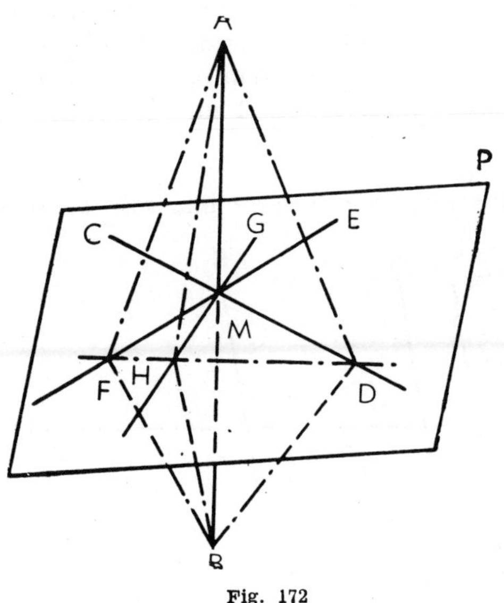

Fig. 172

Sea la recta A B perpendicular al plano P (fig. 172) y a las rectas C D y E F contenidas en el plano y que pasan por el pie M de A M; vamos a demostrar que A B es también perpendicular a la recta G H, que pasa por el pie M y está contenida en el plano P. Tracemos la F D, que corta a los lados M F y M D del ángulo F M D que contiene a la recta M H. Ésta cortará, evidentemente, a la F D en un punto tal como H; tomemos sobre la perpendicular al plano y a ambos lados del mismo las distancias A M = B M y unamos los puntos A y B con los puntos F, H y D. Puesto que F A y F B son oblicuas a A B que parten del punto F equidistante de A y de B, se puede escribir:

$$F A = F B$$

y por la misma razón

$$D A = D B,$$

luego los triángulos A F D y B F D que tienen un lado común y respectivamente iguales los otros dos, serán, por consiguiente, iguales y tendremos la igualdad siguiente entre ángulos homólogos.

$$A D F = B D F.$$

De esto se deduce también la igualdad de los triángulos A D H y B D H, pues tienen un ángulo igual, A D H = B D H, comprendido entre lados respectivamente iguales, luego se deduce:

$$A H = B H.$$

Finalmente, los triángulos A M H y B M H son también iguales por tener un lado M H común y sus otros dos lados respectivamente iguales, luego los ángulos A M H y B M H serán iguales; pero como ambos son adyacentes, serán ángulos rectos, es decir, que la recta A B es también perpendicular a G H.

277. *Si una recta es perpendicular a un plano, toda perpendicular a la recta será paralela al plano.*

Teorema. *Para un punto del espacio puede trazarse a una recta un plano perpendicular y sólo uno.*

Sea la recta A B (fig. 173); el punto M puede estar situado en la recta o fuera de ella. Tracemos por M dos perpendiculares M C y M G a la recta A B; el plano determinado por aquellas perpendiculares será también perpendicular a la recta A B; y el único posible, pues si la recta A B fuese perpendicular a otro plano Q que pase por M, las rectas M C y M G, que son perpendiculares a A B, como sabemos, deberían estar en el plano Q, y como están en el plano P, resulta que estos dos planos P y Q tendrían dos rectas comunes, luego coincidirán; es decir, que sólo puede trazarse por M un plano normal a A B.

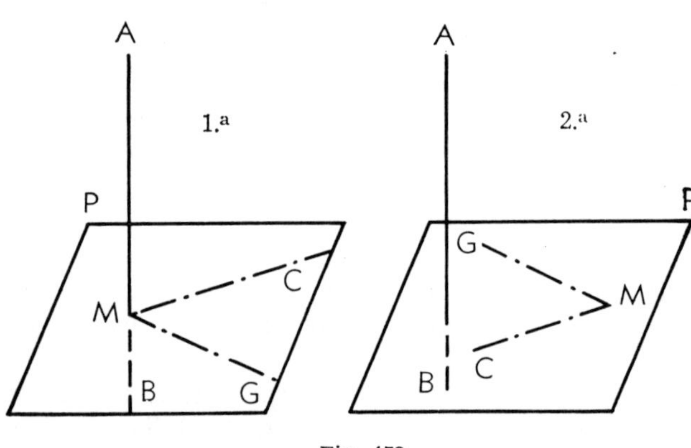

Fig. 173

278. Teorema. — *Por un punto del espacio puede trazarse una sola perpendicular a un plano.*

Pueden ocurrir dos casos: 1.º, que el punto en cuestión esté situado en el plano; 2.º, que esté fuera de él.

1.º Sea el plano P y sea M el punto (fig. 174); tracemos una recta L B y supongamos que Q es un plano perpendicular a L B en el punto L de la recta. Si se transporta ahora la figura así construida de modo que el punto L coincida con el punto M y el plano Q con el plano P, la recta L B tomará la posición M S, luego la recta M S será la perpendicular al plano P en el punto M y será la única posible, pues si existiera otra, supongamos como la M E, el plano R

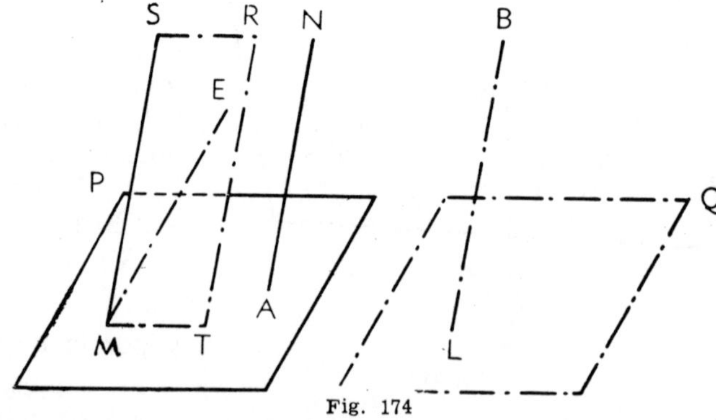

determinado por las rectas M S y M E cortaría al plano P según la recta M T contenida en el plano P, como sabemos, y la cual sería perpendicular al mismo tiempo a las rectas M S y M E, lo cual sería imposible por estar situadas las tres rectas en cuestión en un mismo plano: así pues, sólo puede trazarse una perpendicular al plano P por un punto del mismo.

2.º   Trácese por el punto N la recta N A paralela a la M S, que es la perpendicular al plano P por el punto M del mismo. Puesto que M S y N A son paralelas y el plano P es perpendicular a M S, también lo será a la N A, como ya se ha demostrado en otro lugar; luego por un punto N exterior a un plano se puede trazar a éste una normal. Pero solamente una; pues si existiesen varias, las paralelas a estas perpendiculares trazadas por el punto M del plano P serían también perpendiculares a este plano y tendríamos entonces trazadas varias perpendiculares al plano P por uno de sus puntos, M, lo cual es contrario a lo demostrado en el caso anterior.

COROLARIO: *Las rectas perpendiculares a un mismo plano son paralelas entre sí.*

279.   **Teorema.**—*Si desde un punto exterior a un plano se trazan a éste una perpendicular y varias oblicuas:*

1.º   *La perpendicular es menor que todas las oblicuas.* 2.º   *Las oblicuas que disten igualmente del pie de la perpendicular son iguales.* 3.º   *De dos oblicuas, es la mayor la que diste más del pie de la perpendicular.*

En efecto: sea P el plano y M el punto exterior al mismo (fig. 175); M A la perpendicular, M D y M C dos oblicuas que se apartan igualmente del pie de la perpendicular, y M B una oblicua que se aparta de este pie más que las oblicuas anteriores.

1.º   Puesto que M A es perpendicular al plano P, lo será también a la recta A B, situada en el plano y que pasa por su pie, luego en virtud de lo dicho en Planimetría al hablar de perpendiculares y oblicuas, se tiene:

$$M\,A < M\,B.$$

2.º   De la igualdad supuesta

$$A\,D = A\,C$$

se deduce que los triángulos rectángulos M A D y M A C tiene respectivamente iguales sus dos catetos, luego son iguales dichos triángulos y por consiguiente:

$$M\,D = M\,C.$$

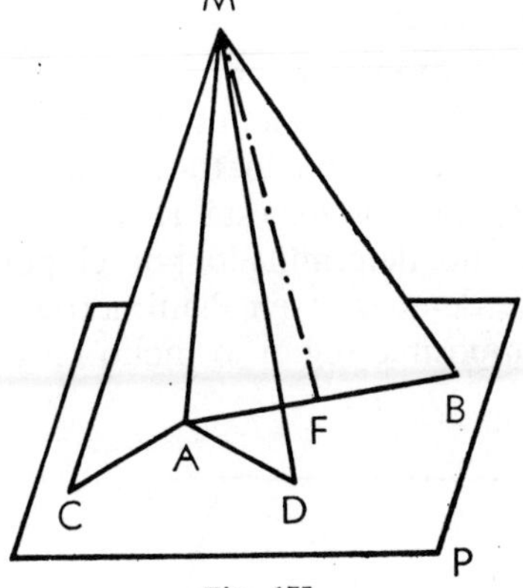

Fig. 175

3.º   Supongamos. como se dijo,

$$A\,D < A\,B$$

y tomemos sobre la recta A B una distancia A F = A D y unamos los puntos F y M.

La oblicua M F es evidentemente igual a M D, pues ambas se apartan igualmente del pie de la perpendicular, es decir,

$$M\,F = M\,D, \qquad \text{pero} \qquad M\,F < M\,B$$

por lo ya dicho en Planimetría, y substituyendo en la última desigualdad M F por su igual M D, tendremos:

$$M D < M B,$$

conforme se trataba de demostrar.

Los recíprocos son tambien ciertos.

280. Distancia de un punto a un plano. — *Es la normal bajada desde el punto al plano.*

Por razones análogas podemos decir que *la distancia entre una recta y un plano paralelos es la perpendicular trazada desde un punto cualquiera de la recta al plano. La distancia entre dos planos paralelos es la perpendicular trazada desde desde un punto cualquiera de uno de ellos al otro plano.*

4.º POSICIONES DE DOS PLANOS EN EL ESPACIO

281. Dos planos en el espacio sólo pueden tener dos posiciones: 1.ª, *se cortan según una recta;* 2.ª, *son paralelos,* es decir, que por mucho que se prolonguen no se cortan.

Entre las diversas cuestiones que hacen referencia a la perpendicularidad y paralelismo de planos y rectas, indicaremos sólo las siguientes:

1.ª *Si dos planos A y B son paralelos entre sí, toda recta M paralela a uno de ellos es forzosamente paralela al otro plano,* pues si no fuese así, la recta M que es paralela al plano A tendría uno o más puntos comunes con el plano B, y entonces ambos planos tendrían también uno o más puntos comunes, contrariamente a la hipótesis.

2.ª *Si una recta M corta a uno de dos planos paralelos A, también cortará al otro plano B,* pues si la recta M no cortara al plano B o está contenido en él o es paralela a él y en ambos casos sería paralela al plano A, lo cual es contrario a la hipótesis.

3.ª *Dos planos A y B perpendiculares a una misma recta C son paralelos entre sí,* pues si no lo fuesen se cortarán según una recta M y desde uno cualquiera de los puntos de esta recta se podrían trazar dos perpendiculares a la recta C en el plano determinado por el punto escogido y la recta C, lo cual es imposible según se demuestra en Planimetría, o bien dos planos perpendiculares, lo cual es también imposible según lo dicho en otro lugar.

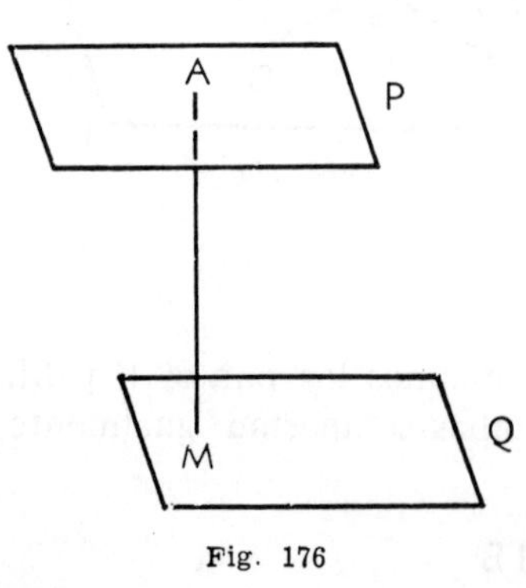

Fig. 176

282. Teorema. — *Por un punto exterior a un plano dado puede trazarse un plano paralelo a él y solamente uno.*

En efecto: sea el plano P y un punto M exterior a él (fig. 176), y tracemos la normal M A del punto al plano, y por el punto M un plano Q perpendicular a la recta M A; los planos P y Q son perpendiculares a la recta A M, luego serán paralelos en virtud de la proposición 3.ª del párrafo anterior. Así pues, por un punto exterior a un plano puede trazarse otro paralelo a él. Demostremos que sólo puede trazarse uno; así es, pues si por el punto M pasara un segundo plano R paralelo al plano P, la recta A M sería también perpendicular a él y se tendría entonces dos planos perpendiculares a una recta en un punto de la misma, lo cual no es admisible, quedando así demostrada la segunda parte del enunciado.

5.º ÁNGULOS DIEDROS

283. Ángulo diedro. — *Llámase así a las dos regiones ilimitadas en que queda dividido el espacio por dos planos que se cortan.*

Se puede también definir el ángulo diedro o simplemente diedro como *la porción del espacio comprendida entre dos planos limitados por su intersección común* (figura 177). Los planos P y Q que forman el ángulo diedro se llaman *caras* del diedro, y la recta N M común a los dos planos, determinada por la intersección de ellos, *arista del diedro.*

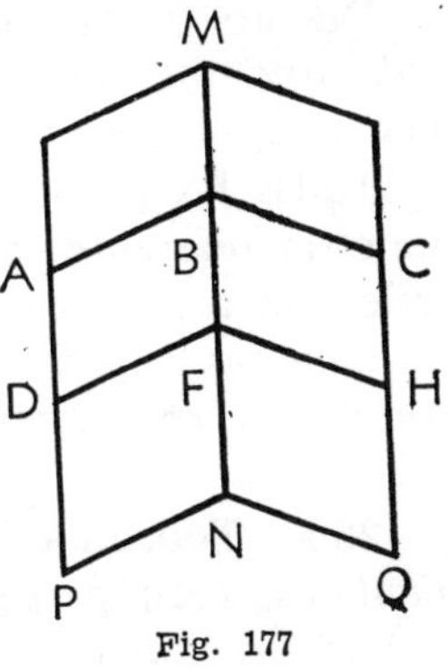
Fig. 177

Dos diedros son iguales cuando haciendo coincidir sus aristas y una de las caras, las otras dos caras coinciden también. En el caso contrario serán desiguales, siendo el menor de ellos el que tenga una de sus caras dentro del otro.

La abertura formada por las dos partes de un libro al abrirse éste, o mejor aún la que queda entre las dos caras de un papel rectangular doblado por la mitad y abierto luego, son ejemplos sencillos y claros de lo que es un ángulo diedro de caras limitadas.

Los diedros se clasifican en *llanos* cuando sus dos caras son las prolongaciones de un mismo plano y están colocadas a distinto lado de la arista; en *agudos* o *cóncavos*, si son menores que un diedro llano, y en *obtusos* o *convexos*, si son mayores que un diedro llano.

284. Ángulo plano correspondiente a un diedro. — *Llámase así al ángulo formado por las perpendiculares a un mismo punto de la arista trazadas por cada una de las caras del diedro.* Así, en la figura 177 el ángulo A B C es el ángulo plano correspondiente al diedro Q M N P. A un diedro le corresponden infinitos ángulos planos, los cuales *son todos iguales.*

Si dos diedros son iguales, sus ángulos planos correspondientes serán también iguales.

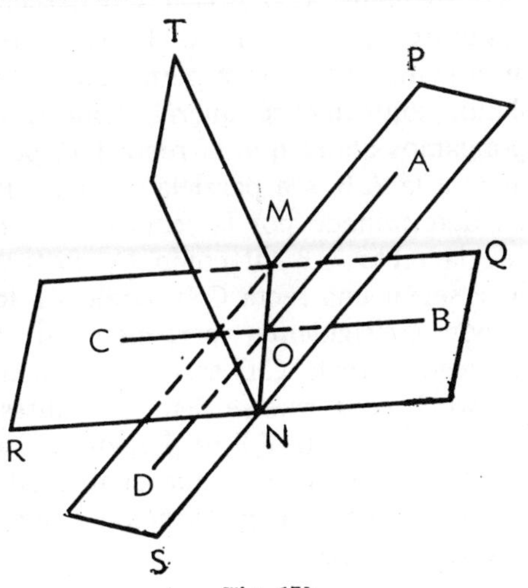
Fig. 178

285. Si dos planos indefinidos P y Q se cortan según una recta M N, tal como representa la figura 178, queda dividido el espacio en cuatro diedros cóncavos T N M R, S M N R, S N M Q y Q N M P.

DIEDROS ADYACENTES *son los que tienen una cara común y las otras dos son prolongaciones opuestas de un mismo plano,* tales como los Q N M P y P M N R de la figura última, los cuales tienen la cara P común.

Cuando los diedros adyacentes son iguales, se denominan RECTOS; *y si son desiguales* OBLICUOS.

Se dice que DOS DIEDROS CÓNCAVOS SON CONSECUTIVOS *cuando tienen la misma arista, una cara común y las otras dos caras situadas a distinto lado de la cara común;* así, los diedros Q M N P y P M N T (fig. 178) son consecutivos.

Se dice que DOS DIEDROS SON COMPLEMENTARIOS *cuando su suma es igual a un diedro* RECTO, y se dice que son SUPLEMENTARIOS *cuando su suma es igual a un diedro llano.*

Los diedros que tienen el mismo complemento o el mismo suplemento son iguales; todos los diedros rectos son iguales.

DIEDRO AGUDO *es todo ángulo diedro menor que un diedro recto.* DIEDRO OBTUSO *es todo diedro cóncavo mayor que un diedro recto.*

DIEDROS OPUESTOS POR LA ARISTA *son los diedros cóncavos en que las caras de cada uno son las prolongaciones opuestas de las del otro.* En la figura 178, los diedros Q N M P y S M N R son opuestos por la arista e iguales.

Todas las proposiciones estudiadas en la Planimetría referentes a los ángulos rectilíneos son aplicables a los diedros; basta substituir en ellas las palabras *ángulo, vértice, lado, punto y recta* por *diedro, arista, cara, recta y plano.*

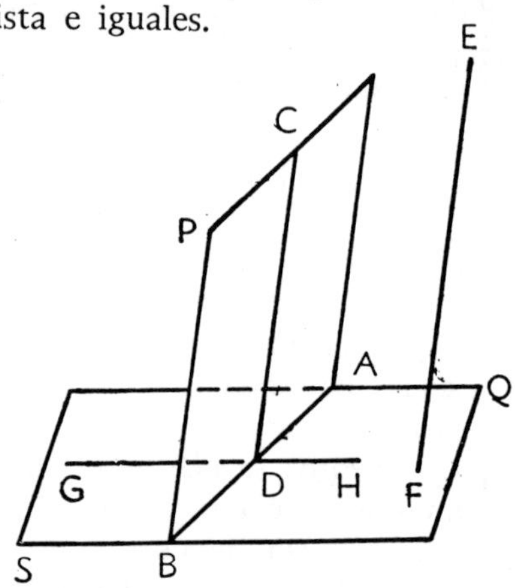

286. Teorema. — *Si dos planos son perpendiculares, toda perpendicular a su intersección, que está contenida en uno de los planos o es paralela a él, será perpendicular al otro plano.*

Sean P y Q los dos planos perpendiculares (fig. 179), la recta A B su traza o intersección, y supongamos que la recta C D, perpendicular a A B, está contenida en el plano P. Tracemos por el punto D y en el plano Q la recta G H, perpendicular a A B; puesto que los diedros P A B Q y P A B S son iguales por ser rectos, los ángulos planos C D H y C D G, correspondientes a ellos, también lo serán, y, por consiguiente, C D y G H son perpendiculares entre sí; pero como G H está contenida en el plano Q, C D será perpendicular a este plano, conforme se quería demostrar.

Supongamos ahora que la recta E F, perpendicular a la A B, sea paralela al plano P. El plano determinado por la recta E F y un punto de la recta A B tal como D, cortará al plano P según una recta C D paralela a la E F y, por consiguiente, perpendicular a la A B; luego la recta C D será perpendicular al plano Q, conforme se demostró antes, y por lo tanto, la recta E F es perpendicular también al plano Q, con lo que cual queda demostrada la segunda proposición contenida en el enunciado.

Fig. 179

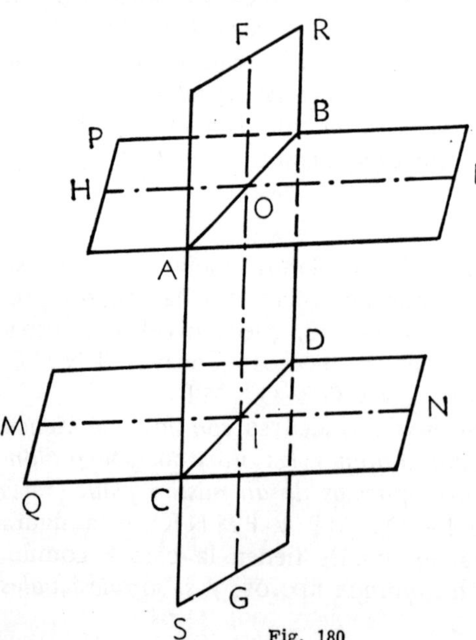

Fig. 180

287. Posición de tres planos en el espacio. — Tres planos sólo pueden ocupar en el espacio tres posiciones relativas: 1.ª,

*que cada uno de los planos corte a los otros dos; 2.ª, que dos planos sean paralelos
y el tercero los corte a ambos; 3.ª, que los tres planos sean paralelos.*

Si dos planos P y Q (fig. 180) paralelos están cortados en rectas distintas por otro
plano S, que se denomina *secante*, resultan formados ocho ángulos diedros: cuatro
formados por los planos P y Q con la parte del plano S comprendida entre ellos, que
reciben el nombre de *internos;* y otros cuatro formados por los planos P y Q con las
porciones del plano S no interceptadas entre ellos, que se denominan *externos.*

Dos ángulos diedros, ambos internos o externos, que están en una misma región
del espacio de las dos ilimitadas en que lo divide el plano secante, se denomina
internos o externos del mismo lado del plano secante.

Diedros correspondientes son dos ángulos diedros, interno el uno, externo el
otro, situados al mismo lado del plano secante y no adyacentes; llámanse *diedros
alternos* dos ángulos diedros, ambos internos o externos, situados a distinto lado
del plano secante y no adyacentes.

288.   Teorema. — *Si un plano* R S *(fig. 180) corta a dos planos* P y Q *paralelos:*

1.º   *Las intersecciones* A B y C D *de los planos paralelos* P y Q *con el plano
secante* S *son paralelas.*

2.º   *Los diedros correspondientes son iguales.*

3.º   *Los diedros alternos son también iguales.*

1.º   En efecto: observemos la figura: las rectas A B y C D pertenecen al plano
S R, pero también a los planos P y Q respectivamente, que son paralelos, luego
también ellas han de ser forzosamente paralelas.

2.º   Si trazamos por el punto O de la recta A B un plano perpendicular a la
recta A D, este plano será también perpendicular a la C D y cortará a los planos P
y Q según dos rectas H L y M N, que serán paralelas, y al plano S según una recta
F G, que contendrá al punto O. Según lo supuesto las rectas A B y C D serán respectivamente perpendiculares a las rectas H L y M N, pues lo son al plano trazado,
es decir, los ángulos F O H y O I M serán los ángulos planos correspondientes a los
diedros P A B R y A C D Q; y como aquellos ángulos planos son iguales por ser
correspondientes entre las paralelas H L y M N cortadas por la secante F G, también
lo serán los ángulos diedros a que corresponden, es decir:

$$P\,A\,B\,R = A\,C\,D\,Q.$$

3.º   Los ángulos O I N y H O I son alternos-internos entre las paralelas H L
y M N, y los ángulos F O H y N I G son alternos-externos entre las mismas paralelas,
donde se cumplen las igualdades siguientes:

$$H\,O\,I = O\,I\,N \quad y \quad H\,O\,F = N\,I\,G,$$

luego los ángulos diedros correspondientes a ellos también lo serán, es decir

$$P\,A\,B\,C = A\,C\,D\,N \quad y \quad P\,A\,B\,R = N\,C\,D\,S,$$

como se quería demostrar.

Corolarios. — 1.º *Las paralelas* A C *y* B D *comprendidas entre dos planos paralelos son iguales,* pues el plano determinado por ellas corta a los planos P y Q según dos rectas A B y C D, también paralelas, y entonces las rectas A C y D B, comprendidas entre las rectas paralelas A B y C D, serán iguales.

2.º *Si dos planos son paralelos, todo plano perpendicular a uno de ellos lo será también al otro,* pues si los ángulos diedros que forma con el primero son rectos, lo serán sus respectivos alternos.

3.º *Las paralelas comprendidas entre una recta y un plano paralelo a ella son iguales.*

289. Teorema. — *Si tres planos paralelos cortan a dos rectas cualesquiera, las dividen en partes proporcionales.*

Sean los tres planos paralelos P, Q y S, y las rectas A D y B F (fig. 181). Por el punto F, intersección de la recta B F con el plano extremo S, tracemos la recta F L paralela a D A. El plano determinado por las rectas F B y F L cortará a los planos P y Q según las dos rectas paralelas

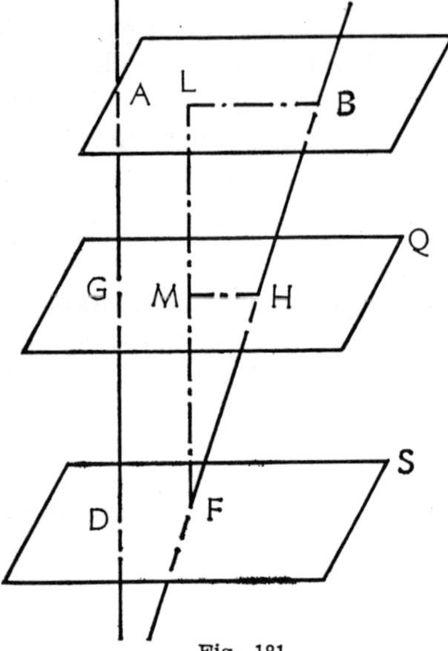

Fig. 181

L B y M H, y podremos establecer la proporción siguiente:

$$\frac{L M}{M F} = \frac{B H}{H F}$$

y como L M y M F son respectivamente iguales a A G y G D, tendremos:

$$\frac{A G}{G D} = \frac{B H}{H F}, \quad \text{o bien} \quad \frac{A G}{B H} = \frac{G D}{H F},$$

según se quería demostrar.

6.º Proyecciones

290. Proyección ortogonal de un punto *sobre un plano es el pie de la perpendicular trazada al plano desde el punto.* Así, la proyección ortogonal del punto A sobre el plano P (fig. 182) es A′, pie de la perpendicular A A′ al plano.

Proyección ortogonal de una recta sobre un plano es otra recta determinada por las proyecciones ortogonales de cada uno de sus puntos.

Las normales trazadas desde el punto o puntos al plano se llaman *líneas proyectantes,* y el plano en que aquéllos se proyectan, *plano de proyección.*

La proyección de una recta paralela al plano de proyección es otra recta igual a ella; la de una recta oblicua al plano es otra recta menor que ella, y la de una recta normal al plano de proyección es un punto, como se ve en la figura 182.

291. Teorema. — *Si una recta es oblicua a un plano, el ángulo agudo que forma la recta con su proyección sobre el plano es menor que el formado por la misma recta con otra cualquiera que pase por su pie y esté situada en el plano.*

256

En efecto: sea el plano de proyección P (fig. 183), la recta M N, su proyección

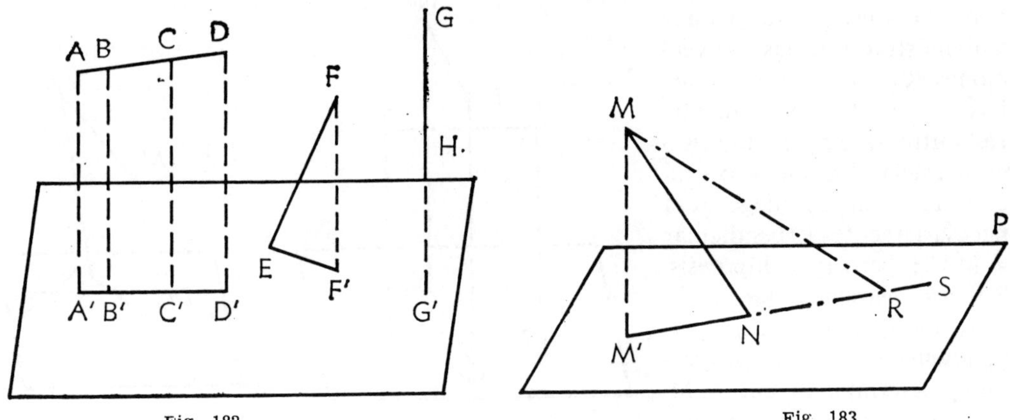

Fig. 182   Fig. 183

sobre aquél la recta M′ N, y N S otra recta del plano que pasa por el pie N de la primera.

Se toma sobre la recta N S la distancia N R = N M′ y se unen los puntos M y R; puesto que la recta M M′ es perpendicular al plano P, la M R será necesariamente oblicua, pues desde un punto exterior a un plano solamente se puede trazar a éste una normal, luego

$$M R > M M'.$$

Los triángulos M M′ N y M N R tienen el lado M N común, los lados N M′ y N R iguales, y los terceros lados desiguales M M′ < M R, y como en este caso a mayor lado se opone mayor ángulo, resulta:

$$\text{áng. } M N M' < M N R.$$

ÁNGULO DE UNA RECTA Y UN PLANO *es el ángulo agudo que forma una recta con su proyección sobre el plano.*

292. Teorema. — *Si dos rectas son paralelas, sus proyecciones sobre un mismo plano serán paralelas o coinciden en una misma recta.*

En efecto: sea el plano de proyección P (fig. 184), las rectas A B y C D y sus proyecciones respectivas A′ B′ y C′ D′. Puesto que las rectas A B y C D son paralelas por hipótesis y las A′ B′ y C′ D′ lo son por construcción, los planos proyectantes B y D de las rectas A B y C D serán paralelos o coincidirán en uno solo; luego las intersecciones de los planos B y D con el plano P serán paralelas o coincidirán en una sola recta.

293. Teorema. — *Si dos rectas son perpendiculares, sus proyecciones sobre un plano paralelo a una de ellas o que contiene a una de ellas, serán también perpendiculares entre sí.*

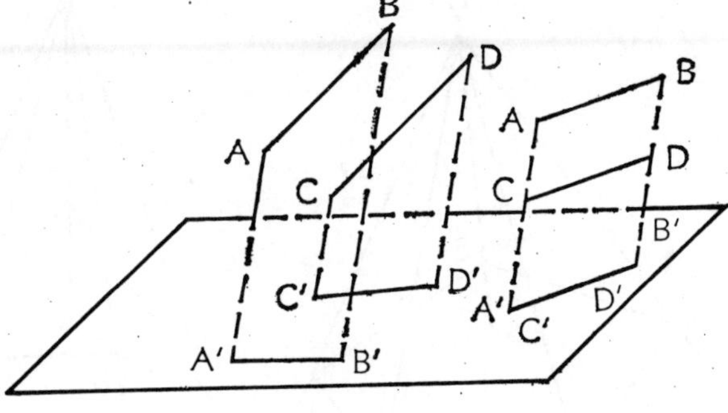

Fig. 184

Sean las rectas R S y M N perpendiculares entre sí (fig. 185), P el plano de proyección paralelo a R S o que contiene a esta recta; vamos a demostrar que las proyecciones R′ S′ y M′ N′ de aquellas rectas son perpendiculares entre sí. En efecto: R S es paralela al plano P o está contenida en él, luego será necesariamente perpendicular a M N′; pero, por hipótesis, R S es perpendicular a la M N, luego también será perpendicular al plano proyectante determinado por M M′ y M N y, por consiguiente, a la recta M′ N′ de este

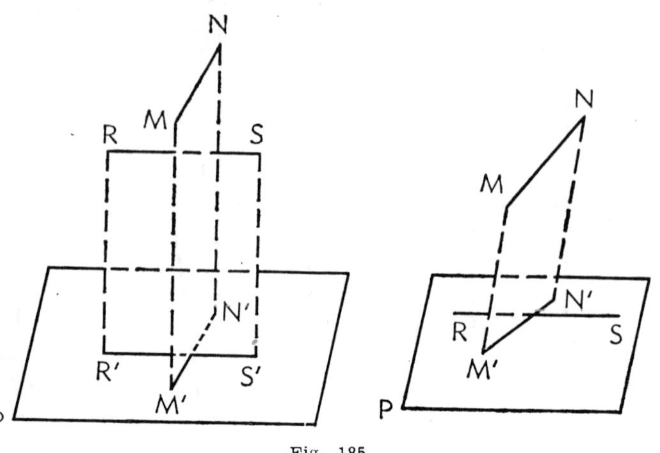

Fig. 185

plano; por lo tanto, la proyección de R S sobre el plano P, que es paralela a R S o coincide con esta recta, será también perpendicular a M′ N′.

CAPÍTULO VII

FIGURAS POLIÉDRICAS

1.º ÁNGULOS POLIÉDRICOS

294. Figura poliédrica. — *Es todo espacio limitado parcial o totalmente por tres o más planos.*

Llámase ÁNGULO POLIEDRO *a la figura poliédrica formada por tres o más planos que concurren en un mismo punto.* Este punto común a todos los planos que limitan el ángulo poliedro recibe el nombre de *vértice;* las intersecciones de cada dos planos concurrentes consecutivos se denominan *aristas;* los ángulos formados por cada dos aristas consecutivas se llaman *caras,* y los diedros formados por cada dos caras consecutivas se denominan *diedros* del ángulo poliedro.

Por lo común se designan los ángulos poliedros con la letra del vértice seguida de otra letra que representa cada una de las aristas dispuestas en el mismo orden que éstas. Por ejemplo: el primer ángulo poliedro representado en la figura 186 se designa por VABCDE o simplemente por V; su *vértice* es el punto V; V A, V B, V C, V D y V E son sus *aristas;* los ángulos rectilíneos AVB, BVC, CVD, DVE y EVA son las *caras* del poliedro.

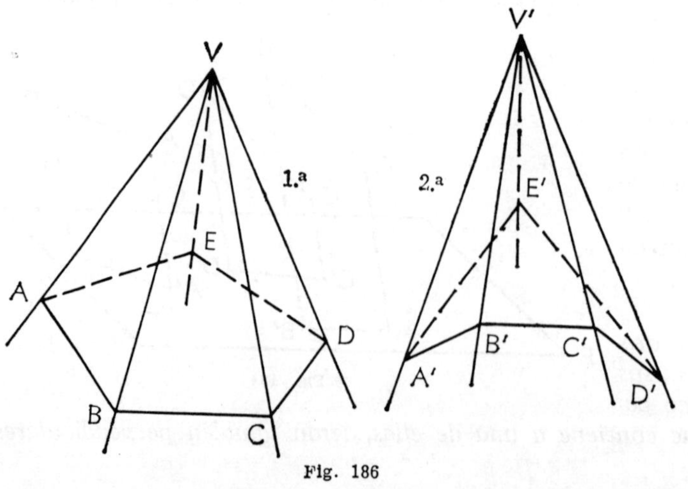

Fig. 186

Superficie de un ángulo poliedro es el conjunto de sus *caras*. *Plano diagonal* de un ángulo poliedro es todo ángulo determinado por dos aristas no consecutivas del ángulo poliedro.

Por una arista cualquiera de un ángulo poliedro de n caras podrán pasar $n-3$ planos diagonales.

Llámase TRIEDRO *el ángulo poliedro formado por tres caras.* Los ángulos poliedros formados por cuatro, cinco, seis, ocho, doce y veinte caras se denominan, respectivamente, *tetraedros, pentaedros, hexaedros, octaedros, dodecaedros... e icosaedros.*

Todo ángulo poliedro cuya superficie es convexa recibe el nombre de *convexo;* estos ángulos tienen sus diedros cóncavos y sus planos diagonales interiores, y si un plano corta a todas sus aristas, la intersección A B C D E es un polígono convexo.

Dos triedros se denominan suplementarios cuando las caras de cada uno de ellos son suplementos respectivos de los ángulos planos correspondientes a los diedros del otro.

295.   **Teorema.** — *En todo triedro, una cara cualquiera es menor que la suma de las otras dos y mayor que su diferencia.*

Sea el triedro V A B C (fig. 187) y supongamos que la cara A V C sea la mayor de sus caras; se verificará, evidentemente :

$$A V B < A V C + B V C$$
$$B V C < A V C + A V B$$

Para demostrar que la cara A V C es menor que A V B + B V C tracemos por el vértice V, y en la cara A V C, la recta V D, de modo que forme con la V C el ángulo D V C igual a B V C y unamos los puntos M y N, situados en las aristas V A y V C, mediante la recta M N, la cual cortará a la V D en un punto tal como P; tomemos ahora sobre la arista V B una distancia V Q = V P y tracemos las rectas Q M y Q N.

En el triángulo Q M N se cumple la desigualdad :

$$N P + P M < N Q + Q M,$$

y como los triángulos V N P y V N Q tienen los ángulos P V N y Q V N iguales, comprendidos entre dos lados respectivamente iguales, V N = V N y V P = V Q, serán iguales y deduciremos la igualdad :

$$N P = N Q,$$

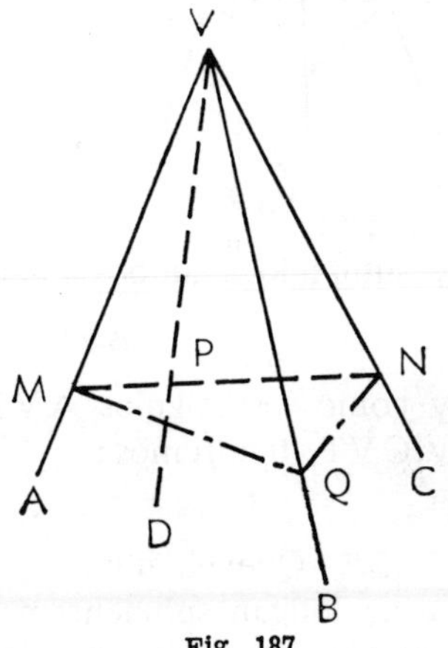

Fig. 187

la cual, restada miembro a miembro de la desigualdad precedente, da

$$P M < Q M,$$

de la cual se deduce que los triángulos V P M y V Q M tienen un lado común V M, los lados V P y V Q iguales, y los terceros lados M P y M Q desiguales; por consiguiente, en virtud de un principio conocido :

$$M V P < M V Q$$

y sumando miembro a miembro esta desigualdad con la igualdad evidente

$$P V N = Q V N$$

se tendrá

$$M V P + P V N < M V Q + Q V N,$$

o bien

$$A V C < A V B + B V C.$$

Veamos ahora como una cara es mayor que la diferencia de las otras dos. En efecto : de la desigualdad anterior se deducen las siguientes :

$$A V B > A V C - B V C \quad y \quad B V C > A V C - A V B.$$

Las desigualdades

$$A V C > A V B - B V C \quad \text{o bien} \quad A V C > B V C - A V B$$

se cumplen evidentemente según que A V B sea mayor o menor que B V C.

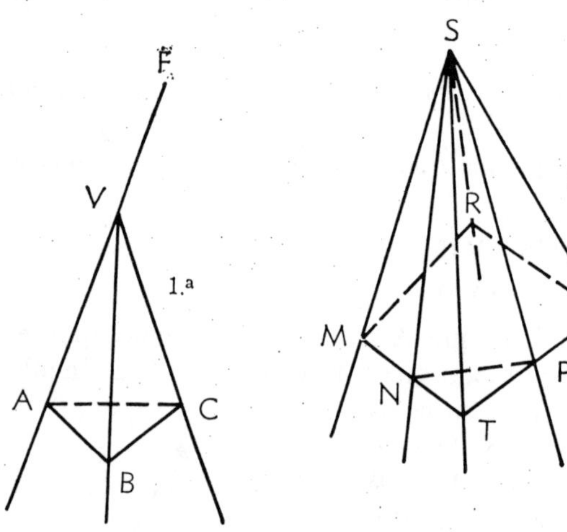

Fig. 188

296. **Teorema.**—*La suma de las caras de todo ángulo poliedro convexo es menor que cuatro ángulos rectos.*

Distinguiremos dos casos :

1.º *Que el ángulo poliedro sea un triedro*, tal como el V A B C (fig. 188). Prolónguese, por ejemplo, la arista V A en sentido contrario al suyo y se tendrá el triedro V B C F, en el cual se verificará, en virtud del teorema anterior :

$$B V C < B V F + C V F$$

y sumando a ambos miembros de esta igualdad la suma A V B + A V C, tendremos :

$$B V C + A V B + A V C < B V F + C V F + A V B + A V C,$$

y como los ángulos A V B y A V C son respectivamente los suplementos de B V F y C V F, tendremos :

$$B V C + A V B + A V C < 4 \ R.$$

2.º Que el ángulo poliedro S M N P Q R tenga más de tres caras (fig. 188). Si se prolongan suficientemente las caras M S N y P S Q, contiguas a la cara N S P del poliedro, se encontrarán en una recta S T y originarán un ángulo poliédrico S M T Q R, el cual tiene una cara menos que el propuesto; probemos ahora que la suma A de sus caras es mayor que la suma A' de las caras del poliedro propuesto. En el diedro S N T P se cumple

$$N S P < N S T + T S P$$

y sumando a ambos miembros de esta desigualdad N S M + M S R + R S Q + Q S P, tendremos :

$$N S P + N S M + M S R + R S Q + Q S P < N S T + T S P + N S M + M S R + R S Q + Q S P$$

o lo que es lo mismo :

$$A' < A.$$

Por un procedimiento análogo podremos pasar del poliedro S M T Q R a otro que tenga mayor la suma de sus caras y que posea una cara menos que él y así sucesivamente, y repitiendo la construcción se llegará a obtener un triedro en el cual la suma de sus caras será mayor que la suma de las caras de los poliedros anteriores; pero en el triedro final se cumplirá la condición ya demostrada que la suma de sus caras es menor que cuatro rectos, luego el poliedro propuesto S M N P Q R tendrá, con mayor razón, la misma propiedad.

297. *La suma de los ángulos planos correspondientes a los diedros de un triedro es mayor que dos rectos y menor que seis.*

En efecto: representando con A, B y C los ángulos planos correspondientes a los diedros de un ángulo triedro T, y con A′, B′ y C′ las caras del triedro T′, obtenido por la prolongación inversa de las aristas del triedro T tendremos:

$$A + A' = 2\ R$$

$$B + B' = 2\ R$$

$$C + C' = 2\ R$$

y sumando ordenadamente:

$$A + B + C + A' + B' + C' = 6\ R,$$

de donde

$$A + B + C = 6\ R - (A' + B' + C')$$

y como A′ + B′ + C′ es mayor que ceros rectos, pero menor que cuatro rectos, la suma A+B+C será menor que 6 R, pero mayor que 6 R – 4 R, es decir, mayor que dos rectos.

Si dos ángulos poliedros tienen sus caras y sus ángulos diedros iguales, puede ocurrir que estos elementos estén dispuestos en el mismo orden o en orden inverso. En ambos casos las caras o diedros respectivamente iguales se denominan *homólogos*, y las aristas correspondientes a diedros iguales se llaman también *homólogas*.

Poliedros iguales. — *Se dice que dos poliedros son* iguales *si tienen sus diedros y sus caras respectivamente iguales e igualmente dispuestos estos elementos*, pues superpuestas coincidirán sus caras, ángulos diedros y aristas.

Dos poliedros son simétricos *si tienen iguales sus caras y ángulos diedros, pero estos elementos están dispuestos en orden inverso.*

298. Casos de igualdad de dos poliedros. — Dos poliedros son iguales:

1.º *Si tienen dos caras respectivamente iguales y dispuestas de la misma manera, e igual el ángulo diedro comprendido entre ellas.*

2.º *Si tienen respectivamente iguales y dispuestos de la misma manera dos ángulos diedros y la cara común a estos diedros.*

3.º *Si tienen sus tres caras respectivamente iguales y dispuestas de la misma manera.*

4.º *Si tienen sus tres ángulos diedros respectivamente iguales y dispuestos de la misma manera.*

En estos casos se podrán superponer los triedros y hacer coincidir exactamente sus elementos homólogos, con lo cual se logra la coincidencia de ambos triedros.

2.º Poliedros en general

299. Poliedro *es todo espacio limitado por cuatro o más planos.* Una habitación corriente es un ejemplo de poliedro.

Las intersecciones de cada uno de estos planos con todos los demás que con él cierran o limitan el poliedro, determinan un polígono. Los polígonos que limitan un poliedro se llaman *caras;* las intersecciones de éstas se llaman *aristas;* los puntos en que se cortan las aristas reciben el nombre de *vértices;* los ángulos diedros y poliedros formados por las caras se llaman *ángulos diedros y poliedros* del sólido.

Diagonal de un poliedro es la recta que une dos vértices no pertenecientes a una misma cara.

Un poliedro es *convexo* cuando todos sus ángulos diedros y poliedros son convexos o salientes y la intersección de él con un plano es un polígono convexo.

Sólo estudiaremos aquí los poliedros convexos.

El menor número de caras que pueden limitar totalmente un espacio y, por consiguiente, constituir un poliedro, es de cuatro. El poliedro formado por cuatro caras, que serán triangulares, se denomina *tetraedro.*

Los poliedros de cinco, seis, siete, ocho, doce y veinte caras se denominan, respectivamente, *pentaedro, hexaedro, heptaedro, octaedro, dodecaedro e icosaedro.*

300. Poliedro regular. — *Es todo poliedro cuyas caras son polígonos regulares iguales y cuyos ángulos poliedros son iguales.*

Todos los poliedros tienen un número par de caras que poseen un número impar de lados, es decir, no existe ningún poliedro que posea un número impar de caras formadas por triángulos, pentágonos, heptágonos..., es decir, por polígono con un número impar de lados.

301. Teorema. — *No pueden existir más que cinco poliedros regulares convexos.*

En efecto: de todo lo estudiado respecto a los poliedros se deduce que las caras de los ángulos po·liedros de todo poliedro regular deben satisfacer a las condiciones siguientes: ser ángulos de polígonos regulares e iguales; concurrir por lo menos tres para formar un ángulo convexo y no llegar a valer cuatro rectos la suma de las que forman un ángulo sólido o poliédrico.

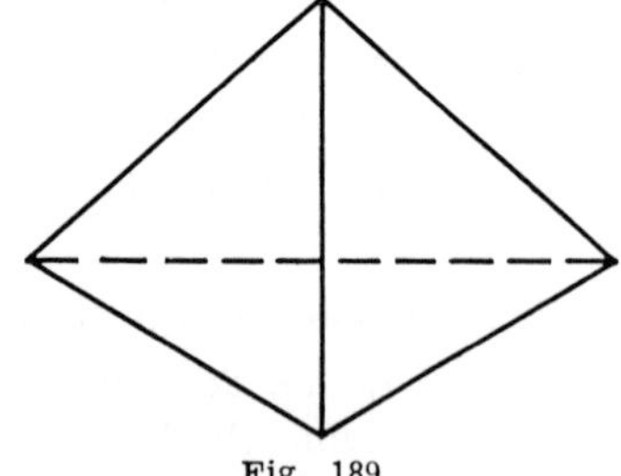

Fig. 189

Supuesto lo que acabamos de exponer, se comprende que tres ángulos de un triángulo equilátero, cada uno de los cuales vale 60°, pueden concurrir como caras de un ángulo poliédrico, pues entre los tres sumarán dos ángulos rectos; ahora bien, el poliedro cuyas caras son triángulos equiláteros y sus ángulos sólidos son triedros, recibe el nombre de *tetaedro regular* (fig. 189).

Puesto que cuatro ángulos del triángulo equilátero suman en total 240°, esto es, $\dfrac{8}{3}$ de recto, puede existir un poliedro regular cuyos ángulos poliédricos o sólidos estén formados por cuatro caras triangulares; este poliedro (fig. 190) se denomina *octaedro regular.*

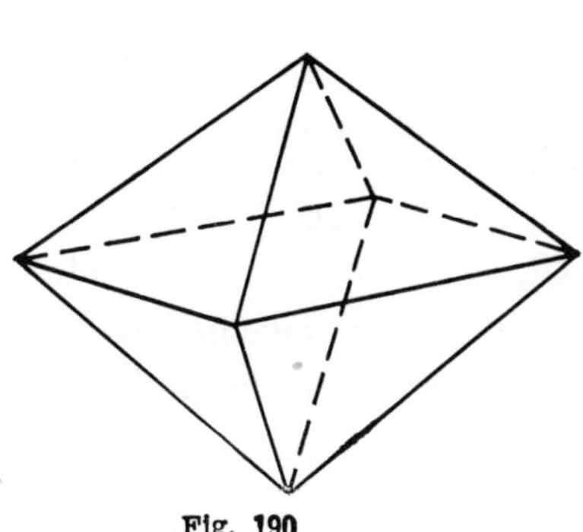

Fig. 190

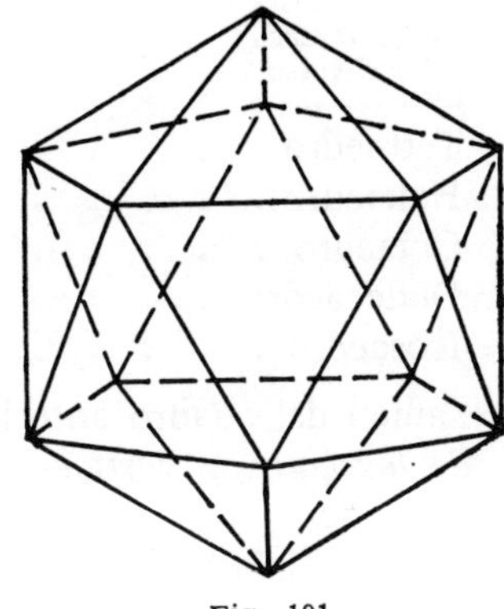

Fig. 191

Por la misma razón, como la suma de cinco ángulos del triángulo equilátero es menor que cuatro rectos (es igual a 300º), existirá un polígono regular cuyos ángulos sólidos están formados por la unión de cinco triángulos equiláteros alrededor de un mismo vértice. Este poliedro regular es el *icosaedro regular* (fig. 191).

Pero no podrán existir más poliedros regulares limitados por triángulos equiláteros, pues si se reúnen alrededor de un punto seis triángulos equiláteros, la suma de ellos es igual a $60º \times 6 = 360º$, esto es, el ángulo sólido sería igual a cuatro rectos y, por consiguiente, el poliedro no se cerraría sobre sí mismo, es decir, el poliedro no podría existir.

Sabemos que los ángulos de las caras del cuadrado valen un ángulo recto, luego bastará reunir tres de ellas alrededor de un vértice común para formar un ángulo poliedro convexo. El único poliedro regular cuyos ángulos poliedros están formados por tres caras que sean cuadrados es el *hexaedro regular* o *cubo* (fig. 192).

Puesto que el ángulo del pentágono regular vale 108º, esto es, $\dfrac{6}{5}$ rectos, se deduce que tres ángulos del citado

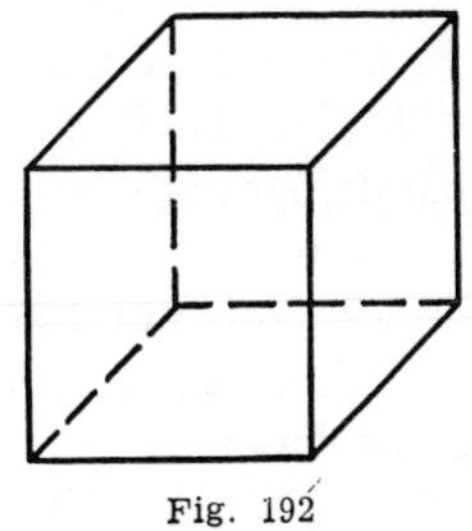

Fig. 192

polígono pueden reunirse en un punto para formar un ángulo sólido, pues su suma es inferior a 4 rectos, pero no podrán formar un ángulo sólido convexo cuatro pentágonos regulares, pues la suma de cuatro de sus ángulos es superior a cuatro rectos El cuerpo geométrico cuyos ángulos poliédricos está formado por tres pentágonos regulares es el *dodecaedro regular* (fig. 193).

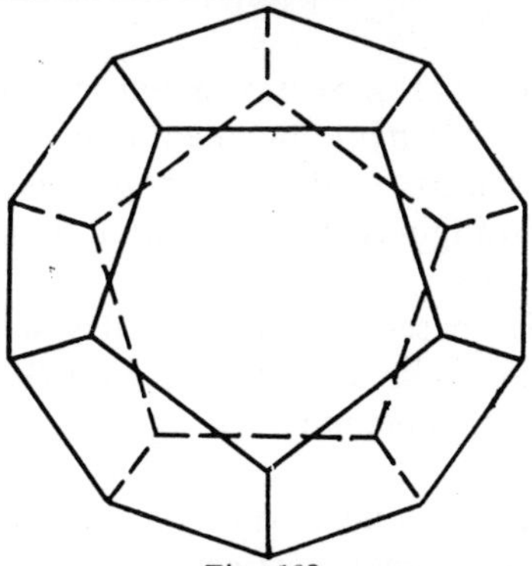

Como ya se dijo al estudiar los polígonos regulares, el ángulo del hexágono regular vale $\dfrac{4\,R}{3}$, es decir, 120º, y como para formar un ángulo poliédrico se necesitan tres planos o ángulos, la suma de los ángulos de tres caras hexagonales sumarían cuatro rectos y, por consiguiente, con este elemento geométrico no puede construirse ningún poliedro regular. Resulta, pues, que no pueden existir poliedros regulares cuyas caras sean polígonos de más de cinco lados.

Fig. 193

A continuación damos un cuadro en el que aparecen los cinco poliedros regulares con el número de caras, vértices y aristas que les corresponden.

Poliedro regular convexo	Caras	Vértices	Aristas
Tetraedro	4	4	6
Hexaedro	6	8	12
Octaedro	8	6	12
Dodecaedro	12	20	30
Icosaedro	20	12	30

Del examen del cuadro anterior se deduce que *en todo poliedro regular convexo la suma de las caras y vértices es igual al número de aristas del poliedro más dos* (teorema de *Euler*):

$$C + V = A + 2.$$

3.º PRISMA Y PIRÁMIDE

302. Prisma. — *Llámase prisma al poliedro cuyas caras son tres o más paralelogramos unidos a dos polígonos iguales y paralelos.* Así, el poliedro representado en la figura 194 es un prisma. Éste puede considerarse engendrado al trazar por los vértices A, C, D, F, H del polígono A C D F H paralelas entre sí, no situadas en el plano del polígono, y tomar las distancias A A', C C', D D', F F' y H H', iguales entre sí y unir los puntos consecutivos A', C', D', F', H'.

Los dos polígonos iguales y paralelos, A C D F H y A' C' D' F' H', se denominan *bases* del prisma; los paralelogramos se llaman *caras laterales* del prisma, y las rectas que unen los vértices correspondientes de los polígonos-bases se denominan *aristas laterales*.

Altura del prisma es la perpendicular O O', común a las bases.

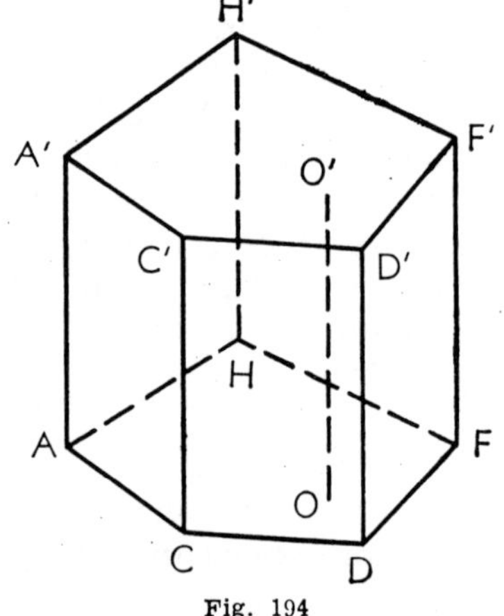

Fig. 194

303. *Prisma* recto es aquel cuyas aristas laterales son perpendiculares a las bases; si las primeras son oblicuas a las bases, el prisma se denomina *oblicuo*. En el primer caso las aristas laterales son iguales a la altura del prisma; en el segundo son mayores.

Prisma regular es aquel cuyas bases son polígonos regulares. Según la naturaleza de éstos, los prismas se clasifican en *triangulares, cuadrangulares, pentagonales,* etc. El prisma cuadrangular cuyas bases son paralelogramos, se denomina *paralelepípedo;* y el paralelepípedo recto, cuyas bases son rectángulos, se denomina *paralelepípedo rectángulo;* sus caras son, pues, seis rectángulos.

El hexaedro regular es un paralelepípedo recto cuyas bases y caras laterales son cuadrados; así pues, las tres aristas que concurren en cada uno de sus vértices, aristas que reciben el nombre de *dimensiones del paralelepípedo,* son iguales. El hexaedro regular se llama también *cubo.*

Diagonal de un prisma es toda recta interior a él que une a dos vértices no pertenecientes a una misma cara y que esté limitada por dichos vértices.

Plano diagonal de un prisma es el plano que pasa por dos aristas laterales no situadas en la misma cara.

El número de planos diagonales que pueden trazarse por una arista lateral de un prisma es igual al de diagonales que pueden trazarse en una de las bases por el vértice correspondiente a esta arista, esto es, *tantos planos diagonales como aristas laterales tenga el prisma, menos tres*

Los planos diagonales de un prisma dividen a éste en tantos prismas triangulares como caras laterales tiene el prisma, menos dos.

304. Sección plana de un prisma es la intersección de este prisma con un plano. Si dos planos paralelos cortan a un prisma, las secciones planas que determinan en éste son también paralelas.

Sección recta de un prisma es toda sección plana perpendicular a las aristas laterales del prisma. *Todas las secciones rectas de un prisma son paralelas*, pues están producidas por planos normales a las aristas laterales del prisma y, por consiguiente, paralelos.

De aquí se deduce: 1.º *En todo prisma, las secciones paralelas a las bases son iguales a las bases.* 2.º *Las secciones rectas de un prisma son polígonos regulares.*

En todo prisma pueden tomarse como bases dos cualesquiera de sus caras opuestas.

305. Prisma truncado o tronco de prisma *es la porción de prisma comprendida entre sus caras laterales y dos secciones planas no paralelas cuyos vértices estén situados en las aristas laterales.*

Las dos secciones planas reciben el nombre de *bases* del tronco de prisma.

Dos prismas son iguales cuando, superpuestos, coinciden; ello supone que tengan iguales sus bases y aristas laterales y que éstas estén dispuestas con la misma inclinación respecto a las bases.

306. Pirámide. — *Llámase así el poliedro cuya base es un polígono cualquiera y sus caras laterales son tres o más triángulos que tienen un vértice común.*

Si tomamos un polígono tal como el A B D F G (figura 195), un punto V exterior a él y unimos este punto con los vértices del polígono mediante las rectas V A, V B, V D, V F y V G, se obtiene un poliedro limitado por el polígono indicado y las caras triangulares A V B, B V D, D V F, F V G y G V A.

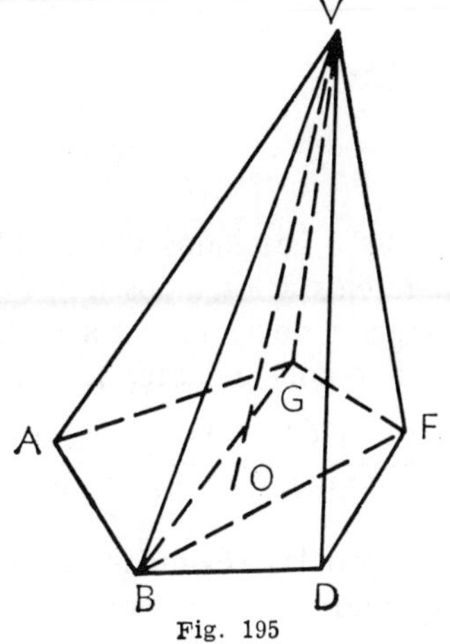

Fig. 195

La cara poligonal de una pirámide recibe el nombre de *base;* las caras triangulares, *caras laterales;* el vértice, común a todas ellas, *vértice* de la pirámide, y las aristas que concurren en el vértice, *aristas laterales.*

Se entiende por *altura de una pirámide* a la distancia V O del vértice de la misma al plano de su base. Una pirámide se designa generalmente con la letra de su vértice.

307. Pirámide regular *es la que tiene por base un polígono regular cuyo centro es el pie de la altura.*

En las pirámides regulares *las aristas laterales son iguales y las caras laterales son triángulos isósceles e iguales.*

La altura de las caras laterales de una pirámide regular se llama *apotema*.

Las pirámides se clasifican en *triangulares, cuadrangulares, pentagonales*, etc., según sea el número de lados del polígono de la base.

Plano diagonal de una pirámide es el que pasa por dos aristas laterales no contiguas. En una pirámide *se pueden trazar por una misma arista lateral tantos planos diagonales como caras laterales tiene la pirámide menos tres, quedando así dividida en tantas pirámides triangulares o tetraedos como lados tiene el polígono de la base menos dos.*

Sección plana de una pirámide *es la intersección de esta pirámide con un plano.*
Si el plano sector y la base de la pirámide son paralelos, se dice que la sección **es** *paralela a la base.*

308. Teorema. — *Si se corta una pirámide por un plano paralelo a la base, se cumple: 1.º Las aristas laterales y la altura quedan dividas en partes proporcionales. 2.º La sección plana es un polígono semejante a la base. 3.º Las áreas de la base y de la sección plana son proporcionales a los cuadrados de sus distancias al vértice.*

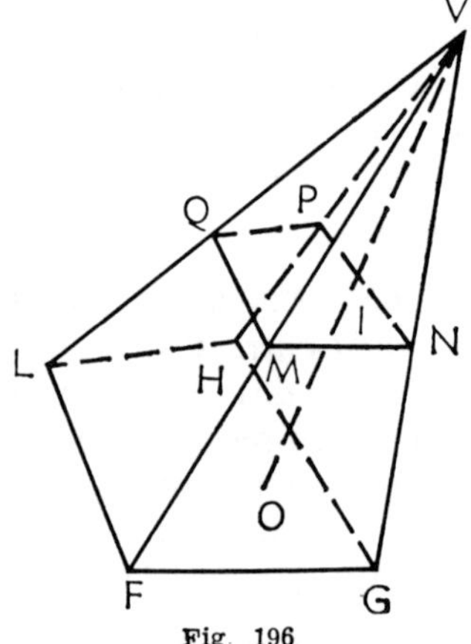

Fig. 196

En efecto: sea la pirámide V (fig. 196), F G H L su base, V O su altura y M N P Q la sección plana, y representemos con B el área de la base y con S la de la sección plana.

1.º Como se ve en la figura, las aristas y la altura de la pirámide son rectas concurrentes en un punto V y están cortadas por los planos paralelos que contienen el polígono de la base y la sección plana; luego, según lo demostrado ya, podremos escribir:

$$\frac{VN}{NG} = \frac{VP}{PH} = \frac{VQ}{QL} = \frac{VM}{MF} = \frac{VI}{IO},$$

o bien

$$\frac{VG}{VN} = \frac{VH}{VP} = \frac{VL}{VQ} = \frac{VF}{VM} = \frac{VO}{VI} \quad (1).$$

2.º Los lados Q M, M N, N P y P Q de la sección plana son, respectivamente, paralelos a los lados L F, F G, G H y H L de la base, luego los ángulos de la sección plana y de la base formados por dos lados respectivamente paralelos serán iguales y, por consiguiente, se verificarán las proporciones siguientes:

$$\frac{FG}{MN} = \frac{VG}{VN}; \quad \frac{GH}{PN} = \frac{VH}{VP}; \quad \frac{HL}{PQ} = \frac{VL}{VQ} \quad y \quad \frac{FL}{MQ} = \frac{VF}{VM} \quad (2)$$

y como las segundas razones de estas proporciones son iguales, según la serie (1) se tendrá, evidentemente,

$$\frac{FG}{MN} = \frac{GH}{NP} = \frac{HL}{PQ} = \frac{FL}{MQ},$$

luego los polígonos F G H L y M N P Q son semejantes por tener sus lados proporcionales e iguales los ángulos respectivos formados por lados proporcionales.

3.º De la serie (1) de razones iguales y de las primeras de las proporciones indicadas en (2) se deduce:

$$\frac{\dot{V}O}{VI} = \frac{FG}{MN}$$

y, por consiguiente,

$$\frac{\overline{VO^2}}{\overline{VI^2}} = \frac{\overline{FG^2}}{\overline{MN^2}}$$

la cual, comparado con la proporción

$$\frac{B}{S} = \frac{\overline{FG^2}}{\overline{MN^2}}$$

se deduce:

$$\frac{B}{S} = \frac{\overline{VO^2}}{\overline{VI^2}}$$

como se quería demostrar.

309. Tronco de pirámide. — *Es la porción de una pirámide comprendida entre su base y una sección plana de la misma.*

Así, en la figura 196 el tronco de pirámide es la porción de la pirámide V comprendida entre la base L F G H y la sección M N P Q.

Estos dos polígonos se llaman *bases del tronco de cono;* la perpendicular común a ellas, *altura del tronco de cono.* Las caras laterales de un tronco de cono de bases paralelas son siempre trapecios.

La pirámide V M N P Q, cuya base es la menor del tronco de pirámide, se denomina *pirámide deficiente.*

Si la pirámide total primitiva es regular, también lo será la pirámide deficiente.

Las caras laterales de todo tronco de pirámide regular de bases paralelas son iguales.

Apotema de un tronco de pirámide de bases paralelas es la altura de cualquiera de sus caras laterales.

310. Problema. — *Dadas las bases B y b y la altura a de un tronco de pirámide de bases paralelas, hallar las alturas de la pirámide total y deficiente.*

Representemos por x la altura desconocida de la pirámide deficiente; la altura total de la pirámide será $a+x$; tendremos, pues, en virtud de un teorema estudiado:

$$\frac{B}{b} = \frac{(a+x)^2}{x^2} \qquad \text{o bien} \qquad \frac{\sqrt{B}}{\sqrt{b}} = \frac{a+x}{x},$$

y en virtud de una propiedad de las proporciones:

$$\frac{\sqrt{B} - \sqrt{b}}{\sqrt{b}} = \frac{(a+x) - x}{x} = \frac{a}{x},$$

de donde

$$x = \frac{a\sqrt{b}}{\sqrt{B} - \sqrt{b}},$$

sumando a a ambos miembros:

$$a + x = a + \frac{a\sqrt{b}}{\sqrt{B} - \sqrt{b}} = \frac{a\sqrt{B}}{\sqrt{B} - \sqrt{b}}$$

CAPÍTULO VIII

CUERPOS DE REVOLUCIÓN

1.º CILINDRO DE REVOLUCIÓN Y SUS PROPIEDADES

311. Llámase **superficie de revolución** *la engendrada por la rotación de una línea alrededor de una recta fija, a la cual está invariablemente unida.*

La línea que gira se denomina *generatriz* de la superficie de revolución y la recta fija, *eje de rotación*.

Así, en la figura 197, A B representa el eje de rotación y la línea C D F E la generatriz, invariablemente unida a la primera. Si desde un punto F de la generatriz trazamos la recta F M perpendicular al eje de rotación, aquella recta se conservará siempre perpendicular a A B, cualquiera que sea la posición de la generatriz, y, por consiguiente, F M describirá un círculo de centro M cuando la generatriz efectúe un giro completo alrededor de A B, y el punto F describirá una circunferencia.

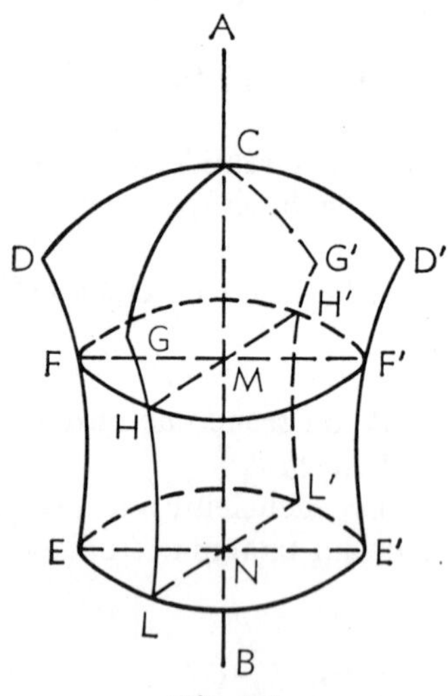

Fig. 197

Se llama *sección plana de una superficie de revolución* a la intersección de ésta con un plano. Cuando el plano sector es normal al eje de rotación, la intersección con un plano da lugar a una *sección recta*. Secciones rectas son en la figura F H F′ H′ y E L E′ L′. *Sección meridiana* es la intersección de la superficie de revolución con un plano que contiene al eje de revolución. Tales son la C D E E′ D′ y la C G L L′ G′.

De lo expuesto se deduce: 1.º *Las secciones rectas de toda superficie de revolución son circunferencias cuyos centros están en el eje de rotación. 2.º Las secciones meridianas de toda superficie de revolución son iguales.*

312. **Cuerpo de revolución** *es la porción de espacio limitado por una superficie cerrada.* Así, en la figura última, el espacio limitado por la superficie de revolución engendrada por la línea C D E al girar alrededor de A B y cerrada en su parte inferior por el plano E L E′ L′, es un cuerpo o sólido de revolución.

En el cuerpo de revolución, *las secciones rectas son círculos* que reciben el nombre de *paralelos;* las *secciones meridianas* reciben el nombre de *meridianos.* Así, en la figura citada, C D E E′ D′ y C G L L′ G′ son dos meridianos, y F H F′ H′ y E L E′ L′ son dos paralelos.

Aunque el número de cuerpos de revolución es infinito, en Geometría elemental se estudian únicamente tres: el *cilindro de revolución,* el *cono de revolución* y la *esfera.*

313. Superficie cilíndrica de revolución *es la superficie de revolución engendrada por una recta que gira alrededor de otra a la cual se mantiene siempre paralela.*

CILINDRO DE REVOLUCIÓN *es el espacio limitado por una superficie cilíndrica de revolución y por dos planos perpendiculares al eje de rotación.*

La figura 198 representa un cilindro de revolución; los círculos M y N que lo limitan se llaman *bases;* el eje de rotación es la recta M N, y la generatriz B C. Una sección recta es L G H, y una sección meridiana es B C F D. La porción de superficie cilíndrica limitada por las bases se denomina *superficie lateral del cilindro,* y las porciones de la generatriz del cilindro limitada por las bases se denominan *lados* del cilindro; estos lados son iguales al eje.

Llámase *altura del cilindro* a la perpendicular a los planos de las bases y comprendidas entre éstas. Es igual al eje del cilindro y, por consiguiente, a sus lados.

Las secciones rectas de un cilindro de revolución son círculos, y sus secciones meridianas, rectángulos.

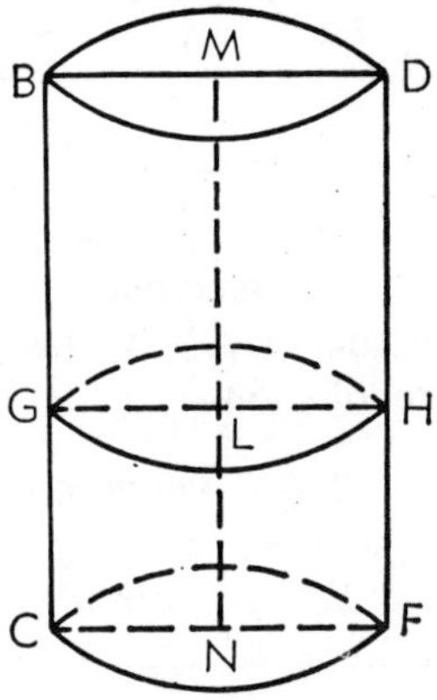

Fig. 198

El cilindro de revolución se puede considerar también engendrado por la rotación de un rectángulo alrededor de uno de sus lados. Así, observando la figura 198, al girar el paralelogramo B C N M alrededor del lado M N, engendra el cilindro de revolución B C F D.

314. Plano tangente *a la superficie lateral de un cilindro de revolución es el plano que sólo contiene una de las generatrices de esta superficie.*

Dos cilindros de revolución son iguales si tienen iguales sus ejes y los radios de sus bases. Superpuestos, estos cilindros coinciden.

2.º CONO DE REVOLUCIÓN Y SUS PROPIEDADES

315. Superficie cónica de revolución *es la superficie de revolución cuya generatriz es una recta que corta oblicuamente al eje de rotación y con el cual forma un ángulo de valor constante.*

Una cualquiera de las secciones rectas de la superficie cónica de revolución puede considerarse como *directriz* de la superficie.

CONO DE REVOLUCIÓN *es el sólido o porción de espacio limitado por una superficie cónica de revolución y por un plano perpendicular al eje de rotación.*

La figura 199 representa un cono de revolución; el vértice V de la superficie cónica es el *vértice* del cono; el círculo M que lo limita se denomina *base* del cono;

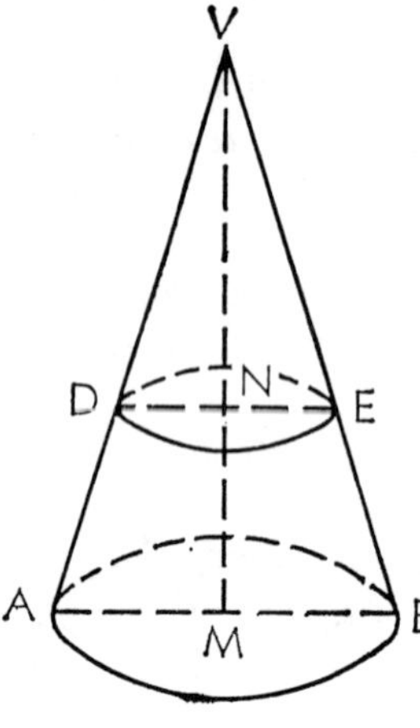

la recta V M, eje de rotación de la superficie cónica de revolución, es el *eje del cono*, y las porciones de generatrices comprendidas entre el vértice y la base se llaman *lados* del cono; así los lados son V B y V A. Se llama *superficie lateral del cono* a la porción de la superficie cónica de revolución comprendida entre la base y el vértice.

Altura del cono es el eje mismo de éste; así V M es la altura del cono V de la figura mencionada. Observando esta misma figura veremos que un cono de revolución puede considerarse como engendrado por la rotación del triángulo rectángulo V M A alrededor del cateto V M; la hipotenusa V A engendra la superficie cónica de revolución, y el cateto A M engendra el círculo que le sirve de base; así pues:

Cono de revolución *es el sólido o cuerpo engendrado por la rotación de un triángulo rectángulo alrededor de uno de sus catetos.*

Fig. 199

Las secciones meridianas de un cono de revolución son triángulos isósceles, tal como el A V B; las alturas de estas secciones son iguales a la altura del cono de revolución.

316. Teorema. — En todo cono de revolución cortado por un plano paralelo a su base se cumple:

1.º *Las circunferencias c de la sección y C de la base son proporcionales a sus distancias respectivas al vértice.*

2.º *Las áreas b de la sección y B de la base son proporcionales a sus distancias al vértice.*

Sea el cono de revolución V (fig. 199), N una sección recta que dista del vértice de longitud N V, y M su base. Tracemos el plano meridiano A V B y supongamos que A B y D E son las intersecciones del plano meridiano con las secciones rectas N y M; como A B y D E son paralelas resulta que los triángulos V M A y V N D son semejantes, luego:

$$\frac{A\,M}{D\,N} = \frac{V\,M}{V\,N} \quad (1),$$

de donde, en virtud del principio ya estudiado,

$$\frac{C}{c} = \frac{V\,M}{V\,N},$$

con lo que se demuestra la primera proposición.

De la proporción (1) se deduce:

$$\frac{A\,M^2}{D\,N^2} = \frac{V\,M^2}{V\,N^2}$$

de donde podemos deducir:

$$\frac{B}{b} = \frac{A\,M^2}{D\,N^2} \quad \text{o bien} \quad \frac{B}{b} = \frac{V\,M^2}{V\,N^2},$$

como se quería demostrar.

270

317. Plano tangente *a la superficie lateral de un cono de revolución es el plano que sólo contiene a la generatriz de esta superficie.*

Por un punto de la superficie lateral de un cono de revolución puede trazarse un plano tangente y uno sólo. Para trazar el plano tangente a un cono de revolución por un punto dado de su superficie lateral se trazan la generatriz y la sección recta correspondientes a este punto y una tangente por el punto dado a la circunferencia de la sección recta. Esta tangente y la generatriz antes trazada determinan el plano tangente a la superficie cónica en el punto escogido.

Dos conos de revolución son iguales si tienen iguales sus ejes y los radios de sus bases son respectivamente iguales.

318. Tronco de cono de revolución de bases paralelas *es la porción de cono de revolución comprendido entre la base y una sección recta del mismo.* En la figura 199 el tronco de cono es la porción comprendida entre la base M y la sección N. Los dos círculos M y N que la determinan se llaman *bases;* la perpendicular M N, común a las dos bases, se llaman *altura;* las porciones de generatrices comprendidas entre las bases, *lados,* y la porción de superficie de revolución comprendida entre las bases se denomina *superficie lateral del tronco de cono.*

El tronco de cono puede considerarse engendrado por la rotación del trapecio D N M A alrededor del lado N M. El cono cuya base es la menor del tronco de cono y cuyo vértice es el mismo que el del cono total, se llama *cono deficiente.*

3.º   LA ESFERA Y SUS PROPIEDADES

319. Se llama **superficie esférica** *a la superficie de revolución cuya generatriz es una semicircunferencia que tiene sus extremos en el eje de rotación.*

ESFERA *es el cuerpo de revolución limitado por una superficie esférica.* Puede considerarse engendrada por la rotación de un semicírculo alrededor de su diámetro. Así, la esfera de centro O (fig. 200) está engendrada por el semicírculo M A N al girar alrededor de su diámetro M N. El punto O recibe el nombre de *centro* de la esfera; toda recta O Q comprendida entre el centro O y uno cualquiera de los puntos de la superficie esférica se denomina *radio,* como O Q; las rectas que como la P Q pasan por el centro y terminan en dos puntos de la superficie esférica, se llaman *diámetros.* Todos los radios de la esfera son iguales entre sí, como también lo son todos los diámetros entre sí.

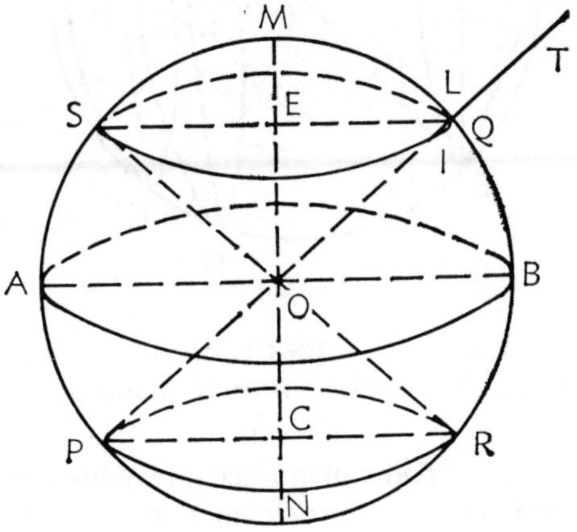

ZONA ESFÉRICA *es la porción de superficie esférica engendrada por un arco de círculo menor que una semicircunferencia al girar alrededor del diámetro de ésta.* Tal es la engendrada por el arco S A P al girar alrededor del diámetro M N. Los círculos E y C son las *bases* de la zona; E C, proyección del arco S A P sobre el diámetro M N, es la altura de la zona.

Fig. 200

Las zonas de una sola base, tal como las engendradas por los arcos M S y P N al girar alrededor de M N, reciben el nombre de *casquetes esféricos*. Sus alturas respectivas son M E y N C.

SECTOR ESFÉRICO *es el sólido engendrado por un sector circular S O M o P O N en derredor de un eje M N que pasa por su centro y es exterior a su superficie.* La zona engendrada por el arco del sector circular constituye la base del sector esférico.

SEGMENTO ESFÉRICO *es la porción de esfera comprendida entre una zona y el plano o planos de la base o bases de esta zona.*

Los círculos correspondientes a las circunferencias que son las bases de la zona se llaman *bases del segmento esférico,* y la altura de la zona es la *altura* del segmento esférico.

320. La intersección de la esfera O (fig. 200) con un plano que pase por su centro es un círculo cuyo centro es el mismo que el de la esfera, cuyo radio es O A y cuyo límite es la circunferencia, cuyo centro es también O.

La esfera es una superficie convexa, a la cual una recta solamente la puede cortar en dos puntos.

La superficie esférica es el lugar geométrico de los puntos del espacio que distan de uno interior o centro una longitud igual a su radio.

321. **Sección plana** *de una esfera es su intersección con un plano;* es, como se sabe, un círculo máximo, cuando el plano pasa por el centro de la esfera. Las circunferencias de los círculos máximos se denominan *circunferencias máximas.* Una circunferenciá máxima divide a su superficie esférica en dos partes iguales.

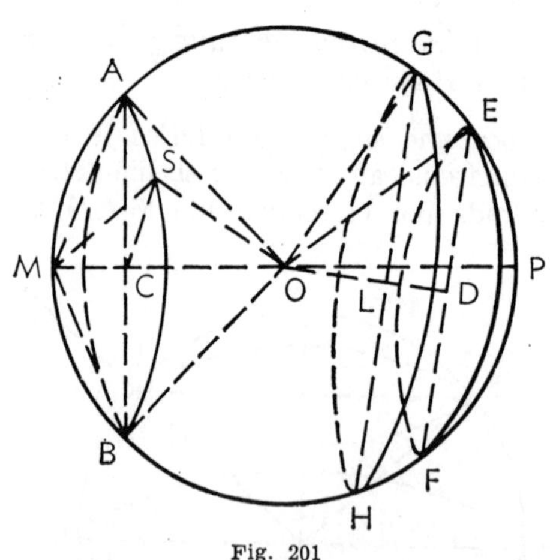

Fig. 201

322. **Teorema.** — *Toda sección plana de una esfera es un círculo cuyo centro es la proyección del centro de la esfera sobre el plano secante.*

Sea la esfera de centro O (fig. 201) y C A B la intersección de un plano secante con la superficie esférica; esta intersección es una línea plana y cerrada cuyos distintos puntos A, S, B..., pertenecen a la superficie de la esfera, y, por consiguiente, las distancias O A, O S, O B... son iguales y, por tanto, los puntos A, S, B... equidistan de C, que es el pie de la perpendicular O C al plano secante. De aquí se deduce que la sección producida por un plano secante con una superficie esférica es una circunferencia cuyo centro es la proyección del centro de aquélla sobre el plano secante.

323. Todo plano secante a una esfera y que no pase por el centro de ésta, la corta según un círculo menor.

En toda esfera, o en esferas iguales, se cumple: 1.º Dos círculos menores iguales equidistan del centro de la esfera. 2.º Si dos círculos menores son desiguales, el menor de ellos dista del centro de la esfera más que el círculo mayor.

Fijémonos en la figura 201; sean los círculos menores C y D, iguales. Ambos equidistan del centro O de la esfera.

En efecto: tracemos los radios O A y O E y los C A y D E correspondientes a dichos círculos. Se puede escribir:

$$\overline{O\,C}^2 = \overline{O\,A}^2 - \overline{C\,A}^2; \qquad \overline{O\,D}^2 = \overline{O\,E}^2 - \overline{E\,D}^2,$$

de donde

$$O\,C = \sqrt{\overline{O\,A}^2 - \overline{C\,A}^2}; \qquad O\,D = \sqrt{\overline{O\,E}^2 - \overline{E\,D}^2},$$

pero los segundos miembros de estas igualdades son iguales pues, O A y C A son, respectivamente, iguales a O E y E D, luego

$$O\,C = O\,D.$$

Consideremos ahora los círculos C y L y trácense los radios O A y O G; podremos escribir:

$$\overline{O\,C}^2 = \overline{O\,A}^2 - \overline{C\,A}^2 \quad y \quad \overline{O\,L}^2 = \overline{O\,G}^2 - \overline{G\,L}^2,$$

o bien

$$O\,C = \sqrt{\overline{O\,A}^2 - \overline{C\,A}^2} \quad y \quad O\,L = \sqrt{\overline{O\,G}^2 - \overline{G\,L}^2},$$

pero, según lo supuesto,

$$O\,A = O\,G \quad y \quad C\,A < G\,L,$$

luego la diferencia $\overline{O\,G}^2 - \overline{G\,L}^2$ será menor que la diferencia $\overline{O\,A}^2 - \overline{C\,A}^2$ y, por consiguiente,

$$O\,L < O\,C.$$

324. Polos de una circunferencia *de la superficie esférica son los extremos del diámetro perpendicular al plano de una circunferencia.*

PLANO TANGENTE *a una superficie esférica es el plano que tiene un solo punto común con esta superficie.*

325. *Por un punto de la superficie esférica puede trazarse a ésta un plano tangente y solamente uno.* Trácese el radio correspondiente al punto elegido y trácese por éste un plano perpendicular al radio y éste será el plano tangente.

Pero es el único, pues si suponemo que por el punto escogido pasa otro plano P tangente a la superficie esférica, todos sus puntos, a excepción del de contacto, estarán fuera de la superficie de la esfera; pues si tuviera algún otro dentro de ella, prolongado suficientemente, cortaría a la superficie esférica y no podría ser tangente a ella. Por consiguiente, toda recta comprendida entre el centro O de la esfera y un punto cualquiera del plano P sería mayor que el radio de la esfera, y el radio correspondiente al punto de contacto será perpendicular en dicho punto, luego este plano se confundiría con el primero, pues ambos son perpendiculares al radio en el mismo punto.

326. *Dos esferas son iguales cuando tienen iguales sus radios o sus diámetros.* Evidentemente, superpuestas de modo que coincidan sus centros, ambas esferas coincidirán en todos sus puntos.

327.   Solamente como dato para terminar este somero estudio sobre la circunferencia se enuncia el principio siguiente, cuya demostración es sencilla: *La distancia más corta entre dos puntos situados sobre la superficie esférica es el arco de circunferencia máxima, pero menor que una semicircunferencia, que los une.*

CAPÍTULO IX

ÁREAS Y VOLÚMENES

1.º FIGURAS SEMEJANTES EN EL ESPACIO

328.   Si consideramos un sistema cualquiera de puntos en el espacio, deduciremos la definición general siguiente:

Dos sistemas de puntos será semejantes cuando puedan ser colocados de tal manera que cada uno de los puntos de uno de los sistemas esté situado en la recta limitada por el punto correspondiente del otro sistema y un punto fijo O, y que la razón de las distancias de este punto a dos correspondientes cualesquiera de ambos sistemas sea constante.

Son aplicables a los sistemas de puntos semejantes en el espacio las definiciones de *centro de semejanzas, radios de semejanza, puntos homólogos, razón de semejanza* y *rectas homólogas* dadas en Planimetría.

329.   **Teorema.** —*Si se corta una pirámide por un plano paralelo a su base, la pirámide deficiente es semejante a la propuesta.*

En efecto: sea la pirámide V A B C D E (fig. 202), cuya base es A B C D E, la sección paralela F G H L K producida por un plano paralelo a la base A B C D E, y la pirámides deficiente V F G H L K. Se pueden establecer las relaciones siguientes:

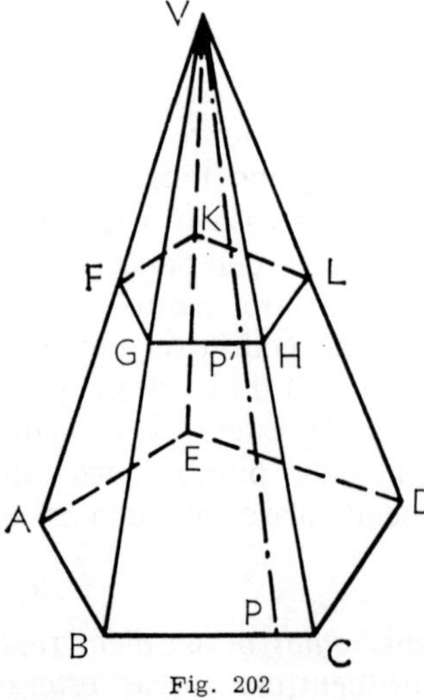

Fig. 202

$$\frac{VA}{VF}=\frac{VB}{VG}=\frac{VC}{VH}=\frac{VD}{VL}=\frac{VE}{VK}$$

Si se une el vértice con un punto cualquiera P del contorno de la base, se forman los triángulos semejantes V B P y V G P', y podremos establecer la siguiente proporción:

$$\frac{VB}{VG}=\frac{VP}{VP'}$$

la cual, unida a la serie de proporciones expuestas anteriormente, prueba que el contorno de la base A B C D E es semejante al de la sección F G H L K, siendo V el centro de semejanza y, por consiguiente, que la sección y la base son semejantes.

Observemos ahora que los triángulos V C D y V H L son también semejantes con respecto al mismo centro de semejanza V, siendo la razón de semejanza V C : V H, idéntica a la de los polígonos A B C D E y F G H L K; y como la misma observación puede hacerse respecto a las restantes caras de ambas pirámides, las superficies de éstas serán semejantes y, por consiguiente, la pirámide déficiente V F G H L K es semejante a la propuesta V A B C D E.

330. *En dos poliedros semejantes se cumple:* 1.º *Las caras homólogas son polígonos semejantes.* 2.º *Los diedros homólogos son iguales.*

Dos poliedros semejantes se pueden descomponer siempre en el mismo número de pirámides semejantes y dispuestas de la misma manera.

2.º   ÁREA DE LOS POLIEDROS

331. Área de un cuerpo geométrico *es la medida de su extensión superficial.*
Se denomina *área lateral* al *área de toda la superficie del cuerpo menos la de la base o bases.*

332. Área lateral de un prisma. — *El área lateral de un prisma cualquiera es igual al producto de su arista lateral por el perímetro de su sección recta.*

Sea el prisma A L, cuya arista lateral es A F (fig. 203) y su sección recta es M N P Q R. Observemos que todos los lados de la sección recta son perpendiculares a las aristas laterales; luego representando con S_1 el área lateral, tendremos:

$$S_1 = A F \cdot M N + E G \cdot N P + D H \cdot P Q + C L \cdot Q R + B I \cdot R M$$

y como todas las aristas laterales son iguales a A F, tendremos:

$$S_1 = A F (M N + N P + P Q + Q R + R M)$$

y representando la arista A F por a y el perímetro de la sección recta por p, tendremos:

$$S_1 = a\,p.$$

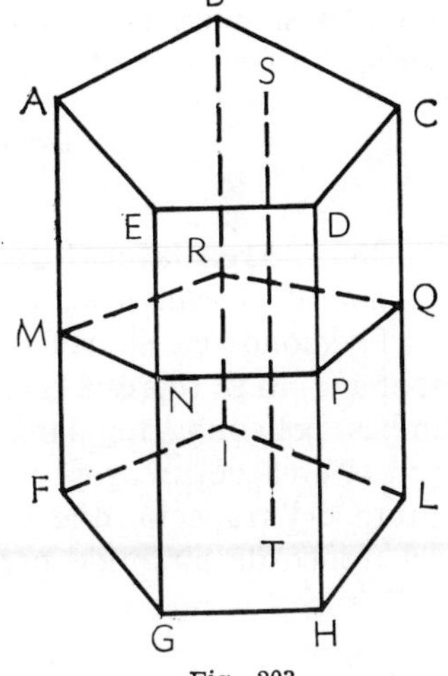

Fig. 203

COROLARIO. *El área lateral de un prisma recto es igual al producto del perímetro de su base por su altura.*

333. Añadiendo al área lateral de un prisma el duplo del área de su base se obtendrá su área total. También es evidente que:

El área total de un prisma regular es igual al producto del perímetro de una de sus bases por la arista lateral, más el perímetro de la base por el apotema de la misma.

Puesto que el área b de la base es igual a $\dfrac{1}{2}\,p\,r$, $2\,b$ será igual a $p\,r$ y la expresión del área total del prisma será: $S = a\,p + p\,r = p\,(r + a)$.

El área lateral de un tronco de prisma se obtendrá sumando las áreas de sus caras laterales, que son trapecios.

334. Área lateral de una pirámide regular. — *Es igual al producto del semiperímetro de la base por la apotema de la pirámide.*

Observemos la pirámide regular V (fig. 204); sus caras son triángulos iguales y la suma de sus áreas será el área lateral del poliedro. Multiplicando, pues, el área de una de sus caras triangulares por n, número de ellas, resolveremos la cuestión:

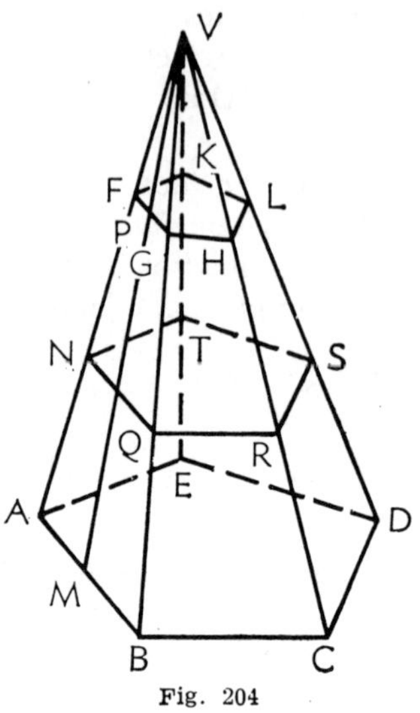
Fig. 204

$$S_1 = n \times \frac{1}{2} \, VM \cdot AB = \frac{AB}{2} \, n \times VM,$$

pero $\dfrac{AB}{2} \times n$ es el semiperímetro de la base, que representaremos por $\dfrac{d}{2}$, y V M la apotema a de la pirámide,

luego el área lateral S_1 será: $\qquad S_1 = \dfrac{p}{2} \times a.$

335. Área total de una pirámide regular. — *Es igual a su área lateral más la de su base.* Ésta es un polígono regular cuya apotema representaremos por a'; tendremos, pues, recordando que el área de un polígono regular es igual al semiperímetro por su apotema:

$$S_t = S_1 + S_b = \frac{p}{2} \cdot a \times \frac{p}{2} \cdot a' = \frac{p}{2} \, (a+a').$$

336. Área lateral de un tronco de pirámide regular de bases paralelas. — *Es igual al producto de su apotema por la semisuma de los perímetros de sus bases.*

Fijémonos en el tronco de pirámide regular representado en la figura 204, cuya apotema M P representaremos por a y cuyas bases son A B C D E y F G H L K, ambas polígonos regulares. Sus caras, todas iguales, son trapecios, y recordando que el área de un trapecio es igual a la semisuma de sus bases multiplicada por la altura del trapecio, que en este caso es a, bastará multiplicar el área de una cara del tronco de pirámide por n, número de caras que tiene; luego:

$$S_1 = n \cdot A B G F,$$

pero

$$A B G F = M P \times \frac{A B + F G}{2},$$

de donde

$$S_1 = n \cdot M P \times \frac{A B + F G}{2} = M P \times \frac{n\,A B + n\,F G}{2},$$

y representando los perímetros $n\,A B$ por p y $n\,F G$ por p', tendremos:

$$\text{Área total } S_1 = a \cdot \frac{p + p'}{2}.$$

3.º Área de los cuerpos de revolución

337. Área lateral del cilindro de revolución. — *Es igual al producto de su altura por la longitud de la circunferencia de su base.*

En efecto: el cilindro puede considerarse como el límite a que tiende un prisma recto regular cuando el número de sus caras laterales se aproxima a infinito; con ello su altura a no varía, pero el perímetro p del polígono de su base se transforma, en el límite, en una circunferencia C cuyo radio r es el límite de la apotema a' del polígono.

Así pues,

$$\text{Área lateral } S_l = a \cdot C = a \cdot 2\,\pi\,r.$$

Otra consideración nos lleva al mismo resultado: si se corta un cilindro según una generatriz y se desarrolla luego, se obtiene un rectángulo cuya altura es igual a la altura a del cilindro y cuya base b es la longitud de la circunferencia de la base del cilindro cuyo radio es r, luego:

$$S_l = a \times b = a \times C = a \cdot 2\,\pi\,r.$$

338. Área total de un cilindro de revolución. — *Es igual a su área lateral más la suma de las áreas de sus bases.*

Como las bases son dos círculos de radio igual r, tendremos:

$$S_t = a \cdot 2\,\pi\,r + 2\,\pi\,r^2 = 2\,\pi\,r\,(a+r).$$

339. Área lateral de un cono de revolución. — *Es igual a la mitad de su lado por la circunferencia de su base.*

Basta recordar que el cono de revolución V (fig. 205) es el límite a que tiende una pirámide regular cuando aumenta hasta el infinito el número de sus caras; en este caso su apotema se transforma en el lado l del cono de revolución, y el perímetro de su base en una circunferencia C cuyo radio r es el límite de la apotema de su base, luego recordando la fórmula que da el área lateral de una pirámide regular, tendremos:

$$\text{Área lateral } S_l = \frac{1}{2} \cdot l \cdot C = \pi\,r\,l.$$

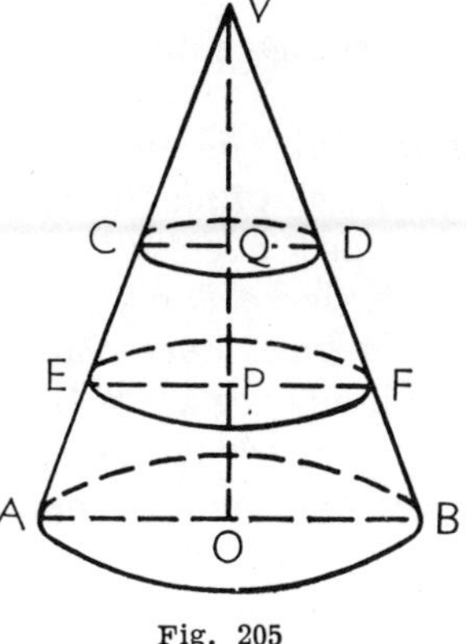

Fig. 205

También puede darse el área lateral de un cono de revolución en función de la sección media, es decir, de la sección plana Q trazada por el punto medio de la altura V O del cono, pues siendo V Q la mitad de V O, también C Q será la mitad de A O, pues

$$\frac{V\,Q}{V\,O} = \frac{C\,Q}{A\,O},$$

es decir, que la circunferencia $2\,\pi\,C\,Q$ es la mitad de la circunferencia $2\,\pi\,A\,O$, luego:

$$\text{Área lateral } S_l = 2\,\pi\,C\,Q \times l.$$

340. Área total de un cono de revolución. — *Es igual al producto de la semicircunferencia de su base por la suma del lado l del cono y del radio r de su base.*

El área total es igual al área lateral más el área de la base, círculo de radio *r*, luego:

$$\text{Área total} \quad S_t = S_l + S_b = \pi\, r\, l + \pi\, r^2 = \pi\, r\, (l+r).$$

341. Área lateral del tronco de cono de bases paralelas. — *Es igual al producto de su lado l por la semisuma de las circunferencias C y c' de sus bases.*

El tronco de cono de bases paralelas puede considerarse como el límite a que tiende un tronco de pirámide regular cuando aumenta hasta el infinito el número de sus caras, en cuyo caso las apotemas de sus bases se transforman en los radios R y *r* de los círculos que le sirven de base. Así pues, tendremos:

$$\text{Área lateral} \quad S_l = l \times \frac{C+c}{2} = l \times \frac{2\,\pi\,R + 2\,\pi\,r}{2} = \pi\, l\, (R+r).$$

También puede expresarse esta área en función de la circunferencia *media*, esto es, de la circunferencia de la sección plana P trazada por el punto medio P de la altura O O' del tronco de cono, circunferencia cuya longitud es igual a la semisuma de las circunferencias O y Q, pues siendo P Q = O Q : 2, E P será la paralela media del trapecio A O Q C y tendremos, según conocida propiedad de la paralela media del trapecio:

$$E\,P = \frac{C\,Q + A\,O}{2} \qquad y \qquad 2\,\pi\,E\,P = \frac{2\,\pi\,C\,Q + 2\,\pi\,A\,O}{2}$$

luego

$$\text{Área lateral} \quad S_l = l \times 2\,\pi\,E\,P.$$

4.º   Área de la superficie esférica

342. Para hallar el área de la esfera precisa antes estudiar el siguiente

TEOREMA. *El área de la superficie engendrada por la rotación de una línea quebrada regular alrededor de un eje que no la corta es igual al producto de la proyección de la línea quebrada sobre dicho eje por la circunferencia cuyo radio es la apotema de la línea quebrada.*

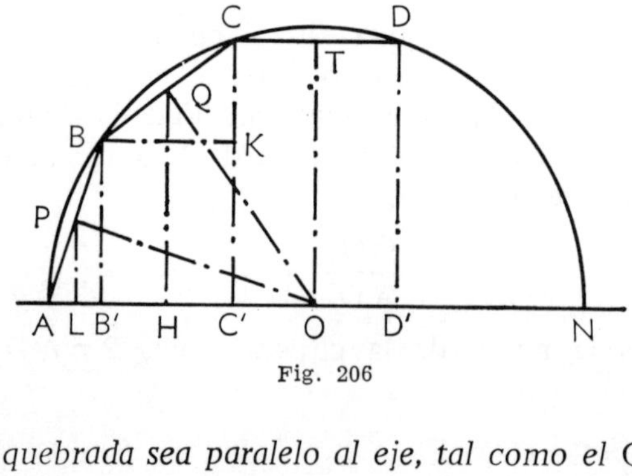

Sea la línea quebrada regular A B C D y el eje proyectante alrededor del cual gira A N (fig. 206); tracemos las apotemas O T, O Q y O P, y las normales D D', C C', Q H, B B' y P L al diámetro A N y la paralela B K al mismo diámetro.

Fig. 206

Distingamos en la cuestión tres casos distintos:

1.º *Que uno de los lados de la línea quebrada sea paralelo al eje, tal como el C D.*

Este lado, al girar alrededor del eje A N, engendra una superficie cilíndrica de revolución, cuya área es:

$$S = C' D' \times 2 \pi O T \quad (1).$$

2.º *Quë uno de los lados no corte al eje ni sea paralelo a él, como el* B C.

Este lado engendra en su rotación alrededor del eje A N un tronco de cono de bases paralelas, cuya área lateral sabemos que es:

$$S' = B C \times 2 \pi Q H,$$

pero la semejanza de los triángulos C B K y Q H O permite escribir:

$$\frac{B C}{O Q} = \frac{B K}{Q H}$$

o bien

$$B C \times Q H = O Q \times B K,$$

de donde, como B K = B' C',

$$B C \times 2 \pi Q H = B' C' \times 2 \pi O Q,$$

luego

$$S'' = B' C' \times 2 \pi O Q \quad (2).$$

3.º *Que uno de los lados de la línea quebrada corte al eje.*

El lado A B, que corta al eje A N en el punto A, al girar alrededor del eje engendra una superficie cónica de revolución cuya área lateral es, como sabemos:

$$S'' = A B \times 2 \pi L P,$$

y como los triángulos A B B' y O L P son semejantes, se **tiene:**

$$\frac{A B}{O P} = \frac{A B'}{L P}$$

o bien

$$A B \times L P = O P \times A B',$$

de donde se deduce:

$$A B \times 2 \pi L P = A B' \times 2 \pi O P,$$

luego

$$S'' = A B' \times 2 \pi O P \quad (3).$$

Sumando los valores de S, S' y S'' de las fórmulas (1), (2) y (3), cuya suma es igual a S, y teniendo en cuenta que todas las apotemas son iguales, tendremos:

$$\text{\textit{Superficie total} } S = C' D' + B' C' + A B' \cdot 2 \pi a$$

en la que *a* representa la magnitud de la apotema y con la cual se demuestra el teorema.

343. Si suponemos que un arco de longitud menor que una semicircunferencia gira alrededor del diámetro de ésta, el área de la superficie engendrada por este arco (al cual podemos suponer como el límite de una línea quebrada regular de infinitos lados) será igual, por lógica deducción del teorema anterior, al producto de la circunferencia C por su proyección *p* sobre el diámetro, esto es,

$$S = C \cdot p.$$

344. Área de la superficie esférica. — *Es igual al producto de su diámetro por la circunferencia máxima*, pues en este caso p es igual a $2\,r$ y C es igual a $2\,\pi\,r$:

$$\text{Área de la superficie esférica } S = 2\,r \cdot 2\,\pi\,r = \pi\,r^2.$$

345. Área de una zona esférica. — *Es igual al producto de su altura* a *por la circunferencia máxima*, pues en este caso p es igual a a y C a $2\,\pi\,r$:

$$S = a \cdot 2\,\pi\,r = 2\,\pi\,r \cdot a.$$

346. Área de un casquete esférico. — *Es igual al área del círculo cuyo radio es la cuerda del arco generador del casquete.*

En efecto: el área de la superficie engendrada por A D (fig. 207) es un casquete o zona cuya área es

$$s = C\,D \times 2\,\pi\,r \qquad (\text{i}).$$

Pero

$$\overline{A\,D}^2 = 2\,r \cdot C\,D$$

y substituyendo en (1), tendremos:

$$S = \pi\,\overline{A\,D}^2.$$

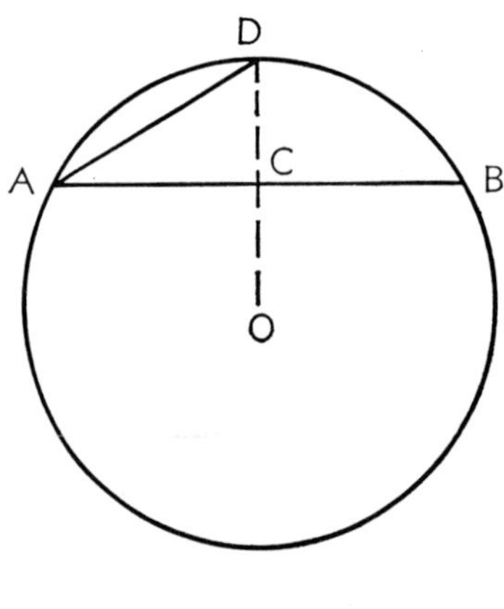

Fig. 207

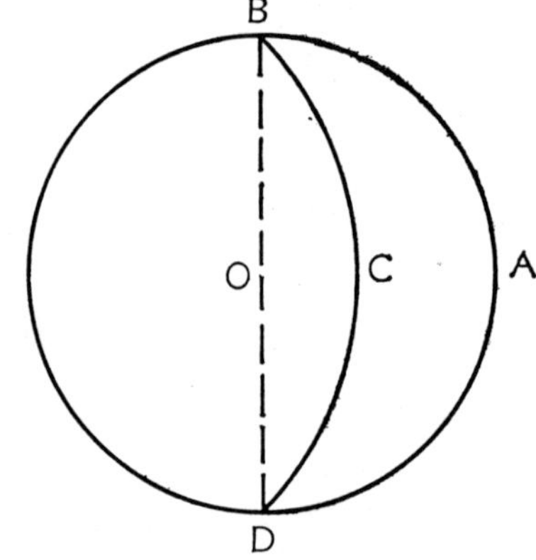

Fig. 208

347. Huso esférico. — *Llámase huso esférico a la porción de superficie esférica limitada por dos semicircunferencias máximas que tienen su diámetro común.*

Así, en la figura 208, A B C D es un huso esférico de la esfera O. El ángulo A B C formado por las dos semicircunferencias que limitan el huso esférico se llama *ángulo del huso.*

El ángulo del huso, como todo ángulo formado por dos curvas, es igual al ángulo plano formado trazando las tangentes a las dos semicircunferencias en el punto de intersección, o al formado por la proyección de estas semicircunferencias sobre el plano normal a su diámetro común trazado por el punto medio de éste. Un hemisferio tiene cuatro husos rectos, y ocho es el número total de husos cuyo ángulo vale un ángulo recto, comprendidos en una esfera.

348. Se comprende que en una misma esfera, o en esferas iguales, los husos esféricos cuyos ángulos sean iguales son también iguales.

349. Teorema. — *El área de un huso esférico es al área de la superficie esférica como el ángulo del huso es a cuatro rectos.*

En efecto: si la superficie de la esfera estuviese dividida en 360 husos iguales, el círculo B D E (fig. 209), perpendicular al diámetro A C. tendría su circunferencia dividida en 360 arcos de un grado, y la superficie del huso A B C D contendría tantos husos de un grado como grados tenga el arco B D, y como también se verificaría esto para divisiones inferiores a un grado, podremos escribir, representando con S el área del huso A B C D:

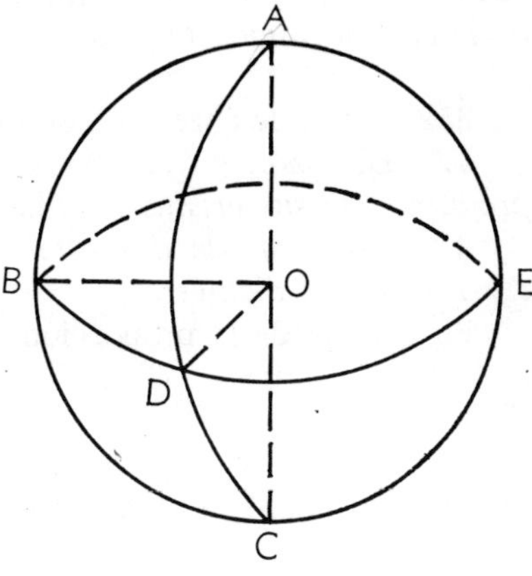

Fig. 209

$$\frac{S}{4\,\pi\,r^2} = \frac{\text{arco B D}}{360°} = \frac{\text{B O D}}{4 \text{ rectos}}$$

Si el ángulo del huso es de *n* grados,

$$\frac{S}{4\,\pi\,r^2} = \frac{n}{360}, \quad \text{de donde} \quad S = \frac{4\,\pi\,r^2\,n}{360} \quad (1).$$

350. Área del huso esférico. — *Es igual a la cuarta parte del producto del área E de la esfera por la medida n del ángulo del huso.*

En efecto: de la fórmula (1) del número anterior se deduce, substituyendo $4\,\pi\,r^2$ por E:

$$S = \frac{E \cdot n}{4\,r} = \frac{1}{4}\,E \cdot n.$$

Como $\dfrac{1}{4}\,E = \pi\,r^2$, y *n* representa la graduación en grados del ángulo del huso esférico cuyo valor es igual a $\dfrac{n}{90}$, se puede establecer la fórmula

$$S = \pi\,r^2 \cdot \frac{n}{90}$$

más empleada en la práctica.

5.º Relación de las áreas de los poliedros y superficies de revolución

351. Como se ha visto en lo expuesto anteriormente, la expresión del área de una figura cualquiera, plana o no, es el producto de dos longitudes que se denominan *dimensiones* de la figura en cuestión.

De lo dicho en Planimetría al comparar las áreas de las figuras planas, podemos deducir aquí:

1.º *La razón de las áreas de dos figuras cualesquiera es igual a la razón de los productos de sus dimensiones.*

2.º *La razón de las áreas de dos figuras cualesquiera que tienen una dimensión común, es igual a la razón de las otras dos dimensiones.*

3.º *Si dos superficies cualesquiera son equivalentes, las dimensiones de una cualquiera de ellas son recíprocamente proporcionales a las de la otra, y si ambas tuviesen una dimensión común, las otras dos dimensiones serán también iguales.*

352. De estos tres principios anteriores se deducen los siguientes:

1.º *La razón de las áreas laterales de dos prismas es igual a la razón de los productos de sus aristas laterales por los perímetros de sus secciones rectas.*

2.º *Las áreas de dos esferas son proporcionales a los cuadrados de sus radios* r y r' *o de sus diámetros.*

En efecto: de la proporción

$$\frac{E}{E'} = \frac{4\,\pi\,r^2}{4\,\pi\,r'^2}$$

que es cierta (351, 1.º), se deducen las siguientes:

$$\frac{E}{E'} = \frac{r'^2}{r^2} \qquad y \qquad \frac{E}{E'} = \frac{4\,r^2}{4\,r'^2}.$$

3.º *La razón de las áreas laterales de dos cilindros que tienen igual altura es igual a la razón de los radios de sus bases.*

En efecto: de la proporción

$$\frac{S_1}{S'_1} = \frac{2\,\pi\,r}{2\,\pi\,r'}$$

se deduce:

$$\frac{S_1}{S'_1} = \frac{r}{r'}.$$

4.º *Si dos cilindros tienen igual área lateral, sus alturas son inversamente proporcionales a los radios de sus bases.*

Pues si

$$S = 2\,\pi\,r\,a$$
$$S' = 2\,\pi\,r'\,a'$$
$$2\,\pi\,r\,a = 2\,\pi\,r'\,a'$$

se deduce directamente:

$$r\,a = r'\,a' \qquad y\ de\ aquí \qquad \frac{r}{r'} = \frac{a'}{a}$$

353. *La razón de las áreas de dos poliedros semejantes es igual al cuadrado de su razón de semejanza.*

Representemos con A y A' sus áreas, con C, C', C"... las áreas de las caras del primer poliedro y con c, c', c"... las de las caras del segundo poliedro, que son respectivamente semejantes a las del primero, podremos escribir:

$$\frac{C}{c} = r^2; \qquad \frac{C'}{c'} = r^2; \qquad \frac{C''}{c''} = r^2 \dots$$

de donde

$$\frac{C}{c} = \frac{C'}{c'} = \frac{C''}{c''} = \dots = r^2$$

y, por consiguiente,

$$\frac{C+C'+C''+\ldots}{c+c'+c''+\ldots}=r^2,$$

o sea

$$\frac{A}{A'}=r^2.$$

354. *La razón de las áreas laterales o totales de dos cilindros de revolución, cuyos rectángulos generadores son semejantes, es igual al cuadrado de la razón de semejanza de estos rectánguols.*

Representemos con A_1 y A'_1 las áreas laterales de los dos cilindros, con A_t y A'_t sus áreas totales y con R la razón de semejanza.

De la proporción

$$\frac{A_1}{A'_1}=\frac{2\,\pi\,r\,a}{2\,\pi\,r'\,a'} \qquad \text{o bien} \qquad \frac{A_1}{A'_1}=\frac{r}{r'}\times\frac{a}{a'}$$

y de la serie de razones

$$R=\frac{r}{r'}=\frac{a}{a'}$$

se deduce:

$$\frac{A'_1}{A_1}=R^2$$

De igual manera de la proporción

$$\frac{A_t}{A'_t}=\frac{2\,\pi\,r\,(r+a)}{2\,\pi\,r'\,(r'+a')} \qquad \text{o} \qquad \frac{A_t}{A'_t}=\frac{r}{r'}\cdot\frac{r+a}{r'+a'}$$

y de la serie de razones

$$R=\frac{r}{r'}=\frac{a}{a'}=\frac{a+r}{a'+r'}$$

se deduce:

$$\frac{A_t}{A'_t}=R^2$$

355. Teorema. — *La razón de las áreas laterales o totales de dos conos de revolución, cuyos triángulos generadores son semejantes, es igual al cuadrado de la razón de semejanza de dichos triángulos.*

Representemos con A_1 y A'_1 las áreas laterales, con A_t y A'_t las áreas totales de los dos conos de revolución y con R la razón de semejanza entre sus triángulos generadores.

De la proporción

$$\frac{A_1}{A'_1}=\frac{\pi\,r\,l}{\pi\,r'\,l'} \qquad \text{o} \qquad \frac{A_1}{A'_1}=\frac{r}{r'}\cdot\frac{l}{l'}$$

y de la serie de razones

$$R=\frac{r}{r'}=\frac{l}{l'}$$

se deduce:

$$\frac{A_1}{A'_1}=R^2$$

Por otra parte, se cumple también la proporción

$$\frac{A_t}{A'_t}=\frac{\pi\,r\,(r+l)}{\pi\,r'\,(r'+l')}\qquad \text{o bien}\qquad \frac{A_t}{A'_t}=\frac{r}{r'}\times\frac{r+l}{r'+l'},$$

la cual, comparada con la serie de razones

$$R=\frac{r}{r'}=\frac{l}{l'}=\frac{r+l}{r'+l'},$$

da lugar a esta otra:

$$\frac{A_t}{A'_t}=R^2$$

6.º VOLUMEN DE LOS PARALELEPÍPEDOS

356. Volumen de un cuerpo. — *Es la medida del espacio que ocupa.*

Los cuerpos cuyos volúmenes son iguales y no pueden coincidir se denominan *equivalentes.*

357. Teorema. — *Todo prisma oblicuo es equivalente a un prisma recto que tiene por base la sección recta del oblicuo y por altura la arista lateral del mismo.*

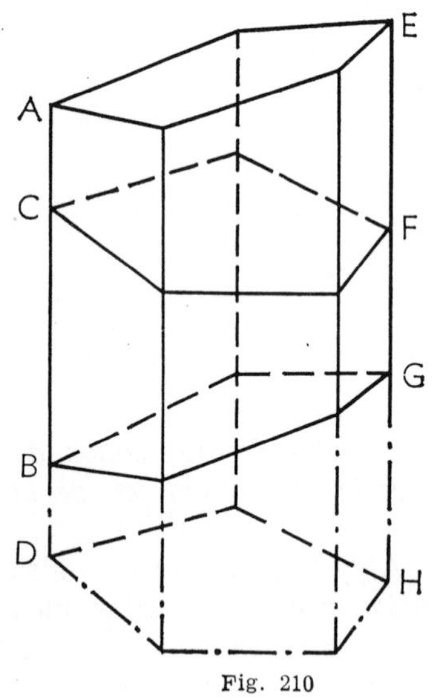

Fig. 210

Sea el prisma oblicuo A G (fig. 210) y C F una sección recta del mismo. Prolónguense todas las aristas laterales del prisma en el sentido B D, tómese sobre la prolongación de una de ellas, por ejemplo, sobre la B D, una distancia B D=A C, y trácese por el punto D el plano D H, paralelo a C F. Resulta así un prisma truncado B H cuya base D H es igual a la base del prisma truncado A F y cuyas aristas laterales B D,... G H son iguales a las aristas laterales A C,... E F del prisma A F, pues de la igualdad B D=A C se deduce:

$$B\,D+B\,C=A\,C+B\,C \quad \text{o} \quad C\,D=A\,B$$

y, por consiguiente,

$$F\,H=E\,G,$$

de donde

$$F\,H-F\,G=E\,G-F\,G \qquad \text{o} \qquad G\,H=E\,F.$$

Así pues, los dos prismas truncados B H y A F serán iguales por tener iguales una de sus bases y perpendiculares a la base igual todas las aristas laterales, luego

$$\text{volumen de } B\,H=\text{volumen de } A\,F$$

y, por consiguiente,

$$\text{vol. } B\,H+\text{vol. } C\,G=\text{vol. } A\,F+\text{vol. } C\,G,$$

es decir,

$$\text{vol. } C\,H=\text{vol. } A\,G.$$

358. Teorema. —*El plano trazado por las aristas opuestas de un paralelepípedo oblicuo divide a este cuerpo en dos prismas triangulares equivalentes.*

Sea el prisma oblicuo B H (fig. 211), y E A C G el plano diagonal que pasa por las aristas opuestas E A y C G. Tracemos la sección recta P Q R S del paralelepípedo; este plano determina en los dos prismas triangulares A B C E F G y A C D E G H en que ha quedado divi-dido el prisma primitivo, los dos triángulos P Q R y P R S. Ahora bien, como el prisma oblicuo primitivo A B C E F G es equivalente al prisma recto, cuya base es P Q R y su altura B F y el prisma oblicuo A C D E G H es equivalente al prisma recto cuya base es P R S y su altura D H, y como los prismas rectos P Q R y P R S son iguales, los prismas triangulares oblicuos que com-ponen el paralelepípedo B H tendrá volúmenes iguales y, por consiguiente, son equivalentes.

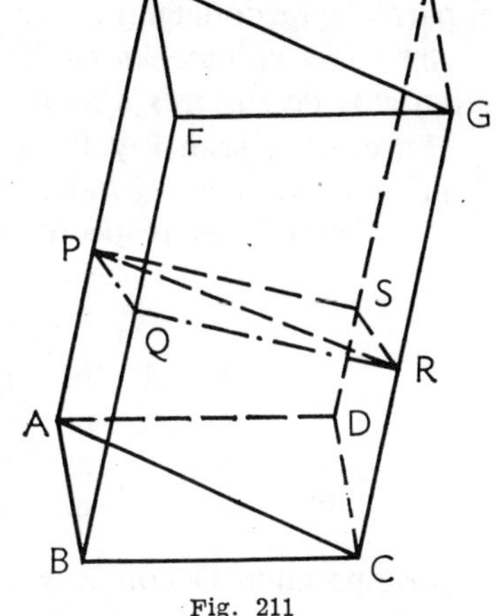

Fig. 211

359. La determinación de la medida del volumen del paralelepípedo rectángulo se funda en los siguientes teoremas :

1.º *Dos paralelepípedos de igual base y altura son iguales*, pues podrán coincidir por superposición.

2.º *Si tres paralelepípedos tienen sus bases iguales pero la altura de uno de ellos es igual a la suma de las alturas de los otros dos, el volumen de este paralele-pípedo es igual a la suma de los volúmenes de ambos.*

Sean los tres paralelepípedos rectángulos, de bases iguales, P, P′, P″ (fig. 212), entre cuyas alturas se verifica la relación

$$A B = A' B' + A'' B''.$$

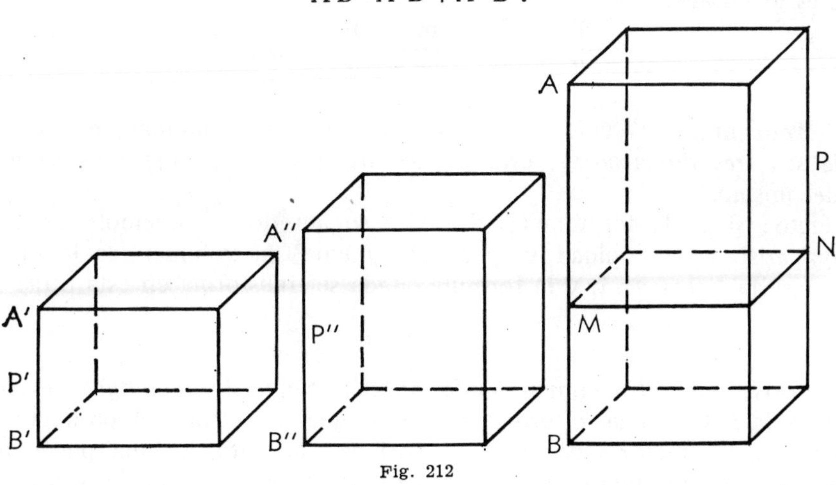

Fig. 212

Tomando sobre A B una magnitud B M = A′ B′, se tendrá que M A = A″ B″ ; si trazamos por M un plano paralelo a la base, la sección M N será igual a ésta, luego

$$B M = P' \quad y \quad A M = P'',$$

y, por consiguiente,

$$P = P' + P''.$$

360. De los dos teoremas del número anterior se deducen la consecuencia y corolarios siguientes:

1.º *La razón de los volúmenes de dos paralelepípedos rectángulos de bases iguales es la misma que la de sus alturas.*

2.º *Los volúmenes de dos paralelepípedos rectángulos que tienen iguales dos de sus dimensiones, son proporcionales a la tercera dimensión,* puesto que en el paralelepípedo cualquier cara es la base y sus bases serán iguales.

3.º *Los volúmenes de dos paralelepídedos rectángulos son proporcionales a los productos de sus tres dimensiones.*

En efecto: sean P y P′ los paralelepípedos, l, m y n las dimensiones del primero, l', m' y n' las del segundo. Consideremos otros paralelepípedos rectángulos Q y R cuyas dimensiones respectivas sean

$$l', m \text{ y } n \text{ y } l', m' \text{ y } n.$$

$$\left.\begin{array}{llll} P & \dots l & m & n \\ Q & \dots l' & m & n \\ R & \dots l' & m' & n \\ P' & \dots l' & m' & n' \end{array}\right\} \text{Comparando P con Q, tendremos:}$$

$$\frac{P}{Q} = \frac{l \cdot m \cdot n}{l' \cdot m \cdot n} = \frac{l}{l'}$$

Comparando Q con R y con P′, resulta:

$$\frac{Q}{R} = \frac{l' \cdot m \cdot n}{l' \cdot m' \cdot n} = \frac{m}{m'} ; \qquad \frac{R}{P'} = \frac{l' \cdot m' \cdot n}{l' \cdot m' \cdot n'} = \frac{n}{n'}$$

y multiplicando estas tres igualdades:

$$\frac{P \cdot Q \cdot R}{Q \cdot R \cdot P'} = \frac{l}{l'} \times \frac{m}{m'} \times \frac{n}{n'},$$

o lo que es lo mismo:

$$\frac{P}{P'} = \frac{l}{l'} \times \frac{m}{m'} \times \frac{n}{n'} \qquad (1).$$

361. **Teorema.** — *El volumen de un paralelepípedo cualquiera es igual al producto de sus tres dimensiones, esto es, de las tres aristas que concurren en un vértice del mismo.*

En efecto: si en la fórmula (1) del número anterior suponemos que P′ es un cubo cuya arista es la unidad y, por consiguiente, su volumen es la unidad de volumen, resulta $l = m = n = 1$, y la fórmula citada se transforma en esta otra:

$$P = l \times m \times n.$$

Corolarios. 1.º *El volumen V de un paralelepípedo rectángulo es igual al producto de la base por su altura,* pues en la igualdad última el producto de dos cualesquiera de los factores nos dará el área de una cara, la cual puede tomarse como base b, y el otro factor o dimensión desempeñará el oficio de altura a, luego

$$V = b \times a.$$

2.º *El volumen de un cubo viene dado por el cubo de la longitud de su arista,* pues en el cubo $l = m = n$ y representando la arista por l, tendremos:

$$V = l \times l \times l = l^3.$$

286

362. Teorema. — *El volumen de un prisma cualquiera es igual al producto del área de su base por su altura.*

Supongamos que se trate primero de un prisma triangular, y sea éste el A B C E F G (fig. 213); trácense por A y C las rectas A D y C D, respectivamente paralelas a las B C y B A; por el punto D de intersección de las rectas trazadas hágase pasar la D H paralela a la C G y dirigida en el mismo sentido que ésta; sobre la recta D H, y a partir de D, tómese una longitud igual a C G y únase el punto H con los puntos E y G por medio de las rectas H E y H G. De este modo se habrá construido un paralelepípedo B H, el cual está descompuesto en dos prismas triangulares, uno de los cuales es el propuesto; como estos prismas son iguales, en el caso de que el paralelepípedo B H sea recto y equivalente en el caso de ser oblicuo este mismo paralelepípedo, se cumplirá en ambos casos la igualdad:

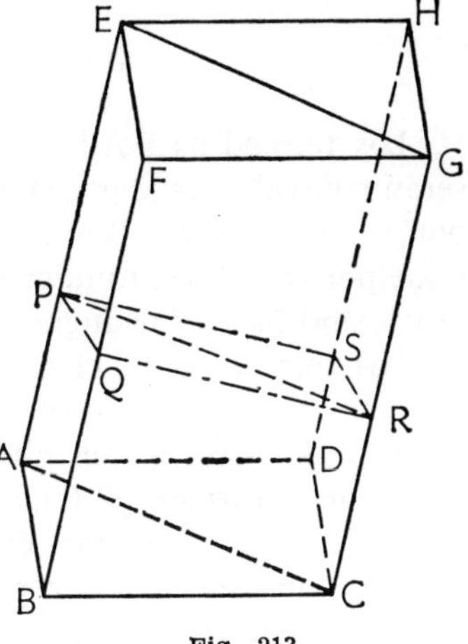

Fig. 213

$$\text{vol. A B C E F G} = \frac{1}{2} \text{ vol. B H,}$$

y representando con D *l* la altura común del paralelepípedo y del prisma propuesto, se tendrá, evidentemente,

$$\text{vol. A B C E F G} = \frac{1}{2} \text{ área A B C D} \times l.$$

Supongamos ahora que se trata de un prisma cuya base sea un polígono que tenga más de tres lados; lo descompondremos mediante planos diagonales en tantos prismas triangulares cuantos lados tiene el polígono base menos dos. Representemos con T, T′, T″... los prismas triangulares que componen el propuesto, con B, B′, B″... las bases respectivas de estos prismas y con *l* la altura común a los prismas, P, T, T′, T″... Tendremos:

$$\text{vol. T} = \text{B } l; \quad \text{vol. T′} = \text{B′ } l; \quad \text{vol. T″} = \text{B″ } l ...$$

y sumando ordenadamente:

$$\text{vol. T} + \text{vol. T′} + \text{vol. T″} + ... = (\text{B} + \text{B′} + \text{B″} + ...) \ l$$

y representando con *b* la base del prisma P, tendremos:

$$\text{vol. P} = \text{S } l.$$

363. Teorema. — *Todo prisma triangular, sea o no truncado, se puede descomponer en tres tetraedros cuya base común es la del prisma y cuyos vértices son los vértices de la otra base del prisma..*

Sea el prisma triangular A B C D E F (fig. 214); trazando las rectas E A, E C, D B, D C, F A y F B habrá quedado descompuesto el prisma primitivo en los tres tetraedros F A B C, E A B C y D A B C y D A B C, los cuales tienen la base A B C común y cuyos vértices son los de la base triangular D E F del prisma. El plano determinado por las rectas A E y E C descompone al prisma en el tetraedro E A B C y la pirámide cuadrangular E A D F C; pero esta última se puede descomponer en los tetraedros E D F C y E A D C, luego tendremss:

$$P = \text{vol. E A B C} + \text{vol. E A D C} + \text{vol. E D F C.}$$

Los tetraedros E A D C y B A D C tienen la misma base y alturas iguales, luego serán equivalentes y podrá reemplazarse el E A D C por su equivalente B A D C, el cual puede expresarse por D A B S si tomamos como vértice el punto D y como base el triángulo A B C.

Los tetraedros E D F C y B A F C son también equivalentes entre sí por tener iguales las bases D F C y A F C e iguales alturas; por consiguiente, se puede substraer el E D F C por su equivalente B A F C, el cual puede expresarse en la forma F A B C tomando como vértice el punto F y como base el triángulo A B C.

En una palabra: si se reemplaza en la igualdad anterior los tetraedros E A D C y E D F C por sus equivalentes respectivos D A B C y F A B C, se tendrá:

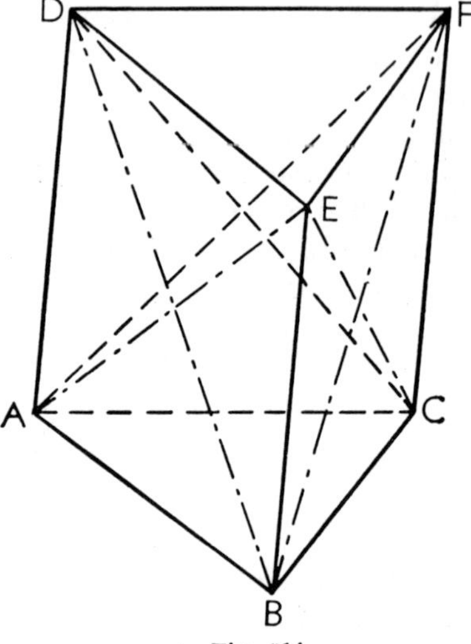

Fig. 214

$$P = \text{vol. E A B C} + \text{vol. D A B C} + \text{vol. F A B C,}$$

en la cual P representa el volumen del prisma triangular. La última igualdad demuestra el teorema.

364. Volumen de una pirámide. — *Es igual al tercio del producto del área de su base por su altura.*

Distinguiremos dos casos: 1.º, *la pirámide es triangular*; 2.º, *la pirámide tiene más de tres caras laterales.*

1.º Una pirámide triangular, según se ha demostrado en el número anterior, es igual a la tercera parte del volumen del prisma de igual base y altura; luego su volumen será igual al tercio de su atura a por su base b:

$$V = \frac{1}{3}\, b \cdot a$$

2.º Si la pirámide tiene más de tres caras laterales, se podrá descomponer en tantas pirámides triangulares como lados tenga el polígono de su base menos dos. Todas estas pirámides tienen la misma altura a que la primitiva, y la suma de las bases de aquéllas es igual a la base de ésta; representando con b, b', b''... las bases de las distintas pirámides y con B la base de la primitiva, tendremos:

$$V = \frac{1}{3}\, a\,b + \frac{1}{3}\, a\,b' + \frac{1}{3}\, a\,b'' + \ldots = \frac{1}{3}\, a\,(b + b' + b''\ldots) = \frac{1}{3}\, a\,B.$$

365. Teorema. — *El volumen de un tronco de pirámide de bases paralelas B y b es igual al tercio del producto de su altura a por la suma de sus bases y una media proporcional $\sqrt{B\,b}$ entre ellas.*

Representemos con V el volumen del tronco de pirámide; con P y p los de la pirámide total y deficiente cuya diferencia es V, y recordando lo dicho en los números 309 y 364, tendremos:

$$P = \frac{1}{3} B \times \frac{a\sqrt{B}}{\sqrt{B}-\sqrt{b}} \qquad y \qquad p = \frac{1}{3} b \times \frac{a\sqrt{b}}{\sqrt{B}-\sqrt{b}}$$

y restando miembro a miembro estas igualdades, tendremos:

$$T = \frac{1}{3} B \times \frac{a\sqrt{B}}{\sqrt{B}-\sqrt{b}} - \frac{1}{3} b \times \frac{a\sqrt{b}}{\sqrt{B}-\sqrt{b}} = \frac{a}{3} \times \frac{B\sqrt{B}-b\sqrt{b}}{\sqrt{B}-\sqrt{b}} =$$

$$\frac{a}{3} \times \frac{\left(\sqrt{B}\right)^3 - \left(\sqrt{b}\right)^3}{\sqrt{B}-\sqrt{b}} = \frac{1}{3} a \left[\left(\sqrt{b}\right)^2 + \sqrt{B}\cdot\sqrt{b} + \left(\sqrt{B}\right)^2\right]$$

$$V = \frac{1}{3} a \left(B + b + \sqrt{Bb}\right).$$

7.º VOLUMEN DE LOS CUERPOS DE REVOLUCIÓN

366. Volumen del cilindro de revolución. —*Es igual al producto del área de su base por su altura.*

En efecto: basta recordar que el cilindro de revolución es el límite de un prisma cuando el número de sus caras laterales aumenta hasta el infinito; el polígono de su base se transforma en un círculo; la altura a del prisma no varía, luego la fórmula de su volumen

$$V = B \cdot a$$

se transforma en esta otra:

$$V = \pi r^2 \cdot a.$$

367. Volumen del cono de revolución. —*Es igual al tercio del producto de su base por su altura.* Recordemos que el cono de revolución es el límite al cual tiende una pirámide regular cuando aumenta hasta el infinito el número de sus caras laterales, en cuyo caso su base b poligonal se transforma en un círculo de radio r, quedando invariable su altura; luego substituyendo en la fórmula

$$V = \frac{1}{3} b \cdot a$$

que nos da su volumen, b por πr^2, tendremos:

$$V = \frac{1}{3} \pi r^2 \cdot a$$

368. Volumen de un tronco de cono de revolución de bases paralelas. —
*Es igual al tercio del producto de su altura por la suma de sus bases y una media
proporcional entre ellas.*

Conforme con lo dicho en el número anterior, este tronco de cono es el límite
al cual tiende el tronco de pirámide de bases paralelas cuando el número de sus
caras tiende hacia el infinito; su altura a permanece invariable, pero sus bases B y b
tienden hacia círculos cuyos radios respectivos representaremos con R y r, y recordando que el volumen de dicho tronco de pirámide es

$$V = \frac{1}{3} a \left(B + b + \sqrt{B\,b} \right)$$

el del tronco de cono de igual altura será:

$$V = \frac{1}{3} a \left(\pi R^2 + \pi r^2 + \sqrt{\pi^2 R^2 r^2} \right)$$

o bien

$$V = \frac{1}{3} \pi a (R^2 + r^2 + R\,r).$$

369. Para hallar el volumen de la esfera conviene demostrar el siguiente

Teorema. — *El volumen engendrado por la rotación de un triángulo alrededor
de un eje situado en su plano y que pasa por uno
de sus vértices, es igual al tercio del producto de la
superficie engendrada por el lado opuesto al vértice
fijo, por la altura correspondiente a este vértice.*

1.º Supongamos que el eje X Y (fig. 215) se
confunde con uno de los lados del triángulo generador A B C. El volumen engendrado por éste es la
suma de los conos engendrados por los triángulos
rectángulos A D B y A D C, cuyo valor será:

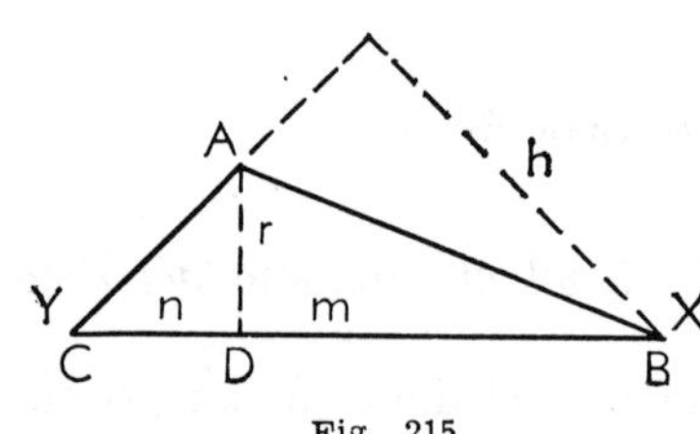
Fig. 215

$$V = \frac{1}{3} \pi r^2 \cdot m + \frac{1}{3} \pi r^2 \cdot n = \frac{1}{3} \pi r^2 (m+n) = \frac{1}{3} \pi r^2 \cdot a \qquad (1).$$

en la que a es igual a $m+n$, y r es la altura del triángulo.

Pero $r\,a$ es el duplo del área del triángulo A B C, luego

$$r\,a = A\,C \times h,$$

en la que h es la altura del triángulo C A B, tomando como base el lado C A, y
substituyendo este valor en (1):

$$V = \frac{1}{3} \pi r \cdot A\,C \times h = \frac{1}{3} h \times \pi r\,A\,C,$$

y como $\pi r\,A\,C$ es el área lateral del cono engendrado por A C, queda demostrado
el teorema.

2.º Supongamos que el triángulo generador A B C sólo tenga un vértice común
con el eje de rotación y que C B no sea paralelo a éste (fig. 216). Consideremos A C
como base, y sea h la altura del triángulo; el volumen engendrado por A B C es

la diferencia de los volúmenes engendrados por los triángulos B A D y B C D, y según el caso anterior tendremos:

$$\text{Volumen engendrado por } B\ A\ D = \frac{1}{3}\, h \times \text{área descrita por } A\,D$$

$$\text{Volumen engendrado por } B\ C\ D = \frac{1}{3}\, h \times \text{área descrita por } C\,D$$

y restando ambas igualdades:

$$V = \frac{1}{3}\, h \times \text{área descrita por } A\,C.$$

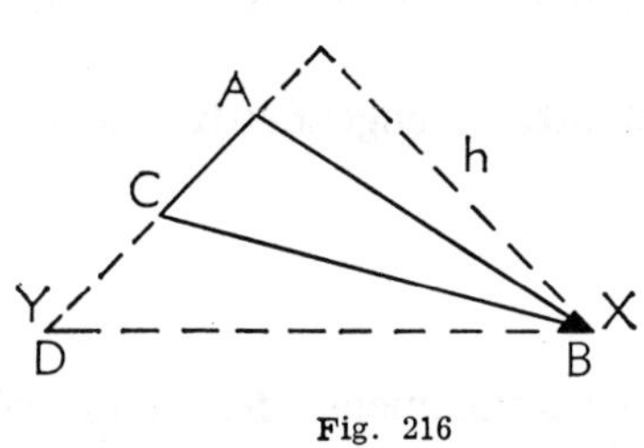

Fig. 216

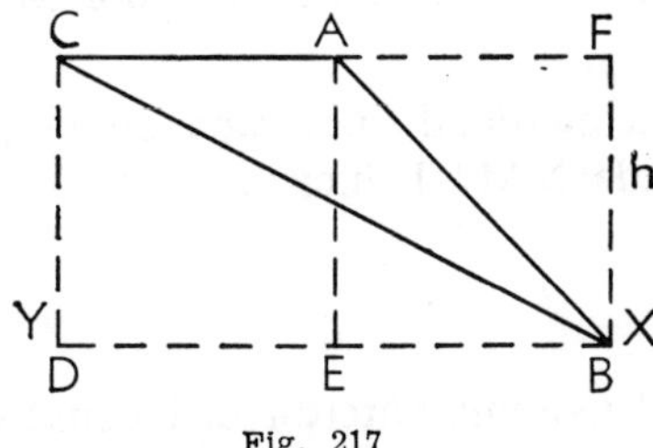

Fig. 217

3.º Si el triángulo A B C (fig. 217) tiene un lado A C paralelo al eje, tendremos, construyendo el rectángulo D C F B:

$$\text{Volumen engendrado por } A\,B\,F = \frac{2}{3}\, \pi\, h^2 \cdot B\,E$$

$$\text{Volumen engendrado por } B\,C\,F = \frac{2}{3}\, \pi\, h^2 \cdot B\,D$$

y restando de la segunda igualdad la primera:

$$\text{Volumen engendrado por } A\,B\,C = \frac{2}{3}\, \pi\, h^2 \cdot E\,D$$

o bien

$$V = \frac{1}{3}\, h \times 2\,\pi\, h \cdot E\,D$$

$$V = \frac{1}{3}\, h \times \text{área de la superficie engendrada por } A\,C.$$

370. **Teorema.** — *El volumen engendrado por la rotación de un sector poligonal regular alrededor de un eje o recta que pase por su centro en su plano, sin cortar su superficie, es igual al tercio del producto de su apotema por el área de la superficie S engendrada por su base.*

Sea el eje C A y el sector poligonal regular O N M L I (fig. 218); tracemos las apotemas O R, O Q y O P y los radios O L y O M; quedará así el sector poligonal descompuesto en los triángulos O M N, O M L y O L I y tendremos, según el número anterior:

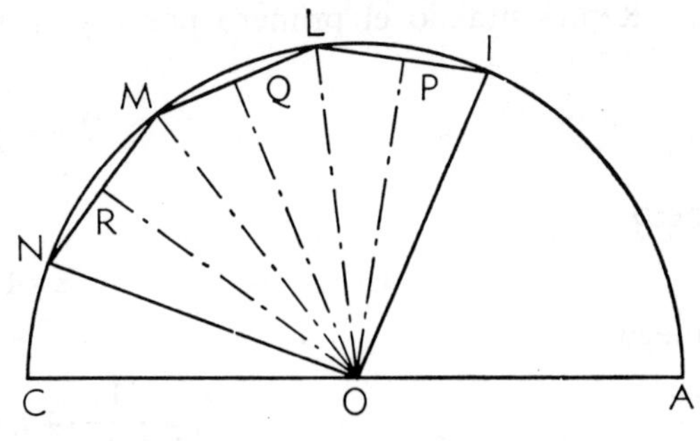

Fig. 218

Volumen engendrado por O M N $= \dfrac{1}{3}$ O R $\times$ área engendrada por N M

Volumen engendrado por O M L $= \dfrac{1}{3}$ O Q $\times$ área engendrada por M L

Volumen engendrado por O L I $= \dfrac{1}{3}$ O P $\times$ área engendrada por L I

y sumando estas igualdades y recordando que O R $=$ O Q $=$ O P $= a$, tendremos:

$$V = \dfrac{1}{3}\, a \times \text{(área eng.}^{\text{a}} \text{ por M N} + \text{área eng.}^{\text{a}} \text{ por M L} + \text{área eng.}^{\text{a}} \text{ por L I)},$$

pero la cantidad encerrada en el paréntesis es el área S engendrada por la línea quebrada N M L I, luego:

$$V = \dfrac{1}{3}\, a\, S.$$

Del teorema anterior dedúcense como corolarios los volúmenes del sector esférico y de la esfera.

371. Volumen del sector esférico. — *Es igual al tercio del producto de su radio por el área de su zona.*

En efecto: el sector esférico es el límite a que tiende un sector poligonal cuando aumenta hasta el infinito el número de sus lados; la apotema se transforma en el radio, y tendremos, representando con Z el área de su zona:

$$V = \dfrac{1}{3}\, r\, Z,$$

pero

$$Z = 2\, \pi\, r \cdot a,$$

luego

$$V = \dfrac{1}{3}\, r \times 2\, \pi\, r\, a = \dfrac{2}{3}\, \pi\, r^{2}\, a$$

372. Volumen de la esfera. — *Es igual al tercio del producto de su radio por el área de su superficie.*

Representando el primero por r y la segunda por E, tendremos:

$$V = \dfrac{1}{3}\, r \cdot E,$$

pero

$$E = 4\, \pi\, r^{2},$$

luego

$$V = \dfrac{1}{3} \cdot 4\, \pi\, r^{3} = \dfrac{4}{3}\, \pi\, r^{3}.$$

373. Volumen de un segmento esférico. — *Es igual al producto del área del círculo cuyo radio es su altura a por la diferencia entre el radio de la esfera y el tercio de su altura.*

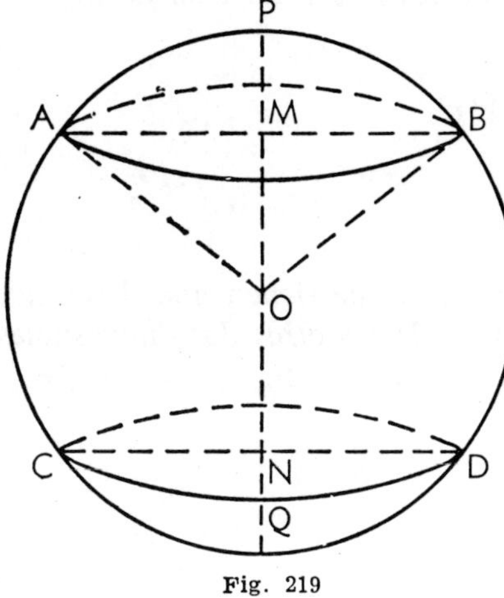

Fig. 219

Se pueden distinguir dos casos: que el segmento esférico esté engendrado por la rotación del semisegmento circular P M B, menor que un hemisferio, o por el semisegmento Q M B, mayor que un hemisferio (fig. 219). En el primer caso, su volumen V será la diferencia entre el volumen del sector esférico engendrado por la rotación del sector circular O B P y el volumen del cono descrito por la rotación del triángulo O M B es decir:

$$V = \frac{2}{3}\,\pi\,r^2\,a - \frac{1}{3}\,\pi\,\overline{M B^2}\cdot O M$$

En el segundo caso, su volumen será la suma de los volúmenes engendrados por las rotaciones del sector circular O B Q y del triángulo O M B:

$$V = \frac{2}{3}\,\pi\,r^2\,a + \frac{1}{3}\,\pi\,\overline{M B^2}\cdot O M,$$

pero en el primer caso se tiene

$$M\,O = O\,P - M\,P = r - a \qquad y \qquad \overline{M B^2} = r^2 - (r-a)^2 = 2\,r\,a - a^2$$

y en el segundo

$$M\,O = M\,Q - O\,Q = a - r = (r-a) \qquad y \qquad \overline{M B^2} = r^2 - (a-r)^2 = 2\,r\,a - a^2,$$

luego en ambos casos el valor de V será:

$$V = \frac{2}{3}\,\pi\,r^2\,a - \frac{1}{3}\,\pi\,(2\,r\,a - a^2)\,(r-a) =$$

$$\frac{2}{3}\,\pi\,r^2\,a - \frac{1}{3}\,\pi\,(2\,r^2\,a - 3\,r\,a^2 + a^3) = \pi\,r\,a^2 - \frac{1}{3}\,\pi\,a^3 = \pi\,a^2\left(r - \frac{1}{3}a\right).$$

Para determinar el volumen del segmento esférico de dos bases bastará restar los volúmenes de dos segmentos de una sola base. Así, el volumen del segmento de dos bases engendrado por la rotación de B M N D será igual a la diferencia de los volúmenes de los segmentos de una base descritos por Q M B y Q N D.

8.º Comparación de los cuerpos geométricos

374. El volumen de un cuerpo viene dado por lo común por el producto de las magnitudes *a, b* y *c* de tres líneas:

$$V = a\,b\,c.$$

Estas tres longitudes *a, b* y *c* se denominan las dimensiones del cuerpo.

De ello se deduce:

1.º *La razón de los volúmenes V y V' de dos cuerpos es igual a la de los productos* a b c *y* a' b' c' *de sus dimensiones.*

En efecto: de

$$V = a\,b\,c \qquad y \qquad V' = a'\,b'\,c'$$

se deduce

$$\frac{V}{V'} = \frac{a\,b\,c}{a'\,b'\,c'}.$$

2.º *La razón de los volúmenes V y V' de los cuerpos que tienen una dimensión* a *común es igual a la razón de los productos* b c *y* b' c' *de sus otras dos dimensiones.*

Pues si

$$V = a\,b\,c \qquad y \qquad V' = a\,b'\,c',$$

se deduce

$$\frac{V}{V'} = \frac{a\,b\,c}{a\,b'\,c'} = \frac{b\,c}{b'\,c'}.$$

3.º *La razón de los volúmenes V y V' de dos cuerpos que tienen dos dimensiones iguales* a *y* b, *es igual a la razón de la tercera dimensión diferente,* c.

Pues de la proporción

$$\frac{V}{V'} = \frac{a\,b\,c}{a\,b\,c'}$$

se deduce inmediatamente

$$\frac{V}{V'} = \frac{c}{c'}.$$

375. **Teorema.** — *La razón de los volúmenes V y V' de dos poliedros semejantes es igual al cubo de su razón r de semejanza.*

Consideremos primero que los poliedros propuestos sean pirámides, y representemos con a y a' sus alturas y con B y B' sus bases. Según sabemos:

$$\frac{V}{V'} = \frac{a\,B}{a'\,B'} = \frac{a}{a'} \times \frac{B}{B'} \qquad (1).$$

Pero las dos pirámides semejantes se pueden colocar de modo que coincidan sus vértices constituyendo como un centro de semejanza y que las aristas homólogas estén situadas en una misma recta; de este modo sus bases quedarán paralelas, sus alturas estarán sobre una misma recta y estas alturas serán proporcionales a las aristas laterales y tendremos entonces:

$$\frac{a}{a'} = r.$$

Recordando que B y B' son polígonos semejantes y que la razón de sus lados es igual a r, podemos escribir:

$$\frac{B}{B'} = r^2$$

y substituyendo en la igualdad (1), tendremos:

$$\frac{V}{V'} = r^3.$$

Supongamos ahora que se trata de dos poliedros semejantes cualesquiera; se podrán descomponer en pirámides cuyo vértice común sea un punto tomado en el interior del poliedro, y cuyas bases sean las diversas caras del mismo. Representando con v, v', v''... los volúmenes de estas pirámides, y con v_1, v'_1, v''_1 los de las pirámides respectivamente semejantes, tendremos, según lo explicado ya:

$$\frac{v}{v} = r^3 \, ; \qquad \frac{v'}{v'_1} = r^3 \, ; \qquad \frac{v''}{v''_1} = r^3 \ldots$$

luego

$$\frac{v}{v_1} = \frac{v'}{v'_1} = \frac{v''}{v''_1} = \ldots = r^3$$

de donde

$$\frac{v + v' + v'' + \ldots}{v_1 + v'_1 + v''_1 + \ldots} = r^3,$$

pero $v + v' + v'' + \ldots$ y $v_1 + v'_1 + v''_1 + \ldots$ son los volúmenes V y V_1 de ambos poliedros, luego

$$\frac{V}{V'} = r^3.$$

376. *La razón de los volúmenes de dos cilindros de revolución cuyos rectángulos generadores son semejantes, es igual al cubo de la razón de semejanza.*

Representemos con V y V' estos volúmenes, con a y a' las alturas de los cilindros, con r y r' los radios de sus bases y con R la razón de semejanza; de las proporciones

$$\frac{V}{V'} = \frac{\pi \, r^2 \, a}{\pi \, r'^2 \, a'} \qquad \text{o} \qquad \frac{V}{V'} = \frac{r^2}{r'^2} \times \frac{a}{a'}$$

y

$$R = \frac{r}{r'} = \frac{a}{a'}$$

se deduce

$$\frac{V}{V'} = R^3.$$

377. **Teorema.** — *La razón de los volúmenes de dos conos de revolución cuyos triángulos generadores son semejantes, es igual al cubo de la razón de semejanza.*

Recordando el volumen de un cono de revolución:

$$V = \frac{1}{3} \, \pi \, r^2 \, a \qquad \text{y} \qquad V' = \frac{1}{3} \, \pi \, r'^2 \, a'$$

tendremos:

$$\frac{V}{V'} = \frac{\dfrac{1}{3} \, \pi \, r^2 \, a}{\dfrac{1}{3} \, \pi \, r'^2 \, a'} \qquad \text{o} \qquad \frac{V}{V'} = \frac{r^2}{r'^2} \cdot \frac{a}{a'}$$

pero

$$\frac{r}{r'} = \frac{a}{a'} = R,$$

luego

$$\frac{V}{V'} = R^2 \cdot R = R^3$$

Algebra y Trigonometria

ÁLGEBRA

1. Definición y objeto del Álgebra. — El Álgebra es *la ciencia fundamental de la cantidad* y su objeto es *la simplificación y generalización de las cuestiones sobre los números*. Estudia los sistemas de operaciones que deben llevarse a cabo con las cantidades para determinar, por medio de ellas, otras desconocidas.

2. Signos utilizados en el estudio del Álgebra. — En Álgebra se emplean los mismos signos de operaciones que en Aritmética; pero, además, y con el fin de generalizar las cuestiones y darles universalidad, se emplean sistemáticamente las letras de nuestro alfabeto en substitución de los números, y cuya relación de magnitud con la unidad es indeterminada, sirviéndonos de las primeras letras de aquél para representar cantidades o números conocidos y las últimas para las que se desconocen, o incógnitas.

A veces se utilizan letras afectadas de índices o subíndices, así: a', a'', a'''..., a_1, a_2, a_3..., que se leen, respectivamente, *a prima, a segunda, a tercera..., a sub uno, a sub dos, a sub tres...*, empleándose con frecuencia letras del albafeto griego para representar ángulos, valores especiales, etc., como se verá en el transcurso de la obra.

3. Generalización del concepto de cantidad. — Números positivos y negativos. — El carácter de universalidad respecto a la cantidad, que es propio del Álgebra y que hace que representemos las cantidades mediante letras, obliga a generalizar también el concepto de cantidad. En ésta, además de su *magnitud*, se ha de considerar su *cualidad*, esto es, su modo de ser. Aunque de igual valor absoluto o magnitud, tienen distinta cualidad las cantidades que representan *ganancias y pérdidas, dilataciones y contracciones, tiempo pasado y tiempo futuro, las temperaturas sobre cero y bajo cero*, etc., etc. Así pues, cuando una magnitud puede ser tomada en dos sentidos opuestos, no es suficiente, para determinar perfectamente esta magnitud, compararla con otra de su misma especie, sino que es preciso indicar además el sentido en el cual ha sido tomada.

Tomemos, por ejemplo, un punto fijo O sobre una recta indefinida L L' (fig. 1), y consideremos otro punto M que se mueve a lo largo de la recta.

Para indicar la posición del punto M no basta decir el número de unidades de longitud que mide la distancia O M, sino que además es preciso indicar en qué sentido y a partir del punto O, se ha de contar o tomar esta magnitud; y resulta ventajoso anteponer al número que la representa un signo que indique claramente en qué sentido se ha tomado, con lo cual queda perfectamente determinada la magnitud O M.

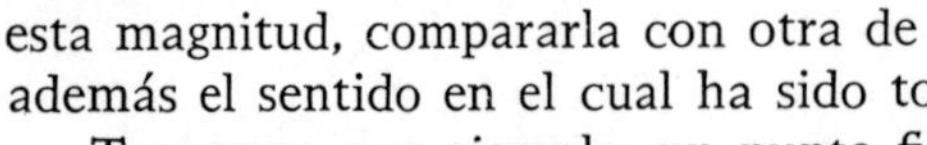

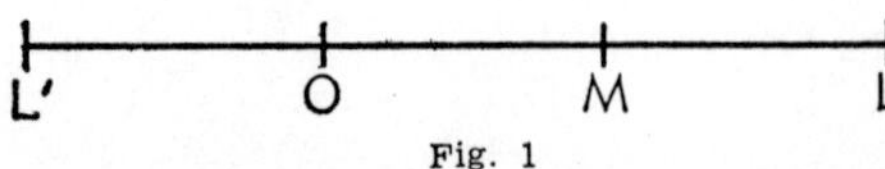

Fig. 1

298

Se ha convenido entre los matemáticos en anteponer el signo + delante de esta magnitud cuando se toma o mide hacia la derecha del punto O, y el signo – cuando se toma en el sentido opuesto. El número precedido del signo de cualidad se llama *magnitud algebraica* de la longitud O M, en tanto que el número no precedido de signo es una *magnitud aritmética*.

4. Según lo dicho, si representamos, en general, con x' la *magnitud algebraica* de la distancia O M′ y con x'' la magnitud del segmento O M″ (fig. 2), distando los puntos M′ y M″, por ejemplo, 3 centímetros del punto O, el primero a su derecha y el segundo a su izquierda, podremos representar ambas magnitudes así:

$$x' = +3 \qquad x'' = -3.$$

El punto O se denomina *origen* de las cantidades, y carece como tal de signo; todas las magnitudes que se toman sobre la recta indefinida L L′ estarán afectadas de un signo (cualidad), y se clasifican en positivas o negativas según el criterio que se ha fijado. Del mismo modo los *números* que expresan el valor de estas magnitudes, al compararlas con una que se toma como unidad, se clasifican también en *positivos y negativos*.

Fig. 2

5. Pero las magnitudes lineales no son las únicas que pueden expresarse así, sino cualquier otra que pueda ser tomada en dos sentidos distintos, como el *tiempo* con relación a un suceso (el transcurrido con anterioridad, por ejemplo, al nacimiento de J. C. se considera como negativo, y el posterior como positivo); a las *temperaturas*, consideradas respecto un punto de la escala termométrica (el cero de la misma), se le antepone el signo positivo cuando representan valores sobre el cero, y el signo negativo cuando representan valores inferiores al cero. Un *crédito* es una cantidad *positiva*, una *deuda* se considera como cantidad *negativa*. De igual manera se puede representar cualquier cantidad o magnitud afectada de doble ca-carácter.

6. **Valor absoluto de una expresión algebraica.** — *Llámase así al valor del número aritmético que figura en la expresión.* Así, el valor absoluto de las expresiones algebraicas.

$$+\left(3+\frac{2}{7}\right) \qquad y \qquad -\left(3+\frac{2}{7}\right)$$

es $3+\dfrac{2}{7}$, y ambas expresiones se dice que son *números iguales* y *de signos contrarios*.

7. **Números algebraicos iguales.** — *Se dice que dos números algebraicos son iguales cuando tienen el mismo valor absoluto y el mismo signo.*

La igualdad de dos números se expresa en Álgebra con el signo =, que se lee *igual*.

La desigualdad de dos expresiones algebraicas se expresa en Álgebra con el signo $\neq$, que se lee *no igual*.

8. **Relación entre las cantidades positivas y negativas y las de éstas entre sí.** — Creciendo las cantidades en un sentido cuando se toman sobre una recta indefinida y a partir de un origen, deben disminuir cuando se las toma en

sentido contrario; así pues, *toda cantidad negativa es menor que cero;* además, como el *cero* es el límite común de las cantidades positivas y negativas, dista menos de una cantidad positiva que una negativa de la misma positiva. De la misma manera, como una cantidad negativa dista de las positivas tanto más cuanto mayor es su valor absoluto, se debe admitir que *de dos cantidades negativas es menor la de mayor valor absoluto.*

Si suponemos que en una recta L L′ se toma el punto O como origen de las cantidades (fig. 3), las cantidades O A y O B serán negativas, según lo dicho, y O B la de mayor valor absoluto; si transportamos el origen

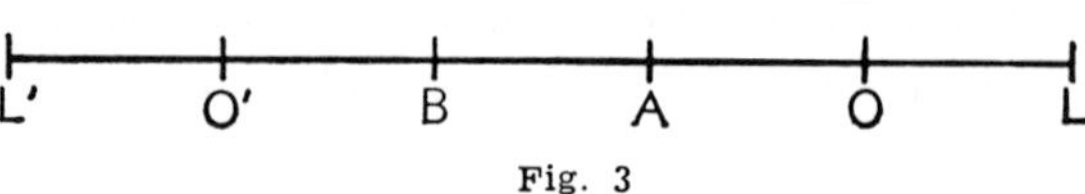

Fig. 3

de las cantidades hacia la izquierda, el punto O′, las distancias O′ O, O′ B y O′ A serán positivas y se verificará que

$$O'O > O'A \qquad y \qquad O'A > O'B.$$

9. Representación gráfica de las cantidades algebraicas. — De lo dicho anteriormente se deduce que toda cantidad algebraica puede ser representada gráficamente por un segmento determinado tomado en uno u otro sentido sobre un eje rectilíneo denominado *eje de las cantidades reales,* o *eje de las abscisas,* entendiéndose por abscisa *la distancia desde un punto cualquiera del eje al punto considerado como origen de las cantidades.* Esta distancia se mide con una unidad elegida previamente. Así, $+5$ (fig. 4) es una cantidad algebraica a la cual le corresponde un punto en el eje X X′, tal como A, cuya abscisa O A contiene tantas veces al seg-

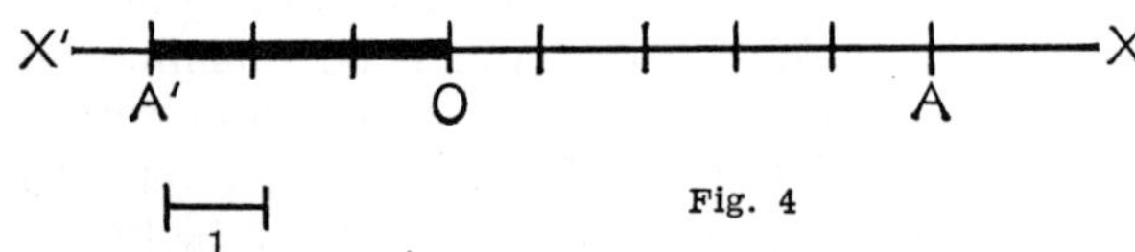

Fig. 4

mento unidad 1 como unidades tiene la cantidad algebraica elegida. Inversamente, a todo punto del eje X X′ le corresponde una cantidad o número que vale tantas unidades como segmentos unidad contiene la abscisa del punto que se considera. Así pues, el segmento O A representa la cantidad $+5$, como el segmento O A′ representa gráficamente en el eje de las abscisas al número -3.

CAPÍTULO PRIMERO

OPERACIONES CON LAS CANTIDADES ALGEBRAICAS

10. Con las cantidades algebraicas pueden llevarse a cabo las mismas operaciones que con las magnitudes aritméticas, introduciendo, no obstante, modalidades originadas por la naturaleza positiva o negativa de ellas, como se verá a continuación.

1.º ADICIÓN DE CANTIDADES ALGEBRAICAS

11. **Adición de dos cantidades algebraicas.** — *La adición algebraica es la operación que tiene por objeto efectuar la suma algebraica de dos o más cantidades.* Debemos distinguir varios casos:

1.º *Suma de cantidades algebraicas del mismo signo.*—*Para sumar dos canti-dades algebraicas del mismo signo se suman sus valores absolutos y a la suma se le antepone el signo común.*

EJEMPLOS :
$$(+7)+(+5)=+12$$
$$(-8)+(-3)=-11.$$

El primer ejemplo se comprende sin esfuerzo alguno. El segundo es fácil comprenderlo también con la siguiente explicación : la suma de dos *deudas,* una de 8 pesetas y otra de 3 pesetas, es otra *deuda* única cuyo valor absoluto es igual a la suma de los valores absolutos de las deudas parciales.

2.º *Suma de dos cantidades algebraicas de signos contrarios.*—*Para sumar dos cantidades algebraicas afectadas de signos contrarios, se restan sus valores absolutos y a la diferencia se le antepone el signo del sumando que tenga mayor valor absoluto.*

EJEMPLOS :
$$(+7)+(-5)=+7-5=+2$$
$$(-7)+(+5)=-7+5=-2.$$

En efecto; la suma de un crédito (cantidad positiva) y una deuda (cantidad negativa) nos da un crédito cuando el primero es mayor que la segunda, y una deuda en el caso contrario.

OBSERVACIÓN.—La suma de dos cantidades de igual valor absoluto y signos contrarios es cero :
$$(+10)+(-10)=10-10=0.$$

3.º *Suma de varias cantidades algebraicas.*—*Para sumar varias cantidades algebraicas, se suman algebraicamente las dos primeras; la suma resultante se adiciona a la tercera cantidad, y así sucesivamente.*

EJEMPLO :
$$(-5)+(+7)+(-3)+(+8)=(-5+7)+(-3)+(+8)=$$
$$(+2)+(-3)+(+8)=(+2-3)+(+8)=(-1)+(+8)=$$
$$-1+8=+7.$$

12. Propiedades de la adición algebraica.—La adición algebraica conserva las propiedades siguientes de la adición aritmética.

1.º *Una suma algebraica no se altera aunque se altere el orden de los sumandos*
Esta propiedad se expresa diciendo que la adición de números algebraicos es una operación *conmutativa.*

En virtud de la propiedad conmutativa de la suma algebraica podemos resolver el problema de la suma de varias cantidades algebraicas, positivas y negativas, agrupando y sumando por una parte todas las positivas, y por otra parte todas las negativas, y restando luego los valores absolutos de las sumas parciales.

Así, el ejemplo propuesto al final del párrafo anterior se puede resolver de la manera siguiente :
$$(-5)+(+7)+(-3)+(+8)=(7+8)+(-5-3)=(+15)+(-8)=15-8=+7.$$

2.ª *La suma de varias igualdades es otra igualdad.*

3.ª *En toda suma algebraica de varios sumandos se pueden reemplazar varios de ellos por su suma, e inversamente, se puede substituir uno cualquiera de los sumandos por dos o más, cuya suma sea igual al sumando considerado.*

4.ª *El resultado de sumar con cero cualquiera cantidad es la misma cantidad.*

13. Observación. — *Si se cambia el signo a todos los sumandos, la suma cambia de signo.*

Ejemplo:

Si en la suma algebraica

$$(+7)+(-3)+(+8)+(-2)$$

se cambia el signo de cada sumando por el opuesto, la suma cambia también de signo:

$$(+7)+(-3)+(+8)+(-2)=(+15)+(-5)=15-5=+10$$
$$(-7)+(+3)+(-8)+(+2)=(-15)+(+5)=-15+5=-10.$$

2.º SUBSTRACCIÓN DE CANTIDADES ALGEBRAICAS

14. Definición. — *La substracción algebraica es una operación que tiene por objeto, dados una suma de dos sumandos y uno de ellos, hallar el otro.* Al igual que en Aritmética, las cantidades se denominan: *minuendo*, la suma dada; *substraendo*, el sumando conocido, y *resto* o *diferencia*, el sumando desconocido; el signo de la substracción es el mismo que en Aritmética, y se coloca entre el minuendo y substraendo, los cuales se escriben entre paréntesis afectados de sus signos propios.

15. Substracción de dos cantidades algebraicas. — La regla práctica para restar dos cantidades algebraicas es la siguiente: *se escribe el minuendo y a continuación el substraendo con el signo cambiado.*

Ejemplos:

$$(+7)-(+5)=+7-5.$$

En efecto: $+7-5$ es el verdadero resto o diferencia, pues sumado con el substraendo da el minuendo:

$$+7-5+5=+7.$$

Combinando de todas las maneras posibles los signos del minuendo y substraendo, tendremos:

$$(+7)-(+5)=+7-5=2; \qquad (+7)-(-5)=+7+5=12$$
$$(-7)-(+5)=-7-5=-12; \qquad (-7)-(-5)=-7+5=-2.$$

16. Observación. — Estas igualdades demuestran que el *valor absoluto* del resto no es siempre igual a la diferencia de los valores absolutos del minuendo y substraendo, y que en algún caso puede ser igual a su suma, como se ve en el caso siguiente:

$$(+7)-(-5)=+7+5=12.$$

17. Suma algebraica. — Una expresión tal como

$$3-5+4-8-2$$

se llama *suma algebraica*, y es una manera sencilla de escribir y expresar la suma siguiente de números algebraicos:

$$(+3)+(-5)+(+4)+(-8)+(-2).$$

18. Adición y substracción de dos sumas algebraicas.—*Para sumar dos sumas algebraicas se escriben los términos de la primera y a continuación los de la segunda con sus signos propios.*

Ejemplo:

Sean las sumas:

$$S = 3 + 4 - 5 - 7 + 8$$
$$S' = 6 - 9 + 3.$$

Su suma será:

$$S + S' = (3 + 4 - 5 - 7 + 8) + (6 - 9 + 3) = 3 + 4 - 5 - 7 + 8 + 6 - 9 + 3 = 3.$$

Para restar dos sumas algebraicas se escribe la suma minuendo con sus propios signos y a continuación la suma substraendo cambiando los signos de todos sus términos por sus contrarios.

Ejemplo:

Restar las dos sumas:

$$S = 3 + 4 - 5 - 7 + 8$$
$$S' = 6 - 9 + 3.$$

Tendremos:

$$S - S' = (3 + 4 - 5 - 7 + 8) - (6 - 9 + 3) = 3 + 4 - 5 - 7 + 8 - 6 + 9 - 3 = 3.$$

3.º Multiplicación de cantidades algebraicas

19. Definición.—*Multiplicación algebraica es la operación que tiene por objeto, dadas dos cantidades llamadas multiplicando y multiplicador, hallar una tercera, llamada producto, que sea respecto al multiplicando* **en valor absoluto y en signo** *lo que el multiplicador es con respecto a la* **unidad positiva en valor absoluto y signo.**

El multiplicando y multiplicador reciben juntos el nombre de *factores del producto*. El símbolo de la multiplicación es el mismo que en Aritmética, aunque con frecuencia se substituye por un punto e incluso se suprime cuando los factores son letras.

Así, el producto $(a) \times (b)$ se escribe $a\,b$.

20. De la definición dada se deduce la regla que debe seguirse para hallar el signo del producto. En efecto, si el multiplicador es *positivo*, tiene el *mismo signo* que la *unidad positiva*; luego el *producto* deberá tener *el mismo signo* que el *multiplicando* y ser tantas veces *mayor que éste* cuantas veces el *multiplicador es mayor que la unidad.*

Así, el signo del producto de $(-7) \times (+2)$ lo razonaremos según lo dicho en el párrafo anterior del modo siguiente: el multiplicador, $+2$, tiene el mismo signo que la unidad positiva y es dos veces mayor que ella, luego el producto deberá tener el mismo signo que el multiplicando y ser dos veces mayor que él, condiciones que reúne y cumple el número -14, luego:

$$(-7) \times (+2) = -14.$$

21. Razonando de modo análogo deduciríamos el signo para el producto en los cuatro únicos casos posibles que se obtienen de la forma general

$$(\pm a) \times (\pm b)$$

y que damos a continuación:

$$(+a)\times(+b)=+a\,b \dots\dots\dots\dots\quad\textit{más por más da más}$$
$$(+a)\times(-b)=-a\,b \quad\text{o bien}\quad \textit{más por menos da menos}$$
$$(-a)\times(+b)=-a\,b \qquad\qquad\textit{menos por más da menos}$$
$$(-a)\times(-b)=+a\,b \qquad\qquad\textit{menos por menos da más}$$

lo cual se enuncia diciendo:

El producto de dos cantidades del mismo signo es positivo, y el producto de cantidades de signo contrario es negativo.

Aplicando esta regla al ejemplo numérico anterior tendremos:

$$(+7)\times(+2)=14 \qquad (-7)\times(+2)=-14$$
$$(+7)\times(-2)=-14 \qquad (-7)\times(-2)=14$$

22. Observación. — Se podría creer, en virtud de lo anterior, que

$$(+a)\times(+b)=(-a)\times(-b)$$

por ser ambos productos iguales a $a\,b$, pero esta igualdad no es exacta, pues las cantidades positivas y negativas tienen un significado especial según su signo, como se verá al hablar de las cantidades complejas, a cuyo capítulo remitimos al lector.

23. *Si se cambia el signo a uno de los dos factores de un producto, cambia. como consecuencia el de éste,* porque si los signos de los factores eran iguales, ahora serán contrarios, y viceversa; *pero si se cambia el signo a ambos factores, el signo del producto no cambia.*

Ejemplo:

$$(+7)\times(-5)=-35;\quad (+7)\times(+5)=+35;\quad (-7)\times(+5)=-35.$$

24. Producto de varios factores. — *Para multiplicar varias cantidades algebraicas se multiplican las dos primeras, el producto que resulta por la tercera, y así sucesivamente hasta la última.*

El *signo* del producto final será *positivo* si el número de los factores negativos es *par,* y *negativo* si su número es *impar.*

Ejemplos:

1.º $\quad (+2)\times(-3)\times(-7)\times(+5)=(+2)\times(+5)\times(-3)\times(-7)=(+10)\times(+21)=+210$

transformación que se ha hecho en virtud de las propiedades conmutativa y asociativa de la multiplicación algebraica.

2.º $\quad (+3)\times(-2)\times(-7)\times(-5)=(+3)\times(-70)=-210$

25. Propiedades de la multiplicación algebraica. — La multiplicación algebraica conserva las propiedades siguientes de la multiplicación aritmética:

1.ª *Un producto no varía aunque se altere el orden de los factores.*
2.ª *El producto de una cantidad por cero es cero.*
3.ª *El producto de un número por la unidad positiva es el mismo número.*
4.ª *El producto de dos o más igualdades es otra igualdad.*
5.ª *El producto indicado de dos o más factores se puede substituir por su producto efectuado.*

La primera de las propiedades enunciadas subsiste en el producto de las cantidades algebraicas, puesto que si verifica, por ejemplo, que *los valores absolutos* de los productos

$$abc, \quad acb, \quad bac, \quad bca, \quad cab...$$

son iguales según la Aritmética, como los signos de los factores no se alteran al cambiar el orden de éstos, los productos algebraicos obtenidos deben ser también iguales, como se ve a continuación:

$$(+a) \times (-b) \times (+c) = (-a\,b) \times (+c) = -a\,b\,c$$
$$(+a) \times (+c) \times (-b) = (+a\,c) \times (-b) = -a\,c\,b$$

y así de un modo igual para el resto de los productos indicados.

De estas propiedades resultan, como en Aritmética, las siguientes:

26. Consecuencias. — 1.ª *Para multiplicar una suma indicada de cantidades algebraicas por otra cantidad, se multiplica ésta por cada una de las cantidades sumandos.*

Ejemplo:

$$[(+2)+(-3)+(+5)] \times (+3) = (+2) \times (+3) + (-3) \times (+3) + (+5) \times (+3) =$$
$$(2 \times 3) - (3 \times 3) + (5 \times 3) = 6 - 9 + 15 = +12.$$

2.ª *Para multiplicar un producto por una cantidad basta multiplicar uno solo de los factores por dicha cantidad.*

3.ª *Para multiplicar dos productos se forma un producto único compuesto de todos los factores de ambos en el orden que se quiera.*

4.º División de cantidades algebraicas

27. Definición. — *Es la operación que tiene por objeto, dados un producto y uno de los factores, hallar el otro factor.*

Los elementos que intervienen en la división reciben el mismo nombre que en Aritmética: el producto dado se llama *dividendo*, el factor conocido *divisor*, y el factor que se busca, *cociente;* lo dos primeros juntos reciben el nombre de *términos de la división*. La operación se indica con el mismo signo que en Aritmética, o bien poniendo el cociente en forma fraccionaria, representando el numerador al dividendo y el denominador al divisor. Así:

$$a : b = \frac{a}{b}$$

28. El signo del cociente se deduce observando que si el *dividendo es positivo,* el *divisor* y el *cociente deben tener el mismo signo,* pues son los factores que al multiplicarse entre sí han de dar el divisor; si éste *es negativo,* el divisor y el cociente han de tener *signos diferentes.*

La regla de los signos se deduce haciendo todas las combinaciones posibles con los signos de la expresión

$$(\pm a) : (\pm b) = \pm c$$

y que se indican a continuación:

$$(+a):(+b)=+c \qquad (-a):(+b)=-c$$
$$(+a):(-b)=-c \qquad (-a):(-b)=+c$$

Estos resultados se expresan abreviadamente así:

más	dividido por	*más* da *más*	
más	»	»	*menos* da *menos*
menos	»	»	*más* da *menos*
menos	»	»	*menos* da *más*

Esto es, *el cociente de dos cantidades afectadas del mismo signo es positivo; si aquéllas tienen signos distintos, el cociente es negativo.*

El cociente cambia de signo si se cambia el de uno de los términos de la división (dividendo o divisor), y conserva el signo si cambian el suyo ambos términos de la división.

29. Propiedades de la división algebraica. — Son análogas a la de la división aritmética.

1.ª *Si se dividen miembro a miembro dos igualdades, el cociente es otra igualdad.*

2.ª *Si el dividendo se multiplica o divide por una cantidad, el cociente queda multiplicado o dividido por la misma cantidad.*

3.ª *Si el divisor se multiplica o divide por una cantidad, sin que varíe el dividendo, el cociente queda dividido o multiplicado por la misma cantidad.*

4.ª *Si el dividendo y divisor se multiplican o dividen por una misma cantidad, el cociente queda invariable.*

Los casos especiales de dividendo o divisor, iguales a cero, o el de ambos iguales a cero, se estudiarán más adelante al hablar de las fracciones algebraicas.

30. Número inverso de otro. — El cociente de $\dfrac{1}{a}$ se denomina *inverso de* $\dfrac{a}{1}$,

en el supuesto que *a* sea distinto de cero.

Dos números son inversos cuando su producto es igual a la unidad.

Así, los números $\dfrac{1}{a}$ y $\dfrac{a}{1}$ son inversos, pues $\dfrac{1}{a} \times \dfrac{a}{1} = 1.$

31. Proposiciones relativas a la división. — 1.ª *Para dividir una suma algebraica por un número, se divide cada uno de los términos de la suma por el número y se suman los cocientes parciales obtenidos.*

Así:

$$(a+b-c):n = \frac{a}{n} + \frac{b}{n} - \frac{c}{n}$$

2.ª *Para dividir un producto de varios factores numéricos por un número, bastará dividir por este número uno cualquiera de los factores:*

EJEMPLO:

$$5 \times (-12) \times (-7):(-6) = 5 \times [(-12):(-6)] \times (-7) = 5 \times (+2) \times (-7).$$

32. Se llama potencia *emésima* de un número a, afectado de signo, al producto de m factores iguales a a, producto que se representa abreviadmaente por a^m.

De esta definición, y de la definición de un producto de varios factores, resulta que toda potencia de un número positivo es positiva y que las *potencias de un número negativo son positivas si el exponente es par, y negativas si es impar.*

EJEMPLOS :

$$(-2)^2 = (-2) \times (-2) = +4$$
$$(-2)^3 = (-2) \times (-2) \times (-2) = -8.$$

33. Producto de dos o más potencias de la misma base. — El producto de a^m por a es a^{m+1}; el de a^{m+1} por a es a^{m+2}, y así sucesivamente; luego *el producto de varias potencias de una misma base es otra potencia que tiene la misma base y como exponente la suma de los exponentes de los factores.*

Para efectuar el producto de varias potencias de números afectados de signo o no, se toma cada uno de estos números con un exponente igual a la suma de los exponentes de sus potencias y se forma el producto de las potencias así obtenidas.

EJEMPLOS :

$$a^2 \cdot b \cdot c^4 \cdot b^2 \cdot d^3 \cdot c \cdot d^4 \cdot a^3 = a^2 \cdot a^3 \cdot b \cdot b^2 \cdot c^4 \cdot c \cdot d^3 \cdot d^4$$

producto que equivale a

$$a^5 \cdot b^3 \cdot c^5 \cdot d^7 = a^5 \, b^3 \, c^5 \, d^7.$$
$$a^4 \cdot (-a)^5 = -a^5 \cdot a^4 = -a^9 \qquad a^4 (-a)^6 = a^4 \cdot a^6 = a^{10}.$$

CAPÍTULO II

CÁLCULO ALGEBRAICO

1.º EXPRESIONES ALGEBRAICAS

34. Expresiones algebraicas. — *Se denomina expresión algebraica al conjunto de números, letras y signos que indican una serie de operaciones a efectuar con todos los números que aparecen en la expresión y con los representados por las letras.*
Así :

$$4\,a\,b - b\,c + 3\,b\,c$$

Término se llama a cada una de las partes componentes de la expresión y que aparecen unidas con las otras por los signos $+$ *y* $-$.
Los términos de la expresión anterior son, pues, $4\,a\,b$, $-b\,c$, $+3\,b\,c$.
Se llama *coeficiente el factor numérico de la parte literal de cada término.*
El coeficiente de $4\,a\,b$ es 4, y, como es entero, quere decir que $a\,b$ está repetido cuatro veces como sumando; luego

$$4\,a\,b = a\,b + a\,b + a\,b + a\,b.$$

Cuando un término no lleva coeficiente se sobreentiende que éste es la unidad. Así pues, $b\,c$ equivale a $1\,b\,c$.

El *exponente* de que están a veces afectadas las letras de una expresión algebraica tiene el mismo significado que en Aritmética, e *indica las veces que una letra se toma como factor*. Así,

$$3\,a^2\,b^3\,c \quad \text{equivale a} \quad 3\,a\cdot a\cdot b\cdot b\cdot b\cdot c.$$

35. Términos semejantes. — Se llaman *términos semejantes de una expresión algebraica aquellos que tienen la misma parte literal, esto es, las mismas letras con los mismos exponentes. Difieren, pues, entre sí en los coeficientes.*

Ejemplo :

$$2\,a^2\,b,\ -5\,a^2\,b,\ 7\,a^2\,b,\ -a^2\,b$$

son términos semejantes.

36. Suma de términos semejantes. — *Para sumar términos semejantes se suman sus coeficientes con sus propios signos y a continuación se escribe la parte literal.*

Ejemplo :

$$2\,a^2\,b-5\,a^2\,b+7\,a^2\,b-a^2\,b=(2-5+7-1)\,a^2\,b=(9-6)\,a^2\,b=3\,a^2\,b.$$

37. Reducción de términos semejantes. — La última transformación se denomina *reducción de términos semejantes a uno solo*, operación que se consigue *sumando algebraicamente los coeficientes y escribiendo a continuación de la suma obtenida la parte literal común.*

La adición algebraica de los coeficientes se efectúa sumando por una parte todos los afectados de signo +, y por otra todos los afectados de signo −, restando luego entre sí ambas sumas y afectando al resultado del signo de la mayor de las dos.

38. Expresiones algebraicas racionales e irracionales. — Se dice que una expresión algebraica es *racional* cuando no hay ninguna extracción de raíz entre las operaciones que han de efectuarse con los números representados con sus letras, e *irracional* en el caso contrario.

Ejemplos :

$$a+b,\ \ 5\,a^3\,b+7\,a\,b^2,\ \ a\,b\,\sqrt{2}$$

son expresiones *racionales*, en tanto que

$$\sqrt{a\,b},\ \ \sqrt[3]{a^2-b^2},\ \ 3\,a\,b^2\,\sqrt{c\,d}$$

son expresiones *irracionales*.

Puede ocurrir que una expresión algebraica sea racional sólo por respecto a alguna o algunas de sus letras, e irracional respecto a otras.

Ejemplos :

$$4\,a^2+5\,\sqrt{b^3},\ \ 3\,a-\sqrt{b^3\,c}$$

son expresiones racionales respecto a *a*, e irracionales respecto a *b*.

39. Expresión entera. — Se dice que *una expresión algebraica es entera respecto a una letra*, si ésta no forma parte de ningún divisor o denominador; en caso contrario, se dice que la expresión algebraica es *fraccionaria* respecto a dicha letra.

EJEMPLOS :

Las expresiones

$$5\,a+3\,b, \qquad \frac{2}{5}\,a^2\,b, \qquad 4\,a\,b^3-\frac{2}{7}\,a\,b$$

son expresiones enteras, en tanto que

$$\frac{3\,a+4\,b}{2\,a\,c}, \qquad \frac{2\,a^3\,b\,c}{a\,b^3}, \qquad \frac{5\,a-3\,b}{7-5\,a\,b}$$

son expresiones fraccionarias.

Puede ocurrir que una expresión sea fraccionaria sólo respecto a alguna de sus letras y entera respecto a las demás, como por ejemplo :

$$\frac{5\,a-2\,b^3\,c}{4-3\,b} \qquad \frac{2^2+5\,c}{5\,b^2}$$

enteras respecto a *a* y *c*, pero fraccionarias respecto a *b*.

40. Valor numérico de una expresión algebraica. — Por valor numérico de una expresión algebraica, para un sistema de valores numéricos atribuidos a las letras, se entiende el *número que se obtiene substituyendo cada una de éstas por su valor numérico respectivo y efectuando luego las operaciones indicadas en el orden que están expresadas.*

EJEMPLO :

El valor numérico de la expresión algebraica

$$2\,a^2\,b-3\,a\,c^2+5\,c \quad \text{para } a=2,\; b=1 \text{ y } c=3 \quad \text{es:}$$
$$2\cdot2^2\cdot1-3\cdot2\cdot3^2+5\cdot3=8-54+15=-31.$$

Se comprende que el valor numérico de una expresión varía con el sistema de valores que tomen las letras, en el caso de que puedan efectuarse las operaciones que se indiquen.

41. Expresiones algebraicas equivalentes. — Se dice que dos expresiones algebraicas son *equivalentes* cuando tienen el mismo valor numérico, *cualquiera que sea el sistema de valores atribuidos a sus letras.*

Así son equivalentes las expresiones

$$(a+b)\,(a-b) \quad \text{y} \quad a^2-b^2$$

para cualquier sistema de valores que se den a *a* y *b*. Así, si hacemos $a=5$ y $b=3$ tendremos :

$$(5+3)\,(5-3)=8\cdot2=16$$
$$5^2-3^2=25-9=16.$$

42. Monomio. — Llámase así a *la expresión algebraica que consta de un solo término.*

Así son monomios las expresiones siguientes :

$$3\,a^2\,b, \qquad -5\,a\,b^2, \qquad \frac{2\,a^2\,b\,c^3}{7\,d}, \qquad 3\sqrt{a}.$$

Un monomio es, por consiguiente, un producto de varios números y letras, una fracción literal. Su coeficiente puede ser un número cualquiera, positivo, negativo, entero, fraccionario, etc.

43. Grado de un monomio. — Se llama *grado de un monomio entero respecto a una de sus letras al exponente que tenga esta letra en el monomio.*

El monomio $5\,a^3\,b^2\,c$ es de tercer grado respecto a la letra a, de segundo grado respecto a b y de primer grado respecto a c.

Grado de un monomio entero con relación a todas sus letras es la suma de todos los exponentes de sus letras.

Así, el monomio último propuesto es de *sexto* grado respecto a todas sus letras.

44. Monomios semejantes. — *Son los que tienen idéntica parte literal y difieren únicamente en sus coeficientes.*

Así,

$$-5\,a^3\,b^2\,c^5 \qquad y \qquad \frac{7}{3}\,a^3\,b^2\,c^5$$

son dos monomios semejantes.

45. Polinomio. — *Es la expresión algebraica compuesta de varios monomios unidos por los signos $+$ y $-$.*

Así, la expresión

$$3\,a^2\,b\,c - 5\,a\,b^2\,c^2 + 7\,a - \frac{4}{3}\,b^2\,c^3$$

es un polinomio cuyos componentes son los monomios

$$3\,a^2\,b\,c, \quad -5\,a\,b^2\,c^2, \quad +7\,a, \quad -\frac{4}{3}\,b^2\,c^3.$$

Cada uno de los monomios que componen el polinomio, tomado con el signo que le precede, se llama *término del polinomio.* Si al primer término del polinomio no le precede ningún signo, se le considera que le antecede el signo $+$.

Los polinomios reciben el nombre particular de *binominos* si constan solamente de dos monomios; y *trimonios*, si tienen sólo tres términos.

46. Grado de un polinomio. — *Se llama grado de un polinomio respecto a una de sus letras, al del monomio que lo tenga mayor respecto a la misma letra.*

Así, el polinomio

$$3\,a^2\,b\,c^3 + 5\,a^3\,b - \frac{4}{7}\,a\,b^2\,c^4$$

es de tercer grado respecto de a, de segundo grado respecto a b y de cuarto grado respecto a c.

Para juzgar del grado de un polinomio es preciso reducir los monomios semejantes.

Así, el polinomio

$$5\,a^4\,b + 3\,a^2\,b^2\,c + 2\,a\,b - 5\,a^4\,b + \frac{3}{5}\,a\,b^2$$

que aparentemente es de cuarto grado respecto de *a*, en realidad lo es de segundo grado solamente, pues los términos $+5\,a^4\,b$ y $-5\,a^4\,b$ se anulan entre sí, y queda reducida la expresión a un polinomio de segundo grado en *a*.

47. Polinomio homogéneo. —*Un polinomio es homogéneo cuando todos sus términos tienen el mismo grado.*

Así, el polinomio

$$3\,a^2\,x^2+5\,b\,x^2-6\,x^2$$

es homogéneo y de segundo grado con relación a x. El polinomio

$$a^2+2\,a\,b+b^2$$

es homogéneo y de segundo grado con relación a sus letras *a* y *b*.

Al igual que se dijo al hablar de las expresiones algebraicas en general, un polinomio no altera de valor al modificar el orden en que están dispuestos los términos, siempre que se le conserve a cada uno su signo. Esto permite *ordenarlos*, según las potencias crecientes o decrecientes de una de sus letras, la cual recibe el nombre de *letra ordenatriz*.

48. Polinomios ordenados. —Un polinomio es *ordenado* con relación a una de sus letras que se llama *ordenatriz, cuando sus términos están dispuestos de tal manera que los exponentes de dicha letra van aumentando o disminuyendo gradualmente a partir del primer término.*

Ejemplo:

$$3\,a-7\,a^2\,x\,c+8\,a^3\,b-9\,a^4\,b\,c$$

es un polinomio ordenado con respecto a las potencias crecientes de *a*.

49. Polinomio completo. —*Un polinomio es completo respecto a una letra, cuando tiene términos con todas las potencias consecutivas de dicha letra y uno independiente de ella.*

Ejemplo:
El polinomio

$$3\,a-2\,a\,b+3\,a^3\,b^3\,c-7\,a^4+8\,a^5\,b$$

es completo con respecto a *a*, pues contiene todas las potencias sucesivas de esta letra, desde la primera hasta la potencia quinta inclusive.

50. Valor numérico de los monomios y polinomios. —Los monomios y polinomios son expresiones algebraicas, y al igual que éstas (40), tienen valor numérico, que es el que resulta de efectuar las operaciones indicadas después de substituir sus letras por el sistema de valores numéricos elegidos.

Así, si el valor numérico del monomio $3\,a^2\,b\,c^3$ para $a=1$, $b=3$, $c=2$ será:

$$3\times1^2\times3\times2^3=3\times1\times3\times8=72.$$

En los polinomios se puede llevar a cabo, como en toda expresión algebraica, la *reducción de términos semejantes*. Ésta es indispensable realizarla muchas veces antes de proceder a ciertas operaciones del cálculo algebraico, pues así se simplifican mucho aquéllas; otras veces se realiza después de efectuadas las operaciones algebraicas, con el fin de reducir a la forma más simple los resultados del cálculo, como veremos más adelante.

2.º   ADICIÓN Y SUBSTRACCIÓN DE EXPRESIONES ALGEBRAICAS

51. Definición. — *La adición o suma de monomios tiene por objeto, dados dos o más monomios, hallar una expresión algebraica cuyo valor numérico sea igual a la suma de los valores numéricos de los monomios sumandos, para cualquier sistema de valores que se atribuyan a las letras.*

52. Adición de monomios. — *Para sumar varios monomios se escribe uno a continuación del otro con sus propios signos.*

Se forma así un polinomio de tantos términos como monomios sumandos, polinomio que en algunos casos podrá simplificarse.

Ejemplo:

1.º   La suma de los monomios:

$$4\,a^3, \qquad -5\,a^2\,b, \qquad +8\,a\,b, \qquad -3\,a\,b^3$$

viene dada por el polinomio

$$(+4\,a^3)+(-5\,a^2\,b)+(+8\,a\,b)+(-3\,a\,b^3)=4\,a^3-5\,a^2\,b+8\,a\,b-3\,a\,b^3$$

2.º   La suma de los monomios:

$$+4\,a^3, \qquad +6\,a^3, \qquad -2\,a^3$$

es:

$$(+4\,a^3)+(+6\,a^3)+(-2\,a^3)=4\,a^3+6\,a^3-2\,a^3=8\,a^3$$

53. Adición de polinomios. — *Para sumar dos o más polinomios se forma un polinomio único con todos los términos de los polinomios sumandos, los cuales se escriben unos a continuación de otros con sus propios signos.*

Ejemplo:

La suma S de los polinomios

$$P=5\,a^3-7\,a^2\,b+6\,a\,b\,c-4\,b\,c^2$$
$$P'=-3\,a^2\,b-7\,a\,b\,c+5\,b\,c^2$$

es

$$S=P+P'=5\,a^3-7\,a^2\,b+6\,a\,b\,c-4\,b\,c^2-3\,a^2\,b-7\,a\,b\,c+5\,b\,c^2=5\,a^3-10\,a^2\,b-a\,b\,c+b\,c^2$$

Si los polinomios sumandos contienen términos semejantes, se facilita la operación ordenando todos los sumandos respecto a las potencias crecientes o decrecientes de una misma letra y escribiéndolos de manera que se correspondan en una misma columna los términos semejantes.

Ejemplo:

Sumar los polinomios:

$$P_1=7\,a\,b^2+4\,a^3+3\,b^3-5\,a^2\,b$$
$$P_2=3\,a\,b^2+3\,a^2\,b-5\,b^3-2\,a^3$$
$$P_3=3\,a^3-b^3-a\,b^2$$

Se dispone la operación así:

$$4\,a^3 - 5\,a^2\,b + 7\,a\,b^2 + 3\,b^3$$
$$-2\,a^3 + 3\,a^2\,b + 3\,a\,b^2 - 5\,b^3$$
$$\underline{3\,a^3 \qquad - \ a\,b^2 - \ b^3}$$
$$5\,a^3 - 2\,a^2\,b + 9\,a\,b^2 - 3\,b^3$$

54. Substracción. — Esta operación inversa de la adición, *tiene por objeto, dada una expresión algebraica A, llamada* minuendo, *y otra B, llamada* substraendo, *hallar una tercera C, llamada* diferencia, *que, sumada con B, nos dé una expresión equivalente a A, cualquiera que sea el sistema de valores numéricos que se den a las letras.*

55. Substracción de monomios. — *Para restar un monomio de otro o de una expresión algebraica cualquiera, se escribe a continuación de ella con su signo cambiado.*

Ejemplos:

1.º La diferencia entre los monomios:

$$5\,a^3\,b^2\,c \qquad y \qquad +2\,a\,b^3$$

es:

$$(5\,a^3\,b^2\,c) - (+2\,a\,b^3) = 5\,a^3\,b^2\,c - 2\,a\,b^3.$$

2.º Para restar de $\dfrac{3\,a^2\,b^5 + 4\,b\,c}{2\,a^5}$ el monomio $-3\,a^2\,b\,c^3$ se escribirá:

$$\left(\frac{3\,a^2\,b^5 + 4\,b\,c}{2\,a^5}\right) - (-3\,a^2\,b\,c^3) = \frac{3\,a^2\,b^5 + 4\,b\,c}{2\,a^5} + 3\,a^2\,b\,c^3$$

según la regla enunciada en (18), esto es, *se escribe el minuendo y a continuación el substraendo con el signo cambiado.*

56. Substracción de polinomios. — Siguiendo la regla indicada en el párrafo anterior, *para restar dos polinomios se escribe el polinomio minuendo y a continuación el polinomio substraendo, cambiando de signo a todos sus términos.*

Ejemplo:

La diferencia entre los polinomios:

$$P = 5\,a^3 - 7\,a^2\,b + 6\,a\,b\,c - 4\,b\,c^2$$

y

$$P' = -3\,a^2\,b - 7\,a\,b\,c + 5\,b\,c^2$$

será:

$$P - P' = 5\,a^3 - 7\,a^2\,b + 6\,a\,b\,c - 4\,b\,c^2 - (-3\,a^2\,b - 7\,a\,b\,c + 5\,b\,c^2) =$$
$$5\,a^3 - 7\,a^2\,b + 6\,a\,b\,c - 4\,b\,c^2 + 3\,a^2\,b + 7\,a\,b\,c - 5\,b\,c^2.$$

Obtenido así el polinomio diferencia, se procede a *la reducción de términos semejantes,* si es posible.

Así, en el ejemplo último la reducción de los términos semejantes da el resultado siguiente:

$$P - P' = 5\,a^3 - 4\,a^2\,b + 13\,a\,b\,c - 9\,b\,c^2,$$

pudiendo reducirse la diferencia alguna vez a un monomio.

En el caso más general de tener que sumar y restar varios polinomios, encerrados entre paréntesis, tendremos en cuenta la regla siguiente:

REGLA.—*Para sumar y restar varios polinomios se escriben todos los términos de cada uno, cambiando los signos de los términos de los polinomios que figuran como substraendos y conservando invariables los signos de los que forman parte de polinomios sumandos, llevando finalmente a cabo la reducción de los términos semejantes si hubiera lugar a ello.*

EJEMPLO:

Calcular la suma algebraica $P+P'-P''$ sabiendo que

$$P = 4\,a^3 - 5\,a^2\,b + 7\,b^3$$
$$P' = 2\,a^3 + 11\,a^2\,b - 8\,b^3$$
$$P'' = -4\,a^3 + 5\,a\,b^2 - 8\,b^3$$

Tendremos:

$$P+P'-P'' = (4\,a^3 - 5\,a^2\,b + 7\,b^3) + (2\,a^3 - 11\,a^2\,b - 8\,b^3) -$$
$$(-4\,a^3 + 5\,a\,b^2 - 8\,b^3) = 4\,a^3 - 5\,a^2\,b + 7\,b^3 +$$
$$2\,a^3 + 11\,a^2\,b - 8\,b^3 + 4\,a^3 - 5\,a\,b^2 + 8\,b^3 =$$
$$10\,a^3 + 6\,a^2\,b - 5\,a\,b^2 + 7\,b^3.$$

Para facilitar el cálculo se dispone la operación de modo análogo al que se indicó al hablar de la suma de varios polinomios, cambiando de signo a los términos de los polinomios que figuren como substraendo. Véase el ejemplo siguiente, en el que se utilizan los polinomios últimos con el mismo carácter.

$$
\begin{array}{r}
4\,a^3 - \ 5\,a^2\,b \qquad\qquad +7\,b^3 \\
2\,a^3 + 11\,a^2\,b \qquad\qquad -8\,b^3 \\
\underline{4\,a^3 \qquad\qquad -5\,a\,b^2 + 8\,b^3} \\
P+P'-P'' = 10\,a^3 + \ 6\,a^2\,b \qquad -5\,a\,b^2 + 7\,b^3
\end{array}
$$

En virtud de las reglas indicadas se deduce que: *se puede encerrar dentro de un paréntesis varios términos de un polinomio sin modificar sus signos, si se hace preceder el paréntesis del signo +, y cambiando sus signos si se hace preceder el paréntesis del signo –.*

Así:

$$a^3 + 2\,a\,b + a\,b^2 - c = a^3 + (2\,a\,b + a\,b^2 - c)$$
$$a^3 - 2\,a\,b - a\,b^2 - c = a^3 - (2\,a\,b + a\,b^2 + c).$$

Estas dos transformaciones son muy frecuentes en los cálculos algebraicos, por lo que conviene recordar la regla que las preside.

3.º MULTIPLICACIÓN DE EXPRESIONES ALGEBRAICAS

57. Definido ya en el párrafo 19 la multiplicación de cantidades algebraicas y las propiedades de la multiplicación en Álgebra, vamos a ocuparnos de los diferentes casos que se presentan en la multiplicación de monomios y polinomios y de estas expresiones entre sí.

58. Multiplicación de dos monomios.—Fundándonos en lo explicado al hablar del producto de potencias de un mismo número y del producto de varios factores, se puede enunciar la regla siguiente:

Para multiplicar dos monomios enteros, se multiplican sus coeficientes, teniendo en cuenta la regla de los signos, y a continuación se escribe la parte literal común y no común, afectando a cada letra de un exponente igual a la suma de los exponentes que tenga en los factores.

Ejemplo:

El producto de los monomios $5\,a^2\,b^3\,c$ y $4\,a^3\,b\,d^3$ es $20\,a^5\,b^4\,d^3\,c$.

En efecto: según las reglas ya conocidas,

$$5\,a^2\,b^3\,c \times 4\,a^3\,b\,d^3 = (5\cdot 4)\cdot(a^2\cdot a^3)\cdot(b^3\times b)\,d^3\,c = 20\,a^5\,b^4\,d^3\,c.$$

El grado del producto de dos monomios es igual a la suma de los grados de los monomios factores.

En el ejemplo precedente, el monomio multiplicando es de sexto grado, el multiplicador de séptimo grado y el monomio producto es de decimotercer grado. El de cada una de las letras que entran en el producto es igual a la suma de los grados de cada una de ellas en el multiplicando y multiplicador.

59. Multiplicación de varios monomios. — *Para multiplicar varios monomios se multiplican dos de ellos, siguiendo las reglas antes indicadas; el resultado se multiplica por el tercero, y así sucesivamente, hasta el último.*

Ejemplos:

1.º $(3\,a\,b^2\,c)\times(-4\,a^3\,b^2)\times(5\,c\,d^3)=(-12\,a^4\,b^4\,c)\times(5\,c\,d^3)= -60\,a^4\,b^4\,c^2\,d^3$.

2.º $(-5\,a^3\,b\,c^3)\times(-2\,a\,b\,c^3)\times(3\,a\,c^4)=(10\,a^4\,b^2\,c^6)\times(3\,a\,c^4)=30\,a^5\,b^2\,c^{10}$.

El producto tendrá signo positivo si el número de factores negativos es par, y negativo si su número es impar.

60. Multiplicar un polinomio por un monomio. — *Para multiplicar un polinomio por un monomio se multiplica éste por cada uno de los términos del polinomio y se suman luego los productos parciales.*

Esta regla es consecuencia de la propiedad distributiva de la multiplicación, estudiada al hablar del producto de una suma indicada por un número en Aritmética. El problema se reduce a la multiplicación de monomios.

Ejemplo:

$$(2\,a^3-4\,a^2\,b-7\,a\,b^2+2\,c^3)\times(-3\,a\,c^2)=(+2\,a^3)\,(-3\,a\,c^2)+$$
$$(-4\,a^2\,b)\,(-3\,a\,c^2)+(-7\,a\,b^2)\,(-3\,a\,c^2)+(+2\,c^3)\,(-3\,a\,c^2)=$$
$$-6\,a^4\,c^2+12\,a^3\,b\,c^2+21\,a^2\,b^2\,c^2-6\,a\,c^5.$$

Para facilitar la operación se pueden disponer los factores en la forma que se indica a continuación, previa ordenación del polinomio según las potencias ascendentes o descendentes de la letra ordenatriz.

$$2\,a^3-4\,a^2\,b-7\,a\,b^2+2\,c^3$$
$$-3\,a\,c^2$$
$$\overline{}$$
$$6\,a^4\,c^2+12\,a^3\,b\,c^2+21\,a^2\,b^2\,c^2-6\,a\,c^5.$$

61. Multiplicación de dos polinomios. — *Para multiplicar dos polinomios se multiplica cada término del polinomio multiplicador por todos los términos del polinomio multiplicando, luego se suman los productos parciales y se reduce la suma si hay lugar a ello.*

Así, representando los polinomios por $a+b-c$ el multiplicando, y con $m-n$ el multiplicador, tendremos:

$$(a+b-c)(m-n)=(a+b-c)m+(a+b-c)(-n)=am+bm-cm+$$
$$(-an-bn+cn)=am+bm-cm-an-bn+cn$$

de acuerdo con las reglas estudiadas.

EJEMPLO:

$$(3a^2b^5-4ab^2+5a^2c)\times(3abc^2-2a)=$$
$$(3a^2b^5-4ab^2+5a^2c)\times3abc^2+(3a^2b^5-$$
$$4ab^2+5a^2c)\times(-2a)=9a^3b^6c^2-12a^2b^3c^2+$$
$$15a^3bc^3-6a^3b^5+8a^2b^2-10a^3c.$$

Para facilitar la reducción de los términos semejantes del polinomio producto es conveniente ordenar los polinomios multiplicando y multiplicador según el orden creciente o decreciente de las potencias de una misma letra, y disponiendo en columnas los términos semejantes que se han de reducir.

EJEMPLO:

$$3a^3-4a^2b+5ab^2+3b^3$$
$$2a^2-ab+b^2$$

Producto por $2a^2$ .... $\quad 6a^5-8a^4b+10a^3b^2+6a^2b^3$

Producto por $-ab$ .... $\qquad\quad -3a^4b+4a^3b^2-5a^2b^3-3ab^4$

Producto por $+b^2$ .... $\qquad\qquad\quad +3a^3b^2-4a^2b^3+5ab^4+3b^5$

$$6a^5-11a^4b+17a^3b^2-3a^2b^3+2ab^4+3b^5.$$

62. Observaciones:

Observando el producto de dos polinomios se deduce:

1.º Que el grado del polinomio producto es igual a la suma de los grados de los polinomios multiplicando y multiplicador.

2.º El producto de dos polinomios homogéneos, como son los propuestos, da un polinomio también homogéneo.

3.º Que el primero y último término del producto proceden, sin reducción alguna, de la multiplicación directa de los primeros y últimos términos de los polinomios factores, respectivamente.

El producto de dos polinomios tiene, en virtud de lo dicho, cuando menos dos términos, pudiendo desaparecer los demás por reducción, como se ve en el ejemplo siguiente:

$$x^4+ax^3+a^2x^2+a^3x+a^4$$
$$x-a$$
$$x^5+ax^4+a^2x^3+a^3x^2+a^4x$$
$$-ax^4-a^2x^3-a^3x^2-a^4x-a^5$$
$$x^5 \qquad\qquad\qquad\qquad\quad -a^5$$

63. Casos especiales de multiplicación. — Hay algunos casos notables de multiplicación: tales son los productos de los binomios siguientes:

$$(a+b)\times(a+b); \quad (a-b)\times(a-); \quad (a+b)^2\times(a+b);$$
$$(a+b)^2\times(a-b); \quad (a+b)\times(a-b);$$

de los cuales se hablará al tratar de las potencias de monomios y polinomios; pero desarrollaremos aquí el último de los indicados por ser éste el lugar que le corresponde.

64. Suma por diferencia. — Entre los productos curiosos mencionaremos el que resulta de multiplicar la suma de dos monomios por su diferencia:

$$
\begin{array}{l}
a + b \\
a - b \\
\hline
a^2 + a\,b \\
\quad\; - a\,b - b^2 \\
\hline
a^2 \qquad\; - b^2
\end{array}
$$

luego:

$$(a+b)\,(a-b)=a^2-b^2$$

lo que se expresa diciendo que:

El producto de la suma por la diferendia de dos números es igual a la diferencia de los cuadrados de dichos números.

4.º DIVISIÓN DE MONOMIOS Y POLINOMIOS

65. Conocida y expuesta la definición y teoría de la división algebraica (27), vamos a deducir las reglas prácticas para la división de monomios y polinomios.

66. División de monomios. — Supongamos que se trata de dividir $24\,a^5\,b^3\,c^2$ por $6\,a^2\,b^2\,c$; representando al cociente por C, tendremos:

$$24\,a^5\,b^3\,c^2 : 6\,a^2\,b^2\,c = C$$

luego:

$$24\,a^5\,b^3\,c^2 = 6\,a^2\,b^2\,c \times C$$

El coeficiente del cociente debe ser tal que multiplicado por el del divisor dé el del dividendo; este coeficiente será $24:6=4$. Además, la parte literal del cociente debe ser tal que multiplicada por la del divisor $a^2\,b^2\,c$ nos dé la del dividendo; luego esta parte literal estará formada por todas las letras que entran en el dividendo, afectada cada una de un exponente que, sumado con el de la letra correspondiente del divisor, nos dé la correlativa del dividendo. Los exponentes de la parte literal del cociente serán, pues, la diferencia entre los que ostentan las letras del dividendo y divisor; así pues, el cociente será $4\,a^3\,b\,c$. De aquí se deduce la regla siguiente:

Para dividir dos monomios se dividen sus coeficientes teniendo presente la regla de los signos, y a continuación se escribe la parte literal común al dividendo y divisor afectando cada letra de un exponente igual a la diferencia de los exponentes que tenga dicha letra en ambos términos, y las letras que sólo figuran en el dividendo con su mismo exponente.

EJEMPLOS:

1.º
$$(-12\,a^2\,b^3\,c^6\,d^2):(+3\,a\,b^2\,d) = -4\,a\,b\,c^6\,d$$

2.º
$$(-7\,a^5\,b^2\,c^3):(+4\,a^2\,b\,c) = -\frac{7}{4}\,a^3\,b\,c^2.$$

Puede ocurrir que en el divisor entre alguna letra que o no figura en el dividendo o figura con exponente menor que en el divisor, en cuyo caso la división no tiene cociente exacto. Ambos casos se estudiarán más adelante al tratar de las potencias y operaciones con las mismas.

67. Dividir un polinomio por un monomio. — El cociente que resulta de dividir un polinomio por un monomio ha de ser forzosamente un polinomio, pues si fuese un monomio, al multiplicarlo por el monomio divisor nos daría otro monomio, pero nunca el polinomio dividendo. Ahora bien, el producto del monomio divisor por cada uno de los términos del polinomio cociente dará cada uno de los términos del polinomio dividendo, de donde se deduce la siguiente

Regla. — *Para dividir un polinomio por un monomio se divide cada término del dividendo por el monomio divisor, escribiendo uno a continuación del otro los sucesivos términos del cociente, afectándolos de su signo correspondiente.*

Ejemplo:

$$(-6\,a^4\,c^2 + 12\,a^3\,b\,c^2 + 21\,a^2\,b^2\,c^2) : (-3\,a\,c^2) = 2\,a^3 - 4\,a^2\,b - 7\,a\,b^2.$$

Es evidente que el cociente será un polinomio entero, esto es, la división será exacta si todos los términos del dividendo son divisibles por el divisor, y no lo será en el caso contrario, entendiéndose que la divisibilidad se refiere a la parte literal y no a la numérica, pues si algún coeficiente del dividendo no es divisible por el coeficiente del monomio divisor, el cociente de ellos se expresa en forma de fracción.

Ejemplos:

$$(21\,a^3\,b^2\,c - 5\,a^2\,b^3\,c^3 + 8\,a^2\,b^4\,c) : (3\,a^2\,b^2) = 7\,a\,c - \frac{5}{3}\,b\,c^3 + \frac{8}{3}\,b^2\,c.$$

Pero es inexacta y por ahora imposible realizar la división siguiente:

$$(12\,a\,b^2\,c - 5\,a^2\,b^3\,c) : 4\,a^3\,b\,c^3$$

cuya solución exige el conocimiento de las cantidades con exponentes negativos, de las cuales se habla más adelante.

68. Dividir dos polinomios. — El cociente de dos polinomios enteros no siempre es un polinomio entero, como a veces el cociente de dos números enteros no es un número entero. Cuando el cociente de dos polinomios es entero, la división es exacta, y en este caso el dividendo es divisible por el divisor. Antes de dividir dos polinomios es indispensable ordenarlos con respecto a las potencias descendentes de una misma letra.

Antes de dar la regla para dividir dos polinomios razonaremos la operación. Representemos por A el polinomio dividendo, por B el polinomio divisor y por C el cociente; si la división es exacta, tendremos, según la definición:

$$A = B \times C,$$

pero la fórmula general, aplicable a todos los casos, es $A = B \times C + R$, en la cual R es el resto, cuando lo haya.

Supongamos ahora

$$A = 6\,x^5 - x^4 - 22\,x^3 + 23\,x^2 - 41\,x + 35$$
$$B = 3\,x^3 - 5\,x^2 + 4\,x - 7$$

ambos polinomios enteros y ordenados con respecto a la misma letra x, y supongamos también que el cociente C sea otro polinomio entero y ordenado con respecto a x.

Como sabemos, el primer término del producto de dos polinomios es, sin reducción alguna, igual al producto de los dos primeros términos del multiplicando y multiplicador (62, 3.°), luego el primer término del dividendo es, sin reducción, igual al producto de los primeros términos del divisor y del cociente, y, así pues, el primer término de este último se obtendrá dividiendo directamente el primer término del dividendo por el primero del divisor; en el caso presente será este primer término el de exponente más elevado entre todos los del cociente, pues los polinomios A y B están ordenados con relación a las potencias descendentes de la misma letra ordenatriz x, aun siendo homogéneos. Dividiendo, pues, $6\,x^5$ por $3\,x^3$ obtendremos $2\,x^2$, que será el primer término del cociente.

El producto de este primer término por todo el divisor es $6\,x^5 - 10\,x^4 + 8\,x^3 - 14\,x^2$, producto que se resta del dividendo, para lo cual lo sumaremos a él con el signo cambiado, según la regla dada al hablar de la substracción de dos polinomios:

$$\begin{array}{l} 6\,x^5 - \quad x^4 - 22\,x^3 + 23\,x^2 - 41\,x + 35 \\ -6\,x^5 + 10\,x^4 - \quad 8\,x^3 + 14\,x^2 \\ \hline R' = \qquad\quad 9\,x^4 - 30\,x^3 + 37\,x^2 - 41\,x + 35 \end{array}$$

Obtenemos así el primer resto R' de la división, el cual contiene el producto del primer término del cociente por todo el divisor, menos el primero; luego su primer término $9\,x^4$ será, sin reducción alguna, el producto del segundo término del cociente que buscamos por el primero del divisor y, por consiguiente, aquel segundo término del cociente se obtendrá dividiendo $9\,x^4$ por el primer término del divisor $3\,x^2$, que da $3\,x$, segundo término del cociente.

Multiplicaremos $3\,x$ por todo el divisor y el producto, que es $9\,x^4 - 15\,x^3 + 12\,x^2 - 21\,x$, lo restaremos de R', y obtendremos así el segundo resto R'', que será:

$$\begin{array}{l} 9\,x^4 - 30\,x^3 + 37\,x^2 - 41\,x + 35 \\ -9\,x^4 + 15\,x^3 - 12\,x^2 + 21\,x \\ \hline R'' = \qquad -15\,x^3 + 25\,x^2 - 20\,x + 35 \end{array}$$

Este segundo **resto** contiene el producto del divisor por todos los términos del cociente, menos los dos primeros. Si dividimos $-15\,x^3$ por $3\,x^3$, obtendremos -5, que será el tercer término del cociente; y multiplicándolo por todo el divisor **y** restando el producto de R'' obtendremos el tercer resto R''':

$$\begin{array}{l} -15\,x^3 + 25\,x^2 - 20\,x + 35 \\ 15\,x^3 - 25\,x^2 + 20\,x - 35 \\ \hline R''' \qquad\qquad 0 \end{array}$$

Como el resto es cero, la operación está terminada y el cociente será, pues:

$$C = 2\,x^2 + 3\,x - 5.$$

Practicamente se dispone la operación tal como se indica a continuación:

$$\begin{array}{ll} A \quad\ldots\ldots & \begin{array}{l|l} 6\,x^5 - \quad x^4 - 22\,x^3 + 23\,x^2 - 41\,x + 35 & 3\,x^3 - 5\,x^2 + 4\,x - 7 \\ -6\,x^5 + 10\,x^4 - \ 8\,x^3 + 14\,x^2 & \overline{\;C = \quad 2\,x^2 + 3\,x - 5\;} \end{array} \\ R' \quad\ldots\ldots & \begin{array}{l} \overline{\quad\ 9\,x^4 - 30\,x^3 + 37\,x^2 - 41\,x + 35} \\ -9\,x^4 + 15\,x^3 - 12\,x^2 + 21\,x \end{array} \\ R'' \quad\ldots\ldots & \begin{array}{l} \overline{\qquad\quad -15\,x^3 + 25\,x^2 - 20\,x + 35} \\ 15\,x^3 - 25\,x^2 + 20\,x - 35 \end{array} \\ R''' \quad\ldots\ldots & \overline{\qquad\qquad\qquad 0} \end{array}$$

Pero en la práctica no se acostumbra escribir los productos de cada término del cociente por los del divisor ni a consignarlos con el signo contrario debajo del término semejante del dividendo para efectuar la substracción, sino que estas operaciones se hacen mentalmente y se escriben los sucesivos términos de las diferencias o restos.

Así, en el ejemplo propuesto procederemos y diremos así: $+6\,x^5$ dividido por $+3\,x^3$ da $+2\,x^2$; $+2\,x^2$ por $+3\,x^3$ es igual a $+6\,x^5$, para restar $-6\,x^5$, que sumando con $+6\,x^5$ da de residuo cero; $+2\,x^2$ por $-5\,x^2$ da $-10\,x^4$, para restar $+10\,x^4$, que sumado con $-x^4$ da $+9\,x^4$..., y así sucesivamente. La operación se dispone, pues, así:

$$
\begin{array}{lll|l}
6\,x^5- & x^4-22\,x^3+23\,x^2-41\,x+35 & & \;3\,x^3-5\,x^2+4\,x-7 \\
& 9\,x^4-30\,x^3+37\,x^2 & & \;\overline{2\,x^2+3\,x\;-5} \\
& \quad\; -15\,x^3+25\,x^2-20\,x & & \\
\hline
& \;\;0\qquad\;\;0\qquad\;\;0\qquad\;\;0 & &
\end{array}
$$

De todo lo dicho se deduce la regla práctica siguiente:

Para dividir dos polinomios ordenados del mismo modo con relación a una letra, se divide el primer término del polinomio dividendo por el primero del divisor, teniendo en cuenta la regla de los signos, y se tendrá el primer término del cociente; éste se multiplica por todos los términos del divisor y el producto se resta del dividendo; el primer término del resto obtenido se divide por el primer término del divisor y se obtendrá el segundo término del cociente, el cual se multiplica por todo el divisor y el producto se resta a su vez del primer resto y se obtiene así el segundo resto. Con este último se procede como con el anterior, y se continúa la operación hasta obtener el último término del cociente. Si el úitimo resto es cero, la división es exacta; en el caso contrario inexacta, y el cociente entero se completa con una fracción cuyo numerador es el último resto y cuyo denominador es el divisor.

69. Consecuencias. — Del examen atento de los ejemplos expuestos se deducen varias consecuencias.

1.ª Cuando el cociente de dos cantidades enteras, sean éstas monomios o polinomios, es entero, *su grado es igual a la diferencia de los grados del dividendo y divisor.*

2.ª *El cociente de dos polinomios homogéneos es otro polinomio homogéneo,* pues ya se sabe que el producto de dos polinomios homogéneos es otro polinomio homogéneo, y el dividendo es el producto del divisor por el cociente; éste, por consiguiente, también debe serlo.

3.ª Cuando el dividendo y divisor están ordenados con respecto a las potencias descendentes de una letra, el *exponente de dicha letra en el primer término de cada resto es inferior, cuando menos en una unidad, al que tiene en el primer término del resto o dividendo anterior.*

4.ª Para que el cociente de dos polinomios sea entero y exacto *es necesario que el primer término del dividendo y de cada uno de los restos que se van obteniendo sean divisibles por el primer término del divisor y, además, que el último término del dividendo sea divisible exactamente por el último término del divisor.*

70. División de dos polinomios ordenados según las potencias crecientes de una misma letra. — La operación, en este caso, se conduce como en el caso anterior, disponiéndola de igual manera, como se ve en el ejemplo siguiente:

$$
\begin{array}{l|l}
6-15\,x+13\,x^2+54\,x^3-67\,x^4+38\,x^5-\ 9\,x^6-56\,x^7 & 3-4\,x^2+5\,x^3-7\,x^4 \\
\underline{-6\qquad\ +8\,x^2-10\,x^3+14\,x^4} & 2-5\,x+7\,x^2+8\,x^3 \\
\quad -15\,x+21\,x^2+44\,x^3-53\,x^4+38\,x^5 \\
\underline{\ +15\,x\qquad\ -20\,x^3+25\,x^4-35\,x^5} \\
\qquad\ 21\,x^2+24\,x^3-28\,x^4+\ 3\,x^5-\ 9\,x^6 \\
\underline{\ -21\,x^2\qquad\quad +28\,x^4-35\,x^5+49\,x^6} \\
\qquad\qquad +24\,x^3\qquad -32\,x^5+40\,x^6-56\,x^7 \\
\underline{\qquad\qquad -24\,x^3\qquad +32\,x^5-40\,x^6+56\,x^7} \\
\qquad\qquad\qquad\ 0\qquad\qquad 0\qquad 0\qquad 0
\end{array}
$$

El cociente es exacto y tiene por valor

$$2-5\,x+7\,x^2+8\,x^3.$$

71. Los ejemplos anteriores han sido elegidos de manera que el cociente que resulte sea un polinomio entero de x; en estos casos se dice que la división *es posible*. Pero se ha dado en llamar divisiones *imposibles* a aquellas en las que obtienen restos divisibles por el primer término del divisor y que resultan después de agotados los términos del polinomio dividendo. Véase un ejemplo de este caso. Dividir el polinomio $x^8-7\,x^7-x^6-8\,x^4$ por el polinomio $x^3-4\,x+2$:

$$
\begin{array}{l|l}
x^8-7\,x^7-\ x^6\qquad\quad -\ 8\,x^4 & x^3-4\,x+2 \\
\underline{-x^8\qquad +4\,x^6-\ 2\,x^5} & x^5-7\,x^4+3\,x^3 \\
\quad -7\,x^7+3\,x^6-\ 2\,x^5-\ 8\,x^4 \\
\underline{\ +7\,x^7\qquad\ -28\,x^5+14\,x^4} \\
\qquad\ +3\,x^6-30\,x^5+\ 6\,x^4 \\
\\
\qquad\quad -3\,x^6\qquad\quad +12\,x^4-6\,x^3 \\
\underline{\qquad\qquad\quad -30\,x^5+18\,x^4-6\,x^3}
\end{array}
$$

No es preciso continuar la división, pues según la regla enunciada, el último término del polinomio cociente resultará de dividir el último término del dividendo, $-8\,x^4$, por el último del divisor, lo cual, como se ve en el ejemplo, no se cumple porque la división *no es exacta*. Pero sí se puede continuar la operación hasta el fin hasta obtener un resto en el que las potencias de x sean menores que las del primer término del divisor, como se ve a continuación:

$$
\begin{array}{l|l}
-30\,x^5+18\,x^4-\ 6\,x^3 & x^3-4\,x+2 \\
\underline{+30\,x\qquad\quad -120\,x^3+\ 60\,x^2} & -30\,x^2+18\,x-126 \\
\quad 18\,x^4-126\,x^3+\ 60\,x^2 \\
\underline{\ -18\,x^4\qquad\qquad +72\,x^2+\ 36\,x} \\
\qquad -126\,x^3+132\,x^2+\ 36\,x \\
\underline{\ +126\,x^3\qquad\qquad -504\,x+252} \\
\qquad\qquad 132\,x^2-468\,x+252
\end{array}
$$

Así se llega a una división *imposible* pues el mayor exponente de x en el último resto obtenido es menor que el que tiene esta letra ordenatriz en el divisor.

72. División de un polinomio ordenado segun las potencios decrecientes de x por $x-a$. — Consideremos el caso particular de la división de un polinomio ordenado según las potencias decrecientes de x, por el binomio $x-a$.

Sea el polinomio propuesto

$$A_0\, x^m + A_1\, x^{m-1} + A_2\, x^{m-2} + \ldots + A^{m-1}\, x + A_m$$

Como el divisor $x-a$ es de primer grado, la división se prolongará hasta encontrar un resto que no contenga x, esto es, *independiente* de x. Designando por C el cociente y por R el resto de la división, tendremos:

$$A_0\, x^m + A_1\, x^{m-1} + A_2\, x^{m-2} + \ldots + A_{m-1}\, x + A_m = (x-a)\,C + R$$

Esta igualdad se verifica para todos los valores que se atribuyan a x, y así, pues, si hacemos $x=a$, tendremos:

$$A_0\, a^m + A_1\, a^{m-1} + A_2\, a^{m-2} + \ldots + A_{m-1}\, a + A_m = (a-a)\,C + R$$

pero

$$(a-a)\ C = 0$$

luego el resto de la división indicada es el polinomio dividendo, en el cual se ha substituido x por a. Podemos, pues, deducir el principio siguiente:

El resto de la división de un polinomio entero y ordenado respecto a las potencias descendentes de x *por el binomio* $x-a$, *es el valor numérico del mismo polinomio substituyendo* x *por* a.

Así, el resto de la división del polinomio $x^3 - 5x + 7$ por el binomio $x-2$ se obtendrá, sin necesidad de efectuar la operación, substituyendo en aquél x por 2, y será:

$$2^3 - 5\cdot 2 + 7 = 5$$

como es fácil comprobar.

El resto de la división del polinomio $x^4 - 2x^3 + 4x - 1$ por $x+3$ es

$$(-3^4) - 2\,(-3)^3 + 4\,(-3) - 1 = 81 + 54 - 12 - 1 = 122$$

pues $x+3$ es igual a $x-(-3)$, modificación que asemeja el divisor $x+3$ a $x-a$.

73. Corolario. — Si la substitución de x por a anula el polinomio, el resto será cero y, por consiguiente, la división será *exacta;* y recíprocamente, si la división es exacta, el resto será cero, y, por consiguiente, substituyendo x por a, el polinomio se anulará; de donde se deduce que *la condición necesaria y suficente para que un polinomio entero y ordenado en* x *sea divisible por* $x-a$ *es que el polinomio se anule haciendo* $x=a$.

La condición es necesaria, pues si el polinomio es divisible por $x-a$, el resto R es nulo y el dividendo se anula también.

La condición es suficiente, pues si el polinomio dividendo se hace cero al substituir x por a, el residuo R es nulo, y el polinomio es, por consiguiente, divisible por $x-a$.

74. Veamos ahora cómo se divide un polinomio entero y ordenado en x por el binomio $x-a$, y para hacer más comprensible el mecanismo de la división en el

ejemplo puramente literal y general, ponemos a continuación inmediata otro numérico para hacer más fácil la comprensión del primero.

$$
\begin{array}{l|l}
a_0\,x^3+a_1\,x^2+a_2\,x+a_3 & x-a \\
\quad\quad c_0\,a\,x^2 & \overline{\quad c_0\,x^2+c_1\,x+c_2} \\
\hline
(c_0\,a+a_1)\,x^2 \quad +a_2\,x+a_3 & c_0=a_0 \\
\quad\quad\quad\quad +c_1\,a\,x & c_1=c_0\,a+a_1 \\
\hline
\quad\quad (c_1\,a+a_2)\,x+a_3 & c_2=c_1\,a+a_2 \\
\quad\quad\quad\quad\quad c_2\,a & R=c_2\,a+a_3 \\
\hline
\quad\quad R=\quad c_2\,a+a_3 &
\end{array}
$$

$$
\begin{array}{l|l}
6\,x^4-16\,x^3+13\,x^2-13\,x+6 & x-2 \\
\quad +12\,x^3 & \overline{\quad 6\,x^3-4\,x^2+5\,x-3} \\
\hline
\quad -4\,x^3+13\,x^2 & \\
\quad\quad -8\,x^2 & \\
\hline
\quad\quad 5\,x^2-13\,x & \\
\quad\quad\quad +10\,x & \\
\hline
\quad\quad\quad -3\,x+6 & \\
\quad\quad\quad +3\,x-6 & \\
\hline
\quad\quad\quad\quad 0 &
\end{array}
$$

Comparando ambos ejemplos, se ve que c_0, coeficiente del primer término del cociente (en el ejemplo numérico 6), es igual al coeficiente del primer término del
dividendo; el segundo coeficiente c_1 del cociente (en el ejemplo numérico -4) se
obtiene sumando al coeficiente del dividendo que ocupa el mismo lugar, el producto
del coeficiente del término anterior del cociente por a; así,

$$c_1=c_0\,a+a_1,$$

y en el ejemplo numérico

$$-4=-16+6\times2=-16+12.$$

La misma ley preside la obtención del resto R, el cual se obtiene sumando al
último término del dividendo el producto del último cociente por a.

Todo esto podemos expresarlo con la siguiente

75. **Regla de Ruffini.**

1.º *El cociente de la división de un polinomio entero y ordenado en x por el
binomio x − a, es otro polinomio ordenado cuyo grado es inferior en una unidad al
polinomio dividendo.*

2.º *El coeficiente del primer término del cociente es igual al coeficiente del
primer término del dividendo.*

3.º *Los coeficientes de los términos siguientes se obtienen sumando al coeficiente del término correspondiente del dividendo el producto del coeficiente del
término anterior en el cociente por a.*

4.º *El resto sigue la misma ley de formación, y se obtiene al sumar al último
término del dividendo el producto del último término del cociente por a.*

76. Como ya se sabe que el cociente es un polinomio entero, ordenado respecto las potencias decrecientes de x y de grado inferior en una unidad al del
dividendo, interesa, pues, buscar rápidamente los coeficientes del cociente sin nece-

sidad de efectuar todas las operaciones de la división. Esto se logra con la disposición siguiente, fundada en la regla de Ruffini, y aplicada al ejemplo numérico anterior:

Coeficientes del dividendo	6	-16	13	-13	6
		$+12$	-8	10	-6
	6	-4	$+5$	-3	0
Coeficientes del cociente	1.º	2.º	3.º	4.º	R.º

Se escriben en fila los coeficientes del dividendo, poniendo un cero en el lugar correspondiente al término o términos que falten; se traza por debajo una raya, y se escribe debajo de ésta y en primer lugar el coeficiente del primer término del dividendo, el cual es también, como se sabe, el primer coeficiente del cociente. Se multiplica este primer coeficiente por el valor de a en el caso de que se trate (en éste $a=2$) y el producto $+12$ se escribe debajo del segundo coeficiente del dividendo, con el cual se suma; esta suma (-4), que es el coeficiente del segundo término del cociente, se multiplica a su vez por el valor de a, esto es, por 2, y el producto, con su signo correspondiente, se escribe bajo el tercer coeficiente del dividendo, y así sucesivamente. La suma final con el último coeficiente del dividendo, que es independiente de x nos dará el valor del resto R de la división. Todo esto lo podremos expresar en forma de regla.

77. Regla de Ruffini aplicada al cálculo del cociente y resto de la división de un polinomio entero y ordenado respecto a x por $x - a$. — *Se disponen en fila y con sus propios signos los coeficientes de los términos del polinomio dividendo, se multiplica el primero de la izquierda por el valor de a y el producto se suma con el segundo coeficiente; el resultado se multiplica por el valor de a, el producto se suma con el tercer coeficiente, y así sucesivamente. La suma del término independiente del dividendo con el producto de a por la última suma da el valor del resto de la división.*

78. El cálculo del resto puede hacerse también de otro modo, pero creemos suficientemente estudiado este punto en la división literal indicada en (72):

$$c_0 = a_0$$
$$c_1 = c_0\, a + a_1$$
$$c_2 = c_1\, a + a_2$$
$$R = c_2\, a + a_3.$$

Multiplicando los dos miembros de esta serie de igualdades respectivamente por a^3, por a^2, por a y por 1 se obtiene la serie de igualdades siguiente:

$$c_0\, a^3 = a_0\, a^3$$
$$c_1\, a^2 = c_0\, a^3 + a_1\, a^2$$
$$c_2\, a = c_1\, a^2 + a_2\, a$$
$$R = c_2\, a + a_3$$

Sumando ordenadamente miembro a miembro:

$$c_0\, a^3 + c_1\, a^2 + c_2\, a + R = a_0\, a^3 + c_0\, a^3 + a_1\, a^2 + c_1\, a^2 +$$
$$a_2\, a + c_2\, a + a_3$$

y reduciendo los términos semejantes, obtendremos:

$$R = a_0 a^3 + a_1 a^2 + a_2 a + a_3.$$

79. Cálculo del valor numérico de un polinomio. — Para hallar el valor numérico de un polinomio ordenado en x al hacer $x = a$, *bastará calcular el valor del resto de la división de dicho polinomio por* x – a.

Con el fin de calcular rápidamente este resto se procede según la regla de Ruffini, ya enunciada.

EJEMPLO:

Calcular el valor numérico del polinomio $4 x^3 - 2 x^2 + 3 x + 5$ al hacer $x = 2$.
Dispondremos la operación así:

	4	−2	3	5
2		+8	12	30
	4	+6	+15	35

Puesto que el resto de la división es igual a 35, éste será el valor numérico del polinomio propuesto al hacer en él $x = 2$, como es fácil comprobar:

$$4 \cdot 2^3 - 2 \cdot 2^2 + 3 \cdot 2 + 5 = 32 - 8 + 6 + 5 = 35.$$

80. Corolario. — De todo lo dicho se deduce la *condición de divisibilidad* de un polinomio ordenado en x, por x – a, que es la siguiente:

Para que un polinomio entero y racional respecto a x sea divisible por el binomio x – a, *es necesario que este polinomio se anule cuando se reemplace* x *por* a.

81. Las cuestiones antes expuestas permiten resolver rápidamente algunos casos especiales de división.

1.º *El polinomio* $x^m - a^m$ *es divisible por* x – a.

$$(x^m - a^m) : (x - a) \qquad \text{Resto} = a^m - a^m = 0.$$

REGLA. — *Dividiendo la diferencia de dos potencias con igual exponente por la diferencias de sus bases, se obtiene una división exacta.*

2.º *El polinomio* $x^m + a^m$ *es divisible por* x – a.

$$(x^m + a^m) : (x - a) \qquad \text{Resto} = a^m + a^m = 2 a^m.$$

REGLA. — *Sumando dos potencias de igual exponente y bases distintas y dividiendo la suma por la diferencia de sus bases, no se halla cociente exacto.*

3.º *El polinomio* $x^m - a^m$ *es divisible por* x + a *si* m *es par, y no lo es si* m *es impar, dejando en este caso un resto igual a* $- 2 a^m$.

$$(x^m - a^m) : (x + a) \begin{cases} si \ m \ es \ par & \text{Resto} = a^m - (-a)^m = 0 \\ si \ m \ es \ impar & \text{Resto} = a^m - (-a)^m = 2 a^m. \end{cases}$$

REGLA. — *La diferencia de potencias que tienen un mismo exponente es divisible por la suma de sus bases si el exponente es par. Si no, no tiene cociente exacto.*

4.º   *El binomio* $x^m + a^m$ *es divisible por* $x+a$ *si* m *es impar, y no lo es cuando* m *es par, pues en este caso el resto vale* $2\,a^m$.

$$(x^m - a^m) : (x+a) \begin{cases} si \ \ m \ \ es \ \ par & Resto = a^m + (-a)^m = 2\,a^m \\ si \ \ m \ \ es \ \ impar & Resto = a^m + (-a)^m = 0. \end{cases}$$

Regla. — *Dividiendo la suma de dos potencias de igual exponente por la suma de sus bases, nos da un cociente exacto si el exponente es impar; si no, no es divisible.*

CAPÍTULO III

FRACCIONES ALGEBRAICAS

1.º   Cálculo de las fracciones

82.   Fracciones algebraicas. Definiciones. — *Fracción algebraica es el cociente indicado de dos cantidades algebraicas.*

Se representa por la notación $\dfrac{A}{B}$, en la cual A es el dividendo y B el divisor.

El primero recibe el nombre de *numerador* y el segundo el de *denominador*.

Las fracciones algebraicas se escriben como las aritméticas, pero son expresiones mucho más generales, pues sus términos pueden ser enteros, fraccionarios o inconmensurables y en todos estos casos, positivos o negativos. Todas las propiedades de las fracciones aritméticas son extensivas a las fracciones algebraicas.

Ejemplos:

Las expresiones

$$\frac{3\,a^2\,b}{a-1}, \qquad \frac{a+b}{a-b}, \qquad \frac{6\,a^2\,b\,c^2}{4\,a\,b\,c}, \qquad \frac{3\,a^2 - 2\,b\,c}{2\,a-b}$$

son fracciones algebraicas.

83.   En virtud de lo expuesto en el número anterior, y la semejanza entre las fracciones algebraicas y los cocientes, se supone siempre que el denominador de ellas no es cero, ni se reduce a cero al determinar el valor numérico de las fracciones.

84.   Fracciones equivalentes. — *Se dice que dos fracciones algebraicas son equivalentes cuando adquieren igual valor numérico para el mismo sistema de valores atribuidos a sus letras, excepto para aquellos que anulen al denominador.*

Ejemplos:

Las fracciones

$$\frac{2\,a^2 - 4\,a}{3\,a - 6} \qquad y \qquad \frac{2\,a}{2}$$

son equivalentes para $a=1$, $a=3$, pues para $a=1$ se tiene

$$\frac{2\,a^2 - 4\,a}{3\,a - 6} = \frac{2-4}{3-6} = \frac{-2}{-3} = \frac{2}{3} \qquad y \qquad \frac{2\,a}{3} = \frac{2}{3}$$

y para $a = 3$ se tiene

$$\frac{2\,a^2 - 4\,a}{3\,a - 6} = \frac{2 \cdot 3^2 - 4 \cdot 3}{3 \cdot 3 - 6} = \frac{6}{3} = 2 \text{ para la primera, y}$$

$$\frac{2\,a}{3} = \frac{2 \cdot 3}{3} = \frac{6}{3} = 2 \text{ para la segunda.}$$

Dando cualquier otro valor a a se puede comprobar la equivalencia de las dos fracciones propuestas, excepto para el valor $a = 2$, que anula el denominador de la primera, pero no el de la segunda, como se ve a continuación:

$$\frac{2\,a^2 - 4\,a}{3\,a - 6} = \frac{2 \cdot 4 - 4 \cdot 2}{3 \cdot 2 - 6} = \frac{0}{0}$$

valor indeterminado; y para la segunda:

$$\frac{2\,a}{3} = \frac{2 \cdot 2}{3} = \frac{4}{3}$$

valor definido.

85. Propiedades de las fracciones algebraicas. — Son las mismas que las fracciones numéricas, y son aplicables a ellas las mismas reglas dadas para el cálculo de estas últimas.

Si se multiplican o dividen los dos términos de una fracción algebraica por una expresión algebraica, se forma una fracción equivalente a la primera, excepto para los valores de las letras que anulen el denominador de una de dichas fracciones.

Ejemplos:

$$\frac{a}{b} = \frac{a\,n}{b\,n}; \qquad \frac{6\,a^2\,b}{4\,a\,b\,c} = \frac{3\,a}{2\,c}.$$

86. Simplificación de fracciones. — Simplificar una fracción es hallar *otra equivalente a ella, pero de menor grado.*

Para simplificar una fracción se dividen sus dos términos, numerador y denominador, por otra expresión algebraica. Esta última es el *máximo común divisor (m. c. d.),* tanto de los coeficientes como de las partes literales de ambos términos.

Este *m. c. d.* se forma con el de los coeficientes multiplicado por las letras comunes al dividendo y divisor afectadas del menor exponente.

No siempre se puede hallar directamente el *m. c. d.* de la parte literal, siendo preciso utilizar algún artificio matemático para hallarlo; y es un problema que, no obedeciendo a reglas fijas, exige determinados conocimientos y cierta práctica para su resolución.

Ejemplos:

1.º Simplificar la fracción $\dfrac{36\,a^5\,b^2\,c^2}{24\,a^4\,b^3\,c}.$

El *m. c. d.* de los términos de la fracción propuesta es $12\,a^4\,b^2\,c$; luego dividiendo los dos términos por esta expresión, tendremos:

$$\frac{36\,a^5\,b^2\,c^2}{24\,a^4\,b^3\,c} = \frac{3\,a\,c}{2\,b}$$

2.º   Simplificar la expresión $\dfrac{7\,a^4\,b^7\,c^3}{5\,a^3\,b^2\,c^2}$.

Puesto que los coeficientes del numerador y denominador son primos entre sí, únicamente podemos dividir estos dos términos por el *m. c. d.* de la parte literal, que es $a^3\,b^2\,c^2$, luego:

$$\frac{7\,a^4\,b^7\,c^3}{5\,a^3\,b^2\,c^2}=\frac{7}{5}\,a\,b^5\,c.$$

3.º   Simplificar la fracción $\dfrac{a^2-b^2}{a^2+2\,a\,b+b^2}$.

Es preciso modificar los términos de esta fracción para proceder a su simplificación. Recordemos que el numerador es una diferencia de cuadrados,

$$a^2-b^2=(a+b)\,(a-b),$$

y que el denominador es el desarrollo de la segunda potencia de $a+b$,

$$(a+b)^2=a^2+2\,a\,b+b^2,$$

modificaremos, pues, la fracción propuesta de la manera siguiente:

$$\frac{a^2-b^2}{a^2+2\,a\,b+b^2}=\frac{(a+b)\,(a-b)}{(a+b)\,(a+b)}=\frac{a-b}{a+b}$$

como es fácil de comprender, pues hemos dividido los dos términos de la fracción transformada por $a+b$, su factor común.

4.º   Simplificar la fracción $\dfrac{a^3\,b+a^2\,b^2}{a^2+2\,a\,b+b^2}$.

Para ello acudiremos aquí al artificio de descomponer el numerador en un producto de dos factores, así:

$$a^3\,b+a^2\,b^2=(a+b)\,a^2\,b.$$

El denominador es el desarrollo de la potencia segunda de $a+b$;

$$(a+b)^2=(a+b)\,(a+b).$$

La fracción quedará de este modo transformada en otra fácilmente reducible:

$$\frac{a^3\,b+a^2\,b^2}{a^2+2\,a\,b+b^2}=\frac{(a+b)\,a^2\,b}{(a+b)\,(a+b)}=\frac{a^2\,b}{a+b}.$$

87.   Observación. — Cuando solamente pueden simplificarse los coeficientes numéricos, no se lleva a cabo realmente ninguna simplificación algebraica de la fracción y sí únicamente una simplificación aritmética.

88.   Reducción de fracciones a un común denominador. — Las operaciones y cálculos con fracciones algebraicas obligan en muchos casos a reducirlas a común denominador para sumarlas o restarlas, al igual que se hace con las fracciones algebraicas.

Reducir fracciones algebraicas a común denominador es transformarlas en otras equivalentes que tengan igual denominador.

· Se sigue para ello el mismo procedimiento que en Aritmética.

REGLA. — *Para reducir a común denominador varias fracciones algebraicas se multiplican los dos términos de cada fracción por el producto de los denominadores de las demás.*

Sean las fracciones $\dfrac{a}{b}$, $\dfrac{a'}{b'}$, $\dfrac{a''}{b''}$.

El denominador común es $b \times b' \times b''$, y las fracciones propuestas se transforman, según la regla indicada, en la siguiente:

$$\frac{a}{b} = \frac{a \cdot b' \cdot b''}{b \cdot b' \cdot b''}; \qquad \frac{a'}{b'} = \frac{a' \cdot b \cdot b''}{b' \cdot b \cdot b''}; \qquad \frac{a''}{b''} = \frac{a'' \cdot b \cdot b'}{b'' \cdot b \cdot b'}.$$

EJEMPLO:

Reducir a común denominador las fracciones

$$\frac{a}{b}, \qquad \frac{b}{a-b} \qquad y \qquad \frac{c}{a+b}.$$

El denominador común es:

$$b \, (a-b) \, (a+b).$$

Aplicando la regla enunciada tendremos:

$$\frac{a}{b} = \frac{a\,(a-b)\,(a+b)}{b\,(a-b)\,(a+b)} - \frac{a\,(a^2-b^2)}{b\,(a^2-b^2)}$$

$$\frac{b}{a-b} = \frac{b \cdot b \cdot (a+b)}{b \cdot (a-b)\,(a+b)} = \frac{b^2\,(a+b)}{b\,(a^2-b^2)}$$

$$\frac{c}{a+b} = \frac{c \cdot b\,(a-b)}{b\,(a-b)\,(a+b)} = \frac{c \cdot b\,(a-b)}{b\,(a^2-b^2)}$$

89. Si los denominadores son monomios, o bien expresiones fáciles de descomponer en producto de factores, se puede adoptar como denominador común de las fracciones dadas el *mínimo común múltiplo* de sus denominadores, como se ve en los dos ejemplos siguientes:

1.º Reducir a común denominador las fracciones

$$\frac{7\,a^2\,b^5\,c}{4\,a^3\,b\,c^2} \qquad \frac{2\,a\,b^3}{3\,a^2\,b^3\,c} \qquad \frac{5\,a\,c^3}{6\,a^2\,b}$$

El *m. c. m.* de los denominadores es $12\,a^3\,b^3\,c^2$; multiplicaremos, pues, cada numerador por el cociente que resulta de dividir el *m. c. m.* por su propio denominador, y por denominador del quebrado pondremos el *m. c. m.*; los cocientes respectivos son

$$12\,a^3\,b^3\,c^2 : 4\,a^3\,b\,c^2 = 3\,b^2$$
$$12\,a^3\,b^3\,c^2 : 3\,a^2\,b^3\,c = 4\,a\,c$$
$$12\,a^3\,b^3\,c^2 : 6\,a^2\,b \quad = 2\,a\,b^2\,c^2$$

luego :

$$\frac{7\,a^2\,b^5\,c}{4\,a^3\,b\,c^2} = \frac{7\,a^2\,b^5\,c\times 3\,b^2}{12\,a^3\,b^3\,c^2} = \frac{21\,a^2\,b^7\,c}{12\,a^3\,b^3\,c^2}$$

$$\frac{2\,a\,b^3}{3\,a^2\,b^3\,c} = \frac{2\,a\,b^3\times 4\,a\,c}{12\,a^3\,b^3\,c^2} = \frac{8\,a^2\,b^3\,c}{12\,a^3\,b^3\,c^2}$$

$$\frac{5\,a\,c^3}{6\,a^2\,b} = \frac{5\,a\,c^3\times 2\,a\,b^2\,c^2}{12\,a^3\,b^3\,c^2} = \frac{10\,a^2\,b^2\,c^5}{12\,a^3\,b^3\,c^2}$$

2.º Veamos los casos en que los denominadores no son monomios, pero que contengan algún factor común fácil de distinguir y aislar. Reduzcamos a común denominador las fracciones :

$$\frac{1}{a^2-b^2}\,,\qquad \frac{3}{a^2-2\,a\,b+b^2}\,,\qquad \frac{3}{a^2-a\,b}\,.$$

Los denominadores de las fracciones propuestas equivalen a estas otras expresiones :

$$a^2-b^2=(a+b)\,(a-b)$$

$$a^2-2\,a\,b+b^2=(a-b)^2=(a-b)\,(a-b)$$

$$a^2-a\,b=(a-b)\,a.$$

El mínimo común múltiplo de estas expresiones es

$$a\,(a+b)\,(a-b)^2,$$

luego las expresiones propuestas se convierten en estas otras :

$$\frac{1}{a^2-b^2} = \frac{a\,(a-b)}{a\,(a+b)\,(a-b)^2}$$

$$\frac{3}{a^2-2\,a\,b+b^2} = \frac{3\,a\,(a+b)}{a\,(a+b)\,(a-b)^2}$$

$$\frac{3}{a^2-a\,b} = \frac{3\,a\,(a+b)\,(a-b)}{a\,(a+b)\,(a-b)^2}$$

2.º Operaciones con fracciones

90. Las operaciones con fracciones algebraicas se rigen por las mismas reglas que para las fracciones aritméticas.

91. **Adición.** — *Para sumar fracciones algebraicas del mismo denominador se suman los numeradores y a la suma se le pone por denominador el denominador común.*

EJEMPLOS:

$1.^o \quad \dfrac{a+b}{2\,a} + \dfrac{a-b}{2\,a} = \dfrac{a+b+a-b}{2\,a} = \dfrac{2\,a}{2\,a} = 1.$

$2.^o \quad \dfrac{12\,x-3\,y}{4} - \dfrac{5\,x+2\,y}{4} + \dfrac{x-3\,y}{4} = \dfrac{12\,x-3\,y-5\,x-2\,y+x-3\,y}{4} =$

$$\dfrac{8\,x-8\,y}{4} = \dfrac{8\,(x-y)}{4} = 2\,(x-y).$$

Si las fracciones tienen denominadores diferentes se reducen primero a común denominador.

EJEMPLO:

Sumar las fracciones

$$\dfrac{a}{a-b} - \dfrac{b}{a+b} - \dfrac{2\,b^2}{a^2-b^2}$$

El *m. c. m.* de los denominadores es $(a+b)\,(a-b) = a^2-b^2$, luego la suma anterior se transforma en esta otra:

$$\dfrac{a}{a-b} - \dfrac{b}{a+b} - \dfrac{2\,b^2}{a^2-b^2} = \dfrac{a\,(a+b)}{(a+b)\,(a-b)} - \dfrac{b\,(a-b)}{(a+b)\,(a-b)} - \dfrac{2\,b^2}{(a+b)\,(a-b)} =$$

$$\dfrac{a\,(a+b)-b\,(a-b)-2\,b^2}{(a+b)\,(a-b)} = \dfrac{(a+b)\,(a-b)}{a^2+a\,b-b\,a+b^2-2\,b^2} = \dfrac{a^2+b^2-2\,b^2}{a^2-b^2}$$

92. Substracción. — *Para restar dos fracciones algebraicas se comienza por reducirlas a común denominador si no lo tienen, se restan luego los numeradores y a la diferencia se le pone por denominador el denominador común.*

EJEMPLOS:

Restar las fracciones siguientes:

$1.^o \quad \dfrac{3\,a+5\,b}{a+2\,b} - \dfrac{a-4\,b}{a+2\,b} = \dfrac{3\,a+5\,b-a+4\,b}{a+2\,b} = \dfrac{2\,a+9\,b}{a+2\,b}$

$2.^o \quad \dfrac{x}{1-x} + \dfrac{1}{1+x} - \dfrac{2\,x-1}{1-x^2}$

El denominador común de este último es $1-x^2 = (1-x)\,(1+x)$, luego operaremos así:

$$\dfrac{1}{1-x} + \dfrac{1}{1+x} - \dfrac{2\,x-1}{1-x^2} = \dfrac{1+x}{1-x^2} + \dfrac{1-x}{1-x^2} - \dfrac{2\,x-1}{1-x^2} =$$

$$\dfrac{1+x+1-x-2\,x+1}{1-x^2} = \dfrac{3-2\,x}{1-x^2}$$

93. Multiplicación. — *Para multiplicar varias fracciones algebraicas se multiplican los numeradores y el producto se divide por el de los denominadores.*

EJEMPLO:

Multiplicar las fracciones $\dfrac{a-b}{x+y}$ y $\dfrac{a+b}{x-y}$.

$$\frac{a+b}{x-y}\times\frac{a-b}{x+y}=\frac{(a+b)\,(a-b)}{(x-y)\,(x+y)}=\frac{a^2-b^2}{x^2-y^2}.$$

94. División. — *Para dividir dos fracciones algebraicas se multiplica la fracción dividendo por la fracción divisor invertida.*

EJEMPLOS:

1.º Dividir las fracciones

$$\frac{a+b}{a-b} \quad y \quad \frac{(a+b)^2}{a^2+b^2}$$

Tendremos:

$$\frac{a+b}{a-b}:\frac{(a+b)^2}{a^2+b^2}=\frac{a+b}{a-b}\times\frac{a^2+b^2}{(a+b)^2}=\frac{(a+b)\,(a^2+b^2)}{(a+b)\,(a+b)^2}=$$

$$\frac{(a+b)\,(a^2+b^2)}{(a-b)\,(a+b)\,(a+b)}=\frac{a^2-b^2}{a^2-b^2}$$

resultado al cual se llega después de simplificar convenientemente.

2.º Dividir las fracciones

$$\frac{a^2-6\,a+9}{a^2-1} \quad y \quad \frac{a-3}{a-1}.$$

Tendremos:

$$\frac{a^2-6\,a+9}{a^2-1}:\frac{a-3}{a-1}=\frac{a^2-6\,a+9}{a^2-1}\times\frac{a-1}{a-3}=$$

$$\frac{(a-3)^2\times(a-1)}{(a+1)\,(a-1)\,(a-3)}=\frac{a-3}{a+1}$$

recordando que $a^2-1=(a-1)\,(a+1)$.

95. Elevación a potencia. — La elevación a potencia de una fracción está regida por los mismos principios que la potenciación en Aritmética cuando el exponente es un número natural.

Supongamos la fracción literal $\dfrac{a}{b}$, que queremos elevar a la potencia de grado m, siendo m un número natural. En virtud de la definición de potencia, tendremos:

$$\left(\frac{a}{b}\right)^m=\frac{a}{b}\times\frac{a}{b}\times\frac{a}{b}\times\ldots\ldots=\frac{a\times a\times a\times\ldots}{b\times b\times b\times\ldots}=\frac{a^m}{b^m}$$

luego *para elevar una fracción algebraica a una potencia* m *se elevan a esta potencia los dos términos de la fracción.*

CAPÍTULO IV

POTENCIAS DE LAS EXPRESIONES ALGEBRAICAS

96.   **Definición.** — *Se denomina potencia enésima de una expresión algebraica al producto de* n *factores iguales a esta expresión.*

Se obtendrá, por consiguiente, la potencia de una expresión algebraica aplicando las reglas ya enunciadas para la multiplicación de monomios y polinomios. Cuando las expresiones tienen la forma de productos, cocientes o una potencia, se aplican las reglas siguientes.

97.   **Potencia de un producto.** — *Para elevar a una potencia un producto de varios factores, se eleva cada uno de estos a dicha potencia.*
Así :

$$(a\ b\ c)^n = a^n\ b^n\ c^n.$$

En efecto :

$$(a\ b\ c)^n = (a\ b\ c)\ (a\ b\ c)\ (a\ b\ c)\ldots = a\ b\ c \cdot a\ b\ c \cdot a\ b\ c \ldots a\ b\ c_n$$

y en virtud de la propiedad conmutativa

$$(a\ b \cdot c)^n = a\ a\ a \ldots a_n \cdot b\ b \cdot b \ldots b_n \cdot c\ c\ c \ldots c_n = a^n\ b^n\ c^n$$

como se quería demostrar.

98.   **Potencia de un cociente.** — *Para elevar a una potencia un cociente se eleva a dicha potencia cada uno de los términos del cociente.*
Así :

$$\left(\frac{a}{b}\right)^n = \frac{a^n}{b^n}.$$

En efecto :

$$\left(\frac{a}{b}\right)^n = \frac{a}{b} \times \frac{a}{b} \times \frac{a}{b} \ldots = \frac{a.a.a\ldots}{b.b.b\ldots} = \frac{a^n}{b^n}$$

99.   **Potencia de una potencia.** — *Para elevar una potencia a otra potencia se forma una potencia cuya base es la misma y cuyo exponente es el producto de los exponentes.*
Así, la potencia enésima de a^m es :

$$(a^m)^n = a^m \times a^m \times a^m \ldots = a^{m+m+m} \ldots = a^{mn}$$

100.   De los principios que se estudian en Aritmética sobre la teoría de potencias, dedúcense para el Álgebra los dos principios siguientes :
1.º   *El producto de varias potencias de la misma base es otra potencia cuya base es la misma y cuyo exponente es la suma de los exponentes.*

Así, por ejemplo:

$$a^2 \times a^3 \times a^4 = a \times a \cdot a \times a \cdot a \times a \times a = a^9$$

y en general

$$a^m \times a^n = a^{m+n}.$$

2.º *El cociente de dos potencias de la misma base es una potencia de la misma base cuyo exponente es la diferencia de los exponentes del dividendo y del divisor.*

Así, el cociente de las potencias a^4 y a^2 es:

$$\frac{a^4}{a^2} = \frac{a \cdot a \cdot a \cdot a}{a \cdot a} = a^2 = a^{4-2}$$

y en general

$$\frac{a^m}{a^n} = a^{m-n}.$$

El estudio detenido de este último caso nos conduce a conclusiones curiosas, que exponemos a continuación.

101. Potencia de exponente igual a cero. — Si se dividen dos potencias de la misma base puede ocurrir que los exponentes sean iguales, en cuyo caso el cociente será una potencia de la misma base de exponente igual a cero.

Así, el cociente de a^m por a^n cuando $m = n$, es

$$a^m : a^n = a^{m-n} = a^0,$$

y como por hipótesis $m = n$

$$a^m : a^n = a^m : a^m = 1,$$

luego

$$a^0 = 1,$$

de donde *toda cantidad elevada al exponente cero es igual a la unidad.*

102. Potencias con exponentes negativos. — Las potencias con exponentes negativos resultan como consecuencia de dividir dos potencias de la misma base en el caso de que el exponente del divisor sea mayor que el del dividendo.

En efecto; el cociente de dividir a^m por a^n es:

$$\frac{a^m}{a^n} = a^{m-n}.$$

Si $n > m$, y representamos por p la diferencia $n - m$, tendremos:

$$n = m + p,$$

de donde

$$\frac{a^m}{a^n} = a^{m-(m+p)} = a^{m-m-p} = a^{-p}.$$

Pero

$$\frac{a^m}{a^n} = \frac{a^m}{a^{m+p}} = \frac{a^m}{a^m \cdot a^p} = \frac{a^m}{a^m} \cdot \frac{1}{a^p} = 1 \cdot \frac{1}{a^p} = \frac{1}{a^p}$$

de donde se deduce, por la igualdad de los primeros miembros:

$$a^{-p} = \frac{1}{a^p}$$

es decir, que *toda cantidad elevada a un exponente negativo equivale a un quebrado cuyo numerador es la unidad y cuyo denominador es la misma cantidad con el exponente hecho positivo.*

Se amplía así el campo de cálculo algebraico en algunas de sus partes, y se abren posibilidades para el cálculo de cocientes en casos diferentes de los hasta aquí estudiados, y a operaciones entre potencias con exponentes negativos como se estudian a continuación.

103.   Cuando se estudió la división de dos polinomios ordenados por relación a las potencias descendentes de una misma letra se dijo que era imposible continuar operando cuando se llegase a obtener un resto en el que la letra ordenatriz apareciese con exponente inferior al grado de la misma letra en el primer término del divisor, y se decía que el cociente no era exacto (67). Pero admitidas las potencias con exponentes negativos, se puede continuar la operación en muchos casos, como se indica en el ejemplo siguiente:

$$
\begin{array}{l|l}
a^7 + 8\,a^6 + 18\,a^5 + 13\,a^4 + 2\,a^3 + a^2 + 3\,a + 2 & \;a^6 + 3\,a^5 + 2\,a^4 \\
\underline{-3\,a^6 - \;\;2\,a^5} & \overline{a + 5 + a^{-1} + a^{-4}} \\
\quad\; 5\,a^6 + 16\,a^5 + 13\,a^4 & \\
\quad\;\; \underline{-15\,a^5 - 10\,a^4} & \\
\qquad\qquad a^5 + \;\;3\,a^4 + 2\,a^3 & \\
\qquad\qquad\;\; \underline{-\;\;3\,a^4 - 2\,a^3} & \\
\qquad\qquad\qquad\qquad a^2 + 3\,a + 2 & \\
\qquad\qquad\qquad\qquad\;\; \underline{-3\,a - 2} & \\
\qquad\qquad\qquad\qquad\qquad 0 &
\end{array}
$$

Como se ve en el ejemplo propuesto, el último término del cociente, a^{-4}, es el cociente del término a^2 del dividendo y el primer término del divisor. Por consiguiente, si cuando se llega a un término del cociente en el que la letra ordenatriz tenga un exponente igual a la diferencia entre los últimos términos del dividendo y del divisor no se obtiene un resto cero, la división se puede prolongar indefinidamente.

EJEMPLO:

Dividir *a* por *a - b.*

$$
\begin{array}{l|l}
a & \;a - b \\
\;\;+b & \overline{1 + a^{-1}\,b + a^{-2}\,b^2 + a^{-3}\,b^3 + \ldots} \\
\quad\;\; +a^{-1}\,b^2 & \\
\qquad\;\; +a^{-2}\,b^3 & \\
\qquad\qquad +\ldots &
\end{array}
$$

Este resultado se podía prever, pues siendo el dividendo un monomio y el divisor un binomio, el cociente no puede ser ni un monomio ni un polinomio cuyas letras tuviesen exponentes positivos.

104. Cálculo de las cantidades con exponentes negativos. — Las reglas dadas en párrafos anteriores para las potencias con exponentes enteros y naturales son aplicables al cálculo de las cantidades con exponentes negativos.

105. Producto de potencias con exponentes negativos. — *El producto de dos potencias con exponentes negativos o uno positivo y otro negativo de la misma base, es otra potencia de la misma base, cuyo exponente es la suma algebraica de los exponentes de los factores.*

Sean las cantidades a^{-m} y a^{-n}, tendremos:

$$a^{-m} \times a^{-n} = a^{-m-n}.$$

En efecto: según ya sabemos (101):

$$a^{-m} = \frac{1}{a^m} \quad y \quad a^{-n} = \frac{1}{a^n},$$

luego

$$a^{-m} \times a^{-n} = \frac{1}{a^m} \times \frac{1}{a^n} = \frac{1}{a^m \times a^n} = \frac{1}{a^{m+n}}$$

y pasando a la forma entera

$$\frac{1}{a^{m+n}} = a^{-(m+n)} = a^{-m-n}.$$

Si uno de los factores tuviese exponente positivo, como por ejemplo, a^n, tendríamos:

$$a^{-m} \times a^n = \frac{1}{a^m} \times a^n = \frac{a^n}{a^m} = a^{n-m} = a^{-m+n}.$$

106. Cociente de potencias de exponente negativo. — *El cociente de dos potencias de exponente negativo o una de exponente negativo y otra positivo, de una cantidad, es otra potencia de la misma cantidad cuyo exponente es la diferencia algebraica entre los exponentes del dividendo y del divisor.*

Así, el cociente de a^{-m} y a^{-n} se obtiene del modo siguiente:

$$a^{-m} : a^{-n} = \frac{1}{a^m} : \frac{1}{a^n} = \frac{a^n}{a^m} a^{n-m} = a^{-m+n}.$$

De igual manera:

$$a^{-m} : a^n = \frac{1}{a^m} : a^n = \frac{1}{a^m \times a^n} = \frac{1}{a^{m+n}} = a^{-m-n}.$$

107. Potencia de potencia de exponente negativo. — *Es otra potencia de la misma base cuyo exponente es el producto de los exponentes.*

Así:

$$(a^n)^{-m} = a^{-nm}.$$

En efecto:

$$(a^n)^{-m} = \frac{1}{(a^n)^m} = \frac{1}{a^{nm}} = a^{-nm}.$$

De igual manera

$$(a^{-n})^{-m} = a^{nm}.$$

En efecto:

$$(a^{-n})^{-m}=\left(\frac{1}{a^n}\right)^{-m}=\frac{1}{\left(\frac{1}{a^n}\right)^m}=\frac{1}{\frac{1}{a^{nm}}}=a^{nm}.$$

Finalmente,

$$(a^{-n})^m=a^{-nm}.$$

En efecto:

$$(a^{-n})^m=\left(\frac{1}{a^n}\right)^m=\frac{1}{a^{nm}}=a^{-nm}.$$

Expuesto lo anterior, pasemos al estudio de las potencias de las expresiones algebraicas propiamente dichas.

108. Potencia de un monomio. — Siendo un monomio un producto de varios factores, su elevación a una potencia cualquiera se rige por la regla ya enunciada (95).

Así, la tercera potencia del monomio $(3\,a^2\,b^5\,c^3)$ será:

$$(3\,a^2\,b^5\,c^3)^3=(3)^3\times(a^2)^3\times(b^5)^3\times(c^3)^3=27\,a^6\cdot b^{15}\,c^9,$$

de donde se deduce la siguiente

REGLA. — *Para elevar un monomio a una potencia se eleva a ésta el coeficiente y a continuación se escribe la parte literal, afectando cada letra de un exponente igual al producto del que tenía antes por el de la potencia.*

109. Esta regla se aplica en todos los casos, incluso cuando algunos de los exponentes de las letras del monomio sean negativos o lo sea el exponente de la potencia.

EJEMPLOS:

$$(3\,a^{-2}\,b^3\,c^{-4})^3=27\,a^{-6}\,b^9\,c^{-12}$$

$$(-a^{-3}\,b^2\,c^{-1})^{-2}=a^6\,b^{-4}\,c^2.$$

110. Cuadrado de un binomio. — Sea el binomio $a+b$, cuyo cuadrado tratamos de hallar. Por definición de potencia se sabe que

$$(a+b)^2=(a+b)\,(a+b)$$

y efectuando la multiplicación indicada, tendremos:

$$
\begin{array}{l}
a+b\\
a+b\\
\hline
a^2+\ \ a\,b\\
\ \ +\ \ a\,b+b^2\\
\hline
a^2+2\,a\,b+b^2
\end{array}
\qquad \text{luego}\quad (a+b)^2=a^2+2\,a\,b+b^2.
$$

Así pues, el cuadrado de un binomio, suma de dos términos, es igual al cuadrado del primero, más el duplo del primero por el segundo, más el cuadrado del segundo.

EJEMPLO:

$$(2\,x+4\,y)^2=(2\,x)^2+2\,(2x\cdot 4\,y)+(4\,y)^2=4\,x^2+16\,x\,y+16\,y^2.$$

Si en la igualdad

$$(a+b)^2 = a^2 + 2\,a\,b + b^2$$

se substituye b por $-b$, la igualdad anterior se transforma en esta otra:

$$(a-b)^2 = a^2 + 2\,a\,(-b) + (-b)^2 = a^2 - 2\,a\,b + b^2$$

lo que nos dice que:

El cuadrado de una diferencia de dos números es igual al cuadrado del primero menos el duplo del primero por el segundo, más el cuadrado del segundo.

Ejemplo:

$$(2\,x - 3\,y)^2 = (2\,x)^2 - 2\,(2\,x \cdot 3\,y) + (3\,y)^2 = 4\,x^2 - 12\,x\,y + 9\,y^2.$$

111. Cubo de un binomio. — Para hallar el cubo de un binomio tendremos en cuenta que

$$(a+b)^3 = (a+b)^2\,(a+b)$$

y substituyendo $(a+b)^2$ por su valor y efectuando la multiplicación, resulta:

$$
\begin{array}{l}
a^2 + 2\,a\,b + b^2 \\
\qquad\quad a + b \\
\hline
a^3 + 2\,a^2\,b + \ \ a\,b^2 \\
\quad\ + \ \ a^2\,b + 2\,a\,b^2 + b^3 \\
\hline
a^3 + 3\,a^2\,b + 3\,a\,b^2 + b^3
\end{array}
\qquad \text{luego} \ (a+b)^3 = a^3 + 3\,a^2\,b + 3\,a\,b^2 + b^3
$$

esto es:

El cubo de la suma de dos monomios es igual al cubo del primero más el triplo del cuadrado del primero por el segundo, más el triplo del segundo por el cuadrado del primero, más el cubo del segundo.

De igual manera que antes se dijo, substituyendo b por $-b$ en el desarrollo último, obtendremos el desarrollo del cubo de la diferencia de dos números:

$$(a-b)^3 = a^3 + 3\,a^2\,(-b) + 3\,a\,(-b)^2 + (-b)^3 = a^3 - 3\,a^2\,b + 3\,a\,b^2 - b^3.$$

Ejemplos:

$$(4\,x + 2\,y)^3 = (4\,x)^3 + 3\,(4\,x)^2 \cdot (2\,y) + 3\,(4\,x)\,(2\,y)^2 + (2\,y)^3 =$$
$$64\,x^3 + 96\,x^2\,y + 48\,x\,y^2 + 8\,y^3.$$

$$(2\,x - y)^3 = (2\,x)^3 - 3\,(2\,x)^2\,y + 3\,(2\,x)\,y^2 - y^3 =$$
$$8\,x^3 - 12\,x^2\,y + 6\,x\,y^2 - y^3.$$

112. Cuadrado de un polinomio. — Para elevar un polinomio al cuadrado se supone descompuesto en dos partes: la primera formada por el primer término y la segunda por el resto, esto es, se forma con él un binomio y se desarrolla el cuadrado de éste; aplicando cuantas veces sea preciso este método se logra hallar el cuadrado del polinomio dado.

Ejemplo:

Elevar al cuadrado el polinomio

$$a + b + c + d.$$

Aplicando el método indicado, tendremos:

$$(a+b+c+d)^2 = [a+(b+c+d)]^2 = a^2 + 2\,a\,(b+c+d) + (b+c+d)^2$$
$$= a^2 + 2\,a\,b + 2\,a\,c + 2\,a\,d + b^2 + 2\,b\,(c+d) + (c+d)^2$$
$$= a^2 + 2\,a\,b + 2\,a\,c + 2\,a\,d + b^2 + 2\,b\,c + 2\,b\,d + c^2 + 2\,c\,d + d^2$$
$$= a^2 + b^2 + c^2 + d^2 + 2\,(a\,b + a\,c + a\,d + b\,c + b\,d + c\,d).$$

Este procedimiento, aunque muy elemental y sencillo, es algo engorroso cuando el polinomio consta de muchos términos, pero lo damos como el más fácil de aplicar, existiendo otros métodos para desarrollar rápidamente las potencias de polinomios de exponentes elevados y gran número de términos.

Del resultado obtenido podemos deducir la consecuencia siguiente:

El desarrollo del cuadrado de un polinomio es otro polinomio que se forma escribiendo la suma de los cuadrados de todos los términos, y luego la de los productos del duplo de cada término por cada uno de los que le siguen.

1.º Descomposición de un polinomio en factores

113. En muchos casos es conveniente transformar los polinomios en dos o más factores sencillos; esta operación no está sujeta a regla ninguna, a diferencia de lo que ocurre en la descomposición de un número en factores primos. Por esto la operación exige cierta práctica matemática y recordar multitud de principios y aplicaciones de las fórmulas ya conocidos.

Vamos a exponer algunos ejemplos para que sirvan de guía al lector.

114. **Sacar factor común.** — Si todos los términos del polinomio tienen uno o varios factores comunes, se puede sacar el factor común en virtud de la propiedad distributiva de la multiplicación.

Ejemplos:

$$5\,a^2\,b^5\,c^2 - 10\,a^2\,b^2\,c + 45\,a\,b^4\,c^3.$$

El factor común a todos los términos es $5\,a\,b^2\,c$, luego sacándolo de la expresión tendremos el polinomio primitivo descompuesto en dos factores:

$$5\,a^2\,b^5\,c^2 - 10\,a^2\,b^2\,c + 45\,a\,b^4\,c^3 = 5\,a\,b^2\,c\,(a\,b^3\,c - 2\,a + 9\,b^2\,c^2).$$

Los términos encerrados dentro del paréntesis son los cocientes que resultan de dividir cada uno de los términos del polinomio propuesto por el factor común, lo cual damos como regla para sacar el factor común de los términos de una expresión.

115. Muchas veces ocurre que después de haber sacado un factor común entre los términos de un polinomio, los resultados tienen aún un nuevo factor común, que a su vez deberá sacarse también.

Ejemplos:

$$a\,b + a\,y + b\,x + x\,y = a\,(b+y) + x\,(b+y) = (b+y)\,(a+x).$$

La aplicación de algunos principios conocidos pueden conducirnos a la solución de la cuestión.

EjEMPLOS :

1.º Descomponer en dos factores la expresión $4\,m^2 - 9\,n^2$.
Basta fijarse que 4 y 9 son cuadrados perfectos, luego

$$4\,m^2 - 9\,n^2 = 2^2\,m^2 - 3^2\,n^2 = (2\,m)^2 - (3\,n)^2.$$

Aquí tenemos una diferencia de dos cuadrados (64), por consiguiente,

$$(2\,m)^2 - (3\,n)^3 = (2\,m + 3\,n)\,(2\,m - 3\,n).$$

El polinomio primitivo queda así descompuesto en dos factores:

$$4\,m^2 - 9\,n^2 = (2\,m + 3\,n)\,(2\,m - 3\,n).$$

2.º Descomponer en dos factores la expresión $\dfrac{x^2}{a^2} - \dfrac{y^2}{b^2}$
Tendremos :

$$\frac{x^2}{a^2} - \frac{y^2}{b^2} = \left(\frac{x}{a}\right)^2 - \left(\frac{y}{b}\right)^2 = \left(\frac{x}{a} + \frac{y}{b}\right)\left(\frac{x}{a} - \frac{y}{b}\right)$$

utilizando para ello el mismo principio que en el ejemplo anterior.

116. En algunos casos puede descomponerse un polinomio en productos de sumas.

EjEMPLOS :

1.º Descomponer el polinomio

$$a\,x^2 - b\,x^2 + a\,y^2 - b\,y^2$$

en producto de sumas.
Sacando factor común x^2 en los dos primeros e y^2 en los dos últimos términos, tendremos :

$$a\,x^2 - b\,x^2 + a\,y^2 - b\,y^2 = (a - b)\,x^2 + (a - b)\,y^2 = (a - b)\,(x^2 + y^2),$$

tal como se deseaba obtener.
2.º Descomponer el polinomio

$$a^2 - a\,b - b - 1$$

en producto de sumas.

$$a^2 - a\,b - b - 1 = a^2 - 1 - (a\,b + b) = (a + 1)\,(a - 1) - b\,(a + 1) = (a + 1)\,(a - b - 1).$$

117. **Aplicación de la regla de Ruffini a la descomposición de un polinomio en factores.** —La regla de Ruffini nos ofrece un medio para deducir rápidamente en algunos casos los factores en que puede descomponerse un polinomio dado.

Así, veamos el caso de una suma de potencias de exponentes iguales, tal como $a^3 + b^3$.

Según se ha estudiado, esta suma es divisible por la suma $a+b$ de sus bases cuando el exponente es impar; luego podremos descomponer el polinomio dado en dos factores: uno, $a+b$, y el otro el cociente que resulta de dividir a^3+b^3 por $a+b$, esto es, a^2-ab+b^2. Luego:

$$a^3+b^3=(a+b)(a^2-ab+b^2).$$

El polinomio

$$64\,x^3\,y^3+27\,c^3$$

puede ser también descompuesto en dos factores: basta fijarse en que

$$64=4^3 \quad y \quad 27=3^3,$$

luego será divisible por el binomio $4\,x\,y+3\,c$ y por consiguiente:

$$64\,x^3\,y^3+27\,c^3=(4\,x\,y+3\,c)(16\,x^2\,y^2+12\,x\,y\,c+9\,c^2).$$

118. Descomposición de un polinomio entero en x en factores, cuando se conoce un valor de x que anula su valor numérico. — Ya sabemos (114) que cuando ocurre esto es indicio de que la división de este polinomio por la diferencia $x-a$ es exacta y, por lo tanto, el polinomio es divisible por $x-a$. Luego, con ayuda de la regla de Ruffini, encontraremos rápidamente el cociente y de este modo obtendremos los dos factores que se buscan.

EJEMPLO:

Sea el polinomio

$$3\,x^4-11\,x^3+17\,x^2-18\,x+8$$

que se anula para el valor $x=2$; será divisible por $x-a$. Calculando los coeficientes de los términos del cociente:

$$
\begin{array}{r|rrrrr}
 & 3 & -11 & +17 & -18 & +8 \\
 &   & +6 & -10 & 14 & -8 \\
\hline
2 & 3 & -5 & +7 & -4 & 0 \\
\end{array}
$$

Luego el polinomio propuesto se descompondrá así:

$$3\,x^4-11\,x^3+17\,x^2-18\,x+8=(x-2)(3\,x^3-5\,x^2+7\,x-4).$$

La descomposición de un polinomio en factores es a veces condición necesaria para la resolución de ciertos problemas, como ocurre en la interpretación y discusión del llamado trinomio de segundo grado, como veremos más adelante.

2.º Factorial de un número y coeficientes binómicos

119. Antes de continuar el estudio del desarrollo de las potencias superiores de binomios y polinomios, conviene exponer algunas ideas sobre dos conceptos algebraicos muy importantes. Éstos son el de *factorial de un número* y el de los llamados *coeficientes binómicos*.

120. Factorial de un número. — *Llámase factorial de un número entero y natural* n *el producto de los* n *primeros números naturales consecutivos, comenzando* *por la unidad*. Se representa abreviadamente por los símbolos ! o |___, que se lee *factorial*. Así, el factorial de *n* es

$$n! = 1 \cdot 2 \cdot 3 \cdot 4 \ldots\ldots n$$

El de cuatro es

$$4! = 1 \cdot 2 \cdot 3 \cdot 4.$$

Se admite y supone que el factorial de cero y el de la unidad es igual a 1; así:

$$0! = 1; \qquad 1! = 1.$$

121. Coeficientes binómicos. — *Llámanse así las expresiones algebraicas de la forma* $\left(\begin{array}{c} m \\ n \end{array} \right)$ *en la cual* m *y* n *son números naturales.*

Todo coeficiente binómico equivale a un quebrado cuyo numerador está formado por el producto de n *factores que comenzando por* m *disminuyen de unidad en unidad, y cuyo denominador es factorial de* n.

Ejemplo:

$$\left(\begin{array}{c} 5 \\ 3 \end{array} \right) = \frac{5 \cdot 4 \cdot 3}{1 \cdot 2 \cdot 3} = \frac{5 \cdot 4 \cdot 3}{3!} = \frac{60}{6} = 10.$$

La forma general $\left(\begin{array}{c} m \\ n \end{array} \right)$ se lee *m sobre n*, y equivale a:

$$\left(\begin{array}{c} m \\ n \end{array} \right) = \frac{m \cdot (m-1)(m-2)\ldots\ldots(m-n+1)}{1 \cdot 2 \cdot 3 \ldots\ldots n}$$

pero muchas veces se expresa por un producto de fracciones de la manera siguiente:

$$\left(\begin{array}{c} m \\ n \end{array} \right) = \frac{m}{1} \times \frac{m-1}{2} \times \frac{m-2}{3} \times \ldots\ldots\ldots \times \frac{m-n+1}{n}$$

El último factor es el *factor general*, pues sin tomar en consideración la definición dada, que nos dice de un modo claro el número de factores que constituyen el numerador, indica cuál ha de ser el último factor.

Así, en el caso de $\left(\begin{array}{c} 6 \\ 4 \end{array} \right)$, el último factor ha de valer $6-4+1=3$, y así es, pues de la definición se deduce que

$$\left(\begin{array}{c} 6 \\ 4 \end{array} \right) = \frac{6 \cdot 5 \cdot 4 \cdot 3}{1 \cdot 2 \cdot 3 \cdot 4}$$

Los números *m* y *n* de la notación general se denominan respectivamente *índice superior* e *inferior* del coeficiente binómico.

Se sienta el principio en esta teoría de que el índice inferior *n* ha de ser siempre de valor inferior a *m*, esto es, $m > n$, pues si así no fuese, uno de los factores del numerador tendría que ser forzosamente igual a cero, y como consecuencia también lo sería el coeficiente binómico.

Ejemplo:

$$\left(\begin{array}{c} 3 \\ 6 \end{array} \right) = \frac{3 \cdot 2 \cdot 1 \cdot 0 \cdot (-1) \cdot (-2)}{6!} = 0.$$

122. Valor de las expresiones $\binom{m}{0}$ **y** $\binom{m}{1}$. — Consideremos el coeficiente binómico general

$$\binom{m}{n} = \frac{m\,(m-1)\,(m-2)\ldots\ldots(m-n+1)}{1\cdot 2\cdot 3\ldots\ldots n}$$

Multiplicando los dos términos de la fracción por $(m-n)!$, cuyo valor es

$$(m-n)! = 1\cdot 2\cdot 3\ldots\ldots(m-n),$$

tendremos:

$$\binom{m}{n} = \frac{m\,(m-1)\,(m-2)\ldots\ldots(m-n+1)\,(m-n)\,(m-n-1)\ldots\ldots 3\cdot 2\cdot 1}{1\cdot 2\cdot 3\ldots\ldots n\,(m-n)!} = \frac{m!}{n!\,(m-n)!}$$

puesto que el numerador es una serie de factores que comienza en *m* y termina en 1, disminuyendo aquéllos de unidad en unidad.

Si substituimos, pues, en esta última expresión, *n* por 0 y 1 sucesivamente, tendremos las dos expresiones.

$$\binom{m}{0} = \frac{m!}{m!\,0!} = 1 \qquad \text{y} \qquad \binom{m}{1} = \frac{m!}{1!\,(m-1)!} = m.$$

CAPÍTULO V

NOCIONES GENERALES SOBRE COMBINATORIA

123. Combinatoria. — Recibe este nombre *la ciencia cuyo objeto es el estudio de la formación de los grupos independientes que pueden formarse con varios objetos relacionados según leyes determinadas y no escogidos caprichosamente.*

Como algunos principios y teoremas de esta ciencia tienen aplicación inmediata a ciertas teorías algebraicas, y en especial a las potencias de grados elevados de los binomios y polinomios, expondremos resumidamente la teoría combinatoria, tanto con el fin de resolver los problemas de potenciación a que hemos hecho referencia, como el de completar los conocimientos del Álgebra de los lectores.

124. División. — La teoría combinatoria abarca en su estudio tres clases distintas de grupos de objetos, cada una de características propias: *Coordinaciones, Permutaciones* y *Combinaciones*, que estudiaremos breve y sucesivamente, exponiendo únicamente los principios indispensables para la resolución de los problemas de potenciación a que hemos hecho referencia.

125. Los objetos que entran en la formación de los grupos se representan en el cálculo mediante letras o números naturales; tanto las unas como los otros carecen en este caso de valor numérico, es decir, no son cantidades, sino medio para diferenciar los objetos entre sí.

1.º COORDINACIONES, VARIACIONES O AGRUPACIONES

126. Coordinaciones o **agrupaciones** *de* m *objetos son los diferentes grupos que se pueden formar con los* m *objetos tomándolos de uno en uno, de dos en dos, de tres en tres, y en general de* n *en* n, *de todas las maneras posibles, diferenciándose estos grupos ya sea por el número de objetos o elementos que en ellos intervienen o por el orden en que están colocados.*

Se denomina *grado de una coordinación* el número de letras que la componen. Las de primer grado se llaman *unarias o monarias*, las de segundo *binarias*, las de tercero *ternarias*, etc.

De la definición se deduce que con las letras *a b c* se pueden formar las combinaciones o agrupaciones binarias siguientes:

$$a\,b,\ a\,c,\ b\,a,\ b\,c,\ c\,a,\ c\,b$$

Los grupos *a b* y *b a* se diferencian por el orden de sus letras, en tanto que los *a b* y *a c* difieren entre sí por una letra.

127. Formación de las coordinaciones o agrupaciones. — Supongamos que tenemos *m* elementos, letras u objetos distintos; para representar las agrupaciones del grado *n* formadas entre *m* objejtos tomados, se emplea el símbolo A_m^n, que se lee: *agrupaciones de* m *objetos tomados de* n *en* n (o también la notación V_m^n: *variaciones de* m *objetos tomados de* n *en* n).

Se comprende que el número de grupos formados con *una* sola letra u objetos (agrupaciones *unarias*) con los *m* objetos o letras dadas es igual a *m*; luego

$$A_m^1 = V_m^1 = m.$$

Las coordinaciones *binarias* se forman colocando al lado de cada unaria los *m* elementos restantes *uno a uno*, como se ve en el cuadro siguiente:

Coordinaciones unarias . . . a, b, c, d, e......l, m

Coordinaciones binarias. . .
$$\left\{\begin{array}{l} ab,\ ac,\ ad,\ ae......al,\ am \\ ba,\ bc,\ bd,\ be......bl,\ bm \\ \cdots\cdots\cdots\cdots\cdots\cdots\cdots \\ la,\ lb,\ lc,\ ld......lk,\ lm \\ ma,\ mb,\ mc,\ md...mk,\ ml \end{array}\right.$$

El número de coordinaciones binarias es igual, pues, a *m* (*m* − 1), ya que cada uno de los *m* grupos unarios forma *m* − binarios. Así pues:

$$A_m^2 = V_m^2 = m\ (m-1).$$

Las coordinaciones ternarias se obtienen escribiendo a la derecha de cada una de las binarias los *m* − 2 términos restantes, *uno a uno*, como se ve a continuación:

Coordinaciones ternarias .
$$\left\{\begin{array}{l} abc,\ abd,\ abe......abm \\ acb,\ acd,\ ace......acm \\ \cdots\cdots\cdots\cdots\cdots\cdots\cdots \\ bac,\ bad,\ bae......bam \\ \cdots\cdots\cdots\cdots\cdots\cdots\cdots \\ mla,\ mlb,\ mlc......mlk \end{array}\right.$$

Como se ve, cada una de las coordinaciones binarias da lugar a $m-2$ ternarias, luego el número total de éstas será:

$$A_m^3 = m\ (m-1)\ (m-2).$$

Continuando de este modo, si hubiésemos formado las coordinaciones de grado $n-1$, obtendríamos las de grado n agregando a la derecha de cada una de las del grado $n-1$, y *una a una*, las letras restantes; éstas son en número igual a $m-(n-1)$, luego el número de agrupaciones del grado n se obtendrá multiplicando por $m-(n-1)$ las del grado $n-1$; pero como

$$m-(n-1) = m-n+1$$

el número de agrupaciones del grado n será:

$$A_m^n = m\ (m-1)\ (m-2)\ ......(m-n+1) \qquad (1).$$

EJEMPLOS:

$$A_6^1 = 6$$
$$A_6^2 = 6\ (6-1) = 6 \cdot 5 = 30$$
$$A_6^3 = 6\ (6-1)\ (6-2) = 6 \cdot 5 \cdot 4 = 120.$$

2.º   PERMUTACIONES

128. **Permutaciones** *de* n *letras u objetos son los diferentes grupos que se pueden formar con* n *letras u objetos, de modo que en cada uno entren los* n *elementos, debiendo, por consiguiente, diferenciarse los grupos por el orden en que se colocan éstos.*

De la definición se deduce que *las permutaciones de* n *elementos son las coordinaciones de grado* n *de los* n *elementos*, diferenciándose de las coordinaciones únicamente por el orden en que se colocan los elementos, debiendo entrar en cada grupo todos los *n* elementos.

La notación de la permutación de grado n es P_n, y obtendremos su número haciendo $n=m$ en la fórmula (1) de las coordinaciones.

Así, el número de permutaciones que pueden formarse con n objetos o elementos será:

$$P_n = n\ (n-1)\ (n-2)\ ......(n-n+1) = n\ (n-1)\ (n-2)\ ......1 =$$
$$1 \cdot 2 \cdot 3\ ......(n-1)\ (n) = n!$$

esto es, a *factorial de* n.

EJEMPLOS:

El número de permutaciones que pueden formarse con cuatro objetos es, pues:

$$P_4 = 1 \cdot 2 \cdot 3 \cdot 4 = 4\ ! = 24.$$

Ocho objetos pueden agruparse de 40320 maneras siguientes.

$$P_8 = 1 \cdot 2 \cdot 3 \cdot 4 \cdot 5 \cdot 6 \cdot 7 \cdot 8 = 8! = 40320.$$

129. **Manera de obtener prácticamente las permutaciones de** *n* **objetos.** — Un solo objeto no puede permutarse consigo mismo, luego

$$P_1 = 1 = 1!$$

Dos objetos o letras, a y b, se pueden permutar solamente de dos maneras:

$$a\,b, \qquad b\,a,$$

luego

$$P_2 = P_1 \times 2 = 1 \cdot 2 = 2\,!$$

Para obtener las permutaciones posibles con tres letras o elementos a, b, c, se escriben las permutaciones binarias y a la derecha de cada una se coloca el tercer elemento o letra, haciéndola luego recorrer sucesivamente todos los lugares hacia la izquierda. Así,

$$\begin{array}{ccc}
a\,b\,c & a\,c\,b & c\,a\,b \\
b\,a\,c & b\,c\,a & c\,b\,a
\end{array}$$

Como cada permutación binaria da lugar a tres ternarias, se tiene

$$P_3 = P_2 \cdot 3 = 1 \cdot 2 \cdot 3 = 3\,!$$

y del mismo modo se obtendría

$$P_4 = P_3 \times 4 = 1 \cdot 2 \cdot 3 \cdot 4 = 4\,!$$

y en general

$$P^n = 1 \cdot 2 \cdot 3 \ldots\ldots n = n! \qquad (2).$$

Ejemplo:

¿De cuántas maneras se pueden permutar entre sí cinco objetos?

$$P_5 = 1 \cdot 2 \cdot 3 \cdot 4 \cdot 5 = 5\,! = 120.$$

3.º   Combinaciones

130. *Se llaman* **combinaciones** *a los grupos que pueden formarse con* n *objetos de modo que se diferencien entre sí por el número de objetos que en ellos entren, pero no por el orden de su colocación.*

De la definición se deduce que los grupos que pueden formarse con n letras diferentes se han de diferenciar entre sí por el número y naturaleza de las letras que entran en cada grupo, pero no por el orden.

La notación que se emplea es C_m^n, la cual se lee; *combinación de* m *objetos tomados de* n *en* n.

131. **Modo práctico de obtener las combinaciones.** —Prácticamente se obtienen las combinaciones binarias, de m letras, escribiendo o colocando a la derecha de cada unaria, que son m, una por una las letras *siguientes*. No cabe duda que el número de combinaciones unarias que pueden formarse, por ejemplo, con las cinco primeras letras del alfabeto son 5:

$$\text{Combinaciones unarias} \quad \ldots\ldots\ldots \quad a,\ b,\ c,\ d,\ e,$$

luego

$$C_5^1 = 5, \quad \text{y, en general,} \quad C_m^1 = m.$$

Las combinaciones binarias serán

$$\text{Combinaciones binarias} \ldots \left\{ \begin{array}{llll} a\,b & a\,c & a\,d & a\,e \\ b\,c & b\,d & b\,e \\ c\,d & c\,e \\ d\,e \end{array} \right.$$

esto es:

$$C_5^2 = 10.$$

Según lo dicho al estudiar las coordinaciones y permutaciones, el número de coordinaciones binarias que pueden formarse con cinco objetos o letras era

$$A_5^2 = 5\,(5-1) = 5 \cdot 4 = 20$$

y el de permutaciones con dos objetos o letras

$$P_2 = 1 \cdot 2 = 2! = 2.$$

Se ve, pues, que el número de combinaciones binarias que pueden formarse con cinco objetos o letras es igual al de coordinaciones dividido por el de permutaciones, luego

$$C_m^n = \frac{A_m^n}{P_n} \qquad (3),$$

como se ve en el cuadro siguiente, en el que con tipos más negros aparecen las combinaciones que forman parte de las coordinaciones binarias posibles con cinco objetos:

Objetos: a, b, c, d, e

a b	**a c**	**a d**	**a e**
b a	**b c**	**b d**	**b e**
c a	c b	**c d**	**c e**
d a	d b	d c	**d e**
e a	e b	e c	e d

Las combinaciones ternarias se obtienen, en virtud de la regla dada, escribiendo a continuación de cada binaria las letras que le siguen por el orden dado. Suponiendo que tenemos las letras *a, b, c, d, e,* las combinaciones ternarias serán las siguientes:

$$\text{Combinaciones ternarias} \ldots \begin{array}{llllll} a\,b\,c & a\,b\,d & a\,b\,e & a\,c\,d & a\,c\,e & a\,d\,e \\ b\,c\,d & b\,c\,e & b\,d\,e \\ c\,d\,e \end{array}$$

Su número viene dado, como antes, por la fórmula

$$C_3^5 = \frac{5 \cdot 4 \cdot 3}{1 \cdot 2 \cdot 3} = \frac{60}{6} = 10.$$

Las combinaciones son, pues, coordinaciones sin permutaciones.

Substituyendo en la fórmula (3) los valores de A_m^n y P^n dados en (1) y (2), tendremos:

$$C_m^n = \frac{A_m^n}{P_n} = \frac{m\,(m-1)\,(m-2)\ldots\ldots(m-n+1)}{1 \cdot 2 \cdot 3 \cdot 4 \ldots\ldots n} \qquad (4).$$

Si comparamos esta fórmula con la hallada al hablar de los coeficientes binómicos (12), vemos que sus segundos miembros son iguales, luego:

$$C_m^n = \left(\frac{m}{n}\right) = \frac{m!}{n!(m-n)!}$$

forma la última que adopta C_m^n en virtud de lo explicado en (121).

EJEMPLOS:

¿Cuál es el número de combinaciones que pueden formarse con seis objetos tomados de cuatro en cuatro?

$$C_6^4 = \frac{6 \cdot 5 \cdot 4 \cdot 3}{1 \cdot 2 \cdot 3 \cdot 4} = \frac{360}{24} = 15.$$

132.   De estos elementos de combinatoria haremos uso en las cuestiones referentes al desarrollo de las potencias de exponentes elevados, enteros y positivos de los binomios, teoría que exponemos a continuación con la extensión que merece.

CAPÍTULO VI

POTENCIAS SUPERIORES Y RADICACIÓN DE UN BINOMIO

133.   Si bien se pueden obtener las sucesivas potencias de un binomio mediante multiplicaciones reiteradas, la complejidad de las operaciones necesarias para ello aumenta cuando el exponente es algo elevado. Esta dificultad indujo a varios matemáticos a investigar un método más fácil; le cupo al matemático italiano N. Tartaglia (1505-1557) hallar la fórmula que permite obtener las potencias de exponente entero y positivo de un binomio.

134.   **Primeras potencias de un binomio.** — Recordemos algunos conceptos expuestos ya: si desarrollamos las potencias de 1.º, 2.º, 3.º, 4.º... grado de un binomio, como se ven a continuación,

$$(x+a)^1 = x+a$$
$$(x+a)^2 = x^2 + 2\,a\,x + a^2$$
$$(x+a)^3 = x^3 + 3\,x^2\,a + 3\,x\,a^2 + a^3$$
$$(x+a)^4 = x^4 + 4\,a\,x^3 + 6\,a^2\,x^2 + 4\,a^3\,x + a^4$$

observamos que tales desarrollos son respectivamente polinomios de 1.º, 2.º, 3.º y 4.º... grado, homogéneos, ordenados y completos en x y a, cuyo primer término tiene por coeficiente la unidad, y el del segundo término es el exponente de la potencia; además, se observa la ley de simetría de los coeficientes, pero no es posible aún deducir la ley general que preside el desarrollo de la potencia del binomio cuando el exponente es elevado.

Pero consideremos el producto de m binomios que tienen todos igual su primer término y diferentes los segundos, tal como

$$(x+a)\,(x+b)\,(x+c)\,(x+d)\ldots\ldots(x+l)\,(x+m),$$

y vamos a efectuar este producto, para lo cual dispondremos la operación de modo gradual y ordenado, colocando en columna todos los términos que tienen como factor común a x, x^2, x^3...... sucesivamente:

$$x+a$$
$$x+b$$

x^2+a	$x+a\,b$
$+b$	

$$\times \quad x+c$$

x^3+a	$x^2+a\,b$	$x+a\,b\,c$
$+b$	$+a\,c$	
$+c$	$+b\,c$	

$$\times \quad x+d$$

x^4+a	$x^3+a\,b$	$x^2+a\,b\,c$	$x+a\,b\,c\,d$
$+b$	$+a\,c$	$+a\,b\,d$	
$+c$	$+a\,d$	$+a\,c\,d$	
$+d$	$+b\,c$	$+b\,c\,d$	
	$+b\,d$		
	$+c\,d$		

en la cual el producto de $x \times a$ por $x+b$ se ha multiplicado por $x+c$, y así sucesivamente, y se han colocado las sucesivas potencias de x a la derecha de líneas verticales, las cuales desempeñan el oficio de paréntesis que encierran a los polinomios que le anteceden.

El producto de los m binomios lo expresamos, por consiguiente, así:

x^m+a	$x^{m-1}+a\,b$	$x^{m-2}+a\,b\,c$	$x^{x-3}+......+a\,b\,c\,d......k\,l\,m$
$+b$	$+a\,c$	$+a\,b\,d$	
$+c$	$+a\,d$	$+\quad:$	
$+d$	$:$	$+\quad:$	
$:$	$+b\,c$	$:\quad:$	
$:$	$+b\,d$	$:\quad:$	
$:$	$:$	$:\quad:$	
$+k$	$:$	$+h\,k\,l$	
$+l$	$+k\,l$	$+k\,l\,m$	
$+m$	$+l\,m$		

Si nos fijamos en este producto veremos que el exponente de la máxima potencia de x es igual al número m de binomios que entran en el producto, y este exponente va disminuyendo de unidad en unidad; el coeficiente de x^m es la unidad; el de x^{m-1} es la suma de los términos segundos de los m binomios que entran en el producto y su número es igual al de combinaciones *unarias* que pueden formarse con los m términos, esto es, m; el coeficiente de la potencia x^{m-2} es la suma de las combinaciones binarias que pueden formarse con los m términos distintos, o sea $\dfrac{m\,(m-1)}{1\cdot 2}$; el

de la potencia x^{m-3}, la suma de las combinaciones *ternarias*, esto es $\dfrac{\overset{+c}{m\,(m-1)\,(m-2)}}{1\cdot 2\cdot 3}$, y así sucesivamente; y el término último del desarrollo, $a\,b\,c\,d...k\,l\,m$ es la única combinación que puede formarse con m elementos entrando todos ellos, esto es, C_m^m, y es el producto de todos los términos diferentes de los m binomios considerados.

Ahora bien; si suponemos iguales a a los segundos términos de los m binomios propuestos, esto es, $a=b=c...=l=m$, el desarrollo del producto que estudiamos se transforma en este otro:

$$(x+a)^m = x^m + a \begin{vmatrix} x^{m-1}+a\,a \\ +a\,a \\ +a\,a \\ \vdots \\ \vdots \end{vmatrix} x^{m-2}+a\,a\,a \begin{vmatrix} \\ +a\,a\,a \\ +a\,a\,a \\ \vdots \\ \vdots \end{vmatrix} x^{m-3}+......+a\,a\,a......a\,a$$

y recordando lo que antes se dijo referente a los coeficientes de las sucesivas potencias de x, podremos escribir:

$$(x+a)^m = x^m + C_m^1\,a\,x^{m-1} + C_m^2\,a^2\,x^{m-2} + C_m^3\,a^3\,x^{m-3} + ...C_m^n\,a^n\,x^{m-n} + ...$$

$$+ C_m^{m-n}\,a^{m-n}\,x^n + ... + C_m^m\,a^m \qquad (1),$$

o lo que es lo mismo:

$$(x+a)^m = x^m + \frac{m}{1}\,a\,x^{m-1} + \frac{m\,(m-1)}{1\cdot 2}\,a^2\,x^{m-2} + \frac{m\,(m-1)\,(m-2)}{1\cdot 2\cdot 3}\,a^3\,x^{m-3} + ...$$

$$+ \frac{m\,(m-1)\,(m-2)...(m-n+1)}{1\cdot 2\cdot 3...n}\,a^n\,x^{m-n} + ... + a^m \qquad (2),$$

es decir, que el coeficiente de x^{x-1} es igual a a repetida como sumando tantas veces como *combinaciones unarias* pueden formarse con m elementos; el coeficiente de x^{m-2} es a^2, repetido tantas veces como sumando como combinaciones binarias pueden formarse con m elementos, y así sucesivamente. El término que ocupa el lugar $n+1$, suele llamarse *término general*.

135. Se utilizan a veces los coeficientes binómicos en la expresión del desarrollo de las potencias del binomio, y este desarrollo adopta entonces la forma siguiente:

$$(x+a)^m = x^m + \binom{m}{1}\,a\,x^{m-1} + \binom{m}{2}\,a^2\,x^{m-2} + \binom{m}{3}\,a^3\,x^{m-3} + ... + \binom{m}{n}\,a^n\,x^{m-n} + ... + \binom{m}{m}\,a^m$$

136. **Propiedades del desarrollo del binomio de Newton.** — En la expresión (1) se reconocen varias propiedades que exponemos a continuación:

1.ª *Este desarrollo consta de* $m+1$ *términos*, como se puede comprobar fácilmente observando el de las primeras potencias; el desarrollo de $(x+a)^2$ consta de tres términos; el de $(x+a)^3$ de cuatro, etc.

2.ª *El polinomio-desarrollo de la potencia es completo, pues contiene todas las potencias de* x *y de* a, *y ordenado respecto de ambas letras, y*

3.ª *Las potencias de* x *disminuyen de unidad en unidad y las de* a *aumentan de modo análogo, y la suma de los exponentes de ambas letras en cada término es siempre igual a* m, *esto es, el polinomio es homogéneo.*

4.ª *Los coeficientes equidistantes de los extremos son iguales.*

En efecto; observando la forma (1) del desarrollo del binomio, veremos que los términos que ocupan el lugar $n+1$, contando desde el primero y el último término, tienen por coeficientes C_m^n y C_m^{m-n}, los cuales son iguales según se demostró en (121); los coeficientes del primero y último términos son iguales a la unidad; los de los términos segundo y penúltimo lo son también, pues

$$C_m^1 = C_m^{m-1},$$

y así los del tercero y antepenúltimo, etc.

5.ª *Conocido un término, se puede formar el siguiente multiplicando el coeficiente del término conocido por el exponente que tiene x en él y dividiendo el producto por el número que indica el lugar que ocupa, o bien por el exponente que lleve a en él, aumentado en una unidad; en cuanto a los exponentes de las letras, se aumenta en una unidad el de a y se disminuye en otra unidad el de x.*

6.ª *Los coeficientes van aumentando desde el principio hasta el medio del desarrollo y disminuyen desde el medio hasta el fin, siguiendo la misma ley.*

EJEMPLOS:

$$(x+a)^5 = x^5 + 5\,x^4\,a + 10\,x^3\,a^2 + 10\,x^2\,a^3 + 5\,x\,a^4 + a^5$$

la serie de los coeficientes es

$$1 \quad 5 \quad 10 \quad 10 \quad 5 \quad 1$$

$$(x+a)^6 = x^6 + 6\,x^5\,a + 15\,x^4\,a^2 + 20\,x^3\,a^3 + 15\,x^2\,a^4 + 6\,x\,a^5 + a^6$$

y la serie de los coeficientes es en este caso

$$1 \quad 6 \quad 15 \quad 20 \quad 15 \quad 6 \quad 1$$

Estos dos ejemplos nos muestran claramente que *en el caso de potencias de exponente impar basta calcular la mitad de los coeficientes; pero si el exponente es par, se deben calcular la mitad más uno de estos coeficientes.*

137. **Desarrollo de la potencia emésima del binomio** $x-a$. — Se obtendrá fácilmente este desarrollo substituyendo en el (2) a por $-a$, y cambiando el signo positivo por el negativo a aquellos términos en los que a tenga exponente de grado impar.

EJEMPLO:

$$(x-a)^2 = x^2 - 2\,a\,x + a^2$$
$$(x-a)^3 = x^3 - 3\,x^2\,a + 3\,x\,a^2 - a^3$$

Si m es par, el desarollo de la potencia emésima de $x-a$ es el siguiente:

$$(x-a)^m = x^m - m\,x^{m-1}\,a + \frac{m\,(m-1)}{1\cdot 2}\,x^{m-2}\,a^2 - \frac{m\,(m-1)\,(m-2)}{1\cdot 2\cdot 3}\,x^{m-3}\,a^3 +$$

$$\cdots\cdots \pm \frac{m\,(m-1)\,(m-2)\ldots(m-n+1)}{1\cdot 2\cdot 3\ldots n}\,x^{m-n}\,a^n \pm \cdots\cdots + a^m.$$

138. Casos particulares. Valor de 2^m. — 1.º Si en la fórmula (2) hacemos $x=a=1$, obtendremos el valor de la potencia emésima de 2, pues siendo $x=a=1$, sólo restará en el desarrollo la suma de los coeficientes, luego:

La expresión 2^m tiene por valor la suma de los coeficientes del desarrollo de la potencia emésima del binomio de Newton:

$$2^m = 1 + \frac{m}{1} + \frac{m(m-1)}{1\cdot 2} + \ldots + \frac{m(m-1)(m-2)\ldots(m-n+1)}{1\cdot 2\cdot 3\ldots n} + \ldots + 1.$$

2.º Si hacemos la misma suposición en el binomio $x-a$, el valor de éste es cero, al igual que su desarrollo

$$(x-a)^m = (1-)\,m = 0$$

pero aplicando la regla del desarrollo de la potencia emésima, tendremos:

$$0 = 1 - \frac{m}{1} + \frac{m(m-1)}{1\cdot 2} - \frac{m(m-1)(m-2)}{1\cdot 2\cdot 3} + \ldots \pm$$

$$\frac{m(m-1)(m-2)\ldots(m-n+1)}{1\cdot 2\cdot 3\ldots n} \pm \ldots \pm (-1)^m,$$

lo cual nos dice que *la suma de los coeficientes de lugar par es igual a la de los coeficientes de lugar impar.*

EJEMPLOS:

$$2^5 = 1+5+10+10+\ 5+1 = 32$$
$$2^6 = 1+6+15+20+15+6+1 = 64$$
$$0 = 1-5+10-10+\ 5-1$$
$$0 = 1-6+15-20+15-1$$

139. Triángulo aritmético o de Tartaglia. — Disponiendo en fila los coeficientes del desarrollo de las sucesivas potencias del binomio $x+a$, tendremos el llamado *triángulo de Tartaglia:*

POTENCIAS	COEFICIENTES						
$(a+b)^0$	1						
$(a+b)^1$	1	1					
$(a+b)^2$	1	2	1				
$(a+b)^3$	1	3	3	1			
$(a+b)^4$	1	4	6	4	1		
$(a+b)^5$	1	5	10	10	5	1	
$(a+b)^6$	1	6	15	20	15	6	1

En este triángulo se ve que un coeficiente cualquiera se obtiene sumando el que tiene inmediatamente encima con el que está a la izquierda de éste.

Se exceptúa el primer coeficiente, que siempre es igual a la unidad.

140. Triángulo de Tartaglia con coeficientes binómicos. — Equivalente al anterior es el siguiente triángulo, en el cual los coeficientes numéricos vienen expresados por coeficientes binómicos.

POTENCIAS   COEFICIENTES

$$(a+b)^0 \quad \cdots\cdots\cdots \quad \binom{0}{0}$$

$$(a+b)^1 \quad \cdots\cdots\cdots \quad \binom{1}{0}\binom{1}{1}$$

$$(a+b)^2 \quad \cdots\cdots\cdots \quad \binom{2}{0}\binom{2}{1}\binom{2}{2}$$

$$(a+b)^3 \quad \cdots\cdots\cdots \quad \binom{3}{0}\binom{3}{1}\binom{3}{2}\binom{3}{3}$$

$$(a+b)^4 \quad \cdots\cdots\cdots \quad \binom{4}{0}\binom{4}{1}\binom{4}{2}\binom{4}{3}\binom{4}{4}$$

$$(a+b)^5 \quad \cdots\cdots\cdots \quad \binom{5}{0}\binom{5}{1}\binom{5}{2}\binom{5}{3}\binom{5}{4}\binom{5}{5}$$

$$(a+b)^6 \quad \cdots\cdots\cdots \quad \binom{6}{0}\binom{6}{1}\binom{6}{2}\binom{6}{3}\binom{6}{4}\binom{6}{5}\binom{6}{6}$$

Como se ve, en cada fila, el número superior del símbolo es el exponente de la potencia del binomio y el inferior empieza por cero hasta llegar al número superior. Estos símbolos equivalen a los mismos números del triángulo aritmético de Tartaglia, ya estudiado.

141. Propiedades de los coeficientes binómicos. — 1.ª Teniendo en cuenta la regla dada antes para obtener los coeficientes binómicos, se puede escribir:

$$\binom{3}{2} = \binom{2}{2} + \binom{2}{1} \qquad \binom{4}{2} = \binom{3}{2} + \binom{3}{1}$$

$$\binom{5}{2} = \binom{4}{2} + \binom{4}{1} \qquad \binom{6}{2} = \binom{5}{2} + \binom{5}{1}$$

igualdades que pueden comprobarse con facilidad y de las cuales deducimos la fórmula general:

$$\binom{m+1}{n} = \binom{m}{n} + \binom{m}{n-1}$$

de donde la siguiente

REGLA. — *La suma de dos coeficientes binómicos que tienen el mismo índice superior* m *y por índices inferiores* n *y* n−1, *es igual al coeficiente binómico de índice superior aumentado en una unidad* (m+1) *e índice inferior igual al mayor de los inferiores* (n).

142. Esta propiedad se puede demostrar directamente teniendo en cuenta el significado de los coeficientes binómicos.

353

Así, en efecto:

$$\binom{m}{n} = \frac{m\,(m-1)\,(m-2)\ldots\ldots[m-(n-2)]\,[m-(n-1)]}{1\cdot 2\cdot 3\ldots\ldots n}$$

y substituyendo en esta igualdad n por $n-1$, se obtiene:

$$\binom{m}{n-1} = \frac{m\,(m-1)\,(m-2)\ldots\ldots[m-(n-2)]}{1\cdot 2\cdot 3\ldots\ldots(n-1)}$$

Multiplicando miembro a miembro estas dos igualdades y sacando factor común, se tiene:

$$\binom{m}{n} \times \binom{n-1}{m} = \frac{m\,(m-1)\,(m-2)\ldots\ldots[m-(n-2)]}{1\cdot 2\cdot 3\ldots\ldots(n-1)} + \left[\frac{m-(n-1)}{n}+1\right]$$

y efectuando las operaciones indicadas en el paréntesis,

$$\frac{m-(n-1)}{n}+1 = \frac{m-n+1+n}{n} = \frac{m+1}{n}$$

valor que, substituido en la igualdad anterior, hace que se transforme en esta otra:

$$\binom{m}{n} \times \binom{m}{n-1} = \frac{(m+1)\,m\,(m-1)\,(m-2)\ldots\ldots m-n+2}{1\cdot 2\cdot 3\ldots\ldots(n-1)\,n} = \binom{m+1}{n}$$

conforme la regla enunciada en el párrafo anterior.

2.ª   Observando el triángulo de Tartaglia se deduce que *los coeficientes de los términos equidistantes de los extremos son iguales*, esto es,

$$\binom{6}{2} = \binom{6}{4} \qquad \binom{5}{2} = \binom{5}{3} \text{ y, en general, } \binom{m}{n} = \binom{m}{m-n}$$

lo que conduce a la siguiente

REGLA. — *Los coeficientes binómicos que tengan igual índice superior y la suma de los índices inferiores sea igual al índice superior, son iguales.*

143.   Esta propiedad se puede demostrar directamente. En efecto, sabemos que:

$$\binom{m}{n} = \frac{m\,(m-1)\,(m-2)\ldots\ldots(m-n+1)}{1\cdot 2\cdot 3\cdot 4\ldots\ldots n}$$

multiplicando numerador y denominador del segundo miembro por $(m-n)!$, tendremos:

$$\binom{m}{n} = \frac{m\,(m-1)\,(m-2)\ldots\ldots(m-n+1)\,(m-n)!}{n!\,(m-n)!}$$

$$\frac{m\,(m-1)\,(m-2)\ldots\ldots(m-n+1)\,(m-n)\,[m-(n-1)]\,[m-(n-2)]\ldots\ldots 3\cdot 2\cdot 1}{n!\,(m-n)!} =$$

$$\frac{m!}{n!\,(m-n)!}$$

Por otra parte,

$$\binom{m}{m-n} = \frac{m\,(m-1)\,(m-2)\ldots\ldots[m-(m-n-1)]}{1\cdot 2\cdot 3\ldots\ldots(m-n)}$$

multiplicando numerador y denominador por $n!$ y efectuando la diferencia $[m - (m - n - 1)]$

$$\binom{m}{m-n} = \frac{m\,(m-1)\,(m-2)\ldots\ldots(n+1)\,n!}{(m-n)!\,n!}$$

pero el numerador es igual a

$$m\,(m-1)\,(m-2)\ldots\ldots(n+1)\,n(n-1)\,(n-2)\ldots\ldots 3\cdot 2\cdot 1 = m!$$

y por consiguiente,

$$\binom{m}{m-n} = \frac{m!}{(m-n)!\,n!}$$

Luego se deduce, pues, que

$$\binom{m}{n} = \binom{m}{m-n}$$

144. Con esto creemos explicada suficientemente la teoría de los coeficientes binómicos y sus aplicaciones dentro de los límites de una obra de esta naturaleza, pudiendo resolver el problema del desarrollo de la potencia enésima de un binomio (binomio de Newton) utilizando en el mismo coeficientes binómicos, desarrollo que damos simplemente a continuación, y cuya equivalencia con el que se dio ya en el párrafo (130) es fácil de comprobar.

$$(x+a)^m = \binom{m}{0}x^m + \binom{m}{1}x^{m-1}a + \binom{m}{2}x^{m-n}a^n + \ldots\ldots$$

$$\ldots\ldots\binom{m}{m}x^{m-2}a^2 + \ldots\ldots + \binom{m}{n}a^m.$$

145. **Raíz.** — *Se llama, en general, raíz emésima de una expresión algebraica otra expresión algebraica que, elevada a la potencia n, reproduce la expresión propuesta.*

Así,

$$\sqrt{a^6} = a^2,$$

pues elevando a^2 a la tercera potencia se obtiene

$$(a^2)^3 = a^6,$$

esto es, el radicando.

Una misma cantidad puede tener raíces enésimas; así, por ejemplo, $+a$ y $-a$ son dos raíces cuadradas de la expresión a^2.

La raíz *enésima*, o del grado n recibe el nombre de *cantidad radical* y se indica, como en Aritmética, con el símbolo $\sqrt[n]{a}$, en la cual el número m se llama *índice de la raíz* o del radical.

Cuando se escribe $a = \sqrt[3]{C}$ significa que C es la tercera potencia de a, es decir, que

$$a^3 = C.$$

Al igual que en Aritmética, tampoco se escribe el índice 2.

146. Signo de la raíz. — A diferencia de lo que ocurre en Aritmética, las raíces de las expresiones algebraicas pueden tener valor negativo en determinados casos y carecer de valor real, como se ve a continuación.

1.º *Raíces de índice par de radicando positivo:* la raíz puede ser positiva o negativa y ambas reales.

$$\sqrt[2n]{+1} = \begin{cases} +1 \\ -1 \end{cases} \quad \text{pues} \quad \begin{array}{l} (+1)^{2n} = +1 \\ (-1)^{2n} = +1 \end{array}$$

(Recuérdese que $2n$ representa siempre un número *par*, cualquiera que sea el valor, par o impar, de n).

2.º *Raíces de índice par de cantidades negativas:* carecen de valor real:

$$\sqrt[2n]{-1} \neq \begin{cases} +1 \\ -1 \end{cases} \quad \text{pues} \quad \begin{array}{l} (+1)^{2n} \neq -1 \\ (-1)^{2n} \neq -1 \end{array}$$

3.º *Raíces de índice impar de cantidades positivas:* son positivas:

$$\sqrt[2n+1]{+1} = +1, \quad \text{pues} \quad (+1)^{2n+1} = +1$$

4.º *Raíces de índice impar de cantidades negativas:* son negativas:

$$\sqrt[n^2+1]{-1} = -1, \quad \text{pues} \quad (-1)^{2n+1} = -1$$

147. Expresión radical. — Se llama *expresión radical* y también *radical* a la *raíz indicada de una expresión alegebraica que no tiene raíz exacta* como

$$\sqrt[3]{5\,x^2\,y}, \ \sqrt[5]{a^4\,b}, \ \sqrt{3},$$

Carecen de valor real las raíces de grado par de cantidades negativas; por esta razón se les llama *cantidades imaginarias*, las cuales tienen mucha importancia en Álgebra, por cuya razón se estudian más adelante.

148. Valor aritmético de una raíz real. — *Es el valor positivo de la misma, cuando existe.*

Así, el *valor aritmético* de $\sqrt[4]{16}$ es 2; el número 9 tiene dos raíces cuadradas iguales y de signos contrarios: $+3$ y -3. Pues bien, se toma como *valor aritmético del radical* únicamente el de la raíz positiva.

En las cuestiones referentes a los radicales de naturaleza algebraica, sólo se tiene en cuenta el valor aritmético de los mismos con independencia absoluta del signo.

149. Raíz de una potencia. — Al tratar de extraer la raíz de una potencia pueden ocurrir dos casos: que el exponente de la potencia sea múltiplo del índice de la raíz, y que no lo sea.

356

1.er CASO. *Cuando el exponente de la potencia es múltiplo del índice de la raíz, ésta es otra potencia que tiene por base el radicando elevado a un exponente igual al cociente que resulta de dividir el antiguo exponente por el índice de la raíz.*

Así,

$$\sqrt[m]{a^{mn}} = a^n,$$

puesto que elevando a^n a la potencia enésima nos reproduce el radicando:

$$(a^n)^m = a^{mn}.$$

2.º CASO. *Cuando el exponente de la cantidad subradical no es múltiplo del índice de la raíz, la raíz pedida equivale a una potencia cuya base es el radicando y cuyo exponente es el cociente indicado del exponente del radicando dividido por el índice de la raíz.*

Resulta así, pues, una potencia de exponente fraccionario. Y dada la trascendencia que las potencias de esta clase tienen en Álgebra, las estudiaremos en lugar aparte.

150. Raíz de un producto. — *La raíz de un producto es igual al producto de las raíces de igual índice de cada uno de los factores.*

Es decir,

$$\sqrt[n]{a\,b\,c} = \sqrt[n]{a} \times \sqrt[n]{b} \times \sqrt[n]{c}.$$

En efecto: si suponemos

$$\sqrt[n]{a} = a', \qquad \sqrt[n]{b} = b' \quad y \quad \sqrt[n]{c} = c',$$

tendremos

$$a'^n = a, \qquad b'^n = b, \qquad c'^n = c$$

y multiplicando estas igualdades miembro a miembro

$$a'^n \cdot b'^n \cdot c'^n = a \cdot b \cdot c$$

o lo que es lo mismo

$$(a' \cdot b' \cdot c')^n = a \cdot b \cdot c$$

Pero la última igualdad significa, en virtud de la definición de raíz, que

$$\sqrt[n]{a \cdot b \cdot c} = a' \cdot b' \cdot c'$$

y substituyendo a', b', c' por sus valores respectivos, tendremos

$$\sqrt[n]{a \cdot b \cdot c} = \sqrt[n]{a} \times \sqrt[n]{b} \times \sqrt[n]{c}$$

conforme con el enunciado.

151. Raíz de un cociente. — *La raíz de un cociente es igual al cociente de las raíces del mismo índice del numerador y denominador.*

Esto es, que

$$\sqrt[n]{\dfrac{a}{b}} = \dfrac{\sqrt[n]{a}}{\sqrt[n]{b}}$$

En efecto, representemos por a' y b' las raíces enésimas de a y b; tendremos:

$$\sqrt[n]{a} = a' \quad \bigg| \quad \text{de donde} \quad \bigg| \quad a = a'^n$$
$$\sqrt[n]{b} = b' \qquad\qquad\qquad b = b'^n$$

Dividiendo miembro a miembro estas igualdades últimas:

$$\frac{a}{b} = \frac{a'^n}{b'^n} = \left(\frac{a'}{b'}\right)^n$$

y extrayendo la raíz enésima de los dos miembros extremos de la igualdad, resulta:

$$\sqrt[n]{\frac{a}{b}} = \frac{a'}{b'} = \frac{\sqrt[n]{a}}{\sqrt[n]{b}}$$

conforme con el enunciado.

152. **Raíz de un monomio.** — Puesto que un monomio puede considerarse como un producto de varios factores, se le pueden aplicar las reglas anteriores para extraer la raíz de cualquier índice.

Supongamos que se trata de extraer la raíz cuarta del monomio $256\, a^4\, b^8\, c^4$. El monomio se puede considerar descompuesto en factores:

$$256\, a^4\, b^8\, c^4 = 256 \times a^4 \times b^8 \times c^4$$

luego

$$\sqrt[4]{256\, a^4\, b^8\, c^4} = \sqrt[4]{256} \times \sqrt[4]{a^4} \times \sqrt[4]{b^8} \times \sqrt[4]{c^4} = 4\, a\, b^2\, c.$$

Luego para extraer la raíz de un grado cualquiera de un monomio se extrae la raíz del coeficiente teniendo en cuenta la regla de los signos, y a continuación se escribe la parte literal afectando cada letra de un exponente igual al cociente de su antiguo exponente dividido por el índice de la raíz.

El signo de la raíz de un monomio se rige por los principios expuestos al principio de la teoría de los radicales.

153. Si todas las letras del monomio subradicando tienen exponentes múltiplos del índice de la raíz, ésta será racional, necesitando además que también lo sea el coeficiente para que el de la raíz sea también racional. Cuando el coeficiente o algunas de las letras no son potencias exactas del índice de la raíz, se dejan indicados bajo el signo radical. Así,

$$\sqrt[3]{16\, a^6\, b^2\, c^9} = a^2\, c^3 \sqrt[3]{16\, b^2}.$$

154. **Condición para un monomio tenga raíz exacta.** — De lo dicho se deduce que la condición necesaria para que un monomio tenga raíz exacta *es que los exponentes de todas sus letras sean múltiples del índice de la raíz.*

En el caso contrario se hallan las raíces de aquellos factores que tengan exponentes múltiplos del índice, dejando sin calcular y bajo el signo radical los factores restantes, como se ve en el ejemplo último.

Observación y consecuencia. — De la regla dada para hallar la raíz de un grado cualquiera de un monomio se deduce lo siguiente:

En el caso de que el exponente de alguno de los factores del radicando sea mayor que el índice de la raíz, se puede descomponer este factor en dos, uno de los cuales sea una potencia cuyo exponente sea el mayor múltiplo posible del índice, y entonces se puede sacar fuera del radical.

Ejemplos:

$$\sqrt[3]{b^5} = \sqrt[3]{b^3 \cdot b^2} = b\sqrt[3]{b^2}$$

$$\sqrt{125\,a^5\,b^7} = \sqrt{25 \cdot 5 \cdot a^4\,a \cdot b^6\,b} = 5\,a^2\,b^3\sqrt{5\,a\,b}.$$

Si en los ejemplos anteriores consideramos la igualdad en sentido contrario, tendremos:

$$b\sqrt[3]{b^2} = \sqrt[3]{b^2\,b^3} = \sqrt[3]{b^5}$$

$$5\,a^2\,b^3\sqrt{5\,a\,b} = \sqrt{25 \cdot 5\,a^4\,a \cdot b^6\,b} = \sqrt{125\,a^5\,b^7}$$

y deduciremos la siguiente

Regla. — *Para introducir un factor bajo un signo radical es preciso elevarlo a un exponente igual al índice de la raíz, y luego se le multiplica por el radicando.*

155. Si el radicando fuese un número, se le descompone en un producto de factores primos.

Ejemplo:

$$\sqrt{5400} = \sqrt{2^3 \cdot 3^3 \cdot 5^2} = \sqrt{2^2 \cdot 2 \cdot 3^2 \cdot 3 \cdot 5^2} = 2 \cdot 3 \cdot 5\sqrt{2 \cdot 3} = 30\sqrt{6}.$$

156. **Propiedad fundamental de los radicales.** — Esta propiedad fundamental se enuncia así:

El valor de un radical no se modifica cuando se multiplican o dividen por un mismo factor el índice de la raíz y el exponente del radicando.

Es decir, que

$$\sqrt[n]{a^m} = \sqrt[np]{a^{mp}}$$

siendo p un número entero y positivo cualquiera.

En efecto: elevando el primer miembro sucesivamente a las potencias n y p, tendremos:

$$[(\sqrt[n]{a^m})^n]^p = a^{pm}$$

pero

$$[(\sqrt[n]{a^m})^n]^p = (\sqrt[n]{a^m})^{np} = a^{pm}$$

y extrayendo la raíz de grado $n\,p$ de los dos últimos términos, tendremos:

$$\sqrt[n]{a^m} = \sqrt[np]{a^{pm}}$$

como se quería demostrar.

Ejemplos:

$$\sqrt{a^3} = \sqrt[6]{a^9}; \qquad \sqrt[3]{2\,a^2\,b} = \sqrt[12]{16\,a^8\,b^4}.$$

157. Si invertimos el orden en que está escrita la última igualdad del número anterior, tendremos:

$$\sqrt[np]{a^{mp}} = \sqrt[n]{a^m}$$

lo que nos dice que

Un radical no se altera cuando se dividen por un mismo número su índice y el exponente del radicando.

Según esto,

$$\sqrt[v]{a^{12}} = \sqrt[3]{a^4}.$$

En estas importantísimas propiedades se fundan los problemas de la reducción de radicales a índice común y la simplificación de radicales.

158. **Reducción de radicales a índice común.** — La regla para reducir a índice común varios radicales que los tengan distintos, es la misma que se utiliza para reducir varias fracciones a común denominador.

Para ello *se halla el mínimo común múltiplo de los índices, y éste será el índice común; cada radical propuesto es equivalente a otro cuyo índice es el índice común y cuya cantidad subradical esté elevada a un exponente igual al cociente que resulta de dividir el índice común por su índice propio.*

EJEMPLO:

Reducir a índice común los radicales:

$$\sqrt{2\,a^4\,b}, \qquad \sqrt[3]{3\,a\,b^2}, \qquad \sqrt[4]{2\,b^3},$$

El *m. c. m.* de los índices es 12; según la regla, tendremos, pues:

$$\sqrt{2\,a^4\,b} = \sqrt[12]{(2\,a^4\,b)^6} = \sqrt[12]{64\,a^{24}\,b^6}$$

$$\sqrt[3]{3\,a\,b^2} = \sqrt[12]{(3\,a\,b^2)^4} = \sqrt[12]{81\,a^4\,b^8}$$

$$\sqrt[4]{2\,b^3} = \sqrt[12]{(2\,b^3)^3} = \sqrt[12]{8\,b^9}.$$

159. **Simplificación de radicales.** — *Es transformarlos en otros más sencillos y en los cuales el índice y los exponentes del radicando sean primos entre sí.*

Esta operación se funda en la propiedad de los radicales, ya estudiada, de que un radical no varía si se dividen el índice y el exponente de la cantidad subradical por un mismo número.

Para simplificar un radical se dividen su índice y los exponentes del radicando por el mayor divisor común.

EJEMPLO:

1.º Simplificar el radical $\sqrt[6]{125 \cdot x^6\,y^9\,c^{12}}$.

El mayor divisor común entre 6, 9 y 12 es 3; luego, recordando que $125 = 5^3$, tendremos:

$$\sqrt[6]{125\,x^6\,y^9\,c^{12}} = \sqrt[6]{5^3\,x^{2\cdot3}\,y^{3\cdot3}\,c^{4\cdot3}} = \sqrt[6]{(5\,x^2\,y^3\,c^4)^3} = \sqrt[3]{5\,x^2\,y^3\,c^4} = y\,c\sqrt[3]{5\,x^2\,c}$$

puesto que $c^4 = c^3 \cdot c$.

Como se ve, la simplificación de radicales se completa con la extracción, fuera del radical, de todos los factores que tengan raíz exacta del grado de la raíz.

2.º Simplificar el radical $\sqrt[3]{8\,a^3\,x^5 - 8\,x^3\,y^2}$.

Tendremos:

$$\sqrt[3]{8\,a^3\,x^5 - 8\,x^3\,y^2} = \sqrt[3]{2^3\,a^3\,x^3\,x^2 - 2^3\,x^3\,y^2} =$$

$$\sqrt[3]{2^3\,x^3\,(x^2 - y^2)} = 2\,x\,\sqrt[3]{x^2 - y^2}.$$

160. **Radicales semejantes.** — *Se dice que dos radicales son semejantes cuando tienen iguales sus índices y las cantidades subradicales son también iguales.*

Así, son semejantes los radicales

$$5\,a\,\sqrt{b} \qquad y \qquad 3\,b^2\,c\,\sqrt{b}.$$

los cuales solo difieren en los factores exteriores al signo radical.

Para asegurar si dos radicales son o no semejantes, es preciso primero simplificarlos y sacar factores fuera del radical.

Ejemplo:

Los radicales siguientes:

$$3\,\sqrt[4]{a^6\,b^2}, \qquad 2\,b\,\sqrt[10]{a^5\,b^5} \qquad y \qquad \sqrt{a^5\,b^5}$$

no parecen semejantes, pero simplificándolos todo lo posible resultan serlo. En efecto:

$$3\,\sqrt[4]{a^6\,b^2} = 3\,\sqrt[4]{(a^3\,b)^2} = 3\,\sqrt{a^3\,b} = 3\,\sqrt{a^2\,a\,b} = 3\,a\,\sqrt{a\,b}$$

$$2\,b\,\sqrt[10]{a^5\,b^5} = 2\,b\,\sqrt{a\,b}.$$

El tercer radical no se puede simplificar por ser primos entre sí el índice y los exponentes del radicando, pero lo podemos modificar así:

$$\sqrt{a^5\,b^5} = \sqrt{(a\,b)^4\,a\,b} = \sqrt{(a\,b)^4} \times \sqrt{a\,b} = a^2\,b^2\,\sqrt{a\,b}.$$

Los tres radicales propuestos se han transformado en

$$3\,a\,\sqrt{a\,b}, \qquad 2\,b\,\sqrt{a\,b} \qquad y \qquad a^2\,b^2\,\sqrt{a\,b}$$

que son semejantes entre sí.

161. La teoría de los radicales semejantes encuentra su aplicación en el cálculo de los radicales y en algunas operaciones con los mismos.

162. **Reducción de radicales semejantes.** — *Para reducir los radicales semejantes que existan en un polinomio, se suman los factores de los radicales y a la suma se le pone como factor el radical común.*

Ejemplos:

1.º $3\,\sqrt{a\,b} - 5\,\sqrt{a\,b} + 2\,a^3\,\sqrt{a\,b} - 2\,b^2\,\sqrt{a\,b} = (3 - 5 + 2\,a^3 - 2\,b^2)\,\sqrt{a\,b}.$

2.º $2\,\sqrt{a\,b} + 7\,\sqrt{a\,b} - 4\,\sqrt{a\,b} - \sqrt{a\,b} = (2 + 7 - 4 - 1)\,\sqrt{a\,b} = 4\,\sqrt{a\,b}.$

163. Los radicales, al igual que las fracciones, pueden sumarse, restarse, etc., preparándolos para ello convenientemente.

164. **Suma de radicales.** — *Para sumar radicales o expresiones algebraicas que contengan radicales, se forma un polinomio con todos los radicales sumandos anteponiendo a cada uno el signo que tenga, en el caso que en el polinomio resultante hubiese radicales semejantes, se reducen.*

EJEMPLOS:

1.º Sumar los radicales siguientes:

$$a\, b\, \sqrt{c}, \qquad -2\, a\, \sqrt{c}, \qquad 5\, a\, \sqrt{b^2\, c}.$$

La suma S es:

$$S = a\, b\, \sqrt{c} - 2\, a\, \sqrt{c} + 5\, a\, \sqrt{b^2\, c} = a\, b\, \sqrt{c} - 2\, a\, \sqrt{c} + 5\, a\, b\, \sqrt{c} =$$

$$(a\, b - 2\, a + 5\, a\, b)\, \sqrt{c}.$$

2.º Sumar los radicales semejantes siguientes:

$$2\, \sqrt{3}, \qquad +7\, \sqrt{3}, \qquad -3\, \sqrt{3}, \qquad -4\, \sqrt{3}.$$

Tendremos:

$$S = 2\, \sqrt{3} + 7\, \sqrt{3} - 3\, \sqrt{3} - 4\, \sqrt{3} = (2 + 7 - 3 - 4)\, \sqrt{3} = 2\, \sqrt{3}.$$

3.º Efectuar la suma siguiente:

$$\sqrt{12} - 2\, \sqrt{27} + \sqrt{48} - \sqrt{75}.$$

Primero conviene transformar los radicales propuestos en otros semejantes, descomponiendo para ello los radicandos en factores que tengan raíz cuadrada perfecta, así:

$$\sqrt{12} - 2\, \sqrt{27} + \sqrt{48} - \sqrt{75} = \sqrt{4 \cdot 3} - 2\, \sqrt{9 \cdot 3} + \sqrt{16 \cdot 3} - \sqrt{25 \cdot 3} =$$

$$\sqrt{2^2 \cdot 3} - 2\, \sqrt{3^2 \cdot 3} + \sqrt{4^2 \cdot 3} - \sqrt{5^2 \cdot 3} = 2\, \sqrt{3} - 2 \cdot 3\, \sqrt{3} + 4\, \sqrt{3} - 5\, \sqrt{3} =$$

$$(2 - 6 + 4 - 5)\, \sqrt{3} = -5\, \sqrt{3}.$$

165. **Substracción de radicales.** — *Para restar radicales o expresiones algebraicas que contengan radicales, se escribe el minuendo y a continuación el radical*

substraendo con el signo cambiado, sumando luego la expresión que resulta, llevando a cabo la reducción de los términos semejantes si los hubiere.

EJEMPLO :

Restar los radicales siguientes :

$$\text{Minuendo}: \quad \sqrt{540} + \sqrt{32}; \qquad \text{Substraendo}: \quad \sqrt{240} - \sqrt{20};$$

$$\text{Diferencia}: = (\sqrt{540} + \sqrt{32}) - (\sqrt{240} + \sqrt{20}) =$$

$$\sqrt{540} + \sqrt{32} - \sqrt{240} + \sqrt{20}$$

y descomponiendo los radicandos en factores primos :

$$\sqrt{2^2 \cdot 3^3 \cdot 5} + \sqrt{2^5} - \sqrt{2^4 \cdot 3 \cdot 5} + \sqrt{2^2 \cdot 5} = 2 \cdot 3 \sqrt{3 \cdot 5} + 2^2 \sqrt{2} - 2^2 \sqrt{3 \cdot 5} + 2 \sqrt{5} =$$

$$6 \sqrt{3 \cdot 5} + 4 \sqrt{2} - 4 \sqrt{3 \cdot 5} + 2 \sqrt{5} = (6 - 4) \sqrt{3 \cdot 5} + 4 \sqrt{2} + 2 \sqrt{5} =$$

$$2 \sqrt{3 \cdot 5} + 4 \sqrt{2} + 2 \sqrt{5}.$$

166. Multiplicación de radicales. — En la multiplicación de radicales se puede presentar dos casos diferentes : 1.º, que todos los radicales tengan el mismo índice; 2.º, que tengan índices diferentes.

1.º *Multiplicación de radicales del mismo índice.* — *El producto de varios radicales del mismo índice es otro radical del mismo índice cuyo radicando es el producto de los radicandos de los factores.*

EJEMPLOS :

1.º $\quad \sqrt{2\,a\,b} \times 5 \sqrt{a^3\,b^5} = 5 \sqrt{2\,a\,b \times a^3\,b^5} = 5 \sqrt{2\,a^4\,b^6}.$

$$8 \sqrt{\frac{3}{4}} \times \sqrt{\frac{1}{2}} = 8 \sqrt{\frac{3}{4} \times \frac{1}{2}} = 8 \sqrt{\frac{3}{8}}$$

2.º *Multiplicación de radicales de índices distintos.* — Para multiplicar radicales de índices distintos es preciso primero reducirlos a un índice común; *para ello se busca el mínimo común múltiplo de los índices*, y éste será el índice común; cada radical primitivo equivale a otro nuevo que tenga como índice el índice común y como radicando el antiguo elevado a un exponente igual al cociente que resulta de dividir el índice común por el antiguo índice del radical.

EJEMPLO :

Multiplicar los radicales :

$$\sqrt{5\,a^3\,b} \quad \text{y} \quad \sqrt[3]{4\,a\,b^5}$$

El mínimo común múltiplo de los índices es $2\times3=6$; según la regla enunciada, tendremos:

$$\sqrt{5\,a^3\,b}=\sqrt[6]{(5\,a^3\,b)^3}=\sqrt[6]{5^3\,a^9\,b^3}=\sqrt[6]{125\,a^9\,b^3};$$

$$\sqrt[3]{4\,a\,b^5}=\sqrt[6]{(4\,a\,b^5)^2}=\sqrt[6]{4^2\,a^2\,b^{10}}=\sqrt[6]{16\,a^2\,b^{10}}.$$

Luego

$$\sqrt{5a^3b}\times\sqrt[3]{4\,a\,b^5}=\sqrt[6]{125\,a^9\,b^3}\times\sqrt[6]{16\cdot a^2\,b^{10}}=\sqrt[6]{125\,a^9\,b^3\times16\,a^2\,b^{10}}=\sqrt[6]{2000\,a^{11}\,b^{13}}$$

valor susceptible de simplificación.

167. División de radicales. —Pueden ocurrir, como en la multiplicación, dos casos distintos: 1.º, que todos los radicales tengan el mismo índice; 2.º, que tengan índices diferentes.

1.º *División de radicales del mismo índice.* —*El cociente de dos radicales del mismo índice equivale a otro radical del mismo índice cuya cantidad subradical es el cociente de los radicandos.*

Es decir, que

$$\sqrt[n]{a}:\sqrt[n]{b}=\sqrt[n]{a:b}.$$

En efecto: si $\sqrt[n]{a:b}$ es el verdadero cociente, al multiplicarlo por el divisor $\sqrt[n]{b}$ nos ha de dar el dividendo, $\sqrt[n]{a}$:

$$\sqrt[n]{a:b}\times\sqrt[n]{b}=\sqrt[n]{(a:b)\,b}=\sqrt[n]{a}$$

y, como así ocurre, $\sqrt[n]{a:b}$ es el verdadero cociente y la proposición queda demostrada.

Ejemplos:

1.º $\quad\sqrt{35}:\sqrt{5}=\sqrt{35:5}=\sqrt{7}$

2.º $\quad\dfrac{\sqrt{9}}{\sqrt{6}}=\sqrt{\dfrac{9}{6}}=\sqrt{\dfrac{3}{2}};\quad\dfrac{\sqrt{16}}{\sqrt{4}}=\sqrt{\dfrac{16}{4}}=\sqrt{4}=2.$

3.º $\quad\left(\sqrt[3]{a^4\,b\,c}+\sqrt[3]{a^3\,b^5\,c^3}\right):\sqrt[3]{a\,b\,c}=\sqrt[3]{\dfrac{a^4\,b\,c}{a\,b\,c}}+\sqrt[3]{\dfrac{a^3\,b^5\,c^3}{a\,b\,c}}=a+\sqrt[3]{a^2\,b^4\,c^2}.$

2.º *División de radicales de distinto índice.* —*Para dividir radicales de distinto índice se reducen a índice común tomando como tal el mínimo común múltiplo de los índices; cada radical propuesto equivale a otro cuyo índice es el índice común y cuya cantidad subradical es la antigua elevada a un exponente igual al cociente que resulta de dividir el índice común por su antiguo índice.*

EjEMPLOS:

1.º
$$\sqrt[5]{a^2\,b^4\,c^3} : \sqrt[3]{a\,b^3\,c}.$$

El *m. c. m.* de los índices es 5×3. Tendremos, pues:

$$\sqrt[5]{a^2\,b^4\,c^3} = \sqrt[15]{(a^2\,b^4\,c^3)}; \qquad \sqrt[3]{a\,b^3\,c} = \sqrt[15]{(a\,b^3\,c)^5}$$

luego

$$\sqrt[5]{a^2\,b^4\,c^3} : \sqrt[3]{a\,b^3\,c} = \frac{\sqrt[15]{a^6\,b^{12}\,c^9}}{\sqrt[15]{a^5\,b^{15}\,c^5}} = \sqrt[15]{\frac{a^6\,b^{12}\,c^9}{a^5\,b^{15}\,c^5}} = \sqrt[15]{\frac{a\,c^4}{b^3}}$$

2.º
$$\sqrt[3]{a^2\,b^2} : \sqrt{a\,b} = \sqrt[6]{(a^2\,b^2)^2} : \sqrt[6]{(a\,b)^3} = \sqrt[6]{a^4\,b^4} : \sqrt[6]{a^3\,b^3} =$$

$$\sqrt[6]{\frac{a^4\,b^4}{a^3\,b^3}} = \sqrt[6]{a\,b}.$$

168. División de un radical por un número racional. —*Para dividir un radical por una cantidad racional se introduce el número racional bajo radical elevándolo a igual potencia que el índice de la raíz, y se procede luego como en el caso de dividir dos radicales.*

Así, para dividir $\sqrt[n]{a}$ por el número racional b, procederemos así:

$$\sqrt[n]{a:b} = \sqrt[n]{a} : \sqrt[n]{b^n} = \sqrt[n]{\frac{a}{b^n}}$$

lo cual equivale a introducir bajo el signo radical el factor $\dfrac{1}{b}$.

EjEMPLOS:

$$\sqrt[3]{18:2} = \sqrt[3]{18} : \sqrt[3]{2^3} = \sqrt[3]{\frac{18}{8}} = \sqrt[3]{\frac{9}{4}}.$$

169. Potencia de un radical. —*Para elevar un radical a una potencia basta elevar a dicha potencia la cantidad subradical.*

Esto es,

$$(\sqrt[n]{a})^m = \sqrt[n]{a^m}.$$

En efecto; según la definición de potencia, tenemos:

$$(\sqrt[n]{a})^m = \sqrt[n]{a} \times \sqrt[n]{a} \times \sqrt[n]{a} \times \ldots\ldots,$$

esto es, un producto de m factores iguales a $\sqrt[n]{a}$, y recordando la regla para multiplicar raíces del mismo índice, tendremos:

$$\sqrt[n]{a}\times\sqrt[n]{a}\times\sqrt[n]{a}\times\ldots\ldots = \sqrt[n]{a\times a\times a\times\ldots\ldots} = \sqrt[n]{a^m}.$$

EJEMPLO:

$$(\sqrt{3})^4 = \sqrt{3}\times\sqrt{3}\times\sqrt{3}\times\sqrt{3} = \sqrt{3\cdot3\cdot3\cdot3} = \sqrt{3^4}.$$

170. Raíz de un radical. — *La raíz de índice cualquiera de un radical equivale a otra raíz cuya cantidad subradical es la misma y cuyo índice es igual al producto de los índices.*

Según el enunciado, se trata de demostrar que $\sqrt[m]{\sqrt[n]{a}} = \sqrt[mn]{a}.$

En efecto; haciendo $\sqrt[m]{\sqrt[n]{a}} = \alpha$ se tiene

$$\sqrt[n]{a} = \alpha^m \qquad y \qquad a = \alpha^{mn}$$

y extrayendo la raíz mn-ésima de los dos miembros de esta última igualdad

$$\sqrt[mn]{a} = \alpha, \text{ o lo que es lo mismo, } \sqrt[mn]{a} = \sqrt[m]{\sqrt[n]{a}}$$

como se quería demostrar

Inversamente, se puede descomponer el índice de un radical en sus factores simples, lo cual se aplica a la extracción de raíces de grados superiores como $2^m\times3^n$ cuando el índice no tiene más factores primos que 2 y 3. Esto constituye el problema siguiente:

171. Extracción de raíces sucesivas de un número. — *Para extraer la raíz mn-ésima de un número, se extrae su raíz emésima y luego la raíz enésima del resultado.*

Esto es, que:

$$\sqrt[mn]{a} = \sqrt[m]{\sqrt[n]{a}}.$$

EJEMPLOS:

Hallar la raíz octava de 256. Puesto que $8 = 2\cdot2\cdot2$, tendremos:

$$\sqrt[8]{256} = \sqrt{\sqrt{\sqrt{256}}} = \sqrt{\sqrt{16}} = \sqrt{4} = 2$$

$$\sqrt[6]{729} = \sqrt{\sqrt[3]{729}} = \sqrt{\sqrt[3]{27}} = \sqrt[3]{3^3} = 3.$$

En general, por una sucesión de raíces cuadradas y cúbicas se puede extraer una raíz de índice de la forma $2^n \times 3^m$, esto es, que contenga únicamente los factores 2 y 3.

172. Racionalización de denominadores. — Esta operación consiste en transformar una fracción de denominador irracional en otra cuyo denominador es racional. Con ello se simplifican las operaciones.

Supongamos que se ha de efectuar el cociente $\dfrac{2}{\sqrt{2}}$; como se sabe, $\sqrt{2}$ es un número inconmensurable y el cociente propuesto no puede ser exacto; pero multiplicando los dos términos del mismo por $\sqrt{2}$, se transforma en este otro:

$$\frac{2}{\sqrt{2}} = \frac{2\sqrt{2}}{(\sqrt{2})(\sqrt{2})} = \frac{2\sqrt{2}}{(\sqrt{2})^2} = \frac{2\sqrt{2}}{2} = \sqrt{2} = 1,414\ldots$$

Del ejemplo propuesto se deduce que *para racionalizar un denominador se multiplican los dos términos de la división por un factor conveniente para transformar el divisor en un número racional, factor que en muchos casos es el mismo denominador.*

Así ocurre cuando el denominador es una raíz cuadrada. Veamos otros ejemplos:

1.º Racionalizar el quebrado $\dfrac{4}{\sqrt[5]{2^3}}$;

multiplicando ambos términos por $\sqrt[5]{2^2}$, tendremos:

$$\frac{4}{\sqrt[5]{2^3}} = \frac{4\sqrt[5]{2^2}}{\sqrt[5]{2^3}\,\sqrt[5]{2^2}} = \frac{4\sqrt[5]{2^2}}{\sqrt[5]{2^5}} = \frac{4\sqrt[5]{2^2}}{2}$$

En este caso se ha multiplicado el denominador por $\sqrt[5]{2^2}$ para que el exponente del radicando sea igual al índice de la raíz.

2.º Sea $\dfrac{a}{\sqrt{b}+\sqrt{c}}$; para racionalizar el denominador multiplicaremos los dos términos del cociente por $\sqrt{b}-\sqrt{c}$, y tendremos:

$$\frac{a}{\sqrt{b}+\sqrt{c}} = \frac{a(\sqrt{b}-\sqrt{c})}{(\sqrt{b}+\sqrt{c})(\sqrt{b}-\sqrt{c})} = \frac{a(\sqrt{b}-\sqrt{c})}{b-c}$$

pues en el denominador tenemos el producto de una suma por una diferencia, que equivale a la diferencia de los cuadrados. El factor $\sqrt{b}-\sqrt{c}$ se llama *conjugado* de $\sqrt{b}+\sqrt{c}$; este método se sigue siempre que el denominador esté formado por un binomio en el cual al menos uno de sus términos sea un radical cuadrático.

EJEMPLOS:

1.º Dividir $3 + \sqrt{2}$ por $3 - \sqrt{2}$.

El factor conjugado de $3 - \sqrt{2}$ es $3 + \sqrt{2}$, y por él multiplicaremos los dos términos de la fracción. Tendremos:

$$\frac{3+\sqrt{2}}{3-\sqrt{2}} = \frac{(3+\sqrt{2})(3+\sqrt{2})}{(3+\sqrt{2})(3-\sqrt{2})} = \frac{(3+\sqrt{2})^2}{(3^2-\sqrt{2})^2} = \frac{9+6\sqrt{2}+2}{9-2} = \frac{11+6\sqrt{2}}{7}$$

2.º Racionalizar el denominador de la expresión:

$$\frac{a}{\sqrt{b}-\sqrt{c}+\sqrt{d}}$$

Multiplicando ambos términos por el factor $\sqrt{b}-\sqrt{c}-\sqrt{d}$, se tiene:

$$\frac{a}{\sqrt{b}-\sqrt{c}+\sqrt{a}} = \frac{a(\sqrt{b}-\sqrt{c}-\sqrt{d})}{(\sqrt{b}-\sqrt{c}+\sqrt{d})(\sqrt{b}-\sqrt{c}-\sqrt{d})} =$$

$$\frac{a(\sqrt{b}-\sqrt{c}-\sqrt{d}}{(\sqrt{b}-\sqrt{c})^2-d} = \frac{a(\sqrt{b}-\sqrt{c}-\sqrt{d})}{b+c-d-2\sqrt{bc}}$$

Como no se ha conseguido eliminar por completo los radicales, se multiplica los dos términos de la última fracción por $b+c-d+2\sqrt{bc}$, y tendremos:

$$\frac{a}{\sqrt{b}-\sqrt{c}+\sqrt{d}} = \frac{a(\sqrt{b}-\sqrt{c}-\sqrt{d})(b+c-d+2\sqrt{bc})}{(b+c-d)^2-4bc}$$

CAPÍTULO VII

POTENCIAS CON EXPONENTE FRACCIONARIO

173. Significado de una potencia con exponente fraccionario.—Al estudiar los radicales y las operaciones con los mismos se indicó que toda raíz cuyo radicando estuviese elevado a un exponente múltiplo del índice de la raíz, equivalía a una potencia cuya base era el radicando y cuyo exponente era el cociente que resultaba de dividir el exponente del radicando por el índice de la raíz; es decir, que si m es múltiplo de n,

$$\sqrt[n]{a^m} = a^{\frac{m}{n}}$$

e introducíase así en Matemáticas el concepto de *potencia con exponente fraccio-nario*, equivalente a una raíz, cuestión que nada tiene de extraña puesto que $\dfrac{m}{n}$ es un número entero, por ser, como se ha dicho, m un múltiplo de n. Aunque es cierto que la potencia de un número real, cuando el exponente es un número frac-cionario, no tiene sentido según la definición que se ha dado de potencia, se ha convenido en ampliar el campo de aplicación de aquella equivalencia a toda clase de raíces, aun cuando el exponente del radicando no sea múltiplo exacto del índice; según esto, *toda raíz equivale a una potencia cuya base sea el radicando y el expo-nente una fracción cuyo numerador es el exponente de la cantidad subradical y el denominador el índice de la raíz*, e inversamente, *toda potencia de exponente frac-cionario equivale a una raíz cuyo índice es el denominador del exponente y el radi-cando la base elevada a un exponente igual al numerador del exponente fraccionario.* Así :

$$\sqrt[n]{a^m}=a^{\frac{m}{n}}; \qquad a^{\frac{p}{q}}=\sqrt[q]{a^p}.$$

174. Ambos principios, aunque resultados de un convenio, son ciertos, puesto que si se considera $a^{\frac{m}{n}}$ como resultado de una raíz, en virtud de la definición de ésta debe verificarse que elevándola a la potencia n-ésima debe dar el radicando. En efecto :

$$\left(a^{\frac{m}{n}}\right)^{n}=a^{\frac{m}{n}}\times a^{\frac{m}{n}}\times a^{\frac{m}{n}}\times\ldots\ldots=a^{\frac{m}{n}+\frac{m}{n}+\frac{m}{n}+\ldots\ldots}=a^{\frac{m}{n}\times n}=a^{m}.$$

También se conviene, al igual que se hizo al hablar de las potencias de expo-nentes enteros, que sea

$$a^{-\frac{m}{n}}=\frac{1}{a^{\frac{m}{n}}}$$

Con estas nuevas interpretación y equivalencia establecidas resulta facilitado el cálculo con raíces, pues las operaciones con potencias de exponentes fraccionarios siguen las mismas reglas que las que rigen las de potencias con exponentes enteros.

175. Para poder hacer uso de la nueva notación y mostrar las ventajas de su empleo es preciso establecer que no cambia el valor de la potencia fraccionaria de un número si se reemplaza el exponente fraccionario por otro equivalente, esto es, que si tenemos dos números fraccionarios $\dfrac{m}{n}$ y $\dfrac{p}{q}$ iguales entre sí, también serán iguales las potencias de la misma base y que tengan estos exponentes, esto es, que

$$a^{\frac{m}{n}}=a^{\frac{p}{q}}$$

En efecto: sabemos que una raíz no se altera si se multiplican su índice y el exponente de su cantidad subradical por un mismo factor; luego tendremos:

$$a^{\frac{m}{n}} = \sqrt[n]{a^m} = \sqrt[nq]{a^{mq}}$$

$$a^{\frac{p}{q}} = \sqrt[q]{a^p} = \sqrt[nq]{a^{pn}}$$

pero de la igualdad

$$\frac{m}{n} = \frac{p}{q}$$

se deduce

$$m\,q = n\,p$$

y, por consiguiente,

$$a^{\frac{m}{n}} = a^{\frac{p}{q}}$$

Luego *si se multiplican o dividen el numerador y denominador del exponente fraccionario de una potencia por un mismo factor, se obtiene otra potencia igual a la primera.*

176. Todas las reglas dadas para el cálculo de potencias con exponentes enteros son aplicables a las potencias con exponentes fraccionarios.

177. **Producto de dos potencias de la misma base.** — Ya sabemos que

$$a^m \times a^n = a^{m+n}.$$

Ahora bien, estas fórmulas y reglas son aplicables a los casos en que uno o ambos de los exponentes sean fraccionarios, y en que los exponentes fuesen positivos o negativos, del mismo o de distinto denominador.

1.er CASO. *Que uno de los exponentes es entero y el otro fraccionario.*

Supongamos el producto de $a^{\frac{p}{q}}$ por a^n, tendremos:

$$a^{\frac{p}{q}} \times a^n = \sqrt[q]{a^p} \times a^n = \sqrt[q]{a^p} \times \sqrt[q]{a^{nq}} = \sqrt[q]{a^p \times a^{nq}} = \sqrt[q]{a^{p+nq}} = a^{\frac{p+nq}{q}} = a^{\frac{p}{q}+n}$$

2.º CASO. *Que ambos exponentes sean fraccionarios.*

Supongamos que el producto de $a^{\frac{m}{n}}$ y $a^{\frac{p}{n}}$, tendremos:

$$a^{\frac{m}{n}} \times a^{\frac{p}{n}} = \sqrt[n]{a^m} \times \sqrt[n]{a^p}$$

y recordando la regla para multiplicar raíces del mismo índice:

$$\sqrt[n]{a^m} \times \sqrt[n]{a^p} = \sqrt[n]{a^m \times a^p} = \sqrt[n]{a^{m+p}} = a^{\frac{m+p}{n}} = a^{\frac{m}{n}+\frac{p}{n}}$$

conforme con la ley general.

Potencias con exponente fraccionario

Si los exponentes no tuviesen igual denominador, se reducen a otros cuyo denominador sea el mismo. Así,

$$a^{\frac{m}{n}} \times a^{\frac{p}{q}} = a^{\frac{mq}{nq}} \times a^{\frac{pn}{nq}} = a^{\frac{mq+pn}{nq}} = a^{\frac{mq}{nq}+\frac{pn}{nq}} = a^{\frac{m}{n}+\frac{p}{q}}$$

3.er CASO. *Que uno de los exponentes sea negativo.*

Sea, por ejemplo, multiplicar $a^{\frac{m}{n}}$ por $a^{-\frac{p}{n}}$. Tendremos:

$$a^{\frac{m}{n}} \times a^{-\frac{p}{n}} = a^{\frac{m}{n}} \times \frac{1}{a^{\frac{p}{n}}} = \frac{a^{\frac{m}{n}}}{a^{\frac{p}{n}}} = \frac{\sqrt[n]{a^m}}{\sqrt[n]{a^p}} = \sqrt[n]{\frac{a^m}{a^p}} = \sqrt[n]{a^{m-p}} = a^{\frac{m-p}{n}}$$

4.º CASO. *Que sean negativos los dos exponentes.*

Sean, por ejemplo, $a^{-\frac{m}{n}}$ y $a^{-\frac{p}{n}}$ las potencias que se tratan de multiplicar. Tendremos:

$$a^{-\frac{m}{n}} \times a^{-\frac{p}{n}} = \frac{1}{a^{\frac{m}{n}}} \times \frac{1}{a^{\frac{p}{n}}} = \frac{1}{a^{\frac{m}{n}} \times a^{\frac{p}{n}}} = \frac{1}{a^{\frac{m}{n}+\frac{p}{n}}} = \frac{1}{a^{\frac{m+p}{n}}} = a^{-\frac{m+p}{n}} = a^{-\frac{m}{n}-\frac{p}{n}}$$

Cúmplense, pues, en todos los casos las reglas dadas para la multiplicación de potencias con exponentes naturales, por lo que podemos enunciar la siguiente

REGLA. — *El producto de potencias de la misma base y exponentes fraccionarios es otra potencia de la misma base y cuyo exponente es la suma de los exponentes de los factores.*

178. De modo análogo deduciríamos la regla para dividir potencias con exponentes fraccionarios, en todo semejante a la que rige la división de potencias con exponente natural.

Así, supongamos que se tratan de dividir $a^{\frac{m}{n}}$ por $a^{\frac{p}{q}}$; tendremos:

$$a^{\frac{m}{n}} : a^{\frac{p}{q}} = \sqrt[n]{a^m} : \sqrt[n]{a^p}$$

reduciendo a común índice y dividiendo a continuación:

$$\sqrt[n]{a^m} : \sqrt[q]{a^p} = \sqrt[nq]{a^{mq}} : \sqrt[nq]{a^{pn}} = \sqrt[nq]{a^{mq-pn}}$$

y volviendo a la forma de exponentes fraccionarios:

$$\sqrt[nq]{a^{mq-pn}} = a^{\frac{mq-pn}{nq}} = a^{\frac{mq}{nq}-\frac{pn}{nq}} = a^{\frac{m}{n}-\frac{p}{n}}$$

luego:

El cociente de dos potencias de la misma base y exponentes fraccionarios es otra potencia de la misma base cuyo exponente es la diferencia de los exponentes.

179. **Potencia de un producto.** — *La potencia de exponente fraccionario de un producto es igual a otro producto de los mismos factores, elevado cada uno a la potencia del mismo grado.*

Esto es, que

$$(a \cdot b \cdot c)^{\frac{m}{n}} = a^{\frac{m}{n}} \cdot b^{\frac{m}{n}} \cdot c^{\frac{m}{n}}$$

En efecto:

$$(a \cdot b \cdot c)^{\frac{m}{n}} = \sqrt[n]{(a \cdot b \cdot c)^m} = \sqrt[n]{a^m\, b^m\, c^m} = \sqrt[n]{a^m} \times \sqrt[n]{b^m} \times \sqrt[n]{c^m} = a^{\frac{m}{n}} \cdot b^{\frac{m}{n}} \cdot c^{\frac{m}{n}}$$

180. Potencia de un cociente. — *La potencia de exponente fraccionario de un cociente se obtiene dividiendo la potencia del mismo grado del dividendo y divisor.*

Esto es, que

$$(a:b)^{\frac{m}{n}} = a^{\frac{m}{n}} : b^{\frac{m}{n}}$$

En efecto:

$$(a:b)^{\frac{m}{n}} = \sqrt[n]{(a:b)^m} = \sqrt[n]{a^m : b^m} = \sqrt[n]{a^m} : \sqrt[n]{b^m} = a^{\frac{m}{n}} : b^{\frac{m}{n}}$$

181. Potencia de una potencia. — *La potencia de una potencia, cuando uno o ambos exponentes son fraccionarios, es otra potencia de la misma base y cuyo exponente es el producto de los exponentes.*

Es decir, que

$$\left(a^{\frac{m}{n}}\right)^{\frac{p}{q}} = a^{\frac{m}{n} \cdot \frac{p}{q}}$$

En efecto: según los principios ya estudiados

$$a^{\frac{m}{n} \cdot \frac{p}{q}} = \sqrt[q]{\left(a^{\frac{m}{n}}\right)^p} = \sqrt[q]{a^{\frac{mp}{n}}} = \sqrt[q]{\sqrt[n]{a^{mp}}} = \sqrt[qn]{a^{mp}} = a^{\frac{mp}{qn}} = a^{\frac{m}{n} \cdot \frac{p}{q}}$$

como se quería demostrar.

La regla se cumple aun cuando uno o ambos exponentes sean negativos, como se demuestra a continuación:

$$\left(a^{-\frac{m}{n}}\right)^{\frac{p}{q}} = \left(\frac{1}{a^{\frac{m}{n}}}\right)^{\frac{p}{q}} = \frac{1}{\left(a^{\frac{m}{n}}\right)^{\frac{p}{q}}} = \frac{1}{a^{\frac{m}{n} \cdot \frac{p}{q}}} = a^{-\frac{m}{n} \cdot \frac{p}{q}}$$

como se quería demostrar.

182. Aplicación de estos principios al cálculo en que intervienen potencias con exponentes fraccionarios. — Los principios estudiados referentes a las potencias fraccionarias tienen un amplio campo de aplicaciones en el cálculo matemático cuando en éste intervienen radicales; las dificultades que presentan las operaciones con éstos se solventan transformándolos en potencias de exponente fraccionario.

Ejemplos:

Efectuar las sumas siguientes:

$$\left(3\,a\,b\,\sqrt{b^3}-\frac{6\,a}{\sqrt[3]{2\,a}}\right)-\left(5+a\,\sqrt{b}\right)$$

Realizando las transformaciones oportunas hacemos desaparecer los radicales, y la expresión propuesta se cambia en la equivalente siguiente:

$$3\,a\,b\cdot b^{\frac{3}{2}}-6\,a\cdot\frac{1}{2\,a^{\frac{1}{3}}}-5-a\,b^{\frac{1}{2}}=3\,a\,b^{\frac{5}{2}}-6\,a\cdot 2\,a^{-\frac{1}{3}}-5-a\,b^{\frac{1}{2}}=$$

$$3\,a\,b^{\frac{5}{2}}-12\,a^{\frac{1}{3}}-5-a\,b^{\frac{1}{2}}$$

183. Variación de la potencia de un número real positivo al aumentar el exponente. — Distinguiremos varios casos.

A. Que el exponente sea un número natural.

1.º *Si el exponente es un número natural, las potencias de un número real, positivo y mayor que la unidad son mayores que la unidad, aumentan a medida que aumenta el exponente y pueden ser mayores que un número cualquiera, por grande que sea, si el exponente crece indefinidamente.*

Un ejemplo sencillo nos hará comprender este principio; basta fijarse en los valores de las potencias sucesivas de un número real cualquiera, por ejemplo, de 5.

$$5^1=5, \quad 5^2=25, \quad 5^3=125, \quad 5^4=625\ldots\ldots$$

2.º *Las potencias de un número real positivo menor que la unidad son menores que la unidad, disminuyen a medida que crece el exponente y pueden ser menores que un número cualquiera por pequeño que sea, cuando el exponente crece indefinidamente.*

En efecto: las potencias de exponente entero de 0,5, número real positivo y menor que la unidad, son las siguientes:

$$0,5^1=0,5, \quad 0,5^2=0,25, \quad 0,5^3=0,125, \quad 0,5^4=0,0625\ldots\ldots$$

En los dos casos anteriores hemos escogido ejemplos numéricos con el fin de llevar al convencimiento inmediato al lector, prescindiendo de cualquier otro raciocinio algebraico.

B. Que el exponente sea racional y positivo.

1.º *Las potencias de un número positivo mayor que la unidad con exponentes fraccionario positivo mayor que la unidad son mayores que la unidad y crecen a medida que crece el exponente.*

Si $a>1$ y $\dfrac{m}{n}>\dfrac{p}{q}$, vamos a demostrar que

$$a^{\frac{m}{n}}>a^{\frac{p}{q}} \qquad \text{(I)}.$$

En efecto; esta desigualdad será cierta si la diferencia entre el primero y segundo miembros de la misma es positivo. Veámoslo:

$$a^{\frac{m}{n}}-a^{\frac{p}{q}}=\frac{a^{\frac{m}{n}}}{a^{\frac{p}{q}}}\times a^{\frac{p}{q}}-a^{\frac{p}{q}}=a^{\frac{m}{n}\cdot\frac{p}{q}}\times a^{\frac{p}{q}}=a^{\frac{p}{q}}=a^{\frac{p}{q}}\left(a^{\frac{m}{n}-\frac{p}{q}}-1\right) \qquad \text{(II)};$$

ahora bien: $\dfrac{m}{n}-\dfrac{p}{q}$ es un número fraccionario positivo, pues $\dfrac{m}{n}>\dfrac{p}{q}$, y como $a>1$, tendremos $a^{\frac{m}{n}-\frac{p}{q}}>1$, luego la diferencia

$$a^{\frac{m}{n}-\frac{p}{q}}-1$$

es positiva, y siendo también positivo el factor que precede al paréntesis en la fórmula (II), el primer miembro de esta fórmula será positivo, y, por consiguiente, la desigualdad (I) es cierta.

Si $a>1$, se demuestra, siguiendo un razonamiento análogo, que al aumentar el exponente disminuye la potencia.

Así pues, si la base es positiva y mayor que la unidad, y el exponente es fraccionario y positivo, la potencia aumenta al aumentar el exponente.

Si la base es menor que la unidad, al aumentar el exponente fraccionario disminuye la potencia.

Todas esas variaciones de las potencias de exponente racional positivo de una base a se pueden expresar abreviadamente así:

$$a>1 \begin{cases} \text{\textit{si el exponente crece desde 0 a }} \infty \\ \text{\textit{la potencia crece desde 1 a }} \infty \end{cases}$$

$$a<1 \begin{cases} \text{\textit{si el exponente crece desde 0 a }} \infty \\ \text{\textit{la potencia disminuye desde 1 a 0}} \end{cases}$$

C. Que el exponente sea negativo.

1.º *Si la base es mayor que la unidad y el exponente es entero, las potencias disminuyen a medida que aumenta el valor absoluto del exponente.*

Así, por ejemplo, las potencias de exponente negativo de 2 son las siguientes:

$$2^{-1}=\frac{1}{2^1}=\frac{1}{2}; \qquad 2^{-2}=\frac{1}{2^2}=\frac{1}{4}; \qquad 2^{-3}=\frac{1}{2^3}=\frac{1}{8}\ldots\ldots$$

2.º *Si la base es positiva y menor que la unidad, las potencias de exponente entero y negativo aumentan a medida que crece el valor absoluto del exponente.*

374

Potencias con exponente fraccionario

Así, las potencias sucesivas de 0,2 de exponente negativo son:

$$0,2^{-1} = \frac{1}{0,2} = 1 : \frac{2}{10} = \frac{1 \times 10}{2} = 5$$

$$0,2^{-2} = \frac{1}{0,2^2} = \frac{1}{0,04} = 1 : \frac{4}{100} = \frac{1 \times 100}{4} = 25$$

$$0,2^{-3} = \frac{1}{0,2^3} = \frac{1}{0,008} = 1 : \frac{8}{1000} = \frac{1 \times 1000}{4} = 125.$$

No queremos generalizar el problema con cantidades literales para no llevar a la confusión al lector, toda vez que los ejemplos numéricos demuestran bien claramente la exactitud de los principios enunciados, los cuales se cumplen también para el caso de exponentes fraccionarios negativos mayores que la unidad.

Esto último se comprende también fácilmente. En efecto: si suponemos $a>1$ y $m>n$, resultará $a^{-\frac{m}{n}}<1$; pues

$$a^{-\frac{m}{n}} = \frac{1}{a^{\frac{m}{n}}},$$

pero $a^{\frac{m}{n}}>1$ por ser $m>n$ y $a>1$, luego

$$a^{-\frac{m}{n}} = \frac{1}{a^{\frac{m}{n}}} < 1.$$

Si suponemos $a<1$ y $m>n$, se cumple que

$$a^{-\frac{m}{n}} > 1,$$

pues

$$a^{-\frac{m}{n}} = \frac{1}{a^{\frac{m}{n}}}$$

pero $a^{\frac{m}{n}}<1$ por ser $m>n$ y $a<1$, luego

$$a^{-\frac{m}{n}} = \frac{1}{a^{\frac{m}{n}}} > 1.$$

Si $\dfrac{m}{n} > \dfrac{p}{q}$ y $a>1$ también se cumple que

$$a^{-\frac{m}{n}} < a^{-\frac{p}{q}}$$

desigualdad que se demuestra de modo análogo al indicado en el caso B, punto 1.º.

Todo lo expuesto se puede expresar abreviadamente así:

$$a>1 \begin{cases} \text{si el exponente negativo disminuye de } 0 \text{ a } -\infty \\ \text{la potencia disminuye de } 1 \text{ a } 0 \end{cases}$$

$$a<1 \begin{cases} \text{si el exponente decrece de } 0 \text{ a } -\infty \\ \text{la potencia crece desde } 1 \text{ a } \infty \end{cases}$$

184. Radicación de polinomios. — Expuesta la teoría relativa al desarrollo de la potencia *enésima* de un binomio y de un polinomio, vamos a estudiar el método para obtener las raíces de cualquier grado de un polinomio, comenzando para ello por la raíz cuadrada.

185. Si con P representamos un polinomio y con Q su raíz cuadrada y se cumple la igualdad $P=Q^2$, se dice que el polinomio P es un cuadrado perfecto y Q su raíz cuadrada. Así pues, un polinomio es raíz cuadrada de otro cuando elevado al cuadrado nos reproduce el primero.

Veamos a continuación cómo se puede extraer la raíz cuadrada de un polinomio P, que supondremos cuadrado perfecto y ordenado según las potencias descendentes de x. Representaremos para ello por *a*, *b*, *c*... los términos de la raíz ordenada en x, y tendremos:

$$P=(a+b+c+d...)^2=a^2+2a(b+c+d+...)+(b+c+d+...)^2$$

pero como a^2 es el producto directo y sin reducción alguna de los dos primeros términos del polinomio raíz al elevar éste al cuadrado, no tendrá ningún término semejante y será igual al primer término de P; por consiguiente, el primer término de la raíz será raíz cuadrada del primer término del polinomio propuesto.

Ahora, restando a^2 de P anulará a dicho primer término y quedará un resto R, que será:

$$R=2a(b+c+d+...)+(b+c+d+...)^2.$$

El término más elevado de este resto R es $2ab$, que, por no tener semejante, será igual al primer término de R; luego, dividiendo el primer término del resto R por $2a$, obtendremos como cociente *b*, que será el segundo término de la raíz.

Conocemos, pues, ya *a* y *b* y se puede escribir, por consiguiente:

$$P=(a+b)^2(c+d+...)+(c+d+...)^2.$$

Restando de P el valor $(a+b)^2$ y designando con R' el resto se tiene

$$R'=2(a+b)(c+d+...)+(c+d+...)^2.$$

El término más elevado del segundo miembro de esta igualdad es $2ac$, y como no tiene semejante, será igual al término más elevado del polinomio R'; luego, dividiendo el primer término de este polinomio por $2a$, obtendremos como cociente *c*, que será el tercer término de la raíz, término que, unido a los dos anteriores, permite expresar el polinomio P en esta forma:

$$P=(a+b+c)^2+2(a+b+c)(d+e+...)+(d+e+...)^2$$

y restando de P el valor $(a+b+c)^2$, obtendremos un nuevo resto que representaremos con R'':

$$R''=2(a+b+c)(d+e+...)+(d+e+...)^2,$$

cuyo término más elevado es $2\,a\,d$, igual al primer término de R″, luego dividiendo este primer término por $2\,a$, da por cociente d, que será el cuarto término de la raíz, con el cual se procede como con los anteriores, y así sucesivamente hasta llegar a obtener un resto cero.

Si el polinomio P no fuese cuadrado perfecto, no tendrá raíz cuadrada perfecta, no se llegará, pues, a un resto final igual a cero, y se da por terminada la operación cuando se llegue a un resto cuyo grado en x sea menor que la parte de raíz hallada; a ésta se le da el nombre de *raíz cuadrada entera*, y el polinomio P quedará así descompuesto en dos partes, verdaderos sumandos, uno la raíz cuadrada entera, Q, y el otro el último resto R_n de grado inferior a 2, esto es,

$$P = Q^2 + R_n.$$

De todo lo expuesto dedúcese la siguiente

REGLA. —*Para extraer la raíz cuadrada de un polinomio, se ordena éste según las potencias decrecientes de una de sus letras, se extrae la raíz cuadrada de su primer término, y ésta será el primer término de la raíz buscada; se eleva ésta al cuadrado y se resta del polinomio propuesto. El primer término del resto obtenido se divide por el duplo del primer término de la raíz, y el cociente será el segundo término de la raíz, el cual se suma con el duplo de la parte de ésta ya hallada, se multiplica el todo por el cociente y el producto que se obtiene así se resta del resto anterior. Se obtiene así el segundo resto, cuyo primer término se divide por el duplo del primer término de la raíz, y el cociente será el tercer término de la raíz, con el cual se procede como con el segundo, continuando así sucesivamente hasta obtener un resto cero, o un resto de grado inferior al de la raíz.*

Un ejemplo hará comprender mejor el mecanismo de la extracción de la raíz cuadrada de un polinomio.

Sea éste

$$16\,x^6 - 16\,x^5 + 44\,x^4 - 4\,x^3 + 17\,x^2 + 20\,x + 4;$$

las operaciones se disponen como se indican a continuación:

186. Raíz emésima de un polinomio. —Se dice que un polinomio P tiene por raíz emésima otro polinomio Q, cuando se cumple la igualdad

$$P = Q^m$$

Supongamos que el polinomio P es potencia exacta de Q, y ordenamos ambos según el orden decreciente de las potencias de una misma letra x, y sea $a+b+c...$ la raíz emésima de P. Según esto,

$$P = (a+b+c+...)^m = a^m + \frac{m}{1}\,a^{m-1}\,(b+c+...) + \frac{m\,(m-1)}{1\,.2}\,a^{m-2}\,(b+c+d+...)^2 + ...$$

El término más elevado del 2.º miembro es a^m, y será igual al primer término de P, luego a, el primer término de la raíz, se obtendrá extrayendo la raíz *emésima* del primer término del polinomio, y si de este polinomio se resta a^m, se obtiene un primer resto R, cuyo valor será:

$$R = m\,a^{m-1}\,(b+c+...) + \frac{m\,(m-1)}{1\,.2}\,a^{m-2}\,(b+c+...)^2 + ...$$

En este segundo miembro, el término más elevado será $m\,a^{m-1}\,b$ y será, por consiguiente, igual al primer término de R, luego dividiendo este primer término por $m\,a^{m-1}$ se tiene por cociente el segundo término b de la raíz. Conocidos ya los dos primeros términos de la raíz, se puede escribir:

$$P=[(a+b)+(c+d+\ldots)]^m=(a+b)^m+m\,(a+b)^{m-1}$$
$$(c+d+\ldots)+\frac{m\,(m-1)}{1\cdot 2}\,(a+b)^m\,(c+d+\ldots)$$

y restando $(a+b)^m$ tendremos un nuevo resto R':

$$R=m\,a^{m-1}\,(b+c+\ldots)+\frac{m\,(m-1)}{1\cdot 2}\,a^{m-2}\,(b+c+\ldots)^2+\ldots$$

$$
\begin{array}{l|l}
P=\ \ 16\,x^6-16\,x^5+44\,x^4-\ 4\,x^3+17\,x^2+20\,x+4 & 4\,x^3-2\,x^2+5\,x+2 \\
\quad\ -16\,x^6 & \\[2pt] \hline
R=\ldots\ldots\ \ -16\,x^5+44\,x^4-\ 4\,x^3+17\,x^2+20\,x+4 & (8\,x^3-2\,x^2)\,(-2\,x^2)\ldots(2\,a+b)\,b \\
\quad\qquad\ +16\,x^5+\ 4\,x^4 & \\[2pt] \hline
R'\ldots\ldots\ldots\ \ 40\,x^4-\ 4\,x^3+17\,x^2+20\,x+4 & (8\,x^3-4\,x^2+5\,x)\,5\,x\ldots(2\,a+2\,b+c)\,c \\
\quad\qquad\ -40\,x^4-20\,x^3+25\,x^2 & \\[2pt] \hline
R''=\ldots\ldots\ldots\ \ 16\,x^3-\ 8\,x^2+20\,x+4 & (8\,x^3-4\,x^2+10\,x+2)\,2\ldots(2\,a+2\,b+ \\
\quad\qquad\ -16\,x^3+\ 8\,x^2-20\,x-4 & \qquad\qquad\qquad\qquad +2\,c+d)\,d \\[2pt] \hline
\qquad\qquad\qquad\quad 0 &
\end{array}
$$

$$R'=m\,(a+)^{m-1}\,(c+d+\ldots)+\frac{m\,(m-1)}{1\cdot 2}\,(a+b)^{m-2}\,(c+d+\ldots)^2+\ldots$$

En este segundo miembro el término más elevado es $m\,a^{m-1}\,c$, luego será igual al primer término de R', y, por consiguiente, al dividir R' por $m\,a^{m-1}$ se obtiene como cociente c, que será el tercer término de la raíz, con el cual se procede como se ha dicho al hablar del segundo, continuando la operación hasta obtener un resto cero.

Pero si el polinomio P no es la potencia emésima de Q, se llega a obtener un resto cuyo grado es inferior al de la raíz, y en este caso el polinomio dado queda descompuesto en dos sumandos, uno potencia exacta de grado m, la *raíz emésima entera*, y la otra un resto, de modo que resulta de grado inferior a la raíz:

$$P=Q^m+R.$$

Se comprende que la raíz *emésima* de un polinomio es de grado m veces menor que el de este mismo polinomio.

CAPÍTULO VIII

ECUACIONES DE PRIMER GRADO

1.º Ecuaciones de primer grado con una incógnita

187. Igualdad. — Cuando dos expresiones algebraicas adquieren los mismos valores numéricos al substituir las letras por un sistema de valores numéricos, se dice que son *iguales*, y se expresa esta igualdad con el signo = colocado entre ambas expresiones. Cada una de ellas, escritas a uno y otro lado del signo igual, reciben el nombre de *miembro de la igualdad*.

188. Identidad. — Recibe este nombre toda igualdad evidente, como

$$7 = 7 \qquad 3 \times 4 = 12$$

Se denomina también *identidad* la igualdad de dos expresiones algebraicas equivalentes, pues uno de los miembros de la igualdad proviene de transformaciones matemáticas del otro. Así, las igualdades

$$(a+b)^2 = a^2 + 2\,a\,b + b^2$$
$$(a+b)\,(a-b) = a^2 - b^2$$

son identidades en este concepto, pues para cualquier valor que se dé a *a* y a *b* se cumplirá la igualdad numérica de ambos miembros.

El signo de identidad es $\equiv$ colocado entre sus dos miembros, y se lee *idéntico a*.

189. Ecuación. — Podemos definir la ecuación diciendo que es *una igualdad condicionada, la cual sólo se puede transformar en identidad para ciertos valores particulares de alguna o algunas cantidades desconocidas que en ellas entran.*

Estas cantidades desconocidas reciben el nombre de *incógnitas*.

Sea, por ejemplo, la igualdad condicionada

$$5\,x + 4 = 19 \, ;$$

si en ella se le atribuye a x un valor cualquiera, tomará la expresión un valor en general diferente de 19; únicamente para el valor de $x = 3$ la ecuación se transforma en identidad. Este valor, y, en general, el valor o valores que substituidos en lugar de la incógnita transforman la ecuación en identidad, se llaman *raíces* o *soluciones* de la ecuación.

190. Clases de ecuaciones. — Las ecuaciones se clasifican de diversas maneras.

Cuando no contienen otras letras que la incógnita o incógnitas y todos los demás coeficientes son números, reciben el nombre de *numéricas*. Así,

379

$$3\,x+4=2\,x+6$$

es una ecuación numérica.

Si los coeficientes son indeterminados y vienen representados por letras, reciben las ecuaciones el nombre de *ecuaciones literales* y también *generales*. La ecuación

$$a\,x^2+b\,y+c=0$$

es una ecuación literal o general.

En este tipo de ecuaciones los coeficientes se representan con las primeras letras del alfabeto, en tanto que las incógnitas son las últimas: x, y, z, v, u, w.

Una ecuación es *racional* cuando no tiene ninguna incógnita bajo el signo radical, e *irracional* en el caso contrario. Así, las ecuaciones expuestas anteriormente son ecuaciones *racionales*, en tanto que

$$\sqrt{\ x}+2=x-4$$

es una ecuación *irracional*.

Ecuaciones *enteras* son aquellas racionales en las cuales no figura ninguna incognita como denominador, y son *fraccionarias* en el caso contrario.

Así, la ecuación

$$\frac{2\,x}{5}+\frac{3\,y}{4}=5$$

es una ecuación con dos incógnitas y *entera*, en tanto que

$$\frac{13}{x+2\,y+3}=\frac{3}{4\,x-5\,y+6}$$

es una ecuación *fraccionaria*.

Se denominan las ecuaciones *algebraicas* cuando en ellas los datos están combinados con las incógnitas y éstas entre sí sólo por las operaciones del cálculo algebraico; en los demás casos se llaman *trascendentes*.

Por su *grado* se clasifican y pueden ser las ecuaciones de *primer grado* o *lineales*, de *segundo grado*, de *tercer grado*, etc., según sea el mayor grado de su incógnita. Si la ecuación tiene más de una incógnita, se obtiene su grado sumando los grados de todas ellas en cada término, y el término de mayor grado indica el grado de la ecuación.

Ejemplos:

$$3\,x+5=4\,x+1 \qquad y \qquad \frac{x}{3}+\frac{y}{2}=\frac{4}{3}$$

son ecuaciones de primer grado; en tanto que

$$x^2-2\,x+6=0 \qquad y \qquad 3\,x^2=\frac{2}{5}\left(x+\frac{4}{5}\right)+2\,x^2$$

son ecuaciones de segundo grado en x, y

$$2\,x\,y+3+5\,y=12$$

es una ecuación de segundo grado en $x\,y$.

Una ecuación es *determinada* cuando tiene un número limitado de soluciones o raíces, e *indeterminada* en el caso contrario; llámase *absurda* cuando no tiene ninguna solución.

Ecuaciones equivalentes son las que tienen las mismas soluciones o raíces, es decir, que todas las soluciones de una son soluciones de las otras, y recíprocamente.

191. Notación abreviada de las ecuaciones. — Las ecuaciones se representan abreviadamente por la forma A (x), B (x), etc., que se lee «*a* de *x* y *b* de *x*» cuando en ellas figura la x como única incógnita y por A (a), B (a)... los valores numéricos que adquieren las expresiones anteriores cuando se substituye en aquellas expresiones x por *a*. Como en una ecuación puede figurar la incógnita en ambos miembros, tal ecuación se escribe abreviadamente

$$A(x) = B(x).$$

192. Preparación de las ecuaciones para su resolución y modos de realizarla. — Casi nunca se pueden buscar las soluciones de las ecuaciones deduciéndolas directamente de ellas, sino que es preciso transformarlas previamente en otras equivalente. Estas transformaciones se fundan en varios teoremas o principios que vamos a enunciar a continuación.

1.º *Si a los dos miembros de una ecuación se les suma o resta una misma cantidad, la ecuación que resulta es equivalente a la primera.*
Representemos abreviadamente por

$$A = B \qquad (1)$$

una ecuación que contenga una o más incógnitas, x, y, z. Se trata de demostrar que, siendo *m* una cantidad cualquiera, la ecuación

$$A \pm m = B \pm m \qquad (2)$$

tiene las mismas soluciones que la (1). Los valores de A y B dependen del valor de las incógnitas y si éstas las substituimos en A y B por valores tales que formen la solución de la ecuación (1), convertirán a ésta en una igualdad; pero a los dos miembros de una igualdad se les puede sumar o restar una misma cantidad sin que ella varíe, luego entonces

$$A \pm m = B \pm m.$$

Además, esta última ecuación puede considerarse como el resultado de substituir en la ecuación (2) los valores de las incógnitas que han sido las soluciones de la ecuación (1); luego toda solución de la ecuación (1) es solución de la ecuación (2), y así pues, ambas son equivalentes.

Recíprocamente; si en la ecuación (2) substituimos las incógnitas por una solución cualquiera, esta ecuación se transforma en identidad; ahora bien, a los dos miembros de esta última le podemos sumar $-m$, y se transformará en la igualdad A = B, que es precisamente el resultado de substituir en la ecuación (1) los valores que forman la solución de la ecuación (2); luego toda solución de (2) satisface a (1) y, por consiguiente, ambas ecuaciones son equivalentes.

193. Aplicación. Transposición de términos. — El teorema anterior tiene una aplicación muy importante en la resolución de las ecuaciones que consiste en pasar un término de un miembro a otro, operación que se llama *transposición de términos.*

REGLA.— *Para llevar a cabo en una ecuación la transposición de un término de uno o otro miembro, se suprime este término en el miembro en que está contenido y se le escribe en el otro con signo contrario.*

En efecto: sea la ecuación $7x - 5 = 10 + 4x$; para pasar el término -5 del primero al segundo miembro, recordemos que una igualdad no varía si se suma una misma cantidad a sus dos miembros: sumemos a ambos $+5$ y tendremos la nueva ecuación

$$7x - 5 + 5 = 10 + 4x + 5$$

equivalente a

$$7x = 10 + 4x + 5$$

Para pasar ahora el término $4x$ del segundo al primer miembro, restemos de ambos $4x$ y tendremos:

$$7x - 4x = 10 + 4x + 5 - 4x$$

y suprimiendo en el segundo miembro los dos términos semejantes y de signos opuestos, quedará la ecuación reducida a la forma:

$$7x - 4x = 10 + 5.$$

194. Observación. — Se pueden cambiar los signos de todos los términos de una ecuación sin que ésta cambie de valor, pues ello equivale a pasar todos los términos del primer miembro al segundo, y los del segundo al primer miembro.
Así, la ecuación

$$9x - 4 = 5x - 7$$

es equivalente a esta otra

$$4 - 9x = 7 - 5x$$

como es fácil comprobar.
También se pueden hacer pasar todos los términos de una ecuación al primer miembro; la ecuación toma entonces la forma

$$A = 0.$$

Así, por ejemplo, la ecuación anterior tomará la forma siguiente:

$$9x - 4 - 5x + 7 = 0$$

o, lo que es lo mismo,

$$4x + 3 = 0.$$

2.º *Si se multiplican o dividen los dos miembros de una ecuación por una misma cantidad diferente de cero y finita, se obtiene una nueva ecuación equivalente a la primera.*
Sea la ecuación

$$A(x) = B(x) \qquad (1);$$

vamos a demostrar que la que resulta de multiplicar sus dos miembros por m, esto es,

$$A(x)\,m = B(x)\,m \qquad (2)$$

es equivalente a la primera.

En efecto, representemos con a una solución de la ecuación (1); ésta se transformará, al substituir x por a, en

$$A\,(a) = B\,(a),$$

expresión que es una igualdad independente de incógnita y que, por consiguiente, no variará al multiplicar sus dos miembros por un mismo factor m; luego

$$A\,(a)\,m = B\,(a)\,m,$$

lo que prueba que (1) y (2) son equivalentes.

Lo mismo ocurre si en lugar de multiplicar los dos miembros de la ecuación (2) por m los dividiésemos por m: la nueva ecuación es equivalente a la antigua. Basta para ello recordar que dividir un número por m equivale a multiplicarlo por $\dfrac{1}{m}$, con lo que caemos dentro del caso que acabamos de explicar.

195. Aplicación. Eliminación de denominadores. — En el teorema anterior se funda la operación de transformación de las ecuaciones que tengan términos fraccionarios en otros equivalentes cuyos términos sean enteros, operación que se conoce generalmente por *quitar denominadores*.

Sea, por ejemplo, la ecuación

$$4\,x - \frac{3}{4} + \frac{2\,x}{3} = 8 + \frac{2}{3} - \frac{5\,x}{12}.$$

Reduciendo todos los términos a común denominador, que es 12, tendremos:

$$\frac{48\,x}{12} - \frac{9}{12} + \frac{8\,x}{12} = \frac{96}{12} + \frac{8}{12} - \frac{5\,x}{12}$$

y multiplicando todos los términos por 12, para quitar el denominador, obtendremos la nueva ecuación

$$48\,x - 9 + 8\,x = 96 + 8 - 5,$$

la cual sólo contiene términos enteros y es equivalente a la ecuación propuesta.

De todo lo dicho se deduce la siguiente

REGLA. — *Para quitar denominadores en una ecuación se reducen los coeficientes fraccionarios, si los hay, a denominador común, y luego se multiplican los dos miembros de la ecuación por el denominador común; los términos enteros se pueden considerar como fraccionarios de denominador igual a la unidad.*

Cuando los denominadores contienen la incógnita o incógnitas se procede de la misma manera.

EJEMPLOS:

1.º Resolver la ecuación

$$\frac{4}{x} + 3 = 7 - \frac{8}{2\,x}$$

Quitaremos primero denominadores; el *m. c. m.* de ellos es $2x$, luego multiplicaremos ambos términos de la ecuación por él:

$$\frac{8x}{2x}+\frac{3\cdot 2x}{2x}=\frac{7\cdot 2x}{2x}-\frac{8}{2x}$$

o lo que es lo mismo:

$$4x+6x=14x-8$$

y transponiendo términos:

$$4x+6x-14x=-8$$

de donde

$$-4x=8 \qquad \text{o bien} \qquad 4x=8$$

y despejando x:

$$x=\frac{8}{4}=2.$$

2.º   Resolver la ecuación

$$\frac{8}{1+x}+\frac{2}{1-x}=-\frac{8}{1-x^2}$$

El *m. c. m.* de los denominadores es $1-x^2$, pues $1-x^2=(1-x)(1+x)$, y éste será el denominador común, al cual reduciremos la ecuación propuesta así:

$$\frac{8(1-x)}{1-x^2}+\frac{2(1+x)}{1-x^2}=-\frac{8}{1-x^2}$$

de donde

$$8(1-x)+2(1+x)=-8$$

y efectuando operaciones y transponiendo los términos semejantes:

$$8-8x+2+2x=-8;\ -8x+2x=-8-8-2$$

o bien

$$-6x=-18, \qquad \text{de donde} \qquad 6x=18$$

y finalmente:

$$x=\frac{18}{6}=3.$$

Ejemplos:

1.º   Quitar denominadores a la ecuación

$$7+\frac{2}{x}=3+\frac{16}{2x}+1 \qquad (1).$$

El denominador común es $2x$, luego podremos escribir:

$$\frac{7\cdot 2x}{2x}+\frac{2\cdot 2}{2x}=\frac{6x}{2x}+\frac{16}{2x}+\frac{2x}{2x}$$

y multiplicando ambos miembros por $2x$:

$$14x+4=6x+16+2x$$

ecuación equivalente a (1) y que carece de denominadores.

2.º Sea la ecuación:

$$\frac{x}{x^2-9}+\frac{1}{x\,(x-3)}=\frac{5\,x+3}{x\,(x+3)}\qquad (1).$$

El denominador común es aquí $x\,(x+3)\,(x-3)$, pues $x^2-9=(x+3)\,(x+3)$, luego tendremos:

$$\frac{x\cdot x}{x\,(x+3)\,(x-3)}+\frac{x+3}{x\,(x-3)\,(x+3)}=\frac{(x-3)\,(5\,x+3)}{x\,(x+3)\,(x-3)}$$

y multiplicando ambos miembros por el denominador para suprimir éste, tendremos:

$$x^2+x+3=(x-3)\,(5\,x+3)\qquad (2)$$

equivalente a la propuesta.

196. Simplificación de una ecuación. — *Cuando todos los términos de una ecuación tienen un factor común, la ecuación se puede simplificar dividiéndola por dicho factor siempre que éste no contenga incógnitas, porque se pueden perder soluciones.*

Véase un ejemplo de esto que decimos. Sea la ecuación:

$$(x-2)\,x+(x-2)\,(x+2)-(x-2)=0.$$

Sacando a $x-2$ como factor común:

$$(x-2)\,(x+x+2-1)=0.$$

Ahora bien, para que este producto sea cero es indispensable que lo sea uno de sus factores, es decir, se necesita que sea

$$x-2=0,\qquad\text{o bien}\qquad x+x+2-1=0,$$

la primera de estas dos ecuaciones nos daría $x=2$, valor que si se substituye en la segunda, nos da

$$2+2+2-1=0$$

que es una igualdad absurda; pero si substituimos x por 2 en la ecuación primitiva, resulta:

$$(2-2)\,2+(2-2)\,(2+2)-(2-2)=0,$$

igualdad verdadera, pues todos los términos del primer miembro son nulos; luego el valor $x=2$ era una solución de la ecuación propuesta, que se hubiera perdido si se sacase como factor común $x+2$ y no se le igualase a cero.

197. *Una ecuación no se altera cuando se cambia el signo a todos sus términos.* Es decir, que la ecuación

$$A\,(x)=B\,(x)$$

es equivalente a

$$-A\,(x)=-B\,(x),$$

pues ello equivale a multiplicar los dos miembros de la ecuación por el mismo factor, -1.

198. Resolución de la ecuación de primer grado con una incógnita. — Todas las teorías y principios expuestos precedentemente sirven para *preparar* las ecuaciones, esto es, transformarlas en otras equivalentes de la forma más sencilla y de las cuales sea fácil deducir o *despejar* el valor de la incógnita.

Resumiendo ahora, diremos que las series de operaciones que deben realizarse para resolver una ecuación, son: 1.ª *Racionalizar la ecuación.* 2.ª *Quitar denominadores para reducir los términos a forma entera.* 3.ª *Simplificación, esto es, suprimir los términos semejantes que aparezcan en ambos miembros y que sean independientes de incógnitas.* 4.ª *Transposición de términos, pasando al primer miembro todos los términos afectados de incógnitas.* 5.ª *Reducción de términos semejantes.* 6.ª *Despejar la incógnita para obtener su valor.*

La preparación de las ecuaciones se hace siempre del mismo modo, cualesquiera que sean sus grados y número de las incógnitas, pero a veces se presentan ciertas dificultades, según sea la forma de las ecuaciones. Veamos algunos ejemplos:

EJEMPLO:

1.º Resolver la ecuación

$$3\,x + \frac{2\,x}{4} = 21.$$

Quitaremos primero el denominador, multiplicando para ello todos los términos por 4, y tendremos:

$$12\,x + 2\,x = 84.$$

Reduciendo los términos semejantes:

$$14\,x = 84$$

y despejando la incógnita

$$x = \frac{84}{14} = 6.$$

2.º Sea la ecuación

$$3\,x - \frac{3}{2} + \frac{3\,x}{4} = \frac{5\,x}{16} + 26.$$

a) Para quitar denominadores comenzaremos primero por reducirlos a común denominador: éste es 16, *m. c. m.* de 2, 4 y 16; tendremos, pues:

$$\frac{16 \cdot 3\,x}{16} - \frac{3 \cdot 8}{16} + \frac{4 \cdot 3\,x}{16} = \frac{5\,x}{16} + \frac{26 \cdot 16}{16}$$

multiplicando ambos miembros por 16 desaparecerá el denominador y tendremos:

$$48\,x - 24 + 12\,x = 5\,x + 416.$$

b) Pasando al primer miembro todos los términos en **x** **y** al segundo los independientes de incógnita *(transposición)*, tendremos:

$$48\,x + 12\,x - 5\,x = 416 + 24$$

c) y reduciendo los términos semejantes:

$$55\,x = 440$$

d) **y** dividiendo ambos miembros por el coeficiente de la incógnita, esto es, despejando a ésta:

$$x=\frac{440}{55}=8.$$

Luego la única raíz o solución de la ecuación propuesta es **8**.

199. Observación. — La marcha expuesta en los ejemplos anteriores es demostrativa para que el lector comprenda todo el mecanismo que se sigue en la resolución de las ecuaciones, pero en la práctica se suprimen algunas de las operaciones intermedias y se simplifica la marcha, como se ve en el ejemplo siguiente:

Resolver la ecuación

$$\frac{1}{x-2}+\frac{1}{x-5}=\frac{2}{x-3}$$

Quitaremos los denominadores multiplicando directamente ambos miembros por $(x-2)(x-5)(x-3)$, *m. c. m.* de ellos:

$$(x-5)(x-3)+(x-2)(x-3)=2(x-2)(x-5).$$

Efectuando las operaciones indicadas, tendremos:

$$x^2-3x-5x+15+x^2-3x-2x+6=2x^2-10x-4x+20.$$

Transponiendo términos y reduciendo los semejantes:

$$14x-13x=20-15-6,$$

de donde

$$x=-1.$$

200. Resolución de ecuaciones irracionales. — Recordemos que se ha llamado ecuación irracional a la que tiene una incógnita bajo el signo radical. Así, la ecuación $\sqrt{x^2-9}=x-1$ es irracional. Solamente consideraremos aquí las ecuaciones irracionales de índice 2.

La resolución de esta clase de ecuaciones se funda en el principio siguiente:

Si se elevan al cuadrado los dos miembros de una ecuación irracional se obtiene otra que tiene más soluciones que la primera, pues contiene las de una tercera ecuación que se forma cambiando de signo a uno de los miembros de la ecuación primera.

En efecto, sea la ecuación

$$A(x)=B(x) \qquad (1).$$

Elevando los dos miembros al cuadrado, resulta la nueva ecuación

$$[A(x)]^2=[B(x)]^2 \qquad (2)$$

que equivale a esta otra:

$$[A(x)]^2-[B(x)]^2=0.$$

Esta última, por ser su primer miembro diferencia de cuadrados, se puede escribir así:

$$[A(x)+B(x)][A(x)-B(x)]=0 \qquad (3).$$

Cada uno y todos los valores que anulen a las expresiones $[A(x)+B(x)]$ y $[A(x)-B(x)]$, transformarán la ecuación (3) en identidad al substituir en ella x por dichos valores; luego la ecuación (3) y, por consiguiente, su equivalente la (2), contienen las soluciones de la ecuación $A(x)-B(x)=0$, y, por consiguiente, las de la ecuación $A(x)=B(x)=0$, su equivalente.

201. Del principio anterior se deduce que *una ecuación no se altera si se elevan sus dos miembros a una potencia, pues se transforma en otra equivalente a ella.*

Al mismo tiempo esta propiedad es el fundamento del método de racionalizar las ecuaciones irracionales cuando el índice de la raíz es 2. Pero no conviene elevar de momento al cuadrado todos los términos de la ecuación, pues así no se lograría eliminar la raíz, sino que primero se la aisla y deja en un miembro sola y luego se elevan al cuadrado ambos miembros de la ecuación. Véanse los ejemplos siguientes:

1.º   Racionalizar la ecuación

$$\sqrt{x-4}=8.$$

Elevando ambos miembros al cuadrado, tendremos:

$$x-4=64$$

de donde

$$x=64+4=68.$$

2.º   Racionalizar la ecuación

$$2x-3+\sqrt{(x+10)(x+3)}=3x+3.$$

Pasando la parte racional del primer miembro al segundo, tendremos:

$$\sqrt{(x+10)(x+3)}=x+6$$

y elevando los dos miembros de esta ecuación al cuadrado, tendremos:

$$(x+10)(x+3)=x^2+12x+36$$

y efectuando las operaciones indicadas:

$$x^2+3x+10x+30=x^2+12x+36.$$

Transponiendo términos y simplificando, resulta:

$$x=6,$$

que es la solución de la ecuación propuesta.

202. Forma general de la ecuación de primer grado con una incógnita y su discusión. — Expuestas ya las cuestiones anteriores y la marcha para resolver las ecuaciones de primer grado con una sola incógnita, vemos que la forma general de estas ecuaciones, después de preparadas, es

$$A\,x=B,$$

igualdad cuyo primer miembro contienen la incógnita, y cuyo segundo miembro es independiente de ella.

Si dividimos ambos miembros de la ecuación (1) por A, tendremos:

$$x = \frac{B}{A} \quad (2)$$

ecuación que es equivalente a la (1) y sólo puede ser satisfecha por el valor de x igual a $\frac{B}{A}$, que es, pues, la única solución o raíz de la ecuación de primer grado; *luego para resolver una ecuación de primer grado con una incógnita, después de preparada, se divide el segundo miembro por el coeficiente de la incógnita.*

203. Discusión de la forma de la ecuación de primer grado con una incógnita. — Discutir una forma es pasar revista, averiguar la clase y número de soluciones que se obtienen para ella, según los valores que se asignen a los elementos que entran en ella.

La forma ya conocida

$$A\,x = B$$

nos da

$$x = \frac{B}{A}$$

1.º *Signo de x.* — El valor de x puede ser *positivo* o *negativo;* será positivo si A y B son ambos positivos, o ambos negativos; y será negativo si lo son A o B. En uno y otro caso x puede ser *entero* o *fraccionario,* según que B sea o no múltiplo de A; finalmente, será x inconmensurable si lo son A y B, o bien uno solo de ellos.

2.º *Que A y B sean distintas de cero.* — Mientras A y B sean cantidades finitas y distintas de cero, la ecuación de primer grado con una sola incógnita *tiene una solución y solamente una.*

3.º *Que sea A = 0 y B distinta de cero.* — Si A es igual a cero y B es mayor o menor que cero, pero distinto de cero, la ecuación (1) toma la forma

$$0\,x = B \quad y \quad x = \frac{B}{0}$$

El valor de x se hace infinito, pues el denominador se anula, resultado que nos indica que la ecuación carece de solución o raíz, pues no hay ninguna cantidad que multiplicada por cero nos dé B, esto es, un valor distinto de cero; luego la ecuación anterior es *absurda* o *imposible.*

EJEMPLO:
Resolver la ecuación siguiente:

$$x = \frac{x}{2} + \frac{x}{3} + \frac{x}{6} + 2.$$

Quitando denominadores *(m. c. m. = 6).*

$$6\,x = 3\,x + 2\,x + x + 12; \quad 6\,x - 3\,x - 2\,x - x = 12;$$

de donde

$$0\,x = 12 \quad y \quad x = \frac{12}{0} = \infty,$$

solución que nos dice que la ecuación propuesta es absurda.

4.º *Que sea B=0 y A distinta de cero.* — La ecuación general se transforma en

$$A\,x=0, \quad \text{de donde} \quad x=\frac{0}{A}=0.$$

Como el segundo miembro de la ecuación es igual a cero, también deberá serlo el primero, y puesto que A no es cero, deberá serlo x, luego la única solución posible es $x=0$.

5.º *Que sea A=0 y B=0.* — La ecuación primitiva toma la forma

$$0\,x=0, \quad \text{de donde} \quad x=\frac{0}{0}$$

signo de indeterminación; y, en efecto, la ecuación tiene infinitas soluciones y es *indeterminada*, pues cualquier número multiplicado por cero da cero.

Ejemplo:
Resolver la ecuación:

$$x=\frac{x}{2}+\frac{x}{3}+\frac{x}{6}.$$

Quitando denominadores y efectuando las operaciones, resulta:

$$6\,x=3\,x+2\,x+x; \quad 6\,x-3\,x-2\,x-x=0;$$

de donde

$$0\,x=0, \quad \text{luego} \quad x=\frac{0}{0}.$$

204. Observación. — Ocurre en algunas ecuaciones que las cantidades A y B tienen algún factor común que se anula por alguna hipótesis particular; entonces conviene suprimir este factor común antes de hacer esta hipótesis, pues de lo contrario aparecería como indeterminado el valor de x sin serlo realmente.

Ejemplo:
1.º Sea la ecuación:

$$(a^2-b^2)\,x=a^3-b^3.$$

Tendremos:

$$x=\frac{a^3-b^3}{a^2-b^2}.$$

Si hacemos $a=b$ se anulan el numerador y el denominador, pero si dividimos ambos términos por $a-b$, podemos suprimir el factor común, y recordando que $a^2-b^2=(a+b)(a-b)$ y que $a^3-b^3=(a^2+a\,b+b^2)(a-b)$, obtendremos:

$$x=\frac{a^2+a\,b+b^2}{a+b}$$

ecuación de la cual, haciendo $a=b$, obtenemos para x el valor

$$x=\frac{3\,a^2}{2\,a}=\frac{3\,a}{2}$$

raíz que se hubiese perdido de no seguir el camino indicado.

2.º Sea la ecuación:

$$(a-b)^2 \, x = a^2 - b^2.$$

Despejando x, tendremos:

$$x = \frac{a^2 - b^2}{(a-b)^2}$$

en la que, haciendo $a=b$, resulta

$$x = \frac{0}{0}$$

con pérdida, quizá, de soluciones. Pero si antes eliminamos de ambos términos el factor común $a-b$, tendremos:

$$x = \frac{a+b}{a-b}$$

la cual se transforma, haciendo $a=b$, en la siguiente:

$$x = \frac{2\,a}{0} = \infty$$

con lo que obtenemos una solución de la ecuación que de otro modo se hubiera perdido.

2.º RESOLUCIÓN DE LOS PROBLEMAS UTILIZANDO LAS ECUACIONES DE PRIMER GRADO CON UNA INCÓGNITA

205. Mediante las ecuaciones de primer grado se pueden resolver un gran número de problemas; los valores que se dan en el enunciado de éstos se llaman *datos* y las cantidades desconocidas que mediante aquéllos se han de buscar, *incógnitas.*

Lo primero que se ha de hacer para resolver un problema cuyo enunciado nos dan, es *plantearlo*, esto es, establecer las relaciones lógicas matemáticas entre los datos y las incógnitas; esta operación exige a veces conocimientos de algunas ciencias además del Álgebra, y es la más difícil del problema; por ello es preciso, antes de establecer la ecuación o ecuaciones pertinentes, estudiar bien las relaciones que ligan los diferentes términos del problema para plantear bien el problema, para lo cual, por otra parte, no hay regla fija a seguir.

Después de planteada la ecuación se resuelve siguiendo las reglas indicadas ya, y luego se discuten las soluciones obtenidas y se interpretan y comprueban los resultados substituyendo la raíz o raíces obtenidas en la ecuación del planteo para comprobar si se satisface o no con las raíces o soluciones halladas.

A continuación damos varios ejemplos que pueden servir de pauta y guía al lector, comenzando por los problemas de planteamiento más sencillo.

EJEMPLOS:

1.º *¿Cuál es el número que sumado a 10 nos da 25?*
Representemos este número desconocido por x; podemos escribir:

$$x + 10 = 25$$

ecuación de primer grado que cumple con la **condición** del enunciado y de la cual se deduce directamente:

$$x = 25 - 10, \quad \text{de donde} \quad x = 15,$$

luego 15 es el número que se buscaba.

2.º *Buscar un número cuyo duplo sumado con 8 dé 30.*

Sea x este número; su duplo será $2\,x$, luego podemos escribir:

$$2\,x + 8 = 30$$

de donde

$$2\,x = 30 - 8$$

y de aquí

$$x = \frac{30 - 8}{2} = \frac{22}{2} = 11.$$

3.º *Dos amigos guardan en común sus economías, cuya suma se eleva a 8.000 euros; sabiendo que uno de ellos posee triple cantidad que el otro, se pregunta: ¿cuánto posee cada uno de ellos?*

Representando por x lo que posee el que menos tiene de ellos, el otro, conforme con el enunciado, debe poseer tres veces más, es decir, $3\,x$, y la suma de lo poseído por ambos es 8.000 euros, luego se puede escribir:

$$x + 3\,x = 8.000, \quad \text{esto es,} \quad 4\,x = 8.000$$

de donde

$$x = \frac{8.000}{4} = 2.000 \text{ euros.}$$

Así pues, un amigo tenía 2.000 euros y el otro 2.000×3, esto es, 6.000 euros.

4.º *Hallar dos números cuya suma sea s y su diferencia d.*

Si representamos uno de los números por x, el otro será $x + d$; podremos escribir:

$$
\begin{aligned}
&1.^{er}\ \text{número} \ \ldots\ldots\ldots\ldots\ \ x \\
&2.^{o}\ \text{número} \ \ldots\ldots\ldots\ldots\ \ x + d \\
\hline
&\text{Suma de ambos} \ \ldots\ldots\ldots\ \ 2\,x + d = s
\end{aligned}
$$

ecuación que cumple las condiciones del enunciado y de la cual deduciremos:

$$2\,x = s - d$$

y

$$x = \frac{s - d}{2}.$$

5.º *¿Cuántos días han transcurrido desde el principio del año hasta hoy, sabiendo que el tiempo transcurrido es la cuarta parte del que falta para llegar al 31 de diciembre?*

Sea x el tiempo que se busca, y el cual es igual a la cuarta parte del que ha de transcurrir hasta el 31 de diciembre; este último es, pues, cuatro veces mayor que el transcurrido, esto es, igual a $4\,x$; así pues,

$$x + 4\,x = 365 \text{ días.}$$

de donde

$$5\,x = 365 \quad \text{y} \quad x \frac{365}{5} = 73 \text{ días,}$$

luego han transcurrido **73** días desde el primero de año.

6.º *Sabiendo que un niño ha nacido en noviembre y que el día 10 de diciembre tiene una edad igual al número de días transcurridos entre el 1.º de noviembre y el día de su nacimiento, hallar la fecha de su nacimiento.*

Sea x la fecha que buscamos del mes de noviembre; hasta el día 30 de este mes habrán transcurrido $30 - x$ días, y hasta el 10 de diciembre $30 - x + 10$; así pues, el día 10 de diciembre el niño tendrá $30 - x + 10 = 40 - x$ días, y esta última expresión debe ser igual, según el enunciado, a la fecha x del nacimiento; luego:

$$40 - x = x$$

de donde

$$40 = 2x \quad y \quad x = \frac{40}{2} = 20$$

luego el niño nació el 20 de noviembre.

7.º *Un padre tiene 50 años y su hijo 10; ¿cuánto tiempo ha de transcurrir para que la edad del padre sea triple de la del hijo?*

Representemos por x el tiempo que ha de transcurrir; al cabo de este tiempo

el padre tendrá $50 + x$ años y el hijo $10 + x$ años

y entonces, según la condición indicada en el enunciado, la edad del padre será triple que la de su hijo, es decir, que:

$$50 + x = 3(10 + x)$$

esto es,

$$50 + x = 30 + 3x$$

de donde

$$50 - 30 = 3x - x, \quad o \ bien \quad 20 = 2x$$

y así pues,

$$x = \frac{20}{2} = 10 \text{ años}$$

y en efecto, al cabo de 10 años el padre tendrá $50 + 10 = 60$ años, y el hijo $10 + 10 = 20$, cumpliéndose la condición del enunciado, pues

$$60 = 3 \times 20.$$

8.º *Sabiendo que el perímetro de un rectángulo es igual a 120 metros, se pregunta: ¿cuál es la longitud de sus lados, teniendo en cuenta que la base del rectángulo es 5 veces mayor que su altura?*

Representando por x la altura, su base será igual a $5x$; podremos, pues, escribir:

$$x + 5x + x + 5x = 120 \text{ metros,}$$

de donde

$$12x = 120, \quad luego \quad x = \frac{120}{12} = 10 \text{ m.}$$

9.º *Las agujas de un reloj coinciden cuando son las 12; se pregunta: ¿a qué hora se encontrarán de nuevo?*

Representemos por x el número de minutos que separan las 12 del punto en el cual ambas agujas han de volver a coincidir; mientras la aguja de las horas recorra estas x divisiones de la esfera, la de los minutos habrá recorrido todas las de la esfera del reloj, esto es, 60, más las x divisiones, esto es, 60+x, y como la velocidad de esta aguja es 12 veces mayor que la que marca las horas, tendremos que las 60+x divisiones valdrá 12 x, luego:

$$12\,x = 60 + x, \qquad \text{o bien} \qquad 11\,x = 60,$$

de donde

$$x = \frac{60}{11} = 5 + \frac{5}{11}$$

es decir, que la aguja de los minutos habrá dc recorrer 65 divisiones y $\dfrac{5}{11}$.

Así pues, la aguja minutera coincidirá de nuevo con la horaria a la 1 hora 5 minutos y $\dfrac{5}{11}$ de minuto.

10.º *Dos trenes parten de Madrid en la misma dirección, el primero con la velocidad de 40 kilómetros por hora; al cabo de 8 horas parte el segundo con la velocidad de 60 kilómetros. ¿A qué distancia de Madrid encontrará el segundo al primero?*

Sea x el número de horas que transcurren para el primer tren desde el momento de su salida hasta que es alcanzado por el segundo; el tiempo que tarda el segundo en alcanzar al primera será x – 8; el primer tren habrá recorrido durante el tiempo x, kilómetros:

$$40 \times x = 40\,x$$

y el segundo tren, durante x – 8 horas, habrá recorrido,

$$(x - 8)\,60 = 60\,x - 480$$

y como ambas distancias son iguales, podremos escribir:

$$60\,x - 480 = 40\,x$$

o bien

$$60\,x - 40\,x = 480$$

de donde

$$20\,x = 480 \qquad y \qquad x = \frac{480}{20} = 20 \text{ horas,}$$

luego ambos trenes se encontrarán después de 24 horas desde el momento de partida del primero y 24 – 8 = 16 horas después del momento de salida del segundo tren.

Los espacios recorridos por ambos trenes durante los tiempos indicados serán:

<pre>
1.er tren .... 24×40 = 960 kilómetros
2.º tren .... 16×60 = 960 kilómetros.
</pre>

Luego ambos trenes se encontrarán a 960 kilómetros de Madrid.

11.º *Dos corredores parten en el mismo instante el uno al encuentro del otro desde dos puntos A y B distantes 57 kilómetros entre sí; el corredor que parte de A marcha a la velocidad constante de 11 kilómetros por hora, y el que parte de B a la de 8 kilómetros. Se desea saber a qué distancia del punto A se encontrarán ambos corredores.*

Representemos con x el número de horas que tardan en encontrarse; durante este tiempo. el corredor que partió del punto A habrá recorrido 11 x kilómetros, y el que partió de B habrá recorrido .8 x; se cumple que:

$$11\,x + 8\,x = 57 \qquad \text{o bien} \qquad 19\,x = 57$$

de donde

$$x = \frac{57}{19} = 3$$

luego ambos corredores se encontraron a las 3 horas del momento de la partida. En este tiempo, el corredor salido de A ha recorrido

$$11\,x = 11 \times 3 = 33 \text{ kilómetros,}$$

y el corredor salido de B ha recorrido

$$8\,x = 8 \times 3 = 24 \text{ kilómetros}$$

y la suma de ambos caminos es 57 kilómetros.

12.º *Se ha vendido la tercera, más la cuarta, más la sexta parte de una pieza de tela y sobran aún 15 metros de ésta. ¿Cuál era la longitud de la pieza?*

Llamemos x la longitud de la pieza; es evidente que añadiendo a la porción vendida lo que aún queda se tendrá su longitud, luego:

$$\frac{x}{3} + \frac{x}{4} + \frac{x}{6} + 15 = x.$$

Quitando denominadores, cuyo *m. c. m.* es 12, tendremos:

$$4\,x + 3\,x + 2\,x + 180 = 12\,x,$$

de donde

$$-3\,x = -180 \qquad \text{ó} \qquad 3\,x = 180,$$

luego

$$x = \frac{180}{3} = 60.$$

La pieza tenía, pues, 60 metros de largo.

13.º *Se quiere vender un coche, un caballo y sus arreos en 1920 euros; el caballo vale cinco veces más que sus arreos, y el coche doble del caballo; ¿cuánto vale cada uno?*

Sea x el precio de los arreos; el del caballo es 5 x, y el del coche es $2 \cdot 5\,x = 10\,x$. Así pues, la ecuación a plantear será:

$$x + 5\,x + 10\,x = 1920.$$

De donde

$$16\,x = 1920 \qquad y \qquad x = \frac{1920}{16} = 120.$$

Así, pues los arreos valen 120 euros, el caballo $5 \times 120 = 600$ euros, y el coche $2 \cdot 600 = 1200$ euros.

14.º *Buscar dos números consecutivos, tales que su suma sea igual a los $\frac{2}{3}$ del primero aumentados en los $\frac{117}{88}$ del segundo.*

Llamando x a uno de estos números, el otro será x+1 y la suma de ambos será 2 x+1, luego se tendrá:

$$2x+1=\frac{2x}{3}+\frac{117}{88}(x+1).$$

Quitando denominadores y efectuando las operaciones indicadas:

$$528x+264=176x+351x+351,$$

de donde

$$x=87 \qquad y \qquad x+1=88,$$

luego los números pedidos son 87 y 88, que cumplen las condiciones del enunciado.

15.º *Una persona gasta la mitad de su jornal en su alimentación y un tercio en otras obligaciones; después de transcurridos 40 días ha ahorrado 300 euros. ¿Cuánto gana cada día?*

Designemos con x lo que gana cada día; su gasto diario es

$$\frac{x}{2}+\frac{x}{3}=\frac{5x}{6}$$

ahorra, pues, cada día

$$x-\frac{5x}{6}=\frac{x}{6}$$

y al cabo de 40 días ahorrará $\frac{40x}{6}$.

Pero

$$\frac{40x}{6}=300 \text{ euros.,}$$

luego

$$40x=300\times6=1800,$$

de donde

$$x=\frac{1800}{40}=45 \text{ euros.}$$

16.º *El cociente de dos números es 4 y el resto de su división 60; buscar estos dos números sabiendo que su diferencia es 495.*

Si representamos con x uno de estos números, el otro será x+495; recordando que el dividendo es igual al divisor por el cociente más el resto, tendremos:

$$495+x=4\cdot x+60,$$

de donde

$$x=145.$$

Así pues, los números son 145 y 145+495, esto es, 145 y 640.

3.º Ecuaciones de primer grado con varias incógnitas

206. **Resolución de la ecuación de primer grado con varias incógnitas.** — *Una ecuación de primer grado con más de una incógnita admite una infinidad de soluciones.*

Supongamos la ecuación:

$$4x-5y=12.$$

Si despejamos en ella x y se atribuye a y un valor cualquiera, la ecuación propuesta se transforma en otra con x por única incógnita, y cuya raíz o solución es

$$x = \frac{12 + 5\,y}{4}$$

Si atribuimos a y sucesivamente en esta igualdad los valores 0, 1, 2, 3, 4, -1, -2, x toma los valores

$$3, \quad \frac{17}{4}, \quad \frac{11}{2}, \quad \frac{27}{4}, \quad 8, \quad \frac{7}{4}, \quad \frac{1}{2}.$$

De igual manera, si despejamos y en la ecuación propuesta, ésta se transforma en la equivalente

$$y = \frac{4\,x - 12}{5}$$

en la que para cada valor de x obtendremos un valor distinto para y.

Si la ecuación encerrase tres incógnitas, se le pueden dar valores arbitrarios a dos de ellas y así tomaría la tercera un valor determinado. En general, pues, una ecuación con varias incógnitas tiene un número infinito de soluciones.

Las ecuaciones de primer grado con varias incógnitas tienen, como expresión general,

$$a\,x + b\,y + c\,z + \ldots = k,$$

en la cual a, b, $c,\ldots k$ son cantidades conocidas, positivas o negativas.

207. Sistemas de ecuaciones simultáneas. — Se denomina así *el conjunto de ecuaciones que deben ser satisfechas por los mismos valores de las incógnitas.*

El conjunto de valores de las incógnitas que satisfacen al sistema se denomina *sistema de soluciones*, o también *solución del sistema*.

Se dice que dos sistema de ecuaciones son *equivalentes* cuando ambos admiten el mismo sistema de soluciones, es decir, cuando las soluciones del primer sistema solucionan también al otro y, recíprocamente, cuando las soluciones del segundo sistema transforman en identidades las ecuaciones del primero.

Resolver un sistema de ecuaciones simultáneas es encontrar todos los sistemas de valores que, atribuidos a las incógnitas, transforman las ecuaciones en identidades.

4.º RESOLUCIÓN DE UN SISTEMA DE ECUACIONES
CON IGUAL NÚMERO DE INCÓGNITAS

208. Los métodos para resolver estos sistemas varían según la naturaleza de los mismos, la mayor o menor complejidad que presenten, grado de las ecuaciones, etc. Pero lo que se procura siempre es *eliminar* una a una las incógnitas que contiene el sistema.

Eliminar una incógnita en un sistema de ecuaciones, es deducir de éste otro sistema equivalente que no contenga la incógnita en cuestión y en el cual las demás tengan el mismo valor que en el sistema primitivo.

Cuando esto se verifica, el sistema derivado unido a una de las ecuaciones propuestas que contenga la incógnita eliminada, formará un sistema equivalente a él.

Vamos a estudiar primero los casos de resolución de un sistema de ecuaciones, cada una de las cuales contenga tantas incógnitas como ecuaciones forman el sistema.

209. Resolución de sistemas de n ecuaciones con n incógnitas en cada ecuación. — Antes de exponer los tres métodos clásicos para resolver tales sistemas, expondremos un teorema fundamental.

Si en un sistema de ecuaciones se despeja una incógnita en una de ellas y se substituye su valor en las otras, las ecuaciones resultantes, juntas con la ecuación en que se despejó la incógnita, forman un sistema equivalente al primero.

En efecto: sea, por ejemplo, el sistema siguiente:

$$(1) \quad \begin{cases} 4\,x - 3\,y + 2\,z = 21 \\ 3\,x + 5\,y - 4\,z = 30 \\ 5\,x - 8\,y + 9\,z = 31 \end{cases}$$

Despejando x en la primera ecuación, tendremos:

$$x = \frac{21 + 3\,y - 2\,z}{4}$$

Substituyendo este valor de x en las dos ecuaciones restantes, y con ellas modificadas y la ecuación última, formaremos un nuevo sistema (2);

$$(2) \quad \begin{cases} x = \dfrac{21 + 3\,y - 2\,z}{4} \\[2mm] 3 \times \dfrac{21 + 3\,y - 2\,z}{4} + 5\,y - 4\,z = 30 \\[2mm] 5 \times \dfrac{21 + 3\,y - 2\,z}{4} - 8\,y + 9\,z = 31. \end{cases}$$

Los sistemas (1) y (2) son equivalentes; en efecto: supongamos que el sistema (1) sea satisfecho por los siguientes valores de las incógnitas:

$$x = 7, \quad y = 5, \quad z = 4.$$

Reemplazando estos valores de x, y, z en los dos sistemas, no cabe duda que el sistema (1) quedará satisfecho; la primera ecuación del sistema (2), que es la primera del sistema (1) modificada, quedará también satisfecha y toma el valor 7; las otras dos ecuaciones del sistema (2), que se han deducido de las dos últimas del sistema (1), son, pues, también satisfechas cuando se reemplazan y por 5 y z por 4. Así pues, todas las soluciones del sistema (1) son soluciones del sistema (2), luego ambos sistemas son equivalentes.

Este razonamiento es aplicable a cualquier sistema, cualquiera que sea el número de ecuaciones que lo formen y el de incógnitas que tuvieran; y una vez sentado el principio de la equivalencia, vamos a exponer los tres métodos en uso para resolver sistemas de ecuaciones, comenzando por aplicarlos sucesivamente a un sistema de dos ecuaciones con dos incógnitas cada una.

210. Método de eliminación por substitución. 1.er **caso: Que sean dos las ecuaciones.** — *Consiste este método en despejar una cualquiera de las incógnitas en una de las dos ecuaciones y substituir su valor en la otra ecuación.*

Estudiemos primero el caso general de resolución.

Sea el sistema

$$\left. \begin{array}{l} a\,x+b\,y=k \\ a'\,x+b'\,y=k' \end{array} \right\} \quad (1),$$

despejando x en la primera ecuación y substituyendo su valor en la segunda, resulta:

$$\left. \begin{array}{l} x=\dfrac{k-b\,y}{a} \\ a'\dfrac{k-b\,y}{a}+b'\,y=k' \end{array} \right\} \quad (2).$$

Los sistemas (1) y (2) son equivalentes.

Resolviendo la segunda ecuación del último sistema:

$$a'\,k-a'\,b\,y+a\,b'\,y=a\,k',$$

de donde

$$(a\,b'-a'\,b)\,y=a\,k'-a'\,k,$$

luego

$$\left. y=\dfrac{a\,k'-a'\,k}{a\,b'-a'\,b} \right\} \quad (3).$$

Substituyendo este valor de y en la primera ecuación del sistema (2), tendremos:

$$x=\dfrac{k-b\dfrac{a\,k'-a'\,k}{a\,b'-a'\,b}}{a}=\dfrac{\dfrac{k\,(a\,b'-a'\,b)}{a\,b'-a'\,b}-\dfrac{b\,a\,k'-b\,a'\,k}{a\,b'-a'\,b}}{a}=$$

$$\dfrac{k\,a\,b-k\,a'\,b-b\,a\,k'+b\,a'\,k}{a\,(a\,b'-a'\,b}=\dfrac{a\,(k\,b'-b\,k')}{a\,(a\,b'-a'\,b)}=\dfrac{k\,b'-b\,k'}{a\,b'-a'\,b} \quad (4),$$

expresión que nos da con la (3) los valores de x e y independientes de incógnitas, y formadas únicamente por los parámetros de las ecuaciones dadas (1), lo que comprueba que en toda ecuación o sistema de ecuaciones, el valor de cada incógnita es función racional de los coeficientes.

EJEMPLOS:

1.º Sea el sistema

$$(1) \quad \left\{ \begin{array}{l} 4\,x-3\,y=8 \\ 7\,x+2\,y=43. \end{array} \right.$$

Despejando, por ejemplo, x en la primera ecuación, tendremos:

$$x=\dfrac{8+3\,y}{4}$$

y substituyendo su valor en la segunda:

$$7\times\dfrac{8+3\,y}{4}+2\,y=43.$$

El nuevo sistema equivalente al propuesto es:

$$(2) \quad \begin{cases} x = \dfrac{8+3\,y}{4} \\ 7 \times \dfrac{8+3\,y}{4} + 2\,y = 43. \end{cases}$$

La última es una ecuación en *y*, cuyo valor obtendremos según las reglas ya estudiadas:

$$56 + 21\,y + 8\,y = 172,$$

de donde

$$29\,y = 116.$$

y despejando *y*:

$$y = \frac{116}{29} = 4.$$

Substituyendo ahora el valor de *y* en la primera ecuación del sistema (2), tendremos:

$$x = \frac{8 + 3 \cdot 4}{4} = 5.$$

El sistema (2) equivale, pues, al sistema (1) y, por consiguiente, las raíces o soluciones del sistema (1) propuesto son x=5, y=4, como se comprueba a continuación, substituyendo estos valores en aquél:

$$4 \cdot 5 - 3 \cdot 4 = 8$$
$$7 \cdot 5 + 2 \cdot 4 = 43.$$

211. Regla. — Para resolver un sistema de dos ecuaciones con dos incógnitas por el método de substitución, se procede del modo siguiente: *se despeja una cualquiera de las incógnitas en una de las ecuaciones propuestas, como si la otra incógnita fuese conocida y se substituye su valor en la otra ecuación, obteniéndose así una ecuación de primer grado con una sola incógnita. Se resuelve esta ecuación y se obtiene el valor de la segunda incógnita, valor que luego se substituye en la ecuación precedente y se obtiene así a su vez el valor numérico de la primera incógnita.*

212. Casos de imposibilidad y de indeterminación. — Como hemos visto en los ejemplos anteriores, al reemplazar en la segunda ecuación el valor de la incógnita despejada en la primera, se obtiene una ecuación de primer grado con una sola incógnita, ecuación que admite una sola y única solución; pero puede ocurrir que no admita ninguna o que admita infinitas soluciones. En el primer caso se dice que las ecuaciones del sistema propuesto son *incompatibles*, y en el segundo caso el sistema propuesto equivale a una sola ecuación de primer grado con dos incógnitas; hay, pues, *indeterminación*, pues si se le da a una de las incógnitas un valor arbitrario convenientemente escogido, se obtiene para la otra incógnita un valor determinado.

EJEMPLOS:

1.º Sea el sistema

$$\begin{cases} 4\,x - 5\,y = 3 \\ 12\,x - 15\,y = 11. \end{cases}$$

Despejando x en la primera ecuación :

$$x = \frac{3+5\,y}{4}$$

y substituyendo este valor en la otra ecuación, tendremos :

$$12\frac{3+5\,y}{4} - 15\,y = 11,$$

de donde

$$12\,(3+5\,y) - 60\,y = 44$$

o lo que es lo mismo :

$$36 + 60\,y - 60\,y = 44,$$

luego

$$0\,y = 8.$$

El sistema propuesto equivale a este otro :

$$x = \frac{3+5\,y}{4}$$

$$0\,y = 8$$

y como la última ecuación es imposible, el sistema no admite ninguna solución. Se dice entonces que el sistema propuesto es *incompatible*.

2.º   Sea el sistema

$$5\,x + 8\,y = 9$$

$$35\,x + 56\,y = 63$$

Despejando x en la primera de las ecuaciones propuestas, tendremos :

$$x = \frac{9-8\,y}{5}$$

y substituyendo su valor en la segunda :

$$\frac{35\,(9-8\,y)}{5} + 56\,y = 63.$$

de donde

$$7\,(9-8\,y) + 56\,y = 63; \quad 63 - 56\,y + 56\,y = 63, \quad \text{o sea} \quad 0\,y = 0.$$

El sistema propuesto equivale, pues. al sistema :

$$\begin{cases} x = \dfrac{9-8\,y}{5} \\[2mm] 0\,y = 0, \end{cases}$$

pero como la ecuación segunda se cumple para cualquiera y todo valor que se le dé a y, el sistema propuesto equivale únicamente a la ecuación :

$$x = \frac{9-8\,y}{5}$$

que es *indeterminada*, pues *y* no tiene valor determinado.

213. 2.º caso: Que el sistema conste de n ecuaciones ($n>2$) con n incógnitas en cada ecuación. — El método de eliminación por substitución es aplicable a cualquier sistema de ecuaciones con igual número de incógnitas que el de ecuaciones del sistema. Para ello se despeja una de las incógnitas en una cualquiera de las ecuaciones que forman el sistema y se substituye su valor en las demás; se forma así un sistema de $n-1$ ecuaciones y con $n-1$ incógnitas en cada ecuación, sistema que, unido a la ecuación en que se despejó la incógnita, formará un sistema equivalente al primitivo. En el nuevo sistema se despeja a su vez una nueva incógnita, se substituye su valor en las ecuaciones restantes y se obtiene otro nuevo sistema de $n-2$ ecuaciones con $n-2$ incógnitas; así se continúa hasta obtener un sistema de sólo dos ecuaciones con dos incógnitas, el cual se resuelve como ya sabemos, y los valores de las dos últimas incógnitas se substituyen en las ecuaciones obtenidas anteriormente y se obtendrá el de una tercera incógnita, continuando así las operaciones hasta obtener el valor de la última incógnita, que es la primera que se despejó.

Aplicaremos lo dicho al caso de un sistema de tres ecuaciones con tres incógnitas. Sea, por ejemplo, el sistema de ecuaciones:

$$(1) \qquad \begin{cases} 4\,x - 5\,y + 3\,z = 8 \\ 2\,x + 4\,y - 4\,z = -2 \\ 5\,x - 2\,y + 6\,z = 47. \end{cases}$$

Despejando x en la primera ecuación:

$$x = \frac{8 + 5\,y - 3\,z}{4}$$

y substituyendo su valor en las otras dos ecuaciones, tendremos:

$$\frac{2\,(8 + 5\,y - 3\,z)}{4} + 4\,y - 4\,z = -2$$

$$\frac{5\,(8 + 5\,y - 3\,z)}{4} - 2\,y + 6\,z = 47,$$

ecuaciones que se transforman en estas otras:

$$(2) \qquad \begin{cases} 26\,y - 22\,z = -24 \\ 17\,y + 9\,z = 148 \end{cases}$$

sistema formado por una ecuación **menos que** el primitivo y con una incógnita menos en cada ecuación.

Ahora se procede de modo análogo con este sistema, esto es, despejaremos en la primera ecuación del sistema, por ejemplo, la incógnita y y substituiremos su valor en la otra ecuación:

$$y = \frac{22\,z - 24}{26}$$

$$\frac{17\,(22\,z - 24)}{26} + 9\,z = 148,$$

y resolviendo esta última ecuación obtendremos, finalmente, el valor de z independientemente de cualquier otra incógnita:

$$608\,z = 4256; \qquad z = \frac{4256}{608} = 7$$

Ahora se marcha en sentido contrario, y se substituye el valor de z en la ecuación hallada anteriormente:

$$y = \frac{22\,z - 24}{26}$$

y tendremos

$$y = \frac{154 - 24}{26} = 5$$

y substituyendo ahora los valores de z e y en la ecuación despejada primera

$$x = \frac{8 + 5\,y - 3\,z}{4}$$

se obtiene finalmente el valor de la última incógnita:

$$x = \frac{8 + 5 \cdot 5 - 3 \cdot 7}{4} = 3.$$

Luego las soluciones del sistema propuesto son:

$$x = 3, \qquad y = 5, \qquad z = 7.$$

También en los sistemas de múltiples ecuaciones con varias incógnitas pueden presentarse casos de incompatibilidad e indeterminación.

El sistema (2) también se puede resolver por reiteración del método de igualación.

214. Método de eliminación por igualación. — Este método de eliminación de incógnitas consiste en despejar la misma incógnita en ambas ecuaciones e igualar sus valores; obtiénese así una nueva ecuación con una incógnita menos que las propuestas, de la que es fácil deducir el valor de la incógnita, cuyo valor se substituye en una cualquiera de las propuestas y permite obtener el valor de la otra incógnita.

Se comprenderá mejor lo dicho con el ejemplo siguiente:

$$5\,x + 4\,y = 30$$

$$7\,x - 3\,y = -1$$

Despejando x en ambas ecuaciones, se tiene:

$$x = \frac{30 - 4\,y}{5}, \qquad x = \frac{-1 + 3\,y}{7}$$

e igualando ambos valores,

$$\frac{30 - 4\,y}{5} = \frac{3\,y - 1}{7}$$

de donde

$$7\,(30 - 4\,y) = 5\,(3\,y - 1)$$

o bien

$$210 - 28\,y = 15\,y - 5$$

de donde

$$215 = 43\,y, \quad \text{luego} \quad y = \frac{215}{43} = 5$$

Ahora se substituye este valor de y en una cualquiera de las ecuaciones propuestas o en las despejadas que dan el valor de x, y se tiene:

$$x = \frac{30 - 20}{5} = 2$$

Las raíces de la ecuación son, pues,

$$x = 2 \quad \text{e} \quad y = 5.$$

215. Si el sistema consta de más de dos ecuaciones, se sigue una marcha análoga, como se ve en el ejemplo siguiente.

Sea el sistema

$$\left.\begin{array}{l} 2\,x + 3\,y + z = 11 \\ x + 2\,y + 2\,z = 11 \\ -3\,x - 2\,y + 4\,z = 5 \end{array}\right\} \quad (1)$$

Despejando z en todas las ecuaciones:

$$z = 11 - 2\,x - 3\,y$$

$$z = \frac{11 - x - 2\,y}{2}$$

$$z = \frac{5 + 3\,x + 2\,y}{4}$$

Igualando el valor de z deducido de la primera ecuación con los valores de la misma incógnita obtenido de las restantes, tendremos:

$$11 - 2\,x - 3\,y = \frac{11 - x - 2\,y}{2}$$

$$11 - 2\,x - 3\,y = \frac{5 + 3\,x + 2\,y}{4}$$

o lo que es lo mismo

$$\left.\begin{array}{ll} 22 - 4\,x - 6\,y = 11 - x - 2\,y; & 3\,x + 4\,y = 11 \\ 44 - 8\,x - 12\,y = 5 + 3\,x + 2\,y; & 11\,x + 14\,y = 39 \end{array}\right\} \quad (2)$$

y resolviendo este sistema de dos ecuaciones con sólo dos incógnitas por el método de substitución, por ejemplo, tendremos:

$$x = \frac{11 - 4\,y}{3}, \quad 11\,\frac{11 - 4\,y}{3} + 14\,y = 39.$$

$$121 - 44\,y + 42\,y = 117, \quad \text{de donde} \quad y = 2.$$

Substituyendo el valor hallado para y en una cualquiera de las ecuaciones del sistema (2), tendremos:

$$3x+8=11, \quad \text{de donde} \quad x=\frac{3}{3}=1.$$

Obtenidos los valores de x e y, se substituyen en una cualquiera de las ecuaciones del sistema (1) y se obtiene, finalmente, el valor de z independiente de incógnitas:

$$2+6+z=11, \quad \text{de donde} \quad z=11-8=3,$$

luego las soluciones del sistema son

$$x=1, \quad y=2, \quad z=3.$$

216. Método de eliminación por reducción. — Consiste este método en eliminar una de las incógnitas del sistema propuesto entre ambas ecuaciones. Para ello se igualan los coeficientes de esta incógnita multiplicando los de los términos de cada ecuación por un factor convenientemente elegido, el cual factor, en la mayor parte de los casos, es el coeficiente de la incógnita que se trata de eliminar en la otra ecuación. Luego se suman o restan las ecuaciones transformadas entre sí, según que los coeficientes de la incógnita que se trata de eliminar tengan distinto o el mismo signo. Se obtiene así una sola ecuación con una incógnita, la cual se despeja y su valor se substituye en una cualquiera de las ecuaciones del sistema para así poder obtener el valor de la otra incógnita.

El ejemplo siguiente sirva de guía y norma para comprender la marcha de las operaciones.

EJEMPLO:

Sea el sistema:

$$\left.\begin{array}{l} 3x+2y=8 \\ 5x-3y=7 \end{array}\right\} \quad (1).$$

Supongamos que tratamos de eliminar y; igualaremos los coeficientes de esta incógnita en ambas ecuaciones multiplicando la primera por 3 y los de la segunda por 2, y obtendremos así un sistema equivalente a (1):

$$\begin{array}{l} 9x+6y=24 \\ \underline{10x-6y=14} \\ 19x \qquad =38 \end{array} \quad \text{y sumándolas}$$

de donde

$$x=\frac{38}{19}=2.$$

Este valor de x se substituye ahora en una cualquiera de las ecuaciones del sistema propuesto (1), y tendremos:

$$3\cdot 2+2y=8,$$

de donde

$$2y=8-6=2 \quad \text{e} \quad y=\frac{2}{2}=1.$$

Luego el sistema de valores que solucionan el sistema de ecuaciones (1) es: $x=2$, $y=1$.

217. Observación. — A veces, cuando los coeficientes de la incógnita que se trata de eliminar son muy grandes o no son primos entre sí, se halla el mínimo común múltiplo de estos coeficientes y se multiplican los términos de cada ecuación por el cociente que resulta de dividir el *m. c. m.* hallado por el coeficiente que en ella tenga la incógnita que se trata de eliminar. Por este medio se simplifican operaciones.

Veamos un ejemplo.

Sea el sistema:

$$16\,x - 8\,y = 24$$
$$12\,x - 9\,y = 9$$

que queremos resolver por el sistema de reducción, eliminando para ello la incógnita x. Igualaremos sus coeficientes y para ello buscaremos el *m. c. m.* de 16 y 12, el cual es 48; multiplicaremos la primera de las ecuaciones del sistema por el cociente que resulta de dividir el *m. c. m.* hallado por 16, que es 3; y la segunda por 4, que es el cociente de dividir este *m. c. m.* por 12, que es, en ella, el coeficiente de x; tendremos, pues:

$$3 \cdot 16\,x - 3 \cdot 8\,y = 3 \cdot 24$$
$$4 \cdot 12\,x - 4 \cdot 9\,y = 4 \cdot 9$$

o lo que es lo mismo:

$$\left.\begin{array}{r} 48\,x - 24\,y = 72 \\ 48\,x - 36\,y = 36 \\ \hline 12\,y = 36 \end{array}\right\}$$

y restando ambas ecuaciones, para lo cual sumaremos a la primera la segunda con los signos de sus términos cambiados,

de donde

$$y = \frac{36}{12} = 3.$$

Substituyendo este valor hallado para y en una cualquiera de las ecuaciones propuestas, por ejemplo, en la segunda, tendremos:

$$12\,x - 27 = 9$$

de donde

$$12\,x = 36 \quad y \quad x = \frac{36}{12} = 3.$$

Luego las soluciones o raíces del sistema propuesto son: $\quad x = 3, \quad y = 3.$

De los ejemplos anteriores se deduce la siguiente

218. Regla. — *Para resolver un sistema de dos ecuaciones de primer grado con dos incógnitas por el método de reducción:*

1.º *Se multiplican los dos miembros de cada una de las ecuaciones propuestas por factores elegidos convenientemente para que los coeficientes de la incógnita que se trata de eliminar sean iguales.*

2.º *Se suman o restan miembro a miembro las dos nuevas ecuaciones que resultan, según que tales coeficientes tengan distinto o iguales sus signos, y resultará*

*así una nueva ecuación de primer grado con una sola incógnita y cuyo valor
se halla.*

3.º *Se substituye el valor hallado para esta incógnita en una cualquiera de
las ecuaciones propuestas y se lá transforma en otra equivalente con una sola
incógnita. ecuación que resuelta dará el valor de ésta.*

**219. Aplicación del método de reducción a la resolución de un sistema
de n ecuaciones de primer grado con n incógnitas.** — El método de reducción
estudiado es aplicable a la resolución de todo sistema de n ecuaciones de primer
grado con un número n de incógnitas en cada ecuación igual al de ecuaciones que
forman el sistema.

Véase un ejemplo:

Sea el sistema

$$\left.\begin{array}{rcr} 3\,x+5\,y+\ z= & 16 \\ -2\,x+5\,y-3\,z= & -\ 9 \\ x-2\,y-2\,z= & -\ 9 \end{array}\right\} \quad (1).$$

Eliminando x entre las dos primeras ecuaciones, para lo cual multiplicaremos
los dos miembros de la primera por 2 y los de la segunda por 3, y sumándolas
luego tendremos:

$$\begin{array}{r} 6\,x+10\,y+2\,z=\ \ 32 \\ -6\,x+\ 3\,y-9\,z=-27 \\ \hline 13\,y-7\,z=\ \ \ 5 \end{array}$$

Eliminando ahora x entre la primera y la tercera, para lo cual multiplicamos
aquélla por 1 y la segunda por 3 y restándolas, para lo cual cambiaremos el signo
de todos los términos de una de ellas, tendremos:

$$\begin{array}{r} 3\,x+\ 5\,y+\ \ z=\ \ 16 \\ -3\,x+\ 6\,y+6\,z=+27 \\ \hline 11\,y+7\,z=\ \ 43 \end{array}$$

Tenemos así el nuevo sistema

$$\left.\begin{array}{r} 13\,y-7\,z=5 \\ 11\,y+7\,z=43 \end{array}\right\} \quad (2)$$

sistema que a su vez se puede resolver por el sistema de reducción, para lo cual
basta sumar ambas ecuaciones para eliminar z entre ellas. Tendremos, pues,

$$24\,y=48, \qquad y=\frac{48}{24}=2$$

Substituyendo el valor hallado para y en una de las ecuaciones del sistema (2),
obtendremos el valor de z. Así,

$$26-7\,z=5, \qquad \text{de donde} \qquad 7\,z=26-5=21$$

luego

$$z=\frac{21}{7}=3.$$

Substituyendo los valores de z e y en una cualquiera de las ecuaciones del sistema (1), por ejemplo, en la primera, tendremos:

$$3 x + 10 + 3 = 16,$$

de donde

$$3 x = 3, \qquad x = \frac{3}{3} = 1.$$

Las raíces del sistema propuesto son, pues,

$$x = 1, \qquad y = 2, \qquad z = 3.$$

220. Sistemas imposibles e indeterminados de ecuaciones. — Ampliando lo expuesto en el párrafo 212 diremos que no es raro encontrar sistemas imposibles de ecuaciones de primer grado con dos incógnitas, es decir, que no existe ningún sistema de valores capaz de satisfacerlo, o bien otros que son indeterminados por serlo la ecuación final a que tal sistema se reduce, como se ve en los dos ejemplos siguientes:

1.º
$$4 x - 6 y = 2$$
$$6 x - 9 y = 3.$$

Despejando x en la primera ecuación:

$$4 x = 2 + 6 y, \qquad x = \frac{2 + 6 y}{4}$$

y substituyendo su valor en la segunda:

$$6 \times \frac{2 + 6 y}{4} - 9 y = 3$$

que se transforma en esta otra:

$$12 + 36 y - 36 y = 12, \quad \text{de donde} \quad 36 y - 36 y = 12 - 12,$$

ecuación que se transforma en identidad para cualquier valor de *y*; admite, pues, infinitas soluciones, luego es indeterminada, como también, por consiguiente, el sistema propuesto.

2.º Sea el sistema
$$9 x - 6 y = 12$$
$$6 x - 4 y = 5.$$

Despejando *y* en la primera ecuación:

$$- 6 y = 12 - 9 x; \qquad y = \frac{9 x - 12}{6}$$

y substituyendo su valor en la segunda:

$$6 x - 4 \times \frac{9 x - 12}{6} = 5.$$

ecuación que se transforma en esta otra:

$$36 x - 36 x = - 18,$$

la cual es imposible, pues, no se satisface por ningún valor de x; luego el sistema propuesto, del cual deriva la última expresión obtenida, es también imposible, esto es, que no existen valores de x e y que verifiquen simultáneamente las dos ecuaciones que forman el sistema propuesto.

5.º Resolución de un sistema con más o menos ecuaciones que incógnitas

221. Resolución de un sistema en el que el número de ecuaciones es mayor que el de incógnitas en cada ecuación. — Este sistema es, en general, incompatible. Para resolver un sistema de esta naturaleza se toman del sistema tantas ecuaciones como incógnitas hay en cada ecuación, se resuelve el sistema formado por uno cualquiera de los métodos estudiados y obtenido el valor de las incógitas se substituyen sus valores en las ecuaciones restantes del sistema primitivo dado; si estos valores no satisfacen las ecuaciones, el sistema es imposible.

Ejemplo:

Sea el sistema de tres ecuaciones con dos incógnitas en cada ecuación:

$$3\,x - 2\,y = 2$$
$$6\,x + 3\,y = 39$$
$$5\,x - 4\,y = 11$$

Resolviendo las dos primeras, resulta: $x = 4$, $y = 5$.
Subtituyendo estos valores en la tercera ecuación, resulta:

$$5 \cdot 4 - 4 \cdot 5 = 0,$$

que no es equivalente a la tercera, luego las raíces 4 y 5 no satisfacen al sistema, y éste es, por consiguiente, incompatible.

222. Resolución de un sistema de menos ecuaciones que incógnitas.
El sistema es, en general, indeterminado.
Para resolverlo se opera tomando en cada ecuación tantas incógnitas como ecuaciones forman el sistema, suponiendo como conocidas el exceso de incógnitas sobre el número de ecuaciones; se obtiene así al final una expresión en la que el valor de una de las incógnitas elegidas dependerá de las supuestas como conocidas, y se da luego a éstas valores arbitrarios hasta que se encuentren los que transformen la ecuación en identidad. Un ejemplo ayudará a comprender mejor la cuestión.
Sea el sistema:

$$2\,x + 3\,y + 4\,z = 10$$
$$6\,x - 2\,y - 2\,z = 1$$

sistema formado por dos ecuaciones con tres incógnitas; hay, pues, un exceso de incógnitas sobre ecuaciones y suponiendo este exceso como conocido (supondremos como conocida z) operaremos así; despejando x en la primera ecuación.

$$x = \frac{10 - y - 4\,z}{2} \qquad (1)$$

y substituyendo este valor en la segunda ecuación:

$$6\frac{10 - 3\,y - 4\,z}{2} - 2\,y - 2\,z = 1$$

la cual se transforma en esta otra equivalente:

$$60 - 18\,y - 24\,z - 4\,y - 4\,z = 2$$

de donde

$$22\,y = 58 - 28\,z$$

y despejando *y* en ésta, tendremos:

$$y = \frac{58 - 28\,z}{22}$$

expresión en la que el valor de *y* depende del valor de *z*. Ahora se da a ésta valores arbitrarios, y los valores que resulten para *y* se substituyen en (1) o en una de las ecuaciones del sistema propuesto hasta encontrar uno que satisfaga a éste. En el sistema propuesto el valor de *z*, que cumple esta condición, es $z = \dfrac{1}{2}$, pues entonces

$$x = 1 \quad e \quad y = 2$$

valores que satisfacen al sistema. Pero, como se ha dicho al principio, el problema es, en general, indeterminado y tanto más difícil de resolver cuanto mayor es el exceso de incógnitas sobre ecuaciones.

6.º PROBLEMAS DE ECUACIONES DE PRIMER GRADO
CON VARIAS INCÓGNITAS

223. 1.º *En la víspera de una batalla, la relación de los efectivos de dos ejércitos era de 5 a 6; el primero pierde 14.000 hombres en el combate y el segundo 6.000 hombres, quedando sus efectivos en la relación de 2 a 3. ¿De cuántos hombres se componía cada ejército?*

Representemos con *x* e *y* los efectivos primitivos. Las ecuaciones del problema son:

$$\frac{x}{y} = \frac{5}{6}; \qquad \frac{x - 14.000}{y - 6.000} = \frac{2}{3}$$

Despejando, por ejemplo, *x* en la primera proporción y substituyendo su valor en la segunda, tendremos:

$$x = \frac{5\,y}{6}; \qquad \frac{\dfrac{5\,y}{6} - 14.000}{y - 6.000} = \frac{2}{3}$$

y efectuando las operaciones oportunas:

$$3\left(\frac{5\,y}{6} - 14.000\right) = 2\,y - 12.000;$$

reduciendo a común denominador y eliminando éste:

$$15\,y - 252.000 = 12\,y - 72.000,$$

de donde

$$3\,y = 180.000 \quad e \quad y = 60.000,$$

valor que substituido en la ecuación

$$6\,x = 5\,y \quad da \quad x = 50.000.$$

Luego el primer ejército contaba con 50.000 hombres y el segundo con 60.000.

2.º *Hace 18 años la edad de Juan era doble de la de Pedro; dentro de 9 años la edad de Juan sólo será $\dfrac{5}{4}$ de la de Pedro; ¿cuántos años tienen actualmente Juan y Pedro?*

Representemos con x la edad de Juan y con y la de Pedro; hace 18 años tenían $x - 18$ años el primero e $y - 18$ el segundo, y según el enunciado se cumplía la igualdad.

$$x - 18 = 2\,(y - 18).$$

Transcurridos 9 años, las edades de ellos eran $x+9$ e $y+9$, respectivamente, y así pues, la segunda ecuación será:

$$x + 9 = \frac{5}{4}\,(y + 9).$$

Se tiene así el sistema de ecuaciones siguiente:

$$x - 18 = 2\,(y - 18)$$

$$x + 9 = \frac{5}{4}\,(y + 9).$$

Despejando, por ejemplo, x en la primera ecuación:

$$x = 2\,y - 36 + 18 = 2\,y - 18$$

y substituyendo su valor en la segunda

$$2\,y - 18 + 9 = \frac{5\,y + 45}{4}$$

de donde

$$y = 27,$$

valor que, substituido en una cualquiera de las ecuaciones del sistema, da para x el valor 36; luego $x = 36$, $y = 27$. Juan tiene, pues, 36 años y Pedro 27.

3.º *La cifra de las centenas de un número de tres cifras valen los $\dfrac{3}{5}$ de las cifras de las unidades, y la cifra de las decenas es igual a la mitad de la suma de las otras dos. Buscar este número sabiendo que adicionándole 198 se obtiene un número cuyas cifras son las mismas, pero colocadas en orden inverso.*

Representemos con x la cifra de las centenas, con y las de las decenas y con z la de las unidades. Se tiene, según el enunciado:

$$x = \frac{3}{5} z; \quad y = \frac{1}{2}(x+z)$$

y

$$100\,x + 10\,y + z + 198 = 100\,z + 10\,y + x.$$

Esta última ecuación se transforma en esta otra:

$$99\,x - 99\,z + 198 = 0, \quad \text{de donde} \quad z - x = 2,$$

luego

$$z - \frac{3\,z}{5} = 2, \quad \text{de donde} \quad z = 5;$$

por consiguiente, substituyendo oportunamente, resulta:

$$x = 3 \quad e \quad y = 4.$$

El número pedido es 345.

4.º *Un depósito puede ser llenado por los grifos A y B en 70 minutos, por los grifos A y C en 84 minutos y por los grifos B y C en 140 minutos. Se desea saber cuánto tiempo tardarán en llenar el depósito cada uno de los grifos aisladamente y cuánto todos junto.*

Representemos con x y z el tiempo que tarda en llenar el depósito los grifos A, B y C, respectivamente. En un minuto el grifo A llenará la fracción $\dfrac{1}{x}$ de la capacidad del depósito; en el mismo tiempo el grifo B llenará $\dfrac{1}{y}$, y el grifo C llenará $\dfrac{1}{z}$ de su capacidad.

En un minuto, los grifos A y B llenarán $\dfrac{1}{x} + \dfrac{1}{y}$ de la capacidad del depósito, y puesto que lo llenan en 70 minutos, se tiene la ecuación:

$$70\left(\frac{1}{x} + \frac{1}{y}\right) = 1 \quad \text{o bien} \quad \frac{1}{x} + \frac{1}{y} = \frac{1}{70} \quad (1).$$

Por raciocinio análogo se tendrá:

$$\frac{1}{x}+\frac{1}{z}=\frac{1}{84} \qquad (2)$$

$$\frac{1}{y}+\frac{1}{z}=\frac{1}{140} \qquad (3)$$

Resolviendo el sistema formado por las ecuaciones (1), (2) y (3), se obtiene:

$$x=105; \qquad y=210; \qquad x=420.$$

Lo tres grifos, abiertos simultáneamente, llenarán, pues,

$$\frac{1}{105}+\frac{1}{210}+\frac{1}{420}$$

de la capacidad del depósito, y para llenarlo por completo tardarán:

$$\frac{1}{\dfrac{1}{105}+\dfrac{1}{210}+\dfrac{1}{420}} \text{ minutos, esto es, 60 minutos.}$$

Luego el grifo A tarda en llenar el depósito 105 minutos; el grifo B, 210 minuto; el grifo C, 420 minutos, y los tres juntos 60 minutos.

5.º *Se tiene un rectángulo cuyos lados tienen 30 y 20 metros; buscar las dimensiones de otro rectángulo semejante al primero y cuyo perímetro sea 360 metros.*

Representemos con x e y las magnitudes que se buscan. La suma de ellas, esto es, el semiperímetro, es 180 metros; así pues:

$$x+y=180 \qquad y \qquad \frac{x}{30}=\frac{y}{20}.$$

Resolviendo este sistema de ecuaciones, resulta:

$$x=108 \quad e \quad y=72.$$

6.º *Dos fuentes, funcionando la una durante 3 horas y la otra 4 horas, han dado en conjunto 3.960 litros, las mismas fuentes, funcionando durante 5 horas la primera y la segunda durante 2 horas, dan en conjunto 3.800 litros. ¿Qué cantidad en litros da cada una en 1 hora?*

Representemos con x e y el número de litros que proporcionan en una hora la primera y la segunda fuente, respectivamente. La primera dará en 3 horas 3 x litros;

en 4 horas la segunda fuente dará 4 y litros, y en estas circunstancias las dos fuentes dan 3.960 litros, luego plantearemos la ecuación primera así:

$$3\,x + 4\,y = 3.960.$$

Por un raciocinio análogo, en consonancia con las segundas condiciones del problema, podremos escribir:

$$5\,x + 2\,y = 3.800.$$

Así pues, el sistema de ecuaciones será:

$$3\,x + 4\,y = 3.960$$

$$5\,x + 2\,y = 3.800.$$

Eliminando y entre ambas, para lo cual multiplicaremos la segunda ecuación del sistema por 2 y la restaremos de la primera, tendremos:

$$7\,x = 3.640, \quad \text{de donde} \quad x = 520.$$

Substituyendo este valor de x en la primera ecuación propuesta y despejando y, tendremos:

$$y = 600.$$

Así, pues, la primera fuente da 520 litros por hora y la segunda 600.

7.º *Una fracción es tal que si se le añaden 3 unidades a su numerador se transforma en $\dfrac{5}{6}$ y si se le añaden 6 unidades a su denominador se transforma en $\dfrac{1}{2}$. ¿Cuál es esta fracción?*

Representemos la fracción por $\dfrac{x}{y}$; según las condiciones del enunciado, podremos escribir:

$$\frac{x+3}{y} = \frac{5}{6} \qquad y \qquad \frac{x}{y+6} = \frac{1}{2}$$

o lo que es lo mismo:

$$6\,x - 5\,y = -18 \qquad y \qquad 2\,x - y = 6.$$

Formamos así el sistema siguiente:

$$6\,x - 5\,y = -18$$

$$2\,x - y = 6$$

el cual, resuelto, nos da:

$$x = 12; \qquad y = 18.$$

Luego la fracción buscada es $\dfrac{12}{18}$, la cual cumple con las condiciones del problema, pues

$$\frac{12+3}{18} = \frac{15}{18} = \frac{5}{6} \qquad y \qquad \frac{12}{18+6} = \frac{12}{24} = \frac{1}{2}$$

CAPÍTULO IX

FUNCIONES

224. Concepto de función. — Sabemos por Física que el espacio e, en el movimiento uniforme, cuando se parte del reposo o a partir de un momento determinado, viene dado por la fórmula o ecuación

$$e = v\,t$$

en la cual intervienen tres cantidades distintas, e, v, y t, de las cuales la segunda es *constante*, en tanto que las otras dos pueden adquirir infinidad de valores, y son, por consiguiente, cantidades *variables*, pero distinta la una de la otra, pues el valor de e, aunque variable, *depende* siempre del que tome t. Esta última es una variable independiente, en tanto que e es una variable *dependiente*. Los valores arbitrarios dados a t pueden estar sometidos entre ciertos límites a una ley determinada o ser completamente independientes; pero siempre, en general, a cada valor de la variable independiente t resulta otro para e. Se dice que e, el espacio recorrido, es *función* (esto es, depende) del tiempo t transcurrido desde el origen.

A veces el valor de la función depende de dos o más variables independientes, como el volumen del paralelepípedo, del cilindro o del cono de revolución, etc.

Función es, pues, una variable cuyos valores dependen de los que toma otra variable llamada independiente.

Aquí se estudian sólo las funciones analíticas o de expresión matemática.

Cuando se dice que una magnitud es una función, es preciso indicar de qué variable es función. El coste de compra de un tejido es función de su longitud para una determinada clase y anchura, o a la vez de su longitud y anchura para una clase o tipo determinado.

La función puede ser *explícita* o *implícita*; es *explícita* cuando se conocen la serie de operaciones que deben efectuarse con la variable independiente para hallar el valor de la función, como

$$y = \frac{k - a\,x}{b}$$

y es *implícita* cuando no se conocen aquellas operaciones, como

$$a\,x + b\,y = k.$$

225. Notación de las funciones. — La *notación* o manera de representar la función explícita y de la variable x es:

$$y = f(x)$$

y de las variables x, z, u..., es:

$$y = f(x, z, u...)$$

que se leen, respectivamente, *y igual función* x e *y igual función* x, z, u..., en las que el símbolo $f(x)$, $f(x, z, u...)$ significa la serie de operaciones que deben efectuarse con las variables para hallar el valor de la función y. La letra que antecede al paréntesis se llama *característica* de la función.

226. Diversas clases de funciones. — Indicaremos las más sencillas.

Función simple es la que está ligada a la variable por una relación que no es capaz de descomposición, como $y = 3x$, $y = a^x$, $y = \operatorname{sen} x$, etc.

Función compuesta es la que está formada de varias funciones simples que dependen inmediatamente de una misma variable, como, por ejemplo:

$$y = a^x + \log x - 3 \cos x.$$

Función algebraica es aquella en la cual las variables y las constantes están ligadas entre sí por las operaciones sencillas del Álgebra. Las funciones algebraicas son *racionales* cuando las variables no están bajo el signo radical, e *irracionales* cuando alguna de sus variables están bajo el signo radical o afectadas de exponentes fraccionarios; *enteras*, cuando ninguna de sus variables está como divisor o afectadas de exponente negativo, y *fraccionarias*, en los casos contrarios.

Funciones trascendentes son aquellas cuya resolución exigen operaciones diferentes de las del cálculo algebraico sencillo; y son las que contienen exponenciales, logaritmos o líneas trigonométricas, como, por ejemplo:

$$y = a^x, \qquad y = b \log x, \qquad y = \cos x, \qquad \text{etc.}$$

Función creciente es aquella que toma valores cada vez mayores cuando la variable crece, como

$$y = 3x^2 + 2$$

en la que x es positivo y entero.

Función decreciente es la que disminuye de valor cuando a la variable se le asignan valores cada vez mayores, como

$$y = 2 a^{-x}$$

en la que *a* es un número positivo y mayor que la unidad.

Funciones inversas son aquellas en las cuales la función de la una es la variable de la otra, y al contrario. Ejemplo:

$$y = 3x \text{ es la función inversa de } x = \frac{y}{3}.$$

Función continua es aquella que para pasar de un valor a otro toma todos los valores intermedios, esto es, que al dar a la variable independiente un valor infinitamente pequeño, la función varía también un valor infinitamente pequeño.

Función discontinua es la que puede tomar valores muy diferentes sin pasar por todos los valores intermedios, como le ocurre, por ejemplo, a la moneda, a los valores industriales y comerciales que experimentan alzas y bajas considerables en breve intervalo de tiempo sin pasar por los valores intermedios.

En general, se dice que una función es continua cuando a un incremento de la variable, tan pequeño como se quiera, la función experimenta un incremento menor que cualquier cantidad dada, por pequeña que ésta sea. En el caso contrario, la función se considera como discontinua.

Las funciones se clasifican también en *analíticas* y *empíricas*, las primeras en *algebraicas* y *transcendentes*, las algebraicas pueden ser *racionales* e *irracionales*, y las racionales pueden ser *enteras* y *fraccionarias*.

227. Función de función o **función doble** es quella cuya variable es función de otra variable.

Así, si

$$y = F(u)$$

siendo

$$u = f(x)$$

la *y* es función de función, pues lo es de *u*, siéndolo *u* a su vez de *x*. Se la expresa generalmente en la forma

$$y = F[f(x)] = \varphi(x).$$

Existen también funciones triples, etc. Las funciones de funciones se denominan, en general, *funciones múltiples*.

228. Grado de una función entera. — Se entiende por tal el mayor grado que tenga en ella la variable independiente; así,

$$y = 4x + 7$$

es de primer grado, e

$$y = 3x^2 + 2x - 6$$

es de segundo grado.

229. Representación gráfica de las funciones. — El mejor modo de comprender las variaciones de una función, como consecuencia de las variaciones de su variable, es mediante una gráfica. Para ello se trazan dos ejes normales entre sí o sistema de dos ejes cartesianos perpendiculares X X′ e Y Y′; en el horizontal, X X′ llamado *eje de abscisas*, se toman, a partir del punto O (fig. 5), considerado como origen de las cantidades, los valores de la variables, hacia la derecha si estos valores son positivos, hacia la izquierda si son negativos, escogiendo previamente un segmento rectilíneo como unidad de longitud. Los valores tomados en el eje X X′ y a partir del origen O se denominan *abscisas*. El eje Y Y′ normal al eje X X′ en el punto O se llama *eje de ordenadas*. Por los puntos correspondientes a los valores de la variable x se trazan paralelas al eje Y Y′ y sobre cada una de ellas se lleva el segmento unidad de longitud tantas veces como indique el valor de *y*, de la función, ya sea en sentido positivo, ya en sentido negativo. Estos valores se denominan *ordenadas*. Uniendo luego con un trazo continuo todos los puntos así obtenidos, resulta una línea continua o no que da idea

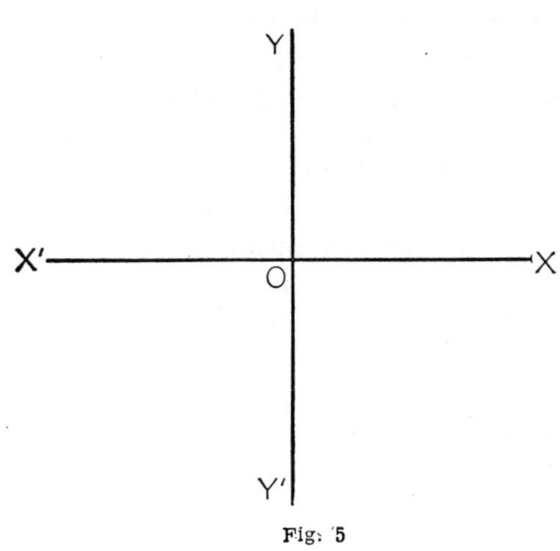

Fig. 5

perfecta de las variaciones de la función, advirtiendo bien que *el valor de la función en cada uno de los puntos de la línea que la representa viene dado por la longitud de la ordenada correspondiente a dicho punto.*

Con frecuencia se toman sobre el eje de las ordenadas Y Y' los valores que resultan para la función a cada variación de la variable, y por los puntos correspondientes se trazan paralelas al eje de las abscisas hasta encontrar las ordenadas respectivas. Para simplificar el trabajo y hacer las notaciones con mayor exactitud se utilizan el papel cuadriculado y el milimetrado en la construcción de gráficas. Un buen ejemplo de representación gráfica de una función es la de la marcha o variación de la fiebre en los casos de procesos infectivos, en cuyo caso se toma sobre el eje de las abscisas el tiempo (la variable), y en las ordenadas correspondientes a las variaciones de éste se toma el valor de las temperaturas registradas por el termómetro en cada momento observado. La línea continua que enlaza los extremos de las ordenadas nos indica de un modo claro las variaciones de la fiebre *(función)*.

230. Función algebraica de primer grado. — La función algebraica de primer grado tiene la forma

$$y = a\,x + b,$$

en la que *a* y *b* son cantidades constantes y *x* representa la variable independiente. El valor de *a* es siempre diferente de cero, pues en el caso contrario la función se reduce a la constante *b*, es decir, no existe tal función. En ésta, a todo incremento (variación) negativo o positivo de *x* le corresponde otro incremento o variación de la función como se puede comprobar dando a *x* dos valores particulares, *m* y *m+n* (suponiendo *n* positivo), y restando los valores que resultan para la función:

$$y_1 = a\,m + b \qquad y_2 = a\,(m+n) + b = a\,m + a\,n + b$$
$$y_2 - y_1 = a\,m + a\,n + b - a\,m - b = a\,n,$$

el incremento experimentado por la función es $a\,n$, y puesto que a *n* se le puede dar un valor tan pequeño como se quiera y menor que cualquier cantidad por pequeña que ésta sea, resulta que el incremento $a\,n$ puede ser indefinidamente pequeño en cada caso y la función es, pues, continua.

Como este incremento tendrá el mismo signo que *a*, pues *n* es positivo, *la función crecerá de* $-\infty$ *a* $+\infty$ *al crecer* x *de* $-\infty$ *a* $+\infty$ *si a es positiva, y decrecerá de* $+\infty$ *a* $-\infty$ *cuando* x *crece de* $-\infty$ *a* $+\infty$ *si a es negativa.*

231. Segmentos rectilíneos y determinación de un punto sobre un eje y en un plano. — Antes de indicar cómo se representa gráficamente una función, expondremos brevemente algunas nociones fundamentales. Una recta indefinida X X' (fig. 6) puede ser recorrida por un punto en dos sentidos contrarios: de X a X' o de X' a X; si decimos que el primero es *positivo*, el segundo será *negativo*. Una porción de esta recta, tal como A B, se llama *segmento recti-*

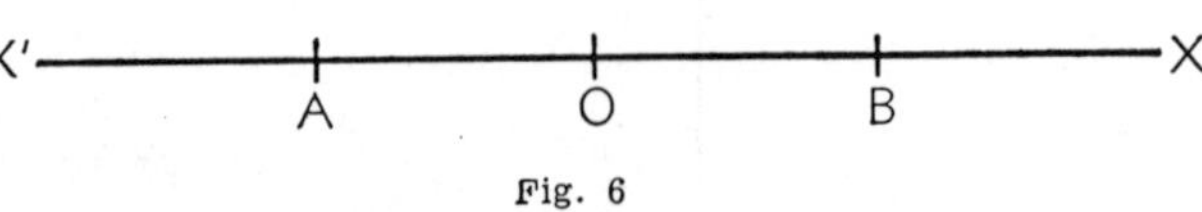

Fig. 6

líneo; si en este segmento tomamos un punto O, como origen de magnitudes contadas sobre X X' toma el nombre de *eje.* Si tomamos sobre éste un punto A, *se designa con el nombre de abscisa del punto* A *al número que representa la medida del segmento* O A *precedido del signo* + *o* —, *según que para ir de* O *a* A *se siga sobre el eje el sentido positivo o negativo.* De este modo queda perfectamente determinada la posición del punto A sobre el eje.

Para fijar la posición de un punto en un plano se trazan en este plano un sistema de *ejes coordenados cartesianos* rectangulares (fig. 7) X X' e Y Y', los cuales dividen al plano en cuatro regiones o cuadrantes, I, II, III, IV. Si consideramos un punto cualquiera P en el cuadrante primero, fijaremos su posición trazando desde él perpendiculares a los ejes de las abscisas X X' y de las ordenadas Y Y'; determínanse sobre éstos las magni-

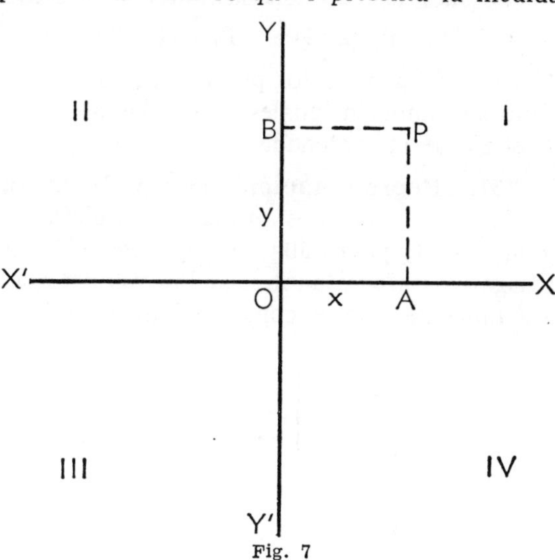

Fig. 7

tudes O A y O B, que reciben, respectivamente, los nombres de *abscisa y ordenada* del punto P, las cuales se miden con la unidad elegida y se les asigna el signo o cualidad que les corresponde. La primera se representa por x y la segunda por y; el conjunto de ambas recibe el nombre de *coordenadas cartesianas del punto P.*

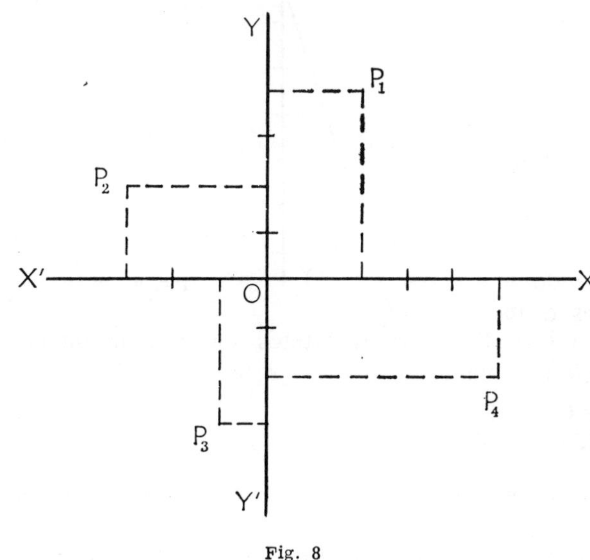

Fig. 8

Recíprocamente, dado un par de coordenadas cartesianas (positivas o negativas), se puede determinar en el plano del sistema de ejes cartesianos el punto al cual corresponden tales coordenadas, tomando para ello la abscisa O A y ordenada O B dadas sobre los ejes respectivos a partir del punto de intersección de ambos ejes, y trazando por sus respectivos extremos A y B las perpendiculares A P y B P; el punto P de intersección de ambas perpendiculares es el punto del plano buscado.

En la figura 8 las coordenadas correspondientes a los puntos P_1, P_2, P_3 y P_4 son las siguientes:

coordenadas para P_1 .... $x=2$ $y=4$
   »   » P_2 .... $x=-3$ $y=2$
   »   » P_3 .... $x=-1$ $y=-3$
   »   » P_4 .... $x=5$ $y=-2$

Notación. — Para designar un punto se escriben a continuación, y dentro de un paréntesis, sus abscisa y su ordenada separadas por una coma y afectadas con el signo correspondiente.

Así pues, las coordenadas anteriores se escriben así:

$$P_1 \ (2, \ 4); \qquad P_2 \ (-3, \ 2); \qquad P_3 \ (-1, \ -3); \qquad P_4 \ (5, \ -2).$$

Las ordenadas de los puntos que están en el eje de las abscisas son iguales a cero, como son también iguales a cero las abscisas correspondientes a los puntos situados en el eje de las ordenadas.

232. Representación gráfica de la función algebraica de primer grado $y = a\,x + b$. — Tomemos primero la función más sencilla $y = 3\,x$, en la cual supondremos $a = 3$; para hallar su representación gráfica demos valores sucesivos positivos y negativos a x y anotemos los valores que resultan para la función, disponiendo esta tabla de valores como se indica aquí. Como se ve, cuando $x - 0$, resulta $y = 0$,

x	y
$-\infty$	$-\infty$
:	:
:	:
-2	-6
-1	-3
0	0
1	3
2	6
3	9
4	12
:	:
:	:

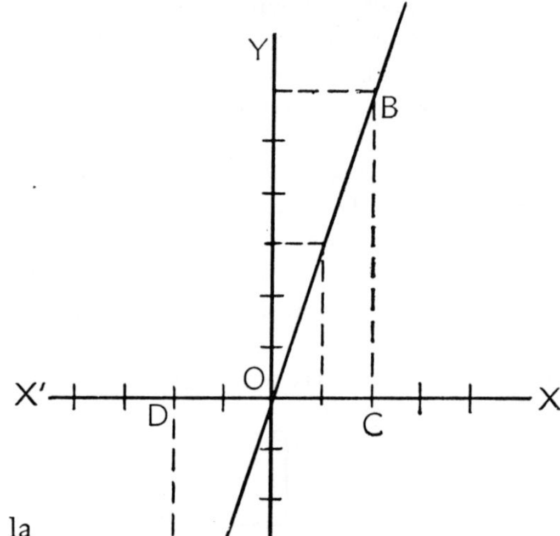

lo que indica que la línea que representa la función pasará por el origen cero de las cantidades; tomando sobre los ejes de un sistema de ejes cartesianos perpendiculares (fig. 9) los valores de x e y y trazando por los puntos correspondientes las normales se obtienen varios puntos A, B... Uniendo O con los puntos A y B se forman los triángulos O C B y O D A, rectángulos en C y D, y cuyos catetos son proporcionales, luego se puede establecer la proporción siguiente:

$$\frac{B\,C}{O\,C} = \frac{A\,D}{O\,D} = 3,$$

luego estos triángulos son semejantes, y los ángulos A O D y B O C iguales y el segmento O A prolongación del segmento O B, luego A O B es una recta, y ésta representa gráficamente la función $y = 3\,x$, y en general a la función $y = a\,x$, cualquiera que sea el valor que se le dé a a.

Veamos ahora cómo se representa la función general $y = a\,x + b$, la cual se diferencia de la función $y = a\,x$ en la cantidad constante b. Se comprende, al compararla con la función sencilla anterior, que al dar a la variable x los valores que le dimos en la función sencilla, los valores que resultan para y se diferencian en la cantidad constante b de los que tomaba en dicha función. Para comprenderlo mejor tomemos una función análoga numérica, tal como $y = 3\,x + 2$, y tratemos de representarla gráficamente.

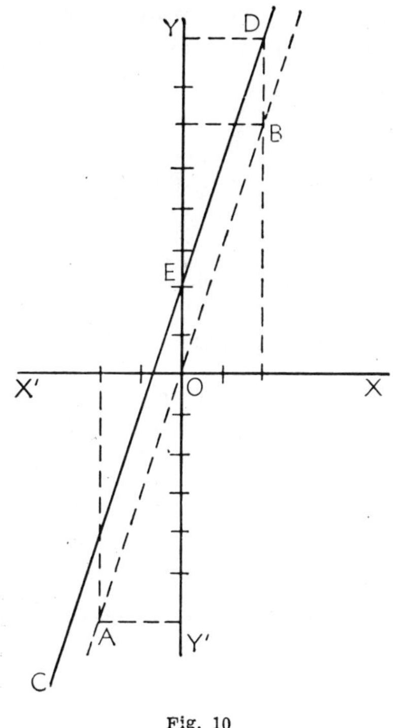

Fig. 10

Se construye la gráfica correspondiente a la función $y=3x$, como se indicó anteriormente, y a cada valor que resulta para y se le agregan dos unidades; uniendo los extremos de estas ordenadas (fig. 10) resulta la recta C D paralela a A B, cuyos puntos tienen por ordenada la de los correspondientes de A adicionada en dos unidades; así, para

$$x=0 \quad \text{resulta} \quad y=0+2,$$

y, en efecto, la ordenada del punto E es igual a 2.

Para hallar la gráfica de una función basta calcular en realidad solamente las coordenadas de dos de sus puntos, fijar éstos en el plano y unirlos por una recta.

233. Coeficiente angular o pendiente de una recta y ordenada en el origen. — Por lo que se ha expuesto hasta aquí se deduce que el factor que se determina en la función $y=ax+b$ la dirección de la recta que la representa es a, por lo que se le denomina *coeficiente angular* o *pendiente de la recta*. La constante b recibe el nombre de *ordenada en el origen*, pues es el valor de la función cuando x vale cero.

234. Casos particulares. — En la función $y=ax+b$ pueden ocurrir los casos siguientes:

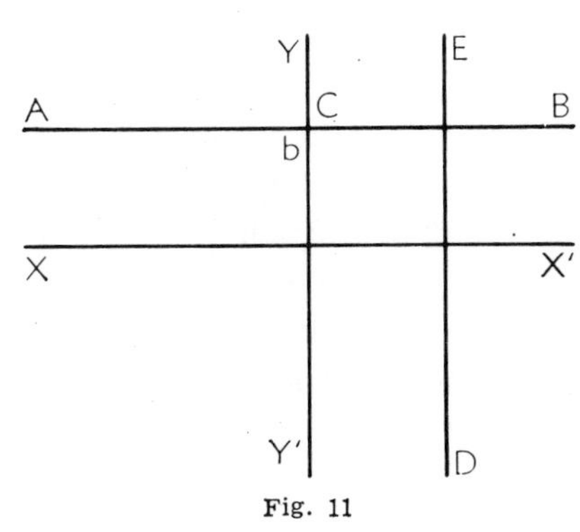

Fig. 11

1.º $a=0$. En este caso la función anterior se transforma en esta otra:

$$y=b$$

esto es, la función tiene un valor constantemente igual a b, cualquiera que sea el valor que tome x. Su representación gráfica será una recta A B paralela al eje de las abscisas, trazada por un punto C cuya ordenada es igual a b, como representa la figura 11 (recuérdese que b también puede tener valor negativo).

2.º $a=0$ y $b=0$. En este caso la función primitiva se reduce a la forma

$$y=0,$$

la cual viene representada por el mismo eje X X′ ya que, cualquiera que sea el valor de x, sus puntos tienen siempre por ordenada cero.

3.º $x=k$. Si la variable x toma un valor constante k, el producto ax será también constante y la función viene representada (fig. 11) por una recta E D paralela al eje de las ordenadas trazada por un punto del eje X X′ cuya abscisa vale $ak+b$.

235. Representación gráfica de la resolución de una ecuación de primer grado. — Esta cuestión es una consecuencia y aplicación de lo expuesto anteriormente. Sea la ecuación general

$$a\ x+b=0$$

y construyamos la gráfica de la función

$$a\ x+b=y,$$

la cual, según hemos visto en el párrafo 232 y figura 10, es la recta CD que corta al eje XX'; la abscisa del punto de intersección es la solución o raíz de la ecuación; la abscisa vale $-\dfrac{a}{b}$, pues éste es el valor de x que, sustituido en la ecuación, hace el primer miembro igual a cero. Si la recta que representa a la función no corta al eje XX', es decir, es paralela a él, quiere decir que la ecuación no tiene ninguna solución, lo cual ocurre cuando a es igual a cero sin serlo b; finalmente, si la recta que representa la función coincide con el eje XX', esto es, cuando $a=b=0$, significa que la ecuación tiene infinitas soluciones, es decir, que es indeterminada.

Sentado esto, veamos cómo se resuelve gráficamente la ecuación de primer grado $a\ x+b\ y=c$.

Para ello, llevémosla a la forma ya conocida $y=a\ x+b$, lo que se consigue despejando y:

$$b\ y=-a\ x+c, \qquad \text{de donde} \qquad y=\frac{-a\ x+c}{b}=-\frac{a}{b}x+\frac{c}{b}$$

en la cual el coeficiente de x es $-\dfrac{a}{b}$ y la constante es $\dfrac{c}{b}$. Bastará dar valores a x para hallar la recta que representa a la última función y las coordenadas de cada uno de sus puntos son las soluciones de la ecuación propuesta, $a\ x+b\ y=c$, llamada por eso *ecuación lineal* o *de la recta*.

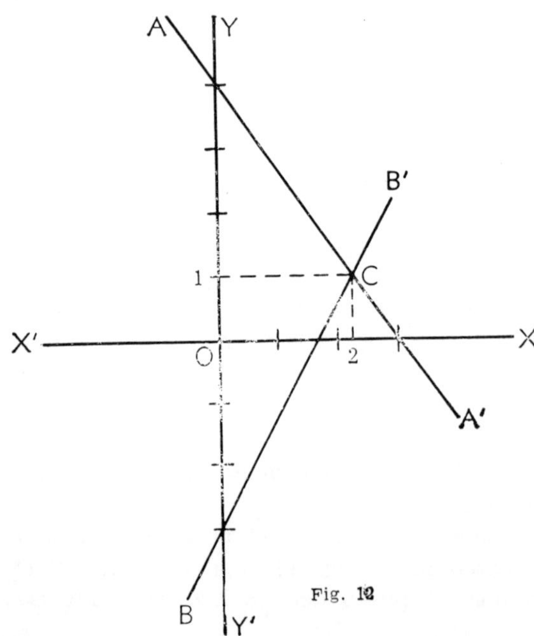

Fig. 12

De modo análogo se puede resolver gráficamente *un sistema de dos ecuaciones de primer grado*. Sea el sistema

$$3\ x+2\ y=8$$
$$2\ x-y=3.$$

Para ello se halla la gráfica correspondiente a la primera ecuación, o de su equivalente

$$y=\frac{8}{2}-\frac{3}{2}\ x=-\frac{3}{2}\ x+4.$$

que es la recta AA' (fig. 12), pues para $x=0$ resulta $y=4$, y para $x=2$ resulta $y=1$; y luego la gráfica de la segunda ecuación o de su equivalente

$$y=2\ x-3$$

que es la recta BB', pues para $x=0$ resulta $y=-3$ y para $x=2$, $y=1$;

ambas rectas se cortan en el punto C (2, 1), cuyas coordenadas son justamente las soluciones del sistema, pues substituyendo x por 2 e y por 1, ambas ecuaciones se transforman en identidad. Luego *las raíces de un sistema de dos ecuaciones de primer grado con dos incógnitas son las coordenadas del punto de intersección de las rectas que representan a dichas ecuaciones.*

236. Dadas las coordenadas de dos puntos, hallar la ecuación de la recta que los une. — Sean los puntos A (2, 0) y B (3, 2) (fig. 13), cuyas coordenadas son respectivamente

$$A.\ldots\ldots x_1 = 2 \qquad y_1 = 0$$
$$B.\ldots\ldots x_2 = 3 \qquad y_2 = 2$$

La ecuación, por ser de una recta, tiene la forma

$$y = a\,x - b,$$

en la cual debemos buscar los valores de a y b. Puesto que A y B son

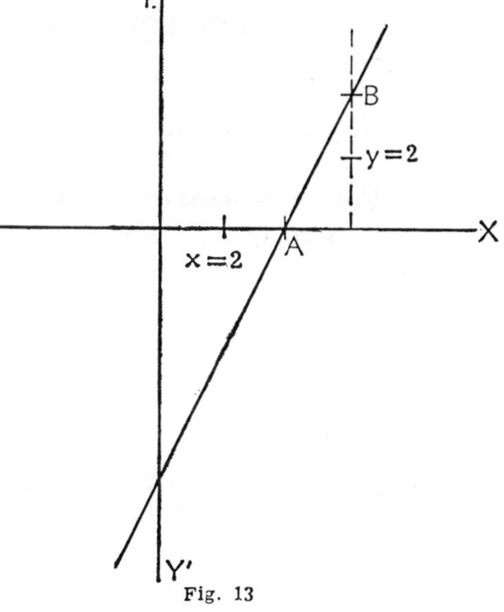

Fig. 13

puntos de la recta, sus coordenadas satisfarán a la ecuación anterior, y resulta el sistema

$$2\,a + b = 0 \qquad \text{para} \qquad y = 0$$
$$3\,a + b = 2 \qquad \text{para} \qquad y = 2$$

en las cuales a y b son las incógnitas; resuelto este sistema por uno cualquiera de los tres métodos expuestos, resulta: $a = \dfrac{2}{5}$ y $b = \dfrac{4}{5}$, o lo que es lo mismo, $a = 2$ y $b = -4$, luego la ecuación de la recta que pasa por A y B es

$$2\,x - y = 4, \qquad \text{o bien} \qquad y = 2\,x - 4,$$

como es fácil de demostrar.

En general, dados dos puntos P_1 y P_2 cuyas coordenadas respectivas sean (x_1, y_1) y (x_2, y_2), resulta siempre

$$a = \frac{y_2 - y_1}{x_2 - x_1}$$

como es fácil comprobar en el ejemplo anterior propuesto, es decir, *que el coeficiente angular o pendiente de la recta que une dos puntos es igual a la diferencia de las ordenadas dividida por la diferencia de las abscisas de dichos puntos.*

CAPÍTULO X

ECUACIONES DE SEGUNDO GRADO

1.º ·ECUACIÓN· GENERAL DE SEGUNDO GRADO CON UNA INCÓGNITA

237. Forma general de la ecuación de segundo grado con una incógnita.—
Las ecuaciones completas de este tipo, después de preparadas y reducidas a la forma
entera, tienen la forma siguiente:

$$a\,x^2 + b\,x + c = 0,$$

en la cual a, b y c son números conocidos o bien expresiones literales.

Si algunos de los coeficientes b y c, o ambos a la vez fuese cero, la ecuación
recibe el nombre de *incompleta*. Se comprende que el coeficiente a no puede ser
nunca cero, pues la ecuación no sería entonces de segundo grado.

Las incompletas, reducidas a la forma entera, son:

$$
\begin{aligned}
\text{para} \quad & b = 0 \ldots\ldots & a\,x^2 + c\ \ &= 0 \\
\text{»} \quad & c = 0 \ldots\ldots & a\,x^2 + b\,x\ &= 0 \\
\text{»} \quad & b = c = 0 \ldots\ldots & a\,x^2\ &= 0
\end{aligned}
$$

Estudiaremos la resolución de estos casos después de exponer la ecuación general
completa.

238. Resolución de la ecuación general de segundo grado completa. —
Para ello es preciso transformarla convenientemente, como se ve a continuación.
Sea la ecuación general completa:

$$a\,x^2 + b\,x + c = 0.$$

Multiplicando todos sus términos por $4\,a$:

$$4\,a^2\,x^2 + 4\,a\,b\,x + 4\,a\,c = 0.$$

Pasemos $4\,a\,c$ al segundo miembro:

$$4\,a^2\,x^2 + 4\,a\,b\,x = -4\,a\,c$$

y sumemos b^2 a ambos miembros:

$$4\,a^2\,x^2 + 4\,a\,b\,x + b^2 = b^2 - 4\,a\,c.$$

El primer miembro es el desarrollo del cuadrado del binomio $2\,a\,x + b$, luego se
puede escribir:

$$(2\,a\,x + b)^2 = b^2 - 4\,a\,c.$$

de donde, extrayendo la raíz cuadrada de ambos miembros:

$$2\,a\,x + b = \pm\sqrt{b^2 - 4\,a\,c,}$$

habiendo puesto el doble signo $\pm$ delante de la raíz para no perder ninguna solución
Pasando ahora b al segundo miembro, se tiene:

$$2\,a\,x = -b \pm \sqrt{b^2 - 4\,a\,c}$$

y despejando x se tiene finalmente:

$$x = \frac{-b \pm \sqrt{b^2 - 4\,a\,c}}{2\,a} \qquad (1),$$

fórmula que nos da el valor de la incógnita x de la ecuación general de segundo grado de la forma propuesta cuando se conocen los coeficientes a, b y c, y que encierra los dos valores o soluciones de la ecuación según se tome el signo $+$ o el signo $-$, valores que podemos representar por x' y x'':

$$x' = \frac{-b + \sqrt{b^2 - 4\,a\,c}}{2\,a}$$

$$x'' = \frac{-b - \sqrt{b^2 - 4\,a\,c}}{2\,a}$$

La fórmula (1) nos dice que:

La raíz de una ecuación de segundo grado con una incógnita es igual al coeficiente del segundo término con el signo cambiado, más o menos la raíz cuadrada de la diferencia entre el cuadrado de dicho coeficiente y el cuádruplo del producto del coeficiente del primer término por el término independiente, todo dividido por el duplo del coeficiente del primer término.

La fórmula (1) da directamente las raíces o soluciones de una ecuación de segundo grado del tipo indicado, luego se deduce que será preciso transformar las ecuaciones hasta reducirla a este tipo para poder aplicarle la fórmula (1).

239 Discriminante. — La diferencia que existe bajo el signo radical en la fórmula (1) recibe el nombre de *discriminante*, y su valor influye mucho en el valor y naturaleza de las raíces de la ecuación de segundo grado, como se verá a continuación.

240. Discusión de la fórmula. — En la ecuación general

$$a\,x^2 + b\,x + c = 0$$

supondremos siempre $a > 0$, esto es, positiva, pues si fuese negativa se multiplicarían por -1 todos los términos de la misma, con lo que obtendríamos otra ecuación equivalente. En las raíces obtenidas, el valor de ellas está ligado con el de la discriminante, $b^2 - 4\,a\,c$; ésta puede ser *positiva, nula* o *negativa*, por lo que se presentan tres casos de discusión:

PRIMER CASO. $b^2 - 4\,a\,c > 0.$

En este caso, la cantidad subradical es positiva y las raíces serán *reales* y distintas, y si $b^2 - 4\,a\,c$ tiene raíz exacta, ambas raíces serán *conmensurables;* en el caso contrario, las raíces serán *inconmensurables.*

Ahora, para hallar los signos de las raíces se deben hacer todas las hipótesis posibles con los signos de b y c, lo que da lugar a las cuatro combinaciones

$$b>0 \quad y \quad c>0 \qquad\qquad b>0 \quad y \quad c<0$$
$$b<0 \quad y \quad c>0 \qquad\qquad b<0 \quad y \quad c<0.$$

En la primera hipótesis, $b>0$ y $c>0$, $-b$ será una cantidad negativa a la cual se debe sumar y restar el radical $\sqrt{b^2-4\,a\,c}$; pero como c es positivo, el producto $4\,a\,c$ es negativo y $b^2-4\,a\,c<b^2$ y como consecuencia $\sqrt{b^2-4\,a\,c}<b$, luego el signo del numerador de las raíces depende de $-b$, puesto que el denominador $2\,a$ es siempre positivo; en la hipótesis sentada las dos raíces son *reales* y *negativas*.

Analizando las hipótesis restantes de igual manera se llegaría a las conclusiones siguientes:

$$b>0, \quad c>0, \quad b^2-4\,a\,c<b^2, \quad \sqrt{b^2-4\,a\,c}<b, \quad x'<0, \quad x''<0$$
$$b<0, \quad c>0, \quad b^2-4\,a\,c<b^2, \quad \sqrt{b^2-4\,a\,c}<b, \quad x'>0, \quad x''>0$$
$$b>0, \quad c<0, \quad b^2-4\,a\,c>b^2, \quad \sqrt{b^2-4\,a\,c}>b, \quad x'>0, \quad x''<0$$
$$b<0, \quad c<0, \quad b^2-4\,a\,c>b^2, \quad \sqrt{b^2-4\,a\,c}>b, \quad x'>0, \quad x''<0$$

De aquí se deduce que cuando $b^2-4\,a\,c>0$, *las raíces son reales y desiguales, ambas positivas o ambas negativas, o una positiva y otra negativa.*

SEGUNDO CASO. $b^2-4\,a\,c=0$.

En este caso, las dos raíces se reducen a la forma

$$x'=x''=-\frac{2\,a}{b}$$

y, por consiguiente, *las raíces son reales e iguales; positivas, si* $b<0$, *y negativas, si* $b>0$.

TERCER CASO. $b^2-4\,a\,c<0$.

En este caso, el discriminante es una cantidad negativa y, por consiguiente, su raíz cuadrada es una cantidad imaginaria; luego *las raíces de la ecuación serán imaginarias.*

Pero si convenimos en hacer $b^2-4\,a\,c=-h^2$, tendremos:

$$x=\frac{-b\pm\sqrt{-h^2}}{2\,a}$$

y como

$$\sqrt{-h^2}=\sqrt{h^2(-1)}=h\sqrt{-1}=h\,i$$

tendremos entonces:

$$x=\frac{-b}{2\,a}\pm\frac{h}{2\,a}\,i$$

y representando con α el valor del cociente $\dfrac{-b}{2\,a}$, y con β el de $\dfrac{h}{2\,a}$:

$$-\frac{h}{2\,a}=\alpha, \quad \frac{b}{2\,a}=\beta$$

tendremos:

$$x=\alpha\pm\beta i$$

luego las dos raíces son:

$$x'=\alpha+\beta i, \qquad x''=\alpha-\beta i,$$

es decir, en este caso, las *dos raíces son dos cantidades imaginarias o complejas conjugadas.*

241. Resolución de ecuaciones de segundo grado incompletas. — Expuestos al principio los tres tipos de esta clase de ecuaciones, vamos a resolverlos.

PRIMER CASO. $b=0$.

La ecuación toma la forma:

$$a\,x^2+c=0$$

y sus raíces son:

$$x=\frac{\pm\sqrt{-4\,a\,c}}{2\,a}=\pm\sqrt{\frac{-4\,a\,c}{4\,a^2}}=\pm\sqrt{\frac{c}{a}}$$

Si $c<0$, esto es, si c es negativo, el cociente $-\dfrac{c}{a}$ es positivo y las dos raíces

$$x'=+\sqrt{-\frac{c}{a}} \quad y \quad x=-\sqrt{-\frac{c}{a}}$$

son *reales, iguales y de signo contrario.* Pero si $c>0$, esto es, c es positiva, el cociente $-\dfrac{c}{a}$ es negativo, y las raíces x' y x'' serán ambas *imaginarias, iguales y de signo contrario.*

Como el coeficiente b no funciona nunca como factor o divisor, puede muy bien ocurrir que sea $b=0$, sin que por ello se anule la ecuación.

EJEMPLOS:

1.º Sea la ecuación incompleta

$$3\,x^2-12=0$$

sus raíces son:

$$x'=+\sqrt{\frac{12}{3}}=\sqrt{4}=2, \qquad x''=-\sqrt{\frac{12}{3}}=-\sqrt{4}=-2.$$

Ambas raíces son reales, de igual valor absoluto y de signo contrario.

2.º Sea la ecuación:

$$2\,x^2+9=0.$$

Sus raíces son:

$$x'=+\sqrt{-\frac{9}{2}}\,,\qquad x''=-\sqrt{-\frac{9}{2}}$$

ambas imaginarias.

Segundo caso. $c=0$.

La ecuación tiene entonces la forma

$$a\,x^2+b\,x=0$$

sus dos raíces serán entonces:

$$x'=\frac{-b+\sqrt{b^2}}{2\,a}=\frac{-b+b}{2\,a}=\frac{0}{2\,a}=0$$

$$x''=\frac{-b-\sqrt{b^2}}{2\,a}=\frac{-b-b}{2\,a}=\frac{-2\,b}{2\,a}=-\frac{b}{a}.$$

Hubiésemos podido hallar las raíces igualmente deduciéndolas directamente de la ecuación

$$a\,x^2+b\,x=0.$$

En efecto: sacando x como factor común:

$$(a\,x+b)\,x=0;$$

ahora bien, para que se cumpla esta igualdad es preciso que sea cero uno u otro de los factores x o $a\,x+b$.

Si $x=0$, tenemos una solución o raíz, pues el producto será igual a cero; para que el segundo factor $a\,x+b$ sea cero, es preciso que se cumpla:

$$a\,x=-b,\qquad \text{de donde}\qquad x=-\frac{b}{a},$$

luego las dos raíces de la ecuación son:

$$x=0\qquad y\qquad x=-\frac{b}{a}$$

como anteriormente se había obtenido.

Ejemplo. La ecuación incompleta

$$4\,x^2+3\,x=0$$

tiene como soluciones $x'=0$ y $x''=-\dfrac{3}{4}.$

En efecto:

$$4\,x^2+3\,x=(4\,x+3)\,x=0$$

y esto supone que

$$x=0 \quad \text{o bien} \quad 4\,x+3=0.$$

De esta última se deduce:

$$4\,x=-3 \quad \text{y} \quad x=-\frac{3}{4}.$$

TERCER CASO. $b=c=0$.

La ecuación general queda reducida a la forma

$$a\,x^2=0$$

y como a no puede ser igual a cero, forzosamente deberá serlo x^2, esto es

$$x^2=0 \quad \text{luego} \quad x=0 \left\{ \begin{array}{l} x'=0 \\ x''=0 \end{array} \right.$$

es decir, que en este caso *las dos raíces son nulas.*

242. **Relaciones entre los coeficientes y las raíces en una ecuación de segundo grado.** — Dos son las relaciones que se pueden establecer entre tales elementos.

1.ª *La suma de las raíces de la ecuación entera de segundo grado con una incógnita de la forma*

$$a\,x^2+b\,x+c=0$$

es igual al coeficiente del segundo término con el signo cambiado, dividido por el coeficiente del primer término.

En efecto: sumando las dos raíces

$$x'=\frac{-b+\sqrt{b^2-4\,a\,c}}{2\,a}=\frac{-b}{2\,a}+\frac{\sqrt{b^2-4\,a\,c}}{2\,a}$$

$$x''=\frac{-b-\sqrt{b^2-4\,a\,c}}{2\,a}=\frac{-b}{2\,a}-\frac{\sqrt{b^2-4\,a\,c}}{2\,a}$$

tendremos:

$$x'+x''=\frac{-2\,b}{2\,a}=\frac{-b}{a}.$$

2.ª *El producto de las raíces de la ecuación de segundo grado es igual al término independiente dividido por el coeficiente del primer término.*

En efecto: multiplicando las dos raíces x', x'', tendremos:

$$x'+x''=\left(\frac{-b}{2\,a}+\frac{\sqrt{b^2-4\,a\,c}}{2\,a}\right)\left(\frac{-b}{2\,a}-\frac{\sqrt{b^2-4\,a\,c}}{2\,a}\right)$$

y puesto que el segundo miembro es el producto de la suma de dos números por su diferencia, e igual a la diferencia de los cuadrados, se tiene:

$$x'\cdot x''=\frac{b^2}{4\,a^2}-\frac{b^2-4\,a\,c}{4\,a^2}=\frac{4\,a\,c}{4\,a^2}=\frac{c}{a}.$$

243. Aplicaciones. — Las teorías expuestas permiten hallar fácil y rápidamente la solución de las ecuaciones de segundo grado con una incógnita, como se ve en los ejemplos siguientes:

EJEMPLOS:

1.º   Resolver la ecuación

$$3x^2 + 15x + 14 = 0.$$

Comparándola con la fórmula de la ecuación general

$$ax^2 + bx + c = 0$$

se deduce para el ejemplo propuesto:

$$a = 3, \quad b = 15, \quad c = 14,$$

luego

$$x' = \frac{-15 + \sqrt{225 - 168}}{6} = \frac{-15 + \sqrt{57}}{6}$$

$$x'' = \frac{-15 - \sqrt{225 - 168}}{6} = \frac{-15 - \sqrt{57}}{6}$$

Las dos raíces x' x'' son en este caso inconmensurables (por serlo $\sqrt{57}$), y ambas negativas.

2.º   Resolver la ecuación

$$x^2 - 4x + 3 = 0.$$

En este caso

$$a = 1, \quad b = -4, \quad c = 3,$$

luego

$$x' = \frac{4 + \sqrt{16 - 12}}{2} = \frac{4 + \sqrt{4}}{2} = \frac{6}{2} = 3$$

$$x'' = \frac{4 - \sqrt{16 - 12}}{2} = \frac{4 - \sqrt{4}}{2} = \frac{2}{2} = 1.$$

Ambas raíces son reales y positivas.

3.º   Resolver la ecuación

$$x^2 + 8x + 25 = 0.$$

En este caso

$$a = 1, \quad b = 8, \quad c = 25,$$

las dos raíces serán

$$x' = \frac{-8 + \sqrt{64 - 100}}{2} = \frac{-8 + \sqrt{-36}}{2} = \frac{-8 + 6\sqrt{-1}}{2} = \frac{-8}{2} + \frac{6}{2}\sqrt{-1} =$$

$$-4 + 3\sqrt{-1} = -4 + 3i$$

$$x'' = \frac{-8 - \sqrt{64 - 100}}{2} = \frac{-8 - \sqrt{-36}}{2} = \frac{-8 - 6\sqrt{-1}}{2} =$$

$$-4 - 3\sqrt{-1} = -4 - 3i$$

Como se ve, las dos raíces son imaginarias conjugadas.

244. Otra forma de la ecuación de segundo grado. — La ecuación general de segundo grado con una incógnita se expresa también bajo la forma :

$$x^2 + p\,x + q = 0.$$

Para llegar a esta forma dividiremos por *a* los dos miembros de la ecuación

$$a\,x^2 + b\,x + c = 0$$

y tendremos

$$x^2 \frac{b}{a}\,x + \frac{c}{a} = 0$$

y haciendo

$$\frac{b}{a} = p \quad y \quad \frac{c}{a} = q$$

resulta

$$x^2 + p\,x + q = 0.$$

De igual manera se modifica la forma de la raíz de la ecuación, para lo cual la transformaremos primeramente así :

$$x = \frac{-b \pm \sqrt{b^2 - 4\,a\,c}}{2\,a} = -\frac{b}{2\,a} \pm \sqrt{\frac{b^2}{4\,a^2} - \frac{c}{a}}$$

y substituyendo $\dfrac{b}{a}$ por *p* y $\dfrac{c}{a}$ por *q*, se tiene

$$x = -\frac{p}{2} \pm \sqrt{\frac{p^2}{4} - q} \quad (1).$$

Las raíces de la ecuación

$$x^2 + p\,x + q = 0$$

tienen, pues, la fórmula (1) y ellas serán distintas, o iguales o imaginarias, según que $\dfrac{4}{p^2} - q$ sea positivo, nulo o negativo.

245. Conocidas las dos raíces, hallar la ecuación de segundo grado a que corresponden. — Conocidas las raíces de una ecuación de segundo grado, se puede determinar la ecuación. En efecto, supongamos que las raíces de una ecuación sean

$$x' = -5 \quad y \quad x'' = 2.$$

La suma de las dos raíces con el signo cambiado será el valor del coeficiente del segundo término, y su producto será el término independiente; el coeficiente de x^2 es la unidad; así pues,

$$x'+x''=5+2=-3$$
$$x'\cdot x''=-5\times 2=-10$$

luego la ecuación será:

$$x^2+3\,x-10=0$$

como fácilmente se puede comprobar.

246. Ecuación bicuadrada con una incógnita. — Se dice que una ecuación con una incógnita es *bicuadrada* cuando reducida a la forma entera y racional y después de transportados a un mismo miembro todos los términos, resulta de cuarto grado y sólo contiene potencias de grado par de la incógnita. Su forma general es, pues,

$$a\,x^4+b\,x^2+c=0.$$

Se resuelve fácilmente reduciéndola a otra de segundo grado; para ello se hace $x^2=y$ y substituyendo, tendremos:

$$a\,y^2+b\,y+c=0 \qquad (1),$$

ecuación de segundo grado que se resuelve por la fórmula general:

$$y=\frac{-b\pm\sqrt{b^2-4\,a\,c}}{2\,a}$$

cuyas raíces representaremos con y' e y''; pero siendo $x^2=y$, tendremos

$$x=\pm\sqrt{y}=\begin{cases} \pm\sqrt{y'} \\ \pm\sqrt{y''} \end{cases}$$

y obtendremos así las cuaatro raíces distintas que le corresponden

$$x=\pm\sqrt{y}=\pm\sqrt{\frac{-b\pm\sqrt{b^2-4\,a\,c}}{2\,a}}$$

combinando de todas las maneras posibles los dos signos $\pm$ que anteceden a las raíces y que exponemos a continuación:

$$x^{I}=+\sqrt{y'}=+\sqrt{\frac{-b-\sqrt{b^2-4\,a\,c}}{2\,a}}$$

$$x^{II}=-\sqrt{y'}=-\sqrt{\frac{-b-\sqrt{b^2-4\,a\,c}}{2\,a}}$$

$$x^{III} = +\sqrt{y''} = +\sqrt{\dfrac{-b+\sqrt{b^2-4\,a\,c}}{2\,a}}$$

$$x^{IV} = -\sqrt{y''} = -\sqrt{\dfrac{-b+\sqrt{b^2-4\,a\,c}}{2\,a}}$$

Estas raíces pueden ser las cuatro reales, sólo dos o ninguna según que las dos raíces de la ecuación transformada

$$a\,y^2+b\,y+c=0$$

sean ambas reales y positivas, reales y de signos contrarios o reales iguales y negativas, y sobre cuya discusión no entraremos aquí.

247. Veamos ahora algunas aplicaciones numéricas de la ecuación bicuadrada.

Ejemplos:
1.º Resolver la ecuación

$$x^4-13\,x^2+36=0.$$

Tendremos:

$$y=\frac{13\pm\sqrt{169-144}}{2}=\frac{13\pm5}{2}=\begin{cases}\dfrac{18}{2}=9\\[2mm]\dfrac{8}{2}=4\end{cases}$$

Se obtienen para y dos valores reales y positivos; por consiguiente, tendremos para x los cuatro valores reales siguientes:

$$x=\pm\sqrt{y}=\begin{cases}+\sqrt{9}=+3\\ -\sqrt{9}=-3\\ +\sqrt{4}=+2\\ -\sqrt{4}=-2\end{cases}$$

2.º Resolver la ecuación

$$x^4+13\,x^2+36=0.$$

Haciendo en esta ecuación $x^2=y$, se transforma en

$$y^2+13\,y+36=0$$

que nos da para y los valores

$$y=\frac{-13\pm\sqrt{169-144}}{2}=\frac{-13\pm5}{2}=\begin{cases}-\dfrac{8}{2}=-4\\[2mm]-\dfrac{18}{2}=-9\end{cases}$$

y, por consiguiente, los valores de x no son reales, sino imaginarios:

3.º   Resolver la ecuación

$$x^4 - 5\,x^2 - 36 = 0.$$

Siguiendo el mismo camino obtendremos para la *y* los valores 9 y -4. El primero da para x dos valores iguales y de signos contrarios:

$$x = \pm \sqrt{y} = \begin{cases} + \sqrt{9} = +3 \\ - \sqrt{9} = -3 \end{cases}$$

pero al valor -4 de *y* no le corresponde para x ningún valor real, sino dos imagirios: $+ \sqrt{-4}$ y $- \sqrt{-4}.$

4.º   Resolver la ecuación

$$x^4 - 6\,x^2 + 10 = 0.$$

La ecuación transformada, haciendo $x^2 = y$, es:

$$y^2 - 6\,y + 10 = 0$$

cuyas raíces son

$$y = \frac{6 \pm \sqrt{36-40}}{2} = \begin{cases} \dfrac{6 + \sqrt{-4}}{2} = \dfrac{6 + 2\sqrt{-1}}{2} = 3+i \\[2ex] \dfrac{6 - \sqrt{-4}}{2} = \dfrac{6 - 2\sqrt{-1}}{2} = 3-i \end{cases}$$

ambas raíces imaginarias conjugadas; luego la ecuación en x carece de soluciones reales.

2.º   SISTEMAS FORMADOS POR UNA ECUACIÓN DE SEGUNDO GRADO
Y UNA O MUCHAS ECUACIONES DE PRIMER GRADO

248.   No es posible resolver un sistema formado por dos ecuaciones completas de segundo grado con dos incógnitas en Álgebra elemental, puesto que eliminando una de las incógnitas entre ambas ecuaciones resulta otra de cuarto grado. Por ello vamos a exponer a continuación el artificio, variable para cada caso, empleado para resolver algunos sistemas sencillos de ecuaciones incompletas, en los cuales muchas veces entra una ecuación de primer grado.

249. Resolver el sistema formado por dos ecuaciones de dos incógnitas, una de segundo grado y otra de primero. — Digamos ante todo que la ecuación completa de segundo grado con dos incógnitas tiene la forma

$$a\,x^2 + b\,x\,y + c\,y^2 + d\,x + e\,y + f = 0.$$

en la cual *a*, *b*, *c*, *d*, *e*, *f* son coeficientes independientes de incógnitas.

1.º Sea el sistema:

$$x^2 + 4\,x\,y - 5\,y^2 + 12\,x + 92 = 0 \;\Big\}$$
$$8\,x - y = 3 \;\Big\}$$

Despejando *y* en la segunda ecuación:

$$y = 8\,x - 3$$

y substituyendo su valor en la primera de las ecuaciones propuestas se obtiene después de efectuar las operaciones y reducidos los términos semejantes:

$$287\,x^2 - 240\,x - 47 = 0,$$

de donde

$$x = \frac{240 \pm \sqrt{57600 + 53956}}{574} = \frac{240 \pm \sqrt{111556}}{574} =$$

$$\frac{240 \pm 334}{574} = \left\{ \begin{array}{l} x' = 1 \\[2mm] x'' = -\dfrac{94}{574} = -\dfrac{47}{287} \end{array} \right.$$

luego las raíces de *y* serán

$$y' = 8\,x' - 3 = 5, \qquad y'' = 8\,x'' - 3 = -\frac{1237}{287}$$

2.º Resolver el sistema:

$$12\,x^2 - 7\,x\,y + y^2 + 2\,x - y + 3 = 0 \;\Big\}$$
$$y - 3\,x - 1 = 0 \;\Big\}$$

Despejando *y* en la segunda ecuación y substituyendo su valor en la primera, tendremos:

$$y = 3\,x + 1$$
$$12\,x^2 - 7\,x\,(3\,x + 1) + (3\,x + 1)^2 + 2\,x - 3\,x - 1 + 3 = 0,$$

y efectuando las operaciones indicadas y reduciendo términos semejantes, tendremos:

$$-2\,x + 3 = 0,$$

ecuación que *accidentalmente* es de primer grado; las raíces del sistema propuesto son:

$$x = \frac{3}{2}, \qquad y = \frac{9}{2} + 1 = \frac{11}{2}.$$

3.º Resolver el sistema siguiente:

$$2\,x^2 + y^2 - 4\,x\,z - 2\,y\,z + 3\,x - 4\,y - 13 = 0 \;\Big\}$$
$$7\,x - 3\,y + z + 6 = 0 \;\Big\}$$
$$5\,x - y - z - 2 = 0 \;\Big\}$$

en el cual, de las tres ecuaciones, una es de segundo grado y las dos restantes son de primer grado, siendo el número de incógnitas de cada ecuación igual al de ecuaciones que forman el sistema.

De las dos ecuaciones de primer grado se deduce:

$$y = 3\,x + 1 \;\Big\}$$
$$z = 2\,x - 3 \;\Big\}$$

y substituyendo los valores de z e y en la ecuación de segundo grado, se obtiene una ecuación de segundo grado en x:

$$2 x^2+(3 x+1)^2 - 4 x (2 x - 3) - 2 (3 x+1) (2 x - 3)+3 x - 4 (3 x+1) - 13=0,$$

la cual, reducida, se transforma en esta otra:

$$9 x^2 - 23 x+10=0,$$

la cual admite como raíces

$$x'=\frac{5}{9}, \qquad x''=2.$$

A estos valores de x le corresponden los siguientes valores de z e y:

$$y'=\frac{8}{3} \qquad z'=-\frac{17}{9}$$

$$y''=7 \qquad z''=1$$

luego el sistema propuesto admite, pues, las dos soluciones:

$$x'=\frac{5}{9}, \qquad y'=\frac{8}{3}, \qquad z'=\frac{17}{9}$$

y

$$x''=2, \qquad y''=7, \qquad z''=1.$$

250. Muchos sistemas particulares se resuelven siguiendo métodos especiales y utilizando artificios de cálculo.

Algunos se exponen a continuación:

1.º Resolver el sistema

$$x+y=s$$

$$x\,y=p$$

esto es, *dada la suma y el producto de dos números, hallar estos números.*

De la primera ecuación se deduce:

$$y=s - x$$

y substituyendo en la segunda

$$x (s - x)=p$$

de donde

$$x\,s - x^2 - p=0 \quad y \quad x^2 - x\,s+p=0,$$

luego

$$x=\frac{s\pm \sqrt{s^2 - 4\,p}}{2}$$

los valores de x e y son las dos raíces, pero de tal modo que si se toma para valor de x la primera, el valor de y es la segunda, y al contrario.

El problema se puede resolver directamente formando una ecuación de segundo grado en la que el coeficiente del segundo término sea la suma dada cambiada de signo, el tercer término el producto dado, y el coeficiente del primer término la unidad.

Basta recordar para esto las propiedades de las raíces de la ecuación de segundo grado expuestas en el párrafo 242..

2.º Resolver el sistema

$$x^2 + y^2 = a^2$$

$$x + y = b.$$

Elevando al cuadrado los miembros de la segunda ecuación, tendremos:

$$x^2 + 2\,x\,y + y^2 = b^2$$

y restando miembro a miembro de esta última la primera igualdad, se tiene:

$$2\,x\,y = b^2 - a^2,$$

de donde

$$x\,y = \frac{b^2 - a^2}{2}.$$

Se conoce así la suma b y el producto $\dfrac{b^2 - a^2}{2}$ de las cantidades x e y, luego se puede hallar el valor de estas dos cantidades siguiendo la marcha expuesta en el problema análogo antes estudiado.

3.º PROBLEMAS CON ECUACIONES DE SEGUNDO GRADO

251. La resolución de muchos problemas estriba en resolver una ecuación de segundo grado, pues a ello conduce el planteo de su enunciado. Veamos algunos casos, comenzando por los que dan lugar a una ecuación de segundo grado con una incógnita.

1.º *¿Cuál es el número que multiplicado por* $3\dfrac{1}{3}$ *da un producto igual a la novena parte de su cuadrado más 25?*

Representemos con x el número que se busca. Se tiene:

$$3\frac{1}{3}\,x = \frac{x^2}{9} + 25, \quad \text{de donde} \quad x^2 - 30\,x + 225 = 0,$$

luego

$$x = 15.$$

2.º *Dos ciclistas parten en el mismo instante para un punto distante 90 kilómetros. El primero, que corre en cada hora un kilómetro más que el segundo, llega al final del viaje una hora antes que el otro. ¿Cuál es la velocidad de cada uno de los ciclistas?*

Representemos con x la velocidad del segundo; la del primero será $x+1$; el segundo ciclista tarda $\dfrac{90}{x}$ horas en recorrer los 90 kilómetros y el primero $\dfrac{9}{x+1}$, de donde la ecuación:

$$\frac{90}{x} - \frac{90}{x+1} = 1 \quad \text{o bien} \quad x^2 + x - 90 = 0$$

de donde

$$x' = 9 \quad \text{y} \quad x'' = -1$$

y como la raíz negativa no es admisible en este caso, de aquí se deduce que las velocidades son 10 y 9 kilómetros, respectivamente.

3.º *Se deja caer una piedra al fondo de un pozo y se anota el tiempo t que transcurre entre el instante en que se abandona la piedra y el instante en que se oye el ruido que ella produce al chocar contra el agua del pozo. Deducir la profundidad x de éste.*

Ei tiempo t se compone de dos partes: el tiempo t' que tarda la piedra en ir desde el punto que se la abandona hasta el fondo del pozo, y el tiempo t'' que tarda el sonido en recorrer el camino inverso; así pues,

$$t = t' + t''.$$

Puesto que la piedra cae con movimiento uniformemente acelerado, el valor del espacio recorrido x será, según nos enseña la Física:

$$x = \frac{1}{2} g \, t'^2$$

(en la que g es el valor de la aceleración debida a la gravedad), fórmula de la que se deduce:

$$t' = \sqrt{\frac{2x}{g}}.$$

Por otra parte, el sonido se propaga con la velocidad uniforme de 340 metros por segundo, y representando con v esta velocidad, tendremos:

$$x = vt''$$

de donde

$$t'' = \frac{x}{v}$$

y reemplazando t' y t'' por sus valores en la ecuación

$$t = t' + t''$$

tendremos:

$$t = \sqrt{\frac{2x}{g}} + \frac{x}{v}$$

de donde

$$t - \frac{x}{v} = \sqrt{\frac{2x}{g}} \qquad (1).$$

Para resolver esta ecuación, cuyo segundo miembro es irracional, elevaremos al cuadrado ambos miembros y tendremos:

$$\left(t-\frac{x}{v}\right)^2=\frac{2\,x}{g} \quad (2) \qquad \left(t-\frac{x}{v}\right)^2-\frac{2\,x}{g}=0.$$

Desarrollando el cuadrado y ordenando con respecto a **x:**

$$x^2-2\,v\left(t+\frac{v}{g}\right)x+v^2\,t^2=0 \quad (3).$$

Esta ecuación de segundo grado tiene sus raíces reales, puesto que el discriminante $(b^2-4\,a\,c)$, que aquí está representado por $\dfrac{v}{g}\left(2\,t+\dfrac{v}{g}\right)$, es positivo. Estas raíces son positivas, pues su suma

$$x'+x''=\frac{2\,v}{g}\,(g\,t+v)$$

y su producto

$$x'\cdot x''=v^2\,t^2$$

son positivos, y el valor de aquellas raíces es:

$$x=v\left[2\,t+\frac{v}{g}\pm\sqrt{\frac{v}{g}\left(t+\frac{v}{g}\right)}\,\right]$$

El problema, como es natural, admite una sola solución, y es fácil demostrar que una de las dos raíces de la ecuación (3) conviene al problema, en tanto que la otra no. En efecto; la ecuación (1), que es la ecuación del problema, se reemplazó por la ecuación (2), la cual es más general que aquélla, pues admite, además de las raíces de la ecuación (1), las raíces de la ecuación

$$t-\frac{x}{v}=-\sqrt{\frac{2\,x}{g}} \quad (4).$$

Ahora bien, como el producto de las raíces de la ecuación (3) es $v^2\,t^2$, una de las raíces debe ser menor que $v\,t$ y la otra mayor que $v\,t$. Substituyendo x en la ecuación (1) por la menor de estas raíces, la expresión $t-\dfrac{x}{v}$ es positiva y satisface a la ecuación (1), pero si se le substituye por la segunda raíz, que es mayor que $v\,t$, la expresión $t-\dfrac{x}{v}$ es negativa, y si bien satisface a la ecuación (4), no satisface a la ecuación (1). La profundidad del pozo es igual a la menor de las raíces de la ecuación (1), cuyo valor x se ha dado ya y que equivale a este otro:

$$x=\frac{v}{g}\,[g\,t+v-\sqrt{v\,(2\,g\,t+v)}\,].$$

4.º *Hallar un número que disminuido en su raíz cuadrada dé 30.*
Representemos el número que buscamos por x; la igualdad

$$x - \sqrt{x} = 30$$

corresponde al enunciado; de ella se deduce

$$\sqrt{x} = x - 30,$$

y elevando ambos miembros al cuadrado:

$$x = x^2 - 60\,x + 900 \quad \text{o bien} \quad 0 = x^2 - 61\,x + 900$$

ecuación de segundo grado, cuyas raíces son 25 y 36, de las cuales sólo la segunda
la satisface y es la verdadera solución del problema.

5.º *Hallar los lados de un rectángulo conociendo su diagonal* d *y el lado* a *de
un cuadrado equivalente.*
Sean x e y los lados del rectángulo; se tendrá:

$$x^2 + y^2 = d^2$$
$$x\,y = a^2.$$

Combinando estas dos ecuaciones, ya sea sumándolas o bien restándolas, después
de multiplicar por 2 los dos miembros de la segunda, se tiene:

$$(x+y)^2 = d^2 + 2\,a^2$$
$$(x-y)^2 = d^2 - 2\,a^2$$

y suponiendo que x sea el lado mayor, tendremos:

$$x+y = \sqrt{d^2 + 2\,a^2}$$
$$x-y = \sqrt{d^2 - 2\,a^2}$$

de donde

$$x = \frac{1}{2}\left[\sqrt{d^2 + 2\,a^2} + \sqrt{d^2 - 2\,a^2}\right]$$

$$y = \frac{1}{2}\left[\sqrt{d^2 + 2\,a^2} - \sqrt{d^2 - 2\,a^2}\right]$$

La condición única para que el problema sea posible es que

$$d^2 - 2\,a^2 \geq 0, \quad \text{o bien} \quad d \geq a\,\sqrt{2}.$$

Si $d = a\,\sqrt{2}$, los lados x e y son iguales a a, en cuyo caso el rectángulo pedido
es un cuadrado.

4.º TRINOMIO DE SEGUNDO GRADO

252. Si en la expresión

$$a\,x^2 + b\,x + c$$

se considera que *a*, *b* y *c* son cantidades constantes y *x* es una *variable* que puede tomar los valores comprendidos entre $-\infty$ y $+\infty$, se tiene un polinomio entero en *x*, que recibe el nombre de *trinomio de segundo grado*. Éste goza de propiedades muy importantes.

Se denominan *raíces del trinomio* $a\,x^2 + b\,x + c$ a todo valor que, substituido en lugar de *x*, hace al trinomio igual a cero. Serán, por consiguiente, las raíces de la ecuación de segundo grado.

$$a\,x^2 + b\,x + c = 0.$$

253. Teorema. — *El trinomio de segundo grado* $a\,x^2 + b\,x + c$, *en el cual a se supone distinta de cero, es equivalente al producto de a por la suma o diferencia de dos cuadrados, según que* $b^2 - 4\,a\,c$ *sea negativo o positivo, y es equivalente al producto de a por un solo cuadrado si* $b^2 - 4\,a\,c$ *es nulo.*

En efecto:

$$a\,x^2 + b\,x + c = a\left(x^2 + \frac{b}{a}\,x + \frac{c}{a}\right)$$

recordando que

$$\left(x + \frac{b}{2\,a}\right)^2 = x^2 + \frac{b}{a}x + \frac{b^2}{4\,a^2}$$

de donde:

$$x^2 + \frac{b}{a}\,x = \left(x + \frac{b}{2\,a}\right)^2 - \frac{b^2}{4\,a^2}$$

y substituyendo el valor de $x^2 + \dfrac{b}{a}\,x$ en la primera igualdad:

$$a\,x^2 + b\,x + c = a\left[\left(x + \frac{b}{2\,a}\right)^2 - \frac{b^2}{4\,a^2} + \frac{c}{a}\right] = a\left[\left(x + \frac{b}{2\,a}\right)^2 - \frac{b^2}{4\,a^2} + \frac{4\,a\,c}{4\,a^2}\right] =$$

$$a\left[\left(x + \frac{b}{2\,a}\right)^2 - \frac{b^2 - 4\,a\,c}{4\,a^2}\right]$$

Si $b^2 - 4\,a\,c$ es positivo, entonces el cociente $\dfrac{b^2 - 4\,a\,c}{4\,a^2}$ puede ser considerado como el cuadrado de $\dfrac{\sqrt{b^2 - 4\,a\,c}}{2\,a}$, luego

$$a\,x^2 + b\,x + c = a\left[\left(x + \frac{b}{2\,a}\right)^2 - \left(\frac{\sqrt{b^2 - 4\,a\,c}}{2\,a}\right)^2\right]$$

El segundo miembro es una diferencia de dos cuadrados, diferencia que la expresaremos en forma de producto, así:

$$a\,x^2+b\,x+c=a\left[x+\frac{b+\sqrt{b^2-4\,a\,c}}{2\,a}\right]\left[x-\frac{b-\sqrt{b^2-4\,a\,c}}{2\,a}\right]$$

Si $b^2-4\,a\,c$ es negativo, $-\dfrac{b^2-4\,a\,c}{4\,a^2}$ ó $+\dfrac{4\,a\,c-b^2}{4\,a^2}$ puede ser considerado como

el cuadrado de $\dfrac{\sqrt{4\,a\,c-b^2}}{2\,a}$, y entonces se tiene:

$$a\,x^2+b\,x+c=a\left[\left(x+\frac{b}{2\,a}\right)^2+\left(\frac{\sqrt{4\,a\,c-b^2}}{2\,a}\right)^2\right]$$

y en fin, si $b^2-4\,a\,c$ es igual a cero, se tiene

$$a\,x^2+b\,x+c=a\left(x+\frac{b}{2\,a}\right)$$

254. Resolución de la ecuación de segundo grado deducida de las propiedades del trinomio. — Las propiedades anteriores del trinomio nos permite resolver la ecuación de segundo grado de un modo distinto al ya indicado en el párrafo 238.

En efecto: si $b^2-4\,a\,c$ es positivo, esto es, mayor que cero, el primer miembro de la ecuación $a\,x^2+b\,x+c=0$ es idéntico al producto

$$a\left[x+\frac{b+\sqrt{b^2-4\,a\,c}}{2\,a}\right]\left[x+\frac{b-\sqrt{b^2-4\,a\,c}}{2\,a}\right]$$

y como a no es cero, para que lo sea el producto será preciso que lo sea uno de los factores,

$$x+\frac{b+\sqrt{b^2-4\,a\,c}}{2\,a}\qquad o\qquad x+\frac{b-\sqrt{b^2-4\,a\,c}}{2\,a}$$

La resolución de la ecuación de segundo grado queda así reducida a la resolución sucesiva de las dos ecuaciones de primer grado con una incógnita,

$$x+\frac{b-\sqrt{b^2-4\,a\,c}}{2\,a}=0\qquad y\qquad x+\frac{b+\sqrt{b^2-4\,a\,c}}{2\,a}=0;$$

ella admite, pues, las dos raíces distintas

$$\frac{-b-\sqrt{b^2-4\,a\,c}}{2\,a}\qquad y\qquad \frac{-b+\sqrt{b^2-4\,a\,c}}{2\,a}$$

y solamente estas raíces. Representándolas abreviada y respectivamente por x' y x'' se puede escribir:

$$a\,x^2+b\,x+c=a\,(x-x')\,(x-x'').$$

Si $b^2 - 4\,a\,c = 0$, ya hemos visto que entonces

$$a\,x^2 + b\,x + c = a\left(x + \frac{b}{2\,a}\right)^2$$

y como

$$a\,x^2 + b\,x + c = 0$$

para que se anule el segundo miembro es preciso que el factor $\left(x + \dfrac{b}{2\,a}\right)^2$ valga cero (pues a nunca puede ser nulo) y para ello es preciso $x = -\dfrac{b}{2\,a}$, es decir, que la ecuación sólo tiene una raíz, pero puesto que la ecuación es de segundo grado, se dice que tiene una *raíz doble* igual a $-\dfrac{b}{2\,a}$, y representando a ésta por x' se puede escribir:

$$a\,x^2 + b\,x + c = a\,(x - x')^2.$$

Finalmente, si $b^2 - 4\,a\,c$ es negativo, tendremos, como se ha visto:

$$a\,x^2 + b\,x + c = a\left[\left(x + \frac{b}{2\,a}\right)^2 + \frac{4\,a\,c - b^2}{4\,a^2}\right]$$

y como $a\,x^2 + b\,x + c = 0$, el segundo miembro debería ser también igual a cero, lo cual es imposible por no serlo a, y aunque $\left(x = \dfrac{b}{2\,a}\right)^2$ pudiera serlo, no lo será jamás el segundo sumando encerrado en el paréntesis por ser una cantidad constante y positiva por hipótesis, luego en este caso la ecuación no puede ser satisfecha por ningún valor real positivo o negativo atribuido a x.

255. Signos del trinomio de segundo grado según los diferentes valores atribuidos a x. — 1.° *Si el trinomio de segundo grado $a\,x^2 + b\,x + c$ tiene sus raíces reales y distintas, este trinomio toma el signo de a para todo valor de x inferior a la menor de las raíces o superior a la mayor, y el signo de $-a$ para todo valor de x comprendido entre las dos raíces.*

En efecto, siendo las raíces *reales* y *diferentes* se cumple: $b^2 - 4\,a\,c > 0$, y representando la raíz menor por x' y la mayor por x'', se tiene:

$$a\,x^2 + b\,x + c = a\,(x - x')\,(x - x'').$$

Ahora bien, para todo valor de x menor que x' las diferencias $x - x'$ y $x - x''$ son negativas y, por consiguiente, el producto $a\,(x - x')\,(x - x'')$, o lo que es lo mismo, el trinomio toma el signo de $-a$.

Para todo valor de x comprendido entre x' y x'' el factor $x - x$ es positivo y el factor $x - x''$ es negativo y, por consiguiente, el producto $a\,(x - x')\,(x - x'')$, o lo que es lo mismo, el trinomio toma el signo de $-a$.

Finalmente, para todo el valor de x mayor que x'' las dos diferencias $(x - x'')$, o lo que es lo mismo, el trinomio toma el signo de $-a$.

2.° *Si las raíces del trinomio son iguales, el trinomio tiene el mismo signo que a para todo valor de x, menos el de $-\dfrac{b}{2\,a}$, valor para el cual el trinomio se anula.*

En efecto : cuando las raíces son iguales, es decir, cuando $b^2-4\,a\,c=0$, sabemos que

$$a\,x^2+b\,x+c=a\left(x+\frac{b}{2\,a}\right)^2$$

y el segundo miembro sólo se anula para el valor $x=-\dfrac{b}{2\,a}$ y, por consiguiente, también se anula el trinomio. Para cualquier otro valor de x el factor $\left(x+\dfrac{b}{2\,a}\right)^2$ es positivo.

3.º *Si el trinomio no tiene raíces reales, adquiere siempre el signo de* a, *cualquiera que sea el valor que se le asigne a* x. En este caso, $b^2-4\,a\,c<0$, y se tiene :

$$a\,x^2+b\,x+c=a\left[\left(x+\frac{b}{2\,a}\right)^2+\frac{4\,a\,c-b^2}{4\,a^2}\right]$$

pero siendo $b^2-4\,a\,c$ negativo, $4\,a\,c-b^2$ será positivo y la suma encerrada en el paréntesis es positiva, cualquiera que sea el valor que se le asigne a x; luego el trinomio toma el signo de *a*.

Ejemplos :

1.º Sea el trinomio $6\,x^2+x-2$, cuyas raíces son $-\dfrac{2}{3}$ y $+\dfrac{1}{2}$; el trinomio es positivo cuando x varía de $-\infty$ a $-\dfrac{2}{3}$ y de $+\dfrac{1}{2}$ a $+\infty$, y es negativo cuando varía de $-\dfrac{2}{3}$ a $\dfrac{1}{2}$, como es fácil comprobar.

2.º Sea el trinomio $15+2\,x-8\,x^2$, cuyas raíces son $-\dfrac{5}{4}$ y $+\dfrac{3}{2}$. Siendo el coeficiente de x^2 negativo, cuando x varíe entre $-\infty$ y $-\dfrac{5}{4}$ el trinomio es negativo; cuando x varíe entre $-\dfrac{5}{4}$ y $\dfrac{3}{2}$, es positivo; y cuando varíe entre $\dfrac{3}{2}$ y $+\infty$, el trinomio es negativo, como se puede comprobar fácilmente.

3.º Sea el trinomio $3\,x^2-10\,x+9$, el cual carece de raíces reales. Siendo positivo el coeficiente de x^2, el trinomio tiene un valor positivo para todo valor real atribuido a x.

Observaciones. 1.ª Si se reemplaza x en el trinomio por un número positivo o negativo suficientemente grande en valor absoluto, este número daría al trinomio necesariamente el signo de $+a$. Si las raíces son reales, el número considerado puede suponerse siempre menor que la menor de las raíces si dicho número es positivo, y mayor que la raíz más grande si él es positivo, y en ambos casos el número dará al trinomio el signo de $+a$.

Estas consecuencias se pueden deducir directamente. En efecto : se tiene

$$a\,x^2+b\,x+c=a\left[\left(x+\frac{b}{2\,a}\right)^2-\frac{b^2-4\,a\,c}{4\,a^2}\right];$$

si se escoge para x un valor suficientemente grande en valor absoluto, el cuadrado

$\left(x+\dfrac{b}{2a}\right)^{2}$ será mayor que el valor absoluto de $\dfrac{b^{2}-4ac}{2a}$, y, por consiguiente, la cantidad encerrada dentro del corchete será positiva, y el trinomio tiene el signo de $+a$.

2.ª Si las raíces del trinomio son reales y distintas, su semisuma $-\dfrac{b}{2a}$ está comprendida entre las dos raíces y, por consiguiente, si se reemplaza x por $-\dfrac{b}{2a}$ en el trinomio, el resultado de la substitución debe tener el signo de $-a$, lo cual se comprueba directamente si en la expresión

$$a x^{2}+b x+c=a\left[\left(x+\dfrac{b}{2a}\right)^{2}-\dfrac{b^{2}-4ac}{4a^{2}}\right]$$

se hace $x=-\dfrac{b}{2a}$, en cuyo caso el valor del trinomio se reduce a

$$-\dfrac{b^{2}-4ac}{4a^{2}}$$

y como se ha supuesto que $b^{2}-4ac$ es positivo, este valor es del signo de $-a$.

Representando con $f(x)$ el valor del trinomio que corresponde a un valor dado de x, y con x' y x'' las raíces del trinomio en el caso de que sean reales, se pueden resumir los resultados obtenidos en el teorema anterior en la tabla siguiente:

1.º $\quad b^{2}-4ac>0$

x	$-\infty$	x'	$-\dfrac{b}{2a}$	x''	$+\infty$
$f(x)$	*signo de+a*	0	*signo de-a*	0	*de+a signo*

2.º $\quad b^{2}-4ac=0$

x	$-\infty$	$-\dfrac{b}{2a}$	$+\infty$
$f(x)$	*signo de+a*	0	*signo de+a*

3.º $\quad b^{2}-4ac<0$

x	$-\infty$		$+\infty$
$f(x)$		*signo de+a*	

256. Representación geométrica de las variaciones del trinomio $a x^{2}+b x+c$. — Mediante una figura geométrica se pueden representar las variaciones del trinomio $a x^{2}+b x+c$ cuando x crece de $-\infty$ a $+\infty$. Para ello escribamos el trinomio en la forma

$$y=a x^{2}+b x+c;$$

tomemos en un plano dos ejes coordenados rectangulares $X'OX$, YOY', y tomemos los valores de x en el eje de las abscisas y los de y en el eje de las ordenadas de un punto del plano.

Tomemos sobre el eje de las abscisas hacia la derecha o hacia la izquierda una magnitud O A igual al valor absoluto de $-\dfrac{b}{2\,a}$, según que el valor de este cociente sea positivo o negativo, y en el punto A levantemos una normal al eje X X' y sobre ella tomemos una longitud A B igual al valor absoluto de $\dfrac{4\,a\,c-b^2}{4\,a}$, en el sentido O Y o en el de O Y', según que este cociente tenga un valor positivo o negativo. Se observa que la curva se compone de dos ramas B C y B D (fig. 14, 1.ª) indefinidas y simétricas respecto al eje A B. Si a es positivo estas ramas están dirigidas en el sentido O Y, y si es negativo lo estarán en el sentido O Y'.

Si $b^2-4\,a\,c$ es positivo, la curva corta al eje X O X' en dos puntos M y M'

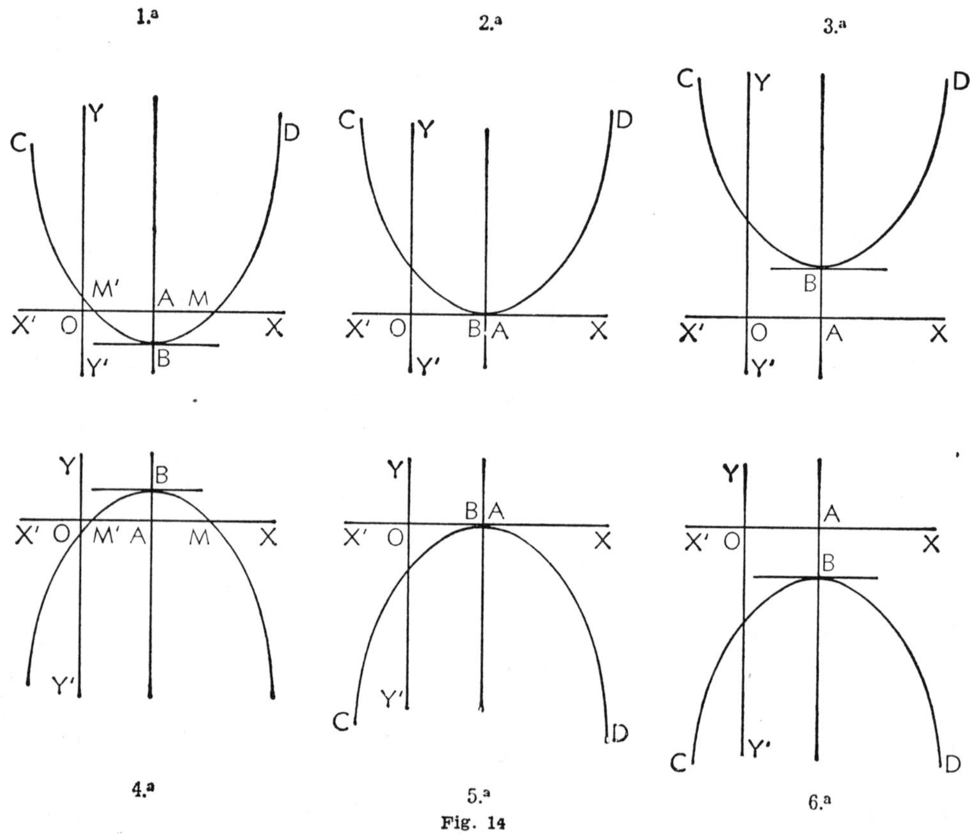

Fig. 14

(fig. 14, 1.ª) tales que las abscisas O M y O M' representan el valor de las raíces reales y diferentes x' y x'' del trinomio; si $b^2-4\,a\,c$ es igual a cero, la curva es tangente a X O X' en un punto A cuya abscisa es igual a $-\dfrac{b}{2\,a}$ (fig. 14, 2.ª); finalmente, si $b^2-4\,a\,c$ es negativo, la curva no encuentra el eje de abscisas (fig. 14, 3.ª). En los tres casos, la ordenada A B mide el valor del *mínimun* del trinomio.

Si se supone $a<0$, la abertura de las curvas mira hacia abajo y se tienen las tres posiciones representadas en las figuras: 4.ª, (para $b^2-4\,a\,c>0$), en la cual las abscisas de los puntos M y M' son las raíces x' y x'' del trinomio; 5.ª, (para

$b^2-4\,a\,c=0$); y 6.ª, (para $b^2-4\,a\,c<0$), y en las cuales la ordenada A B mide el valor del *máximo* del trinomio.

257. *La curva* $y=a\,x^2+b\,x+c$ *que representa las variaciones del trinomio de segundo grado es una parábola.*

Se demuestra en Geometría que si se considera una parábola cuyo eje es A R (fig. 15) y su vértice es A, *la relación entre el cuadrado de la perpendicular M Q*

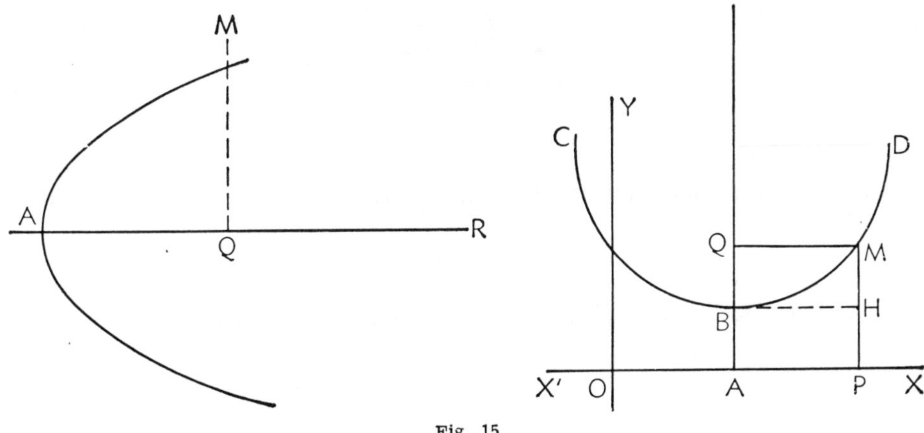

Fig. 15

bajada desde un punto cualquiera M de la curva al eje y la distancia del vértice de la curva al pie de la perpendicular es una cantidad constante, es decir, que

$$\frac{\overline{M\,Q^2}}{A\,Q}=\text{constante}$$

y, *recíprocamente,* que toda curva que goza de esta propiedad es una parábola cuyo eje es A R y cuyo vértice es A.

Sentado esto, sea C B D la curva que representa las variaciones del trinomio $y=a\,x^2+b\,x+c$; sea M un punto cualquiera de la curva, x e y sus coordenadas. Bajemos desde el punto mencionado la normal M P al eje O X y la normal M Q sobre A B, y sea H el punto de intersección de M P con la tangente en B a la curva; se trata de demostrar que

$$\frac{\overline{M\,Q^2}}{B\,Q}=\text{constante.}$$

En efecto: del examen de la figura se deduce:

$$Q\,M=O\,P-O\,A=x+\frac{b}{2\,a}$$

$$B\,Q=H\,M=P\,M-P\,H=y-\frac{4\,a\,c-b^2}{4\,a}$$

pero se sabe que

$$y = a x^2 + b x + c = a \left(x + \frac{b}{2 a} \right)^2 + \frac{4 a c - b^2}{4 a}$$

de donde

$$B Q = a \left(x + \frac{b}{2 a} \right)$$

y, por consiguiente,

$$\frac{M Q^2}{B Q} = \frac{\left(x + \dfrac{b}{2 a} \right)^2}{\left(x + \dfrac{b}{2 a} \right)^2} = \frac{1}{a}$$

Ahora bien, a es una cantidad constante, cualquiera que sea el punto M que se elija, luego la curva

$$y = a x^2 + b x + c$$

es una parábola, de la cual A B es el eje y el punto B el vértice.

CAPÍTULO XI

LÍMITES Y FUNCIONES

1.º IDEA DE LÍMITE DE UNA FUNCIÓN

258. Sea la función $y = f(x)$; se dice que y tiene por límite a b al tender x hacia a cuando es posible tomar un valor de x lo suficiente próximo de a para que y tome otro tan próximo a b, que la diferencia entre este valor y el de b sea menor que cualquier número, por pequeño que éste sea.

Se dice que la función $y = f(x)$ crece indefinidamente en un punto a cuando al dar a x valores que tienden hacia a los valores que adquieren y son mayores que cualquier número, por grande que sea.

Finalmente, una función tal como $y = f(x)$ crece indefinidamente al tender x hacia a cuando es posible tomar un valor de x lo suficiente próximo de a para que y adquiera otro que, en valor absoluto, sea mayor que un número cualquiera n, por grande que éste sea.

Así, la función $y = \dfrac{1}{x}$ crece a medida que el valor de x disminuye, pudiendo hacerlo indefinidamente a medida que x se aproxima al valor cero. En efecto; si x toma los valores 0,1, 0,01, 0,001, 0,0001..., y toma los valores 10, 100, 1000... Al crecer y indefinidamente en valor absoluto puede hacerlo positiva o negativamente, según que x sea positivo o negativo.

Si consideramos la función $y = \dfrac{a}{x}$, veremos que y crece indefinidamente en valor absoluto al tender x a cero, teniendo x e y el mismo signo si a es positivo, y signos contrarios si a es negativo.

259. Valor y significado real de las expresiones $\dfrac{a}{0}$ y $\dfrac{a}{\infty}$. — Se dice que una variable x tiene por límite una constante k cuando la diferencia $x - k$ puede adquirir un valor tan pequeño como se quiera, por muy pequeño que éste sea. Esta aproximación o tendencia de x hacia k se representa en Álgebra así: $x \longrightarrow k$, y se lee: x *tiende hacia* k.

De igual manera, cuando una variable x toma valores cada vez crecientes hasta superar el de N, siendo N un número de valor indefinidamente grande, se dice que x tiende hacia infinito y se representa así: $x \longrightarrow \infty$, que se lee: x *tiende hacia infinito*.

Sentado esto, estudiemos la expresión $\dfrac{a}{0}$; esta expresión carece de sentido si la admitimos como resultado de una división. Para juzgar su verdadero significado consideremos la función $y = \dfrac{a}{x}$, en la cual, al dar a x valores crecientes, resultan para y valores decrecientes, es decir, que x e y son cantidades, magnitudes inversamente proporcionales. Vamos a buscar la representación gráfica de la función, pero distingamos primero los dos casos posibles: $a > 0$ y $a < 0$, esto es, que a sea positivo y que a sea negativo.

1.er CASO. $a > 0$.

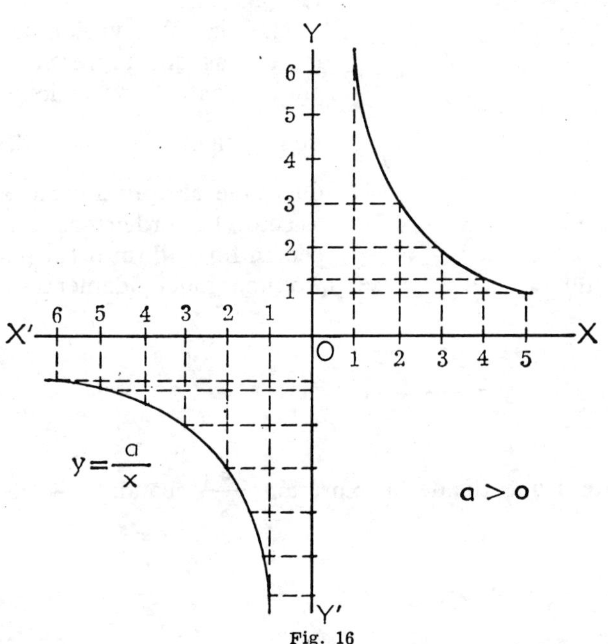

Fig. 16

Si a es mayor que cero, tendremos $x\,y > 0$, pues $x\,y = a$, luego los valores de y serán positivos si x es positivo, y serán negativos si x es negativo, aumentando y a medida que x disminuye, e inversamente.

Ejemplo práctico: Sea la función $y = \dfrac{6}{x}$.

Hallando pares de valores para x e y, tendremos:

Valores de x	1	2	3	4	5	6	......
Valores correspondientes a y	6	3	2	$\dfrac{3}{2}$	$\dfrac{6}{5}$	1	......

Llevando estos valores a un sistema de ejes coordenados cartesianos rectangulares obtendremos la curva A B C D E, que es una *hipérbola equilátera* cuyas asíntotas son los ejes cartesianos (fig. 16) y cuyas ramas estarán situadas en el primero (para x positivo) y tercer cuadrante (para x negativo).

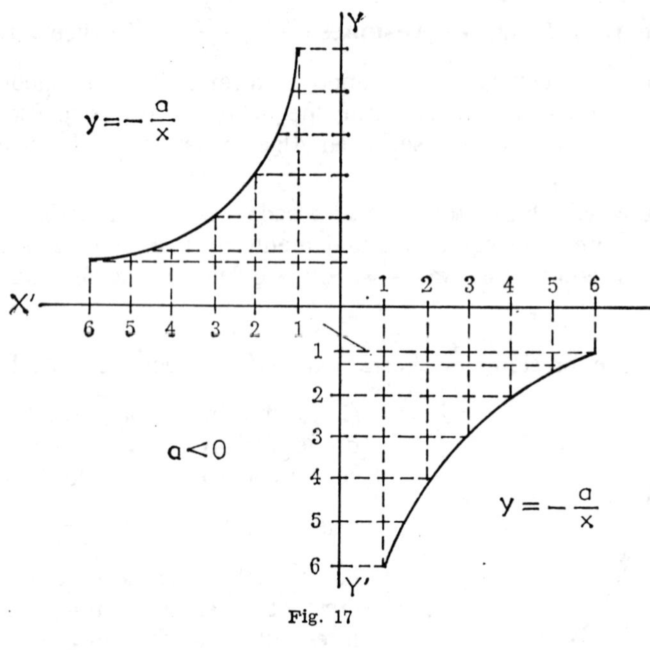

Fig. 17

2.º CASO. $a < 0$.

Siendo a negativo, **el** producto $x\,y$ es negativo, **y** los pares de valores de x e y serán uno positivo y otro negativo. Los puntos del plano correspondientes a estos valores forman una curva que es también una hipérbola equilátera cuyas ramas se encuentran en el segundo y cuarto cuadrantes (fig. 17).

De la observación de las curvas que representan gráficamente la variaciones de la función $\dfrac{a}{x}$ se deduce que al aproximarse x a cero, las ordenadas crecen indefinidamente, pudiendo ser tan grandes como se quiera cuando x se aproxima indefinidamente a cero, es decir, que cuando

$$x \to 0 \qquad y = \frac{a}{x} \to \infty.$$

Luego la expresión $\dfrac{a}{0}$ es el límite a que tiende la cxpresión $\dfrac{a}{x}$ cuando $x \to 0$, en cuyo caso

$$\frac{a}{0} \to \infty.$$

De igual modo se puede interpretar el verdadero sentido de la expresión $\dfrac{a}{\infty}$ como el límite a que tiende la expresión $\dfrac{a}{x}$ cuando al crecer x indefinidamente se aproxima su valor a ∞, diferenciándose de éste una cantidad indefinidamente pequeña; el cociente $\dfrac{a}{x}$ tiende hacia cero, luego

$$\frac{a}{\infty} \to 0.$$

2.º BREVES IDEAS SOBRE LA TEORÍA DE LÍMITES

260. Límite de una sucesión. — *Una variable a, que va tomando valores indefinidamente, forma una sucesión, y se dice que tiene por límite A si la diferencia entre el límite A y el término a_n puede ser en valor absoluto menor que un número α tan pequeño como se quiera y además que las diferencias entre los términos siguientes al a_n y el límite son también más pequeñas que α.*

Así, si representamos la sucesión de valores que toma la variable a por a_1, a_2, a_3, a_4... a_n, a_{n+1}..., será A el límite de esta sucesión si se verifica que

$$\mid A - a_n \mid \; < \alpha \;\; \text{y también} \;\; \mid A - a_{n+1} \mid \; < \alpha \ldots$$

expresiones en las cuales se toma el valor absoluto de las cantidades que en ellas intervienen independientemente de sus signos.

261. Sucesiones con límites. — No todas las sucesiones tienen límites; las que lo tienen se llaman *convergentes*, y sus términos pueden ser *crecientes* o *decrecientes*. Así, si en la expresión $\dfrac{n}{n+1}$ damos sucesivamente a la variable n los valores de la serie natural de los números, se formará la sucesión creciente.

$$\frac{1}{2}, \; \frac{2}{3}, \; \frac{3}{4}, \; \frac{4}{5}, \; \frac{5}{6} \ldots\ldots \frac{n}{n+1}$$

cuyo límite es 1, pues la diferencia entre 1 y el término enésimo

$$1 - \frac{n}{n+1} = \frac{n+1-n}{n+1} = \frac{1}{n+1}$$

es tan pequeña como se quiera dando a n valores muy grandes; además, las diferencias entre el límite 1 y los términos superiores a $\dfrac{n}{n+1}$ son menores que $\dfrac{1}{n+1}$.

La sucesión

$$0,9, \quad 0,99, \quad 0,999\ldots, \quad 0,9999\ldots, \quad \overset{n}{9}\ldots\ldots$$

es creciente y tiene por límite la unidad, pues la diferencia

$$1 - 0,999\ldots\overset{n}{9} = 0,000\ldots\overset{n}{1}$$

es menor que cualquier número pequeño α, por pequeño que sea.

La sucesión

$$1, \; \frac{1}{2}, \; \frac{1}{3}, \; \frac{1}{4} \ldots, \; \frac{1}{n}$$

que se obtiene dando a n en la expresión $\dfrac{1}{n}$ todos los valores de los números de la serie natural, es decreciente, cuyo límite es cero, pues la diferencia

$$\left| 0 - \frac{1}{n} \right| = \frac{1}{n}$$

es tan pequeña como se quiera dándole a n un valor suficientemente elevado.

Sucesiones oscilantes son aquellas cuyos valores oscilan alrededor del límite, siendo sus valores unas veces mayores y otras menores que él, como, por ejemplo, la sucesión

$$1, \ -\frac{1}{2}, \ \frac{1}{3}, \ -\frac{1}{4}, \ \frac{1}{5}, \ -\frac{1}{6}\ \ldots\ldots\ldots$$

la cual tiene por límite cero·y es decreciente, teniendo en cuenta su valor absoluto.

262. Sucesiones sin límites. — Hay sucesiones que carecen de límites, y entre ellas sc pueden distinguir dos clases: *sucesiones de crecimiento infinito o divergente y sucesiones oscilantes.*

Hay sucesiones divergentes, tal como

$$2, \ 4, \ 6, \ 8, \ 10, \ 12 \ \ldots\ldots \ 2n$$

obtenida dando a n, en la expresión $2\,n$, los valores de la serie natural de los números, cuyos términos crecen indefinidamente y cuyo límite es infinito (∞), esto es, su límite es mayor que cualquier número, por grande que éste sea.

También la sucesión

$$1, \ \frac{1}{2}, \ 2, \ \frac{1}{3}, \ 3, \ \frac{1}{4}, \ 4, \ \frac{1}{5}, \ 5, \ \ldots\ldots\frac{1}{n}, \ n\ldots\ldots,$$

que es oscilante, carece de límite, pues si bien un término tal como el $\dfrac{1}{n}$ se aproxima indefinidamente a cero cuando n es muy grande, el siguiente n toma un valor indefinidamente grande y se separa del límite cero del término anterior a él.

263. Sucesiones de crecimiento indefinido y de crecimiento infinito. — *Se dice que una sucesión crece indefinidamente cuando sus términos aumentan constantemente de valor, pero no llegan a ser superiores a un número determinado y finito,* tal como la sucesión

$$0{,}9, \ 0{,}99, \ 0{,}999 \ \ldots\ldots\ldots,$$

cuyos términos son crecientes, pero por muchos que se tomen, ninguno llega a valer 1, ni superar este valor.

Una sucesión es de crecimiento infinito cuando sus términos pueden llegar a valer más que un número dado, por grande que sea, como, por ejemplo, la sucesión natural de los números.

$$1, \ 2, \ 3, \ 4, \ 5, \ \ldots\ldots$$

de crecimiento *infinito* y al mismo tiempo *indefinido.*

Por el contrario, la sucesión

$$2, \ 1, \ 4, \ 3, \ 6, \ 5, \ 8, \ 7, \ \ldots\ldots$$

es de crecimiento infinito, pero no indefinido.

264. Límite de una constante. — *Si los términos de una sucesión es una constante, la sucesión tiene como límite la misma constante.* Así, en la sucesión

$$a_1 = a_2 = a_3 = a_4 = \ldots\ldots = a_n = \ldots\ldots$$

el límite es uno cualquiera de estos valores.

Veamos un ejemplo: consideremos una circunferencia tal como la representada en la figura 18, y sobre cuyo diámetro, dividido en dos partes, se han dibujado dos circunferencias; en el diámetro de estas, dividido a su vez en dos partes iguales, se han trazado otras dos circunferencias, y así sucesivamente.

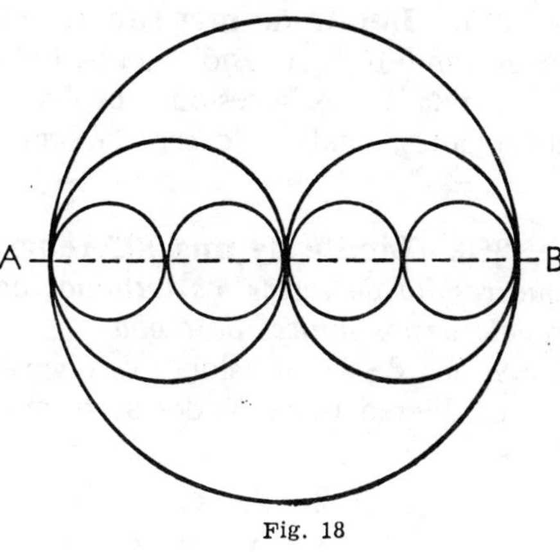

Fig. 18

La longitud de la primera circunferencia de diámetro A B es:

$$C = \pi \cdot A\,B.$$

La longitud C′ de las segundas circunferencias es:

$$C' = \pi\,\frac{A\,B}{2} + \pi\,\frac{A\,B}{2} = \frac{2\,\pi\,A\,B}{2} = \pi \cdot A\,B.$$

La longitud C″ de las cuatro terceras circunferencias es:

$$C'' = \pi\,\frac{A\,B}{4} \times 4 = \pi \cdot A\,B,$$

y así sucesivamente.

Resulta, pues, que la longitud de la circunferencia primitiva es igual a la suma de las longitudes de las dos primeras circunferencias menores; a su vez, lo es también a la suma de las longitudes de las cuatro terceras circunferencias, y así sucesivamente. Pero de la observación de la figura deduciremos que a medida que tomemos mayor número de circunferencias, éstas son menores, y cuando su número sea indefinidamente grande, cada una de ellas se confundirá con un punto del diámetro, y como siempre la suma de las longitudes de las circunferencias trazadas es igual a la de la circunferencia primitiva, resultará que en el límite la longitud de esta circunferencia será igual a la de su diámetro, lo cual es un error. Éste tiene como origen que la sucesión que se forma está compuesta por una constante, y, por consiguiente, su límite es la misma constante.

265. Notación. — Para indicar que a es el límite de a_n se escribe así:

$$a = lim.\ a_n \quad \text{o bien} \quad a_n \longrightarrow a$$

que se lee: a es el límite de la variable a_n, o bien la variable a_n tiende hacia a.

266. Cálculo de límites. — El problema de calcular el límite de sucesiones es una operación matemática que se llama *paso al límite*. No siempre es fácil calcular el límite de una sucesión, y con frecuencia resulta una operación llena de dificultades o imposible de resolver. Dado el carácter de estas nociones, sólo indicaremos los resultados de algunas de ellas sin entrar en más detalles.

267. Límite de una suma. — *Si la sucesión* a_n *tiene por límite* a *y la sucesión* b_n *el límite* b, *la sucesión* $a_n + b_n$ *tendrá por límite* a+b.

Si una de las sucesiones es divergente, también lo será la suma; si las dos son divergentes, también lo será la suma de ellas.

268. Límite de una diferencia. — *Si dos sucesiones tienen límite, la sucesión que resulta de restar los términos de una de los de la otra tiene por límite la diferencia de los límites de ambas.*

Si una de las sucesiones es divergente, también lo será la diferencia.

La diferencia de las dos sucesiones

$$2, \quad 4, \quad 6, \quad 8, \quad 10 \ldots \ldots 2n \qquad \text{cuyo límite es } +\infty$$
$$1, \quad 3, \quad 5, \quad 7, \quad 9 \ldots \ldots 2n-1 \qquad \text{»} \qquad \text{»} \qquad \text{»} +\infty$$

$$1, \quad 1, \quad 1, \quad 1, \quad 1, \ldots \ldots$$

sucesión cuyo límite es la constante 1.

269. Límite de un producto. — Hay que distinguir varios casos:

1.º Que uno de los factores tenga por límite cero y el otro tenga límite finito.
Si una sucesión tiene por límite cero y la otra un límite finito, la sucesión que resulta de multiplicar los términos correspondientes de ambas sucesiones tiene también por límite cero.

EJEMPLO. Sean las sucesiones siguientes, cuyos límites son respectivamente 0 y 1:

$$\frac{1}{2}, \quad \frac{1}{3}, \quad \frac{1}{4}, \quad \frac{1}{5}, \quad \ldots \ldots, \quad \frac{1}{n+1}$$

$$2, \quad \frac{3}{2}, \quad \frac{4}{3}, \quad \frac{5}{4}, \quad \ldots \ldots, \quad \frac{n+1}{n}$$

la sucesión obtenida por el producto de sus términos es:

$$\frac{1}{2} \cdot 2, \quad \frac{1}{3} \cdot \frac{3}{2}, \quad \frac{1}{4} \cdot \frac{4}{3}, \quad \frac{1}{5} \cdot \frac{5}{4} \ldots \ldots \frac{1}{n+1} \cdot \frac{n+1}{n} \ldots \ldots$$

que, simplificada, se transforma en esta otra:

$$1, \quad \frac{1}{2}, \quad \frac{1}{3}, \quad \frac{1}{4}, \quad \frac{1}{5}, \quad \ldots \ldots, \quad \frac{1}{n}$$

sucesión que tiene por límite cero.

2.º Que las dos sucesiones tengan límite.
Si dos sucesiones tienen límite, la que resulta de multiplicar sus términos tiene por límite el producto de sus límites.

3.º Que una de las sucesiones sea divergente.

Si una de las sucesiones tiene límite y la otra es divergente, la sucesión producto es también divergente.

4.º Que una sucesión tenga por límite cero y la otra infinito. En este caso nada se puede asegurar sobre el límite de la sucesión que resulta del producto de ellas.

270. Límite de un cociente. — *Si dos sucesiones tienen un límite finito, la que resulta de hallar los cocientes de sus términos tiene por límite el cociente de sus límites.*

Pueden ocurrir varios casos:

1.º *Si la sucesión dividendo tiene límite finito y la sucesión divisor un límite infinito, la sucesión cociente de ambas tiene por límite cero.* A este caso especial corresponde la expresión conocida $\dfrac{a}{\infty}$ ya estudiada en su significación verdadera.

2.º *Si la sucesión dividendo tiene un límite finito y la sucesión divisor tiene por límite cero, la sucesión cociente tiene por límite infinito.* A este caso corresponde la expresión $\dfrac{a}{0}$, cuyo significado verdadero se ha expuesto anteriormente.

3.º *Si la sucesión dividendo tiene límite infinito y la sucesión divisor tiene límite cero, la sucesión cociente tiene límite infinito.*

El símbolo $\dfrac{\infty}{0}$, a veces usado en Matemáticas, representa este caso.

4.º *Si las sucesiones dividendo y divisor tienen ambas por límite cero o bien infinito, el límite de la sucesión cociente es indeterminado.*

Los símbolos $\dfrac{0}{0}$ e $\dfrac{\infty}{\infty}$ representan ambos casos.

Con estas nociones damos por terminado el estudio del límite de las sucesiones.

3.º FUNCIÓN EXPONENCIAL

271. Definición. — *Se entiende por función exponencial una potencia cuya base es un número constante y cuyo exponente es la variable independiente.*

EJEMPLOS:

$$y=a^x; \quad y=3^x; \quad y=\left(\frac{2}{3}\right)^x; \quad y=0{,}8^x.$$

272. Naturaleza de la función exponencial según la de la base. — Tomemos la expresión general de función exponencial: $y=a^x$.

Si la constante *a* es *positiva*, la función toma siempre *valor real*, cualquiera que sea el que tome la variable independiente que figura como exponente. Si siendo la base positiva el exponente es fraccionario, la expresión equivale a una raíz que si es de índice par dará dos raíces reales, de las cuales siempre se considera la positiva, esto es, la que representa el valor aritmético del radical.

EjEMPLO: En la función exponencial $y=4^x$ para el valor $x=\dfrac{3}{2}$ resulta

$$y=4^{\frac{3}{2}}=\sqrt{4^3}=\sqrt{64}=\begin{cases} +8 \\ -8 \end{cases}$$

y según lo dicho, tomaremos para valor de la función la raíz positiva $+8$, despreciando la negativa.

Si la base de la función es igual a la unidad, la función se convierte en una constante igual a 1 porque todas las potencias de la unidad valen la unidad.

En el caso de que la base sea *negativa*, como por ejemplo, -2, la función no toma valores reales y se convierte en expresión imaginaria cuando la variable x toma valores *fraccionarios* de denominador *par;* así,

$$y=-2^{\frac{3}{2}}=\sqrt{-2^3}=\sqrt{-8}=i\sqrt{8}$$

pues toda raíz de índice par de una cantidad negativa es una cantidad imaginaria. Pero, por el contrario, la función toma valores reales al asignar a la variable independiente otro valor numérico cualquiera, como se ve en los ejemplos siguientes:

$$y=-2^3=-8;\quad y=-2^4=16;\quad y=-2^{\frac{2}{3}}=\sqrt[3]{-2^2}=\sqrt[3]{4}.$$

$$y=3^2=9;\quad y=3^{\frac{3}{2}}=\sqrt{3^3}=\sqrt{27}.$$

Se pueden establecer, pues, los siguientes principios:

1.º *Si a es positiva, la función exponencial adquiere un valor indefinidamente grande cuando x es positivo e indefinidamente grande.*

Esto es:

$$\text{Si } x \longrightarrow \infty \quad a^x \longrightarrow \infty.$$

2.º *Si a es positivo y x es negativo, la función tiende hacia cero cuando x crece indefinidamente.*

Pues $a^{-x}=\dfrac{1}{a^x}$, y al hacerse *x* indefinidamente grande también se hace a^x,

luego el cociente $\dfrac{1}{a^x}$ tenderá hacia cero.

3.º *Si x es un número racional positivo o negativo, y a es positivo, también será positivo a^x.*

Pues las potencias de exponente entero son siempre positivas cuando lo es también la base.

273. Representación gráfica de la función exponencial. — Para representar gráficamente la función exponencial se hallan pares de valores correspondientes de la variable y de la función. La curva representativa de la función varía según que la base, siendo positiva, sea mayor o menor que la unidad, como se ve a continuación.

1.º Supongamos $a>1$; tomemos, por ejemplo, la función $y=2^x$ y determinemos pares de valores para x e y:

Valores de x		Valores de y
$x=-\infty$	$y=2^{-\infty}=\dfrac{1}{2^{\infty}}=\dfrac{1}{\infty}\ 0=$	$y=0$
....	....	....
$x=-2$	$y=2^{-2}=\dfrac{1}{2^{2}}\ \dfrac{1}{4}$	$y=\dfrac{1}{2}$
$x=-1$	$y=2^{-1}=\dfrac{1}{2}$	$y=\dfrac{1}{4}$
$x=\ 0$	$y=2^{0}=1$	$y=1$
$x=\ 1$	$y=2^{1}=2$	$y=2$
$x=\ 2$	$y=2^{2}=4$	$y=4$
$x=\ 3$	$y=2^{3}=8$	$y=8$
....	....	....
$x=+\infty$	$y=2^{+\infty}=+\infty$	$y=+\infty$

Llevando ahora estos pares de valores a un sistema de ejes cartesianos rectangulares, podremos fijar en el plano de ellos una serie de puntos, tantos como sea preciso para obtener una curva tal como la representada en la figura 19 y cuyas propiedades son las siguientes:

1.ª *La función tiene existencia real para cualquier valor real de la variable x.*

2.ª *Cuando x es positiva y crece indefinidamente, la función crece, así mismo, indefinidamente; si la variable crece infinita, pero negativamente, la función también decrece, llegando a valer cero cuando x vale $-\infty$.*

3.ª *Los valores positivos de x dan para y valores mayores que la unidad; los negativos dan para y valores menores que la unidad.*

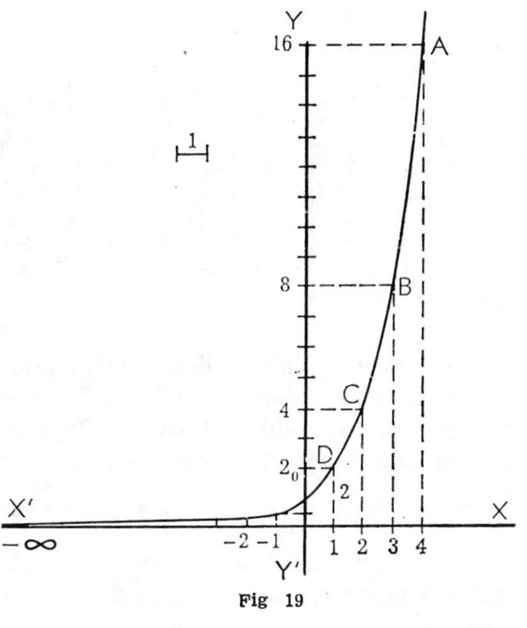

Fig 19

457

4.ª *La función se mantiene siempre positiva, cualquiera que sea el valor de la variable x.*

2.º Supongamos ahora $0 < a < 1$; tomemos, por ejemplo, para a el valor $\dfrac{1}{2}$; la función exponencial será:

$$y = \left(\frac{1}{2}\right)^{x}$$

para la cual determinaremos pares de valores para x e y:

Valores de x		Valores de y
$x = -\infty$	$y = \left(\dfrac{1}{2}\right)^{-\infty} = \dfrac{1}{\left(\dfrac{1}{2}\right)^{\infty}} = \dfrac{1}{\dfrac{1}{2^{\infty}}} = 2^{\infty} = \infty$	$y = +\infty$
....	....	....
$x = -2$	$y = \left(\dfrac{1}{2}\right)^{-2} = \dfrac{1}{\left(\dfrac{1}{2}\right)} = \dfrac{1}{\dfrac{1}{4}} = 4$	$y = 4$
$x = -1$	$y = \left(\dfrac{1}{2}\right)^{-1} = \dfrac{1}{\dfrac{1}{2}} = 2$	$y = 2$
$x = 0$	$y = \left(\dfrac{1}{2}\right)^{0} = 1$	$y = 1$
$x = 1$	$y = \left(\dfrac{1}{2}\right)^{1} = \dfrac{1}{2}$	$y = \dfrac{1}{2}$
$x = 2$	$y = \left(\dfrac{1}{2}\right)^{2} = \dfrac{1}{2^{2}} = \dfrac{1}{4}$	$y = \dfrac{1}{4}$
$x = 3$	$y = \left(\dfrac{1}{2}\right)^{3} = \dfrac{1}{2^{3}} = \dfrac{1}{8}$	$y = \dfrac{1}{8}$
$x = \infty$	$y = \left(\dfrac{1}{2}\right)^{\infty} = \dfrac{1}{2^{\infty}} = \dfrac{1}{\infty} = 0$	$y = 0$

Como antes, podemos llevar ahora estos pares de valores a un sistema de ejes cartesianos rectangulares, con lo cual obtendremos una serie de puntos que determinarán la curva representativa de la función exponencial en cuestión, como se ve en la figura 20, y que tiene las propiedades siguientes:

1.ª *La función tiene existencia real para cualquier valor de la variable x.*

2.ª *La función crece indefinida y positivamente cuando x es negativa y crece indefinidamente, y decrece la primera cuando la variable crece indefinida pero positivamente.*

3.ª   *Los valores positivos de* x *dan para* y *valores menores que la unidad; los negativos dan para* y *valores mayores que la unidad y que tienden hacia* $+\infty$ *cuando* x *tiende hacia* $-\infty$.

4.ª   *La función se mantiene positiva, cualquiera que sea el valor de la variable* x.

274. Trascendencia de la función exponencial para el cálculo. — Si en la figura que representa gráficamente la función exponencial $y = 2^x$ consideramos dos valores cualesquiera de x, tales como los de $x_1 = 1$ y $x_3 = 3$ y los correspondientes de y, $y_1 = 2$ e $y_3 = 8$, y tomamos sobre el eje de las abscisas un punto cuya abscisa sea la suma de las correspondientes a x_1 y x_3, o sea el punto de abscisa x_4, y levantamos la ordenada que le corresponde, veremos que el valor de ella no es igual a la suma de las magnitudes de las ordenadas correspondientes a los puntos x_1 y x_3, sino al producto de estas magnitudes, esto es, igual a $2 \times 8 = 16$, lo cual es una consecuencia de la multiplicación de potencias de la misma base, como se ve a continuación:

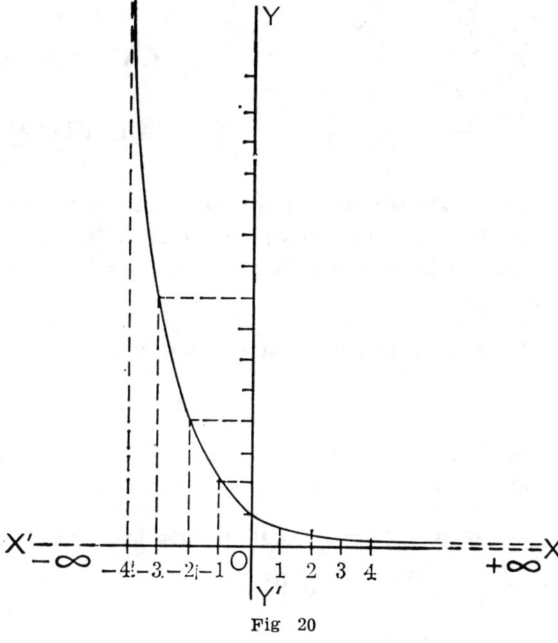

Fig 20

$$\left.\begin{array}{l} y_1 = a^{x_1} \\ y_2 = a^{x_2} \end{array}\right\} \quad \text{luego} \quad y_1 \times y_2 = a^{x_1 + x_2}.$$

Así pues, si tuviésemos una tabla de valores sucesivos de x y al lado los valores correspondientes de y de una función exponencial de base determinada, por ejemplo, 2, como en el primer caso representado gráficamente, para multiplicar dos números representados por y bastaría sumar los valores de x a ellos correspondientes y hallar luego el valor de la función y que corresponde a esta suma de valores de x. De este modo se transforma en suma el producto de dos números y se facilita el cálculo de ellos.

De igual manera veríamos que si restamos dos valores de x, x_2 y x_1 y por el punto del eje de las abscisas que tiene por abscisa esta diferencia trazamos la ordenada correspondiente a la función, comprobaremos fácilmente que el valor de esta ordenada es igual al cociente de los valores de las ordenadas correspondientes a x_2 y x_1 y no a la diferencia de las mismas, como pudiera creerse, transformándose así un cociente en diferencia, y de modo análogo las potencias en productos y las raíces en cocientes.

Con mucha frecuencia se escoge como base un número entero cualquiera, pero se ha elegido como base un número irracional de gran trascendencia en las Matemáticas: el llamado número e, del cual se estudia la teoría más adelante, y del que sólo diremos ahora que vale:

$$e = 2{,}7182818284\ldots\ldots$$

CAPÍTULO XII

LOGARITMOS

275. Definición de logaritmo. — La función exponencial ya estudiada, $y=a^x$, da lugar a tres operaciones distintas, según que se quiera calcular uno u otro de los tres elementos o números que en ella intervienen; la potencia y, la base a o el exponente x.

Si se trata de averiguar y, conocidos a y x, la operación se denomina *potenciación*.

EJEMPLO: $y=3^4$; sabemos que ello equivale a $y=3\cdot3\cdot3\cdot3=81$.

Si se conocen el exponente x y la potencia y, y hay que averiguar la base a, la operación recibe el nombre de *radicación*.

EJEMPLO: $81=a^2$; hallaremos la base a de esta potencia extrayendo la raíz cuadrada de 81; $a=\sqrt{81}=9$.

Ahora bien; si los conocidos son la base a y la potencia y, y queremos hallar el exponente al cual debemos elevar a para que nos dé y, tenemos una nueva operación para nosotros desconocida y no estudiada aún en Álgebra, denominada *logaritmación*, la cual consiste, pues, *en dado un número, llamado potencia, y la base del sistema a que pertenece este número, hallar el exponente a que se debe elevar la base elegida para que nos dé la potencia.*

EJEMPLO: $5^x=25$. Aquí, conocida la potencia 25 y la base 5 del sistema numeral a que pertenece 25, se debe hallar el exponente x al cual se debe elevar 5 para que nos dé 25, operación, a la verdad, sencilla; no lo es tanto en el caso de que el número propuesto no sea potencia exacta de la base: tal como $10^x=25$, problema que más tarde indicaremos cómo se resuelve.

La radicación es operación inversa de la potenciación, decimos, y la función logarítmica lo es de la función exponencial; así pues, la expresión $y=a^x$ se transforma en esta otra: $x=a^y$, en la que la función pasa a ser variable independiente, y x, antes variable, pasa a ser función.

En la logaritmación se consideran siempre bases positivas, como se ha dicho al estudiar la función exponencial, puesto que siendo variable el exponente, si la base fuese negativa, las potencias sucesivas que se obtendrían serían unas veces reales y otras no.

La *función logarítmica*, inversa de la exponencial, se indica con la notación

$$x=\log_a y$$

que se lee: x es igual al logaritmo en base a de y, esto es, que x es el exponente a que se ha de elevar a para que nos dé y.

276. Logaritmo de un número. — *Se llama logaritmo de un número al exponente a que se ha de elevar una base positiva y distinta de la unidad para que la potencia resultante sea el número dado.*

EJEMPLOS:

Así,

$$25 = 5^2; \qquad 64 = 2^6; \qquad 1000 = 10^3.$$

En el primer ejemplo, 2 es el logaritmo de 25 en el sistema numeral, cuya base es 5; en el segundo, el logaritmo de 64 en el sistema numeral de base 2, es 6; en el tercero, 3 es el logaritmo de 1000 en el sistema numérico decimal, o que tiene como base el número 10.

277. Sistema de logaritmos. — *Llámase así al conjunto de valores particulares de la variable* x, *correspondientes a los distintos que se pueden atribuir a* y *en la función* $y = a^x$, *permaneciendo constante la base* a.

El valor de *a*, positivo y distinto de 1, siempre invariable para cada sistema de numeración, recibe el nombre de *base del sistema de logaritmos.*

El número de los sistemas de logaritmos es infinito, tanto como números hay, pero los más usados son dos: el llamado sistema de *logaritmos naturales, hiperbólicos* o *neperianos,* que tienen por base el número *e,* y el sistema de *logaritmos decimales* o *vulgares,* llamados también *de Briggs,* que tienen por base la misma que el sistema corriente de numeración, esto es, el número 10.

Se comprende que un número tiene un logaritmo para cada base que se elija, y que un mismo número puede ser el logaritmo de otros varios para distintas bases.

EJEMPLOS:

El logaritmo de 25 en el sistema de base 5 es 2, pues $5^2 = 25$; pero en el sistema de base 10 es 1,397940, pues $10^{1,397940} = 25$.

Sabemos que $2^3 = 8$ y $10^3 = 1000$, luego el número 3 es el logaritmo de 8 en base 2, y de 1000 en base 10, conforme con el principio enunciado.

278. Notación. — Las indicaciones abreviadas de que un número es el logaritmo de otro respecto una base *a*, son varias y adoptan las formas siguientes:

$$x = \log_a y, \qquad \text{o} \qquad y = a^x, \qquad \text{o} \qquad y = a^{\log_a y},$$

que se leen: x es el logaritmo de *y*, en base *a*.

Las notaciones de los logaritmos neperianos y vulgares son, respectivamente, las siguientes:

$$x = \log_e y; \qquad x = \log_{10} y,$$

notaciones que generalmente se expresan abreviadamente así:

$$x = l.\, y \qquad \text{y} \qquad x = \log y,$$

sobrentendiéndose que x es el logaritmo neperiano de y en el primer caso, y que es su logaritmo decimal en el segundo caso.

279. Curva logarítmica. Representación gráfica de la función logarítmica. — La función de la forma

$$y = \log_a x$$

se denomina *función logarítmica* a causa de estar relacionada la función con su variable x por la operación de logaritmos. Para representar gráficamente la función logarítmica bastará determinar una serie de pares de valores para x e y, y representarlos sobre un sistema de ejes coordenados cartesianos.

Pero como desconocemos aún el modo de hallar y conocido el valor de la variable x en la función propuesta, tomaremos la función exponencial $x = a^y$, inversa de la logarítmica dada, y hallaremos su curva representativa dando valores a y para hallar los correspondientes de x; en este caso la función viene expresada por la abscisa, en tanto que la ordenada representará a la variable, como se ve en la figura 21.

Valores de y		Valores de x
$y = -\infty$	$x = 2^{-\infty} = \dfrac{1}{2^\infty} = \dfrac{1}{\infty} = 0$	$x = 0$
$y = -2$	$x = 2^{-2} = \dfrac{1}{2^2} = \dfrac{1}{4}$	$x = \dfrac{1}{4}$
$y = -1$	$x = 2^{-1} = \dfrac{1}{2}$	$x = \dfrac{1}{2}$
$y = 0$	$x = 2^0 = 1$	$x = 1$
$y = 1$	$x = 2^1 = 2$	$x = 2$
$y = 2$	$x = 2^2 = 4$	$x = 4$
....	....	....
$y = \infty$	$x = 2^\infty = \infty$	$x = \infty$

En esta figura los números son los representados en el eje X X', y sus logaritmos las ordenadas respectivas, siendo 2 la base elegida. Si tuviésemos una gráfica suficientemente grande se podría calcular el logaritmo de un número hallando la ordenada que le corresponde. Así, al número representado por el punto A, cuya abscisa vale $\dfrac{1}{4}$ de la unidad elegida A C, le corresponde una ordenada negativa A A' = -2;

al número B, de abscisa igual a $\dfrac{1}{2}$, le corresponde una ordenada igual a -1, lo que significa que los logaritmos de $\dfrac{1}{4}$ y $\dfrac{1}{2}$, en el sistema de base 2, son nega-

tivos y respectivamente iguales a -2 y -1. Al punto C, cuya abscisa vale 1, le corresponde una ordenada, o lo que es lo mismo, un logaritmo igual a cero. La ordenada o logaritmo del número 2, esto es, de la base del sistema elegido, es igual a la unidad.

Si escogiésemos otra base distinta de 2, obtendríamos otra curva logarítmica análoga o semejante a la anterior, la cual, al igual que ésta, constituye un *sistema de logaritmos.*

De la observación de la curva anterior y de cuantas análogas a ella se obtienen con base mayor que 1, se deducen las propiedades siguientes:

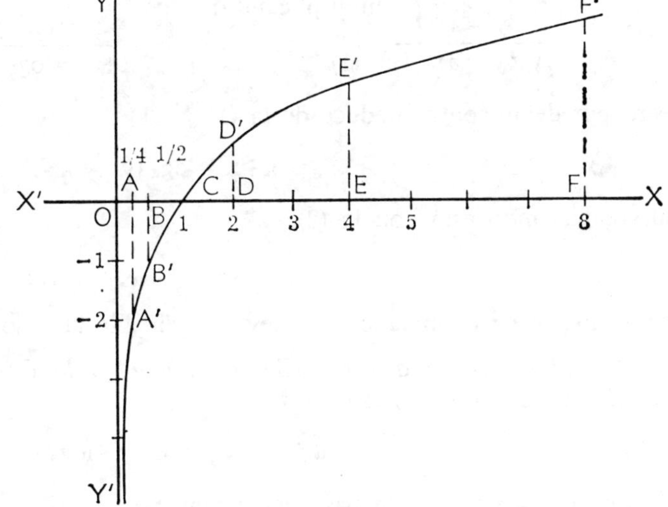

Fig. 21

1.ª   *El logaritmo de la unidad, en cualquier sistema, es siempre cero.*

2.ª   *El logaritmo de cero es* $-\infty$.

3.ª   *Los números negativos carecen de logaritmo.*

4.ª   *Los logaritmos de los números mayores que la unidad son positivos y crecen hasta alcanzar un valor igual a infinito al crecer hasta infinito el número.*

5.ª   *Los logaritmos de los números menores que la unidad son negativos y decrecen y tienden hacia* $-\infty$ *cuando el número tiende hacia cero.*

6.ª   *El logaritmo de la base del sistema es siempre igual a la unidad.*

La observación de la curva logarítmica representada en la figura 21 basta para comprender y comprobar los principios enunciados, los cuales, por otra parte, se pueden demostrar matemáticamente, como se ha hecho en la tabla de pares de valores.

280.   Propiedades generales de los logaritmos. — Conociendo los logaritmos de los números, se simplifican notablemente las operaciones del cálculo matemático y se facilita la resolución de operaciones complejas, como luego veremos, gracias a las propiedades siguientes de los logaritmos:

1.ª   *El logaritmo de un producto de dos números es igual a la suma de los logaritmos de los factores,* esto es, que

$$\log (y \times y') = \log y + \log y'.$$

En efecto, representando por a la base del sistema numeral a que pertenecen y e y', tendremos:

$$\left.\begin{array}{l} y=a^x \\ y'=a^{x'} \end{array}\right\} \text{ multiplicando;} \qquad y \qquad \left.\begin{array}{l} x=\log_a y \\ x'=\log_a y' \end{array}\right\} \text{ sumando}$$

$$\overline{y \times y'=a^{x+x'}} \quad (1) \qquad\qquad \overline{x+x'=\log_a y+\log_a y'} \quad (2)$$

pero por definición se deduce de la (1)

$$x+x'=\log_a (y \times y'),$$

luego igualando ésta con la (2),

$$\log_a (y \times y')=\log_a y+\log_a y'$$

conforme se ha enunciado. Esta ley es aplicable al caso de más de dos factores.

2.ª *El logaritmo de un cociente es igual a la diferencia entre los logaritmos del dividendo y divisor*, esto es, que

$$\log_a (y:y')=\log_a y-\log_a y'.$$

En efecto, siendo a la base del sistema:

$$\begin{array}{l} y=a^x \\ y'=a^{x'} \end{array} \quad \text{de donde} \quad \begin{array}{l} x=\log_a y \\ x'=\log_a y' \end{array}$$

y dividiendo las primeras igualdades y restando las segundas:

$$y:y'=a^{x-x'}, \quad x-x'=\log_a y-\log_a y'$$

y por ser

$$x-x'=\log_a (y:y'),$$

tendremos, substituyendo valores,

$$\log_a (y:y')=\log_a y-\log_a y'.$$

3.ª *El logaritmo de una potencia es igual al producto del exponente por el logaritmo de la base.*

Es decir, que

$$\log_a y^m=m \log_a y.$$

En efecto:

$$y^m=y \times y \times y \times y \ldots \ldots \times y$$

y tomando logaritmos en ambos miembros:

$$\log_a y^m=\log_a (y \cdot y \cdot \ldots \ldots y)=\log_a y+\log_a y \ldots \ldots \log_a y,$$

esto es,

$$\log_a y^m=m \log_a y$$

conforme el enunciado.

4.ª *El logaritmo de una raíz es igual al logaritmo del radicando dividido por el índice*, es decir,

$$\log_a \sqrt[m]{y}=\frac{\log_a y}{m}$$

En efecto: según sabemos,

$$\sqrt[m]{y}=y^{\frac{1}{m}}$$

y aplicando logaritmos a ambos miembros:

$$\log_a \sqrt[m]{y}=\log_a y^{\frac{1}{m}}=\frac{1}{m}\times\log_a y=\frac{\log_a y}{m}$$

281. Aplicación de los principios expuestos a la resolución de expresiones monomias. — Las propiedades estudiadas facilitan y abrevian considerablemente la resolución de expresiones monomias, como se ve patentemente con los siguientes

EJEMPLOS:

1.º *Hallar el valor de* x *en la expresión*

$$x=\frac{a^5}{3\sqrt{a^2 b}}$$

Aplicando logaritmos y teniendo en cuenta que el segundo miembro es un cociente, tendremos:

$$\log x=\log a^5 - \log 3\sqrt{a^2 b}=5\log a - (\log 3+\log \sqrt{a^2 b})=$$

$$5\log a - \left(\log 3+\frac{\log a^2 b}{2}\right)=5\log a - \left(\log 3+\frac{\log a^2+\log b}{2}\right)=$$

$$5\log a - \log 3 - \frac{2\log a - \log b}{2}$$

2.º Desarrollar, aplicando logaritmos, la expresión

$$\sqrt[\frac{3}{5}]{0{,}4\ \sqrt[\frac{3}{4}]{\frac{2}{3}}}$$

Aplicando logaritmos:

$$\log \sqrt[\frac{2}{5}]{0{,}4\ \sqrt[\frac{3}{4}]{\frac{2}{3}}}=\frac{\log\left(0{,}4\ \sqrt[\frac{3}{4}]{\frac{2}{3}}\right)}{\frac{2}{5}}=\frac{\log 0{,}4+\log \sqrt[\frac{3}{4}]{\frac{2}{3}}}{\frac{2}{5}}=$$

$$\frac{\log 0,4 + \dfrac{\log \dfrac{2}{3}}{3}}{\dfrac{2}{5}} = \frac{\log 0,4 + \dfrac{\log 2 - \log 3}{2}}{\dfrac{2}{5}} =$$

$$\frac{\log 0,4 + \dfrac{(\log 2 - \log 3)\,4}{3}}{\dfrac{2}{5}} = \frac{\dfrac{3 \log 0,4 + (\log 2 - \log 3)\,4}{3}}{\dfrac{2}{5}} =$$

$$\frac{3 \log 0,4 + (\log 2 - \log 3)\,4}{3 \times \dfrac{2}{5}} = \frac{3 \log 0,4 + (\log 2 - \log 3)\,4}{\dfrac{6}{5}} =$$

$$\frac{[3 \log 0,4 + (\log 2 - \log 3)\,4]\,5}{6} = \frac{15 \log 0,4 + (\log 2 - \log 3)\,20}{6}$$

282. Logaritmos decimales. — Estos logaritmos, introducidos en las Matemáticas por *Briggs*, tienen como base el número *10*, y son los que se emplean generalmente en el cálculo numérico.

Este sistema de logaritmos tiene, además de las propiedades de todos los sistemas, alguna que le son particulares y que expondremos a continuación.

283. Números con logaritmo entero o racional. — *Los únicos números de nuestro sistema numeral que tienen logaritmo entero o racional son los que corresponden a potencias enteras de 10*, esto es, los números

...0,00001, 0,0001, 0,001, 0,01, 0,1, 1, 10, 100, 1000, 10000...

que equivalen, respectivamente, a

$$...10^{-5},\ 10^{-4},\ 10^{-3},\ 10^{-2},\ 10^{-1},\ 10^{0},\ 10^{1},\ 10^{2},\ 10^{3},\ 10^{4}...$$

cuyos logaritmos decimales son, según la definición dada,

$$... -5,\ -4,\ -3,\ -2,\ 1,\ 0,\ 1,\ 2,\ 3,\ 4...$$

cuestión que exponemos en la forma siguiente:

$$
\begin{array}{llll}
10^{-4} = 0,0001 & \ldots\ldots\ldots\ldots & \log 0,0001 & = -4 \\
10^{-3} = 0,001 & \ldots\ldots\ldots\ldots & \log 0,001 & = -3 \\
10^{-2} = 0,01 & \ldots\ldots\ldots\ldots & \log 0,01 & = -2 \\
10^{-1} = 0,1 & \ldots\ldots\ldots\ldots & \log 0,1 & = -1 \\
10^{0} = 1 & \ldots\ldots\ldots\ldots & \log 1 & = 0 \\
10^{1} = 10 & \ldots\ldots\ldots\ldots & \log 10 & = 1 \\
10^{2} = 100 & \ldots\ldots\ldots\ldots & \log 100 & = 2 \\
10^{3} = 1000 & \ldots\ldots\ldots\ldots & \log 1000 & = 3 \\
10^{4} = 10000 & \ldots\ldots\ldots\ldots & \log 10000 & = 4
\end{array}
$$

Todos los números irracionales, los cuales vienen dados por raíces de 10 o de una potencia de 10, tienen logaritmo fraccionario.

Así, tiene logaritmo fraccionario

$$\sqrt{10}, \quad \sqrt{10^3}\dots$$

En efecto:

$$\sqrt{10}=10^{\frac{1}{2}}, \quad \sqrt{10^3}=10^{\frac{3}{2}}\dots$$

y según la definición de logaritmo,

$$\frac{1}{2}=\log \sqrt{10}, \text{ y } \frac{3}{2}=\log \sqrt{10^3}.$$

Todos los números restantes, no potencias ni raíces de 10, tienen por logaritmos números irracionales.

284. Característica y mantisa. — De lo expuesto hasta ahora se deduce que la mayor parte de los números tienen por logaritmo un número irracional, que se expresa, como sabemos, por un número decimal; así pues, el logaritmo de cualquier número consta de dos partes, como el decimal que lo representa: de una parte entera, que recibe el nombre de *característica*, y de una parte decimal, que recibe el nombre de *mantisa*.

Así, en el logaritmo del número

$$\log 18745 = 4{,}272885$$

la *característica* es 4, y la *mantisa* 272885 millonésimas.

285. Variación que experimenta el logaritmo de un número cuando éste se multiplica o divide por una potencia entera de 10. — *Si se multiplica o divide un número por una potencia entera de 10, o lo que es lo mismo, por una unidad seguida de ceros, la mantisa de su logaritmo no varía, pero la característica queda aumentada o disminuida en tantas unidades como ceros siguen a la unidad.*

En efecto; sea un número N, cuyo logaritmo representaremos por C, m (C, característica; m, mantisa); tendremos:

$$\log N = C, m$$

y multiplicando ambos miembros por 10^n (siendo n un número entero),

$$\log (N \times 10^n) = \log N + n \cdot \log 10 =$$

$$\log N + n = C, m + n = (C+n), m$$

pues el log 10 es igual a la unidad.

Si dividimos N por una potencia entera de 10, tendremos:

$$\log (N : 10^n) = \log N - n \cdot \log 10 = C, m - n = (C-n), m.$$

En ambos casos la mantisa de ambos logaritmos no varía, pero sus características han quedado aumentadas o disminuidas en tantas unidades como tienen los exponentes de 10.

Ejemplo:

Si el logaritmo de 2327 es 3,36679, multiplicando aquél por $100 = 10^2$ se tiene el número 232700 y hallando el logaritmo del producto:

$$\log 232700 = \log (2327 \times 100) =$$

$$\log 2327 + \log 100 = 3,36679 + 2 = 5,36679$$

según se quería demostrar.

Del mismo modo se demuestra que si dividimos el número propuesto 2327 por 100, la característica de su logaritmo queda disminuida en dos unidades.

En efecto:

$$\log (2327 : 100) = \log 2327 - \log 100 = 3,36679 - 2 = 1,36679.$$

286. Cálculo de la característica del logaritmo de un número. — Observando las series de números y de logaritmos dadas en el número 283, vemos que el logaritmo de 10 es 1 y el logaritmo de 1 es cero;

$$\log 10 = 1 \qquad \log 1 = 0$$

deduciremos de aquí que el logaritmo de un número comprendido entre 1 y **10** será positivo y mayor que cero, pero menor que 1; por consiguiente, la característica será cero. Si el número N es mayor que 10 y menor que **100**:

$$10 < N < 100$$

tendremos:

$$\log 10 < \log N < \log 100$$

esto es,

$$1 < \log N < 2$$

luego el logaritmo de N está comprendido entre 2 y **3**; su característica será, pues, constará de la característica entera 1 y una fracción decimal o mantisa cuyo valor se aproximará tanto más a la unidad cuanto más se aproxime N a 100.

Si el número N es mayor que 100 y menor que 1000, constará de tres cifras y podremos escribir:

$$100 < N < 1000$$

entonces, tomando logaritmos:

$$2 < \log N < 3$$

luego el logaritmo de N está comprendido entre 2 y **3**; su característica será, pues, 2, y a ella seguirá la mantisa.

En estos ejemplos citados se ve que *la característica del logaritmo de un número mayor que 1 tiene tantas unidades como cifras enteras tenga el número menos una.*

Si un número tiene solamente una cifra entera, la característica de su logaritmo es cero.

Si el número es menor que la unidad, ya hemos viso en la representación gráfica de la curva logarítmica que su logaritmo es negativo, lo cual también se demuestra matemáticamente. En efecto; sea el número 0,0002, el cual podemos escribir así:

$$0,0002 = \frac{2}{10000} = 2 \times 10^{-4}$$

y extrayendo logaritmos:

$$\log\ 0{,}0002 = \log\ 2 - 4\ \log\ 10 = 0{,}301030 - 4 = -\overline{4}{,}301030$$

De igual modo podríamos demostrarlo para cualquier otro número menor que 1 y positivo, y deduciríamos la regla siguiente:

La característica del logaritmo de un número positivo y menor que 1 es siempre un número negativo que tiene tantas unidades como lugares hay que recorrerse a partir de la coma para encontrar la primera cifra significativa en el número dado.

287. Determinación o cálculo de la mantisa del logaritmo de un número. — Aun cuando es posible determinarla mediante cálculo especial por ser un problema de interpolación, no se acude nunca a este método, sino que se hace uso para ello de las Tablas de Logaritmos, en las cuales se dan únicamente los logaritmos de los números enteros, pero mediante las cuales se pueden hallar también los logaritmos de los números decimales, para lo cual bastará multiplicarlos por una potencia conveniente de 10 para transformarlos en enteros, con lo que varía la característica del logaritmo, pero no su mantisa.

288. Tabla de Logaritmos. — Llámanse Tablas de Logaritmos a una serie de cuadros que contienen los logaritmos de los números enteros comprendidos entre 0 y un cierto número, que varía según los autores de las tablas.

289. En la imposibilidad de indicar aquí las modalidades de las diversas tablas en uso, nos limitaremos únicamente a exponer la fórmula general para obtener con ellas el logaritmo de un número que no se halla en las tablas, y el caso inverso: dado un logaritmo cualquiera, hallar el número a que corresponde.

290. Se han de distinguir, como decimos, dos casos generales: el problema *directo*, es decir, dado un número cualquiera que esté o no en las tablas, calcular su logaritmo; el problema *inverso* consiste en buscar el número correspondiente a un logaritmo dado.

En todas las tablas de logaritmos se indica la disposición y manejo de las mismas, por lo que no describiremos aquí ninguna de ellas y sólo daremos un ejemplo de aplicación de la regla general.

291. Problema directo. — *Dado un número cualquiera, hallar su logaritmo.*

Veamos de obtener una fórmula sencilla que permita obtener los logaritmos en este caso.

Sean N y N+1 dos números consecutivos y L y L+Δ sus logaritmos, siendo Δ la diferencia tabular. Un número comprendido entre N y N+1 se puede representar por N+h y su logaritmo por L+δ, cumpliéndose siempre las desigualdades siguientes:

$$N < N+h < N+1 \quad y \quad L < L+\delta < L+\Delta$$

siendo N la parte entera del número propuesto y h su parte decimal y, por consiguiente, menor que 1, como también δ es menor que Δ.

Si admitimos ahora que las diferencias entre estos números son proporcionales a las diferencias entre sus logaritmos, tendremos:

$$\frac{(N+1)-N}{(N+h)-N} = \frac{(L+\Delta)-L}{(L+\delta)-L} \quad \text{de donde} \quad \frac{1}{h} = \frac{\Delta}{\delta}$$

Luis Postigo

y de aquí deduciremos:

$$\delta = h\,\Delta \qquad y \qquad \boxed{\log\,(N+h)=L+h\,\Delta}$$

Esta última igualdad nos indica que .*para hallar el logaritmo de un número decimal comprendido entre dos consecutivos de las Tablas, hay que añadir al logaritmo de su parte entera el producto de su parte decimal por la diferencia tabular.*

EJEMPLO. *Hallar el logaritmo de 25873,465.*

El número propuesto está comprendido entre 25873 y 25874. Se buscan los logaritmos de ambos números y la diferencia entre ellos. Dispondremos la operación así:

$$
\begin{array}{ll}
\log\ 25874 = 4{,}412864 & h = 0{,}465 \\
\log\ 25873 = 4{,}412847 & \Delta = 17 \\
\hline
\Delta\ \ = 0{,}000017 & 3255 \\
& 465 \\
\hline
& h\cdot\Delta = 7{,}905
\end{array}
$$

$$
\begin{array}{l}
\log\ 25873 = 4{,}412847 \\
\phantom{\log\ 25873 = 4{,}41285}7{,}9 \quad + \\
\hline
\log\ 25873{,}465 = 4{,}412854\ 9
\end{array}
$$

o bien   log 25873,465 = 4,412855 por exceso.

El producto $h\,\Delta$ puede hallarse mediante la tablilla de partes proporcionales correspondiente a la diferencia tabular 17, o bien directamente como hemos hecho, teniendo siempre presente que la primera cifra de la izquierda del producto es de sexto orden, y debe, pues, sumarse con la sexta cifra decimal del logaritmo hallado.

REGLA. — *Para hallar el logaritmo de un número entero o decimal no comprendido en las Tablas, se separan de su izquierda mediante una coma tantas cifras cuantas sean necesarias para que el grupo de la izquierda sea mayor que el límite de los números comprendidos en las tablas de simple entrada y menor que el número límite de las Tablas que se utilicen. Se busca en éstas el logaritmo del número que queda a la izquierda, se multiplican (haciendo o no uso de las tablillas de partes proporcionales) las tres o cuatro primeras cifras que quedan a la derecha de la coma y consideradas como decimales por la diferencia tabular. La parte entera del producto, que expresa unidades del sexto orden decimal, se suma con el logaritmo hallado anteriormente y obtendremos el logaritmo del número preparado. Si la parte decimal que se ha desechado en el producto anterior vale más de media unidad, se agrega una unidad a la parte entera del producto obtenido. Para deducir el logaritmo del número propuesto bastará ponerle por característica la que le corresponde, la cual ha de tener tantas unidades como cifras enteras tenga el número propuesto menos una.*

292. **Problema inverso.** — *Dado un logaritmo, hallar el número que le corresponde.*

El logaritmo propuesto, que representaremos por $L+\delta$, se hallará comprendido entre dos dados por las Tablas, uno L y otro $L+\Delta$ ($\Delta=$diferencia tabular), de modo que

$$L < L+\delta < L+\Delta.$$

Representando con N, N+h y N+1 los números correspondientes a estos tres logaritmos, se cumplirá también

$$N < N+h < N+1,$$

y admitiendo, como en el caso directo, la proporcionalidad entre los números y sus logaritmos, se tiene como allí

$$\frac{1}{h} = \frac{\Delta}{\delta}$$

en la cual $\delta = L + \delta - L$; el valor de la incógnita h será:

$$h = \frac{\delta}{\Delta} \quad \text{(interpolación progresiva)},$$

luego

$$\boxed{L + \delta = \log\left(N + \frac{\delta}{\Delta}\right)}$$

y también

$$\boxed{\text{antilog} \quad L + \delta = N + \frac{\delta}{\Delta}}$$

De aquí se deduce que para hallar el número que corresponde a un logaritmo dado, se añade al número correspondiente al logaritmo inmediatamente inferior al propuesto, el cociente de dividir la diferencia entre estos dos logaritmos por la diferencia tabular.

EJEMPLO. *Hallar el número correspondiente al logaritmo 5,391581.*

El logaritmo propuesto está comprendido entre los dos consecutivos 5,391570 y 5,391588 correspondiente a los números 24.636 y 24.637, y el número N+h está comprendido entre ambos; la diferencia tabular es 18, y δ es la diferencia entre el logaritmo propuesto y el del número 24.636 inmediatamente inferior a N+h. La operación se dispone así:

$$
\begin{array}{ll}
\text{Log } 24.637 = 5{,}391588 \qquad & 5{,}391581 \\
\text{Log } 24.636 = 5{,}391570 \qquad & 5{,}391570 \\
\hline
\Delta = 0{,}000018 \qquad & \delta = 0{,}000011
\end{array}
$$

$$\frac{\delta}{\Delta} = \frac{11}{18} = 0{,}61, \text{ luego } 5{,}391581 = \log 24.636 + 0{,}61 = \log 24.636{,}61.$$

El cociente $\dfrac{\delta}{\Delta}$ puede hallarse bien directamente, o bien con ayuda de la tablilla de partes proporcionales.

REGLA.—*Para hallar el número que corresponde a un logaritmo no comprendido en las Tablas se busca el número que corresponde a la mantisa tabular inmediatamente inferior a la del logaritmo dado, se le resta de ésta y la diferencia se divide por la diferencia tabular (haciendo uso o no de la tablilla de partes proporcionales), hallando sólo las dos primeras cifras decimales del cociente cuando el divisor tenga* tres, o sólo la primera si el divisor tuviese dos. Añadiendo el cociente al número correspondiente al logaritmo inmediatámente inferior al propuesto, obtendremos el número que se busca.

293. Nociones indispensables para conducir el cálculo logarítmico. — La resolución de numerosos problemas impone el empleo de logaritmos, el manejo de las tablas de los mismos y efectuar numerosas operaciones combinadas. Todo ello exige el conocimiento de cierto número de principios referentes a los logaritmos, y que brevemente exponemos a continuación.

294. Transformación de un logaritmo totalmente negativo en otro equivalente de característica negativa y mantisa positiva. — Ya hemos visto que los números positivos y menores que la unidad, esto es, los números comprendidos entre cero y 1, tienen logaritmos con características negativas, pero las mantisas son positivas. En algunos casos conviene expresar estos logaritmos con las mantisas positivas, conservando, no obstante, las características negativas, y de aquí la necesidad de transformarlos. He aquí la marcha que se sigue:

a) Sea el logaritmo $-2,182571$, totalmente negativo; éste no se altera descomponiéndolo en dos sumandos, uno entero, el otro decimal, y sumándole y restándole la unidad; así:

$$-2,182571 = -2 - 0,182571 + 1 - 1$$

y asociando los sumandos negativos, resulta:

$$(-2-1)+1-0,182571 = -(2+1)+0,817428 = -3+0,817429,$$

suma que puede expresarse en un solo número, cuya característica es negativa y su mantisa positiva; así:

$$-2,182571 = \overline{3},817429.$$

b) Puede ocurrir que el logaritmo tuviese característica y mantisa negativas, como, por ejemplo, $-\overline{2},546154$; para transformarlo en otro equivalente haremos las siguiente transformaciones:

$$-\overline{2},546154 = -\overline{2} - 0,546154 - 1 + 1 = (-\overline{2}-1)+(1-0,546154) =$$

$$-(\overline{2}+1)+(1-0,546154) = -\overline{1}+0,453846 = 1,453386$$

resultando un logaritmo totalmente positivo a causa del doble signo negativo de su característica. Deducimos de aquí la siguiente

Regla. — *Para transformar un logaritmo totalmente negativo en otro de característica negativa y mantisa positiva, se añade a su característica una unidad y se cambia de signo a la suma, y por mantisa se pone la que resulta de restar la dada de la unidad.*

Una aplicación directa y mediata de esta regla la tenemos cuando se trata de hallar el logaritmo de un cociente, el cual, como sabemos, es igual al logaritmo del dividendo menos el del divisor; esta diferencia se puede transformar en suma aplicando la regla anterior al substraendo, ya que éste aparece en la operación dicha como logaritmo precedido del signo menos.

472

EJEMPLO. Sea el cociente

$$c = \frac{x}{y}$$

aplicando logaritmos:

$$\log c = \log x - \log y$$

suponiendo:

$$\left. \begin{array}{l} \log x = 2{,}43725 \\ \log y = \overline{1}{,}73341 \end{array} \right\} \quad \log c = 2{,}43725 - \overline{1}{,}73341 = 2{,}43725 + 0{,}27659 = 2{,}71374,$$

el número cuyo logaritmo es 2,71374 será el valor de *c*.

295. Transformación de un logaritmo con característica negativa y mantisa positiva en otro totalmente negativo. — Para resolver este problema, inverso del anterior, se adiciona y substrae del logaritmo dado la unidad. Un ejemplo nos indicará la serie de transformaciones que deben hacerse en este caso:

EJEMPLO. Transformar el logaritmo $\overline{4}{,}141193$.

$$\overline{4}{,}141193 = \overline{4} + 0{,}141193 + 1 - 1 = (\overline{4} + 1) - 1 + 0{,}141193 =$$

$$\overline{3} - 0{,}858807 = -3{,}858807,$$

de donde se deduce la siguiente

REGLA. — *Para transformar un logaritmo de característica negativa y mantisa positiva en otro totalmente negativo, se suma 1 a la característica y se cambia de signo a la suma, y a continuación se escribe como mantisa la diferencia entre la mantisa antigua y la unidad, precediendo a todo el logaritmo el signo menos.*

296. Complemento logarítmico o Cologaritmo. — *Se llama complemento aritmético de un número lo que le falta a éste para componer la unidad del orden inmediatamente superior a su cifra más elevada.*

Así, el complemento aritmético de 4325 es:

$$10000 - 4325 = 5675.$$

Complemento aritmético de la mantisa de un logaritmo es el número que le falta para componer la unidad. Así, el complemento aritmético del logaritmo 0,432136 es:

$$1{,}000000 - 0{,}432136 = 0{,}567864.$$

Se llama complemento a cero de un logaritmo es otro logaritmo que, sumado con el primero, dé por resultado cero. El complemento a cero del logaritmo de un número se llama cologaritmo *del número.*

Se deduce, pues, que *el cologaritmo de un número es su logaritmo con signo contrario.* Así, si log x = 2,647023, su cologaritmo será – 2,647023, equivalente a $\overline{3}{,}352977$, según (294).

297. Multiplicación de un logaritmo por un número entero. — Esta operación se presta a veces en el cálculo logarítmico de una potencia; si el logaritmo es totalmente positivo, la operación no ofrece dificultad alguna y se efectúa siguiendo las reglas aritméticas de la multiplicación de enteros con decimales o de enteros entre sí. Pero cuando el logaritmo tiene característica negativa y mantisa positiva,

se procede así : *se multiplica la mantisa por el número, y si del producto de éste
por la primera cifra decimal de aquélla resultaba alguna unidad entera, ésta se suma
con la característica negativa.*

EJEMPLOS :

1.º   Calcular el logaritmo de 235^3 :

$$\log\ 235^3 = 3 \times \log\ 235 = 3 \times 2{,}36173 = 7{,}08519.$$

2.º   Calcular el logaritmo de $(0{,}0023)^4$:

$$\log\ (0{,}0023)^4 = 4 \times \log\ 0{,}0023 = 4 \times (\overline{3} + 0{,}36172) = \overline{12} + 1{,}44688 =$$
$$\overline{12} + 1 + 0{,}44688 = \overline{11}{,}44688$$

buscando ahora el antilogaritmo de $\overline{11}{,}44688$, esto es, el número cuyo logaritmo
es 11,44688, tendremos el valor de la potencia propuesta.

298.   **División de un logaritmo por un número.** — Esta operación se presenta
al aplicar el cálculo logarítmico a la resolución de raíces.

*Para dividir un logaritmo de característica negativa por un número, se descompone el primero en característica y mantisa, se añaden a la primera tantas unidades
de su signo cuantas sean necesarias para que la característica sea el menor múltiplo
posible del divisor, para obtener así un cociente entero, y se agregan a la mantisa
el mismo número de unidades positivas, dividiéndola por el divisor.*

EJEMPLO.   Calcular por logaritmos $\sqrt[5]{0{,}0023}$.

Tendremos :

$$\log\ \sqrt[5]{0{,}0023} = \frac{\log\ 0{,}0023}{5} = \frac{\overline{3}{,}36172}{5} = \frac{\overline{5}}{5}, \ \frac{2{,}36172}{5} = \overline{1}{,}47234$$

y se busca ahora el antilogaritmo (número que corresponde a un logaritmo de
1,47234 para obtener la raíz :

$$\text{antilog}\ \overline{1}{,}47234 = 0{,}29662.$$

299.   **Multiplicación y división de logaritmos.** — Estas operaciones se presentan con frecuencia en el cálculo logarítmico. Si ambos logaritmos son positivos
o totalmente negativos, el problema no ofrece dificultad alguna. Pero si uno o
ambos tienen característica negativa y mantisa positiva, es preciso transformarlos
en otros totalmente negativos para resolver el problema, siguiendo para ello la
marcha indicada en (294).

EJEMPLO.   Efectuar la multiplicación siguiente :

$$\overline{2}{,}108431 \times \overline{3}{,}217582$$

Tenemos :

$$\overline{2}{,}108431 = -(\overline{2}+1) - 1 + 0{,}108431 = -1{,}891569$$
$$\overline{3}{,}217582 = -(\overline{3}+1) - 1 + 0{,}217582 = -2{,}782418$$

luego

$$\overline{2},108431 \times \overline{3},217582 = -1,891569 \times (-2,782418) = 5,260762$$

resultado que es positivo.

De igual manera se procede para dividir dos logaritmos.

300. Paso de logaritmos de un sistema a otro. — Ya se ha dicho (277) que el número de sistema de logaritmos es infinito, si bien en los cálculos matemáticos únicamente se emplean los decimales o vulgares, de base 10, y los neperianos, de base e. Y como con frecuencia se encuentran cuestiones y problemas de Física en los cuales intervienen para su resolución logaritmos neperianos y no existen tablas de los mismos, es indispensable transformar los logaritmos decimales de los números en logaritmos neperianos, y viceversa.

He aquí cómo se procede para ello.

Sea un número N, su logaritmo decimal x, y su logaritmo neperiano z; esto es:

$$\log_{10} N = x; \qquad \log N = z$$

luego

$$N = 10^x; \qquad N = e^z$$

de donde

$$10^x = e^z.$$

Tomando logaritmos decimales,

$$\log 10^x = \log e^z; \qquad x = z \log e$$

de donde

$$z = \frac{x}{\log e}, \quad \text{esto es:} \quad \log N = \frac{x}{\log e} = \frac{\log N}{\log e} \qquad (1).$$

El número $\log e$ (logaritmo decimal de e) recibe el nombre de *módulo* en el sistema de logaritmos neperianos, y se representa abreviadamente con la letra M; el valor de este *módulo* es:

$$\log e = 0,43429448\ldots\ldots$$

pero se utiliza más en los cálculos su recíproco

$$\frac{1}{\log e} = \frac{1}{M} = 2,30258509\ldots\ldots$$

La fórmula (1) hallada anteriormente se transforma en esta otra:

$$\text{l. } N = \frac{1}{M} \times \log N.$$

REGLA. — *Para hallar el logaritmo neperiano de un número se multiplica su logaritmo decimal por el recíproco del módulo, esto es, por* $1:M$.

EJEMPLO. Siendo 0,301030 el logaritmo decimal de 2, su logaritmo neperiano será:

$$\text{l. } 2 = \frac{1}{M} \times 0,301030 = 2,3025850 \times 0,301030 = 0,693147.$$

De la fórmula hallada anteriormente

$$l.\ N = \frac{\log N}{\log e}$$

se deduce:

$$\log N = l.\ N \times \log e,$$

igualdad de la cual deducimos la siguiente

REGLA. — *Para hallar el logaritmo decimal de un número, cuando se conoce su logaritmo neperiano, basta multiplicar este último por el módulo M.*

EJEMPLO. Calcular el logaritmo vulgar de 2 sabiendo que su logaritmo neperiano es 0,693147.

$$\log 2 = 0,693147 \times 0,434294... = 0,301030.$$

301. Generalización del paso de un sistema de logaritmos a otro.—Aunque no es frecuente el problema de pasar de un sistema de logaritmos a otro fuera de los dos indicados, damos a continuación una fórmula que permite pasar de un sistema cualquiera de logaritmos a los neperianos, e inversamente, generalizando así la cuestión.

Sea N un número cualquiera, n su logaritmo en un sistema cualquiera de base a, y x su logaritmo neperiano. Así pues:

$$N = a^n, \qquad N = e^x,$$

de donde

$$a^n = e^x$$

y tomando los logaritmos decimales de ambos miembros de la igualdad:

$$n \log a = x \log e$$

de donde

$$n = \frac{x \log e}{\log a} \qquad y \qquad x = \frac{n \log a}{\log e}$$

fórmulas que permiten pasar del logaritmo del sistema de base a al neperiano y al contrario.

302. Consecuencias. — De lo dicho anteriormente se deducen dos consecuencias:

1.ª Si en la expresión anterior

$$a^n = e^x$$

tomamos sucesivamente logaritmos neperianos y logaritmos en el sistema de base a, tendremos:

$$n \log_a a = x \log_a e, \qquad n\ l.\ a = x\ l.\ e,$$

que equivalen a estas otras:

$$n = x \log_a e, \qquad n\ l.\ a = x,$$

que divididas ordenadamente, dan:

$$\frac{1}{l.\,a} = \frac{x \log_a e}{x} = \log_a e, \qquad (2)$$

esto es, *que el logaritmo de e en un sistema de base cualquiera a es igual al número recíproco del logaritmo neperiano de la base que se considera.*

EJEMPLO:

$$\log_4 e = \frac{1}{l.\,4} \qquad y \qquad \log_{10} e = -\frac{1}{l.\,10}.$$

2.ª   De la expresión

$$n\, l.\, a = x$$

se deduce

$$n = \frac{x}{l.\,a}$$

pero como

$$n = \log_a N \quad \cdot \quad y \quad x = l.\,N,$$

tendremos:

$$\log_a N = \frac{l.\,N}{l.\,a}$$

esto es, *que el logaritmo de un número N en una base cualquiera a es igual al logaritmo neperiano de dicho número N dividido por el logaritmo neperiano de la base del sistema.*

No son, pues, necesarias tablas de logaritmos neperianos, ya que las fórmulas indicadas permiten calcularlos cuando se poseen las de los logaritmos decimales.   ·

CAPÍTULO XIII

TEORÍA DE LAS PROGRESIONES

303. Se da en Matemáticas el nombre de **progresiones** *a las sucesiones cuyos términos resultan de sumar al anterior una cantidad constante o multiplicarlo por un factor fijo.* Se comprende, pues, que hay dos clases distintas de progresiones las cuales estudiamos a continuación.

1.º PROGRESIONES ARITMÉTICAS

304. **Definiciones.** — *Recibe el nombre de* **progresión aritmética** *la sucesión de números tales, que cada uno de ellos es igual al anterior sumado con un número de valor constante, que se denomina diferencia de la progresión, y mal llamado a veces* razón *de la progresión.*

Este tipo de progresiones se llama también *progresión por diferencia,* pues cada uno de los números que la forman se diferencia de los consecutivos en una cantidad constante. Así,

$$2 \cdot 4 \cdot 6 \cdot 8 \cdot 10 \cdot 12 \ldots\ldots$$

es una progresión aritmética cuya diferencia es 2.

Cada uno de los números que forman la progresión se denomina *término* de la misma.

Si la diferencia de la progresión es positiva, se dice que ésta es *creciente,* y si aquélla es negativa, la progresión es *decreciente.*

Así,

$$2 \cdot 4 \cdot 6 \cdot 8 \cdot 10 \ldots\ldots$$

es una progresión aritmética *creciente,* y

$$8 \cdot 6 \cdot 4 \cdot 2 \cdot 0 \cdot -2 \cdot -4 \ldots\ldots$$

es una progresión *decreciente.*

Las progresiones aritméticas se denominan *limitadas* o *ilimitadas,* según que consten de un número finito o indefinido de términos.

En general, se considera una progresión aritmética como ilimitada, en tanto que no se indique lo contrario.

305. **Notación.** — Las progresiones aritméticas se representan en forma general de la manera siguiente:

$$\div a_1 \cdot a_2 \cdot a_3 \ldots\ldots a_{n-2} \cdot n-1 \cdot a_n \ldots\ldots$$

que se lee: a_1 es a a_2, es a a_3......, es a a_n, y en la que los diferentes términos de la misma se representan con a y los subíndices indican el lugar que cada término ocupa en la sucesión; con a_n se representa un término cualquiera, y con d la diferencia o razón de la progresión.

306. Conocida la diferencia y un término cualquiera de la progresión, es fácil escribir ésta, bastando para ello añadir la diferencia al término dado para encontrar el siguiente o el anterior, según que la diferencia sea positiva o negativa.

EJEMPLOS :

Siendo 2 la diferencia y 6 el primer término de una progresión aritmética, formar la progresión.

Los términos sucesivos de ella son :

$$6; \quad 6+2=8; \quad 8+2=10; \quad 10+2=12; \quad 12+2=14;$$

y la progresión pedida es

$$\div 6 \cdot 8 \cdot 10 \cdot 12 \cdot 14 \cdot 16 \ldots$$

Si la diferencia fuese -2, la progresión será :

$$\div 6 \cdot 4 \cdot 2 \cdot 0 \cdot -2 \cdot -4 \cdot -6 \cdot -8 \ldots \ldots$$

307. **Fórmulas fundamentales de las progresiones aritméticas.** — Son aquellas que resuelven los problemas referentes a este tipo de progresiones.

I. *Cálculo del valor de un término cualquiera en función del primero.* — Sea la progresión

$$\div a_1 \cdot a_2 \cdot a_3 \ldots \ldots a_{n-2} \cdot a_{n-1} \cdot a\, n$$

cuya diferencia es d.

Sabemos que por definición

$$a_2 = a_1 + d$$
$$a_3 = a_2 + d = a_1 + 2\,d$$
$$a_4 = a_3 + d = a_1 + 2\,d + a_1 = 3\,d$$

$$\ldots \ldots \ldots \ldots \ldots \ldots \ldots \ldots \ldots \ldots \ldots$$

esto es, que *un término cualquiera es igual al primero, más tantas veces la diferencia como términos le anteceden.* Así pues, en general,

$$a_n = a_1 + (n-1)\,d \qquad (1).$$

Esta afirmación es fácil de demostrar. Sea la progresión

$$\div 3 \cdot 5 \cdot 7 \cdot 9 \ldots \ldots$$

EJEMPLO :

El término décimo de la progresión cuya diferencia es 2, será :

$$a_{10} = 3 + 9 \cdot 2 = 3 + 18 = 21.$$

II. *Cálculo del valor del primer término en función del último.*

De la fórmula (1) podemos deducir el valor a_1, primer término de la progresión, en función del último :

$$a_1 = a_n - (n-1)\,d.$$

EJEMPLO. El valor del primer término de la progresión limitada de ocho términos y razón o diferencia 2,

$$\div \ldots \ldots 12 \cdot 14 \cdot 16,$$

será :

$$a_1 = 16 - 7 \times 2 = 2.$$

III. *Cálculo de la diferencia* d *de una progresión aritmética.*
Se puede deducir el valor de la diferencia d partiendo de la fórmula (1).

$$d = \frac{a_n - a_1}{n - 1} \quad (2).$$

EJEMPLO. ¿Cuál es la diferencia de una progresión de nueve términos, si el primero vale 3 y el último 35?

$$d = \frac{35 - 3}{8} = \frac{32}{8} = 4,$$

luego la progresión es:

$$\div 3 \cdot 7 \cdot 11 \cdot 15 \cdot 19 \cdot 23 \cdot 27 \cdot 31 \cdot 35$$

que cumple las condiciones del enunciado.

308. Interpolar medios diferenciales entre dos términos dados de una progresión aritmética. —Consiste en intercalar entre ellos un cierto número de términos tales que con los dos dados formen una nueva progresión aritmética, en la que éstos desempeñan el papel de extremos.

Para interpolar medios diferenciales es preciso hallar la diferencia de la nueva progresión.

EJEMPLO. Interpolar cuatro medios diferenciales entre los términos tercero y cuarto de la progresión aritmética

$$\div 2 \cdot 4 \cdot 6 \cdot 8 \cdot 10 \cdot 12.$$

Los extremos, esto es, el primero y último términos de la nueva progresión, son 6 y 8; esta nueva progresión tendrá seis términos, y la diferencia de la progresión será (2)

$$d = \frac{8 - 6}{5} = \frac{2}{5}$$

La nueva progresión es, pues:

$$\div 6 \cdot 6\frac{2}{5} \cdot 6\frac{4}{5} \cdot 6\frac{6}{5} \cdot 6\frac{8}{5} \cdot 6\frac{10}{5}$$

esto es:

$$\div 6 \cdot 6\frac{2}{5} \cdot 6\frac{4}{5} \cdot 7\frac{1}{5} \cdot 7\frac{3}{5} \cdot 8,$$

que cumple las condiciones impuestas.

Se comprende que si se interpolase el mismo número de términos diferenciales entre cada dos términos consecutivos de una progresión aritmética propuesta, las nuevas progresiones que se obtienen formarán una sola y única progresión, cuya diferencia es la común a las progresiones parciales formadas.

EJEMPLO. Interpolar tres medios diferenciales entre cada dos de los términos de la progresión.

$$\div 3 \cdot 6 \cdot 9 \cdot 12 \cdot 15.$$

La nueva diferencia es:

$$d = \frac{6 - 3}{4} = \frac{3}{4}$$

las progresiones parciales serán:

$$\div 3 \cdot 3 \,\frac{3}{4}\cdot 4 \,\frac{2}{4}\cdot 5 \,\frac{1}{4}\cdot 6; \div 6 \cdot 6 \,\frac{3}{4}\cdot 7 \,\frac{2}{4}\cdot 8 \,\frac{1}{4}\cdot 9$$

$$\div 9 \cdot 9 \,\frac{3}{4}\cdot 10 \,\frac{2}{4}\cdot 11 \,\frac{1}{4}\cdot 12; \div 12 \cdot 12 \,\frac{3}{4}\cdot 13 \,\frac{2}{4}\cdot 14 \,\frac{1}{4}\cdot 15$$

y la nueva progresión formada es:

$$\div 3 \cdot 3 \,\frac{3}{4}\cdot 4 \,\frac{2}{4}\cdot 5 \,\frac{1}{4}\cdot 6 \cdot 6 \,\frac{3}{4}\cdot 7 \,\frac{2}{4}\cdot 8 \,\frac{1}{4}\cdot 9 \cdot 9 \,\frac{3}{4}\cdot 10 \,\frac{2}{4}\cdot 11 \,\frac{1}{4}\cdot$$

$$12 \cdot 12 \,\frac{3}{4}\cdot 13 \,\frac{2}{4}\cdot 14 \,\frac{1}{4}\cdot 15$$

cuya diferencia es $\dfrac{3}{4}$.

Esta afirmación es fácil de demostrar. Sea la progresión

$$\div a_1 \cdot a_2 \cdot a_3 \ldots \ldots a_{n-1} \cdot 3_n$$

y supongamos que deseamos interpolar m términos diferenciales entre a_1 y a_2, entre a_2 y a_3..., y así sucesivamente. Los primeros m términos diferenciales formarán con a_1 y a_2 una progresión cuya razón será

$$\frac{a_2 - a_1}{m+1}$$

y los m términos que se interpolan entre a_2 y a_3 formarán otra progresión cuya razón será $\dfrac{a_3 - a_2}{m+1}$; y como

$$a_3 - a_2 = a_2 - a_1$$

según la definición de progresión, resulta

$$\frac{a_3 - a_2}{m+1} = \frac{a_2 - a_1}{m+1}$$

y, por consiguiente, estas dos y las sucesivas progresiones parciales tienen la misma diferencia y constituyen, pues, una progresión aritmética única.

309. Suma de los términos equidistantes de los extremos. — *En toda progresión aritmética la suma de dos términos equidistantes de los extremos es igual a la suma de los extremos.*

En efecto: sea la progresión aritmética

$$\div a_1 \cdot a_2 \cdot a_3 \ldots \ldots a_{n-1} \cdot a_{n-2} \cdot a_n$$

y su diferencia d.

Por definición sabemos que

$$a_2 = a_1 + d \qquad y \qquad a_{n-1} = a_n - d$$

sumando miembro a miembro estas dos igualdades, tendremos:

$$a_2 + a_{n-1} = a_1 + a_n$$

Ejemplo. La suma de los términos tercero y antepenúltimo de la progresión

$$\div 2 \cdot 4 \cdot 6 \cdot 8 \cdot 10 \cdot 12 \cdot 14$$

es

$$6 + 10 = 16$$

que es igual a la de los extremos.

Si la progresión consta de un número impar de términos, habrá uno que ocupa la posición media o central, y su valor será siempre igual a la semisuma de los valores de los términos extremos, como se ve en los ejemplos siguientes:

$$\div 2 \cdot 4 \cdot 6 \cdot 8 \cdot 10; \qquad 6 = \frac{2+10}{2}$$

$$\div 3 \cdot 7 \cdot 11 \cdot 15 \cdot 19; \qquad 11 = \frac{3+19}{2}$$

310. Suma de los términos de una progresión aritmética de número limitado de términos. — Sea la progresión

$$\div a_1 \cdot a_2 \cdot a_3 \ldots \ldots a_{n-2} \cdot a_{n-1} \cdot a_n$$

de n términos, siendo n un número finito. Su suma S será:

$$S = a_1 + a_2 + a_3 + \ldots \ldots + a_{n-2} + a_{n-1} + a_n$$

invirtiendo el orden de los sumandos

$$S = a_n + a_{n-1} + a_{n-2} + \ldots \ldots + a_3 + a_2 + a_1$$

y sumando miembro a miembro estas dos igualdades y sus términos según el orden en que están dispuestos, resulta:

$$2S = (a_1 + a_n) + (a_2 + a_{n-1}) + (a_3 + a_{n-2}) + \ldots \ldots$$

$$+ (a_{n-2} + a_3) + (a_{n-1} + a_2) + (a_n + a_1).$$

El segundo miembro está formado por n sumas parciales, todas iguales a $a_1 + a_n$ por ser sumas de términos equidistantes de los extremos, luego

$$2S = (a_1 + a_n)\, n$$

de donde

$$S = \frac{(a_1 + a_n)\, n}{2} \qquad (3),$$

lo cual nos dice que *la suma de los términos de una progresión aritmética limitada es igual a la mitad del producto de la suma del primero y último términos por el número de términos de que consta la progresión.*

Ejemplos:

1.º ¿Cuánto vale la suma de los seis primeros términos de una progresión aritmética cuyo primer término es 3 y su razón es 2?

Representemos la progresión por

$$\div a_1 \cdot a_2 \cdot a_3 \cdot a_4 \cdot a_5 \cdot a_6.$$

482

El último término, a_6, vale, según la fórmula (1):

$$a_6 = a_1 + (n-1)\,d$$

esto es,

$$a_6 = 3 + 5 \cdot 2 = 13;$$

la progresión es, pues:

$$\div 3 \cdot 5 \cdot 7 \cdot 9 \cdot 11 \cdot 13,$$

la suma de sus términos será:

$$S = \frac{(3+13)\,6}{2} = \frac{16}{2} \times 6 = 48,$$

como es fácil de comprobar por suma directa.

2.º   ¿Cuánto vale la suma de los cien primeros números naturales?
La progresión en cuestión es

$$\div 1 \cdot 2 \cdot 3 \cdot 4 \cdot 5 \ldots\ldots 99 \cdot 100$$

y su suma:

$$S = \frac{(1+100)\,100}{2} = \frac{10100}{2} = 5050.$$

3.º   ¿Cuánto vale la suma de los n primeros números pares?
La progresión en este caso es

$$\div 2 \cdot 4 \cdot 6 \cdot 8 \ldots\ldots 2\,n,$$

en la cual el primer término es 2, la diferencia es 2 y el último término es $2\,n$. La suma de los n primeros números pares es:

$$S = \frac{(2+2\,n)\,n}{2} = (1+n)\,n = n + n^2.$$

Así, la suma de los diez primeros números pares es

$$S = \frac{(2+20)\,10}{2} = (1+10) \cdot 10 = 110$$

como es fácil de comprobar por suma directa de los términos de la progresión

$$\div 2 \cdot 4 \cdot 6 \cdot 8 \cdot 10 \cdot 12 \cdot 14 \cdot 16 \cdot 18 \cdot 20.$$

4.º   ¿Cuánto vale la suma de los n primeros números impares?
Recordando que la expresión general de un número impar es $2\,n - 1$, la progresión aritmética en este caso es:

$$\div 1 \cdot 3 \cdot 5 \cdot 7 \ldots\ldots (2\,n - 1),$$

y la suma de sus términos es:

$$S = \frac{(1 + 2\,n - 1)\,n}{2} = \frac{2\,n}{2}\,n = n^2.$$

Así, la suma de los seis primeros números impares $(2\,n - 1 = 11)$ es:

$$S = \frac{(1+11)\,6}{2} = 6^2 = 36.$$

Dedúcese de aquí que la suma de los *n* primeros números impares es igual al cuadrado de *n*.

Gráficamente se puede representar esta suma formando un cuadrado, en cuyos lados se colocan tantos puntos como términos se consideran en la progresión, tal como indica el esquema adjunto.

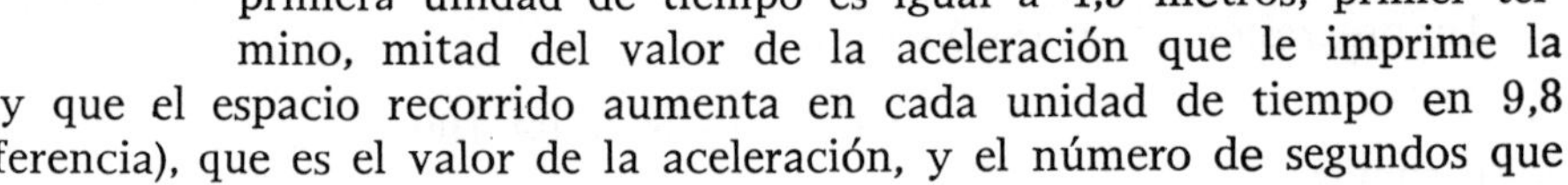

Gráfica de la suma de los términos de una progresión aritmética.

EJEMPLO. ¿Qué espacio recorre un móvil al cabo de 10 segundos descendiendo libremente en el vacío?

El conocido problema de Física: determinar el espacio recorrido al cabo de un cierto número de segundos por un grave que cae en el vacío, puede resolverse mediante la teoría de las progresiones aritméticas, utilizando para ello la fórmula de la suma de los términos de la progresión. Basta recordar que el espacio que recorre el móvil durante o al cabo de la primera unidad de tiempo es igual a 4,9 metros, primer término, mitad del valor de la aceleración que le imprime la gravedad, y que el espacio recorrido aumenta en cada unidad de tiempo en 9,8 metros (diferencia), que es el valor de la aceleración, y el número de segundos que se toma en consideración es igual al de términos de la progresión.

Según la conocida fórmula de Física, el espacio *e* recorrido por un grave dejado caer libremente en el vacío, al cabo de un tiempo $t = 10$ segundos, siendo $\alpha = 9,8$ metros la aceleración de caída, es igual a:

$$e = \frac{1}{2}\,\alpha\,t^2 = \frac{1}{2}\,9,8 \cdot 10^2 = 4,9 \times 100 = 490 \text{ metros.}$$

Ahora bien, teniendo en cuenta las indicaciones dadas, deduciremos el valor del espacio recorrido durante el último segundo, que representaremos por a_{10}:

$$a_{10} = a_1 + (n-1)\,d = 4,9 + 9 \times 9,8 = 93,1 \text{ metros,}$$

y la suma de los espacios recorridos al cabo de las 10 unidades de tiempo será:

$$S = \frac{4,9 + 93,1}{2} \times 10 = 490 \text{ metros,}$$

resultado conforme con el que nos da la fórmula física antes expuesta.

311. **Aplicación de las fórmulas fundamentales halladas a los problemas sobre progresiones aritméticas.** — Las fórmulas fundamentales deducidas en el estudio de las progresiones aritméticas son dos: la que da el valor del último término en función del primero y la de la suma:

$$a_n = a_1 + (n-1)\,d ; \qquad S = \frac{a_n + a_1}{2} \cdot n$$

y las fórmulas derivadas son estas otras dos:

$$a_1 = a_n - (n-1)\,d ; \qquad d = \frac{a_n - a_1}{n-1}$$

deducidas de la primera. Con estas fórmulas, en las que existen cinco variables: a_1, a_n, d, n y S, podemos formar un sistema de dos ecuaciones, mediante el cual hallaremos dos de las variables indicadas, si se conocen las otras tres, tomando para ello el sistema de ecuaciones apropiado.

EJEMPLO. La suma de los términos de una progresión aritmética, cuyo primer término es 2 y la diferencia es 3, vale 301. ¿De cuántos términos consta y qué valor tiene el último?

Llamando x al número de términos e y al último de los de la progresión, podremos establecer el sistema siguiente de ecuaciones, apoyándonos en las fórmulas ya conocidas:

$$\left.\begin{array}{l} y=2+(x-1)\,3 \\ 301=\dfrac{(2+y)}{2}\,x \end{array}\right\} \qquad \text{o sea} \qquad \left.\begin{array}{l} 3\,x-y=1 \\ x\,y+2\,x=602 \end{array}\right\}$$

despejando y en la primera y substituyendo su valor en la segunda ecuación, tendremos:

$$y=3\,x-1, \qquad x\,(3\,x-1)+2\,x=602$$

o bien

$$3\,x^2-x+2\,x-602=0$$

esto es,

$$3\,x^2+x-602=0$$

de donde:

$$x_1=\frac{-1+85}{6}=14, \qquad x_2=\frac{-1-85}{6}=-\frac{43}{3}.$$

Desechando la última raíz por imposible, pues de ningún modo puede admitirse como solución del problema, aceptaremos como tal la primera; luego el número de términos es 14 y el valor del último será:

$$y=2+13\times3=2+39=41.$$

Se comprende que si, como en el problema anterior, n es una de las incógnitas del problema, los datos de éste no pueden escogerse arbitrariamente, sino que deben elegirse convenientemente, a fin de que el valor que resulte para n sea un número natural.

2.º PROGRESIONES GEOMÉTRICAS

312. Las progresiones geométricas, al igual que las aritméticas, son sucesiones.

313. Definiciones. —*Una **progresión geométrica** es una sucesión de números tales que cada uno de ellos se forma multiplicando el anterior por un número constante, que se denomina* razón *de la progresión.*

Así, la serie

$$2\cdot4\cdot8\cdot16\cdot32\cdot64\ldots$$

es una progresión geométrica cuya razón es 2.

Los números que forman la progresión se llaman *términos* de la misma.

Puesto que, como se deduce de la definición, un término cualquiera de la progresión es igual al siguiente *dividido* por la razón, esta clase de progresiones se denominan también *progresiones por cociente.*

Una progresión geométrica es *limitada* o *ilimitada* según lo sea el número de términos que la forman.

Se clasifican, además, en *crecientes* y *decrecientes*; son crecientes cuando la razón es mayor que la unidad, pues en este caso los términos crecen a medida que se alejan del primero; si la razón es positiva y menor que la unidad, la progresión será *decreciente*.

Las progresiones geométricas de términos negativos no son objeto de estudio, por lo general; por esto supondremos siempre positiva la razón.

La progresión

$$1 \cdot 2 \cdot 4 \cdot 8 \cdot 16\ldots$$

ya mencionada, de razón 2, es una progresión *creciente*, en tanto que la progresión

$$1 \cdot \frac{1}{2} \cdot \frac{1}{4} \cdot \frac{1}{8} \cdot \frac{1}{16} \ldots\ldots$$

cuya razón $\frac{1}{2}$ es menor que la unidad, es una progresión *decreciente*, y sus términos van disminuyendo a medida que se alejan del primero.

En el caso de que la razón sea negativa, la progresión puede ser creciente, pero sus términos serán alternativamente positivos y negativos.

Ejemplo:

$$1 \cdot -2 \cdot 4 \cdot -8 \cdot 16 \cdot -32\ldots$$

cuya razón es -2.

Se comprende que conocidos dos términos consecutivos de una progresión, se puede escribir y completar la progresión, pues su razón se deduce inmediatamente dividiendo el mayor de los términos por el menor.

314. Notación. — Los términos de una progresión geométrica se representan como los de las progresiones aritméticas, esto es, con una letra y un subíndice que indica el lugar que el término ocupa en la sucesión, separando los términos entre sí con dos puntos dispuestos como en la división, encabezando además la sucesión con el signo $\div$; así,

$$\div a_1 : a_2 : a_3 : \ldots\ldots : a_{n-1} : a_n$$

315. Para escribir una progresión geométrica basta conocer su primer término y la razón, pues los restantes términos se obtienen multiplicando el término precedente por la razón.

Ejemplo:

Siendo el primer término de una progresión geométrica 2 y su razón 3, escribir los cinco primeros términos de la misma.

Los términos sucesivos, hasta el quinto, son:

$$2; \quad 2 \times 3 = 6; \quad 6 \times 3 = 18; \quad 18 \times 3 = 54; \quad 64 \times 3 = 162.$$

y la progresión es, por consiguiente:

$$\div 2 : 6 : 18 : 64 : 162,$$

la cual es creciente y limitada.

Si la razón es menor que la unidad, por ejemplo, igual a 0,1, obtendríamos una progresión decreciente:

$$\div 2 : 0,2 : 0,02 : 0,002 : 0,0002.$$

316. Fórmulas fundamentales. — Son las que sirven para resolver los problemas referentes a esta clase de progresiones.

I. *Cálculo del valor de un término cualquiera.* — Sea la progresión geométrica

$$\div a_1 : a_2 : a_3 : \ldots\ldots : a_{n-1} : a_n$$

cuya razón representaremos con *r*.

Por definición:

$$a_2 = a_1 \times r \qquad\qquad a_4 = a_3 \times r = a_1 \times r^3$$

$$a_3 = a_2 \times r = a_1 \times r^2 \qquad\qquad a_n = a_1 \times r^{n-1}$$

Como se ve, *un término cualquiera es igual al primero*, a_1, *multiplicado por la razón elevada a un exponente igual al número de términos que le anteceden.*

Esta regla se deduce igual y directamente aplicando a los términos de la progresión propuesta la ley de formación de los mismos, pues la serie

$$\div a_1 : a_2 : a_3 : \ldots\ldots : a_{n-1} : a_n$$

es equivalente a la siguiente:

$$\div a_1 : a_1 r : a_1 r^2 : a_1 r^3 : \ldots\ldots : a_1 r^{n-2} : a_1 r^{n-1}$$

de la que se deduce que

$$a_n = a_1 r^{n-1} \qquad (1).$$

EJEMPLO. ¿Cuál es el sexto término de una progresión geométrica cuyo primer término es 2 y su razón es 3?

$$a_6 = 2 \cdot 3^5 = 486.$$

II. *Cálculo del valor del primer término.* — De la fórmula (1) se puede deducir el valor del primer término de una progresión geométrica de la cual se conozca un término cualquiera, el lugar que ocupa éste en la sucesión y la razón de la última:

$$a_1 = \frac{a_n}{r^{n-1}}$$

El primer término de una progresión geométrica es igual al último dividido por la razón elevada a un exponente igual al número de términos que siguen a aquél.

EJEMPLO.—¿Cuál es el primer término de la progresión cuyo quinto término es 10 y la razón $\dfrac{1}{2}$?

$$a_1 = \frac{10}{\left(\dfrac{1}{2}\right)^4} = \frac{10}{\dfrac{1}{16}} = 160.$$

La progresión en cuestión es, pues:

$$\div 160 : 80 : 40 : 20 : 10$$

que cumple las condiciones del enunciado.

III. *Cálculo de la razón de una progresión geométrica.* — Se obtiene el valor de esta razón despejando *r* en la fórmula (1):

$$a_n = a_1\, r^{n-1}; \qquad r^{n-1} = \frac{a_n}{a_1}$$

de donde

$$r = \sqrt[n-1]{\frac{a_n}{a_1}}$$

La razón de una progresión geométrica es igual a la raíz de índice n-1 *del cociente del último por el primer término*, en la que *n* es el número total de términos que se consideran en la sucesión.

EJEMPLO. ¿Cuál es la razón de la progresión que consta de cinco términos, el primero es 2 y el último 32?

Aplicando la fórmula anterior:

$$r = \sqrt[4]{\frac{32}{2}} = \sqrt[4]{16} = 2.$$

IV. *Cálculo del número de términos de una progresión geométrica.* — Para ello se parte de la fórmula (1), y nos auxiliaremos de los logaritmos, aplicándolos siguiendo las reglas conocidas y efectuando las transformaciones siguientes:

$$a_n = a_1\, r^{n-1}; \qquad r^{n-1} = \frac{a_n}{a_1}$$

y aplicando logaritmos:

$$(n-1)\log r = \log a_n - \log a_1$$

de donde

$$n-1 = \frac{\log a_n - \log a_1}{\log r}; \qquad n = \frac{\log a_n - \log a_1}{\log r} + 1,$$

fórmula que sólo tiene aplicación cuando los valores de a_1, a_n y *r* sean tales que resulte para *n* un valor expresado por un número natural, pues se comprende que el número *n* de términos de una progresión geométrica no puede ser fraccionario, decimal ni negativo o imaginario.

317. **Observación.** — Comparando las fórmulas obtenidas para las progresiones geométricas con las de las progresiones aritméticas, se abserva que son análogas, substituyendo los signos de suma y resta de las segundas por los de multiplicar y dividir en las correspondientes a las progresiones geométricas, y los de multiplicar y dividir de aquéllas por exponentes e índices en las últimas, analogía y diferencia que exponemos a continuación para hacerlas más patentes.

Progresiones aritméticas	*Progresiones geométricas*
$a_n = a_1 + (n-1)\,d$	$a_n = a_1 \times r^{n-1}$
$a_1 = a_n - (n-1)\,d$	$a_1 = \dfrac{a_n}{r^{n-1}}$
$d = \dfrac{a_n - a_1}{n-1}$	$r = \sqrt[n-1]{\dfrac{a_n}{a_1}}$

318. Interpolación de medios geométricos. — *Interpolar* n *medios geométricos entre dos números dados es formar una progresión geométrica que tenga a estos dos números como extremos.*

Para llevar a cabo la interpolación es preciso conocer la razón de esta progresión, la cual se puede averiguar, pues se conocen el primero y último términos y el número de los que forman la progresión.

EJEMPLO. Interpolar 5 medios geométricos entre los números 3 y 192.

Aplicando la fórmula que nos da el valor de la razón, $r = \sqrt[n1]{\dfrac{a_n}{a_1}}$, tendremos:

$$r = \sqrt[6]{\frac{192}{3}} = \sqrt[6]{64} = 2$$

La progresión será, pues:

$$\div 3 : 6 : 12 : 24 : 48 : 96 : 192.$$

Observaciones. — 1.ª Si se interpola un solo medio proporcional entre dos números *a* y *b*, este medio será:

$$a\sqrt{\frac{b}{a}} = \sqrt{\frac{b\,a^2}{a}} = \sqrt{b\,a}$$

esto es, la media geométrica de los números *a* y *b*.

2.ª Análogamente a lo dicho al hablar de las progresiones aritméticas, si intercalamos *n* medios proporcionales entre cada dos términos de una progresión geométrica, se forma una nueva progresión geométrica cuya razón única será $\sqrt[n+1]{r}$, siendo *r* la razón de la progresión primitiva, igual, como se sabe, al cociente de cada dos términos consecutivos de ella.

319. Producto de dos términos equidistantes de los extremos. — *El producto de dos términos equidistantes de los extremos es igual al producto de los extremos.*

Sea la progresión siguiente, de razón *r*:

$$\div a_1 : a_2 : a_3 : \ldots\ldots : a_{n-2} : a_{n-1} : a_n$$

pero por la definición de progresión sabemos que:

$$\begin{array}{l} a_2 \; = a_1 \times r \\ \underline{a_{n-1} = a_n : r} \\ a_2 \times a^{n-1} = a_1 \times a_n \end{array} \left\{ \begin{array}{l} \text{multiplicando miembro a miembro} \\ \text{ambas igualdades:} \end{array} \right.$$

conforme con el enunciado.

320. Producto de los términos de una progresión geométrica limitada. — Sea la progresión geométrica de n términos:

$$\div a_1 : a_2 : a_3 : \ldots\ldots : a_{n-2} : a_{n-1} : a_n.$$

Representando con P el producto de todos sus términos:

$$P = a_1 \times a_2 \times a_3 \times \ldots\ldots \times a_{n-2} \times a_{n-1} \times a_n$$

igualdad que puede escribirse:

$$P = a_n \times a_{n-1} \times a_{n-2} \times \ldots\ldots \times a_3 \times a_2 \times a_1$$

y multiplicando miembro a miembro ambas igualdades y asociando convenientemente los n productos parciales:

$$P^2 = (a_1 \times a_n)\,(a_2 \times a_{n-1})\ldots\ldots(a_{n-1} \times a_2)\,(a_n \times a_1)$$

En el segundo miembro hay n productos, todos iguales al producto $a_1 \times a_n$ por ser productos de términos equidistantes de los extremos, luego:

$$P^2 = (a_1 \times a_n)^n$$

de donde

$$P = \sqrt{(a_1 \times a_n)^n}$$

Por tanto, *el producto de los términos de una progresión geométrica es igual a la raíz cuadrada del producto de los extremos elevado a una potencia igual al número de términos.*

El producto de los términos de una progresión geométrica crece de manera extraordinaria, como se ve en los ejemplos siguientes: el producto de las tres primeras potencias consecutivas de 2, es decir, de 2, 2^2 y 2^3, es:

$$P = \sqrt{(2 \cdot 2^3)^3} = \sqrt{2^{4 \cdot 3}} = \sqrt{2^{12}} = 2^6 = 64.$$

Pero el producto de las seis primeras potencias consecutivas de 2 vale:

$$P = \sqrt{(2 \cdot 2^6)^6} = \sqrt{(2^7)^6} = (2^7)^3 = 2^{21},$$

cantidad superior a dos millones.

321. Suma de los términos de una progresión geométrica limitada. — Sea la progresión geométrica de razón r y número limitado de términos:

$$\div a_1 : a_2 : a_3 : \ldots\ldots : a_{n-2} : a_{n-1} : a_n.$$

La suma S de sus términos será:

$$S = a_1 + a_2 + a_3 + \ldots\ldots + a_{n-2} + a_{n-1} + a_n$$

multiplicando por la razón los dos miembros de la igualdad:

$$S\,r = a_1\,r + a_2\,r + a_3\,r + \ldots\ldots + a_{n-2}\,r + a_{n-1}\,r + a_n\,r$$

o lo que es lo mismo:

$$S\,r = a_2 + a_3 + a_4 + \ldots\ldots + a_{n-1} + a_n + a_n\,r$$

restando de esta última la primera igualdad y simplificando:

$$S\, r - S = a_n\, r - a_1$$

de donde

$$S\,(r - 1) = a_n\, r - a_1$$

y despejando S

$$S = \frac{a_n\, r - a_1}{r - 1}$$

luego *la suma de los términos de una progresión geométrica de un número limitado de términos es igual a la diferencia entre el producto del último término por la razón y el primero, dividida por la razón menos una unidad.*

Si en la fórmula obtenida substituimos el último término, a_n, por su valor (1), tendremos:

$$S = \frac{a_1 \cdot r^{n-1} \cdot r - a_1}{r - 1} = \frac{a_1\, r^n - a_1}{r - 1} = \frac{a_1\,(r^n - 1)}{r - 1}$$

fórmula que nos da el valor de la suma de los términos de una progresión geométrica en función del primero y de la razón.

Ejemplos:

1.º Hallar la suma de las n primeras potencias pares de 2.
La progresión geométrica correspondiente es:

$$\div\, 2^2 : 2^4 : 2^6 : \ldots\ldots : 2^{2n}$$

$$S = \frac{2^{2n} \cdot 2^2 - 2^2}{2^2 - 1} = \frac{2^2\,(2^{2n-1} - 1)}{3} = \frac{4}{3}\,(2^{2n} - 1),$$

esto es, la suma valdrá los $\dfrac{4}{3}$ del último término disminuido en una unidad.

2.º Hallar la suma de las n primeras potencias impares de 2.

$$2 \cdot 2^3 \cdot 2^5 \cdot 2^7 \ldots\ldots 2^{2n-1}$$

$$S = \frac{2^{2n-1}\, 2^2 - 2}{2^2 - 1} = \frac{2\,(2^{2n} - 1)}{3} = \frac{2}{3}\,(2^{2n} - 1),$$

valor igual a la mitad del correspondiente a la suma de las n primeras potencias pares de 2.

322. Progresiones geométricas ilimitadas. — Llámanse así las formadas por un número ilimitado de términos. La suma de los términos de una progresión de esta clase constituye una serie, que se llama *serie geométrica.*

Pueden ocurrir tres casos distintos: que la razón sea mayor que la unidad, que sea igual, o que sea menor que la unidad.

Veamos el valor de la suma de sus términos en cada uno de ellos.

1.º *Progresiones geométricas ilimitadas cuya razón es mayor que la unidad:* $r > 1$.
La progresión tiene la forma

$$\div\, a_1 : a_2 : a_3 : \ldots\ldots a_n \ldots\ldots$$

o lo que es lo mismo

$$\div\, a_1 : a_1\, r : a_1\, r^2 : \ldots\ldots a_1\, r^n \ldots\ldots$$

Ahora bien: como r es mayor que la unidad, sus potencias crecen a medida que lo hace el exponente, y llegan a ser tan grandes como un número dado, por grande que éste sea, cuando n es suficientemente grande; la suma de los términos de una progresión de esta clase también será tan grande como se quiera, tomando un número suficiente de sumandos. En este caso la serie geométrica es *divergente*.

2.º *Progresiones geométricas ilimitadas cuya razón es igual a la unidad:* $r=1$. En este caso la suma de sus términos toma la forma

$$S = a_1 + a_1 + a_1 \ldots \ldots \text{(n)}$$

y si el número de términos es indefinidamente grande, la suma de ellos también lo será, luego la serie geométrica es *divergente*.

3.º *Progresiones geométricas ilimitadas cuya razón es menor que la unidad:* $r<1$. Adoptemos para la suma de los términos de esta clase de progresiones la forma última hallada:

$$S = \frac{a_1 r^n - a_1}{r - 1}$$

siendo $r<1$, la expresión r^n tiende hacia cero cuando n es un número indefinidamente grande, y, por consiguiente, las diferencias que hay en el numerador y denominador serán ambas negativas; cambiando de signo a ambos términos para hacer el denominador positivo, tendremos:

$$S = \frac{a_1 - a_1 r^n}{1 - r} = \frac{a_1}{1 - r} = \frac{a_1 r^n}{1 - r}$$

y puesto que $a_1 r^n$ tiende hacia cero cuando n tiende hacia ∞, tendremos:

$$\text{lím.} \quad S = \frac{a_1}{1 - r} - \frac{0}{1 - r} = \frac{a_1}{1 - r},$$

esto es, *la suma de los términos de una progresión geométrica de infinitos términos y de razón menor que la unidad es igual al primer término dividido por 1 menos la razón.*

Ejemplos:

1.º *Hallar la suma de los términos de la progresión geométrica ilimitada*

$$\div 1 : \frac{1}{2} : \frac{1}{4} : \frac{1}{8} : \ldots \ldots : \frac{1}{2^n} : \ldots \ldots$$

cuya razón es $\dfrac{1}{2}$.

Aplicando la fórmula hallada, tendremos:

$$S = \frac{1}{1 - \dfrac{1}{2}} = \frac{1}{\dfrac{1}{2}} = 2$$

2.º ¿Cuánto vale la suma de los infinitos términos de la progresión geométrica

$$\div \frac{1}{3} : \frac{1}{9} : \frac{1}{27} : \frac{1}{81} : \ldots\ldots$$

cuya razón es $\dfrac{1}{3}$?

$$S = \frac{\dfrac{1}{3}}{1 - \dfrac{1}{3}} = \frac{1}{3} : \frac{2}{3} = \frac{3}{6} = \frac{1}{2}$$

323. Aplicación de la serie geométrica convergente al cálculo y transformación de fracciones decimales periódicas. — Entre las aplicaciones de la teoría de progresiones geométricas, una de las más importantes es la determinación aproximada del valor de las fracciones decimales periódicas, ya que éstas pueden considerarse como verdaderas series geométricas, como puede verse en los ejemplos siguientes.

EJEMPLOS :

1.º Sea la fracción periódica pura 0,343434..., cuyo valor representaremos con x:

$$x = 0,343434\ldots = 0,34 + 0,0034 + 0,000034 + \ldots$$

progresión geométrica ilimitada cuya razón es 0,01, o lo que es lo mismo $\dfrac{1}{100}$, y que podemos escribir así :

$$x = \frac{34}{100} + \frac{34}{10000} + \frac{34}{1000000} + \ldots\ldots = \frac{34}{100} + \frac{34}{100^2} + \frac{34}{100^3} + \ldots\ldots$$

El valor de esta suma se calculará mediante la fórmula ya conocida

$$S = \frac{a_1}{1 - r}$$

por ser la razón menor que la unidad; por consiguiente,

$$x = \frac{34}{100} : \left(1 - \frac{1}{100} \right) = \frac{34}{100} : \frac{99}{100} = \frac{3400}{9900} = \frac{34}{99}$$

en consonancia con lo que nos enseña la Aritmética; luego *una fracción decimal pura equivale a un quebrado cuyo numerador es el período y su denominador está formado por tantos nueves como cifras tiene el período.*

2.º Sea una fracción decimal periódica con parte entera, tal como 25,414141... Descomponiéndola en dos sumandos, tendremos :

$$x = 25,414141\ldots = 25 + 0,414141\ldots = 25 + 0,41 + 0,0041 + 0,000041 + \ldots$$

y aplicando a la suma de las fraciones decimales los principios sentados en el ejemplo anterior, tendremos :

$$x = 25 + \frac{41}{99} = 25 + \frac{41}{100 - 1} = \frac{25 \,(100 - 1)}{99} + \frac{41}{99} = \frac{2500 - 25 + 41}{99} = \frac{2541 - 25}{99}$$

que traducido al lenguaje ordinario indica que *una fracción decimal periódica con parte entera equivale a una fracción ordinaria que tiene por numerador la parte entera seguida del período, menos la parte entera, y por denominador tantos nueves como cifras forman el período.*

3.º   Valor aproximado o límite de una fracción decimal periódica mixta.

Sea la fracción de esta clase 0,53278278...

Representando el valor límite por x, tendremos:

$$x = 0{,}53278278\ldots \qquad \text{o} \qquad 100\,x = 53{,}278278\ldots$$

y aplicando los razonamientos y métodos de los casos anteriores, resulta:

$$100\,x = \frac{53278 - 53}{999}$$

luego

$$x = \frac{53278 - 53}{99900}$$

lo que dice *que toda fracción decimal periódica mixta tiene por límite y equivalencia una fracción ordinaria que tiene por numerador la parte no periódica seguida del período menos la parte no periódica, y por denominador un número formado por tantos nueves como cifras tenga el período, seguidos de tantos ceros como cifras tenga la parte no periódica,* de acuerdo con la regla que da la Aritmética.

324.   Problemas que se pueden resolver mediante las fórmulas fundamentales. — De las cuatro fórmulas deducidas en el estudio de las progresiones geométricas, a saber:

$$a_n = a_1\, r^{n-1}; \qquad a_1 = \frac{a_n}{r^{n-1}}; \qquad r = \sqrt[n-1]{\frac{a_n}{a_1}};$$

$$S = \frac{a_n\, r - a_1}{r - 1}.$$

y en las cuales intervienen cinco variables, a_1, a_n, r, n y S, sólo se pueden considerar como distintas la primera y la última, pues la segunda y la tercera se deducen de la primera. Escogiendo oportunamente las fórmulas apropiadas se puede establecer un sistema de dos ecuaciones y despejar dos variables de las cinco indicadas, de las que las tres restantes han de ser conocidas, si bien a veces la resolución de los problemas no es fácil, por obtener ecuaciones de grado superior al segundo.

EJEMPLO.   Calcular el primero y último término de una progresión geométrica de 8 términos, cuya suma vale 510 y la razón es 2.

Utilizaremos las fórmulas fundamentales que nos dan el valor del último término en función del primero y la suma de los términos:

$$a_n = a_1\, r^{n-1}; \qquad S = \frac{a_n\, r - a_1}{r - 1};$$

substituyendo valores:

$$a_n = a_1\, 2^7$$

$$510 = \frac{a_n \cdot 2 - a_1}{2 - 1} = a_n \cdot 2 - a_1$$

de donde

$$510 = a_1 \, 2^7 \cdot 2 - a_1 = a_1 \, (2^8 - 1) = 255 \, a_1$$

luego

$$a_1 = \frac{510}{255} = 2.$$

Substituyendo en la primera ecuación a_1 por su valor 2, tendremos:

$$a_n = 2 \cdot 2^7 = 2^8 = 256$$

La progresión será, pues:

$$\div 2 : 4 : 8 : 16 : 32 : 64 : 128 : 256$$

CAPÍTULO XIV

DETERMINANTES, INTERÉS Y ECUACIONES EXPONENCIALES

1.º TEORÍA DE LOS DETERMINANTES

325. Matriz cuadrada. — Dados n^2 números, los disponemos en un cuadro compuesto de n filas y n columnas, al que llamamos *matriz cuadrada*. Designamos cada número con una misma letra, a, con dos subíndices: el primero indica la fila, el segundo la columna. Con esta notación, una matriz cuadrada se representa así:

$$
\begin{matrix}
a_{11} & a_{12} & a_{13} & \cdot & \cdot & , & \cdot & a_{1n} \\
a_{21} & a_{22} & a_{23} & \cdot & \cdot & \cdot & \cdot & a_{2n} \\
a_{31} & a_{32} & a_{33} & \cdot & \cdot & \cdot & \cdot & a_{3n} \quad [1] \\
\cdot & \cdot & \cdot & \cdot & \cdot & \cdot & \cdot & \cdot \\
a_{n1} & a_{n2} & a_{n3} & \cdot & \cdot & \cdot & \cdot & a_{nn}
\end{matrix}
$$

Los números que forman la matriz se llaman sus *elementos*. La palabra *línea* indica una fila o una columna indistintamente.

326. Términos de la matriz. — Llamamos *término* al producto de n elementos deducidos de la matriz [1], de tal manera que entre ellos no hayan dos de la misma fila ni de la misma columna, y precedidos del signo + o del –, según que las permutaciones formadas por los índices de las filas y de las columnas sean de igual clase o de distinta clase.

Así, de la matriz de tercer orden:

$$
\begin{matrix}
a_{11} & a_{12} & a_{13} \\
a_{21} & a_{22} & a_{23} \\
a_{31} & a_{32} & a_{33}
\end{matrix}
$$

deducimos el término $-a_{21} \, a_{12} \, a_{33}$, formado con un elemento de cada fila y de distinta columna; la permutación 213 de los primeros índices tiene una inversión y la 123 de los segundos índices no presenta ninguna, luego al término le corresponde el signo negativo.

El orden de los factores no modifica el signo que corresponde a cada término, pues al permutar dos factores cualesquiera cambian de clase las permutaciones que indican las filas y las columnas; luego si eran de la misma clase, seguirán siéndolo después de la permutación, e igualmente si eran de clase distinta.

Para mayor brevedad en la determinación del signo, escribiremos en cada término: primero el elemento que pertenece a la primera fila, después el de la segunda, luego el de la tercera..., y finalmente el de la *n-ésima*. De esta forma, será siempre 1, 2, 3...n la primera permutación, es decir, de clase par, y bastará atender a la de los segundos índices para saber el signo.

327. Determinante. — Una determinante es, pues, por definición, *la suma algebraica de todos los términos que se pueden deducir de una matriz dada.*

Se indica un determinante escribiendo la matriz entre dos barras verticales.

He aquí un determinante de tercer orden

$$\begin{vmatrix} a_{11} & a_{12} & a_{13} \\ a_{21} & a_{22} & a_{23} \\ a_{31} & a_{32} & a_{33} \end{vmatrix}$$

Llamamos *diagonal principal* la constituida por $a_{11} \, a_{22} \, a_{33}...a_{nn}$, que va del primer elemento de la primera fila al último de la última fila; *diagonal secundaria* es la formada por los elementos $a_{1n}, a_{2,\,n-1}. \, ... \, a_{n-1,\,2}, \, a_{n,\,1}.$ que comienza en el último elemento de la primera fila y termina en el primero de la fila última.

Se llama *término principal* de un determinante al producto de los elementos de su diagonal principal, y es:

$$+a_{11} \, a_{22} \, a_{33} \, ... \, a_{nn}$$

328. Número de términos de un determinante. — Siendo $n!$ el número de permutaciones que se pueden formar con n elementos, el número de términos del determinante de una matriz de orden n será también $n!$, de los cuales la mitad llevan signo + y signo – los restantes.

Al hacer esta afirmación, no tenemos en cuenta el signo de los elementos que, naturalmente, puede hacer variar el resultado.

Nótese igualmente que entre los $n!$ términos de un determinante puede haber alguno nulo, por serlo uno o varios de los elementos que lo componen.

329. Determinante de segundo orden. — Sea el determinante:

$$D = \begin{vmatrix} a_{11} & a_{12} \\ a_{21} & a_{22} \end{vmatrix}$$

El número de términos será $2! = 2$, uno positivo y otro negativo, o sea:

$$D = a_{11} \, a_{22} - a_{12} \, a_{21}.$$

EJEMPLOS:

$$\begin{vmatrix} 4 & 5 \\ 3 & 2 \end{vmatrix} = 4 \cdot 2 - 5 \cdot 3 = -7;$$

$$\begin{vmatrix} 5 & 0 \\ 4 & 2 \end{vmatrix} = 5 \cdot 2 - 0 \cdot 4 = 10;$$

$$\begin{vmatrix} 3 & 5 \\ -2 & 1 \end{vmatrix} = 3 \cdot 1 - 5 \, (-2) = 3 + 10 = 13.$$

330. Determinantes de tercer orden. — El número de términos en un determinante de tercer orden será: $3! = 6$.

Conservando fijos los índices de filas en el orden natural $1 \cdot 2 \cdot 3$ con los índices segundos, que corresponden a las columnas, se pueden formar estas seis permutaciones:

$$123, \ 231, \ 312, \ 321, \ 213, \ 132$$

que son tres de clase par y tres de clase impar. El desarrollo del determinante será pues:

$$\begin{vmatrix} a_{11} & a_{12} & a_{13} \\ a_{21} & a_{22} & a_{23} \\ a_{31} & a_{32} & a_{33} \end{vmatrix} = a_{11}\,a_{22}\,a_{33} + a_{12}\,a_{23}\,a_{31} + a_{13}\,a_{21}\,a_{32} - a_{13}\,a_{22}\,a_{31} - a_{12}\,a_{21}\,a_{33} - a_{11}\,a_{23}\,a_{32}$$

Este desarrollo se halla fácilmente aplicando a la matriz de tercer orden la llamada:

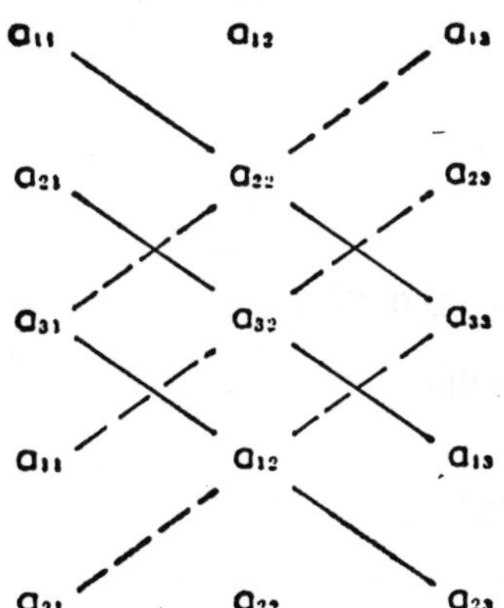

331. Regla de Sarrus. — Se escribe la matriz y debajo de ella las dos primeras filas, así:

Se obtienen los tres términos positivos mediante el producto de los elementos de la diagonal principal de la matriz, y el de sus paralelas de arriba abajo y de izquierda a derecha:

$$a_{11}\,a_{22}\,a_{33}; \quad a_{21}\,a_{32}\,a_{13}; \quad a_{31}\,a_{12}\,a_{23}$$

Los términos negativos son elementos de la diagonal secundaria y sus paralelas de arriba abajo y de derecha a izquierda:

$$-a_{13}\,a_{22}\,a_{31}; \quad -a_{23}\,a_{32}\,a_{11}; \quad -a_{33}\,a_{12}\,a_{21}$$

El valor del determinante es la suma algebraica de estos seis términos.

EJEMPLOS:

Sea:

$$D = \begin{vmatrix} 3 & 2 & 1 \\ 5 & 4 & 2 \\ 1 & 3 & 5 \end{vmatrix}$$

Aplicando la regla de Sarrus, escribimos:

$$\begin{matrix} 3 & 2 & 1 \\ 5 & 4 & 2 \\ 1 & 3 & 5 \\ 3 & 2 & 1 \\ 5 & 4 & 2 \end{matrix}$$

y obtendremos los términos positivos:

$$3 \cdot 4 \cdot 5 = 60; \quad 5 \cdot 3 \cdot 1 = 15; \quad 1 \cdot 2 \cdot 2 = 4;$$

y los negativos:

$$-(1 \cdot 4 \cdot 1) = -4; \quad -(2 \cdot 3 \cdot 3) = -18; \quad -(5 \cdot 2 \cdot 5) = -50$$

El valor del determinante es, pues:

$$D = 60 + 15 + 4 - 4 - 18 - 50 = 7$$

Del mismo modo se procede con el determinante

$$\begin{vmatrix} 1 & -2 & 0 \\ 4 & 5 & 1 \\ -3 & 0 & 2 \end{vmatrix}$$

Escribiremos:

$$\begin{matrix} 1 & -2 & 0 \\ -3 & 0 & 2 \\ 1 & -2 & 0 \\ 4 & 5 & 1 \end{matrix}$$

y obtendremos los términos positivos:

$$1 \cdot 5 \cdot 2 = 10; \quad 4 \cdot 0 \cdot 0 = 0; \quad (-3)(-2) \cdot 1 = 6$$

y los negativos:

$$-[0 \cdot 5 \cdot (-3)] = 0; \quad -[2 \cdot (-2) \cdot 4] = 16; \quad -[1 \cdot 0 \cdot 1] = 0$$

Efectuando la suma algebraica de estos términos, resulta:

$$\begin{vmatrix} 1 & -2 & 0 \\ 4 & 5 & 1 \\ -3 & 0 & 2 \end{vmatrix} = 10 + 6 + 16 = 32.$$

332. Teoremas. — 1.º *Si se cambian entre sí dos filas o dos columnas de un determinante sin modificar el orden relativo de los elementos de cada una de ellas, el determinante tiene el mismo valor absoluto, pero cambia de signo.*

Supongamos que se trasponen la columna del lugar *i* y la del lugar *j*. El teorema afirma:

$$D = \begin{vmatrix} a_{11} & \cdots & a_{1i} & \cdots & a_{1j} & \cdots & a_{1n} \\ a_{21} & \cdots & a_{2i} & \cdots & a_{2j} & \cdots & a_{2n} \\ \multicolumn{7}{c}{\cdots\cdots\cdots\cdots\cdots\cdots\cdots} \\ \multicolumn{7}{c}{\cdots\cdots\cdots\cdots\cdots\cdots\cdots} \\ a_{n1} & \cdots & a_{nj} & \cdots & a_{ni} & \cdots & a_{nn} \end{vmatrix} = - \begin{vmatrix} a_{11} & \cdots & a_{1j} & \cdots & a_{1i} & \cdots & a_{1n} \\ a_{21} & \cdots & a_{2j} & \cdots & a_{2i} & \cdots & a_{2n} \\ \multicolumn{7}{c}{\cdots\cdots\cdots\cdots\cdots\cdots\cdots} \\ \multicolumn{7}{c}{\cdots\cdots\cdots\cdots\cdots\cdots\cdots} \\ a_{n1} & \cdots & a_{ni} & \cdots & a_{nj} & \cdots & a_{nn} \end{vmatrix} = -D'$$

En efecto: todo término del primer determinante tiene un elemento de cada fila y de cada columna del segundo, luego pertenece también al segundo determinante.

Formemos un término cualquiera del primer determinante, por ejemplo, el término principal:

$$a_{11} \, a_{22} \cdots a_{ii} \cdots a_{jj} \cdots a_{nn}$$

Dejando fijos los indicadores de filas (o sea los primeros), los segundos forman la permutación 1, 2 ... *i* ... *j* ... *n* (1), que es de clase par; tendrá, pues, signo + todos los términos para los cuales los índices segundos formen permutación de clase par, y signo – los restantes.

En el segundo determinante llevan signo + los términos en los que los segundos índices formen permutación de clase igual a la de su término principal, o sea la: 1, 2 ... j ... i ... n (2), y signo − los demás.

Pero la permutación (1) es de distinta clase que la (2), puesto que se han permutado los elementos i, j, y al hacerlo cambia de clase. Por consiguiente, a cada término del determinante D le corresponde en el D' otro de igual valor absoluto y de signo distinto. Luego queda probado que:

$$D = -D'.$$

Como consecuencia inmediata se deduce que *si una matriz tiene iguales dos líneas paralelas (filas o columnas), el determinante es nulo.*

En efecto, al cambiar entre sí las dos líneas iguales, queda reproducida la misma matriz. Si es D el determinante dado, será $-D$ el que resulta de cambiar las líneas iguales y habrá de verificarse:

$$D = -D, \qquad \text{o sea} \qquad 2\,D = 0 \qquad D = 0.$$

2.º *Si se multiplican todos los elementos de una línea por un número* h, *el valor del determinante queda multiplicado por* h.

Como en cada término del desarrollo figura uno solo de los elementos de la línea que ha sido multiplicada por h, cada término queda multiplicado por este número y también, por lo tanto, la suma total.

Esta propiedad se aplica a separar como factor de un determinante un factor común a todos los elementos de una línea.

EJEMPLO:

$$\begin{vmatrix} 12 & 8 & 4 \\ 6 & 1 & -3 \\ 0 & 5 & 0 \end{vmatrix} = 6 \begin{vmatrix} 2 & 8 & 4 \\ 1 & 1 & -3 \\ 0 & 5 & 0 \end{vmatrix} = 6 \cdot 2 \begin{vmatrix} 1 & 4 & 2 \\ 1 & 1 & -3 \\ 0 & 5 & 0 \end{vmatrix} = 6 \cdot 2 \cdot 5 \begin{vmatrix} 1 & 4 & 2 \\ 1 & 1 & -3 \\ 0 & 1 & 0 \end{vmatrix}$$

Como consecuencia, es nulo todo determinante que tenga una línea igual a otra paralela multiplicada por un número h, pues sacando h como factor, resulta un determinante con dos líneas paralelas iguales.

Por ejemplo:

$$\begin{vmatrix} a_1 & b_1 & a_1 h \\ a_2 & b_2 & a_2 h \\ a_3 & b_3 & a_3 h \end{vmatrix} = h \begin{vmatrix} a_1 & b_1 & a_1 \\ a_2 & b_2 & a_2 \\ a_3 & b_3 & a_3 \end{vmatrix} = h \cdot 0 = 0.$$

333. Menor complementario. — Dada una matriz de orden n, se llama menor complementario de un elemento a_{ij} al determinante de la matriz de orden $n-1$ que resulta de suprimir en la dada la fila i y la columna j en que figura el elemento considerado. Por ejemplo, el menor complementario de a_{23} en el determinante:

$$\begin{vmatrix} a_{11} & a_{12} & a_{13} & a_{14} \\ a_{21} & a_{22} & a_{23} & a_{24} \\ a_{31} & a_{32} & a_{33} & a_{34} \\ a_{41} & a_{42} & a_{43} & a_{44} \end{vmatrix} \quad \text{es} \quad \begin{vmatrix} a_{11} & a_{12} & a_{14} \\ a_{31} & a_{32} & a_{34} \\ a_{41} & a_{42} & a_{44} \end{vmatrix}$$

en la cual, como se ve, se ha suprimido la fila segunda (2) y la columna tercera (3),

334. Adjunto. — *En toda matriz se denomina adjunto de un elemento a su menor complementario precedido del signo + o del −, según que la suma de los dos subíndices del elemento considerado sea par o impar.*

EJEMPLO:

El adjunto del elemento a_{23} antes considerado será negativo, por ser impar la suma $2+3$. Dicho adjunto es:

$$- \begin{vmatrix} a_{11} & a_{12} & a_{14} \\ a_{31} & a_{32} & a_{34} \\ a_{41} & a_{42} & a_{44} \end{vmatrix}$$

335. Desarrollo de un determinante por los elementos de una línea. — Dado un determinante de orden n, hallaremos su valor formando todos los términos y sumándolos algebraicamente.

Sea el determinante:

$$D = \begin{vmatrix} a_{11} & a_{12} & a_{13} \ldots a^{1n} \\ a_{21} & a_{22} & a_{23} \ldots a^{2n} \\ a_{31} & a_{32} & a_{33} \ldots a^{3n} \\ \cdots\cdots\cdots\cdots\cdots\cdots\cdots \\ a_{n1} & a_{n2} & a_{n3} \ldots a^{nn} \end{vmatrix}$$

Habrá términos del desarrollo en los que figure el elemento a_{11}, otros contendrán el a_{12}, otros el a_{13}, etc. Saquemos a_{11} factor común de los términos en que figure y hagamos lo mismo con a_{12}, a_{13}, etc. Estos factores quedarán multiplicando a unos polinomios, que designaremos por A_1 el que multiplica a a_{11}, por A_2 el que multiplica a a_{12}, etc.

El desarrollo del determinante queda expresado de esta forma:

$$D = a_{11}\, A_1 + a_{12}\, A_2 + a_{13}\, A_3 + \ldots\ldots + a_{1n}\, A_n.$$

Estudiemos ahora la expresión de cada uno de estos polinomios A_1, A_2, $A_3 \ldots A_n$.

Como en cada término del desarrollo figura un elemento de cada fila y uno de cada columna, en aquellos en que figura a_{11} no puede existir otro elemento ni de la primera fila ni de la primera columna; luego al sacar a_{11} factor común de los términos en que figura, el polinomio que queda dentro del paréntesis está formado por los elementos de las restantes filas y columnas, es decir, que:

$$A_1 = \begin{vmatrix} a_{22} & a_{23} \ldots a_{2n} \\ a_{32} & a_{33} \ldots a_{3n} \\ \cdots\cdots\cdots\cdots\cdots \\ a_{n2} & a_{n3} \ldots a_{nn} \end{vmatrix}$$

o sea, que A_1 es el menor complementario de a_{11}.

Para conocer A_2 podemos llevar su factor a_{12} al primer lugar de la primera fila y de la primera columna, escribiendo así el determinante:

$$D' = \begin{vmatrix} a_{12} & a_{11} & a_{13} \ldots a_{1n} \\ a_{22} & a_{21} & a_{23} \ldots a_{2n} \\ a_{32} & a_{31} & a_{33} \ldots a_{3n} \\ \cdots\cdots\cdots\cdots\cdots\cdots \\ a & a_{n1} & a_{n3} \ldots a_{nn} \end{vmatrix}$$

Ahora podemos repetir para a_{12} y para su factor A_2 el mismo razonamiento anterior, hallando que A_2 es el menor complementario de a_{12}, o sea:

$$A_2 = \begin{vmatrix} a_{21} & a_{23} \ldots a_{2n} \\ a_{31} & a_{33} \ldots a_{3n} \\ a_{n1} & a_{n3} \ldots a_{nn} \end{vmatrix}$$

Pero al llevar la segunda columna al primer lugar, como lo hemos hecho, el determinante ha cambiado de signo, como se ve observando que el término principal de D era:

$$a_{11} \quad a_{22} \quad a_{33} \ldots a_{nn}$$

y el de D' es:

$$a_{12} \quad a_{21} \quad a_{33} \ldots a_{nn}.$$

Hay una inversión en los subíndices, luego al producto $a_{12} A_2$ le corresponde el signo menos. Repitiendo el razonamiento para los restantes elementos de la primera fila obtendríamos análogos resultados. Luego el desarrollo del determinante D por los elementos de su primera fila es, explicitando los signos:

$$D = a_{11} A_1 - a_{12} A_2 + a_{13} A_3 \ldots + (-1)^{n-1} a_{1n} A_n.$$

Observamos, pues, que el valor del determinante viene dado por la suma algebraica del producto de los elementos de una fila por sus adjuntos correspondientes. Este desarrollo puede aplicarse a cualquier fila o columna.

Ejemplo:

Desarrollemos, por los elementos de la primera fila, el determinante:

$$\begin{vmatrix} 2 & 5 & 1 \\ 3 & 8 & 0 \\ 0 & -2 & -1 \end{vmatrix} = 2 \begin{vmatrix} 8 & 0 \\ -2 & -1 \end{vmatrix} - 5 \begin{vmatrix} 3 & 0 \\ 0 & -1 \end{vmatrix} + 1 \begin{vmatrix} 3 & 8 \\ 0 & -2 \end{vmatrix} =$$

$$2(-8) - 5(-3) + 1(-6) = -16 + 15 - 6 = -7.$$

Este procedimiento está especialmente indicado para resolver determinantes de orden superior al tercero. He aquí un ejemplo de determinante de cuarto orden desarrollado por los elementos de la primera fila:

$$\begin{vmatrix} 0 & 2 & 1 & -3 \\ 5 & 0 & 2 & 1 \\ 4 & 2 & 1 & 3 \\ 0 & 0 & -7 & 4 \end{vmatrix} = 0 \begin{vmatrix} 0 & 2 & 1 \\ 2 & 1 & 3 \\ 0 & -7 & 4 \end{vmatrix} - 2 \begin{vmatrix} 5 & 2 & 1 \\ 4 & 1 & 3 \\ 0 & -7 & 4 \end{vmatrix} +$$

$$1 \begin{vmatrix} 5 & 0 & 1 \\ 4 & 2 & 3 \\ 0 & 0 & 4 \end{vmatrix} - (-3) \begin{vmatrix} 5 & 0 & 2 \\ 4 & 2 & 1 \\ 0 & 0 & -7 \end{vmatrix}$$

Basta hallar el valor de los menores de tercer orden, lo cual puede hacerse desarrollándolos a su vez por los elementos de una línea o mediante la regla de Sarrus. Uno de los problemas prácticos en los que se presenta un determinante de 4.º orden es el de hallar la ecuación de la circunferencia que pasa por tres puntos.

336. Regla de Cramer. — La teoría sobre determinantes, que acabamos de exponer, tiene aplicación inmediata en la resolución de sistemas de ecuaciones.

En efecto; sea el sistema formado por tres ecuaciones con tres incógnitas:

$$a_1\, x + b_1\, y + c_1\, z = k_1$$
$$a_2\, x + b_2\, y + c_2\, z = k_2 \qquad (1)$$
$$a_3\, x + b_3\, y + c_3\, z = k_3$$

en las que suponemos quitados los denominadores y reducidos los términos semejantes, dejando en segundo miembro el término independiente.

Llamamos *determinante de los coeficientes del sistema* al formado por los coeficientes de las incógnitas, de forma que los de una misma incógnita formen columna:

$$D = \begin{vmatrix} a_1 & b_1 & c_1 \\ a_2 & b_2 & c_2 \\ a_3 & b_3 & c_3 \end{vmatrix}$$

En este determinante sean A_1, A_2, A_3 los adjuntos de a_1, a_2, a_3, respectivamente; B_1, B_2, B_3 los de b_1, b_2, b_3 y C_1, C_2, C_3 los de c_1, c_2, c_3.

Multipliquemos la primera ecuación del sistema (1) por A_1, la segunda por A_2 y la tercera por A_3; quedará:

$$a_1\, A_1\, x + b_1\, A_1\, y + c_1\, A_1\, z = A_1\, k_1$$
$$a_2\, A_2\, x + b_2\, A_2\, y + c_2\, A_2\, z = A_2\, k_2$$
$$a_3\, A_3\, x + b_3\, A_3\, y + c_3\, A_3\, z = A_3\, k_3$$

Sumando ordenadamente estas igualdades y sacando factor común x, y, z, queda:

$$x\,(a_1\, A_1 + a_2\, A_2 + a_3\, A_3) + y\,(b_1\, A_1 + b_2\, A_2 + b_3\, A_3) + z\,(c_1\, A_1 + c_2\, A_2 + c_3\, A_3) =$$
$$A_1\, k_1 + A_2\, k_2 + A_3\, k_3 \qquad (2)$$

Observando esta suma vemos que el polinomio que multiplica a x es el desarrollo del determinante D por los elementos de la primera columna; el polinomio que multiplica a y es la suma de los elementos de la segunda columna de D por los adjuntos de la primera, y es, por tanto, nulo (puesto que representa el desarollo de un determinante que tuviera dos columnas iguales), y lo mismo ocure al polinomio que muliplica a z; luego la igualdad (2) se reduce a ésta:

$$D \cdot x = A_1\, k_1 + A_2\, k_2 + A_3\, k_3 \qquad (\alpha)$$

Si en vez de multiplicar las ecuaciones dadas A_1, A_2, A_3, lo hubiéramos hecho por B_1, B_2, B_3 o por C_1, C_2, C_3, se habría obtenido:

$$D \cdot y = B_1\, k_1 + B_2\, k_2 + B_3\, k_3 \qquad (\beta)$$
$$D \cdot z = C_1\, k_1 + C_2\, k_2 + C_3\, k_3 \qquad (\gamma)$$

De las relaciones (α), (β), (γ) podemos despejar las incógnitas x, y, z obteniéndose una solución única que satisface el sistema (1), siendo D distinto de cero:

$$x = \frac{A_1\, k_1 + A_2\, k_2 + A_3\, k_3}{D}; \qquad y = \frac{B_1\, k_1 + B_2\, k_2 + B_3\, k_3}{D}; \qquad z = \frac{C_1\, k_1 + C_2\, k_2 + C_3\, k_3}{D}$$

Los valores hallados para x, y, z tienen por denominador común el determinante de los coeficientes del sistema (1) y cada numerador resulta de substituir por los términos independientes los elementos a_1, a_2, a_3 para x en el desarrollo de D, los elementos b_1, b_2, b_3 para y y los c_1, c_2, c_3 para z. Es decir,

$$y=\frac{\begin{vmatrix} k_1 & b_1 & c_1 \\ k_2 & b_2 & c_2 \\ k_3 & b_3 & c_3 \end{vmatrix}}{D} \qquad x=\frac{\begin{vmatrix} a_1 & k_1 & c_1 \\ a_2 & k_2 & c_2 \\ a_3 & k_3 & c_3 \end{vmatrix}}{D} \qquad z=\frac{\begin{vmatrix} a_1 & b_1 & k_1 \\ a_2 & b_2 & k_2 \\ a_3 & b_3 & k_3 \end{vmatrix}}{D}$$

Como consecuencia de lo expuesto, resulta la siguiente regla de Cramer:

Todo sistema de tantas ecuaciones como incógnitas, en el que el determinante de los coeficientes no es nulo, tiene una solución única.

Cada incógnita tiene por valor un quebrado cuyo denominador es el determinante del sistema y cuyo numerador es este mismo determinante después de substituir en él la columna de los coeficientes correspondientes a la incógnita que se despeja por los términos independientes.

Ejemplo:
Resolvamos el sistema:

$$\left.\begin{array}{l} 3\,x-2\,y=7 \\ 8\,x+5\,y=-2 \end{array}\right\}$$

No es nulo el determinante del sistema:

$$D=\begin{vmatrix} 3 & -2 \\ 8 & 5 \end{vmatrix}=31$$

Las soluciones son:

$$x=\frac{\begin{vmatrix} 7 & -2 \\ -2 & 5 \end{vmatrix}}{31}=\frac{31}{31}=1$$

$$y=\frac{\begin{vmatrix} 3 & 7 \\ 8 & -2 \end{vmatrix}}{31}=\frac{-62}{31}=-2$$

Debido al carácter elemental de esta obra no se exponen otras cuestiones sobre la teoría de los determinantes, teoría que, por otra parte, adquiere cada día mayor importancia en la resolución de multitud de problemas de matemática superior.

2.º Interés compuesto y anualidades

337. Aunque el Álgebra es ciencia ajena a los problemas de orden económico, presta su ayuda a la resolución de problemas de esta índole, ligados, como todos los de la rama de la Economía, a los números. Y como capítulo especial, dentro de los cursos de Álgebra elemental, se estudian las cuestiones del *Interés compuesto* y las *Anualidades*, las cuales se exponen abreviadamente a continuación.

a) *INTERÉS COMPUESTO*

338. Se denomina *interés la ganancia que proporciona un capita al que lo presta durante el tiempo que dura el préstamo.*

No debe confundirse el interés con el *rédito;* éste es la *ganancia que proporciona la unidad monetaria prestada durante la unidad de tiempo,* y se le llama también *tanto por uno.* En el cálculo de intereses se establece generalmente el *tanto por ciento,* que es la ganancia que proporcionan 100 unidades monetarias en un año. Así pues, el *tanto por uno* es la *centésima* parte del tanto por ciento; si un capital se presta al 5 por 100, el tanto por uno será 0,05 pesetas por peseta, esto es, cada peseta (unidad monetaria) renta o produce al año 5 céntimos.

El cálculo del interés se hace, generalmente, por el plazo de un año o de seis meses, que es, por lo común, el tiempo mínimo que se presta un capital.

339. Interés compuesto. — *Se dice que un capital se presta a interés compuesto cuando los intereses que produce al cabo de cada unidad de tiempo se acumulan o agregan al capital primitivo para que produzcan a su vez nuevos intereses.*

Según esta definición, si se prestan 100.000 pesetas al 6 por 100 anual, al terminar el año del préstamo, el prestatario o persona que recibe el préstamo no entrega al prestamista las 6.000 pesetas, producto o interés del capital recibido en préstamo, sino que retiene esta ganancia, junto con el capital, durante otro año, durante el cual producirán nuevos intereses el capital y las 6.000 pesetas por él producidas durante el primer año.

340. Fórmula general. — Representemos con c el capital inicial prestado, con r el tanto por uno y con n el número de años que dura el préstamo. Para hallar la fórmula que nos dé el capital acumulado al cabo de los n años haremos el siguiente razonamiento:

Una peseta produce un interés anual igual a r, y, por consiguiente, al finalizar el año se habrá transformado en $1+r$ pesetas. Si el capital inicial son dos pesetas, al finalizar el año se habrán transformado en $2+2r=2(1+r)$, esto es, en dos veces $1+r$; y, por deducción lógica, c pesetas se transformarían en c veces $(1+r)$.

Esto es:

$$
\begin{array}{llll}
1 \text{ peseta al cabo de 1 año se transforma en } 1+r=1\,(+r) \\
2 \text{ pesetas } \quad » \quad » \quad » \quad » \quad » \quad 2\,(1+r) \\
\cdots \cdots \cdots \cdots \cdots \cdots \cdots \cdots \cdots \cdots \cdots \cdots \cdots \cdots \cdots \\
c \quad » \quad » \quad » \quad » \quad » \quad » \quad c\,(1+r)
\end{array}
$$

por consiguiente, para hallar en qué se transforma un capital prestado al cabo de un año de préstamo, basta multiplicarlo por $1+r$.

El préstamo se inicia al comenzar el segundo año con un capital que no es igual a c sino $c\,(1+r)$, y en virtud de la regla deducida, este capital se transformará, al concluir el segundo año del préstamo, en $c\,(1+r)\,(1+r)$, que equivale a $c\,(1+r)^2$.

Al comenzar el tercer año, el capital que se presta es, pues, $c\,(1+r)^2$, el cual se transformará, al concluir este año, en $c\,(1+r)^2\,(1+r)=c\,(1+r)^3$, y así sucesivamente; luego, al finalizar el n-ésimo año, el capital primitivo c prestado se habrá transformado en $c\,(1+r)^n$.

Por consiguiente, el capital final C será

$$C = c\,(1+r)^n \qquad (1)$$

fórmula general que nos dice que: *el capital acumulado en un préstamo al interés compuesto durante n años es igual al capital inicial multiplicado por el binomio 1+r elevado a un exponente igual al número de años que dura el préstamo.*

El cálculo de C por esta fórmula exige el empleo de los logaritmos, pues el cálculo y deducción de la potencia $(1+r)^n$ es largo y pesado cuando n es superior a 3 ó 4.

EJEMPLO. Hallar en qué se convierten 20.000 pesetas colocadas a interés compuesto durante 15 años al 5 %.

El tanto por uno es 0,05, y $1+r=1,05$; la fórmula (1) se transforma en esta otra:

$$C = 20.000 \times 1,05^{15}$$

y aplicando logaritmos:

$$\log C = \log 20.000 + 15\,\log 1,05 = 4,301030 + 0,317835 = 4,618865.$$

El número cuyo logaritmo es 4,618865 es el valor del capital C acumulado; este número es 41.578,2, luego las 20.000 pesetas se transforman en 41.578,2 pesetas en las condiciones indicadas en el enunciado del problema.

Observación. — En las tablas de logarimos suelen haber tablas auxiliares en donde se dan los logaritmos de la potencia $(1+r)^n$ con más de cinco cifras decimales para valores de r comprendidos enre $\frac{1}{4}$ y 8 por 100, y para períodos de préstamos comprendidos entre 1 y 100 años, con lo que se simplifican considerablemente los cálculos; igualmente hay tablas auxiliares que dan directamente en qué se convierte 1 peseta prestada al interés compuesto desde 1 a 100 años y más.

341. Fórmulas derivadas. — La fórmula general

$$C = c\,(1+r)^n \qquad (1)$$

contiene las cuatro variables C, c, r y n; conocidas tres de ellas, se puede deducir la cuarta, bastando para ello despejar su valor, como se hace en toda ecuación.

1.º *Fórmula del capital inicial.* — Si se quiere conocer el capital inicial c que prestado a interés compuesto durante n años al tanto por ciento r se transforma en el capital C, despejaremos c en la fórmula (1). Tendremos:

$$c = \frac{C}{(1+r)^n} \qquad (2)$$

fórmula que se resuelve aplicando logaritmos:

$$\log c = \log C - \log (1+r)^n$$

o bien buscando en las tablas auxiliares $\log (1+r)^n$ y dividiendo por este valor el del capital final C.

De modo análogo se procede para hallar el rédito o tanto por uno r y el número de años n cuando se conocen las restantes variables, como se expone a continuación.

2.º *Fórmula del tanto por uno.* — De la fórmula (1) se deduce:

$$(1+r)^n = \frac{C}{c}$$

de donde

$$1+r = \sqrt[n]{\frac{C}{c}}, \quad y \quad r = \sqrt[n]{\frac{C}{c}} - 1 \quad (3).$$

El valor del tanto por ciento será, pues, cien veces mayor que el así obtenido.

Cuando n sea superior a 3, se acude a los logaritmos para hallar la raíz del cociente $C:c$, por ser muy laborioso el cálculo aritmético de raíces de índice superior a 3.

EJEMPLO. ¿A qué tanto por ciento debe colocarse un capital de 10.000 pesetas para que a interés compuesto se duplique al cabo de 10 años?

Aplicando la fórmula última:

$$r = \sqrt[n]{C:c} - 1$$

en la cual, para el ejemplo propuesto $C = 2 \times 10.000 = 20.000$, $c = 10.000$ y $n = 10$, tendremos:

$$r = \sqrt[10]{20.000 : 10.000} - 1 = \sqrt[10]{2} - 1.$$

Calculando $\sqrt[10]{2}$ por logaritmos:

$$\log \sqrt[10]{2} = \frac{\log 2}{10} = \frac{0,301030}{10} = 0,030103$$

luego $\sqrt[10]{2} = $ antilog $0,030103 = 1,072$

$$r = 1,072 - 1 = 0,072.$$

Así pues, el tanto por ciento anual es **72**, interés al cual debe prestarse 10.000 pesetas para que se duplique al cabo de 10 años.

3.º *Fórmula del tiempo.* — Para deducir el valor de n de la fórmula general (1) aplicaremos logaritmos, pues n figura en ella como exponente:

$$\log C = \log c + n \cdot \log (1+r)$$

de donde

$$n = \frac{\log C - \log c}{\log (1+r)} \quad (4)$$

fórmula que únicamente tiene solución para el caso que resulte para n un número natural, ya que la fórmula general se ha obtenido para un número exacto de años.

EJEMPLO. ¿Cuánto tiempo deberán prestarse 14.000 pesetas al 6 por 100 para que se conviertan en 35.565,5 pesetas?

Aplicando la fórmula (4), tendremos:

$$\log C \ \ldots\ldots\ldots\ldots\ldots\ \log 35.565,5 = 4,551024$$
$$\text{colog } c \ \ldots\ldots\ldots\ldots\ \text{colog } 14.000 = 5,853872$$
$$\overline{0,404896}$$
$$\log (1+r) \ \ldots\ldots\ldots\ldots\ \log \ \ 1,06 = 0,025306$$
$$0,404896 : 0,025306 = 16$$

luego deben prestarse 16 años.

342. Fórmulas para los casos en que la acumulación del interés sea semestral, trimestral o mensual. — No siempre el interés producido por un capital prestado se acumula a éste al final de cada año, sino que muchas veces los préstamos se estipulan por semestres, trimestres y por meses, con acumulación de interés al final de cada uno de estos períodos de tiempo, fijando, no obstante, el tipo de interés por el plazo de un año. Las fórmulas del interés compuesto difieren entonces un tanto de las obtenidas anteriormente, como vamos a ver a continuación.

1.º *Acumulación semestral de intereses.* — Puesto que el tanto por uno o ganancia que produce anualmente no varía, si una peseta produce anualmente una ganancia r, en medio año, un semestre, producirá $\dfrac{r}{2}$, luego una peseta se transforma al terminar el primer semestre en $1+\dfrac{r}{2}=1\left(1+\dfrac{r}{2}\right)$, esto es, que como en el caso de préstamo y acumulación anual de intereses, se hallará el capital final multiplicando el inicial del préstamo por $1+\dfrac{r}{2}$; el capital inicial del préstamo en el segundo semestre es $1+\dfrac{r}{2}$ y al cabo de éste se transforma en $1\left(1+\dfrac{r}{2}\right)$ $\left(1+\dfrac{r}{2}\right)=\left(1+\dfrac{r}{2}\right)^{2}$, luego una peseta se habrá transformado al cabo de dos semestres, esto es, al cabo de uno año, en

$$\left(1+\dfrac{r}{2}\right)\left(1+\dfrac{r}{2}\right)=\left(1+\dfrac{r}{2}\right)^{2}$$

de donde se deduce lógicamente que al cabo de n años se transforma en

$$\left[\left(1+\dfrac{r}{2}\right)^{2}\right]^{n}=\left(1+\dfrac{r}{2}\right)^{2n}$$

y c pesetas se transforman en $c\left(1+\dfrac{r}{2}\right)^{2n}$, luego

$$C=c\left(1+\dfrac{r}{2}\right)^{2n}$$

fórmula general que permite calcular una cualquiera de las variables conociendo las otras tres, siguiendo para ello una marcha análoga a la indicada para el préstamo por años enteros.

2.º *Acumulación trimestral de intereses.* — En este caso los intereses producidos por el capital se acumulan a éste al final de cada trimestre, quedando invariable el tanto por uno r anual, que se reparte por igual entre los cuatro trimestres del año. Así pues, el beneficio producido por una peseta cada trimestre es $\dfrac{r}{4}$. Un razonamiento análogo al de los dos casos anteriores nos conducirá a la fórmula que debe aplicarse en este caso.

1 peseta al trimestre produce un beneficio $\dfrac{r}{4}$

1 peseta al cabo del primer trimestre se transforma en $1+\dfrac{r}{4}$, capital que al finalizar el segundo trimestre se habrá convertido en $\left(1+\dfrac{r}{4}\right)\left(1+\dfrac{r}{4}\right)$ $\left(1+\dfrac{r}{4}\right)^2$, y así sucesivamente. Luego tendremos:

1 peseta al final del 1.ᵉʳ trimestre se convierte en $1+\dfrac{r}{4}$

1 peseta al final del 2.º trimestre se convierte en $\left(1+\dfrac{r}{4}\right)^2$

1 peseta al final del 3.ᵉʳ trimestre se convierte en $\left(1+\dfrac{r}{4}\right)^3$

1 peseta al final del 4.º (un año) se convierte en $\left(1+\dfrac{r}{4}\right)^4$

... ...

1 peseta al final de n años se convierte en $\left[\left(1+\dfrac{r}{4}\right)^4\right]^n = \left(1+\dfrac{r}{4}\right)^{4n}$

y como consecuencia lógica, un capital de c pesetas se transformará al final de n años en

$$C = c\left(1+\dfrac{r}{4}\right)^{4n}$$

fórmula que, como sus análogas anteriores, permite calcular una de las variables C, c, r, n, conocidas las otras tres.

3.º *Acumulación mensual de intereses.* — En este caso los intereses producidos por el capital se acumulan a éste al final de cada mes. Se comprende que el beneficio mensual que produce cada peseta es $\dfrac{r}{12}$, esto es, la dozava parte del tanto por uno anual.

Un razonamiento análogo al del caso anterior nos conduce a la fórmula:

$$C = c\left(1+\dfrac{r}{12}\right)^{12n}$$

para el caso de préstamo por n años.

b) *ANUALIDADES*

343. Es frecuente la operación comercial de formar un capital o pagar una deuda con sus intereses mediante la entrega anual de determinada cantidad, fija y constante, durante un cierto número de años o unidades de tiempo fijados previamente. El cálculo de los elementos de esta operación constituye otros tantos problemas a cuya resolución se presta el Álgebra, como se ve a continuación.

344. 1.º Capitalización y anualidad de capitalización. — Denomínase *capitalización* la operación que consiste en formar un capital previamente fijado, mediante la entrega, *al principio de cada año y durante un cierto número de ellos*, de una cantidad fija y constante, que se denomina *anualidad de capitalización.*

Las sumas de las anualidades entregadas, junto con sus intereses compuestos, han de formar el capital prefijado.

Vamos a deducir la fórmula que permite resolver todos los problemas de la capitalización.

Representemos el capital que se quiere formar con C, el rédito o tanto por uno con r, el número de años con n y con a la anualidad, la cual, como se ha dicho, se entrega al principio de cada año.

La primera anualidad se entrega al principio del 1.ᵉʳ año; produce, pues, intereses durante n años y al cabo de este tiempo se habrá transformado en $a(1+r)^n$.

La segunda anualidad se entrega al principio del 2.º año, produce intereses durante n−1 años, y al cabo de este tiempo se habría transformado en $a(1+r)^{n-1}$.

La penúltima anualidad se entrega al principio del penúltimo año, produce intereses durante dos años, y al cabo de este tiempo se habrá transformado en $a(1+r)^2$.

Finalmente, la última anualidad se entrega al comenzar el último año, produce intereses durante un solo año, y al cabo de él se habrá transformado en $a(1+r)$.

Todo esto lo expresaremos abreviadamente así:

Anualidad   Produce

1.ᵃ	n	años y al cabo de ellos se transforma en				a $(1+r)^n$
2.ᵃ	n−1	»	»	»	»	» a $(1+r)^{n-1}$
3.ᵃ	n−2	»	»	»	»	» a $(1+r)^{n-2}$
... ...
Penúltima	2	»	»	»	»	» a $(1+r)^2$
Última	1	»	»	»	»	» a $(1+r)$

Sumando los capitales parciales en que cada anualidad se ha transformado, tendremos el capital C:

$$C = a(1+r) + a(1+r)^2 + \ldots + a(1+r)^{n-2} + a(1+r)^{n-1} + a(1+r)^n$$

y sacando como factor común $a(1+r)$:

$$C = a(1+r)[1+(1+r)+(1+r)^2+\ldots+(1+r)^{n-2}+(1+r)^{n-1}].$$

La suma comprendida dentro de los corchetes es la de los términos de una progresión geométrica cuya razón es $1+r$, y aplicando la fórmula de la suma de términos de una progresión geométrica, tendremos:

$$C = a\,(1+r)\,\frac{(1+r)^{n-1}\,(1+r)-1}{r} = a\,(1+r)\,\frac{(1+r)^n-1}{r}$$

esto es,

$$C = \frac{a\,(1+r)\,[(1+r)^n-1]}{r} \qquad (1),$$

fórmula que nos da el capital C conocidos la anualidad a, el tanto por uno r y el número de años n, y que permite calcular una cualquiera de estas variables conocidas las demás.

Es problema general buscar o fijar el valor de la anualidad a, cuyo valor se obtiene despejándolo de la fórmula (1):

$$a = \frac{Cr}{(1+r)\,[(1+r)^n-1]} \qquad (2).$$

Las dos fórmulas (1) y (2) resuelven los problemas corrientes de capitalización, siendo preciso para ello utilizar las tablas de logaritmos cuando n es algo elevado, simplificándose así las operaciones.

EJEMPLO.   ¿Qué anualidad debe entregarse para formar un capital de 50.000 pesetas al cabo de 10 años, impuesto al 6 por 100?

Substituyendo valores en la fórmula (2), tendremos:

$$a = \frac{50.000 \times 0,06}{1,06\,(1,06^{01}-1)}$$

y tomando logaritmos:

$$\log a = \log 50.000 + \log.\ 0,06 + \text{colog}\ 1,06 + \text{colog}\ [1,06^{10}-1].$$

Efectuando las operaciones:

$$\log 50.000 \quad = \dots\dots\dots\dots\dots\dots = 4,698970$$

$$\log 0,06 \quad = \dots\dots\dots\dots\dots\dots = \overline{2},778151$$

$$\log 1,06 \quad = 0,025306; \qquad \text{colog}\ 1,06 = \overline{1},974694$$

$$10 \times \log 1,06 \quad = 0,25306; \qquad 1,06^{10} = 1,791$$

$$\log\,[1,06^{10}-1] = \overline{1},898176; \qquad \text{colog}\ 0,791 = 0,101824$$

$$\log a = 3,553639$$

de donde, buscando el antilogaritmo, se obtiene para a el valor:

$$a = 3.578 \ \text{pesetas.}$$

Cálculo del tiempo n. —Para ello se puede partir de la fórmula (2), de la cual se obtiene:

$$C\,r = a\,(1+r)\,[(1+r)^n-1]$$

y de aquí

$$(1+r)^n \frac{C\,r}{a\,(1+r)} + 1 = \frac{C\,r + a\,(1+r)}{a\,(1+r)}$$

y tomando logaritmos:

$$n \log (1+r) = \log [C\,r + a\,(1+r)] + \text{colog } a + \text{colog } (1+r),$$

de donde, dividiendo ambos miembros por $\log (1+r)$:

$$n = \frac{\log [C\,r + a\,(1+r)] + \text{colog } a + \text{colog } (1+r)}{\log (1+r)}$$

El cálculo del tanto por uno, r, no se puede hacer directamente, y por esto se lleva a cabo por aproximaciones sucesivas.

Observación. — El cálculo de los elementos C y a de las fórmulas (1) y (2) y el de los restantes, aplicando directamente logaritmos, es largo y prolijo, por lo que se aconseja transformarlas en otras equivalentes y adecuadas que pueden resolverse directamente mediante las tablas auxiliares que acompañan a las de logaritmos, sin tener necesidad de aplicar éstos. Para ello se procede como se indica a continuación.

345. Cálculo directo de C **y** a. — Para resolver directamente las fórmulas (1) y (2) se transforman multiplicando el numerador y denominador de ellas por $(1+r)^n$; tendremos así

$$C = \frac{a\,(1+r)^{n+1}\,[(1+r)^n - 1]}{r\,(1+r)^n} = a\,(1+r)^{n+1} \cdot \frac{(1+r)^n - 1}{r\,(1+r)^n} \qquad (3)$$

$$a = \frac{C\,r\,(1+r)^n}{(1+r)^{n+1}\,[(1+r)^n - 1]} = \frac{C}{(1+r)^{n+1}} \cdot \frac{r\,(1+r)^n}{(1+r)^n - 1} \qquad (4)$$

Los segundos factores en que se han descompuesto ambas fórmulas, como también el factor $(1+r)^{n+1}$, vienen dados directamente en las tablas auxiliares a las que hemos hecho referencia, reduciéndose, pues, el cálculo a sencillas multiplicaciones y divisiones:

346. 2.º Amortización y anualidad de amortización. — Se entiende por *amortización* el pago de una deuda y sus intereses compuestos mediante la entrega, *al final de cada año y durante un cierto número de ellos*, de una cantidad fija y constante que se denomina *anualidad de amortización*.

El cálculo de los elementos de los problemas de amortización se hace utilizando fórmulas que guardan una cierta analogía con las de capitalización, y que se deducen por razonamientos análogos a los que se hicieron allí.

Cálculo de la anualidad de amortización. — Representemos con D el importe de la deuda, con a la anualidad, con r el tanto por uno y con n el número de años, al cabo de los cuales debe quedar amortizada aquella deuda.

El que recibe la cantidad D, esto es, el prestatario, debe pagar no sólo esta cantidad, sino también los intereses compuestos que D pesetas produciría durante n años; luego la deuda, al final de los n años, ascenderá a

$$D\,(1+r)^n.$$

Para hallar el valor de la anualidad a haremos el siguiente razonamiento:

La primera anualidad a se paga al final del primer año, producirá intereses durante los $n-1$ años siguientes, y al cabo de este tiempo se habrá tranformado en $a\,(1+r)^{n-1}$.

Luis Postigo

La segunda anualidad se entrega al final del segundo año, producirá intereses durante los $n-2$ *años restantes, y al cabo de este tiempo se transformará en* $a(1+r)^{n-2}$.

... ...

La penúltima anualidad se entrega al final del penúltimo año del plazo fijado, produce intereses solamente durante un año, y al cabo de este tiempo se habrá transformado en $a(1+r)$.

Finalmente, *la última anualidad se entrega al terminar el último año, y en el momento de su entrega queda cancelada la deuda*. Todo el razonamiento lo expresaremos abreviadamente así:

Anualidad	Produce intereses						
1.ª	$n-1$ años y al cabo de ellos se transforma en $a(1+r)^{n-1}$						
2.ª	$n-2$ »	»	»	»	»	$a(1+r)^{n-2}$	
... ...	... ...	...	...	...	...	...	...
Penúltima	1 »	»	»	»	»	$a(1+r)$	
Última	— »	»	»	»	»	a	

La suma de las anualidades y sus intereses compuestos ha de ser igual al valor de la deuda y sus intereses; luego

$$D(1+r)^n = a + a(1+r) + a(1+r)^2 + \ldots\ldots + a(1+r)^{n-2} + a(1+r)^{n-1}$$

y sacando a de factor común:

$$D(1+r)^n = a\left[1 + (1+r) + (1+r)^2 + \ldots\ldots + (1+r)^{n-2} + (1+r)^{n-1}\right]$$

la suma comprendida entre corchetes es la suma de los términos de una progresión geométrica limitada, cuya razón es $1+r$; luego

$$D(1+r)^n = a\,\frac{(1+r)^{n-1}(1+r)-1}{r} = \frac{a\left[(1+r)^n-1\right]}{r} \qquad (1)$$

fórmula que nos permite hallar el valor de una de las variables D, r, a y n, cuando se conocen las otras tres; de ella se deducen las fórmulas de los valores de a y D, que son los que constituyen generalmente problema:

$$a = \frac{D\,r\,(1+r)^n}{(1+r)^n-1}, \qquad D = \frac{a\left[(1+r)^n-1\right]}{r\,(1+r)^n}$$

fórmulas que pueden calcularse por logaritmos, o bien directamente, utilizando las tablas auxiliares de que hemos hecho mención en otro lugar y en las cuales se encuentran directamente los productos y cocientes

$$\frac{r\,(1+r)^n}{(1+r)^n-1} \qquad y \qquad \frac{(1+r)^n-1}{r\,(1+r)^n}$$

para tantos por ciento y años entre límites muy extensos.

Ejemplo. Hallar la anualidad que debe pagarse para amortizar una deuda de 30.000 pesetas, prestadas al 5 por 10, en 10 años.

Aplicando la fórmula que da el valor de la anualidad y substituyendo valores:

$$a = \frac{D\,r\,(1+r)^n}{(1+r)^n - 1} = \frac{30.000 \times 0,05 \times 1,05^{10}}{1,05^{10} - 1}$$

y aplicando logaritmos:

$$\log a = \log 30.000 + \log 0,05 + 10 \cdot \log 1,05 + \text{colog}\,[1,05^{10} - 1]$$

operación que dispondremos así:

$$
\begin{aligned}
\log\ 30.000 &= \ldots \ldots \ldots = 4,477121 \\
\log\ \ \ 0,05 &= \ldots \ldots = \overline{2},698970 \\
10\ \log\ \ \ 1,05 &= 10 \times 0,021189\ \ldots = 0,211890 \\
-\log\,[1,05^{10} - 1] &= \text{colog}\ 1,798582 \ldots = 0,201418 \\
\hline
\log\ a &= 3,589399
\end{aligned}
$$

de donde

$$a = 3.884 \text{ pesetas.}$$

Calculando directamente mediante las tablas auxiliares se obtiene:

$$a = 30.000 \times 0,1295 = 3.885$$

valor más aproximado que el anterior.

Cálculo del tiempo n. — Para calcular el tiempo n se parte de la fórmula:

$$D = \frac{a\,[(1+r)^n - 1]}{r\,(1+r)^n}$$

de la que se deduce:

$$D\,r\,(1+r)^n = a\,(1+r)^n - a$$

de donde

$$a = a\,(1+r)^n - D\,r\,(1+r)^n$$

o lo que es lo mismo

$$a = (1+r)^n \times (a - D\,r)$$

y tomando logaritmos:

$$\log a = n \cdot \log\,(1+r) + \log\,(a - D\,r)$$

y despejando n:

$$n = \frac{\log\ a + \text{colog}\,(a - D\,r)}{\log\,(1+r)}$$

fórmula que sólo puede darnos valores de n en el caso de que la diferencia $a - D\,r$ sea positiva, esto es, que $a < D\,r$, y como $D\,r$ es el interés producido anualmente por el capital D, indica que para extinguir una deuda es preciso que la anualidad sea mayor que el interés producido por el capital al tanto por ciento fijado.

El valor del tanto por ciento no se determina directamente, sino mediante aproximaciones sucesivas.

3.º ECUACIONES EXPONENCIALES

347. *Denomínanse* **ecuaciones exponenciales** *las ecuaciones que tienen como exponente a la incógnita.* Así, son ecuaciones exponenciales:

$$6^{(x-3)\cdot(x-1)}=0; \qquad 0,5^x=1; \qquad 4^{x^2+3\,x-2}=16$$

Estas ecuaciones se resuelven, por lo común, aplicando logaritmos y resolviendo luego la ecuación que resulta por los procedimientos algebraicos ya conocidos; algunas se pueden resolver por otros medios, como se ve en los ejemplos siguientes.

EJEMPLOS .

1.º Resolver la ecuación $0,5^x=1$.
Tomando logaritmos tendremos:

$$\log 0,5^x=\log 1, \quad \text{esto es,} \quad x\cdot\log 0,5=0$$

de donde

$$x=\frac{0}{\log 0,5}$$

Se preveía el resultado recordando que la potencia cero de cualquier número es siempre igual a 1; esto es:

$$0,5^0=1, \quad \text{pero} \quad 0,5^x=1$$

luego

$$x=0.$$

2.º Resolver la ecuación exponencial $4^{\sqrt{x}}=100$.
Tomando logaritmos:

$$\log 4^{\sqrt{x}}=\log 100; \quad \sqrt{x}\cdot\log 4=2$$

pero $\log 4=0,602$, luego

$$0,602\,\sqrt{x}=2 \quad y \quad \sqrt{x}=\frac{2}{0,602}$$

de donde elevando al cuadrado:

$$x=\frac{4}{0,362}$$

3.º Resolver la ecuación exponencial $10^{x^2-4x+6}=1.000$.
Tomando logaritmos:

$$\log 10^{x^2-4x+6}=\log 1.000$$

de donde

$$(x^2-4\,x+6)\,\log 10=\log 1.000$$

y recordando que $\log 1.000=3$ y que $\log. 10=1$, tendremos:

$$x^2-4\,x+6=3, \quad \text{o bien} \quad x^2-4\,x+3=0$$

ecuación de segundo grado, cuyas raíces son: $x'=3$ y $x''=1$.

La solución primera era fácil prever, pues sabemos que 1.000 es la tercera potencia de 10, esto es:

$$10^3 = 1.000$$

luego

$$x^2 - 4x + 6 = 3$$

4.º   Resolver la ecuación $(6^{x-2})^{n-1} = 1$.

Tomando logaritmos se tiene, recordando que

$$(6^{x-2})^{(x-1)} = 6^{(x-2)(x-1)}:$$

$$(x-2)(x-1)\cdot \log 6 = 0$$

y como $\log 6$ no es igual a cero, lo deberá ser el factor $(x-2)(x-1)$ para que lo sea el primer miembro, luego:

$$(x-2)(x-1) = 0, \quad \text{o sea} \quad x^2 - 3x + 2 = 0,$$

ecuación de segundo grado, cuyas raíces son 2 y 1.

5.º   Resolver la ecuación $2^{(3-x)} = 6^{(x+3)}$.

Recordando que

$$2^{3-x} = 2^3 : 2^{-x} = 2^3 \times \frac{1}{2^x} = \frac{2^3}{2^x}$$

tendremos:

$$\frac{2^3}{2^x} = 6^x \cdot 6^3; \qquad \frac{2^3}{6^3} = 6^x \cdot 2^x,$$

esto es.

$$\left(\frac{2}{6}\right)^3 = 12^x, \qquad \frac{1}{27} = 12^x,$$

y tomando logaritmos:

$$-\log 27 = x \cdot \log 12,$$

de donde

$$x = \frac{-\log 27}{-\log 12} = -\frac{1,43136}{1,07918} = -1,326340 = \overline{2},673660,$$

luego

$$x = 0,047169.$$

CAPÍTULO XV

NÚMEROS COMPLEJOS

348. Según sabemos ya, todo punto de una recta está determinado por su distancia a otro punto de la misma tomado como origen, y esta distancia y, en consecuencia, el punto, vienen dados por un número real; recíprocamente, a cada número real le corresponde, o determina, un punto de una recta.

Pero al pasar de la recta (una dimensión) al plano, que tiene dos dimensiones, ya no es suficiente un número para determinar un punto, sino que son necesarios dos números, denominados *coordenadas del punto*. Así, en la figura 22, la posición del punto M, en el plano del papel, y con relación al sistema de ejes coordenados X X', Y Y', viene dada de un modo que no deja lugar a dudas por las coordenadas *a* y *b* de dicho punto. El símbolo *(a, b)* determina un punto en el plano, esto es, tiene en el plano la misma significación y propiedad que el número real en la recta y por estar formado por dos elementos reales se denomina *número complejo* (*).

Así, el número complejo se define como *un par de números reales, positivos o negativos, dados en un orden determinado*. Cada uno de estos números se llaman *componentes*.

Puesto que los componentes de un número complejo tienen distinto carácter, de aquí se deduce que si se altera el orden en que se enumeran ambos, se obtiene un número diferente, por cuya razón no es indiferente el orden en que se enumeran.

El número complejo es más universal que el número real, y éste, como también el imaginario puro, son casos particulares de aquél.

El número real puede considerarse como un complejo cuyo segundo componente es cero; así:

$$(\ a,0) = \ a$$
$$(-5,0) = -5$$
$$(\ 1,0) = \ 1.$$

La unidad en el eje imaginario se expresa por $(0,1) = i$; por definición es $i = \sqrt{-1}$, siendo -1 la unidad negativa en el eje real.

El cero tiene como representación compleja $(0,0)$.

---

* Algunos matemáticos asignan al segundo componente, *b*, valor imaginario porque la magnitud que representa está tomada sobre el eje de las cantidades imaginarias, y en consecuencia, dan al número complejo el nombre de número *mixto*, y a la magnitud o segmento OM, cantidad *dirigida*, nombre que le cuadra más propiamente cuando se consideran las coordenadas polares, de las cuales se hablará en Trigonometría.

Si el primer componente es cero, se obtiene un número imaginario:

$$(0,4)=4\,i; \qquad (0,-b)=-b\,i; \qquad (0,1)=i.$$

349. Números complejos iguales. — *Se dice que dos números complejos son iguales si tienen iguales sus primeras componentes y sus segundas; así, (a, b) es igual a (c, d) si se cumplen las condiciones a=c y b=d. En el caso contrario, los dos complejos son desiguales.*

De la definición dada se deduce:

1.º Que todo número complejo es igual a sí mismo.

2.º Que dos complejos iguales a un tercero son iguales entre sí. Si $(a, b)=(c, d)$ y $(m, n)=(c, d)$, se deduce que $(a, b)=(m, n)$.

350. Números complejos cero, conjugados y opuestos. — De lo dicho en números anteriores se deduce que *un número complejo es igual a cero si lo son sus dos componentes.*

Esto es,

$$(a,\ b)=0 \qquad si \qquad a=0 \qquad y \qquad b=0.$$

Se dice que dos complejos son conjugados cuando tienen igual el primer componente y opuesto el segundo.

Así, los números (1, 3) y (1, − 3) son complejos conjugados.

Dos complejos son opuestos cuando tienen opuestos los primeros y los segundos componentes.

Así, los números (3, 3) y (− 3, − 3) son opuestos. En la figura 23 los números complejos conjugados (3, 3) y (3, − 3) vienen representados por los vectores $O\,M_1$ y $O\,M_2$, en tanto que los vectores $O\,M_1$ y $O\,M_3$ representan dos vectores opuestos, de acuerdo con las definiciones dadas.

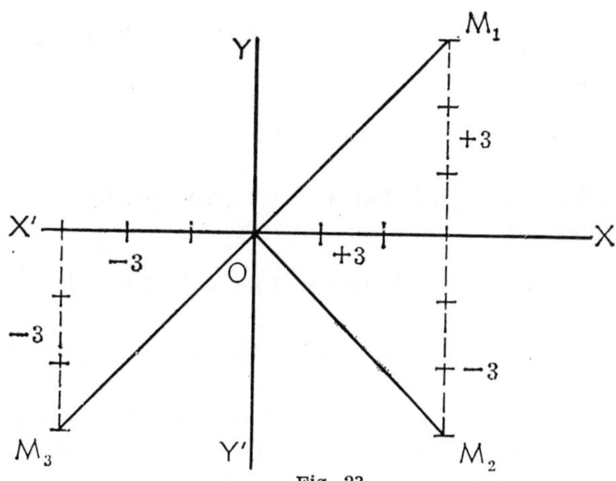

Fig. 23

351. Adición de números complejos. — *La suma de dos números complejos (a, b) y (c, d) es otro número complejo (a+c, b+d) cuyos componentes primero y segundo son la suma de los primeros y de los segundos componentes.*

$$(a,\ b)+(c+d)=(a+c,\ b+d)$$

$$(3,\ 2)+(1,\ 2)=(3+1,\ 2+2)=(4,\ 4).$$

Si los sumandos son dos complejos *conjugados*, la suma es un número real. Así:

$$(3, 4)+(3, -4)=(3+3, 4-4)=(6, 0)=6.$$

Si los sumandos son dos complejos *opuestos*, la suma es igual a cero:

$$(3, 2)+(-3, -2)=(3-3, 2-2)=(0, 0)=0$$

al igual de lo que ocurre al sumar dos números reales opuestos.

Si los sumandos son dos números *imaginarios puros*, su suma da otro número imaginario puro. Así:

$$2\,i+3\,i=(0,2)+(0, 3)=(0+0, 2+3)=5\,i.$$

La suma de varios números complejos se obtiene sumando los dos primeros, el resultado obtenido con el segundo, la suma obtenida con el cuarto, y así sucesivamente.

La suma de los números complejos cumple con las leyes de uniformidad, conmutativa y asociativa de la suma.

352. Substracción de números complejos. — *La diferencia de dos números complejos es otro número complejo que, sumado con el substraendo, nos da el minuendo.*

Para obtener la diferencia de dos números complejos se restan los primeros componentes y los segundos, o bien se suma al minuendo el opuesto del substraendo:

$$(a, b)-(c, d)=(a-c, b-d),$$

o bien

$$(a, b)-(c, d)=(a, b)+(-c, -d)=(a-c, b-d),$$

y ésta es la diferencia verdadera, **porque** sumándola con el substraendo da el minuendo.

La diferencia de dos complejos conjugados es un número imaginario puro; así,

$$(2, -3)-(2, 3)=(2-3, -3-3)--6\,i.$$

La diferencia de dos números imaginarios puros es otro imaginario puro que tiene como coeficiente de *i* el número real que resulta de la diferencia de los coeficientes del minuendo y substraendo; así,

$$3\,i-2\,i=(0, 3)-(0, 2)=(0-0, 3-2)=1\,i.$$

353. Expresión de un número complejo en forma binómica. — En virtud de la definición de suma de números complejos, se tiene:

$$(a, 0)+(0, b)=(a, b),$$

y como el primer sumando es un número real y el segundo un número imaginario puro, podemos representarlos de esta manera y tendremos:

$$(a, b) = (a, 0) + (0, b) = a + b\,i = a + b\,\sqrt{-1},$$

de donde se deduce que *todo número complejo se puede representar por la suma de un número real y otro imaginario puro*, forma de representación llamada *binómica*.

354. Representación geométrica de los números complejos. — Los números complejos se representan geométricamente mediante vectores que unen un punto de un plano con el origen de coordenadas de un sistema de ejes cartesianos perpendiculares tomado en el mismo plano; *un vector es un segmento rectilíneo trazado sobre un plano y del cual se conocen su longitud, dirección y sentido.*

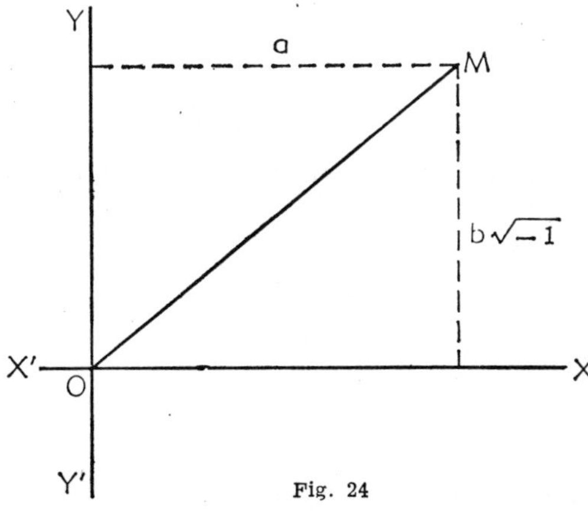

Fig. 24

En la figura 24 el número complejo *(a, b)* está representado por el vector O M; las coordenadas del extremo M del vector son justamente *a* y *b i*, las cuales son al mismo tiempo las proyecciones del vector O M sobre los ejes X X' e Y Y', proyecciones que tienen el mismo sentido que el vector y son sus componentes; estas componentes son las mismás que la del número complejo, de donde se deduce la posibilidad de representar estos números mediante vectores y obtener gráficamente los resultados de las diversas operaciones matemáticas que pueden hacerse con los números complejos.

Para ello es preciso recordar el principio de que las proyecciones de dos vectores paralelos e iguales sobre un mismo eje o ejes paralelos, son iguales (fig. 25), principio fácilmente demostrable, y, por consiguiente, que las componentes de dos vectores iguales y paralelos son iguales, es decir, que si

$$V = V', \qquad (a, b) = (a', b'),$$

por ser $a = a'$ y $b = b'$.

355. Vectores conjugados y opuestos. — Dos vectores son *conjugados* cuando sus proyecciones sobre el eje de las abscisas son iguales y del mismo signo, y su proyecciones sobre el de las ordenadas son iguales y de signos opuestos.

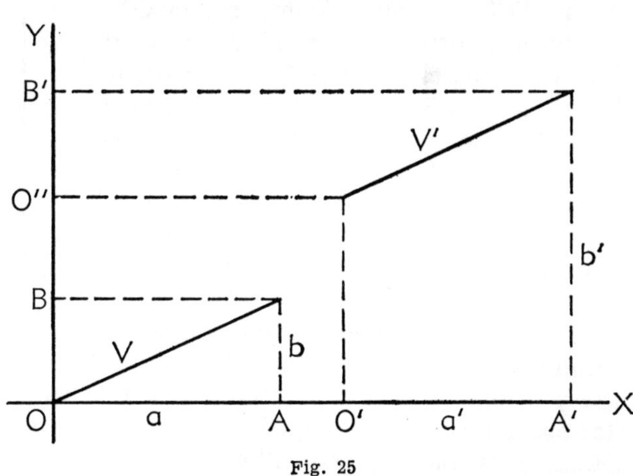

Fig. 25

Así, los vectores V y V' (fig. 26) son conjugados, en tanto que V y V'' son opuestos, por serlo los números complejos que lo determinan.

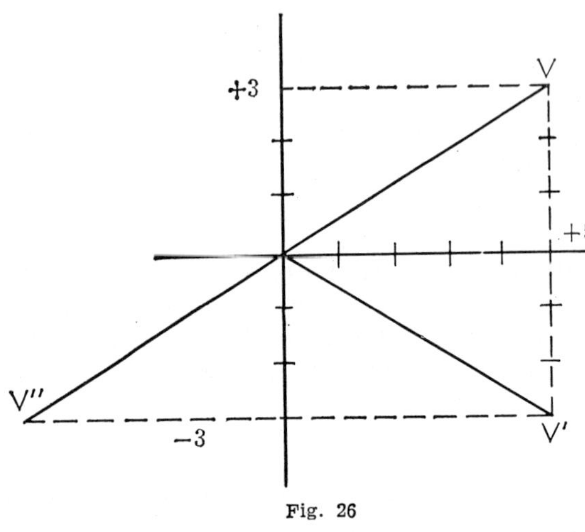

Fig. 26

356. Representación geométrica de la suma y diferencia de dos números complejos mediante el empleo de los vectores. — *La suma de dos números complejos viene representada gráficamente por la diagonal del paralelogramo, construido sobre los vectores que representan los números complejos sumandos.*

En efecto: sean los complejos sumandos (a, b), representado por O V, y (a', b'), represenado por O V' (figura 27), y O R la suma; siendo

$$O\,C = a, \quad C\,V = b,$$
$$O\,D = a', \quad D\,V' = b'$$

y O E y R E las componentes del complejo suma O R; trazando por el punto V una paralela al eje X X' se cumple:

$$O\,E = O\,C + C\,E$$
$$E\,R = E\,F + F\,R$$

y por la igualdad de los triángulos V' D O y R F V se tiene

$$F\,R = V'\,D \quad y \quad O\,D = V\,F = C\,E$$

y como F E = C V, resulta:

$$O\,E = O\,D + O\,C = a + a'$$
$$E\,R = V\,C + V'\,D = b + b'$$

luego el complejo suma representado por O R es $(a + a', b + b')$.

Para obtener la representación gráfica de la diferencia de dos complejos se sigue una marcha análoga. Si en la figura anterior se supone que O R es el complejo minuendo y O V' el complejo substraendo, bastará trazar por el punto R una paralela R V a O.V' e igual que ella en el sentido R V y unir el punto V con el origen O; el vector O V será la diferencia, pues, como es fácil demostrar, sus componentes primera y segunda son la diferencia entre las primeras y segundas componentes de los complejos minuendo y substraendo.

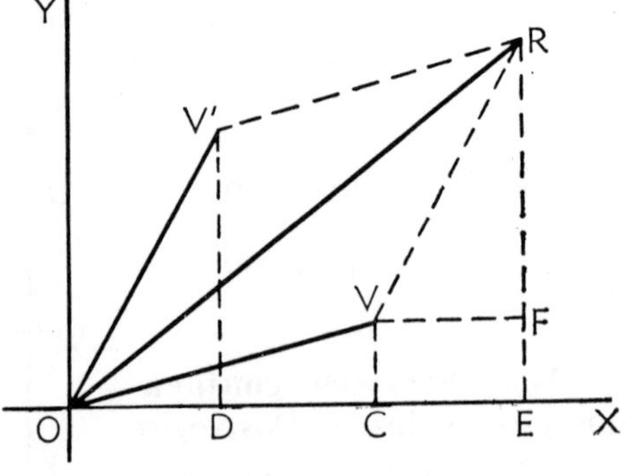

Fig. 27

357. Otras operaciones con números complejos. — Éstos pueden también multiplicarse y dividirse entre sí, ser elevados a potencias, etc., pero siendo algo engorrosas estas operaciones cuando aquéllos tienen forma binómica, se prefiere darles la forma factorial y operar luego con ellos.

TRIGONOMETRÍA

CAPÍTULO PRIMERO

RAZONES TRIGONOMÉTRICAS. FUNCIONES CIRCULARES

1. **Trigonometría.** — Llámase así a *la ciencia que tiene por objeto la resolución de los triángulos rectilíneos y esféricos por métodos algebraicos,* y por consiguiente, con mayor aproximación que las que ofrecen las construcciones geométricas o gráficas.

La dificultad de medir exactamente los arcos y ángulos y operar con ellos en los cálculos necesarios, se salva utilizando para estos cálculos ciertas relaciones entre magnitudes rectilíneas que son suficientes para determinarlos. Estas relaciones se denominan *funciones circulares* y también *líneas trigonométricas.*

2. **Medida de los ángulos.** — Se sabe por un principio de Geometría que *si tomando los vértices de dos ángulos como centro, se describen dos arcos de circunferencia con el mismo radio, la relación entre la amplitud de los dos ángulos es igual a la relación entre las longitudes de sus arcos respectivos.*

Así pues, si se toma como centro el vértice A O B y M O N y se traza una circunferencia de radio cualquiera entre los arcos A B y M N, comprendidos entre los lados de los triángulos, se cumple la relación:

$$\frac{arc.\ A\,B}{arc.\ M\,N} = \frac{\text{ángulo } A\,O\,B}{\text{ángulo } M\,O\,N}$$

relación cuyo valor es independiente del radio de la circunferencia que se ha trazado. Se deduce, pues, que si se toma como unidad de arcos el arco M N y como unidad de ángulos el ángulo central M O N, el arco A B y el ángulo central correspondiente A O B, tienen la misma medida.

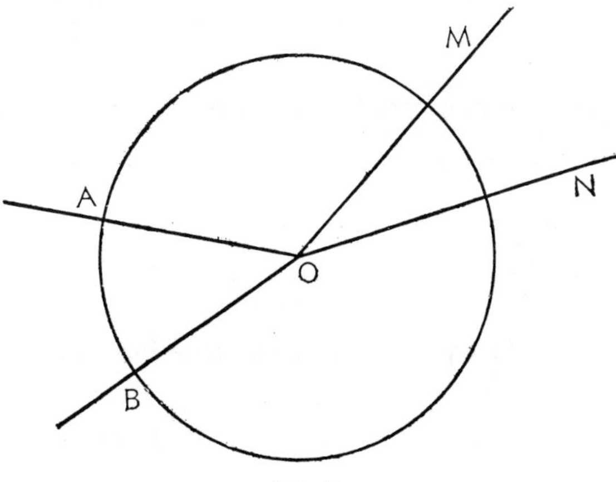

Fig. 1

ángulo central M O N, el arco A B y el ángulo central correspondiente A O B, tienen la misma medida.

3. **Unidades elegidas para medir arcos.** — Los arcos se miden por su *amplitud* y por su *longitud.* Si consideramos un ángulo cualquiera y haciendo centro en su vértice trazamos varios arcos con distintos radios, todos ellos tendrán la misma *amplitud,* pero distinta *longitud;* para medir los arcos por su amplitud se emplea como unidad el *grado,* esto es la 360-ava parte de la circunferencia. Para medirlos por su longitud es indispensable rectificarlos, esto es, transformarlos en segmentos rectilíneos, y como unidad para medirlos se emplea el *radián,* esto es, *el arco que,*

rectificado, tiene una longitud igual que el radio con el cual ha sido trazado. Así pues, si se traza una circunferencia con un radio igual a 1 centímetro, el radián es el arco de longitud igual a un centímetro.

Se deduce que *la magnitud de un arco viene dada por la relación entre su longitud y el radio con el cual ha sido trazado;* según esto, la medida de la circunferencia será $\dfrac{2\,\pi\,r}{r} = 2\,\pi$ radianes.

La unidad de ángulos es el ángulo central cuyo arco que le mide vale un radián, y se le denomina *ángulo de un radián.*

4. **Equivalencia entre el grado y el radián.** — Es conveniente conocer la equivalencia entre la unidad de amplitud y la de longitud, y su determinación es muy sencilla, como se ve a continuación, partiendo para ello del valor de la circunferencia expresada en función de ambas unidades:

$$C = 360^\circ \left.\begin{array}{l} \\ \\ \\ \\ \end{array}\right\} \quad \begin{array}{l} 360^\circ = 2\,\pi\ \textit{radianes} \\[2em] 1.^\circ = \dfrac{2\,\pi}{360^\circ} = \dfrac{\pi}{180}\ \textit{radianes} \end{array}$$
$$C = 2\,\pi\ \textit{radianes}$$

y del mismo modo:

$$1\ \textit{radián} = \frac{360^\circ}{2\,\pi} = \frac{180}{\pi}\ \textit{grados}$$

fórmulas que permiten pasar de una a otra unidad, pues para transformar los grados en radianes bastará multiplicar el número de grados dados por el cociente $\dfrac{\pi}{180}$, y para transformar radianes en grados se multiplicará el número de radianes dado por $\dfrac{180}{\pi}$.

De la equivalencia dada anteriormente

$$1\ \textit{radián} = \frac{180^\circ}{\pi}$$

se deduce, reduciendo los grados a segundos de arco:

$$1\ \textit{radián} = \frac{648000''}{\pi} = 206264'',81$$

que equivale a 57° 17′44″,81, con error menor de una centésima de segundo. Luego el radián equivale a

$$57^\circ\ 17'\ 44'',81,$$

equivalencia que conviene recordar.

EJEMPLOS :

1.º ¿A cuántos radianes equivale un arco cuya amplitud es de 120º?

$$120º = 120 \times \frac{\pi}{180} = \frac{120\,\pi}{180} = \frac{4\,\pi}{6} = \frac{2\,\pi}{3} = \frac{2}{3} \times 3{,}1416 = 2{,}0944 \text{ } radianes.$$

2.º Expresar en grados el ángulo que mide $\dfrac{\pi}{5}$ radianes.

Según la regla dada, tendremos :

$$\frac{\pi}{5} \text{ } radianes = \frac{\pi}{5} \times \frac{180}{\pi} = \frac{180}{5} \times 36º.$$

5. Círculo trigonométrico y sentido de los arcos. — En Trigonometría se toman como unidades para medir los arcos tanto el radián como el grado.

Pero en el estudio de las funciones circulares se toma siempre como unidad de arcos el radián, y con el fin de simplificar los cálculos se considera y supone que el radio del círculo correspondiente vale siempre *la unidad,* cualquiera que sea su longitud. Este círculo toma entonces el nombre de *círculo trigonométrico* (radio = 1).

Consideremos ahora un círculo trigonométrico de centro en O (fig. 2); la circunferencia de este círculo puede ser recorrida en dos sentidos por un punto M: en el sentido de A a B o en el de A a B′, partiendo para ello del punto A, el cual se considera siempre como *origen* de los arcos; estos son *positivos* si se recorren o toman en el sentido contrario al del movimiento de las agujas del reloj, y son *negativos* si se recorren o toman en el mismo sentido. Según esto, el arco A B es positivo, y negativo el A B′; B y B′ son los *extremos* de los arcos mencionados.

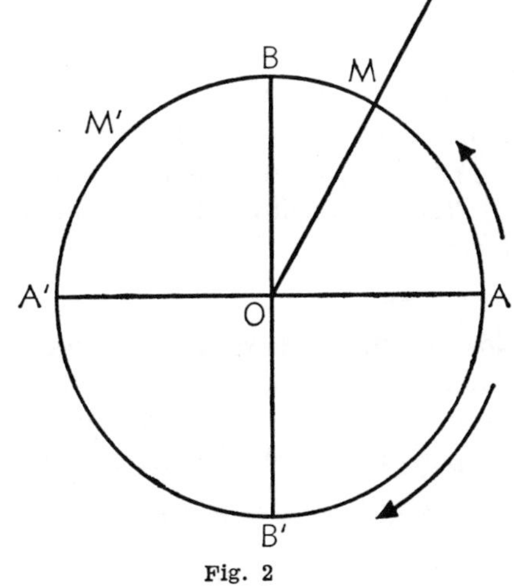

Fig. 2

El punto M puede, en su movimiento, llegar otra vez al punto de partida A, recorriendo así todos los arcos cuyos valores están comprendidos entre cero y una circunferencia, y si continúa su movimiento el arco recorrido podrá llegar a ser igual a dos, tres..., infinitas circunferencias. De igual modo la recta O M puede girar alrededor del punto O, en uno u otro sentido a partir de la posición O A y describirá ángulos cada vez mayores; el ángulo como el arco es una variable que puede adquirir cualquier valor comprendido entre $+ \infty$ y $- \infty$, pero téngase presente que los extremos del arco (origen y extremo) solamente determinan el valor del arco cuando éste es menor que una circunferencia.

6. Arcos complementarios. — Se dice que dos arcos son *complementarios* cuando su suma es igual a $+\dfrac{\pi}{2}$; así pues, el complemento de un arco x es $\dfrac{\pi}{2} - x$, puesto que la suma de ambos, $x + \dfrac{\pi}{2} - x$, es igual a $\dfrac{\pi}{2}$. Así, en la figura 2 el arco positivo A M, menor que $\dfrac{\pi}{2}$, tiene por complemento B M; y el arco positivo

A B M′ mayor que $\dfrac{\pi}{2}$, tiene por complemento el arco negativo $-$M′ B. Se conviene

en tomar el punto B como origen del arco complementario de un ángulo x menor

que $\dfrac{\pi}{2}$, y en contar el complemento *positivamente* en el sentido B A, y *negativa-

mente* en el sentido opuesto. Por este convenio resulta que un arco x y su comple-

mento $\dfrac{\pi}{2} - x$ tienen diferente origen, pero el mismo extremo.

7. **Arcos suplementarios.** — Se dice que dos arcos son *suplementarios* cuando
su suma algebraica es igual a $+\pi$; así pues, el suplemento de un arco x es $\pi - x$.
Sobre el círculo trigonométrico de la figura 2 y a partir del punto A, tomemos en
sentido positivo un arco A M A′ igual a $+\pi$; A′ es el extremo de este arco y se
conviene en tomar este mismo punto como origen de los arcos suplementarios, considerando para estos últimos como positivo el sentido del movimiento de las agujas
del reloj, y negativo el sentido opuesto. En virtud de esta convención, el suplemento del arco A M, cuyo origen es A y su extremo M, es un arco que tiene como
origen el punto A′ y por extremo el mismo punto M.

Nótese que *dos arcos complementarios o suplementarios no pueden ser a la vez
negativos*.

8. **Razones o líneas trigonométricas de un arco y de un ángulo. Definición, nomenclatura y notación de las mismas.** — Un ángulo se puede determinar
conocida su amplitud o conocida su longitud y el radio con el cual ha sido trazado.
En el primer caso se puede construir mediante el semicírculo graduado, instrumento
de todos conocido. Si sólo se conoce su longitud y su radio, se expresa esa longitud

en radianes y mediante la relación ya conocida n radianes $= \dfrac{180º}{\pi} + n$ se determina

su amplitud en grados.

9. Pero existen, además, otros medios para determinar el valor de los ángulos
por medio de razones de dos seg-
mentos.

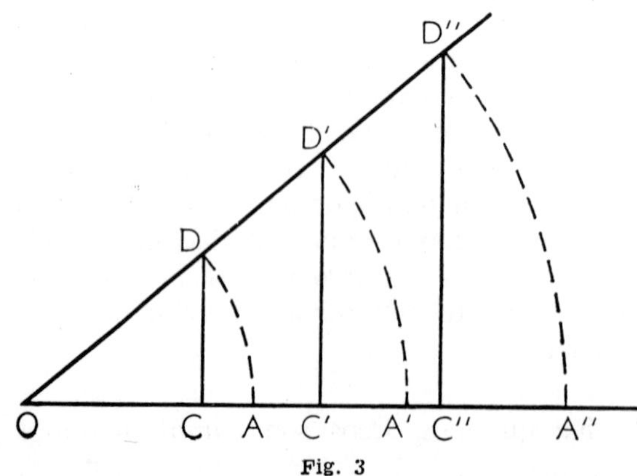

En efecto: tomemos un ángulo
cualquiera (fig. 3), hagamos centro
en su vértice, tracemos varios arcos
de radios distintos y las ordenadas
de los puntos D, D′ y D″ sobre el
lado O A″ tomado como eje de abscisas, siendo D C, D′ C′ y D″ C″ las
ordenadas de dichos puntos.

Los triángulos formados D C O,
D′ C′ O y D″ C″ O son semejantes
por construcción y podemos establecer las siguientes razones:

1.ª De ordenadas a radios:

$$\frac{D\,C}{O\,D} = \frac{D'\,C'}{O\,D'} = \frac{D''\,C''}{O\,D''} = \ldots\ldots$$

2.ª De abscisas a radios:

$$\frac{O\,C}{O\,D}=\frac{O\,C'}{O\,D'}=\frac{O\,C''}{O\,D''}=\ldots\ldots$$

3.ª De ordenadas a abscisas:

$$\frac{D\,C}{O\,C}=\frac{D'\,C'}{O\,C'}=\frac{D''\,C''}{O\,C''}=\ldots\ldots$$

Estas razones se denominan *razones goniométricas* o *trigonométricas* y reciben nombres especiales:

Seno de un arco A D *es la razón de la ordenada* D C *del extremo del arco al radio* r=O D *del mismo:*

$$\text{seno } A\,D=\frac{D\,C}{r}=\frac{y}{r}$$

El seno se escribe abreviadamente *sen.*

Coseno de un arco A D *es la razón de la abscisa* C O *de su extremo al radio,* y se escribe abreviadamente *cos.* Así:

$$\cos A\,D=\frac{O\,C}{r}=\frac{x}{r}.$$

Tangente de un arco A D *es la razón entre la ordenada* D C *y la abscisa* O C *del extremo del arco,* y se escribe abreviadamente *tg* o *tang;* así:

$$\text{tg } A\,D=\frac{D\,C}{O\,C}=\frac{y}{x}.$$

Además de las razones anteriores existen sus inversas.

Cotangente de un arco A D *es la función inversa de la tangente,* y viene dada *por la razón de la abscisa a la ordenada del extremo del arco;* así:

$$\cot A\,D=\frac{O\,C}{D\,C}=\frac{x}{y}, \text{ esto es, } \cot A\,D=\frac{1}{\text{tg } A\,D}.$$

Secante es la razón inversa del coseno, esto es:

$$\sec A\,D=\frac{1}{\cos A\,D}=\frac{1}{\dfrac{x}{r}}=\frac{r}{x}.$$

Cosecante es la razón inversa del seno; así:

$$\text{cosec } A\,D=\frac{1}{\text{sen } A\,D}=\frac{1}{\dfrac{y}{r}}=\frac{r}{y}.$$

10. Existen además otras dos funciones trigonométricas muy poco empleadas, y son: el *senoverso* y el *cosenoverso.*

Senoverso de un arco α es la diferencia $1-\text{sen }\alpha$: el *cosenoverso* es la diferencia $1-\cos\alpha$.

Teniendo en cuenta que las relaciones

$$\frac{y}{r}, \quad \frac{x}{r}, \quad \frac{x}{y}$$

y sus inversas son constantes, cualquiera sea el valor de r, se deduce que: *Las razones trigonométricas de un ángulo son las de una cualquiera de sus arcos correspondientes.*

11. Representación gráfica de las razones goniométricas o trigonométricas. — En virtud del principio que se acaba de enunciar, si tomamos un ángulo cualquiera en un círculo trigonométrico ($r=1$), cada una de las funciones circulares definidas antes vienen representadas por un segmento, como se ve en la figura 4. Sea el círculo trigonométrico de centro O que hacemos coincidir con el punto de intersección de un sistema de ejes cartesianos normales entre sí, y orientemos los diámetros B B′ y A A′ de modo que coincidan con los ejes Y Y′ y X X′, respectivamente; tomando un arco α que comienza en A y termina en M y viene medido por el arco A M, sus razones trigonométricas son segmentos cuya magnitud y signo dependen de la posición del punto M en la circunferencia, y son las siguientes:

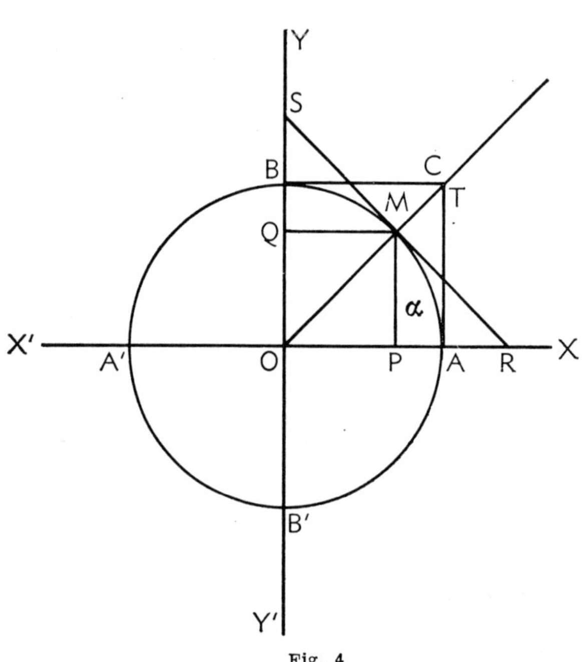

Fig. 4

Seno

Se llama *seno* del arco α al segmento O Q determinado sobre el diámetro B B′ por el centro O y el punto Q, pie de la normal del punto M a dicho diámetro; este segmento es igual al segmento M P, luego

$$\text{seno } A M = y = M P$$

esto es, *el seno de un arco viene representado por la ordenada del extremo del arco y limitada por el radio o diámetro que pasa por el origen de éste.*

Puede ser, pues, positivo o negativo, según que el arco tenga una amplitud menor o mayor que 180°.

Coseno

Llámase *coseno de un arco a la abscisa correspondiente al extremo del arco, esto es, a la porción del radio comprendida entre el centro del círculo y el pie del seno.*

526

En la figura 4; el coseno del arco A M es O P o su igual Q M.

$$\cos \ A\,M = x = Q\,M = O\,P.$$

Tangente

La *tangente de un arco es la porción de tangente geométrica en el punto de origen del arco comprendida entre este punto y su intersección con la prolongación del radio o diámetro que pasa por el extremo del arco.*

Así, en la figura 4, la tangente del arco A M es A T.

$$\operatorname{tg} \ A\,M = \frac{y}{x} = A\,T.$$

La tangente puede ser positiva o negativa, según sea el valor del ángulo, como veremos más adelante.

Análogamente se puede representar las tres funciones inversas.

Cosecante

La *cosecante de un arco, inversa del seno de éste, es la porción de diámetro que pasa por el extremo del arco y comprendida entre el centro y el punto de intersección de este diámetro con la cotangente.*

Así, en la figura 4 la cosecante del arco A M es O C.

Muchos autores toman como cosecante el *segmento O S determinado por el centro O del círculo y la intersección del diámetro B B' con la tangente trazada por el extremo M del arco.* Ambos segmentos, O C y O S, son iguales, como se deduce de la igualdad de los triángulos O B C y O M S, ambos rectángulos, con el ángulo S O C común y los ángulos en C y S iguales por ser los lados del uno perpendiculares a los del otro.

$$\operatorname{cosec} \ A\,M = O\,C = O\,S.$$

Secante

La *secante de un arco viene representada geométricamente por la porción del diámetro que pasa por el extremo del arco y comprendida entre el centro del círculo y la intersección de aquél con la tangente.*

A veces se toma como representación de la secante *la porción del diámetro que pasa por el origen del arco y comprendida entre el centro del círculo y la intersección de aquél con la tangente trazada por el extremo del arco.*

Así, en la figura considerada,

$$\sec \ A\,M = O\,T = O\,R.$$

Los segmentos O T y O R son iguales, como se deduce de la comparación de los triángulos O A T y O M R, rectángulos en A y M, e iguales.

Cotangente

La *cotangente de un arco es la tangente del arco complementario* (según se verá más adelante), y como ya se ha dicho en (6), los arcos complementarios se comienzan a contar en el punto de la circunferencia correspondiente a 90º, esto es, a $\dfrac{\pi}{2}$ se puede decir que *la cotagente de un arco* A M *es la porción de tangente geométrica comprendida entre el origen de su arco complementario y su intersección con la prolongación del radio o diámetro que pasa por el extremo del arco.*

Así, en la figura considerada,

$$\text{cotg A M} = \text{B C.}$$

12. Se conviene, al igual que cuando se trata de las coordenadas de un punto de un plano, que son positivos los segmentos que representan las líneas trigonométricas colocados encima del eje de las abscisas, y negativos los colocados debajo. De igual manera son positivos los segmentos tomados en la parte derecha del eje de las abscisas o en paralelas a ella, y negativos los tomados sobre la porción izquierda de dicho eje o en paralelas a ella.

1.º VARIACIONES DE LAS RAZONES TRIGONOMÉTRICAS

13. Como las líneas trigonométricas son funciones del arco, se comprende que al variar éste variarán aquéllas, y sus variaciones no sólo afectan a sus magnitudes, sino también a sus signos.

El mejor modo para hacerse cargo de las variaciones de las líneas trigonométricas consiste en tomar en un círculo trigonométrico arcos crecientes que varíen entre 0 y 2π fijándose principalmente en las variaciones de las líneas trigonométricas en la vecindad de los puntos 0º, $\dfrac{\pi}{2}$, π, $\dfrac{3\pi}{2}$ y 2π guiándose para ello en la definición dada para cada una de las líneas.

14. Variación del signo de las líneas trigonométricas. — Aparte de las variaciones en magnitud, que luego estudiaremos, las líneas trigonométricas varían de signo según sea el cuadrante en que esté el extremo del arco, como se ve en las figuras 5, 6, 7 y 8, correspondientes cada una a distinto cuadrante de la circunferencia.

Del examen de estas figuras se deduce que:

El *seno* M S $\begin{cases} \text{es } \textit{positivo} \text{ en el 1.º y 2.º cuadrantes} \\ \text{es } \textit{negativo} \text{ » » 3.º y 4.º »} \end{cases}$

El *coseno* O S $\begin{cases} \text{es } \textit{positivo} \text{ en el 1.º y 4.º cuadrantes} \\ \text{es } \textit{negativo} \text{ » » 2.º y 3.º »} \end{cases}$

La *tangente* A T $\begin{cases} \text{es } \textit{positiva} \text{ en el 1.º y 3.º cuadrantes} \\ \text{es } \textit{negativa} \text{ » » 2.º y 4.º »} \end{cases}$

La *cosecante* O R $\begin{cases} \text{es } \textit{positiva} \text{ en el 1.º y 4.º cuadrantes} \\ \text{es } \textit{negativa} \text{ » » 3.º y 4.º »} \end{cases}$

La *secante* O R′ $\begin{cases} \text{es } \textit{positiva} \text{ en el 1.º y 4.º cuadrantes} \\ \text{es } \textit{negativa} \text{ » » 2.º y 3.º »} \end{cases}$

La *cotagente* B C $\begin{cases} \text{es } \textit{positiva} \text{ en el 1.º y 3.º cuadrantes} \\ \text{es } \textit{negativa} \text{ » » 2.º y 4.º »} \end{cases}$

Todas estas variaciones de signo se ven expuestas sintéticamente en el cuadro siguiente:

	Seno	Coseno	Tangente	Cosecante	Secante	Cotangente
Ángulo en el 1.ᵉʳ cuadrante	+	+	+	+	+	+
» » » 2.º »	+	–	–	+	–	–
» » » 3.ᵉʳ »	–	–	+	–	–	+
» » » 4.º »	–	+	–	–	+	–

En el primer cuadrante todas las líneas trigonométricas son positivas; la tangente y la cotangente son positivas cuando el seno y el coseno del mismo cuadrante tienen el mismo signo, y negativas en el caso contrario. Las líneas inversas tienen el mismo signo que las funciones directas correspondientes.

15. Variaciones de magnitudes de las líneas trigonométricas al variar el ángulo de *0° a 2 π.* — Vamos a estudiar las variaciones que experimentan las funciones trigonométricas cuando el arco varía de 0° a 2 π.

Para comprender estas variaciones conviene recordar siempre las definiciones que

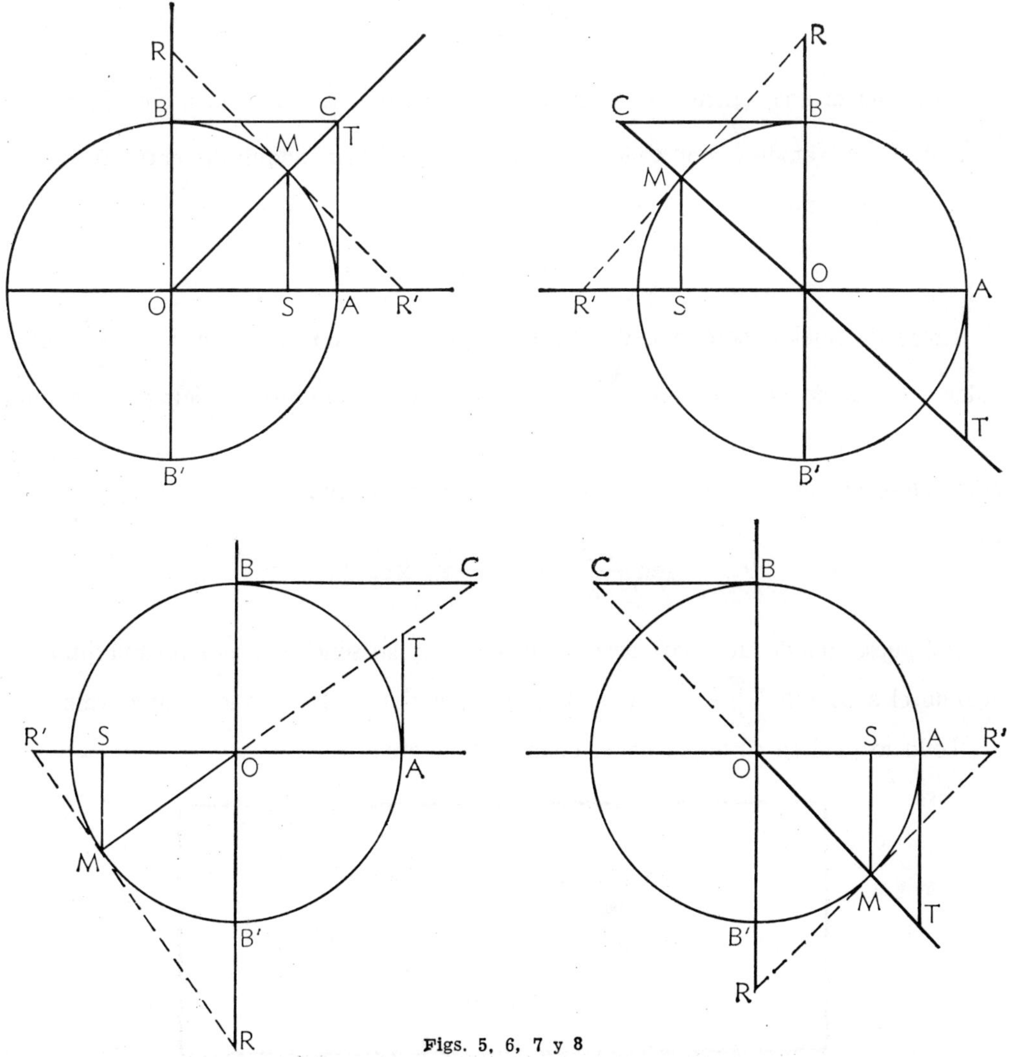

Figs. 5, 6, 7 y 8

se han dado de cada una de las funciones, ayudándose, si es preciso, de la representación gráfica, medio que se utiliza para aclarar mejor los conceptos.

16. Variaciones del seno.—Supongamos un círculo trigonométrico y tomemos en él un arco x, variable:

Cuando x=0, la ordenada de su extremo, esto es, el seno, es cero, pues el extremo coincide con el origen del arco, luego

$$\text{sen } 0^{\circ} = \frac{y}{x} = \frac{0}{x} = 0.$$

A medida que el arco crece, el seno crece y cuando el primero llega a valer $\frac{\pi}{2}$, el seno se hace igual al radio, esto es, igual a la unidad; luego

$$\text{sen } \frac{\pi}{2} = 1.$$

Al crecer el arco entre $\frac{\pi}{2}$ y π, el seno, aun conservándose positivo, disminuye, pasando sucesivamente por todos los valores que había adquirido entre 0 y $\frac{\pi}{2}$, pero en orden inverso, y se hace igual a cero cuando el arco vale π:

$$\text{sen } \pi = 0.$$

Crece de nuevo, pero negativamente, cuando el arco crece de π a $\frac{3\pi}{2}$, hasta valer -1 cuando el arco vale $\frac{3\pi}{2}$, y a partir de este punto comienza a disminuir de valor absoluto, conservándose negativo mientras el arco crece de $\frac{3\pi}{2}$ hasta 2π, anulándose cuando el arco toma este último valor. Luego

$$\text{sen } \frac{3\pi}{2} = -1, \quad \text{sen } 2\pi = 0.$$

Así pues, cuando un arco varía entre 0° y 2π, su seno pasa por un máximo, $+1$ cuando el arco vale $\frac{\pi}{2}$, y por un mínimo negativo, -1, cuando el arco vale $\frac{3\pi}{2}$.

Todo lo cual se sintetiza en el cuadro siguiente:

$$\text{sen } 0^{\circ} = 0, \quad \text{sen } \frac{\pi}{2} = +1$$
$$\text{sen } \pi = 0. \quad \text{sen } \frac{3\pi}{2} = -1$$
$$\text{sen } 2\pi = 0$$

17. Representación gráfica de las variaciones de la función $y = sen\ x$ **en el intervalo de** $0°$ **a** 2π. — Para obtener la representación gráfica de las variaciones de la función *sen x* en el intervalo de $0°$ a 2π se procede así (fig. 9):

Con un radio cualquiera se traza una circunferencia de centro O y los dos diámetros normales A A' y $B_2 B_5$; se prolonga el primero y se toma un segmento A A_1 cuya longitud sea igual a la de la circunferencia, esto es, se rectifica ésta, y sobre el segmento en cuestión se marcan los puntos $\dfrac{\pi}{2}$, π y $\dfrac{3\pi}{2}$ y 2π, dividiéndola

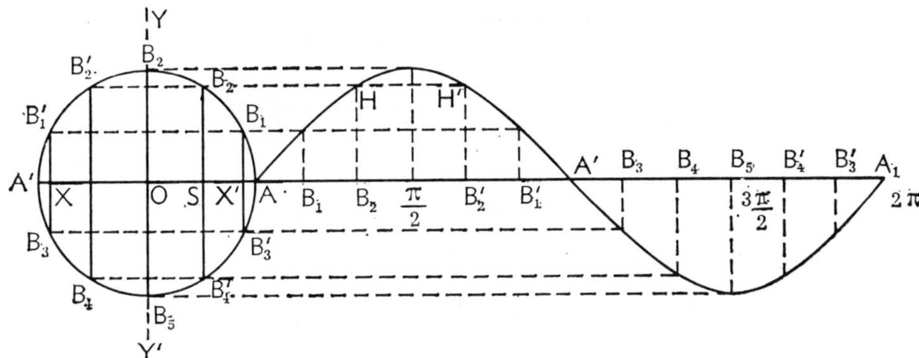

Fig. 9

así en cuatro partes, cada una igual a un cuadrante. Sobre el segmento A A_1 se toman los arcos que se necesiten para obtener suficientes elementos para construir la gráfica. Con el fin de simplificar el dibujo, se han tomado en cada cuadrante solamente dos arcos, cuyos valores son iguales en cada cuadrante. Se toman sobre el segmento los puntos B_1, B_2, B'_2, B'_1... y se levanta sobre cada uno una ordenada cuya longitud sea igual a la longitud del seno del arco correspondiente, como se ve en la figura. Uniendo con un trazo continuo todos los puntos determinados se obtiene una curva que se denomina *sinusoide*.

La construcción demuestra que la función es continua para cada uno de los valores de la variable x. Si el arco aumenta, sobrepasando el valor de 2π, el seno va pasando por los mismos valores que tomó antes.

18. Variaciones del coseno. — Siguiendo una marcha análoga a la seguida al hablar del seno, se verá que cuando el arco x vale $0°$ el coseno es igual en magnitud al radio, es decir, a la unidad positiva; disminuye a medida que el arco crece hasta reducirse a cero cuando el arco toma el valor $\dfrac{\pi}{2}$; así pues,

$$\cos 0° = +1; \qquad \cos \dfrac{\pi}{2} = 0.$$

Comienza a crecer, aunque negativamente, cuando el arco lo hace entre $\dfrac{\pi}{2}$ y π, alcanzando el valor -1 cuando el arco vale π.

531

Entre π y $\dfrac{3\,\pi}{2}$ el coseno disminuye, pero se conserva negativo y se reduce a cero cuando el arco toma aquel último valor, a partir del cual vuelve a aumentar positivamente para alcanzar de nuevo el valor $+1$ cuando el arco vale $2\,\pi$, volviendo

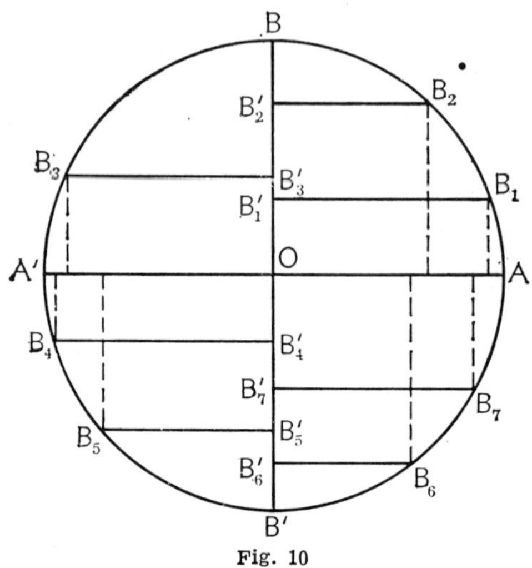

Fig. 10

a pasar sucesivamente por todos los valores apuntados cuando se le agregan al arco una, dos, tres... circunferencias. Estas variaciones se pueden seguir observando en la figura 10.

19. **Representación gráfica de las variaciones de la función** $y = cos\,x$ **en el intervalo** $0°$ **a** $2\,\pi$. — Siguiendo una marcha análoga a la expuesta al estudiar las variaciones del seno de un arco, obtendremos la *cosinusoide*, curva que, como se ve en la figura 11, representa también la continuidad de la función coseno. Diferénciase la cosinusoide de la sinusoide en que la primera adquiere los valores máximos en los mismos puntos en que la segunda adquiere valor cero.

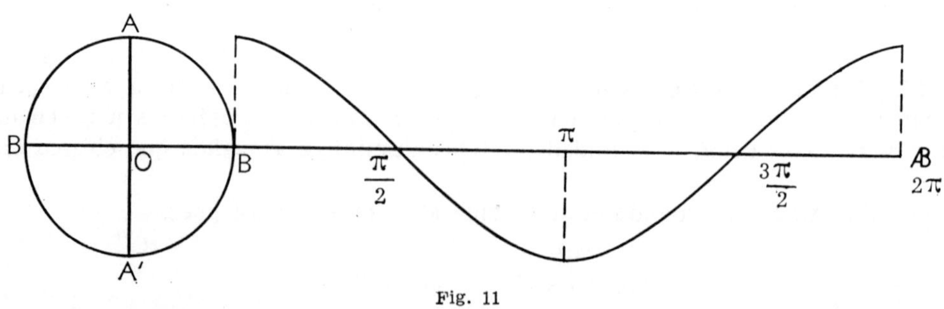

Fig. 11

20. **Variaciones de la tangente.** — La deducción de las variaciones de la tangente de un arco se logra estableciendo para cada valor que se asigne al arco la relación entre los valores correspondientes del seno y del coseno, o bien por la

consideración geométrica del problema, teniendo presente la definición de la tangente de un ángulo; para facilitar el conocimiento de estas variaciones al lector haremos uso simultáneamente de ambos medios, ayudándonos además de la figura 12.

Cuando el arco vale cero, la tangente es igual a cero; así:

$$\text{tg } 0° = \frac{\text{sen } 0°}{\cos 0°} = \frac{0}{1} = 0$$

y así tiene que ser, porque la ordenada del punto A al eje A A' vale cero.

A medida que el arco crece, crece también su seno, y disminuye su coseno, por lo que la tangente crece positivamente y en el momento en que ambos alcanzan el mismo valor, la tangente valdrá entonces la unidad. Y continúa creciendo, y alcanza el valor $+\infty$ cuando el arco vale $\dfrac{\pi}{2} - \alpha$, siendo α un arco in-

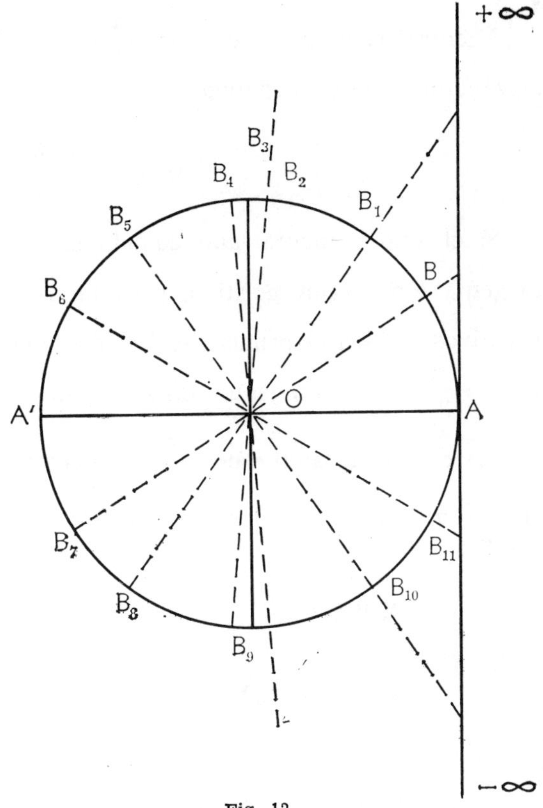

Fig. 12

definidamente pequeño, pues entonces el seno de x tiende hacia el valor $+1$ y su coseno $\longrightarrow 0$, luego

$$\text{tg}\left(\frac{\pi}{2} - \alpha\right) = \frac{\text{sen}\left(\dfrac{\pi}{2} - \alpha\right)}{\cos\left(\dfrac{\pi}{2} - \alpha\right)} = \frac{\longrightarrow +1}{\longrightarrow 0} = \longrightarrow +\infty.$$

Cuando el arco vale $\dfrac{\pi}{2}$ la tangente toma un valor infinito, pero de signo indeterminado. Si el arco continúa creciendo, la tangente pasa instantáneamente de $+\infty$ a $-\infty$, puesto que el seno se mantiene muy próximo a $+1$, pero el coseno toma un valor φ indefinidamente pequeño, pero negativo, luego:

$$\text{tg}\left(\frac{\pi}{2} + \alpha\right) = \frac{\text{sen}\left(\dfrac{\pi}{2} + \alpha\right)}{\cos\left(\dfrac{\pi}{2} + \alpha\right)} = \frac{\longrightarrow 1}{\longrightarrow -\varphi} = \longrightarrow -\infty.$$

Mientras el arco crece entre $\dfrac{\pi}{2}$ y π, el valor de la tangente disminuye, conservándose siempre negativa, y se hace igual a cero cuando el arco vale π, pues

$$\operatorname{tg}\pi=\frac{\operatorname{sen}\pi}{\cos\pi}=\frac{0}{-1}=0.$$

Si el arco aumenta, aun cuando sea un valor α indefinidamente pequeño, la tangente toma valor positivo, pues tanto el seno como el coseno de $\dfrac{\pi}{2}+\alpha$ son negativos, si bien el primero es indefinidamente pequeño; y cuando el arco llega a valer $\dfrac{3\pi}{2}-\alpha$, la tangente toma el valor $+\infty$, valor que pasa instantáneamente a $-\infty$ cuando el arco vale $\dfrac{3\pi}{2}+\alpha$, conservándose negativa mientras el arco varía de $\dfrac{3\pi}{2}$ a 2π, reduciéndose a cero cuando el arco vale 2π. Así, pues:

$$\operatorname{tg}0°=0 \qquad\qquad \operatorname{tg}\left(\frac{\pi}{2}-\alpha\right)=\longrightarrow+\infty$$

$$\operatorname{tg}\left(\frac{\pi}{2}+\alpha\right)=\longrightarrow-\infty \qquad \operatorname{tg}\pi=0$$

$$\operatorname{tg}\left(\frac{3\pi}{2}-\alpha\right)=\longrightarrow+\infty \qquad \operatorname{tg}\left(\frac{3\pi}{2}+\alpha\right)=\longrightarrow-\infty$$

$$\operatorname{tg}2\pi=0.$$

21. Representación gráfica de las variaciones de la función $y=\operatorname{tg}x$ **en el intervalo** $0°$ **a** 2π. — Para obtener la representación gráfica de la función $\operatorname{tg}\alpha$, cuando α varía entre $0°$ y 2π seguiremos un método análogo a los casos anteriores. Tracemos dos ejes cartesianos rectangulares (fig. 13) y tomemos el origen O como centro de un círculo trigonométrico; en la prolongación del eje de las abscisas y a partir del punto A, origen de los arcos, tomemos la longitud A A', que representa la circunferencia rectificada, y en la cual se toman los arcos $\dfrac{\pi}{2}$, π, $\dfrac{3\pi}{2}$ y 2π.

Haciendo crecer el arco α de una manera continua desde $0°$ a $\dfrac{\pi}{2}$, dibujando las tangentes respectivas y tomando sobre el segmento A A' arcos sucesivos y equivalentes a α, se levantan en los puntos correspondientes ordenadas iguales en magnitud a la de la tangente del arco igual del círculo trigonométrico; así se obtiene la curva de las variaciones de la tangente en el intervalo $0°$ a $\dfrac{\pi}{2}$. Del mismo modo se construye la curva representativa de sus variaciones entre $\dfrac{\pi}{2}$ y π; como la tangente es función periódica del arco y su período es π, aumentando o disminuyendo el arco un múltiplo cualquiera de π se reproducirán periódicamente las mismas ramas de la curva; la observación de ésta demuestra gráficamente que la función *tg α* es una *función discontinua* en las proximidades de los valores del arco iguales a $\dfrac{\pi}{2}$ y $\dfrac{3\pi}{2}$, como ya se dijo.

La curva discontinua A T T′ T″ T‴ A′ recibe el nombre de *tangentoide*, y representa claramente las variaciones de la función entre los límites indicados.

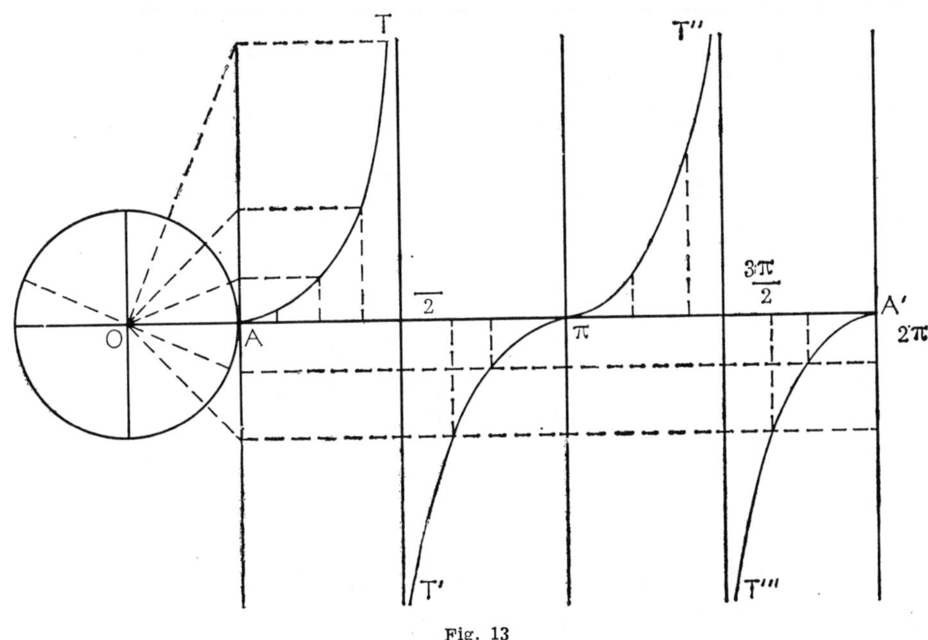

Fig. 13

22. Variaciones de la cotangente.

— Es fácil deducir las variaciones del valor de la cotangente de un arco cuando éste varía en el intervalo 0° a 2π; basta para ello recordar que la cotangente es la función inversa de la tangente: $\operatorname{cotg}\alpha=\dfrac{1}{\operatorname{tg}\alpha}$, o bien que $\operatorname{cotg}\alpha=\dfrac{\cos\alpha}{\operatorname{sen}\alpha}$. Adquirirá el valor ∞ cuando $\operatorname{tg}\alpha=0$, y el valor 0 cuando $\operatorname{tg}\alpha=\infty$, pasando sucesivamente por todos los valores comprendidos entre ∞ y 0 cuando $\operatorname{tg}\alpha$ lo haga entre 0 e ∞. Siendo la cotangente de un arco la tangente del arco complementario, se comprende que cuando el arco valga 0° su complementario vale 90° y la tangente de éste es ∞. Disminuye la cotangente cuando el arco crece, y se hace igual a 0 cuando el último vale $\dfrac{2}{\pi}$, creciendo de nuevo, pero negativamente, cuando el arco crece entre $\dfrac{\pi}{2}$ y π, y en las proximidades de este último la cotangente vale $-\infty$; pero, al igual que lo hace la tangente, cambia instantáneamente de $-\infty$ a $+\infty$ sin pasar por los valores intermedios cuando el arco pasa de $\pi-\varepsilon$ a $\pi+\varepsilon$ (siendo ε un arco indefinidamente pequeño), disminuyendo hasta hacerse de nuevo igual a 0 cuando el arco, al crecer, pasa de $\pi+\varepsilon$ a $\dfrac{3\pi}{2}$; a partir de este punto se hace negativa y crece hasta llegar a valer $-\infty$ cuando el arco varía entre $\dfrac{3\pi}{2}$ y 2π. Las variaciones de la cotangente se pueden seguir observando en la figura 14.

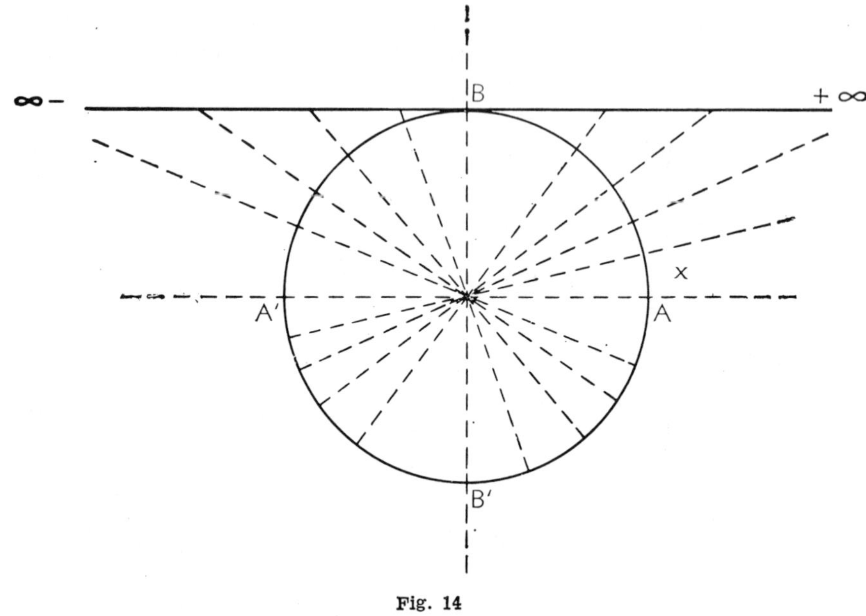

Fig. 14

Las variaciones de la cotangente de un arco quedan expuestas sucintamente a continuación:

$$\operatorname{cotg} 0^\circ = \infty.$$

Crece el arco... la cotangente disminuye:

$$\operatorname{cotg} \frac{\pi}{2} = 0.$$

Crece el arco... la contangente crece negativamente:

$$\operatorname{cotg} \pi - \varepsilon = -\infty$$
$$\operatorname{cotg} \pi + \varepsilon = +\infty$$

Crece el arco... la cotangente disminuye:

$$\operatorname{cotg} \frac{3\pi}{2} = 0.$$

Crece el arco... la cotangente crece negativamente:

$$\operatorname{cotg} 2\pi - \varepsilon = -\infty$$
$$\operatorname{cotg} 2\pi + \varepsilon = +\infty$$

23. Representación gráfica de las variaciones de la cotangente de un arco en el intervalo $0°$ **a** 2π.

Basta observar la figura 15 para comprender la variación de la cotangente de un arco. Comparándola con la que representa las variaciones de la función tangente se ve que la marcha de las variaciones de la cotangente es inversa de la de la tan-

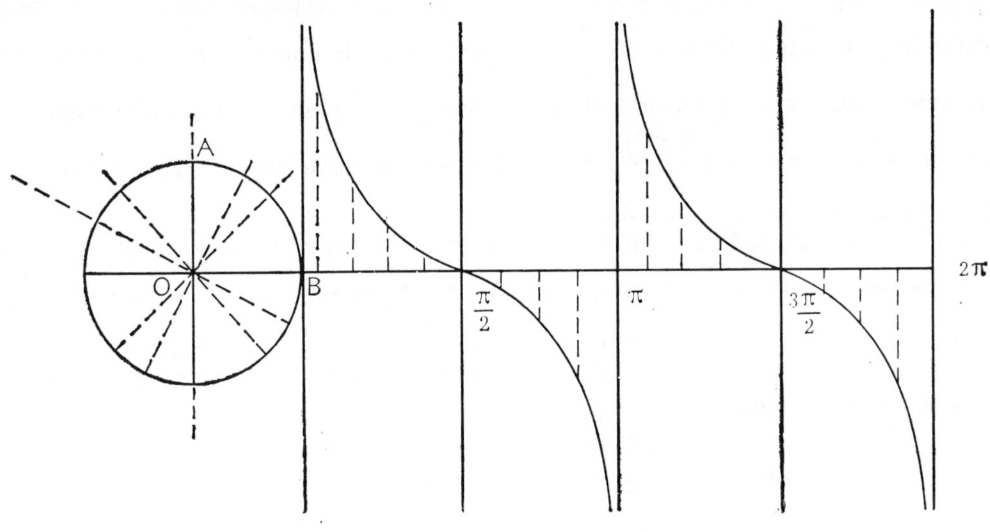

Fig. 15

gente. Para ángulos muy próximos a $0°$ y $\pi°$ la cotagente toma valores indefinidamente grandes, positivos y negativos respectivamente, en tanto que se reduce a cero cuando los ángulos se hacen igual a $\dfrac{\pi}{2}$ y $\dfrac{3\pi}{2}$.

24. Variación de la función *sec x*. — Definida la secante de un arco, según se dijo en (11), como la porción de diámetro que pasa por el origen del arco y comprendida entre el centro del círculo trigonométrico y su intersección con la tangente trazada por el extremo del arcó, es fácil comprender las variaciones de esta línea

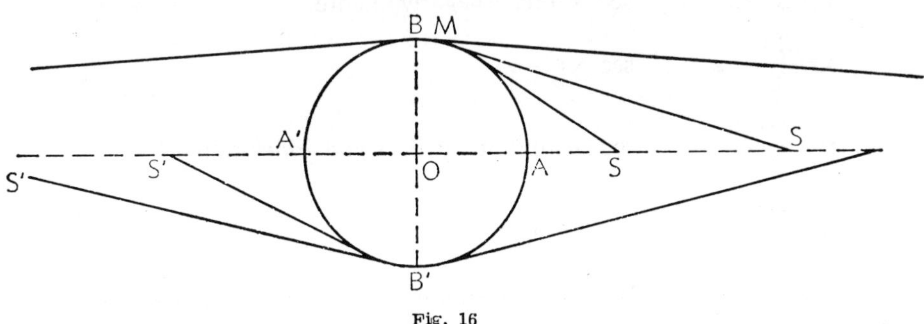

Fig. 16

trigonométrica. Si en la circunferencia de centro O (fig. 16) se desplaza el punto M de A hacia B, esto es, si crece el arco de $0°$ a $\dfrac{\pi}{2}$, se observa que la secante crece positivamente de 1 a $+\infty$, y se conserva positiva cuando el arco vale $\dfrac{\pi}{2}-\varepsilon$, siendo ε indefinidamente pequeño; es igual a ∞, pero de signo indefinido cuando el arco vale $\dfrac{\pi}{2}$ y pasa instantáneamente a $-\infty$ cuando el arco vale $\dfrac{\pi}{2}+\varepsilon$, disminuyendo desde este punto a medida que crece el arco, reduciéndose a -1 cuando el arco llega a valer π. Entre π y $\dfrac{3\pi}{2}$ la secante crece de nuevo, pero negativamente, haciéndose igual a $-\infty$ cuando el arco vale $\dfrac{3\pi}{2}-\varepsilon$, pasando instantáneamente a $+\infty$ cuando el arco vale $\dfrac{3\pi}{2}+\varepsilon$, disminuyendo a medida que x crece, y redúcese de nuevo a $+1$ cuando x vale 2π.

Por otra parte, es fácil deducir los valores de la función sec x en el intervalo $0°$ a 2π recordando que es la función inversa del coseno: sec $x = \dfrac{1}{\cos x}$; bastaría, pues, dar a x en esta expresión todos los valores comprendidos entre 0 y 2π para obtener la variación de la función *sec* x, variaciones que se exponen sucintamente en el cuadro siguiente:

arco $x=0°$	sec $x=1$
Crece x	la secante crece positivamente
$x=\dfrac{\pi}{2}-\varepsilon$	sec $x=+\infty$
$x=\dfrac{\pi}{2}$	sec $x=$ infinita y de signo indefinido
$x=\dfrac{\pi}{2}+\varepsilon$	sec $x=-\infty$
Crece x	la secante disminuye, conservándose negativa
$x=\pi$	sec $x=-1$
Crece x...	sec x crece negativamente
$x=\dfrac{3\pi}{2}-\varepsilon$	sec $x=-\infty$
$x=\dfrac{3\pi}{2}$	sec $x=$ infinita y de signo indefinido
$x=\dfrac{3\pi}{2}+\varepsilon$	sec $x=+\infty$
Crece x	la secante disminuye, conservándose positiva
$x=2\pi$	sec $x=+1.$

25. Representación gráfica de las variaciones de la función *sec* x **en el intervalo** $0°$ **a** 2π.— Siguiendo una técnica y marcha análoga a la seguida en la

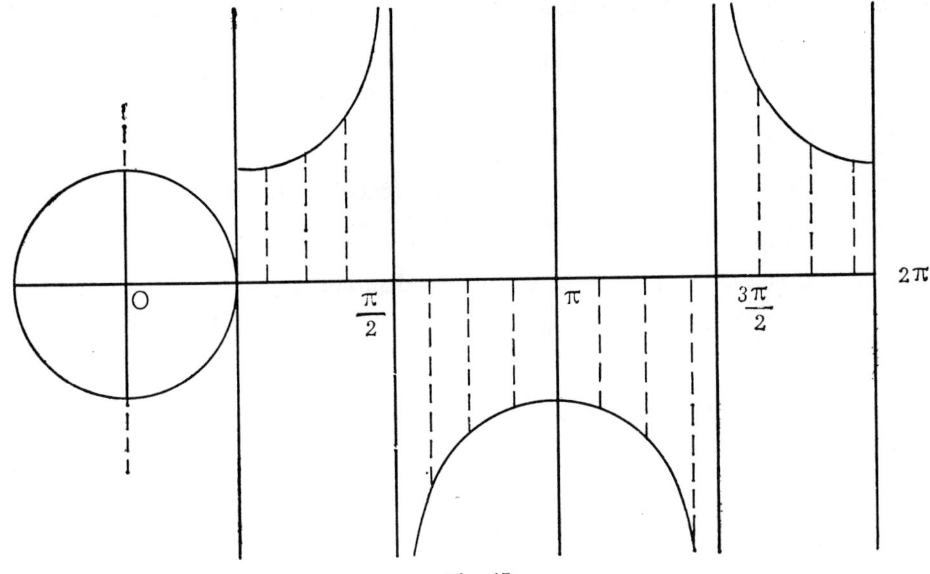

Fig. 17

representación de las funciones anteriores y, en consecuencia, con lo dicho en el párrafo anterior, resulta la gráfica de la figura 17.

La secante de un arco x *es función periódica, pero discontinua, del arco* x *y la amplitud de su período es* 2 π.

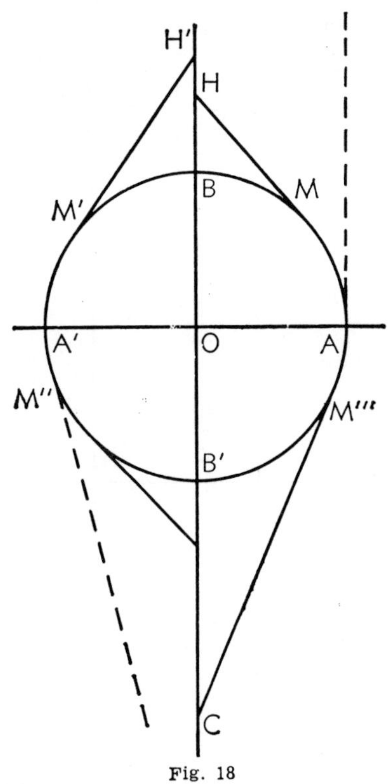

Fig. 18

26. Variación de la función *cosec* x. — La cosecante de un arco x es la secante del arco complementario, 90 – x, y sus valores son contrapuestos a las de la secante. Definida así la cosecante, es fácil hallar los valores que toma cuando el arco varía entre 0° y 2 π. Así, cuando el arco vale 0°, la cosecante es igual a ∞; disminuye, conservándose positiva, al crecer el arco, y se hace igual a 1 cuando el arco vale $\dfrac{\pi}{2}$, aumentando de valor nuevamente cuando el arco crece entre $\dfrac{\pi}{2}$ y π – ε, tendiendo a +∞ cuando el arco vale π – ε; pero pasa a – ∞ rápidamente cuando el arco pasa de π – ε a π+ε; disminuye en el intervalo de π a $\dfrac{3\pi}{2}$, y toma el valor – 1 cuando x vale $\dfrac{3\pi}{2}$; en el intervalo $\dfrac{3\pi}{2}$ a 2 π crece al crecer el arco, pero negativamente, y toma el valor – ∞ cuando el arco vale 2 π – ε, pasando a +∞ cuando el arco pasa de 2 π – ε a 2 π+ε. Esta sucesión de valores se deduce de la observación de la figura 18, en la que O H, O H', O C son las cosecantes correspondientes a los arcos A M, A M' y A M", respectivamente.

Estas variaciones se pueden representar sintéticamente en el cuadro siguiente:

x = 0	cosec x = +∞
Crece x	la cosecante disminuye
$x = \dfrac{\pi}{2}$	cosec x = +1
Crece x	la cosecante **crece** positivamente
x = π − ε	cosec x = +∞
x = π + ε	cosec x = −∞
Crece x	la cosecante disminuye
$x = \dfrac{3\pi}{2}$	cosec x = −1
Crece x	la cosecante aumenta negativamente.
x = 2 π − ε	cosec x = −∞
x = 2 π + ε	cosec x = +∞

Así pues, del cuadro anterior se deduce que la cosecante *es una función periódica* cuyo período es π, *pero discontinua* en las proximidades de π y 2 π.

27. Representación gráfica de las variaciones de la función *cosec* x **en el intervalo** *0°* **a** *2 π.* — La construcción de la curva que representa las variaciones de la función *cosec* x es análoga a la de la función secante, pero debe tenerse en cuenta que la cosecante de un arco vale 0 e ∞ cuando la secante correspondiente al mismo arco vale ∞ y 0, y que la primera pasa de positiva a negativa e inversamente cuando el arco toma valores muy próximos a 0 y π; todo lo cual se puede ver comparando la gráfica de la figura 19, con la que representa la variación de la función *sec* x en la figura 17. Como se ha dicho ya, los valores mínimos de la cosecante son +1 y −1, que adquiere cuando el arco x toma los valores $\dfrac{\pi}{2}$ y $\dfrac{3\pi}{2}$.

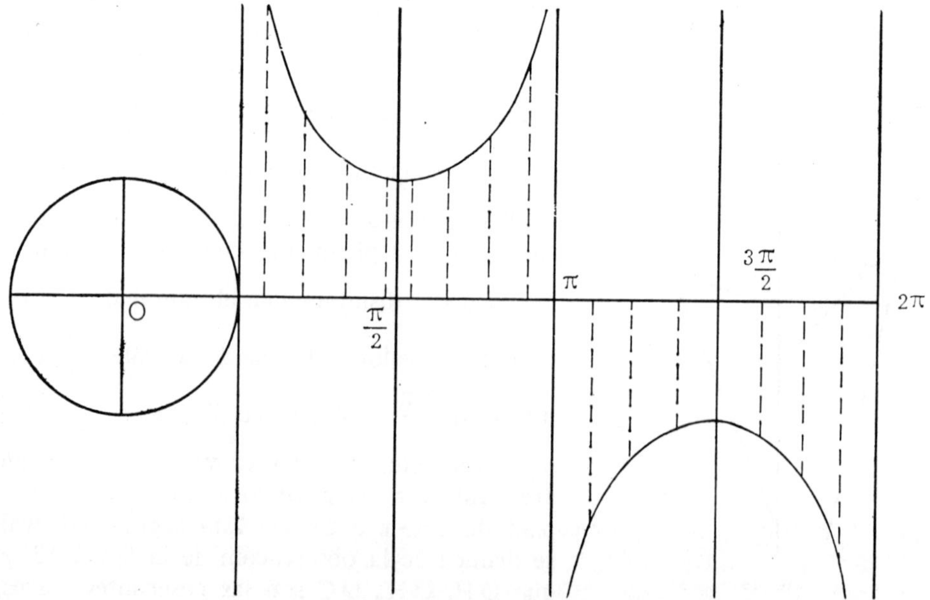

Fig. 19

28. De lo expuesto en los números anteriores se deduce:

1.º *Cuando un arco tiene su extremo en el primer cuadrante, todas las líneas trigonométricas son positivas,* como se ve en la figura 20.

2.º *Cuando el arco tiene su extremo en el segundo cuadrante, el seno y la cosecante son positivos y las demás líneas trigonométricas negativas,* según se ve en la figura 21.

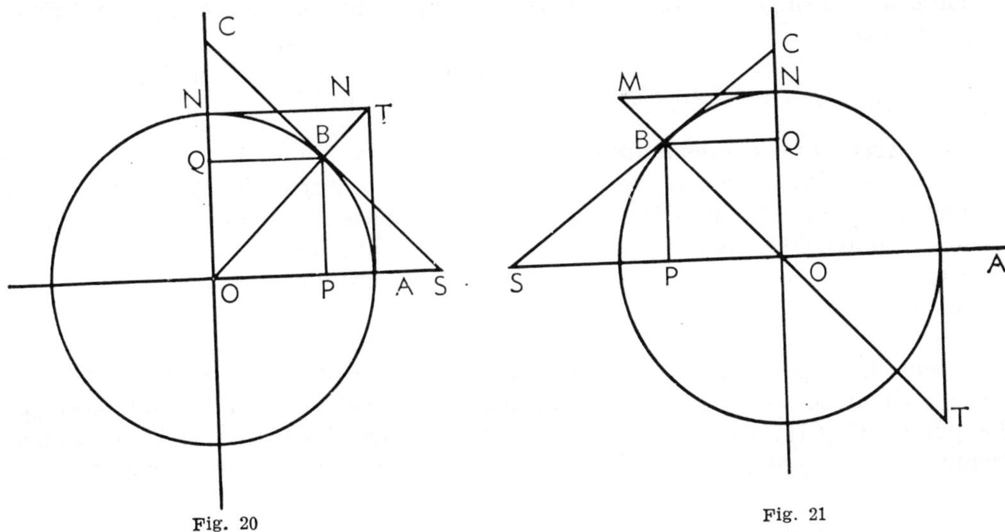

Fig. 20   Fig. 21

3.º *Cuando el arco tiene su extremo en el tercer cuadrante, son positivas la tangente y la cotagente; las otras líneas trigonométricas son negativas,* como se ve en la figura 22.

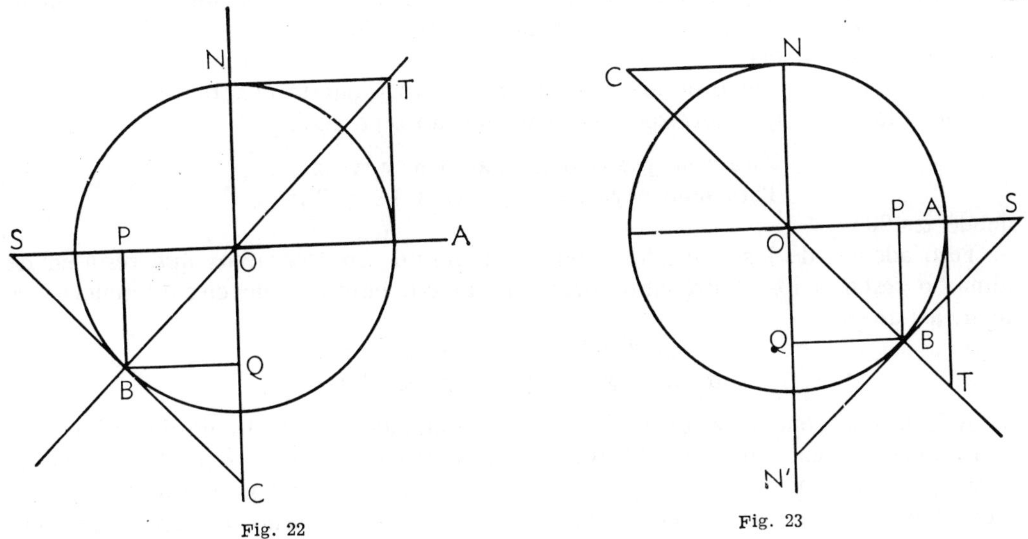

Fig. 22   Fig. 23

4.º *Cuando el arco tiene su extremo en el cuarto cuadrante, el coseno y la secante son positivos, y las restantes líneas trigonométricas son negativas,* como indica la figura 23.

29. Obsérvese que tienen siempre el mismo signo el seno y la cosecante; el coseno y la secante; la tangente y la cotangente; es decir, que cualquiera que sea el signo de una línea o función trigonométrica, su inversa tiene el mismo signo que ella.

30. Si un arco α es positivo y menor que una circunferencia, los arcos comprendidos en la expresión $2\pi k+\alpha$, en la que k es un número entero, positivo o negativo, tienen el mismo origen y extremo, luego tendrán las mismas líneas trigonométricas, es decir, que

$$\operatorname{sen}(k\pi+\alpha)=\operatorname{sen}\alpha$$
$$\cos(2k\pi+\alpha)=\cos\alpha,\ \text{etc.}$$

31. Arcos que corresponden a una razón trigonométrica dada. — A toda razón trigonométrica dada le corresponde al menos dos arcos iguales, como vamos a demostrar; para ello fijémonos en las representaciones geométricas estudiadas para valores comprendidos entre $0°$ y 2π, y recordemos que las abscisas son los valores de los arcos y las ordenadas representan los valores correspondientes de las razones trigonométricas.

Arcos que corresponden a un seno dado. — Para hallar los arcos que corresponden a un seno dado, por ejemplo, $B_2 S$ (fig. 9), basta trazar por el extremo del valor de este seno tomado sobre el eje $Y\,Y'$ una paralela al eje $X\,X'$, paralela que corta en dos puntos, H y H', a la sinusoide; bajando las ordenadas $H\,B_2$ y $H'\,B'_2$ correspondientes a estos puntos, las abscisas correspondientes, $A\,B_2$ y $A\,B'_2$, medidas en el eje $X\,X'$ representan el valor de los arcos comprendidos entre $0°$ y 2π que corresponden a este seno.

Se ve en la figura que si se toma sobre el eje $Y\,Y'$ un valor mayor que 1, es decir, mayor que $O\,B_2$, la paralela trazada al eje $X\,X'$ por el extremo de esta medida no corta a la sinusoide en ningún punto, luego no hay ningún arco cuyo seno sea mayor que la unidad.

Los puntos B_2 y B'_2 del eje $X\,X'$ en la citada figura distan igualmente el primero de 0 y el segundo de π; si el seno fuese negativo, los dos puntos que determina en la curva la paralela al eje tienen por abscisas puntos que distan igualmente de π y 2π, estando el extremo de los arcos en el tercer y cuarto cuadrante.

Luego los arcos que corresponden a un mismo seno serán:

Para seno positivo ...... arco α y $\pi-\alpha$
Para seno negativo ...... arco $\pi+\alpha$ y $2\pi-\alpha$

siendo $\alpha<90°$.

Pero además de los indicados tendrán el mismo seno los arcos que resulten de sumar o restar a los cuatro anteriores un número entero k de circunferencias, es decir, los arcos:

$$\alpha+2\pi\cdot k \qquad\qquad \pi-\alpha+2\pi\cdot k$$
$$\alpha+\pi+2\pi\cdot k \qquad y \qquad 2\pi-\alpha+2\pi\cdot k$$

A la misma conclusión se hubiese llegado tomando en un círculo de radio igual a la unidad un seno tal como $O\,S$ (fig. 24), y trazando por su extremo S una cuerda paralela al eje $A\,A'$; esta cuerda toca a la circunferencia en los puntos B y B'; los arcos $A\,B=\alpha$ y $A\,B'=\pi-\alpha$ tienen, evidentemente, el mismo seno. Tomando el mismo seno negativamente en el diámetro $H\,H'$ y trazando por S' una paralela al diámetro $A\,A'$ se determinan los arcos $A\,B=\alpha$, $A\,B'=\pi-\alpha$, $A\,B''=\pi+\alpha$ y $A\,B'''=2\pi-\alpha$, cuyos senos $B\,P$ y $B'\,P'$, $B''\,P'$ y $B'''\,P$ son respectivamente iguales por ser paralelas comprendidas entre paralelas.

Arcos que corresponden a un coseno dado.— De un modo análogo se demostraría que a un valor dado de un coseno le corresponden al menos dos arcos me-

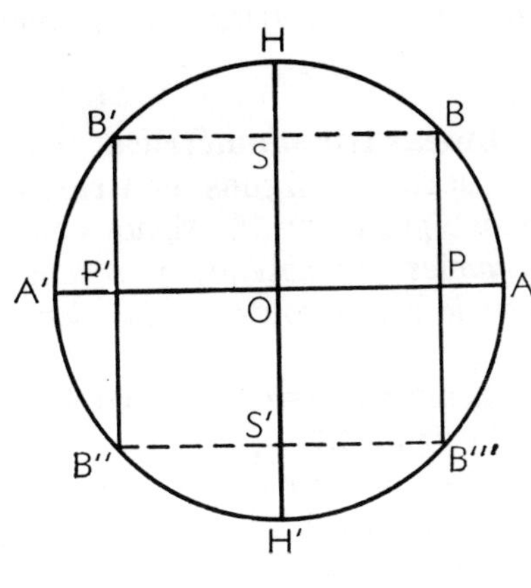

Fig. 24

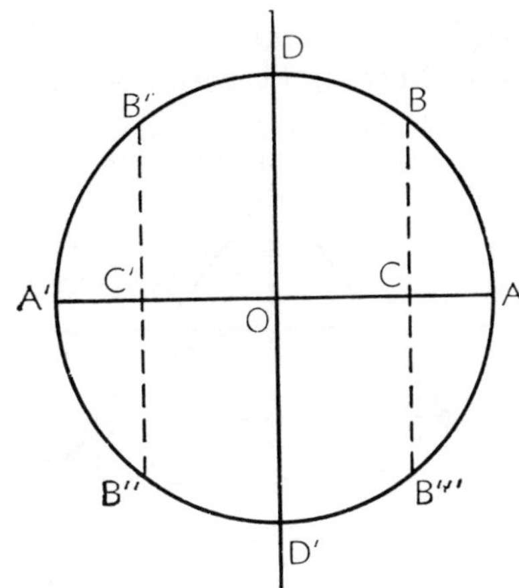

Fig. 25

nores 2π; si el coseno es positivo, los extremos de los arcos distan igualmente de 0 o de 2π, y si el coseno es negativo, sus extremos distan igualmente de π.

Luego los ángulos que corresponden a un mismo coseno son:

Para coseno positivo ...... arcos α y $2\pi - \alpha$
Para coseno negativo ...... arcos $\pi - \alpha$ y $\pi + \alpha$

siendo $\alpha < 90°$, y el total de ángulos que tendrán el mismo coseno son:

Para coseno positivo ...... $\alpha + 2\pi \cdot k$ y $2\pi - \alpha + 2 \cdot k$
Para coseno negativo ...... $\pi - \alpha + 2\pi \cdot k$ y $\pi + \alpha + 2\pi \cdot k$

A la misma conclusión se llega si en un círculo de radio unidad (fig. 25) se toma un coseno de valor determinado tal como OC, positivo, y por su extremo C se traza la paralela BB''' al diámetro DD'; los arcos

$$AB = \alpha \quad y \quad AB''' = 2\pi - \alpha$$

son los correspondientes al coseno dado; si tomamos el mismo coseno negativamente, los arcos $AB' = \pi - \alpha$ y $AB'' = \pi + \alpha$ son los correspondientes al valor absoluto del coseno dado, y además los arcos que resulten de añadirles un número entero k de circunferencias.

Arcos que corresponden a una misma tangente.— De modo análogo se demuestra que a una tangente dada le corresponden dos arcos menores que 2π, uno $AB = \alpha$ y otro $AB'' = \pi + \alpha$ cuando la tangente es positiva, y otros dos $AB' = \pi - \alpha$ y $AA'B''' = 2\pi - \alpha$ cuando la tangente es negativa, afirmación que corrobora la figura 26, en la que se ve patentemente.

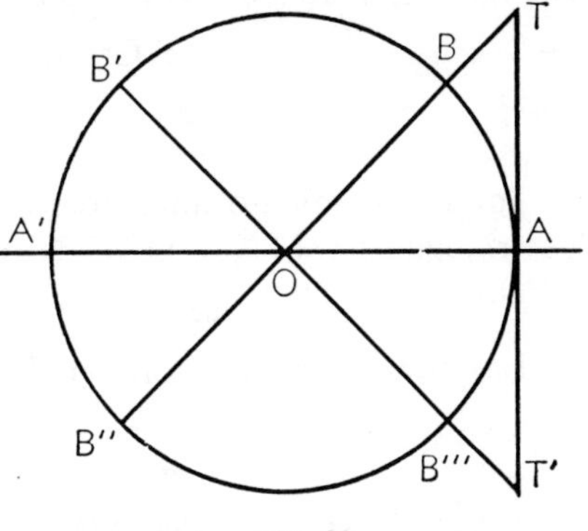

Fig. 26

Corresponden además los arcos que resultan de sumar a los cuatro indicados un número entero k de circunferencias, esto es:

$$\alpha+2\,\pi\cdot k, \quad (\pi+\alpha)+2\,\pi\cdot k, \quad (\pi-\alpha)+2\,\pi\cdot k, \quad (2\,\pi-\alpha)+2\,\pi\cdot k.$$

Luego para un mismo valor absoluto de una línea trigonométrica le corresponden cuatro ángulos, todos menores de una circunferencia.

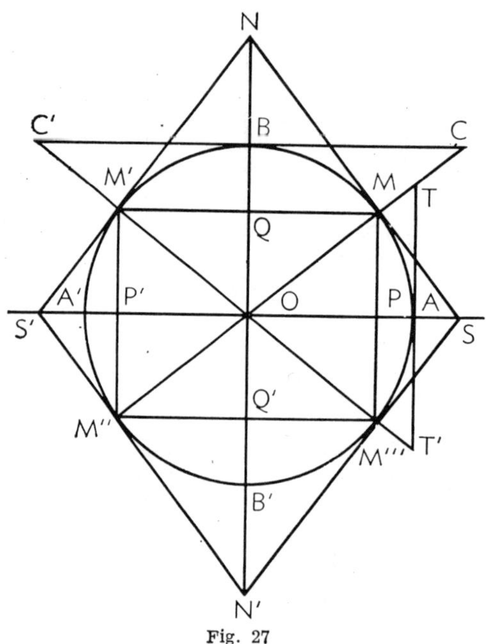

Fig. 27

32. Líneas trigonométricas de arcos iguales, pero de signos contrarios. — *Dos arcos iguales y de signo contrario tienen iguales los cosenos y secantes, e iguales y de signo contrario las demás líneas trigonométricas.*

Para demostrar este principio basta fijarse en la figura 27.

Sean, en ella, los arcos $AM=\alpha$ y $AM'''=-\alpha$, cuyas líneas trigonométricas están trazadas en la figura.

Sus senos MP y $M'''P$ son iguales y de signo contrario. En efecto, los triángulos OPM y OPM''' son, por construcción, rectángulos e iguales, pues tienen $OM=OM'''$, el cateto OP es común, e iguales los ángulos en O, luego $MP=M'''P$, pero estos valores son respectivamente los senos de los arcos $+\alpha$ y $-\alpha$, pero de signo contrario, luego

$$\text{sen } (-\alpha)=-\text{sen } \alpha.$$

Además, en los mismos triángulos, el cateto OP es común; luego

$$\cos (-\alpha)=-\cos \alpha.$$

Los tringulos rectángulos OAT y OAT' tienen el cateto OA común e iguales los ángulos agudos en O, luego estos triángulos son iguales entre sí, y en consecuencia, geométricamente, $AT=-A'T'$, pero $-AT=\text{tg }\alpha$ y $AT'=\text{tg }(-\alpha)$, luego

$$\text{tg } (-\alpha)=-\text{tg } \alpha.$$

En la misma figura, los triángulos rectángulos OBC y OBC' son iguales por tener el cateto OB común e iguales los ángulos en O; luego los catetos BC y BC' son iguales, pero de signos contrarios; ahora bien,

$$BC=\text{cotg } \alpha \quad y \quad BC'=\text{cotg } (-\alpha),$$

luego

$$\text{cotg } (-\alpha)=-\text{cotg } \alpha.$$

Por razonamiento análogo sobre los triángulos OMS y $OM'''S$ por una parte, y los triángulos OMN y $OM'''N'$ por otra, se deduce:

$$\text{sec } (-\alpha)=\text{sec } \alpha, \quad \text{cosec } (-\alpha)=-\text{cosec } \alpha.$$

Los resultados anteriores podemos, pues, resumirlos de la forma siguiente:

$$\text{sen } (-\alpha)=-\text{sen } \alpha \qquad \cos (-\alpha)=\cos \alpha$$
$$\text{tg } (-\alpha)=-\text{tg } \alpha \qquad \text{cotg } (-\alpha)=-\text{cotg } \alpha$$
$$\text{sec } (-\alpha)\,\text{sec } \alpha \qquad \text{cosec } (-\alpha)=-\text{cosec } \alpha.$$

2.º RELACIONES ENTRE LAS FUNCIONES TRIGONOMÉTRICAS

33. Relación entre las funciones trigonométricas de un mismo ángulo. — Las funciones trigonométricas de un mismo ángulo guardan entre sí ciertas relaciones, las cuales es indispensable estudiar

Ecuación que relaciona el seno y el coseno de un mismo ángulo. — Sea el círculo de centro O y radio 1; tomemos un ángulo α (fig. 28) y tracemos la ordenada y abscisa del extremo del arco A B, y el radio correspondiente al punto B; se nos ha formado el triángulo rectángulo B C O, en el cual se cumple la relación:

$$\overline{B C^2} + \overline{O C^2} = \overline{O B^2}$$

de donde, dividiendo por $\overline{O B^2}$:

$$\frac{\overline{B C^2}}{\overline{O B^2}} + \frac{\overline{O C^2}}{\overline{O B^2}} = 1 \quad \text{o bien} \quad \left(\frac{O C}{O B}\right)^2 + \left(\frac{O B}{B C}\right)^2 = 1,$$

esto es, según lo dicho en (9):

$$\text{sen}^2\, a + \cos^2\, a = 1 \quad (1),$$

ecuación fundamental en el cálculo trigonométrico, de la cual se deduce directamente:

$$\text{sen}^2\, a = 1 - \cos^2\, a; \quad \cos^2\, a = 1 - \text{sen}^2\, a.$$

Esta fórmula se cumple siempre, pues aun en el caso en que el ángulo A O B sea igual a cero (y, por consiguiente, el triángulo no se forme), o cuando valga un número entero de ángulos rectos (y entonces una de las funciones, el seno o el coseno, es cero y la otra vale +1 ó – 1), se cumple igualmente la fórmula anterior.

Luego *la suma de los cuadrados del seno y coseno de un ángulo es igual a la unidad.*

34. Ecuación que relaciona entre sí el seno, el coseno y la tangente de un arco. — Si en la figura anterior, en la cual A T es la tangente del ángulo *a*, consideramos los triángulos rectángulos O C B y O A T, veremos que son semejantes, luego podemos establecer la relación siguiente:

$$\frac{B C}{O C} = \frac{A T}{O A}$$

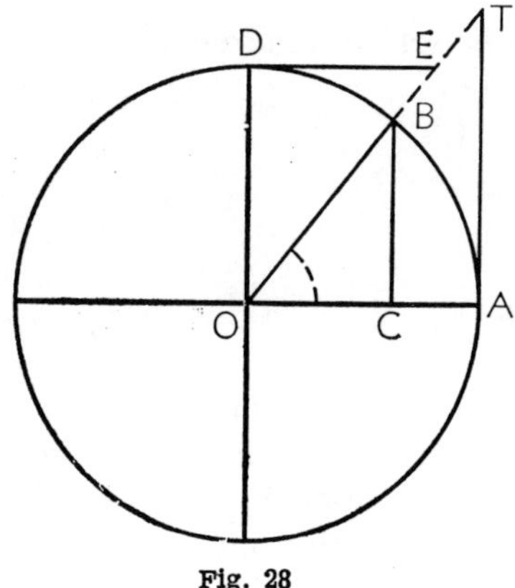

Fig. 28

o lo que es lo mismo:

$$\frac{\text{sen}\, a}{\cos a} = \frac{\text{tg}\, a}{1},$$

de donde:

$$tg\ a = \frac{sen\ a}{cos\ a} \quad (2),$$

ecuación también fundamental que nos dice que *la tangente de un ángulo es igual a la relación entre el seno y el coseno del mismo ángulo.*

Comparando los triángulos O D E y B C O, que son semejantes, podemos establecer la relación siguiente:

$$\frac{O\ C}{B\ C} = \frac{D\ E}{O\ D}, \quad o\ bien \quad \frac{cos\ a}{sen\ a} = \frac{cotg\ a}{1}$$

de donde:

$$cotg\ a = \frac{cos\ a}{sen\ a} \quad (3),$$

que nos dice que *la cotangente de un ángulo es igual a la relación entre el coseno y el seno del mismo ángulo.*

35. Ecuaciones que relacionan entre sí el coseno y la tangente, el seno y la cotangente. — Si en la ecuación fundamental:

$$sen^2\ a + cos^2\ a = 1 \quad (1)$$

dividimos ambos miembros por $cos^2\ a$, tendremos:

$$\frac{sen^2\ a}{cos^2\ a} + 1 = \frac{1}{cos^2\ a}$$

de donde

$$tg^2\ a + 1 = \frac{1}{cos^2\ a} \quad (4).$$

Si se dividen los dos miembros de la ecuación (1) por $sen^2\ a$, tendremos:

$$\frac{sen^2\ a}{sen^2\ a} + \frac{cos^2\ a}{sen^2\ a} = \frac{1}{sen^2\ a}$$

esto es:

$$1 + cotg^2\ a = \frac{1}{sen^2\ a} \quad (5),$$

fórmula que relaciona la cotangente de un arco con el seno del mismo arco.

Las cinco relaciones fundamentales expuestas, que ligan entre sí los seis elementos de un ángulo, permiten resolver el problema siguiente: conocida una función trigonométrica, hallar todas las demás, como se estudia a continuación:

36. Conocida una de las razones trigonométricas, hallar las restantes. — El problema es muy sencillo, como se ve a continuación.

1.º *Conocido* sen a, *hallar las restantes funciones trigonométricas.*
De la fórmula

$$sen^2\ a + cos^2\ a = 1$$

tendremos:

$$\cos^2 a = 1 - \operatorname{sen}^2 a$$

luego

$$\cos a = \pm \sqrt{1 - \operatorname{sen}^2 a}.$$

Para hallar la tangente del ángulo *a* substituiremos en la fórmula de la tangente *cos a* por el valor encontrado para éste:

$$\operatorname{tg} a = \frac{\operatorname{sen} a}{\cos a} = \frac{\operatorname{sen} a}{\pm \sqrt{1 - \operatorname{sen}^2 a}}.$$

De modo análogo se deducen los valores de la cotangente, secante y cosecante:

$$\operatorname{cotg} a = \frac{\cos a}{\operatorname{sen} a} = \frac{\pm \sqrt{1 - \operatorname{sen}^2 a}}{\operatorname{sen} a}$$

$$\sec a = \frac{1}{\cos a} = \frac{1}{\pm \sqrt{1 - \operatorname{sen}^2 a}}$$

$$\operatorname{cosec} a = \frac{1}{\operatorname{sen} a}.$$

2.º *Conocido* $\cos a$, *hallar las restantes funciones trigonométricas.* De la fórmula (1) se deduce:

$$\operatorname{sen}^2 a = 1 - \cos^2 a, \qquad \operatorname{sen} a = \pm \sqrt{1 - \cos^2 a}$$

$$\operatorname{tg} a = \frac{\operatorname{sen} a}{\cos a} = \frac{\pm \sqrt{1 - \cos^2 a}}{\cos a}$$

$$\operatorname{cotg} a = \frac{\cos a}{\operatorname{sen} a} = \frac{\cos a}{\pm \sqrt{1 - \cos^2 a}}$$

$$\sec a = \frac{1}{\cos a}, \qquad \operatorname{cosec} a = \frac{1}{\operatorname{sen} a} = \pm \frac{1}{\sqrt{1 - \cos^2 a}}.$$

3.º *Conocida* $\operatorname{tg} a$, *hallar las restantes funciones trigonométricas.* De la relación:

$$\operatorname{tg}^2 a + 1 = \frac{1}{\cos^2 a}$$

se deduce:

$$\cos^2 a = \frac{1}{\operatorname{tg}^2 a + 1} \qquad y \qquad \cos a = \frac{1}{\pm \sqrt{\operatorname{tg}^2 a + 1}}.$$

De la fórmula

$$\frac{\operatorname{sen} a}{\cos a} = \operatorname{tg} a$$

se deduce:

$$\operatorname{sen} a = \operatorname{tg} a \times \cos a = \operatorname{tg} a \times \dfrac{1}{\pm \sqrt{\operatorname{tg}^2 a + 1}}$$

en la que *sen a* está únicamente en función de *tg a*.

Teniendo en cuenta las anteriores relaciones, se deduce:

$$\operatorname{cotg} a = \dfrac{1}{\operatorname{tg} a}; \qquad \sec a = \pm \sqrt{\operatorname{tg}^2 a + 1}$$

$$\operatorname{cosec} a = \pm \dfrac{\sqrt{\operatorname{tg}^2 a + 1}}{\operatorname{tg} a}.$$

37. Observación. — De modo análogo se pueden obtener las funciones trigonométricas de un ángulo conociendo la cotangente, secante o cosecante del mismo, por ser estas funciones las inversas de la tangente, coseno y seno, respectivamente.

El doble signo que antecede a algunos de los valores hallados es debido a que el valor de cada una de las líneas dadas le corresponden dos arcos distintos, cuyas funciones trigonométricas pueden ser positivas y negativas.

Por ejemplo: si *sen a = m*, siendo m<1, hay dos arcos, *a* y *π − a*, cuyos senos valdrán *m*; si se escoge el segundo arco, resultan negativas todas las líneas trigonométricas restantes, a excepción de la cosecante.

3.º RELACIÓN ENTRE LAS RAZONES TRIGONOMÉTRICAS DE ALGUNOS ÁNGULOS

38. Relación entre las razones trigonométricas de ángulos complementarios. — Sea un ángulo α menor que 90º; su complementario es $90º - \alpha$ o $\dfrac{\pi}{2} - \alpha$.

Tracemos una circunferencia con radio O A, y tomemos en ella el arco A B = α (fig. 29); el arco complementario es A C = $\dfrac{\pi}{2} - \alpha$; trazando el seno y coseno correspondientes a cada uno, tendremos:

$$B D = \operatorname{sen} \alpha, \qquad O D = \cos \alpha$$

$$C E = \operatorname{sen}\left(\dfrac{\pi}{2} - \alpha\right), \qquad O E = \cos\left(\dfrac{\pi}{2} - \alpha\right)$$

Los triángulos B D O y C E O son iguales, como es fácil demostrar, luego

$$B D = O D \quad y \quad O D = C E$$

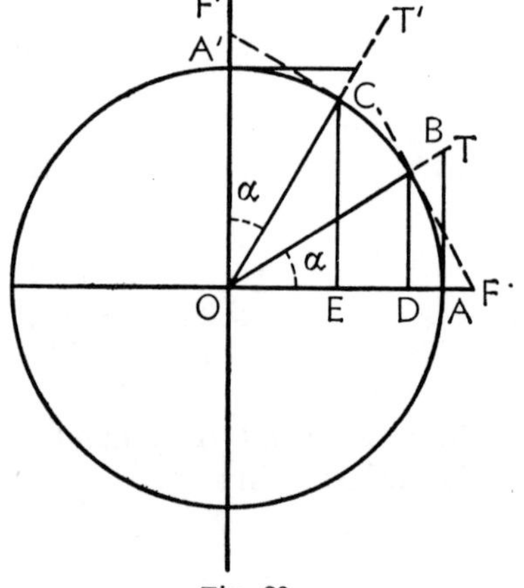

Fig. 29

esto es, que la abscisa del punto B es igual a la ordenada del punto C y recíprocamente, lo cual permite establecer las siguientes relaciones:

$$\dfrac{B D}{O B} = \dfrac{O E}{O B}, \qquad \text{esto es} \qquad \operatorname{sen} \alpha = \operatorname{sen}\left(\dfrac{\pi}{2} - \alpha\right)$$

$$\dfrac{O D}{O B} = \dfrac{C E}{O B}, \qquad \text{esto es} \qquad \cos \alpha = \operatorname{sen}\left(\dfrac{\pi}{2} - \alpha\right)$$

y de éstas, dividiendo ordenadamente, las siguientes:

$$\frac{BD}{OD}=\frac{OE}{CE}, \qquad \text{esto es,} \qquad \operatorname{tg}\alpha=\frac{\operatorname{sen}\alpha}{\cos\alpha}=\operatorname{cotg}\left(\frac{\pi}{2}-\alpha\right)$$

$$\frac{OD}{BD}=\frac{CE}{OE}, \qquad \text{esto es,} \qquad \operatorname{cotg}\alpha=\operatorname{tg}\left(\frac{\pi}{2}-\alpha\right)$$

$$\frac{OB}{OD}=\frac{OC}{CE}, \qquad \text{esto es,} \qquad \sec\alpha=\operatorname{cosec}\left(\frac{\pi}{2}-\alpha\right)$$

$$\frac{OB}{BD}=\frac{OE}{OC}, \qquad \text{esto es,} \qquad \operatorname{cosec}\alpha=\sec\left(\frac{\pi}{2}-\alpha\right).$$

Las cuatro relaciones últimas también se pueden obtener por la comparación de los triángulos OAT y $OA'T'$ para la tangente y la secante de un ángulo son respec- secante y cosecante.

Se deduce de lo dicho que *el seno, la tangente y la secante de un ángulo son respectivamente el coseno, la cotangente y la cosecante del ángulo complementario.*

Lo mismo ocurre si el ángulo $\alpha>\dfrac{\pi}{2}$, en cuyo caso su complemento es un ángulo negativo igual a $\dfrac{\pi}{2}-\alpha$, como se ve en la figura 30, en la que el ángulo $AOB=\alpha$ tiene como complementario el ángulo AOC, negativo. De la igualdad de los triángulos BSO y $CS'O$ se deduce

$$OS=S'C \qquad y \qquad BS=OS'$$

o lo que es lo mismo,

$$\cos\alpha=\operatorname{sen}\left(\frac{\pi}{2}-\alpha\right) \qquad y \qquad \operatorname{sen}\alpha=\cos\left(\frac{\pi}{2}-\alpha\right).$$

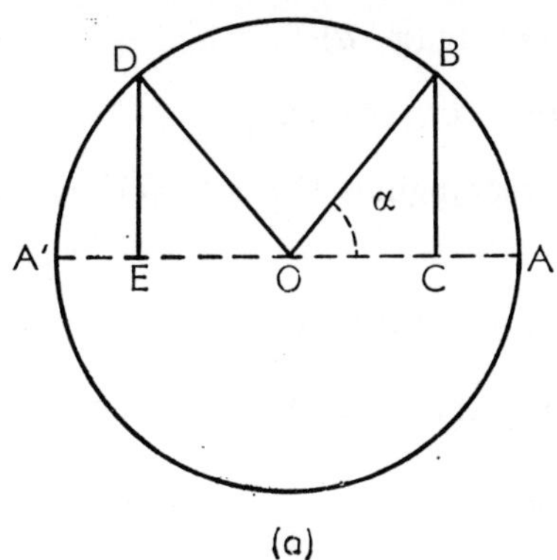

Fig. 30

39. Relación entre las razones trigonométricas de dos arcos suplementarios. — Supongamos un ángulo α (fig. 31), su suplemento es $\pi-\alpha$, pudiendo ocurrir que ambos ángulos sean positivos y menor, cada uno de ellos, que π, o bien que uno sea mayor que π, en cuyo caso su suplemento será negativo.

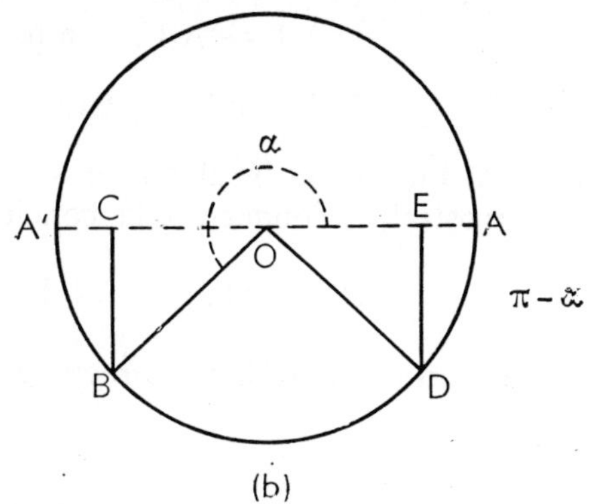

(a) (b)

Fig. 31

Esto es:

$$AB = \alpha < \pi, \qquad AD = \pi - \alpha \quad \text{(fig. 31, } a)$$

$$AB = \alpha > \pi, \qquad AD = \pi - \alpha = AOD \quad \text{(fig. 31, } b)$$

Como se ve en la figura 31, la ordenada y abscisa del punto B son B C y O C, respectivamente, y las del punto D, extremo del arco $\pi - \alpha$, son D E y O E, respectivamente; las abscisas son en ambos casos iguales y de signo contrario, y las ordenadas iguales y del mismo signo, esto es:

$$BC = DE \quad y \quad OC = -OE.$$

Se pueden, pues, plantear las relaciones siguientes:

$$\operatorname{sen} \alpha = \frac{BC}{OB} = \frac{DE}{OD} = \operatorname{sen}(\pi - \alpha)$$

$$\cos \alpha = \frac{OC}{OB} = \frac{-OE}{OD} = -\cos(\pi - \alpha)$$

Dividiendo ambas igualdades convenientemente, se tiene:

$$\operatorname{tg} \alpha = \frac{BC}{OC} = \frac{DE}{-OE} = -\operatorname{tg}(\pi - \alpha)$$

$$\operatorname{cotg} \alpha = \frac{OC}{BC} = \frac{-OE}{DE} = -\operatorname{cotg}(\pi - \alpha)$$

$$\sec \alpha = \frac{OB}{OC} = \frac{OD}{-OE} = -\sec(\pi - \alpha)$$

$$\operatorname{cosec} \alpha = \frac{OB}{BC} = \frac{OB}{DE} = \operatorname{cosec}(\pi - \alpha).$$

Las dos primeras relaciones también podían deducirse partiendo de la igualdad de los triángulos B C O y D E O, y de ellas las restantes, pues como se ve en la figura 32, la igualdad de los triángulos O A T y O A T' permite deducir la de sus lados A T y A T', de signos contrarios; y la de los triángulos O E C y O E C', deducir la igualdad de sus lados E C y E C'; tenemos, pues:

$$AT = -AT', \quad \text{esto es,} \quad \operatorname{tg} \alpha = -\operatorname{tg}(\pi - \alpha)$$

$$EC = -EC', \quad \text{esto es,} \quad \operatorname{cotg} \alpha = -\operatorname{cotg}(\pi - \alpha).$$

De igual manera la igualdad de los triángulos rectángulos O B S y O D S', fácilmente demostrable, conduce a la conclusión:

$$OS = -OS', \quad \text{es decir,} \quad \sec \alpha = -\sec(\pi - \alpha).$$

La igualdad de los triángulos rectángulos M B O y M D O permite deducir:

$$\operatorname{cosec} \alpha = \operatorname{cosec}(\pi - \alpha)$$

pues ambos ángulos tienen la misma cosecante: O M.

Resumiendo, pues, tenemos:

$$\operatorname{sen} \alpha = \operatorname{sen} (\pi - \alpha); \qquad \operatorname{cosec} \alpha = \operatorname{cosec} (\pi - \alpha)$$

$$\cos \alpha = -\cos (\pi - \alpha); \qquad \sec \alpha = -\sec (\pi - \alpha)$$

$$\operatorname{tg} \alpha = -\operatorname{tg} (\pi - \alpha); \qquad \operatorname{cotg} \alpha = -\operatorname{cotg} (\pi - \alpha)$$

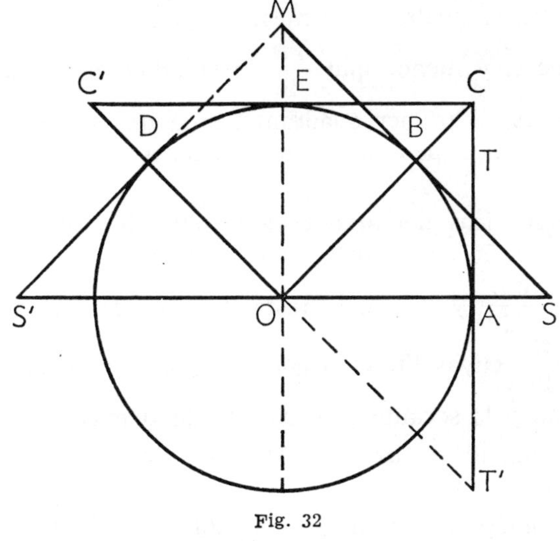

Fig. 32

luego *los ángulos suplementarios tienen igual seno e igual cosecante, e iguales, pero de signo contrario, las demás razones trigonométricas.*

40. Relación entre las razones trigonométricas de ángulos que difieren en 2π **y** π. — Como se ha dicho ya (31) al hablar de los arcos que corresponden a una misma línea trigonométrica, las de los arcos que difieren entre sí en 2π, esto es, en una circunferencia completa, son las mismas y del mismo signo; se pueden, por consiguiente, escribir las igualdades siguientes:

$$\operatorname{sen} (2\pi k + a) = \operatorname{sen} a; \qquad \operatorname{cotg} (2\pi k + a) = \operatorname{cotg} a$$
$$\cos (2\alpha k + a) = \cos a; \qquad \sec (2\pi k + a) = \sec a$$
$$\operatorname{tg} (2\pi k + a) = \operatorname{tg} a; \qquad \operatorname{cosec} (2\pi k + a) = \operatorname{cosec} a$$

en las que k es un número entero.

Si los ángulos se diferencian en π y uno de ellos es a, el otro será $\pi + a$, cuyo complemento será $(-a)$, y en virtud de lo dicho en el número anterior:

$$\operatorname{sen} (\pi + a) = \operatorname{sen} (-a) = -\operatorname{sen} a; \qquad \cos (\pi + a) = -\cos (-a) = -\cos a$$
$$\operatorname{tg} (\pi + a) = \operatorname{tg} (-a) = -\operatorname{tg} a; \qquad \operatorname{cotg} (\pi + a) = \operatorname{cotg} (-a) = \operatorname{cotg} a$$
$$\sec (\pi + a) = -\sec (-a) = -\sec a; \qquad \operatorname{cosec} (\pi + a) = \operatorname{cosec} (-a) = -\operatorname{cosec} a$$

luego *dos arcos cuya diferencia es π (180°) tienen sus tangentes y cotangentes iguales y del mismo signo, e iguales en valor absoluto, pero de signos contrarios, todas las razones geométricas restantes.*

41. Aplicaciones de los principios expuestos. Reducción de un ángulo al primer cuadrante. — Las teorías expuestas, referentes a las razones trigonométricas de ángulos complementarios y suplementarios, permiten hallar con facilidad las líneas trigonométricas de arcos mayores de 90°, reduciéndolos todos al primer cuadrante, lo cual es indispensable, pues las tablas trigonométricas están calculadas únicamente para los arcos menores de 90°.

Sumando o restando a un arco dado cualquiera, positivo o negativo, un número entero de circunferencias, lo podemos reducir a otro menor de 90° o menor de 360°, y de líneas trigonométricas equivalentes en valor absoluto.

Si el arco a propuesto está comprendido entre $\dfrac{\pi}{2}$ y π, es decir, $\dfrac{\pi}{2}<a<\pi$, su suplemento es menor que $\dfrac{\pi}{2}$, y aplicando lo dicho al hablar de los arcos suplementarios hallaremos sus líneas trigonométricas.

Así, por ejemplo: supongamos el ángulo 143º 18′ 14″; sus líneas trigonométricas serán iguales en valor absoluto a las de su suplemento 36º 41′ 46″, pero de signo contrario a excepción del seno y la cosecante, iguales y del mismo signo.

Si el arco a propuesto es mayor que π y menor que $\dfrac{3\pi}{2}$, restándole π queda reducido a un arco menor de 90º, esto es, al primer cuadrante, arco que tiene la misma tangente y cotangente que a, e iguales, pero de signo contrario, las demás líneas trigonométricas.

Así, por ejemplo, las líneas trigonométricas del arco $a=245$º 39′ 55″ son las del arco $a-\pi=245$º 39′ 55″ -180º $=65$º 39′ 55″, arco del primer cuadrante.

Si el arco a está comprendido entre $\dfrac{3\pi}{2}$ y 2π se le resta 2π, con lo que se obtiene un arco negativo menor que $\dfrac{\pi}{2}$ cuyas líneas trigonométricas son iguales que las del propuesto, positivos el coseno y la secante, y negativas las demás.

Así, las líneas trigonométricas del ángulo de $a=327$º 18′ 14″ son iguales a las del ángulo $a-2\pi=327$º 18′ 14″ -360º $=-33$º 41′ 46″.

Se averiguan, pues, las líneas trigonométricas del ángulo de 33º 41′ 46″ y se afectan de signo negativo todas ellas, excepto el coseno y la secante que son positivos.

Si el ángulo a propuesto es negativo, por ejemplo, $a=-117$º 20′, se le agregan 360º y obtendremos así otro igual a 242º 40′, en el tercer cuadrante que tiene las mismas líneas trigonométricas que él y cuyas razones pueden referirse a las del arco de 62º 40′, en el primer cuadrante y resultado de restarle 180º, cuyos senos y cosenos, secantes y cosecantes son iguales y de signo contrario, en tanto que tienen iguales y del mismo signo las tangentes y cotangentes.

Por último: si el ángulo dado a tuviese una amplitud superior a 360º, pueden hallarse sus razones trigonométricas en función de las de otro positivo y menor de 90º dividiendo su valor por 360º; se obtiene un cociente y un resto; las funciones de éste son las correspondientes al ángulo dado.

Así, por ejemplo, supongamos $a=1135$º; dividiendo por 360:

$$1135º:360=3 \text{ y un residuo de } 55º.$$

Las líneas del arco de 1135º son las del arco de 55º.

4.º VALORES DE LAS RAZONES TRIGONOMÉTRICAS
DE LOS ÁNGULOS DE 45º, 30º Y 60º

42. Los valores de las líneas trigonométricas de los ángulos de 45º, 30º y 60º se pueden calcular directamente, lo cual no es posible en los demás casos. Determinada una de sus razones trigonométricas se pueden deducir las demás; hallaremos el seno.

1.º *Líneas trigonométricas del ángulo de 45º.*

En el círculo trigonométrico de centro O (fig. 33) se ha tomado el arco A B$=45$º; el triángulo B C O es rectángulo e isósceles, luego:

$$\overline{BC^2}+\overline{OC^2}=\overline{OB^2} \quad \text{o bien} \quad 2\,\overline{BC^2}=1,$$

luego

$$BC=\sqrt{\dfrac{1}{2}}=\dfrac{1}{\sqrt{2}}=\dfrac{\sqrt{2}}{2}.$$

por racionalización del denominador.

Al mismo resultado se llega por consideraciones geométricas, pues el seno del arco de 45º es la mitad de la cuerda del arco de 90º; esta cuerda vale $r\,\sqrt{2}$; pero aquí $r=1$, luego

$$\text{sen } 45º=\dfrac{\sqrt{2}}{2}.$$

Se deduce además:

$$\cos 45º=\text{sen } 45º=\dfrac{\sqrt{2}}{2}$$

$$\text{tg } 45º=\dfrac{\text{sen } 45º}{\cos 45º}=1$$

$$\text{cotg } 45º=\dfrac{\cos 45º}{\text{sen } 45º}=1.$$

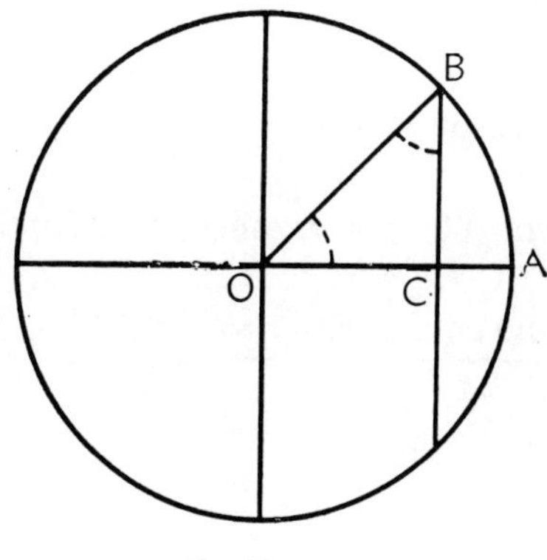

Fig. 33

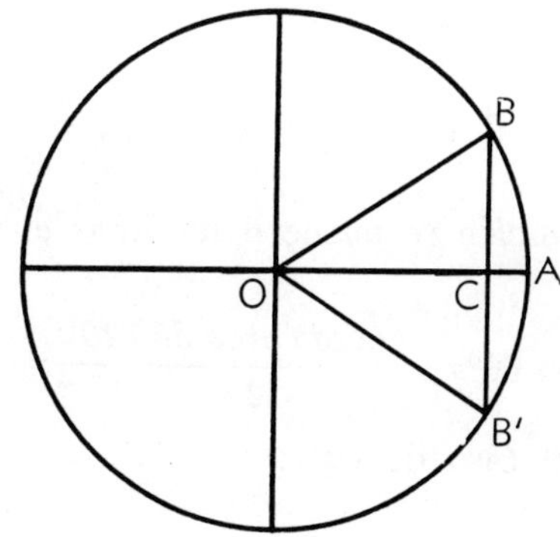

Fig. 34

2.º *Líneas trigonométricas del ángulo de 30º.*

Como se ve en la figura 34, si se prolonga B C, que es el seno del arco A B de 30º, se deduce:

$$BC=\text{sen } 30º=\dfrac{\textit{cuerda del arco de 60º}}{2}=$$

$$\dfrac{\textit{lado del hexágono regular inscrito}}{2}=\dfrac{1}{2}.$$

De la fórmula

$$\operatorname{sen}^2 a + \cos^2 a = 1$$

se deduce

$$\cos^2 a = 1 - \operatorname{sen}^2 a; \qquad \cos a = \sqrt{1 - \operatorname{sen}^2 a} =$$

$$\sqrt{1 - \frac{1}{4}} = \sqrt{\frac{3}{4}} = \frac{\sqrt{3}}{2}$$

$$\operatorname{tg} \ 30^\circ = \frac{\operatorname{sen} \ 30^\circ}{\cos \ 30^\circ} = \frac{\frac{1}{2}}{\frac{\sqrt{3}}{2}} = \frac{1}{\sqrt{3}} = \frac{\sqrt{3}}{3}$$

$$\operatorname{cotg} \ 30^\circ = \frac{\cos \ 30^\circ}{\operatorname{sen} \ 30^\circ} = \frac{\sqrt{3}}{2} : \frac{1}{2} = \frac{2\sqrt{3}}{2} = \sqrt{3}.$$

3.º *Líneas trigonométricas del ángulo de 60º.*

Conocidas las razones trigonométricas del ángulo de 30º, se deducen fácilmente las de su complemento, el ángulo de 60º.

$$\operatorname{sen} \ 60^\circ = \cos \ 30^\circ = \frac{\sqrt{3}}{2}; \qquad \cos \ 60^\circ = \operatorname{sen} \ 30^\circ = \frac{1}{2}$$

$$\operatorname{tg} \ 60^\circ = \operatorname{cotg} \ 30^\circ = \sqrt{3}; \qquad \operatorname{cotg} \ 60^\circ = \operatorname{tg} \ 30^\circ = \frac{\sqrt{3}}{3}.$$

También se puede determinar el valor del seno 60º por razones geométricas:

$$\operatorname{sen} \ 60^\circ = \frac{\text{cuerda arco de } 120^\circ}{2\,r} = \frac{\text{lado triángulo equilát. inscrito}}{2\,r} = \frac{r\sqrt{3}}{2\,r} = \frac{\sqrt{3}}{2}$$

para el caso de $r \neq 1$.

5.º TABLAS TRIGONOMÉTRICAS

43. Ya se ha expuesto cómo pueden calcularse directamente las razones trigonométricas de los arcos de 30º, 45º y 60º; pero no es fácil calcular las de los demás ángulos. Estos valores se hallan recopilados en las llamadas *Tablas trigonométricas*. En éstas se dan los valores de las funciones trigonométricas de un ángulo a menor que un cuadrante; pero con ellos se pueden hallar los de un arco cualquiera mayor que 90º.

En virtud de las relaciones estudiadas al hablar de las funciones de arcos complementarios y suplementarios, las Tablas no deben prolongarse más allá de los 45°, pues sabemos que

$$\text{sen } a = \cos (90° - a), \qquad \text{tg } a = \cot g (90° - a), \qquad \sec a = \csc (90° - a)$$
$$\cos a = \text{sen } (90° - a), \qquad \cot g \ a = \text{tg } (90° - a), \qquad \csc a = \sec (90° - a)$$

y cuando *a* sea mayor que 45°, su complemento será menor que 45°.

44. Tablas trigonométricas. — Existen dos clases de Tablas trigonométricas: las *Tablas trigonométricas naturales* y *las logarítmicas*. En las primeras se encuentran dispuestos en columnas los argumentos, esto es, los arcos, de grado en grado, de minuto en minuto o de diez en diez segundos, según las Tablas, y enfrente y en otras tantas columnas los valores del seno, coseno, tangente, cotangente, secante y cosecante de cada arco, expresados con relación al radio igual a la unidad, y sólo entre los límites 0° a 45°. En las Tablas trigonométricas *logarítmicas*, que están dispuestas de modo análogo a las anteriores, se encuentran enfrente de cada arco no los valores de sus seis funciones trigonométricas, sino los *logaritmos* de estos mismos valores.

45. No es posible exponer aquí la estructura de las Tablas de logaritmos, pues cada autor escoge la que a su juicio reúne mejores condiciones de exposición y manejo; sólo daremos, pues, una norma o regla general para hallar el logaritmo de líneas trigonométricas de un arco no comprendido exactamente en las Tablas.

46. Logaritmo de las líneas trigonométricas de un arco que no se halla exactamente en las Tablas. — Como por lo general todas la Tablas dan los arcos de 30″ en 30″, siempre que el arco esté expresado en una fracción de segundos distinta de 0″ y 30″ no se hallará en las Tablas. Buscaremos una fórmula que nos permita hallar los logaritmos de sus funciones trigonométricas.

Sean *a* y *a*+30″ dos arcos consecutivos y L y L+Δ los logaritmos tabulares de cualquiera de sus líneas trigonométricas, siendo Δ la diferencia tabular; un arco comprendido entre aquellos dos se puede representar por *a*+*h*″ y el logaritmo de la función trigonométrica en cuestión por L+δ, y como *h*″<30″, será forzosamente δ<Δ. Ahora bien, *admitiendo que las diferencias entre dos arcos son proporcionales a las diferencias entre los logaritmos* de sus líneas trigonométricas se puede establecer la proporción siguiente:

$$\frac{30''}{h''} = \frac{\Delta}{\delta}$$

de donde

$$\delta = \frac{\Delta \, h''}{30}$$

y como el logaritmo pedido es L+δ, tendremos:

$$L + \delta = L + \frac{\Delta \, h''}{30}$$

El cociente $\dfrac{\Delta\, h''}{30}$ es positivo cuando Δ, la diferencia tabular, es positiva, esto es, para senos, tangentes y secantes, y negativo cuando Δ es negativo, esto es, para los cosenos, cotangentes y cosecantes.

Se deduce, pues, de aquí la siguiente

REGLA. — *Para hallar el logaritmo de una línea trigonométrica de un arco se halla el logaritmo de la función trigonométrica propuesta correspondiente al arco inmediatamente inferior al propuesto, y se le suma algebraicamente el entero más próximo al cociente que resulta de dividir por 30 el producto de la diferencia tabular por el exceso de segundos del arco si no llegan a 30, o por su exceso sobre 30 si pasan de este número.*

47. Problema inverso. Dado el logaritmo de una línea trigonométrica, determinar el arco o ángulo inferior a 90° a que pertenece. — Buscaremos una fórmula general que nos solucione el problema.

Representando con $L+\delta$ el logaritmo dado que no se halla en las Tablas; con L y $L+\Delta$ los logaritmos dados en las Tablas y entre los cuales se halla comprendido inmediatamente el dado; con a y $a+30''$ los arcos de estas líneas; el arco $L+\delta$ se podrá expresar por $a+h''$, y puesto que es $\delta<\Delta$, será $h''<30''$.

Admitiendo, como en el problema directo, que las diferencias de estos logaritmos son proporcionales con las de los arcos correspondientes, se tendrá:

$$\frac{(a+30'')-a}{(a+h'')-a}=\frac{(L+\Delta)-L}{(L+\Delta)-L}\qquad\text{de donde}\qquad\frac{30''}{h''}=\frac{\Delta}{\delta}$$

luego

$$h''=\frac{\delta\cdot 30''}{\Delta}$$

y, por consiguiente, el arco buscado será:

$$a+h''=a+\frac{\delta\times 30''}{\Delta}$$

La diferencia tabular Δ y δ son *positivos* para los senos, tangentes y secantes, y *negativos* para los cosecantes, cotangentes y cosenos; por consiguiente, el cociente $\dfrac{\delta\times 30''}{\Delta}$ será *siempre positivo.*

De aquí se deduce la siguiente

REGLA. — *Para hallar el arco de una línea trigonométrica cuyo logaritmo se conoce, pero no está en las Tablas, se busca el arco correspondiente al logaritmo tabular inmediatamente inferior (para senos, tangentes y secantes) o superior al dado (para cosenos, cotangentes o cosecantes), y se le suma el cociente que resulta de dividir por la diferencia tabular Δ el producto de 30 por la diferencia entre el logaritmo dado y el próximo inferior tabular si se trata de senos, tangentes y secantes; o entre el logaritmo dado y el proximo superior, dado en las Tablas, si se trata de cosenos, cotangentes y cosecantes.*

6.º RESOLUCIÓN DE TRIÁNGULOS RECTÁNGULOS

48. En un triángulo existen seis elementos: tres ángulos y tres lados, y se sabe que conocidos tres de estos elementos, de los cuales uno al menos debe ser un lado, se puede construir el triángulo. Pero las construcciones gráficas no son susceptibles de gran aproximación, por cuya razón se acude siempre a la Trigonometría cuando se trata de resolver problemas referentes a la construcción de triángulos por el cálculo de los elementos desconocidos.

Sea, pues, A B C un triángulo, y designemos con A, B, C sus tres ángulos y con las letras a, b, c los lados respectivamente opuestos a ellos. En el caso de triángulos rectángulos, designaremos siempre con A el ángulo recto; a será, pues, la medida de la hipotenusa.

Estudiaremos primero la resolución de los triángulos rectángulos, y luego la de triángulos cualesquiera, estableciendo primero las relaciones fundamentales para resolver tales problemas.

49. Relación entre los elementos de un triángulo rectángulo y fórmulas que las determinan.

1.ª *En todo triángulo rectángulo un cateto es igual a la hipotenusa multiplicada por el seno del ángulo opuesto.*

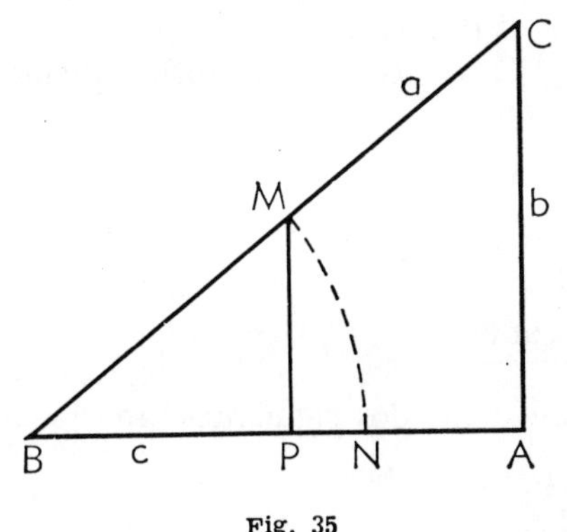

Fig. 35

Sea el triángulo rectángulo B A C (fig. 35); haciendo centro en B y con un radio igual a la unidad tracemos un arco tal como M N que corta a los lados B C y B A en los puntos M y N respectivamente; tracemos ahora la ordenada M P del punto M; esta ordenada representa en magnitud y signo al seno del ángulo B.

De la semejanza de los triángulos B P M y B A C deducimos:

$$\frac{A\,C}{P\,M} = \frac{B\,C}{B\,M} \quad \text{o bien} \quad \frac{b}{\operatorname{sen} B} = \frac{a}{1}$$

de donde

$$b = a \operatorname{sen} B$$

De la misma manera se deduciría

$$c = a \operatorname{sen} C$$

conforme se quería demostrar.

2.ª *En todo triángulo rectángulo un cateto es igual al otro cateto multiplicado por la tangente del ángulo opuesto al primero.*

En efecto: sea el triángulo rectángulo B A C (fig. 36); haciendo centro en B y con un radio igual a la unidad tracemos un arco que corte a los lados B C y B A del triángulo en los puntos M y N. Tracemos por este último punto, que tomaremos como origen del arco, la tangente al mismo N T; ésta representa en magnitud y signo la tangente trigonométrica del ángulo B. La semejanza de los triángulos B A C y B N T permite establecer la proporción siguiente:

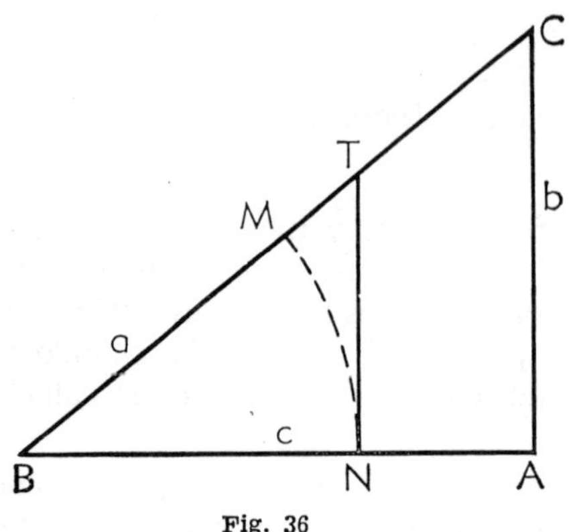

Fig. 36

$$\frac{N T}{A C} = \frac{B A}{B N}$$

o lo que es lo mismo:

$$\frac{\text{tg } B}{b} = \frac{c}{1} \qquad \text{de donde} \qquad \underline{b = c \text{ tg } B.}$$

De modo semejante se demuestra que

$$\underline{c = b \text{ tg } C.}$$

50. Corolario. — *En todo triángulo rectángulo un cateto es igual a la hipotenusa multiplicada por el coseno del ángulo comprendido entre ambos.*

En efecto: en el triángulo B A C (fig. 35) los ángulos B y C son complementarios, y según lo dicho en (38)

$$\text{sen } B = \cos C \qquad \text{y} \qquad \text{sen } C = \cos B$$

luego las fórmulas anteriores se pueden transformar en estas otras:

$$\underline{b = a \cos C,} \qquad \underline{c = a \cos B.}$$

51. Corolario. — *En todo triángulo rectángulo un cateto es igual al otro cateto multiplicado por la cotangente del ángulo adyacente al primero.*

En efecto: basta recordar que los ángulos B y C son complementarios y que, por consiguiente,

$$\text{tg } B = \cot C, \qquad \text{tg } C = \cot B,$$

luego las fórmulas anteriores se pueden escribir:

$$\underline{b = c \cot C} \qquad \text{y} \qquad \underline{c = b \cot B.}$$

A las ocho relaciones establecidas podemos agregar las dos siguientes, aportadas por la Geometría:

$$\underline{B + C = 90^\circ} \qquad \text{y} \qquad \underline{a^2 = b^2 + c^2.}$$

52. Con las fórmulas anteriores se pueden resolver todos los casos referentes a la construcción de triángulos rectángulos escogiéndolas y combinándolas oportunamente

Conviene advertir que para calcular los elementos desconocidos en esta clase de problema nos hemos de servir, siempre que sea posible, de los elementos que nos dan como datos del problema.

53. **Casos de resolución de triángulos rectángulos.** — Hay cuatro casos distintos y posibles. Los elementos geométricos a que nos vamos a referir son los de los triángulos A B C representados en las figuras 35 y 36.

PRIMER CASO. *Conocidos la hipotenusa* a *y un ángulo agudo* B, *hallar los restantes elementos.*

Datos	Elementos incógnitas
a, B	C, b, c

Cálculo de C .... $B+C=90^\circ$,   luego $\underline{C=90^\circ-B}$

Cálculo de b .... $\underline{b=a \ sen \ B}$

Cálculo de c .... $\underline{c=a \ cos \ B}$

Área .... $\text{Área}=\dfrac{1}{2} \ b \ c=\dfrac{1}{2} \ a^2 \ sen B \cdot cosB$

Se aplican logaritmos y se obtienen los valores que se buscan.

SEGUNDO CASO. *Conocidos la hipotenusa* a *y un cateto* b, *hallar los elementos restantes.*

Datos	Elementos incógnitas
a, b	C, B, c

Cálculo de C .... $b=a \ cos \ C$,   luego $\underline{cos \ C=\dfrac{b}{a}}$

Cálculos de B .... $b=a \ sen \ B$,   luego $\underline{sen \ B=\dfrac{b}{a}}$

   o también $\underline{B=90^\circ-C}$

Cálculo de c ...... $a^2=b^2+c^2$,   de donde $c=\sqrt{a^2-b^2}=\sqrt{(a+b)(a-b)}$

Área .... $\text{Área}=\dfrac{1}{2} \ b \ c=\dfrac{1}{2} \ b \ \sqrt{(a+b)(a-b)}$

La transformación del radicando a^2-b^2 en $(a+b)(a-b)$ es indispensable para poderlo calcular por logaritmos.

TERCER CASO. *Conocidos un cateto* b *y un ángulo agudo* B, *hallar los demás elementos.*

Datos	Elementos incógnitas
b, B	C, a, c

Cálculo de C .... $C+B=90^\circ$, $\underline{C=90^\circ-B}$

Cálculo de a .... $b=a \ sen \ B$, $\underline{a=\dfrac{b}{sen \ B}}$

Cálculo de c .... $\underline{c=b \ cotg \ B}$

Área .... $\text{Área}=\dfrac{1}{2} \ b \ c=\dfrac{1}{2} \ b^2 \ cotg \ B$

CUARTO CASO. *Conocidos los dos catetos, calcular los elementos restantes.*

Datos	*Elementos incógnitas*
$b,\ c$	$B,\ C,\ a$

Cálculo de B .... $b = c\ \mathrm{tg}\ B,\quad \mathrm{tg}\ B = \dfrac{b}{c}$

Cálculo de C .... $b = c\ \mathrm{cotg}\ C,\quad \mathrm{cotg}\ C = \dfrac{c}{b}$

o bien $\quad C = 90^\circ - B$

Cálculo de a ... $a^2 = b^2 + c^2,\quad a = \sqrt{b^2 + c^2},$ o bien $\quad a = \dfrac{c}{\cos B}$

Área .... $\text{Área} = \dfrac{1}{2}\ bc$

7.º RELACIÓN ENTRE LAS FUNCIONES CIRCULARES DE DOS ÁNGULOS Y LAS DE SU SUMA Y DIFERENCIA, DUPLO Y MITAD

54. Como las funciones circulares no son proporcionales a los arcos, es decir, que un arco doble, triple... de otro no tiene su seno, coseno... doble, triple... de los del primero, ni las líneas trigonométricas de un arco suma de otros dos son iguales a la suma de las líneas trigonométricas de los arcos sumandos, se comprende que conocidas las correspondientes a un ángulo no se pueden deducir las de los arcos doble o mitad multiplicándolas o dividién-dolas por 2, como tampoco las funciones circulares de un arco suma de otros dos es igual a la suma de las funciones correspon-dientes a ellos. De aquí la necesidad de buscar fórmulas de equivalencia para los diversos casos que puedan ocurrir.

55. **Funciones circulares de la suma de dos arcos.** — 1.º Sean dos ángulos *a* y *b* menores que un cuadrante y cuya suma es menor que 90º, y la suma de ellos, $a+b=$ ar C B (fig. 37). Haciendo centro en O, vér-tice común de aquéllos, y con un radio O C=1, tracemos un arco C B<90º; tra-cemos igualmente los senos de los ángulos *a* y *b*, tomando para este último como origen el punto A, y el seno del ángulo $a+b$, B E. Tendremos entonces los valores siguientes:

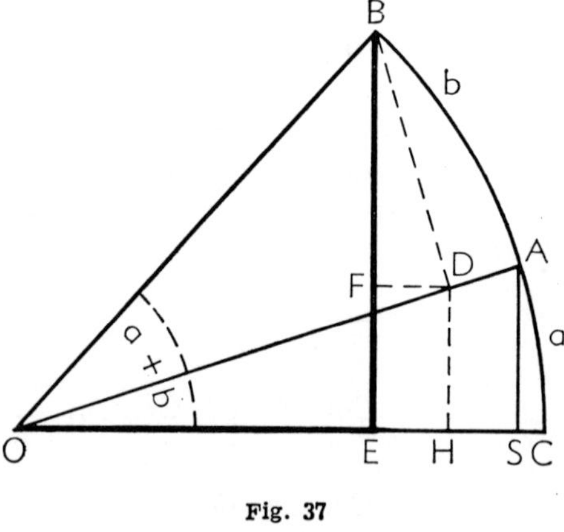

Fig. 37

A S = sen a,   B D = sen b,   B E = sen (a+b)
O S = cos a,   O D = cos b,   O E = cos (a+b)

Por el punto D tracemos D F y D H, paralela y perpendicular respectivamente a O C y B E. Vamos a calcular los valores de B E y O E, esto es, del seno y coseno de la suma de los ángulos a y b:

$$\text{sen } (a+b) = B\,E = F\,E + B\,F = D\,H + B\,F,$$

pero en virtud de las relaciones que ligan los catetos con los ángulos en los triángulos rectángulos podemos establecer las igualdades siguientes, considerando los triángulos rectángulos O H D y B F D:

$$D\,H = O\,D \text{ sen } a = \cos b \text{ sen } a \quad \text{por ser} \quad O\,D = \cos b$$
$$B\,F = B\,D \cos a = \text{sen } b \cos a \quad \text{por ser} \quad B\,D = \text{sen } b$$

(y el ángulo F B D igual al A O C) y substituyendo en el valor de sen $(a+b)$, tendremos:

$$\text{sen } (a+b) = \text{sen } a \cos b + \cos a \text{ sen } b \qquad (1).$$

Calculemos ahora el valor de O E:

$$\cos (a+b) = O\,E = O\,H - H\,E = O\,H - D\,F$$

Pero O H es cateto del triángulo rectángulo O H D y D F cateto del triángulo rectángulo B F D, luego (49 y 50):

$$O\,H = O\,D \cos a = \cos a \cos b \quad \text{por ser} \quad O\,D = \cos b$$
$$D\,F = B\,D \text{ sen } a = \text{sen } a \text{ sen } b \quad \text{por ser} \quad B\,D = \text{sen } b$$

Substituyendo los valores de O H y D F en la igualdad (2), tendremos:

$$\cos (a+b) = \cos a \cos b - \text{sen } a \text{ sen } b \qquad (2),$$

Las dos fórmulas se traducen así:

El seno de la suma de dos ángulos es igual a la suma de los productos del seno de uno por el coseno del otro.

El coseno de la suma de dos ángulos es igual al producto de sus cosenos menos el producto de sus senos.

2.º Supongamos que los arcos a y b son positivos y menores que un cuadrante, pero que su suma sea mayor que un cuadrante.

Representando con a' y b' los complementos de a y b, $a'+b'$ será el suplemento de $a+b$ y, por consiguiente, menor que un cuadrante, luego en virtud de los dicho en (38) para las funciones de arcos complementarios, tendremos:

$$\text{sen } (a'+b') = \text{sen } a' \cos b' + \cos a' \text{ sen } b'$$
$$\cos (a'+b') = \cos a' \cos b' - \text{sen } a' \text{ sen } b'$$

pero en virtud de lo ya estudiado

$$\text{sen } a' = \cos a, \quad \cos a' = \text{sen } a, \quad \text{sen } b' = \cos b, \quad \cos b' = \text{sen } b,$$
$$\text{sen } (a'+b') = \text{sen } (a+b) \quad y \quad \cos (a'+b') = -\cos (a+b)$$

luego substituyendo valores, tendremos:

$$\text{sen } (a+b) = \cos a \text{ sen } b + \text{sen } a \cos b$$
$$-\cos (a+b) = -\cos a \cos b + \text{sen } a \text{ sen } b$$

fórmulas análogas a las del caso anterior.

3.º Supongamos que a' y b son dos arcos cualesquiera; si las fórmulas halladas para sen $(a+b)$ y cos $(a+b)$ son ciertas para estos dos arcos, vamos a demostrar que lo serán todavía cuando uno de los arcos dado valga más de un cuadrante. Como aquellas fórmulas eran ciertas cuando los arcos son menores que un cuadrante, lo serán cuando uno de los arcos sea mayor que un cuadrante y el otro menor que un cuadrante; y como adicionado un cuadrante a uno de los arcos no dejarán de ser ciertas las fórmulas, se cumplirán, pues, cualesquiera que sea el número de veces que se repita esta operación y, por consiguiente, tendrán lugar para todos los arcos positivos. Luego admitiremos que para los arcos positivos a' y b se tiene:

$$\text{sen } (a'+b) = \text{sen } a' \cos b + \cos a' \text{ sen } b$$
$$\cos (a'+b) = \cos a' \cos b - \text{sen } a' \text{ sen } b$$

Si hacemos $a = \dfrac{\pi}{2} + a'$, tendremos:

$$\text{sen } a = \cos a', \qquad \cos a = -\text{sen } a', \qquad \text{sen } (a+b) = \cos (a'+b), \qquad \cos (a+b) = -\text{sen } (a'+b),$$

y substituyendo estos valores en las fórmulas anteriores, resulta:

$$\text{sen } (a+b) = \text{sen } a \cos b + \cos a \text{ sen } b$$
$$\cos (a+b) = -\cos a \cos b + \text{sen } a \text{ sen } b,$$

fórmulas análogas a las ya obtenidas, y que se cumplen cuando a uno de los arcos se le adiciona un cuadrante.

4.º Supongamos que a y b son dos arcos negativos, o uno positivo y el otro negativo.

Si damos a k un valor entero y positivo suficientemente grande para que los arcos $2k\pi+a$ y $2k+b$ sean ambos positivos, tendremos:

$$\text{sen } [(2k\pi+a)+(2k\pi+b)] = \text{sen } (2k\pi+a) \cos (2k\pi+b) + \cos (2k\pi+a) \text{ sen } (2k\pi+b)$$

y

$$\cos [(2k\pi+a)+(2k\pi+b)] = \cos (2k\pi+a) \cos (2k\pi+b) - \text{sen } (2k\pi+a) \text{ sen } (2k\pi+b),$$

pero el seno y coseno de los arcos $2k\pi+a$ y $2k\pi+b$ son los mismos que los del arco $a+b$, luego llevando a cabo las substituciones oportunas resultan de nuevo las fórmulas halladas al principio, las cuales, pues, se cumplen siempre, cualesquiera sean los valores de los ángulos a y b.

56. Dadas las tangentes de dos arcos, hallar la tangente de la suma de ellos. — De las dos fórmulas (1) y (2) se puede deducir la tangente de la suma de dos arcos; en efecto, dividiéndolas miembro a miembro, tendremos:

$$\text{tg } (a+b) = \frac{\text{sen } (a+b)}{\cos (a+b)} = \frac{\text{sen } a \cos b + \cos a \text{ sen } b}{\cos a \cos b - \text{sen } a \text{ sen } b}$$

y dividiendo el numerador y denominador del último miembro por $\cos a \cos b$, tendremos:

$$\text{tg}\,(a+b) = \cfrac{\cfrac{\text{sen } a \cos b}{\cos a \cos b} + \cfrac{\cos a \text{ sen } b}{\cos a \cos b}}{\cfrac{\cos a \cos b}{\cos a \cos b} - \cfrac{\text{sen } a \text{ sen } b}{\cos a \cos b}}$$

de donde

$$\text{tg}\,(a+b) = \frac{\text{tg } a + \text{tg } b}{1 - \text{tg } a \cdot \text{tg } b} \qquad (3),$$

fórmula que nos dice que:

La tangente de la suma de dos arcos es igual a la suma de las tangentes de los ángulos dividida por la diferencia entre la unidad y el producto de dichas tangentes.

57. Seno, coseno y tangente de la diferencia de dos arcos. — La determinación de las funciones trigonométricas de la diferencia de dos arcos puede hacerse siguiendo un método geométrico análogo al empleado para obtener las fórmulas (1) y (2), pero es más sencillo y rápido substituir en ellas b por $-b$; resulta así:

$$\text{sen}\,(a-b) = \text{sen } a \cos(-b) + \cos a \text{ sen}(-b)$$
$$\cos\,(a-b) = \cos a \cos(-b) - \text{sen } a \text{ sen}(-b)$$

pero, según se dijo en (32), los senos de dos arcos iguales y contrarios son iguales y de signo contrario y sus cosenos iguales y del mismo signo, esto es,

$$\text{sen}\,(-b) = -\text{sen } b \qquad y \qquad \cos\,(-b) = \cos b$$

luego substituyendo valores, las dos fórmulas anteriores se transforman en estas otras:

$$\text{sen}\,(a-b) = \text{sen } a \cos b - \cos a \text{ sen } b \qquad (4)$$

$$\cos\,(a-b) = \cos a \cos b + \text{sen } a \text{ sen } b \qquad (5).$$

De igual modo, recordando que $\text{tg}\,(-b) = -\text{tg } b$, la fórmula (3) se transforma en esta otra:

$$\text{tg}\,(a-b) = \frac{\text{tg } a - \text{tg } b}{1 + \text{tg } a \cdot \text{tg } b} \qquad (6).$$

Las fórmulas (4), (5) y (6) nos dan el seno, el coseno y la tangente de la diferencia de dos arcos en función de los senos, cosenos y tangentes de estos arcos. Estas tres fórmulas, juntas con la (1), (2) y (3) halladas antes, son de aplicación general, y mediante ellas se pueden determinar el seno, coseno y tangente de la suma de un número cualquiera de arcos en función de los senos y cosenos de los arcos sumandos, pero el método es lento e incómodo, por lo que se siguen para ello otros caminos.

58. Funciones circulares de un ángulo múltiplo de otro. — Las fórmulas (1), (2) y (3) permiten hallar las funciones circulares de un ángulo doble del dado conociendo las del arco sencillo. Para ello supondremos en las fórmulas indicadas $b=a$ y tendremos entonces:

$$\text{sen } 2\,a = \text{sen } a \cos a + \cos a \, \text{sen } a = 2 \, \text{sen } a \cos a \qquad (7)$$

$$\cos 2\,a = \cos a \cos a - \text{sen } a \, \text{sen } a = \cos^2 a - \text{sen}^2 a \qquad (8)$$

$$\text{tg } 2\,a = \frac{\text{tg } a + \text{tg } a}{1 - \text{tg } a \, \text{tg } a} = \frac{2 \, \text{tg } a}{1 - \text{tg}^2 a} \qquad (9).$$

Las fórmulas (7) y (8) dan *sen 2 a* y *cos 2 a* en función de *sen a* y *cos a*, pero conviene a veces expresar sus valores sólo en función de *sen a* o de *cos a*. Recordaremos para ello que:

$$\text{sen}^2 a + \cos^2 a = 1$$

de donde

$$\text{sen}^2 a = 1 - \cos^2 a \qquad \text{sen } a = \pm \sqrt{1 - \text{sen}^2 a}$$

$$\cos^2 a = 1 - \text{sen}^2 a \qquad \cos a = \pm \sqrt{1 - \cos^2 a}$$

y, por consiguiente, tendremos, para *sen 2 a*:

$$\text{sen } 2\,a = 2 \, \text{sen } a \cos a = \pm 2 \, \text{sen } a \sqrt{1 - \text{sen}^2 a} \qquad (10)$$

$$\text{sen } 2\,a = 2 \, \text{sen } a \cos a = \pm 2 \cos a \sqrt{1 - \cos^2 a} \qquad (11)$$

esto es, *sen 2 a* expresado en función de *sen a* y de *cos a*.

La fórmula (8) experimenta también las siguientes transformaciones:

$$\cos 2\,a = \cos^2 a - \text{sen}^2 a = \cos^2 a - (1 - \cos^2 a) = 2 \cos^2 a - 1 \qquad (12)$$

$$\cos 2\,a = \cos^2 a - \text{sen}^2 a = 1 - \text{sen}^2 a - \text{sen}^2 a = 1 - 2 \, \text{sen}^2 a \qquad (13)$$

fórmulas que nos dan el valor de *cos 2 a* en función de coseno o de seno del arco *a*.

El valor de *cotg 2 a* lo obtendremos así:

por ser

$$\text{cotg } 2\,a = \frac{1}{\text{tg } 2\,a}$$

se tiene

$$\text{cotg } 2\,a = \frac{1 - \text{tg}^2 a}{2 \, \text{tg } a} = \frac{1}{2 \, \text{tg } a} - \frac{\text{tg}^2 a}{2 \, \text{tg } a} = \frac{1}{2} \, (\text{cotg } a - \text{tg } a),$$

fórmula en la que *cotg 2 a* está en función de *cotg a* y *tg a*; para expresarla sólo en función de *cotg a*, la transformaremos así:

$$\text{cotg } 2\,a = \frac{1}{2} \, (\text{cotg } a - \text{tg } a) = \frac{1}{2} \left(\text{cotg } a - \frac{1}{\text{cotg } a} \right) = \frac{\text{cotg}^2 a - 1}{2 \, \text{cotg } a}$$

59. Funciones circulares de un arco triple en función de las del arco sencillo. — Para obtener el seno, el coseno y la tangente de un arco triple de otro dado, bastará substituir b por $2\,a$ en las fórmulas (1), (2) y (3). Tendremos, en consecuencia:

$$\text{sen } 3\,a = \text{sen } a \cos 2\,a + \cos a \, \text{sen } 2\,a$$

y como

$$\cos 2a = \cos^2 a - \sec^2 a$$

y

$$\sec 2a = 2 \sec a \cos a$$

tendremos:

$$\sec 3a = (\cos^2 a - \sec^2 a) \sec a + 2 \sec a \cos^2 a$$

y substituyendo $\cos^2 a$ por $1 - \sec^2 a$, resultará finalmente:

$$\underline{\sec 3a = 3 \sec a - 4 \sec^3 a}$$

El valor de $\cos 3a$ será:

$$\cos 3a = \cos a \cos 2a - \sec a \sec 2a = \cos^2 a - \sec^2 a \cos a - 2 \sec^2 a \cos a$$

y puesto que

$$\sec^2 a = 1 - \cos^2 a$$

tendremos:

$$\underline{\cos 3a = 4 \cos^3 a - 3 \cos a} \qquad (14).$$

Haciendo $b = 2a$ en la fórmula (3), obtendremos el valor de $tg\ 3a$:

$$tg\ 3a = \frac{tg\ a + tg\ 2a}{1 - tg\ a\ tg\ 2a} = \frac{tg\ a + \dfrac{2\ tg\ a}{1 - tg^2 a}}{1 - \dfrac{2\ tg^2 a}{1 - tg^2 a}}$$

resultado que se ha obtenido substituyendo $tg\ 2a$ por su valor; efectuando ahora las operaciones convenientes en el último miembro de la igualdad anterior, se obtiene finalmente:

$$\underline{tg\ 3a = \frac{3\ tg\ a - tg^3 a}{1 - 3\ tg^2 a}}.$$

Estas fórmulas demuestran que $\sec 3a$ y $\cos 3a$ se expresan en función entera y racional de $\cos a$ y $\sec a$, respectivamente, al igual que $tg\ 3a$ en función de $tg\ a$.

Finalmente, si en las fórmulas (1), (2) y (3) se reemplaza sucesivamente b por $3a$, $4a...na$, se pueden obtener el seno, el coseno y la tangente de un arco múltiplo cualquiera del arco a.

60. Funciones circulares de un ángulo mitad de otro en función de una cualquiera del arco completo. — 1.º *Dado el coseno de un arco, hallar el seno, el coseno y la tangente del arco mitad.*

Partiremos para ello de las fórmulas ya conocidas:

$$\cos 2a = 2 \cos^2 a - 1 \qquad y \qquad \cos 2a = 1 - 2 \sec^2 a$$

de las que obtendremos por transformaciones sencillas:

$$\cos 2a = 1 - 2 \sec^2 a \longrightarrow \sec^2 a = \frac{1 - \cos 2a}{2}$$

$$\cos 2a = 2 \cos^2 a - 1 \longrightarrow \cos^2 a = \frac{1 + \cos 2a}{2}$$

y dividiendo ambas:

$$\operatorname{tg}^2 a = \frac{1-\cos 2\,a}{1+\cos 2\,a}.$$

Si hacemos en estas fórmulas $2\,a=\alpha$, será $a=\dfrac{\alpha}{2}$ y substituyendo, tendremos:

$$\operatorname{sen}^2\frac{\alpha}{2}=\frac{1-\cos\alpha}{2} \qquad \text{de donde} \qquad \operatorname{sen}\frac{\alpha}{2}=\pm\sqrt{\frac{1-\cos\alpha}{2}}$$

$$\cos^2\frac{\alpha}{2}=\frac{1+\cos\alpha}{2} \qquad » \qquad \cos\frac{\alpha}{2}=\pm\sqrt{\frac{1+\cos\alpha}{2}}$$

$$\operatorname{tg}^2\frac{\alpha}{2}=\frac{1-\cos\alpha}{1+\cos\alpha} \qquad » \qquad \operatorname{tg}\frac{\alpha}{2}=\pm\sqrt{\frac{1-\cos\alpha}{1+\cos\alpha}}$$

Se tomará el signo positivo o negativo según sea la magnitud del arco α.

Si $0<\alpha<180$ o bien $0<\dfrac{\alpha}{2}-90°$, todas las líneas trigonométricas tendrán signo positivo. Pero si $90°<\dfrac{\alpha}{2}<180$, será positivo *sen* $\dfrac{\alpha}{2}$ y serán negativos *cos* $\dfrac{\alpha}{2}$ y *tg* $\dfrac{\alpha}{2}$.

2.º *Conocido el seno de un arco, hallar el seno, coseno y tangente del arco igual a su mitad.* — Si en las fórmulas

$$1=\operatorname{sen}^2 a+\cos^2 a$$

$$\operatorname{sen} 2\,a=2\operatorname{sen} a\cos a$$

substituimos a por $\dfrac{a}{2}$, tendremos:

$$1=\operatorname{sen}^2\frac{a}{2}+\cos^2\frac{a}{2}$$

$$\operatorname{sen} a=2\operatorname{sen}\frac{a}{2}\cos\frac{a}{2}$$

Sumándolas, el segundo miembro de esta suma será el cuadrado del binomio *sen* $\dfrac{\alpha}{2}+cos\dfrac{\alpha}{2}$; y restándolas, el primer miembro de la diferencia será el cuadrado del binomio *sen* $\dfrac{\alpha}{2}-cos\dfrac{\alpha}{2}$, luego tendremos:

$$1+\operatorname{sen} a=\left(\operatorname{sen}\frac{a}{2}+\cos\frac{a}{2}\right)^2$$

$$1-\operatorname{sen} a=\left(\operatorname{sen}\frac{a}{2}-\cos\frac{a}{2}\right)^2$$

y extrayendo la raíz cuadrada:

$$\operatorname{sen}\frac{a}{2}+\cos\frac{a}{2}=\pm\sqrt{1+\operatorname{sen}a}$$

$$\operatorname{sen}\frac{a}{2}-\cos\frac{a}{2}=\pm\sqrt{1-\operatorname{sen}a}$$

de donde se deducen finalmente, sumándolas y restando ordenadamente los valores de $\operatorname{sen}\dfrac{a}{2}$ y $\cos\dfrac{a}{2}$:

$$\operatorname{sen}\frac{a}{2}=\pm\frac{1}{2}\sqrt{1+\operatorname{sen}a}\pm\frac{1}{2}\sqrt{1-\operatorname{sen}a}$$

$$\cos\frac{a}{2}=\pm\frac{1}{2}\sqrt{1+\operatorname{sen}a}\mp\frac{1}{2}\sqrt{1-\operatorname{sen}a}$$

fórmulas en las cuales se toman los signos $+$ o $-$, según sea el cuadrante en el que el arco a tiene su extremo.

3.º *Conociendo la tangente de un arco, hallar la tangente de su mitad.*

Si en la fórmula

$$\operatorname{tg}2a=\frac{2\operatorname{tg}a}{1-\operatorname{tg}^2a}$$

se reemplaza a por $\dfrac{a}{2}$ y $2a$ por a, tendremos:

$$\operatorname{tg}a=\frac{2\operatorname{tg}\dfrac{a}{2}}{1-\operatorname{tg}^2\dfrac{a}{2}}$$

de donde, poniendo la ecuación en forma entera y ordenándola con relación a las potencias de $\operatorname{tg}\dfrac{a}{2}$, tendremos:

$$\operatorname{tg}a\cdot\operatorname{tg}^2\frac{a}{2}+2\operatorname{tg}\frac{a}{2}-\operatorname{tg}a=0$$

y despejando $\operatorname{tg}\dfrac{a}{2}$, según la regla dada al estudiar las ecuaciones de segundo grado:

$$\operatorname{tg}\frac{a}{2}=\frac{-1\pm\sqrt{1+\operatorname{tg}^2a}}{\operatorname{tg}a}.$$

Se tomará uno u otro signo según sea el signo correspondiente a la tangente del arco conocido $\dfrac{a}{2}$.

CAPÍTULO II

TRANSFORMACIONES TRIGONOMÉTRICAS

Siempre que han de efectuarse operaciones un poco complicadas con los números, es útil, y se hace necesario para simplificarlas y resolverlas con rapidez, emplear los logaritmos. Éstos son imprescindibles en los cálculos trigonométricos, y por esta razón las tablas trigonométricas contienen los valores de las funciones trigonométricas y además los valores de los logaritmos de estas funciones o líneas. Pero no pueden emplearse los logaritmos para calcular el valor de las fórmulas en las cuales entran adiciones y substracciones, por cuya razón se impone transformar tales fórmulas con el auxilio de fórmulas trigonométricas apropiadas, de artificios matemáticos o mediante la introducción en el cálculo de ángulos auxiliares, como se ve a continuación.

61. Transformar en producto una suma o diferencia de dos senos o dos cosenos.

De las fórmulas

$$\left. \begin{array}{l} \operatorname{sen}(a+b)=\operatorname{sen} a \cos b+\cos a \operatorname{sen} b \\ \operatorname{sen}(a-b)=\operatorname{sen} a \cos b-\cos a \operatorname{sen} b \end{array} \right\} \quad (1)$$

$$\left. \begin{array}{l} \cos(a+b)=\cos a \cos b-\operatorname{sen} a \operatorname{sen} b \\ \cos(a-b)=\cos a \cos b+\operatorname{sen} a \operatorname{sen} b \end{array} \right\} \quad (2)$$

se deduce, sumando y restando miembro a miembro las dos fórmulas (1) y haciendo lo mismo con las dos fórmulas (2):

$$\left. \begin{array}{l} \operatorname{sen}(a+b)+\operatorname{sen}(a-b) \;=\; 2 \operatorname{sen} a \cos b \\ \operatorname{sen}(a+b)-\operatorname{sen}(a-b) \;=\; 2 \cos a \operatorname{sen} b \end{array} \right\} \quad (3)$$

$$\left. \begin{array}{l} \cos(a+b)+\cos(a-b) \;=\; 2 \cos a \cos b \\ \cos(a+b)-\cos(a-b) \;=\; -2 \operatorname{sen} a \operatorname{sen} b \end{array} \right\} \quad (4).$$

Haciendo ahora

$$a+b=p \qquad a-b=q$$

se obtendrá, sumándolas y luego restando entre sí estas dos últimas igualdades:

$$2\,a=p+q, \qquad 2\,b=p-q$$

de donde

$$a=\frac{p+q}{2}, \qquad b=\frac{p-q}{2}$$

y substituyendo los valores de $a+b$, $a-b$, a y b en las igualdades (3) y (4), tendremos:

$$\operatorname{sen} p+\operatorname{sen} q=2 \operatorname{sen} \frac{p+q}{2} \cos \frac{p-q}{2} \qquad (5)$$

$$\operatorname{sen} p-\operatorname{sen} q=2 \cos \frac{p+q}{2} \operatorname{sen} \frac{p-q}{2} \qquad (6)$$

$$\left. \begin{array}{l} \cos p+\cos q=2 \cos \dfrac{p+q}{2} \cos \dfrac{p-q}{2} \\[2ex] \cos p-\cos q=-2 \operatorname{sen} \dfrac{p+q}{2} \operatorname{sen} \dfrac{p-q}{2} \end{array} \right\} \quad (7).$$

568

Gracias a estas operaciones quedan transformadas la suma y la diferencia de los senos y cosenos de dos arcos en productos fácilmente calculables por logaritmos. Las fórmulas anteriores se pueden enunciar así:

1.º *La suma de los senos de dos arcos es igual al duplo del producto del seno de la semisuma de los arcos por el coseno de su semidiferencia.*

2.º *La diferencia de los senos de dos arcos es igual al duplo del coseno de la semisuma de los arcos por el seno de la semidiferencia de los mismos.*

3.º *La suma de los cosenos de dos arcos es igual al duplo del producto del coseno de la semisuma por el seno de su semidiferencia.*

4.º *La diferencia de los cosenos de dos arcos es igual a menos el duplo del seno de la semisuma por el seno de su semidiferencia.*

Dividiendo miembro a miembro las fórmulas (5) y (6) se obtiene una fórmula aplicable a la resolución de triángulos cualesquiera:

$$\frac{\operatorname{sen} p + \operatorname{sen} q}{\operatorname{sen} p - \operatorname{sen} q} = \frac{\operatorname{sen} \dfrac{p+q}{2} \cos \dfrac{p-q}{2}}{\cos \dfrac{p+q}{2} \operatorname{sen} \dfrac{p-q}{2}} = \operatorname{tg} \frac{p+q}{2} \cdot \operatorname{cotg} \frac{p-q}{2} =$$

$$\operatorname{tg} \frac{p+q}{2} \times \frac{1}{\operatorname{tg} \dfrac{p-q}{2}} = \frac{\operatorname{tg} \dfrac{p-q}{2}}{\operatorname{tg} \dfrac{p-q}{2}} \qquad (8).$$

62. Hacer calculable por logaritmos la suma y diferencia de dos tangentes o de dos cotangentes. — Véase el modo de proceder:

$$\operatorname{tg} a \pm \operatorname{tg} b = \frac{\operatorname{sen} a}{\cos a} \pm \frac{\operatorname{sen} b}{\cos b} = \frac{\operatorname{sen} a \cos b \pm \cos a \operatorname{sen} b}{\cos a \cos b}$$

(reduciendo a común denominador); de donde

$$\operatorname{tg} a \pm \operatorname{tg} b = \frac{\operatorname{sen}(a \pm b)}{\cos a \cos b} \qquad (9).$$

De igual modo se procede con las cotangentes:

$$\operatorname{cotg} a \pm \operatorname{cotg} b = \frac{\cos a}{\operatorname{sen} a} \pm \frac{\cos b}{\operatorname{sen} b} = \frac{\cos a \operatorname{sen} b \pm \operatorname{sen} a \cos b}{\operatorname{sen} a \operatorname{sen} b}$$

de donde

$$\operatorname{cotg} a \pm \operatorname{cotg} b = \frac{\operatorname{sen}(a \pm b)}{\operatorname{sen} a \operatorname{sen} b} \qquad (10).$$

63. Transformación de las expresiones algebraicas mediante ángulos auxiliares. — Mediante ángulos auxiliares se puede hacer calculable por logaritmos cualquier polinomio dado; es claro que todo el problema se puede reducir a hacer calculable una expresión de la forma $a \pm b$ en la que a y b son monomios, pues mediante transformaciones oportunas cualquier polinomio se puede reducir a la forma sencilla indicada.

Veamos cómo se conduce el cálculo.

1.º *Hacer calculable por logaritmos la expresión* a±b, *en la cual* a *y* b *son números positivos y* a *mayor que* b.

Primera solución. La expresión $a \pm b$ se puede transformar así:

$$a \pm b = a \pm \frac{b\,a}{a} = a\left(1 \pm \frac{b}{a}\right)$$

Ahora bien, $\dfrac{b}{a} < 1$ por ser $a > b$, luego podemos escoger un ángulo como φ, tal que

$$tg\,\varphi = \frac{b}{a}$$

ángulo que debe estar comprendido en 0 y $\dfrac{\pi}{2}$.

Para el cálculo de este ángulo nos serviremos de la fórmula

$$\log tg\,\varphi = \log b - \log a.$$

Tendremos, pues:

$$a \pm b = a\,(1 \pm tg\,\varphi) = a\frac{\cos\varphi \pm \text{sen}\,\varphi}{\cos\varphi}$$

Ahora bien:

$$\cos\varphi + \text{sen}\,\varphi = \text{sen}\left(\frac{\pi}{2} - \varphi\right) + \text{sen}\,\varphi = 2\,\text{sen}\,\frac{\pi}{4}\cos\left(\frac{\pi}{4} - \varphi\right) = \sqrt{2}\cos\left(\frac{\pi}{4} - \varphi\right)$$

$$\cos\varphi - \text{sen}\,\varphi = \text{sen}\left(\frac{\pi}{2} - \varphi\right) - \text{sen}\,\varphi = 2\cos\frac{\pi}{4}\,\text{sen}\left(\frac{\pi}{4} - \varphi\right) = \sqrt{2}\,\text{sen}\left(\frac{\pi}{4} - \varphi\right)$$

luego

$$a + b = \frac{a\,\sqrt{2}\cos\left(\dfrac{\pi}{4} - \varphi\right)}{\cos\varphi}$$

$$a - b = \frac{a\,\sqrt{2}\,\text{sen}\left(\dfrac{\pi}{4} - \varphi\right)}{\cos\varphi}$$

Aplicando logaritmos se calculan y deducen los valores de $a + b$ y $a - b$, así:

$$\log(a+b) = \log a + \frac{1}{2}\log 2 + \log\cos\left(\frac{\pi}{4} - \varphi\right) - \log\cos\varphi$$

$$\log(a-b) = \log a + \frac{1}{2}\log 2 + \log\text{sen}\left(\frac{\pi}{4} - \varphi\right)\,\log\cos\varphi$$

quedando así resuelto el problema.

Segunda solución. Al igual que antes, se puede escribir:

$$a \pm b = a \left(1 \pm \frac{b}{a} \right)$$

e introduciendo un ángulo tal que su coseno sea igual a $\frac{b}{a}$, ángulo que ha de estar comprendido entre 0 y $\frac{\pi}{2}$ por ser $\frac{b}{a} < 1$, y que como antes se calcula mediante la ecuación

$$\log \cos \varphi = \log b - \log a,$$

tendremos:

$$a \pm b = a \, (1 \pm \cos \varphi),$$

pero

$$1 + \cos \varphi = 2 \cos^2 \frac{\varphi}{2}$$

y

$$1 - \cos \varphi = 2 \operatorname{sen}^2 \frac{\varphi}{2}$$

luego

$$a + b = 2 \, a \cos^2 \frac{\varphi}{2}, \qquad a - b = 2 \, a \operatorname{sen}^2 \frac{\varphi}{2}$$

y aplicando logaritmos a ambas igualdades obtendremos los valores de $a-b$ y $a+b$:

$$\log (a + b) = \log 2 + \log a + 2 \log \cos \frac{\varphi}{2}$$

$$\log (a - b) = \log 2 + \log a + 2 \log \operatorname{sen} \frac{\varphi}{2}$$

Los antilogaritmos de ambos resultados darán los valores de $a+b$ y $a-b$.

PROBLEMA. *Hacer calculable por logaritmos la expresión*

$$x = \sqrt{a^2 + b^2}$$

Se tiene:

$$x = \sqrt{a^2 + b^2} = a \sqrt{1 + \frac{b^2}{a^2}}$$

y supuestos a y b positivos, se puede escoger un ángulo $\varphi < \frac{\pi}{2}$ tal, que satisfaga la relación:

$$\operatorname{tg} \varphi = \frac{b}{a}$$

ángulo que se calculará por la fórmula

$$\log \operatorname{tg} \varphi = \log b - \log a.$$

Se puede escribir, pues:

$$x = a \sqrt{1 + tg^2 \varphi} = a \sqrt{\frac{1}{\cos^2 \varphi}} = a \frac{1}{\cos \varphi}.$$

Puesto que $\varphi < \dfrac{\pi}{2}$, su coseno es positivo, y la fórmula última resuelve el problema.

2.º   *Hacer calculable por logaritmos la expresión* $x = \sqrt{a^2 - b^2}$ *en el supuesto que a sea mayor que b.*

Podemos escribir:

$$x = a \sqrt{1 - \frac{b^2}{a^2}}$$

y puesto que $\dfrac{a}{b} < 1$, habrá un ángulo φ tal que resulte o sea

$$\operatorname{sen} \varphi = \frac{b}{a}$$

de donde

$$\log \operatorname{sen} \varphi = \log b - \log a.$$

Así pues, se puede escribir:

$$x = a \sqrt{1 - \operatorname{sen}^2 \varphi} = a \sqrt{\cos^2 \varphi} = a \cos \varphi$$

fórmula fácilmente calculable por logaritmos.

De modo semejante se pueden hacer calculables otras muchas expresiones.

CAPÍTULO III

RESOLUCIÓN DE TRIÁNGULOS RECTILÍNEOS

64. Para resolver los problemas referentes al cálculo de los elementos de un triángulo cualquiera es preciso establecer fórmulas que relacionen sus elementos entre sí; sólo dos son necesarias: la que relacionen *dos lados y dos ángulos* y las que relacionen *tres lados y un ángulo*.

65. Relación entre los lados y los ángulos. — Sea el triángulo A B C (figura 38); trazando la altura correspondiente, h tomando el lado B C como base, se forman dos triángulos rectángulos: A D B y A D C, cuyo cateto común A D es la altura del triángulo. En virtud de las fórmulas de los triángulos rectángulos ya estudiadas, podemos escribir:

$$h = c \operatorname{sen} B$$

$$h = b \operatorname{sen} C$$

de donde

$$c \operatorname{sen} B = b \operatorname{sen} C$$

o bien

$$\frac{b}{\operatorname{sen} B} = \frac{c}{\operatorname{sen} C} \qquad (1).$$

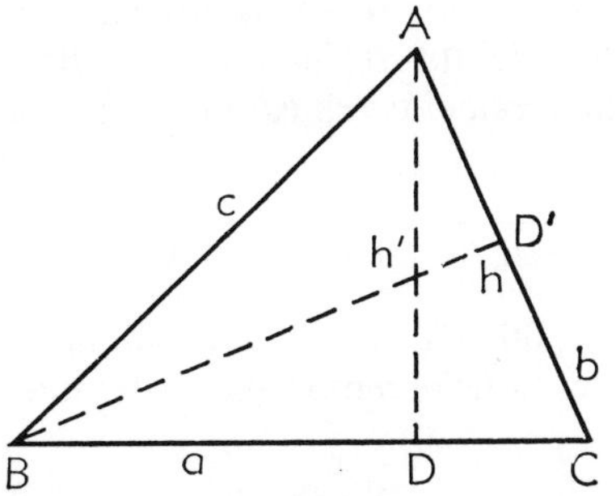

Fig. 38

Si en lugar de tomar como base B C, considerásemos como tal el lado A C, la altura sería h' y podríamos establecer las relaciones siguientes en los triángulos B D' A y B D' C:

$$h' = c \operatorname{sen} A$$

$$h' = a \operatorname{sen} C$$

luego

$$c \operatorname{sen} A = a \operatorname{sen} C$$

de donde

$$\frac{c}{\operatorname{sen} C} = \frac{a}{\operatorname{sen} A} \qquad (2)$$

y comparando esta igualdad con la (1), podemos escribir:

$$\frac{a}{\operatorname{sen} A} = \frac{b}{\operatorname{sen} B} = \frac{c}{\operatorname{sen} C}.$$

573

Luis Postigo

Estas relaciones también se pueden establecer en un triángulo obtusángulo (figura 39). Al igual que en el caso del triángulo acutángulo, se puede escribir:

$$h = b \operatorname{sen} C$$

$$h = c \operatorname{sen} (180° - B) = c \operatorname{sen} B$$

de donde

$$b \operatorname{sen} C = c \operatorname{sen} B$$

y de aquí

$$\frac{b}{\operatorname{sen} B} = \frac{c}{\operatorname{sen} C}.$$

Luego *en todo triángulo rectilíneo los lados son proporcionales a los senos de los ángulos opuestos.*

El principio anterior se puede enunciar también diciendo que: *entre los lados y los senos de los ángulos opuestos de un triángulo cualquiera existe una relación constante,* esto es,

$$\frac{a}{\operatorname{sen} A} = \frac{b}{\operatorname{sen} B} = \frac{c}{\operatorname{sen} C} = \text{constante.}$$

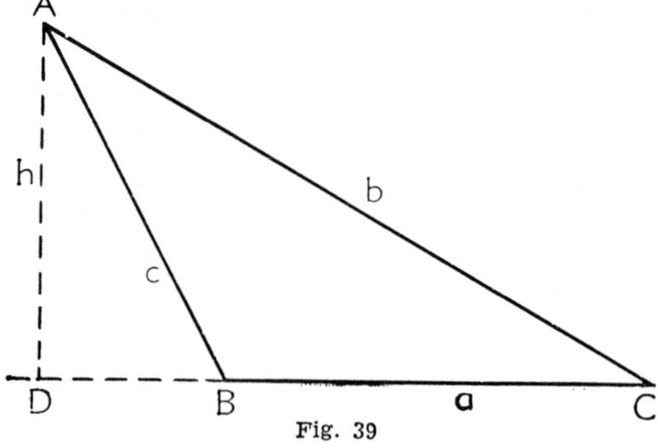

Fig. 39

66. Vamos a determinar el valor de esta constante.

Consideremos un triángulo cualquiera, tal como el A B C (fig. 40), y tracemos el círculo circunscrito al triángulo y su diámetro B D; uniendo el vértice A con el punto D se forma el triángulo rectángulo B A D, en el cual se cumple:

$$c = B D \operatorname{sen} \widehat{D},$$

pero B D es el diámetro $= 2 R$, y los ángulos D y C son iguales por ser ángulos inscritos que abarcan entre sus lados el mismo arco, luego podremos escribir la última igualdad de esta forma:

$$c = 2 R \operatorname{sen} C$$

de donde

$$\frac{c}{\operatorname{sen} C} = 2 R$$

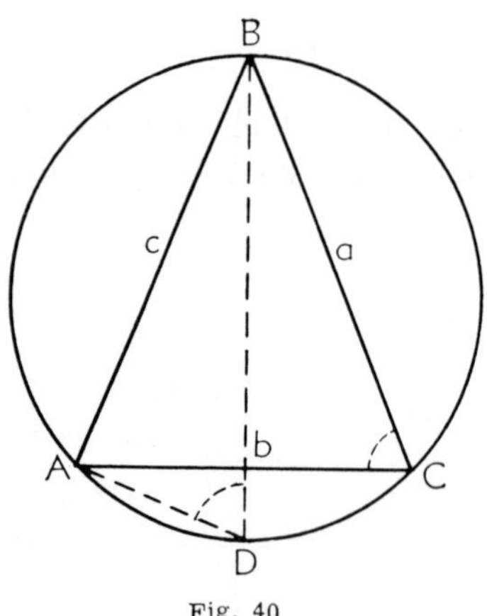

Fig. 40

y, por consiguiente,

$$\frac{a}{\operatorname{sen} A} = \frac{b}{\operatorname{sen} B} = \frac{c}{\operatorname{sen} C} = 2 R$$

luego *en todo triángulo la relación constante entre los lados y los senos de los ángulos opuestos es igual al diámetro del círculo circunscrito a dicho triángulo.*

574

67. Relación entre los tres lados y un ángulo. — Suponiendo un triángulo acutángulo cualquiera (fig. 41), podemos escribir, en virtud de un conocido principio de Geometría:

$$b^2 = a^2 + c^2 - 2\,a\,BD$$

pero

$$BD = c \cdot \cos B$$

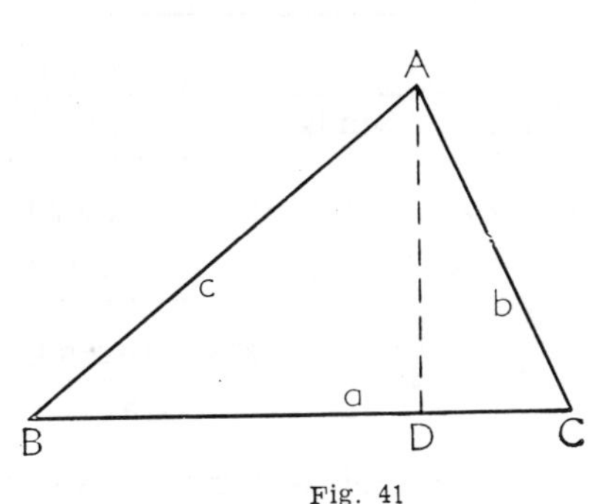

Fig. 41

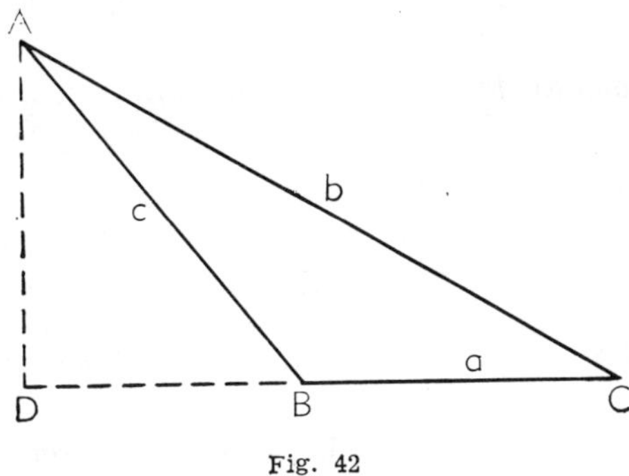

Fig. 42

luego substituyendo su valor, tendremos:

$$b^2 = a^2 + c^2 - 2\,a\,c \cdot \cos B.$$

Considerando sucesivamente los otros dos lados, se puede escribir:

$$a^2 = b^2 + c^2 - 2\,b\,c \cdot \cos A$$

$$c^2 = a^2 + b^2 - 2\,a\,b \cdot \cos C.$$

Si consideramos un triángulo obtusángulo, tal como el A B C (fig. 42), en virtud del mismo principio de Geometría se podrá establecer la relación siguiente:

$$b^2 = a^2 + c^2 - 2\,a\,BD.$$

pero

$$BD = c \cdot \cos (180° - B) = c \cdot \cos (-B) = -c \cdot \cos B$$

y substituyendo su valor en la igualdad anterior, tendremos:

$$b^2 = a^2 + c^2 - 2\,a\,c \cdot \cos B.$$

Estas fórmulas, que relacionan los tres lados de un triángulo con un ángulo del mismo, permiten enunciar el principio siguiente:

En un triángulo, el cuadrado de un lado es igual a la suma de los cuadrados de los otros dos menos el doble, producto de ambos por el coseno del ángulo que forman.

68. Resolución de triángulos cualesquiera. — Sentados estos principios, vamos a estudiar los distintos casos de resolución de triángulos rectilíneos no rectángulos.

Primer caso. *Conocido un lado a y los ángulos B y C a él adyacentes, calcular los elementos restantes.*

Luis Postigo

Conocidos dos de los ángulos del triángulo, se deduce directamente el valor del tercero; determinados los ángulos, hallaremos los lados utilizando las relaciones que ligan a éstos con los ángulos, como se ve a continuación.

Datos	*Elementos incógnitas*
$a, \ B, \ C$	$A, \ b, \ c$

Cálculo de A .... $A = 180° - (B+C).$

Cálculo de b .... $\dfrac{a}{\operatorname{sen} A} = \dfrac{b}{\operatorname{sen} B};$ $b = \dfrac{a \operatorname{sen} B}{\operatorname{sen} A}$

Cálculo de c .... $\dfrac{a}{\operatorname{sen} A} = \dfrac{c}{\operatorname{sen} C};$ $c = \dfrac{a \operatorname{sen} C}{\operatorname{sen} A}$

Área .... $\text{Área} = \dfrac{1}{2} a \, h = \dfrac{1}{2} a \, c \cdot \operatorname{sen} B = \dfrac{1}{2} \dfrac{a^2 \operatorname{sen} B \cdot \operatorname{sen} C}{\operatorname{sen} A}$

Los valores pueden calcularse directamente sirviéndose de tablas naturales o bien

mediante las tablas de logaritmos.

SEGUNDO CASO. *Conocidos dos lados y el ángulo comprendido entre ellos, calcular los elementos restantes.*

Supongamos conocidos los lados a, b, y el ángulo C formados por ellos. Se han de calcular los ángulos A y B y el lado c.

El valor de los ángulos no se puede deducir directamente de las relaciones

$$\frac{a}{\operatorname{sen} A} = \frac{b}{\operatorname{sen} B} = \frac{c}{\operatorname{sen} C}$$

por desconocer A, B y c, por lo que tomaremos y modificaremos convenientemente las dos primeras. En virtud de una propiedad de las proporciones podemos escribir:

$$\frac{a}{b} = \frac{\operatorname{sen} A}{\operatorname{sen} B}$$

de donde:

$$\frac{a+b}{a-b} = \frac{\operatorname{sen} A + \operatorname{sen} B}{\operatorname{sen} A - \operatorname{sen} B} = \frac{\operatorname{tg} \dfrac{A+B}{2}}{\dfrac{A-B}{2}} \qquad (1)$$

en virtud de lo dicho en (61, fórmula 8).

Despejando $\operatorname{tg} \dfrac{A-B}{2}$, tendremos:

$$\operatorname{tg} \frac{A-B}{2} = \frac{a-b}{a+b} \cdot \operatorname{tg} \frac{A+B}{2}$$

Aplicando logaritmos obtendremos el valor de $A - B$; y como sabemos cuánto vale $A+B$,

$$A+B = 180 - C,$$

576

tendremos la suma y diferencia de los dos ángulos, lo cual permite deducir el valor de cada uno de ellos; llamando s la suma y d la diferencia, tendremos:

$$A+B=s \left\{ \begin{array}{l} \text{sumando} \quad 2\,A=s+d, \quad A=\dfrac{s+d}{2} \\[2ex] \text{restando} \quad 2\,B=s-d, \quad B=\dfrac{s-d}{2}. \end{array} \right.$$

Cálculo de c. Conocidos A, B y C, se deduce el valor de c por la relación

$$\frac{c}{\operatorname{sen} A}=\frac{a}{\operatorname{sen} C},$$

de donde

$$c=\frac{a \operatorname{sen} C}{\operatorname{sen} A}.$$

Tendremos, pues, finalmente:

Datos	*Elementos incógnitas*
$a,\ b,\ C$	A, B, c

Cálculo de A $\dots\dots\dots\dots\dots\dots\dots\dots$ $\operatorname{tg}\dfrac{A-B}{2}=\dfrac{a-b}{a+b}\cdot\operatorname{tg}\dfrac{A+B}{2}$

Cálculo de B $\dots\dots\dots\dots\dots\dots$ $\begin{array}{l} A+B=s^{o} \left\{ A=\dfrac{s^{o}+d^{o}}{2} \right. \\[2ex] A-B=d^{o} \left\{ B=\dfrac{s^{o}-d^{o}}{2} \right. \end{array}$

Cálculo de c $\dots\dots\dots\dots\dots\dots\dots$ $c=\dfrac{a \operatorname{sen} C}{\operatorname{sen} a}$

Área $\dots\dots\dots\dots\dots\dots$ $\text{Área}=\dfrac{1}{2}\,a\,h=\dfrac{1}{2}\,a\,b\cdot\operatorname{sen} C$

TERCER CASO. *Conocidos los lados* a *y* b *del triángulo y el ángulo* A *opuesto a uno de ellos, calcular los demás elementos.*

Datos	*Elementos incógnitas*
$a,\ b,\ A$	B, C, c

Cálculo de B $\dots\dots\dots\dots\dots$ $\dfrac{a}{\operatorname{sen} A}=\dfrac{b}{\operatorname{sen} B};\ \operatorname{sen} B=\dfrac{b\cdot\operatorname{sen} A}{a}$

Cálculo de C $\dots\dots\dots\dots\dots\dots$ $C=180-(A+B)$

Cálculo de c $\dots\dots\dots\dots\dots$ $\dfrac{a}{\operatorname{sen} A}=\dfrac{c}{\operatorname{sen} C};\ c=\dfrac{a\cdot\operatorname{sen} C}{\operatorname{sen} A}$

Área $\dots\dots\dots$ $\text{Área}=\dfrac{1}{2}\,a\,c\cdot\operatorname{sen} B=\dfrac{1}{2}\,\dfrac{a^{2}\operatorname{sen} B\cdot\operatorname{sen} C}{\operatorname{sen} A}$

Estas fórmulas se pueden calcular directamente o bien mediante logaritmos.

Pero en este problema se presentan casos en que la solución puede ser discutida.

Ante todo veamos la resolución geométrica del triángulo así calculado. Sobre una recta indefinida R R' (fig. 43) se toma un punto A, y se construye el ángulo A dado como dato del problema y una longitud A C=b. Haciendo centro en el punto C, y con un radio igual al valor de *a*, se traza un arco que corte a la recta R R'. Sea B

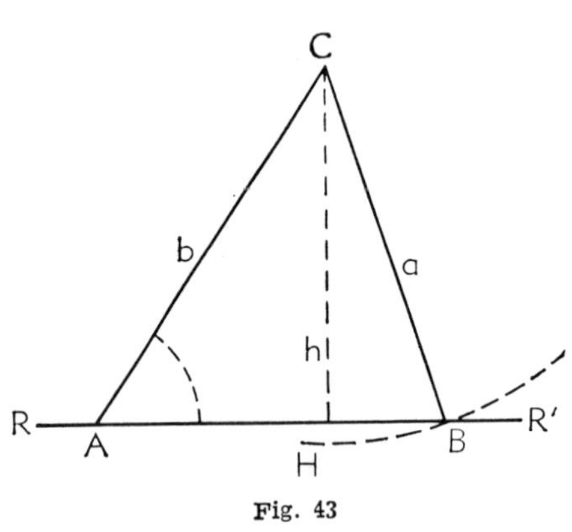

Fig. 43

el punto en que este arco corta a dicha recta; uniendo los puntos C y B se obtiene el triángulo A B C que satisface las condiciones del problema. Pero puede ocurrir que el arco descrito, tomando a C como centro y teniendo por radio *a*, corte a la recta R R' *en dos puntos, sea tangente a ella o no la corte*, y se obtendrán así dos soluciones, una o ninguna.

Para que el problema sea posible es desde luego necesario que *a* sea igual o mayor que la altura C H del triángulo: $a \geq h$, pero

$$h = b \operatorname{sen} A \qquad o \qquad h = b \operatorname{sen} (180° - A)$$

luego para que el problema tenga solución es necesario que se cumpla la condición

$$a \geq b \cdot \operatorname{sen} A$$

Si esta condición se cumple, el arco de centro en C cortará a la recta indefinida R R' en dos puntos y habrán dos soluciones, o bien será tangente a R R' y habrá una solución única. Vamos a estudiar los diferentes casos, según que el ángulo A sea agudo, obtuso o recto.

1.º $A < 90°$. Si el ángulo A es agudo (fig. 44) puede ocurrir que *a = b sen A*, o *a < b sen A*: cuando *a = b · sen A*, el arco trazado desde C es tangente a la recta R R' en el punto H, y el triángulo rectángulo A H C será la solución del problema.

Si *a* es mayor que *b sen A* y menor que *b*, el arco cortará a R R' en los puntos B y B' situados a la derecha del punto A, y entonces los dos triángulos A B' C y A B C son soluciones del problema. Si *a = b*, el punto B' se confundirá con A, el triángulo A B' C se reduce a una recta y el A B C será isósceles y constituirá la única solución.

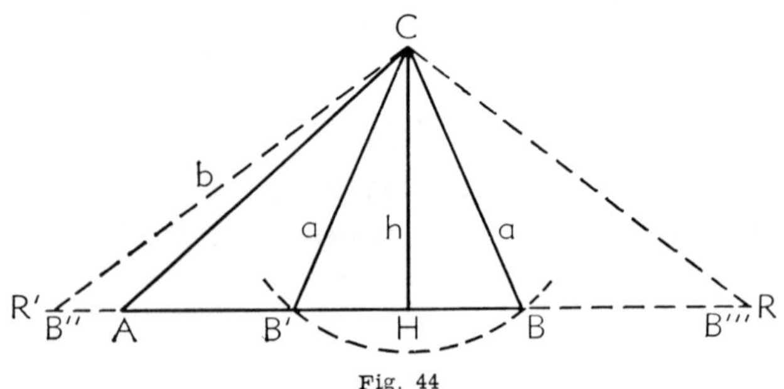

Fig. 44

Si *a > b*, el arco cortará a la recta R R' en dos puntos: uno situado a la izquieda de A, tal como el punto B" y el triángulo B" A C no puede ser solución del problema, pues su ángulo en A sería obtuso, contra lo que hemos supuesto; el otro punto sería, por ejemplo, B''', y el triángulo A C B''' sería la única solución posible.

2.º $A > 90°$. Si el ángulo A es obtuso y *a > b*, el arco trazado haciendo centro en C cortará a la recta R R' en dos puntos B y B' (fig. 45) situados a uno y otro lado del vértice del ángulo A; el ángulo B' C A no constituye solución, pues su ángulo A es agudo, contra lo supuesto; el triángulo A C B es la única solución posible.

Si $a=b$, el punto B se confunde con el punto A, el triángulo A C B se reduce a una recta, y no es solución el triángulo B″ C A por ser el ángulo B″ A C agudo, contrariamente a lo supuesto.

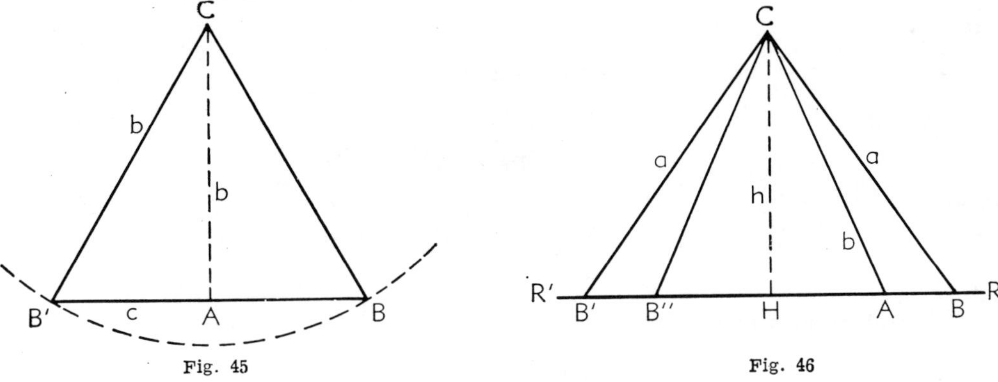

Fig. 45   Fig. 46

Si $a<b$, el arco cortará a R R′ en dos puntos situados entre R′ y A, y ninguno de los triángulos será solución, pues su ángulo en A es agudo.

3.º $A=90°$. Si en este supuesto a es mayor que b, el arco cortará a R R′ en dos puntos B y B′ (fig. 46) que distan igualmente de A, y los dos triángulos B′ A C y B A C serán soluciones del problema, y como ambos triángulos son iguales, se dice que aquél sólo tiene una solución.

Si $a=b$, el triángulo A B C se reduce a una recta; a no puede ser menor que b, puesto que por hipótesis

$$\text{sen } A = 1 \qquad y \qquad a \geq b \cdot \text{sen } A$$

Podemos, por consiguiente, resumir así los resultados de la discusión:

$$
a \geq b \text{ sen } A
\begin{cases}
A < 90° & \begin{cases}
a < b \text{ sen } A \ \dots\dots\dots & \text{ninguna solución} \\
a = b \text{ sen } A \ \dots\dots\dots & \text{una solución} \\
b \text{ sen } A < a < b \ \dots\dots & \text{dos soluciones} \\
a \geq b \ \dots\dots\dots\dots & \text{una solución}
\end{cases} \\
A > 90° & \begin{cases}
a > b \ \dots\dots\dots\dots & \text{una solución} \\
b \text{ sen } A \leq a \leq b \ \dots & \text{ninguna solución}
\end{cases} \\
A = 90° & \begin{cases}
a > b \ \dots\dots\dots\dots & \text{una solución} \\
a = b \ \dots\dots\dots\dots & \text{ninguna solución}
\end{cases}
\end{cases}
$$

A las mismas conclusiones se llega si se discutiesen las fórmulas dadas para resolver el problema.

CUARTO CASO. *Conocidos los tres lados,* a, b *y* c, *calcular los tres ángulos.*
Partiremos de la fórmula ya conocida (67):

$$a^2 = b^2 + c^2 - 2\,b\,c\,\cos A$$

de la que se deduce:

$$\cos A = \frac{b^2 + c^2 - a^2}{2\,b\,c}$$

y restando ambos miembros de la unidad, tendremos:

$$1 - \cos A = 1 - \frac{b^2 + c^2 - a^2}{2\,b\,c} = \frac{2\,b\,c - b^2 - c^2 + a^2}{2\,b\,c} = \frac{a^2 - (b-c)^2}{2\,b\,c}$$

pero

$$1 - \cos A = 2\,\operatorname{sen}^2 \frac{A}{2}$$

y

$$a^2 - (b-c)^2 = (a+b-c)\,(a+c-b)$$

luego

$$2\,\operatorname{sen}^2 \frac{A}{2} = \frac{(a+b-c)\,(a+c-b)}{2\,b\,c}$$

Si representamos el perímetro del triángulo por $2\,p$, tendremos:

$$a+b+c=2\,p \begin{cases} a+b=2\,p-c; & a+b-c=2\,p-2\,c=2\,(p-c) \\ a+c=2\,p-b; & a+c-b=2\,p-2\,b=2\,(p-b) \\ b+c=2\,p-a; & b+c-a=2\,p-2\,a=2\,(p-a) \end{cases}$$

Expresando el valor de $2\,sen^2 \dfrac{A}{2}$ en función del semiperímetro, tendremos:

$$2\,\operatorname{sen}^2 \frac{A}{2} = \frac{2\,(p-c)\,2\,(p-b)}{2\,b\,c}$$

de donde

$$\operatorname{sen}^2 \frac{A}{2} = \frac{(p-c)\,(p-b)}{b\,c}$$

y extrayendo la raíz cuadrada:

$$\operatorname{sen} \frac{A}{2} = \sqrt{\frac{(p-b)\,(p-c)}{b\,c}}$$

Del mismo modo, o bien por una sencilla permutación de letras, obtendríamos, los valores de $sen \dfrac{B}{2}$ y $sen \dfrac{C}{2}$.

$$\operatorname{sen} \frac{B}{2} = \sqrt{\frac{(p-a)\,(p-c)}{a\,c}}; \qquad \operatorname{sen} \frac{C}{2} = \sqrt{\frac{(p-a)\,(p-b)}{a\,b}}.$$

Si en la fórmula

$$\cos A = \frac{b^2 + c^2 - a^2}{2\,b\,c}$$

en lugar de restar, sumamos la unidad a ambos miembros, tendríamos:

$$1 + \cos A = 1 + \frac{b^2 + c^2 - a^2}{2\,b\,c} = \frac{2\,b\,c + b^2 + c^2 - a^2}{2\,b\,c} = \frac{(b+c)^2 - a^2}{2\,b\,c}$$

Pero

$$1 + \cos A = 2 \cos^2 \frac{A}{2}$$

y

$$(b+c)^2 - a^2 = (b+c+a)(b+c-a)$$

y substituyendo, tendremos:

$$2 \cos^2 \frac{A}{2} = \frac{(b+c+a)(b+c-a)}{2bc}$$

de donde, expresando el valor del primer miembro en función del semiperímetro p, tendremos:

$$2 \cos^2 \frac{A}{2} = \frac{2p \times 2(p-a)}{2bc}$$

y simplificando

$$\cos^2 \frac{A}{2} = \frac{p(p-a)}{bc} \qquad y \qquad \cos \frac{A}{2} = \sqrt{\frac{p(p-a)}{bc}}$$

De modo análogo obtendríamos:

$$\cos \frac{B}{2} = \sqrt{\frac{p(p-b)}{ac}} \qquad y \qquad \cos \frac{C}{2} = \sqrt{\frac{p(p-c)}{ab}}.$$

Para resolver el triángulo mediante las fórmulas de los senos se necesitan seis logaritmos y mediante la de los cosenos, siete; para reducir las operaciones dividiremos las fórmulas de los senos por las de los cosenos respectivos y obtendremos los valores de las tangentes de los ángulos pedidos:

$$\text{tg} \frac{A}{2} = \sqrt{\frac{(p-b)(p-c)}{p(p-a)}}; \qquad \text{tg} \frac{B}{2} = \sqrt{\frac{(p-a)(p-c)}{p(p-b)}}$$

$$\text{tg} \frac{C}{2} = \sqrt{\frac{(p-a)(p-b)}{p(p-c)}} \qquad (1),$$

fórmulas que sólo exigen el empleo de cuatro logaritmos, como se ve a continuación:

$$\log \text{tg} \frac{A}{2} = \frac{1}{2} \log(p-b) + \log(p-c) + \text{colog } p + \text{colog}(p-a)$$

$$\log \text{tg} \frac{B}{2} = \frac{1}{2} \log(p-a) + \log(p-c) + \text{colog } p + \text{colog}(p-b)$$

$$\log \text{tg} \frac{C}{2} = \frac{1}{2} \log(p-a) + \log(p-b) + \text{colog } p + \text{colog}(p-c)$$

Luis Postigo

<table>
<tr><td>Datos</td><td>Elementos incógnitas</td></tr>
<tr><td>a, b, c</td><td>A, B, C</td></tr>
</table>

Cálculo de A .... $\operatorname{tg}\dfrac{A}{2}=\sqrt{\dfrac{(p-b)(p-c)}{p(p-a)}}$

Cálculo de B .... $\operatorname{tg}\dfrac{B}{2}=\sqrt{\dfrac{(p-a)(p-c)}{p(p-b)}}$

Cálculo de C .... $\operatorname{tg}\dfrac{C}{2}=\sqrt{\dfrac{(p-a)(p-b)}{p(p-c)}}$

Área .... $\text{Área}=\dfrac{1}{2}\,b\cdot h=\dfrac{1}{2}\,b\cdot c\,\operatorname{sen}A=\sqrt{p\,(p-a)\,(p-b)\,(p-c)}$

Advertimos que para el cálculo del ángulo C, es más cómodo utilizando la sencilla fórmula $C=180°-(A+B)$ una vez hallados los ángulos A y B.

EJEMPLO:

En un triángulo se conocen:
$a=376,4$ metros; $b=247,7$ metros; $c=209,3$ metros. Calcular los ángulos A, B y C.

Dispondremos la operación así:

$$p=416,7 \ m. \ \begin{cases} p-a=\ \ 40,3 \ m. \\ p-b=169 \ \ \ \ m. \\ p-c=207,4 \ m. \end{cases}$$

$$\log p \quad = 2{,}619824 \qquad \operatorname{colog} p \ .... \ \overline{3}{,}380176$$

$$\log(p-a)=1{,}605305 \qquad \operatorname{colog}(p-a) \ ...... \ \overline{2}{,}394695$$

$$\log(p-b)=2{,}227887 \qquad \operatorname{colog}(p-b) \ ...... \ \overline{3}{,}772113$$

$$\log(p-c)=2{,}316809 \qquad \operatorname{colog}(p-c) \ ...... \ \overline{3}{,}683191$$

Cálculo del ángulo A	*Cálculo del ángulo B*
$\log(p-b)$ 2,227887	$\log(p-a)$ 1,605305
$\log(p-c)$ 2,316809	$\log(p-c)$ 2,316809
$\operatorname{colog} p$ .... $\overline{3}$,380176	$\operatorname{colog} p$ .... $\overline{3}$,380176
$\operatorname{colog}(p-a)$ ...... $\overline{2}$,394695	$\operatorname{colog}(p-b)$ ...... $\overline{3}$,772113
0,319567	$\overline{1}$,074403
$\log\operatorname{tg}\dfrac{A}{2}$ 0,159783	$\log\operatorname{tg}\dfrac{B}{2}$ .... $\overline{1}$,537201
$\dfrac{A}{2}=55°\ 18'\ 35''\,8$	$\dfrac{B}{2}=19°\ 0'\ 33''\,5$
$A=110°\ 37'\ 11''\,6$	$B=38°\ 1'\ 7''$

Resolución de triángulos rectilíneos

Cálculo del ángulo C

$$\log (p - a) \ \text{.....................} \quad 1{,}605305$$
$$\log (p - b) \ \text{.....................} \quad 2{,}227887$$
$$\operatorname{colog} p \ \text{.........................} \quad \overline{3}{,}380176$$
$$\operatorname{colog} (p - c) \ \text{..................} \quad \overline{3}{,}683191$$

$$\overline{2}{,}896559$$

$$\log \operatorname{tg} \frac{C}{2} = \qquad\qquad \overline{1}{,}448279$$

$$\frac{C}{2} = 15^{\circ}\ 40'\ 50''\ 5$$

$$C = 31^{\circ}\ 21'\ 41''.$$

Comprobación:

$$A + B + C = 179^{\circ}\ 59'\ 59''\ 6.$$

Una mayor aproximación en las mantisas de los logaritmos nos daría 180° para la suma de los tres ángulos.

CAPÍTULO IV

ECUACIONES TRIGONOMÉTRICAS

69. Definición. — Se llama **ecuación trigonométrica** *una relación entre líneas trigonométricas de uno o más arcos que sólo se verifica para ciertos valores atribuidos a los arcos. Resolver la ecuación es hallar estos valores.*

También se dice que las ecuaciones trigonométricas *son aquellas en las que la incógnita o incógnitas son ángulos que vienen dados por algunas de las razones geométricas.*

Ejemplos :

$$\operatorname{sen} x + \cos x = 0 ; \qquad a \operatorname{sen} x + b \cos x = C.$$

Si la ecuación contiene un solo arco desconocido, se dice que es de una sola incógnita; si los arcos desconocidos son varios, es preciso, en general, tantas ecuaciones, trigonométricas o no, como arcos desconocidos haya.

Para resolver una ecuación trigonométrica que contenga una sola incógnita, se llevan a cabo en ella las transformaciones necesarias para que aparezca el arco bajo una única razón o línea trigonométrica; no hay regla fija para realizar tal transformación, pudiendo usarse las fórmulas ya estudiadas. Las ecuaciones trigonométricas quedan así reducidas a una de las formas siguientes :

$$\operatorname{sen} x = a, \qquad \cos x = b, \qquad \operatorname{tg} x = c,$$

y el problema a averiguar el ángulo conocida una de sus razones geométricas.

Cuando se trata de resolver un sistema de ecuaciones, de las cuales al menos una es trigonométrica conteniendo tantas incógnitas como ecuaciones, se eliminan todas las incógnitas menos una entre las ecuaciones propuestas, reduciéndose el sistema a una sola ecuación con una incógnita. Despejado el valor de ésta, se substituye su valor en las ecuaciones restantes y así se obtiene el valor de las otras incógnitas

Veamos a continuación algunos casos sencillos.

70. Resolución de ecuaciones trigonométricas con una incógnita. — Ya sabemos que a una razón trigonométrica dada le corresponde infinitos arcos; se comprende, pues, que las ecuaciones trigonométricas son indeterminadas. Pero se buscan casi siempre las soluciones inferiores en valor a una circunferencia.

Ejemplos :

1.º Resolver la ecuación

$$\operatorname{sen} x + \cos x = 0.$$

Dividiendo ambos miembros por *cos x*, tendremos :

$$\frac{\operatorname{sen} x}{\cos x} + 1 = 0, \qquad \operatorname{tg} x + 1 = 0,$$

de donde

$$\operatorname{tg} x = -1,$$

y como el arco cuya tangente es la unidad es el de 45°, se tendrá:

$$x = 180° - 45° = 135° \quad o \quad . \quad x = 360° - 45° = 315°.$$

2.º Resolver la ecuación

$$sen \, 2\,x = tg \, x.$$

Expresando el valor de *sen* 2 x y *tg* x en función de *sen* x y *cos* x, tendremos:

$$2 \, sen \, x \, cos \, x = \frac{sen \, x}{cos \, x}$$

de donde

$$2 \, sen \, x \, cos^2 x = sen \, x$$

o bien

$$sen \, x \, (2 \, cos^2 x - 1) = 0 \, ;$$

para que el primer miembro sea cero, se requiere que

$$sen \, x = 0$$

y entonces

$$2 \, cos^2 x - 1 = 0 \quad y, \text{ por consiguiente,} \quad cos^2 x \frac{1}{2}$$

de donde

$$cos \, x = \pm \sqrt{\frac{1}{2}}$$

Si
$$cos \, x = + \frac{\sqrt{2}}{2}$$

x tendrá como valor $\frac{\pi}{4}$, y si $cos \, x = - \frac{\sqrt{2}}{2}$

x tendrá como valor $\frac{3\,\pi}{4}$.

Resumiendo: cumplen con la condición del problema los arcos que tengan como valor

$$x = \pi, \quad x = \frac{\pi}{4}, \quad x\frac{3\,\pi}{4}.$$

3.º Resolver la ecuación

$$sen \, x \cdot tg \, x = 2.$$

Transformando la ecuación para expresarla bajo forma de una función única, tendremos:

$$sen \, x \, \frac{sen \, x}{cos \, x} = 2 \, ; \qquad \frac{sen^2 x}{cos \, x} = 2,$$

y expresando *sen²* x en función de *cos* x, recordando que

$$sen^2 x = 1 - cos^2 x,$$

tendremos

$$\frac{1-\cos^2 x}{\cos x}=2,$$

de donde

$$\cos^2 x+2\cos x-1=0,$$

ecuación de 2.º grado que resolveremos según la regla ya sabida:

$$\cos x=\frac{-2\pm\sqrt{4+4}}{2}=\frac{-2\mp\sqrt{8}}{2}=\begin{cases}\dfrac{-2+\sqrt{8}}{2}=\dfrac{-2+2\sqrt{2}}{2}=-1+\sqrt{2}\\[3mm]\dfrac{-2-\sqrt{8}}{2}=\dfrac{-2-2\sqrt{2}}{2}=-1-\sqrt{2}\end{cases}$$

La segunda solución no se puede admitir, pues da para *cos* x un valor inferior a -1, lo cual es imposible. Hallado el valor del coseno, se puede buscar el valor del ángulo x mediante los logaritmos.

71. Resolución de un sistema de ecuaciones trigonométricas. — La resolución de un sistema de esta naturaleza se logra utilizando convenientemente las fórmulas ya estudiadas.

EJEMPLOS :

1.º Resolver el sistema de dos ecuaciones:

$$x+y=\alpha$$

$$\frac{\operatorname{sen} x}{a}=\frac{\operatorname{sen} y}{b}.$$

Como se conoce la suma de los arcos desconocidos $x+y$, conviene buscar su diferencia. Partiremos para ello de la segunda ecuación, la cual se transforma, en virtud de una propiedad de las proporciones, de la manera siguiente:

$$\frac{\operatorname{sen} x}{a}=\frac{\operatorname{sen} y}{b}=\frac{\operatorname{sen} x-\operatorname{sen} y}{a-b}=\frac{\operatorname{sen} x+\operatorname{sen} y}{a+b}$$

o bien

$$\frac{\operatorname{sen} x-\operatorname{sen} y}{\operatorname{sen} x+\operatorname{sen} y}=\frac{a-b}{a+b}$$

y en virtud de las fórmulas establecidas en el número 68, caso 1.º, tendremos:

$$\frac{a-b}{a+b}=\frac{\operatorname{tg}\dfrac{x-y}{2}}{\operatorname{tg}\dfrac{x+y}{2}}$$

de donde

$$\operatorname{tg}\frac{x-y}{2}=\frac{a-b}{a+b}\times\operatorname{tg}\frac{x+y}{2}=\frac{a-b}{a+b}\times\operatorname{tg}\frac{\alpha}{2}\qquad(2)$$

en la que se ha hecho

$$\frac{x+y}{2}=\frac{\alpha}{2}.$$

Esta fórmula permite calcular el valor del arco $\frac{x-y}{2}$, que representaremos por $\frac{\beta}{2}$, es decir, $\frac{x+y}{2}=\frac{\beta}{2}$.

Tenemos, pues:

$$\frac{x+y}{2}=\frac{\alpha}{2} \qquad y \qquad \frac{x+y}{2}=\frac{\beta}{2}$$

y sumando y restando ambas igualdades, tendremos:

$$\left. \begin{aligned} y &= \frac{\alpha+\beta}{2} \\[2mm] x &= \frac{\alpha-\beta}{2} \end{aligned} \right\} \quad (3).$$

2.º Resolver el sistema:

$$x-y=0$$
$$2\operatorname{sen}^2 x + 2\operatorname{sen}^2 y = 1.$$

Podremos transformar el sistema en este otro:

$$x=y$$
$$2\operatorname{sen}^2 x + 2\operatorname{sen}^2 y = 1.$$

Substituyendo *y* por *x* en la segunda ecuación, se obtiene:

$$4\operatorname{sen}^2 x = 1, \qquad \operatorname{sen}^2 x = \frac{1}{4},$$

de donde

$$\operatorname{sen} x = \left\{ \begin{aligned} &+\frac{1}{2} \\[2mm] &-\frac{1}{2} \end{aligned} \right.$$

Sabemos que el arco cuyo seno vale $\frac{1}{2}$ es el de 30º, luego para

$$\operatorname{sen} x = \frac{1}{2} \ \cdots\cdots\cdots\cdots\cdots \left\{ \begin{aligned} x &= 30º \\ x &= \pi - 30º = 150º \end{aligned} \right.$$

y·para

$$\operatorname{sen} x = -\frac{1}{2} \ \cdots\cdots\cdots\cdots\cdots \left\{ \begin{aligned} x &= 180 + 30º = 210º \\ x &= 360 - 30º = 330º \end{aligned} \right.$$

que son las soluciones inferiores a 360º.

CAPÍTULO V

EXPRESIÓN TRIGONOMÉTRICA DE LOS NÚMEROS COMPLEJOS

72. Nueva representación de los vectores. — Los vectores, elementos representativos del número complejo en Álgebra, y que vienen determinados por las componentes de éste respecto de un sistema de dos ejes coordenados cartesianos normales entre sí, pueden también quedar perfectamente determinados con auxilio de un punto y un eje de referencia tomados en el plano de los vectores.

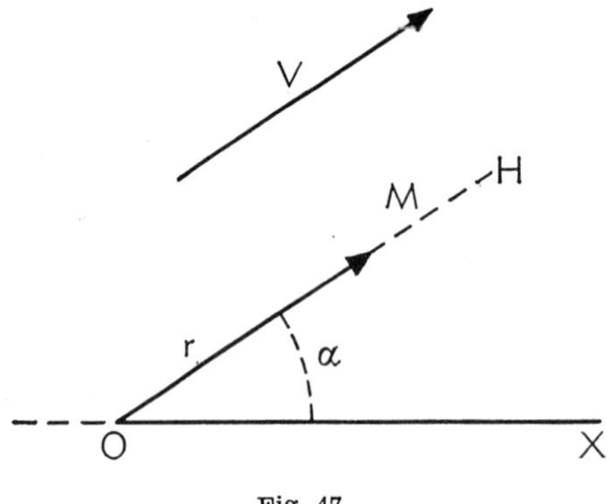

Fig. 47

Así, para determinar, por ejemplo, el vector V (fig. 47), se toma en el plano del mismo el punto O y una recta o eje cualquiera O X.

Trazando por el punto O, origen, una recta O H paralela al vector dado V, y tomando en ella el segmento O M = V, este vector queda perfectamente determinado en el plano, pues su origen es O, su magnitud viene dada por la magnitud r de O M, y su sentido por el ángulo α que forma O M con el eje de referencia O X. El ángulo α recibe el nombre de *argumento* y la longitud r se llama *módulo*. Un vector queda perfectamente determinado cuando se conocen su módulo y argumento; el punto O se llama *polo* y el eje O X, *eje polar*

El punto M, extremo del vector O M, queda así también determinado, de donde resulta, pues, que no sólo se puede determinar la posición de un punto en un plano por sus coordenadas cartesianas, sino también mediante sus *coordenadas polares*, que son : *el segmento que determina al unirlo con el polo y el ángulo que este segmento forma con el eje polar.*

73. Expresión trigonométrica de un número complejo. — Llámase así *la que resulta de expresarlo con relación a sus coordenadas polares*, es decir, con relación al módulo y argumento del vector que tiene por módulo y argumento los del complejo dado.

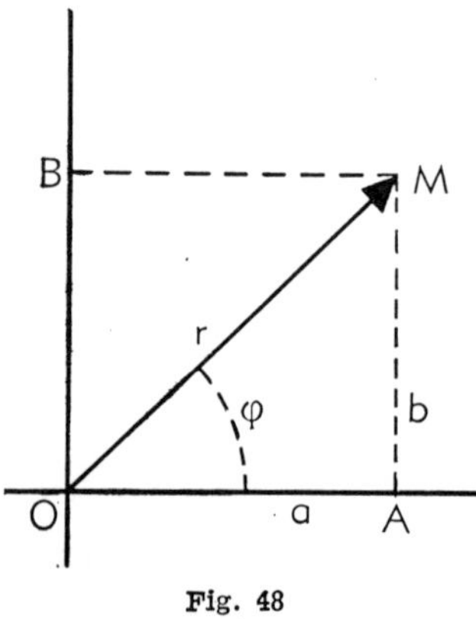

Fig. 48

Sea, por ejemplo, el número complejo $a + b\,i$, representado por el vector O M (fig. 48), y expresado con relación a sus coordenadas cartesianas.

Para expresarlo trigonométricamente se buscan los valores de a y b, de sus coordenadas cartesianas en función de las coordenadas polares. En el triángulo rectángulo O A M tenemos :

$$a = r \cdot \cos \varphi \qquad y \qquad b = r \cdot \operatorname{sen} \varphi$$

luego

$$a + b\,i = r \cdot \cos \varphi + i\,r \cdot \operatorname{sen} \varphi = \underline{r\,(\cos \varphi + i \operatorname{sen} \varphi)}.$$

Esta fórmula constituye la *expresión trigonométrica* del número complejo y sirve para pasar de las coordenadas cartesianas a las polares, e inversamente, de un vector dado.

74. Paso de la expresión binómica de un complejo a la expresión factorial y viceversa. — Para expresar en forma factorial o de producto un número complejo dado en forma binómica o de suma, es preciso determinar los valores de r y φ.

El primero, en la figura 48, es la hipotenusa del triángulo O A M, luego:

$$r^2 = \overline{O\ A}^2 + \overline{A\ M}^2 = a^2 + b^2$$

de donde

$$r = \sqrt{a^2 + b^2}.$$

El valor de r es el valor absoluto de la expresión, esto es, el de la raíz aritmética de la misma.

Para obtener el valor de φ dividiremos entre sí los de a y b:

$$\left.\begin{array}{l} a = r \cdot \cos \varphi \\ b = r \cdot \operatorname{sen} \varphi \end{array}\right\} \quad \operatorname{tg} \varphi = \frac{b}{a},$$

expresión que da el valor absoluto de la tangente del argumento, pero no su signo; para que $tg\,\varphi$ quede perfectamente determinado es preciso indicar los signos de a y b, o bien el del seno del ángulo φ en la fórmula $b = r \cdot sen\,\varphi$, o por el signo del coseno.

Recíprocamente, las fórmulas

$$a = r \cdot \cos \varphi \qquad y \qquad b = r \cdot \operatorname{sen} \varphi$$

nos permiten obtener a y b en función del módulo r y del argumento φ.

75. Argumentos que corresponden a un mismo vector. — Se ha dicho que un vector o el número complejo que representa o al cual equivale, se caracteriza por su módulo, que es una cantidad constante, y su argumento o ángulo que forma el vector con el eje O X.

Se comprende que dos vectores que tengan iguales sus módulos y sus argumentos serán iguales en sistemas polares distintos, y se confundirán si se representan en el mismo sistema. Si consideramos, pues, un vector en un plano y cuyo argumento sea φ, resultará que si lo hacemos girar 360° alrededor del polo, tomará la misma posición que antes, pero su argumento valdrá ahora $\varphi + 2\,\pi$; lo mismo ocurrirá si lo hacemos girar dos, tres, n circunferencias completas, luego un vector puede tener infinidad de argumentos que difieren entre sí en un número entero de circunferencias, y un mismo módulo.

De aquí se deduce que: *dos vectores o números complejos son iguales si tiene el mismo módulo y sus argumentos difieren en un número entero de circunferencias.*

Los vectores se representan así: $r_{\varphi + 2\,\pi\,k}$, expresión en la cual r es el módulo y $\varphi + 2\,\pi\,k$ es el valor del argumento, siendo k un número entero.

Veamos a continuación la manera de operar con los números complejos.

76. Multiplicación de números complejos. — *El producto de dos números complejos es otro número complejo que tiene por módulo el producto de los módulos y por argumento la suma de los argumentos de los factores.*

En efecto: sean los complejos expresados por r *(cos φ+i sen φ)* y r' *(cos φ'+ i sen φ')*; multiplicando ambos valores, tendremos:

$$r\,(\cos \varphi + i \cdot \mathrm{sen}\ \varphi) \times r'\,(\cos \varphi' + i \cdot \mathrm{sen}\ \varphi') = rr'\,(\cos \varphi$$
$$\cos \varphi' + i\ \mathrm{sen}\ \varphi \cos \varphi' + i \cos \varphi\ \mathrm{sen}\ \varphi' + i^2\ \mathrm{sen}\ \varphi\ \mathrm{sen}\ \varphi')$$

y recordando que i^2 equivale a -1 y haciendo uso de la propiedad distributiva de la suma, la expresión última se puede escribir así:

$$rr'\,[\cos \varphi \cos \varphi' - \mathrm{sen}\ \varphi\ \mathrm{sen}\ \varphi' + i\,(\mathrm{sen}\ \varphi \cos \varphi' + \cos \varphi\ \mathrm{sen}\ \varphi')],$$

pero

$$\cos \varphi \cos \varphi' - \mathrm{sen}\ \varphi\ \mathrm{sen}\ \varphi' = \cos(\varphi + \varphi')$$

y

$$\mathrm{sen}\ \varphi \cos \varphi' + \cos \varphi\ \mathrm{sen}\ \varphi' = \mathrm{sen}(\varphi + \varphi')$$

luego tendremos:

$$r\,(\cos \varphi + i\ \mathrm{sen}\ \varphi) \times r'\,(\cos \varphi' + i\ \mathrm{sen}\ \varphi') = rr'\,[\cos(\varphi + \varphi') + i\ \mathrm{sen}(\varphi + \varphi')]$$

conforme con el enunciado.

77. Representación geométrica del producto. — Conforme con lo dicho en el número anterior, se representa gráficamente el producto de dos números complejos, hallando un vector cuyo argumento sea la suma de los argumentos de los vectores factores, y cuyo módulo sea el producto de los módulos. Ahora bien, este módulo deberá ser respecto al módulo del vector multiplicando lo que el módulo del vector multiplicador sea respecto a la unidad expresada en forma compleja.

Sean los vectores-factores O A y O A' (fig. 49), cuyos módulos y argumentos respectivos son r, φ y r, φ'; O B es el vector unidad, O X el eje polar y O el polo.

Para hallar el complejo-producto se construye un ángulo N O X igual a la suma de φ y φ' y éste será su argumento; para hallar su módulo se busca la cuarta proporcional entre los módulos de los vectores-factores y el vector unidad. Para ello se lleva este último O B sobre el vector O A', el vector r sobre la recta indefinida O N; se une ahora el punto C con el punto D y por el extremo A' se traza una paralela a la C D, paralela que determina sobre la recta O N el punto P. El segmento O P, de

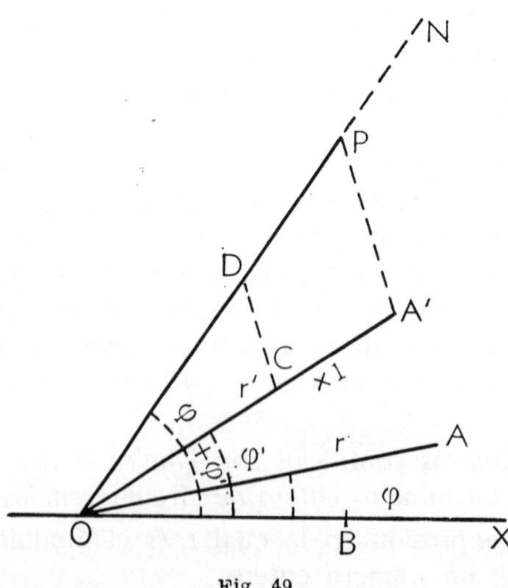

Fig. 49

argumento $\varphi+\varphi'$, es el complejo producto, pues en virtud de la construcción se cumple la proporción siguiente:

$$\frac{O\,B}{O\,A}=\frac{O\,D}{O\,P}\,, \qquad \text{esto es,} \qquad \frac{1}{r'}=\frac{r}{O\,P}$$

de donde

$$O\,P=r\cdot r'.$$

78. División de números complejos. — *El cociente de dos números complejos es otro número complejo cuyo módulo es el cociente de los módulos y cuyo argumento es igual a la diferencia de los argumentos del dividendo y divisor.*

El cociente de los números complejos r_φ y $r'_{\varphi'}$, será, según esta definición:

$$r_\varphi : r'_{\varphi'} = (r:r')_{\varphi-\varphi'}.$$

Éste será, en efecto, si multiplicándolo por el divisor $r'_{\varphi'}$ nos da el dividendo r_φ

$$(r:r')_{\varphi-\varphi'} \times r'_{\varphi'} = \left(\frac{r}{r'}\cdot r'\right)_{\varphi-\varphi'+\varphi'} = r_\varphi$$

Como se cumple esta condición fundamental de todo verdadero cociente, queda demostrada la ley de formación del cociente de dos números complejos, que podemos expresarla así:

$$r\,(\cos\varphi + i\,\text{sen }\varphi) : r'\,(\cos\varphi' + i\,\text{sen }\varphi') = \frac{r}{r'}\,[\cos(\varphi-\varphi') + i\cdot\text{sen }(\varphi-\varphi')].$$

79. Representación gráfica del cociente de dos números complejos. — El vector cociente de dos números complejos será un vector que tendrá como argumento la diferencia de los argumentos y como módulo el cociente de los módulos. Este cociente se obtiene gráficamente hallando una cuarta proporcional a los de los factores y la unidad, para lo cual se tomarán los dos vectores sobre una misma recta, que puede ser el dividendo, y uniendo el extremo del divisor con la unidad.

En la figura 50, $O\,A=r_\varphi$ es el complejo dividendo, $O\,B=r'_{\varphi'}$ es el complejo divisor y $O\,C_{\varphi-\varphi'}$ el complejo cociente, cuyo módulo es $r-r'$ y $O\,D=1_0$.

Con centro en O y radio cualquiera se traza, a partir del eje O X, un arco igual a $\varphi-\varphi'=D\,H$ y se une su extremo H con el polo O mediante la recta indefinida O N; se toma sobre ésta la unidad O M, y sobre el dividendo y a partir de O se toma el divisor, $O\,R=O\,B$; se une R con el punto M, y por el extremo del dividendo se traza una paralela A C a R M. El punto C es el extremo del vector cociente O C. Se cumple la condición

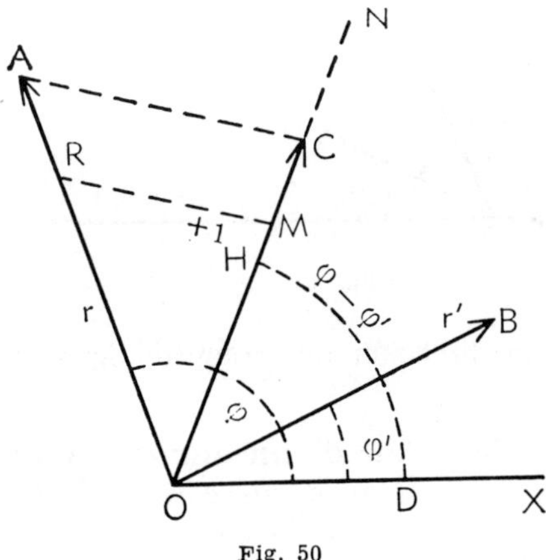

Fig. 50

$$\frac{O\,A}{O\,R}=\frac{O\,C}{O\,M}\,, \qquad \text{o bien} \qquad \frac{r}{r'}=\frac{O\,C}{1}$$

de donde

$$O\,C = \frac{r}{r'}.$$

80. Potencia de un número complejo. — Para obtener la potencia de un número complejo se sigue la regla aritmética, esto es, se forma un producto de tantos factores iguales como unidades tenga el exponente. Este producto se obtiene hallando primero el producto de dos primeros factores, el resultado se multiplica por el tercer factor, y así sucesivamente. Supongamos que el número complejo sea $r\,(cos\,\varphi + i\,sen\,\varphi)$ y el exponente n, tendremos:

$$[r\,(cos\,\varphi + i\,sen\,\varphi)]^n = r\,(cos\,\varphi + i\,sen\,\varphi) \times r\,(cos\,\varphi + i\,sen\,\varphi) \times$$

$$r\,(cos\,\varphi + i\,sen\,\varphi) \times \ldots\ldots = r^n\,(cos\,n\,\varphi + i\,sen\,n\,\varphi\text{I},$$

es decir, *que la potencia enésima de un número complejo, siendo* n *un número natural, es igual a otro complejo cuyo módulo es la potencia enésima del módulo de la base y cuyo argumento es* n *veces mayor que el argumento de la base.*

81. Fórmula de Moivre. — La expresión

$$[r\,(cos\,\varphi + i\,sen\,\varphi)]^n = r^n\,(cos\,n\,\varphi + i\,sen\,n\,\varphi)$$

recibe el nombre de *fórmula de Moivre*, la cual permite obtener otras fórmulas que dan las funciones circulares del múltiplo de un ángulo en función de éste. También suele darse aquel nombre a la expresión.

$$(cos\,\varphi + i\,sen\,\varphi)^n = cos\,n\,\varphi + i\,sen\,n\,\varphi,$$

esto es, a la potencia de un complejo cuyo módulo es la unidad.

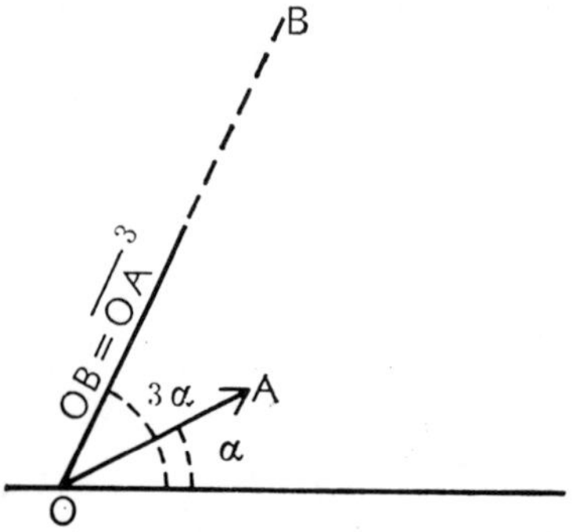

82. Representación geométrica de la potencia de un número complejo. — Dado un número complejo de módulo r y argumento igual a φ, se hallará su potencia tercera, por ejemplo, trazando un arco igual a $3\,\varphi$, uniendo su extremo con el origen O y tomando sobre esta dirección una longitud igual a r^3 como representa la figura **51**.

Fig. 51

83. Raíz de un número complejo. — *La raíz* n-*ésima de un número complejo es otro complejo que elevado a la potencia* n-*enésima da el complejo radicando.*

Sea $r\,(cos\,\varphi + i\,sen\,\varphi)$ el número complejo y $r'\,(cos\,\varphi' + i\,sen\,\varphi')$ su raíz enésima, esto es:

$$\sqrt[n]{r\,(cos\,\varphi + i\,sen\,\varphi)} = r'\,(cos\,\varphi' + i\,sen\,\varphi'),$$

se cumplirá, por consiguiente,

$$[r'\,(cos\,\varphi' + i\,sen\,\varphi')]^n = r\,(cos\,\varphi + i\,sen\,\varphi),$$

pero en virtud de lo dicho en (80)

$$[r'(\cos\varphi' + i\,\text{sen}\,\varphi')]^n = r'^n(\cos n\,\varphi' + i\,\text{sen}\,n\,\varphi'),$$

luego

$$r'^n(\cos n\,\varphi' + i\,\text{sen}\,n\,\varphi') = r(\cos\varphi + i\,\text{sen}\,\varphi),$$

de donde se deduce, expresando los complejos abreviadamente,

$$r'^n{}_{n\varphi'} = r'^n{}_{\varphi + 2\,\pi\cdot k},$$

de donde se deduce

$$r'^n = r \qquad y \qquad r' = \sqrt[n]{r}$$

y

$$n\,\varphi' = \varphi + 2\,\pi\cdot k,$$

de donde

$$\varphi' = \frac{\varphi + 2\,\pi\,k}{n} = \frac{\varphi}{n} + k\,\frac{360°}{n}$$

Dando a *k* valores enteros consecutivos a partir de cero, obtendremos las raíces correspondientes; así, para los valores 0, 1, 2, 3, ... *n* de *k* obtendremos los valores siguientes para las raíces:

$$\text{Para }\ k=0 \ldots\ldots\ \varphi' = \frac{\varphi}{n}$$

$$»\quad k=1 \ldots\ldots\ \varphi' = \frac{\varphi}{n} + \frac{360°}{n}$$

$$»\quad k=2 \ldots\ldots\ \varphi' = \frac{\varphi}{n} + 2\frac{360°}{n}$$

$$»\quad k=n \ldots\ldots\ \varphi' = \frac{\varphi}{n} + n\frac{360°}{n} = \frac{\varphi}{n} + 360° = \frac{\varphi}{n}$$

Se observa que cuando $k=n$, se reproduce para la raíz el mismo argumento que para $k=0$, y que sólo los *n* primeros valores de *k* dan argumentos distintos. Así pues, las *n* raíces del complejo $r\,\varphi$ son las siguientes:

$$r'_{\frac{\varphi}{n}}, \quad r'_{\frac{\varphi}{n}+\frac{360°}{n}}, \quad r'_{\frac{\varphi}{n}+2\frac{360°}{n}}, \ldots\ldots\ r'_{\frac{\varphi}{n}+(n-1)\frac{360°}{n}}$$

de donde se deduce que:

La raíz n-ésima de un número complejo da n valores distintos que tienen por módulo la raíz n-ésima del módulo y por argumentos la n-ésima parte del argumento dado, adicionado sucesivamente de la enésima parte de 360°.

84. Representación gráfica de las raíces de un número complejo.—Supongamos que se quieren hallar las raíces quintas del complejo $3125_{75°}$. Este número tendrá cinco raíces quintas y sólo cinco, cuyos módulos serán iguales a $\sqrt[5]{3125}$, y cuyos argumentos se diferenciarán entre sí en $\dfrac{360}{5}$ grados. Así pues, tendremos, según lo explicado en el número anterior:

$$\sqrt[5]{3125_{75°}}=\left(\sqrt[5]{3125}\right)_{\frac{75°}{5}+k\frac{360°}{5}}=5\ _{\frac{75°}{5}+k\frac{360°}{5}}$$

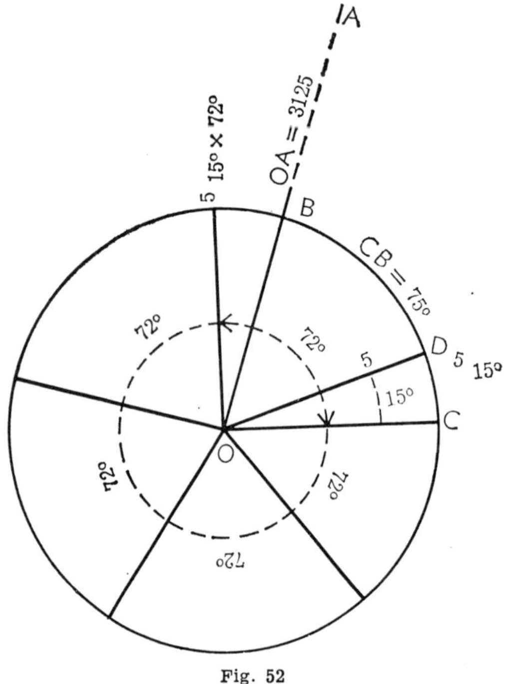

Fig. 52

Dando a k los valores 0, 1, 2, 3 y 4, obtendremos las cinco raíces de $3125_{75°}$, cuyos módulos serán todos iguales a

$$\sqrt[5]{3125}=5.$$

Para hallar gráficamente estas raíces se toma el número complejo dado (figura 52), cuyo módulo O A, lo representamos de un modo convencional a causa de su gran longitud y cuyo argumento es C B = 75°.

Suponiendo O C = 5 se traza con este radio una circunferencia, y a partir del punto C se toma un arco de 15°: O D $_{15°}$ es la primera raíz quinta de $3125_{75°}$, pues el argumento de esta raíz es 75° : 5 = 15°; como el cociente 360° : 5 = 72°, bastará tomar sucesivamente y a partir del punto D arcos de 72° y uniendo sus extremos con el centro tendremos las cinco raíces posibles, como se deduce de la siguiente tabla de raíces:

$$k=0\ \dots\dots\ \text{argumento}=\frac{75°}{5}+0\times\frac{360°}{5}=15°$$

$$k=1\ \dots\dots\ \text{»}\quad=\frac{75°}{5}+\frac{360°}{5}=15°+72°=87°$$

$$k=2\ \dots\dots\ \text{»}\quad=\frac{75°}{5}+2\ \frac{360°}{5}=15°+2\times72°=159°$$

$$k=3\ \dots\dots\ \text{»}\quad=\frac{75°}{5}+3\ \frac{360°}{5}=15°+3\times72°=231°$$

$$k=4\ \dots\dots\ \text{»}\quad=\frac{75°}{5}+4\ \frac{360°}{5}=15°+4\times72°=303°$$

·Si diésemos a k el valor 5, el argumento de la nueva raíz sería:

$$k=5\ \dots\dots\ \text{argumento}=\frac{75°}{5}+5\ \frac{360°}{5}=15°+360°,$$

luego la nueva raíz coincidiría con la primera, O D $_{15°}$, pues su argumento sería, como la de ella, 15°. Luego el número complejo propuesto $3125_{75°}$ tiene cinco raíces distintas de quinto grado y sólo cinco.

85. Raíces de un número real. — Todo número real puede considerarse como un complejo, cuyo módulo es igual a su valor absoluto y cuyo argumento vale 0° si el número es positivo, o 180° si es negativo; esto es, los números reales se toman siempre sobre el eje polar o de las abscisas, según sea el sistema de ejes que se emplee. Así pues, un número real a tiene la siguiente expresión factorial:

$$a = a\,(\cos 0° + i\,\text{sen}\ 0°)$$

y su raiz enésima, por ejemplo, tiene las n raíces siguientes:

$$\left(\sqrt[n]{a}\right)_{0°},\quad \left(\sqrt[n]{a}\right)_{\frac{360°}{n}},\quad \left(\sqrt[n]{a}\right)_{2\times\frac{360°}{n}} \ldots\ldots \left(\sqrt[n]{a}\right)_{(n-1)\frac{360°}{n}}$$

de las cuales dos son *reales*, una positiva y otra negativa, las correspondientes a $a_{0°}$ y $a_{180°}$, y las restantes imaginarias, pues cuando el argumento es 0° y 180° se tiene:

$$a_{0°} = a\,(\cos 0° + i\ sen\ 0°) = a\,(1 + i\,0) = a$$

$$a_{180°} = a\,(\cos 180° + i\ sen\ 180°) = a\,(-1 + i\,0) = -a.$$

Luego *todo número real y positivo tiene* n *raíces, y de ellas dos son reales y las restantes imaginarias.*

86. De modo análogo un número real negativo, expresado en forma compleja factorial, viene representado geométricamente por un segmento tomado en la parte negativa del eje de coordenadas polares y a partir del polo, considerado como origen; su argumento es, pues, 180°, esto es, π; luego el número real $-a$, en forma compleja, se representará así:

$$-a = a_{\pi} = a_{180°} = a\,(\cos 180° + i\ sen\ 180°).$$

Las raíces enésimas de este número tendrán como módulo $\sqrt[n]{a}$ y los argumentos sucesivos son:

$$\frac{180°}{n},\quad \frac{180°}{n}+\frac{360°}{n},\quad \frac{180°}{n}+2\cdot\frac{360°}{n},\ldots\ldots\frac{180°}{n}+(n-1)\frac{360°}{n}$$

argumentos cuya expresión general es

$$\frac{180°}{n}+k\cdot\frac{360°}{n}=\frac{180°\,(1+2\,k)}{n}.$$

Cuando n es impar tendrá como expresión la forma $2\,p+1$ (en la que p puede ser un número par o impar), y si k vale entonces p, resulta que el valor del argumento de la raíz es 180°, esto es, la raíz es un número negativo y real.

Cuando n es par, al dar a k valores naturales consecutivos, la suma $1+2\,k$ no puede ser múltiplo de n y el argumento de la raíz no es ni 0° ni 180°, y entonces dicha raíz carece de valor real.

Como caso especial puede estudiarse la raíz cuadrada de un número real negativo, tal como, por ejemplo, $-a^2$, número que se puede representar por $a^2\,\pi$. El módulo de ambas raíces es a y sus argumentos

$$\frac{\pi}{2}\qquad y\qquad \frac{\pi}{2}+\frac{360°}{2}=\frac{\pi}{2}+\frac{2\pi}{2}=\frac{3\pi}{2}$$

Las raíces de $-a^2$ son, pues,

$$a_{\frac{\pi}{2}} = a\,i \quad \text{y} \quad a_{\frac{3\pi}{2}} = -a\,i$$

ambas imaginarias, de acuerdo con lo que se ha dicho al hablar de las cantidades imaginarias.

87. Raíces de la unidad. — La unidad positiva, $+1$, es un número complejo cuyo módulo es 1 y su argumento 0°; luego las raíces de $+1$ tienen por módulo 1, pues la raíz de cualquier índice de la unidad es siempre igual a la unidad, y sus argumentos serán:

$$0^{\circ},\ \frac{360^{\circ}}{n},\ \frac{2\times360^{\circ}}{n},\ \ldots\ldots\ (n-1)\,\frac{360^{\circ}}{n}.$$

Las n raíces de la unidad las representaremos gráficamente trazando una circunferencia de radio igual a la unidad, dividiéndola en n partes iguales y trazando los radios correspondientes a los n puntos marcados.

Si el argumento es 0° y el índice de la raíz es par, $n = 2\,n'$, habrá sólo dos raíces cuyos argumentos serán 0° y $n'\dfrac{360^{\circ}}{n} = 180^{\circ}$, lo que quiere decir que entre las raíces pares de $+1$ hay dos raíces reales, que son $+1$ y -1.

Se comprende que el cálculo de las n raíces de un número natural se reduce a multiplicar el módulo de la raíz aritmética de dicho número por las raíces enésimas de la unidad.

Ejemplo:

Calcular las raíces octavas de la unidad.

El módulo de todas las raíces es sin duda 1, y expresando la unidad en forma compleja factorial

$$1 = 1\,(\cos 0^{\circ} + i \operatorname{sen} 0^{\circ})$$

y teniendo en cuenta que los sucesivos argumentos de las raíces son

$$0^{\circ},\ \frac{360^{\circ}}{8},\ 2\,\frac{360^{\circ}}{8}\ \ldots\ldots$$

que equivalen a 0°, 45°, 90°, 135°, 180°......, tendremos las raíces siguientes:

$$1.^{a} \quad \cos\ 0 + i \operatorname{sen}\ 0 = 1$$

$$2.^{a} \quad \cos\ 45^{\circ} + i \operatorname{sen}\ 45^{\circ} = \frac{1}{\sqrt{2}} + i\,\frac{1}{\sqrt{2}}$$

$$3.^{a} \quad \cos\ 90^{\circ} + i \operatorname{sen}\ 90^{\circ} = i$$

$$4.^{a} \quad \cos 135^{\circ} + i \operatorname{sen} 135^{\circ} = -\frac{1}{\sqrt{2}} + i\,\frac{1}{\sqrt{2}}$$

$$5.^{a} \quad \cos 180^{\circ} + i \operatorname{sen} 180^{\circ} = -1$$

6.ª $\quad \cos 225° + i \operatorname{sen} 225° = -\dfrac{1}{\sqrt{2}} - i\,\dfrac{1}{\sqrt{2}}$

7.ª $\quad \cos 270° + i \operatorname{sen} 270° = -i$

8.ª $\quad \cos 315° + i \operatorname{sen} 315° = \dfrac{1}{\sqrt{2}} - i\,\dfrac{1}{\sqrt{2}}$

Este ejemplo permite resolver el problema geométrico de la división de la circunferencia en partes iguales cuando las raíces de la unidad aparecen expresadas por raíces cuadradas, ya que éstas tienen representación geométrica exacta.

CAPÍTULO VI

APLICACIONES DE LA TRIGONOMETRÍA

88. Los principios expuestos en el estudio de la Trigonometría tienen aplicación práctica en ciertas operaciones de Geodesia: levantamiento de planos en Agrimensura y Topografía; tales son determinación de distancias entre puntos no accesibles, medición de alturas de pie accesible o inaccesible, etc., problemas todos para cuya resolución es indispensable el cálculo trigonométrico, ya que para la medición de ángulos, problema más sencillo, se cuenta con el auxilio de aparatos especiales que los dan con gran aproximación.

A continuación se exponen y estudian los problemas cuya resolución se presenta con más frecuencia.

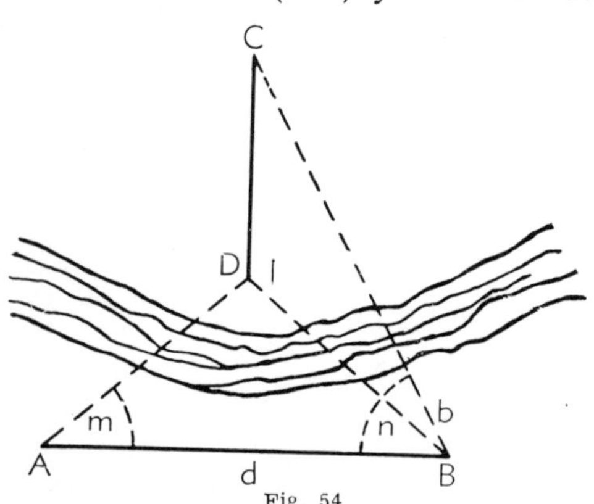

89. Determinar una altura de pie accesible, pero de cúspide inaccesible. — Sea, por ejemplo, una torre A B (fig. 53) cuya altura se trata de determinar. Se coloca en el punto C un teodolito (*) y con ayuda de él se mide el ángulo C D A; mídense también exactamente la distancia C D (base) y la altura del teodolito sobre el suelo, C E = D B. En el triángulo rectángulo A D C se conocen la base D C y el ángulo agudo C; tendremos, pues:

$$A D = D C \times tg\ C,$$

fórmula que permite calcular A D. Añadiendo al valor de ésta la altura D B tendremos la altura de la torre.

90. Determinar una altura cuyo pie es inaccesible. — Sea, por ejemplo, C D una torre cuyo pie D es inaccesible a causa de un obstáculo cualquiera, foso, río, etc. (fig. 54). Se mide exactamente sobre el terreno y por delante del obstáculo una base suficientemente larga, como A B, que domina la base de la torre que se trata de medir, y en sentido transversal respecto a C D. Mediante el teodolito o aparato análogo se dirigen desde los puntos A y B visuales a la base D, y desde el punto B una visual al punto C, y se miden los ángulos D A B = m, A B D = n y C B D = b.

En el triángulo A D B se conocen los ángulos m y n y además el lado A B = d, luego será fácil calcular el lado B D por la relación:

$$\frac{B D}{sen\ A} = \frac{A B}{sen\ D}, \quad \text{de donde} \quad B D = \frac{A B \cdot sen\ A}{sen\ D}.$$

____

(*) Véase el volumen de *Física general* de esta Biblioteca.

El valor del ángulo D se deduce directamente de la igualdad:

$$D = 180° - (A + B).$$

Se calcula luego el valor del cateto C D del triángulo rectángulo C D B, del cual conocemos el cateto D B, deducido por el cálculo anterior, y el ángulo D B C = b, por observación directa. Aplicando una de las relaciones ya conocidas entre los catetos de un triángulo, tendremos:

$$C D = D B \times tg\ b = \frac{A B \times sen\ A \cdot tg\ b}{sen\ D}.$$

Al valor obtenido se le agrega la altura del anteojo sobre el terreno.

También puede resolverse el problema tomando sobre el terreno una base (recta) situada en el mismo plano vertical que contiene la altura que se quiere determinar, plano que supondremos el del papel, para que el lector comprenda mejor la construcción (fig. 55). Se mide exactamente la base A B, y desde los puntos A y B se dirigen las visuales A C y B C al punto C, anotando el valor de los ángulos n y b. En el triángulo A B C conocemos el lado A B y los ángulos en A y B, luego se puede calcular el lado B C. Éste es la hipotenusa del triángulo rectángulo B D C, del cual conocemos la hipotenusa B C y el ángulo agudo b, lo que permite deducir el valor del cateto C D.

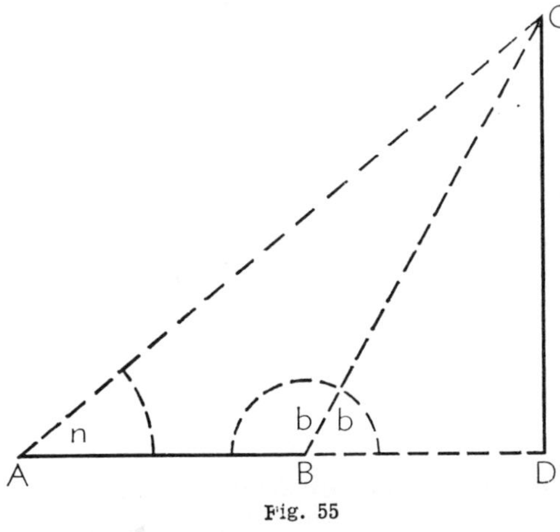

Fig. 55

Si se trata de determinar la altura de una montaña, por ejemplo, se procede de la manera siguiente: Supongamos que sea A H la altura de la montaña que se trata de medir (fig. 56). Se traza y mide en el terreno una base B C tal que desde sus extremos se vea el vértice A de la montaña. Se coloca ahora el grafómetro en el punto C y se mide el ángulo A C B; se transporta el aparato al punto B y se mide el ángulo A B C y luego el ángulo A B H; para evaluar este ángulo último se coloca el círculo graduado en el plano vertical que pase por A, se dispone horizontalmente la línea 0° – 180° y con la alidada móvil se envía una visual al punto A; el ángulo que forme la alidada móvil con la alidada fija es el ángulo A B H. Una vez hecho esto es fácil calcular la altura A H. En efecto: en el triángulo A B C se tiene:

$$B A C = 180° - (A B C + A B C)$$

$$A B = \frac{B C \cdot sen\ A C B}{sen\ B A C};$$

el triángulo A B H da entonces:

$$A H = A B\ sen\ A B H$$

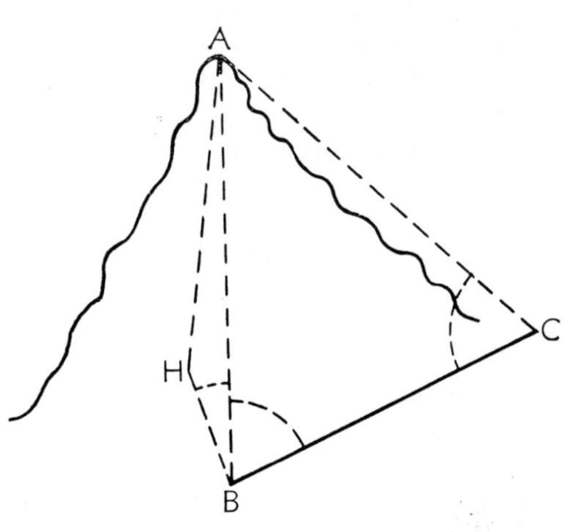

Fig. 56

y reemplazando en esta última el valor de A B, tendremos:

$$A H = \frac{B\,C \text{ sen } A\,C\,B \text{ sen } A\,B\,H}{\text{sen } B\,A\,C}$$

fórmula calculable por logaritmos. Al valor que se halle se le añade la altura del grafómetro sobre el suelo.

91. Calcular la distancia entre dos puntos, uno de los cuales es inaccesible. — Supongamos dos puntos A y B (figura 57) separados por un obstáculo tal que hace inaccesible el segundo, por ejemplo, y cuya distancia entre ambos se quiere determinar.

A partir del punto A se toma una base suficientemente larga, tal como A C, que se mide exactamente, y desde los puntos A y C se dirigen visuales al punto B, y se miden los ángulos B A C y A C B. Conoceremos así un lado y los dos ángulos adyacentes, lo que permitirá calcular el lado A C del triángulo A B C y resolver éste mediante las relaciones siguientes:

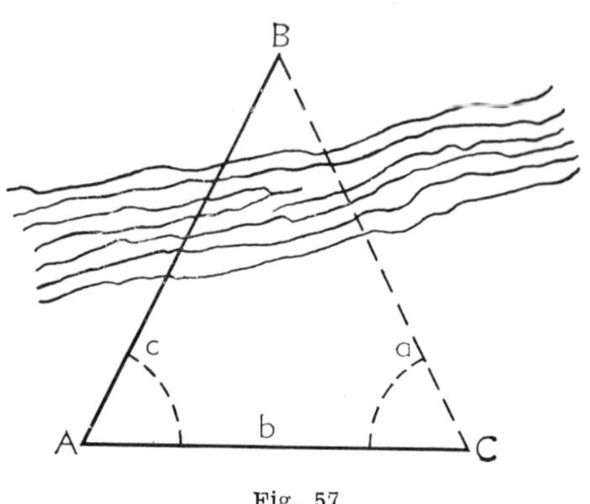

Fig. 57

$$\frac{c}{\text{sen } C} = \frac{b}{\text{sen } B}\,; \qquad c = \frac{b \cdot \text{sen } C}{\text{sen } B}$$

92. Calcular la distancia entre dos puntos inaccesibles. — Sean dos puntos A y B (fig. 58), ambos inaccesibles y cuya distancia se quiere determinar. Se toma en el terreno una base C D, que se escoge de manera que desde sus extremos C y D se vean los puntos A y B, base que se mide exactamente y desde cuyos extremos C y D se envían visuales a los puntos A y B y se miden los ángulos A C D, B C D y A C B, y luego los ángulos A D C y B D C. En el triángulo A C D se conoce un lado C D y los ángulos adyacentes, luego se tendrá:

$$A\,C = \frac{C\,D \text{ sen } A\,D\,C}{\text{sen } (A\,D\,C + A\,C\,D)}\,;$$

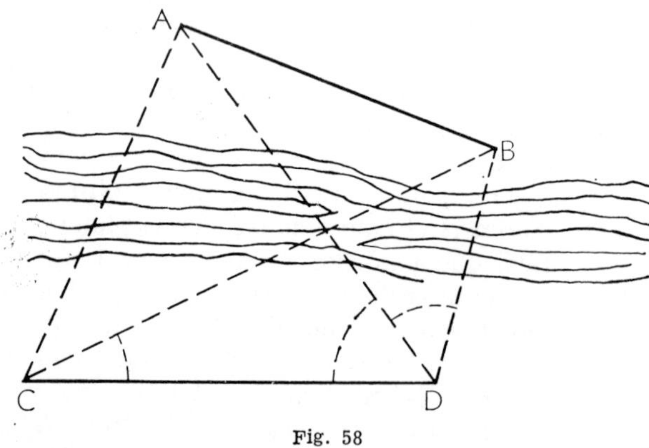

Fig. 58

de la misma manera, en el triángulo B C D se conoce el lado C D y los dos ángulos adyacentes, luego se tendrá:

$$B\,C = \frac{C\,D \times \text{sen } B\,D\,C}{\text{sen } (A\,D\,C + B\,C\,D)}.$$

Finalmente, conociendo en el triángulo A C B los lados A C y B C y el ángulo A C B comprendido, se puede calcular A B.

GEOMETRÍA ANALÍTICA

GEOMETRÍA ANALÍTICA PLANA

GENERALIDADES

1. Geometría analítica: definición y división. — La Geometría analítica tiene por objeto estudiar las propiedades de las figuras geométricas por medio del cálculo algebraico. Se divide en dos partes: *Geometría analítica plana*, que estudia las propiedades de los puntos y líneas que están situados en un mismo plano; *Geometría analítica del espacio*, que estudia las propiedades de los puntos y líneas que no están en un mismo plano, y de las superficies.

2. Indicado en el párrafo anterior su objeto, sólo expondremos los principios fundamentales de la misma, dado el carácter elemental de estas nociones.

3. Coordenadas rectilíneas de un punto; signos de las mismas. — La posición de un punto en el plano determinado por un sistema de ejes coordenados rectangulares queda fijada por las longitudes de dos segmentos rectilíneos que se encuentran en él, son paralelos a los ejes coordenados y cuyos extremos son el punto y cada uno de los ejes. Así, en la figura 1, los ejes son O X y O Y; el punto O se llama *origen de las coordenadas;* la longitud $x = B\,M = O\,A$ se llama *abscisa* y la longitud $y = M\,A = B\,O$ se llama *ordenada;* las dos magnitudes, x e y, se llaman conjuntamente *coordenadas del punto M.* Cuando los ejes coordenados son perpendiculares entre sí, se llaman ejes *rectangulares;* en los casos restantes se llaman *oblicuos.*

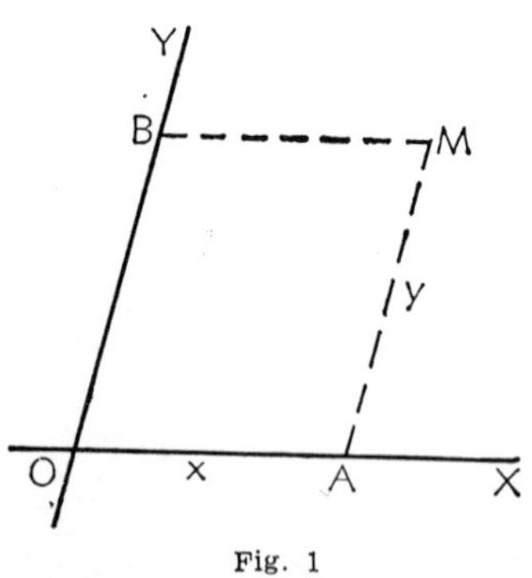

Fig. 1

Las coordenadas de un punto son magnitudes rectilíneas *dirigidas*, y se conviene en que las abscisas son *positivas* cuando se toman sobre el eje O X hacia la derecha, y *negativas* si se toman en sentido opuesto, es decir, hacia la izquierda a partir del punto O; las ordenadas son *positivas* si se toman en el eje O Y hacia arriba, y *negativas* si se toman hacia abajo.

602

Así, en la figura 2, *a* y *b* son las coordenadas, positivas, del punto M; *e* y *d*, la

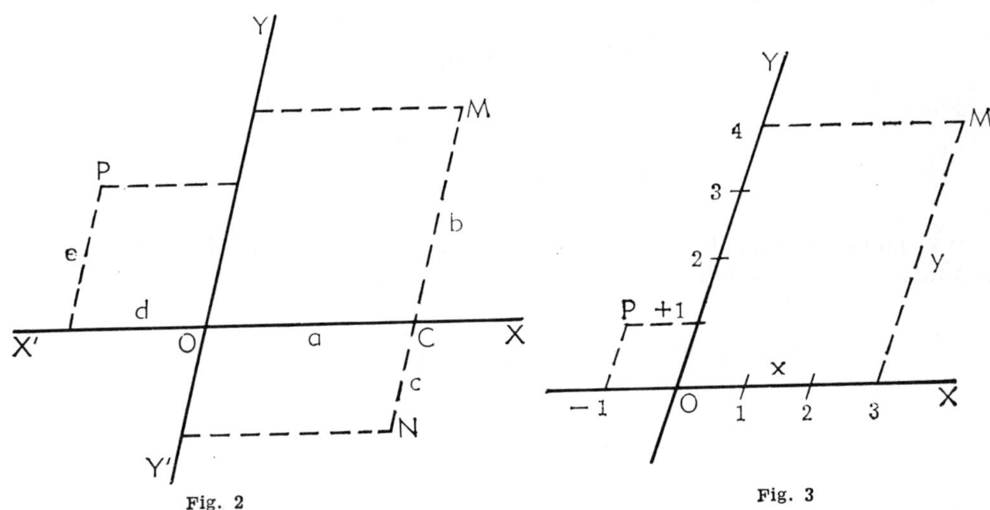

Fig. 2

Fig. 3

segunda negativa, las coordenadas del punto P; y *a* y *c*, positiva la primera y negativa la segunda, las coordenadas del punto N.

Estas coordenadas se llaman *cartesianas* por haberlas introducido en el cálculo el matemático Descartes.

4. Coordenadas de un punto. — El punto se representa por los valores de sus coordenadas. Así, en la figura 3, el punto M viene representado por los valores numéricos de sus coordenadas, esto es, el punto M es el punto, 3, 4, es decir, $x = 3$, $y = 4$, y se escribe así: M (3, 4); el punto P es P (– 1, 1).

5. Distancia entre dos puntos. — Se busca esta distancia así: sean los puntos M (x', y') y N (x, y), cuya distancia M N se

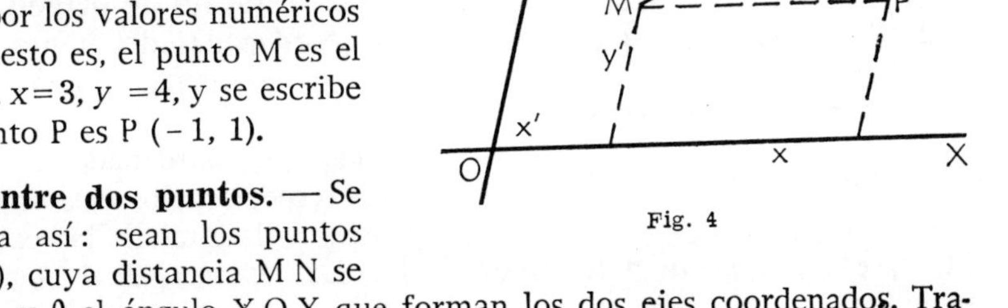

Fig. 4

quiere hallar (fig. 4), y θ el ángulo Y O X que forman los dos ejes coordenados. Tracemos por el punto M la paralela M P al eje O X.

En el triángulo M P N se cumple:

$$\overline{M N}^2 = \overline{M P}^2 + \overline{P N}^2 - 2\, M P \cdot P N \cdot \cos M P N,$$

pero

$$M P N = 180^\circ - \theta$$

y

$$\cos M P N = \cos (180^\circ - \theta) = - \cos \theta,$$

luego

$$\overline{M N}^2 = (x - x')^2 + (y - y')^2 + 2\, (x - x')\, (y - y')\, \cos \theta.$$

Si los ejes coordenados fuesen rectangulares, tendríamos $\theta = 90°$ y $\cos\theta = 0$, luego entonces

$$\overline{M N}^2 = (x - x')^2 + (y - y')^2,$$

de donde

$$M N = \sqrt{(x - x')^2 + (y - y')^2}.$$

Si el punto M coincidiese con el punto O, origen de las coordenadas, la ecuación del punto M sería M $(0, 0)$ y la distancia entre los puntos sería:

$$M N = \sqrt{x^2 + y^2 + 2 x y \cos\theta} \dots \text{(para ejes oblicuos)}$$

$$M N = \sqrt{x^2 + y^2} \dots \text{(para ejes rectangulares)}.$$

6. Cambio de ejes. — Puede convenir en algunos casos, cuando se conocen las coordenadas de un punto referidas a ciertos ejes, hallar o expresar las nuevas coordenadas del mismo punto respecto a otros nuevos ejes coordenados. Existen varios casos de transformación de ejes rectangulares u oblicuos en otros, pero dado el carácter elemental de estas nociones, sólo explicaremos el caso, en ejes coordenados rectangulares, de cambio de origen.

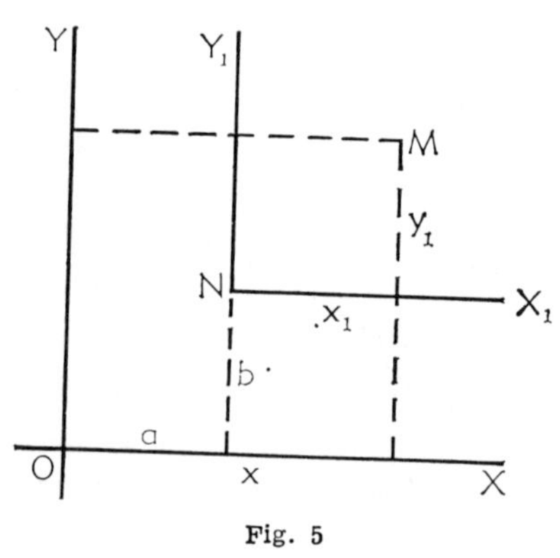

Fig. 5

7. Cambio de origen. — Supongamos que las coordenadas del punto M (fig. 5), respecto los ejes coordenados rectangulares O X y O Y, son x e y, M (x, y), y que trasladamos el origen de los ejes coordenados al punto N, cuya posición respecto a los ejes antiguos, es N (a, b), y vamos a determinar las coordenadas del punto M, x_1 e y_1, respecto a los nuevos ejes. Del examen de la figura 5 se deduce en seguida:

$$x_1 = x - a ; \qquad y_1 = y - b.$$

Esto nos permite hallar la ecuación de una recta respecto a un nuevo sistema de ejes coordenados. Así, si la ecuación de la recta es $y = x^2 + 3 x + 8$, su ecuación referida a un nuevo sistema de ejes paralelos a los antiguos trazados por el punto $(3, 4)$ se obtiene substituyendo x por $x + 3$ e y por $y + 4$, y resultará:

$$y + 4 = (x + 3)^2 + 3 (x + 3) + 8,$$

o sea

$$y_1 = x_1^2 + 9 x_1 + 22,$$

en la que x_1 e y_1 representan las nuevas coordenadas.

8. Coordenadas del punto que divide a una recta limitada en dos segmentos cuya razón de magnitudes sea conocida. — Supongamos la recta A B cuyos extremos son A y B y (x_1, y_1) las coordenadas de A, y (x_2, y_2) las de B. Vamos a determinar las coordenadas x e y de un punto M de la recta (fig. 6) que la divide en los segmentos A M y B M tales que

$$\frac{A\,M}{M\,B} = \frac{m}{n}$$

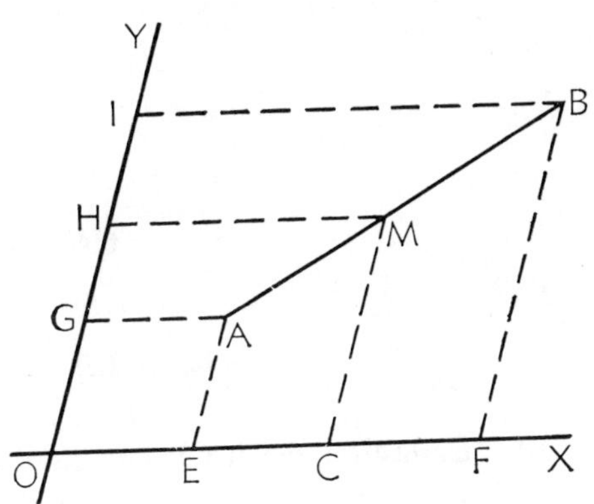

Fig. 6

Trazando las ordenadas y abscisas respectivas, tendremos:

$$\frac{E\,C}{C\,F} = \frac{A\,M}{M\,B} = \frac{m}{n}; \qquad \frac{G\,H}{H\,I} = \frac{A\,M}{M\,B} = \frac{m}{n} \qquad (1),$$

pero

$$E\,C = x - x_1 \qquad\qquad G\,H = y - y_1$$
$$C\,F = x_2 - x \qquad y \qquad H\,I = y_2 - y$$

luego, substituyendo estos valores en (1), resulta:

$$\frac{x - x_1}{x_2 - x} = \frac{m}{n}; \qquad \frac{y - y_1}{y_2 - y} = \frac{m}{n} \qquad \text{o bien} \qquad \begin{array}{l} n\,(x - x_1) = m\,(x_2 - x) \\ n\,(y - y_1) = m\,(y_2 - y) \end{array}$$

de donde

$$x = \frac{m\,x_2 + n\,x_1}{m + n}; \qquad y = \frac{m\,y_2 + n\,y_1}{m + n}.$$

9. Coordenadas del punto medio de un segmento. — Cuando M esté en el punto medio de la recta A B (fig. 6) será $m = n$ y las coordenadas del punto medio son:

$$x = \frac{m\,(x_2 + x_1)}{2\,m} = \frac{x_2 + x_1}{2} \qquad y = \frac{m\,(y_2 + y_1)}{2\,m} = \frac{y_2 + y_1}{2}.$$

CAPÍTULO PRIMERO

LA LÍNEA RECTA

10. Ecuación de un lugar geométrico. — Toda línea es un lugar geométrico de puntos que gozan de la propiedad expresada por la definición. Las coordenadas de uno cualquiera de sus puntos depende de su posición sobre la línea, lo cual quiere decir que para cada valor de la abscisa toma la ordenada correspondiente al punto un valor determinado, esto es, que ambas coordenadas están ligadas por una relación que puede tener la forma explícita .

$$y = f(x)$$

o implícita, como

$$F(x, y) = 0.$$

11. Ecuación de primer grado. — Recordando lo dicho en Álgebra referente a la representación gráfica de la ecuación de primer grado, dijimos que la ecuación

$$y = m\,x + b$$

representa una línea recta que no pasaba por el origen de coordenadas; de ella se deduce, quitando denominadores si los hay, y trasponiendo términos, la fórmula general o implícita

$$A\,x + B\,y + C = 0 \qquad (1).$$

en la que A, B y C son cantidades finitas, determinadas, positivas o negativas, algunas de las cuales puede ser cero, no pudiendo anularse a la vez los coeficientes A y B, pues en este caso no existiría la ecuación.

La fórmula (1) es la ecuación de la recta.

12. Representación geométrica. — Para comprender cómo se representa geométrica la ecuación (1), supondremos primero la ecuación incompleta.

Supongamos, primero, $A = 0$. La ecuación (1) queda reducida a la forma

$$B\,y + C = 0,$$

de donde

$$y = -\frac{C}{B} = b,$$

expresando $-\dfrac{C}{B}$ por b, para mayor sencillez.

La ecuación

$$y = b$$

representa el lugar geométrico de puntos que tienen todos su ordenada igual a *a* y será, por consiguiente, una recta paralela al eje de las abscisas y trazada a la distancia *b* de él. En la figura 7 la recta N M representa la ecuación B $y+C=0$. Según que *b* sea positiva o negativa, esta paralela estará situada por encima o por debajo de eje de las abscisas.

Si suponemos en la ecuación (1) $A=0$ y $C=0$, la ecuación queda reducida a la forma

$$B\, y=0, \qquad \text{de donde} \qquad y=0,$$

ecuación que representa el eje de las abscisas.

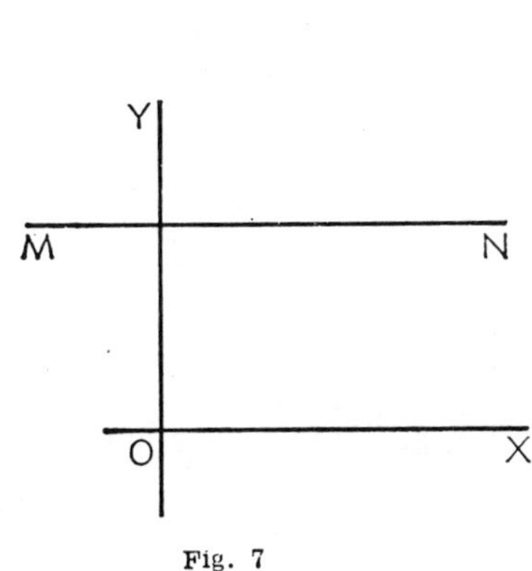

Fig. 7

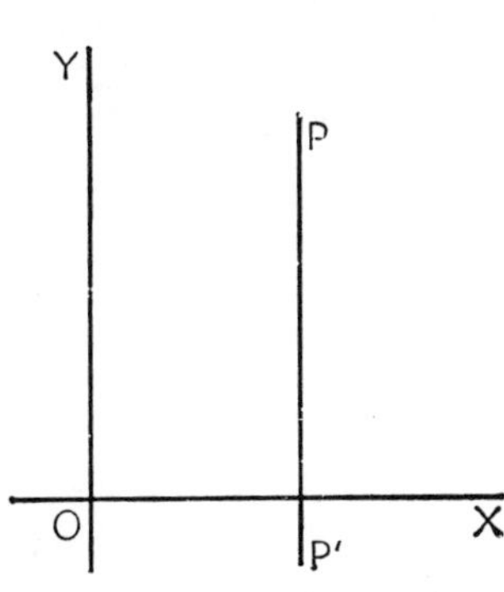

Fig. 8

Supongamos que en la ecuación (1) se hace $B=0$. La ecuación se transforma en esta otra :

$$A\, q+C=0, \qquad \text{de donde} \qquad j=\frac{C}{A}=a,$$

representando $-\dfrac{C}{A}$ por *a* para mayor comodidad. Esta ecuación corresponde al lugar geométricos de puntos que tienen todos por abscisa el valor *a* y será, pues, una recta paralela al eje de las ordenadas y trazada a una distancia *a* del mismo, a su derecha si *a* es positivo, o a su izquierda si *a* es negativo. En la figura 8 la recta P P' es la representación geométrica de la ecuación

$$A\, x+C=0 \qquad (2)$$

Cuando en (1) se hace $B=0$ y $C=0$, la ecuación (2) toma la forma

$$A\, x=0, \qquad \text{de donde} \qquad x=0,$$

ecuación la última que representa el eje Y Y'.

Supongamos ahora en la ecuación (1) $C=0$, sin que lo sean A ni B; la ecuación toma la forma

$$A\, x+B\, y=0,$$

de donde

$$y=-\frac{A\,x}{B}=-\frac{A}{B}\cdot x,$$

y haciendo $-\dfrac{A}{B}=m$, la ecuación (1) se transforma en esta otra:

$$y=m\, x \qquad (3).$$

Si en esta ecuación se hace $x=0$, resulta $y=0$, lo que significa que existe un punto de la recta cuyas coordenadas valen cero, es decir, que coincide con el punto O, y, por consiguiente, la recta pasa por el origen de las coordenadas.

Si en la ecuación (3) m es positiva, x e y tendrán el mismo signo, ambos positivos o ambos negativos, luego todos los puntos de la recta estarán en el primer cuadrante, (x e y positivos) o en el tercero (x e y negativos); pero si m es negativa, x e y tendrán signos contrarios y los puntos se hallarán en el segundo o cuarto cuadrante.

Supongamos finalmente, que en la ecuación

$$A\,x + B\,y + C = 0$$

no son nulos ninguno de los coeficientes; la ecuación la transformaremos así:

$$B\,y = -A\,x - C,$$

de donde

$$y = \frac{\cdot A}{B}\,x - \frac{C}{B},$$

y suponiendo

$$-\frac{A}{B} = m \qquad y \qquad -\frac{C}{B} = b$$

resulta la ecuación

$$y = m\,x + b$$

que representa una recta que no pasa por el origen, y cuya representación geométrica ya explicamos en Álgebra.

13. **Coeficiente angular o pendiente de una recta.** — Llámase así a *la tangente trigonométrica del ángulo que forma una recta con el eje de las abscisas.*

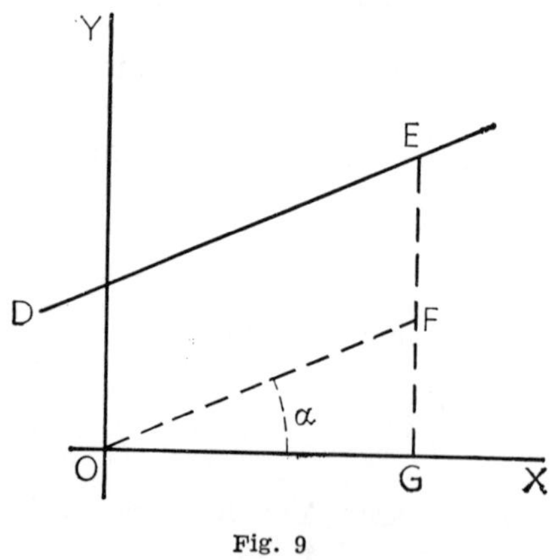

Fig. 9

Supongamos una recta D E (fig. 9) cuya ecuación sea

$$y = m\,x + b.$$

Tracemos por el origen de coordenadas una paralela a ella, tal como la O F, y representemos con α el ángulo que la O F forma con el eje O X. Tracemos las coordenadas $x_1 = O\,G$ e $y_1 = E\,G$ del punto E, y como O D = F E, tendremos:

$$E\,G = G\,F + F\,E = G\,F + O\,D,$$

esto es,

$$y_1 = G\,F + b.$$

Pero en el triángulo rectángulo O G F se cumple:

$$G\,F = O\,G \cdot \operatorname{tg}\alpha = x_1 \operatorname{tg}\alpha,$$

y substituyendo este valor de G F en la igualdad anterior, resulta:

$$y_1 = x_1 \operatorname{tg}\alpha + b \qquad (1),$$

y como las coordenadas del punto E deben satisfacer la ecuación

$$y = m\,x + b$$

por ser punto de la recta D E, resulta:

$$y_1 = m\,x_1 + b.$$

Comparando esta ecuación con la (1), resulta:

$$m = \operatorname{tg}\alpha,$$

luego en la ecuación

$$y = m\,x + b$$

m, *el coeficiente de* x, *es igual a la tangente del ángulo que forma la recta representada por la función, con el eje de las abscisas.*

Si $\alpha = 0$, su tangente vale cero y, por consiguiente, $m\,x = 0$, y la ecuación queda reducida a la forma

$$y = b,$$

esto es, corresponde a una recta paralela al eje O X y distante de éste la magnitud *b*.

Si $\alpha = 90°$ la ecuación corresponde a una recta que coincide con el eje O Y o es paralela al mismo.

14. Ecuación de la recta en función de los segmentos que determina sobre los ejes. — Si en la ecuación general

$$A\,x + B\,y + C = 0 \qquad (1)$$

suponemos $y = 0$, tendremos el segmento (que representaremos por *a*) determinado por la recta sobre el eje de las abscisas, es decir, que en este caso es $x = a$, y substituyendo este valor en la ecuación general, resulta:

$$A\,a + C = 0, \qquad a = -\frac{C}{A} \qquad y \qquad A = \frac{C}{a}.$$

Si suponemos ahora $x = 0$, obtendremos el segmento *b* determinado por la recta sobre el eje de las ordenadas, y tendremos:

$$B\,b + C = 0, \qquad b = -\frac{C}{B}, \qquad B = -\frac{C}{b},$$

por consiguiente, la ecuación general se transforma en esta otra:

$$-\frac{C}{a}\,x - \frac{C}{b}\,y = -C,$$

y dividiendo los dos miembros por $-C$, resulta:

$$\frac{x}{a} + \frac{y}{b} = 1 \qquad (2).$$

15. Recta al infinito. — Si en la ecuación general

$$A\,x + B\,y + C = 0 \qquad (1)$$

suponemos A=B=0, los segmentos *a* y *b*, determinados por la recta en cuestión sobre los ejes coordenados (13) serán infinitos, y la ecuación (1) se transforma en esta otra:

$$0\,x + 0\,y + C = 0,$$

expresión que representa el lugar geométrico de puntos impropios del plano o *recta al infinito*.

16. **Coordenadas en el origen.** — Se llama así *al valor que corresponde a cada una de las coordenadas cuando la otra es nula.*

Así pues, según lo que hemos dicho en el párrafo (13), la *ordenada en el origen* es $-\dfrac{C}{B}$ y *la abscisa en el origen* es $-\dfrac{C}{A}$, o sea el valor de la abscisa en el punto que la recta corta al eje de las abscisas. Substituyendo estos valores en la ecuación general se transforma en la encontrada en el párrafo (14):

$$\frac{x}{a} + \frac{y}{b} = 1$$

llamada también *ecuación de la recta en función de sus coordenadas en el origen.*

Así, la ecuación de la recta

$$5\,x + 2\,y - 4 = 0$$

en función de sus coordenadas en el origen, la hallaremos así:

$$5\,x + 2\,y = 4$$

y dividiendo ambos miembros por 4:

$$\frac{5\,x}{4} + \frac{y}{2} = 1 \qquad \text{o} \qquad \frac{x}{\dfrac{4}{5}} + \frac{y}{2} = 1$$

luego la recta en cuestión será la que pase por el punto $\dfrac{4}{5}$ del eje O X y el punto 2 del eje O Y.

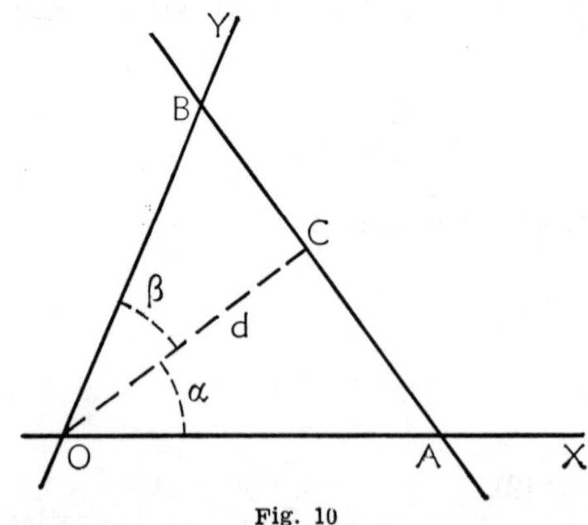

Fig. 10

17. **Ecuación de la recta en función de la normal trazada a ella desde el origen y de los ángulos que forma la normal con los ejes coordenados.** — Sea la recta A B (fig. 10); la normal a ella por el origen O C=*d*; O A=*a*; O B=*b*; C O A=α y C O B=β.

En los triángulos rectángulos O C A y O C B se cumple:

$$d = a \cos \alpha \quad \ldots \quad a = \frac{d}{\cos \alpha}$$

$$d = b \cos \beta \quad \ldots \quad b = \frac{d}{\cos \beta}$$

y la ecuación encontrada

$$\frac{x}{a} + \frac{y}{b} = 1$$

se transforma en esta otra:

$$\frac{x}{\dfrac{d}{\cos \alpha}}+\frac{y}{\dfrac{d}{\cos \beta}}=1 \qquad \text{o sea} \qquad x \cos \alpha + y \cos \beta = d \qquad (1).$$

Cuando los ejes son rectangulares, α y β son complementarios y la ecuación anterior se transforma en esta otra:

$$x \cos \alpha + y \, \text{sen} \, \alpha - d = 0.$$

Esta última expresión se llama también *ecuación normal de la recta*.

18. **Condiciones que determinan una recta.** — Según hemos visto, la ecuación de la recta presenta las formas siguientes:

$$A x + B y + C = 0,$$

o bien

$$\frac{A}{C} x + \frac{B}{C} y + 1 = 0$$

$$y = m x + b$$

$$\frac{x}{a} + \frac{y}{b} = 1$$

$$x \cos \alpha + y \, \text{sen} \, \alpha - d = 0.$$

En todas ellas hay que determinar dos valores: $\dfrac{A}{C}$ y $\dfrac{B}{C}$ en la primera; m y b en la segunda, a y b en la tercera, α y d en la cuarta; luego, por consiguiente, una recta quedará determinada por dos condiciones.

19. **Ecuación de una recta que pasa por un punto cuyas coordenadas** x' **e** y' **son conocidas.** — La ecuación general de la recta es, como sabemos,

$$y = a x + b$$

y la particular de la propuesta por pasar por el punto (x', y'), es:

$$y' = a x' + b;$$

restando ambas ecuaciones, tendremos:

$$y - y' = a (x - x') \qquad (1),$$

que es la ecuación pedida, que es indeterminada, pues no se conoce el valor de a, el cual se podría determinar si se conociese el ángulo que la recta forma con uno de los ejes, en cuyo caso se aplicaría la fórmula que da el coeficiente angular o pendiente de una recta. Así pues, la ecuación (1) corresponde a las infinitas rectas que pasan por el punto (x', y').

20. Ecuación de una recta que pasa por dos puntos cuyas coordenadas se conocen. — Sean los puntos $P'\,(x',\,y')$ y $P''\,(x'',\,y'')$; tendremos:

Ecuación general . . . . $y = a\,x + b$
Condición por pasar por $P'\,(x',\,y')$ . . . . . $y' = a\,x' + b$
Condición por pasar por $P''\,(x'',\,y'')$ . . . . . $y'' = a\,x'' + b$.

Restando cada ecuación de la anterior:

$$y - y' = a\,(x - x')$$

$$y' - y'' = a\,(x' - x'').$$

Dividiendo miembro a miembro estas dos últimas igualdades:

$$\frac{y - y'}{y' - y''} = \frac{x - x'}{x' - x''} \qquad \text{o bien} \qquad y - y' = \frac{y' - y''}{x' - x''}\,(x - x')$$

que es equivalente a esta otra:

$$y\,(x' - x'') + y'\,(x'' - x) + y''\,(x - x') = 0.$$

El coeficiente angular de la recta viene dado por la fórmula

$$a = \frac{y' - y''}{x' - x''}.$$

21. Rectas paralelas. — Si dos rectas son paralelas, formarán ángulos iguales con el eje de O X, esto es, tendrán la misma pendiente o coeficiente angular. Así pues, si las ecuaciones de estas rectas son

$$y_1 = m_1\,x + b_1 \qquad y_2 = m_2\,x + b_2$$

forzosamente será

$$m_1 = m_2.$$

Si las rectas vienen dadas por las ecuaciones:

$$A'\,x + B'\,y + C' = 0, \qquad A''\,x + B''\,y + C'' = 0,$$

o lo que es lo mismo, por

$$y = -\frac{A'}{B'}\,x - \frac{C'}{B'} \qquad e \qquad y = -\frac{A''}{B''}\,x - \frac{C''}{B''},$$

sus coeficientes angulares serán iguales, esto es:

$$\frac{A'}{B'} = \frac{A''}{B''} \qquad \text{o bien} \qquad \frac{A'}{A''} = \frac{B'}{B''} = r.$$

Luego para que dos rectas sean paralelas es preciso que los coeficientes de x e y sean proporcionales.

De la última igualdad se deduce:

$$A' = A''\,r \qquad y \qquad B' = B''\,r$$

y multiplicando por r todos los términos de la ecuación

$$A''\,x + B''\,y + C'' = 0$$

612

resulta :

$$A'' r x + B'' r + C'' r = 0,$$

y substituyendo $A'' r$ y $B'' r$ por sus valores respectivos, obtendremos :

$$A' x + B' y + C'' r = 0,$$

y representando $C'' r$ por C_1, obtendremos, finalmente :

$$A' x + B' y + C_1 = 0,$$

lo que nos dice que dada la ecuación de una recta obtendremos la de una de sus paralelas con sólo substituir el valor del término independiente por otro indeterminado.

22. Ecuación de la recta paralela a otra dada y que pasa por un punto cuyas coordenadas se conocen. — Supongamos la recta

$$y = m x + b$$

y un punto P fuera de ella cuyas coordenadas son x_1 e y_1; se trata de hallar la ecuación de la recta que pasa por P y es paralela a la recta dada.

La ecuación de la recta pedida será

$$y - y_1 = m_1 (x - x_1),$$

en la cual el coeficiente angular es indeterminado; pero como esta recta es paralela a la primera, formará con el eje de las abscisas igual ángulo que ella, luego sus coeficientes angulares son iguales, es decir, $m = m_1$ y la recta pedida tiene por ecuación

$$y - y_1 = m (x - x_1)$$

dándole la forma general

$$B (y - y_1) = A (x - x').$$

Si la recta dada tuviese por ecuación

$$3 x - 2 y - 5 = 0$$

la de la recta paralela a ella que pasa por el punto $(-3, 1)$ sería :

$$3 (x + 3) - 2 (y - 1) - 5 = 0,$$

o bien

$$3 x - 2 y + 6 = 0.$$

23. Condición para que tres puntos estén en línea recta. — Supongamos en el plano de un sistema de ejes coordenados los puntos $A (x_1 y_1)$, $B (x_2, y_2)$ y $C (x_3, y_3)$. La recta que pasa por los puntos A y B tiene por ecuación :

$$y - y_1 = \frac{y_1 - y_2}{x_1 - x_2} (x - x_1)$$

que ha de ser satisfecha por las coordenadas de ambos puntos. Si esta recta pasa por el punto C, su ecuación ha de ser satisfecha también por la coordenadas del punto C, luego su ecuación será :

$$y_3 - y_1 = \frac{y_1 - y_2}{x_1 - x_2} (x_3 - x_1)$$

y esta última se puede transformar en esta otra:

$$\frac{y_3 - y_1}{x_3 - x_1} = \frac{y_1 - y_2}{x_1 - x_2} \qquad (1).$$

EJEMPLO. Comprobar si los puntos A (6, 8), B (3, 4) y C (9, 12) están en línea recta. Substituyendo valores en la ecuación (1), tendremos:

$$\frac{12 - 8}{9 - 6} = \frac{8 - 4}{6 - 3} \qquad o \qquad \frac{4}{3} = \frac{4}{3},$$

identidad que demuestra que los tres puntos están en línea recta, como es fácil de demostrar determinando gráficamente la posición de estos puntos en el plano. Por el contrario, los puntos A (6, 8), B (3, 4) y C (9, 12) no están en línea recta, pues:

$$\frac{15 - 8}{9 - 8} \ne \frac{8 - 4}{6 - 3} \qquad o \qquad \frac{7}{3} \ne \frac{4}{3}.$$

24. Coordenadas del punto de intersección de dos rectas cuyas ecuaciones son conocidas. — Sean las rectas

$$y = a\,x + b \qquad (1)$$

$$y = a_1 x + b_1 \qquad (2)$$

Como el punto de intersección ha de estar sobre ellas, las coordenadas de este punto han de satisfacer a ambas ecuaciones y serán las raíces de éstas; para hallarlas restaremos aquellas ecuaciones ordenadamente:

$$a\,x + b - a_1\,x - b_1 = y - y,$$

de donde

$$a\,x + b - a_1\,x - b_1 = 0,$$

o bien

$$(a - a_1)\,x + b - b_1 = 0,$$

esto es,

$$(a - a_1)\,x = b_1 - b,$$

de donde

$$x = \frac{b_1 - b}{a - a_1}.$$

Substituyendo este valor de x en una cualquiera de las ecuaciones primitivas, por ejemplo en (1), obtendremos:

$$y = a\frac{b_1 - b}{a - a_1} + b = \frac{a\,b_1 - a\,b}{a - a_1} + b = \frac{a\,b_1 - a\,b + a\,b - a_1\,b}{a - a_1} = \frac{a\,b_1 - a_1\,b}{a - a_1};$$

luego las coordenadas del punto de intersección serán:

$$x = \frac{b_1 - b}{a - a_1}, \qquad y = \frac{a\,b_1 - a_1\,b}{a - a_1}.$$

Este problema admite discusión. Si los coeficientes angulares de ambas rectas no son iguales, es decir, si $a \ne a_1$, x e y tendrán valores bien determinados, finitos, y, por consiguiente, habrá punto de intersección.

Si $a=a_1$, pero $b \neq b_1$, los valores x e y son infinitos, luego no existe punto de intersección, pues las rectas son paralelas por tener iguales sus coeficientes angulares.

Finalmente, si $a=a$ y $b=b$, las raíces son indeterminadas y así deben ser, pues las dos rectas se confunden.

25. Condición para que tres rectas concurran en un punto. — Sean las tres rectas dadas por sus ecuaciones:

$$y = a\,x + b$$
$$y = a_1 x + b_1$$
$$y = a_2 x + b_2$$

Las coordenadas del punto de intersección de las dos primeras son:

$$x = \frac{b_1 - b}{a - a_1}, \qquad y = \frac{a\,b_1 - a_1\,b}{a - a_1}.$$

Si la tercera recta pasa por el punto de intersección de las dos primeras, las coordenadas de este punto deben satisfacer a la tercera ecuación, es decir, que se ha de cumplir la igualdad:

$$\frac{b_1\,a - a_1\,b}{a - a_1} = a_2\,\frac{b_1 - b}{a - a_1} + b_2$$

o lo que es lo mismo:

$$\frac{b_1\,a - a_1\,b}{a - a_1} = \frac{a_2\,b_1 - a_2\,b}{a - a_1} + \frac{a\,b_2 - a_1\,b_2}{a - a_1}$$

que se puede transformar así, quitando denominadores:

$$b_1\,a - a_1\,b = a_2\,b_1 - a_2\,b + a\,b_2 - a_1\,b_2,$$

o bien

$$a\,(b_1 - b_2) - a_1\,(b - b_2) + a_2\,(b - b_1) = 0.$$

26. Calcular el valor del ángulo formado por dos rectas cuyas ecuaciones se conocen. — Supongamos que las rectas M N y M′ N′ tienen, respectivamente, las ecuaciones siguientes:

$$y = a\,x + b$$
$$y = a_1\,x + b_1$$

Estas rectas forman entre ellas el ángulo A y con el eje O X los ángulos α y α', respectivamente. Supondremos primero que los ejes coordenados son rectangulares (fig. 11).

Evidentemente se verifica:

$$A = \alpha - \alpha',$$

luego

$$\operatorname{tg} A = \operatorname{tg}(\alpha - \alpha') = \frac{\operatorname{tg}\alpha - \operatorname{tg}\alpha'}{1 + \operatorname{tg}\alpha \operatorname{tg}\alpha'} \qquad (1),$$

pero

$$\operatorname{tg}\alpha = a \qquad y \qquad \operatorname{tg}\alpha' = a_1,$$

luego

$$\operatorname{tg} A = \frac{a - a_1}{1 + a\,a_1}$$

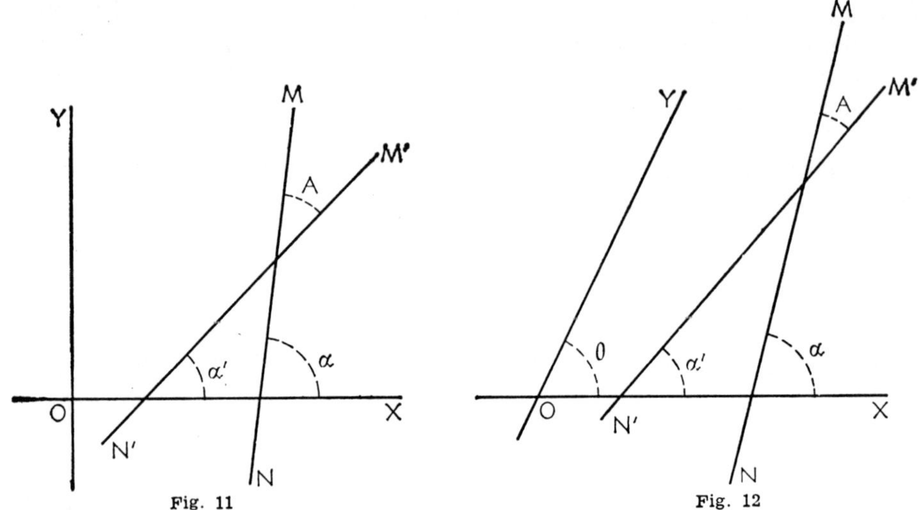

Del valor de la tangente se deduce fácilmente el valor del ángulo A.

Supongamos ahora que los ejes coordenados son oblicuos y sea θ el ángulo que forman entre sí (fig. 12).

El coeficiente angular tiene por valor:

$$a = \frac{\operatorname{sen} \alpha}{\operatorname{sen} (\theta - \alpha)} - \frac{\operatorname{sen} \alpha'}{\operatorname{sen} \theta \cos \alpha - \operatorname{sen} \alpha \cos \theta}$$

de donde

$$a \operatorname{sen} \theta \cos \alpha - a \operatorname{sen} \alpha \cos \theta = \operatorname{sen} \alpha$$

o bien

$$\cos \alpha \cdot a \operatorname{sen} \theta = \operatorname{sen} \alpha + a \operatorname{sen} \alpha \cos \theta = \operatorname{sen} \alpha (1 + a \cos \theta),$$

de donde

$$\frac{a \operatorname{sen} \theta}{1 + a \cos \theta} = \frac{\operatorname{sen} \alpha}{\cos \alpha} = \operatorname{tg} \alpha$$

Del mismo modo obtendríamos el valor de $\operatorname{tg} \alpha'$:

$$\frac{a_1 \operatorname{sen} \theta}{1 + a_1 \cos \theta} = \operatorname{tg} \alpha'$$

Substituyendo los valores de $\operatorname{tg} \alpha$ y $\operatorname{tg} \alpha'$ en la ecuación (1), tendremos:

$$\operatorname{tg} A = \frac{\dfrac{a \operatorname{sen} \theta}{1 + a \cos \theta} - \dfrac{a_1 \operatorname{sen} \theta}{1 + a_1 \cos \theta}}{1 + \dfrac{a \operatorname{sen} \theta}{1 + a \cos \theta} \cdot \dfrac{a_1 \operatorname{sen} \theta}{1 + a_1 \cos \theta}}$$

o bien

$$\operatorname{tg} A = \frac{\dfrac{a \operatorname{sen} \theta (1 + a_1 \cos \theta) - a_1 \operatorname{sen} \theta (1 + a \cos \theta)}{(1 + a \cos \theta)(1 + a_1 \cos \theta)}}{\dfrac{a\, a_1 \operatorname{sen}^2 \theta}{(1 + a \cos \theta)(1 - a_1 \cos \theta)}} =$$

$$\frac{a \operatorname{sen} \theta (1 + a_1 \cos \theta) - a_1 \operatorname{sen} \theta (1 + a \cos \theta)}{(1 + a \cos \theta)(1 + a_1 \cos \theta) + a\, a_1 \operatorname{sen}^2 \theta}$$

de donde

$$\operatorname{tg} A = \frac{(a - a_1)\operatorname{sen}\theta}{1 + a\,a_1 + (a + a_1)\cos\theta}$$

y conocido **tg A se puede** deducir cuánto vale el ángulo A formado por las **rectas**.

27. Como casos particulares se pueden considerar:

1.º Que sea $a = a_1$, en cuyo caso, como sabemos, las rectas son paralelas, y el ángulo A es nulo.

2.º Que las rectas sean perpendiculares, en cuyo caso es $\operatorname{tg} A = \infty$ y para ello es necesario que

$$1 + a\,a_1 = 0,$$

de donde

$$1 = -a\,a_1 \qquad \text{o bien} \qquad a_1 = -\frac{1}{a},$$

luego *la condición para que dos rectas sean normales es que el producto de sus coeficientes angulares sea igual a -1.*

Así pues, si una recta tiene por ecuación

$$y = 4\,x + 5$$

su perpendicular tendrá por coeficiente angular $-\dfrac{1}{4}$, y en general, si expresamos la ecuación general de una recta por

$$A_1\,x + B_1\,y + C_1 = 0$$

o lo que es lo mismo, por

$$y = \frac{C_1}{B_1} - x\,\frac{A_1}{B_1}$$

su normal tendría por ecuación

$$y = \frac{1}{\dfrac{A_1}{B_1}}\,x + \frac{C}{A_1} = \frac{B_1}{A_1}\,x + \frac{C}{A_1}$$

o lo que es lo mismo, su equivalente

$$A_1\,y = B_1\,x + C \qquad \text{o} \qquad B_1\,x - A_1\,y + C = 0,$$

lo que nos dice *que si nos dan la ecuación de una recta en la forma*

$$A\,x + B\,y + C = 0$$

se obtiene la de la recta normal a ella permutando entre sí los coeficientes de x *e* y, *cambiando el signo de uno de ellos y dando al término independiente un valor arbitrario.*

Así, la ecuación de toda perpendicular a la recta representada por la ecuación

$$5\,x+2\,y-11=0$$

será

$$2\,x-5\,y+C=0,$$

en la que C tiene un valor cualquiera.

28. Ecuación de la perpendicular trazada por un punto cuyas coordenadas se conocen, a otra recta de ecuación dada. — Sea la ecuación de la recta, en ejes coordenados rectangulares:

$$y=a\,x+b$$

y el punto dado P (x_1, y_1); la perpendicular, por pasar por el punto P, tiene por ecuación:

$$y-y_1=m\,(x-x_1).$$

El coeficiente angular a de la normal, según lo dicho anteriormente será

$$a_1=-\frac{1}{a},$$

luego la ecuación de la normal será:

$$y-y_1=-\frac{1}{a}\,(x-x_1),$$

o bien

$$-a\,(y-y_1)=x-x_1.$$

29. Distancia de un punto de coordenadas conocidas a una recta de ecuación dada. — Sea la recta

$$y=a\,x+b$$

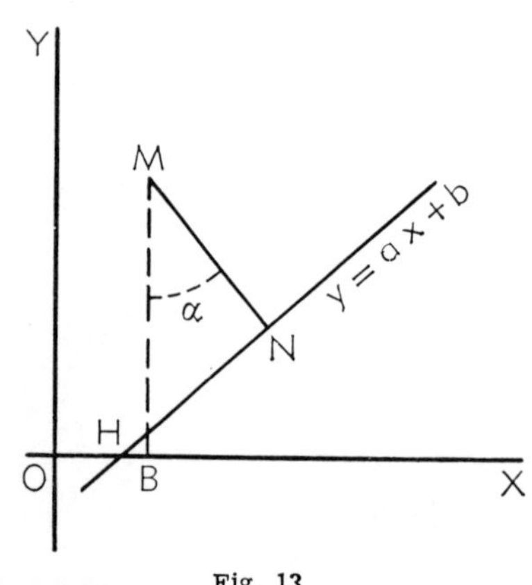

Fig. 13

y el punto M (x_1, y_1) (fig. 13), y llamaremos d a la distancia M N del punto M a la recta en cuestión.

En el triángulo M N H se cumple:

$$M\,N=M\,H\cos\alpha \qquad (1).$$

Por otra parte,

$$M\,H=M\,B-B\,H,$$

siendo M B$=y_1$ y B H la ordenada del punto H de la recta y cuya abscisa es x_1, luego

$$H\,B=a\,x_1+b$$

y se tiene

$$M\,H=y_1-a\,x_1-b.$$

El ángulo α es igual al ángulo que forma la recta con el eje O X por tener sus lados perpendiculares, luego el coeficiente angular o pendiente a de la recta es igual a tg α:

$$a=\text{tg }\alpha=\frac{\operatorname{sen}\alpha}{\cos\alpha}$$

618

luego

$$a^2 = \frac{\operatorname{sen}^2 \alpha}{\cos^2 \alpha}$$

de donde

$$1 + a^2 = 1 + \frac{\operatorname{sen}^2 \alpha}{\cos^2 \alpha} = \frac{\cos^2 \alpha + \operatorname{sen}^2 \alpha}{\cos^2 \alpha} = \frac{1}{\cos^2 \alpha}$$

Así pues,

$$\cos^2 \alpha = \frac{1}{1 + a^2} \qquad y \qquad \cos \alpha \frac{1}{\sqrt{1 + a^2}},$$

de donde, substituyendo en (1) $\cos \alpha$ y M H por sus valores respectivos, tendremos:

$$d = M\,N = \frac{y_1 - a\,x_1 - b}{\sqrt{1 + a^2}}.$$

Si esta expresión es positiva, significa que $y_1 - a\,x_1 - b$ es positiva, es decir, que $y_1 > a\,x_1 - b$, en cuyo caso el punto está del mismo lado que la recta, es decir, que la parte positiva del eje O Y; en el caso que la expresión sea negativa, el punto estará debajo de la recta.

Ejemplos:

1.º   Sea la recta $y = 3\,x - 2$ y el punto M $(5, 4)$; tendremos:

$$d = \frac{4 - 3 \cdot 5 + 2}{\sqrt{1 + 9}} = \frac{-9}{\sqrt{10}}$$

El punto está, por consiguiente, debajo de la recta y a una distancia igual a $\dfrac{9}{\sqrt{10}}$.

2.º   Sea la recta $y = 2\,x - 1$ y el punto en el origen de los ejes M $(0, 0)$; tenemos:

$$d = \frac{0 - 2 \cdot 0 + 1}{\sqrt{1 + 4}} = \frac{1}{\sqrt{5}}$$

El punto está encima de la recta, es decir, ésta está en la parte inferior del eje de las abscisas y dista del punto de intersección de los ejes $\dfrac{1}{\sqrt{5}}$.

30.   **Ecuación de la bisectriz del ángulo formado por dos rectas dadas.** — Sean las rectas C C′ y D D′, cuyas ecuaciones respectivas son:

$$y = a\,x + b$$

$$y = a_1\,x + b_1$$

Sea M (fig. 14) un punto de la bisectriz, y llamemos x e *y* sus coordenadas.

Su distancia d a la recta $y = a\,x + b$ será (28):

$$d = \frac{y - a\,x - b}{\sqrt{1 + a^2}},$$

y su distancia a la recta $y = a_1\,x + b_1$ es

$$d_1 = \frac{y - a_1\,x - b_1}{\sqrt{1 + a_1^2}}.$$

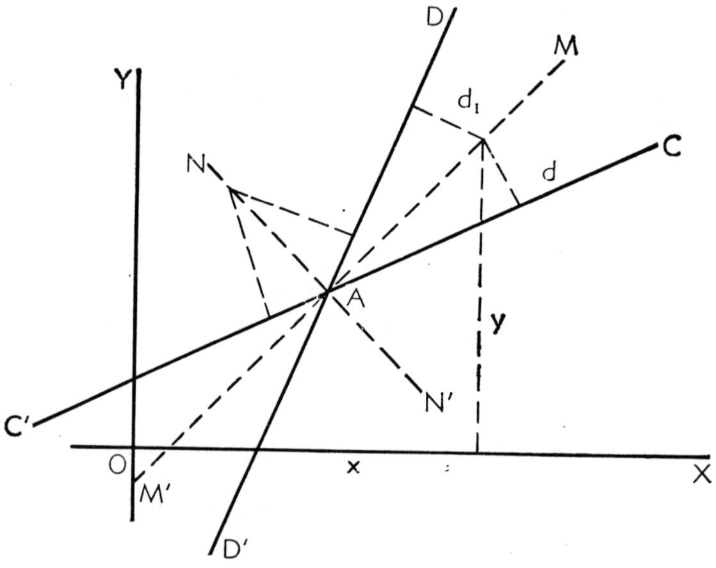

Fig. 14

El punto en cuestión puede ocupar una posición semejante al punto M o a la del punto N; los valores de d y d_1 tendrán el mismo signo o serán de signos contrarios, y tendremos:

$$\frac{a\,x + b - y}{\sqrt{1 + a_1^2}} = \pm\,\frac{a_1\,x + b_1 - y}{\sqrt{1 + a^2}},$$

y esta condición expresa la ecuación que se buscaba. Si se toma el mismo signo para ambos miembros o signos contrarios, se hallan dos rectas, que son las bisectrices M M' y N N'.

Ejemplo:
Sean las rectas

$$y = 3\,x - 2$$
$$y = 5\,x + 6$$

La ecuación de las bisectrices es:

$$\frac{3\,x - 2 - y}{\pm\sqrt{1 + 9}} = \frac{5\,x + 6 - y}{\pm\sqrt{1 + 25}}$$

una de las bisectrices tiene por ecuación

$$\frac{3x-2-y}{\sqrt{10}} = \frac{5x+6-y}{\sqrt{26}}$$

y la otra

$$\frac{3x-2-y}{\sqrt{10}} = -\frac{5x+6-y}{\sqrt{26}}.$$

Terminada la exposición de las cuestiones más sencillas de la Geometría Analítica referentes a la línea recta, vamos a determinar las ecuaciones de las curvas más importantes: circunferencia, elipse, hipérbola y parábola.

CAPÍTULO II

ECUACIÓN DE LAS LÍNEAS CURVAS

1.º ECUACIÓN DE LA CIRCUNFERENCIA

31. Estudiada en los capítulos anteriores la línea recta, que viene representada por una ecuación lineal de dos variables, vamos a determinar la clase de ecuación que corresponde a una circunferencia, que es la curva más sencilla.

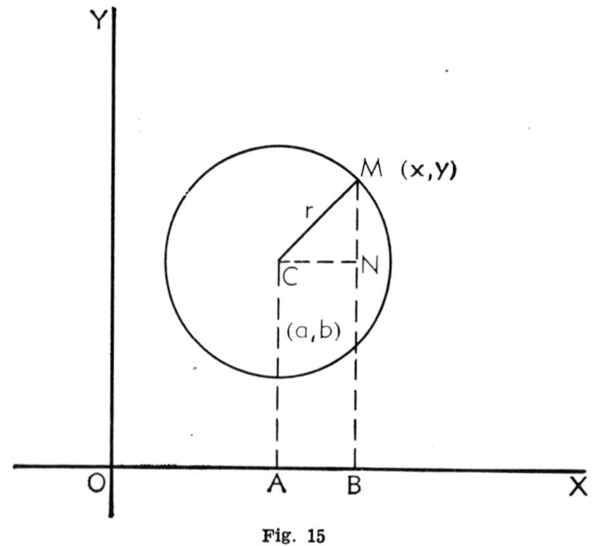

Fig. 15

El método a seguir consiste en tomar una circunferencia en el plano de un sistema de ejes coordenados y establecer la condición que cumplen las ordenadas de todos los puntos.

Dado el carácter elemental de estas nociones de Geometría analítica, estudiaremos aquí sólo las ecuaciones de cuatro curvas: la circunferencia, la elipse, la hipérbola y la parábola.

32. Ecuación general de la circunferencia. Sea la circunferencia de centro $C\,(a, b)$ y de radio r (fig. 15).

Consideremos el caso general, en que el centro C no coincide con el origen de los ejes, y tomemos un punto $M\,(x, y)$; de la figura se deduce:

$$\overline{C\,M}^2 = \overline{C\,N}^2 + \overline{N\,M}^2$$

o bien

$$r^2 = (x - a)^2 + (y - b)^2 \qquad (1),$$

Ésta es realmente *la ecuación de la circunferencia*.

Desarrollando los cuadrados de la ecuación (1) tendremos:

$$x^2 + y^2 - 2\,a\,x - 2\,b\,y + a^2 + b^2 - r^2 = 0 \qquad (1),$$

de la cual existen diversas variantes según el modo de representar la suma de los términos libres de x e y y la forma dada a los coeficientes de estas variables. Una de las formas más usadas es la siguiente:

$$x^2 + y^2 + 2\,D\,x + 2\,E\,y + C = 0 \qquad (2)$$

en la que

$$D = -a; \qquad E = -b; \qquad C = a^2 + b^2 - r^2.$$

La ecuación de la circunferencia es de segundo grado, carece de término en x y y los coeficientes de x^2 *e* y^2 *son iguales a la unidad.*

Adoptando la forma (2), las coordenadas del centro de la circunferencia son

$$a = -D \qquad y \qquad b = -E$$

y puesto que

$$a^2 + b^2 - r^2 = C$$

resulta

$$r^2 = a^2 + b^2 - \varepsilon = D^2 + E^2 - C,$$

de donde

$$r = \sqrt{D^2 + E^2 - C}.$$

Si $D^2 + E^2 - C = 0$ y la circunferencia queda reducida a un punto.

Si $D^2 + E^2 - C > 0$, el valor de r es real y, por consiguiente, existe la circunferencia.

Si $D^2 + E^2 - C < 0$, el valor de r es imaginario por ser la raíz cuadrada de un número negativo, luego la circunferencia será imaginaria.

APLICACIÓN. *Hallar la circunferencia cuyo centro tiene por coordenadas* (2, – 4), *y cuyo radio es* 3.

Bastará substituir en la ecuación (1) *r*, *a* y *b* por sus valores respectivos:

$$3^2 = (x - 2)^2 + (y + 4)^2$$

la cual equivale a esta otra:

$$x^2 + y^2 - 4x + 8y + 11 = 0.$$

33. **Casos particulares.** — Son los dos siguientes:

1.º *El centro de la circunferencia coincide con el origen de coordenadas.*

En este caso las coordenadas del centro son nulas: $a = 0$, $b = 0$, y la ecuación de la circunferencia.

$$(x - a)^2 + (y - b)^2 = r^2$$

se transforma en esta otra más sencilla:

$$x^2 + y^2 = r^2 \qquad (3)$$

que con frecuencia se transforma en esta otra:

$$\frac{x^2}{r^2} + \frac{y^2}{r^2} = 1$$

y substituyendo *r* por *a* se tiene:

$$\frac{x^2}{a^2} + \frac{y^2}{a^2} = 1,$$

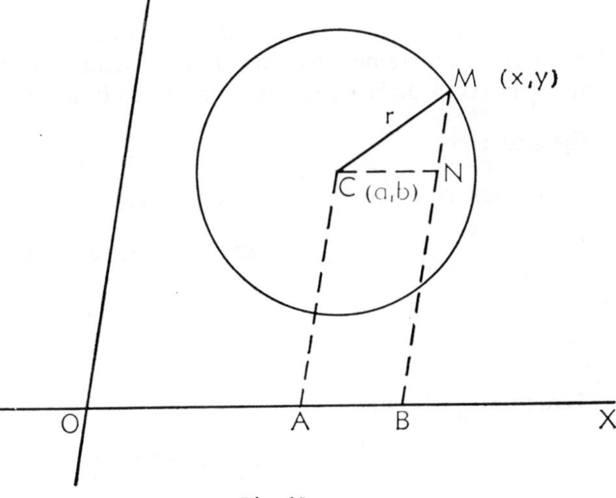

Fig. 16

ecuación semejante a las de la elipse, hipérbola y parábola, que permite y facilita la comparación de estas curvas con la circunferencia.

2.º *Caso de que los ejes coordenados sean oblicuos.*
De la observación de la figura 16 se deduce:

$$\overline{C M}^2 = \overline{C N}^2 + \overline{M N}^2 - 2\, C N \cdot N M \cdot \cos C N M.$$

Substituyendo valores:

$$r^2 = (x - a)^2 + (y - b)^2 - 2\,(x - a)\,(y - b)\cos(180^\circ - \theta) =$$
$$(x - a)^2 + (y - b)^2 + 2\,(x - a)\,(y - b)\,(\cos\theta).$$

34. Intersección de una circunferencia con una recta. — Para hallar las coordenadas del punto o puntos de intersección de una recta con una circunferencia, se resuelve el sistema formado por las ecuaciones de la circunferencia y de la recta.

La ecuación general de la circunferencia la expresaremos así:

$$x^2 + y^2 - 2\,a\,x - 2\,b\,y + C = 0$$

y la de la recta

$$y = m\,x + n.$$

Substituyendo el valor de *y* en la primera:

$$x^2 + (m\,x + n)^2 - 2\,a\,x - 2\,b\,(m\,x + n) + C =$$
$$x^2 + m^2\,x^2 + 2\,m\,n\,x + n^2 - 2\,a\,x - 2\,b\,m\,x - 2\,b\,n + C =$$
$$x^2\,(1 + m^2) + 2\,x\,(m\,n - a - b\,m) + n^2 - 2\,b\,n + C = 0.$$

Por lo general, esta ecuación tiene dos raíces, en cuyo caso hay dos puntos de contacto; en el caso que tenga una sola raíz, habrá un solo punto de contacto, y si no tiene ninguna solución es señal de que la recta es exterior a la circunferencia.

A las dos raíces x′ y x″ reales corresponderán en las dos rectas

$$y' = m\,x' + n \qquad e \qquad y'' = m\,x'' + n$$

y las coordenadas de los puntos de intersección son x′, y′ y x″, y″, respectivamente.

Si la ecuación tiene una raíz doble, los dos puntos de intersección se confunden, es decir, la recta dada es tangente a la circunferencia.

Ejemplo:

Hallar las coordenadas de los puntos comunes de la circunferencia

$$x^2 + y^2 - 4\,x - 2\,y + 4 = 0$$

con la recta

$$y = x - 2.$$

Tenemos el sistema

$$x^2 + y^2 - 4\,x - 2\,y + 4 = 0$$
$$y = x - 2.$$

Substituyendo el valor de *y* en la primera ecuación:

$$x^2 + (x - 2)^2 - 4\,x - 2\,(x - 2) + 4 = 0,$$

y efectuando operaciones resulta:

$$2 x^2 - 10 x + 12 = 0$$

de donde

$$x = \frac{10 \pm \sqrt{100 - 96}}{4} \quad \cdots\cdots \quad \begin{cases} x' = 3 \\ x'' = 2 \end{cases}$$

y substituyendo sucesivamente estos valores de x en la ecuación

$$y = x - 2, \qquad \text{resulta:} \qquad \begin{cases} y' = 3 - 2 = 1 \\ y'' = 2 - 2 = 0. \end{cases}$$

Según esto, la circunferencia y la recta en cuestión tienen dos puntos comunes, cuyas coordenadas respectivas son $(3, 1)$ y $(2, 0)$.

35. **Determinar los puntos de intersección de dos circunferencias dadas.** — Sean las circunferencias

$$\begin{aligned} x^2 + y^2 - 2 a \; x - 2 b \; y + C &= 0 \qquad (1) \\ x^2 + y^2 - 2 a_1 x - 2 b_1 y + C_1 &= 0 \qquad (2). \end{aligned}$$

Como los puntos de intersección han de estar en ambas circunferencias, sus coordenadas han de satisfacer a las dos ecuaciones dadas.

Restando la segunda de la primera:

$$2 (a_1 - a) x + 2 (b_1 - b) y + C - C_1 = 0,$$

y como esta expresión es la ecuación de una recta $(A x + B y + C = 0)$, los puntos de intersección están en esta recta, la cual es *la cuerda común*. Bastará, por consiguiente, hallar los puntos de intersección de esta recta con uno cualquiera de los círculos.

EJEMPLO:

Determinar los puntos de intersección de las circunferencias

$$\begin{aligned} x^2 + y^2 - 4 x - 6 y + 9 &= 0 \\ x^2 + y^2 - 8 x - 2 y + 13 &= 0. \end{aligned}$$

Restando la segunda de la primera, tenemos:

$$4 x - 4 y - 4 = 0 \qquad \text{o bien} \qquad y = x - 1,$$

y substituyendo este valor en la primera de las ecuaciones dadas, tendremos:

$$\begin{aligned} x^2 + (x - 1)^2 - 4 x - 6 (x - 1) + 9 &= 0 \\ 2 x^2 - 12 x + 16 &= 0, \end{aligned}$$

de donde

$$x = \frac{12 \pm \sqrt{144 - 128}}{4} \quad \cdots\cdots \quad \begin{cases} x' = 4 \\ x'' = 2 \end{cases}$$

luego

$$y' = 4 - 1 = 3 \qquad e \qquad y'' = 2 - 1 = 1.$$

Los puntos de intersección tienen por coordenadas $(4, 3)$ y $(2, 1)$.

36. Ecuación de la circunferencia que pasa por tres puntos dados. — Supongamos que las coordenadas de estos puntos sean (x_1, y_1), $x_2, y_2)$ y (x_3, y_3). Estas coordenadas han de satisfacer la ecuación de la circunferencia que pase por los puntos respectivos, luego se formará un sistema de las tres ecuaciones que resultan de substituir x e y en la ecuación general de la circunferencia.

$$x^2 + y^2 - 2\,a\,x + 2\,b\,y + C = 0$$

por sus valores particulares. Así:

$$\left.\begin{array}{l} x_1{}^2 + y_1{}^2 - 2\,a\,x_1 - 2\,b\,y_1 + C = 0 \\[4pt] x_2{}^2 + y_2{}^2 - 2\,a\,x_2 - 2\,b\,y_2 + C = 0 \\[4pt] x_3{}^2 + y_3{}^2 - 2\,a\,x_3 - 2\,b\,y_3 + C = 0 \end{array}\right\}$$

Las incógnitas de este sistema son a, b y c, cuyos valores podemos hallar por los métodos de resolución de sistemas de ecuaciones estudiados en Álgebra.

37. Tangente en un punto de la circunferencia. — Sea la circunferencia

$$x^2 + y^2 = r^2 \qquad (1).$$

La tangente a ella en un punto cuyas coordenadas son x_1, y_1, tiene por ecuación

$$y - y_1 = m\,(x - x_1).$$

Se ha de determinar el valor de m, coeficiente angular o pendiente de la tangente a la curva; este coeficiente, según se explica en el Cálculo Diferencial tiene por expresión, en el límite

$$m = \frac{d\,y}{d\,x}$$

siendo la curva $y = f\,(x)$.

Ahora bien, despejando y^2 en (1):

$$y^2 = r^2 - x^2, \qquad y = \sqrt{r^2 - x^2},$$

de donde

$$\frac{d\,y}{d\,x} = \frac{-2\,x}{2\,\sqrt{r^2 - x^2}} = \frac{-x}{\sqrt{r^2 - x^2}} = \frac{-x}{y}.$$

Así pues, el coeficiente angular de la tangente a la circunferencia en el punto (x_1, y_1) tendrá el valor

$$m = \frac{-x_1}{y_1}$$

y substituyendo anteriormente en la ecuación de la tangente, tendremos:

$$y - y_1 = -\frac{x_1}{y_1}\,(x - x_1) \qquad (2)$$

que equivale a esta otra:

$$y\,y_1 - y_1{}^2 = -x_1\,x + x_1{}^2,$$

o bien

$$x\,x_1 + y\,y_1 = x_1^2 + y_1^2.$$

Pero como el punto (x_1, y_1) está en la circunferencia, sus coordenadas han de satisfacer la ecuación de aquélla, es decir,

$$x_1^2 + y_1^2 = r^2$$

o lo que es lo mismo

$$x\,x_1 + y\,y_1 = r^2 \qquad (3).$$

Las expresiones (2) y (3) reciben el nombre de *ecuaciones de la tangente*.

EJEMPLO: Hallar la ecuación de la tangente en el punto $x_1 = 4$, $y_1 = 3$ a la circunferencia $x^2 + y^2 = 25$.

Esta ecuación será, según (3):

$$4\,x + 3\,y = 25,$$

recta que sabemos ya construir, o bien

$$y - 3 = -\frac{4}{3}\,(x - 4)$$

según la ecuación (2).

38. Las ecuaciones anteriores son aplicables en el caso de que el centro de la circunferencia coincida con el origen de coordenadas. Si no fuese así, deberán intervenir en el cálculo nuevos elementos.

Sean a y b las coordenadas del centro de la circunferencia, x_1 e y_1 las del punto de ésta por el cual se traza la tangente, y x e y las correspondientes a un punto cualquiera de la misma circunferencia. Si se trazan dos ejes coordenados por el centro de la circunferencia y paralelos a los ejes que se toman, las coordenadas del punto de tangencia serán $x_1 - a$ e $y_1 - b$, y las del punto de la circunferencia serán $x - a$ e $y - b$.

Substituyendo estos valores en las fórmulas ya halladas (2) y (3), resulta:

$$y - y_1 = -\frac{x_1 - a}{y_1 - b}\,(x - x_1) \qquad (4)$$

$$(y - y_1)\,(y_1 - b) + (x - a)\,(x_1 - a) = r^2 \qquad (5),$$

las cuales son *las ecuaciones de la tangente a una circunferencia cuyo centro no coincide con el origen de coordenadas.*

39. **Normal a una curva; su ecuación.** — *Llámase* NORMAL A UNA CURVA, *a la perpendicular a la tangente a una curva trazada por el punto de tangencia.*

La ecuación de la normal a una circunferencia es fácil de obtener; sea (x_1, y_1) el punto de tangencia de la circunferencia

$$x^2 + y^2 = r^2.$$

Sabemos que la ecuación de la normal es

$$y - y_1 = m\,(x - x_1) \qquad (1).$$

Pero m_1, el coeficiente angular de la tangente a la circunferencia en el mismo punto, es:

$$m_1 = -\frac{x_1}{y_1}.$$

Por ser perpendicular la normal y la tangente, se tiene:

$$m\,m_1 + 1 = 0 \qquad \text{o bien} \qquad m \cdot \frac{-x_1}{y_1} + 1 = 0,$$

de donde

$$m = \frac{y_1}{x_1},$$

y substituyendo este valor de m en (1):

$$y - y_1 = \frac{y_1}{x_1}\,(x - x_1),$$

o bien

$$y - y_1 = \frac{y_1}{x_1}\,x - y_1,$$

de donde

$$y = \frac{y_1}{x_1}\,x,$$

que es *la ecuación de la normal a la circunferencia* por el punto $(x_1,\ y_1)$, cuando el centro de ésta coincide con el origen de las coordenadas.

En el caso de que no sea así, la ecuación de la normal a la circunferencia es

$$y - y_1 = \frac{y_1 - b}{x_1 - a}\,(x - x_1),$$

en la que a y b son las coordenadas del centro del círculo.

Esta última ecuación es también la del radio que une el centro de la circunferencia con el punto $(x_1,\ y_1)$ de tangencia, pues sabemos que el radio correspondiente al punto de tangencia es normal a la tangente en este mismo punto.

40. Ecuación de la tangente a una circunferencia, y paralela a una recta dada. — Sea la recta dada

$$y = a\,x + b \qquad (1)$$

y la circunferencia

$$x^2 + y^2 = r^2 \qquad (2).$$

La tangente y la recta tendrán el mismo coeficiente angular o pendiente por ser paralelas, luego sólo nos queda determinar el valor de b.

Substituyendo el valor de y dado en la ecuación (1), en la (2):

$$x^2 + (a\,x + b)^2 = r^2$$

que se transforma en esta otra:

$$x^2 (1+a^2)+2 a b x+b^2-r^2=0,$$

ecuación de 2.º grado en x que se puede transformar en esta otra:

$$4 b^2 a^2+4 (1-a^2) (b^2-r^2)=0$$

y ésta en la siguiente:

$$b^2 a^2-b^2+r^2-a^2 b^2+a^2 r^2=0,$$

o bien

$$-b^2+r^2 (1+a^2)=0,$$

de donde

$$b=\pm r \sqrt{1+a^2}$$

que tiene dos raíces, y, por consiguiente, corresponde a dos tangentes:

$$y=a x+r \sqrt{1+a^2} \qquad e \qquad y=a x-r \sqrt{1+a^2},$$

y así debe ser, pues siempre se pueden trazar dos tangentes a una circunferencia, paralelas a una dirección dada.

41. Ecuación de la tangente trazada a una circunferencia desde un punto *(a, b)* **exterior a ésta.** — Sea la circunferencia

$$x^2+y^2=r^2$$

y el punto exterior P (a, b), y sea M (x_1, y_1) el punto de tangencia; la ecuación de la tangente será:

$$x x_1+y y_1=r^2,$$

y como esta recta pasa por el punto P (a, b), las coordenadas de este punto satisfarán también la ecuación de la tangente y tendremos:

$$a x_1+b y_1=r^2,$$

pero como el punto M (x_1, y_1) está en la circunferencia, satisfarán sus coordenadas a la ecuación de ésta, y por consiguiente:

$$x_1{}^2+y_1{}^2=r^2.$$

Resolviendo el sistema formado por estas dos últimas ecuaciones se puede deducir los valores de x_1 e y_1.

2.º Ecuación de la elipse

42. Elipse: su definición y elementos. — Ya estudiamos en Geometría la elipse (pág. 264), pero aquí, como se ha hecho para la circunferencia, vamos a expresar matemáticamente sus propiedades.

La elipse se define como *el lugar geométrico de los puntos de un plano que gozan de la propiedad que la suma de sus distancias a dos puntos fijos es constante.*

Recordemos y repitamos que los segmentos A A′ y B B′ se denominan *eje mayor* y *eje menor* respectivamente; que el punto O de intersección de los dos ejes se denomina *centro de la elipse,* que A O=O A′ se representa por *a (semieje mayor)* y que O B=O B′ es el *semieje menor* y se representa con *b,* luego

$$O\,A = a \qquad y \qquad A\,A' = 2\,a$$

$$O\,B = b \qquad y \qquad B\,B' = 2\,b$$

Los dos puntos fijos F, F′ (fig. 17) reciben el nombre de *focos;* la distancia F F′ se denomina *distancia focal,* y se representa por 2 *c.*

Los segmentos M F y M F′ que unen el punto M de la curva con los focos se llaman *radios vectores* y su suma se representa por 2 *a.*

Según la definición de la elipse, se cumple siempre

$$F'\,M + F\,M = 2\,a \qquad (1)$$

En el triángulo F′ M F se cumple:

$$F'\,M + F\,M > F\,F'$$

o lo que es lo mismo

$$2\,a > 2\,c,$$

luego

$$a > c.$$

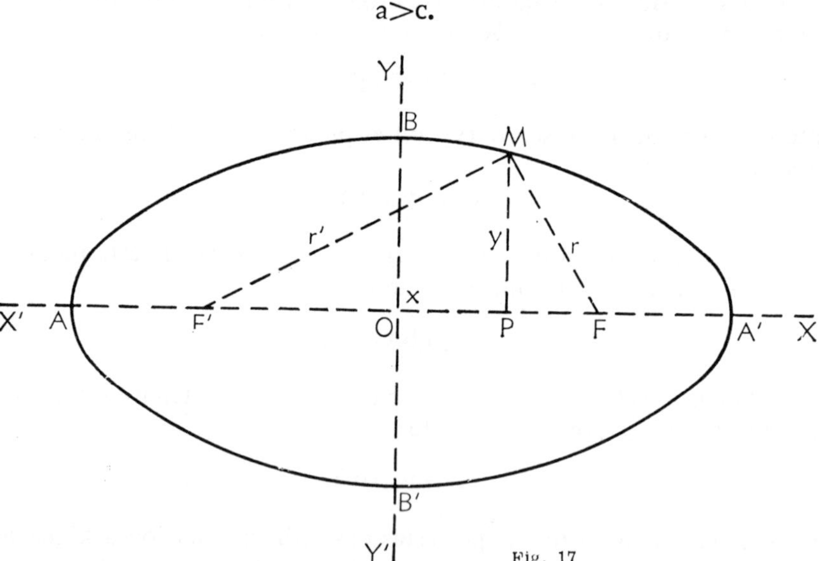

Fig. 17

43. Excentricidad de la elipse. — La relación $\dfrac{c}{a}$ se conoce con el nombre de *excentricidad de la elipse,* y este cociente es menor que la unidad, esto es:

$$\frac{c}{a} < 1.$$

44. Valor de los radios vectores y ecuación de la elipse. — Hagamos coincidir los ejes de la elipse con un sistema de ejes coordenados rectangulares (fig. 17). Representemos con *r* y *r'* los radios vectores M F y M F', respectivamente. De los triángulos rectángulos F' P M y F P M se deduce:

$$r^2 = \overline{M\,F^2} = y^2 + (c - x)^2 \qquad (2)$$

$$r'^2 = \overline{M\,F'^2} = y^2 + (c + x)^2$$

y restando ordenadamente estas dos igualdades:

$$r'^2 - r^2 = (c + x)^2 - (c - x)^2 = 4\,c\,x,$$

pero

$$r'^2 - r^2 = (r' + r)\,(r' - r) \qquad y \qquad r' + r = 2\,a,$$

luego

$$(r' - r)\,2\,a = 4\,c\,x,$$

de donde

$$r' - r = \frac{4\,c\,x}{2\,a} = \frac{2\,c\,x}{a}.$$

Pero conocida la suma y la diferencia de dos cantidades, *r'* + *r* y *r'* − *r*, se pueden hallar cada una de ellas, y resulta:

$$F'\,M = r' = a + \frac{c\,x}{a}, \qquad M\,F = r = a - \frac{c\,x}{a}.$$

Substituyendo estos valores en la igualdad (2):

$$\left(a - \frac{c\,x}{a} \right)^2 = y^2 + (c - x)^2,$$

y desarrollando los cuadros:

$$a^2 + \frac{c^2\,x^2}{a^2} - 2\,c\,x = y^2 + c^2 + x^2 - 2\,c\,x,$$

y simplificando, queda:

$$a^2 + \frac{c^2\,x^2}{a^2} = y^2 + c^2 + x^2$$

que se transforma en esta otra:

$$a^2 - c^2 = y^2 + x^2 - \frac{c^2\,x^2}{a^2} = y^2 + \frac{x^2}{a^2}\,(a^2 - c^2)$$

y haciendo

$$a^2 - c^2 = b^2$$

y substituyendo:

$$b^2 = y^2 + \frac{b^2\,x^2}{a^2}$$

y dividiendo ambos miembros por b^2:

$$1 = \frac{y^2}{b^2} + \frac{x^2}{a^2}$$

que es *la ecuación de la elipse.*

45. Caso particular. — Si suponemos que los focos F y F′ coinciden, entonces $2c$ es igual a cero, luego será:

$$b^2 = a^2 \qquad \text{o} \qquad b = a$$

y la ecuación de la elipse toma la forma

$$\frac{x^2}{a^2} + \frac{y^2}{a^2} = 1 \qquad \text{o bien} \qquad x^2 + y^2 = a^2$$

que es la ecuación del círculo, cuyo radio es a. En este caso, la relación $\dfrac{c}{a}$ o la excentricidad de la elipse es nula, luego *la circunferencia es una elipse cuya excentricidad es nula, cuyos focos se confunden y que tiene sus ejes iguales.*

46. Relación entre las ordenadas de los puntos de la circunferencia y de la elipse que tienen la misma abscisa. — Sea una elipse (fig. 18) y tomando su eje mayor como diámetro tracemos una circunferencia con centro O. Hágase coin-

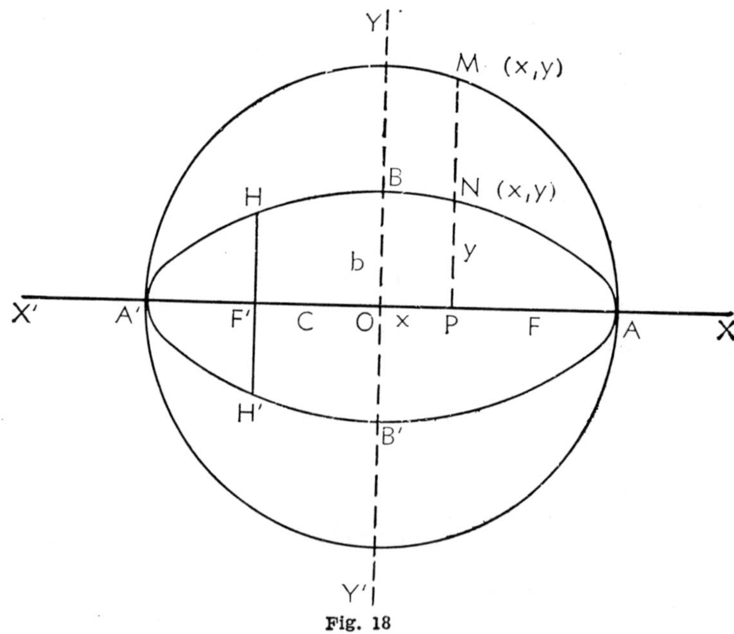

Fig. 18

cidir los ejes de la elipse con los de un sistema de ejes coordenados rectangulares y tomemos los puntos M y N en la elipse y circunferencia, respectivamente, cuyas ordenadas se confunden, es decir, que tengan aquéllos la misma abscisa x y cuyas ordenadas son $PM = y$ y $PN = y_1$.

De las ecuaciones de la elipse y de la circunferencia

$$\frac{x^2}{a^2} + \frac{y^2}{b^2} = 1 \qquad \text{y} \qquad x^2 + y^2 = a^2$$

deducimos estas otras:

$$y^2 = \frac{a^2}{b^2}(a^2 - x^2) \qquad \text{e} \qquad y_1^2 = a^2 - x^2$$

respectivamente; **y** dividiendo estas últimas miembro a miembro, resulta:

$$\frac{y_1^2}{y^2}=\frac{a^2}{b^2} \qquad \text{de donde} \qquad \frac{y_1}{y}=\frac{a}{b},$$

es decir, que *las ordenadas de los puntos de la elipse y de la circunferencia correspondiente, que tienen la misma abscisa, están en la misma relación de magnitudes en que se halla el eje mayor con respecto al eje menor.*

47. Parámetro de la elipse: su valor. — *Se entiende por* PARÁMETRO DE LA ELIPSE *a la longitud de la cuerda perpendicular al eje mayor y que pasa por un foco.*

Así, en la figura 18, H H′ es un parámetro; éste se representa por $2\,p$, y por consiguiente, p representa la longitud de las ordenadas de los puntos de la curva que tienen por abscisa c. Para hallar el valor del parámetro bastará substituir **x** e **y** en la ecuación de la elipse por c y p, respectivamente, y tendremos:

$$\frac{c^2}{a^2}+\frac{p^2}{b^2}=1, \qquad \text{de donde} \qquad p^2=\frac{b^2}{a^2}\,(a^2-c^2),$$

y substituyendo a^2-c^2 por su igual b^2, resultará:

$$p^2=\frac{b^4}{a^2}, \qquad \text{luego} \qquad p=\frac{b^2}{a}$$

o lo que es lo mismo:

$$\frac{p}{b}=\frac{b}{a} \qquad \text{o bien} \qquad \frac{2\,p}{2\,b}=\frac{2\,b}{2\,a}.$$

Se deduce de aquí que *en toda elipse, el parámetro es una tercera proporcional entre los ejes de la curva.*

48. Puntos comunes de una elipse y una recta. — Una recta es secante, tangente o exterior a la elipse; en el primer caso, la recta tiene dos puntos comunes con la curva, y las coordenadas de los puntos de intersección deben satisfacer la ecuación de la curva.

Luego con las ecuaciones de la elipse y la recta se formará un sistema de ecuaciones, cuyas raíces, de existir, serán las coordenadas de los puntos comunes.

49. Ecuación de la tangente a la elipse. — Sea la elipse

$$\frac{x^2}{a^2}+\frac{y^2}{b^2}=1 \qquad (1)$$

y sea el punto $(x_1,\ y_1)$ de la elipse el punto de tangencia. La ecuación de la tangente que pasa por este punto es:

$$y-y_1=\frac{d\,y}{d\,x}\,(x-x_1) \qquad (2).$$

De la ecuación (1) se deduce:

$$\frac{y^2}{b^2}=1-\frac{x^2}{a^2}=\frac{a^2-x^2}{a^2},$$

de donde

$$y^2 = \frac{b^2}{a^2}(a^2 - x^2), \qquad y = \frac{b}{a}\sqrt{a^2 - x^2}$$

$$\frac{dy}{dx} = \frac{b}{a} \cdot \frac{-2x}{2\sqrt{a^2 - x^2}} = \frac{-bx}{a\sqrt{a^2 - x^2}},$$

pero

$$\sqrt{a^2 - x^2} = \frac{ay}{b},$$

luego

$$\frac{dy}{dx} = \frac{-bxb}{a \cdot ay} = \frac{-b^2 x}{a^2 y}$$

y substituyendo este valor en (2), tenemos:

$$y - y_1 = -\frac{b^2 x_1}{a^2 y_1}(x - x_1),$$

de donde, quitando denominadores:

$$a^2 y y_1 - a^2 y_1^2 = -b^2 x_1 x + b^2 x_1^2$$

y dividiendo por a^2, b^2:

$$\frac{y y_1}{b^2} - \frac{y_1^2}{b^2} = \frac{x_1 x}{a^2} - \frac{x_1^2}{a^2}$$

o lo que es lo mismo:

$$\frac{x x_1}{a^2} + \frac{y y_1}{b^2} = \frac{x_1^2}{a^2} + \frac{y_1^2}{b^2},$$

pero por pertenecer el punto (x_1, y_1) a la elipse, el segundo miembro es igual a la unidad, luego la ecuación de la tangente es:

$$\frac{x x_1}{a^2} + \frac{y y_1}{b^2} = 1.$$

Luego si nos dan la ecuación de una elipse y las coordenadas del punto de tangencia, bastará substituir en la última expresión x_1 e y_1 por los valores que de ellos nos den y resultará así una ecuación de primer grado con dos incógnitas que, eliminados los denominadores, tomará la forma general.

$$A x + B y + C = 0.$$

50. **Ecuación de la normal a la elipse.** — La normal a una curva, como ya se dijo al estudiar la circunferencia, es la perpendicular a la tangente a la curva en el punto de tangencia. Sean las coordenadas de este punto (x_1, y_1) y la elipse

$$\frac{x^2}{a^2} + \frac{y^2}{b^2} = 1$$

La ecuación de la normal en este punto es:

$$y + y_1 = m(x - x_1) \qquad (1),$$

pero por ser normal a la tangente tendrá por coeficiente angular

$$m = -\frac{1}{m_1}$$

siendo m_1 el coeficiente angular de la tangente, el cual vale, según vimos en (47), $-\dfrac{b^2 y_1}{a^2 y_1}$, luego

$$m = \frac{-1}{-\dfrac{b^2 y_1}{a^2 y_1}} = \frac{a^2 y_1}{b^2 y_1}$$

valor que, substituido en (1), nos da:

$$y - y_1 = \frac{a^2 y_1}{b^2 y_1}(x - x_1)$$

que es la ecuación de la normal a la elipse, y la cual se expresa también así:

$$\frac{y_1}{b^2}(x - x_1) - \frac{x_1}{a^2}(y - y_1) = 0.$$

51. La normal a la elipse es bisectriz del ángulo que forman los radios vectores. — Supongamos que el punto $M(x_1, y_1)$ pertenezca a la elipse (fig. 19) cuyos focos son F y F', los cuales tienen como abscisas c y $-c$, respectivamente. Si P M, la normal a la elipse en el punto $M(x_1\,y_1)$, es la bisectriz del ángulo F'MF, debe dividir al lado F' F del triángulo F' M F en partes proporcionales a F' M y M F. Veamos si es así. Según vimos ya (42),

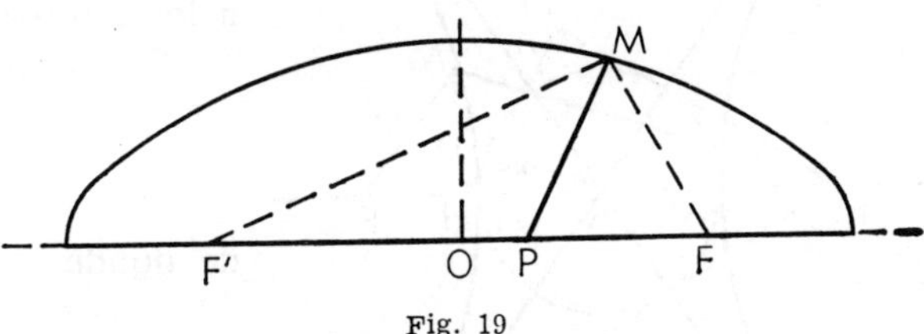

Fig. 19

$$r' = F'\,M = a + \frac{c\,x}{a}, \qquad r = F\,M = a - \frac{c\,x}{a}$$

y las distancias F' P y F P tienen por valor:

$$F'\,P = c + \frac{c^2}{a^2}x_1 = \frac{c}{a^2}(a^2 + c\,x_1); \qquad F\,P = c - \frac{c^2 x_1}{a^2} = \frac{c}{a^2}(a^2 - c\,x_1)$$

y

$$F\,M = a - \frac{c}{a}x_1 = \frac{1}{a^2}(a^2 + c\,x_1)$$

$$F'\,M = a + \frac{c}{a}x_1 = \frac{1}{a^2}(a^2 - c\,x_1)$$

de donde

$$\frac{F'\,P}{F\,P}=\frac{a^2+c\,x_1}{a^2+c\,x_1}$$

y también

$$\frac{F'\,M}{F\,M}=\frac{a^2+c\,x_1}{a^2+c\,x_1},$$

de donde

$$\frac{F\,P}{F'\,P}=\frac{F'\,M}{F\,M};$$

así pues, la normal P M **cumple** con la condición de la bisectriz del ángulo interno de un triángulo.

3.º   Ecuación de la hipérbola

52. Definición. — Según se dijo en Geometría, **la hipérbola** *es una curva plana y abierta, lugar geométrico de puntos tales que la diferencia de las distancias de cada uno de ellos a otros dos fijos es una cantidad constante.*

Los puntos fijos F y F' (fig. 20) son los *focos* de la hiperbola; la distancia F F' recibe el nombre de *distancia focal,* la cual se representa por 2 *c.*

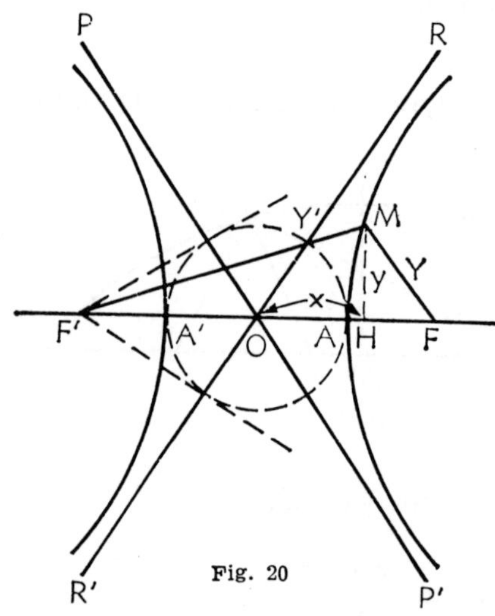

Reciben el nombre de *radios vectores* los segmentos rectilíneos que unen los puntos de la curva con los focos; a cada punto de ésta le corresponden dos radios vectores, y la diferencia constante entre los radios correspondientes a los puntos de la curva se representa por 2 *a.*

El punto O es el *centro* de la hipotenusa y

$$O\,A=O\,A'-C$$

de donde

$$A\,A'=2\,C$$

Haciendo centro en O y tomando O A=C como radio se traza una circunferencia, que recibe el nombre de *círculo principal;* trazando las tangentes F' G y F' G' y en los puntos de tangencia G y G' las normales P O P' y R O R' se denominan *asíntotas de la hipérbola.* Si estas asíntotas son perpendiculares entre sí, se dice que la hipérbola es equilátera.

Si en la figura 20 M es un punto de la hipérbola y F', F los focos de ésta, se cumple :

$$F'\,M-F\,M=2\,a$$

y en el triángulo F M F' se cumple :

$$F\,F'>M\,F'-M\,F,$$

esto es,

$$2\,c>2\,a \qquad \text{o bien} \qquad c>a.$$

53. Cálculo de los radios vectores y ecuación de la hipérbola. — Seguiremos una marcha análoga a la indicada al estudiar la elipse. Tomaremos para ello como eje de abscisas la recta que une los focos, y como ejes de ordenadas la normal a ella en el punto medio de F F'. De la definición de la curva misma se deduce:

$$M\,F' - M\,F = 2\,a \qquad (1),$$

pero

$$\overline{M\,F'}^2 = r'^2 = y^2 + (c+x)^2 ; \qquad \overline{M\,F}^2 = r^2 = y^2 + (c-x)^2 \qquad (2),$$

de donde

$$\overline{M\,F'}^2 - \overline{M\,F}^2 = 4\,c\,x,$$

pero

$$\overline{M\,F'}^2 - \overline{M\,F}^2 = (M\,F' + M\,F)\,(M\,F' - M\,F),$$

de donde

$$4\,c\,x = 2\,a\,(M\,F' - M\,F)$$

y

$$M\,F'M\,F = \frac{4\,c\,x}{2\,a} = \frac{2\,c\,x}{a},$$

pero como

$$M\,F' - M\,F = 2\,a,$$

resulta que, conocida la suma y la diferencia de los radios vectores, $M\,F' = r'$ y $M\,F = r$, podemos deducir el valor de cada uno de ellos:

$$M\,F' = r' = \frac{c\,x}{a} + a ; \qquad M\,F = r = \frac{c\,x}{a} - a.$$

Conocido ya el valor de los radios vectores, basta substituir estos valores en (2), y tenemos:

$$\left(\frac{c\,x}{a} + a\right)^2 = y^2 + (x+c)^2,$$

de donde

$$x^2\,(c^2 - a^2) - a^2\,y^2 = {}^2\,(c^2 - a^2),$$

y haciendo $c^2 - a^2 = b^2$:

$$b^2\,x^2 - a^2\,y^2 = a^2\,b^2,$$

de donde, dividiendo por $a^2\,b^2$:

$$\frac{x^2}{a^2} - \frac{y^2}{b^2} = 1 \qquad (3),$$

que es la ecuación de la hipérbola.

54. La ecuación (3) que se acaba de obtener se puede resolver respecto de x y de y; obtenemos así las dos expresiones:

$$x = \pm\frac{a}{b}\sqrt{y^2 + b^2} ; \qquad y = \pm\frac{b}{a}\sqrt{x^2 - a^2}$$

cuyo estudio nos conduce a la conclusión de que *la hipérbola es una curva simétrica, que tiene dos ejes de simetría, uno de los cuales es la recta indefinida que pasa por*

los focos y el otro la perpendicular en el punto medio del segmento rectilíneo F F.
Además, la ecuación

$$y = \pm \frac{b}{a} \sqrt{x^2 - a^2}$$

se presta a otra conclusión y es que y no tiene valor real para los valores de x comprendidos entre $+a$ y $-a$, es decir, que la curva no tiene ningún punto en la porción de su plano comprendido entre las paralelas trazadas al eje de ordenadas por los vértices de la curva.

Si x toma valores positivos o negativos mayores que a y de valor absoluto creciente, a cada uno de ellos corresponde dos opuestos para y que aumentan y tienden hacia infinito cuando lo hace x.

Cuando $x = 0$, la ecuación anterior se transforma en $y = \pm b \sqrt{-1}$, cantidad imaginaria, por cuya razón recibe el nombre de *eje imaginario* el perpendicular al eje principial.

Si en la fórmula (3), ecuación de la curva, suponemos $y = 0$, resulta entonces $x = \pm a$, lo cual indica que la curva corta al eje X X′ en dos puntos A y A′ que distan igualmente de la intersección de los ejes de simetría, puntos que reciben el nombre de *vértices* de la hipérbola, que están colocados uno a la derecha y el otro a la izquierda del punto de intersección de los ejes de simetría.

El segmento rectilíneo A A′ $= 2\,a$ recibe el nombre de *eje principal* o *real* de la hipérbola.

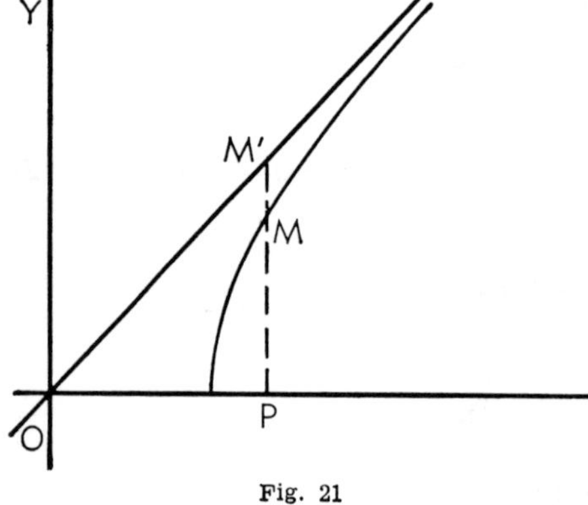
Fig. 21

55. Cada una de las dos porciones de la curva situada a uno y otro lado del eje O Y se denomina *rama de la hipérbola*. Si consideramos la rama de la hipérbola

$$y = \pm \frac{b}{a} \sqrt{x^2 - a^2}$$

$x > a$ y la recta

$$y = \frac{b}{a} x$$

que pasa por el origen de coordenadas (fig. 21), se deduce que, siendo

$$\sqrt{x^2 - a^2} < x$$

sera

$$\frac{b}{a} \sqrt{x^2 - a^2} < \frac{b}{a} x$$

y, por consiguiente,

$$P\,M < P\,M',$$

lo que indica que la rama de la hipérbola está situada siempre por debajo de la recta $y = \dfrac{b}{a} x$, que es su *asíntota* correspondiente. Para la otra rama la asíntota será $y = -\dfrac{b}{a} x$.

La distancia entre los puntos de la curva y de la asíntota que tienen la misma ordenada, tales como los puntos M y M′, viene expresada así:

$$M\,M' = d = \frac{b}{a}\,x - \frac{b}{a}\sqrt{x^2 - a^2} = \frac{b}{a}\left(x - \sqrt{x^2 - a^2}\right)$$

que toma la forma siguiente:

$$d = \frac{b}{a}\left[\frac{(x - \sqrt{x^2 - a^2})\,(x + \sqrt{x^2 - a^2})}{x + \sqrt{x^2 - a^2}}\right] = \frac{b}{a}\left[\frac{a^2}{x + \sqrt{x^2 - a^2}}\right] =$$

$$\frac{a\,b}{x + \sqrt{x^2 - a^2}}$$

Cuando x crece, el valor *d* disminuye por aumentar el denominador, y cuando **x** se aproxima a ∞, *d* tenderá a cero. Esto indica que las ramas de la curva se aproximarán a su asíntota respectiva sin llegar a tocarla jamás a medida que crece **x**.

56. Hipérbola equilátera. — *Llámase así a la que tiene sus dos ejes iguales.* En ella se cumple:

$$c^2 = a^2 + a^2 = 2\,a^2 \qquad y \qquad c = a\sqrt{2}.$$

La ecuación de la hipérbola equilátera será, pues:

$$\frac{x^2}{a^2} - \frac{y^2}{a^2} = 1, \qquad o\ bien \qquad y = \sqrt{x^2 - a^2}$$

deduciéndola directamente de (53).

Las asíntotas son:

$$y = \frac{a}{a}\,x = x \qquad e \qquad y = -\frac{a}{a}\,x = -x \quad (por\ ser\ a = b),$$

luego las asíntonas son perpendiculares entre sí porque el producto *m m′* de **sus** coeficientes angulares es igual a -1.

Se dice que *dos hipérbolas son conjugadas cuando el eje real de una es el imaginario de la otra, y viceversa* (fig. 22).

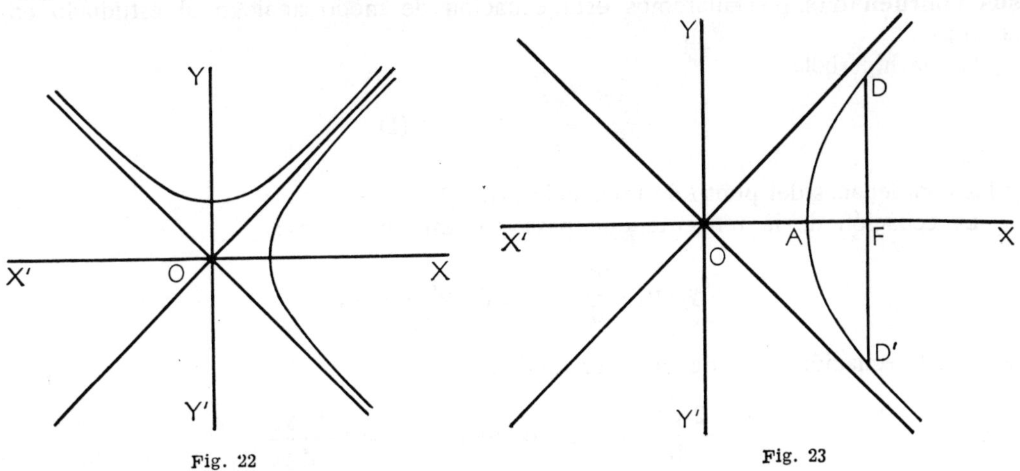

Luis Postigo

Sus ecuaciones son:

$$\frac{x^2}{a^2} - \frac{y^2}{b^2} = 1 \qquad y \qquad \frac{x^2}{a^2} - \frac{y^2}{b^2} = -1.$$

Las hipérbolas conjugadas tienen las mismas asíntotas.

57. Parámetro de la hipérbola. — *Se denomina* PARÁMETRO DE LA HIPÉRBOLA *a la longitud o magnitud de la cuerda que pasa por uno de los focos de la curva, y es perpendicular a su eje transverso.*

Como en la elipse, se representa este parámetro por $2p$. En la figura 23 el parámetro es DD'; como la abscisa del punto D es igual a c, substituyendo x por c en la ecuación de la curva, e y por p, tendremos:

$$\frac{c^2}{a^2} - \frac{p^2}{b^2} = 1,$$

de donde

$$\frac{c^2}{a^2} - 1 = \frac{p^2}{b^2} \qquad o \quad bien \qquad \frac{p^2}{b^2} = \frac{c^2 - a^2}{a^2},$$

pero

$$c^2 - a^2 = b^2,$$

luego

$$\frac{b^2}{a^2} = \frac{p^2}{b^2} \qquad y \qquad p^2 = \frac{b^4}{a^2}, \qquad p = \frac{b^2}{a}$$

o lo que es lo mismo:

$$\frac{p}{b} = \frac{b}{a}, \qquad de \ donde \qquad \frac{2p}{2b} = \frac{2b}{2a},$$

lo que nos dice que *el parámetro de una hipérbola es la tercera proporcional entre el eje real y el imaginario.*

58. Ecuación de la tangente a la hipérbola en un punto de ésta dado por sus coordenadas. — Hallaremos esta ecuación de modo análogo al estudiado en la elipse.

Sea la hipérbola

$$\frac{x^2}{a^2} - \frac{y^2}{b^2} = 1 \qquad (1)$$

y las coordenadas del punto de tangencia (x_1, y_1):

La ecuación de la tangente que pasa por este punto es:

$$y - y_1 = \frac{dy}{dx}(x - x_1) = y'(x - x_1),$$

pero de la ecuación (1) se deduce, derivando:

$$\frac{2x}{a^2} - \frac{2yy'}{b^2} = 0, \qquad o \ bien \qquad y' = + \frac{b^2 y_1}{a^2 y_1},$$

y substituyendo este valor de y' en la ecuación de la tangente, resulta para el punto (x_1, y_1).

$$y - y_1 = \frac{b^2 x_1}{a^2 y_1} (x - x_1) \qquad (2),$$

ecuación que se transforma en esta otra, operando oportunamente:

$$\frac{x x_1}{a^2} - \frac{y y_1}{b^2} = 1$$

59. Ecuación de la normal a la hipérbola. — *Llámase normal a la hipérbola a la perpendicular a la tangente a la hipérbola en el punto de tangencia.* Supongamos que las coordenadas de este punto sean, como antes, (x_1, y_1), la ecuación de la normal en este punto es:

$$y - y_1 = m (x - x_1),$$

y por ser perpendicular a la tangente, su coeficiente angular es:

$$m = \frac{a^2 y_1}{b x_1},$$

valor que, substituido en la ecuación anterior, da:

$$y - y_1 = - \frac{a^2 y_1}{b x_1} (x - x_1),$$

que es *la ecuación de la normal a la hipérbola.*

60. La tangente en un punto de la hipérbola es bisectriz del ángulo formado por los radios vectores que pasan por el punto de tangencia, propiedad que se demuestra de un modo análogo al expuesto al hablar de esta propiedad de la tangente en la elipse.

61. Ecuación de la hipérbola equilátera referida a sus asíntotas. — Se ha dicho (55) que las asíntotas de la hipérbola equilátera son perpendiculares entre sí y forman con los ejes coordenados un ángulo de 45°. Según esto, si conservando el mismo origen hacemos girar a los ejes un ángulo de 45° en sentido negativo, los ejes antiguos de coordenadas coincidirán con las asíntotas, que pasarán a ser los nuevos ejes coordenados, y una de las ramas de la curva queda en el primer cuadrante, y el punto M de la curva, cuyas coordenadas, respecto a los ejes antiguos, eran (x, y), tendrá por coordenadas, respecto a las asíntotas-ejes, las nuevas coordenadas (x_1, y_1). Tendremos:

$$\frac{x^2}{a^2} - \frac{y^2}{b^2} = 1$$

la ecuación de la hipérbola referida a los ejes antiguos, y los valores de x e y referidos a los nuevos ejes serán:

$$\left. \begin{array}{l} x = (x_1 + y_1) \cos \alpha \\ y = (y_1 - x_1) \sen \alpha \end{array} \right\} \qquad (2),$$

pero

$$\operatorname{tg}\alpha = \frac{\operatorname{sen}\alpha}{\cos\alpha} = \frac{b}{a},$$

luego

$$\frac{\operatorname{sen}^2\alpha}{\cos^2\alpha} = \frac{b^2}{a^2},$$

de donde

$$\frac{\operatorname{sen}^2\alpha}{\operatorname{sen}^2\alpha + \cos^2\alpha} = \frac{b^2}{b^2 + a^2},$$

y como

$$\operatorname{sen}^2\alpha + \cos^2\alpha = 1,$$

resulta:

$$\operatorname{sen}^2\alpha = \frac{b^2}{a^2 + b^2} \qquad y \qquad \operatorname{sen}\alpha = \frac{b}{\sqrt{a^2 + b^2}}$$

De igual manera resulta:

$$\cos\alpha = \frac{\operatorname{sen}\alpha}{\operatorname{tg}\alpha} = \frac{b\cdot a}{b\sqrt{a^2 + b^2}} = \frac{a}{\sqrt{a^2 + b^2}},$$

y substituyendo los valores de *sen* α y *cos* α en (2), tendremos:

$$x = \frac{(x_1 + y_1)\,a}{\sqrt{x^2 + b^2}} \qquad y = \frac{(y_1 - x_1)\,b}{\sqrt{a^2 + b^2}},$$

y substituyendo finalmente estos valores de x e y en la ecuación de la hipérbola, tendremos:

$$\frac{(x_1 + y_1)^2\,a^2}{a^2\,(a^2 + b^2)} - \frac{(y_1 - x_1)^2\,b^2}{b^2\,(a^2 + b^2)} = 1,$$

de donde

$$(x_1 + y_1)^2 - (y_1 - x_1)^2 = a^2 + b^2 = c^2,$$

o bien

$$4\,x_1\,y_1 = c^2,$$

y finalmente:

$$x_1\,y_1 = \frac{c^2}{4},$$

ecuación de la hipérbola equilátera en función de sus asíntotas.

4.º ECUACIÓN DE LA PARÁBOLA

62. Según dijimos en Geometría, **la parábola** *es una línea curva, plana y abierta, lugar geométrico de los puntos de un plano que tienen la propiedad de equidistar de un punto fijo interior a la curva, llamado* foco, *y de una recta exterior a ella, llamada* directriz.

En la figura 24, el foco es el punto F, el segmento rectilíneo F M que une el foco con el punto M de la curva se llama *radio vector*, y la recta D D′ es la *directriz*.

La distancia F D del foco a la directriz se representa generalmente por *p*; así pues:

$$F\,D = p.$$

El punto medio O de esta distancia se llama *vértice de la parábola* y pertenece a ésta, pues cumple la condición de equidistar del foco y de la directriz.

63. Ecuaciones de la parábola. — Son dos, que estudiamos a continuación.

1.ª *Ecuación de la parábola referida a su eje y a su directriz.* — Observemos la figura 24; tomemos como eje de abscisas el eje de la parábola D F, y como eje de las ordenadas la directriz D D′. Sea M′ un punto de la parábola; por definición se cumplirá: M F=M H; las coordenadas del punto M son : y=M B y x=M H=B D. Como el triángulo M B F es rectángulo, se cumple:

$$\overline{F\,M}^2 = \overline{M\,B}^2 + \overline{B\,F}^2, \qquad \text{pero} \qquad F\,M = M\,H = x,$$

luego

$$x^2 = y^2 + (x-p)^2, \qquad \text{de donde} \qquad y^2 = x^2 - (x-p)^2,$$

esto es:

$$y^2 = x^2 - x^2 + 2\,p\,x - p^2 = 2\,p\,x - p^2$$

o bien, finalmente,

$$y^2 = p\,(2\,x - p).$$

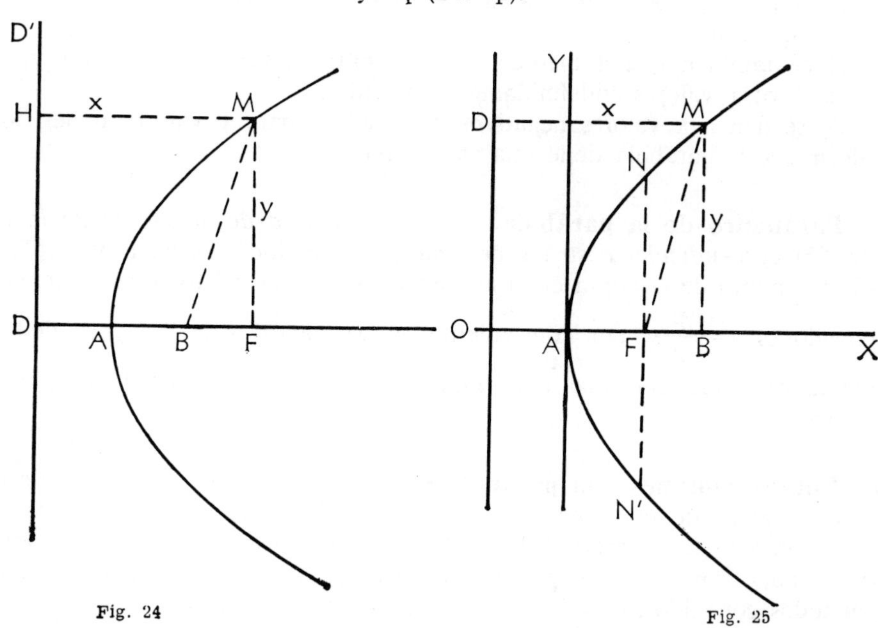

643

2.ª   *Ecuación de la parábola referida a su eje y a una perpendicular al mismo por el vértice de la curva.* — Para hallar en este caso la ecuación de la parábola tomemos como eje de abcisas la perpendicular O K (fig. 25) trazada a la directriz por el foco, y por el eje de las ordenadas la recta Y A normal a A X en el punto A, vértice de la curva; consideremos además un punto de ésta, tal como M, cuyas coordenadas son $x = $ A P e $y = $ M P. Por definición tenemos:

$$\text{M F} = \text{M D}, \qquad \overline{\text{M F}}^2 = \overline{\text{M D}}^2, \qquad \text{M D} = x + \frac{p}{2} \qquad (1).$$

Pero en el triángulo rectángulo M P F se cumple:

$$\overline{\text{M F}}^2 = \overline{\text{F P}}^2 + \overline{\text{M P}}^2 = \left(x - \frac{p}{2} \right)^2 + y^2$$

luego en virtud de (1) tendremos:

$$\left(x - \frac{p}{2} \right)^2 + y^2 = \left(x + \frac{p}{2} \right)^2$$

y efectuando las operaciones indicadas:

$$x^2 + \frac{p^2}{4} - p\,x + y^2 = x^2 + \frac{p^2}{4} + p\,x,$$

de donde

$$y^2 = 2\,p\,x \qquad \text{o bien} \qquad y = \pm \sqrt{2\,p\,x}$$

que es la ecuación de la parábola.

64.   La última fórmula indica que a cada valor de x corresponden dos valores iguales y contrarios de *y*, es decir, que la curva es *simétrica* respecto de la recta O F, luego la recta perpendicular a la directriz trazada por el foco es un eje de simetría de la parábola.

Se deduce también que a medida que aumenta x, también aumenta *y*, alcanzando una y otra valores indefinidamente grandes.

Cuando se dan a x valores negativos no resultan para *y* valores reales, lo cual quiere decir que la parábola tiene una sola rama.

65.   **Parámetro de la parábola.** — *Es la magnitud de la cuerda de la misma N N′ (fig. 25) perpendicular a su eje de simetría en el foco.* Es igual al duplo de la ordenada del punto de la curva cuya abscisa es igual a la del foco, es decir, el valor de *y* cuando es $x = \dfrac{p}{2}$; por consiguiente, el parámetro vale $2\,p$ y se deduce de esto que *la distancia del foco a la directriz es igual a la mitad del parámetro de la curva.*

66.   **Puntos comunes a la parábola y a una recta.** — A semejanza de lo que se indicó al hablar de esta cuestión en la circunferencia, las coordenadas de los puntos de contacto de la recta y la parábola deben satisfacer a las ecuaciones de ambas; así pues, con éstas se formará un sistema que se resuelve por cualquiera de los métodos conocidos.

67. Ecuación de la tangente en un punto de la parábola. — Sean x_1 e y_1 las coordenadas del punto de tangencia y la parábola

$$\cdot\ y^2 = 2\,p\,x.$$

La ecuación de la tangente en el punto $(x_1,\ y_1)$ es:

$$y - y_1 = \frac{d\,y}{d\,x}\,(x - x_1)$$

y la ecuación de la parábola se transforma en esta otra:

$$2\,y\,\frac{d\,y}{d\,x} = 2\,p, \qquad \text{de donde} \qquad \frac{d\,y}{d\,x} = \frac{p}{y_1},$$

valor que, substituido en la ecuación de la tangente, nos da:

$$y - y_1 = \frac{p}{y_1}\cdot(x - x_1) \qquad (1)$$

o lo que es lo mismo:

$$y\,y_1 - y_1^2 = x\,p - x_1\,p.$$

Pero

$$y_1^2 = 2\,p\,x_1$$

y substituyendo este valor en la igualdad anterior, ésta toma la forma:

$$y\,y_1 = p\,x - p\,x_1 + 2\,p\,x_1,$$

de donde

$$y\,y_1 = p\,(x + x_1).$$

Esta última expresión y la (1) constituyen *la ecuación de la tangente en un punto de la parábola.*

Esta tangente tiene la propiedad de ser la bisectriz del ángulo que forman el radio vector del punto de tangencia y la paralela trazada por éste al eje.

En efecto; como se ve en la figura 26:

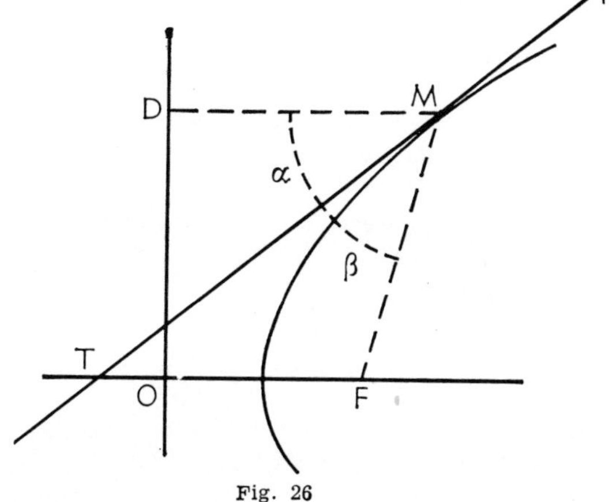

Fig. 26

$$F\,M = x_1 + \frac{2}{p} \qquad y \qquad F\,T = x_1 + \frac{p}{2},$$

luego

$$\alpha = \beta.$$

68. Ecuación de la normal a la parábola. — *La normal a la parábola es la perpendicular a la tangente a ésta en el punto de tangencia;* tiene, pues, como ecuación, siendo $(x_1,\ y_1)$ el punto de tangencia:

$$y - y_1 = -\frac{d\,x}{d\,y}\,(x - x_1)$$

y la ecuación de la parábola

$$2 \, y \, d \, y = 2 \, p \, d \, x,$$

de donde

$$\frac{d \, x}{d \, y} = \frac{p}{y}$$

que para el punto dado de coordenadas x_1 e y_1 se transforma en

$$\frac{d \, x}{d \, y} = \frac{y_1}{p},$$

valor que, substituido en la ecuación de la normal dada anteriormente, nos da:

$$y - y_1 = \frac{-y_1}{p} \, (x - x_1).$$

GEOMETRÍA ANALÍTICA DEL ESPACIO

CAPÍTULO III

COORDENADAS CARTESIANAS RECTILÍNEAS EN EL ESPACIO

69. Daremos en esta parte unas brevísimas ideas, las más elementales sobre la Geometría analítica espacial, reduciéndolas solamente a los conceptos fundamentales.

70. **Determinación del punto.** — Un punto situado en el espacio, como el punto M (fig. 27), queda perfectamente determinado trazando por otro punto O, tomado arbitrariamente en el espacio y que llamaremos *origen*, tres rectas o ejes, O X, O Y, O Z, normales entre sí, los cuales determinan tres planos, X O Y, Y O Z, Z O X, y trazando por el punto M paralelas a estos ejes hasta encontrar los planos opuestos. Estas tres paralelas a los ejes, M P, M Q y M R, son las *coordenadas* del punto M, que se designan con la misma letra del eje a que son paralelas: x, y, z.

Si por el punto M se trazan tres planos paralelos a los planos determinados por las coordenadas, resulta el paralelepípedo Q B, y tendremos evidentemente que las coordenadas del punto M son:

$$x = M P = O A$$
$$y = M Q = O B$$
$$z = M R = O C.$$

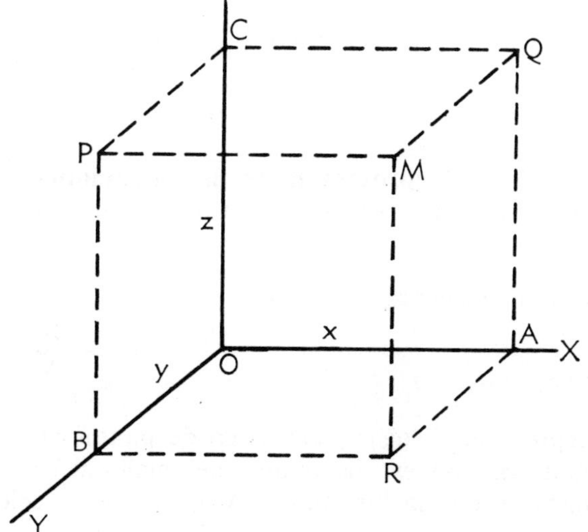

Fig. 27

Para obtener brevemente las coordenadas del punto M basta trazar la ordenada M R al plano Y O X, y por su pie R la paralela R A al eje O Y; esta paralela determina sobre el eje O X el segmento O A; los tres segmentos rectilíneos M R, R A y O A son las coordenadas del punto M, las cuales se representan abreviadamente, según el orden indicado por z, y, x.

Se suponen como positivas las coordenadas x, y, z cuando están tomadas en los sentidos O X, O Y, O Z, y negativas cuando están tomadas, a partir siempre del punto O, en sentido contrario u opuesto al anterior.

Cuando los ejes coordenados son perpendiculares entre sí, los planos coordenados que determinan cada dos de ellos también lo serán, y las coordenadas se llaman *rectangulares* u *ortogonales*.

Los tres ejes coordenados rectangulares y sus planos determinan en el espacio ocho ángulos tiedros, y las coordenadas de un punto en cada uno de ellos tendrán, para un valor numérico igual, distintos signos, según el octante en que el punto se encuentre. En el representado en la figura 27, las tres coordenadas son positivas. Las coordenadas del origen son (0, 0, 0).

71. Posiciones del punto. — Un punto puede ocupar veintisiete posiciones en el espacio con relación a los tres ejes coordenados. Todo punto situado en uno de los planos coordenados tiene una coordenada igual a cero; si está situado en un eje, tendrá dos coordenadas iguales a cero. Así, refiriéndonos a la figura 27, un punto situado en el plano X O Z tendrá la coordenada y nula; si el punto estuviese, por ejemplo, en el eje O Y, como el punto B, sus coordenadas x, z son nulas; si está en el origen O, sus tres coordenadas son nulas. Todas estas posiciones se hallan comprendidas en el cuadro siguiente:

$$
\text{Coordenadas del punto.}
\begin{cases}
\text{En el espacio} \dots \begin{cases}
(x_1\,y_1\,z_1)\,(x_1-y_1\,z_1)\,(-x_1\,y_1\,z_1) \\
(-x_1-y_1\,z_1)\,(x_1\,y_1-z_1) \\
(x_1-y_1-z_1)\,(-x_1\,y_1-z_1) \\
(-x_1-y_1-z_1)
\end{cases} \\[4ex]
\text{En los planos} \dots \begin{cases}
(x_1\,y_1\,0)\,(x_1-y_1\,0)\,(-x_1\,y_1\,0) \\
(-x_1-y_1\,0)\,(x_1\,0\,z_1)\,(x_1\,0-z_1) \\
(-x_1\,0\,z_1)\,(-x_1\,0-z_1)\,(0\,y_1\,z_1) \\
(0\,y_1-z_1)\,(0-y_1\,z_1)\,(0-y_1-z_1)
\end{cases} \\[4ex]
\text{En los ejes} \dots \begin{cases}
(x_1\,0\,0)\,(-x_1\,0\,0) \\
(0\,y_1\,0)\,(0-y_1\,0) \\
(0\,0\,z_1)\,(0\,0-z_1)
\end{cases} \\[3ex]
\text{En el origen} \dots \begin{cases}(0\,0\,0)\end{cases}
\end{cases}
$$

72. Interpretación de las ecuaciones en el espacio. Ecuaciones con una sola variable. — La ecuación de primer grado

$$A\,x + B = 0$$

o su equivalente

$$x = -\frac{B}{A} = a$$

representa el lugar geométrico de puntos cuya coordenada x vale la cantidad constante a, esto es, los puntos del plano paralelo al plano coordenado Y O Z y que dista de éste la longitud a. Así pues, la ecuación

$$A\,x + B = 0 \qquad \text{o} \qquad x = -\frac{B}{A}$$

es la ecuación de un plano.

Una ecuación cualquiera con dos variables, tal como $f(x, y) = 0$, representa, como hemos visto en Geometría analítica, una curva situada en el plano X O Y. Si por un punto cualquiera de esta curva se traza una paralela al eje O Z, todos los puntos de esta normal tienen iguales coordenadas x e y que su pie, y sus coordenadas satisfarán la ecuación anterior. Luego una ecuación con dos variables representa una superficie cilíndrica cuya generatriz es paralela a la otra coordenada y cuya directriz es la curva representada por la ecuación $f(x, y) = 0$.

La ecuación

$$a\,x + b\,y + c = 0$$

representa un plano paralelo al eje O Z.

1.º ECUACIÓN DE LA RECTA EN EL ESPACIO

73. Ecuaciones de la recta. — La posición de una recta en el espacio queda determinada perfectamente por la intersección de dos de sus planos proyectantes; y suponiendo que estos dos planos sean los que proyectan la recta sobre los planos X O Z y Y O Z, las ecuaciones simultáneas.

$$\begin{aligned} x &= a\,z + p \\ y &= b\,z + q \end{aligned} \qquad (1)$$

representan algebraicamente a la recta en cuestión; la primera ecuación representa el plano proyectante sobre el X O Z, y la segunda el plano proyectante sobre el Y O Z.

La ecuación del tercer plano proyectante se puede hallar eliminando z entre las dos ecuaciones anteriores:

$$x - p = z\,a; \qquad \frac{x-p}{a} = z$$

substituyendo el valor de z en la segunda ecuación:

$$y = \frac{b\,x - b\,p}{a} + q \qquad \text{de donde} \qquad (y-q)\,a = (x-p)\,b,$$

resultando finalmente:

$$\frac{x-p}{a} = \frac{y-q}{b} \qquad (2).$$

Las ecuaciones (1) de la recta pueden escribirse también así:

$$\frac{x-p}{a} = \frac{y-q}{b} = \frac{z}{1} \qquad (3),$$

de la cual se deducen:

$$\frac{x-p}{a} = \frac{z}{1} \qquad \text{que conduce a} \qquad x = a\,z + p$$

e

$$\frac{y-q}{b} = \frac{z}{1} \qquad \text{que conduce a} \qquad y = b\,z + q.$$

En la fórmula (3) están expresados los tres planos proyectantes; la (2) es la ecuación de la proyección de la recta sobre el plano X O Y.

Si la recta pasa por el origen, sus proyecciones también pasan por él y las ecuaciones (1) se transforman en

$$x = a\,z \qquad y = b\,z$$

respectivamente.

74. Cosenos directores de una recta y ecuación de la recta en función de los mismos. — Observemos la figura 28; vemos que una recta cualquiera C D en el espacio forma con los ejes coordenados ortogonales espaciales tres ángulos

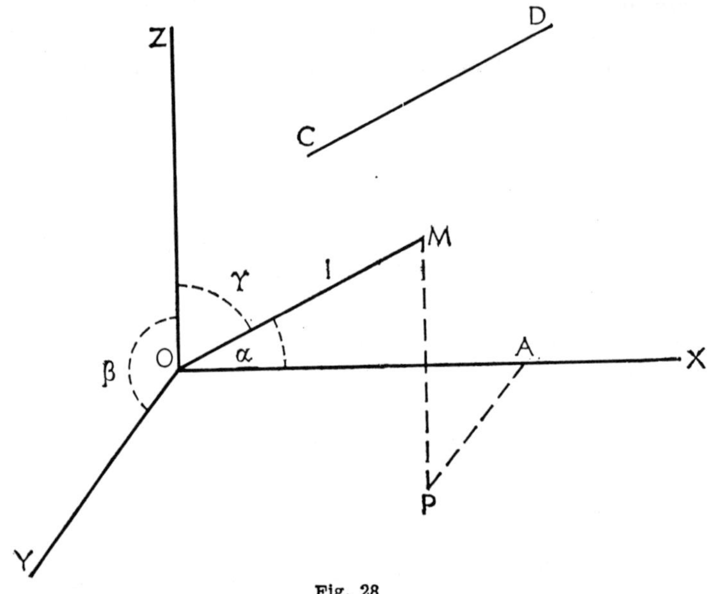

Fig. 28

distintos, que se pueden determinar trazando por el origen O un segmento O M paralelo a ella; los ángulos α, β y γ que forma la recta C D con los ejes se denominan *ángulos* directores de la recta, y los cosenos respectivos reciben el nombre de *cosenos directores de la recta*.

Representemos con *l* la longitud del segmento O M; la ecuación de este segmento, por pasar por el origen ($p = q = $ cero), será:

$$\frac{x}{a} = \frac{y}{b} = \frac{z}{1} \qquad (1)$$

y las coordenadas de la recta, proyecciones del segmento O M sobre los tres ejes serán:

$$x = l\cos\alpha; \qquad y = l\cos\beta \qquad z = l\cos\gamma$$

valores que, substituidos en (1), transforman esta ecuación en la siguiente:

$$\frac{l\cos\alpha}{a} = \frac{l\cos\beta}{b} = \frac{l\cos\gamma}{1} \qquad (2).$$

De la igualdad de los consecuentes de las series de razones iguales (2) y (3) se deduce:

$$\frac{x}{\cos \alpha} = \frac{y}{\cos \beta} = \frac{z}{\cos \gamma} \qquad (4),$$

ecuaciones de la recta que pasa por el origen en función de los cosenos directores.

De la serie de razones (2) se deducen los valores de los parámetros *a* y *b*, que son:

$$a = \frac{\cos \alpha}{\cos \gamma} \qquad b = \frac{\cos \beta}{\cos \gamma}.$$

75. Posiciones particulares de la recta. — Si la recta es paralela al plano X O Y sin ser por eso paralela a los ejes O X y O Y, dos planos proyectantes se confunden en uno solo, paralelo al plano X O Y, y por consiguiente, las proyecciones de la recta sobre los planos X O Z e Y O Z tienen la misma coordenada z, z = c, por cuya razón para determinar esta recta utilizaremos su proyección sobre el plano X O Y y las ecuaciones de la recta serán:

$$y = a\,x + p, \qquad z = c.$$

Si la recta es paralela, por ejemplo, el eje O X, sus proyecciones sobre los planos X O Y y X O Z son paralelas al eje O X, y las ecuaciones de esta recta serán:

$$y = b, \qquad z = c.$$

Las ecuaciones de los ejes O X, O Y, O Z son, respectivamente:

$$y = 0, \quad z = 0; \qquad x = 0, \quad z = 0; \qquad x = 0, \quad y = 0.$$

76. Relación entre los cosenos directores de una recta. — Consideremos la recta C D, o su paralela O M, de la figura 28, cuya longitud hemos representado en (74) por *l*, y cuyos ángulos directores son α, β y γ; proyectando ahora la recta O M y la línea poligonal O A P M sobre O M misma, resulta:

$$O\,M = O\,A \cos \alpha + C\,P \cos \beta + M\,P \cos \gamma$$

o lo que es lo mismo:

$$l = x \cos \alpha + y \cos \beta + z \cos \gamma$$

y recordando los valores de *x*, *y*, *z* (74), tendremos:

$$l = l \cos^2 \alpha + l \cos^2 \beta + l \cos^2 \gamma = l\,(\cos^2 \alpha + \cos^2 \beta + \cos^2 \gamma),$$

y dividiendo ambos miembros por *l*:

$$1 = \cos^2 \alpha + \cos^2 \beta + \cos^2 \gamma.$$

Esto nos dice que *la suma de los cuadrados de los cosenos directores de una recta es igual a la unidad.*

77. De lo expuesto en los párrafos anteriores deducimos la siguiente consecuencia. Pues que

$$x = l \cos \alpha, \qquad y = l \cos \beta, \qquad z = l \cos \gamma$$

se deduce:

$$x^2 + y^2 + z^2 = l^2 (\cos^2 \alpha + \cos^2 \beta + \cos^2 \gamma)$$

y como el factor entre paréntesis vale la unidad, resulta:

$$x^2 + y^2 + z^2 = l^2.$$

78. **Ecuación de la recta que pasa por dos puntos** (x_1, y_1, z_1) y (x_2, y_2, z_2). — Sabemos que la ecuación general de la recta en el espacio viene dada por la ecuación:

$$\frac{x - p}{a} = \frac{y - q}{b} = \frac{z}{1},$$

pero por pasar la recta por los puntos $(x_1,\ y_1,\ z_1)$ y $(x_2,\ y_2,\ z_2)$ satisfarán las ecuaciones:

$$\frac{x_1 - p}{a} = \frac{y_1 - q}{b} = \frac{z_1}{1} \qquad y \qquad \frac{x_2 - p}{a} = \frac{y_2 - q}{b} = \frac{z_2}{1};$$

restándolas ordenadamente se eliminarán p y q, y tendremos:

$$\frac{x - x_1}{a} = \frac{y - y_1}{b} = \frac{z - z_1}{1}$$

$$\frac{x_1 - x_2}{a} = \frac{y_1 - y_2}{b} = \frac{z_1 - z_2}{1}$$

y dividiendo estas dos últimas ecuaciones eliminaremos a y b. Tendremos, finalmente:

$$\frac{x - x_1}{x_1 - x_2} = \frac{y - y_1}{y_1 - y_2} = \frac{z - z_1}{z_1 - z_2}$$

que es la ecuación de la recta que pasa por los dos puntos dados.

79. **Longitud de un segmento o distancia entre dos puntos del espacio.** — Supongamos que se quiere determinar la distancia entre los puntos $P_1 (x_1, y_1, z_1)$ y $P_2 (x_2, y_2, z_2)$ (fig. 29), es decir, calcular la longitud l del segmento $P_1 P_2$.

Representemos con α, β, γ los ángulos directores que la recta $P_1 P_2$ forma con los ejes O X, O Y, O Z, y proyectemos este segmento sobre los tres ejes coordenados; tendremos:

$$x_2 - x_1 = l \cos \alpha$$
$$y_2 - y_1 = l \cos \beta$$
$$z_2 - z_1 = l \cos \gamma$$

elevando al cuadrado los dos miembros de cada igualdad y sumando ordenadamente

$$(x_2 - x_1)^2 + (y_2 - y_1)^2 + (z_2 - z_1)^2 = l^2 (\cos^2 \alpha + \cos^2 \beta + \cos^2 \gamma)$$

y recordando que

$$\cos^2 \alpha + \cos^2 \beta + \cos^2 \gamma = 1,$$

resulta :

$$(x_2 - x_1)^2 + (y_2 - y_1)^2 + (z_2 - z_1)^2 = l^2,$$

de donde

$$l = \sqrt{(x_2 - x_1)^2 + (y_2 - y_1)^2 + (z_2 - z_1)^2}.$$

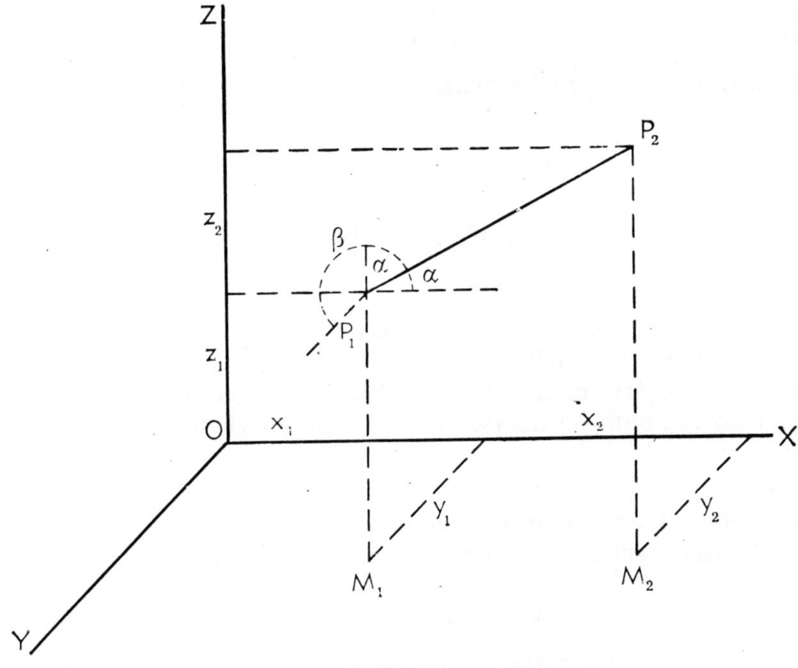

Fig. 29

80. Condición para que dos rectas estén en un mismo plano. — Dos rectas situadas en un mismo plano se cortan o son paralelas. En el primer caso, las coordenadas del punto de intersección deben satisfacer las ecuaciones de ambas rectas, y supongamos que estas ecuaciones son :

$$\begin{cases} x = a\,z + p \\ y = b\,z + q \end{cases} \qquad \begin{cases} x = a'\,z + p' \\ y = b'\,z + q'. \end{cases}$$

Para que estas cuatro ecuaciones queden satisfechas por los valores de x, y, z debe verificarse una ecuación de condición entre los coeficientes, ecuación que encontraremos eliminando las tres incógnitas. Eliminaremos por igualación x e y:

$$(a - a')\,z + p - p' = 0$$
$$(b - b')\,z + q - q' = 0$$

de donde, igualando las dos ecuaciones y eliminando z, tendremos :

$$\frac{p' - p}{a - a'} = \frac{q' - q}{b - b'} \qquad (1),$$

653

que es la condición pedida y que puede escribirse:

$$\frac{a-a'}{b-b'}=\frac{p-p'}{q-q'}.$$

Cuando se cumpla esta condición, las rectas se cortan en el punto

$$z=\frac{p'-p}{a-a'},$$

y substituyendo este valor en las ecuaciones de las rectas, tendremos:

$$x=a\,\frac{p'-p}{a-a'}+p=\frac{a\,p'-a\,p}{a-a'}$$

$$y=b\,\frac{p'-p}{b-b'}+q=\frac{b\,q'-b\,q}{b-b'}.$$

Si las rectas fuesen paralelas, la condición (1) se verificaría igualmente pues sus dos miembros se hacen infinitos suponiendo $a=a'$, $b=b'$; luego la condición se verifica siempre que las rectas estén en el plano, se corten o sean paralelas. En este último caso el punto de intersección se halla en el infinito y sus coordenadas son (∞, ∞, ∞).

81. Calcular el ángulo que forman dos rectas en el espacio. — Sean las ecuaciones de estas rectas, en coordenadas rectangulares:

$$x=a\,z+p \qquad x=a'\,z+p'$$

$$y=b\,z+q \qquad y=b'\,z+q'$$

y sus ángulos directores α, β, γ los de la primera, y α', β', γ' los de la segunda.

Por el origen O de un sistema de ejes coordenados tracemos los segmentos O A y O A' paralelos a las rectas en cuestión y sea φ el ángulo que forman y cuyo valor se busca (fig. 30).

Los ángulos directores α, β, γ de la primera recta O A se calcularán recordando (74):

$$\frac{\cos\alpha}{a}=\frac{\cos\beta}{b}=\frac{\cos\gamma}{1}$$

elevando al cuadrado y recordando una conocida propiedad de las proporciones y que

$$\cos^2\alpha+\cos^2\beta+\cos^2\gamma=1,$$

tendremos:

$$\frac{\cos^2\alpha}{a^2}=\frac{\cos^a\beta}{b^2}=\frac{\cos^2\gamma}{1}=\frac{1}{a^2+b^2+1}$$

de donde

$$\cos\alpha=\frac{a}{\sqrt{a^2+b^2+1}}; \qquad \cos\beta=\frac{b}{\sqrt{a^2+b^2+1}}; \qquad \cos\gamma=\frac{1}{\sqrt{a^2+b^2+1}}$$

y análogamente se pueden hallar los valores de α', β', γ' que vienen dados por las igualdades:

$$\cos \alpha' = \frac{a'}{\sqrt{a'^2 + b'^2 + 1}}; \qquad \cos \beta' = \frac{b'}{\sqrt{a'^2 + b'^2 + 1}}; \qquad \cos \gamma' = \frac{1}{\sqrt{a'^2 + b'^2 + 1}}.$$

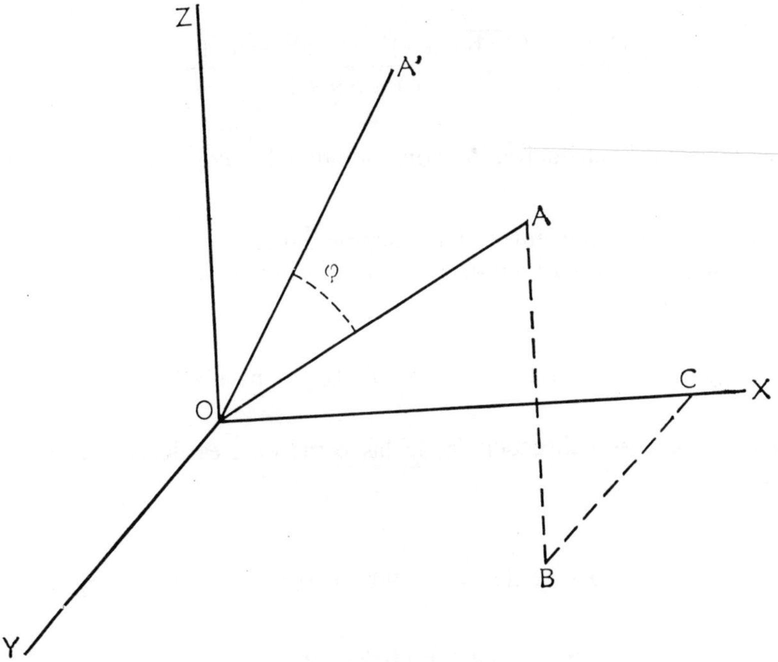

Fig. 30

Si en la figura 30 proyectamos O A y la línea quebrada O C B A sobre O A, tendremos:

$$O\,A \cos \varphi = O\,C \cos \alpha' + B\,C \cos \beta' + A\,B \cos \gamma'$$

y como

$$O\,C = O\,A \cos \alpha, \qquad B\,C = O\,A \cos \beta, \qquad A\,B = O\,A \cos \gamma,$$

substituyendo estos valores en la ecuación anterior y dividiendo por O A los dos miembros de la igualdad, resulta:

$$\cos \varphi = \cos \alpha \cos \alpha' + \cos \beta \cos \beta' + \cos \gamma \cos \gamma'$$

y substituyendo en esta fórmula los valores de los cosenos directores de ambas rectas hallados anteriormente, resulta:

$$\cos \varphi = \frac{a\,a' + b\,b' + 1}{\sqrt{a^2 + b^2 + 1}\,\sqrt{a'^2 + b'^2 + 1}},$$

que es la fórmula pedida.

De ella se deducen las dos siguientes:

$$\operatorname{sen} \varphi = \sqrt{\frac{(a\,b'-a'\,b)^2+(a-a')^2+(b-b')^2}{(a^2+b^2+1)\,(a'^2+b'^2+1)}}$$

$$\operatorname{tg} \varphi = \frac{\sqrt{(a\,b'-a'\,b)^2+(a-a')^2+(b-b')^2}}{a\,a'+b\,b'+1}.$$

De estas ecuaciones deduciremos con facilidad las *condiciones de paralelismo* y *perpendicularidad entre las rectas.*

Si son paralelas, forman entre sí un ángulo igual a cero y, por consiguiente, la tangente de este ángulo será cero, y en consecuencia deberán serlo también los sumandos del numerador:

$$a\,b'-a'\,b=0, \qquad a-a'=0, \qquad b-b'=0;$$

la primera condición es consecuencia de las otras dos, es decir, que es preciso que

$$a=a', \qquad b=b'.$$

Si las rectas son perpendiculares, $\varphi=90^\circ$ y, por consiguiente, $\operatorname{tg}\varphi=\infty$, en cuyo caso:

$$a\,a'+b\,b'+1=0.$$

82. División de un segmento en otros dos cuya razón sea conocida. — Supongamos la recta AB cuyos extremos sean $A\,(x_1, y_1, z_1)$ y $B\,(x_2, y_2, z_2)$ y sea $C\,(x, y, z)$ un punto de la misma recta, tal que divide a ésta en dos segmentos, cuya razón sea λ, es decir (fig. 31):

$$\frac{C\,A}{C\,B}=\lambda.$$

Proyectemos la recta AB sobre el plano XOY y tendremos los puntos $A'\,(x_1, y_1, 0)$, $B'\,(x_2, y_2, 0)$ y $C'\,(x, y, 0)$. Tendremos:

$$\frac{C'\,A'}{C'\,B'}=\lambda,$$

pero, según sabemos por la Geometría analítica plana:

$$x=\frac{x_1-\lambda\,x_2}{1-\lambda} \qquad y=\frac{y_1-\lambda\,y_2}{1-\lambda}.$$

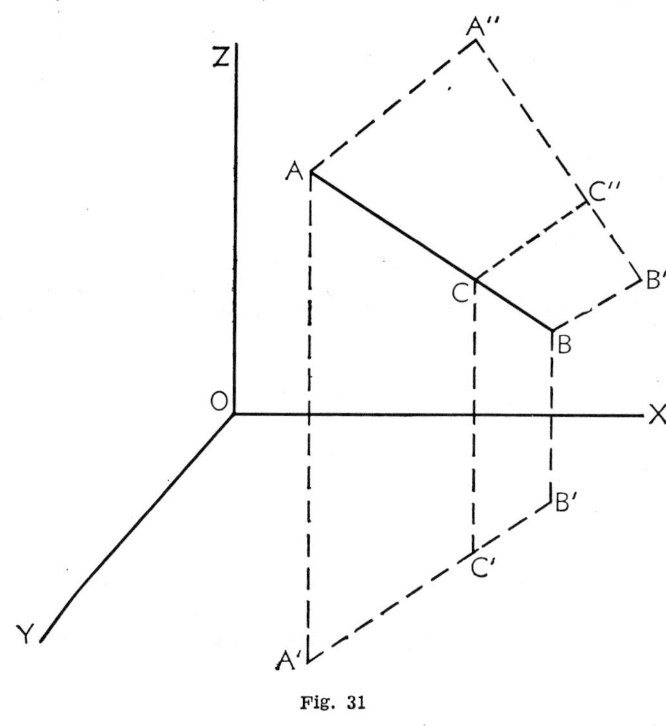

Fig. 31

Proyectando la recta A B sobre el plano X O Z tendríamos para Z:

$$z = \frac{z_1 - \lambda\, z_2}{1 - \lambda}.$$

Luego el punto C queda determinado. Si este punto C estuviese en la prolongación de A B, λ sería positivo. Si C es interior al segmento A B, λ es negativo. En particular si es $\lambda = -1$ el punto C será el punto medio del segmento y sus coordenadas serán:

$$x = \frac{x_1 + x_2}{2};$$

$$y = \frac{y_1 + y_2}{2};$$

$$z = \frac{z_1 + z_2}{2}.$$

2.º ECUACIÓN DEL PLANO

83. Ecuación de primer grado con tres variables. — Una ecuación en x y z tiene la forma general

$$A\,x + B\,y + C\,z + D = 0 \qquad (1)$$

y representa un plano, pues si hallamos la intersección de la superficie así expresada, con una recta cualquiera,

$$\begin{aligned} x &= a\,z + p \\ y &= b\,z + q \end{aligned} \qquad (2)$$

para lo cual bastará resolver el sistema formado por las tres ecuaciones, que son de primer grado, darán un valor para cada ordenada, es decir, un solo punto de intersección; y como la única superficie que sólo puede ser cortada en un punto por una recta es el plano, resultará que la ecuación (1) representa realmente un plano.

Las coordenadas del punto de intersección del plano con la recta las hallaremos substituyendo los valores de x e y de (2) en la ecuación (1); resultará:

$$A\,(a\,z + p) + B\,(b\,z + q) + C\,z + D = 0,$$

657

de donde podremos deducir z:

$$z = -\frac{A\,p+B\,q+D}{A\,a+B\,b+C}$$

y substituyendo este valor de z en (2), resulta:

$$x = -a\,\frac{A\,p+B\,q+D}{A\,a+B\,b+C}+p\,; \qquad y = -b\,\frac{A\,p+B\,q+D}{A\,a+B\,b+C}+q.$$

Si el denominador es diferente de cero, resultará un solo punto de intersección y la recta será secante.

Si

$$A\,a+B\,b+C=0 \qquad \text{pero} \qquad A\,p+B\,q+D \neq 0,$$

x, y, z tienen valores infinitos y la recta es paralela al plano.

Finalmente, si

$$A\,a+B\,b+C=0, \qquad A\,p+B\,q+D=0,$$

los valores de x, y, z toma la forma indeterminada $\dfrac{0}{0}$, es decir, existen entonces infinitas soluciones, la recta tendrá todos sus puntos comunes con el plano, esto es, está contenida en él.

84. Ecuación del plano. — Se ha visto que una ecuación de primer grado con tres variables representa un plano. Vamos a demostrar ahora la recíproca, es decir, *que todo plano viene representado por una ecuación de primer grado.*

En efecto: sabemos que el plano viene engendrado por una recta *generatriz* que se desliza paralelamente a sí misma a lo largo de otra fija que se llama *directriz*. Las ecuaciones de una y otra son:

$$\textit{directriz} \ \ldots \ldots \begin{cases} x=a\,z+p \\ y=b\,z+q \end{cases}$$

$$\textit{generatriz} \ \ldots \ldots \begin{cases} x=a'\,z+p' \\ y=b'\,z+q' \end{cases}$$

en que a' y b' son constantes, y p', q' variables, que procuraremos eliminar.

Como la generatriz resbala sobre la directriz, unos mismos valores de x, y, z deben satisfacer las cuatro ecuaciones, luego deberá existir la ecuación de condición propia de dos rectas que están en un mismo plano:

$$\frac{p'-p}{a-a'} = \frac{q'-q}{b-b'}$$

pero

$$p'=x-a'\,z \qquad y \qquad q'=y-b'\,z,$$

luego

$$\frac{x-a'\,z-p}{a-a'} = \frac{y-b'\,z-q}{b-b'}$$

ecuación del plano, que al quitarle los denominadores se transforma en esta otra:

$$(b-b')\,x-(a-a')\,y+(a\,b'-b\,a')\,z+[q\,(a-a')+p\,(b-b')]=0,$$

y haciendo

$$b - b' = A, \qquad a - a' = B, \qquad a\,b' - b\,a' = C,$$

$$q\,(a - a') - p\,(b - b') = D,$$

resulta finalmente la ecuación de primer grado con tres variables

$$A\,x + B\,y + C\,z + D = 0$$

como expresión de un plano.

85. Trazas del plano. — Las ecuaciones de las rectas que determinan las intersecciones del plano sobre los planos coordenados se encuentran haciendo sucesivamente x, y, z igual a cero en la ecuación última del plano:

$$\text{Plano } X\,O\,Y\ldots\ldots z = 0 \ldots\ldots A\,x + B\,y + D = 0$$
$$\text{\guillemotright} \quad X\,O\,Z\ldots\ldots y = 0 \ldots\ldots A\,x + C\,z + D = 0$$
$$\text{\guillemotright} \quad Y\,O\,Z\ldots\ldots x = 0 \ldots\ldots B\,y + C\,z + D = 0.$$

86. Segmentos determinados sobre los ejes por un plano. — Los puntos en que el plano corta a los ejes coordenados se determinan suponiendo dos de las coordenadas iguales a cero. Así:

$$\text{en el eje } O\,X\ldots y = 0 \quad z = 0 \quad A\,x + D = 0 \quad x = -\frac{D}{A} = a$$

$$\text{\guillemotright} \quad \text{\guillemotright} \quad O\,Y\ldots x = 0 \quad z = 0 \quad B\,y + D = 0 \quad y = -\frac{D}{B} = b$$

$$\text{\guillemotright} \quad \text{\guillemotright} \quad O\,Z\ldots x = 0 \quad y = 0 \quad C\,z + D = 0 \quad z = -\frac{D}{C} = c.$$

De aquí podemos deducir:

$$A = -\frac{D}{a}, \qquad B = -\frac{D}{b}, \qquad C = -\frac{D}{c}$$

y substituyendo estos valores de A, B y C en la ecuación

$$A\,x + B\,y + C\,z + D = 0,$$

ésta se transforma en

$$-\frac{D\,x}{a} - \frac{D\,y}{b} - \frac{D\,z}{c} + D = 0,$$

y dividiendo por $-D$ se tiene

$$\frac{x}{a} + \frac{y}{b} + \frac{z}{c} - 1 = 0 \qquad \text{o bien} \qquad \frac{x}{a} + \frac{y}{b} + \frac{z}{c} = 1$$

que es la *ecuación del plano en función de los segmentos determinados sobre los ejes.*

87. Ecuación del plano en función de la perpendicular trazada a él desde el origen. — Si desde el origen O (fig. 32) trazamos la perpendicular $O\,D = p$ al plano A B C y llamamos α, β, γ, los ángulos que esta perpendicular forma con los ejes O X, O Y, O Z, y unimos el pie de esta perpendicular, D, con los puntos A, B, C, intersecciones del plano con los ejes, los triángulos rectángulos O D A, O D B y O D C nos darán, llamando O A $=a$, O B $=b$, O C $=c$:

$$p = a \cos \alpha = b \cos \beta = c \cos \gamma,$$

de donde

$$a = \frac{p}{\cos \alpha}, \qquad b = \frac{p}{\cos \beta}. \qquad c = \frac{p}{\cos \gamma}$$

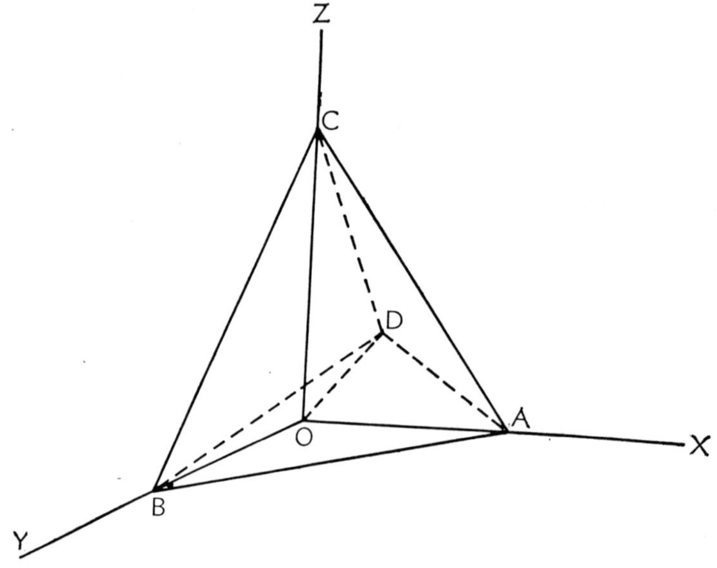

Fig. 32

y substituyendo estos valores de *a*, *b* y *c* en la ecuación del plano en función de los segmentos que determinan sobre los ejes, tendremos:

$$x \cos \alpha + y \cos \beta + z \cos \gamma = p \qquad (1)$$

que es la *ecuación del plano en función de la normal a él desde el origen y de los ángulos que esta normal forma con los ejes coordenados.*

La ecuación normal del plano (1) que acabamos de obtener se logra también partiendo de la ecuación

$$A x + B y + C z + D = 0 \qquad (2).$$

Si las dos ecuaciones representan el mismo plano, se verificará:

$$\frac{A}{\cos \alpha} = \frac{B}{\cos \beta} = \frac{C}{\cos \gamma} = \frac{D}{-p} = k \text{ (constante)},$$

de donde

$$
\begin{aligned}
A &= k \cos \alpha & B &= k \cos \beta \\
C &= k \cos \gamma & D &= -p \, k
\end{aligned}
\qquad (3)
$$

y elevando al cuadrado las tres primeras ecuaciones y sumando ordenadamente:

$$A^2 + B^2 + C^2 - k^2 (\cos^2 \alpha + \cos^2 \beta + \cos^2 \gamma) = k^2,$$

pues

$$\cos^2 \alpha + \cos^2 \beta + \cos^2 \gamma = 1,$$

de donde

$$k = \sqrt{A^2 + B^2 + C^2}$$

y substituyendo este valor de k en las igualdades (2), resulta:

$$\cos \alpha = \frac{A}{\pm \sqrt{A^2 + B^2 + C^2}} \qquad \cos \beta = \frac{B}{\pm \sqrt{A^2 + B^2 + C^2}}$$

$$\cos \gamma = \frac{C}{\pm \sqrt{A^2 + B^2 + C^2}} \qquad p = \frac{-D}{\pm \sqrt{A^2 + B^2 + C^2}}$$

Estas fórmulas nos dan el valor de los cosenos de los ángulos directores que forma la normal con los ejes, y el doble signo se refiere a los dos ángulos, agudo el uno, y obtuso el otro que forma aquélla con cada eje.

El doble signo que damos al valor de p o distancia del origen al plano, es debido a que aquí se da el valor absoluto de p, el cual puede ser positivo o negativo.

88. **Distancia de un punto a un plano.** — Supongamos que el plano viene dado por la ecuación

$$x \cos \alpha + y \cos \beta + z \cos \gamma = p$$

y las coordenadas del punto en cuestión son x_1, y_1, z_1). Un plano paralelo al anterior que pase por el punto (x_1, y_1, z_1) tendrá por ecuación:

$$x_1 \cos \alpha + y_1 \cos \beta + z_1 \cos \gamma = p'.$$

Pero como la distancia d entre el plano y punto dados es igual a la distancia entre ambos planos, esto es, $p' - p$, tendremos:

$$d = p' - p = x_1 \cos \alpha + y_1 \cos \beta + z_1 \cos \gamma - p \qquad (1)$$

que es el primer miembro de la ecuación del plano substituyendo x, y, z por x_1, y_1, z_1.

Si el plano tuviese por ecuación

$$A x + B y + C z + D = 0$$

substituiríamos en (1) los valores de $\cos \alpha$, $\cos \beta$ y $\cos \gamma$ y p por los hallados en el párrafo anterior, y resultaría que la distancia entre el punto y el plano vendría dada por la ecuación:

$$d = \pm \frac{A x_1 + B y_1 + C z_1 + D}{\sqrt{A^2 + B^2 + C^2}}$$

fácil de recordar, ya que el numerador es la ecuación primitiva del plano en la que x, y, z se han substituido por x_1, y_1, z_1.

Las cantidades d y $A x_1 + B y_1 + C z_1 + D$ están en una relación constante si suponemos variables el punto fijo y el plano.

89. **Ecuación de la esfera.** — Recordando la definición de la esfera, supongamos una referida a un sistema de tres ejes coordenados y cuyo centro tenga por coordenadas a, b, c, y sean x, y, z las de un punto cualquiera de su superficie. Representando con r el radio de la esfera, su valor vendrá dado por la ecuación

$$r^2 = (x - a)^2 + (y - b)^2 + (z - c)^2 \qquad (1),$$

la cual corresponde a cualquier punto de la esfera y es, por consiguiente, la *ecuación de la superficie esférica*.

Desarrollando los cuadrados en (1):

$$x^2 + y^2 + z^2 - 2\,a\,x - 2\,b\,y - 2\,c\,z + a^2 + b^2 + c^2 - r^2 = 0 \qquad (2)$$

y haciendo

$$-2\,a = A, \qquad -2\,b = B, \qquad -2\,c = C, \qquad a^2 + b^2 + c^2 - r^2 = K,$$

la ecuación anterior se transforma en esta otra:

$$x^2 + y^2 + z^2 + A\,x + B\,y + C\,z + K = 0 \qquad (3).$$

Recíprocamente, toda ecuación de la forma (3) de segundo grado con tres incógnitas en la que los coeficientes de los términos cuadrados son la unidad y que carece de términos en $x\,y$, $x\,z$ e $y\,z$, representa una superficie esférica siempre que

$$A^2 + B^2 + C^2 - 4\,K > 0,$$

pues al hacer

$$A = -2\,a, \qquad B = -2\,b, \qquad C = -2\,c \qquad y \qquad K = a^2 + b^2 + c^2 - r^2$$

la ecuación toma la forma (2), que representa una esfera cuyo centro tiene por coordenadas

$$a = -\frac{A}{2}, \qquad b = -\frac{B}{2}, \qquad c = -\frac{C}{2},$$

y su radio r es tal que

$$r^2 = a^2 + b^2 + c^2 - K = \frac{A^2 + B^2 + C^2 - 4\,K}{4},$$

o bien

$$r = \frac{\sqrt{A^2 + B^2 + C^2 - 4\,K}}{2}.$$

Si la cantidad subradical vale cero, la ecuación representa un punto, y si es negativa no representa ninguna esfera real.

Si el centro de la esfera coincide con el origen de las coordenadas, las coordenadas de aquélla son $a = b = c = 0$ y la ecuación de la esfera será:

$$x^2 + y^2 + z^2 = r^2.$$

Análisis matemático

CAPÍTULO PRIMERO

FUNCIONES EN GENERAL

1. Se expusieron ya en Álgebra los conceptos fundamentales de las funciones y la clasificación de las mismas, pero volveremos a repetirlos aquí brevemente.

2. **Definición.** — *Se dice que una variable* y *es función de otra* x, *cuando depende de tal manera de ésta que a cada valor particular que toma* x *le corresponde otro a* y.

Así, en la expresión

$$y = \frac{1+x^3}{x}$$

y es una función de x, pues si en ella hacemos $x=2$, resulta para y el valor $y=\dfrac{9}{2}$; si le damos a x el valor 3, resulta para y:

$$y = \frac{1+27}{3} = \frac{28}{3},$$

y así sucesivamente.

Cuando las incógnitas x e y son susceptibles de recibir valores sucesivos, como en el ejemplo propuesto, se las llama *variables;* y como una de ellas puede recibir valores arbitrarios, y los valores que toma la otra depende de los que tome la primera incógnita, ésta recibe el nombre de *variable independiente,* en tanto que la segunda incógnita, en nuestro caso y, recibe el nombre de *variable dependiente,* o *función.*

3. **Clasificación de las funciones.** — Las funciones se clasifican así:

Explícitas, cuando se conoce la serie de operaciones que debe afectuarse con la variable independiente para hallar el valor de la función: *implícitas,* cuando no se conocen estas operaciones.

Así, en la expresión

$$a\,x + b\,y = k$$

y es una función implícita de *x*, y por el contrario, en la expresión

$$y = \frac{k - a\,x}{b}$$

y es una función explícita de *x*.

4. Notación o algoritmo de las funciones. — La dependencia que existe entre la variable independiente *x* y la función *y* se representa simbólicamente

$$y = f(x)$$

para las funciones explícitas, y

$$f(x, y) = 0$$

para las funciones implícitas, simbolismos o notaciones, que se leen: *y igual función x, y función x, y, igual cero, respectivamente.*

La letra, que puede ser cualquiera, antepuesta al paréntesis, se llama *característica* de la función.

Cuando las funciones de las mismas variables son distintas entre sí, se las denota con características diferentes; así, las funciones

$$y_1 = \varphi(x), \qquad y_1 = F(x), \qquad y_1 = f(x), \text{ etc.,}$$

de la misma variable *x*, son distintas y se leen: y_1 *igual función* φ *de x;* y_1 *igual función F grande de x;* y_1 *igual función f de x.*

Los valores particulares que adquiere la función cuando se hace *x* igual a *a* o a *b* se representan respectivamente por

$$y = f(a) \qquad \text{o} \qquad y = f(b).$$

Así, por ejemplo, si tenemos la función

$$y = f(x) = 2\,x^3 - 3\,x + 4$$

para *x* = 2, la expresaremos así:

$$y = f(2) = 2 \cdot 2^3 - 3 \cdot 2 + 4 = 14.$$

Generalmente se supone que la expresión

$$y = f(x)$$

es una función definida para valores de x comprendidos en un intervalo determinado, es decir, para valores de *x* comprendidos entre dos límites, por ejemplo, *a* y *b*, tales que se verifica que

$$a \lessgtr x \lessgtr b.$$

Siendo *b* > *a*, y *a* y *b*, positivos o negativos.

Si una función está definida para todo valor positivo de *x*, se dice también que lo está para el intervalo (0, +∞), y si la función es definida para cualquier valor positivo o negativo de *x*, se dice que está definida para el intervalo (−∞, +∞).

5. División de las funciones. — Las funciones se dividen en *algebraicas* y *trascendentes* (las primeras se dividen a su vez en *racionales* o *irracionales*, *enteras* o *fraccionarias*), pudiendo ser ambas simples o compuestas, directas o inversas, continuas o discontinuas y funciones de funciones.

Funciones algebraicas son las que pueden resolverse exactamente por las operaciones sencillas del Álgebra.

Funciones trascendentales son las que contiene exponenciales, logaritmos o líneas trigonométricas, que afectan directamente a la variable, como

$$a^x, \qquad \log x, \qquad \operatorname{sen} x, \qquad \text{etc.}$$

Funciones algebraicas racionales son aquellas en las cuales la variable o variables no están bajo signo radical, ni con exponentes fraccionarios; en el caso contrario, se denominan *irracionales*.

Función entera es aquella en la que la variable no está como divisor ni está afectada de exponente negativo.

Función simple es la que está ligada a la variable por una relación que no es capaz de descomposición, como

$$y = x, \qquad y = a^x, \qquad y = \operatorname{sen} x,$$

y *compuesta* es la función que está formada de diferentes funciones simples que dependen de una misma variable; como, por ejemplo,

$$y = a^x + \log x - 2 \cos x.$$

Función de función o *función doble* es aquella cuya variable es otra función de una segunda variable. Así, si

$$y = F(u) \qquad \text{siendo} \qquad u = f(x)$$

y es una función de función, pues lo es de *u*, siéndolo *u* de *x*. Las funciones dobles se expresan también así:

$$y = F(f(x)) = \varphi(x).$$

Función de función o *función triple* es aquella cuya variable inmediata es una función de una segunda variable, la cual lo es a su vez de una tercera variable. Así, si

$$y = F(u), \qquad u = f(z) \qquad y \qquad z = \varphi(x),$$

y es una función triple que se puede expresar así:

$$y = F(f(\varphi(x))) = F(\varphi(x)) = \pi(x).$$

En general, las funciones de funciones se llaman *funciones triples*. He aquí un ejemplo de una función doble:

$$y = \log z \qquad \text{siendo} \qquad z = \log x$$

en este ejemplo *y* es una función de función de *x*.

6. Funciones con dos o más variables. — Existen funciones con dos o más variables y tienen por expresión:

$$y = f(x, z) \qquad y = f(x, z, u \ldots).$$

Ejemplos de funciones con más de una variable son: el volumen V de un cilindro de revolución en el que a es la medida de su altura y r la del radio del círculo de su base:

$$V = \pi\, r^2\, a$$

En esta expresión, V es función de r y de a. El volumen V' de un paralelepípedo recto es función, esto es, depende de las magnitudes de las tres aristas que concurren en un vértice. El número N de vibraciones de una cuerda sonora depende o es función de cuatro variables: su radio r, su longitud l, su densidad d y de su tensión P, según nos indica la conocida fórmula de Taylor:

$$N = \frac{1}{2\,r\cdot l}\sqrt{\frac{P}{\pi\,d}}$$

El valor del *espacio*, tanto en el movimiento uniforme como en el uniformemente acelerado, es *una función simple*, pues depende del tiempo únicamente, según se ve en las fórmulas

$$e = v \times t \qquad y \qquad e = \frac{1}{2}\,g\,t^2$$

pues v en la primera y g en la segunda son cantidades constantes.

7. **Funciones continuas y discontinuas.** — Se dice que una función es *continua* cuando *su variable dependiente es continua*, es decir, cuando ésta no puede pasar de un valor a otro sin pasar por todos los intermedios; en el caso contrario, la función se denomina *discontinua*.

Ejemplos:
La función

$$e = v\,t$$

es continua, pues al aumentar el tiempo del valor t_1 a t_2 ha debido pasar por todos los valores intermedios. Igualmente es continua la función $y = a^x$, como se ha visto en Álgebra al estudiar la función exponencial.

La función

$$y = \frac{1}{x}$$

es discontinua, pues al pasar el valor de x de -2 a $+2$, y pasa del valor $-\dfrac{1}{2}$ al valor $\dfrac{1}{2}$ sin pasar por el valor cero.

Más adelante veremos cómo se representan unas y otras funciones.

8. **Incrementos de la variable y de la función.** — Si consideramos una función $y = f(x)$ y damos (o toma) la variable dos valores sucesivos, la diferencia que resulta de restar del segundo el primero se llama *incremento de la variable*; este incremento puede ser positivo o negativo. Así, si en la expresión

$$y = 3\,x + 2$$

damos a x los valores 2 y 4 sucesivamente, el incremento de la variable es $4-2=+2$; si hubiese sido a la inversa, el incremento de la variable hubiese sido $2-4=-2$.

Ahora bien, si la variable, en el ejemplo propuesto, pasa de 2 a 4, el valor de la función pasará de 8 a 14:

$$\text{para } x=2, \quad y=3 \cdot 2+2 = 8$$
$$y \text{ para } x=4, \quad y=3 \cdot 4+2 = 14$$

la diferencia entre los valores 14 y 8, igual a 6, constituye el *incremento de la función* correspondiente al incremento del valor de la variable.

El incremento, es decir, el aumento (o disminución) de valor que experimentan la variable y la función, se representa en Análisis matemático por Δ y se lee *incremento de*.

Así, Δy y Δx se leen *incremento y* e *incremento x* o *de x*. El incremento que puede recibir la variable y el que resulta para la función pueden ser cantidades pequeñísimas o indefinidamente pequeñas, o bien pueden ser apreciables.

9. **Función creciente y decreciente.** — Se dice que una función es *creciente* si aumenta su valor al dar valores crecientes a la variable; y es *decreciente* si la función disminuye de valor cuando aumenta el valor de la variable.

La función

$$y = 5x - 6$$

es creciente, pues si x toma sucesivamente los valores 2, 3, 4, ..., la función toma los valores 4, 9, 14, ... Por el contrario, la función

$$y = -5x + 3$$

es decreciente, pues dando a x sucesivamente los valores 2, 3, 4, ..., la función toma los valores -7, -12, -17, ...

10. **Representación gráfica de una función.** — Conforme ya se ha estudiado en Álgebra, las funciones pueden representarse gráficamente de un modo sencillo, tomando para ello un sistema de ejes coordenados cartesianos normales entre sí y hallando para la función $y = f(x)$ pares de valores; tomando estos valores como coordenadas quedarán determinados en el plano los distintos puntos de la línea.

Así pues, *representar gráficamente una función y de x*, es construir una línea cuyos diferentes puntos tengan por ordenada el valor de *y* que corresponde al valor de x de la abscisa.

Ejemplo. Representar gráficamente la función $y = 1 + x^2$.

Se traza un sistema de ejes coordenados cartesianos ortogonales O X y O Y y se van dando a x valores sucesivos: por ejemplo, si hacemos $x=2$ resulta $y=5$, y tomando el valor de x como

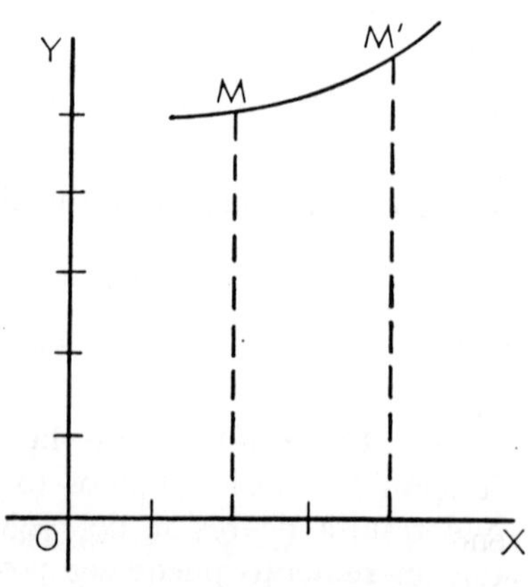

Fig. 1

abscisa y el de *y* como ordenada obtendremos un punto M (fig. 1). Si x aumenta un poco, *y* aumentará también un poco y obtendremos el punto M′, próximo a M, y así sucesivamente.

Las funciones discontinuas no pueden representarse por líneas curvas continuas, pues para ciertos valores de la variable rómpese su continuidad.

La ecuación que representa la relación entre la variable y la función se llama *ecuación representativa de la curva.*

11.   Ya se ha definido en otro lugar (7) lo que se entiende por *función continua;* pero veamos aquí detenidamente la cuestión de la continuidad de las funciones, recordando y ampliando algunos conceptos expuestos antes ligeramente.

12.   **Incremento de una variable.** — *Es la diferencia que se obtiene restando dos valores sucesivos de la variable.*

Este incremento puede ser positivo o negativo y se representa por Δx si con x representamos la variable. Al incremento de la variable de una función, tal como $y = f(x)$, le corresponderá a la función otro incremento, que se representa por Δy.

Así, por ejemplo, si en la función $y = 2x^3 + 3x - 5$ pasa el valor de la variable de 2 a 3, la función *y* pasa de 17 a 58, y su diferencia 41 es el incremento de la función.

Esto nos dice que *para hallar el incremento* Δy *de la función* $y = f(x)$ *correspondiente a un incremento* Δx *de la variable en el punto* $x = x_0$: 1.º Se halla el valor numérico de la función $f(x_0)$ y el que adquiere la función para $x = x_0 + \Delta x$; 2.º Se resta del segundo resultado el primero. Así :

$$y = f(x) \qquad y + \Delta y = f(x + \Delta x),$$

de donde

$$\Delta y = f(x + \Delta x) - f(x).$$

13.   **Continuidad en un punto.** — Supongamos la función $y = f(x)$. Como a cada valor que le demos a la variable x le corresponde un valor determinado a la función, si a x le damos los valores sucesivos x_1, x_2, x_3, ..., x_n que cada vez se aproximan más a *a*, límite al cual tiende x, la función tomará los valores

$$f(x_1), \qquad f(x_2), \qquad f(x_3), \qquad ..., \qquad f(x_n)...$$

Si esta sucesión tiene un límite y éste es precisamente $f(a)$, entonces se dice que la función $f(x)$ es continua en el punto *a*.

La diferencia $x - a$ es la que se llama *incremento de la variable,* Δx, y la diferencia de los valores de la función cuando la variable vale x y *a*, esto es, $f()x - f(a)$, es el incremento Δy correspondiente a la variable. Si al pasar la variable de x a *a*, cuya diferencia $x - a < \alpha$, siendo α un número infinitamente pequeño, la función pasa de f (x) a f (a), siendo f (x) − f (a)<ε siendo también ε infinitamente pequeño, se dice que la función es continua, es decir:

Una función es continua en un punto cuando a un incremento indefinidamente pequeño de la variable le corresponde un incremento indefinidamente pequeño en valor absoluto de la función.

Un ejemplo gráfico ayudará a comprender esta cuestión. Supongamos que la curva M N representa gráficamente la función $y = f(x)$ (fig. 2). Para un valor de $x = x_0 = O\,A$, la función (cuyo valor viene siempre representado por la magnitud de las ordenadas) tiene el valor $y_0 = A\,P$; dando a x un incremento tal como $A\,B = \Delta x$, le corresponderá a la función, en el punto B, un valor tal como $B\,P'$; pero

$$B\,P' = B\,B' + B'\,P = A\,P + B'\,P' = y_0 + B'\,P';$$

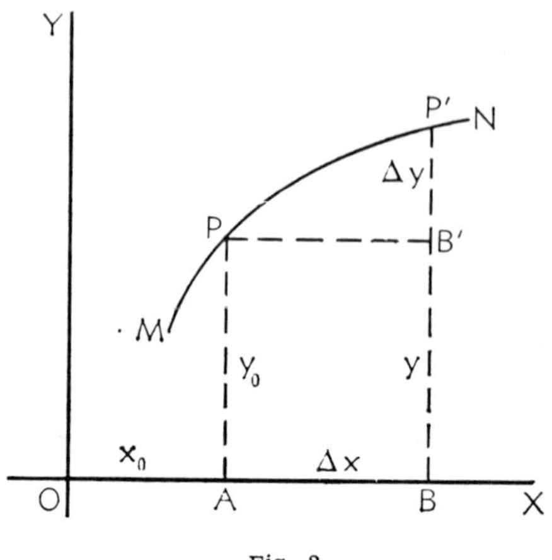

Fig. 2

la magnitud $B'\,P'$ es el incremento que ha experimentado la función correspondiente al incremento $A\,B$ que ha experimentado la variable, y se verifica

$$y_0 + \Delta y = f(x_0 + \Delta x)$$

$$y_0 = f(x_0)$$

y restando ordenadamente:

$$\Delta y = f(x_0 + \Delta x) - f(x_0) = B'\,P'$$

Pues bien: la función representada es continua, pues si a x se le hubiese dado un incremento infinitamente pequeño, el incremento de y sería también indefinidamente pequeño, es decir, que Δy tiende a cero cuando Δx tienda también a cero.

14. Continuidad en un intervalo. — *Se dice que una función es continua en un intervalo* (a, b) *cuando lo es en todos los puntos del intervalo y cumple la condición de continuidad para incrementos positivos de a y negativos de b (suponiendo* $b > a$*).*

15. Determinación de la continuidad de una función. — Para saber si una función es continua en un punto, se sigue la marcha siguiente:

1.º *Se incrementa la variable y se busca el valor que adquiere la función.*

2.º *Se resta de la función incrementada el valor de la función primitiva sin incrementar.*

3.º *Se halla el límite de esta diferencia cuando el incremento de la variable tiende a cero.*

Si este límite es cero, cualquiera que sea el valor de la variable, la función es continua en todo el campo de la variabilidad de x, y si únicamente lo es para determinados valores de x, la unción lo será en este intervalo.

A veces, la continuidad de las funciones se puede deducir por otros medios. Veamos algunos ejemplos:

1.º *Continuidad de la función* $y = x^m$, *siendo* m *un número entero positivo.*
Apliquemos la regla enunciada:
1.ª operación:

$$y + \Delta y = (x + \Delta x)^m.$$

2.ª operación:

$$\Delta y = (x + \Delta x)^m - x^m = x^m \left[\left(\frac{(x + \Delta x)}{x} \right)^m - 1 \right] = x^m \left[\left(1 + \frac{\Delta x}{x} \right)^m - 1 \right].$$

3.ª operación.

Cuando $\Delta x \longrightarrow 0 \left(\dfrac{\Delta x}{x} \right)$ tiende a cero, luego en el límite

$\left(1 + \dfrac{\Delta x}{x} \right) \longrightarrow 1$ y la diferencia $\left(1 + \dfrac{\Delta x}{x} \right)^m - 1$ tiende a cero; luego el producto x^m

$\left(1 + \dfrac{\Delta x}{x} \right)^m - 1$ tiende también a cero, y la función es continua.

La continuidad de esta función podríamos también deducirla así:
Desarrollando la potencia m del binomio $(x + \Delta x)$ en la igualdad

$$\Delta y = (x + \Delta x)^m - x^m$$

tendremos:

$$\Delta y = x^m + m\, x^{m-1} \cdot \Delta x + \frac{m\,(m-1)}{1 \cdot 2}\, x^{m-2}\, \Delta x^2 + \ldots +$$

$$\frac{m\,(m-1)\,(m-2)\ldots(m-n+1)}{1 \cdot 2 \cdot 3 \ldots n}\, x^{m-n}\, \Delta x^n + \ldots + \Delta x^m - x^m =$$

$$\Delta x \left[m\, x^{m-1} + \frac{m\,(m-1)}{1 \cdot 2}\, x^{m-2}\, \Delta x + \ldots + \ldots \Delta x^{m-1} \right]$$

Si $\Delta x \longrightarrow 0$, el primero de los dos factores de la última expresión es cero y el segundo tiene como límite $m\, x^{m-1}$; luego el producto tiene por límite cero, y, por consiguiente, el valor del incremento de la función será cero. Así pues, *la función* $y = x^m$ *es continua para todo valor definido de la variable, siendo* m *entero.*

2.º *Continuidad de la función exponencial.*
La función exponencial tiene por expresión:

$$y = a^x,$$

en la cual a es un número positivo distinto de la unidad. Sigamos el procedimiento general indicado:

1.ª operación:

$$y + \Delta y = a^{x + \Delta x}$$

2.ª operación:

$$\Delta y = a^{x + \Delta x} - a^x = a^x \, (a^{\Delta x} - 1).$$

3.ª operación:

Cuando $\Delta x \longrightarrow 0$, la potencia $a^{\Delta x}$ tiende a 1 y el producto $a^x \, (a^{\Delta x} - 1)$ tiende a cero, luego $\Delta y = 0$.

3.º *Continuidad de la función* $y = \operatorname{sen} x$.

1.ª operación:

$$y + \Delta y = \operatorname{sen}(x + \Delta x).$$

2.ª operación:

$$\Delta y = \operatorname{sen}(x + \Delta x) - \operatorname{sen} x = 2 \operatorname{sen} \frac{\Delta x}{2} \cos\left(x + \frac{\Delta x}{2}\right).$$

3.ª operación:

Cuando Δx tiende a cero, $\dfrac{\Delta x}{2}$ tiende a cero y también, por consiguiente, $2 \operatorname{sen} \dfrac{\Delta x}{2}$, en tanto que $\cos x$ tiene un valor finito, pero el producto $2 \operatorname{sen} \dfrac{\Delta x}{2} \, 2 \cos\left(x + \dfrac{\Delta x}{2}\right)$ tiende a cero; luego $\Delta y \longrightarrow 0$, y la función es continua para cualquier valor real de x.

4.º *Continuidad de la función logarítmica* $y = \log_a x$.

1.ª operación:

$$y + \Delta y = \log_a(x + \Delta x).$$

2.ª operación:

$$\Delta y = \log_a(x + \Delta x) - \log_a x = \log_a \frac{x + \Delta x}{x} = \log_a\left(1 + \frac{\Delta x}{x}\right).$$

3.ª operación:

Si Δx tiende hacia cero, $\dfrac{\Delta x}{x}$ tiende hacia cero y la $\log_a\left(1 + \dfrac{\Delta x}{x}\right)$ se transforma en $\log_a 1 = 0$, luego Δy se hace igual a cero.

16. Propiedades de las funciones continuas. — Son muy numerosas; he aquí las más importantes:

1.ª *Si una función es continua, también lo será su inversa.*

Supongamos la función $y = f(x)$, continua en un cierto intervalo, y su inversa $x = F(y)$.

Si en la primera el incremento de x, Δx, tiende hacia cero, en virtud de la continuidad de la función, Δy también se hará cero. Si ahora se considera a x como función y a y como variable independiente, si Δy tiende a cero lo hará también Δx, condición propia de una función continua, luego $x = F(y)$ es continua.

Como comprobación de ello recordemos que la función exponencial $y = a^x$ es continua, y también lo es su inversa la función logarítmica $y = \log_a x$, conforme se ha demostrado en el párrafo anterior.

2.ª *Si varias funciones de una misma variable, en número finito, son continuas entre ciertos límites, su suma algebraica también lo será entre los mismos límites.*

Sea y la suma algebraica de un número finito de funciones continuas z, u, v de la variable x; vamos a demostrar que la suma algebraica $y = z + u - v$ es una función continua.

Por ser z, u y v funciones de x, al dar a ésta un incremento Δx, recibirán z, u y v, respectivamente, los incrementos Δz, Δu y Δv; llamando Δy al incremento de la función, tendremos:

$$y + \Delta y = (z + \Delta z) + (u + \Delta u) - (v + \Delta v),$$

de donde

$$\Delta y = \Delta z + \Delta u - \Delta v,$$

y, por consiguiente,

$$\text{lím. } \Delta y = \text{lím. } \Delta z + \text{lím. } \Delta u - \text{lím. } \Delta v,$$

pero cuando Δx tienda hacia cero:

$$\text{lím. } \Delta z = 0$$
$$\text{lím. } \Delta u = 0$$
$$\text{lím. } \Delta v = 0$$

luego

$$\Delta y = 0$$

y, por consiguiente, Δy es un infinitamente pequeño, lo cual demuestra que la suma y es una función continua de x.

De esta propiedad demostrada deducimos que si tenemos varias funciones continuas de x, tales como $A_1 x^m$, $A_2 x^n$, $A_3 x^p$, $A_4 x^q$... en número finito, su suma

$$A_1 x^m + A_2 x^n + A_3 x^p + A_4 x^q,$$

que es en realidad un polinomio, también es una función continua de x.

3.ª *Si varias funciones de una misma variable, en número finito, son continuas entre ciertos límites, su producto también lo será entre los mismos límites.*

En efecto: si z y u son dos funciones continuas de x, su producto y también lo será.

Tenemos

$$y = z \cdot u;$$

incrementando la variable x:

$$y + \Delta y = (z + \Delta z) \cdot (u + \Delta u) = z u + u \Delta z + z \Delta u + \Delta z \Delta u$$

y restando de esta igualdad la primera:

$$\Delta y = u \Delta z + z \Delta u + \Delta z \Delta u,$$

de donde

$$\text{lím. } \Delta y = u \text{ lím. } \Delta z + z \text{ lím. } \Delta u + \text{lím. } \Delta z \Delta u, \qquad (1)$$

pero al tender Δx a cero, resulta:

$$\text{lím. } \Delta z = 0$$
$$\text{lím. } \Delta u = 0$$
$$\text{lím. } \Delta z \Delta u = 0$$

y, por consiguiente, como z y u son cantidades finitas, el segundo miembro de la igualdad (1) se anula, y tendremos:

$$\text{lím. } \Delta y = 0$$

y, por consiguiente, al ser Δx un infinitamente pequeño, Δy también lo es, lo que indica que la función $y = z \cdot u$ es una función continua.

De una manera análoga se demostraría la propiedad para un número mayor de factores.

4.ª *El cociente de dos funciones continuas de una misma variable es también una función continua de la misma variable.*

En efecto: sean z y u dos funciones continuas de la variable x, e y su cociente:

$$y = \frac{z}{u},$$

podemos escribir:

$$y = \frac{z}{u} = z \cdot \frac{1}{u},$$

y como u es función continua de x, su inversa $\dfrac{1}{u}$ también lo será; por consiguiente, lo será el producto $z \times \dfrac{1}{u}$, en virtud de la propiedad estudiada antes; por consiguiente, su cociente y es también una función continua de x, excepto para los valores de x que anulen la función denominador u.

5.ª *Toda potencia de una función continua de* x, *de exponente entero y positivo, es una función continua de la misma variable* x.

En efecto: la propiedad enunciada es una consecuencia de la propiedad tercera, en el caso de que todas las funciones, u, v,..., etc., fueran iguales a z; pero se puede demostrar siguiendo una marcha análoga. Sea

$$y = u^m$$

en la que u es una función continua de x, y m un número entero y positivo; incrementando x en Δx, u recibirá el incremento Δu y la función el incremento Δy:

$$y + \Delta y = (u + \Delta u)^m$$

y restando de esta igualdad la anterior:

$$\Delta y \ (u + \Delta u)^m - u^m,$$

de donde:

$$\text{lím. } \Delta y = \Big(\text{lím. } (u + \Delta u) \Big)^m - u^m,$$

y como Δu se anula cuando Δx se hace igual a cero, tendremos:

$$\text{lím. } \Delta y = 0,$$

lo cual demuestra que $y = u^m$ es una función continua.

674

6.ª *Toda raíz de una función continua de* x, *siendo el índice radical un número entero y positivo, es una función continua de la misma variable.*

Si tenemos la función

$$y = \sqrt[n]{u}$$

en la que *u* es una función continua de x, e incrementamos x en Δ x, resulta:

$$y + \Delta y = \sqrt[n]{u + \Delta u}$$

y restando de esta igualdad la anterior:

$$\Delta y = \sqrt[n]{u + \Delta u} - \sqrt[n]{u}$$

y llevando al límite:

$$\text{lím. } \Delta y = \sqrt[n]{\text{lím. } (u + \Delta u)} - \sqrt[n]{u}$$

y como

$$\text{lím. } (u + \Delta u) = u,$$

resulta:

$$\text{lím. } y = \sqrt[n]{u} - \sqrt[n]{u} = 0,$$

luego la función *y* propuesta es continua.

7.ª *Toda potencia de la variable* x, *de exponente finito, es una función continua de la misma variable* x.

En efecto: si

$$y = x^m$$

e incrementamos x en Δ x, se tiene:

$$y + \Delta y = (x + \Delta x)^m$$

y restando de ésta la igualdad anterior:

$$\Delta y = (x + \Delta x)^m - x^m,$$

de donde:

$$\text{lím. } \Delta y = (\text{lím. } (x + \Delta x))^m = x^m,$$

pero

$$(\text{lím. } (x + \Delta x))^m = x^m,$$

luego

$$\text{lím. } \Delta y = x^m - x^m = 0;$$

por consiguiente, la función $y = x^m$ es continua.

17. Continuidad de algunas funciones trigonométricas. — Las funciones trigonométricas $y = sen\ x$ e $y = cos\ x$ son funciones continuas de x.

En efecto: tomemos la primera, e incrementemos la variable x, en Δ x; tendremos:

$$y + \Delta y = sen\ (x + \Delta x)$$

y restando de ésta la igualdad anterior:

$$\Delta y = \text{sen}\,(x + \Delta x) = \text{sen}\,x - 2\,\text{sen}\,\frac{\Delta x}{2}\,\cos\left(x + \frac{\Delta x}{2}\right)$$

(Trigonometría, 61) y tomando límites:

$$\text{lím.}\,\Delta y = 2\,\cos x \times \text{lím.}\,\text{sen}\,\frac{\Delta x}{2}$$

pero como *lím. sen* $\dfrac{\Delta x}{2} = 0$ y $2\,cos\,x$ es una cantidad finita, resulta:

$$\text{lím.}\,\Delta y = 0,$$

lo cual demuestra que la función $y = sen\,x$ es una función continua.
Veámoslo ahora para la función

$$y = \cos x.$$

Incrementando la variable x en Δx:

$$y + \Delta y = \cos\,(x + \Delta x),$$

restando de ésta la igualdad anterior:

$$\Delta y = \cos\,(x + \Delta x) - \cos x = -2\,\text{sen}\,\frac{\Delta x}{2}\,\text{sen}\left(x + \frac{\Delta x}{2}\right)$$

(Trigonometría, 61) y tomando límites:

$$\text{lím.}\,\Delta y = -2\,\text{sen}\,x \times \text{lím.}\,\text{sen}\,\frac{\Delta x}{2},$$

pero el segundo factor tiende a cero cuando lo hace Δx, y el primero es una cantidad finita, luego:

$$\text{lím.}\,\Delta y = 0,$$

lo cual demuestra que la función $y = cos\,x$ es continua.
Siendo continuas las funciones *sen* x y *cos* x, lo serán también

$$\frac{\text{sen}\,x}{\cos x} = \text{tg}\,x; \qquad \frac{\cos x}{\text{sen}\,x} = \text{cotg}\,x; \qquad \frac{1}{\cos x} = \sec x; \qquad \frac{1}{\text{sen}\,x} = \text{cosec}\,x,$$

al menos entre ciertos límites, es decir, menos para todos aquellos valores que anulen a los divisores *cos* x y *sen* x.

18. **Teorema.** — *Si una función* $y = f\,(x)$ *es continua para todo valor de* x *comprendido entre dos números* a *y* b *y si* f *(a) y* f *(b) son de signos contrarios, existe cuando menos un valor de* x, *comprendido entre* a *y* b, *para el cual se anula la función* f *(x).*

Supongamos, para demostrarlo, que $f(a)$ >0 y $f(b)<0$, y que la curva M N (fig. 3) representa la función $y=f(x)$ en el intervalo (a, b).

Se ve claramente que si para un valor de la variable $x=$ O A $=a$ le corresponde una ordenada M A $=f(a)$ positiva y que al valor de $x=$ O B $=b$ le corresponde la ordenada negativa B N $=f(b)$, al pasar la curva del punto M al punto N ha de cortar forzosamente, por ser continua, al eje O X en un punto tal como el punto C, cuya ordenada es cero, es decir, que en él el valor de la función $f(x)$ se anula, y esto ocurre cuando la variable x toma el valor c comprendido entre a y b.

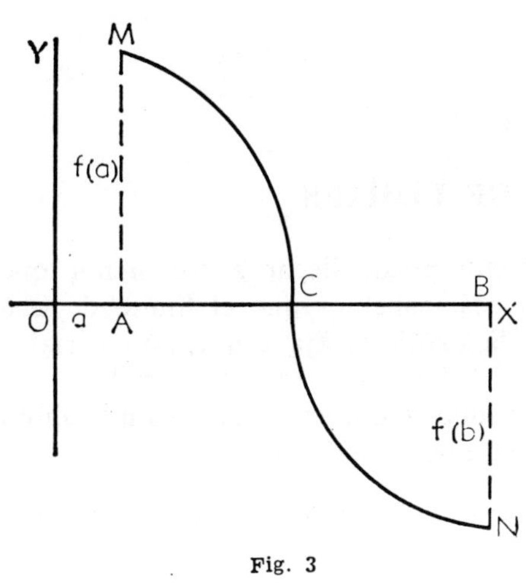

Fig. 3

COROLARIO. — *Si una función* f (x) *es continua para todo valor de x comprendido entre a y b, cuando x adquiere sucesivamente todos los valores comprendidos entre a y b, la función pasa por todos los valores comprendidos entre* f (a) *y* f (b).

Supondremos que $f(a)<f(b)$ y consideremos un valor c tal que

$$f(a)<c<f(b).$$

Si el teorema es cierto, habrá un valor de x comprendido entre a y b tal que la función $f(x)$ tome el valor de c. Como el valor de $f(a)-c$ es positivo y el de $f(b)-c$ es negativo y la función es continua, la función $f(x)-c$ se anulará para un valor de x comprendido entre a y b.

CAPÍTULO II

TEORÍA ELEMENTAL DE LÍMITES

19.   Una variable que decrece indefinidamente puede llegar a ser menor que cualquier cantidad dada, por pequeña que ésta sea. Sabemos que el límite de una cantidad variable (véase Álgebra, núm. 260) es la cantidad fija a que esta variable se aproxima indefinidamente hasta poder ser la diferencia entre la variable y la cantidad fija, menor que cualquier número por pequeño que éste sea. Veamos ahora algunos principios fundamentales referentes a la teoría de límites.

1.º *El límite de toda cantidad α menor que cualquiera otra cantidad dada es cero.*

Es decir, que

$$\text{lím.}\ \alpha = 0.$$

En efecto: si su límite no fuese cero, sino otra cantidad β distinta de cero, se tendría:

$$\alpha < \beta,$$

pero como β es el límite inferior de α, resultaría

$$\alpha > \beta,$$

lo cual es absurdo, pues no pueden subsistir ambas desigualdades, **luego**

$$\text{lím.}\ \alpha = 0.$$

Toda variable que tiene por límite *cero* se la denomina cantidad *infinitamente pequeña, infinitésimo o infinitamente pequeño.*

2.º *Al contrario de cero, el símbolo $\dfrac{a}{0}$ representa una cantidad mayor que cualquier número dado* A, *por grande que éste sea, es decir, que*

$$\frac{a}{0} > A.$$

La cantidad $\dfrac{a}{0}$, que se representa también por ∞, recibe el nombre de *infinito*, y toda variable que tienda indefinidamente hacia $\dfrac{a}{0}$ hasta alcanzar un valor tan grande como se quiera, se denomina *un infinitamente grande.*

La relación de toda cantidad finita a un infinitamente pequeño es un infinitamente grande, así como su relación a un infinitamente grande es un infinitamente pequeño.

3.º *Dos cantidades fijas que se supone que difieren entre sí en una cantidad infinitamente pequeña, no difieren entre sí realmente sino que son rigurosamente iguales.*

678

4.º *Dos variables finitas, que sólo difieren entre sí en una cantidad infinitamente pequeña, tienden hacia un mismo límite.*

En efecto: supongamos las variables finitas x e y que tienen por límites respectivos A y B, de los que llegan a diferir en cantidades infinitamente pequeñas, tales como α y β. Se tendrá:

$$A = x + \alpha$$

$$B = y + \beta$$

de donde

$$A - B = x - y + (\alpha - \beta),$$

pero como por hipótesis x e y difieren entre sí un indefinidamente pequeño δ, por ejemplo, y por consiguiente:

$$x = \delta + y \qquad y \qquad x - y = \delta$$

resultará, substituyendo $x - y$ por δ en la igualdad anterior:

$$A - B = \delta - (\alpha - \beta),$$

cuyo segundo miembro es un infinitamente pequeño por ser suma de cantidades infinitamente pequeñas; luego A y B, cantidades fijas, serán iguales entre sí en virtud de lo demostrado en el párrafo anterior (3.º), y las variables x e y tenderán al mismo límite $A = B$.

5.º *Una misma variable no puede tender simultáneamente a dos límites distintos, sino a uno solo.*

Si la variable x tendiese simultáneamente hacia los límites A y B, resultaría, siendo α y β la diferencia indefinidamente pequeña entre x y sus límites A y B:

$$A = x + \alpha$$

$$B = x + \beta$$

de donde:

$$A - B = \alpha - \beta,$$

pero como α y β son indefinidamente pequeños, con mayor razón lo será su diferencia, luego según (1.º), A y B son iguales, y el límite de x es, único.

6.º *Dos variables que se conservan constantemente iguales, entre sí, tienden hacia un mismo límite o tienen límites iguales.*

Supongamos que A y B son los límites respectivos de las variables x e y, se tendrá:

$$A = x + \alpha$$

$$B = y + \beta,$$

luego

$$A - B = x - y + (\alpha - \beta)$$

siendo α y β dos infinitamente pequeños.

Pero como x e y se conservan constantemente iguales,

$$A - B = \alpha - \beta,$$

de donde, según (3.º),

$$A = B.$$

Este último principio, llamado *teorema de Arbogast,* es fundamental en la **teoría** de los límites y de él se deduce que:

Si tenemos la ecuación

$$F (x, y, z, ...) = f (x, y, z, ...)$$

cuyos dos términos son funciones continuas cualesquiera de las variables x, y, z, ..., *dependientes o independientes unas de otras, y suponemos que* a, b, c, ..., *son los límites respectivos de* x, y, z, ..., *se cumple que*

$$F (a, b, c, ...) = f (a, b, c, ...)$$

es decir, que la relación entre los límites es exactamente la misma que la que se verifica constantemente entre sus variables.

·En efecto: si *F* y *f* son funciones continuas de x, y, z, ..., estas variables experimentan evidentemente variaciones o incrementos indefinidamente pequeños que tienden a cero, luego si x, y, z, ..., tienden simultáneamente hacia sus límites a, b, c, ..., es claro que las funciones *F (x, y, z, ...)* y *f (x, y, z, ...)* tenderán hacia *F (a, b, c, ...)* y *f (a, b, c, ...),* luego estas dos últimas funciones son los límites respectivos de las dos funciones precedentes, y como éstas se conservan constantemente iguales, las otras dos también lo serán y podremos escribir:

$$F (a, b, c, ...) = f (a, b, c, ...).$$

20. Límite de una suma de un número finito de cantidades variables. — *Es igual a la suma de los límites de estas variables.*

En efecto: sean x, y, z, ... u, las variables en cuestión, y a, b, c, ... l, sus límites respectivos; podemos escribir:

$$\left.\begin{array}{l} x+\alpha=a \\ y+\beta=b \\ z+\gamma=c \\ \cdots \\ u+\lambda=l \end{array}\right\} \text{luego } (x+y+z+...+u)+(\alpha+\beta+\gamma+...+\lambda)=a+b+c+...+l$$

Representando con Δ la mayor de las diferencias α, β, γ... λ, y suponiendo que sea *n* el número de estas diferencias, se cumplirá indudablemente:

$$\alpha+\beta+\gamma+...+\lambda<\Delta+\Delta+\Delta+...+\Delta=n\,\Delta$$

pero *n* es un número finito, Δ es un indefinidamente pequeño, luego $n\,\Delta$ tiene por límite *cero*, y con mayor razón la suma $\alpha+\beta+\gamma...+\lambda$, que es menor de $n\,\Delta$, tenderá a cero, luego:

$$\text{lím. } (\alpha+\beta+\gamma+...+\lambda)=a+b+c+...+l,$$

pero *a, b, c, ..., l,* son los límites de *x, y, z, ..., u,* luego:

$$\text{lím. } (x+y+z+...+u)=\text{lím. } x+\text{lím. } y+\text{lím. } z+...+\text{lím. } u.$$

21. Límite de la diferencia de dos variables. — *Es igual a la diferencia de los límites de ellas.*

En efecto: si suponemos

$$x-y=d$$

se tiene

$$d+y=x$$

y según el principio anterior,

$$\text{lím. } d + \text{lím. } y = \text{lím. } x,$$

de donde:

$$\text{lím. } d = \text{lím. } x - \text{lím. } y$$

luego substituyendo d por su valor $x - y$:

$$\text{lím. } (x - y) = \text{lím. } x - \text{lím. } y.$$

22. Límite de un producto de un número finito de factores variables. — *Es igual al producto de los límites de los factores.*

Supongamos los factores variables x e y, a y b sus límites respectivos:

$$a = x + \alpha$$

$$b = y + \beta$$

multiplicando ordenadamente:

$$a\,b = x\,y + \alpha\,y + \beta\,x + \alpha\,\beta$$

pero como x e y son cantidades finitas y α y β cantidades que tienden a cero, los productos $\alpha\,y$ $\beta\,x$ también tenderán a cero, luego

$$\text{lím. } (\alpha\,y + \beta\,x + \alpha\,\beta) = 0,$$

y, por consiguiente,

$$\text{lím. } x\,y = a\,b,$$

o bien, por ser $a = \text{lím. } x$ y $b = \text{lím. } y$.

$$\text{lím. } x\,y = \text{lím. } x \times \text{lím. } y.$$

El teorema es cierto para cualquier número n finito de factores.

23. Límite del cociente de dos variables. — *Es igual al cociente de los límites de las variables siempre que la variable divisor no tienda a cero.*

Sean x e y las variables, c su cociente, tendremos:

$$c = \frac{x}{y} \qquad \text{luego} \qquad c\,y = x,$$

pero según el principio del párrafo anterior:

$$\text{lím. } c \times \text{lím. } y = \text{lím. } x,$$

luego

$$\text{lím. } c = \frac{\text{lím. } x}{\text{lím. } y}$$

y substituyendo c por su valor $\dfrac{x}{y}$:

$$\text{lím. } \frac{x}{y} = \frac{\text{lím. } x}{\text{lím. } y}.$$

24. Límite de una potencia de una variable x. — *Es igual a la potencia del límite de la misma variable, siendo el exponente finito.*

Sea x la base variable y m su exponente finito y entero; tendremos:

$$x^m = x \cdot x \cdot x \cdot x \ldots$$

Pero según lo dicho anteriormente en (22):

$$\text{lím. } x^m = \text{lím. } x \times \text{lím. } x \times \text{lím. } x^x.$$

luego

$$\text{lím. } x^m = (\text{lím. } x)^m.$$

El principio es aplicable al caso de exponente fraccionario, y sea éste, por ejemplo, $\dfrac{p}{q}$:

Supongamos, pues,

$$y = x^{\frac{p}{q}}$$

se deduce

$$y^q = x^p,$$

de donde

$$(\text{lím. } y)^q = \text{lím. } x)^p,$$

luego

$$\text{lím. } y = (\text{lím. } x)^{\frac{p}{q}}$$

y substituyendo y por su valor $x^{\frac{p}{q}}$, tendremos:

$$\text{lím. } x^{\frac{p}{q}} = (\text{lím. } x)^{\frac{p}{q}}.$$

Si m es negativa, se tiene:

$$x^{-m} = \frac{1}{x^m}$$

y por lo dicho en el párrafo anterior, tendremos:

$$\text{lím. } x^{-m} = \frac{1}{(\text{lím. } x)^m} = (\text{lím. } x)^{-m}.$$

25. Límite de una raíz de una variable. — *Es igual a la raíz del mismo índice del límite de la misma variable.*

Si suponemos:

$$\sqrt[n]{x} = r, \qquad \text{resulta} \qquad x = r^n,$$

y por lo dicho en el párrafo anterior:

$$\text{lím. } x = (\text{lím. } r)^n,$$

luego

$$\text{lím. } r = \sqrt[n]{\text{lím. } x}$$

y substituyendo *r* por su valor:

$$\lim. \sqrt[n]{x} = \sqrt[n]{\lim. x}$$

Este último principio es fundamental para el cálculo del límite de las expresiones

$$\left(1+\frac{1}{m}\right)^{m}$$

el crecer *m* indefinidamente, y de

$$(1+\alpha)^{\frac{1}{\alpha}}$$

como luego veremos al hablar del número *e*.

26. Límite de una variable. — Se dice que una variable x tiene por límite un número x_0 cuando la ley de variación de esta variable es tal que su valor finito *puede llegar a ser y estar indefinidamente comprendido* entre $x_0 - \varepsilon$ y $x_0 + \varepsilon$, siendo ε un número positivo tan pequeño como se quiera.

27. Límite de una función de una variable. — Supongamos un número ε, positivo y tan pequeño como se quiera; si se puede determinar un número α, positivo, tal que para todos los valores de x comprendidos entre $x_0 - \alpha$ y $x_0 + \alpha$, el valor de la función *y* quede siempre comprendido entre $l - \varepsilon$ y $l + \varepsilon$, siendo *l* un número finito y bien determinado, se dice entonces que el valor de la función tiende hacia el *límite l* cuando la variable x tiende hacia x_0. Se tendrá entonces, para los valores de x considerados:

$$l - \varepsilon < y < l + \varepsilon$$

y esta doble desigualdad define al límite *l*.

Sintetizando, resulta:

Se dice que una función $y = f(x)$ *tiene un límite l cuando su variable x tiende a su límite* x_0, *si es posible tomar un número positivo* α *tal que para todos los valores de x que cumplan la condición*

$$\mid x - x_0 \mid < \alpha$$

correspondan a la función y valores que a su vez cumplan la condición

$$\mid y - l \mid < \varepsilon$$

siendo ε *un número positivo tan pequeño como se quiera.*

Nada se exige respecto del comportamiento de la función cuando x tome el valor x_0; pero si al dar a x este valor la función *y* tomará el valor *l*, es decir si $f(x_0) = l$, entonces la función $y = f(x)$ es continua para $x = x_0$.

Como caso particular podremos considerar el que *y* tenga como límite cero; *la función* $y = f(x)$ *tendrá por límite cero cuando* x *tienda a* x_0, *si es posible determinar un número positivo* α *tal que para todos los valores de* x *que verifiquen la desigualdad*

$$| \; x - x_0 \; | < \alpha$$

resulte siempre que el valor de y *sea menor que* ε, *siendo* ε *un número positivo tan pequeño como se quiera.*

28.   Conviene conocer los límites de las funciones circulares, tan empleados en el cálculo matemático, y vamos a determinarlos; pero es preciso demostrar antes el principio siguiente.

El seno de un arco x *menor que un cuadrante y medido con el radio, tomado como unidad, es menor que el arco, y éste a su vez, menor que la tangente trigonométrica correspondiente.*

Es decir, que se cumple la doble desigualdad siguiente:

$$\text{sen } x < x < tg \; x.$$

En efecto: sea el arco A B en el círculo O (fig. 4), cuya longitud es x. Tanto su seno como su tangente trigonométrica son positivos por ser $x < \dfrac{\pi}{2}$, y los valores y magnitudes de estas líneas trigonométricas, suponiendo el radio como unidad, serán:

$$\text{sen } x = B \, S \qquad tg \, x = A \, T.$$

Unamos los puntos B y A con la cuerda B A, y comparando las áreas de los triángulos T O A, B O A y la del sector circular O A B, tendremos:

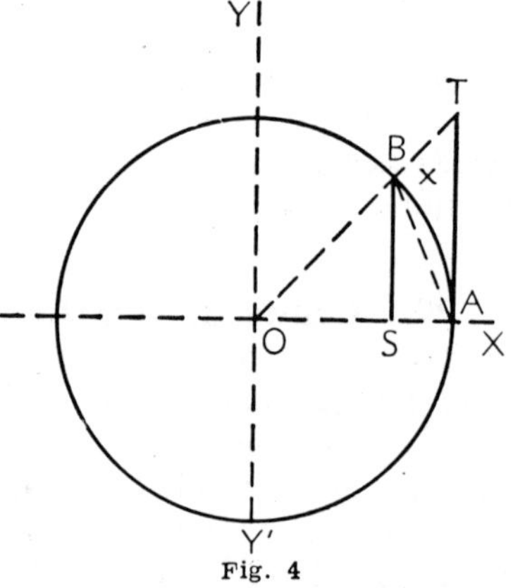

Fig. 4

$$\text{área triáng. B O A} < \text{área sector O A B} < \text{área triáng. T O A}$$

o lo que es lo mismo:

$$\frac{1}{2} O \, A \cdot B \, S < \frac{1}{2} O \, A \cdot \text{arc } A \, B < \frac{1}{2} O \, A \cdot A \, T$$

y dividiendo todo por $\dfrac{1}{2}$ O A, resulta:

$$B \, S < A \, B < A \, T$$

o lo que es lo mismo:

$$\text{sen } x < x < tg \, x.$$

29.   **Límite de** cos x. — *Cuando el arco* x *tiende a cero, la función* $y = \cos x$ *tiene por límite la unidad.*

En efecto: según lo expuesto en Trigonometría (60)

$$1 - \cos x = 2 \, \text{sen}^2 \, \frac{x}{2}$$

684

pero como, según lo dicho en el párrafo anterior, el seno de un arco es menor que éste,

$$2\operatorname{sen}^2\frac{x}{2}<2\left(\frac{x}{2}\right)^2 \qquad y \qquad 2\left(\frac{x}{2}\right)^2=\frac{x^2}{2},$$

luego

$$1-\cos x<2\left(\frac{x}{2}\right)^2 \qquad \text{o bien} \qquad 1-\cos x<\frac{x^2}{2}.$$

Cuando el arco x tiende hacia cero, $\dfrac{x^2}{2}$ tiende hacia cero, y siendo ε un número positivo indefinidamente pequeño, se cumplirá:

$$1-\cos x<\varepsilon$$

lo cual se cumple cuando $\cos x \to 1$, luego

$$\lim_{x \to 0} \cos x = 1.$$

30. Límite de $\dfrac{\operatorname{sen} x}{x}$. — *La relación* $\dfrac{\operatorname{sen} x}{x}$ *tiene por límite la unidad cuando* x *tiende a cero.*

1.º *Para el arco* x *positivo.*
Sabemos que

$$\operatorname{sen} x < x < \operatorname{tg} x$$

y dividiendo todo por *sen x:*

$$1<\frac{x}{\operatorname{sen} x}<\frac{1}{\cos x}$$

su recíproca será:

$$1>\frac{\operatorname{sen} x}{x}>\cos x$$

y restando de 1 todos los términos, resulta:

$$1-\frac{\operatorname{sen} x}{x}<1-\cos x.$$

Al tender x a cero, $1-\cos x$ tiende hacia cero, y por consiguiente, la diferencia $1-\dfrac{\operatorname{sen} x}{x}$ tiende también hacia cero, lo cual exige la igualdad

$$1=\frac{\operatorname{sen} x}{x},$$

luego la relación $\dfrac{\operatorname{sen} x}{x}$ tiende hacia la unidad o tiene por límite la unidad cuando el arco x tiende hacia cero.

2.º *Para el arco* x *negativo.*

Representando con x' el arco opuesto a x, x' será positivo y tendremos:

$$x = -x'$$

y se puede escribir:

$$\frac{\operatorname{sen} x}{x} = \frac{\operatorname{sen}(-x')}{-x'} = \frac{-\operatorname{sen} x'}{-x'} = \frac{\operatorname{sen} x'}{x'}.$$

La relación $\dfrac{\operatorname{sen} x'}{x'}$ tiene por límite 1 cuando x' tiende a cero, luego la relación $\dfrac{\operatorname{sen} x}{x}$ tendrá también como límite la unidad.

31. Límite de la función $y = \dfrac{x}{\operatorname{tg} x}$. — *El límite de la función* $y = \dfrac{x}{\operatorname{tg} x}$ *cuando* x *tiende a cero, es igual a la unidad.*

Supongamos el arco x positivo; si dividimos por $\operatorname{tg} x$, o, lo que es lo mismo, por $\dfrac{\operatorname{sen} x}{\cos x}$ los términos de la desigualdad

$$\operatorname{sen} x < x < \operatorname{tg} x$$

tendremos:

$$\cos x < \frac{x}{\operatorname{tg} x} < 1$$

y restando la desigualdad de 1, tendremos:

$$1 - \cos x > 1 - \frac{x}{\operatorname{tg} x}$$

cuando el arco x tiende a cero, $1 - \cos x$ tiende a cero y, por consiguiente, más aún la diferencia $1 - \dfrac{x}{\operatorname{tg} x}$, es decir, que en el límite

$$1 - \frac{x}{\operatorname{tg} x} \to 0, \qquad \text{o sea} \qquad \frac{x}{\operatorname{tg} x} = 1$$

luego el límite de $\dfrac{x}{\operatorname{tg} x}$ es igual a la unidad cuando x tiende a cero.

Si el arco x fuese negativo, seguiríamos un camino análogo al indicado en el párrafo anterior para el límite de $\dfrac{x}{\operatorname{sen} x}$.

CAPÍTULO III

TEORÍA DEL NÚMERO e

92. El número e, de tan gran importancia en Matemáticas, es el límite a que tiende la expresión $\left(1+\dfrac{1}{n}\right)^n$ cuando n tiende hacia infinito. Este número vale más de 2 y menos de 3, y además es inconmensurable. Vamos a estudiar su obtención y a demostrar las dos propiedades enunciadas.

Desarrollando la expresión $\left(1+\dfrac{1}{n}\right)^n$, según la fórmula del desarrollo del binomio de Newton, tendremos:

$$\left(1+\frac{1}{n}\right)^n = 1 + n\cdot\frac{1}{n} + \frac{n\,(n-1)}{1\cdot 2}\cdot\frac{1}{n^2} + \frac{n\,(n-1)\,(n-2)}{1\cdot 2\cdot 3}\cdot\frac{1}{n^3} + \ldots$$

$$+ \frac{n\,(n-1)\,(n-2)\,(n-3)\ldots(n-n+1)}{1\cdot 2\cdot 3\ldots n}\cdot\frac{1}{n^2}$$

y cambiando el lugar de los denominadores a partir del tercero y simplificando, obtendremos:

$$\left(1+\frac{1}{n}\right)^n = 1 + 1 + \frac{n\,(n-1)}{n^2}\cdot\frac{1}{2!} + \frac{n\,(-1)\,(n-2)}{n^3}\cdot\frac{1}{3!} + \ldots$$

$$+ \frac{n\,(n-1)\,(n-2)\ldots(n-n+1)}{n^n}\cdot\frac{1}{n!} = 1 + 1 + \frac{n-1}{n}\cdot\frac{1}{2!} +$$

$$+ \frac{n-1}{n}\cdot\frac{n-2}{n}\cdot\frac{1}{3!} + \ldots + \frac{n-1}{n}\cdot\frac{n-2}{n}\cdot\frac{n-3}{n}\ldots\frac{n-n+1}{n}\cdot\frac{1}{n!}$$

y efectuando operaciones:

$$\left(1+\frac{1}{n}\right)^n = 1 + 1 + \left(1-\frac{1}{n}\right)\frac{1}{2!} + \left(1-\frac{1}{n}\right)\left(1-\frac{1}{n}\right)\cdot\frac{1}{3!} + \ldots$$

$$+ \left(1-\frac{1}{n}\right)\left(1-\frac{2}{n}\right)\left(1-\frac{3}{n}\right)\ldots\left(1-\frac{n-1}{n}\right)\cdot\frac{1}{n!} \qquad (1)$$

Si n aumenta hasta tomar un valor infinitamente grande, los substraendos $\dfrac{1}{n}$, $\dfrac{2}{n}$, $\dfrac{3}{n}$, ... $\dfrac{n-1}{n}$ se hacen indefinidamente pequeños, y tienden a cero cuando n tiende a infinito, y, por consiguiente, la suma (1) se transformará en

$$1 + 1 + \frac{1}{2!} + \frac{1}{3!} + \ldots + \frac{1}{n!} = 2 + \frac{1}{2!} + \frac{1}{3!} + \ldots + \frac{1}{n!}$$

Ahora bien,

$$\frac{1}{2!}+\frac{1}{3!}+\ldots+\frac{1}{n!}<\frac{1}{2}+\frac{1}{4}+\ldots+\frac{1}{2^n}$$

pues

$$\frac{1}{2!}=\frac{1}{2}\,,\ \frac{1}{3!}=\frac{1}{1\cdot2\cdot3}<\frac{1}{4}\,;\ \ \frac{1}{4!}=\frac{1}{1\cdot2\cdot3\cdot4}<\frac{1}{8}\ldots\frac{1}{n!}=\frac{1}{1\cdot2\cdot3\ldots n}<\frac{1}{2^n}$$

y como

$$\frac{1}{2}+\frac{1}{4}+\frac{1}{8}+\ldots+\frac{1}{n}=\frac{\dfrac{1}{2}}{1-\dfrac{1}{2}}=1$$

cuando sea $n=\infty$ (según vimos en Álgebra al hablar de la suma de los términos de una progresión geométrica decreciente de razón inferior a la unidad y número ilimitado de términos), resulta, pues, que

$$\frac{1}{2!}+\frac{1}{3!}+\ldots+\frac{1}{n!}<1.$$

Por consiguiente, se cumple que

$$2<e<3.$$

El número e es inconmensurable. En efecto: supongámoslo conmensurable e igual, por ejemplo, a $\dfrac{p}{q}$; tendremos:

$$\frac{p}{q}=1+\frac{1}{1!}+\frac{1}{2!}+\frac{1}{3!}+\ldots+\frac{1}{q!}+\frac{1}{(q+1)!}+\frac{1}{(q+2)!}+\ldots$$

multiplicando ambos miembros por $q!$:

$$p\frac{q!}{q}=q!+\frac{q!}{1!}+\frac{q!}{2!}+\frac{q!}{3!}+\ldots+\frac{q!}{q!}+\frac{q!}{(q+1)!}+\frac{q!}{(q+2)!}+\ldots$$

y recordando que

$$q!=1\cdot2\cdot3\ldots q$$

y efectuando la reducción consiguiente en la última igualdad, se obtiene:

$$p\,(q-1)!=q!+q!+(3\cdot4\cdot5\ldots q)+\ldots+1+\frac{1}{q+1}+\frac{1}{(q+1)\,(q+2)}+\ldots$$

y representando el primer miembro, que es un número entero, por N, y

$$q!+q!+(3\cdot4\cdot5\ldots q)+\ldots+1$$

que es otro número entero, por N′, tendremos:

$$N=N'+\left[\frac{1}{q+1}+\frac{1}{(q+1)\,(q+2)}+\ldots\right]\qquad(1),$$

pero

$$\frac{1}{q+1}+\frac{1}{(q+1)\,(q+2)}+\ldots<\frac{1}{q+1}+\frac{1}{(q+1)^2}+\ldots$$

688

y como

$$\frac{1}{q+1}+\frac{1}{(q+1)^2}+\ldots=\frac{\dfrac{1}{q+1}}{1-\dfrac{1}{q+1}}=\frac{1}{1+q-1}=\frac{1}{q}<1,$$

resultaría, substituyendo valores en (1), que el número entero N sería igual a otro entero N′ más una fracción, lo cual es imposible; luego el número *e* es inconmensurable y, por consiguiente, irracional. Por esta razón se le substituye en el cálculo por valores aproximados que resultan de tomar en consideración un cierto número de términos, tantos como se quiera, de la serie

$$1+\frac{1}{1!}+\frac{1}{2!}+\frac{1}{3!}+\frac{1}{4!}+\ldots+\frac{1}{n!}+\ldots$$

Designándolos por u_1, u_2, u_3, $u_4\ldots$ se ve que cada uno es igual al anterior dividido por el lugar que éste ocupa. El valor de *e* lo obtendremos aproximadamente de estas dos formas:

$u_1=1$	$1=1$
$u_1\ :\ 1=u_2=1$	$\dfrac{1}{1}=1$
$u_2\ :\ 2=u_3=0,5$	$\dfrac{1}{1\cdot 2}=0,5$
$u_3\ :\ 3=u_4=0,16666666666$	$\dfrac{1}{1\cdot 2\cdot 3}=0,16666666666$
$u_4\ :\ 4=u_5=0,04166666666$	$\dfrac{1}{1\cdot 2\cdot 3\cdot 4}=0,04166666666$
$u_5\ :\ 5=u_6=0,00833333333$	$\dfrac{1}{1\cdot 2\cdot 3\cdot 4\cdot 5}=0,00833333333$
$u_6\ :\ 6=u_7=0,00138888888$	$\dfrac{1}{1\cdot 2\cdot 3\cdot 4\cdot 5\cdot 6}=0,00138888888$
$u_7\ :\ 7=u_8=0,00019841269$	$\dfrac{1}{1\cdot 2\cdot 3\cdot 4\ldots 7}=0,00019841269$
$u_8\ :\ 8=u_9=0,00002480158$	$\dfrac{1}{1\cdot 2\cdot 3\cdot 4\ldots 7\cdot 8}=0,00002480158$
$u_9\ :\ 9=u_{10}=0,00000275573$	$\dfrac{1}{1\cdot 2\cdot 3\cdot 4\ldots 8\cdot 9}=0,00000275573$
$u_{10}:10=u_{11}=0,00000027557$	$\dfrac{1}{1\cdot 2\cdot 3\ldots 8\cdot 9\cdot 10}=0,00000027557$
$u_{11}:11=u_{12}=0,00000002505$	$\dfrac{1}{1\cdot 2\cdot 3\ldots 9\cdot 10\cdot 11}=0,00000002505$
$u_{12}:12=u_{13}=0,00000000208$	$\dfrac{1}{1\cdot 2\cdot 3\ldots 10\cdot 11\cdot 12}=0,00000000208$
$u_{13}:13=u_{14}=0,00000000016$	$\dfrac{1}{1\cdot 2\cdot 3\ldots 11\cdot 12\cdot 13}=0,00000000016$
$u_{14}:14=u_{15}=0,00000000001$	$\dfrac{1}{1\cdot 2\cdot 3\ldots 12\cdot 13\cdot 14}=0,00000000001$
$\overline{2,71828182840}$	$\overline{2,71828182840}$

El valor más aproximado de e es:

$$2{,}718281828459\ldots$$

93. Otras maneras de expresar el número e. — En el párrafo anterior se ha demostrado que

$$\text{lím.}\left(1+\frac{1}{n}\right)^{n}=e.$$

Ahora bien, si en la igualdad anterior hacemos $\dfrac{1}{n}=\alpha$, al crecer n indefinidamente α tenderá a cero, y podremos escribir:

$$\text{lím. } (1+\alpha)^{\frac{1}{\alpha}}=e \text{ cuando } \alpha \longrightarrow 0.$$

Si suponemos ahora $\alpha=\dfrac{x}{p}$, tendremos $\dfrac{1}{\alpha}=\dfrac{p}{x}$, y cuando α tienda a cero, $\dfrac{x}{p}$ también tenderá a cero, pero como x es fijo, tendrá que crecer indefinidamente p, y se tendrá:

$$\text{lím. } (1+\alpha)^{\frac{1}{\alpha}} =\text{lím.}\left(1+\frac{x}{p}\right)^{\frac{p}{x}} =e \text{ cuando } \alpha \longrightarrow 0 \text{ y } p \longrightarrow \infty.$$

El límite de $\left(1+\dfrac{x}{p}\right)^{p}$ es la exponencial verdadera e^{x}. En efecto:

$$\left(1+\frac{x}{p}\right)^{p}= \left[\left(1+\frac{x}{p}\right)^{\frac{p}{x}}\right]^{x}$$

y tomando límites, esto es, cuando $p \longrightarrow \infty$, resultará:

$$\text{lím.}\left(1+\frac{x}{p}\right)^{p}= \left[\text{lím.}\left(1+\frac{x}{p}\right)^{\frac{p}{x}}\right]^{x}=e^{x}.$$

El desarrollo en serie de e^{x} se obtiene desarrollando la potencia $\left(1+\dfrac{x}{n}\right)^{n}$ de modo análogo al que se ha hecho de $\left(1+\dfrac{1}{n}\right)^{n}$. Así, obtendremos de desigualdad

$$\left(1+\frac{x}{n}\right)^{n}<1+\frac{x}{1!}+\frac{x^{2}}{2!}+\frac{x^{3}}{3!}+\ldots+\frac{x^{n}}{n!}$$

y en el límite, esto es, cuando $n \longrightarrow \infty$, se tiene:

$$\text{lím.}\left(1+\frac{x}{n}\right)^{n}=1+\frac{x}{1!}+\frac{x^{2}}{2!}+\frac{x^{3}}{3!}+\ldots+\frac{x^{n}}{n!}+\ldots$$

pero

$$\text{lím. } n \longrightarrow \infty \left(1+\frac{x}{n}\right)^{n}=e^{x},$$

luego

$$e^{n}=1+\frac{x}{1}+\frac{x^{2}}{1\cdot2}+\frac{x^{3}}{1\cdot2\cdot3}+\ldots+\frac{x^{n}}{1\cdot2\cdot3\ldots n}+\ldots$$

Esta expresión sirve para resolver multitud de problemas matemáticos y de Física y Química.

CAPÍTULO IV

TEORÍA DE DERIVADAS

32. Existencia del límite de la relación del incremento de toda función continua al incremento de la variable. — Ya sabemos que en las funciones continuas los incrementos de las variables producen incrementos en las funciones y que ambos incrementos tienen íntima dependencia, la cual, junto con su variabilidad hacia *cero*, caracteriza la continuidad de la función. Ahora bien; en virtud de esta continuidad, la relación de dichos incrementos tiene límite finito.

33. Derivada de una función. — *Se entiende por derivada de una función*

$$y = f(x) \qquad (1)$$

al límite de la relación del incremento Δy *de la función* (1) *al incremento* Δx *de su variable independiente* x, *cuando este incremento* Δx *tiende indefinidamente a cero.*

Así, si suponemos que la función (1) es continua y damos a x un incremento Δx, recibirá la función y un incremento Δy. Se tendrá:

$$y + \Delta y = f(x + \Delta x),$$

y restando de ésta la igualdad (1), se tiene:

$$\Delta y = f(x + \Delta) - f(x) \qquad (2)$$

que es *el valor del incremento de la función.*

Dividiendo la (2) por el incremento Δx de la variable, se obtiene:

$$\frac{\Delta y}{\Delta x} = \frac{f(x + \Delta x) - f(x)}{\Delta x}$$

que es *la relación del incremento de la función al incremento de la variable.*
El valor que toma

$$\operatorname{lím.} \frac{\Delta y}{\Delta x} = \operatorname{lím.} \frac{f(x + \Delta x) - f(x)}{\Delta x}$$

cuando Δx tiende hacia *cero*, esto es, cuando Δx es indefinidamente pequeño, es la DERIVADA DE LA FUNCIÓN.

34. Es fácil demostrar que una función derivable solamente puede tener una derivada, pero no se puede afirmar que toda función $f(x)$, continua para $x = x_0$, ha de tener forzosamente una derivada para este valor de la variable.

35. Notación de las derivadas. — La derivada de una función, tal como

$$y = f(x)$$

se representa mediante uno de los símbolos

$$y', \qquad \frac{dy}{dx}, \qquad f'(x)$$

que se leen *derivada de* y, *o de* f (x) *respecto de* x, o bien más sencillamente *derivada de* y o *de* f (x).

A veces se emplea la notación $\dfrac{d}{dx} f(x)$ indicando con ello que se ha de hallar la derivada de la función indicada después del símbolo $\dfrac{d}{dx}$. Por ejemplo: $\dfrac{d}{dx}$ $(3 x^2 + 2 x - 7)$, indica que se ha de buscar la derivada del polinomio $3 x^2 + 2 x - 7$ con respecto a x.

36. Regla para hallar la derivada de f (x). — Se hacen para ello las operaciones siguientes:

1.ª *Substituir en la función propuesta* x *por* $x + \Delta x$, y *en el primer miembro* y *por* $y + \Delta y$.

2.ª *Restar del nuevo valor de la función el que tenía la función primitiva, con lo cual se obtiene por diferencia el valor de* Δy, *es decir, el incremento de la función.*

3.ª *Dividir los dos miembros de la igualdad por* Δx.

4.ª *Hallar el límite de los cocientes obtenidos, cuando* Δx, *es decir, el incremento de la variable, tiende a cero. El límite hallado será la derivada que se busca.*

EJEMPLO. *Hallar la derivada de la función* $y = 5 x^2 + 2$.

1.ª $$y + \Delta y = 5 (x + \Delta x)^2 + 2.$$

2.ª $$\Delta y = 5 (x + \Delta x)^2 + 2 - 5 x^2 - 2 =$$

$$5 x^2 + 10 x \, \Delta x + 5 (\Delta x)^2 + 2 - 5 x^2 - 2 = 10 x \, \Delta x + 5 (\Delta x)^2.$$

3.ª $$\frac{\Delta y}{\Delta x} = 10 x + 5 \, \Delta x.$$

4.ª $$\frac{dy}{dx} = 10 x.$$

37. Teorema. — *Toda función derivable tiene una derivada finita y determinada, que da el valor del límite de la relación del incremento de la función al incremento de la variable.*

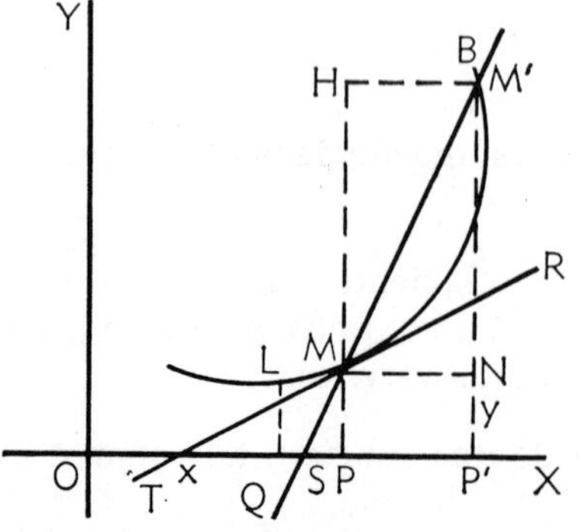

Fig. 5

En efecto: si la función continua

$$y = f(x) \qquad (1)$$

se representa por la curva L M B (fig. 5) referida a un sistema de ejes coordenados rectangulares O X, O Y, en el que x e y son las coordenadas de uno cualquiera de sus puntos, y por uno de éstos, M, se trazan una secante S M′ y una tangente T R a la curva, así como las coordenadas M P y M′ P′, se tendrá que

$$x = O P \qquad e \qquad y = M P$$

$$x = O P' \qquad e \qquad y = M P'$$

satisfarán a la función (1), es decir, que se verificará

$$M\,P = f\,(O\,P)$$

$$M'\,P' = f\,(O\,P')$$

por ser M y M' puntos de la curva (1); pero es evidente que se ha pasado del punto M al M' siguiendo todos los puntos de la curva M M' dando a la variable x un incremento $P\,P' = M\,N$ a partir del valor $O\,P$ de esta variable, y que a este incremento de x le ha correspondido a la ordenada $P\,M = P'\,N = y$ un incremento $N\,M'$. Representando, pues, M N por Δx, N M' por Δy, se tendrá:

$$\Delta y + \Delta y = f\,(x + \Delta x)$$

y restando de ésta la igualdad (1): $y = f\,(x)$

$$\Delta y = f\,(x + \Delta x) - f\,(x),$$

de donde

$$\frac{\Delta y}{\Delta x} = \frac{f\,(x + \Delta x) - f\,(x)}{\Delta x}.$$

La relación $\dfrac{\Delta y}{\Delta x}$ de los incrementos Δy, Δx, catetos del triángulo rectángulo M' N M, no es otra cosa sino el valor de la tangente trigonométrica del ángulo M' M N $= M'\,S\,X$ que forma la secante S M' con el eje de las abscisas O X. Representando con β este ángulo, tendremos:

$$\frac{\Delta y}{\Delta x} = \text{tg } \beta \qquad (2).$$

Como el ángulo β varía con cada una de las posiciones de los puntos M y M' también variará el valor de la tangente trigonométrica, que mide la relación $\dfrac{\Delta y}{\Delta x}$, y como, salvo casos excepcionales, esa tangente tiene valores finitos, se deduce que si la relación $\dfrac{\Delta y}{\Delta x}$ tiende hacia un límite cuando Δx tiende hacia *cero*, este límite será, en general, finito. Como la curva es continua, el punto M' puede recorrer sobre ella espacios infinitamente pequeños, aproximándose a M tanto como se quiera, en cuyo caso irá decreciendo por la misma ley de la continuidad Δx, y en consecuencia, Δy. La secante S M irá acercándose indefinidamente a la tangente T R a medida que M' se aproxime a M, es decir, a medida que Δx se aproxime al valor cero.

Así pues, si la relación $\dfrac{\Delta y}{\Delta x}$ está siempre medida en cualquier posición de M' sobre la curva por la tangente trigonométrica del ángulo α la relación (2) se verificará constantemente, y, por lo tanto, en el límite de las posiciones de la secante S M', que es la tangente T R, también se verificará, es decir, que la *tangente trigonométrica* del ángulo R T X, que forma con el eje de las abscisas la tangente geométrica a la curva en el punto M, y que llamaremos α, medirá el límite de la relación $\dfrac{\Delta y}{\Delta x}$, es decir:

$$\text{lím. } \frac{\Delta y}{\Delta x} = \text{tg } \alpha, \qquad \text{o sea} \qquad \text{lím. } \frac{\Delta y}{\Delta x} = y' = f'\,(x) = \text{tg } \alpha$$

cuando Δx tiende a *cero*.

Como esta tangente es *única y siempre existe* en las curvas planas, se deduce que toda función continua tiene una derivada determinada.

Así pues, *la derivada de una función continua* y = f (x) *es igual al valor de la tangente trigonométrica del ángulo que forma el eje de las* x *con la tangente geométrica a un punto de abscisa* x, y *de la curva, esto es, es igual a pendiente o coeficiente angular* m *de la tangente geométrica trazada a la curva por el punto considerado. Así pues:* $d\,y : d\,x = m$.

Si la tangente a la curva es paralela al eje de las abscisas, el ángulo que forma con éste es igual a cero, en cuyo caso la tangente trigonométrica que valora la derivada será nula, y entonces:

$$\text{lím.}\ \frac{\Delta\,y}{\Delta\,x} = y' = f'\,(x) = \text{tg}\ 0° = 0.$$

Si la misma tangente a la curva es paralela al eje de las ordenadas, el ángulo que forma con el eje de las abscisas es recto, en cuyo caso la tangente trigonométrica que valora la derivada será infinita, es decir:

$$\text{lím.}\ \frac{\Delta\,y}{\Delta\,x} = y' = f'\,(x) = \text{tg}\ 90° = \infty.$$

Se ve, pues, que los casos excepcionales en que el límite de $\dfrac{k}{h}$ no es finito (véase núm. 32), cuando h tiende hacia cero, corresponden a aquellos en que la tangente a la curva que representa la función es paralela al eje de las abscisas o al eje de las ordenadas. Fuera de estos casos, el límite de la relación $\dfrac{\Delta\,y}{\Delta\,x}$ es finito y determinado en las funciones continuas.

38. Teorema. — *El incremento de toda función continua de una variable es igual al incremento de la variable multiplicado por la derivada de la función aumentada en una cantidad que se anula con el incremento de la variable.*

En efecto; antes de llegarse al límite de la relación $\dfrac{\Delta\,y}{\Delta\,x}$, que da la derivada f (x), es decir, antes de suponer $\Delta\,x$ infinitamente pequeño, se tiene evidentemente:

$$\frac{\Delta\,y}{\Delta\,x} = f'\,(x) + \varepsilon$$

en que ε es una función de x y de $\Delta\,x$, que tiende hacia *cero* al mismo tiempo que $\Delta\,x$, y por tanto:

$$\Delta\,y = \Delta\,x\,(f'\,(x) + \varepsilon)$$

conforme al enunciado.

39. Ecuación de la tangente a una curva. — Definida como se ha hecho, la derivada de una función continua, ello nos permite determinar la ecuación de una tangente a una curva en un punto dado de ésta. En efecto: supongamos la curva dada por la función $y = 3\,x^2 - 7$ y el punto de tangencia P (3, 2); calculemos la ecuación de la tangente.

Esta ecuación es de la forma $y = a\,x + b$, en la que a representa el coeficiente angular o pendiente de la tangente, coeficiente que en este caso será el valor de la derivada de la función dada:

$$y' = 6\,x,$$

luego

$$a = 6 \cdot 3 = 18.$$

La ecuación general de la tangente se transforma en ésta:

$$y = 18\,x + b,$$

y como pasa por el punto $P\,(3, 2)$, tendremos:

$$2 = 18 \cdot 3 + b,$$

de donde

$$b = 2 - 54 = -52$$

y la ecuación pedida será, pues,

$$y = 18\,x - 52.$$

40. Significación cinemática de la derivada. — Supongamos un móvil que con movimiento uniforme y velocidad v recorre una recta a partir de un punto de la misma, positivamente en un sentido, negativamente en sentido contrario, y a partir de un instante determinado. El espacio recorrido por el móvil está ligado al tiempo t contado a partir del instante de la partida, por la fórmula

$$e = v\,t + a,$$

y como v y a son constantes, el espacio es función del tiempo:

$$e = f\,(t).$$

Para determinar ahora la velocidad de un móvil que se mueve con movimiento variado en un momento dado, por ejemplo: t segundos después del momento de partida u origen del tiempo, se considera el espacio ε recorrido por el móvil durante un intervalo de tiempo muy pequeño θ contado después de los t segundos. Durante este tiempo θ la velocidad media del móvil vendrá dada por la relación $\dfrac{\varepsilon}{\theta}$, relación entre el espacio y el tiempo.

Se llama *velocidad instantánea* del movimiento variado al *límite al cual tiende la relación* $\dfrac{\varepsilon}{\theta}$ *cuando* θ *tiende hacia cero*. Resulta, pues, que la velocidad v, no es otra cosa que la derivada $f'\,(t)$, o bien, como se dice, la derivada del espacio con relación al tiempo, es decir,

$$v = f'\,(t).$$

La definición dada es aplicable al movimiento uniforme también, pues en la ecuación de éste,

$$e = v\,t + a,$$

la derivada de e con respecto a t es v, pues a es una cantidad constante.

En el movimiento uniformemente variado la ecuación del espacio se puede expresar así:

$$e = a + b\,t + c\,t^2,$$

de donde

$$v = b + c\,t.$$

La aceleración en el movimiento uniformemente variado es $2\,c$, es decir, la velocidad con relación al tiempo.

41. A continuación se exponen las reglas para hallar las derivadas de algunas funciones.

42. **Derivadas de una constante.** — Sea la función

$$y = f(x) \qquad (1)$$

en la cual x es constante.

Si supusiésemos que al incrementar a x en Δx en la función propuesta se tuviese

$$y + \Delta y = f(x - \Delta x)$$

y restásemos de ésta la (1), se tendría:

$$\Delta y = f(x + \Delta x) - f(x),$$

pero siendo $f(x)$ constante para cualquier valor dado a x, resulta:

$$f(x) = f(x + \Delta x)$$

y, por consiguiente,

$$\Delta y = 0,$$

de donde

$$\frac{\Delta y}{\Delta x} = 0,$$

y hallando límites:

$$\text{lím.}\ \frac{\Delta y}{\Delta x} = \frac{d\,x}{d\,y} = 0,$$

lo cual sólo se cumple para $d\,y = 0$; luego resulta que si

$$y = C \ \text{(constante)}$$

será

$$d\,y = 0,$$

luego *la derivada de una constante es igual a cero.*

43. **Derivada de la variable con relación a sí misma.** — Sea la función

$$y = x \qquad (1),$$

incrementando a x en Δx, se tiene:

$$y + \Delta y = x + \Delta x \qquad (2),$$

696

y restando de ésta la igualdad (1):

$$\Delta y = \Delta x$$

y dividiendo ambos miembros por Δx:

$$\frac{\Delta y}{\Delta x} = 1$$

y llevando al límite:

$$\text{lím.} \frac{\Delta y}{\Delta x} = \frac{dy}{dx} = 1,$$

luego *la derivada de una variable con relación a sí misma es la unidad.*

44. Derivada de una suma finita de funciones. — *La derivada de una suma finita de funciones de una misma variable es igual a la suma de las derivadas de cada uno de los sumandos.*

Sean u, v y t tres funciones de la misma variable x, y representemos con u', v' y t' sus derivadas respectivas. Vamos a buscar la derivada de la suma

$$y = u + v - t \qquad (1).$$

Al incrementar la variable x en Δx, las funciones u, v y t y también y quedarán incrementadas y tendremos:

$$y + \Delta y = u + \Delta u + v + \Delta v - t - \Delta t$$

y restando de esta igualdad la (1):

$$\Delta y = \Delta u + \Delta v - \Delta t$$

dividiendo por Δx ambos miembros:

$$\frac{\Delta y}{\Delta x} = \frac{\Delta u}{\Delta x} + \frac{\Delta v}{\Delta x} - \frac{\Delta t}{\Delta x}$$

y como el límite de una suma es igual a la suma de los límites de los sumandos, y al tender Δx a cero, los límites de $\dfrac{\Delta u}{\Delta x}$, $\dfrac{\Delta v}{\Delta x}$, $\dfrac{\Delta t}{\Delta x}$, $\dfrac{\Delta y}{\Delta x}$ son, respectivamente, u', v', t' e y', resulta:

$$y' = u' + v' - t',$$

como se quería demostrar.

EjEMPLO. Sea la función

$$y = a x + b,$$

de la cual queremos hallar la derivada; siguiendo la marcha general, tendremos:

$$y + \Delta y = a(x + \Delta x) + b = a x + a \cdot \Delta x + b$$

restando de ésta la igualdad anterior:

$$\Delta y = a \Delta x,$$

de donde

$$\frac{\Delta y}{\Delta x} = a$$

y llevando al límite:

$$\frac{d\,y}{d\,x}=a.$$

45. Derivada del producto de varias funciones de la misma variable. — Distinguiremos dos casos:

1.º *Caso de dos factores.* Sea

$$y=u\cdot v \qquad (1),$$

siendo *u* y *v* dos funciones de la variable *x*, y *u′* y *v′* sus derivadas respectivas. Aplicando la regla general de derivación, tendremos:

$$y+\Delta\,y=(u+\Delta\,u)\cdot(v+\Delta\,v)=u\cdot v+u\cdot\Delta\,v+v\cdot\Delta\,u+\Delta\,u\cdot\Delta\,v.$$

Restando de ésta la igualdad (1):

$$\Delta\,y=u\cdot\Delta\,v+v\cdot\Delta\,u+\Delta\,u\cdot\Delta\,v$$

dividiendo por $\Delta\,x$:

$$\frac{\Delta\,y}{\Delta\,x}=u\cdot\frac{\Delta\,v}{\Delta\,x}+v\cdot\frac{\Delta\,u}{\Delta\,x}+\frac{\Delta\,u}{\Delta\,x}\cdot\Delta\,v.$$

Al tender $\Delta\,x$ a cero, los cocientes indicados tienen por límites respectivos *y′*, *v′*, *u′*, y como $\Delta\,v$ tiende hacia cero, el producto $\frac{\Delta\,u}{\Delta\,x}\cdot\Delta\,v$ tiende también hacia cero, luego:

$$y'=u\,v'+v\,u',$$

o bien

$$\frac{d\,y}{d\,x}=u\,\frac{d\,v}{d\,x}+v\,\frac{d\,t}{d\,x},$$

es decir:
La derivada de un producto de dos funciones de la misma variable es igual al producto de la primera por la derivada de la segunda, más la segunda por la derivada de la primera.

2.º *Caso de tres factores.* Supongamos el producto de tres funciones de una misma variable:

$$y=t\cdot u\cdot v,$$

siendo

$$t=f\,(x), \qquad u=F\,(x) \qquad y \qquad v=\varphi\,(x).$$

Supongamos el producto de los dos primeros factores como uno solo:

$$y=(t\,u)\times v,$$

y, por consiguiente, en virtud de lo dicho en el caso primero:

$$\frac{d\,y}{d\,x}=t\,u\times\frac{d\,v}{d\,x}+v\,\frac{d\,(t\,u)}{d\,x};$$

pero

$$\frac{d\,(t\,u)}{d\,x}=t\,v\,\frac{d\,u}{d\,x}+u\,\frac{d\,t}{d\,x},$$

luego

$$\frac{d\,y}{d\,x}=t\,u\cdot\frac{d\,v}{d\,x}+t\,v\,\frac{d\,u}{d\,x}+u\,v\,\frac{d\,t}{d\,x},$$

o bien, en el límite:

$$y'=t\,u\cdot v'+t\,v\cdot u'+u\,v\cdot t'.$$

La regla se puede generalizar para cualquier número finito de factores.

46. Derivada del producto de una constante por una función. — Supongamos el producto

$$y=c\cdot u \qquad \text{siendo} \qquad u=f\,(x)$$

y en el que c representa una cantidad constante.

Aplicando la regla enunciada en el caso primero del párrafo anterior, tendremos:

$$\frac{d\,y}{d\,x}=c\cdot\frac{d\,u}{d\,x}+u\cdot\frac{d\,c}{d\,x},$$

y como el segundo sumando es cero, pues la derivada de una constante es nula, quedará:

$$\frac{d\,v}{d\,x}=c\,\frac{d\,x}{d\,u} \qquad \text{o bien} \qquad y'=c\,u',$$

esto es:

La derivada del producto de una constante por una función es igual al producto de la constante por la derivada de la función.

CONSECUENCIA. Como

$$u:c=u\times\frac{1}{c} \qquad y \qquad \frac{d\,(u:c)}{d\,x}=u'\cdot\frac{1}{c}=\frac{u'}{c}$$

resultará que *la derivada del cociente de una función por una constante es igual a la derivada de la función dividida por la constante.*

47. Derivada de la potencia de una función cuando el exponente es un número natural. — Recordando que una potencia de un número es un producto cuyos factores son iguales, si en la expresión

$$y=t\,u\,v'+t\,v\,u'+u\,v\,t'$$

del párrafo (45) suponemos

$$t=v=u,$$

la expresión en cuestión se transformará en esta otra:

$$y=u^2\,u'+u^2\,u'+u^2\,u'=3\,u^2\,u',$$

pero

$$y=u^3,$$

luego

$$(u^3)'=\frac{d\,u^3}{d\,x}=3\,u^2\,u',$$

es decir:

La derivada de una potencia entera y positiva de una función es igual al producto del exponente de la función multiplicado por la función elevada a un exponente igual al que tenía antes disminuido en una unidad, y por la derivada de la función.

La regla es general, como se demuestra a continuación. Sea la expresión general

$$y = u^m \qquad (1)$$

en la que

$$u = f(x).$$

Incrementando la variable x en Δx, la expresión (1) se transforma en

$$y + \Delta y = (u + \Delta u)^m,$$

y desarrollando la potencia m-ésima del binomio $u + \Delta u$, tendremos:

$$y + \Delta y = (u + \Delta u)^m = u^m + \frac{m}{1} \cdot u^{m-1} \cdot \Delta u + \frac{m(m-1)}{2!} u^{m-2} \cdot (\Delta x)^2 +$$

$$+ \frac{m(m-1)(m-2)}{3!} u^{m-3} \cdot (\Delta u)^3 + \ldots +$$

$$+ \frac{m(m-1)(m-2)\ldots(m-n+1)}{n!} u^n \cdot (\Delta u)^{m-n} + \ldots + (\Delta u)^m;$$

restando de esta última igualdad la (1) y sacando como factor común $(\Delta u)^2$ tendremos:

$$\Delta y = \frac{m}{1} u^{m-1} \cdot (\Delta u) + (\Delta u)^2 \left[\frac{m(m-1)}{2!} u^{m-2} + \right.$$

$$\left. + \frac{m(m-1)(m-2)}{3!} u^{m-3} \cdot \Delta u + \ldots + (\Delta u)^{m-2} \right]$$

y dividiendo por Δx ambos miembros, resulta:

$$\frac{\Delta x}{\Delta y} = m u^{m-1} \frac{\Delta u}{\Delta x} + \Delta u \frac{\Delta u}{\Delta x} \left[\frac{m(m-1)}{2!} u^{m-2} + \right.$$

$$\left. + \frac{m(m-1)(m-2)}{3!} u^{m-3} \cdot \Delta u + \ldots + (\Delta u)^{m-2} \right]$$

pero cuando Δx tiende hacia cero, $\dfrac{\Delta u}{\Delta x}$ se transforma en la derivada u' de u, Δu tiende a cero y, por consiguiente, $\Delta u \cdot \dfrac{\Delta u}{\Delta x}$ también, luego sólo quedará:

$$y' = m u^{m-1} u',$$

conforme se deseaba demostrar.

48. Derivada del cociente de dos funciones de la misma variable. — Supongamos el cociente de dos funciones u y v de una misma variable x; tendremos:

$$y = \frac{u}{v} \qquad (1); \qquad u = f(x), \qquad v = F(x).$$

Incrementando la variable x, las funciones y, u y v se incrementarán en Δy, Δu y Δv, respectivamente, y podremos escribir:

$$y+\Delta y=\frac{u+\Delta u}{v+\Delta v}.$$

Restando de ésta la (1):

$$\Delta y=\frac{u+\Delta u}{v+\Delta v}-\frac{u}{v}=\frac{uv+v\Delta u}{(v+\Delta v)v}-\frac{uv-u\Delta u}{(v+\Delta v)v}=\frac{v\cdot\Delta u-u\Delta v}{(v+\Delta v)v}$$

y dividiendo por Δx, tendremos:

$$\frac{\Delta y}{\Delta x}=\frac{v\dfrac{\Delta u}{\Delta x}-u\dfrac{\Delta v}{\Delta x}}{(v+\Delta v)v}=\frac{v\dfrac{\Delta u}{\Delta x}-u\dfrac{\Delta v}{\Delta x}}{v^2+v\Delta v}$$

y llevando al límite, $\dfrac{\Delta y}{\Delta x}$, $\dfrac{\Delta u}{\Delta x}$, $\dfrac{\Delta v}{\Delta x}$ y Δv, se transforman, respectivamente, en y', u', v' y cero; esto es:

$$y'=\frac{v\dfrac{du}{dx}-u\dfrac{dv}{dx}}{v^2}=\frac{vu'-uv'}{v^2}.$$

Esto nos dice que: *la derivada de un cociente de dos funciones de una misma variable, en que el divisor es distinto de cero, es igual a una fracción cuyo numerador es la derivada del dividendo por el divisor menos el dividendo por la derivada del divisor, y cuyo denominador es el cuadrado del divisor correspondiente al cociente propuesto.*

Corolario. — La regla anterior permite hallar la derivada de una potencia con exponente negativo, tal como v^{-n}. En efecto:

$$v^{-n}=\frac{1}{v^n}$$

y aplicando la regla última, tendremos:

$$(v^{-n})'=\frac{-(v^n)'}{v^{2n}}=-\frac{nv^{n-1}v'}{v^{2n}}=-\frac{nv'}{v^{n+1}}=-nv^{-n-1}v'.$$

49. **Derivada de $\sqrt{x}$.** — La función

$$y=\sqrt{x}\qquad(1)$$

únicamente es definida si x es positiva, lo cual supondremos aquí. Si x recibe el incremento Δx, tendremos:

$$y+\Delta y=\sqrt{x+\Delta x},$$

restando de ésta la (1):

$$\Delta y\sqrt{x+\Delta x}-\sqrt{x}$$

dividiendo por Δx:

$$\frac{\Delta y}{\Delta x} = \frac{\sqrt{x+\Delta x} - \sqrt{x}}{\Delta x}$$

Para hallar ahora el límite a que tiende esta expresión cuando $\Delta x \rightarrow 0$, multipliquemos los dos términos de la fracción última por $\sqrt{x+\Delta x} + \sqrt{x}$, que es la conjugada del numerador, y tendremos:

$$\frac{\Delta y}{\Delta x} = \frac{(\sqrt{x+\Delta x} - \sqrt{x})(\sqrt{x+\Delta x} + \sqrt{x})}{\Delta x (\sqrt{x+\Delta x} + \sqrt{x})} = \frac{x+\Delta x - x}{(\sqrt{x+\Delta x} + \sqrt{x})} = \frac{1}{\sqrt{+x \Delta x} + \sqrt{x}}.$$

Cuando Δx tienda hacia cero, el segundo miembro tiene por límite $\dfrac{1}{2\sqrt{x}}$

e y' será la derivada de y; tendremos, pues:

$$y' = \frac{1}{2\sqrt{x}},$$

50. Derivada de la raíz cuadrada de una función. — Sea la función

$$y = \sqrt{u} \quad \text{siendo} \quad u = f(x) \quad (1).$$

Para hallar su derivada incrementemos la variable x en Δx; tendremos:

$$y + \Delta y = \sqrt{u + \Delta u},$$

restando de esta igualdad la (1):

$$\Delta y = \sqrt{u + \Delta u} - \sqrt{u}.$$

Multiplicando y dividiendo el segundo miembro por su conjugada:

$$\Delta y = \frac{\Delta u}{\sqrt{u + \Delta u} + \sqrt{u}}$$

dividiendo por Δx:

$$\frac{\Delta y}{\Delta x} = \frac{\dfrac{\Delta u}{\Delta x}}{\sqrt{u + \Delta u} + \sqrt{u}}$$

cuando Δx tiende hacia cero, Δu también tiende hacia cero y $\sqrt{u + \Delta u}$ tiene por límite $\sqrt{u}$, en tanto que el denominador tiene por límite $2\sqrt{u}$, diferente de cero; $\dfrac{\Delta u}{\Delta x}$ tiene por límite u', luego el límite de la última expresión será:

$$y' = \frac{u'}{2\sqrt{u}} = \frac{\dfrac{du}{dx}}{2\sqrt{u}},$$

esto es, *la derivada de la raíz cuadrada de una función es igual a la derivada de la función dividida por el duplo de la raíz cuadrada de la función.*

EJEMPLO. Hallar la derivada de la función

$$y = 2\,x - 3 + \sqrt{x^2 - 5\,x + b}.$$

Esta función es definida para todos los valores de x comprendidos entre 2 y 3; se tiene, pues:

$$y' = 2 + \frac{2\,x - 5}{2\sqrt{x^2 - 5\,x + b}}.$$

51. Derivada de la función $y = a\,x^m$. — Supondremos siempre que *m* es un número entero, positivo o negativo; teniendo en cuenta lo dicho al hablar de la derivada de un producto y de una potencia (45) y (47), tendremos:

$$y' m\ a\ x^{m-1}.$$

52. Derivada de un polinomio entero. — Un polinomio entero de una variable x es una suma de la forma $a\,x^m$, incluso el término independiente de x, el cual puede considerarse como multiplicado por x^0. Su derivada se obtiene por las reglas ya conocidas.

Supongamos, por ejemplo, el polinomio:

$$y = a\,x^2 + b\,x + c \qquad (1).$$

Incrementando a x, tendremos:

$$y + \Delta y = a\,(x + \Delta x)^2 + b\,(x + \Delta x) + c = a\,x^2 + 2\,a\,x\,\Delta x + a\,\Delta x^2 + b\,x + b \cdot \Delta x + c$$

restando de esta la igualdad (1):

$$\Delta y = 2\,a\,x \cdot \Delta x + a \cdot \Delta x^2 + b \cdot \Delta x,$$

dividiendo por Δx:

$$\frac{\Delta y}{\Delta x} = 2\,a\,x + a \cdot \Delta x + b$$

y pasando al límite (para $\Delta x \longrightarrow 0$)

$$\frac{\Delta y}{\Delta x} = y' = 2\,a\,x + b,$$

es decir, *la derivada de un polinomio entero en x se obtiene multiplicando cada término por el exponente que tiene en él la variable y disminuyendo el exponente de la variable misma en una unidad.*

53. Derivada de una función de función. — Recordemos que *función de función es una cantidad cuyo valor depende de otra, la cual, a su vez, depende del valor de una variable independiente.*

Tratemos, pues, de hallar la derivada con relación a **x**, de una función tal como $y = f\,(u)$, siendo *u* una función de x.

Ya sabemos que la derivada de y con relación a x es el límite de la relación $\dfrac{\Delta y}{\Delta x}$, cuando Δx tiende hacia cero; de la misma manera, la derivada de y con relación a u es el límite de la relación $\dfrac{\Delta y}{\Delta u}$ cuando Δu tiende hacia cero, y la de u con relación a x es el límite de la relación $\dfrac{\Delta u}{\Delta x}$ cuando Δx tiende a cero.

Por otra parte, siempre que Δx tienda hacia cero, se cumple la igualdad:

$$\frac{\Delta y}{\Delta x} = \frac{\Delta y}{\Delta u} \times \frac{\Delta u}{\Delta x}.$$

Llevando, pues, al límite esta igualdad, resulta:

$$\frac{d y}{d x} = \frac{d y}{d u} \times \frac{d u}{d x},$$

es decir, que *la derivada de una función de función se obtiene multiplicando las derivadas de estas funciones, tomando cada derivada con relación a la variable de que dependa inmediatamente cada función.*

En el caso de la derivada de una función triple, como

$$y = f(v) \qquad v = \varphi(u) \qquad u = F(x)$$

la derivada sería:

$$\frac{d y}{d x} = \frac{d y}{d v} \times \frac{d v}{d u} \times \frac{d u}{d x}.$$

54. Notación particular para las derivadas de funciones múltiples. — Como se comprende, la notación normalmente empleada y' para la derivada de una función simple no es apropiada para indicar la de una función múltiple, pues no expresa respecto a cuál variable se deriva de las varias que contiene la función. Este inconveniente se evita, entre otros modos, añadiendo al símbolo y' un subíndice que indique la variable con relación a la cual se halla la derivada. Así, la derivada de y con relación a x se expresará por y'_x, y su derivada con relación a u se expresará por y'_u.

Ejemplo de derivada de función de función. Hallar la derivada de la función

$$y = \sqrt{\frac{1-x}{1+x}}.$$

Hagamos

$$\frac{1-x}{1+x} = u, \qquad \text{tendremos} \qquad y = \sqrt{u}\,;$$

apliquemos la fórmula

$$y'_x = y'_u \times u'_x \qquad (1)$$

y busquemos y'_u y u'_x

$$y'_u = \frac{1}{2\sqrt{u}}\,; \qquad u'_x = \frac{(1+x)(-1)-(1-x)}{(1+x)^2} = \frac{-2}{(1+x)^2}$$

y substituyendo estos valores en (1):

$$y'_x = \frac{1}{2\sqrt{u}} \times \frac{-2}{(1+x)^2} = \frac{1}{2\sqrt{\dfrac{1-x}{1+x}}} \times \frac{-2}{(1+x)^2} = \frac{-2}{2(1+x)(1+x)\sqrt{\dfrac{1-x}{1+x}}} =$$

$$\frac{-1}{(1+x)\sqrt{\dfrac{(1-x)(1+x)(1+x)}{1+x}}} = \frac{-1}{(1+x)\sqrt{1-x^2}}$$

Para llegar a este resultado se han multiplicado los quebrados y se ha introducido bajo el signo radical $1+x$.

55. Derivada de la función $y = log_a x$. — Para hallar la derivada de la función $y = log_a x$ (1) procederemos así:

Incrementemos la variable x en Δx:

$$y + \Delta y = log_a (x + \Delta x) \qquad (2)$$

restando de ésta la igualdad (1)

$$\Delta y = log_a (x + \Delta x) - log_a x \qquad (3)$$

que equivale a esta otra:

$$\Delta y = log_a \frac{x + \Delta x}{x} \qquad (4)$$

o bien

$$\Delta y = log_a \left(1 + \frac{\Delta x}{x} \right) \qquad (5).$$

Hagamos

$$\frac{\Delta x}{x} = \frac{1}{m}, \qquad o \qquad \Delta x = \frac{x}{m} \qquad (6)$$

se comprende que cuando Δx tienda a cero, m tenderá a ∞.

Dividiendo miembro a miembro las expresiones (5) y (6):

$$\frac{\Delta y}{\Delta x} = \frac{m}{x} log_a \left(1 + \frac{1}{m} \right) = \frac{1}{x} log_a \left(1 + \frac{1}{m} \right)^m.$$

Si $\Delta x \longrightarrow 0$, m tenderá a hacerse infinitamente grande, y $\left(1 + \dfrac{1}{m} \right)^m$ se convierte en el número e, luego

$$\frac{dy}{dx} = \frac{1}{x} log_a e, \qquad \text{es decir} \qquad y' = \frac{1}{x} log_a e \qquad (7)$$

Luego la derivada de $y = log_a x$ *es igual a* $\dfrac{1}{x} log_a e$.

Pero, según se dijo en Álgebra, al estudiar el paso del logaritmo de una base a otra,

$$\log_a e = \frac{1}{l \cdot a},$$

luego la igualdad (7) se transforma en esta otra:

$$y' = \frac{1}{x} \times \frac{1}{l \cdot a} = \frac{1}{x \, l \cdot a},$$

es decir, que *la derivada de la función* $y = \log_a x$ *es igual a un cociente cuyo numerador es la unidad y cuyo denominador es el producto de la variable* x *por el logaritmo neperiano de la base* a.

56. Derivada de la función $y = l\,x$. — Esta función $y = l\,x$ resulta de suponer en la del párrafo anterior $a = e$; y su derivada será, pues:

$$y' = \frac{1}{x \cdot l\,e},$$

pero $l\,e = 1$, luego

$$y' = \frac{1}{x},$$

es decir, *la derivada de la función* $y = l\,x$ *es igual a* $\dfrac{1}{x}$.

57. Derivada de una función inversa de otra. — Sea la función

$$y = f(x) \qquad y \ su \ inversa \qquad x = F(y).$$

Es evidente que

$$\frac{\Delta y}{\Delta x} \times \frac{\Delta x}{\Delta y} = 1$$

y tomando límites, cuando Δx tienda hacia cero, también Δy tenderá hacia cero y tendremos:

$$\frac{d y}{d x} \times \frac{d x}{d y} = 1,$$

de donde

$$\frac{d x}{d y} = \frac{1}{\dfrac{d y}{d x}},$$

esto es, *la derivada de una función inversa de otra es igual a la recíproca de la derivada de la función.*

58. Derivada de la función exponencial $y = a^x$. — Para hallarla recordemos que su inversa es $x = \log_a y$ (véase Álgebra), cuya derivada, según (55), es $\dfrac{1}{y \cdot l\,a}$, luego $\dfrac{d\,(a^x)}{d\,x} = y \cdot l\,a = a^x \cdot l\,a.$

706

59. Derivada de la función exponencial $y = e^x$. — La función actual es análoga a la función $y = a^x$, luego su derivada será:

$$\frac{d\,(e^x)}{d\,x} = e^x \cdot l\,e,$$

pero el logaritmo neperiano de e (que es la base de este sistema de logaritmos) es igual a la unidad, según se expone en Álgebra, luego:

$$\frac{d\,(e^x)}{d\,x} = e^x,$$

es decir, *la derivada de la función exponencial propiamente dicha,* e^x, *es igual a ella misma.*

60. Derivada logarítmica. — *Llámase así al cociente que resulta al dividir la derivada de una función por la función misma.* Es igual a la derivada del logaritmo neperiano de la función. En efecto; si la función es

$$y = l\,u,$$

en la cual $u = f(x)$, teniendo en cuenta lo dicho sobre la derivada de un función de función, tendremos:

$$y' = \frac{u'}{u}.$$

Para obtener la derivada logarítmica de una expresión monomia, se toma primero el logaritmo natural o neperiano de la expresión y se halla luego su derivada.

Si se quiere hallar la derivada de la función, conocida su derivada logarítmica, bastará multiplicar ésta por la función.

Veamos, por ejemplo, cómo se halla la derivada de la función $y = \sqrt{\dfrac{1-x}{1+x}}$ ya estudiada en el párrafo (51), por medio de la derivada logarítmica.

Tomando logaritmos neperianos:

$$l\,y = \frac{l\,(1-x) - l\,(1+x)}{2},$$

de donde

$$2\,l\,y = l\,(1-x) - l\,(1+x),$$

derivando:

$$\frac{2\,y'}{y} = \frac{-1}{1-x} - \frac{1}{1+x} = \frac{-2}{1-x^2}$$

de donde, multiplicando por y y dividiendo por 2, resulta:

$$y' = \frac{-1}{1-x^2} \sqrt{\frac{1-x}{1-x^2}} = -\frac{1}{(1+x)\,\sqrt{1-x^2}},$$

valor encontrado por otro procedimiento.

CAPÍTULO V

DERIVADA DE LAS FUNCIONES CIRCULARES

61. Para hallar la derivada de las funciones circulares seguiremos aquí las reglas de derivación ya establecidas, pero pueden seguirse otros procedimientos, como veremos luego, al menos para algunas funciones circulares.

62. Derivada de la función $y = sen\ x$. — Sea la función

$$y = sen\ x \qquad (1).$$

Incrementando,

$$y + \Delta y = sen\ (x + \Delta x),$$

restando de ésta la igualdad (1):

$$\Delta y = sen\ (x + \Delta x) - sen\ x = 2 \cos\left(x + \frac{\Delta x}{2}\right) sen\ \frac{\Delta x}{2},$$

dividiendo por Δx:

$$\frac{\Delta y}{\Delta y} = \frac{2 \cos\left(x + \dfrac{\Delta x}{2}\right) sen\ \dfrac{\Delta x}{2}}{\Delta x} = \cos\left(x + \frac{\Delta x}{2}\right) \frac{sen\ \dfrac{\Delta x}{2}}{\dfrac{\Delta x}{2}}$$

y llevando al límite, cuando Δx se hace cero, el primer factor queda reducido a $cos\ x$, y el segundo, relación entre el seno de un arco y el arco correspondiente, queda reducido a la unidad, luego:

$$\frac{d y}{d x} = cos\ x,$$

luego *la derivada de* sen x *es* cos x.

Al mismo resultado se llega por el examen del problema desde el punto de vista geométrico. Sea el ángulo x (fig. 6), cuya medida es el arco A M. Tenemos:

$$M\,P = y = sen\ x.$$

Dando el arco x un incremento Δx, resulta que y se incrementa en $M'\,N = \Delta y$; en el triángulo M' N M se cumple:

$$M'\,N = M\,M'\,cos\,M\,M'\,N \qquad (1),$$

pero

$$M'\,N = \Delta y, \qquad M\,M'\,N = N\,M'\,B - M\,M'\,B \qquad (2)$$

y

$$N\,M'\,B = M'\,O\,P' = x + \Delta x,$$

por tener sus lados respectivamente perpendiculares; el ángulo M M′ B, ángulo del segmento circular, tiene como medida $\dfrac{\Delta x}{2}$; luego, substituyendo valores en (2):

$$M M' N = x + \Delta x - \frac{\Delta x}{2} = x + \frac{\Delta x}{2} \qquad (4).$$

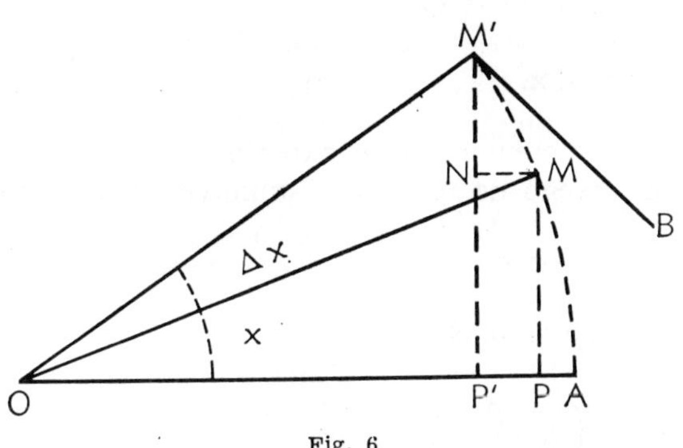

Fig. 6

Substituyendo valores en (1), resulta:

$$\Delta y = M M' \cos\left(x + \frac{\Delta x}{2}\right);$$

dividiendo por Δx,

$$\frac{\Delta y}{\Delta x} = \frac{M M'}{\Delta x} \cdot \cos\left(x + \frac{\Delta x}{2}\right),$$

pero $\dfrac{M M'}{\Delta x}$ es la razón de la cuerda al arco, y esta razón tiende a 1 cuando Δx tiende a cero, luego en el límite:

$$\frac{d y}{d x} = \cos x,$$

valor obtenido por el procedimiento expuesto antes.

63. Derivada de la función $y = \cos x.$ — Sea la función

$$y = \cos x.$$

Siguiendo una marcha análoga a la del párrafo anterior, tendremos:

$$y + \Delta y = \cos (x + \Delta x);$$

restando de ésta la primera:

$$\Delta y = \cos (x + \Delta x) - \cos x = - 2 \operatorname{sen} \frac{\Delta x}{2} \operatorname{sen}\left(x + \frac{\Delta x}{2}\right);$$

dividiendo por Δx:

$$\frac{\Delta x}{\Delta x} = \frac{- 2 \operatorname{sen} \dfrac{\Delta x}{2} \operatorname{sen}\left(x + \dfrac{\Delta x}{2}\right)}{\Delta x} = - \frac{\operatorname{sen} \dfrac{\Delta x}{2}}{\dfrac{\Delta x}{2}} \cdot \operatorname{sen}\left(x + \frac{\Delta x}{2}\right)$$

y llevando al límite, esto es, cuando $\Delta x = 0$, tendremos:

$$\frac{d y}{d x} = - \operatorname{sen} x,$$

pues $-\dfrac{\operatorname{sen}\dfrac{\Delta x}{2}}{\dfrac{\Delta x}{2}}=-1$ y $\operatorname{sen}\left(x+\dfrac{\Delta x}{2}\right)$ queda reducido a *sen x.*

Luego *la derivada de* $\cos x$ *es* $-\operatorname{sen} x$.

Al igual que se ha indicado para la derivada de *sen x*, puede hallarse la de *cos x* por vía geométrica. Basta fijarse en la figura 6, en la que

$$\mathrm{O\,P}=y=\cos x.$$

Dando al arco x el incremento Δx, el incremento que experimenta y en este caso es negativo e igual a $-\mathrm{M\,N}$, pues el coseno de un arco disminuye cuando éste aumenta.

En el triángulo $\mathrm{M\,N'\,N}$ se tiene:

$$\mathrm{M\,N}=-\mathrm{M\,M'}\operatorname{sen}\mathrm{M\,M'\,N},$$

o bien

$$\Delta y=-\mathrm{M\,M'}\operatorname{sen}\left(x+\dfrac{\Delta x}{2}\right)$$

y dividiendo por Δx:

$$\dfrac{\Delta y}{\Delta x}=-\dfrac{\mathrm{M\,M'}}{\Delta x}\operatorname{sen}\left(x+\dfrac{\Delta x}{2}\right)$$

y cuando Δx tiende a cero,

$$\dfrac{d\,y}{d\,x}=-\operatorname{sen} x.$$

64. Derivada de la función $y=tg\,x.$ — Sabemos que

$$\operatorname{tg} x=\dfrac{\operatorname{sen} x}{\cos x},$$

y aplicando la regla para obtener la derivada de un cociente, resulta:

$$\dfrac{d\,y}{d\,x}=\dfrac{\cos x\cos x-\operatorname{sen} x\,(-\operatorname{sen} x)}{\cos^2 x}=\dfrac{\cos^2 x+\operatorname{sen}^2 x}{\cos^2}=\dfrac{1}{\cos^2 x},$$

pero

$$\dfrac{1}{\cos^2 x}=1+\operatorname{tg}^2 x;$$

luego *la derivada de la función* $y=\operatorname{tg} x$ *es* $\dfrac{1}{\cos^2 x}$ *o también* $1+\operatorname{tg}^2 x.$

65. Derivada de la función $y=ctg\,x.$ — Se sabe que

$$\operatorname{ctg} x=\dfrac{\cos x}{\operatorname{sen} x}$$

y derivando:

$$\frac{d\,y}{d\,x} = \frac{\operatorname{sen} x\,(-\operatorname{sen} x) - \cos x \cos x}{\operatorname{sen}^2 x} = -\frac{\operatorname{sen}^2 x + \cos^2 x}{\operatorname{sen}^2 x} = -\frac{1}{\operatorname{sen}^2 x}$$

luego *la derivada de la función* $y = \operatorname{ctg} x$ *es igual a* $-\dfrac{1}{\operatorname{sen}^2 x}$ *o bien a* $-(1 + \operatorname{ctg}^2 x)$.

66. La cuestión de la derivada de una función de función, expuesta en el párrafo 53, nos permite resolver muchos casos de derivadas de funciones circulares, entre los cuales sacamos los siguientes, teniendo presente que si *u* es una función de *x*, se cumple:

$$y = \operatorname{sen} u \qquad y'_x = \cos u \times u'_x$$

$$y = \cos u \qquad y'_x = -\operatorname{sen} u \times u'_x$$

$$y = \operatorname{tg} u \qquad y' = \frac{u'_x}{\cos^2 x}.$$

Ejemplos:

1.º Buscar la derivada de la función

$$y = \operatorname{sen} 2\,x.$$

Haciendo

$$u = 2\,x, \qquad \text{tendremos:} \qquad y = \operatorname{sen} u,$$

y derivando:

$$u'_x = 2 \qquad y'_u = \cos u,$$

de donde:

$$y'_x = y'_u \times y'_x = 2 \cos u = 2 \cos 2\,x.$$

2.º Hallar la derivada de la función

$$y = \frac{1}{\cos x}.$$

Haciendo

$$u = \cos x, \qquad \text{resulta:} \qquad y = \frac{1}{u}$$

derivando:

$$u'_x = -\operatorname{sen} x \qquad y'_u = \frac{1}{u^2}$$

de donde:

$$y'_x = \frac{\operatorname{sen} x}{\cos^2 x} = \frac{\operatorname{sen} x}{\cos x} \times \frac{1}{\cos x} = \operatorname{tg} x \times \frac{1}{\cos x} = \frac{\operatorname{tg} x}{\cos x}$$

3.º Hallar la derivada de la función

$$y = \operatorname{sen}\left(\frac{\pi}{2} - x\right)$$

Haciendo

$$u = \frac{\pi}{2} - x, \qquad \text{resulta:} \qquad y = \operatorname{sen} u,$$

y derivando:

$$u'_x = -1 \qquad e \qquad y'_u = \cos u,$$

luego

$$y'_x = u'_x \times y'_u = -\cos u = -\cos\left(\frac{\pi}{2} - x\right) = -\operatorname{sen} x.$$

67. Derivadas sucesivas. Órdenes diversos de derivadas. — Como sabemos, la derivada

$$y' = f'(x) \qquad (1)$$

es la *derivada primera* de la función continua.

$$y = f(x) \qquad (2)$$

y es, en general, otra función continua de x.

La derivada de la (1) es también, en general, otra función continua de x, se representa con la notación

$$y'' = f''(x) \qquad (3)$$

y se denomina *derivada segunda* de f (x).

La derivada de (3) es, en general, una función continua de x, que se representa por

$$y''' = f'''(x) \qquad (4)$$

y se denomina *derivada tercera* de y.

La derivada de (4) también es, en general, una función continua de x, y se representa por

$$y^{IV} = f^{IV}(x)$$

y se denomina *derivada cuarta* de y.

Prosiguiendo así, por derivaciones de las nuevas derivadas, se hallarán todas las derivadas sucesivas de la función (2), cuyo orden numérico se distingue por los números arábigos o romanos puestos a modo de exponentes hasta llegar a la derivada *n-ésima*, la cual se representa así:

$$y^{(n)} = f^{(n)}(x)$$

y se denomina *derivada enésima* de y.

En estas derivaciones sucesivas de una función (2) se funda la clasificación de las derivadas en órdenes diversos.

EJEMPLOS:

1.º *Hallar las derivadas sucesivas de* x^m.
Tenemos la función

$$y = x^m \qquad (1).$$

Derivada primera . . . . $y' = m\, x^{m-1}$
» segunda . . . . $y'' = m\,(m-1)\, x^{m-2}$
» tercera . . . . $y''' = m\,(m-1)\,(m-2)\, x^{m-3}$
» cuarta . . . . $y^{(IV)} = m\,(m-1)\,(m-2)\,(m-3)\, x^{m-4}$
....
Derivada enésima . . . . $y^{(n)} = m\,(m-1)\,(m-2)\,(m-3)...(m-n+1)\, x^{m-n}$.

Prosiguiendo así hasta llegar a $n=m$ se obtendría:

$$y^{(m)} = m\,(-1)\,(m-2)\,(m-3)...(m-m+2)\,(m-m+1)\,x^{m-m} =$$
$$= m\,(m-1)\,(m-2)...2\cdot 1 = m\,!$$

pero m! es una constante, luego la derivada del orden $m+1$ será igual a *cero*, como también todas las derivadas sucesivas.

Así pues, la derivada del orden *emésimo* de x^m es igual a m!.

El siguiente ejemplo numérico lo demuestra patentemente. Hállense las derivadas sucesivas de la función

$$y = x^5 - 4\,x^3 + 6\,x^2 - 9\,x + 20.$$

Estas derivadas son:

$$y' \quad = f' \quad (x) = 5\,x^4 - 12\,x^2 + 12\,x - 9$$
$$y'' \quad = f'' \quad (x) = 20\,x^3 - 24\,x + 12$$
$$y''' \quad = f''' \quad (x) = 60\,x^2 - 24$$
$$y^{(IV)} = f^{(IV)} (x) = 120\,x$$
$$y^{(V)} = f^{(V)} \quad (x) = 120$$
$$y^{(VI)} = f^{(VI)} (x) = 0$$

y como se ve:

$$y^{(V)} = f^{(V)} \quad (x) = 120 = 1\cdot 2\cdot 3\cdot 4\cdot 5 = 5\,!$$

Se comprende fácilmente que si aplicásemos a las derivadas sucesivas el procedimiento general indicado, para hallar la derivada de cualquier función continua llegaríamos a una relación de incremento de la forma

$$\frac{\Delta^{(p)} y}{\Delta x^n}$$

cuyo límite da la derivada *n-ésima* de la función y, es decir, que

$$\lim \frac{\Delta^{(n)} y}{\Delta x^n} = y^{(n)} - f^n (x),$$

lo cual prueba que $\Delta^{(n)} y$ es un *infinitamente* pequeño del orden n tomando a Δx de la variable como un *infinitamente pequeño principal.*

Luego *las derivadas sucesivas de una función continua no son otra cosa que los límites de las relaciones de los órdenes sucesivos del incremento de la función a las potencias correspondientes del incremento de la variable.*

68. El matemático Taylor calculó y obtuvo una fórmula para hallar fácil y directamente las derivadas de una función general $f(x)$, y cuyo desarrollo omitimos por salirse del marco límite de estas generalidades sobre la teoría de las derivadas.

69. **Derivadas parciales en una función múltiple.** — Si en una función doble, tal como $y = f(x, z)$, se considera z como constante y se toma la derivada respecto a x, se obtiene la *derivada parcial* de la función propuesta con respecto a x, la cual se representa por y'_x o bien por $\dfrac{\delta F}{\delta x}$.

Se tiene también la derivada respecto a z, y'_x o $\dfrac{\delta F}{\delta x}$. Estas derivadas son generalmente funciones de x y z y tienen también derivadas parciales. Tendremos así, por ejemplo:

$$\frac{\delta}{\delta x} \cdot \frac{\delta F}{\delta x} = \frac{\delta^2 F}{\delta x^2}; \qquad \frac{\delta}{\delta z} \cdot \frac{F \delta}{\delta x} = \frac{\delta^2 F}{\delta x \delta z}$$

no importando el orden de derivación.

EJEMPLO. Hallar las derivadas parciales de la función

$$y = x^3 + 2 x^2 z + 3 x z^2 + z^3.$$

La derivada parcial respecto a x, de la función propuesta (consideraremos a z como constante, y cuya derivada es, como sabemos, igual a cero), es:

$$\frac{\delta y}{\delta x} = 3 x^2 + 4 x z + 3 z^2.$$

La derivada, con respecto a x y z, es:

$$\frac{\delta y}{\delta x \delta z} = 4 x + 6 z.$$

La derivada parcial de la función con respecto a z (supondremos x = constante),

$$\frac{\delta y}{\delta z} = 2 x^2 + 6 x z + 3 z^2$$

$$\frac{\delta y}{\delta x \delta z} = 4 x + 6 z.$$

Lo dicho para las funciones dobles se puede aplicar a cualquier función múltiple.

CAPÍTULO VI

VARIACIONES DE LAS FUNCIONES

70. Función creciente y decreciente en un intervalo dado. — Sea $f(x)$ una función de una variable x que se supone finita y continua para los valores de x comprendidos en el intervalo (a, b), es decir, entre a y b. *Se dice que esta función es creciente en este intervalo cuando a un incremento positivo o negativo de la variable corresponde respectivamente un incremento también positivo o negativo de la función, es decir, cuando la función varía, en el intervalo indicado, en el mismo sentido que la variable.*

Una función es decreciente en un intervalo, cuando a un incremento positivo o negativo de la variable corresponde, respectivamente, un incremento negativo o positivo de la función, es decir, cuando la función varía, en el intervalo indicado, en sentido contrario al de la variable.

En el caso de la función *creciente*, la relación

$$(1) \qquad \frac{f(x_1) - f(x_0)}{x_1 - x_0} \qquad \text{o bien} \qquad \frac{\Delta y}{\Delta x}$$

(en el cual x_0 y x_1 representan dos valores *cualesquiera* comprendidos en el intervalo (a, b) siendo $x_1 > x_0$), es siempre *positiva;* pero cuando la función es *decreciente*, la relación (1) es siempre *negativa*.

Si la *función* es constante, es decir, que y permanece invariable cualquiera que sea el valor que toma x, entre a y b, la relación (1) o $\dfrac{\Delta y}{\Delta x}$ es nula, pues:

$$f(x_1) = f(x_0).$$

De aquí se deducen varias consecuencias.

1.ª *Si una función* $y = f(x)$, *continua en el intervalo* (a, b), *es creciente, su derivada no puede ser negativa.*

Pues, como sabemos, la derivada es el límite de la relación $\dfrac{\Delta y}{\Delta x}$ cuando Δx tiende hacia *cero*, y como por ser la función creciente $\dfrac{\Delta y}{\Delta x} > 0$, dicho límite no puede ser menor que cero, es decir, no puede ser negativo.

2.ª *Si una función* $y = f(x)$, *continua en el intervalo* (a, b), *es decreciente, su derivada no puede ser positiva.*

Siendo la función decreciente, $\dfrac{\Delta y}{\Delta x} < 0$ y el límite de esta relación, esto es, la derivada de la función, será siempre menor que cero, es decir, siempre negativa.

3.ª *Si una función* $y = f(x)$ *es constante para todos los valores de su variable* x *comprendidos en el intervalo* (a, b), *su derivada es igual a cero para todos estos valores.*

715

En efecto: supongamos por un momento que al incrementar entre los límites propuestos a la variable x en Δx en la función

$$y = f(x)$$

se tenga

$$y + \Delta y = f(x + \Delta x);$$

pero, evidentemente, al restar de ésta la igualdad anterior, se obtiene:

$$\Delta y = f(x + \Delta x) - f(x) \qquad (2),$$

en la cual, por hipótesis,

$$f(x + \Delta x) = f(x),$$

puesto que la función es constante, luego la igualdad (2) se reduce a

$$\Delta y = 0,$$

de donde:

$$\frac{\Delta y}{\Delta x} = 0, \qquad \text{y por tanto:} \qquad \text{lím.} \frac{\Delta y}{\Delta x} = f'(x) = 0,$$

conforme el enunciado.

71. Máximos y mínimos de una función. — Observemos la curva representada en la figura 7, curva que corresponde a la función $y = f(x)$; existen en ella algunos puntos, A, C, D, en el que el valor de la función es mayor que el que corresponde a los puntos inmediatamente próximos; así, y_0, valor de la función correspondiente al valor x_0 de la variable x es mayor que los valores y_1 e y_2 de la función para los valores $x - \alpha$ y $x + \alpha$ de la misma variable, es decir, que la ordenada del punto A de la curva representativa de la función es mayor que las ordenadas correspondientes a los puntos A_1 y A_2 infinitamente próximos a A: decimos entonces *que la función pasa por un máximo* para el valor de $x = x_0$. Lo mismo ocurre en los puntos C y D de la curva, en los cuales los valores de la función, para los valores x_2 y x_3 de la variable, son mayores que para los puntos próximos.

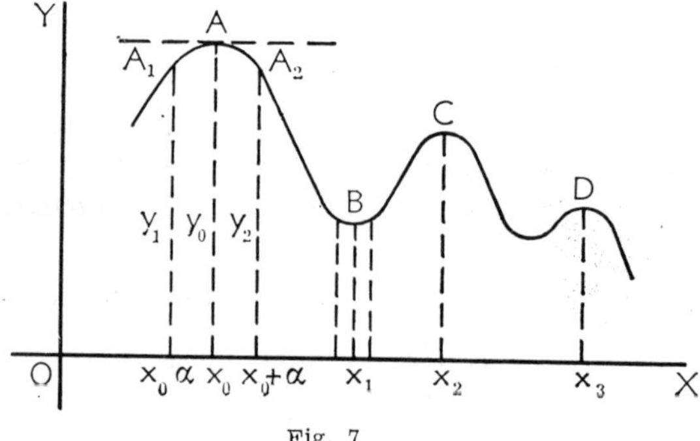

Fig. 7

Por el contrario, se dice que *una función pasa por un mínimo* cuando el valor de la función, para un determinado valor de la variable, resulta inferior a los valores de la misma función correspondientes a valores de la variable muy próximos a aquel que produjo el máximo, como ocurre en el punto B, cuya ordenada (valor de la función para el valor de $x = x_1$) es menor que las ordenadas de puntos indefinidamente próximos (cuyas ordenadas corresponden a $x_1 - \alpha$ y $x_1 + \alpha$, siendo α infinitamente pequeño).

Como se ve en la figura, un máximo no quiere decir el mayor valor que adquiere la función, ni que un mínimo sea el menor. Expuesto lo anterior, diremos:

Una función f(x) *es creciente o decreciente a partir de un valor determinado de* x, *según que su derivada sea positiva o negativa.* En efecto: por la fórmula referida sólo al primer término

$$f(x + h) = f(x) + f'(x + h)$$

se deduce que $f(x+h)$ será mayor que $f(x)$, si $f'(x)$ conserva un valor positivo al pasar x a $x+h$; en este caso, la función será *creciente*; por el contrario, $f(x+h)$ será menor que $f(x)$ si $f'(x)$ se hace negativa cuando x pasa a $x+h$, y en este caso la función será *decreciente*.

Cuando la función pasa por un *máximo*, la derivada de la función cambia de signo, pasando de positiva a negativa, y cuando la función pasa por un *mínimo*, la derivada pasa de negativa a positiva.

Recíprocamente, cuando la derivada cambia de signo, la función pasa por un *máximo* o un *mínimo*, según que la derivada pase de positiva a negativa o de negativa a positiva, recíprocamente. La figura 8 explica claramente estas ideas.

En la 1.ª vemos una curva A M B: para el valor $x = O H$ le corresponde un punto N en la curva, y la tangente T N C en este punto forma con la paralela C C' al eje X' X y, por consiguiente, con este eje, el ángulo T C C' $= \alpha < 90$, cuya tangente trigonométrica (que representa la derivada de la función para este valor de x) es positiva. Al crecer la función por pasar x de O H a O H' toma el valor de M H' en el punto H' y la tangente a la curva en el punto M es la recta P P' paralela al eje X X', con el que forma un ángulo cero, cuya tangente trigonométrica (representación del valor de la derivada) es igual a cero. La tangente T_1 N C' en el punto N' (como el N indefinidamente próximo al punto M) forma con C C' o con el eje X X' un ángulo $\alpha' > 90°$ cuya tangente trigonométrica (valor de la derivada de la función en el punto N correspondiente al valor de la variable x igual a O H'') es *negativa*. La función $y = f(x)$ ha pasado, pues, por un máximo, que corresponde al punto M. En la figura 2.ª, para un valor de x igual a $O H_1$ le corresponde un punto N_2 de la curva, y la tangente geométrica a la curva en este punto forma con el eje X X' el ángulo $T'_1 C_2 X' > 90°$, cuya tangente trigonométrica (derivada de la función para el valor de x igual a $O H_1$) es negativa. La tangente geométrica en el punto M' es paralela el eje X X' y forma con él un ángulo igual a cero, y la tangente trigonométrica para este ángulo es también cero. En el punto N_1 muy próximo al M' la

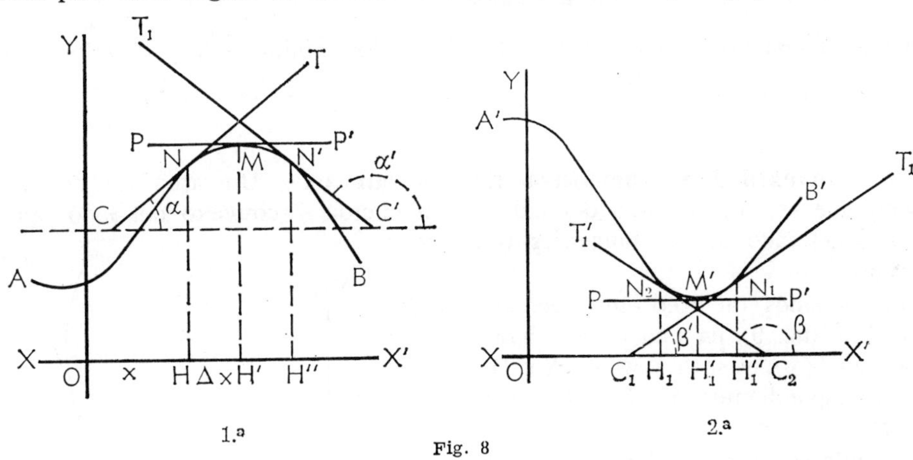

Fig. 8

tangente geométrica $T_1 C_1$ a la curva forma el ángulo $\beta' < 90°$, y cuya tangente trigonométrica (derivada de la función en este punto) es positiva. El punto M' corresponde a un mínimo, pues su ordenada $M' H'_1$ guarda con las de los puntos próximos N_2 y N_1 la relación $H_1 N_2 < H'_1 M' < H''_1 N_1$. Así pues, una función pasa por un máximo cuando las derivadas de dos puntos infinitamente próximos a él pasan de positiva a negativa; y si es el caso contrario, la función pasa por un mínimo.

72. Regla para hallar los máximos y mínimos de una función. — Como consecuencia de todo lo dicho se seguirá la marcha siguiente para determinar los máximos y mínimos de una función.

1.º Se halla la derivada primera de la función; 2.º, se iguala a cero esta derivada y se resuelve la ecuación que resulta; 3.º, se halla la derivada segunda de la función; 4.º, se substituye en esta segunda derivada el valor de la variable x sucesivamente por cada una de las raíces o soluciones obtenidas al resolver la ecuación en la operación segunda. Si resulta para la derivada segunda un valor negativo, la función tiene un máximo; y si resulta un número positivo, la función tiene un mínimo.

Cuando resulta que la derivada se reduce a cero al llevar a cabo las substituciones indicadas, se tantea la variación de la derivada segunda en las proximidades del valor substituido y, entonces, si la derivada pasa de negativa a positiva, habrá un mínimo, y si de positiva a negativa, habrá un máximo.

EJEMPLO. *Hallar los máximos y mínimos de la función* $y = 3x^3 + 4x^2 + 3$.

1.ª operación . . $y' = 9x^2 + 8x$

2.ª operación . . $9x^2 + 8x = 0$ $\begin{cases} x_1 = 0 \\ x_2 = -\dfrac{8}{9} \end{cases}$

3.ª operación . . $y'' = 18x + 8$

4.ª operación . . Para $x = 0$, es $y'' = 8 > 0$ la función tiene un mínimo

$$\text{Para } x = -\frac{8}{9}, \quad y'' = -8 < 0 \text{ y la función tiene un}$$

un máximo.

Así pues, cuando $x = 0$, la función tiene el valor mínimo $+3$, y el valor máximo lo adquiere cuando $x = -\dfrac{8}{9}$, en cuyo caso la función toma el valor $\dfrac{985}{243}$.

73. Convexidad y curvatura de las curvas. — Un arco de curva, por pequeño que sea, es cóncavo del lado de su cuerda y convexo del lado opuesto, es decir, del lado de las tangentes trazadas al mismo.

Consideremos un arco muy pequeño tal como M M′ (fig. 9), en una curva cuya ecuación es $y = f(x)$, y sean x y $x + \Delta x$ las abscisas correspondientes a M y M′, respectivamente.

Si, como se ve en la figura, las tangentes M T y M′ T′ trazadas por los extremos del arco se cortan por debajo del arco (considerando el eje O Y como vertical para fijar ideas), el arco tiene su convexidad dirigida hacia abajo. Al mismo tiempo el coeficiente angular de la tangente M′ T′ es mayor que el de la tangente M T; así pues, el coeficiente

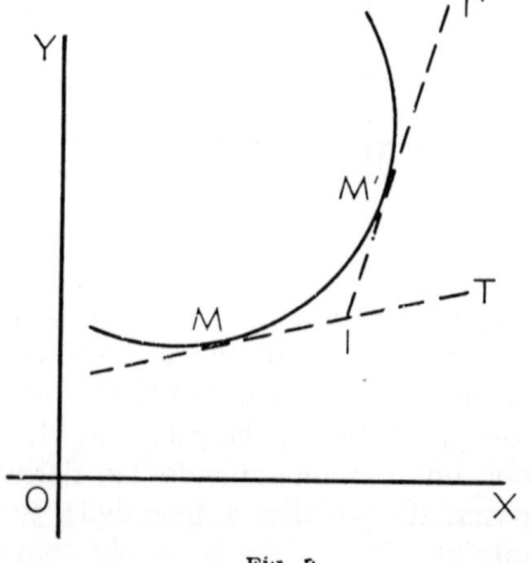

Fig. 9

angular de la tangente, es decir, $f(x)$ o la derivada, es una cantidad creciente entre los valores x y $x+\Delta x$.

En la figura 10 las tangentes en los extremos del arco se cortan por encima de la curva y el arco dirige su convexidad hacia arriba, y como el coeficiente angular o pendiente de M T es mayor que el de M' T, $f(x)$ es una cantidad decreciente entre los valores x y $x+\Delta x$ de la variable.

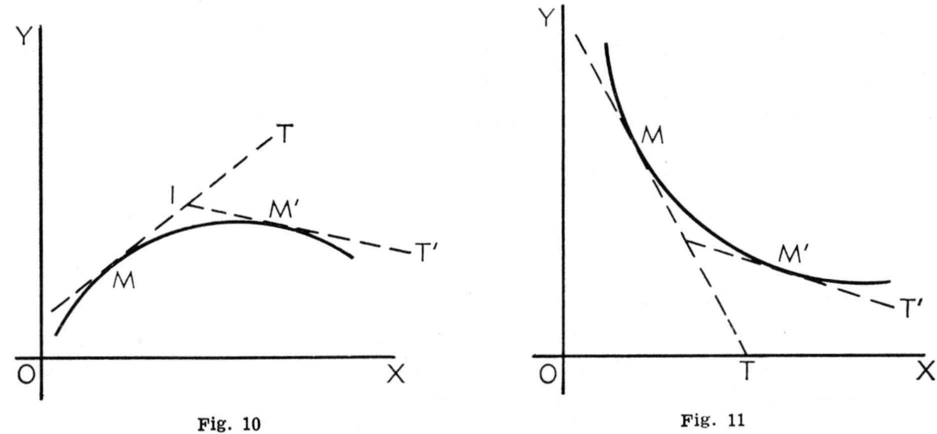

Fig. 10

Fig. 11

En los dos casos considerados las ordenadas de los distintos puntos de las curvas que se consideran, crecen.

Consideremos ahora las dos curvas representadas en las figuras 11 y 12. En la figura 11 el arco M M' dirige su convexidad hacia abajo y la pendiente de la tangente M' T' es menor que la de M T, y como ambas son negativas, $f(x)$ es una función que crece algebraicamente. En la figura 12, por el contrario, el arco M M' dirige su convexidad hacia arriba; la pendiente de M' T' es mayor en valor absoluto que la de M T y como ambas son negativas, $f'(x)$ es una función algebraicamente decreciente.

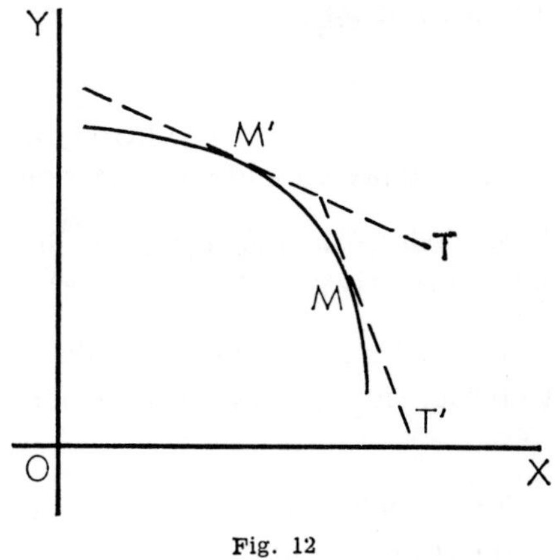

Fig. 12

En todos los casos considerados es indiferente la posición del eje de las abscisas respecto al arco considerado. Así pues, una curva $y=f(x)$ dirige su convexidad a partir de un punto determinado M que tiene por abscisa a x, *hacia las y negativas o hacia las y positivas, según que la segunda derivada* $f''(x)$ *es positiva o negativa,* para este valor de x.

74. Punto de inflexión. — *Recibe el nombre de punto de inflexión en una curva al que separa la curva en dos arcos, cada uno de los cuales tiene convexidad distinta. Así, en la figura 13, los puntos M y M' son puntos de inflexión. En la curva* B A, *al recorrer ésta en el sentido indicado, la pendiente de las tangentes decrece*

719

entre los puntos A y M para hacerse nula en este último punto, y crece entre M
y B, manteniéndose negativa la
segunda derivada entre A y M, y
positiva entre M y B. No siempre
la tangente en el punto de inflexión será paralela al eje O X,
como se ve en la curva B M' C de
la misma figura. En esta curva,
por ser la función continua, se
anula la derivada segunda en el
punto M'.

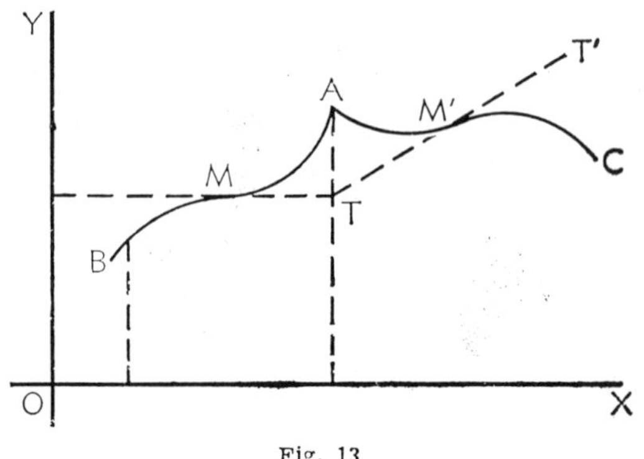

Fig. 13

De lo dicho se puede deducir
la regla para hallar las coordenadas de los puntos de inflexión de
una curva representada por la fun-
ción $y = f(x)$. *Para ello se halla primero la derivada segunda de la función, se iguala
ésta derivada a cero y se resuelve la ecuación que resulta; se averigua luego si la
derivada segunda cambia de signo al dar en ella a x los valores próximos a las
raíces de la ecuación. Si esto ocurre, existe punto de inflexión en la curva y ésta
tiene una convexidad semejante al arco A M' de la figura 13 cuando f''(x) sea positiva, y a la del arco M' C cuando sea negativa.*

75. Funciones primitivas. — Se ha supuesto hasta aquí que las diversas funciones de x que hemos estudiado admiten cada una de ellas una derivada; cabe
preguntar si, inversamente, toda función continua de la variable x puede ser considerada como la derivada de otra función.

Se llama *función primitiva* de una función dada, *otra función cuya derivada es
la función dada.*

Así, por ejemplo, la derivada de x^3 es $3x^2$, luego x^3 es la función primitiva
de $3x^2$; $x^3 + 4x$ es la función primitiva de $3x^2 + 4$, y también de $3x^2 - 8$, y de
$3x^2 \pm C$, representando C una constante.

Se deduce de este ejemplo último que una función puede admitir muchas funciones primitivas.

La existencia de una función primitiva de una función dada no es evidente por
sí misma, sino que es consecuencia del siguiente

76. Teorema. — *Toda función continua admite una infinidad de funciones
primitivas que sólo difieren entre sí en una constante.*

Sea $f(x)$ la función continua dada; vamos a demostrar primero que le corresponde *una* función primitiva.

En efecto: construyamos, con relación a un sistema de dos ejes coordenados
rectangulares O X y O Y, la curva que representa la función (figura 14)

$$y = f(x) \qquad (1).$$

Sea A un punto fijo de la curva, A B su ordenada; tomemos sobre la curva otro punto M móvil variable, de abscisa x, tracemos su ordenada M P, y considere

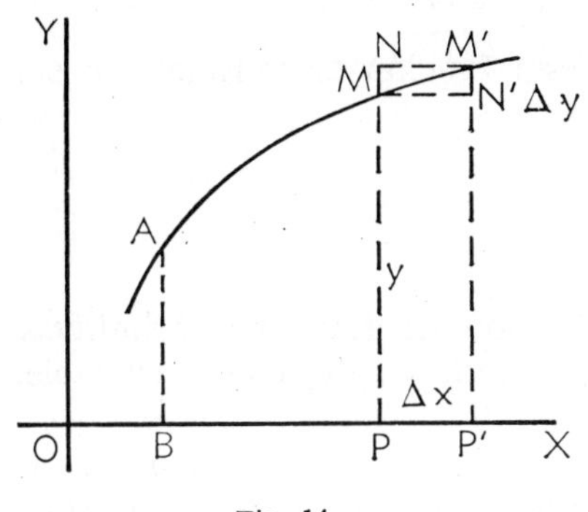

Fig. 14

remos al área limitada por el arco de la curva A M, las ordenadas de los puntos A y M y el segmento B P del eje de las abscisas, área que limita una porción bien definida del plano. Esta área, que representaremos abreviadamente por S, es una función de x, pues varía con el valor de la abscisa x del punto móvil M. Se afirma que la derivada de S, con respecto a x, es $f(x)$.

Para demostrarlo, demos a x un incremento $\Delta x = P P'$; a este incremento de x le corresponde a y el incremento $\Delta y = M' N'$, pues el punto M ocupará ahora la posición M', cuyas coordenadas serán $x + \Delta x$ e $y + \Delta y$.

Si se trazan por M y M' las paralelas al eje de las abscisas, se ve que el área del trapecio mixtilíneo P M M' P', al cual representaremos por ΔS, está comprendido entre las áreas de los paralelogramos rectilíneos P M N' P' y P N M' P', de modo qué

$$\text{área } P M N' P' < \Delta S < \text{área } P N M' P',$$

o bien, expresando las áreas por el producto de dos de sus lados:

$$y \, \Delta x < \Delta S < (y + \Delta y) \, \Delta x,$$

y dividiendo por Δx:

$$y < \frac{\Delta S}{\Delta x} < y + \Delta y.$$

Si Δx tiende hacia cero, Δy tenderá también hacia cero, pues hemos supuesto y función continua de x, y por consiguiente, $y + \Delta y$ tenderá hacia y; así pues, la relación $\dfrac{\Delta S}{\Delta x}$, comprendido entre y y una cantidad variable que tiende hacia y, tendrá también un límite, igual a y. Ahora bien, el límite de la razón $\dfrac{\Delta S}{\Delta x}$, cuando existe, es por definición le derivada de S con respecto a x, y representando con S' esta derivada, tendremos:

$$S' = y = f(x) \qquad (2),$$

conforme se quería demostrar.

El razonamiento es igualmente aplicable cuando Δx es negativo, así como también cuando la ordenada de M fuese negativa por hallarse en la rama inferior de una curva continua que cortase al eje de las abscisas.

Demostrado que toda función $f(x)$ admite una función primitiva, vamos a demostrar que le corresponden *infinitas* funciones primitivas, las cuales se diferencian entre sí sólo en una cantidad constante.

En efecto: sean $F(x)$ y $\varphi(x)$ dos funciones primitivas de $f(x)$, es decir, dos funciones que tienen por derivada a $f(x)$; podremos escribir:

$$\varphi(x) \equiv \varphi(x) - F(x)$$

(expresión en la cual el signo $\equiv$ significa equivalencia).

Derivando, y recordando a qué es igual la derivada de una suma, tendremos:

$$\varphi'(x) \equiv \varphi'(x) - F'(x) \equiv f(x) - f(x) \equiv 0,$$

y como la derivada de $\varphi(x)$ es nula, significa que esta función es constante, y por consiguiente:

$$\varphi(x) - F(x) \equiv C,$$

de donde se deduce que

$$\varphi(x) \equiv F(x) + C.$$

Se ve, pues, que $f(x)$ admite un número indefinido de funciones primitivas, de modo que hallando una de ellas se hallarán las restantes agregándole cualquier cantidad constante.

Del estudio hecho en el capítulo de las derivadas resulta inmediatamente el conocimiento de un cierto número de funciones primitivas; las más importantes son:

Funciones dadas	*Funciones primitivas*
x^m (m entero y positivo)	$\dfrac{x^{m+1}}{m+1} + C$
$\dfrac{1}{\sqrt{x}}$	$2\sqrt{x} + C$
$\sqrt{x}$	$\dfrac{2}{3}\sqrt{x^3} + C$
$sen\,x$	$-cos\,x + C$
$cos\,x$	$sen\,x + C$
$\dfrac{1}{cos^2 x}$	$tg\,x + C$
$\dfrac{1}{sen^2 x}$	$-ctg\,x + C.$

La investigación de las funciones primitivas correspondiente a las derivadas constituye el objeto del *Cálculo integral.*

CAPÍTULO VII

TEORÍA DIFERENCIAL

77. Concepto de diferencial de una función. — Ya hemos visto en el párrafo (33) que

$$\lim. \frac{f(x+\Delta x) - f(x)}{\Delta x} = \lim. \frac{\Delta y}{\Delta x} = f'(x) \qquad (1)$$

cuando Δx tiende a cero, y también hemos visto

$$\frac{\Delta y}{\Delta x} = f'(x) + \varepsilon \qquad (2)$$

siendo ε una cantidad que tiende a cero al mismo tiempo que Δx.

Sabemos, además que el *incremento* de la variable x de una función continua $y = f(x)$ es esencialmente variable, y, por consiguiente, puede ser menor que una cantidad dada α, por pequeña que ésta sea, sin representar, por consiguiente, valor alguno; es, pues, un *infinitamente pequeño* y se le representa por la característica d antepuesta a la variable x en la forma siguiente:

$$d x$$

que se lee: *diferencial* x, no significando $d x$ más que un *infinitamente pequeño*.

De la (2) deducimos:

$$\Delta y = f'(x) \Delta x + \varepsilon \Delta x \qquad (3).$$

Si tomamos a Δx como un infinitamente pequeño principal, *será Δy un infinitamente pequeño de primer orden y $\varepsilon \Delta x$ un infinitamente pequeño de un orden más elevado que el primero,* siendo $f'(x)$ una cantidad finita por ser y función continua.

Según esto, el producto

$$f'(x) \Delta x \qquad (4)$$

es también un infinitamente pequeño de primer orden, luego podemos establecer:

$$d y = f'(x) \Delta x \qquad (5),$$

expresión en la cual se transforma la (3) en el límite, y con lo que se reemplaza el incremento infinitamente pequeño de la función por su valor desembarazado del infinitamente pequeño de orden superior $\varepsilon \Delta x$. Así pues, diremos que:

DIFERENCIALES *son las cantidades más simples que pueden substituirse a las diferencias infinitamente pequeñas entre los valores sucesivos de las funciones;* y como $d y$ no es más que el producto (5) de $f'(x)$ por Δx, se puede decir que:

La diferencial de una función de una variable es el producto de la derivada de la función por el incremento arbitrario de la variable.

723

De la expresión (5) se deduce:

$$\frac{d\,y}{\Delta\,x}=f'\,(x)\qquad(6)$$

luego *la derivada de una función* $y=f(x)$ *de una variable es igual a la relación de la diferencial* $d\,y$ *de la función al incremento infinitamente pequeño de la variable.*

Apliquemos esta definición a la función

$$y=x\qquad(7)$$

la más sencilla de todas.

Tenemos:

$$y+\Delta\,y=x+\Delta\,x$$

y restando la (7):

$$\Delta\,y=\Delta\,x,$$

luego

$$\frac{\Delta\,y}{\Delta\,x}=1,$$

y por tanto,

$$\text{lím.}\ \frac{\Delta\,y}{\Delta\,x}=f'\,(x)=1$$

y substituyendo este valor de $f'(x)$ en (5), resulta:

$$d\,y=\Delta\,x$$

pero

$$y=x,$$

y por tanto,

$$d\,x=\Delta\,x\qquad(8);$$

luego podemos convenir en representar por $d\,x$ el incremento arbitrario, pero *infinitamente pequeño* de x, siempre que se tenga que tomar la diferencial de una función de x en el caso de que no se trate del incremento exacto o de las diferencias de funciones desiguales, en cuyo caso se representará por $\Delta\,x$ este incremento, que podrá ser finito o infinitamente pequeño.

Conforme con esto, se puede escribir

$$\frac{d\,y}{d\,x}=f'\,(x)\qquad(9),$$

es decir, *que la derivada de una función valora la relación de los incrementos infinitamente pequeños de la función y de la variable.*

De la expresión (9) se deduce esta otra:

$$d\,y=f'\,(x)\,d\,x\qquad(10),$$

lo que prueba que *la diferencial de una función es igual al producto de su derivada por la diferencial de la variable.*

Substituyendo en la (10) el valor de $f'(x)$ dado en la (9), se tiene la expresión

$$d\,y=\frac{d\,y}{d\,x}\,d\,x\qquad(11),$$

en la que $\dfrac{dy}{dx}$ se denomina *relación o coeficiente diferencial* de la función y, no significando sus términos dy, dx lo mismo que las diferenciales de la (10).

78. Representación geométrica de la diferencial. — Supongamos que la curva A B (fig. 15) representa la función $y=f(x)$ e y' la derivada de esta función para el punto A, es decir, que y' representa el valor de la tangente trigonométrica del ángulo que la tangente geométrica T A a la curva en el punto A forma con el eje O X, o bien con A N su paralela.

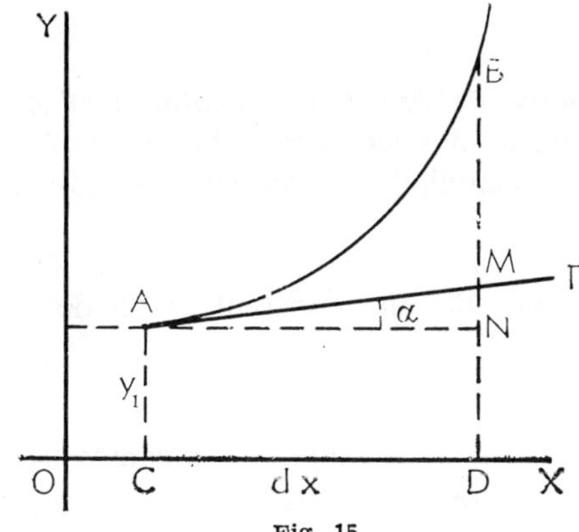

Fig. 15

Si incrementamos la variable x, en $dx=$ $=C\,D=A\,N$ se verificará:

$$d\,y=y'\,x=A\,N\cdot\operatorname{tg}\alpha,$$

pero en el triángulo A N M:

$$\operatorname{tg}\alpha=\frac{M\,N}{A\,N}$$

y substituyendo este valor en la igualdad anterior, tendremos:

$$d\,y=\frac{M\,N}{A\,N}\cdot A\,N=M\,N,$$

es decir, que *la diferencial* $d\,y$ *de una función* $y=f(x)$, *representada por una curva, viene dada por el incremento correspondiente* a la ordenada de los diferentes puntos de la tangente *a la curva en un punto determinado de ella, cuando se le da al valor de* x *correspondiente a este punto de la curva, un incremento* $d\,x$.

En la figura se ve que al incremento $d\,x$ de la variable corresponde un incremento de la función igual a $M\,B=N\,B-M\,N$ y la diferencial de la función es igual a N M, cuyo valor decrece a medida que disminuye $d\,x$ y se hace cero con él.

A continuación exponemos un problema resolvible con exactitud directamente, pero cuya resolución puede hacerse también por el método de diferenciales.

Calcular el aumento de volumen que experimenta un depósito cilíndrico con altura igual a tres metros y un metro de radio, cuando éste aumentase en dos milímetros.

El volumen de un cilindro es:

$$v=\pi\,r^{2}\,a,$$

fórmula en la que r es el radio y a la altura.

Tomando la diferencial con relación al radio:

$$d\,v=\pi\,2\,r\,a\,d\,r$$

y haciendo en esta igualdad $r=1$, $a=3$ y $d\,r=0{,}002$, tendremos:

$$d\,v=2\times\pi\cdot3\times0{,}002=0{,}03769 \text{ metros cúbicos.}$$

79. Diferenciación. — *Es la operación que tiene por objeto investigar las diferenciales de las funciones dadas.*

Existe un reducido número de funciones elementales en las que hay que emplear procedimientos especiales para hallar sus diferenciales. Para ello se sigue la marcha indicada en la expresión ya estudiada:

$$\frac{d\,y}{d\,x} = f'(x).$$

80. Diferencial de las principales funciones. — *Para hallar la diferencial de una función* $y = f(x)$ *bastará multiplicar su derivada o coeficiente diferencial por* $d\,x$. Podemos, pues, referirnos a los problemas ya estudiados y resueltos al hablar de las derivadas, casos que exponemos brevísimamente.

81. Veamos primero cuáles son las diferenciales de una constante y la de la variable.

1.º *La diferencial de toda constante es cero.*

Supongamos la función $y = f(x)$, en la que x es una constante. Supongamos por un momento que se incrementase x en Δx; tendríamos:

$$y = f(x), \qquad y + \Delta y = f(x + \Delta x), \qquad \Delta y = f(x + \Delta x) - f(x),$$

pero como $f(x)$ es constante por hipótesis para cualquier valor de x, resulta

$$f(x + \Delta x) = f(x), \qquad \text{de donde} \qquad \Delta y = 0,$$

luego

$$\frac{\Delta y}{\Delta x} = 0$$

y

$$\text{lím.}\,\frac{\Delta y}{\Delta x} = \frac{d\,y}{d\,x} = 0,$$

igualdad que sólo se cumple cuando $d\,y$ sea igual a cero, lo que presupone que y sea una constante.

2. *La diferencial de la variable es igual a su incremento.*
Supongamos la función

$$y = x.$$

Su diferencial será

$$d\,y = y'\,\Delta x,$$

pero como y' es igual a la unidad, resulta

$$d\,y = y'\,\Delta x,$$

3.º *Diferencial de una suma.*
Sea

$$y = u + v - t.$$

Tendremos:

$$y' = u' + v' - t',$$

726

o bien:

$$y' \, dx = u' \, dx + v' \, dx - t' \, dx.$$

luego

$$dy = du + dv + dt.$$

4.º *Diferencial de un producto.*
Sea

$$y = u \cdot v.$$

Tendremos:

$$dy = u \cdot dv + v \cdot du,$$

o bien:

$$dy = u \frac{dv}{dx} \, dx + v \frac{du}{dx} \, dx.$$

5.º *Diferencial de una potencia.*
Sea

$$y = u^m.$$

Tendremos:

$$dy = m \, u^{m-1} \, du.$$

6.º *Diferencial de un cociente.*
Sea

$$y = \frac{u}{v}.$$

Su diferencial será:

$$dy = \frac{v \, du - u \, dv}{v^2} - = \frac{v \dfrac{du}{dx} \, dx - u \dfrac{du}{dx} \, dx}{v^2}.$$

7.º *Diferencial de una función radical.*
Sea

$$y = \sqrt{u}$$

Su diferencial será:

$$dy = \frac{du}{2\sqrt{u}}.$$

8.º *Diferencial de* $y = \operatorname{sen} x.$
Tendremos:

$$dy = \cos x \cdot dx.$$

9.º *Diferencial de* $y = \cos x.$
Tendremos:

$$dy = -\operatorname{sen} x \cdot dx.$$

10.º *Diferencial de* $y = a^x.$

$$dy = a^x \cdot l\,a \cdot dx.$$

11.º *Diferencial de* $y = \log_a x.$
Es

$$dy = \frac{dx}{x \cdot l\,a}.$$

12.º *Diferencial de* $y = l\,x.$
Su diferencial es:

$$d\,y = \frac{1}{x} \times d\,x = \frac{d\,x}{x},$$

expresión que se llama *diferencial logarítmica de* x.

13.º *Diferencial de* $y = tg\,x.$
Esta diferencial es:

$$d\,y = \frac{1}{\cos^2 x}\,d\,x.$$

CAPÍTULO VIII

TEORÍA DE LAS SERIES

82. Series: su definición y clasificación. — *Se entiende por* **serie** *la suma de una sucesión indefinida de cantidades, las cuales se deducen unas de otras según una ley constante y determinada.*

Así,

$$1 \cdot \frac{1}{2} \cdot \frac{1}{4} \cdot \frac{1}{8} \ldots \qquad (1)$$

$$a, \quad a+r, \quad a+2r, \quad a+3r \ldots \qquad (2)$$

$$a, \quad a\,r, \quad a\,r^2, \quad a\,r^3 \ldots \qquad (3)$$

Son sucesiones, pues cada una de las cantidades de la (1) se forma dividiendo la anterior por 2; las de la (2), adicionando a la anterior r; las de la (3), multiplicando la anterior por r.

Las cantidades que componen la serie se denominan *términos de la serie*, y su notación, de tipo general, varía algo en cuanto al símbolo elegido. Así,

$$a_1 \quad a_2 \quad a_3 \quad a_4 \ldots a_n$$

son términos de la sucesión, y a_n recibe el nombre de término general. La suma de los n primeros términos la representaremos por S_n, y la de todos los términos por S. El término general y la suma S_n son funciones de n evidentemente.

Las series se dividen en *convergentes*, *divergentes* e *indeterminadas*.

Una serie es *convergente* cuando la suma S_n de sus n primeros términos tiende hacia un límite finito y determinado al crecer n indefinidamente. Así, la progresión geométrica decreciente (3), prolongada indefinidamente, es un buen ejemplo de ello en el supuesto que $r<1$, pues según vimos en Álgebra, la suma S_n es:

$$S_n = \frac{a}{1-r} - \frac{a\,r^n}{1-r},$$

lo que demuestra que si se hace crecer n indefinidamente, $\dfrac{a\,r^n}{1-r}$ tiende hacia cero por ser $r<1$, luego:

$$\lim. S_n = \frac{a}{1-r}, \qquad \text{o bien} \qquad S = \frac{a}{1-r}.$$

Se dice que una serie es *divergente* cuando la suma S_n de sus n primeros términos crece indefinidamente y puede llegar a ser mayor que cualquier cantidad dada, por grande que ésta sea, cuando n crece indefinidamente.

Así, la progresión geométrica creciente

$$a, \quad a\,r, \quad a\,r^2, \quad a\,r^3 \ldots a\,r^n$$

es divergente si r es mayor que 1.

Se dice que una serie es *indeterminada* cuando no es convergente ni divergente. Así, si en el cociente indefinido

$$\frac{1}{1+x}=1-x+x^2-x^3+x^4-x^5+\ldots$$

se hace $x=1$, resulta la serie:

$$1-1+1-1+1-1\ldots$$

cuyo término general es $(-1)^{n-1}$ y

$$S_1=1$$
$$S_2=1-1=0$$
$$S_3=1-1+1=1$$
$$S_4=1-1+1-1=0$$

siendo la suma de sus n primeros términos cero o $+1$, según sea n par o impar. Como S_n no tiene un valor déterminado finito, ni crece indefinidamente, la serie es, pues, indeterminada.

83. Tomando en la serie convergente un número conveniente de términos se puede lograr que la diferencia entre S^n, suma de los n primeros términos, y S, suma o valor total de la serie, sea menor que una cantidad δ menor que otra dada $\dfrac{\alpha}{2}$ tan pequeña como se quiera, es decir, que

$$S-S_n=\delta<\frac{\alpha}{2}.$$

Así pues, δ se transforma en un infinitamente pequeño al crecer n hasta el infinito.

84. Para conocer si una serie es convergente o divergente daremos los teoremas siguientes:

TEOREMA. —*Una serie es convergente si el término general tiene por límite cero.* En efecto; sea la serie

$$u_1 \quad u_2 \quad u_3 \quad \ldots \quad u_n;$$

Tendremos:

$$S_n=u_1+u_2+u_3+\ldots+u_n.$$

Cuando n aumenta, S_n tiende hacia S, ya que la serie es convergente. Pero tenemos también:

$$S_{n-1}=u_1+u_2+u_3+\ldots+u_{n-1}$$

y cuando n aumenta indefinidamente, el límite de S_{n-1} es también S, es decir, que

$$\text{lím. } (S_n-S_{n-1})=0,$$

pero

$$S_n-S_{n-1}=u_n;$$

por consiguiente,

$$\text{lím. } u_n=0.$$

EJEMPLO:

La serie
$$1+\frac{1}{2}+\frac{1}{4}+\frac{1}{8}+...+\frac{1}{2^n}$$

es una serie convergente. Pues bien; cuando n tiende hacia infinito (que se expresa así $n\to\infty$), el término enésimo $\frac{1}{2^n}$ tiende hacia cero $\left(\frac{1}{2^n}\to 0 \text{ pues el}\right)$ denominador se hace infinitamente grande.

Observación. La condición indicada, si bien es necesaria, no es suficiente, pues en la llamada *serie armónica*

$$1+\frac{1}{2}+\frac{1}{3}+\frac{1}{4}+...+\frac{1}{n}+\frac{1}{n+1}+... \qquad (1),$$

si bien el término general $\frac{1}{n}\to 0$ cuando $n\to\infty$, la serie, sin embargo, es divergente, pues su suma S es mayor que cualquier número fijo, pues:

$$1+\frac{1}{2}>\frac{2}{1}$$

$$\frac{1}{3}+\frac{1}{4}>\frac{1}{4}+\frac{1}{4}=\frac{1}{2}$$

$$\frac{1}{5}+\frac{1}{6}+\frac{1}{7}+\frac{1}{8}>\frac{1}{8}+\frac{1}{8}+\frac{1}{8}+\frac{1}{8}=\frac{1}{2}$$

$$\frac{1}{9}+\frac{1}{10}+\frac{1}{11}+\frac{1}{12}+\frac{1}{13}+\frac{1}{14}+\frac{1}{15}+\frac{1}{16}>\frac{1}{16}+\frac{1}{16}+\frac{1}{16}+$$

$$+\frac{1}{16}+\frac{1}{16}+\frac{1}{16}+\frac{1}{16}+\frac{1}{16}=\frac{1}{2}$$

y sumando ordenadamente los miembros de estas desigualdades, tendremos:

$$1+\frac{1}{2}+\frac{1}{3}+\frac{1}{4}+\frac{1}{5}+\frac{1}{6}+...>1+\frac{1}{2}+\frac{1}{2}+\frac{1}{2}+\frac{1}{2}+\frac{1}{2}+...$$

y como es indefinido el número de términos mayores que pueden formarse con la serie (1), se deduce que la suma de estos términos aumenta indefinidamente, y por tanto, S_n, al crecer n, luego la serie (1) es divergente.

85. *Una serie puede tener sus términos decrecientes, siendo cero el límite del término general y, sin embargo, no ser convergente la serie*, es decir, que no es condición *necesaria* para la convergencia de la serie que cada término sea menor que el anterior, pues la serie

$$1+\frac{1}{2}+\frac{1}{4}+\frac{1}{8}+\frac{1}{16}+\frac{1}{32}+...$$

que es convergente por ser una progresión geométrica decreciente cuya razón es $\dfrac{1}{2} < 1$, se puede escribir en la forma siguiente

$$\frac{1}{2}+1+\frac{1}{8}+\frac{1}{4}+\frac{1}{32}+\frac{1}{16}+\ldots$$

si que por eso deje de ser convergente, y, sin embargo, sus términos presentan alternativas de crecimiento y decrecimientos.

86. Teorema. — *Si los términos de una serie son constantes o crecientes, la serie no es convergente.* Pues si fuera convergente, a partir del enésimo término, sus términos serían decrecientes (84) y tenderían hacia cero, lo cual es contrario a la hipótesis.

87. Teorema. — *Una serie con términos positivos será convergente si la suma* S_n *es constantemente inferior a un número fijo A.*
  Sea la serie

$$u_1+u_2+u_3+\ldots+u_n+\ldots$$

Fig. 16

Supongamos los valores de la suma de la serie representados por longitudes medidas en la recta OX, desde el punto O (fig. 16), y sea OA el valor del número A. Tendremos:

$$S_1=u_1$$
$$S_2=u_1+u_2$$
$$S_3=u_1+u_2+u_3$$
$$\ldots\ldots\ldots\ldots\ldots\ldots\ldots$$
$$S_n=u_1+u_2+u_3+\ldots+u_n$$

Se representan los valores S_1, S_2, $S_3\ldots S_n$ por las longitudes OS_1, OS_2, $OS_3\ldots OS_n$. Como el valor $S_n < A$ por hipótesis, el punto S_n estará siempre comprendido entre O y A, o bien coincidirá con A, pues la serie es convergente.

88. Teorema. — *Si una serie de términos positivos es convergente, permanece convergente aun cuando multiplique cada uno de sus términos por un número positivo inferior a otro número dado A.*
  En efecto: sea la serie convergente

$$u_1+u_2+u_3+\ldots+u_n+\ldots$$

cuyo límite es S, y sean

$$a_1 \quad a_2 \quad a_3\ldots a_n$$

una serie de números positivos e inferiores a A; tendremos:

$$u_1\,a_1 < u_1\,A$$
$$u_2\,a_2 < u_2\,A$$
$$\ldots\ldots\ldots\ldots\ldots$$
$$\ldots\ldots\ldots\ldots\ldots$$
$$u_n\,a_n < u_n\,A$$

de donde

$$u_1\, a_1 + u_2\, a_2 + \ldots + u_n\, a_n < A\,(u_1 + u_2 + u_3 + \ldots + u_n),$$

o bien

$$u_1\, a_1 + u_2\, a_2 + \ldots + u_n\, a_n < A\, S_n,$$

y con mayor razón

$$u_1\, a_1 + u_2\, a_2 + u_3\, a_3 + \ldots + u_n\, a_n < A\, S,$$

pues siempre

$$S_n < S.$$

La nueva serie formada; como se ve, es, pues, convergente.

Un ejemplo numérico nos lo demuestra claramente. Sabemos que la serie

$$1 + \frac{1}{2} + \frac{1}{4} + \frac{1}{8} + \frac{1}{16} + \ldots$$

es convergente; pues bien, la serie

$$1 + \frac{1}{2} \times \frac{1}{2} + \frac{1}{4} \times \frac{1}{4} + \frac{1}{8} \times \frac{1}{8} + \frac{1}{16} \times \frac{1}{16} + \ldots$$

es también convergente.

89. **Teorema.** — *Si una serie de términos positivos es convergente, lo será toda otra cuyos términos sean inferiores a los correspondientes términos de la primera.*

Sea la serie

$$u_1\ u_2\ u_3 \ldots u_n$$

una serie convergente de términos positivos y cuya suma es S, y

$$v_1\ v_2\ v_3 \ldots v_n$$

la segunda serie, y tal que

$$v_1 < u_1; \quad v_2 < u_2; \quad v_3 < u_3, \ldots v_n < u_n.$$

Sumando ordenadamente, tendremos:

$$v_1 + v_2 + v_3 + \ldots + v_n < u_1 + u_2 + u_3 + \ldots + u_n,$$

o lo que es lo mismo:

$$v_1 + v_2 + v_3 + \ldots + v_n < S_n < S$$

como la suma de los *n* primeros términos de la serie del primer término es siempre inferior a S, esta serie será convergente.

Así, la serie

$$\frac{1}{3} + \frac{1}{5} + \frac{1}{9} + \frac{1}{17} + \frac{1}{33} + \frac{1}{65} + \ldots$$

es convergente, pues sus términos son inferiores a los correspondientes de la serie

$$\frac{1}{2} + \frac{1}{4} + \frac{1}{8} + \frac{1}{16} + \frac{1}{32} + \frac{1}{64} + \ldots$$

y ésta, como sabemos, es convergente.

90. Teorema. — *Una serie será convergente si la razón de un término al que le precede es constantemente menor que una cantidad fija k menor que la unidad.*

Sea la serie

$$u_1 \ u_2 \ u_3 \dots u_n \dots$$

los términos de la serie. Se podrá escribir:

$$u_1 = u_1$$
$$u_2 < k \ u_1$$
$$u_3 < k \ u_2 < k^2 \ u_1$$
$$\dots\dots\dots\dots\dots\dots$$
$$u_4 < k \ u_3 < k^3 \ u_1$$
$$\dots\dots\dots\dots\dots\dots$$
$$u_n < k \ u_{n-1} < k^{n-1} \ u_1.$$

Sumando miembro a miembro, se tendrá:

$$S_n < u_1 \ (1 + k + k^2 + k^3 + \dots + k^n)$$

y puesto que el factor encerrado en el paréntesis es la suma de los términos de una progresión geométrica cuya razón es $k < 1$, suma que vale $\dfrac{1 - k^{n+1}}{1 - k}$, tendremos

$$S_n < u_1 \cdot \frac{1 - k^{n+1}}{1 - k}$$

A medida que n crece, k^{n+1} disminuye y cuando n es indefinidamente grande, $k^{n+1} \rightarrow 0$ y el producto se transforma en $u_1 \cdot \dfrac{1}{1 - k}$, y la serie será, pues, convergente.

Mediante un razonamiento sencillo y análogo es fácil deducir cuánto vale el error que se comete cuando sólo se toman n términos de una serie convergente, es decir, cuánto vale la diferencia $S - S_n$.

La diferencia R es igual a la suma de todos los términos que siguen a u_n:

$$R = u_{n+1} + u_{n+2} + u_{n+3} + \dots$$

pero como

$$u_{n+1} < k \ u_n$$
$$u_{n+2} < k \ u_{n+1} < k^2 \ u_n$$
$$u_{n+3} < k \ u_{n+2} < k^3 \ u_n$$

se puede escribir:

$$R < u_n \ (k + k^2 + k^3 + \dots)$$

de donde

$$R < u_n \cdot \frac{k}{1 - k}$$

Se aplica ordinariamente este raciocinio a la serie

$$1 + \frac{1}{1} + \frac{1}{1 \cdot 2} + \frac{1}{1 \cdot 2 \cdot 3} + \dots + \frac{1}{1 \cdot 2 \cdot 3 \dots n} + \dots$$

La razón entre el último término escrito y el que le precede es $\dfrac{1}{n}$, cantidad menor que la unidad; y la razón entre dos términos consecutivos va disminuyendo sin cesar a medida que se avanza en la serie, la cual, en virtud de lo expuesto antes, es convergente.

El valor de esta serie se representa con la letra e, número importantísimo en Matemáticas, base de los logaritmos naturales o neperianos, y que estudiaremos en el apartado 92.

91. Teorema. — *Si una serie con términos positivos es convergente, también lo será la que resulta de afectar a todos sus términos de signos diferentes.*

En efecto : sea

$$(1) \qquad u_0 + u_1 + u_2 + u_3 + \ldots + u_n + u_{n+1} + \ldots$$

una serie convergente de términos positivos. Afectemos a sus n primeros términos de los signos $+$ y $-$, y llamemos P'_p la suma de los positivos, Q'_q la suma de los negativos, S'_n la suma de todos los primeros n términos positivos y negativos; tendremos :

$$S'_n = P'_p - Q'_q$$

pero, por hipótesis, la serie (1) da

$$S_n = P'_p + Q'_q$$

y S_n, que tiende además al límite finito S, es una cantidad finita, luego también lo serán P'_p y Q'_q, las cuales tenderán hacia los límites finitos P_p y Q_q, respectivamente, cuya suma es S; luego

$$S'_n = P'_p - Q'_q$$

tenderá también al límite finito y determinado

$$P_p - Q_q$$

y, como consecuencia, la serie que resulta de afectar los términos de la (1) de signos diferentes, también es convergente.

CAPÍTULO IX

ELEMENTOS DE CÁLCULO INTEGRAL

94. Objeto del cálculo integral. — El cálculo integral es el inverso del cálculo diferencial. Este último tiene por objeto, dada una función, hallar su derivada, en tanto que *el cálculo integral tiene por objeto, dada una derivada, buscar la función primitiva a que corresponde.*

Las nociones fundamentales del cálculo integral se pueden presentar de diversas maneras. Pero recordando que las funciones primitivas (75) se pueden representar siempre geométricamente por un *área plana*, cuya derivada es la ordenada de la curva que limita dicha área, vamos a ampliar las nociones que expusimos al estudiar las funciones primitivas para deducir el verdadero significado de la *teoría integral*, cuyo objeto en sí es investigar el valor del límite a que tiende la suma de un número indefinido de términos de la forma.

$$f(x_1) \, \Delta x_1, \quad f(x_2) \, \Delta x_2, \quad f(x_3) \, \Delta x_3 \ldots f(x_n) \, \Delta x_n \ldots$$

en que $x_1, x_2, x_3 \ldots x_n$ representa los valores sucesivos de la variable x, y $\Delta x_1, \Delta x_2, \Delta x_3 \ldots$ sus incrementos respectivos.

95. Sea $y = f(x)$ la ecuación en coordenadas rectangulares, de una curva plana A B (fig. 17), y propongámonos evaluar el área A A′ B′ B comprendida entre esta curva, el eje de las abscisas y las ordenadas A A′ y B B′, correspondientes a las abscisas O A′ = a y O B′ = b.

Para ello dividamos el intervalo A′ B′ en *n* partes iguales, y tracemos por los puntos de división las coordenadas correspondientes; el área que tratamos de determinar queda así dividida en *n* pequeños trapecios mixtilíneos, tales como el M P P′ M′. Trazando por los puntos M y M′ las rectas M I y M′ N paralelas al eje de las abscisas, se formarán dos rectángulos: M P P′ I menor que el trapecio correspondiente M P P′ M′, y el otro N P P′ M′ mayor que este último trapecio. Si efectuamos la

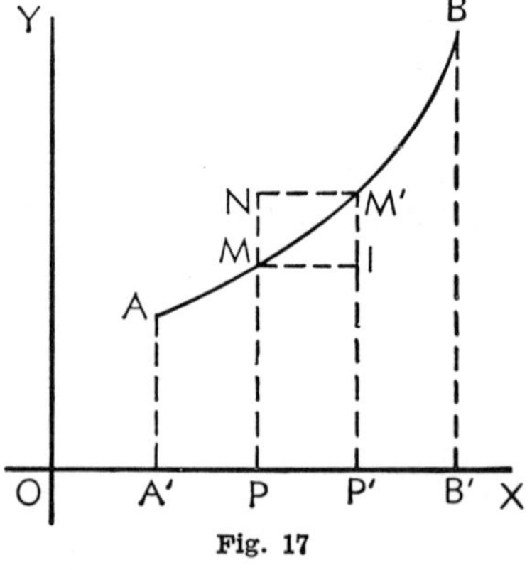

misma operación por los restantes puntos determinados en la curva, se formarán dos series de rectángulos; la suma de los interiores es menor que el área que se trata de determinar, en tanto que la suma de los exteriores es mayor que aquella área.

Si representamos con S el valor de esta área, con $y_0, y_1, y_2 \ldots y_n$ las ordenadas sucesivas trazadas sobre la figura, entre A A′ a B B′, y con *h* el intervalo P P′ comprendido entre dos ordenadas sucesivas, se tendrá :

$$S > y_0 \, h + y_1 \, h + y_2 \, h + \ldots + y_{n-1} \, h$$

y

$$S < y_1 \, h + y_2 \, h + \ldots + y_{n-1} \, h + y_n \, h.$$

La diferencia de valores de los segundos miembros de estas desigualdades es igual a

$$y_n\, h - y_0\, h \qquad \text{o bien} \qquad (y_n - y_0)\, h.$$

Ahora bien, el factor $y_n - y_0$ es constante, y el factor h puede llegar a ser tan pequeño como se quiera, haciendo para ello n tan grande como se desee. El área S está, pues, comprendida entre dos sumas cuya diferencia puede hacerse tan pequeña como se quiera, lo cual quiere decir que S es el límite común hacia el cual tienden aquellas dos sumas; podremos escribir, por consiguiente:

$$S = \text{lím.}\ \Sigma\, y\, h,$$

fórmula en la cual Σ representa a una suma de cantidades análogas al producto $y\, h$ escrito a su derecha.

Cuando se pasa al límite, es decir, cuando se hace a n indefinidamente grande, h se hace infinitamente pequeño y se le puede representar por $d x$ (diferencial x), pues no representa entonces otra cosa que el incremento infinitamente pequeño de la abscisa. Al mismo tiempo se reemplaza la característica Σ, que representa una suma de un número indefinidamente grande de cantidades que varían de un modo discontinuo por la característica $\int$, que representa la suma de cantidades que varían de un modo continuo y por grados infinitamente pequeños. Y así como Σ representa el valor aproximado del área $A\, A'\, B'\, B$, el símbolo $\int$ representa el área exacta o la *suma integral* de los elementos infinitamente pequeños de dicha área, y de aquí el nombre de *integral* que se da a esta segunda suma. Escribiremos, pues:

$$S = \int y\, d x \qquad (1),$$

que se lee: *suma S igual a integral de* $y\, d x$.

Cada uno de los productos análogos a $y\, d x$ se llama *elemento de la integral*.

96. Integral indefinida y definida. — Una integral se llama *indefinida* cuando no se expresa entre qué límites está tomada, esto es, que no se indican las abscisas extremas. En el caso contrario se dice que la integral es *definida*. La notación de ésta es muy sencilla; así, si se quiere indicar que la integral anterior está tomada entre las abscisas a y b, se escribe:

$$S = \int_a^b y\, d x \qquad (2),$$

que se lee: *S igual a la integral de* a *a* b *de* $y\, d x$.

El cálculo de una integral definida se llama generalmente una *cuadratura*, pues este tipo de integral representa generalmente un área o un cuadrado equivalente a esta área.

97. Veamos cómo puede hacerse este cálculo. Considerando la figura anterior fijémonos en el área $A\, A'\, P\, M$ limitada por la ordenada fija $A\, A'$ y la ordenada $P\, M$ o y; este área es, evidentemente, función de x, pues varía con la abscisa $O\, P$. Se le puede, pues, expresar así:

$$S = F\, (x).$$

El trapecio M P P′ M′ es el incremento Δ S del área considerada; pero este trapecio está comprendido entre los rectángulos M P P′ I y N P P′ M′; así pues, si representamos P P′ por Δ x, tendremos:

$$y \, \Delta x < \Delta S < (y + \Delta y) \, \Delta x,$$

en donde $y + \Delta y$ representa la ordenada P′ M′.

Dividiendo todo por Δ x, se tiene:

$$y < \frac{\Delta S}{\Delta x} < y + \Delta y.$$

Cuando Δ x tienda hacia cero, también lo hará Δy y la relación $\dfrac{\Delta S}{\Delta x}$ tenderá hacia F′ (x), y en el límite se tendrá:

$$F'(x) = y \qquad \text{o bien} \qquad F'(x) = f(x),$$

es decir, *que la función* f (x) *que representa la ordenada es la derivada de la función* F (x), *que representa el área limitada o determinada por la curva.*

Substituyendo en la expresión (1) *y* por su valor, tendremos:

$$S = \int F'(x) \, dx \qquad (3).$$

Este segundo miembro se podría igualar a $F(x)$, que es el valor de S. Ahora bien, sabemos que la derivada de una constante es nula; así pues, si se añade una constante a una función cualquiera, la derivada de la función no se altera. Luego, generalizando, se puede escribir:

$$\int F'(x) \, dx = F(x) + C \qquad (4)$$

en la que C representa una constante arbitraria, la cual queda determinada cuando se considera la integral definida, pues si se toma, por ejemplo, por límites de la integral *a* y x:

$$\int_a^x F'(x) \, dx = F(x) + C$$

la integral deberá anularse para x = *a*, pues entonces el área S es nula; esto exige que sea

$$\int C = -F(a).$$

Se deberá, pues, escribir:

$$\int_a^x F'(x) \, dx = F(x) - F(a) \qquad (5)$$

y si x = *b*, se tendrá:

$$\int_a^b F'(x) \, dx = F(b) - F(a) \qquad (6).$$

Se ve, pues, que para obtener el área buscada *es preciso determinar la función F (x) de la cual f (x) es la derivada, y reemplazar x por el límite superior, después por el límite inferior y restar el segundo resultado del primero.*

EJEMPLO. Supongamos que se trata de hallar el área comprendida entre la curva $y = 3 x^2$, el eje X X′ y las ordenadas correspondientes a las abscisas 1 y 3.

Representando con S el área en cuestión, tendremos:

$$S = \int_1^3 3 x^2 \, d x.$$

Se busca la función primitiva cuya derivada es $3 x^2$; esta función primitiva es x^3; en esta función x^3 se reemplaza x primero por 3 y se obtiene 27, y luego por 1, y se obtiene 3.

El resultado será $27 - 1 = 26$, así pues,

$$\int_1^3 3 x^2 \, d x = 26$$

que será el valor del área en cuestión.

98. **Integrales con elementos negativos.**

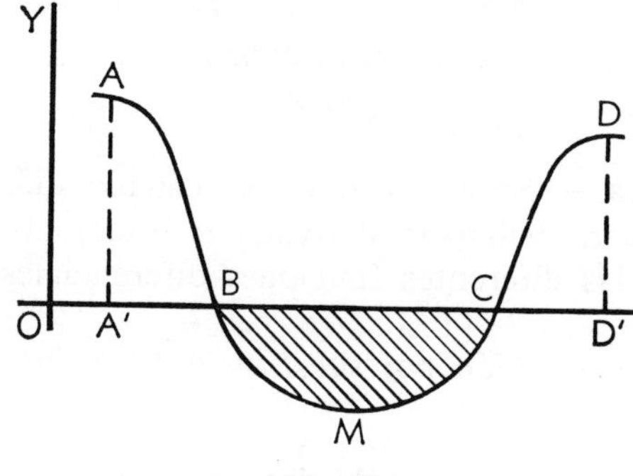

— Una integral puede tener elementos negativos. Así, en la figura 18, la curva A B M C D corta dos veces al eje O X; la porción de área comprendida entre la porción B M C de la curva y el eje de las abscisas es negativa, pues sus ordenadas son negativas, y puede ocurrir que el área negativa sea igual en valor absoluto a la porción de área positiva, en cuyo caso el área total se considera como nula.

OBSERVACIONES. — 1.ª *Los signos ∫ y d se destruyen cuando se superponen, pues representan operaciones opuestas.*

Así, *∫ d u = u,* salvo la constante arbitraria; de la misma manera

$$d \int f' (x) \, d x = f (x) \, d x.$$

2.ª Según hemos visto anteriormente:

$$\int_a^b f' (x) \, d x = f (b) - f (a).$$

se conviene también en que

$$\int_b^a f' (x) \, d x = f (a) - f (b),$$

de donde resultan:

$$\int_b^a f' (x) \, d x = - \int_a^b f' (x) \, d x,$$

es decir, que *para cambiar de signo a una integral basta invertir sus límites.*

PROPIEDADES DE LAS INTEGRALES Y PROCEDIMIENTOS DE INTEGRACIÓN

99. Las propiedades más importantes de las integrales son las siguientes:

1.ª *Toda cantidad constante situada bajo el signo $\int$ puede sacarse fuera del signo de integración, e inversamente.*

Así, suponiendo que C representa una constante, tendremos:

$$\int C f(x) \, dx = C \int f(x) \, dx.$$

2.ª *La integral de una suma o diferencia de diferenciales es igual a la suma o diferencia de las integrales de estas diferenciales,* es decir, que

$$\int_a^b [f(x) + \varphi(x)] \, dx = \int_a^b f(x) \, dx + \int_a^b \varphi(x) \, dx$$

y

$$\int_a^b [f(x) - \varphi(x)] \, dx = \int_a^b f(x) \, dx - \int_a^b \varphi(x) \, dx$$

y, en general, *la integral de una suma algebraica de funciones diferenciales es igual a la suma algebraica de las integrales de las diferenciales sumandos.*

100. Métodos de integración inmediata. — Se ha visto en el cálculo diferencial que hay una regla única y general para hallar la derivada o diferencial de las funciones; no ocurre así para integrar las diferentes funciones diferenciales, sino que se siguen diferentes procedimientos:

1.º, *Integración por descomposición;* 2.º, *integración por substitución;* 3.º, *integración por partes;* 4.º, *integración por series.*

1.º *Integración por descomposición.* — Se descompone la integral en varias partes, cuyas integrales se conocen inmediatamente.

EJEMPLOS:

a) Sea

$$I = \int \frac{dx}{\text{sen}^2 x \cos^2 x}.$$

Sabemos que

$$\frac{1}{\text{sen}^2 x \cos^2 x} = \frac{1}{\text{sen}^2 x} + \frac{1}{\cos^2 x}$$

pues

$$\frac{1}{\text{sen}^2 x} + \frac{1}{\cos^2 x} = \frac{\cos^2 x + \text{sen}^2 x}{\text{sen}^2 x \cos^2 x} = \frac{1}{\text{sen}^2 x \cos^2 x}$$

luego

$$I = \int \frac{dx}{\text{sen}^2 x} + \int \frac{dx}{\cos^2 x} = -\cotg x + \tg x + C.$$

b) Hallar la integral

$$\int \frac{d\,x}{a^2 - b^2\,x^2} \qquad (1).$$

Se tiene:

$$a^2 - b^2\,x^2 = (a - b\,x)\,(a + b\,x)$$

y

$$\frac{(a - b\,x) + (a + b\,x)}{2\,a} = 1,$$

luego la expresión (1) se transforma en esta otra:

$$\frac{d\,x}{a^2 - b^2\,x^2} = \int \frac{1}{2\,a} \cdot \frac{(a - b\,x)\,d\,x + (a + b\,x)\,d\,x}{(a - b\,x)\,(a + b\,x)} =$$

$$= \frac{1}{2\,a} \int \left(\frac{d\,x}{a + b\,x} + \frac{d\,x}{a - b\,x} \right)$$

pues la constante $\dfrac{1}{2\,a}$ puede sacarse fuera del signo integral; luego

$$\int \frac{d\,x}{a^2 - b^2\,x^2} = \frac{1}{2\,a} \int \frac{d\,x}{a + b\,x} + \frac{1}{2\,a} \int \frac{d\,x}{a - b\,x} =$$

$$= \frac{1}{2\,a\,b}\,l\cdot(a + b\,x) - \frac{1}{2\,a\,b}\,l\cdot(a - b\,x) = \frac{1}{2\,a\,b}\,l\cdot\frac{a + b\,x}{a - b\,x} + C.$$

2.º *Integración por substitución.* — Este método se funda en la regla dada para diferenciar una función de función.

EJEMPLO. Hallar la integral

$$\int (a + b\,x)^m\,d\,x \qquad (1).$$

Haremos:

$$a + b\,x = z \qquad (2)$$

y diferenciando, resulta:

$$b\,d\,x = d\,z,$$

de donde

$$d\,x = \frac{d\,z}{b}$$

y substituyendo este valor y el (2) en la expresión (1), tendremos:

$$\int (a + b\,x)^m\,d\,x = \int z^m\,\frac{d\,z}{b}$$

sacando fuera del signo integral el factor constante $\dfrac{1}{b}$:

$$\int (a + b\,x)^m\,d\,x = \frac{1}{b} \int z^m\,d\,z = \frac{1}{b}\,\frac{z^{m+1}}{m+1} + C$$

y substituyendo z por su valor $a+b\,x$:

$$\int (a+b\,x)^m \, d\,x = \frac{1}{b}\,\frac{(a+b\,x)^{m+1}}{m+1} + C.$$

3.º *Integración por partes.* — Si u y v son dos funciones continuas de x, se tiene:

$$d\cdot u\,v = v\,d\,u + u\,d\,v,$$

de donde

$$u\,d\,v = d\cdot u\,v - v\,d\,u$$

e integrando

$$\int u\,d\,v = u\,v - \int v\,d\,u,$$

lo cual nos dice que cuando el producto $v\,d\,u$ es de integrabilidad inmediata o conocida, se halla la integral de $u\,d\,v$ restando la integral $\int v\,d\,u$ del producto del factor u por la integral $\int d\,v = v$ del factor $d\,v$.

EJEMPLO. Sea

$$I = \int l \cdot x \, d\,x$$

(en la que l representa el logaritmo neperiano).

Haciendo

$$l \cdot x = u, \qquad d\,v = d\,x \qquad o \qquad v = x,$$

tendremos

$$I = x\,l\cdot x - \int x\,\frac{d\,x}{x} = x\,l\cdot x - x + C.$$

4.º *Integración por series.* — Consiste la integración por series en multiplicar por $d\,x$ el desarrollo de la derivada $f'(x)$ que figura en la diferencial y después integrar el resultado.

EJEMPLO. Si multiplicamos la derivada

$$F'(x) = f(x) = \frac{1}{1+x^2} = 1 - x^2 + x^4 - x^6 + x^8 - \ldots$$

por $d\,x$:

$$f(x)\,d\,x = \frac{d\,x}{1+x^2} = (1 - x^2 + x^4 - x^6 + x^8 - \ldots)\,d\,x$$

e integramos, se obtiene:

$$\int f(x)\,d\,x = \int \frac{d\,x}{1+x^2} = \int (1 - x^2 + x^4 - x^6 + x^8 - \ldots)\,d\,x =$$

$$= x - \frac{x^3}{3} + \frac{x^5}{5} - \frac{x^7}{7} + \frac{x^9}{9} - \ldots$$

101. Integración de las diferenciales más usadas. — Consideremos primeramente la diferencial monomia $A\,x^m\,d\,x$.

En el supuesto de ser m un número natural y A una constante, la función primitiva correspondiente a $x^m\,dx$ es $\dfrac{x^{m+1}}{m+1}+C$, luego tendremos:

$$\int A\,x^m\,dx = \frac{A}{m+1} - \int (m+1)\,x^m\,dx = \frac{A\,x^{m+1}}{m+1}+C,$$

luego la regla en casos análogos consiste en *aumentar en una unidad el exponente de* x *y dividir por el exponente aumentado en una unidad.*

EJEMPLOS:

$$1.^o \qquad \int x^2\,dx = \frac{x^3}{3}+C.$$

$$2.^o \qquad \int 3\,x^2\,dx = \frac{3\,x^3}{3}+C = x^3+C$$

$$\int 5\,x^6\,dx = \frac{5}{7}\,x^7+C.$$

102. Integral de un polinomio. — *Se halla buscando las integrales de cada uno de sus términos y sumando ésta con sus propios signos.*
Así:

$$\int (A\,x^m+B\,x^{m-1}+\dots+T\,x+U)\,dx = \frac{A\,x^{m+1}}{m+1}+\frac{B\,x^m}{m}+\dots+\frac{T\,x^2}{2}+U\,x+C.$$

EJEMPLO:

$$\int (x^4-3\,x^2+6\,x-7)\,dx = \frac{x^5}{5}-x^3+3\,x^2-7\,x+C. \quad (C=\text{constante.})$$

103. Integración de diferenciales algebraicas fraccionarias. — Sea

$$\frac{A\,dx}{m\,x+n}$$

la diferencial propuesta, se multiplica el numerador y denominador por el factor m y se tendrá:

$$\int \frac{A\,dx}{m\,x+n} = \frac{A}{m}\int \frac{m\,dx}{m\,x+n}.$$

Como se ve, el numerador es la diferencial del denominador; esta expresión es, pues, de la forma $\dfrac{du}{u}$, la cual es la diferencial del logaritmo neperiano de u, luego:

$$\int \frac{A\,dx}{m\,x+n} = \frac{A}{m}\,l\cdot(m\,x+n)+C.$$

EJEMPLO:

$$\int \frac{3\,dx}{4\,x+1} = \frac{3}{4}\,l\cdot(4\,x-1)+C.$$

104. La regla que se sigue generalmente para integración de diferenciales fraccionarias de la forma $\dfrac{f(x)}{F(x)}$, en la que $f(x)$ y $F(x)$ son dos polinomios, es la siguiente:

Si f (x) *es de un grado superior o igual a* F (x), *se pueden dividir numerador y denominador por* F (x). *Cuando los dos tienen factores comunes, se dividen ambos polinomios por estos factores, y queda así una fracción en la cual* f (x) *es de un grado inferior a* F (x) *y no tiene con él factores comunes.*

La regla tiene tres variantes o casos diversos, según que $F(x)$ tenga sólo raíces simples y reales, tenga raíces múltiples, o bien tenga raíces imaginarias.

105. Integraciones inmediatas. — Para integrar una diferencial se necesita conocer otra función cuya diferencial es la diferencial dada. Varias diferenciales se pueden integrar inmediatamente; a continuación se dan las más importantes.

1.ª   Sea

$$d f = x^m \, d x,$$

su integral es:

$$\int x^m \, d x = \frac{1}{m+1} x^{m+1} + \mathbf{C}.$$

2.ª   Sea

$$d F = \frac{d x}{\sqrt{a+b x}},$$

tenemos:

$$F(x) = \int \frac{d x}{\sqrt{a+b x}} = \frac{2}{b} \sqrt{a+b x} + \mathbf{C}.$$

pues

$$d F = \frac{2}{b} \cdot \frac{1}{2} \frac{b}{\sqrt{a+b x}} \, d x = \frac{d x}{\sqrt{a+b x}}$$

3.ª   Sea $\qquad d F = a^x \, d x,$

tenemos:

$$F(x) = \int a^x \, d x = \frac{a^x}{l \cdot a} + \mathbf{C}.$$

4.ª   Sea $\qquad d F = \cos x \, d x,$

tenemos:

$$F(x) = \int \cos x \, d x - \operatorname{sen} x + \mathbf{C}.$$

5.ª   Sea

$$d F = \operatorname{sen} x \, d x,$$

tenemos:

$$F(x) = \int \operatorname{sen} x \, d x = -\cos x + \mathbf{C}.$$

6.ª   Sea $\qquad d F = \dfrac{d x}{\cos^2 x},$

tenemos:

$$F(x) = \int \frac{dx}{\cos^2 x} = tg\ x + C.$$

7.ª   Sea

$$d\,F = \frac{dx}{x}$$

tenemos:

$$F(x) = \int \frac{dx}{x} = 1 \cdot x + C.$$

8.ª   Sea

$$d\,F = \frac{dx}{\sqrt{1+x^2}},$$

tenemos:

$$F(x) = \int \frac{dx}{\sqrt{1+x^2}} = 1\left(x + \sqrt{1+x^2}\right) + C.$$

CAPÍTULO X

APLICACIONES DEL CÁLCULO DE INTEGRALES DEFINIDAS

106. Rectificación de curvas. — Se entiende por *longitud* de un arco de una curva, el límite al cual tiende la longitud de una línea quebrada inscrita o circunscrita al arco y que tiene con éste comunes sus extremos. Sabemos que si x e y son las coordenadas de un punto de una curva plana y $x+\Delta x$ e $y+\Delta y$ las de un punto próximo a él, la cuerda que los une tiene por ecuación $\sqrt{\Delta x^2+\Delta y^2}$. Si el segundo punto se aproxima indefinidamente al primero, la cuerda tiende a confundirse con un arco infinitamente pequeño, que representaremos por $d\,l$, así es que tendremos:

$$d\,l=\text{lím.}\ \sqrt{\Delta x^2+\Delta y^2}=d\,x\ \sqrt{\frac{\Delta x^2}{\Delta x^2}+\frac{\Delta y^2}{\Delta x}}=d\,x\ \sqrt{1+y'^2}$$

cuando $\Delta x \longrightarrow$ cero.

Este arco indefinidamente pequeño es el que se llama *elemento de la curva;* y se llama *longitud de la curva*, entre dos puntos dados de la misma, *a la suma de sus elementos comprendidos entre estos dos puntos.*

Rectificar una curva es calcular la longitud de la misma entre los puntos de ella cuyas abscisas son, por ejemplo, a y b; representando, pues, con l esta longitud, su valor viene dado por la expresión:

$$L=\int_a^b d\,l=\int_a^b d\,x\ \sqrt{1+y'^2}\qquad (1).$$

Para realizar el cálculo es preciso despejar en la ecuación el valor de y' en función de x y hallar el valor de la integral definida del segundo miembro en la expresión (1).

Veamos algún ejemplo.

Rectificación de la parábola. — Tomando el eje de la curva por eje de las y en un sistema de ejes coordenados rectangulares, podremos escribir su ecuación así (véase más adelante, en las nociones de Geometría analítica, el estudio y ecuación de la parábola):

$$y=\frac{x^2}{2\,p}\qquad \text{o bien}\qquad y'=\frac{x}{p}.$$

Y contando los arcos a partir del vértice, se tiene:

$$L=\int_x^0 d\,x\ \sqrt{1+\frac{x^2}{p^2}}$$

y haciendo

$$x=p\,u,\qquad \text{de donde}\qquad d\,x=p\,d\,u,$$

la integral indefinida $\int p\,d u\,\sqrt{1+u^2}$ valdrá:

$$\int_{0}^{x} p\,d u\,\sqrt{1+u^2}=p\,\frac{1}{2}\left[1\cdot\left(u+\sqrt{1+u^2}\right)+u\,\sqrt{1+u^2}\right]+C,$$

y substituyendo u por su valor $\dfrac{x}{p}$,

$$\int_{0}^{x} p\,d u\,\sqrt{1+u^2}=p\,\frac{1}{2}\left[1\cdot\frac{x+\sqrt{x^2+p^2}}{p}+\frac{x\,\sqrt{x^2+p^2}}{p^2}\right]+C.$$

Como esta expresión debe anularse cuando $x=0$, la cantidad comprendida entre paréntesis se anulará y para que todo el segundo miembro sea cero es preciso que la constante C se anule también; luego resulta, finalmente:

$$L=\frac{p}{2}\,1\cdot\frac{x+\sqrt{x^2+p^2}}{p}+\frac{x\,\sqrt{x^2+p^2}}{p^2}$$

que será la longitud del arco considerado.

107. Cuadratura de las curvas o cálculo del área de las curvas planas. —

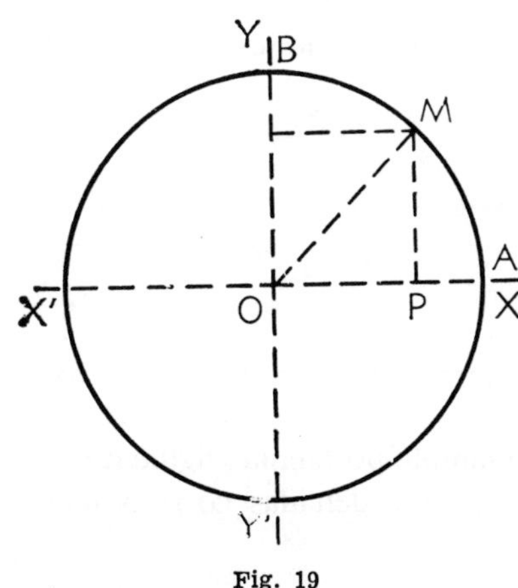

Fig. 19

Se entiende por cuadratura de una curva plana $y=f(x)$, hallar el área comprendida entre esta curva, el eje O X y las ordenadas a y b de dos puntos determinados de la curva. El valor de esta área es, como sabemos,

$$\int_{a}^{b} f(x)\,dx.$$

Mediante el cálculo integral se puede determinar exactamente el área de cualquier curva de la cual se conozcan las coordenadas correspondientes a dos puntos de la misma.

Como ejemplo determinemos el área comprendida entre un arco B M de la circunferencia (fig. 19), el eje de las abscisas O X, que pasa por el centro del círculo, y las ordenadas correspondientes a los puntos B $(x=0)$ y M $(x=O\,P)$, representando con R el radio del círculo y con S el área en cuestión. Tendremos:

$$R^2=\overline{O\,P^2}+\overline{M\,P^2}=x^2+y^2,$$

de donde

$$y=\sqrt{R^2-x^2},$$

por consiguiente:

$$S=\int_{0}^{x} d x\,\sqrt{R^2-x^2}.$$

Suponiendo ahora

$$x=R\,u,\qquad\text{de donde}\qquad d x=R\,d u,$$

tenemos:

$$S=\int_o^x R\,d\,u\,\sqrt{R^2-x^2}=R^2\int_\bullet^x d\,u\,\sqrt{1-x^2}=$$

$$=R^2\frac{1}{2}\left(arc\,sen\,u+u\,\sqrt{1-u^2}\right)$$

sin constante alguna, pues el área debe anularse al hacer $u=0$. Substituyendo u por su valor $\dfrac{x}{R}$ se puede escribir:

$$S=\frac{1}{2}R^2\,arc\,sen\,\frac{x}{R}+\frac{1}{2}x\,\sqrt{R^2-x^2},$$

resultado conforme con la Geometría, pues según ésta:

$$\text{área } B\,O\,P\,M=\text{sector } B\,O\,M+\text{triáng. } O\,M\,P=$$

$$=\frac{1}{2}R^2\cdot\text{áng. } B\,O\,M+\frac{1}{2}O\,P\cdot M\,P$$

expresión que coincide con la precedente.

Área de la elipse. — El área de la elipse se puede hallar por el método anterior, pero el cálculo se simplifica. En efecto; el área del cuadrante de la elipse es:

$$S=\int_o^a\frac{b}{a}\,\sqrt{a^2-x^2}\,d\,x=\frac{b}{a}\int_o^a d\,x\,\sqrt{a^2-x^2}$$

Ahora bien: la integral última expresa el área de un círculo cuyo radio es a y equivale a $\dfrac{1}{4}\pi\,a^2$, luego:

$$S=\frac{b}{a}\,\frac{1}{4}\,\pi\,a^2=\frac{1}{4}\,\pi\,a\,b.$$

Luego el área S_t total de la elipse será:

$$S_t=\pi\,a\,b.$$

En otro lugar dimos el procedimiento práctico para hallar en todos los casos el área correspondiente a una curva.

Para aclarar más la cuestión fijémonos en el ejemplo-problema siguiente:

Hallar el área del trapecio limitado por el eje O X, las ordenadas correspondientes a los puntos M y M′ cuyas abscisas son $x=3$ y $x=7$, y la recta cuya ecuación es $y=x+2$ (fig. 20).

Debemos calcular, pues, la integral definida:

$$\int_3^7(x+2)\,d\,x.$$

Buscaremos primero la función primitiva correspondiente a la función que representa la curva, es decir, la función primitiva cuya derivada es $x=2$; esta función primitiva es $\dfrac{x^2}{2}+2\,x+C$, luego

$$\int_3^7(x+2)\,d\,x=\frac{x^2}{2}+2\,x+C.$$

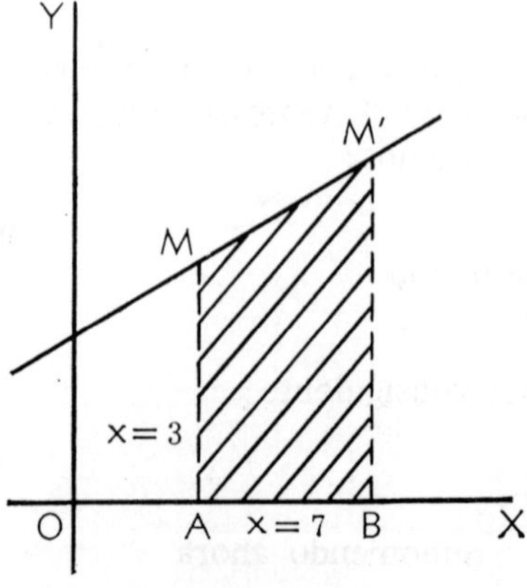

Fig. 20

748

Ahora se calculan los valores que toma la función primitiva para $x=3$ y $x=7$:

$$\text{para } x=3\ldots\ldots\frac{x^2}{2}+2\,x=\frac{21}{2}$$

$$\text{para } x=7\ldots\ldots\frac{x^2}{2}+2\,x=\frac{77}{2}$$

Restaremos ahora el primer valor del segundo y tendremos el área buscada:

$$\frac{77}{2}-\frac{21}{2}=\frac{56}{2}=28.$$

Calculada esta área geométricamente da el mismo resultado, pues siendo

$$M\,A=5, \qquad M'\,B=9, \qquad A\,B=4,$$

resulta:

$$S=\frac{5+9}{2}\times 4=28.$$

108. Cálculo del área de superficies curvas. — Se entiende *área de una superficie curva cerrada* el límite la cual tiende una superficie poliédrica inscrita o circunscrita. Se puede siempre imaginar un poliedro de caras triangulares inscrito en la superficie propuesta; si por cada uno de los vértices de las caras se trazan planos tangentes a la superficie, se determina un poliedro circunscrito. Si se multiplica indefinidamente el número de caras del poliedro inscrito y, por consiguiente,

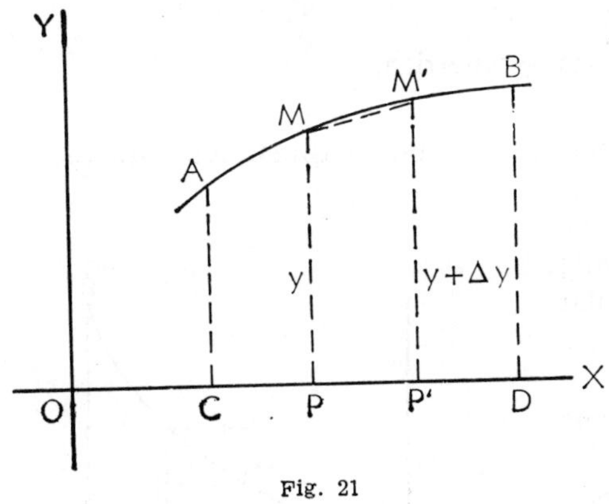

Fig. 21

las del poliedro circunscrito, las áreas de estos dos poliedros tienden hacia un límite común, el cual será el área de la superficie propuesta. Veamos un ejemplo.

Sea A B la curva generatriz de la superficie al girar alrededor del eje O X (fig. 21); A C y B D las trazas de dos planos perpendiculares al eje O X y que limitan la superficie que se quiere determinar. Mediante una serie de planos auxiliares perpendiculares a O X se divide la superficie en zonas elementales, tales como la engendrada por el arco M M'. La cuerda lateral de este arco engendra la superficie

lateral de un tronco de cono cuya magnitud es $\dfrac{1}{2}\,2\,\pi\,(M\,P+M'\,P')\cdot M\,M'$. Si el punto M' se aproxima indefinidamente a M, la cuerda M M' tiende hacia el arco elemental $d\,s$ y la superficie del tronco de cono tenderá hacia la zona elemental $d\,S$ de la superficie que se considera. Representando con y la ordenada M P, la ordenada M' P', es es, $y+\Delta\,y$ tenderá hacia y cuando M' se aproxima indefinidamente a M, y en el límite se tendrá:

$$d\,S=2\,\pi\,y\,d\,s,$$

y si *a* y *b* son las abscisas de los puntos A y B, extremos de la generatriz, se deducirá:

$$S = 2\pi \int_a^b y\,ds = 2\pi \int_a^b y\,dx\,\sqrt{1+y'^2} \qquad (1).$$

Dada la ecuación de la generatriz y los valores de *a* y *b*, se dará a *y* sucesivamente los valores *a* y *b*, y se calcula la integral definida correspondiente.

Veamos un ejemplo; calcular el área de una zona esférica suponiendo el origen de las coordenadas en el centro del círculo generador. Este círculo, curva que engendra la zona, tiene por ecuación:

$$x^2 + y^2 = R^2,$$

de donde

$$y^2 = R^2 - x^2$$

y derivando

$$2y\frac{dy}{dx} = -2x, \qquad \text{esto es,} \qquad y' = -\frac{x}{y},$$

luego

$$\sqrt{1+y'^2} = \sqrt{1+\frac{x^2}{y^2}}\,\sqrt{\frac{R^2}{y^2}} = \frac{R}{y}.$$

Substituyendo este valor en la fórmula (1):

$$S = 2\pi \int_a^b R\,dx = 2\pi R\,(b-a),$$

resultado conforme con el que se halla por vía geométrica.

109. Cálculo de los volúmenes determinados por superficies curvas. —

Cuando una superficie plana o curva de revolución gira alrededor de una línea recta (eje), engendra un volumen. El cálculo integral permite hallar exactamente este volumen, por irregular que sea la línea generatriz, siempre que se conozca su ecuación.

Veamos la fórmula general que se debe aplicar.

Sea la curva A B la generatriz de la superficie (fig. 22), O X el eje de revolución, O Y un eje perpendicular a él, A A' y B B' las trazas de dos planos perpendiculares al eje O X y que limitan el volumen que se trata de determinar. La ecuación de la curva generatriz es

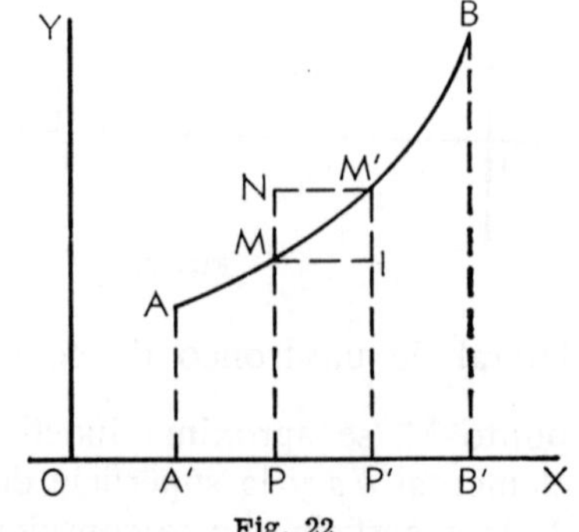

Fig. 22

$$y = f(x) \qquad (1).$$

Tomemos en la curva un punto M, tracemos su ordenada M P y representemos con V el volumen comprendido entre el plano perpendicular a O X y que pasa pr M P y el que pasa por A A'; este volumen está en función de la abscisa x del punto M.

Si se supone que este punto se traslada a M', la abscisa del punto M' será igual a $x+\Delta x$ y el volumen V se incrementa en ΔV, incremento elemental cuando Δx indefinidamente pequeño. Trazando por los puntos M y M' las rectas M I y M'N, paralelas a O X, se verá que el volumen engendrado por el trapecio mixtilíneo P M M'P' está comprendido por los engendrados por los rectángulos M P P' I y N P P' M', los cuales son cilindros, y recordando que la expresión del área del cilindro es igual al producto del área de su base por su altura, tomando por bases los círculos

de los cuales las ordenadas y e $y+\Delta y$ son los radios, podremos escribir sus res-pectivos volúmenes:

$$\pi\, y^2\, \Delta x \qquad y \qquad \pi\, (y+\Delta y)^2\, \Delta x$$

y por consiguiente,

$$\pi\, y^2\, \Delta x < \Delta V < \pi\, (y+\Delta y)^2\, \Delta x,$$

de donde

$$\pi\, y^2 < \frac{\Delta V}{\Delta x} < \pi\, (y+\Delta y)^2.$$

Pero cuando Δx tienda hacia cero, $\dfrac{\Delta V}{\Delta x}$ será la derivada de V con relación a x es decir, tenderá hacia $\dfrac{d V}{d x}$; al mismo tiempo, $y+\Delta y$ tenderá hacia y; por con-siguiente, los términos primero y último de la desigualdad anterior serán iguales, y tendremos:

$$\frac{d V}{d x} = \pi\, y^2 \qquad \text{de donde} \qquad d V = \pi\, y^2\, d x,$$

y por consiguiente,

$$V = \pi \int_a^x y^2\, d x \qquad (2),$$

llamando a a la abscisa del punto A.

Para hallar el valor del volumen comprendido entre A A' y B B', bastará reem-plazar el límite x de la integral (2) por b, siendo b la abscisa del punto B; tendremos, pues:

$$V = \pi \int_a^b y^2\, d x \qquad (3).$$

Para efectuar el cálculo, bastará substituir y por su valor en la función $y=f(x)$ y efectuar la integración entre los límites indicados.

EJEMPLOS:

1.º Hallar el volumen del tronco de cono engendrado por el trapecio limitado por el eje O X, las ordenadas correspondientes a $x=3$ y $x=7$ y la recta cuya ecuación es $y=x+2$.

Fijémonos que en este caso

$$y^2 = x^2 + 4 x + 4$$

y apliquemos la fórmula (3):

$$V = \pi \int_a^b y^2\, d\,x = \pi \int_3^7 (x^2 + 4\,x + 4)\, d\,x = \pi \left(\frac{x^3}{3} + 2\,x^2 + 4\,x + C \right)$$

$$\text{para } x = 3 \ldots\ldots \frac{x^3}{3} + 2\,x^2 + 4\,x = 39$$

$$\text{para } x = 7 \ldots\ldots \frac{x^3}{7} + 2\,x^2 + 4\,x = \frac{721}{3}$$

luego

$$V = \left(\frac{721}{3} - 39 \right) \pi = \frac{604}{3}\, \pi.$$

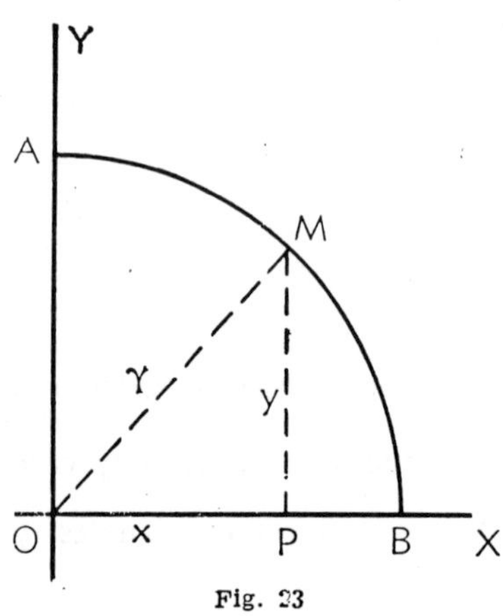

2.º Hallar el volumen de la esfera engendrada por una semicircunferencia de radio r.

Bastará calcular el volumen engendrado por un cuadrante al girar alrededor del eje O X, para lo cual haremos coincidir el radio base del cuadrante con dicho eje.

Para cualquier punto de la circunferencia tal como el punto M (fig. 23), se cumple:

$$y^2 + x^2 = r^2,$$

de donde:

$$y^2 = r^2 - x^2 \qquad \text{y de aquí} \qquad y = \sqrt{r^2 - x^2}$$

que será la ecuación del arco A B.

Siguiendo la marcha indicada en el ejemplo anterior, tendremos:

$$V = \pi \int y^2\, d\,x = \pi \int (r^2 - x^2)\, d\,x = \pi \int r^2\, d\,x - \pi \int x^2\, d\,x = \pi\, r^2\, x - \frac{\pi\, x^3}{3} + C$$

$$\text{para } x = 0 \ldots\ldots \pi\, r^2\, x - \frac{\pi\, x^3}{3} = 0$$

$$\text{para } x = r \ldots\ldots \pi\, r^2\, x - \frac{\pi\, x^3}{3} = \frac{2}{3}\, \pi\, r^3$$

luego

$$V = \frac{2}{3}\, \pi\, r^3.$$

Este es el volumen engendrado por un cuadrante, luego el engendrado por una semicircunferencia será doble del anterior:

$$V = \frac{4}{3}\, \pi\, r^3.$$

conforme con lo que nos enseña la Geometría.

110. Sintetizando: el método para determinar el volumen de un cuerpo de revolución consiste en hallar la suma de infinitos cuerpos, los cuales se obtienen trazando planos paralelos entre sí y que distan magnitudes indefinidamente pequeñas. La suma de este número indefinidamente grande de volúmenes indefinidamente pequeños nos permite hallar el volumen total del cuerpo.

El mismo procedimiento se aplica para hallar el volumen de cuerpos que no son de revolución, siempre que las áreas de las secciones obtenidas puedan expresarse en función de su distancia a un plano fijo de referencia, como ocurre en la pirámide y en el cono de revolución.

Con estas nociones fundamentales damos por terminados estos elementos de cálculo integral, únicos que caben dentro del plan que preside este Tratado elemental de Matemáticas.

n	n²	n³	√n	∛n	log n	πd	¼πd²	n	n²	n³	√n	∛n	log n	πd	¼πd²
1	1	1	1,0000	1,0000	0,0000	3,142	0,7854	51	2601	132651	7,1414	3,7084	1,7076	160,2	2042,8
2	4	8	1,4142	1,2599	0,3010	6,283	3,1416	52	2704	140608	7,2111	3,7325	1,7160	163,4	2123,7
3	9	27	1,7321	1,4422	0.4771	9,425	7,0686	53	2809	148877	7,2801	3,7563	1,7243	166,5	2206,2
4	16	64	2,0000	1,5874	0,6021	12,57	12,566	54	2916	157464	7,3485	3,7798	1,7324	169,9	2290,2
5	25	125	2,2361	1,7100	0,6990	15,71	19,635	55	3025	166375	7,4162	3,8030	1,7404	172,8	2375,8
6	36	216	2,4495	1,8171	0,7782	18,85	28,274	56	3136	175616	7,4833	3,8259	1,7482	175,9	2463,0
7	49	343	2,6458	1,9129	0,8451	21,99	38,484	57	3249	185193	7,5498	3,8485	1,7559	179,7	2551,8
8	64	512	2,8284	2,0000	0,9031	25,13	50,265	58	3364	195112	7,6158	3,8709	1,7634	182,2	2642,1
9	81	729	3,0000	2,0801	0,9542	28,27	63,617	59	3481	205379	7,6811	3,8930	1,7709	185,4	2734,0
10	100	1000	3,1623	2,1544	1,0000	31,42	78,543	60	3600	216000	7,7460	3,9149	1,7782	188,5	2827,4
11	121	1331	3,3166	2,2240	1,0414	34,56	95,033	61	3721	226981	7,8102	3,9365	1,7853	191,6	2922,5
12	144	1728	3,4641	2,2894	1,0792	37,70	113,10	62	3844	238328	7,8740	3,9579	1,7924	194,8	3019,1
13	169	2197	3,6056	2,3513	1,1139	40,84	132,73	63	3969	250047	7,9373	3,9791	1,7993	197,9	3117,2
14	196	2744	3,7417	2,4101	1,1461	43,98	153,94	64	4096	262114	8,0000	4,0000	1,8062	201,1	3217,0
15	225	3375	3,8730	2,4662	1,1761	47,12	176,71	65	4225	274625	8,0623	4,0207	1,8129	204,2	3318,3
16	256	4096	4,0000	2,5198	1,2041	50,27	201,06	66	4356	287496	8,1240	4,0412	1,8195	207,3	3421,2
17	289	4913	4,1231	2,5713	1,2304	53,41	226,98	67	4489	300763	8,1854	4,0615	1,8261	210,5	3525,7
18	324	5832	4,2426	2,6207	1,2553	56,55	254,47	68	4624	314432	8,2462	4,0817	1,8325	213,6	3631,7
19	361	6859	4,3589	2,6684	1,2788	59,69	283,53	69	4761	328509	8,3066	4,1016	1,8388	216,8	3739,3
20	400	8000	4,4721	2,7144	1,3010	62,83	314,16	70	4900	343000	8,3666	4,1213	1,8451	219,9	2848,5
21	441	9261	4,5826	2,7589	1,3222	65,97	346,36	71	5041	357911	8,4261	4,1408	1,8513	223,1	3959,2
22	484	10648	4,6904	2,8020	1,3424	69,12	380,13	72	5184	373248	8,4853	4,1602	1,8573	226,2	4071,5
23	529	12167	4,7958	2,8430	1,3617	72,36	415,48	73	5329	389017	8,5440	4,1793	1,8633	229,3	4185,4
24	576	13824	4,8990	2,8845	1,3802	75,40	452,39	74	5476	405224	8,6023	4,1983	1,8692	232,5	4300,8
25	625	15625	5,0000	2,9240	1,3979	78,54	490,87	75	5625	421875	8,6603	4,2172	1,8751	235,6	4417,9
26	676	17576	5,0990	2,9625	1,4150	81,68	530,93	76	5776	438976	8,7178	4,2358	1,8808	238,8	4546,5
27	729	19683	5,1962	3,0000	1,4314	84,82	572,56	77	5929	456533	8,7750	4,2543	1,8865	241,9	4656,6
28	784	21952	5,2915	3,0366	1,4472	87,96	615,75	78	6084	474552	8,8310	4,2727	1,8921	245,0	4778,4
29	841	24389	5,3852	3,0723	1,4624	91,11	660,52	79	6241	493039	8,8882	4,2908	1,8976	248,2	4091,7
30	900	27000	5,4772	3,1072	1,4771	94,25	706,86	80	6400	512000	8,9443	4,3089	1,9031	251,3	5026,5
31	961	29791	5.5678	3,1414	1,4919	97,39	754,77	81	6561	531441	9,0000	4,3267	1,9085	254,5	5153,0
32	1024	32768	5,6569	3,1748	1,5051	100,5	804,25	82	6724	551368	9,0554	4,3445	1,9138	257,6	5281,0
33	1089	35937	5,7446	3,2075	1,5185	103,7	855,30	83	6889	571787	9,1104	4,3621	1,9191	260,8	5510,6
34	1156	39304	5,8310	3,2396	1,5315	106,8	907,92	84	7056	592704	9,1652	4,3795	1,9243	263,9	5541,8
35	1225	42875	5,9166	3,2711	1,5441	110,0	962,11	85	7725	614125	9,2195	4,3968	1,9294	267,0	5674,5
36	1296	46656	6,0000	3,3019	1,5563	113,1	1017,9	86	7396	636056	9,2736	4,4140	1,9345	270,2	5808,8
37	1369	50653	6,0828	3,3322	1,5682	116,2	1075,2	87	7569	658503	9,3274	4,4310	1,9395	273,3	5944,7
38	1444	54872	6,1644	3,3620	1,5798	119,4	1134,1	88	7744	681472	9,3808	4,4480	1,9445	276,5	6082,1
39	1521	59319	6,2450	3,3912	1,5911	122,5	1194,5	89	7921	794969	9,4340	4,4647	1,9494	279,6	6221,1
40	1600	64000	6,3246	3,4200	1,6021	127,7	1256,8	90	8100	729000	9,4848	4,4814	1,9542	282,7	6361,7
41	1681	68921	6,4031	3,4482	1,6128	128,8	1320,3	91	8281	753571	9,5394	4,4979	1,9590	285,9	6503,9
42	1764	74088	6,4807	3,4760	1,6232	131,9	1385,4	92	8464	778688	9,5917	4,5144	1,8638	289,0	6647,6
43	1849	79507	6,5574	3,5034	1,6335	135,1	1452,2	93	8649	804357	9,6437	4,5307	1,9685	292,2	6792,9
44	1936	85184	6,6332	3,5303	1,6435	138,2	1520,5	94	8836	830584	9,6954	4,5468	1,9731	295,3	6939,8
45	2035	91125	6,7082	3,5569	1,6532	141,4	1590,4	95	9025	857375	9,7468	4,5629	1,9777	298,5	7088,2
46	2116	97336	6,7823	3,5830	1,6628	144,5	1661,9	96	9216	884736	9,7980	4,5789	1,9823	301,6	7238,2
47	2209	103823	6,8557	3,6088	1,6721	147,7	1734,9	97	9409	912673	9,8489	4,5947	1,9868	304,7	7389,8
48	2304	110592	6,9282	3,6342	1,6812	150,8	1809,6	98	9604	941192	9,8995	4,6104	1,9912	307,9	7543,0
49	2401	117649	7,0000	3,6593	1,6902	153,9	1885,7	99	9801	970299	9,9499	4,6161	1,9956	311,0	7697,7
50	2500	125000	7,0711	3,6840	1,6990	157,1	1963,5	100	10000	1000000	10,0000	4,6416	2,0000	31,42	7854,0

Cuadrado, cubo, raíz cuadrada, raíz cúbica y logaritmos de los números naturales de 1 a 100, y longitud de la circunferencia y área del círculo para un diámetro d cuyo valor oscile de 1 a 100. Para obtener valores con cierta aproximación en cantidades superiores a 100, ténganse en cuenta las siguientes

OBSERVACIONES. — 1.ª El diámetro redúzcase a la unidad de orden superior del sistema métrico decimal que convenga, hasta que el número entero sea inferior a cien. Por ejemplo: d=1373 mm; d=13'73 dm. Aquí convendrá buscar el numero 14, pues sólo perderemos 0'27 mientras que con el 13 el error sería de 0'73. Esto debemos tenerlo en cuenta en todos los cálculos siguientes.

2.ª El logaritmo de un número superior a 100 se hallará tomando únicamente las dos cifras significativas de la izquierda, cuyo logaritmo nos viene dado en las tablas, teniendo en cuenta que la característica ha de cambiarse por la del número total que es igual al de cifras enteras menos uno.

Calculemos el log. de 25873, 1.º) tomemos las dos primeras cifras significativas de la izquierda: 25 por defecto ó 26 por exceso; 2.º) calculemos la característica: 4; 3.º) añadamos a la característica la mantisa que nos den las tablas para 26, número buscado: 4150. Por tanto, log. 25873=4,4150.

3.ª La raíz cúbica de un número comprendido entre 101 y 1.000.000 viene determinada directamente en la tabla. Para ello se busca en la 3.ª columna (de izquierda a derecha) el número deseado; su raíz cúbica nos viene dada en la 1.ª columna. De no estar el número en la tabla, se observará por el número inmediatamente superior e inmediatamente inferior del cual podremos tomar la raíz cúbica. que el error nunca será mayor de 0'5.

4.ª La raíz cuadrada de un número comprendido entre 101 y 10.000 puede hallarse directamente en las tablas del modo siguiente: Se busca el número en la columna 2.ª. Su raíz cuadrada será el número de la 1.ª columna. De no hallarse el número, miremos entre qué números de la tabla se halla y veremos que al aceptar la raíz cuadrada del inmediatamente inferior o del superior, según convenga, el error nunca es superior a 0'5.

5.ª La raíz cuadrada de un número superior a 10.000 podremos calcularla aproximadamente anulando los valores de cada dos cifras empezando por la derecha hasta encontrar (despreciando los ceros) el número en la tabla. Se busca la raíz cuadrada y a ésta se le añaden tantos ceros o se corre la coma tantos lugares como grupos hayamos despreciado. Consúltese para ello la columna que convenga. Calculemos la raíz cuadrada de 636894. 1.º) Despreciemos las cifras 94, nos queda 6368; 2.º) busquemos 6368 en las tablas (segunda columna); 3.ª) al no hallarlo tomamos el más cercano: 6400; 4.º) miramos su raíz cuadrada (1.ª columna): 80; como hemos despreciado un solo grupo de dos cifras (el 94) se añade un cero a la raíz dada en las tablas: 800. Raíz cuadrada de 636894=800.

6.ª El cuadrado de un número superior a 100 se halla anulando las unidades, decenas, etc., hasta encontrar el número en la tabla. Se mira el cuadrado de éste y a continuación se le añaden tantas veces dos ceros cuantos grupos (unidades, decenas, etc.) hayamos anulado.

Calculemos el valor de 79821^2. 1.º) Anulamos 821 para que nos quede un número (79) inferior a 100; 2.º) Buscamos en las tablas el cuadrado de 80 (por ser menor el error): 6400, 3.º) añadamos tres grupos de dos ceros por haber despreciado antes tres cifras significativas (821): 6.400.000.000. Por tanto 79821^2=6.400.000.000 aproximadamente.

Matemática Moderna

por Mª Luisa Postigo
Licenciada en Ciencias Exactas

Introducción

En estos últimos años se ha iniciado en todo el mundo una preocupación creciente por revisar los métodos de enseñanza de la Matemática y dar a conocer a los estudiosos no sólo las más complicadas cuestiones, sino también los conceptos elementales que sirven de cimiento al dilatado edificio de esta ciencia.

Por ello se ha creído conveniente hacer un detallado estudio de los conjuntos y de las estructuras que éstos pueden presentar, de modo que una vez conocidas las leyes que rigen un conjunto de determinada estructura, puedan aquéllas tenerse por válidas en cualquier otro conjunto de iguales características, con evidente economía de razonamientos.

Nos ha parecido, pues, conveniente introducir, en la presente edición de esta obra, un capítulo de la llamada *Matemática Moderna*, desarrollando un breve estudio de los conjuntos y su aplicación al concepto de número natural y a las sucesivas ampliaciones de número entero y número racional; el conjunto, más amplio, de los números reales no se estudiará aquí dadas las limitaciones que hemos impuesto a este capítulo.

Del mismo modo vienen a completar el contenido geométrico de esta obra unas breves notas sobre *Geometría de los movimientos*, a la cual se ha dado últimamente cierta importancia.

Creemos que la somera exposición que vamos a someter a la curiosidad del lector será suficiente para iniciarle en los nuevos métodos.

NOCIONES SOBRE CONJUNTOS

1. Definiciones. — El concepto de *conjunto* es primario e intuitivo y no puede descomponerse en otros conceptos más elementales con los que definirlo.

Con ejemplos evocamos fácilmente la idea de conjunto: un batallón es un *conjunto* de soldados, cada uno de los cuales es un *elemento* de dicho conjunto; una biblioteca es un *conjunto* de libros; un bosque es un *conjunto* de árboles.

La composición de un conjunto debe ser bien conocida, de modo que no se presente la ambigüedad de si un elemento pertenece o no al mismo. Así, el conjunto de los viajeros que visitarán París el próximo año no está bien definido; en cambio sí lo está el conjunto de varones que ingresaron en el servicio militar el año pasado.

En estos dos últimos ejemplos, la composición del conjunto ha sido dada por *comprensión*, pero puede hacerse también por *extensión* enumerando cada uno de los elementos que forman el conjunto. Ejemplo:

$$C = \{\, a, b, c, d. \,\}$$

Se indica que un elemento pertenece o no al conjunto C mediante el signo $\in$ o $\notin$. Así

$$d \in C \qquad \text{se lee: } d \text{ pertenece a C}$$
$$p \notin C \qquad \text{se lee: } p \text{ no pertenece a C.}$$

Es frecuente representar los conjuntos gráficamente por medio de los diagramas de Venn. (Fig. 1).

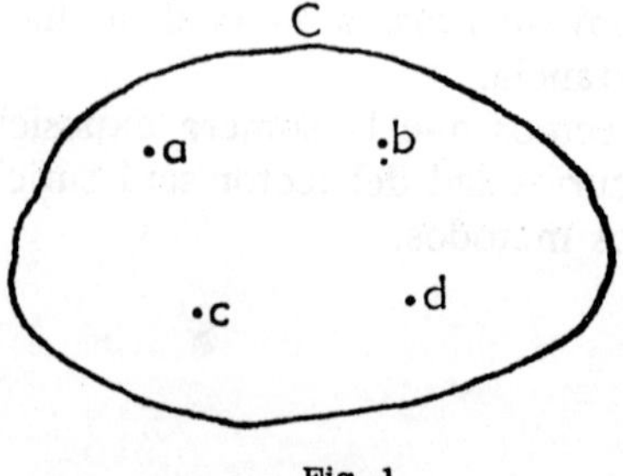

Fig. 1

Conjunto unitario. Consideremos el conjunto de estrellas que pertenecen al sistema solar. Este conjunto no tiene más que un elemento, el Sol; a pesar de ello lo consideramos como verdadero conjunto. Es un conjunto *unitario*.

Conjunto vacío. Es un conjunto convencional que no tiene elementos. Se representa por la letrá noruega $\emptyset$.

2. Subconjuntos. — Dados dos conjuntos A y B diremos que A es un subconjunto o parte de B, si todo elemento de A está contenido en B (Fig. 2). Ejemplo:

$$A = \{\, a, b, c \,\} \qquad B = \{\, a, b, c, d. \,\}$$

Se representa así:

$$A \subset B \qquad \text{que se lee: A está incluido en B}$$
$$\text{o bien } B \supset A \qquad \text{que se lee: B contiene a A.}$$

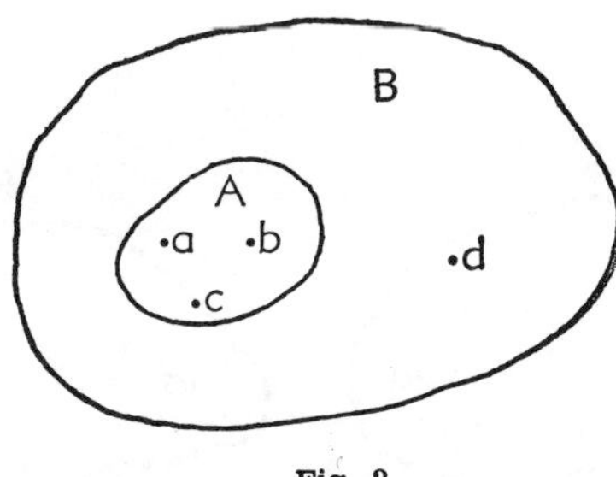

Fig. 2

Esta definición debe tomarse en un sentido amplio, es decir, que podemos considerar que cualquier conjunto es parte de sí mismo: $B \subset B$, ya que, en efecto, todo elemento de B pertenece a B.

3. Conjuntos iguales. — Consideremos el conjunto A de los puntos del plano que equidistan de dos rectas fijas y el conjunto A' de los puntos que pertenecen a la bisectriz del ángulo formado por dichas rectas.

Estos dos conjuntos constan de los mismos elementos; diremos que son iguales $A = A'$, lo que equivale a decir que cada uno es parte del otro, o sea

$$A \subset A' \qquad A' \subset A.$$

El conjunto A está definido por la propiedad p de equidistar de dos rectas dadas. El conjunto A' viene definido por la propiedad p' de pertenecer a la bisectriz. El hecho de que A esté incluido en A' supone, entre las propiedades que los definen, la relación de implicación:

$$p \Rightarrow p'$$

que se lee: p implica p', ya que al cumplirse la propiedad p ha de cumplirse también la p'.

Del mismo modo, puesto que $A' \subset A$ se cumple

$$p' \Rightarrow p.$$

Ya que la implicación se verifica en los dos sentidos, escribiremos el signo de doble implicación:

$$p \Leftrightarrow p'.$$

4. Unión o reunión de conjuntos. — Dados dos conjuntos A y B, llamaremos unión o reunión de ambos a otro conjunto C formado por los elementos que pertenecen a A o a B o a ambos. Lo representaremos así (Fig. 3):

$$C = A \cup B.$$

EJEMPLOS: $A = \{ a\,b\,c\,d\,e \}$ $B = \{ a\,j\,l \}$ $C = A \cup B = \{ a\,b\,c\,d\,e\,j\,l. \}$

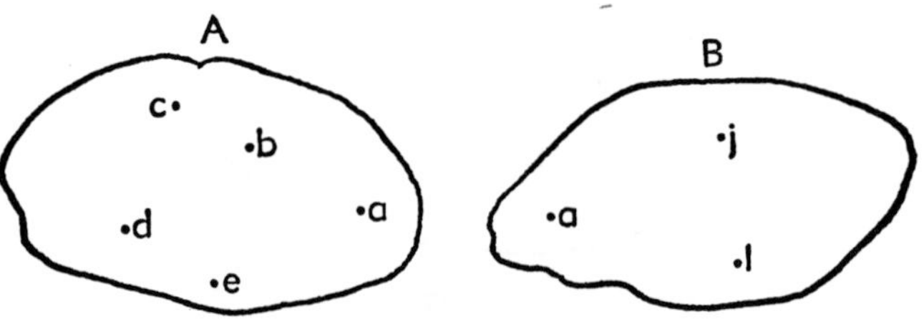

Fig. 3

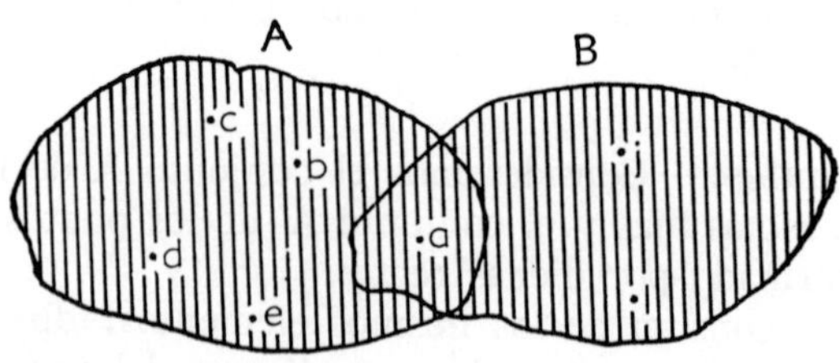

Sea A el conjunto de las letras que forman la palabra *Europa* y B las de la palabra *poema*. La unión de estos conjuntos es

$$C = A \cup B = \{ e,u,r,o,p,a,m. \}$$

Ídem con los conjuntos

$$A = \{ p,a,l,m,e,r,a \} \quad y \quad B = \{ m,a,r,g,a,r,i,t,a \}$$
$$C = A \cup B = \{ p,a,l,m,e,r,a,g,r,i,a,t. \}$$

Si un elemento figura repetidas veces en A y B, en el conjunto unión se repetirá también tantas veces cuantas figure repetido en aquel de los conjuntos A o B que más veces lo contenga.

El conjunto unión ha de ser tal que con sus elementos puedan volver a reconstruirse separadamente uno u otro de los conjuntos de cuya reunión procede.

Sea A el conjunto de los factores primos de 18 y B el de 24:

$$A = \left\{ 2, 3^2 \right\} \qquad B = \left\{ 2^3, 3. \right\}$$

Su unión es

$$C = A \cup B = \left\{ 2^3, 3^2. \right\}$$

El resultado de multiplicar los elementos de C es el m. c. m. de 18 y 24.

Nótese que dados dos conjuntos A y B, si A está contenido en B la unión de A y B es B (Fig 4).

$$A \subset B \Rightarrow A \cup B = B.$$

EJEMPLO: $A = \left\{ r,o,s,a \right\} \qquad B = \left\{ p,r,o,s,a \right\}$

$$C = A \cup B = \left\{ p, r, o, s, a. \right\}$$

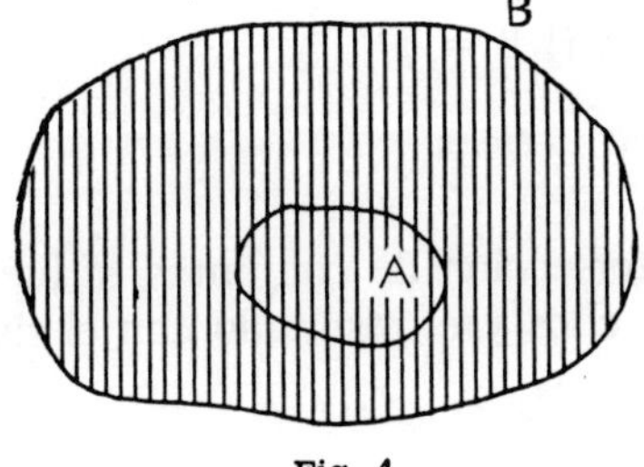

Fig. 4

5.   Intersección de conjuntos. — Dados dos conjuntos A y B llamamos intersección de ambos a otro conjunto C cuyos elementos pertenecen a A y a B. Se anota del siguiente modo (Fig. 5):

$$C = A \cap B.$$

EJEMPLOS:

$$A = \left\{ a\,b\,c\,d \right\} \qquad B = \left\{ c\,d\,e \right\} \qquad C = A \cap B = \left\{ c,d. \right\}$$

$$A \cap B = C$$

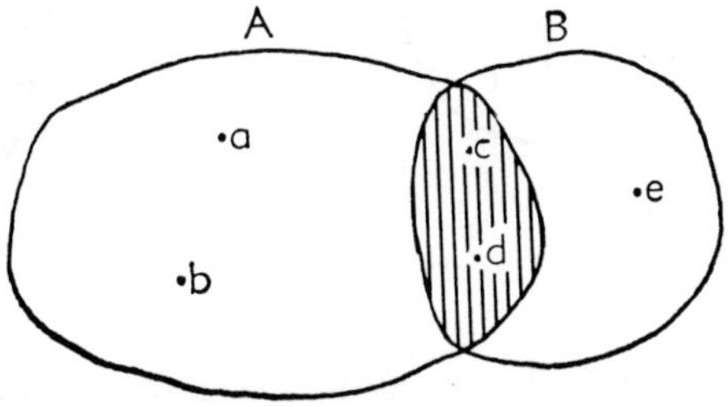

Fig. 5

Matemática Moderna

Si A es el conjunto de los factores primos de 18 y B el de 24

$$A = \left\{ 2, 3^2 \right\} \qquad B = \left\{ 2^3, 3 \right\}$$

su intersección es:

$$C = A \cap B = \left\{ 2, 3. \right\}$$

El resultado de multiplicar los elementos de C es precisamente el m. c. d. de 18 y 24.

La intersección de dos conjuntos disjuntos, es decir, sin elementos comunes, es el conjunto vacío (Fig. 6).

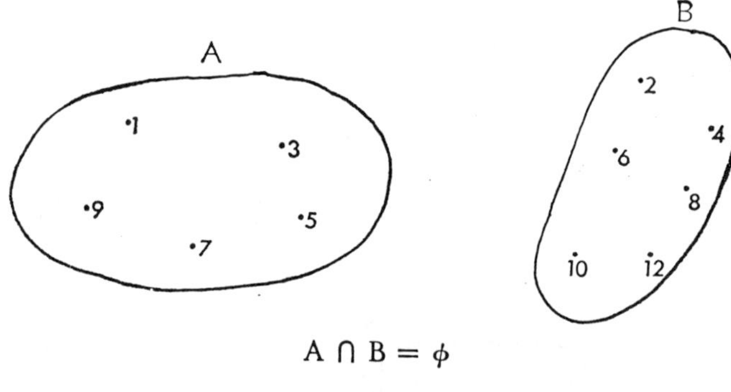

$$A \cap B = \phi$$

Fig. 6

Tanto en la unión como en la intersección de conjuntos, si fueran más de dos los conjuntos dados se opera con dos de ellos y el resultado con el siguiente, y así hasta agotarlos todos (Figs. 7 y 8).

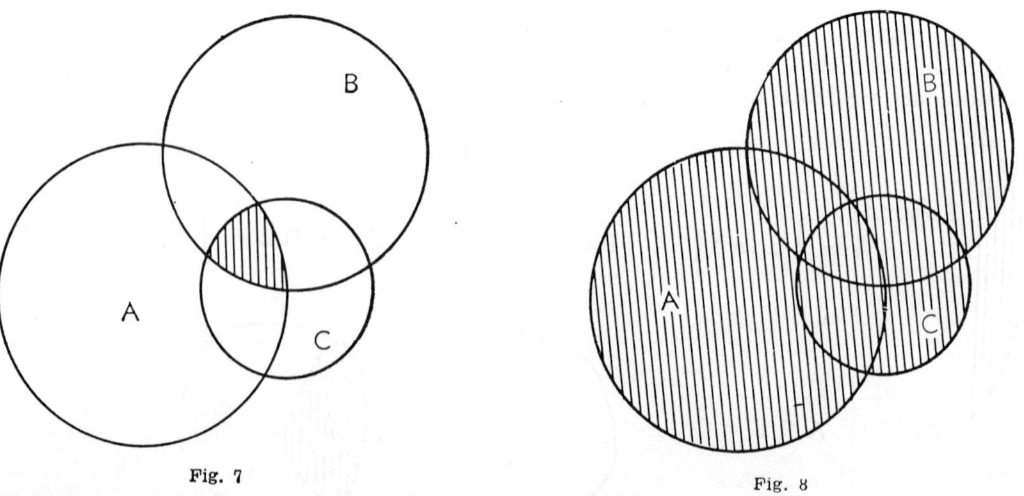

Fig. 7

Fig. 8

En la figura 7, A ∩ B ∩ C es la parte sombreada, y en la figura **8** la porción sombreada A ∪ B ∪ C.

6. Conjunto complementario. —Sea un conjunto K cuyos elementos nos son conocidos, y sea A un subconjunto de K, es decir que A está contenido en K. Todo elemento de K que no pertenezca a A formará parte de otro subconjunto B de K que llamaremos *complementario de A en K*. Sea por ejemplo (Fig. 9)

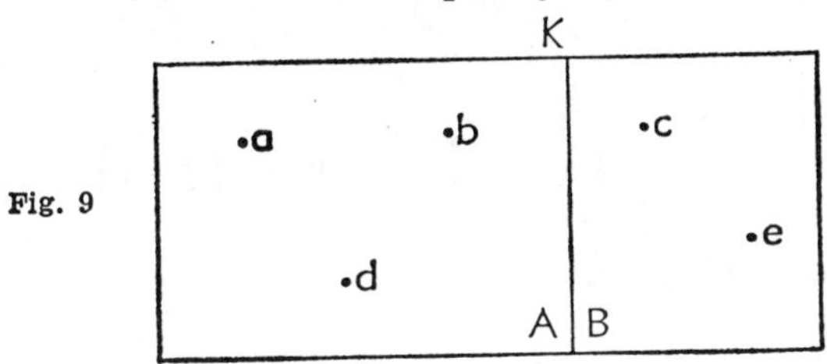

Fig. 9

$$K = \left\{ a,b,c,d,e \right\} \quad A = \left\{ a,b,d \right\} \quad C_K^A = \left\{ c,e \right\} = B.$$

Los conjuntos complementarios cumplen las siguientes propiedades, que se desprenden de su definición:

1.ª El complementario de A en el conjunto K es tal que su intersección con A es el conjunto vacío.

$$C_K^A \cap A = \emptyset.$$

Puesto que no hay ningún elemento común entre C_K^A y A.

2.ª El complementario de A en el conjunto K es tal que su unión con A es el propio conjunto K

$$C_K^A \cup A = K$$

$$C_K^A \cup A = \left\{ c, e \right\} \cup \left\{ a, b, d \right\} = K = \left\{ a, b, c, d, e. \right\}$$

En las figuras 10 y 11 se ofrecen otros ejemplos:

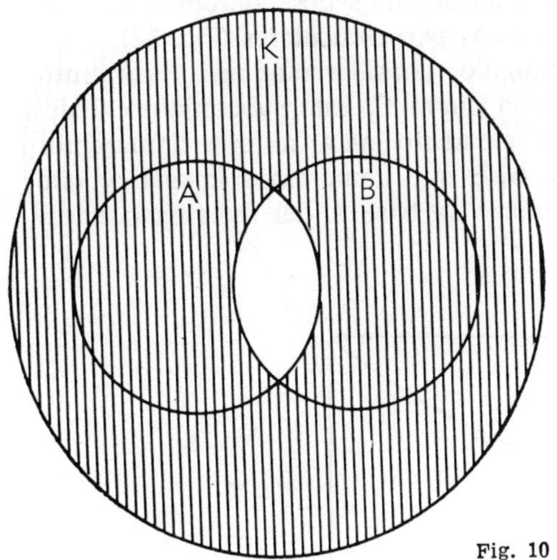

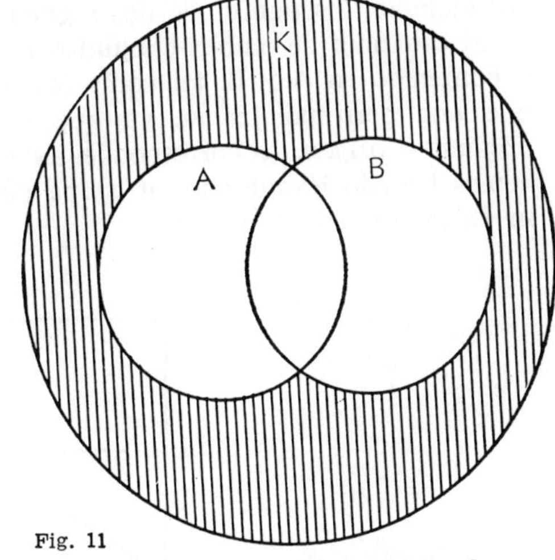

Fig. 10   Fig. 11

La porción sombreada en la figura 10 es C_K (A $\cap$ B) y la porción sombreada en la figura 11 es C_K (A $\cup$ B) y también $(C_K A) \cap (C_K B)$.

7. Producto de dos conjuntos. —Dados dos conjuntos A y B, llamamos *producto* de ambos a otro conjunto cuyos elementos son pares de elementos ordenados tales, que el primer elemento es de A y el segundo de B.

EJEMPLO:

$$A = \{\, a\ b\ c\,\} \qquad B = \{\, p,\ q\,\}$$

el conjunto producto es (Fig. 12):

$$A \times B = \{\, ap,\ aq,\ bp,\ bq,\ cp,\ cq \,\}$$

A×B	p	q
a	ap	aq
b	bp	bq
c	cp	cq

Fig. 12

sin que haya ninguna operación entre los elementos de A y de B, sino meramente una yuxtaposición. Este producto se llama también *cartesiano* ya que los puntos del plano cartesiano vienen dados por dos números (x, y), el primero tomado del eje de abscisas X y el segundo del eje de ordenadas Y. En este sentido, el plano cartesiano es el producto de dos rectas.

Del mismo modo podemos considerar el rectángulo como producto de dos segmentos perpendiculares y el cilindro como producto de una circunferencia y un segmento rectilíneo no perteneciente a su plano.

El producto de conjuntos no se aplica necesariamente a dos conjuntos A y B distintos, sino que puede aplicarse a un conjunto consigo mismo A × A.

EJEMPLO:

$$A = \{\, a\ b\ c \,\}$$

$$A \times A = \{\, aa,\ ab,\ ac,\ ba,\ bb,\ bc,\ ca\ cb,\ cc. \,\}$$

8. Correspondencia entre conjuntos. —Consideremos dos conjuntos A y B, por ejemplo, los puntos de dos segmentos rectilíneos perpendiculares (Fig. 13).

El producto de ambos conjuntos es un rectángulo. Consideremos un subconjunto C contenido en A × B, tal como los puntos de la curva C. Este subconjunto C define una correspondencia, ya que elegido un elemento a∈A al que llamaremos *original* u *origen*, le corresponde un elemento b∈B que llamaremos *imagen* y que hemos hallado levantando en *a* una perpendicular a la base A del rectángulo hasta su encuentro con la curva.

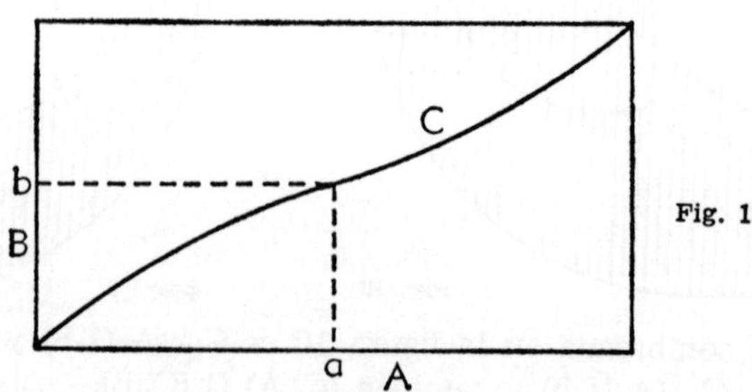

Fig. 13

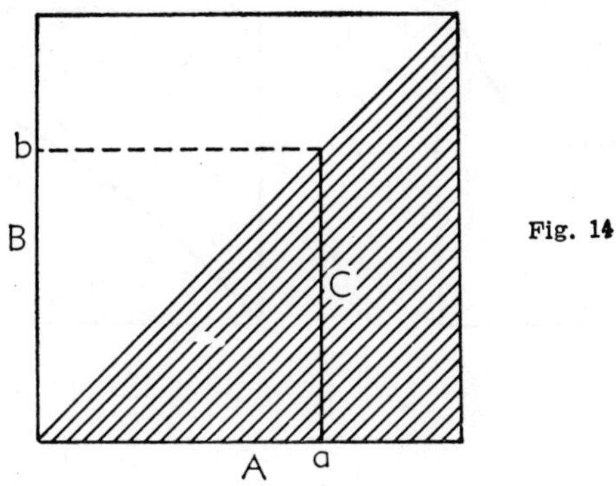

Fig. 14

Toda correspondencia es un subconjunto del conjunto producto.

Veamos otro ejemplo: Sea un cuadrado cuya base A contiene los elementos originales y el lado B las imágenes. En el producto A × B, que son los puntos del cuadrado, consideramos el conjunto C formado por la parte rayada, limitado por una diagonal. A cada $a \in A$ le corresponden todos los valores de $b \in B$ pertenecientes a C. La correspondencia es: $b \leq a$. (Fig. 14).

9. Aplicación. — Una correspondencia se llama *aplicación* si todo elemento original $a \in A$ tiene una imagen $b \in B$, y *una sola*. (Es lo que en teoría clásica se llama *función uniforme*).

Los ejemplos gráficos aclaran este concepto (Fig. 15).

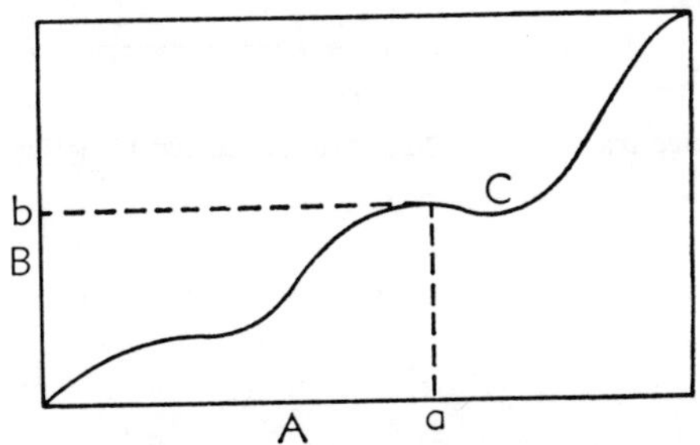
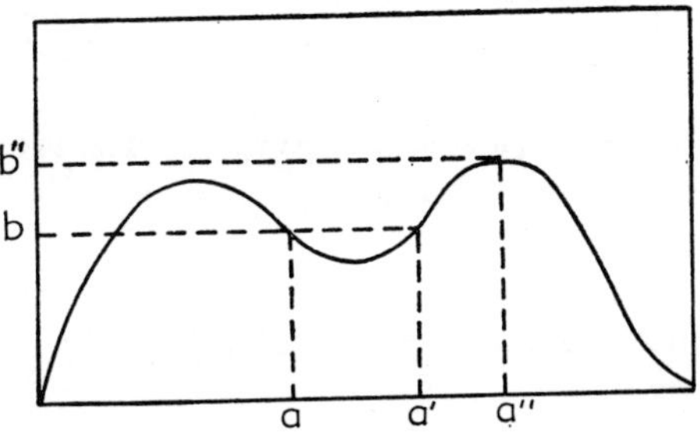

Fig. 15

Clases de aplicaciones. Las aplicaciones se subdividen en *inyectivas, exhaustivas* y *biyectivas* o *biunívocas*.

Aplicación inyectiva es aquella en que cada b, si es imagen, lo es de una sola a (Fig. 16).

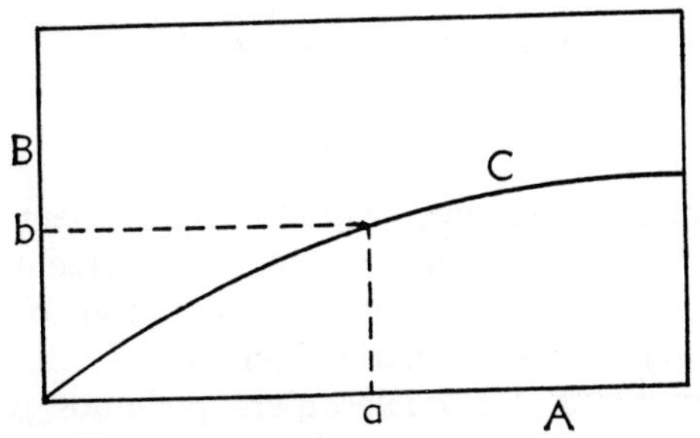

Fig. 16

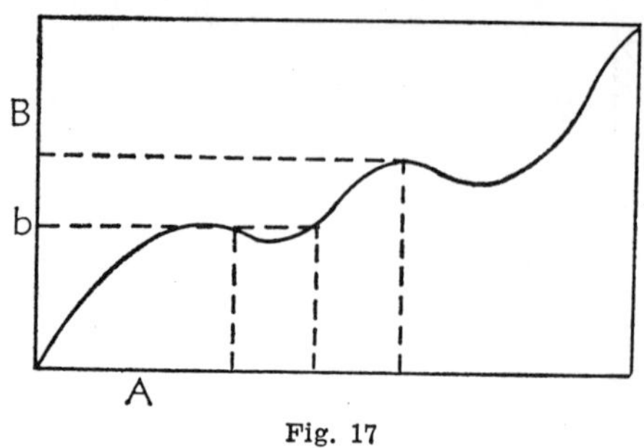

Fig. 17

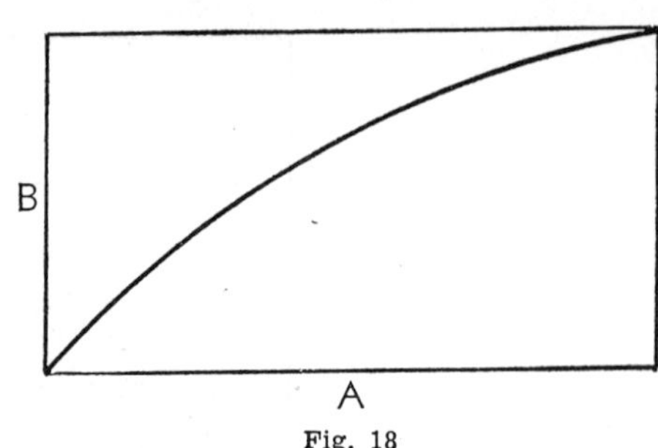

Fig. 18

Aplicación exhaustiva es aquella en que toda b es imagen (Fig. 17).

Cuando se cumplen ambas condiciones, es decir, cuando la aplicación es inyectiva y exhaustiva, se llama *biyectiva* o *biunívoca* (Fig. 18).

Ponemos a continuación ejemplos con conjuntos finitos de puntos:

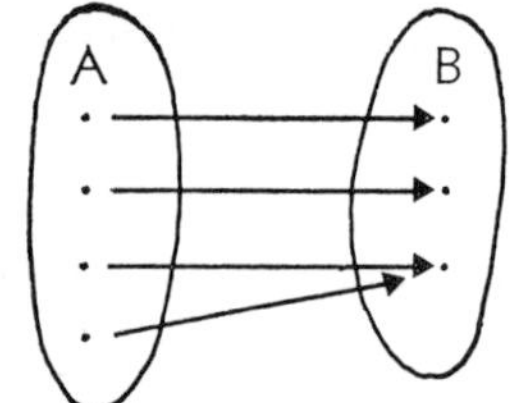

Fig. 19 a Aplicación exhaustiva

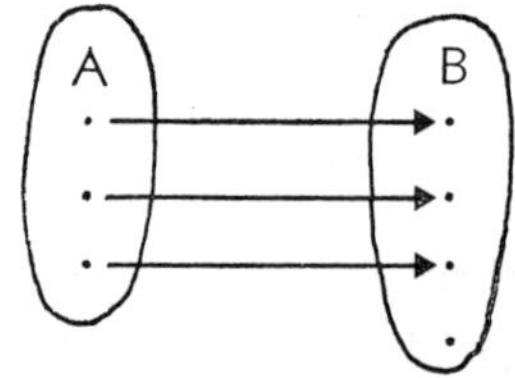

Fig. 19 b Aplicación inyectiva

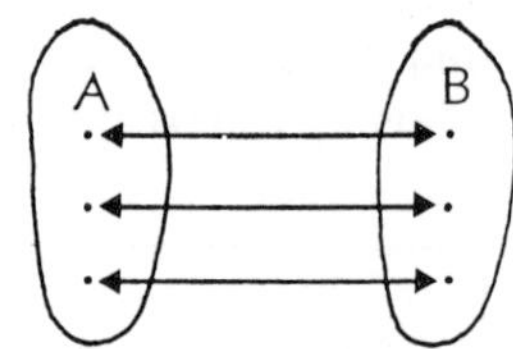

Fig. 19 c Aplicación biyectiva

Ejemplo de aplicación biunívoca con números reales: a cada número le hacemos corresponder su cubo (Fig. 20).

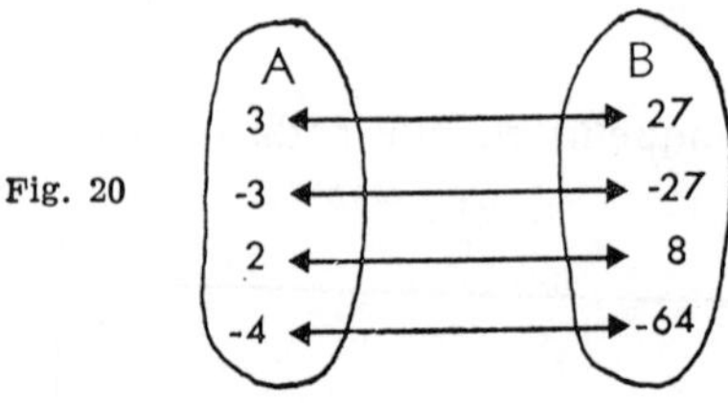

Fig. 20

10. Relaciones binarias. — Dado un conjunto A, formemos el conjunto producto A × A apareando de todos los modos posibles los elementos de A y establezcamos una relación que los pares de elementos puedan cumplir o no, sin ambigüedad. Tendremos así establecida una relación binaria. Ejemplos. Consideremos la relación de paralelismo. Dadas dos rectas a y b cualesquiera podemos preguntar: ¿son paralelas? La respuesta es sí o no. Las que son paralelas cumplen la relación binaria establecida; las restantes, **no**.

En una reunión social podemos aparear las personas asistentes de todas las maneras posibles y establecer la relación binaria de llevar el mismo apellido. De cada dos personas podremos afirmar si llevan o no el mismo apellido.

Para indicar que dos elementos a y b del conjunto A cumplen la relación binaria escribiremos:

$$a\ R\ b$$

que se lee: «a está relacionado con b».

También haremos uso del signo $\forall$, llamado *cuantificador universal*, que se lee: «para todo».

11. Propiedades de las relaciones binarias.

— Cinco son las propiedades que pueden presentar las relaciones binarias, si bien no toda relación binaria ha de gozar obligatoriamente de todas ellas.

Dichas propiedades son:

1.ª *Reflexiva.* Una relación binaria tiene la propiedad reflexiva si para todo a, que pertenece al conjunto A, se cumple

$$\forall a \in A \Rightarrow a\ R\ a$$

a está relacionado con a. Tal sería en el ejemplo de llevar el mismo apellido.

2.ª *Simétrica.* Una relación binaria tiene la propiedad simétrica si para todo par a, b que cumple la relación se tiene:

$$\forall a.\ \forall b, \qquad a\ R\ b \Rightarrow b\ R\ a$$

es decir, si a está relacionado con b implica que también b está relacionado con a.

También aquí es válido el ejemplo de los apellidos.

No tiene la propiedad simétrica la relación binaria «ser abuelo de», pues si a es abuelo de b, b no es abuelo de a.

3.ª *Antisimétrica.* Una relación binaria tiene la propiedad antisimétrica si el hecho de verificarse la doble relación $a\ R\ b$, y $b\ R\ a$, implica que a y b son iguales.

$$\forall a,\ \forall b \qquad \left.\begin{array}{l} a\ R\ b \\ b\ R\ a \end{array}\right\} \Rightarrow a = b.$$

El ejemplo de los apellidos no goza de esta propiedad.

Sí tiene esta propiedad la relación binaria de multiplicidad entre números naturales, excluido el cero.

También tiene la propiedad antisimétrica la inclusión de conjuntos, pues si dados dos conjuntos A y B se verifica que $A \subset B$ y $B \subset A$, necesariamente A y B son iguales por constar de los mismos elementos.

4.ª   *Transitiva.*   Una relación binaria tiene la propiedad transitiva si para todos los elementos *a b c* que cumplan la relación se verifica

$$\left.\begin{array}{c} a\,R\,b \\ b\,R\,c \end{array}\right\} \Rightarrow a\,R\,c.$$

La relación entre *a* y *b* y entre *b* y *c* implica necesariamente la relación entre *a* y *c*.

Son relaciones binarias que gozan de la propiedad transitiva la de «llevar el mismo» apellido y la de «paralelismo» entre rectas. No tiene esta propiedad la perpendicularidad de rectas en el plano.

5.ª   *Conexa.*   Una relación binaria entre los elementos de un conjunto A tiene la propiedad conexa si *todos* los pares de elementos de A cumplen la relación.

Así, si entre los números enteros establecemos la relación «ser menor o igual que», entre cada dos números cualesquiera se verifica que o a $\leq$ b o bien b $\leq$ a.

12.   Relaciones de equivalencia. Toda relación binaria que goce de las propiedades reflexiva, simétrica y transitiva se llama *relación de equivalencia* y los pares de elementos que la verifiquen se llaman *equivalentes respecto de dicha relación.*

Toda relación de equivalencia conduce a una clasificación de los elementos del conjunto en subconjuntos disjuntos, es decir, sin elementos comunes, que se denominan *clases de equivalencia.*

Cada clase viene determinada por uno cualquiera de sus elementos que puede representarla.

El conjunto de las clases de equivalencia se llama *conjunto cociente C* por la relación de equivalencia considerada.

Si representamos por A el conjunto de partida, por R la relación de equivalencia y por C el conjunto cociente, podemos escribir

$$\frac{A \times A}{R} = C.$$

EJEMPLOS.   Si admitimos que dos rectas son paralelas cuando no tienen ningún punto común o los tienen todos (son coincidentes) podemos afirmar que la relación binaria de paralelismo en el plano es una relación de equivalencia porque tiene las propiedades reflexiva, simétrica y transitiva. Cada clase de equivalencia está formada por todas las rectas paralelas entre sí, que dan lugar a una *dirección* común a todas ellas. El conjunto cociente es el de todas las direcciones del plano.

Si en un conjunto de 20 personas establecemos la relación de equivalencia «llevar el mismo apellido» y encontramos que sólo son 5 los apellidos distintos, el conjunto cociente constará de estos 5 elementos.

La semejanza de polígonos es una relación de equivalencia. Cada clase está formada por todos los polígonos que son semejantes entre sí.

Hasta ahora hemos llamado triángulos equivalentes a los que tienen la misma área y ésta es en realidad una equivalencia en el sentido en que actualmente la consideramos; pero es exagerado reservar el nombre de equivalentes sólo a los triángulos de igual área.

13. Relaciones de orden. — Toda relación binaria entre los elementos de un conjunto A, que goce de las propiedades reflexiva, antisimétrica y transitiva, es una relación de orden parcial. Si además tiene la propiedad conexa, se dice que la relación binaria es de orden total.

EJEMPLOS. La relación binaria de divisibilidad entre números naturales (excluido el cero) es una relación de orden parcial puesto que cumple las propiedades:

Reflexiva: a divide a a.

Antisimétrica: si a divide a b y b divide a a, es porque a y b son iguales.

Transitiva: si a divide a b y b divide a c, también a divide a c.

No es de orden total porque de dos números naturales cualesquiera no tiene que cumplirse necesariamente ni que el primero divida al segundo, ni el segundo al primero.

También entre números naturales la relación de «precedencia» es de *orden total*, pues indicando con el signo $\leq$ que a precede o coincide con b, vemos que se cumplen las propiedades:

Reflexiva:
$$a \leq a$$

Antisimétrica:
$$\left. \begin{array}{l} a \leq b \\ b \leq a \end{array} \right\} \Rightarrow a = b$$

Transitiva:
$$\left. \begin{array}{l} a \leq b \\ b \leq c \end{array} \right\} \Rightarrow a \leq c$$

Conexa:

Entre dos números naturales cualesquiera se cumple siempre que

$$a \leq b \quad \text{ó} \quad b \leq a.$$

CAPÍTULO II

EL NÚMERO NATURAL

1. Conjuntos coordinables. — Dados dos conjuntos A y B diremos que son coordinables si se puede establecer una aplicación biunívoca entre los elementos de dichos conjuntos, de modo que a cada elemento a de A le corresponde un elemento b de B y uno sólo y, recíprocamente, a cada elemento de B le corresponde un elemento de A.

EJEMPLOS. El conjunto de los días de la semana es coordinable con el de los colores del iris.

El conjunto de los dedos de una mano es coordinable con el de los dedos del guante que la cubre.

La coordinación de conjuntos es una relación de equivalencia, pues posee las tres propiedades características. En efecto, es: *reflexiva*, es decir, A es coordinable con A, pues podemos hacer corresponder cada elemento de A consigo mismo; *simétrica*, pues si A es coordinable con B, también B es coordinable con A; en efecto si en la primera correspondencia establecemos que a un elemento h ∈ A le corresponde el K ∈ B, en la segunda se puede también hacer corresponder al elemento K ∈ B el h ∈ A; *transitiva*, pues si A es coordinable con B y B lo es con C, podemos coordinar los elementos de A con los de C. En efecto: si al elemento h ∈ A le corresponde el k ∈ B y a éste el *l* ∈ C, en la aplicación producto al *h* corresponderá el *l*.

La coordinación de conjuntos es pues una relación de equivalencia y como tal divide al conjunto de todos los conjuntos (finitos e infinitos) en clases de equivalencia; cada clase de equivalencia se llama *número cardinal*.

2. **Número cardinal.** — Es lo que tienen en común los conjuntos coordinables entre sí. Así los días de la semana y los colores del iris tienen en común el ser «siete».

El número cardinal es un concepto abstracto independiente de los objetos que forman el conjunto en cuanto a su naturaleza o cualidad. El «siete» es una idea pura, perfectamente desligada de los días de la semana, las notas musicales o los colores del iris.

A cada número cardinal se le da un nombre, variable en los distintos idiomas, y un símbolo para su escritura que también es variable según las distintas civilizaciones y épocas. Basta recordar que la actual notación, 1, 2, 3, 4, 5, 6, 7..., equivale a la romana, I, II, III, IV, V, VI, VII...

Es importante notar que el cardinal de los conjuntos unitarios es el «uno» (1) y que al conjunto vacío le atribuiremos el cardinal «cero» (0).

Llamaremos *cardinal de un conjunto A* al de su clase de equivalencia, y lo presentaremos por C(A).

3. **Conjuntos ordenados y número ordinal.** — En el cap. I n.º 13 hemos establecido que una relación binaria entre los elementos de un conjunto se llama de orden total cuando goza de las propiedades: I Reflexiva, II Antisimétrica, III Transitiva, IV Conexa.

Sean ahora dos conjuntos ordenados $C = \{a\,b\,c\,-\,-\}$ y $C' = \{a'\,b'\,c'\,-\,-\}$ y establezcamos entre sus elementos una correspondencia biunívoca que llamaremos ordenada si al ser a ≤ b, es también a′ ≤ b′, supuesto que a *a* corresponde *a′* y a *b* corresponde *b′*.

Diremos que el conjunto C tiene un primer elemento *p* si para cualquier elemento q ∈ C se verifica que p ≤ q.

Igualmente sea *p′* el primer elemento de C′ y hagamos que en ambos conjuntos se correspondan los primeros elementos p ⟶ p′. Suprimidos éstos consideremos los conjuntos residuales en los que razonando del mismo modo pondremos en correspondencia sus primeros elementos a los que llamaremos *segundos elementos* de los conjuntos primitivos. Del mismo modo probaríamos que se corresponden los elementos terceros, cuartos, etc.

Llamamos *número ordinal* lo que tienen en común los elementos que se corresponden en varios conjuntos ordenados. Para los números ordinales empleamos los mismos símbolos y nombres que para los cardinales.

4. **Número natural.** — De todo cuanto antecede se deduce que el *número ordinal* resulta de tener en cuenta sólo el orden de los elementos de un conjunto. En cambio el *número cardinal* resulta de considerar globalmente el conjunto, sin atender

al orden de sus elementos. Por otra parte, el ordinal del último elemento de un conjunto es precisamente el cardinal del conjunto. En este punto se enlazan los conceptos de número ordinal y número cardinal, y su integración es lo que llamamos *número natural*. Es decir que el número natural puede utilizarse para contar los elementos de un conjunto y entonces se llama cardinal o para ordenarlos, y entonces se llama ordinal.

El conjunto de los números naturales lo representaremos por N y en él consideramos incluido el cero. El conjunto N es infinito pues el cardinal de cualquier conjunto C pertenece a N. Si agregamos a C otro elemento se forma un número conjunto C′ no coordinable con C porque tiene un elemento sobrante. El cardinal de C′ también formará parte de N, así sucesivamente, con lo que los elementos de N no tienen fin. El conjunto N está *bien ordenado*, pues no sólo posee las propiedades I, II, III y IV citadas en el n.º 3, sino que además cumplen o poseen las siguientes:

V. Buena ordenación: Dado un número natural *a* cualquiera, existe otro número natural $a + 1$ que le sigue y no hay ninguno comprendido entre ambos.

VI. Primer elemento: Existe un elemento que no es siguiente de ninguno. Es el 1.

· Estas seis propiedades caracterizan los conjuntos *bien ordenados*.

5. Estructuras matemáticas. — Siempre que en un conjunto se definan una o varias operaciones entre sus elementos y el resultado sea también un elemento del propio conjunto, diremos que tales operaciones son *internas*. En el caso contrario se llamarán *externas*. Si estas operaciones gozan de determinadas propiedades, se dice que se ha dotado al conjunto de una *estructura*. Las estructuras que vamos a estudiar son sólo tres: *grupo, anillo* y *cuerpo*.

6. Grupo. — Supongamos definida en un conjunto A una operación interna cualquiera, que no tiene necesariamente que ser ninguna de las que conocemos en Aritmética; representaremos el signo de dicha operación con un asterisco *. Supongamos que la operación goza de las siguientes propiedades:

1.º *Asociativa.* Es decir que dados tres elementos a, b, c, del conjunto es indistinto operar con los dos primeros y someter el resultado a la operación con el tercero, que aplicar al primero el resultado de operar con los otros dos; con símbolos se expresa así:

$$(a * b) * c = a * (b * c).$$

2.º *Existencia de elemento neutro.* Hay en el conjunto un elemento *e* tal que al efectuar la operación entre cualquier elemento y el *e*, el resultado sea aquel elemento:

$$a * e = a.$$

3.º *Elemento simétrico.* Cada elemento *a* del conjunto tiene en él su simétrico *a′* tal, que el resultado de efectuar la operación entre a y a′ es el elemento neutro

$$a * a' = e.$$

Un conjunto en el que se ha definido una operación con estas propiedades es un *grupo*.

Si además posee la propiedad conmutativa

$$a * b = b * a$$

tendremos un *grupo conmutativo* o *abeliano*.

Si en el conjunto faltara la propiedad de que cada elemento tenga su simétrico, la estructura sería de *semigrupo*.

7. Anillo. — Diremos que un conjunto C es un anillo si en él están definidas dos operaciones internas distintas. Respecto de la primera ha de ser *grupo* y en cuanto a la segunda *semigrupo*. Además la segunda operación ha de ser distributiva respecto a la primera.

Si representamos por el símbolo $\perp$ la segunda operación, la propiedad distributiva indica que:

$$(a * b) \perp c = (a \perp c) * (b \perp c).$$

Si además la segunda operación tiene la propiedad conmutativa, se dirá que es un *anillo conmutativo*.

Si el conjunto dado fuera tal que respecto de las dos operaciones tuviera estructura de semigrupo, entonces se denominaría *semianillo*.

8. Cuerpo. — Si en un conjunto C están definidas dos operaciones internas distintas, y respecto de ambas tiene estructura de *grupo*, existiendo además la propiedad distributiva de la segunda operación respecto de la primera, diremos que tal conjunto es un *cuerpo*.

9. El semianillo de los números naturales. — Sean A y B dos conjuntos sin elementos comunes, es decir, tales que su intersección es el conjunto vacío.

$$A \cap B = \emptyset$$

Sean *a* y *b* los respectivos números cardinales de estos conjuntos. El conjunto C unión de A y B existe siempre, y sea *s* su número cardinal.

$$C = A \cup B$$

Al número *s* le llamaremos suma de *a* y *b* e indicamos la operación con el signo $+$ (más).

$$s = a + b.$$

De este modo definimos en el conjunto N una operación interna que llamaremos *adición*, que asigna a cada par de números naturales *a* y *b* otro número natural *s* llamado *suma* de ambos.

Esta operación goza de la ley *uniforme*, es decir que *s* depende únicamente de *a* y *b*, pero no de los conjuntos A y B que han servido para definir la operación, pues si otros conjuntos A' y B' tuvieran también por cardinales respectivos los números a y b su unión tendría también el cardinal s, es decir que A $\cup$ B y A' $\cup$ B' serán coordinables. La adición así definida goza de las propiedades siguientes:

I. *Asociativa:* $(a + b) + c = a + (b + c)$

ya que

$$(A \cup B) \cup C = A \cup (B \cup C).$$

II. *Conmutativa:* $a + b = b + a$

ya que

$$A \cup B = B \cup A.$$

III. *Elemento neutro:*   respecto de la adición el elemento neutro es el cero. puesto que:

$$a + 0 = 0 + a = a$$

o sea

$$A \cup \emptyset = \emptyset \cup A = A.$$

Ningún elemento de N tiene simétrico respecto de la adición puesto que no existe ningún número natural x tal que

$$a + x = 0.$$

Se exceptúa el cero, ya que $0 + 0 = 0$.

Por cuanto queda dicho vemos que el conjunto N de los números naturales tiene estructura de *semigrupo conmutativo* respecto a la operación de adición.

Vamos ahora a definir otra operación interna en N, que llamaremos *multiplicación*.

Dados dos conjuntos A y B cuyos cardinales son a y b, formemos el producto cartesiano de ambos, A $\times$ B, apareando elementos de todas las maneras posibles. Sea p el cardinal del conjunto A $\times$ B, que denominaremos producto de a y b y le representaremos así:

$$p = a \times b \qquad \text{o bien} \qquad p = a \cdot b.$$

La multiplicación cumple la ley uniforme pues si hubiéramos partido de otros conjuntos A' y B' cuyos cardinales fueran también a y b, el producto cartesiano de ambos constaría del mismo número de elementos que en el caso de haberlo formado con los conjuntos A y B.

La multiplicación así definida goza de las siguientes propiedades:

I. *Asociativa:* $a \cdot (b \cdot c) = (a \cdot b) \cdot c$

ya que

$$A \times (B \times C) = (A \times B) \times C$$

por constar de los mismos elementos.

II. *Conmutativa:* $a \cdot b = b \cdot a$

ya que
$$A \times B = B \times A.$$

III. *Elemento neutro.* Si el conjunto B consta de un solo elemento $\{ h \}$ y es $A = \{ a\ b\ c\ d \}$ el producto cartesiano de ambos será:

$$A \times B = \{ ah,\ bh,\ ch,\ dh \}$$

que es de la misma clase que A, es decir que A y A $\times$ B tienen el mismo número cardinal.

Trasladado este resultado a los cardinales respectivos tendremos, generalizando:

$$n \cdot 1 = n.$$

No existe en N el simétrico de todo elemento *a*, puesto que no encontramos ningún número natural x tal, que

$$a \cdot x = 1.$$

El producto de dos conjuntos A y B será un conjunto unitario C sólo en el caso de que también lo sean A y B; luego sólo el *uno* tiene su simétrico en N:

$$1 \cdot 1 = 1.$$

Resulta, pues, que el conjunto N tiene estructura de *semigrupo conmutativo* respecto a la operación de multiplicar.

Veamos finalmente la propiedad distributiva del producto respecto de la suma.

Dados los conjuntos A, B y C cuyos cardinales son *a*, *b* y *c* respectivamente, para obtener los elementos del conjunto (A ∪ B) $\times$ C, cuyo cardinal será $(a + b) \cdot c$, bastará aparear cada uno de los elementos de A y de B con cada uno de los elementos de C, obteniéndose así dos conjuntos A $\times$ C y B $\times$ C que reunidos dan el conjunto (A ∪ B) $\times$ C.

Por lo tanto

$$(A \cup B) \times C = (A \times C) \cup (A \times B)$$

es decir:

$$(a + b) \cdot c = a \cdot c + b \cdot c.$$

«El producto de una suma por un número es igual a la suma de los productos de los sumandos por dicho número».

La última igualdad escrita, leída de derecha a izquierda, indica la posibilidad de sacar *factor común*.

Las operaciones y propiedades expuestas dan al conjunto N estructura de *semi-anillo*, por carecer de elementos simétricos en las dos operaciones.

10. Operaciones inversas.

1.º *Sustracción.* — Dados dos números naturales a y b tales que $a \geq b$ existe un número d tal que:

$$a = b + d \quad \text{que se suele escribir} \quad a - b = d$$

llamándose a minuendo, b sustraendo y d diferencia.

Pero basta que sea $a < b$ para que no exista en N la diferencia d. Por ello la sustracción no es, en general, una operación interna y para hacerla posible en todos los casos tendremos que ampliar el conjunto de los números, como veremos en el próximo capítulo.

2.º *División.* — Dados dos números naturales a (dividendo) y b (divisor) diremos que el número natural c es su *cociente exacto* si se verifica que

$$a = b \cdot c$$

en cuyo caso a es divisible por b o múltiplo de b.

En general no existirá dicho número c, pero será posible encontrar dos números naturales q y $q + 1$ tales, que

$$b \cdot q < a < b(q + 1)$$

que darán lugar a dos restos, aditivo y sustractivo, r y r', tales, que

$$a = bq + r$$

$$a = b(q + 1) - r'$$

siendo r y r' menores que el divisor b y tales que su suma es el propio divisor b:

$$r + r' = b.$$

Al objeto de obtener en todos los casos un *cociente exacto* nos vemos obligados a ampliar nuevamente el conjunto de los números.

CAPÍTULO III

EL NÚMERO ENTERO

1. Número entero. — Hemos visto en el n.º 10 del cap. II que dados dos números naturales a y b con la condición de ser a ≥ b, es posible encontrar otro número natural x tal que

$$a = b + x$$

que también escribimos

$$a - b = x$$

Es decir que el par de números naturales a, b determina x. Pero este mismo número x podríamos obtenerlo mediante otro par de números naturales c, d si se cumple que

$$c = d + x ; \qquad c - d = x.$$

Ejemplo: el número 2 tanto es la diferencia entre 5 y 3, como entre 8 y 6.

Los pares de números (a, b) y (c, d) tienen pues algo en común. Si sumamos las igualdades establecidas obtendremos,

$$a = b + x$$
$$d + x = c$$
$$\overline{\qquad\qquad\qquad}$$
$$a + d + x = b + c + x$$

es decir:

$$a + d = b + c \qquad (1).$$

Si esta igualdad se cumple, podemos afirmar que los pares (a, b) y (c, d) determinan un mismo número, sin necesidad de hallarlo.

Como a igualdad (1) no exige para ser cierta ni que sea a ≥ b, ni c ≥ d, el número x que definen los pares (a, b) y (c, d) será, o no, un número natural.

Empecemos, pues, por formar el conjunto N × N de todos los pares posibles de números naturales y observemos cuáles son los que cumplen la relación (1).

El conjunto N × N puede disponerse así (Fig. 21):

Observamos que los elementos que aparecen sobre una misma recta de la figura cumplen la relación (1). Por ejemplo: los pares (4, 2) y (5, 3) ya que

$$4 + 3 = 2 + 5$$

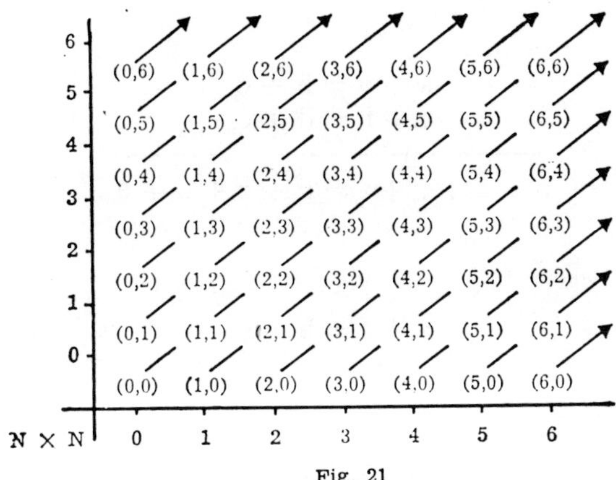

Fig. 21

también los pares (2, 5) y (3, 6) ya que

$$2 + 6 = 5 + 3.$$

Ha quedado establecida una relación binaria entre los pares (a, b) y (c, d) mediante la igualdad

$$a + d = b + c.$$

Esta relación binaria es de equivalencia, pues goza de las propiedades:

1.ª *Reflexiva:* (a, b) R (a, b) ya que

$$a + b = b + a.$$

Cierto que aparece cambiado el orden de los sumandos; pero *a* y *b* son números naturales y su adición tiene la propiedad conmutativa.

2.ª *Simétrica:* Si se cumple

$$(a, b) R (c, d)$$

y también

$$(c, d) R (a, b).$$

En efecto:

$$(a, b) R (c, d) \Rightarrow a + d = b + c$$
$$(c, d) R (a, b) \Rightarrow c + b = d + a$$

ambas igualdades son una misma cosa.

3.ª *Transitiva:* Si

$$\left. \begin{array}{l} (a, b) R (c, d) \\ (c, d) R (e, f) \end{array} \right\} \Rightarrow (a, b) R (e, f).$$

En efecto; escribiendo las igualdades que suponen las relaciones escritas y sumando tendremos:

$$a + d = b + c$$
$$c + f = d + e$$
$$\overline{}$$
$$a + d + c + f = b + c + d + e$$

es decir:

$$a + f = b + e$$

lo que indica que

$$(a, b)\ R\ (e, f).$$

La relación binaria establecida es de equivalencia y por tanto divide al conjunto $N \times N$ en clases de equivalencia: cada clase de equivalencia se denomina *número entero*.

Cada número entero viene definido por uno cualquiera de los representantes de su clase, es decir, por un par de números naturales, dados en un determinado orden.

Si (a, b), (c, d), (e, f) pertenecen a la misma clase, es decir, determinan un mismo número entero, escribiremos:

$$(a, b) = (c, d) = (e, f).$$

El conjunto de los números enteros lo representaremos por Z y es el conjunto cociente de $N \times N$ respecto de la relación R de equivalencia establecida

$$\frac{N \times N}{R} = Z.$$

2. **Representación canónica y abreviada.** — Los representantes más sencillos de los números enteros son los que tienen una de las componentes nula, como $(0,5)$, $(4,0)$, $(0,0)$. Estos representantes se llaman *canónicos*.

Las formas abreviadas se obtienen a partir de las canónicas suprimiendo el cero y anteponiendo un signo, que no es de operación, sino un distintivo. Así:

$$(0,5) = -\ 5$$
$$(4,0) = +\ 4.$$

Si tenemos un representante cualquiera (a, b) de un número entero, pasamos a la forma canónica restando de las dos componentes la que sea menor, con lo que el resultado seguirá siendo un par de números naturales. Pueden presentarse tres casos:

$1.^{\circ}$ $a > b$;

$$(a, b) = (a - b, b - b) = (a - b, 0) = (m, 0) = +\ m.$$

2.º $a < b$;

$$(a, b) = (a - a, b - a) = (0, b - a) = (0, n) = -n.$$

3.º $a = b$;

$$(a, b) = (a - a, b - b) = (0, 0) = 0.$$

Los enteros de la forma $(m, 0) = +m$, se denominan *positivos;* los de la forma $(0, n) = -n$, se denominan *negativos;* y finalmente el número $(a, a) = (b, b) = (0, 0) = 0$ se denomina *cero.*

Tenemos así clasificado el conjunto Z en:

Z^+ :   subconjunto de enteros positivos;
Z^- :   subconjunto de enteros negativos;
0 :   entero nulo, o cero; sin signo.

3. Adición de números enteros. — Dados dos números enteros (a, b) y (c, d) llamaremos suma o adición de ambos a otro número entero obtenido del siguiente modo:

$$(a, b) + (c, d) = (a + c, b + d).$$

Para que esta definición sea válida es preciso que la suma sea la misma cualesquiera que sean los representantes de las clases a que pertenecen los sumandos. Tomando otros representantes tendremos:

$$(a', b') + (c', d') = (a' + c', b' + d').$$

Pero como

$$(a, b) = (a', b') \Rightarrow a + b' = b + a'$$
$$(c, d) = (c', d') \Rightarrow c + d' = d + c'$$

sumando

$$a + c + b' + d' = b + d + a' + c'$$

pero ésta es la condición para que los pares

$$(a + c, b + d) = (a' + c', b' + d')$$

definan el mismo número entero. La adición cumple pues la ley uniforme.

Ejemplo:

$$(3, 5) + (7, 2) = (3 + 7, 5 + 2) = (10, 7).$$

Si se quiere el representante canónico de la suma haremos:

$$(10, 7) = (10 - 7, 7 - 7) = (3, 0) = +3.$$

4. Consecuencias. — Utilizando los representantes canónicos de las clases a que pertenecen los sumandos, es fácil comprobar el signo de la suma.

1.º   La suma de dos números positivos es otro número positivo:

$$(a, 0) + (b, 0) = (a + b, 0) = + (a + b).$$

2.º   La suma de dos números negativos es un número negativo:

$$(0, a) + (0, b) = (0, a + b) = - (a + b).$$

3.º   La suma de dos números de distinto signo:

$$(a, 0) + (0, b) = (a, b)$$

puede presentar los siguientes casos:

$$\text{Si} \quad a > b; \quad (a, b) = (a - b, b - b) = (a - b, 0) = + (a - b)$$

la suma es positiva;

$$\text{Si} \quad a < b; \quad (a, b) = (a - a, b - a) = (0, b - a) = - (b - a)$$

la suma es negativa;

$$\text{Si} \qquad a = b; \quad (a, b) = (a - a, b - b) = (0, 0) = 0$$

la suma es cero.

Con ello quedan confirmadas las reglas para sumar números enteros, ya conocidas anteriormente por el lector.

5.   Propiedades de la adición de números enteros.

I.   *Asociativa:*

$$[(a, b) + (c, d)] + (e, f) = (a, b) + [(c, d) + (e, f)].$$

En efecto; el primer miembro de esta igualdad vale:

$$[(a, b) + (c, d)] + (e, f) = (a + c, b + d) + (e, f) = (a + c + e, b + d + f).$$

En cuanto al segundo es:

$$(a, b) + [(c, d) + (e, f)] = (a, b) + (c + e, d + f) = (a + c + e, b + d + f).$$

Los resultados son idénticos.

II.   *Conmutativa:*

$$(a, b) + (c, d) = (a + c, b + d)$$

$$(c, d) + (a, b) = (c + a, d + b)$$

y como la suma de números naturales tiene la propiedad conmutativa, los resultados son idénticos.

III.   *Elemento neutro.* — Es el cero ya que para todo número entero se verifica:

$$(a, b) + (0, 0) = (a, b).$$

IV.   *Existencia del elemento simétrico.* — Todo entero tiene en Z su simétrico, es decir, otro entero tal que sumado al primero da como resultado el elemento neutro.

Es frecuente en el caso de la adición denominarle *opuesto*. El opuesto de un número entero (a, b) es el número (b, a); en efecto:

$$(a, b) + (b, a) = (a + b, b + a) = (0, 0).$$

Todas estas propiedades prueban que el conjunto Z de los números enteros tiene estructura de *grupo conmutativo* respecto a la operación de adición.

6.   **Multiplicación de números enteros.** — Es una operación interna que asigna a cada par de números enteros (a b) y (c d), otro número entero dado por la siguiente regla:

$$(a, b) \cdot (c, d) = (a\,c + b\,d, b\,c + a\,d).$$

El resultado es independiente de los representantes elegidos en las clases a que pertenecen los factores, es decir, la multiplicación satisface a la ley uniforme. En efecto: si en vez de (a b) tomásemos su equivalente (a′ b′) y en vez de (c, d) su equivalente (c′ d′) el producto sería:

$$(a'\, b') \cdot (c'\, d') = (a'\, c' + b'\, d', b'\, c' + a'\, d')$$

que es equivalente al producto entre (a, b) y (c, d).

En efecto; por ser (a, b) = (a′ b′) y (c, d) = (c′ d′) podemos escribir:

$$a + b' = b + a'; \qquad c + d' = d + c'.$$

Multiplicando sucesivamente la primera igualdad por *c* y *d* y la segunda por *a′* y *b′* tendremos:

$$\begin{cases} a\,c + b'\,c = b\,c + a'\,c \\ b\,d + a'\,d = a\,d + b'\,d \end{cases}$$

$$\begin{cases} a'\,c + a'\,d' = a'\,d + a'\,c' \\ b'\,d + b'\,c' = b'\,c + b'\,d' \end{cases}$$

Sumándolas ordenadamente y suprimiendo los términos iguales queda

$$a\,c + b\,d + a'\,d' + b'\,c' = b\,c + a\,d + a'\,c' + b'\,d'$$

pero esto no es más que la relación de equivalencia entre los números enteros

$$(a\,c + b\,d, b\,c + a\,d) = (a'\,c' + b'\,d', a'\,d' + b'\,c')$$

es decir que

$$(a\,b) \cdot (c\,d) = (a'\,b') \cdot (c'\,d').$$

783

7. Regla de los signos. — La propiedad uniforme que acabamos de comprobar nos permite multiplicar enteros utilizando los elementos canónicos como representantes de las clases a que pertenecen los factores, con lo que se pondrá de manifiesto el signo del producto en cada caso. Obtenemos así los siguientes resultados:

$$(+ a) \cdot (+ b) = (a, 0) \cdot (b, 0) = (a\,b, 0) = + a\,b$$
$$(+ a) \cdot (- b) = (a, 0) \cdot (0, b) = (0, a\,b) = - a\,b$$
$$(- a) \cdot (+ b) = (0, a) \cdot (b, 0) = (0, a\,b) = - a\,b$$
$$(- a) \cdot (- b) = (0, a) \cdot (0, b) = (a\,b, 0) = + a\,b$$

igualdades que confirman la conocida regla de los signos.

8. Propiedades de la multiplicación.

I. *Asociativa:*

$$[(a, b) \cdot (c, d)] \cdot (e, f) = (a, b) \cdot [(cd) \cdot (ef)].$$

Calculemos por separado cada miembro de la igualdad escrita:

$$[(a, b) \cdot (c, d)] \cdot (e, f) = (ac + bd, bc + ad) \cdot (ef) =$$
$$= [(ac + bd)\,e + (bc + ad)\,f, (bc + ad)\,e + (ac + bd)\,f] =$$
$$= (ace + bde + bcf + adf, bce + ade + acf + bdf).$$

Operando en el segundo miembro resulta:

$$(a,b) \cdot [(c, d) \cdot (e, f)] = (a, b) \cdot (ce + df, de + cf) =$$
$$= [a\,(ce + df) + b\,(de + cf), b\,(ce + df) + a\,(de + cf)] =$$
$$= (ace + adf + bde + bcf, bce + bdf + ade + acf)$$

resultado coincidente con el anterior, salvo el orden de los sumandos.

II. *Conmutativa:* $(a\,b) \cdot (c\,d) = (c, d) \cdot (a, b).$

En efecto.

$$(a\,b) \cdot (c\,d) = (ac + bd, bc + ad)$$
$$(c\,d) \cdot (a\,b) = (ca + db, da + cb).$$

Estos resultados sólo se diferencian en el orden de los sumandos y de los factores, pero como los números naturales a, b, c, d gozan de la propiedad conmutativa tanto en la adición, como en la multiplicación, podemos afirmar que los resultados obtenidos son idénticos.

III. *Elemento neutro.* Es el entero $(1, 0) = + 1$ ya que al multiplicar por él cualquier entero (a, b) se obtiene el propio (a, b):

$$(a, b) \cdot (1, 0) = (a, b).$$

Los elementos de Z carecen, en general, de elemento simétrico respecto de la multiplicación; sólo los enteros $+1$ y -1 están simetrizados y su simétrico coincide con ellos mismos:

$$(+1) \cdot (+1) = +1$$
$$(-1) \cdot (-1) = +1.$$

El conjunto Z tiene, pues, estructura de *semigrupo conmutativo* respecto a la operación de multiplicar.

9. Propiedad distributiva de la multiplicación respecto de la adición.

Es cierta la siguiente igualdad:

$$[(a, b) + (c, d)] \cdot (e, f) = (a, b) \cdot (ef) + (c, d) \cdot (ef).$$

El primer miembro indica:

$$[(a, b) + (c, d)] \cdot (e, f) = (a + c, b + d) \cdot (ef) =$$
$$= [(a + c) e + (b + d) f, (b + d) e + (a + c) f] =$$
$$= (ae + ce + bf + df, be + de + af + cf).$$

En cuanto al segundo miembro,

$$(a, b) \cdot (ef) + (c, d) \cdot (ef) = (ae + bf, be + af) + (ce + df, de + cf) =$$
$$= (ae + bf + ce + df, be + af + de + cf)$$

resultados coincidentes.

10. El anillo de los números enteros.

—Hemos visto que el conjunto Z de los números enteros tiene estructura de *grupo* respecto de la adición, y de *semigrupo* respecto de la multiplicación. Además, las dos operaciones están ligadas por la ley distributiva. Éstas son precisamente las condiciones exigidas para que un conjunto tenga estructura de anillo.

Podemos, pues, afirmar que el conjunto Z de los números enteros es un anillo.

CAPÍTULO IV

EL NÚMERO RACIONAL

1. **Número racional.** —La necesidad de hallar siempre un cociente exacto al dividir dos números enteros, obliga a ampliar nuevamente el conjunto de los números.

Dados dos enteros a, b, dijimos que su cociente exacto x existe cuando a es múltiplo de b, es decir, que

$$a = b \cdot x.$$

Pero este mismo número x, que ahora depende del par a, b, podría obtenerse como cociente de otros pares de números enteros,

$$c = d \cdot x$$

del mismo modo que 4 es el cociente entre los pares (20, 5), (32, 8), (16, 4)...

Veamos qué relación liga a los pares de números enteros que tienen el mismo cociente exacto.

Vemos que (a, b) y (c, d) cumplen:

$$a = b \quad x$$
$$d \cdot x = c$$
$$\overline{a \cdot d \cdot x = b \cdot x \cdot c}$$

es decir:

$$a \cdot d = b \cdot c.$$

Esta es la relación binaria que cumplen los pares de números que tienen el mismo cociente x; pero aunque *a* no sea múltiplo de *b*, ni *c* múltiplo de *d*, mientras se verifique la relación

$$\boxed{a \cdot d = b \cdot c}$$

diremos que los pares (a, b) y (c, d) tienen el mismo cociente exacto, el cual será entero o no.

Empecemos, pues, por formar el conjunto producto $Z \times Z^*$, (Z^* es el conjunto Z de los números enteros excluido el cero). Así tendremos apareados los enteros de todas las maneras posibles. Veamos que la relación binaria R establecida es una relación de equivalencia, pues tiene las propiedades:

1.º *Reflexiva:*

$$(a, b) \ R \ (a, b) \qquad \text{ya que} \qquad a \cdot b = b \cdot a$$

y los enteros tienen la propiedad conmutativa.

2.º *Simétrica:* Si

$$(a, b) \ R \ (c, d) \Rightarrow (c, d) \ R \ (a, b).$$

En efecto:

$$(a, b) \ R \ (c, d) \Rightarrow ad = bc$$
$$(c, d) \ R \ (a, b) \Rightarrow cb = da$$

que son iguales.

3.º *Transitiva:* Si

$$\left.\begin{array}{l}(a, b)\, R\, (c, d) \\ (c, d)\, R\, (e,\ f)\end{array}\right\} \Rightarrow (a, b)\, R\, (e, f).$$

En efecto:

$$(a, b)\, R\, (c, d) \Rightarrow ad = bc$$
$$(c, d)\, R\, (e,\ f) \Rightarrow c\,f = de$$

y multiplicando miembro a miembro estas dos igualdades, resulta

$$adcf = bcde$$

o sea

$$a \cdot f = b \cdot e \Rightarrow (a, b)\, R\, (e, f)$$

La relación de equivalencia establecida, divide al conjunto producto $Z \times Z^*$ en clases de equivalencia y cada clase se llama, *número racional.*
El conjunto de los números racionales lo representaremos por Q.

$$\frac{Z \times Z^*}{R} = Q.$$

2. Notación de los números racionales:

Si los pares (a, b), (c, d), (e, f) pertenecen a la misma clase de equivalencia, se puede escribir:

$$(a, b) = (c, d) = (e, f)$$

y más usual es la escritura en forma de fracción:

$$\frac{a}{b} = \frac{c}{d} = \frac{e}{f},$$

que de antiguo hemos llamado *fracciones equivalentes.*

Cuando con una fracción $\dfrac{a}{b}$ queramos representar no a ella sola, sino a todas sus equivalentes, es decir, a todas las de su misma clase, emplearemos el signo

$$\left\{ \frac{a}{b} \right\}$$

Expongamos las propiedades fundamentales de las fracciones:

Matemática Moderna

1.ª Si se multiplican o dividen los dos términos de una fracción por el mismo número entero, se obtiene una fracción equivalente a la dada, es decir, de su misma clase:

$$\frac{a}{b} = \frac{a \cdot h}{b \cdot h} \qquad \text{ya que} \qquad a \cdot b \cdot h = b \cdot a \cdot h;$$

$$\frac{a}{b} = \frac{a:n}{b:n} \qquad \text{ya que} \qquad a \cdot (b:n) = b \cdot (a:n).$$

2.ª Todo número racional tiene representantes con denominador positivo, ya que

$$\frac{a}{-b} = \frac{(-1) \cdot a}{(-1)(-b)} = \frac{-a}{b}.$$

3.ª Dadas dos fracciones $\frac{a}{b}$ y $\frac{c}{d}$, siempre es posible encontrar otras equivalentes a las dadas y con el mismo denominador:

$$\frac{a}{b} = \frac{a \cdot d}{b \cdot d}; \qquad \frac{c}{d} = \frac{c \cdot b}{d \cdot b}.$$

4.ª Todo número racional tiene un representante cuyos términos son primos entre sí.

Basta para ello dividir los dos términos de un representante cualquiera por su máximo común divisor, con lo que los términos de la nueva fracción serán primos entre sí. Tales fracciones se llaman *irreducibles* y las tomaremos como representantes canónicos de su clase.

3. **Adición de números racionales.** — Definimos la suma de números racionales como otro número racional dado por la siguiente fórmula:

$$\left\{ \frac{a}{b} \right\} + \left\{ \frac{c}{d} \right\} = \left\{ \frac{ad + bc}{bd} \right\}$$

Si cambiamos los sumandos $\frac{a}{b}$ y $\frac{c}{d}$ por otros equivalentes a ellos tales como $\frac{a'}{b'}$ y $\frac{c'}{d'}$, la suma sería: $\dfrac{a'd' + b'c'}{b'd'}$, y vamos a probar que este resultado es equivalente al anterior. En efecto:

$$\frac{a}{b} = \frac{a'}{b'} \Rightarrow a b' = b a' \qquad\qquad \frac{c}{d} = \frac{c'}{d'} \Rightarrow c d' = d c'$$

Multiplicando la primera igualdad por dd' y la segunda por bb' resulta:

$$\left.\begin{array}{l} a\,b'\,d\,d' = b\,a'\,d\,d' \\ c\,d'\,b\,b' = d\,c'\,b\,b' \end{array}\right\}$$

que sumadas dan

$$(a\,d + c\,b) \cdot b'\,d' = (a'\,d' + c'\,b') \cdot b\,d$$

que indica la equivalencia entre las fracciones

$$\frac{a\,d + c\,b}{b\,d} = \frac{a'\,d' + c'\,b'}{b'\,d'}.$$

Esta es la propiedad uniforme de la adición y nos permitirá usar los representantes de igual denominador

$$\frac{a}{m} + \frac{b}{m} = \frac{a\,m + b\,m}{m \cdot m} = \frac{(a + b)\,m}{m \cdot m} = \frac{a + b}{m}$$

4. Propiedades de la adición de números racionales.

I. *Asociativa:*

$$\left[\left\{\frac{a}{m}\right\} + \left\{\frac{b}{m}\right\}\right] + \left\{\frac{c}{m}\right\} = \left\{\frac{a}{m}\right\} + \left[\left\{\frac{b}{m}\right\} + \left\{\frac{c}{m}\right\}\right]$$

En efecto: ambos miembros valen $\left\{\dfrac{a + b + c}{m}\right\}$

II. *Conmutativa:*

$$\left\{\frac{a}{m}\right\} + \left\{\frac{b}{m}\right\} = \left\{\frac{a + b}{m}\right\}$$

$$\left\{\frac{b}{m}\right\} + \left\{\frac{a}{m}\right\} = \left\{\frac{b + a}{m}\right\}$$

Aparece cambiado el orden de los sumandos de los numeradores, pero son números enteros que gozan de la propiedad conmutativa.

III. *Elemento neutro.* La clase $\dfrac{0}{m}$ es el elemento neutro en la adición ya que

$$\left\{\frac{a}{m}\right\} + \left\{\frac{0}{m}\right\} = \frac{a + 0}{m} = \frac{a}{m}$$

IV. *Elemento simétrico.* Todo número racional $\left\{\dfrac{a}{m}\right\}$ tiene en el conjunto Q

su simétrico $\left\{\dfrac{-a}{m}\right\}$

ya que $\left\{\dfrac{a}{m}\right\} + \left\{\dfrac{-a}{m}\right\} = \left\{\dfrac{a-a}{m}\right\} = \dfrac{0}{m}$

en las propiedades expuestas permiten afirmar que el conjunto Q de los números racionales tiene estructura de *grupo conmutativo* respecto a la operación de adición.

5. **Multiplicación de números racionales.** — La definimos del siguiente modo :

$$\left\{\frac{a}{b}\right\} \cdot \left\{\frac{c}{d}\right\} = \left\{\frac{a\cdot c}{b\cdot d}\right\}$$

El resultado es un número racional independiente de los representantes elegidos en las clases de los factores. En efecto : si

$$\frac{a'}{b'} = \frac{a}{b} \qquad y \qquad \frac{c}{d'} = \frac{c}{d}$$

el producto sería :

$$\frac{a}{b} \cdot \frac{c}{d} = \frac{a \cdot c}{b \cdot d}; \qquad \frac{a'}{b'} \cdot \frac{c'}{d'} = \frac{a' \cdot c'}{b' \cdot d'}$$

pero

$$\frac{a}{b} = \frac{a'}{b'} \Rightarrow ab' = ba'$$

$$\frac{c}{d} = \frac{c'}{d'} \Rightarrow cd' = dc'$$

Multiplicando estas igualdades tendremos :

$$ab' \cdot cd' = ba' \cdot dc'$$

o bien

$$ac \cdot b'd' = bd \cdot a'c'$$

es decir

$$\frac{ac}{bd} = \frac{a'c'}{b'd'}.$$

La multiplicación de números racionales es una operación interna que cumple la ley uniforme.

6. Propiedades de la multiplicación de números racionales.

I. *Asociativa:*

$$\left[\left\{\frac{a}{b}\right\} \cdot \left\{\frac{c}{d}\right\}\right] \cdot \left\{\frac{e}{f}\right\} = \left\{\frac{a}{b}\right\} \cdot \left[\left\{\frac{c}{d}\right\} \cdot \left\{\frac{e}{f}\right\}\right]$$

En efecto:

$$\left[\left\{\frac{a}{b}\right\} \cdot \left\{\frac{c}{d}\right\}\right] \cdot \left\{\frac{e}{f}\right\} = \left\{\frac{a \cdot c}{b \cdot d}\right\} \cdot \left\{\frac{e}{f}\right\} = \left\{\frac{a \cdot c \cdot e}{b \cdot d \cdot f}\right\} ;$$

$$\left\{\frac{a}{b}\right\} \cdot \left[\left\{\frac{c}{d}\right\} \cdot \left\{\frac{e}{f}\right\}\right] = \left\{\frac{a}{b}\right\} \cdot \left\{\frac{c \cdot e}{d \cdot f}\right\} = \left\{\frac{a \cdot c \cdot e}{b \cdot d \cdot f}\right\}$$

II. *Conmutativa:*

$$\left\{\frac{a}{b}\right\} \cdot \left\{\frac{c}{d}\right\} = \left\{\frac{a \cdot c}{b \cdot d}\right\} \; ; \; \left\{\frac{c}{d}\right\} \cdot \left\{\frac{a}{b}\right\} = \left\{\frac{c \cdot a}{d \cdot b}\right\}$$

Los resultados sólo difieren en el orden de los factores del numerador y del denominador, pero como son números enteros y su producto es conmutativo, se verifica también la propiedad para números racionales.

III. *Elemento neutro.* — Es el número racional $\left\{\frac{m}{m}\right\}$ ya que

$$\left\{\frac{a}{b}\right\} \cdot \left\{\frac{m}{m}\right\} = \left\{\frac{a \cdot m}{b \cdot m}\right\} = \left\{\frac{a}{b}\right\}$$

IV. *Elemento simétrico.* — Todo número racional $\left\{\frac{a}{b}\right\}$ tiene en Q su simétrico en la multiplicación y es $\left\{\frac{b}{a}\right\}$, ya que

$$\left\{\frac{a}{b}\right\} \cdot \left\{\frac{b}{a}\right\} = \left\{\frac{a \cdot b}{b \cdot a}\right\} = \left\{\frac{m}{m}\right\}$$

Se le suele denominar *inverso.*

De estas propiedades deducimos que el conjunto Q de los números racionales tiene estructura de *grupo conmutativo* respecto de la multiplicación.

7. Propiedad distributiva de la multiplicación respecto de la suma. — Vamos a comprobar que es cierta la igualdad siguiente:

$$\left[\left\{\frac{a}{m}\right\} + \left\{\frac{b}{m}\right\}\right] \cdot \left\{\frac{c}{d}\right\} = \left\{\frac{a}{m}\right\} \cdot \left\{\frac{c}{d}\right\} + \left\{\frac{b}{m}\right\} \cdot \left\{\frac{c}{d}\right\}$$

El primer miembro da:

$$\left[\left\{\frac{a}{m}\right\} + \left\{\frac{b}{m}\right\}\right] \cdot \left\{\frac{c}{d}\right\} = \left\{\frac{a+b}{m}\right\} \cdot \left\{\frac{c}{d}\right\} =$$

$$= \left\{\frac{(a+b) \cdot c}{m \cdot d}\right\} = \left\{\frac{ac+bc}{m \cdot d}\right\}$$

El segundo miembro da:

$$\left\{\frac{a}{m}\right\} \cdot \left\{\frac{c}{d}\right\} + \left\{\frac{b}{m}\right\} \cdot \left\{\frac{c}{d}\right\} = \left\{\frac{a \cdot c}{m \cdot d}\right\} + \left\{\frac{b \cdot c}{m \cdot d}\right\} =$$

$$= \left\{\frac{ac+bc}{m \cdot d}\right\}$$

La multiplicación es distributiva respecto de la adición.

8. El cuerpo de los números racionales. — Hemos visto que el conjunto de los números racionales tiene estructura de grupo respecto de la adición y de la multiplicación y que ambas operaciones están ligadas por la propiedad distributiva. Éstas son precisamente las condiciones que ha de reunir un conjunto para tener estructura de *cuerpo*, luego podemos afirmar: el conjunto Q de los números racionales es un cuerpo.

9. Operaciones inversas.

I. *Sustracción.* Para mayor brevedad representamos tres números racionales cualesquiera con la notación α, β, γ, y tales, que γ sea la diferencia entre los otros dos; escribiremos:

$$\alpha - \beta = \gamma \qquad \text{o bien} \qquad \alpha = \gamma + \beta.$$

Sumemos a los dos miembros de esta igualdad el simétrico de β en la adición, es decir, su opuesto $-\beta$:

$$\alpha + (-\beta) = \gamma + \beta + (-\beta)$$

pero

$$\beta + (-\beta) = 0$$

luego

$$\alpha + (-\beta) = \gamma.$$

Comparando esta igualdad con la escrita primeramente deducimos que para restar dos números racionales basta *sumar* al minuendo el opuesto del sustraendo. La sustracción, convertida así en suma, es posible en todos los casos.

II. *División.* Sea γ el cociente entre dos números racionales α y β:

$$\alpha : \beta = \gamma \qquad \text{es decir,} \qquad \alpha = \gamma \cdot \beta.$$

Multipliquemos los dos miembros de esta igualdad por el inverso de β que representaremos por β^{-1}; quedará:

$$\alpha \cdot \beta^{-1} = \gamma \cdot \beta \cdot \beta^{-1}$$

pero, $\beta \cdot \beta^{-1}$ es el elemento neutro, luego

$$\alpha \cdot \beta^{-1} = \gamma.$$

La división entre números racionales se reduce a multiplicar el dividendo por el inverso del divisor. La división, convertida así en multiplicación, es posible siempre.

ISOMORFISMO

Dados dos conjuntos A y A', establecemos entre sus elementos una correspondencia biunívoca, es decir, que a cada elemento $a \in A$ le corresponde un elemento $a' \in A'$ y uno sólo, y a cada elemento $a' \in A'$ le corresponde únicamente el elemento $a \in A$.

ι ambos conjuntos se define una operación interna, que puede ser la misma en ambos o no. Si el resultado de efectuar la operación entre dos elementos cualesquiera a y b del primer conjunto A, tiene como correspondiente en A' el resultado de operar con los elementos correspondientes a' y b', diremos que entre los conjuntos A y A' existe un isomorfismo (*isos* = igual, *morfos* = forma).

Si consideramos el conjunto N de los números naturales y el conjunto Z^+ de los números enteros positivos, incluido en ambos el cero, hagamos corresponder a cada número natural a el entero $+a$; establecida en ambos conjuntos la operación de adición vemos que existe entre ellos un isomorfismo, ya que se corresponden los resultados de operar en ambos conjuntos con elementos correspondientes:

$$
\begin{array}{cc}
\underline{N} & \underline{Z^+} \\
a \longleftrightarrow +\,a \\
b \longleftrightarrow +\,b \\
\hline
a+b \longleftrightarrow (+\,a)+(+\,b) = +\,(a+b).
\end{array}
$$

Lo mismo ocurre si la operación establecida en ambos conjuntos es la multiplicación:

$$
\begin{array}{cc}
\underline{N} & \underline{Z^+} \\
a \longleftrightarrow +\,a \\
b \longleftrightarrow +\,b \\
\hline
a \cdot b \longleftrightarrow (+\,a) \cdot (+\,b) = +\,(a \cdot b).
\end{array}
$$

La correspondencia entre los resultados operativos hace que, mentalmente, se opere en el conjunto N con mayor facilidad, aunque los datos propuestos pertenezcan a Z^+.

En virtud del isomorfismo existente, el conjunto N de los números naturales queda sumergido en el conjunto Z de los números enteros.

Análogamente se puede establecer un isomorfismo entre el anillo Z y el conjunto Q' de los números racionales de denominador unidad. Hacemos corresponder al entero a (cualquiera que sea su signo) el número racional $\left\{ \dfrac{a}{1} \right\}$.

Respecto a la operación de adición se cumple que los resultados en ambos conjuntos se corresponden también. Así:

$$
\begin{array}{cc}
\underline{Z} & \underline{Q'} \\
a \longleftrightarrow \left\{ \dfrac{a}{1} \right\} \\
b \longleftrightarrow \left\{ \dfrac{b}{1} \right\} \\
\hline
a+b \longleftrightarrow \left\{ \dfrac{a}{1} \right\} + \left\{ \dfrac{b}{1} \right\} = \left\{ \dfrac{a+b}{1} \right\}
\end{array}
$$

Igualmente respecto de la multiplicación

$$
\begin{array}{cc}
\underline{Z} & \underline{Q'} \\
a \longleftrightarrow \left\{ \dfrac{a}{1} \right\} \\
b \longleftrightarrow \left\{ \dfrac{b}{1} \right\} \\
\hline
a \cdot b \longleftrightarrow \left\{ \dfrac{a}{1} \right\} \cdot \left\{ \dfrac{b}{1} \right\} = \left\{ \dfrac{a \cdot b}{1} \right.
\end{array}
$$

El isomorfismo observado permite considerar los conjuntos Z y Q' como idénticos respecto a las operaciones de adición y multiplicación.

El anillo Z queda sumergido en el cuerpo Q de los números racionales, del cual es una parte.

Hasta aquí las operaciones en ambos conjuntos eran una misma, pero existen ejemplos de conjuntos isomorfos con operaciones distintas en cada uno de ellos. Veamos el ejemplo siguiente:

Sea R^+ el conjunto de los números reales positivos y supongamos definida en él la multiplicación. Representaremos con R el conjunto de todos los números reales y en él definida la operación de adición.

Establezcamos una relación binaria biunívoca entre los elementos de estos conjuntos, de modo que a cada número real positivo $a \in R^+$ le corresponda su logaritmo: $\log a \in R$.

Operando como se ha indicado tendremos:

$$
\begin{array}{ccc}
\underline{R^+} & & \underline{R} \\
a \longleftrightarrow & & \log a \\
b \longleftrightarrow & & \log b \\
\hline
a \cdot b \longleftrightarrow & & \log a + \log b = \log (a \cdot b).
\end{array}
$$

(multiplicando)   (sumando)

También se obtiene un isomorfismo con la operación de dividir en R^+ y de restar en R:

$$
\begin{array}{ccc}
\underline{R^+} & & \underline{R} \\
a \longleftrightarrow & & \log a \\
b \longleftrightarrow & & \log b \\
\hline
a : b \longleftrightarrow & & \log a - \log b = \log (a : b).
\end{array}
$$

(dividiendo)   (restando)

CAPÍTULO V

SISTEMAS DE NUMERACIÓN

1. Aunque el sistema de numeración usado comúnmente es el decimal, no deja de ser interesante el estudio y manejo de otros sistemas. De hecho utilizamos el sistema sexagesimal para medir el tiempo, pues en él 60 segundos forman una unidad de orden superior, que es el minuto, y 60 minutos forman la unidad del siguiente orden superior que es la hora.

Del mismo modo es corriente en el comercio hablar de docenas. Doce unidades forman una docena, que es la unidad de primer orden, y a su vez doce docenas forman una gruesa, que es la unidad de segundo orden.

Comoquiera que la sucesión de los números naturales es indefinida, todo sistema de numeración ha de ser un conjunto de reglas y convenios que permitan expresar, oral y gráficamente, todos los números mediante un número reducido de palabras y grafismos.

Bien conocido es el sistema romano, todavía utilizado, que emplea sólo los siguientes signos: I, V, X, L, C, D, M. La escritura de cualquier número se consigue descomponiéndolo en suma o diferencia de otros que se representan por su signo. Así, el número 72 se escribe LXXII y el 19 XIX.

La dificultad de efectuar aun las más elementales operaciones con números escritos en el sistema romano, es la causa de que su empleo haya decaído de tal modo que sólo se emplean para anotar fechas o como números ordinales, que están exentos de ser sometidos a cualquier operación. Vamos a estudiar los sistemas de numeración que tienen la misma estructura que nuestro sistema decimal o *decaico*, llamado así por ser su base el número 10. La elección de este número parece deberse a que son 10 los dedos de las manos, con los que los hombres primitivos coordinaban los conjuntos de objetos que tenían que contar. El 10 es la base del sistema y se llama *unidad de primer orden*.

Un objeto es una unidad simple. La unidad simple tiene su signo: 1.

Dos unidades simples, representación de dos objetos, tienen también su signo: 2.

En general, todo número inferior a la base del sistema de numeración tiene su signo propio. Los signos se denominan *cifras*.

Se utiliza el signo 0 (cero) para indicar la carencia de unidades.

Cada 10 unidades simples forman una unidad de primer orden; cada 10 unidades de primer orden, forman una unidad de segundo orden que se escribirá: 100; cada 10 unidades de segundo orden forman una unidad de tercer orden, se escribirá 1.000, etc.; es decir,

$$10^2 = 100$$
$$10^3 = 1.000.$$

Todo número mayor (o igual) que la base del sistema se escribirá mediante varias cifras en las cuales hay que distinguir dos valores: su *valor absoluto*, representado por su signo, y su *valor relativo* debido al lugar que ocupa en la escritura del número. Así, el número 374 está compuesto de 4 unidades simples, 7 unidades de primer orden y 3 unidades de segundo orden. Esta notación, 374, puede considerarse como abreviatura de su forma polinómica:

$$374 = 3 \cdot 10^2 + 7 \cdot 10 + 4.$$

Si abstraemos del símbolo 10 su valor habitual y le atribuimos otro valor n podremos afirmar que el número 374 está escrito en base n, lo que indicaremos, para evitar confusiones, escribiendo 374_n.

Como signos de los números inferiores a la base utilizaremos los usuales, para mayor facilidad. Ya hemos dicho que la base se escribirá con el símbolo 10.

Así, en base seis, los primeros números naturales se escriben:

0, 1, 2, 3, 4, 5, 10, 11, 12, 13, 14, 15, 20, 21, 22, 23, 24, 25, 30...

que son respectivamente:

0, 1, 2, 3, 4, 5, 6, 7, 8, 9, 10, 11, 12, 13, 14, 15, 16, 17, 18...

Nótese que el signo 6 y siguientes no se utilizan en el sistema de base seis. Resulta fácil comprender que el número $36 = 6^2$ se escribirá en dicha base $100 = 10^2$.

Para operar con números escritos en base seis se puede proceder como en nuestro sistema de numeración, construyendo previamente las tablas de sumar y multiplicar, para facilitar los cálculos. Dándoles la disposición de Pitágoras, éstas son:

+	0	1	2	3	4	5
0	0	1	2	3	4	5
1	1	2	3	4	5	10
2	2	3	4	5	10	11
3	3	4	5	10	11	12
4	4	5	10	11	12	13
5	5	10	11	12	13	14

×	0	1	2	3	4	5
0	0	0	0	0	0	0
1	0	1	2	3	4	5
2	0	2	4	10	12	14
3	0	3	10	13	20	23
4	0	4	12	20	24	32
5	0	5	14	23	32	41

Fig. 22

Utilizando estas tablas es fácil comprobar la veracidad de los siguientes ejemplos:

$$
\begin{array}{r}
4\,1\,3\,2_6 \\
5\,0\,3_6 \\
1\,0\,4\,2\,1_6 \\
2\,2\,3\,4_6 \\
\hline
2\,2\,1\,3\,4_6
\end{array}
\qquad\qquad
\begin{array}{r}
4\,1\,3\,2_6 \\
\times\,5\,0\,3_6 \\
\hline
2\,0\,4\,4\,0 \\
3\,3\,1\,4\,4\,0 \\
\hline
3\,3\,3\,5\,2\,4\,0_6
\end{array}
$$

$$5\,3\,4\,1\,2_6$$
$$-\,2\,4\,1\,3\,1_6$$
$$\overline{2\,5\,2\,4\,1_6}$$

$$\begin{array}{r|l} 5\,4\,2\,0\,1\,3_6 & 2\,3\,1_6 \\ 4\,0\,0 & \\ \cline{2-2} 1\,2\,5\,1 & 2\,1\,3\,3_6 \\ 1\,1\,4\,3 & \\ 1\,0 & \end{array}$$

La división es la operación que puede ofrecer mayores dificultades a los principiantes. Es práctico empezar calculando los cinco primeros múltiplos del divisor 231 para facilitar el tanteo de las cifras del cociente. También es aconsejable que la diferencia entre cada dividendo parcial y el múltiplo del divisor que convenga se haga por escrito y no simultaneando el producto y la diferencia, como suele hacerse. Así:

$$2\,3\,1_6 \times 1 = 2\,3\,1_6$$
$$2\,3\,1_6 \times 2 = 5\,0\,2_6$$
$$2\,3\,1_6 \times 3 = 1\,1\,3\,3_6$$
$$2\,3\,1_6 \times 4 = 1\,4\,0\,4_6$$
$$2\,3\,1_6 \times 5 = 2\,0\,3\,5_6$$

$$\begin{array}{r|l} 5\,4\,2\,0\,1\,3_6 & 2\,3\,1_6 \\ -\,5\,0\,2_6 & \\ \cline{1-1}\cline{2-2} & 2\,1\,3\,3_6 \\ 4\,0\,0_6 & \\ -\,2\,3\,1_6 & \\ \cline{1-1} 1\,2\,5\,1_6 & \\ -\,1\,1\,3\,3_6 & \\ \cline{1-1} 1\,1\,4\,3_6 & \\ -\,1\,1\,3\,3_6 & \\ \cline{1-1} 1\,0_6 & \end{array}$$

Si la base del sistema fuera mayor que diez, habrá que atribuir un signo a todos los números que siendo inferiores a la base elegida superen a 9. Es frecuente estudiar la base doce, en la que se introducen los signos $\alpha = 10$ y $\beta = 11$. En este sistema los primeros números naturales se escriben así:

0, 1, 2, 3, 4, 5, 6, 7, 8, 9, α

β, 10, 11, 12, 13, 14, 15, 16, 17, 18, 19, 1α

1β, 20, 21...

que corresponden a los habituales 0, 1, 2, 3, 4, 5, 6, 7, 8, 9, 10, 11, 12, 13, 14, 15, 16, 17, 18, 19, 20, 21, 22, 23, 24, 25...

Como siempre, el símbolo 10 es la base, luego vale ahora 12.

El símbolo 1α indica 1 unidad de primer orden, es decir, la base más α unidades simples.

$$1\alpha_{12} = 10_{12} + \alpha_{12} = 12 + 10 = 22.$$

Igualmente el número 1β es:

$$1\beta_{12} = 10_{12} + \beta_{12} = 12 + 11 = 23.$$

Es lógico que nuestro 24 se escriba 20_{12}, pues 24 es el doble de la base.

En la actualidad el sistema diádico o binario de base 2 ha encontrado aplicación en las máquinas calculadoras electrónicas ya que en este sistema sólo se utilizan las cifras 0, 1; el 0 viene representado por la interrupción y el 1 por el paso de la corriente eléctrica.

Como curiosidad escribimos algunos números de este sistema y sus correspondientes en el sistema decimal

| 0, | 1, | 10, | 11, | 100, | 101, | 110, | 111, | 1.000 |

que son respectivamente

| 0, | 1, | 2, | 3, | 4, | 5, | 6, | 7, | 8. |

2. Paso de un sistema de numeración a otro.

Sea el número $M = g\,f \ldots c\,b\,a$ escrito en el sistema de base n.

Dicho número puede escribirse en forma polinómica según las potencias sucesivas de la base n, las cuales tendrán como coeficientes las respectivas cifras del número, esto es:

$$M = a + b \cdot n + cn^2 + \ldots + fn^{k-1} + gn^k.$$

Si en este polinomio escribimos los coeficientes, la base n y sus exponentes, tal como se representan en otro sistema de numeración de base m, y efectuando las operaciones indicadas tal como se opera en base m, obtendremos la expresión del número dado M en el sistema de base m.

Sea el número 32.513_6.

Su expresión polinómica en base seis es:

$$32.513_6 = 3 + 1 \cdot 10 + 5 \cdot 10^2 + 2 \cdot 10^3 + 3 \cdot 10^4.$$

Si deseamos pasarlo a la base diez, bastará escribir este polinomio expresando todos los números que en él figuran tal como se escriben en base diez y efectuar las operaciones indicadas:

$$32.513_6 = 3 + 1 \cdot 6 + 5 \cdot 6^2 + 2 \cdot 6^3 + 3 \cdot 6^4 = 3 + 6 + 180 + 432 + 3.888 = 4.509_{10}.$$

Sea el número 10.111_2 que deseamos pasar a base seis. Procediendo como antes tendremos:

$$10.111_2 = 1 + 1 \cdot 10 + 1 \cdot 10^{10} + 1 \cdot 10^{100} = 1_6 + 1_6 \cdot 2_6 + 1_6 \cdot 2_6^2 +$$
$$1_6 \cdot 2_6^4 = 1_6 + 2_6 + 4_6 + 24_6 = 35_6.$$

Este método obliga a efectuar las operaciones indicadas en la base que podríamos llamar *de llegada*; por eso es particularmente empleado para pasar números escritos en una base cualquiera a la base diez, en la que sabemos operar con agilidad.

Como en rigor el cambio de base supone hallar el valor numérico de un polinomio para un valor determinado de su variable ordenatriz, los cálculos pueden disponerse como en la regla de Ruffini. Véase pág. 345.

Así, para pasar el número 32.513_6 a la base diez, se podría disponer así:

		3	2	5	1	3
6			18	120	750	4.506
		3	20	125	751	4.509

Otro procedimiento interesante para efectuar el cambio de base consiste en considerar nuevamente la expresión polinómica del número dado M y en ella sacar la base n factor común. Así aparece el número M como dividendo de una división en la que el divisor es n, el cociente es el paréntesis que le multiplica y el resto es precisamente la cifra a de las unidades simples, la cual puede ser así calculada. Iterando el proceso vemos que las restantes cifras del número son los restos sucesivos que se obtienen al dividir los sucesivos cocientes por el divisor n.

Sea M el número dado y ... $d\ c\ b\ a$ su escritura en base n a la que queremos llevarlo. Escrito el número en forma polinómica de las potencias de n será:

$$M = a + b \cdot n + c \cdot n^2 + d \cdot n^3 + \ldots\ldots = a + n\,(b + c \cdot n + d \cdot n^2 + \ldots\ldots)$$
$$= a + n\,[b + n\,(c + dn + \ldots\ldots)] = \ldots\ldots$$

Van apareciendo las cifras a, b .... como restos de divisiones sucesivas. Es preferible disponer los cálculos como sigue:

$$\begin{array}{c|c} M & n \\ \hline a & q_1 \\ b & q_2 \\ c & q_3 \\ d & q_4 \end{array}$$

Las divisiones prosiguen hasta obtener un cociente igual a cero, lo cual ocurrirá forzosamente, puesto que los cocientes q_1, q_2, q_3,...... forman una sucesión decreciente de números naturales.

El último resto que se obtenga es la cifra de mayor valor relativo; el número en base n se escribirá, pues, mediante los restos obtenidos, tomados en orden inverso.

EJEMPLO. Expresar en base siete el número que en nuestro sistema de numeración se escribe 1.969.

$$1.969_{10} = 5.512_7.$$

Nótese que las operaciones deben efectuarse en la base en que está escrito el número dado, por ello este método es particularmente cómodo para pasar de la base diez a otra base dada.

En resumen: el método de la descomposición polinómica obliga a operar en la base de llegada; el método de las divisiones sucesivas obliga operar en la base de partida.

Ambos métodos son aplicables en todos los casos, pero el saber elegirlos convenientemente, puede facilitar los cálculos.

Véase el ejemplo siguiente en el que el número 5.416_7 se pasa a la base 5 por el método de las divisiones sucesivas:

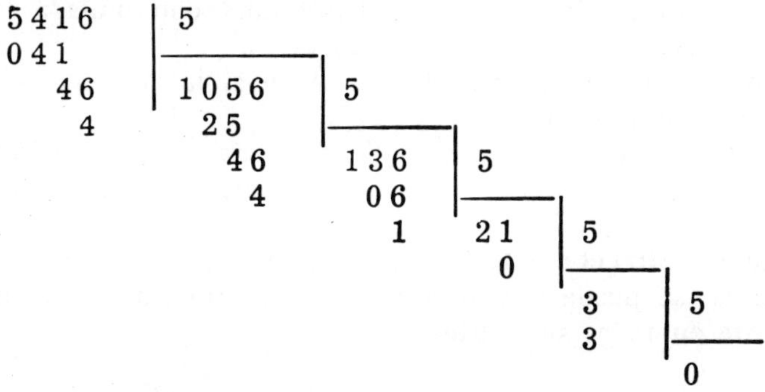

El resultado es, pues, 30.144_5.

A continuación se da la correspondencia entre los sistemas decimal y binario de los veinte primeros números

Decimal	Binario	Decimal	Binario
0	0		
1	1	11	1.011
2	10	12	1.100
3	11	13	1.101
4	100	14	1.110
5	101	15	1.111
6	110	16	10.000
7	111	17	10.001
8	1.000	18	10.010
9	1.001	19	10.011
10	1.010	20	10.100

GEOMETRÍA

1. Transformaciones geométricas en el plano. — Todo plano puede considerarse formado por infinitos puntos. Si a cada punto P del plano le hacemos corresponder otro punto P′ del mismo, mediante una determinada ley, tendremos
establecida una correspondencia entre los puntos del plano. Según sea la ley fijada,
tendremos distintas transformaciones del plano en sí mismo, que se denominarán
traslaciones, giros, simetrías, etc.

Si a los puntos de una figura F les aplicamos una transformación determinada,
los puntos correspondientes fomarán otra figura F′ igual o distinta de la de partida.

2. Congruencia directa e inversa. — Diremos que dos figuras son iguales o
congruentes cuando se puede transportar una sobre otra de tal manera que coincidan exactamente en todas sus partes.

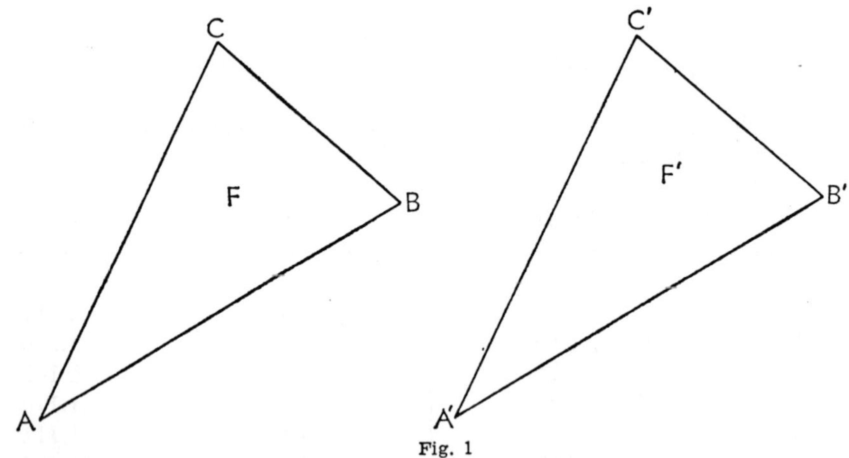

Fig. 1

La congruencia de figuras puede ser directa e inversa. Se llama *directa* cuanto
la figura F′ puede llevarse a coincidir con la F deslizándose por el plano, sin salir
de él (fig. 1); en cambio, si para obtener la coincidencia es preciso sacar fuera del
plano la figura F′, las dos figuras serán *inversamente* iguales (fig. 2).

En el ejemplo de la figura 2 sería preciso doblar el plano del papel por la línea
de puntos para conseguir la coincidencia.

De los pares de puntos A y A′ diremos que A′ es imagen de A, o bien A′ es el
correspondiente de A, o sencillamente A′ es homólogo de A. El punto A es el original de A′. Toda transformación geométrica que transforme la figura F en otra F′
directa o inversamente igual a F, diremos que es un *movimiento*, desligando de esta
palabra su sentido físico, para darle una interpretación geométrica.

3. Los movimientos en el plano. — Tres son las transformaciones geométricas
que cambian toda figura F en otra F′ igual a ella, es decir, que conservan las figuras.

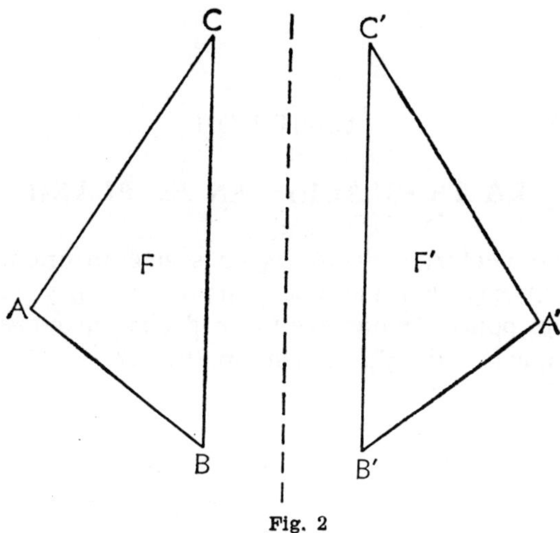

Fig. 2

Estos tres movimientos reciben los nombres de *traslación, giro* y *simetría*, según sea la ley que rige la transformación.

En los capítulos siguientes estudiaremos cada uno de estos movimientos y sus relaciones mutuas.

4. Producto de transformaciones. — Dadas dos transformaciones geométricas T_1 y T_2 tales que la primera hace pasar de la figura F a la F' y la segunda transforma F' en F'', llamaremos producto de las dos transformaciones a otra transformación única T que haga corresponder directamente a la figura F la F''. El producto se representa escribiendo a la derecha la transformación primeramente aplicada así:

$$T = T_2 \cdot T_1.$$

Como veremos seguidamente el producto de dos movimientos es siempre un movimiento, de modo que en el conjunto de los movimientos del plano, el producto es una operación interna, que goza de la propiedad asociativa.

5. Elementos dobles. — Al aplicar a una figura F un movimiento M puede ocurrir que un punto A de ella tenga como homólogo A', el propio punto A, es decir, que A y A' queden superpuestos. En este caso diremos que A es un *punto doble*. Del mismo modo se pueden presentar rectas dobles y en general, siempre que la figura F coincida con su homóloga F' diremos que es una figura doble. Por ejemplo: si a una circunferencia dada C, le aplicamos una transformación tal que a cada punto de la curva le corresponda su diametralmente opuesto, la figura transformada C' es la propia circunferencia C y diremos que esta circunferencia es doble, aunque ningún punto coincida con su homólogo.

Si en una transformación geométrica ocurriera que todos los puntos de la figura F fueran homólogos de sí mismos, entonces F sería una figura doble de puntos dobles.

LA TRASLACIÓN EN EL PLANO

1. Definición de vector. — Vector es un segmento orientado, cuyos extremos se dan en un cierto orden; al primero se le llama *origen*, y, al segundo *extremo*, y para distinguirlo suele ponérsele una punta de flecha, cuando se representa gráficamente, con lo cual queda indicado su *sentido* (fig. 3).

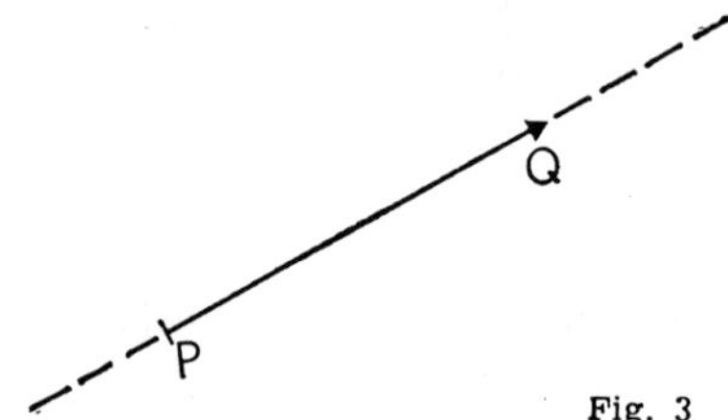

Fig. 3

Así, el vector $\overrightarrow{PQ}$ tiene su origen en P, su extremo en Q; su sentido es de P hacia Q.

La longitud del segmento PQ se llama *módulo* del vector $\overrightarrow{PQ}$.

El segmento PQ pertenece a una recta, la cual se llama *dirección* del vector $\overrightarrow{PQ}$. Toda recta y sus paralelas tienen la misma dirección.

Cada vector viene caracterizado por su origen, módulo, dirección y sentido.

2. Equipolencia de vectores. — *Vector libre.* Dos o más vectores se llaman *equipolentes* cuando tienen la misma dirección, el mismo módulo y el mismo sentido, siendo distinto su punto de aplicación sobre la recta o sus paralelas (dirección).

Los vectores $\overrightarrow{PQ}$, $\overrightarrow{MN}$, $\overrightarrow{SR}$ son equipolentes (fig. 4).

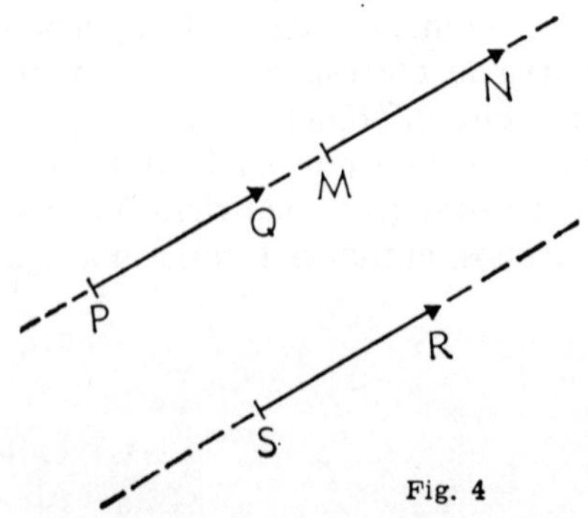

Fig. 4

La equipolencia de vectores es una relación de equivalencia, pues goza de las propiedades que la caracterizan:

1.ª *Reflexiva.* Todo vector $\overrightarrow{PQ}$ es equipolente a sí mismo.

2.ª *Simétrica.* Si el vector $\overrightarrow{PQ}$ es equipolente al vector $\overrightarrow{MN}$, también éste es equipolente a aquél.

3.ª *Transitiva.* Si $\overrightarrow{PQ}$ es equipolente a $\overrightarrow{MN}$ y $\overrightarrow{MN}$ es equipolente a $\overrightarrow{SR}$, también $\overrightarrow{PQ}$ es equipolente a $\overrightarrow{SR}$. Esta relación de equivalencia divide a todos los vectores del plano en clases y cada clase se llama *vector libre.*

Así, pues, al hablar del vector libre $\overrightarrow{PQ}$ entendemos no sólo éste, sino también todos los que le son equipolentes. Todo punto del plano puede ser origen de un vector equipolente a un vector libre $\overrightarrow{V}$, del cual será un representante.

3. **Adición de vectores libres.** — Dados dos vectores libres $\overrightarrow{V}$ y $\overrightarrow{W}$ llamaremos suma de ambos al vector $V + W$ obtenido del siguiente modo (fig. 5).

Por un punto P cualquiera del plano se traza un vector $\overrightarrow{PQ}$ equipolente a $\overrightarrow{V}$ y a partir de $\overrightarrow{Q}$ el vector equipolente a $\overrightarrow{W}$, es decir, el $\overrightarrow{QR}$. Se obtiene así el vector $\overrightarrow{PR}$, que es un representante del vector suma $\overrightarrow{V + W}$.

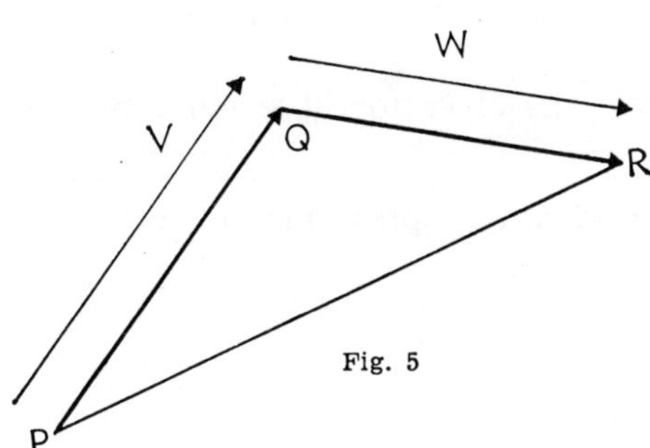

Fig. 5

La suma de vectores libres goza de las siguientes propiedades:

1.ª *Uniforme.* — Es independiente del punto P elegido para efectuarla.

2.ª *Conmutativa.* — Es decir, $\overrightarrow{V} + \overrightarrow{W} = \overrightarrow{W} + \overrightarrow{V}$. Sean $\overrightarrow{PQ}$ y $\overrightarrow{SR}$ representantes de $\overrightarrow{W}$ (fig. 6).

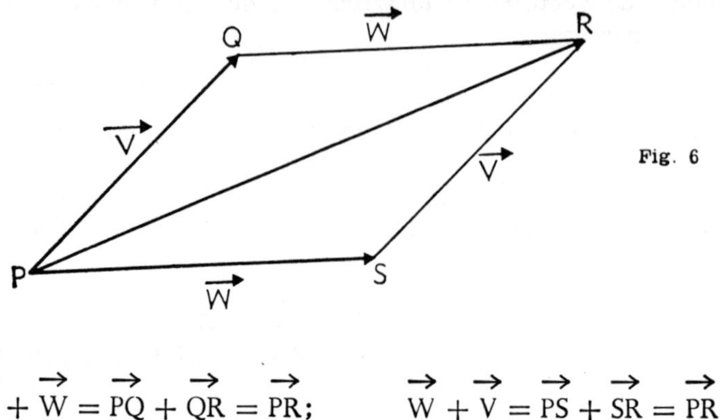

Fig. 6

$$\vec{V} + \vec{W} = \vec{PQ} + \vec{QR} = \vec{PR}; \qquad \vec{W} + \vec{V} = \vec{PS} + \vec{SR} = \vec{PR}.$$

Los triángulos PQR y PSR son iguales por tener dos pares de lados respectivamente iguales y paralelos, luego la figura PQRS en un paralelogramo y su diagonal PR es única.

3.ª   *Asociativa.* — Sea $\vec{PQ}$ representante del vector libre $\vec{u}$; $\vec{QR}$ representante de $\vec{v}$ y $\vec{RS}$ de $\vec{w}$.

Veamos que se verifica:

$$(\vec{u} + \vec{v}) + \vec{w} = \vec{u} + (\vec{v} + \vec{w}).$$

En efecto (fig. 7):

$$(\vec{u} + \vec{v}) + \vec{w} = \vec{PR} + \vec{RS} = \vec{PS}$$

$$\vec{u} + (\vec{v} + \vec{w}) = \vec{PQ} + \vec{QS} = \vec{PS}.$$

4.ª   *Elemento neutro.* — Es el vector libre nulo, cuyo módulo es cero, pues su origen y su extremo coinciden. Lo representaremos por $\vec{0}$.

$$\vec{v} + \vec{0} = \vec{v}.$$

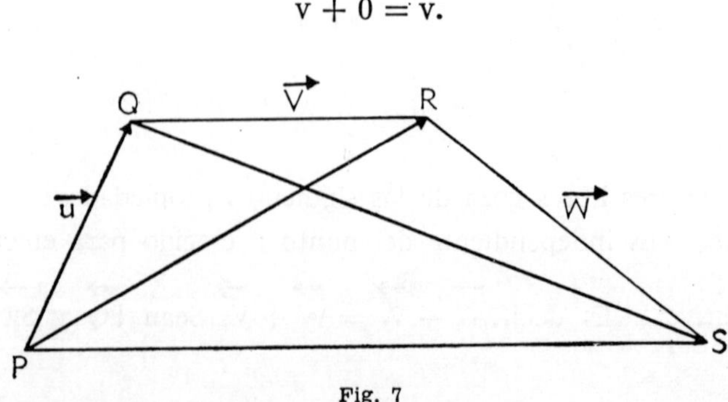

Fig. 7

5.ª *Elemento simétrico.* — Todo vector libre $\overrightarrow{PQ}$ tiene su simétrico en el vector $\overrightarrow{QP}$ de su mismo módulo y dirección, pero de sentido contrario. Se verifica:

$$\overrightarrow{PQ} + \overrightarrow{QP} = \overrightarrow{PP} = \vec{0}.$$

Estas propiedades nos permiten afirmar que el conjunto de los vectores libres del plano tiene estructura de grupo abeliano respecto a la operación de adición.

4. Traslaciones en el plano. — Dado un vector libre $\vec{t}$ se llama *traslación* T la transformación geométrica del plano que hace corresponder a cada punto A otro punto A′, de tal manera que el vector $\overrightarrow{AA'}$ sea equipolente al vector libre $\vec{t}$.

Como por cada punto A del plano puede trazarse sólo un vector equipolente al dado, la traslación T es una correspondencia unívoca pues a cada punto A le hace corresponder un solo punto A′. Si al punto A′ le aplicamos la traslación inversa de la primera, es decir, la del vector $-\vec{t}$, de sentido contrario a $\vec{t}$, llegaremos al punto A. Esta traslación inversa se representa por T^{-1}

En la traslación T *cada recta se transforma en otra paralela a ella.* En efecto, sea la recta r en la que destacamos tres puntos L, M, N cuyos homólogos serán los puntos L′, M′, N′, siendo t el vector que define la traslación.

Por definición se verifica que: $\overrightarrow{LL'} = \overrightarrow{MM'} = \overrightarrow{NN'} = \vec{t}$.

Luego L′M′ es paralela a LM y M′N′ es paralela a MN y como tienen el punto M′ común, las dos rectas L′M′ y M′N′ coinciden, es decir, son una sola recta r' homóloga de r en la traslación. (Fig. 8.)

Siendo pues LMM′L′ un paralelogramo, los segmentos $\overrightarrow{LM}$ y $\overrightarrow{L'M'}$ son iguales. La traslación *transforma los segmentos en segmentos iguales y paralelos.*

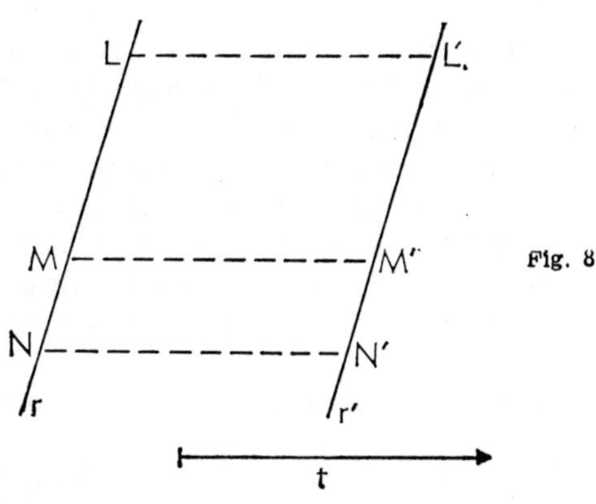

Fig. 8

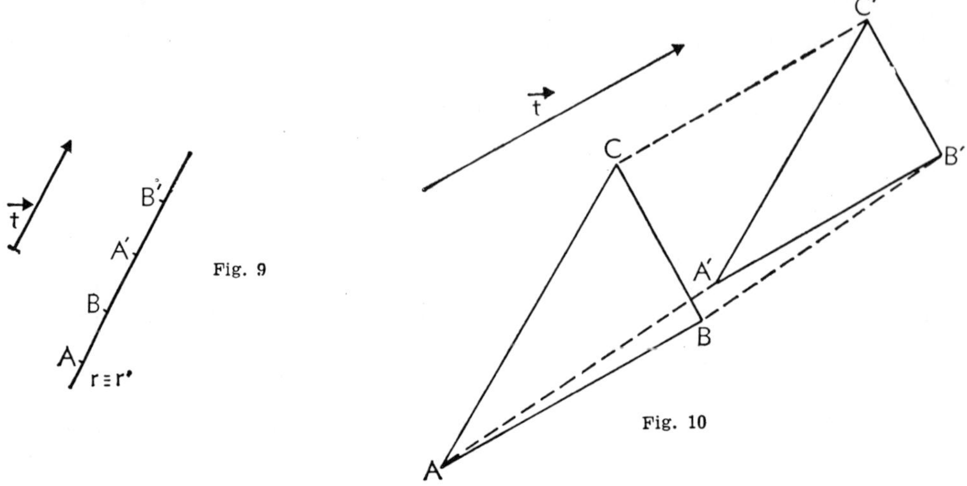

Si la recta dada *r* fuera paralela al vector traslación *t*, cada punto de la recta se transformaría en otro punto de la misma recta, es decir, que dicha recta sería doble en dicha traslación pues *r* y *r'* coincidirían. (Fig. 9.)

Todas las rectas que tienen la dirección del vector traslación $\vec{t}$ son dobles, y son los únicos elementos dobles de este movimiento.

Si la traslación de vector $\vec{t}$ la aplicamos a un triángulo ABC (fig. 10), nos dará como figura transformada otro triángulo A'B'C' igual al dado, ya que sus tres lados resultan respectivamente iguales. Luego estos triángulos tendrán también sus ángulos respectivamente iguales, es decir que la traslación conserva los ángulos.

Como todo polígono puede descomponerse en triángulos, podemos afirmar que la traslación transforma un polígono en otro polígono igual al primero, conservándose también el sentido de los elementos que lo forman, es decir, que dos figuras homólogas en una traslación son *directamente iguales* y los segmentos que las forman resultan paralelos.

Para trasladar una circunferencia C basta hallar el homólogo de su centro, el cual será centro de la circunferencia transformada C', siendo igual el radio en ambas.

5. Producto de dos traslaciones. — Sea *A* un punto de una figura *F* a la que aplicamos una traslación T_1 de vector $\vec{u}$, con lo que obtendremos el punto A' de la figura transformada F'. Si ahora aplicamos a F' otra traslación T_2 de vector $\vec{v}$ llegaremos a otra figura F'' en la que A'' será el homólogo de A' (fig. 11).

En virtud de la primera traslación las figuras F y F' son directamente iguales y, en virtud de la segunda, lo son también F' y F''. Todo segmento rectilíneo que forme parte de la figura F se habrá transformado en otro igual y paralelo en F' y entre los segmentos homólogos en F' y F'' ocurre lo mismo. Luego las figuras F y F'' son directamente iguales y sus segmentos homólogos son paralelos de modo que F y F' se corresponden en una nueva traslación T, que llamaremos *producto de las traslaciones T_1 y T_2,* cuyo vector viene dado por $\overrightarrow{AA''}$ y es precisamente la suma de los vectores $\vec{u}$ y $\vec{v}$.

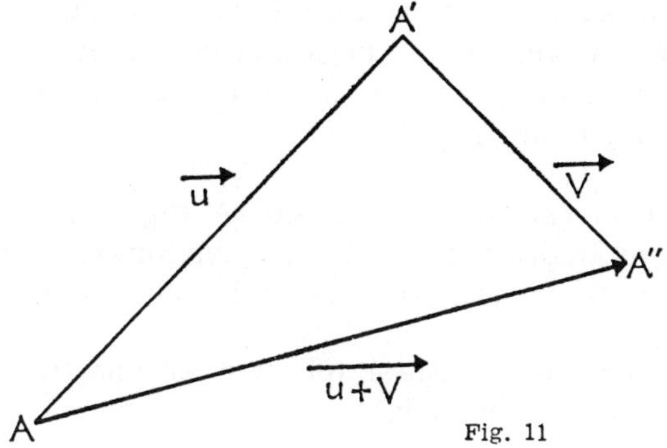

Fig. 11

Anotaremos el producto de estas traslaciones escribiendo:

$$T = T_2 \cdot T_1.$$

El producto de dos traslaciones T_1 y T_2 cuyos vectores característicos son $\vec{u}$ y $\vec{v}$ es otra traslación T definida por el vector $\overrightarrow{u + v}$.

6. El grupo de las traslaciones. — En el conjunto de todas las traslaciones que podemos establecer en el plano, hemos definido una operación llamada *producto* que es *interna* ya que de dos traslaciones T_1 y T_2 obtendremos otra traslación T que forma parte del conjunto de las traslaciones.

Como el vector que define la traslación-producto T es suma de los vectores que rigen las traslaciones T_1 y T_2, el producto de traslaciones goza de las mismas propiedades que la suma de vectores, es decir, la uniforme, la conmutativa y la asociativa

En cuanto al *elemento neutro* es la traslación de vector nulo, la cual llamaremos *identidad I.* Para toda traslación T se verifica;

$$\mathbf{T = I \cdot T.}$$

A toda traslación T definida por el vector $\vec{v}$ le corresponde otra traslación, que es su *elemento simétrico*, a la que llamaremos *inversa* de la primera y designaremos por T^{-1}. Ésta viene definida por el vector $-\vec{v}$ de sentido opuesto a $\vec{v}$.

Estas propiedades permiten afirmar que *el conjunto de las traslaciones del plano es un grupo abeliano.*

Ejercicios

1.º Aplíquese a un cuadrado una traslación cuyo vector sea una diagonal de dicho cuadrado.

2.º Aplíquese a un trapecio rectángulo la traslación cuyo vector es el lado perpendicular a las bases y en el sentido de la base mayor a la menor.

3.º Aplíquese a un rectángulo cuyos lados miden 2 y 3 cm., una traslación cuyo vector sea una diagonal y a continuación otra traslación cuyo vector sea el lado menor del rectángulo. Cámbiese después el orden de estas dos operaciones y obsérvese que se llega a la misma figura lnal.

4.º Situar entre dos rectas paralelas dadas un segmento de longitud m dada y que pase por un punto fijo P.

Solución. Con centro en un punto A (fig. 12) de una de las paralelas dadas y con un radio igual a m se traza un arco que cortará a la otra paralela en B; así tendremos situado el segmento sobre las paralelas. Para que pase por el punto P bastará aplicar a AB una traslación cuyo vector $\overrightarrow{P'P}$ será paralelo a las rectas dadas.

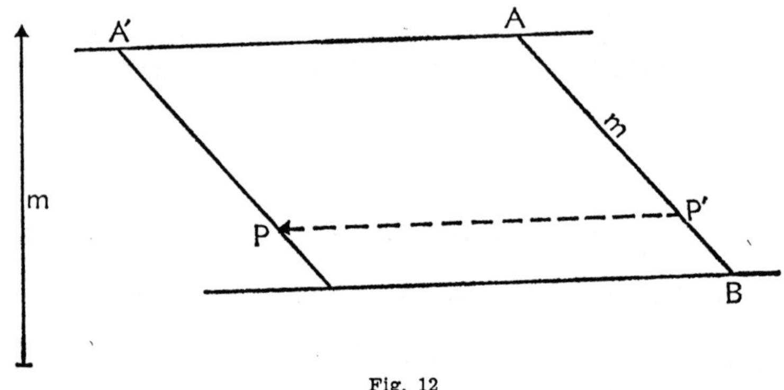

Fig. 12

5.º Entre dos ciudades A y B, situadas a distinta orilla de un río y desigualmente alejadas de éste, se desea construir un puente (por supuesto perpendicular a la línea media del río). ¿Dónde debe emplazarse el puente para que la distancia entre A y B sea mínima?

Solución. — Aplicamos al punto B (fig. 13) una traslación cuyo vector sea perpendicular al río y tenga por módulo la anchura del mismo con lo que obtenemos el punto B′ que unimos con A dándonos el segmento B′A que es la distancia más corta entre B′ y A. La intersección de B′A con r señala el punto M donde debe emplazarse el puente. El camino mínimo será, pues:

$$\overline{BN} + \overline{NM} + \overline{MA},$$

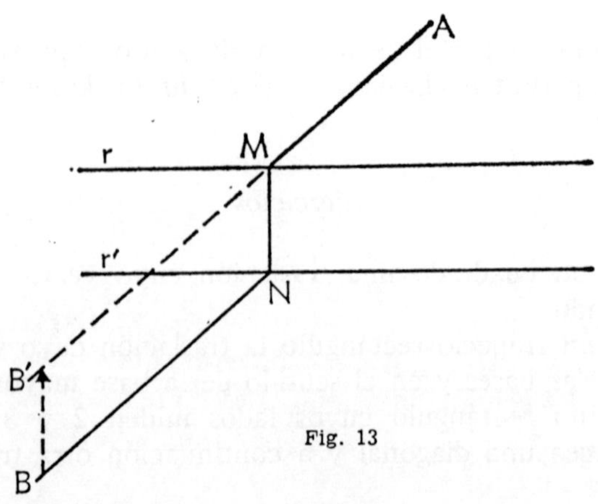

Fig. 13

ya que

$$\overline{BN} = \overline{B'M} \qquad y \qquad \overline{BB'} = \overline{NM}$$

por ser lados de un paralelogramo.

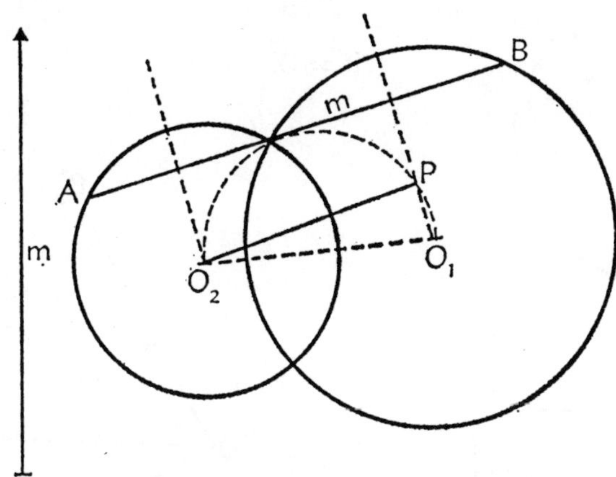

Fig. 14

6.º Dadas dos circunferencias secantes trazar una cuerda de longitud dada m por uno de sus puntos de intersección.

Supongamos el problema resuelto (fig. 14). Las perpendiculares trazadas desde los centros O_1 y O_2 a la secante AB (que son mediatrices de las respectivas cuerdas) han de distar $\dfrac{m}{2}$ para que AB mida m.

El problema se resuelve construyendo sobre $O_1\,O_2$ como hipotenusa, un triángulo rectángulo cuyo cateto O_2P mida $\dfrac{m}{2}$ y trasladándolo hasta el punto de intersección de las circunferencias.

CAPÍTULO II

LOS GIROS EN EL PLANO

1. **Definición y propiedades.** — El giro es una transformación geométrica del plano en sí mismo que viene determinada por un punto fijo O, llamado *centro de giro*, y por un ángulo α, dado en amplitud y sentido que se llama *ángulo de giro*.

Todo punto A del plano tiene su homólogo en el giro obtenido de la siguiente manera: se une A (fig. 15) con el centro de giro O y sobre el segmento OA se construye un ángulo igual y del mismo sentido que el ángulo de giro α. Sobre el segundo lado de ese ángulo se toma el punto A′, homólogo de A, con la condición:

$$\overline{OA} = \overline{OA'}$$

Matemática Moderna

Dados dos puntos del plano A y B y sus transformados en el giro A′ y B′ vamos a demostrar que los segmentos AB y A′B′ son iguales. (Fig. 16.) Para ello observamos los triángulos AOB y A′OB′ en los que

$$\overline{OA} = \overline{OA}'$$

$$\overline{OB} = \overline{OB}'$$

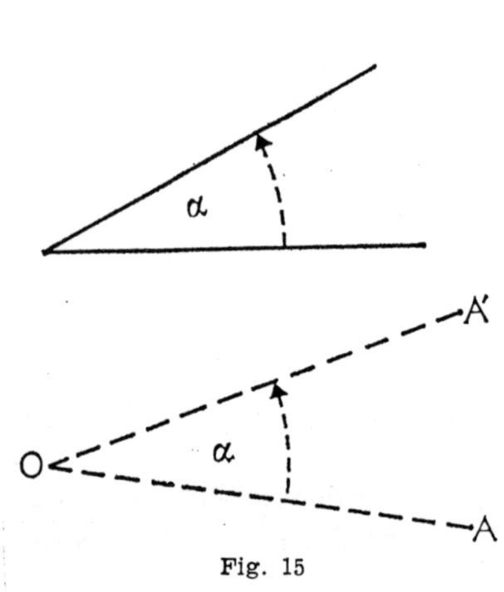

Fig. 15

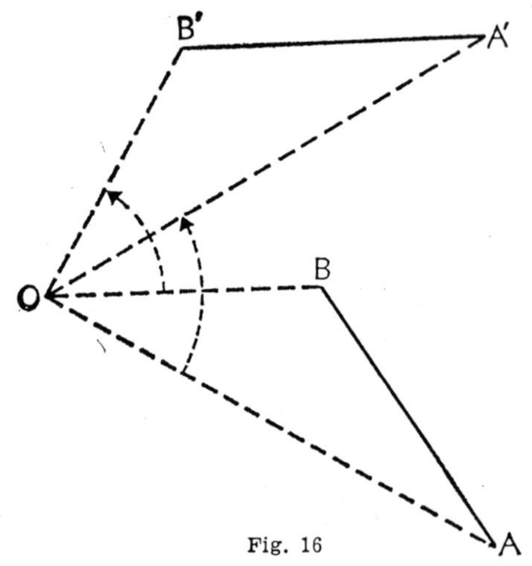

Fig. 16

por construcción de giro. Además

$$\widehat{AOA}' = \widehat{BOB}'$$

por ser ambos iguales al ángulo de giro dado. Si de los dos miembros de esta igualdad restamos el ángulo BOA′ resulta

$$
\begin{aligned}
\widehat{AOA}' &= \widehat{BOB}' \\
-\quad \widehat{BOA}' &= \widehat{BOA}' \\
\hline
\widehat{AOB} &= \widehat{A'OB}'.
\end{aligned}
$$

Es decir, los triángulos AOB y A′OB′ son iguales y, por consiguiente, lo son también sus lados.

$$\overline{AB} = \overline{A'B}'.$$

Los segmentos que unen dos puntos y sus homólogos en el giro son iguales.

De esta propiedad se desprende que el giro transforma rectas en rectas, pues si tomamos tres puntos alineados A, B, C, y consideramos sus homólogos A′, B′, C′ en el giro, veremos que también éstos están alineados. En efecto, en virtud de la igualdad de segmentos resulta: (fig. 17)

$$\overline{AB} = \overline{A'B'}$$
$$\overline{BC} = \overline{B'C'}$$
$$\overline{AC} = \overline{A'C'}$$

pero

$$\overline{AC} = \overline{AB} + \overline{BC}$$

sustituyendo en esta igualdad cada término por su igual queda:

$$\overline{A'C'} = \overline{A'B'} + \overline{B'C'}$$

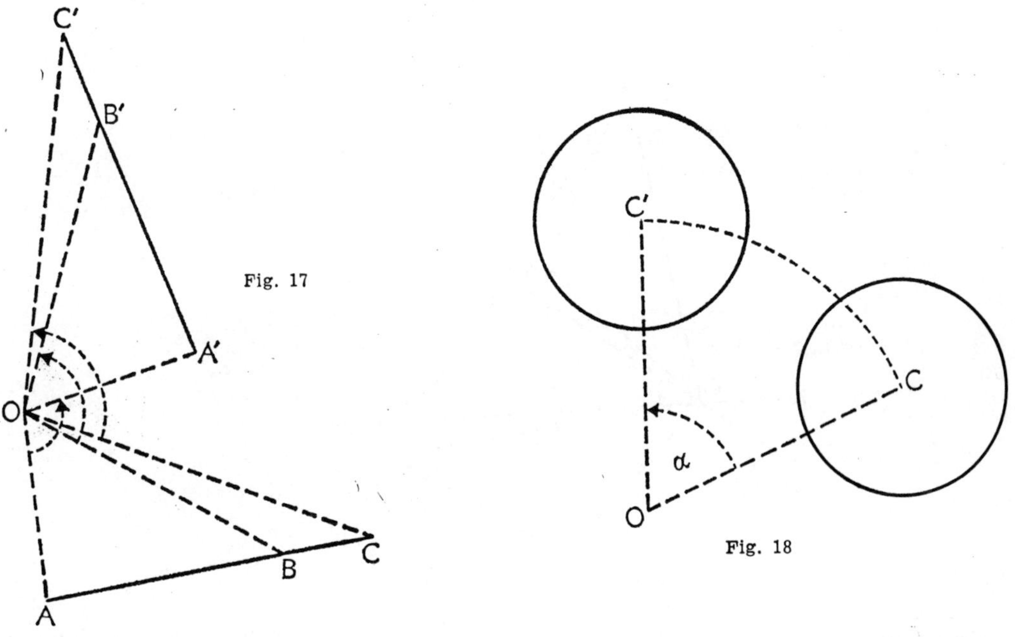

Fig. 17

Fig. 18

lo que prueba que B′ está alineado con A′ y C′. El giro transforma, pues, rectas en rectas.

Si tenemos un triángulo MNP y le aplicamos un giro se transformará en otro triángulo M′N′P′ igual al dado, pues sus lados serán respectivamente iguales puesto que en el giro se conservan los segmentos; esos triángulos tendrán también sus ángulos iguales y orientados en el mismo sentido. es decir, el giro conserva los ángulos.

Como todo polígono puede descomponerse en triángulos podemos afirmar que la figura homóloga de un polígono en la rotación de ángulo α y centro O es otro polígono directamente igual al dado.

En cuanto a las figuras curvas, puesto que se las puede considerar como límite de polígonos inscritos o circunscritos cuyo número de lados aumenta indefinidamente, se transformarán también en otras directamente iguales.

En particular, para girar una circunferencia basta hallar el homólogo de su centro, ya que el radio, como segmento, permanecerá inalterado (fig. 18).

Toda circunferencia cuyo centro coincida con el centro de giro O es *doble*.

2. **Determinación del centro y del ángulo de giro.** — Nos proponemos ahora resolver el problema inverso, es decir, dadas dos figuras F y F′ directamente iguales hallar el centro y el ángulo del giro en el que estas dos figuras son homólogas. Es decir, que tratamos de hallar el movimiento que hace coincidir la figura F con la F′. Si ambas figuras tuvieran sus segmentos homólogos paralelos, sabemos que se superpondrían mediante una traslación. Ahora suponemos que esta condición de paralelismo no se cumple y veremos que siempre es posible hallar un giro que transforme una de ellas en la otra.

Basta para ello conocer dos pares de puntos homólogos. Sean A y B dos puntos de la figura F y A′ y B′ sus homólogos en F′. (Fig. 19.) El centro de giro que buscamos ha de equidistar de A y de A′, luego estará sobre la mediatriz MN del segmento AA′. Por la misma razón se ha de encontrar sobre la mediatriz M′N′ del segmento BB′, luego el centro es el punto O de intersección de ambas mediatrices.

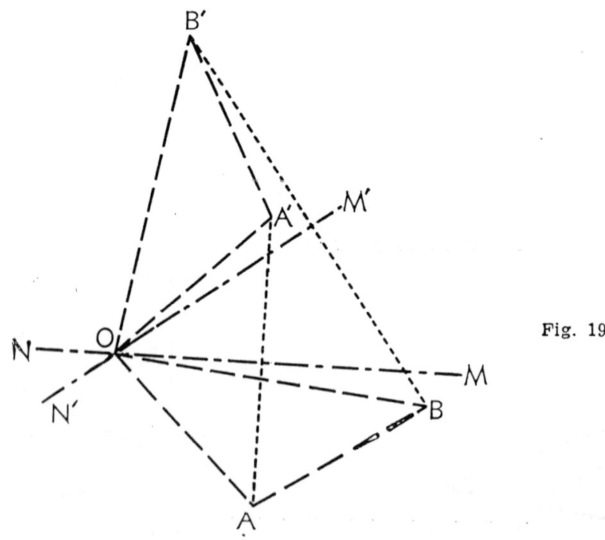

En cuanto al ángulo de giro, viene dado por AOA′ o por BOB′ que son iguales por serlo los triángulos OAB y OA′B′ ya que tienen $\overline{AB} = \overline{A'B}$ por hipótesis, OA = = OA′ y OB = OB′ por construcción, luego sus ángulos BOA y B′OA′ son iguales y sumándoles el A′OB dan el ángulo de giro.

También es interesante considerar el caso en que de las figuras F y F′ conocemos dos puntos homólogos A y A′ situados sobre dos semirrectas homólogas r y r′. (Fig. 20.)

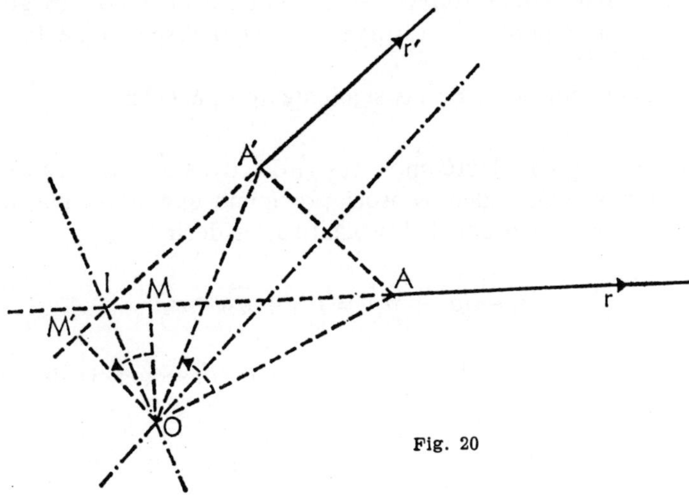

Fig. 20

El centro de giro O se hallará sobre la mediatriz del segmento AA′ y sobre la bisectriz del ángulo adyacente al formado por las dos semirrectas, es decir, en su intersección. El ángulo de giro será el AOA′ que es igual al ángulo formado por las semirrectas r y r′. En efecto, por ser O un punto de la bisectriz, sus distancias OM y OM′ a las r y r′ son iguales, luego M y M′ son también homólogos en el giro y el cuadrilátero IMOM′ tiene dos ángulos rectos, luego el ángulo MOM′ es igual al AIA′ por ser ambos suplementarios del MIM′.

3. Productos de giros concéntricos. — Consideremos un punto A (fig. 21) al que aplicamos un giro G_1 de centro O y ángulo α, con lo que obtenemos su homólogo A′. A este punto A′ le aplicamos otro giro G_2 del mismo centro O y ángulo α'. que puede ser del mismo o de distinto sentido que α. Obtenemos así el punto A″ homólogo de A′. En virtud de la definición de giro, las distancias $\overline{OA}$, $\overline{OA'}$ y $\overline{OA''}$ son iguales, luego A y A″ se corresponden también en otro giro G de centro O y ángulo $\alpha + \alpha'$; dicho giro G es el producto de los giros G_1 y G_2.

$$G = G_2 \cdot G_1.$$

Fig. 21

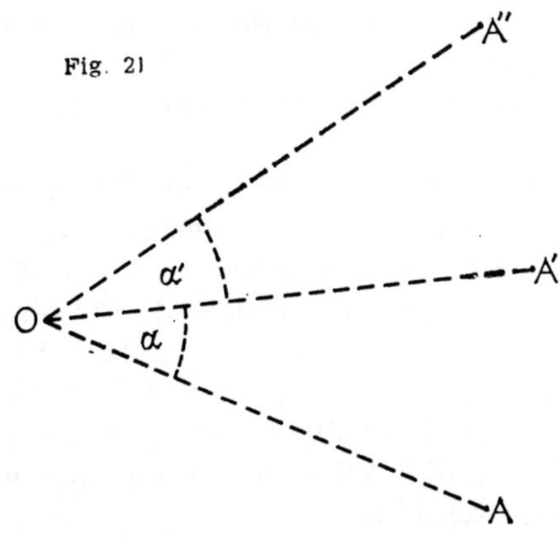

4. Grupo de giros concéntricos. — El conjunto de todos los giros que tienen como centro un mismo punto O, forman un grupo respecto de la operación que hemos llamado *producto*.

En efecto, la operación goza de las siguientes propiedades:

1.º *Asociativa.* Pues si efectuamos tres giros cuyos ángulos sean α_1, α_2 y α_3 alrededor del punto O, podemos asociarlos como queramos, puesto que la suma de ángulos tiene la propiedad asociativa, es decir

$$\alpha_1 + (\alpha_2 + \alpha_3) = (\alpha_1 + \alpha_2) + \alpha_3.$$

2.º *Conmutativa.* Existe esta propiedad como consecuencia de ser conmutativa la suma de ángulos

$$\alpha_1 + \alpha_2 = \alpha_2 + \alpha_1.$$

3.º *Elemento neutro.* Es el giro de centro 0 y ángulo nulo. Este giro deja invariada la figura F a la que se aplica y se le denomina también *giro identidad I.*

4.º *Elemento simétrico.* A cada giro **G** de centro 0 y ángulo α, se le puede hacer correesponder otro giro $\mathbf{G}^{-1}$ del mismo centro y ángulo $-\alpha$, de modo que la aplicación sucesiva de ambos giros es la identidad.

$$\mathbf{I} = \mathbf{G}^{-1} \cdot \mathbf{G}.$$

Siendo estas las propiedades de que debe gozar un conjunto, en el que se ha definido una operación, para poder afirmar que tiene estructura de grupo, podemos decir: *El conjunto de los giros concéntricos es un grupo.*

Ejercicios

1.º Aplíquese a un triángulo equilátero un giro de 60º, con centro en uno de sus vértices.
2.º Aplíquese a un cuadrado un giro de 90º con centro en el punto de intersección de las diagonales.
3.º Aplíquese a un hexágono regular un giro de 30º alrededor del centro del polígono.
4.º Dado el rectángulo ABCD, inscribir en él un triángulo isósceles, cuyo ángulo desigual mida 15° y tenga su vértice coincidiendo con A.
   Supongamos el problema resuelto y sea AMN el triángulo inscrito. (Fig. 22.) Si hiciéramos girar el vértice M, 15° alrededor de A, tomaría la posición N. Pero M se encuentra sobre el lado BC. Luego empezando por girar el lado BC 15° en torno a A, su transformado cortará al lado CD en N, con lo cual quedará determinado este punto y la longitud del lado AN. Con centro en A y radio AN se traza un arco que cortará a BC en M y el problema queda resuelto.

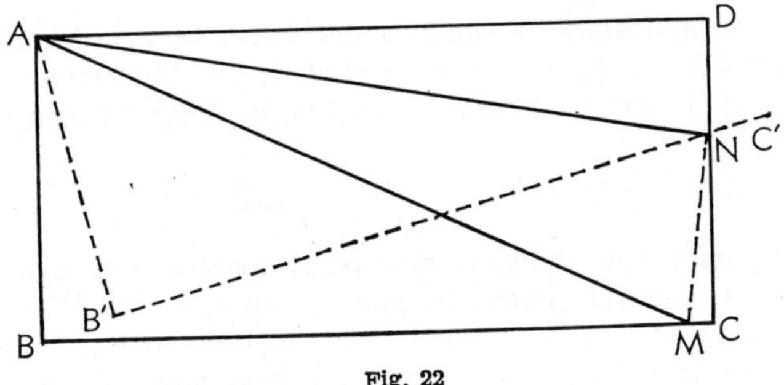

Fig. 22

Para girar el lado BC basta girar dos de sus puntos *B* y *C* y unir sus transformados B′ y C′; otro procedimiento es trazar desde el centro de giro A la perpendicular a BC, que en este caso es AB, y girar este segmento 15°, obteniendo AB′. Trazando por B′ la perpendicular a AB′ tendremos el transformado del lado BC.

5.º Dadas tres rectas paralelas, situar un triángulo equilátero de modo que tenga un vértice sobre cada una de las rectas dadas.

6.º Dadas tres circunferencias concéntricas situar un triángulo equilátero de modo que tenga un vértice sobre cada una de las circunferencias dadas.

7.º Dada la circunferencia $x^2 + y^2 - 6x + 5 = 0$ hallar la ecuación de su transformada en una rotación de 90° alrededor del origen de coordenadas.

8.º Construir un triángulo equilátero con un vértice en un punto dado y los otros sobre dos rectas dadas.

CAPÍTULO III

LAS SIMETRÍAS EN EL PLANO

1. **Simetría central.** — Dado un punto fijo *O* del plano, llamado *centro de simetría*, diremos que dos puntos A y A′ son simétricos si cumplen las siguientes condiciones: 1.º los puntos A, O y A′ están alineados; 2.º las distancias OA y OA′ son iguales. (Fig. 23.)

Esta última condición se cumple también en los giros y como el ángulo AOA′ es llano, podemos afirmar que la simetría central es un giro de 180° alrededor del centro O.

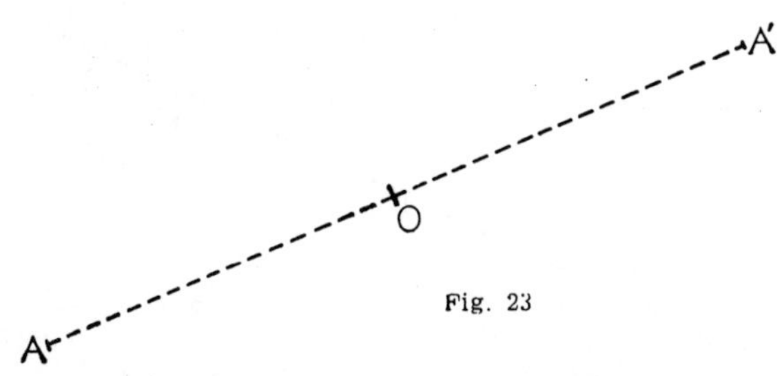

Fig. 23

Si al punto A' le aplicamos la simetría de centro O, encontraremos que su homólogo es el punto A, es decir, que en virtud de la simetría S, A' se transforma en A; obtenemos así la misma figura de partida, es decir, la identidad I.

$$S \cdot S = I; \qquad\qquad S^2 = I.$$

Toda transformación que aplicada dos veces regresa a la figura de partida se llama *involución*. La simetría central es pues involutiva.

La simetría central es un movimiento directo, puesto que equivale a un giro de 180° y estos giros transforman las figuras en otras directamente iguales.

Sea una recta r que no pasa por el centro O de simetría. (Fig. 24.) Destacamos en ella dos puntos A y B, cuyos simétricos A' y B' determinan la recta r' simétrica de r. En efecto, los triángulos AOB y A'OB' son iguales por tener:

$$\left.\begin{array}{c} \overline{OA} = \overline{OA'} \\[4pt] \overline{OB} = \overline{OB'} \end{array}\right\} \quad \text{por definición de simetría.}$$

$$áng. \ AOB = áng. \ A'OB'$$

luego las rectas r y r' son paralelas. Ambas equidistan del centro O.

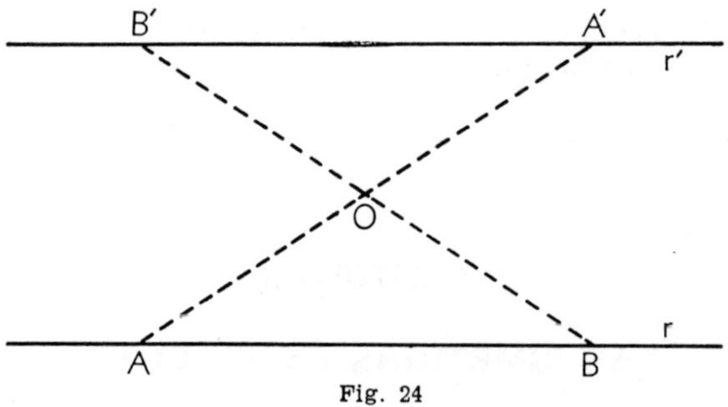

Fig. 24

2. **Elementos dobles.** — En toda simetría central, el centro O es *punto doble*, como homólogo de sí mismo.

Toda recta r, que pase por el centro O de simetría (fig. 25), es doble, puesto que los simétricos P' y Q' de dos puntos P y Q cualesquiera de r han de estar alineados con ellos y con el centro O, luego están sobre la propia recta r, la cual es doble, pero no punto a punto. El único punto doble sobre la recta es el centro O.

También son dobles todas las circunferencias cuyos centros coincidan con el centro de simetría O.

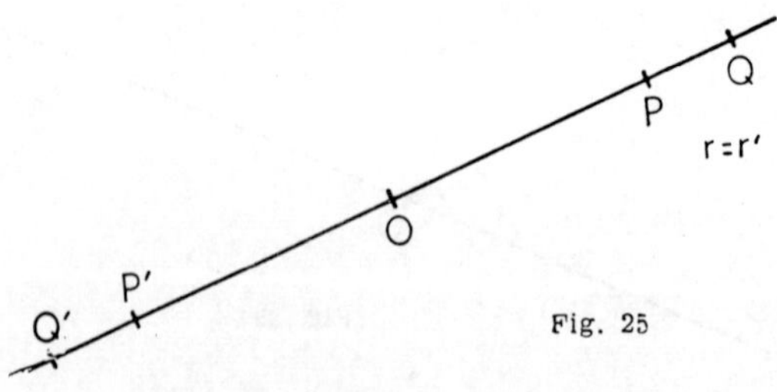

Fig. 25

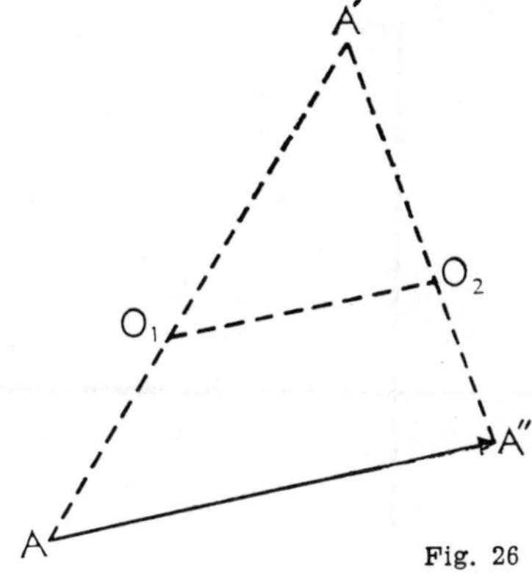

Fig. 26

Existen figuras que contienen en sí mismas un punto O tal, que los puntos de la figura son dos a dos simétricos con relación al punto O, el cual se denomina *centro de simetría* de la figura F. Si utilizamos este mismo punto O para definir una simetría central en el plano, en dicha simetría la figura F será doble.

Tienen centro de simetría los paralelogramos (punto de intersección de las diagonales), las circunferencias y los polígonos regulares cuyo número de lados sea par.

3. Producto de simetrías de distinto centro. — Hemos visto que el producto de dos simetrías del mismo centro es la identidad. Veamos ahora el producto de dos simetrías de distinto centro.

Sea A un punto de la figura F al que aplicamos la simetría S_1 de centro O_1 y obtenemos su simétrico A′ situado en la figura F′ directamente igual a la F. (Fig. 26.) Apliquemos a A′ otra simetría central S_2 de centro O_2 y obtendremos su homólogo A″ perteneciente a la figura F″ directamente igual a F′.

Luego las figuras F y F″ son directamente iguales y en virtud de la propiedad transitiva del paralelismo, las rectas homólogas en F y F″ son paralelas. La transformación que equivale a las dos simetrías S_1 y S_2 es, pues, una traslación regida por el vector $\overrightarrow{AA''}$

$$T = S_2 S_1.$$

El vector $\overrightarrow{AA''}$ queda perfectamente conocido teniendo en cuenta que en el triángulo AA′A″ el lado $\overline{AA''}$ es paralelo al segmento $\overline{O_1 O_2}$ que une los puntos medios de los otros dos lados e igual al doble de la longitud de dicho segmento

$$\overline{AA''} = 2 \cdot \overline{O_1 O_2}.$$

El producto de dos simetrías de distinto centro es una traslación

4. Simetría axial. — La simetría axial es una transformación del plano en sí mismo en la que se da una recta fija *e* llamada eje de simetría. Dos puntos A y A′ se llaman simétricos si el eje *e* es mediatriz del segmento AA′. (Fig. 27.)

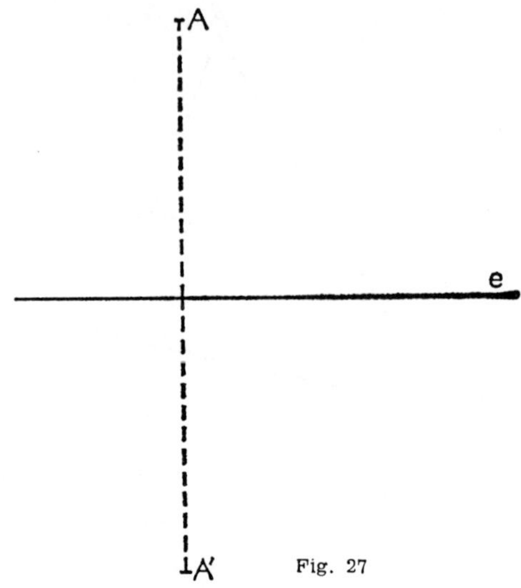

Fig. 27

Los puntos A y A' se corresponden doblemente en la simetría axial S de eje *e* pues el simétrico de A es A' y el simétrico de A' es A, es decir, que el producto de dos simetrías axiales del mismo eje es la identidad:

$$S \cdot S = I; \qquad\qquad S^2 = I.$$

La simetría axial es una transformación *involutiva*.

Los puntos del eje son dobles, puesto que son sus propios homólogos. El eje es una recta doble de puntos dobles.

La recta AA' tiene como homóloga la A'A, es decir, ella misma Las rectas perpendiculares al eje son, pues, dobles.

5. Figuras homólogas en la simetría axial. — Sea una recta *r* que corta al eje de simetría *e* en un punto P. Consideremos sobre ella dos puntos A y B y hallemos sus homólogos A' y B'. (Fig. 28.) Sabemos que P es doble. Los triángulos rectángulos AMP y A'MP son iguales por tener el cateto MP común y los catetos MA y MA' iguales por construcción. Luego los ángulos APM y MPA' son iguales. También las hipotenusas PA y PA' serán iguales. El triángulo APA' es isósceles.

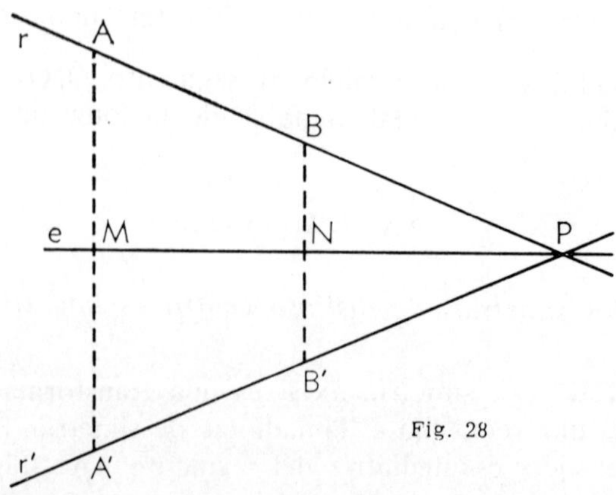

Fig. 28

Por idénticos motivos los triángulos rectángulos BNP y B'NP son iguales y el triángulo BPB' es isósceles.

Considerando pues los triángulos isósceles APA' y BPB' vemos que tienen igual el ángulo en el vértice P y paralelos los lados AA' y BB' que se le oponen, luego los otros dos lados son respectivamente coincidentes, es decir, los puntos A', B' y P están alineados y determinan la recta r' simétrica de la recta dada r.

Se desprenden las siguientes propiedades:

Las rectas homólogas en la simetría axial se cortan en puntos del eje. El eje de simetría *e* es bisectriz del ángulo formado por toda recta y su simétrica.

Todo segmento $\overline{AB}$ tiene por simétrico otro segmento $\overline{A'B'}$ igual a él en longitud. En efecto, sabemos que $\overline{AP} = \overline{A'P}$ y $\overline{BP} = \overline{B'P}$; restando estas igualdades resulta:

$$\overline{AB} = \overline{A'B'}.$$

Puesto que en la simetría axial se conservan los segmentos, todo triángulo se transformará en otro igual a él ya que tendrán sus tres lados respectivamente iguales y, como consecuencia, también los tres ángulos serán respectivamente iguales, lo que nos permite afirmar que la simetría axial conserva los ángulos en amplitud, si bien resultan de sentido contrario, como puede observarse en la figura 29. También cambia el sentido de recorrido de los triángulos. El triángulo ABC se recorre en sentido directo (contrario a las agujas del reloj) si seguimos el orden en que se han nombrado los vértices; en cambio, el triángulo A'B'C' se recorre en sentido retrógrado (como el de las agujas del reloj).

Podemos, pues, afirmar que la simetría axial es una transformación geométrica del plano en sí mismo que transforma toda figura en otra inversamente igual a la primera. Las figuras inversas no pueden superponerse sin sacar una de ellas del plano, lo que equivale a doblar el plano por el eje de simetría.

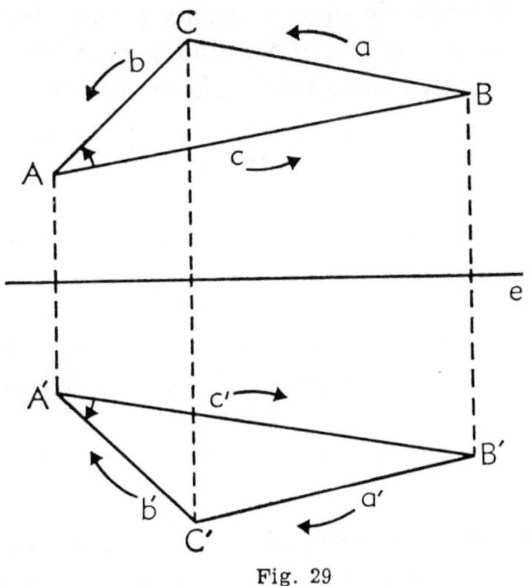

Fig. 29

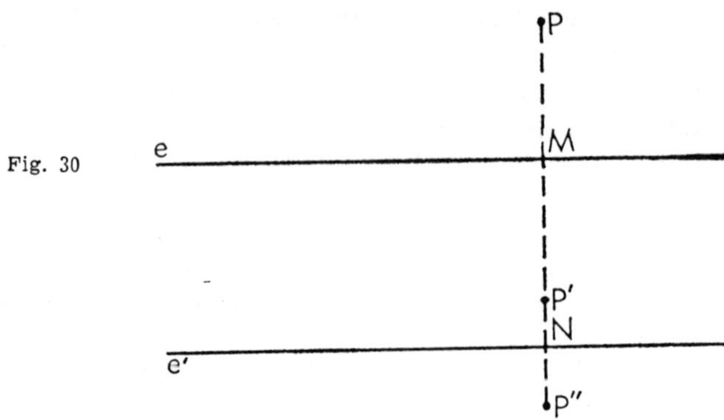

Fig. 30

6. Producto de simetrías axiales de ejes paralelos. — Sean dos rectas paralelas *e* y *e'* que consideramos como ejes de dos simetrías S y S'.

Tomamos un punto P de una figura F y le aplicamos la simetría de eje *e,* con lo que obtendremos el punto P' perteneciente a la figura transformada F'.

Seguidamente hallamos el simétrico de P' en la simetría de eje *e'* y obtenemos el punto P'' perteneciente a la figura F''. (Fig. 30.) Si queremos averiguar cuál es la transformación que cambia directamente F en F'', tendremos en cuenta las siguientes condiciones: F y F' son figuras inversamente iguales, como asimismo lo son F' y F'', luego F y F'' son directamente iguales.

Por definición de simetría se cumple que:

$$\overline{PM} = \overline{MP'}; \qquad \overline{P'N} = \overline{NP''}$$

además

$$\overline{PP''} = \overline{PM} + \overline{MP'} + \overline{P'N} + \overline{NP''} = 2\,\overline{MP'} + 2\,\overline{P'N} = 2\,(\overline{MP'} + \overline{P'N}) = 2\,\overline{MN}.$$

Luego el vector $\overrightarrow{PP''}$ es constantemente igual al doble de la distancia entre los dos ejes. Todas estas consideraciones nos permiten afirmar que:

El producto de dos simetrías de ejes paralelos es una traslación definida por un vector perpendicular a ambos ejes y cuyo módulo es el doble de la distancia entre ellos y cuyo sentido es el que va del primer eje al segundo

$$T = S'S.$$

Recíprocamente, podemos afirmar que toda traslación de vector dado $\overrightarrow{t}$ puede descomponerse en producto de dos simetrías axiales de ejes paralelos entre sí, ambos perpendiculares al vector $\overrightarrow{t}$; uno de estos ejes *e* puede situarse arbitrariamente y el segundo *e'* habrá de distar de *e* la mitad del módulo del vector traslación *t* y de forma que la distancia *ee'* sea del mismo sentido que el vector $\overrightarrow{t}$. (Fig. 31.)

7. Producto de simetrías axiales de ejes concurrentes. — Sean dos rectas *e* y *e'* concurrentes en un punto O, ejes de las simétricas S y S'. A un punto P de

822

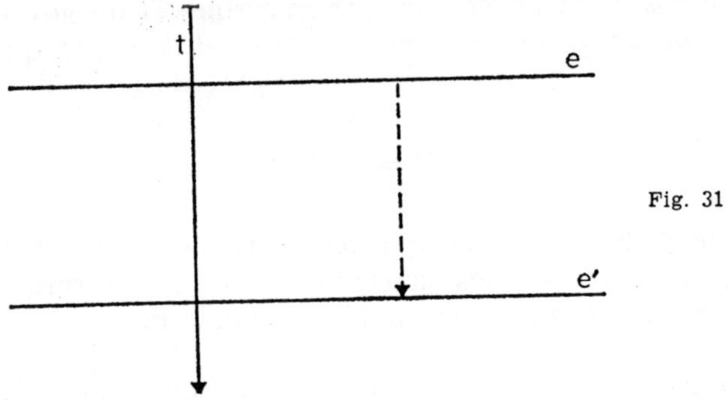

Fig. 31

una figura F le aplicamos la simetría S de eje *e* y obtenemos su homólogo P' que pertenece a la figura transformada F'. (Fig. 32.)

Hallamos seguidamente el simétrico de P' según el eje *e'* y obtenemos el punto P" perteneciente a la figura transformada F".

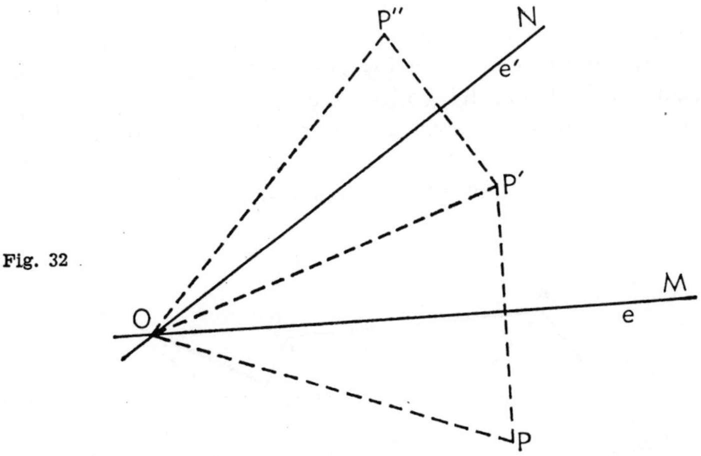

Fig. 32

En virtud de las propiedades de la simetría axial, los segmentos $\overline{PO}$, $\overline{P'O}$ y $\overline{P''O}$ son iguales. Además las figuras F y F' son inversamente iguales y también lo son las figuras F' y F", luego F y F" son directamente iguales. Pero éstas son precisamente las condiciones que deben cumplir dos figuras, F y F", para que se correspondan en una rotación de centro O.

El ángulo de este giro está perfectamente determinado, pues sabemos que

$$\widehat{POM} = \widehat{MOP'}; \qquad \widehat{P'ON} = \widehat{NOP''}$$

luego

$$\widehat{POP''} = \widehat{POM} + \widehat{MOP'} + \widehat{P'ON} + \widehat{NOP''} = 2\,\widehat{MOP'} + 2\,\widehat{P'ON} = 2\,(\widehat{MOP'} + \widehat{P'ON}) = 2\,\widehat{MON}.$$

El ángulo de giro es, pues, el doble del ángulo formado por los ejes de simetría *e* y *e'*. Podemos pues enunciar:

823

Matemática Moderna

El producto de dos simetrías de ejes que se cortan, es un giro cuyo centro es el punto de intersección de los ejes y cuyo ángulo es el doble del que forman los ejes al cortarse.

$$G = S' \cdot S.$$

Recíprocamente podemos afirmar que todo giro de centro O y ángulo α puede descomponerse en producto de dos simetrías de ejes e y e' que se cortan en O y forman entre sí un ángulo igual a la mitad del ángulo de giro y del mismo sentido que éste.

De los dos ejes el primero e podrá trazarse arbitrariamente, siempre que pase por O. En cuanto al segundo e' habrá de formar con e el ángulo $\dfrac{\alpha}{2}$.

Ejercicios

1.º Hallar la figura simétrica de un triángulo isósceles, tomando como centro de simetría un vértice del lado desigual.

2.º Compruébese que el centro de los polígonos regulares es también centro de simetría si el número de lados del polígono es par.

3.º ¿Cuál es el centro de simetría de dos rectas que se cortan?

4.º Dado un polígono y un punto P interior a él, hallar una recta que pase por P y que intercepte en el polígono un segmento cuyo punto medio sea P.

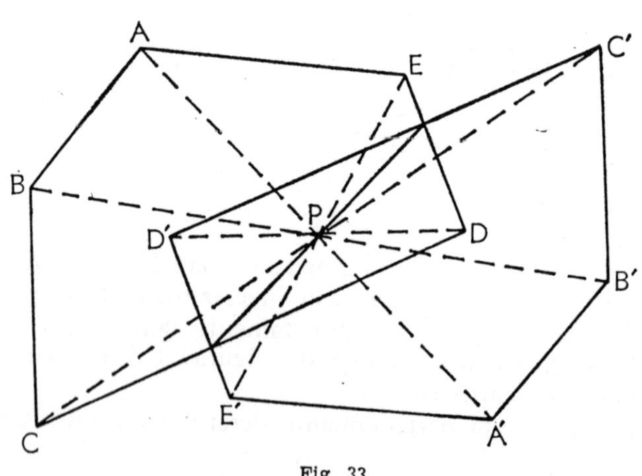

Fig. 33

Sea el polígono A B C D E (fig. 33); tomando P como centro de simetría obtenemos el polígono simétrico A' B' C' D' E'. Las intersecciones de ambos polígonos dan el segmento buscado.

5.º Hállese el producto de una simetría central por una simetría axial cuyo eje pase por el centro de la primera.

6.º Estúdiense los ejes y el centro de simetría del rectángulo, el rombo y el cuadrado.

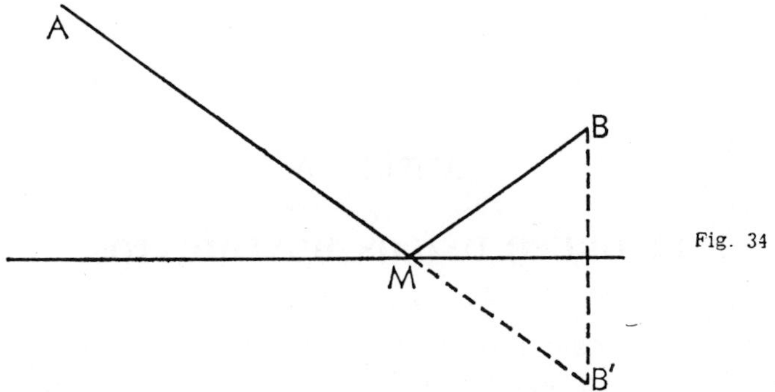

Fig. 34

7.º Un muchacho desea ir de un pueblo A a otro B, situados a un mismo lado de un río rectilíneo, y bañarse en él (fig. 34). ¿Cuál será el camino más corto?

Se halla el simétrico B′ de B respecto de la orilla. Se une B′ con A y el punto M señala el lugar donde debe bañarse. El camino es mínimo pues el triángulo M B B′ es isósceles, luego

$$M\,B = M\,B' \qquad y \qquad A\,M + M\,B = A\,M + M\,B' = A\,B'$$

que es un segmento rectilíneo.

8.º Hallar el camino que debe seguir una bola de billar para dar con otra después de chocar con dos bandas. (Fig. 35.)

Dos simetrías respecto de las bandas resuelven el problema, como se aprecia en el dibujo. El recorrido de la bola es A M N B. En él se cumplen las leyes de la reflexión, como es fácil observar.

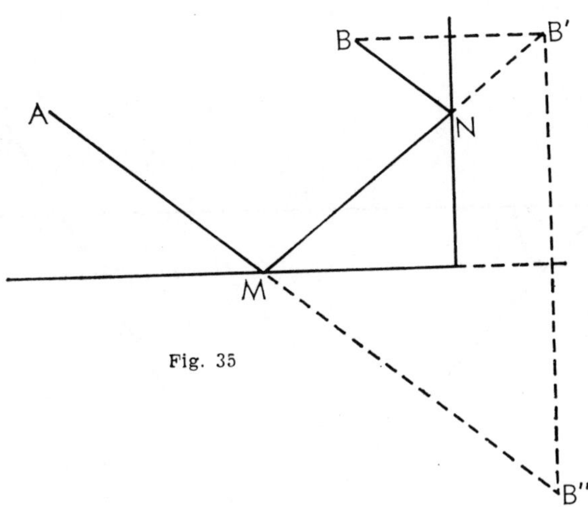

Fig. 35

9.º Hallar el producto de dos simetrías axiales de ejes perpendiculares.

10.º Hallar el producto de dos simetrías axiales cuyos ejes son los lados paralelos de un trapecio rectángulo.

CAPÍTULO IV

EL GRUPO DE LOS MOVIMIENTOS

1. Se dice que en un conjunto se ha definido una operación interna cuando al aplicarla a dos elementos cualesquiera del conjunto, se obtiene como resultado otro elemento del propio conjunto.

En el conjunto de los movimientos cuyos elementos son traslaciones, giros y simetrías hemos definido la operación llamada *producto* (que no es más que la aplicación sucesiva de dos movimientos) y hemos obtenido hasta ahora resultados que nos hacen suponer que el producto de movimientos es una operación interna, es decir, es otro movimiento. En efecto, en los capítulos precedentes hemos visto que el producto de dos traslaciones es otra traslación, el producto de dos giros concéntricos es otro giro, el producto de dos simetrías centrales es una traslación y, el producto de dos simetrías axiales es una traslación o un giro, según la posición de los ejes de simetría.

Pero todavía nos falta ver cuál es el producto de dos giros de distinto centro, de una traslación por un giro y de un giro por una traslación.

Vamos a ver que en todos los casos la operación es interna.

2. **Producto de giros de distinto centro.** — Sea G_1 un giro de centro O_1 y amplitud α_1 y G_2 un giro de centro O_2 y amplitud α_2 (fig. 36). El giro G_1 podemos descomponerlo en dos simetrías axiales S_1 y S_2 de ejes e_1 y e_2, uno de los cuales puede elegirse arbitrariamente. Elegiremos el eje e_2 de S_2 coincidiendo con la recta $O_1 O_2$ que une los centros. El eje e_1 deberá formar con e_2 un ángulo $\dfrac{\alpha_1}{2}$ y del mismo

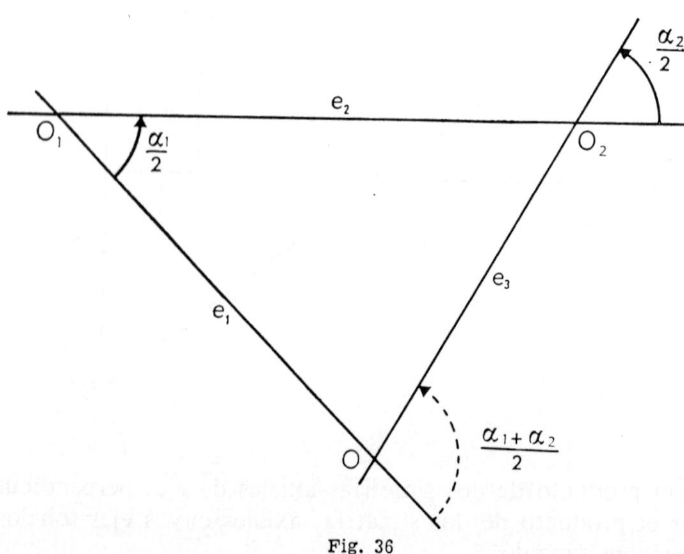

Fig. 36

sentido que el ángulo α_1

$$G_1 = S_2 S_1.$$

Igualmente descomponemos el giro G_2 en dos simetrías S_2 y S_3; el eje de S_2 será el e_2, que une los centros, y el eje e_3 será de modo que el ángulo formado por e_2 y e_3 sea $\dfrac{\alpha_2}{2}$ y del mismo sentido que α_2

$$G_2 = S_3 S_2.$$

De este modo el producto de los dos giros da:

$$G_2 \cdot G_1 = S_3 S_2 S_2 S_1 = S_3 S_1$$

ya que

$$S_2 \cdot S_2 = S_2^2$$

es la identidad.

El producto de los dos giros $G_2 G_1$ queda, pues, reducido al producto de las simetrías $S_3 S_1$. Si sus ejes e_3 y e_1 resultan paralelos, el producto será una traslación; si e_3 y e_1 se cortan en un punto O, resulta un giro de centro en dicho punto y cuyo ángulo α será el doble del que forman los ejes e_1 y e_3, que, como ángulo exterior del triángulo $OO_1 O_2$, es igual a la suma de los dos no adyacentes, es decir:

$$\alpha = 2\left(\frac{\alpha_1}{2} + \frac{\alpha_2}{2} \right) = 2 \cdot \frac{\alpha_1 + \alpha_2}{2} = \alpha_1 + \alpha_2$$

El sentido del ángulo $\alpha = \alpha_1 + \alpha_2$ depende del que tengan los sumandos, pues la suma $\alpha_1 + \alpha_2$ será una diferencia si alguno de estos ángulos es negativo, es decir, de sentido distinto al otro. En la figura 36 α_1 y α_2 son del mismo sentido, directo, luego también lo será su suma α. Si $\alpha_1 + \alpha_2 = 0$ es cuando el producto de giros es una traslación.

3. **Producto de una traslación por un giro.** — Dada una traslación T definida por el vector $\vec{t}$ y un giro G del que conocemos el centro O y ángulo de giro α. queremos hallar el producto de la traslación por el giro.

Para ello (fig. 37) descomponemos la traslación en dos simetrías S_1 y S_2 de ejes paralelos, ambos perpendiculares a $\vec{t}$ y puesto que podemos elegir la posición de uno de ellos arbitrariamente, tomaremos el eje e_2 pasando por el centro O de giro. con lo cual e_1 deberá distar de e_2 la mitad del módulo de $\vec{t}$:

$$T = S_2 S_1.$$

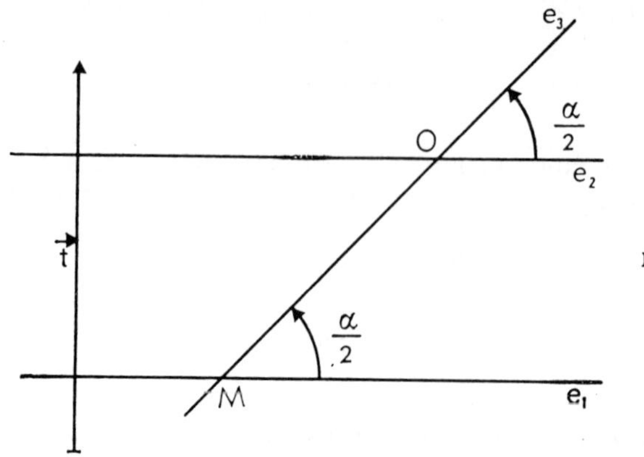

Igualmente descompondremos el giro G en dos simetrías S_2 y S_3 siendo el eje de S_2 el propio e_2 y el eje e_3 de S_3 formará con él el ángulo $\dfrac{\alpha}{2}$, de modo que

$$G = S_3 S_2.$$

Tendremos, pues;

$$G\,T = S_3 S_2 S_2 S_1 = S_3 S_2^2 S_1 = S_3 S_1.$$

El producto de la traslación por el giro queda reducido al de las simetrías $S_3 S_1$ cuyos ejes e_3 y e_1 concurren en un punto M. Se trata, pues, de un giro de centro en M y cuya amplitud es α, puesto que los ángulos en $\hat{O}$ y en $\hat{M}$ son iguales por correspondientes.

4. **Producto de un giro por una traslación.** — Sea G el giro de centro O y ángulo α y T la traslación definida por el vector $\overrightarrow{t}$.

Descompongamos el giro G en producto de dos simetrías S_1 y S_2 de ejes e_1 y e_2, uno de los cuales puede elegirse arbitrariamente (fig. 38): elegiremos e_2 de modo que sea perpendicular al vector $\overrightarrow{t}$. El eje e_1 formará con e_2 un ángulo $\dfrac{\alpha}{2}$ del mismo sentido que α. Tendremos, pues;

$$G = S_2 S_1.$$

Ahora descompongamos la traslación T en dos simetrías S_2 y S_3 de ejes paralelos el primero de los cuales será el propio e_2, y el eje e_3 distará de e_2 la mitad de módulo de $\overrightarrow{t}$ en el sentido del vector traslación:

$$T = S_3 S_2.$$

Por tanto,

$$T \cdot G = S_3 S_2 S_2 S_1 = S_3 \cdot S_2^2 \cdot S_1 = S_3 S_1.$$

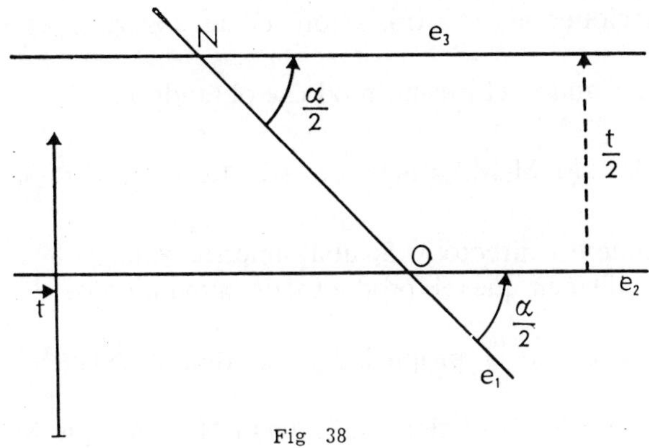

Fig 38

El producto del giro G por la traslación T queda, pues, reducido al de las simetrías $S_3 S_1$ cuyos ejes concurren en N formando el ángulo $\dfrac{\alpha}{2}$.

Podemos, pues, enunciar que el *producto de un giro por una traslación es un nuevo giro de centro en el punto N y cuyo ángulo es igual a α y de su mismo sentido.*

En la figura 38 hemos querido disponer los datos $\overrightarrow{t}$ y O en la misma posición que en la figura 37 para que se aprecie más claramente que si bien en ambos problemas el producto ha sido un giro, no se trata del mismo giro, puesto que sus centros son diferentes. Podemos, pues, afirmar que el producto de un giro por una traslación no tiene la propiedad conmutativa.

5. **El grupo de los movimientos.** — Las traslaciones, los giros y las simetrías centrales, que son giros de 180º, se llaman *movimientos directos* porque las figuras homólogas en estas transformaciones son directamente congruentes. Las simetrías axiales se llaman *movimientos inversos* porque en ellas las figuras homólogas son inversamente iguales.

Vamos ahora a probar que *el producto de un número cualquiera de movimientos se reduce o a un movimiento directo o al producto de un movimiento directo por una simetría axial.*

En efecto: el producto de los movimientos $M_n \ldots M_3, M_2, M_1$, en el que cada M_i es una traslación, un giro o una simetría, puede descomponerse en producto de simetrías, ya que cada traslación o giro equivale a dos simetrías, de modo que sustituyendo queda:

$$M_n \ldots M_3 M_2 M_1 = S_t S_{t-1} \ldots S_4 S_3 S_2 S_1.$$

Si t es par, tendremos asociando:

$$M_n \ldots M_3 M_2 M_1 = (S_t S_{t-1}) \ldots (S_4 S_3)(S_2 S_1) = M$$

donde cada paréntesis es un movimiento directo (traslación o giro) y el producto de todos ellos será otro movimiento directo, pues se ha demostrado que el producto de dos traslaciones es una traslación, el de dos giros es un giro o una traslación, etc.

Si t es impar, asociando del mismo modo se obtendría:

$$M_n \dots M_3 M_2 M_1 = S_t (S_{t-1} S_{t-2}) \dots (S_4 S_3) (S_2 S_1) = S_t M$$

siendo M un movimiento directo y S_t una simetría axial.

Podemos, pues, afirmar que el producto de movimientos es un movimiento (directo o inverso).

Esta operación goza de la propiedad asociativa y existe elemento neutro, que es la identidad I.

Además todo movimiento M tiene su inverso M^{-1}, tal, que $M^{-1} \cdot M = I$.

En efecto si M es una traslación definida por el vector $\vec{v}$, su inversa es la traslación M^{-1} de vector $-\vec{v}$.

Si M es un giro de centro O y ángulo α, su inverso es el giro M^{-1} del mismo centro y ángulo $-\alpha$. Recordemos también que la inversa de la simetría S es ella misma, pues, $S \cdot S = I$.

Luego si el producto de varios movimientos tiene la forma final $S \cdot M$, su inverso será $M^{-1} \cdot S$; en efecto.

$$(M^{-1} \cdot S) (S \cdot M) = M^{-1} (S \cdot S) M = M^{-1} \cdot M = I.$$

Estas propiedades nos permiten afirmar que *el conjunto de los movimientos en el plano es un grupo no conmutativo.*

Dentro del grupo de los movimientos, podemos observar que el subconjunto de los movimientos directos es un subgrupo, puesto que el producto de movimientos directos es siempre un movimiento directo; en cambio, los movimientos inversos no forman grupo, pues el producto de dos movimientos inversos es un movimiento directo.

Ejercicios

1.º Apliquese a un rectángulo cuyos lados miden 2 y 4 cm una traslación cuyo vector sea el lado menor en sentido ascendente y una simetría cuyo eje sea el lado mayor superior. ¿Cuál es el resultado de este producto? Compruébese si se cumple la propiedad conmutativa.

2.º Hallar la condición que deben cumplir los ángulos α_1 y α_2 de dos giros no concéntricos, para que su producto sea: 1.º) una traslación, 2.º) una simetría central.

3.º Se trazan en un plano un sistema de ejes coordenados $O\,X$ y $O\,Y$; se consideran cuatro simetrías axiales: S_1, S_2, S_3 y S_4 cuyos ejes respectivos son las rectas $y = O$, $y = x$, $x = O$, $x = 4$. Demostrar que $S_4 \cdot S_3 \cdot S_2 \cdot S_1 = G$, es decir, que el producto de dichas simetrías es un giro del cual se pide el centro O_1 y la amplitud α. (Solución: $O_1\,(4,4)$; $\alpha = 90^\circ$ en sentido directo.)

4.º En el problema anterior hallar la ecuación de la figura transformada de la circunferencia $x^2 + y^2 = 16$, por el giro G.

5.º Determinar analítica y gráficamente el centro y la amplitud del giro igual al producto de dos simetrías axiales, sabiendo que la primera transforma el punto A $(0, 2)$ en A' $(6, -4)$ y la segunda cambia A' en A'' $(6, 0)$. (Solución: centro de giro $(2, -2)$; amplitud 90º en sentido retrógrado).

6.º Se consideran dos giros de distintos centros y amplitudes pero del mismo sentido. El primer giro es de 70º. ¿Qué amplitud debe tener el segundo para que su producto sea una simetría central?

7.º La distancia entre los centros de dos giros es de 8 cm y sus ángulos son ambos de 60º, pero de sentido contrario. Calcular en módulo y sentido el vector que determina la traslación producto.

8.º Se considera en el plano la simetría cuyo eje es la recta $y = x$. Hallar el simétrico del punto $(4, 2)$ y la simétrica de la recta $y = 2x - 6$ que pasa por él.

9.º Se tienen las simetrías S_1, S_2, S_3 y S_4 cuyos ejes son respectivamente las rectas $y = 0$, $x = 0$, $y = 2$, $x = 2$. Compruébese que el producto $S_4 \cdot S_3 \cdot S_2 \cdot$ $\cdot S_1 = T$ es una traslación cuyo vector tiene por módulo $4 \sqrt{2}$, la dirección y el sentido de la diagonal del cuadrado formado por los cuatro ejes de simetría que une el origen de coordenadas con el vértice opuesto $(2, 2)$.

EJERCICIOS PRÁCTICOS

PROBLEMAS DE ARITMÉTICA

Potenciación y radicación

1. — $a^4 \cdot a^7 \cdot a^{10} \cdot a$.

Solución: a^{22}.

2. — $a^9 : a^3$.

Solución: a^6.

3. — $\dfrac{a^7 \cdot a^9 \cdot a^2}{a^4 \cdot a^3}$.

Solución: a^{11}.

4. — $\dfrac{a^5 \cdot b \cdot a^7 \cdot b^3}{a^9 \cdot b^2}$.

Solución: $a^3 \, b^2$.

5. — ¿Cuál es el número cuyo cuadrado aumentado en 432 iguala al cubo de 12?
Solución: 36.

6. — La raíz cuadrada de un número es 81 y el resto 53. ¿Cuál es el radicando?
Solución: 6·614.

7. — ¿Cuál es el mayor número cuya raíz cuadrada por defecto es 24? y ¿cuál es el menor?

Solución: 624 y 577.

8. — ¿Cuántos cuadrados perfectos existen entre los 10.000 primeros números naturales?

Solución: 100.

9. — ¿Cuántos cubos perfectos existen entre los 1.000 primeros números naturales?

Solución: 10.

10. — Se han plantado árboles a 1 m. de distancia cada uno, en un campo de forma cuadrada. Si el número total de árboles es de 1.024, ¿cuántos hay en cada lado? ¿Qué superficie ocupan?

Solución: 32; 961 m².

Divisibilidad

11. — En el número 57, substituir el punto por la cifra conveniente para que resulte un número de tres cifras divisible por 3 y por 5.

Solución: 0.

12. — En 1.48 a cámbiese la letra *a* por una cifra conveniente para que el número que resulte sea divisible a la vez por 5, 9 y 11.

Solución: 5.

13. — ¿Cuál es el menor número que debe añadirse a 7.053 para que resulte otro divisible por 11?

Solución: 9.

14. — Hallar todos los números inferiores a 500 que sean divisibles a la vez por 11 y 13.

Solución: 143, 286, 429.

15. — Cámbiense las letras *a* y *b* en 8 a 7 b por cifras de modo que el número resultante sea divisible por 5 y por 9.

Soluciones: a = 7, b = 5
a = 3, b = 0.

16. — Hallar todos los números de dos cifras divisibles por 3 y por 4.

Solución: los múltiplos de 12.

17. — ¿Cuál es el número menor divisible por 12 y 15?

Solución: 60.

18. — ¿Cuál es el menor número divisible por 17 y 22?

Solución: 374.

19. — Hallar todos los números de tres cifras que son divisibles a la vez por 13 y 17?

Solución: 221, 442, 663, 884.

20. — Con las cifras 6, 5, 4, 3, escribir todos los números posibles de cuatro cifras que sean divisibles por 5 y 11.

Solución: 3.465, 6.435

Números primos, M. C. D. y m. c. m.

21. — Descomponer en sus factores primos los números siguientes: 4.096, 2.160 y 111.111.

22. — Averiguar si son primos los números 403, 1.103 y 747.

23. — Hallar el m. c. d. de los números 1.584 y 1.008 por dos procedimientos.

Solución: 144.

24. — Comprobar que el m. c. m. de 36, 90 y 180 es 180 y enunciar la propiedad que se desprende de este ejemplo.

25. — El m. c. d. de dos números es 60 y el producto de ambos es 54.000. Hallar el m. c. m. de dichos números.

Solución: 900.

26. — El m. c. d. de dos números es 8 y los cocientes de las divisiones sucesivas practicadas para obtenerlo son 2, 2, 1, 1, 7. Hallar dichos números.

Solución: 728 y 304.

27. — Hallar todos los números de tres cifras que se pueden dividir exactamente por 72 y 180.

Solución: 360 y 720.

28. — ¿Cuál es el menor número que dividido por 18, por 30 y por 45 da siempre resto 6?

Solución: 186.

29. — ¿Cuál es el menor número que al ser dividido por 7 da resto 6, al dividirlo por 9 da resto 8 y al dividirlo por 12 da resto 11?

Solución: 251.

30. — Dividiendo 11.105 y 1.193 por el mayor número posible, se halla 17 de residuo en cada división. Hállese ese divisor.

Solución: 168.

31. — ¿Cuál es el mayor número entero, inferior a 32.000, que al ser dividido por 9, 14, 20 y 25 da siempre de resto 6?

Solución: 31.506.

32. — Un patio de 108 m. por 69 m. debe embaldosarse con baldosas cuadradas y las mayores posibles. ¿Cuál será la dimensión de estas baldosas si no se quiere romper ninguna y cuántas harán falta?

Solución: lado = 3 m; total 828 baldosas.

33. — Se quieren cambiar libros cuyo precio es de 72 euros por otros de 90 euros. ¿Cuál es el menor número de libros que se podrán cambiar?

Solución: 5 contra 4.

34. — Se quieren dividir tres piezas de tela de 28 m. 35 m. y 49 m. en trozos iguales y los mayores posibles. ¿Cuál es la longitud de cada parte?

Solución: 7 m.

35. — Dos corredores parten a un mismo tiempo de un mismo punto de una pista circular. El primero tarda 1 min. 30 seg. en dar una vuelta; el segundo tarda 1 min. 12 seg. en cada vuelta. ¿Cuánto tardarán en coincidir ambos en el punto de partida y cuántas vueltas habrá dado cada uno?

Solución: 6 min. el 1.º dará 4 vueltas y el 2.º, 5.

Números fraccionarios

36. — Transformar en irreductibles las fracciones siguientes:

$$\frac{384}{640}\ ;\qquad \frac{8195}{8940}\ ;\qquad \frac{945}{1755}$$

Solución: $\dfrac{3}{5}$; $\dfrac{11}{12}$; $\dfrac{7}{13}$.

37. — Reducir al mínimo denominador común:

$$\frac{5}{72}\ ,\qquad \frac{17}{18}\ ,\qquad \frac{7}{36}\ ,\qquad \frac{11}{16}.$$

Solución: denominador común: **144.**

38. — Una parcela de 12 representan los $\dfrac{5}{8}$ de un terreno. ¿Cuál es la extensión de éste?

Solución: **19'2 áreas.**

39. — Hallar los $\dfrac{3}{4}$ de los $\dfrac{5}{7}$ de 140.

Solución: **75.**

40. — Un peatón que camina a razón de $5\,\dfrac{3}{4}$ km/h, ha de recorrer una distancia de $15\,\dfrac{1}{3}$ kms. Si parte a las $6\,\dfrac{1}{2}$ de la mañana, ¿a qué hora llegará a su destino?

Solución: a las $9\,\dfrac{1}{6}$ horas.

41. — Calcular las siguientes raíces cuadradas:

$$\sqrt{\frac{16}{25}}\ ;\qquad \sqrt{\frac{5}{36}}\ ;\qquad \sqrt{\frac{7}{45}}.$$

42. — Extraer la raíz cuadrada de 7 con error menor que $\dfrac{1}{5}$.

Solución: $\dfrac{13}{5}$.

43. — Por simple inspección, dígase si a las fracciones siguientes corresponde una fracción decimal exacta, periódica pura o periódica mixta:

$$\frac{5}{16}\ ,\qquad \frac{3}{28}\ ,\qquad \frac{12}{17}\ ,\qquad \frac{1}{4}\ ,\qquad \frac{3}{8}\ ,\qquad \frac{4}{7}.$$

44. — Hallar las fracciones generatrices de las siguientes decimales:

$$0'75\ ;\qquad 0'7\overset{\frown}{2}\ ;\qquad 1'2\overset{\frown}{27}$$

Solución: $\dfrac{3}{4}$, $\dfrac{8}{11}$, $\dfrac{27}{22}$.

45. — Efectuar las potencias indicadas: $\left(2\,\dfrac{3}{4}\right)^{\!3}$; $(0'7)$; $(0'42)^2$; $\left(\dfrac{3}{5}\right)$

Operaciones con números concretos

46. — Expresar en centiáreas la suma de 42 Hm.^{2}, 17 Ha., 3 Dm.^{2}, 142 m.^{2}, 85 cm.^{2}
Solución: 590442,0085 ca.

47. — Valuar $\dfrac{13}{7}$ de hora, en horas, minutos y segundos.

Solución: 1 h., 51 m., 25 $\dfrac{5}{7}$ seg.

48. — Expresar en minutos el arco de 72° 43′ 18″.
Solución: 4363,3′.

49. — Dos ciudades A y B, situadas sobre un mismo paralelo, tienen las siguientes longitudes:

A)   25° 42′ E.
B)   104° 57′ E.

Hallar la medida del arco de paralelo que las separa.
Solución: 79° 15′.

50. — Expresar en m/seg. la velocidad de 72 km/h.
Solución: 20 m/seg.

Proporciones. Regla de tres

51. — Hallar la media proporcional entre 1'6 y 0'9.
Solución: 1'2.

52. — Escribir las ocho proporciones posibles con los números 4, 9, 18, 2, tomados convenientemente.

53. — En una bolsa hay 20 caramelos como 1, quedan 19; si como 2, quedan 18; si como 3, quedan 17, etc. Decir si los caramelos consumidos y los que restan son magnitudes directa o inversamente proporcionales.
Solución: No.

54. — Citar ejemplos de magnitudes que no varían proporcionalmente.

55. — Un comerciante posee 1.500 botes de conserva. Al final de la jornada le quedan 1.380 botes. ¿Cuál es el tanto por ciento de la cantidad vendida?
Solución: 8 %.

56. — Se ha comprado cierto artículo por 900 euros; un tercio de él se vende con beneficio del 18 por 100 y un cuarto con el 20 por 100. Calcular el tanto por ciento que debe obtener en el resto de la venta, a fin de que el beneficio total sea el 16 por 100.

Solución: 12 %.

57. —- Una rueda de 96 dientes engrana con otra de 72. ¿Cuántas vueltas dará la segunda mientras la primera da 3?

Solución: 4.

58. — Durante 15 días, 5 hornos consumen 50 toneladas de carbón. ¿Cuánto sería necesario para mantener encendidos durante 91 días, 3 hornos más?

Solución: 512 toneladas.

59. — Si 6 obreras pueden bordar una cenefa de 12 m. en 5 días, ¿cuántas obreras serían necesarias para bordar 18 m. de la misma cenefa en 3 días, si la habilidad de éstas es sólo las dos terceras partes de la de las primeras?

Solución: 15.

60. — Una guarnición asediada, de 600 hombres, tiene provisiones para 32 días; ¿para cuántos días habría provisiones si fuese reforzada la guarnición en 200 hombres, y la ración se redujera a los $\dfrac{4}{5}$ de la anterior?

Solución: 30.

Interés y descuento

61. — Se coloca un capital de 5.000 euros al 3 % durante 2 años. Se retira y se vuelve a colocar el mismo capital al 5 % durante 6 años. ¿A qué tanto por ciento único hubiera debido prestarse el capital, para que, en el mismo tiempo, produjera el mismo interés?

Solución: 4'5 %.

62. — Se desea colocar un capital de 40.000 euros a un tanto por ciento tal que en 3 años y 4 meses produzca un interés que sea la décima parte del capital. ¿Cuál será el rédito?

Solución: 3 %.

63. — Se han prestado 100.000 euros al 4 % anual. Calcular el tiempo sabiendo que el beneficio producido es igual al capital primitivo.

Solución: 25 años.

64. — Una finca que vale 150.000 euros ha rentado en 5 años 40.000 euros. La contribución de los cinco años asciende a 4.000 euros y los demás gastos al 1'5 % del valor de la finca. ¿Qué tanto por ciento líquido anual produce?

Solución: 4'5 %.

65. — Dos personas que poseen el mismo capital lo colocan: la primera al 6 % y la segunda al 3 %; la renta anual de la primera excede en 2.500 euros a la de la segunda. ¿Cuál es el capital de ambas?

Solución: 125.000 euros.

66. — ¿Cuál es el valor actual de una letra de 12.000 euros que se descuenta comercialmente al 6 %, 45 días antes de su vencimiento?

Solución: 11.910 euros.

67. — El mismo problema anterior en el caso de ser el descuento racional.

Solución: 11.910'67 euros.

68. — Hallar el valor nominal de un efecto pagadero a 75 días, sabiendo que el descuento comercial al 4 % se eleva a 95 euros.

Solución: 11.400 euros.

69. — Dos letras de igual valor nominal, una a 48 días, la otra a 64 días, son descontadas al 4,5 %. La diferencia de los descuentos es 5'85 euros. Hallar el valor nominal común.

Solución: 1.625 euros.

70. — Un pagaré de 9.600 euros descontado al 6% el 1 de marzo, ha sido pagado con 9.520 euros. ¿Cuál era la fecha de su vencimiento?

Solución: 20 de abril.

Repartimiento proporcional

71. — Repártanse 903 euros entre tres personas de modo que la 1.ª tenga la mitad de lo que recibe la 2.ª y la cuarta parte de lo que toca a la 3.ª.

Solución: 129, 258, 516 euros.

72. — Repártase el número 1.700 en razón inversa de 8, 5 y 10.

Solución: 500, 800, 400.

73. — Una cantidad ha sido descompuesta en tres partes directamente proporcionales a 2, $\dfrac{3}{4}$ y $\dfrac{5}{6}$. La segunda parte asciende a 3.546. ¿Cuáles son cada una de las otras dos partes y el total?

Solución: 9.456; 3.940; 16.942.

74. — Una persona divide su fortuna de 930.000 euros en partes inversamente proporcionales a $\dfrac{5}{3}$, 6 y $\dfrac{15}{4}$, y las presta, respectivamente al 4 %, 6 %, y 5'5 % obteniendo en total una renta anual cuya cuantía se pregunta.

Solución: 43.800 euros.

75. — Repartir 2 h., 8 m., 20 s. proporcionalmente a 4'5 y 3'2.

Solución: 1 h., 15 m., y 53 m., 20 seg.

76. — Tres socios han colocado en una empresa: el 1.º, 40.000 euros durante 3 años; el 2.º, 25.000 euros por 5 años y el 3.º, 80.000 euros por 6 años. Han conseguido una ganancia de 72.500 euros. ¿Cuánto corresponderá a cada uno?

Solución: 12.000, 12.500, 48.000.

77. — Un socio cuyo capital es de 25.640 euros recibe 648 euros más que otro cuyo capital es de 22.400 euros. ¿Qué beneficio corresponde a cada uno?

Solución: 5.128; 4.480.

78. — Tres socios forman una compañía: el 1.º, aporta los $\dfrac{3}{5}$ del capital social; el 2.º, $\dfrac{1}{4}$ y el tercero 30.000 euros. Se reparten proporcionalmente un beneficio de 17.500 euros. Calcular el capital social y lo que corresponde a cada socio.

Solución: 200.000; 10.500, 4.375 y 2.625.

79. — Un padre reparte 430 euros entre sus tres hijos, en partes directamente proporcionales a sus calificaciones escolares que son 7, 5, y 8 e inversamente proporcionales a sus edades, que son respectivamente 6, 9 y 12 años. Hallar cuánto corresponde a cada uno.

Solución: 210, 100, 120 euros.

80. — Los precios pagados por dos caballos son directamente proporcionales a sus fuerzas, representadas por 150 y 200 e inversamente proporcionales a sus edades, que son respectivamente de 6 y 4'5 años. ¿Cuál de los dos es el más caro?

Solución: Igual.

Regla de aligación

81. — Dos líquidos de densidades 0'8 y 1'2 se mezclan, obteniéndose un líquido de densidad 0'9. Averiguar qué cantidad de líquido entra en 12 volúmenes de la mezcla.

Solución: 9 y 3.

82. — Mezclando 14 litros de vino de a 6 euros y 28 litros de a 7 euros, averiguar cuántos litros de a 8 euros se necesitan para que el precio medio final sea de 8 euros.

Solución: 56.

83. — ¿Qué cantidad de agua hay que añadir a 200 litros de vino de a 8 euros y 180 litros de a 6 euros para que la mezcla pueda venderse a 6'70 euros?

Solución: 25.

84. — ¿Qué cantidad de agua destilada hay que añadir a 12 litros de agua cuya salinidad es del 4 %, para reducir la concentración al 3 %?

Solución: 4.

85. — Se han mezclado 19 kg. de café con 37 kg. de otra clase de café de 12 euros el kg. Vendiendo la mezcla a 12'4 euros el kg. se gana 60'4 euros. Hallar el precio del kg. del primer café.

Solución: 10.

86. — Un tendero tiene arroz de dos clases: a 1 euro el kg. y a 1'3 euros. ¿Cuánto debe tomar de cada clase para hacer una mezcla de 200 kg. que resulte a 1'12 euros el kg.?

Solución: 120 y 80.

87. — Se funde un lingote de oro de 3 kg. y ley 0'850 con pesos iguales de cobre y oro puro de modo que el lingote resultante tiene una ley de 0'710. ¿Qué cantidad de cobre y de oro puro se ha añadido?

Solución: 1 kg., 1 kg.

88. — ¿En qué razón hay que alear un lingote de plata de ley 0'840 con otro de ley 0'920 para obtener un lingote de ley 0'875?

Solución: $\dfrac{9}{7}$.

89. — Disponemos de dos lingotes de 3 y 4 kgs. cuyas leyes son 0'7 y 0'85 respectivamente. ¿Cuánto pesará el mayor lingote que se pueda obtener de ellos, si su ley ha de ser de 0'8?

Solución: 6.

90. — Disponemos de plata pura y de lingotes cuyas leyes son 0'900, 0'850 y 0'700. ¿Qué cantidad ha de tomarse de cada uno para obtener un lingote de 4'5 kg. y cuya ley sea de 0'860?

Solución: 1, 1, 1, 1'5.

PROBLEMAS DE GEOMETRÍA

1)   PLANIMETRÍA

Á n g u l o s

91. — ¿Cuánto le falta a un ángulo de 58° 23′ 12″ para ser el suplemento de 92° 41′ 25″?

Solución: 28° 55′ 23″.

92. — ¿Cuál es el complemento de la quinta parte de un ángulo de 125° 42′ 15″?

Solución: 64° 51′ 33″.

93. — De dos ángulos adyacentes, uno es la quinta parte del otro. ¿Cuánto mide cada uno?

Solución: 30° y 150°.

94. — ¿Cuál es el suplemento del cuádruplo de 35° 12′ 23″?

Solución: 39° 10′ 28″.

95. — Hallar tres ángulos cuya suma es 300° sabiendo que el segundo es la mitad del primero, y el tercero vale la suma de los otros dos.

Solución: 50° 100° 150°.

96. — En un triángulo rectángulo, un ángulo agudo es el doble del otro. Hallarlos.

Solución: 30° y 60°.

97. — En un triángulo isósceles, el ángulo desigual es la quinta parte de la suma de los otros dos. Hallar los tres ángulos.

Solución: 30°, 75°.

98. — Calcular los ángulos de un triángulo sabiendo que son proporcionales a 2, 3 y 4.

Solución: 40°, 60°, 80°.

99. — En un triángulo A B C, el ángulo B, mide 70° y el ángulo C, 30°. Hallar el ángulo formado por la bisectriz y la altura trazadas desde el vértice A.

Solución: 20°.

100. — Un ángulo exterior de un triángulo mide 120° y un ángulo interior 42°. Hallar los otros dos ángulos.

Solución: 78° y 60°.

Ángulos y diagonales de los polígonos

101. — ¿Cuál es el polígono regular cuyo ángulo exterior mide 36°?

Solución: n = 10.

102. — ¿Cuál es el polígono regular cuyo ángulo central mide 60°?

Solución: n = 6.

103. — Hallar la suma de los ángulos interiores de un polígono regular cuyo ángulo central mide 72°.

Solución: 540°.

104. — Hallar el número de diagonales de un polígono regular cuyo ángulo exterior mide 45°.

Solución: 20.

105. — Hallar el número de diagonales de un polígono cuyos ángulos interiores suman 1.080°.

Solución: 20.

106. — Hallar el número de diagonales de un polígono regular, cuyo ángulo central mide $\dfrac{4}{9}$ de recto.

Solución: 27.

107. — Hallar el sexto ángulo de un hexágono en el que cinco de sus ángulos son iguales, midiendo cada uno 103° 48′ 32″.

Solución: 200° 57′ 20″.

108. — Una diagonal de un rectángulo forma con la base un ángulo de 32°. Hallar el ángulo bajo el que se cortan las diagonales.

Solución: 64°.

109. — La diagonal mayor de un trapecio rectángulo forma, con la base mayor del mismo, un ángulo de 25° y es bisectriz del ángulo agudo del trapecio. Hallar la medida del ángulo obtuso.

Solución: 130°.

110. — Cada ángulo agudo de un trapecio isósceles es la tercera parte de un obtuso. Hallar el ángulo formado por la altura y un lado oblicuo.

Solución: 45°.

Medida indirecta de ángulos

111. — Un ángulo central mide 87º 42'. ¿Cuánto mide el ángulo inscrito que tiene sus mismos extremos?

Solución: 43º 51'.

112. — Las tangentes trazadas a una circunferencia desde un punto P, dividen a ésta en dos arcos de los cuales uno es la tercera parte del otro. Hallar la medida del ángulo formado por las tangentes.

Solución: 90º.

113. — El menor de los arcos interceptados por dos tangentes a una circunferencia, mide 82º 15'. ¿Cuál es la medida del ángulo de las tangentes?

Solución: 97º 45'.

114. — Dos cuerdas perpendiculares determinan en una circunferencia dos arcos consecutivos de 72º 40' y 45º 12'. ¿Cuánto valen los otros dos arcos determinados por dichas cuerdas?

Solución: 134º 48' y 107º 20'.

115. — Los vértices de un triángulo inscrito en una circunferencia la dividen en arcos proporcionales a 1, 3 y 5. Hallar los tres ángulos del triángulo.

Solución: 20º, 60º, 100º.

116. — Los lados de un triángulo circunscrito a una circunferencia la dividen en arcos proporcionales a los números 3, 4 y 5. Hallar la medida de los ángulos del triángulo.

Solución: 30º, 60º, 90º.

Semejanza de polígonos

117. — Un poste vertical de 2 m. de longitud, proyecta una sombra de 1'5 m. ¿Qué altura tiene un árbol que a la misma hora proyecta una sombra de 3'6 m.?

Solución: 4'8 m.

118. — Un mapa está dibujado a escala de $\dfrac{1}{50.000}$. ¿Cuál será en realidad la distancia que en el dibujo mide 3'4 cm.?

Solución: 1.700 m.

119. — Sabiendo que los lados de un triángulo A B C miden: a = 6 cm., b = 8 cm., y c = 12 cm., hallar los lados de otro triángulo semejante al dado, cuyo lado a' homóloga de a, mide 4 cm.

Solución: $5\dfrac{1}{3}$ y 8.

120. — Calcular las dimensiones de un rectángulo de 96 cm. de perímetro, semejante a otro rectángulo cuyos lados miden 6 cm. y 10 cm.

Solución: 18 y 30.

121. — Las bases de un trapecio isósceles miden 4 cm. y 6 cm. y los lados oblicuos 3 cm. Prolongando dichos lados se forman dos triángulos isósceles. Hallar la longitud de los lados iguales.

Solución: **6 y 9.**

122. — En un triángulo isósceles de 10 cm. de base y 8 de altura, se inscribe un rectángulo, cuya base coincide con la del triángulo y cuya altura es de 3 cm. Hallar la base del rectángulo.

Solución: **6'25 cm.**

123. — Los lados de un triángulo miden 14, 18 y 26 cm. Hallar el perímetro del triángulo formado al unir los puntos medios de los lados del primero.

Solución: **29 cm.**

124. — Una recta paralela a un lado de un triángulo, determina sobre otro lado segmentos de 7 y 18 cm. respectivamente. ¿Cuáles son los segmentos determinados en el tercer lado, cuya longitud es de 30 cm.?

Solución: **8'4 cm. y 21'6 cm.**

125. — Dos lados de un triángulo miden 75 y 90 cm. respectivamente. A partir del vértice común se lleva una longitud de 60 cm. sobre el primero. ¿Qué longitud habrá que llevar sobre el segundo para que la recta que une los puntos obtenidos sea paralela al tercer lado?

Solución: **72 cm.**

126. — Los lados de un pentágono miden 2, 3, 5, 6 y 8 cm. Hallar los lados de un pentágono semejante, cuyo perímetro mide $9 \dfrac{3}{5}$ dm.

Solución: **8, 12, 20, 24, 32 cm.**

Relaciones métricas en el triángulo rectángulo

127. — En un triángulo rectángulo la hipotenusa mide 25 cm. y un cateto 15 cm. Hallar el otro cateto y la altura sobre la hipotenusa.

Solución: **20; 12.**

128. — Hallar la altura de un triángulo equilátero cuyo lado mide 8 cm.

Solución: $4 \sqrt{3}$.

129. — Hallar el área de un triángulo rectángulo cuyos catetos miden 6 cm. y 8 cm.

Solución: **24 cm².**

130. — Hallar la altura correspondiente a la hipotenusa de un triángulo rectángulo cuyos catetos miden 9 y 12 cm.

Solución: **7'2 cm.**

131. — Un triángulo isósceles de 16 cm. de perímetro tiene 6 cm. de base. Hallar la altura correspondiente a la misma.

Solución: **4 cm.**

132. — Hallar los lados de un rectángulo cuya diagonal mide 26 cm., sabiendo que es semejante a otro rectángulo cuyas dimensiones son 5 y 12 cm.

Solución: 10 y 24 cm.

133. — Hallar la diagonal de un cuadrado cuyo lado es la hipotenusa de un triángulo rectángulo cuyos catetos miden 8 y 15 cm.

Solución: $17 \sqrt{2}$ cm.

134. — Una escalera de mano de 2'5 m. de longitud tiene apoyado su extremo superior a un muro y extremo inferior en tierra a una distancia de 1'5 m. del pie del muro. ¿A qué altura sobre el muro se encuentra su extremo superior?

Solución: 2 m.

135. — Las bases de un trapecio isósceles miden 12 y 18 cm. respectivamente y los lados oblicuos, 5 cm. Hallar la altura del trapecio.

Solución: 4 cm.

136. — La base de un paralelogramo mide 9 cm. y la mayor de sus diagonales 17 cm. La proyección de dicha diagonal sobre la base es de 15 cm. Hallar la altura del paralelogramo y el otro lado del mismo.

Solución: 8 cm., 10 cm.

Polígonos regulares inscritos y circunscritos

137. — Hallar el lado de un hexágono regular cuya apotema mide $5 \sqrt{3}$ cm.
Solución: 10 cm.

138. — Hallar el perímetro del cuadrado inscrito en una circunferencia de 6 cm. de radio.

Solución: $24 \sqrt{2}$ cm.

139. — Hallar los lados de los triángulos inscrito y circunscrito a una circunferencia de 8 cm. de radio.

Solución: $8 \sqrt{3}$ cm.; $16 \sqrt{3}$ cm.

140. — La suma de los ángulos interiores de un polígono inscrito en una circunferencia de 4 cm. de radio es de 1.440°. Hallar su perímetro.

Solución: $20 (\sqrt{5} - 1)$ cm.

141. — Sabiendo que el lado de un cuadrado inscrito mide 10 cm., hallar el lado del triángulo equilátero inscrito en la misma circunferencia.

Solución: $5 \sqrt{6}$ cm.

142. — Hallar el radio de la circunferencia inscrita en un hexágono de 14 cm. de lado.

Solución: $7 \sqrt{3}$ cm.

143. — La diagonal de un cuadrado mide 12 cm. Hallar su lado y su apotema.

Solución: 6 $\sqrt{2}$ cm.; 3 $\sqrt{2}$ cm.

144. — El perímetro del cuadrado circunscrito a una circunferencia mide 80 cm. Hallar el perímetro del cuadrado inscrito.

Solución: 40 $\sqrt{2}$ cm.

145. — Calcular el lado del hexágono circunscrito a un círculo de 8 cm. de radio.

Solución: 16 $\sqrt{3}$ cm.

146. — Calcular la apotema del octágono inscrito en la circunferencia de 10 cm. de radio.

Solución: 5 $\sqrt{2+\sqrt{2}}$ cm.

Área de las figuras planas

147. — Hallar el área de un círculo cuya circunferencia mide 75'36 dm.
Solución: 144 π dm².

148. — A un cuadrado de 32 cm. de perímetro se le inscribe una circunferencia y se le circunscribe otra. Hallar el área de la corona circular formada.
Solución: 16 π cm².

149. — Hallar el área del sector circular cuya cuerda máxima es el lado del triángulo equilátero inscrito en el círculo de radio 6 cm.
Solución: 12 π cm².

150. — Hallar la altura de un triángulo de 10 cm. de base, equivalente a un rectángulo cuyas dimensiones son 8 cm. y 9 cm.
Solución: 14'4 cm.

151. — Hallar el área de un paralelogramo cuyos lados miden 13 y 36 cm., sabiendo que la proyección del lado menor sobre el mayor mide 12 cm.
Solución: 180 cm².

152. — Sobre los cuatro lados de un cuadrado de 32 cm. de perímetro, se construyen triángulos equiláteros cuyas bases coinciden con los lados del cuadrado y están dirigidos hacia afuera. Hallar el área de la figura así formada.
Solución: 174'72 cm².

153. — Un cuadrado tiene 64 m² de superficie. Calcular el área del triángulo que tiene como vértices uno de los del cuadrado y el punto medio de los otros dos lados.
Solución: 24 m².

154. — El área de un rombo es de 120 cm² y la diagonal menor mide 10 cm. Hallar el lado y la otra diagonal.
Solución: 13 cm. y 24 cm.

155. — Hallar el área de un triángulo rectángulo isósceles, cuya hipotenusa mide 16 cm.

Solución: 64 cm².

156. — Calcular el área del segmento circular cuyo arco vale 60°, perteneciendo a una circunferencia de 12 cm. de radio.

Solución: 13'08 cm².

157. — La razón de las áreas de dos triángulos semejantes es $\dfrac{4}{9}$ y en el triángulo menor el lado a mide 5 cm. Hallar la longitud de su homólogo en el otro triángulo.

Solución: 7'5 cm.

158. — En dos rectángulos semejantes las diagonales miden respectivamente 26 y 130 cm. y la base del menor rectángulo 10 dm. Hallar el área de ambos.

Solución: 240 y 6.000 dm².

159. — Hallar la razón de las áreas de dos polígonos semejantes, cuyos perímetros miden 27 y 36 cm. respectivamente.

Solución: $\dfrac{9}{16}$.

160. — Un polígono tiene un lado de 11 cm. Hallar la longitud del lado homólogo en un polígono semejante cuya área es 25 veces la del primero.

Solución: 35 cm.

II) ESTEREOMETRÍA

Áreas de cuerpos poliédricos

161. — Hallar el área de un tetraedro regular cuya arista mide 14 cm.

Solución: 196 $\sqrt{3}$ cm².

162. — Hallar la longitud de una arista del icosaedro regular de 245 $\sqrt{3}$ cm² de superficie.

Solución: 7 cm.

163. — Hallar la longitud de la diagonal de una cara de un cubo, cuya superficie total es de 96 cm².

Solución: 4 $\sqrt{2}$ m.

164. — Calcular el área total del prisma que resulta al cortar un cubo de 4 cm. de arista por el plano determinado por dos aristas opuestas.

Solución: 70'56 cm².

165. — Un prisma cuadrangular regular tiene 84 cm² de área lateral y 7 cm. de altura. Hallar la diagonal de la base.

Solución: $3\sqrt{3}$ cm.

166. — En una pirámide cuya base mide 63 cm², se da un corte por un plano paralelo a la base que dista del vértice un tercio de la altura. ¿Cuál es el área de la sección producida?

Solución: 7 cm².

167. — Calcular la superficie total de una pirámide regular de base cuadrada, cuya diagonal mide 5 cm.. sabiendo que la apotema de la pirámide es igual al perímetro de la base.

Solución: 112'5 cm².

168. — La altura de una pirámide cuadrangular regular mide 4 cm. y la arista básica 6 cm. Hallar el área lateral.

Solución: 60 cm².

169. — Un tronco de pirámide cuadrangular regular tiene 40 mm. de altura y sus aristas básicas miden 90 mm. y 30 mm. respectivamente. Calcular la superficie total del tronco.

Solución: 210 cm².

170. — La sección recta de un prisma triangular oblicuo es un triángulo rectángulo cuyos catetos miden 6 y 8 cm. y la arista lateral 23 cm. Hallar el área lateral del prisma.

Solución: 552 cm².

Áreas de cuerpos de revolución

171. — Hallar el área total del cono engendrado por la rotación de un triángulo equilátero de 12 cm. de lado, girando alrededor de una altura.

Solución: 108 π cm².

172. — El área lateral de un cono de revolución es de 314 cm² y su área total de 364,24 cm². Hallar el radio y la generatriz del cono.

Solución: 4 y 25 cm.

173. — Un cono y un cilindro tienen el mismo radio básico, de 6 cm. de longitud; siendo de 5 cm. la altura del cilindro, determinar la del cono, sabiendo que tienen la misma superficie lateral.

Solución: 8 cm.

174. — Un cono de revolución de 6 cm. de radio básico y 8 cm. de altura es cortado por un plano paralelo a la base en el punto medio de su altura. Determinar el área lateral del tronco de cono resultante.

Solución: 45 π cm².

175. — El área total de un cilindro de 3 cm. de radio y 2 cm. de altura es equivalente al área lateral de otro cilindro de la misma altura. ¿Cuál es el radio de este cilindro?

Solución: 5'25 cm.

176. — Un trapecio isósceles cuyas bases miden 6 cm. y 6 cm. y la altura 12 cm. gira alrededor de su eje de simetría engendrando un tronco de cono cuya área total se pregunta.

Solución: $216\,\pi$ cm².

177. — Hallar el área lateral de un cono de revolución de 10 cm. de generatriz, sabiendo que su superficie lateral se desarrolla según un sector circular de 216° de amplitud.

Solución: $60\,\pi$ cm².

178. — La sección meridiana de un cilindro es un rectángulo de 18 cm. de base y 6 de altura. Hallar la relación entre el área de la base y el área lateral del cilindro.

Solución: $\dfrac{3}{4}$.

179. — Un triángulo isósceles de 16 cm. de base y 15 cm. de altura, es equivalente a un rectángulo de 12 cm. de base. Hallar las áreas laterales de los cuerpos engendrados por ambas figuras, girando en torno de sus ejes de simetría.

Solución: $136\,\pi$ y $120\,\pi$ cm².

180. — Hallar el área engendrada por un hexágono regular que gira alrededor de una diagonal de 10 cm. de longitud.

Solución: 271'61 cm².

181. — La sección producida por un plano que dista 3 cm. del centro de una esfera, es un círculo de 50'24 cm² de superficie. Hallar el área de la superficie esférica.

Solución: 314 cm².

182. — La longitud de una circunferencia máxima es de 31'4 cm. Hallar el área de la superficie esférica a la que pertenece.

Solución: 314 cm².

183. — Un plano corta a una superficie esférica en dos casquetes de los cuales el menor tiene 9 cm. de altura y $198\,\pi$ cm² de superficie. Hallar el área del otro casquete.

Solución: $286\,\pi$ cm².

184. — En una esfera de 12 cm. de radio, un huso de 60° es equivalente a una zona. Hallar la altura de la misma.

Solución: 4 cm.

185. — Partiendo de la definición histórica del metro, determinar la superficie de la Tierra.

Solución: $\dfrac{8 \cdot 10^{8}}{\pi}$ km².

Volumen de los cuerpos poliédricos

186. — Hallar el volumen de un octaedro regular de 6 dm. de arista.

Solución: $72\,\sqrt{2}$ dm³.

187. — El volumen de un cubo es de 343 cm³. Hallar el área total del mismo.
Solución: 294 cm².

188. — Un prisma oblicuo de 8 cm. de arista lateral, tiene una sección recta cuadrada de 5 cm. de làdo. Hallar el volumen del prisma.
Solución: 200 cm³.

189. — Las tres dimensiones de un ortoedro son 2, 9 y 12 cm. Hallar la arista de un cubo equivalente al ortoedro.
Solución: 6 cm.

190. — La razón de semejanza de dos pirámides es 5. Hallar el volumen de la menor, sabiendo que el de la mayor es igual al volumen de un cubo de 15 cm. de arista.
Solución: 27 cm³.

191. — Hallar el volumen de un prisma hexagonal regular de 8 cm. de arista básica y 13 cm. de arista lateral.
Solución: $1.248 \sqrt{3}$ cm³.

192. — El volumen de una pirámide cuadrangular regular, de 6 cm. de arista básica es de 48 cm³. Hallar la apotema de la pirámide.
Solución: 5 cm.

193. — Hallar el volumen de un tetraedro regular cuya arista mide 6 cm.
Solución: $18 \sqrt{2}$ cm³.

194. — Hallar el volumen de un tronco de pirámide cuadrangular regular cuyas aristas básicas miden 8 y 14 cm. respectivamente, siendo de 5 cm. la longitud de la apotema del tronco.
Solución: 620 cm³.

195. — Hallar el volumen de un ortoedro sabiendo que sus tres dimensiones suman 26 y son proporcionales a los números 3, 4 y 6.
Solución: 576 cm³.

Volumen de los cuerpos de revolución

196. — Un rectángulo, cuyos lados miden 5 y 7 dm. respectivamente, gira sucesivamente alrededor de cada uno de sus lados, originando dos cilindros. ¿Cuál es la diferencia de sus volúmenes?
Solución: 70π dm³.

197. — Hallar el volumen de un cilindro, cuya sección meridiana es un rectángulo de 20 cm. de base y 13 de altura.
Solución: 1.300π cm³.

198. — Hallar el volumen del cilindro inscrito en un cubo de 216 cm² de área total.
Solución: 54π cm³.

199. — Hallar el volumen del cilindro circunscrito a un cubo de 4 cm. de arista.

Solución: 32 π cm³.

200. — Hallar el volumen de un cono cuyo diámetro básico mide 16 cm. y la generatriz 17 cm.

Solución: 320 π cm³.

201. — La sección meridiana de un cono es un triángulo isósceles de 6 cm. de base y 5 cm. de lado. Hallar el volumen del cono.

Solución: 12 π cm³.

202. — Las alturas de dos conos semejantes miden 14 y 6 cm. respectivamente. Hallar el volumen del cono mayor sabiendo que el del menor es 81 cm³.

Solución: 1.029 cm³.

203. — Hallar la altura de un cono cuyo radio mide 10 cm. sabiendo que es equivalente a un cilindro de 4 cm. de radio y 5 dm. de altura.

Solución: 24 cm.

204. — Hallar el volumen de un tronco de cono de 15 cm. de altura siendo sus radios básicos de 5 y 7 cm.

Solución: 545 π cm³.

205. — En un tronco de cono cuyos radios miden 9 y 4 cm. respectivamente, y 13 cm. su generatriz, se introduce un cilindro recto, de su misma altura y cuya base superior coincide con la base superior del tronco. Hallar el volumen comprendido entre ambos cuerpos.

Solución: 340 π cm³.

206. — Hallar el volumen de una esfera cuyas circunferencias máximas miden 628 mm.

Solución: $\dfrac{4\,\pi}{3}$ dm³

207. — Una esfera de madera de 3 cm. de radio se rebaja hasta convertirla en un cubo inscrito en ella. Hallar el volumen de la madera desperdiciada.

Solución: 376'67 cm³.

208. — Hallar el volumen de un sector esférico cuya base es un casquete de 3 cm. de altura perteneciente a una esfera de 5 cm. de radio.

Solución: 50 π cm³.

209. — Hallar el volumen de una cuña esférica de 40° de amplitud, en una esfera de 3 cm. de radio.

Solución: 4 π cm³.

210. — Hallar el volumen de una cuña esférica de 6 cm. de radio, cuyo huso tiene una superficie de 32 cm².

Solución: 64 cm³.

PROBLEMAS DE ÁLGEBRA

Cálculo algebraico

211. — Hallar el valor numérico de las siguientes expresiones :

$$7 a^2 b^3 + 8 a b^2 + 7 b;$$

$$\frac{a^2 b}{3} + \frac{5 b}{a} + 4 a b^2;$$

$$5 \sqrt{a} - 3 b^2 - 8 a b; \quad \text{para } a = 4 \ b = -1.$$

Solución: $-87; \quad \dfrac{113}{12}; \quad 39.$

212. — Escribir un polinomio de 4.º grado en dos variables, homogéneo, completo y ordenado. ¿Cuántos términos tendrá?

Solución: 5.

213. — Siendo :

$$P_1 = 3 x^2 - 8 x^3 + 7 x$$
$$P_2 = 5 x^2 + 9 x^3 - 3 x$$
$$P_3 = 4 x^2 + \quad x^3 - 2 x$$

efectuar las siguientes operaciones : $P_1 + P_2 + P_3$; $P_1 + P_2 - P_3$; $P_1 - (P_2 + P_3)$; $P_1 - (P_2 - P_3)$.

Solución: $12 x^2 + 3 x^3 + 2 x$;
$$4 x^2 + 6 x - 6 x^2 - 18 x^3 + 12 x;$$
$$2 x^2 - 16 x^3 + 8 x.$$

214. — Efectuar las siguientes multiplicaciones :

$$(4 x^3 + 5 x^2 + 6) \cdot (-3 x^2);$$
$$(5 x y - 8 x y^2 + 9 y^3 + 3) \cdot (5 x^2 - 3 y)$$
$$(4 a b^3 - 9 a^2 b + 17 a b) \cdot (a^3 - 3 b^2)$$
$$(14 a - 3 b) \cdot (14 a + 3 b)$$
$$(5 x^2 + 4 y) \cdot (5 x^2 - 4 y).$$

215. — Dividir :

$$(35 a^4 b + 42 a^3 b^3 - 28 a^2 b^2) : (-7 a^2 b)$$
$$(5 a^5 b^4 - 10 a^3 b^5 - 12 a b^2) : (5 a b).$$

216. — Efectuar la división :

$$(20 x^5 + 47 x^5 + 13 x^4 - 54 x^3 - 9 x^2 + 25 x - 6) : (5 x^2 + 3 x - 2).$$

Solución: resto cero.

217. — Efectuar la división :

$$(6 x^6 - 27 x^4 + 4 x^3 - 18 x) : (2 x^2 - 9).$$

Solución: resto cero.

218. — Aplicando la regla de Ruffini efectuar las siguientes divisiones:

$$(4\,x^4 + x^3 - 5\,x^2 - 57) : (x - 2).$$

Solución: R = 5.

$$(x^3 + 7\,x^2 + 3) : (x + 3).$$

Solución: R = - 45.

$$(x^3 + 3\,x^2 - 6\,x + 2) : \left(x - \frac{1}{2}\right).$$

Solución: R = 0.

219. — Determinar *m* de modo que sea exacta la división de $5\,x^4 + 4\,x^3 + x^2 - 2\,x + m$ por el binomio $x + 2$.

Solución: m = - 56.

220. — Sin efectuar la división, comprobar que son exactas las siguientes divisiones:

$$(x^3 - 27) : (x - 3)$$
$$(x^4 - 16) : (x + 2)$$
$$(x^5 + 32) : (x + 2)$$
$$(x^3 + 64) : (x + 4).$$

Operaciones con fracciones algebraicas

221. — Simplificar: $1.^o\ \dfrac{15\,a^5\,b^4\,c^3}{12\,a^3\,b^5\,c}$; $2.^o\ \dfrac{x^2\,y^2}{x^2 + 2\,x\,y + y^2}$; $3.^o\ \dfrac{4\,a\,b\,x^2 - 4\,a\,b\,y^2}{2\,a\,x + 2\,a\,y}$;

$4.^o\ \dfrac{a\,x + b\,y + b\,x + a\,y}{a^2 + 2\,a\,b + b^2}$.

Solución: $1.^o\ \dfrac{5\,a^2\,c^2}{4\,b^2}$; $2.^o\ \dfrac{x - y}{x + y}$;

$3.^o\ 2\,b\,(x - y)$; $4.^o\ \dfrac{x + y}{a + b}$.

222. — Efectuar las siguientes operaciones simplificando los resultados:

$1.^a\ \dfrac{x + 2\,y}{x - 2\,y} - \dfrac{x - 2\,y}{x + 2\,y}$

$2.^a\ \dfrac{a}{a - b} - \dfrac{b}{a + b} + \dfrac{2\,a\,b}{a^2 - b^2}$

$3.^a\ \dfrac{a}{b} + \dfrac{b}{a^2} - \dfrac{b}{a} + \dfrac{b^2 - 1}{a\,b} - \dfrac{a^2 - 1}{a\,b} + \dfrac{a}{b^2}$.

Solución: $1.^o\ \dfrac{8\,x\,y}{x^2 - 4\,y^2}$; $2.^o\ \dfrac{a + b}{a - b}$;

$3.^o\ \dfrac{a^3 + b^3}{a^2\,b^2}$.

223. — Efectuar las operaciones indicadas:

$1.^o$ $\dfrac{a\,x-a}{x+1} \cdot \dfrac{a\,x+a}{x-1}$.

$2.^o$ $\dfrac{a^2-b^2}{(a+b)^2} \cdot \dfrac{a+b}{a-b}$.

$3.^o$ $\dfrac{x+y}{x-y} \cdot \dfrac{x^2+y^2}{x^2-y^2} \cdot \dfrac{(x-y)^2}{(x+y)^2}$.

$4.^o$ $\dfrac{3\,x^3\,y}{2\,a\,b^2} \cdot \dfrac{6\,a^2\,b}{5\,x\,y^2}$

Solución: $1.^o$ a^2; $2.^o$ 1; $3.^o$ $\dfrac{x^2+y^2}{(x+y)^2}$;

$4.^o$ $\dfrac{9\,x^2\,a}{5\,y\,b}$.

224. — Efectuar las siguientes divisiones:

$1.^o$ $\dfrac{x-y}{b} : \dfrac{x-y}{a}$.

$2.^o$ $\dfrac{x^2}{x^2-4} : \dfrac{x}{x+2}$.

$3.^o$ $\left(\dfrac{a+b}{a-b} - \dfrac{a-b}{a+b} \right) : \dfrac{2\,a\,b}{a+b}$.

$4.^o$ $\dfrac{4\,a\,b^3}{a-b} : \dfrac{a^2-b^2}{(a-b)^2}$.

Solución: $1.^o$ $\dfrac{a}{b}$; $2.^o$ $\dfrac{x}{x-2}$; $3.^o$ $\dfrac{2}{a-b}$;

$4.^o$ $\dfrac{4\,a\,b^3}{a+b}$.

Cálculo con potencias de exponente entero

225. — Efectuar las operaciones indicadas:

$1.^o$ $\dfrac{a^2\,b^{-3}}{a^{-1}\,b}$,

Solución: $\dfrac{a^3}{b^4}$.

$2.^o$ $5\,a^{-2}\,b^{-3}\,c^3 \times \dfrac{1}{10}\,ab^2 : 2_a^{-1}\,b^3$.

Solución: $\dfrac{c^3}{4\,b^4}$

$3.^o$ $(a^3\,b^{-2})^{-5} : a^7\,b^{-3}$.

Solución: $a^8\,b^{13}$.

$4.^o$ $[(a^{-1}\,b^2)^{-3}]^{-2}$.

Solución: $\dfrac{b^{12}}{a^6}$.

226. — Elevar al exponente que se indica, los siguientes binomios:

$1.^o \quad (a+b)^{-2}.$

$2.^o \quad (a^{-2}+b)^2.$

$3.^o \quad \left(1+\dfrac{a}{b}\right)^3.$

$4.^o \quad (5\,a-3\,b)^{-2}$

$5.^o \quad \left(\dfrac{1}{a}+\dfrac{1}{b^{-2}}\right)^2$

$6.^o \quad \left(\dfrac{a}{b}+\dfrac{b}{a}\right)^2$

227. — Efectuar:

$$(a^2\,b\,c^{-3})^3; \qquad (a+b^2)^3; \qquad \left(a-\dfrac{1}{b}\right)^3;$$

$$(a+b^2+c)^2; \qquad (a+b\,-)^2; \qquad \left(\dfrac{1}{a}+\dfrac{1}{b}+\dfrac{1}{c}\right)^2$$

228. — Completar las siguientes expresiones, para que sean el desarrollo del cuadrado de un binomio.

$1.^o \quad 25\,a^2+b^2.$

$2.^o \quad a^2+2\,a\,m.$

$3.^o \quad 6\,x\,y+y^2.$

$4.^o \quad a^2+2.$

$5.^o \quad 4\,x^2+4\,x\,y.$

$6.^o \quad a^2+a.$

$7.^o \quad b^2+25.$

$8.^o \quad 9\,a^2-3\,a.$

Combinatoria

229. — Calcular el valor de $\dfrac{(P_6)^2}{P_4+P_5}.$

Solución: 3.600

230. — Calcular: $\dfrac{P_8-P_7}{P_7-P_6}$

Solución: $\dfrac{49}{6}.$

231. — Calcular el cociente: $\left(\dfrac{m+1}{n+1}\right):\left(\dfrac{m}{n}\right).$

Solución: $\dfrac{m+1}{n+1}.$

232. — Calcular la siguiente suma de números combinatorios:

$$\binom{7}{3} + \binom{7}{4} + \binom{8}{5} + \binom{9}{6} + \binom{10}{7} + \binom{11}{8}$$

Solución: $\binom{12}{8}$

233. — Calcular el coeficiente binómico:

$$\binom{200}{198}$$

Solución: 19.900.

234. — ¿Cuántos números de tres cifras, que no contengan ninguna repetida, se pueden escribir con los nueve primeros números significativos?

Solución: 504.

235. — En una carrera intervienen 12 corredores. ¿De cuántas maneras pueden distribuirse entre ellos 3 premios distintos? ¿Y si los tres premios fueran iguales?

Solución: 1.320 ; 220.

236. — Hallar de cuantos modos distintos pueden sentarse en un banco 6 personas.

Solución: 720.

237. — ¿Cuántos números de 5 cifras pueden escribirse con las cifras 2, 3, 4, 5, 6? ¿Cuántos de ellos serán impares?

Solución: 120 ; 48.

238. — Con 5 vocales y 5 consonantes distintas, se quieren formar grupos en que entren todas con la condición de que no hayan dos vocales ni dos consonantes juntas. ¿Cuántos hay?

Solución: $2 \cdot (5!)^2$.

239. — Hallar de cuantos modos distintos pueden ser tocadas las 8 campanas de una torre, tocando 4 cada vez.

Solución: 35.

240. — Hallar cuantos productos de tres factores distintos se pueden formar con las nueve cifras significativas.

Solución: 84.

241. — Dados 6 puntos en el plano, de los cuales no haya tres en línea recta, ¿cuántas rectas se pueden trazar por ellos?

Solución: 15.

242. — Dados 10 puntos en el espacio, de los cuales no hay cuatro coplanarios, averiguar cuantos planos distintos pueden pasar por ellos.

Solución: 120.

243. — Desarrollar las siguientes potencias:

$(a+2b)^4;\quad (a^3-1)^6;\quad (a^2\,b)^3;\quad (a+b)^6\,(a\,b)^6;\quad \left(a+\dfrac{b}{2}\right)^5;\quad \left(x+\dfrac{1}{y}\right)$

244. — Escribir el término que ocupa el lugar **48** en el desarrollo de $(a-b)^{50}$.

Solución: $19.600\ a^{3}\ b^{47}$.

245. — Escribir directamente el término central en el desarrollo de $(x-y)^{10}$.

Solución: $252\ x^{5}\ y^{5}$.

Operaciones con radicales

246. — Sumar los radicales:

1.º $\quad \sqrt{18} + \sqrt{50} - \sqrt{32} + \sqrt{2}$.

Solución: $5\sqrt{2}$.

2.º $\quad \sqrt{c^{5}} + \sqrt{25\ c^{3}} - \sqrt{c^{3}} + \sqrt{9\ c^{5}}$.

Solución: $4\ c\ (c+1)\sqrt{c}$.

3.º $\quad \sqrt[3]{40} + 7\sqrt[3]{5} - \sqrt[3]{135} + \sqrt[3]{320}$.

Solución: $10\sqrt[3]{5}$.

247. — Efectuar los siguientes productos simplificando los resultados:

1.º $\quad \sqrt[4]{8\ a^{3}\ b} \cdot \sqrt[4]{a^{2}\ b^{3}} \cdot \sqrt[4]{2\ a\ b^{2}}$.

Solución: $2\ a\ b\sqrt{a\ b}$.

2.º $\quad \sqrt[5]{x^{2}\ y} \cdot \sqrt{x^{5}\ y^{5}} \cdot \sqrt[10]{x^{8}\ y^{5}}$.

Solución: $x\ y\sqrt[10]{x^{7}\ y^{2}}$.

3.º $\quad (\sqrt{5} + \sqrt{3})\ (2 + \sqrt{3} - \sqrt{5})$.

Solución: $2\ (\sqrt{5} + \sqrt{3} - 1)$.

248. — Efectuar las siguientes divisiones:

1.º $\quad \sqrt[3]{216\ a^{3}\ b^{7}} : \sqrt[3]{9\ a^{2}\ b}$.

Solución: $2\ b^{2}\sqrt[3]{3\ a}$.

2.º $\quad (\sqrt[3]{a} \cdot \sqrt[9]{a}) : \sqrt{a}$.

Solución: $\dfrac{1}{\sqrt[18]{a}}$.

3.º $\quad \dfrac{\sqrt{a\ b} \cdot \sqrt[3]{a^{2}} \cdot \sqrt[4]{a^{2}\ b^{2}}}{\sqrt[6]{a^{5}} \cdot \sqrt[2]{b} \cdot \sqrt[5]{a^{3}\ b^{3}}} : \dfrac{\sqrt[10]{a^{3}\ b^{4}}}{\sqrt[15]{a^{12}\ b^{14}}}$.

Solución: $\sqrt[30]{a^{22}\ b^{13}}$.

249. — Efectuar las operaciones indicadas:

1.º $\left(\sqrt[7]{\sqrt[3]{\sqrt{a^3\,b^2}}}\right)^6$

Solución: $\sqrt[7]{a^3\,b^2}$

2.º $\sqrt{a\,b\,\sqrt[3]{a^2\,b^2}}$

Solución: $\sqrt[6]{a^5\,b^5}$

3.º $\sqrt{729\,a^3\,b^6\,c^9}$

Solución: $3\,b\,c\,\sqrt{a\,c}$

4.º $\sqrt{48\,a^6 - 32\,a^4\,b^3}$

Solución: $2\,a\,\sqrt[4]{4\,a^2 - 2\,b^3}$

250. — Racionalizar los denominadores en los siguientes ejercicios:

1.º $\dfrac{a\,b}{\sqrt[5]{a^3\,b^2}}$

Solución: $\sqrt[5]{a^2\,b^3}$

2.º $\dfrac{3}{\sqrt{8} - \sqrt{5}}$

Solución: $2\sqrt{2} + \sqrt{5}$

3.º $\dfrac{a}{\sqrt[4]{a} - \sqrt{a}}$

Solución: $\dfrac{a + \sqrt{a}}{a - 1} \cdot \sqrt[4]{(a - \sqrt{a})^3}$

Operaciones con potencias de exponente racional

251. — Efectuar las operaciones indicadas:

1.º $5^{\frac{2}{5}} \cdot 5^{\frac{5}{6}} : 5^{\frac{3}{4}}$

Solución: $\dfrac{1}{\sqrt[12]{5^{11}}}$

2.º $\dfrac{2^{\frac{3}{5}} \cdot \sqrt[4]{2^3}}{\sqrt[5]{2^7}}$

Solución: $4\sqrt[4]{8}$

3.º $\left[\left(\dfrac{3}{7}\right)^{-\frac{2}{3}}\right]^{\frac{9}{4}}$

Solución: $\sqrt{\left(\dfrac{7}{3}\right)^3}$

$$4.^{c} \quad (a+b)^{-\frac{2}{3}}$$

$$\text{Solución: } \frac{1}{\sqrt[3]{(a+b)^{2}}}.$$

252. — Extraer las raíces indicadas:

$$1.^{o} \quad \sqrt{x^{4}+4\,x^{3}+6\,x^{2}+4\,x+1.}$$

$$\text{Solución: } x^{2}+2\,x+1.$$

$$2.^{o} \quad (x^{4}-6\,x^{2}+9)^{-\frac{1}{2}}.$$

$$\text{Solución: } \frac{1}{x^{2}-3}.$$

$$3.^{o} \quad \left[(x^{6}+14\,x^{5}+49\,x^{4}+4\,x^{3}+28\,x^{2}+4)^{-\frac{2}{5}} \right]^{-\frac{5}{4}}$$

$$\text{Solución: } x^{3}+7\,x^{2}+2.$$

Ecuaciones

253. — Resolver las siguientes ecuaciones de primer grado:

$$1.^{o} \quad 2\,x+7=9\,x-7.$$

$$\text{Solución: } x=2.$$

$$2.^{o} \quad 3\,(x+9)-5\,x=4-3\,(x-2).$$

$$\text{Solución: } x=-17.$$

$$3.^{o} \quad (x-3)\,(x+2)=x^{2}-8\,x+8.$$

$$\text{Solución: } x=2.$$

$$4.^{o} \quad 3\,x\,(5\,x-2)-(2\,x+7)\cdot(x-3)=13\,(x-1)\,(x+1)-15.$$

$$\text{Solución: } x=7.$$

$$\text{Solución: } \frac{1}{\sqrt[12]{5^{11}}}.$$

$$5.^{o} \quad 10-4\,(x-8)=2\,(x-3).$$

$$\text{Solución: } x=8.$$

$$6.^{o} \quad \frac{7\,x+5}{6}-\frac{5\,x-6}{4}=\frac{8-5\,x}{12}.$$

$$\text{Solución: } x=-5.$$

$$7.^{o} \quad \frac{x}{3}+\frac{2\,x}{5}-\frac{x}{2}=12-\frac{x}{6}.$$

$$\text{Solución: } x=30.$$

$$8.^{o} \quad 1-\frac{12-x}{2}=\frac{15-x}{3}-(x-1).$$

$$\text{Solución: } x=6.$$

$$9.^{o} \quad 0'5\,(x-3)-0'4\,(x+3)=1'3-0'4\,x.$$

$$\text{Solución: } x=8.$$

$$10.^{o} \quad \frac{x}{8}-\frac{2\,x-2}{3}=\frac{3\,x-4}{15}+\frac{2'3\,x}{12}.$$

$$\text{Solución: } x=1.$$

254. — Resolver los sistemas de ecuaciones siguientes, por todos los procedimientos :

$1.^o$ $2x - y = 1$
   $3x + 2y = 12.$ *Soluciones:* $x = 2$
                  $y = 3.$

$2.^o$ $2(x-3) = y$
   $7x - 5y = 18.$
                  Soluciones: $x = 4$
                  $y = 2.$

$3.^o$ $\dfrac{3x}{4} + \dfrac{y}{2} = 5$

   $\dfrac{x}{2} + 2y = 10.$

                  Soluciones: $x = 4$
                  $y = 4.$

$4.^o$ $\dfrac{x+y}{4} + \dfrac{x-y}{2} = 3$

   $\dfrac{2x}{5} - \dfrac{9-y}{6} = 1.$

                  Soluciones: $x = 5$
                  $y = 3.$

$5.^o$ $2x - 3y + 4z = 8$
   $x + y + 2z = 9$
   $3x - 2y - z = -4.$ *Soluciones:* $x = 1$
                  $y = 2$
                  $z = 3.$

$6.^o$ $\dfrac{x}{2} + \dfrac{y}{3} + \dfrac{8-z}{3} = 4$

   $x + \dfrac{2y}{3} - z = 1$

   $\dfrac{3x}{4} - \dfrac{y}{6} + \dfrac{z}{2} = 5.$

                  Soluciones: $x = 4$
                  $y = 3$
                  $z = 5.$

$7.^o$ $x + \dfrac{y}{2} + \dfrac{z}{2} = 0$

   $2x + y + \dfrac{5z}{2} = 3$

   $x + y + z = 3.$ *Soluciones:* $x = -3$
                  $y = 4$
                  $z = 2.$

$8.^o$ $3(x-2) + 5(y-1) = 6z$
   $4z - 2(x+3) = y - 4$
   $3(y+x) - 4(y+z) = 4z - 5y.$
                  Soluciones: $x = 7$
                  $y = 4$
                  $z = 5.$

255. — Restando de 9 un cierto número se obtiene la quinta parte del resultado de sumarle 3 unidades. Hallar dicho número.

Solución: 7.

256. — La mitad más la tercera parte de un número igualan a dicho número disminuido en una unidad.

Solución: 6.

257. — Hallar un número tal que su tercio exceda en 2 unidades a su quinta parte.

Solución: 15.

258. — Hallar tres números, sabiendo que cada uno de ellos es el triplo del anterior y su suma es 65.

Solución: $x = 5$.

259. — Hallar tres números pares consecutivos sabiendo que la suma del primero y el tercero es 28.

Solución: El primero es 12.

260. — Gasté los $\dfrac{3}{7}$ del dinero que tenía y lo que me queda excede en 63 euros a lo gastado. ¿Cuánto tenía?

Solución: 441.

261. — Un comerciante compra tela a 20 euros el m. Vende 56 m. a 22'50 euros y liquida el resto a 18 euros obteniendo en total una ganancia de 70 euros. ¿Cuántos metros de tela compró?

Solución: 91.

262. — Un padre de 40 años tiene tres hijos de 14, 10 y 6 años, respectivamente. Hallar dentro de cuantos años la edad del padre será igual a la suma de las edades de sus hijos.

Solución: 5.

263. — Dentro de 15 años la suma de las edades de dos hermanos será el duplo de la suma de sus edades actuales. Hallar sus edades sabiendo que uno de ellos tiene 6 años más que el otro.

Solución: 12 y 18.

264. — Un obrero haría un trabajo en 8 horas y otro en 12 horas. Hallar el tiempo que tardarían en hacerlo trabajando los dos juntos.

Solución: 4 h. 48 m.

265. — Después de las doce, ¿a que hora las manecillas del reloj formarán ángulo recto por primera vez.

Solución: A las 12 h. 16 m. 21 $\dfrac{9}{11}$ sg.

266. — Dos toneles contienen cantidades distintas de un mismo vino. Si 4 litros del primer tonel se vierten en el segundo, éste contiene el doble que el primero; si 8 litros del segundo tonel se vierten en el primero, éste contiene las tres cuartas partes del segundo. Hallar la cantidad de vino que hay en cada tonel.

Solución: 40 y 68 l.

267. — Si Alejandro Magno hubiese vivido 9 años más, habría reinado la mitad de su vida; si hubiese vivido 9 años menos habría reinado la octava parte de su vida. ¿Cuántos años vivió y cuántos duró su reinado?

Solución: **33 y 12.**

268. — Dos personas disponen de cantidades que están en relación de 7 a 5; se aumenta el mayor en sus $\dfrac{3}{7}$ y se disminuye el menor en 707 euros. Entonces están en la relación de 100 a 43. ¿Cuáles son estas cantidades?

Solución: **7.070 y 5.050.**

269. — Un tren pasa por delante de una persona en 5 segundos y atraviesa una estación de 210 m. de largo en 20 segundos. Averiguar la velocidad y la longitud del tren.

Solución: **14 m/seg; 70 m.**

270. — Hallar cuatro números sabiendo que tomados tres a tres suman 10, 6, 7 y 4 unidades respectivamente.

Solución: **3, 2, 5, – 1.**

271. — Resolver las siguientes ecuaciones de 2.º grado:

1.º $\quad 5\,x^2 + 7\,x - 6 = 0.$

Solución: $-2\,;\ \dfrac{3}{5}.$

2.º $\quad 3\,x^2 - 2\,(x - 5) + 9 = x + 19.$

Solución: **0; 1.**

3.º $\quad 2 + \dfrac{x-5}{3} + \dfrac{7}{x} = \dfrac{8\,x+15}{3}.$

Solución: **1; – 3.**

4.º $\quad 9 - \dfrac{4}{x} = 2\,x + 3.$

Solución: **1; 2.**

5.º $\quad 7\,x^2 = 18\,x.$

Solución: $0,\ \dfrac{18}{7}.$

6.º $\quad \dfrac{900}{x} = 4\,x.$

Solución: **15; – 15.**

272. — Resolver los siguientes sistemas de ecuaciones:

1.º $\quad x\,y + 2\,y = 12$
$\quad\ \ x - 2\,y = -4.$

Soluciones: **2 y 3.**
$\qquad\qquad\quad$ **– 8 y – 2.**

2.º $\quad x^2 - 2\,y = 0$
$\quad\ \ x + 2\,y = 20.$

Soluciones: **4 y 8**
$\qquad\qquad\quad$ **– 5 y 12'5.**

3.º $(x+y)\,y-(x-y)\,x=14$
$x+2\,y=11.$

Soluciones: 5 y 3
$$\frac{13}{7} \ \text{y} \ \frac{45}{7}.$$

4.º $x^2=28-3\,y$
$2\,x-y=-7.$

Soluciones: 1 y 9
-7 y $-7.$

273. — Sabiendo que la suma de los cuadrados de tres múltiplos consecutivos de 5 es 4.850, hallar los números.

Solución: 35, 40, 45.

274. — Hallar dos números cuya media aritmética es 12'5 y su media geométrica es 10.

Solución: 5 y 20.

275. — Hallar dos números sabiendo que la suma de sus cuadrados es **52** y su cociente $\dfrac{3}{2}$.

Solución: 6 y **4.**

276. — Hemos comprado libros por valor de 600 euros. Si por el mismo dinero nos hubieran dado un libro más cada libro costaría 20 euros menos. ¿Cuántos libros hemos comprado y cuál es su precio?

Solución: 5; 120.

277. — Vendiendo un objeto por 168 euros se gana el duplo de la raíz cuadrada del precio de coste. Hallar lo que costó.

Solución: 144.

278. — Dos móviles parten de un mismo lugar en direcciones perpendiculares. Uno lleva una velocidad de 9 kms por hora, y el otro 12 km por hora. ¿Cuánto tiempo tardarán en distar entre sí 20 kms?

Solución: **1 h. 20 m.**

279. — Un número de tres cifras es tal que su cifra de las centenas es el cuadrado de la que representa unidades y la cifra de las decenas es la media aritmética de las otras dos. Hallar dicho número sabiendo que si se escribe invirtiendo el orden de sus cifras, disminuye en **594** unidades.

Solución: 963.

280. — Dado un cono cuya base tiene 4 m. de radio y su altura mide 3 m. hallar la generatriz de un cono semejante cuya área lateral sea igual al área total del dado.

Solución: $3\sqrt{5}.$

281. — Construir una ecuación de segundo grado cuyas raíces sean:

$$1.^o \quad 3 \text{ y } -7$$

$$2.^o \quad \frac{2}{3} \text{ y } \frac{5}{7}$$

$$3.^o \quad 2-\sqrt{3} \text{ y } 2-\sqrt{3}$$

$$4.^o \quad 2\frac{1}{5} \text{ y } -3.$$

282. — En la ecuación $m\,x^2 - 3\,m\,x + 9 = 0$ determinar m de modo que las dos raíces sean iguales.

Solución: 4.

283. — En la ecuación $3\,x^2 - 10\,x + m - 2 = 0$ determinar m de modo que las dos soluciones sean inversas.

Solución: 5.

284. — En la ecuación $x^2 - (2\,m+1)\,x + 5\,m + 3 = 0$ determinar m de modo que las raíces de la ecuación tengan por diferencia 3.

Solución: 5.

285. — Resolver las siguientes ecuaciones:

$$1.^a \quad x^4 - 13\,x^2 + 36 = 0$$

Solución: ± 2, ± 3.

$$2.^a \quad x^4 - 26\,x^2 + 25 = 0$$

Solución: ± 1, ± 5.

$$3.^a \quad x^6 + 9\,x^3 + 8 = 0$$

Solución: -1, -2.

$$4.^a \quad x^2 - \frac{8}{x^2} = 2.$$

286. — Resolver las ecuaciones:

$$1.^o \quad \sqrt{x-4} + \sqrt{14-x} = 4.$$

Solución: 5.

$$2.^o \quad \sqrt{2\,x} + 5 = x - 5.$$

Solución: 10.

$$3.^o \quad \frac{\sqrt{x+2}}{\sqrt{x-3}} = x - 5'5.$$

Solución: 7.

$$4.^o \quad \sqrt{2\,x+4} - \sqrt{2\,x-3} = 1.$$

Solución: 6.

Sucesiones

287. — Hallar el límite de la sucesión:

$$-\frac{2}{4}, \; -\frac{1}{5}, \; 0, \; \frac{1}{7}, \; \frac{2}{8}, \; \dots \; \frac{n-3}{n+3} \; \dots$$

288. — Escribir los primeros términos de la sucesión cuyo término general es $\dfrac{2\,n-1}{2\,n+1}$.

289. — Comprobar que la sucesión:

$$1, \; \frac{5}{8}, \; \frac{7}{13}, \; \frac{2\,n+1}{5\,n-2}$$

tiene por límite $\dfrac{2}{5}$.

290. — Dadas las sucesiones x e y representadas por sus términos generales:

$$x = \frac{n}{n+1}; \quad y = \frac{2\,n}{n+1}$$

escribir dichas sucesiones así como las sucesiones:

$$x+y, \; y-x, \; x \cdot y, \; \frac{x}{y}.$$

291. — Hallar el límite de las 6 sucesiones propuestas en el ejercicio anterior.

$$\textit{Solución: } 1, \; 2, \; 3, \; 1, \; 2, \; \frac{1}{2}.$$

292. — Hallar el límite de las sucesiones cuyos términos generales son:

$$1.^{\text{o}} \quad \frac{3\,n^2 - 8\,n + 2}{5\,n^2 - 4}.$$

$$\textit{Solución: } \frac{3}{5}$$

$$2.^{\text{o}} \quad \frac{n-3}{2\,n^2 + 7\,n - 1}.$$

$$\textit{Solución: } 0.$$

$$3.^{\text{o}} \quad \frac{4\,n^3 - 8\,n}{5\,n^2 + 2}.$$

$$\textit{Solución: } \infty.$$

Nota.—En todos los ejemplos propuestos $n \to \infty$.

Logaritmos

293. — Calcular por logaritmos las expresiones:

$$1.^o \quad a = \sqrt[4]{\left(3745 \cdot \sqrt{\dfrac{5}{8}}\right)^3}$$

$$2.^o \quad a = \sqrt[7]{\dfrac{31'2 \cdot 28^3}{87'21 \sqrt[4]{0'92}}}.$$

$$3.^o \quad \sqrt[5]{4\sqrt[3]{7\sqrt{2}}}.$$

$$4.^o \quad \sqrt[3]{\dfrac{23\sqrt{5}}{13^2 \sqrt[5]{9}}}.$$

294. — Sabiendo que $\log 3 = 0'4771$ calcular, sin hacer uso de las tablas, los logaritmos siguientes:

$1.^o \quad \log 81.$

Solución: 1'9084.

$2.^o \quad \log \cdot \sqrt[5]{27}.$

Solución: 0'2862.

$3.^o \quad \log \dfrac{1}{9}.$

Solución: $\overline{1}'0458.$

$4.^o \quad \log 24'3.$

Solución: 1'3855.

295. — Calcular la base del sistema de logaritmación en el que el logaritmo de $\sqrt[4]{125}$ es $\dfrac{3}{2}$.

Solución: $\sqrt{5}.$

296. — Sabiendo que el logaritmo neperiano de un número es 6'3 hallar su logaritmo decimal.

Solución: 2'73609.

297. — Hallar el número cuyo logaritmo neperiano es $\overline{1}'7.$

Solución: 0'748.

298. — La suma de los cuadrados de dos números es 29 y la suma de sus logaritmos es 1. Hallar dichos números.

Solución: 2 y 5.

299. — Hallar un número natural x tal, que el duplo de su logaritmo decimal exceda en una unidad al logaritmo de $x + \dfrac{12}{5}$.

Solución: 12.

300. — Resolver el sistema:

$$\log x + \log y = 3$$
$$2x - 5y = 210.$$

Solución: 125; 8.

301. — Resolver el siguiente sistema:

$$x^y = y^x$$
$$x^3 = y^2.$$

Solución: $\dfrac{9}{4}, \dfrac{27}{8}$.

302. — Resolver el sistema:

$$3 \log x + \log y = 9$$
$$4 \log x - 3 \log y = -1.$$

Solución: 100; 1.000.

303. — Resolver las siguientes ecuaciones:

1.º $\quad \dfrac{\log (35 - x^3)}{\log (5 - x)} = 3$

Solución: 2 y 3.

2.º $\quad 3^{2x+1} + 3^{x-1} = 246$

Solución: 2.

3.º $\quad a^2 \sqrt[x]{a^{2+3x}} = a^{3x}$

Solución: 2.

4.º $\quad 3^{\sqrt[3]{x^2}} = 19683.$

Solución: 27.

Progresiones

304. — Hallar la suma de los 40 primeros múltiplos de 5.

Solución: 4.100.

305. — Hallar el número de términos de una progresión aritmética en la que el primer término es -38, la diferencia 7 y la suma de todos los términos 7.632.

Solución: 53.

306. — Hallar los ángulos de un hexágono irregular cuyas medidas están en progresión aritmética y el menor de ellos es de 50 grados.

Solución: $d = 28$.

307. — Escribir una progresión aritmética de 7 términos sabiendo que el término central es 34 y la suma del tercero y el sexto es 78.

Solución: $d = 10$.

308. — Un número de tres cifras en progresión aritmética es igual a 41 veces la cifra de sus unidades, y si a dicho número se le suma 594 resulta el número invertido. Hallarlo.

Solución: 369.

309. — Hallar tres términos en progresión geométrica, sabiendo que su suma es 292 y su producto 32.768.

Solución: 4, 32, 256.

310. — Tres números están en progresión aritmética, cuya suma es 54. Si al primero se le suman 3, el segundo es aumentado en el primero, y el tercero en 21, · formarán progresión geométrica. Hallar dichos números.

Solución: 12, 18, 24.

311. — Hallar el número de términos de una progresión geométrica en la que el término central es 4 y el producto de todos los términos es 16.384.

Solución: 7.

312. — La suma de los términos de una progresión decreciente e ilimitada es 12 y el segundo es 3. Hallar la razón.

Solución: $\dfrac{1}{2}$.

313. — La suma de los dos primeros términos de una progresión geométrica decreciente es 4 y la suma de sus infinitos términos es $\dfrac{9}{2}$; hallar el primer término y la razón.

Solución: $3;\ \dfrac{1}{3}$.

Determinantes

314. — Desarrollar los determinantes:

1.º

$$\begin{vmatrix} 4 & 1 \\ -2 & 5 \end{vmatrix}$$

Solución: 22.

2.º

$$\begin{vmatrix} 2 & \dfrac{1}{3} \\ \dfrac{3}{4} & -1 \end{vmatrix}$$

Solución: $-\dfrac{9}{4}$.

3.º

$$\begin{array}{cc} a & b \\ a^2 & b^2 \end{array}$$

Solución: a b (b – a).

4.º

$$\begin{array}{cc} \dfrac{1}{a} & \dfrac{1}{b} \\[2mm] \dfrac{1}{b} & \dfrac{1}{a} \end{array}$$

Solución: $\dfrac{a^2+b^2}{a^2\,b^2}$.

5.º

$$\begin{array}{ccc} 1 & 3 & 0 \\ 4 & 1 & 2 \\ -3 & 1 & 1 \end{array}$$

Solución: – 31.

6.º

$$\begin{array}{ccc} 1 & 2 & 3 \\ 4 & 5 & 6 \\ 7 & 8 & 9 \end{array}$$

Solución: 0.

7.º

$$\begin{array}{ccc} a & b & c \\ b & c & a \\ c & a & b \end{array}$$

Solución: 3 a b c – a² – b² – c².

8.º

$$\begin{array}{ccc} 1 & 1 & 1 \\ 1 & n & 1 \\ \log a & 1 & \log b \end{array}$$

Solución: $\log \left(\dfrac{b}{a} \right)^{n-1}$

9.º

$$\begin{array}{ccc} \dfrac{1}{3} & \dfrac{5}{6} & \dfrac{1}{2} \\[2mm] 4 & -1 & -3 \\[2mm] \dfrac{2}{5} & \dfrac{1}{2} & \dfrac{3}{4} \end{array}$$

Solución: $-\dfrac{2}{5}$.

10.º

$$\begin{array}{cccc} 3 & 2 & 5 & 1 \\ 2 & 1 & 2 & 1 \\ 4 & 3 & 1 & 2 \\ -2 & 4 & 1 & -1 \end{array}$$

Solución: 10.

315. — Resolver la ecuación:

$$\begin{vmatrix} 2 & x & 0 \\ 1 & 3 & x \\ 1 & 2 & x \end{vmatrix} = x+1.$$

Solución: 1.

316. — Aplicando la regla de Cramer resolver los siguientes sistemas.

1.º

$$3x - 2y = 0$$
$$2x + y = 7.$$

Solución: 2; 3.

2.º

$$5x - 2y = 4 - 3x$$
$$2x + 5y = 6y.$$

Solución: 1; 2.

3.º

$$x + 2y + 3z = 10$$
$$2x - y + 2z = 6$$
$$x + y + z = 6.$$

Solución: 3; 2; 1.

4.º

$$2(x+y) + 3y - z = 11$$
$$x + 3(y+z) + 2z = -7$$
$$5x - 2y + 2(y+z) = 4.$$

Solución: 2; 2; −3.

Interés compuesto y anualidades

317. — ¿Qué beneficio se obtendrá prestando 12.000 euros al 4 % durante 20 años?

Solución: 14.290.

318. — ¿Cuál es el capital que prestado al 3 % durante 3 lustros se convierte en 26.488 euros?

Solución: 17.000.

319. — ¿Cuánto tiempo hay que prestar un capital al 5 % para que se duplique?

Solución: 14 años.

320. — ¿Qué capital se formará entregando anualmente 4.000 euros al 5 % durante 10 años?

Solución: 52.836.

321. — ¿Qué anualidad es preciso pagar para amortizar una deuda de 23.193'77 euros en 12 años siendo el rédito del 3 %?

Solución: 2.400.

PROBLEMAS DE TRIGONOMETRÍA

322. — Simplificar las expresiones:

1.º $\quad 2 \cos \left(\dfrac{\pi}{2} - \alpha \right) - \operatorname{sen} (\pi + \alpha)$.

Solución: $3 \operatorname{sen} \alpha$.

2.º $\quad 2 \operatorname{tg} (\pi + \alpha - \cot g (2\pi - \alpha) + \operatorname{tg} (-\alpha)$.

Solución: $\dfrac{2}{\operatorname{sen} 2\alpha}$.

3.º $\quad \dfrac{\cos (-\alpha) \sec \alpha \cdot \operatorname{tg} (180° - \alpha)}{\operatorname{tg} \cdot (-\alpha) \operatorname{cosec} \cdot \alpha}$.

Solución: $\operatorname{sen} \alpha$.

4.º $\quad \dfrac{\cos (\pi - \alpha) \operatorname{sen} (-\alpha) \operatorname{tg} (\pi - \alpha)}{\sec \alpha \operatorname{sen} (\pi - \alpha) \cot g \left(\dfrac{\pi}{2} - \alpha \right)}$

Solución: $-\cos^2 \alpha$.

323. — Siendo $\cos \alpha = \dfrac{2}{3}\quad$ y $\quad \dfrac{3\pi}{2} < \alpha < 2\pi$, calcular las restantes razones trigonométricas de dicho ángulo.

Solución: $\operatorname{tg} \alpha = -\dfrac{\sqrt{5}}{2}$.

324. — Sabiendo que $\operatorname{tg} \alpha = 3$ y siendo α un ángulo del tercer cuadrante hallar las restantes razones trigonométricas.

Solución: $\cos \alpha = -\dfrac{1}{\sqrt{10}}$.

325. — Calcular las razones trigonométricas de 105°.

Solución: $\operatorname{tg} \cdot 105° = -2 - \sqrt{3}$.

326. — Calcular las razones trigonométricas de 15°.

Solución: $\operatorname{tg} \cdot 15° = 2 - \sqrt{3}$.

327. — Calcular las razones trigonométricas del ángulo $\dfrac{\alpha}{2}$, sabiendo que $\cos \alpha = \dfrac{1}{3}$ y α es un ángulo del primer cuadrante.

Solución: $\operatorname{tg} \dfrac{\alpha}{2} = \dfrac{\sqrt{2}}{2}$.

328. — Sabiendo que $\cos 120° = -\dfrac{1}{2}$, y $\operatorname{sen} 225° = -\dfrac{\sqrt{2}}{2}$, calcular las razones trigonométricas del ángulo de 345°.

$$\textit{Solución: } \operatorname{tg} 345° = -2 + \sqrt{3}.$$

329. — Transformar en producto las siguientes expresiones:

- 1.º $\operatorname{sen} 65° + \operatorname{sen} 25°$.
- 2.º $\operatorname{sen} 42° - \operatorname{sen} 20°$.
- 3.º $\cos 100° + \cos 40°$.
- 4.º $\cos 23° - \cos 47°$.
- 5.º $\operatorname{sen} 60° - \cos 28°$.

- 6.º $\cos 80° - \dfrac{\sqrt{3}}{2}$.
- 7.º $\operatorname{tg} 25° + \operatorname{tg} 32°$.
- 8.º $1 + \operatorname{tg} 20°$.
- 9.º $\operatorname{sen} 2x + \operatorname{sen} x$.
- 10.º $\cos(50 + a) + \cos(50 - a)$.

330. — Hallar el menor ángulo positivo que satisface las siguientes condiciones:

1.º $\operatorname{tg}\left(x + \dfrac{\pi}{3}\right) = \operatorname{cotg}\left(\dfrac{\pi}{2} - 3x\right).$

$$\textit{Solución: } 30°.$$

2.º $\operatorname{sen}\left(\dfrac{\pi}{2} - 2x\right) = \cos\left(4x - \dfrac{5\pi}{2}\right)$

$$\textit{Solución: } 112° \, 30'.$$

3.º $\operatorname{cosec}\left(2x + \dfrac{\pi}{2}\right) = \sec(x - \pi).$

$$\textit{Solución: } 60°.$$

331. — Resolver las siguientes ecuaciones trigonométricas:

1.º $\operatorname{sen}^2 x + \operatorname{sen} x - 2 = 0.$

$$\textit{Solución: } \dfrac{\pi}{2} + 2k\pi.$$

2.º $1 + \cos x = \dfrac{2}{3}\operatorname{sen} x.$

$$\textit{Solución: } (2k - 1)\pi.$$

3.º $\cos 9x + \cos 7x = \operatorname{sen} 5x + \operatorname{sen} 3x.$

$$\textit{Solución: } 90°; \, 7° \, 30'.$$

4.º $\operatorname{tg} x + \operatorname{cotg} x = 2.$

$$\textit{Solución: } \dfrac{\pi}{4} + k\pi.$$

5.º $\operatorname{tg} 2x = -\operatorname{tg} x.$

$$\textit{Solución: } 60° + 180 \, k.$$

332. — Resolver los siguientes sistemas de ecuaciones trigonométricas:

1.º

$$\operatorname{sen} x + \cos y = a$$
$$\operatorname{sen} x - \cos y = b.$$

Solución:

$$x = \operatorname{arc\ sen} \frac{a+b}{2}$$

$$y = \operatorname{arc\ cos} \frac{a-b}{2}.$$

2.º

$$\operatorname{tg} x + \operatorname{tg} y = 1 + \sqrt{3}$$

$$\operatorname{cotg} x \cdot \operatorname{tg} y = \sqrt{3}.$$

Solución:

$$x = 45° + 180\ k$$
$$y = 60° + 180\ k.$$

3.º

$$\cos x \cdot \cos y = \frac{3}{4}$$

$$\operatorname{sen} x \cdot \operatorname{sen} y = \frac{1}{4}.$$

Solución: $x = y = 30°.$

333. —- Comprobar que siendo A, B y C los tres ángulos de un triángulo se verifican las siguientes relaciones:

1.º $\operatorname{tg} A + \operatorname{tg} B + \operatorname{tg} C = \operatorname{tg} A \cdot \operatorname{tg} B \cdot \operatorname{tg} C.$

2.º $\dfrac{\cos (A - B) - \cos C}{2 \cos \cdot \Delta} = \cos B.$

3.º $\operatorname{tg} \dfrac{A+C}{2} = \operatorname{cotg} \dfrac{B}{2}.$

334. — En un triángulo rectángulo, C = 60° y c = 18 m. Calcular el área.

Solución: $54 \sqrt{3}$ m².

335. — Un muro proyecta una sombra de 27 m. de longitud cuando la altura del sol sobre el horizonte es de 30°. Hallar la altura del muro.

Solución: 15'3 m.

336. — ¿Cuántos centímetros mide una cuerda de una circunferencia de 90 cm. de radio, supuesto que abarca un arco de 48° 37'.

Solución: 75 cm.

337. — El arco de un segmento circular es de 120° y su flecha mide 7 cm. Calcular el radio de la circunferencia.

Solución: 14 cm.

338. — Las tangentes trazadas desde un punto a una circunferencia forman un ángulo de 35° y miden 40 cm. Calcular el diámetro de la circunferencia.

Solución: 25'2 cm.

339. — Dos observadores distantes 1.740 m. miden simultáneamente la altura de un globo que se encuentra en el plano vertical de la base de observación, y los ángulos de elevación son de 62° y 48°. Calcular la altura del globo.

Solución: 1.215 m.

340. — Hallar la resultante de dos fuerzas de 8 Kp. y 12 Kp. que forman entre sí un ángulo de 58° 30'.

Solución: 17'55 Kp.

Números complejos

341. — Calcular el módulo y el argumento de los siguientes complejos:

    1.º $(5, \sqrt{75})$.

Solución: $10_{60°}$.

    2.º $(3, -3)$.

Solución: $(3\sqrt{2})_{315°}$.

    3.º $(-2\sqrt{2}, 2\sqrt{2})$.

Solución: $4_{135°}$.

342. — Expresar en forma binómica los siguientes complejos:

    1.º $\sqrt{2}\left(\cos\dfrac{\pi}{4} + i\,\mathrm{sen}\,\dfrac{\pi}{4}\right)$.

Solución: $1+i$.

    2.º $3(\cos\pi + i\,\mathrm{sen}\,\pi)$.

Solución: -3.

    3.º $4\left(\cos\dfrac{2\pi}{3} + i\,\mathrm{sen}\,\dfrac{2\pi}{3}\right)$.

Solución: $-2 + i\cdot2\sqrt{3}$.

343. — Determinar m y n para que se verifique la igualdad:
$$(5 + m\,i) + (n + 4\,i = 7 + 2\,i.$$

Solución: $m = -2$; $n = 2$.

344. — Calcular x e y de modo que sea:
$$(3 + x\,i)\cdot(y - 4\,i) = 23 - 2\,i.$$

Solución: $x = 2$; $y = 5$.

345. — Hallar dos números complejos conjugados, tales que su diferencia es $6\,i$ y su cociente es un imaginario puro.

Solución: $3 + 3\,i$.

346. — Expresar en forma trigonométrica el cociente $\dfrac{1}{i}$.

Solución: $\cos 270° + i\,\mathrm{sen}\,270°$.

347. — Dado el complejo $\dfrac{2x+84i}{3+4i}$ determinar x de modo que el argumento del cociente sea de 45°.

Solución: -6.

348. — Extraer la raíz cuadrada del número complejo: $5+12i$.

Solución: $3+2i$.

349. — Expresar en forma factorial las raíces cúbicas de la unidad imaginaria.

Solución: $1_{30°}$; $1_{150°}$; $1_{270°}$.

350. — Hallar la ecuación de segundo grado cuyas raíces sean los complejos:
$$5+2i \qquad y \qquad 5-2i.$$

Solución: $x^2 - 10x + 29 = 0$.

PROBLEMAS DE GEOMETRÍA ANALÍTICA

351. — Las coordenadas de los vértices de un triángulo son A (5, 2), B (5, 6), C (2, 2); determinar:

1.º Las coordenadas de los puntos medios de sus lados.

Solución: $(5, 4)$ $\left(\dfrac{7}{2}\ \ 4\right)$ $\left(\dfrac{7}{2}, 2\right)$

2.º Las longitudes de sus lados.

Solución: 3, 4, 5.

3.º Las ecuaciones de sus lados.

Solución:
$$y=2; \quad x=5$$
$$3y - 4x - 2 = 0.$$

4.º Las coordenadas de su baricentro.

Solución: $\left(4, \dfrac{10}{3}\right)$

5.º Las coordenadas de su ortocentro.

Solución: (5, 2).

6.º La mediatriz del lado A C.

Solución: $2x = 7$.

7.º La bisectriz del ángulo A.

Solución: $y + x - 7 = 0$.

8.º El área del triángulo.

Solución: 6.

9.º La ecuación de la circunferencia circunscrita.

Solución: $4x^2 + 4y^2 - 28x - 32y + 88 = 0$.

10.º La tangente del ángulo que forman los lados C A y C B.

Solución: $\dfrac{4}{3}$.

352. — Hallar la ecuación de la recta que pasa por el punto (5, 3) y es perpendicular a la recta que une los puntos (2, 1) y (4, 6).
Solución: $2x + 5y - 25 = 0$.

353. — Hallar los coeficientes m y n de las rectas $3x - my + 6 = 0$ y $nx - 4y - 1 = 0$, sabiendo que son paralelas y que la primera pasa por el punto (−2, 0).
Solución: $m = 2$, $n = 6$.

354. — Escribir la ecuación normal de la recta:

$$y - \sqrt{3}\,x - 4 = 0.$$
Solución: $x \cos 150° + y \operatorname{sen} 150° = 2$.

355. — Dadas las ecuaciones de las rectas $\dfrac{2x - y}{5} = 3$; $x + 2 = \dfrac{3x - y}{\frac{2}{5}}$. Calcular el coeficiente angular de cada una e indicar si son perpendiculares.
Solución: No.

356. — Hallar la ecuación de la recta que pasa por el punto de intersección de las rectas $2x + 5y - 1 = 0$, $4x - 3y - 15 = 0$ y forma con el eje O X un ángulo de 135°.

Solución: $x + y - 2 = 0$.

357. — Hallar la ecuación de la mediatriz del segmento que la recta $\dfrac{x}{5} + \dfrac{y}{3} = 1$ determina al cortar a los ejes coordenados.
Solución: $5x - 3y - 8 = 0$.

358. — Comprobar si los puntos (1, 3), (−2, 1) y (5, 7) están en línea recta.
Solución: Sí.

359. — Hallar la ecuación de una recta que pase por el punto (3, 1) y diste 2 unidades del punto (1, 3).
Solución: $y = 1$.

360. — Hallar la distancia del punto (4, −3) a la recta $x \cos 315° + y \operatorname{sen} 315° - \sqrt{2} = 0$.

Solución: $\dfrac{5}{\sqrt{2}}$.

361. — Dadas las rectas $x - y + 5 = 0$, $2x - y + 1 = 0$, $3x - 2y + C = 0$, determinar C de modo que sean concurrentes.
Solución: 6.

362. — Hallar la ecuación de las rectas que pasan por el punto (2, 2) y forman con las direcciones positivas de los ejes coordenados un triángulo de área igual a 9 unidades cuadradas.
Solución: $x + 2y - 6 = 0$; $2x + y - 6 = 0$.

363.—Hallar la ecuación de la circunferencia de centro (3, 0) y cuyo radio es igual a la distancia del punto (4, 2) a la recta $2x + 3y + 11 = 0$.

Solución: $x^2 + y^2 - 6x - 16 = 0$.

364.—Hallar las ecuaciones de dos circunferencias del mismo radio y cuyos centros se hallan sobre el eje O X, sabiendo que ambas se cortan en los puntos (3, 4) y (3, –4).

Solución: $x^2 + y^2 = 25$; $x^2 + y^2 - 12x + 11 = 0$.

365.—Averiguar si la curva $x^2 + y^2 + 2x + y + 2 = 0$ es una circunferencia.

Solución: No.

366.—Hallar la ecuación de las tangentes a la circunferencia $x^2 + y^2 - 2 = 0$, que tienen una inclinación de 45°.

Solución: $y = x \pm 2$.

367.—Hallar el área del cuadrilátero formado por los puntos de intersección de las circunferencias $23x^2 + 23y^2 - 205x - 243y - 402 = 0$, $x^2 + y^2 - 5x - 6y + 9 = 0$ y los puntos de contacto de éstas con los ejes coordenados.

Solución: 16. 5.

368.—Ecuación de la tangente a la circunferencia $x^2 + y^2 - 169 = 0$ en el punto (5, 12).

Solución: $5x + 12y - 169 = 0$.

369.—La excentricidad de una elipse es 0,6 y el eje menor mide 8. Hallar su ecuación.

$$\text{Solución: } \frac{x^2}{25} + \frac{y^2}{16} = 1.$$

370.—Hallar la ecuación de la tangente a la elipse $x^2 + 2y^2 = 54$ en el punto (6,3).

Solución: $x + y = 9$.

371.—Hallar la distancia focal de la elipse del problema anterior.

Solución: $6\sqrt{3}$.

372.—Dada la elipse $\dfrac{x^2}{16} + \dfrac{y^2}{9} = 1$ averiguar el ángulo que forman las dos normales trazadas por el punto de abscisa 2.

Solución: 142° 12′ 46″.

373.—Las coordenadas de un foco de una elipse son $(\sqrt{14}, 0)$ y la curva pasa por el punto (4,3). Hallar su ecuación.

$$\text{Solución: } \frac{x^2}{32} + \frac{y^2}{18} = 1.$$

374.—Hallar la ecuación de una hipérbola en la que la distancia entre un vértice real y uno imaginario es de 15 unidades y de un foco al vértice real contiguo hay 6 unidades.

$$\text{Solución: } \frac{x^2}{81} - \frac{y^2}{144} = 1.$$

375. — Un foco de una hipérbola dista de los vértices reales 2 y 8 unidades respectivamente. Hallar su ecuación.

$$Solución: \quad \frac{x^2}{9} + \frac{y^2}{16} = 1.$$

376. — Hallar la ecuación de una hipérbola de distancia focal 20 y parámetro igual a $\frac{32}{3}$.

$$Solución: \quad \frac{x^2}{36} - \frac{y^2}{64} = 1.$$

377. — Hallar la ecuación de una hipérbola una de cuyas asíntotas es $y = 2x$, siendo la distancia focal $2\sqrt{5}$.

$$Solución: \quad 4x^2 - y^2 = 4.$$

378. — Hallar los puntos comunes a la recta $3x - y - 2 = 0$ y a la hipérbola equilátera $xy = 8$.

$$Solución: \quad (2, 4) \ y \ \left(\frac{4}{3}, -6. \right)$$

379. — Hallar la ecuación de la tangente a la parábola $y^2 = 28'8\,x$ en los puntos en que la corta la circunferencia $x^2 + y^2 = 169$.

$$Solución:$$
$$6x - 5y + 30 = 0$$
$$6x - 5y - 90 = 0.$$

380. — Hallar la longitud del parámetro de la parábola $y^2 = 2px$, sabiendo que pasa por el punto $(8,8)$.

$$Solución: \quad 8.$$

381. — Hallar las coordenadas del vértice de la parábola $y^2 = 3x - 6$.
$$Solución: \quad (2, 0).$$

382. — Hallar la ecuación de la directriz de la parábola $y^2 = 6x$.
$$Solución: \quad x = -3.$$

383. — Hallar la ecuación de las normales a la parábola $y^2 = 25x$ en los puntos de abscisa 1.

$$Solución: \quad 2x \pm 125\,y + 2 = 0.$$

PROBLEMAS DE ANÁLISIS MATEMÁTICO

Derivadas

384. — Derivar las siguientes funciones:

$$y = 3x^2 + 5x + 2;$$
$$y = (4x^3 - 7x + 3) \cdot (5x^2 - 8),$$
$$y = (3x^5 - 8) \cdot (7x^2 + 6x) \cdot (5x - 3x^2);$$

$$y = \sqrt{x^2 - 3}$$

$$y = 7\sqrt{5x^2 - 8}$$

$$y = \frac{1}{\sqrt{3x}}$$

$$y = \frac{\sqrt{x+2}}{7x - 3}$$

$$y = \frac{(x+2)^3}{\sqrt{x}}$$

$$y = \sqrt{(3x^2 - 6)^3}$$

$$y = 4x^4 - 5x^3 + 3x$$

$$y = (4x - 3)\cdot(5x^3 + 2) - (x + 6)(3x^2 + 2)$$

$$y = \frac{x - 1}{3x^2 + 2}$$

$$y = (9x^2 - 5x^4 + 6)^7$$

$$y = (2x + 3)^4 + 5\sqrt{x^2 - 2}$$

$$y = \sqrt[5]{x^7}$$

$$y = \sqrt[3]{9x^2 + 7x}$$

$$y = \sqrt[4]{3x^8 - x^7}$$

$$y = (9x - 2)\sqrt[3]{5x + 1}$$

$$y = 5\,\text{sen}\,2x$$

$$y = \text{sen}^3 x$$

$$y = \text{sen}\,x \cdot \text{tg}\,x$$

$$y = \log_a (5x^3 - 8x)^2$$

$$y = \log_a \frac{x + 1}{x - 1}$$

$$y = l\sqrt[3]{5x^3 - 3}$$

$$y = a^{7x - 4}$$

$$y = a^{\text{tg}\,x}$$

$$y = \text{sen}\,x \cdot a^{3x}$$

$$y = l \cdot \text{sen}\,x\,\cos x$$

$$y = \text{sen}\,x \cdot \cos x$$

$$y = \text{sen}^2 (7x - 3)$$

$$y = \text{tg}^2 (5x - 2)$$

$$y = 2x \cdot \text{cotg}\,x$$

$$y = l\,\text{tg}\,x$$

$$y = l\,(10x^5 - 8)\cdot(7x + 9)$$

$$y = a^{\text{sen}\,x}$$

$$y = 9x^3 + 3x - 2$$

$$y = 4^{x^2}\,\text{tg}\,x^3$$

$$y = l\,(lx)$$

385. — Hallar la derivada de las funciones siguientes en los puntos que se indican.

$1.^{\circ}$ $y = 3x^4 - 5x + 3$

$2.^{\circ}$ $y = \dfrac{3x - 7}{2x + 1}$

$3.^{\circ}$ $y = 5 e^{x^2 - x}$

$4.^{\circ}$ $y = (2x^3 - 3)^4$

$5.^{\circ}$ $y = \operatorname{tg} x^2$

$6.^{\circ}$ $y = \operatorname{sen}^2 x$

$7.^{\circ}$ $y = e^{2x}$

$8.^{\circ}$ $y = l \cdot \cos x$

$9.^{\circ}$ $y = l\,(6x - 3)$

para $x = 1$.

para $x = 2$.

para $x = 1$.

para $x = 0$.

para $x = 0$.

para $x = \dfrac{\pi}{4}$.

para $x = 1$.

para $x = \dfrac{\pi}{3}$.

para $x = 1$.

Solución: 7.

Solución: $\dfrac{17}{25}$.

Solución: 5.

Solución: 0.

Solución: 0.

Solución: 1.

Solución: $2e^2$.

Solución: $-\sqrt{3}$.

Solución: 4.

386. — Dada la función $y = \cos^2 x - \operatorname{sen} x$, calcular el valor de dicha función y el de sus dos primeras derivadas, para $x = \pi$.

Solución: 1; 1; -2.

387. — Dada la ecuación del movimiento $e = 5t^3 - 2t + 2$ en la que el espacio viene expresado en metros y el tiempo en segundos, hallar el espacio recorrido, la velocidad y la aceleración al cabo de 2 segundos.

Solución: $e = 38$ m; $v = 58$ m/seg; $a = 60$ m/seg^2.

388. — Hallar la derivada de la función $y = l\,x^x$ para $x = e$.

Solución: 2.

389. — ¿Qué ángulo forma la tangente a la curva $y=\dfrac{x}{1+x^2}$ en el origen de coordenadas con el eje O X?

Solución: 45ª.

390. — Hallar la ecuación de la tangente a la curva $y=x^3+3$ en el punto (1, 4).

Solución: $y=3\,x+1$.

391. — Hallar las coordenadas de un punto de la parábola $y=x^2+5\,x-3$ tal que en él la tangente a la curva sea paralela a la recta $y=5\,x+2$.

Solución: $(0, \ -3)$.

392. — Hallar las ecuaciones de las tangentes a la curva $y=x^2-5\,x+4$ en los puntos en que ésta corta al eje de abscisas.

Solución: $3\,x\pm y-3=0$.

393. — Hallar la ecuación de la normal a la curva $x\,y+3\,y-2\,x-1=0$ en el punto de abscisa 2.

Solución: $y+2\,x-3=0$.

394. — Hallar los máximos y mínimos y puntos de inflexión de las siguientes funciones:

    1.º $y=x^3-36\,x+5$.

Solución: I (0, 5).

    2.º $y=x^3-6\,x^2-36\,x+5$.

Solución: I (2, -83).

    3.º $y=2\,x^3-24\,x+7$.

Solución: I (0, 7).

    4.º $y=x^2-10\,x+24$.

Solución: Min (5, -1).

395. — Descomponer el número 36 en dos sumandos cuyo producto sea máximo.

Solución: 18 y 18.

396. — Descomponer el número 36 en producto de dos factores, cuya suma sea mínima.

Solución: 6 y 6.

397. — Descomponer el número 4 en dos sumandos tales que la suma del cubo del primero y el triplo del segundo tenga un valor máximo.

Solución: 1 y 3.

398. — De todos los rectángulos inscritos en una circunferencia de radio r, hallar el de área máxima.

Solución: El cuadrado de lado $r\sqrt{2}$.

399. — De todos los rectángulos de 80 cm. de perímetro, hallar el de área máxima.

Solución: El cuadrado de lado 20.

400. — Con **75 dm.²** de plancha de zinc se desea construir una caja de base cuadrada y sin tapa, de modo que su capacidad sea máxima. ¿Cuáles han de ser sus dimensiones?

Solución: $5 \times 5 \times 2'5$.

401. — Determinar el radio del cilindro de revolución de área total mínima cuyo volumen es de **27 cm.³**

Solución: $\dfrac{3}{\sqrt[3]{2\pi}}$.

402. — Determinar a y b de modo que la función $y = x^3 + a x^2 + b x$ tenga un mínimo para $x = 4$ y un máximo para $x = 2$.

Solución: $a = -9$; $b = 24$.

403. — Se quiere construir un jardín en forma de sector circular de 160 m. de perímetro. Hallar el radio y el ángulo para que el área sea máxima.

Solución: $r = 40$ m; $a = 114^\circ$.

Integrales

404. — Calcular las siguientes integrales:

1.º
$$\int (3x^2 + 2x - 3)\, dx.$$

Solución: $x^3 + x^2 - 3x + C$.

2.º
$$\int \frac{3\, dx}{x}.$$

Solución: $3\, l\, x + C$.

3.º
$$\int \frac{dx}{x^2}.$$

Solución: $\dfrac{1}{x} + C$.

4.º
$$\int \frac{dx}{\sqrt{2x+3}}.$$

Solución: $\sqrt{2x+3} + C$.

5.º
$$\int (\sqrt[3]{x} + \sqrt{x} + x)\, dx.$$

Solución:
$$\frac{3}{4}\, x\, \sqrt[3]{x} + \frac{2}{3}\, x\, \sqrt{x} + \frac{1}{2}\, x^2 + C.$$

6.º

$$\int \frac{12}{x^5}\, d\,x.$$

Solución: $-\dfrac{3}{x^4}+C.$

7.º

$$\int x^2\,(1-x^3)^2\, d\,x.$$

Solución: $-\dfrac{1}{6}\,(1-x^3)^3+C.$

8.º

$$\int \operatorname{sen} x\,\cos x\cdot d\,x.$$

Solución: $\dfrac{1}{2}\,\operatorname{sen}^2 x+C.$

9.º

$$\int \operatorname{tg} x\cdot d\,x.$$

Solución: $-1\cdot\cos x+C.$

10.º

$$\int l^{\cos^2 x}\,\operatorname{sen} 2\,x\cdot d\,x.$$

Solución: $-\dfrac{1}{2}\,l^{\cos^2 x}+C.$

405. — Hallar la función que toma el valor 7 para $x=2$ y cuya derivada es $2x+3$.

Solución: $x^2+3\,x-3.$

406. — Determinar la función primitiva del polinomio $5\,x^4+4\,x^3+2\,x-1$ que se anula para $x=1$.

Solución: $x^5+x^4+x^2-x-2.$

407. — Hallar el área de la superficie limitada por la curva $y=x^3$, el eje de abscisas y la recta $x=2$.

Solución: 4.

408. — Hallar el área comprendida entre la curva $y=x^3$ y la recta $y=4\,x$.

Solución: 8.

409. — Hallar el área de la figura formada al cortarse las curvas $y^2=4\,x$; y $x^2=4\,y$.

Solución: $\dfrac{16}{3}.$

410. — Hallar el área limitada por la curva $y=\operatorname{sen} x$ y las rectas $x=0$; $x=2\,\pi$.

Solución: 4.

411. — Calcular el área del recinto limitado por la parábola $y = x^2 + 2$ y la recta que pasa por los puntos $(-1, 0)$ y $(1, 4)$.

Solución: $\dfrac{4}{3}$.

412. — Hallar el volumen engendrado por la elipse $x^2 + 4y^2 = 4$ al girar alrededor del eje de abscisas.

Solución: $\dfrac{8\pi}{3}$.

413. — Calcular el volumen del cuerpo por las líneas $y^2 = 6x$; $X = 4$, al girar en torno al eje O X.

Solución: $48\,\pi$.

414. — Hallar el volumen de la esfera engendrada por la rotación de la circunferencia $x^2 + y^2 - 9 = 0$ en torno al eje O X.

Solución: $36\,\pi$.

ÍNDICES

Los números en negrita indican la página de los ejercicios correspondientes